Die Geheimnisse der Cheops-Pyramide

Die Geheimnisse der Cheops-Pyramide

Stefan Bergdoll

Meinem leider viel zu früh verstorbenen Freund

Thomas Schrader

gewidmet

tredition

Covergrafik von Umschlagfoto Vorderseite: Cheops-Pyramide (Fotokollage von Stefan Bergdoll: Cheops-Pyramide und Wüstensand; Stefan Bergdoll, 2010).

Umschlagfoto Rückseite: Boot des Cheops im Cheops-Bootsmuseum (Stefan Bergdoll, 2010).

Buchsatz von tredition, erstellt mit dem tredition Designer.

Verlagslabel: EditionBergdoll

ISBN Softcover: 978-3-347-69037-0

ISBN Hardcover: 978-3-347-69038-7

Druck und Distribution im Auftrag des Autors:

tredition GmbH, Halenreie 40-44, 22359 Hamburg, Germany

Inhaltsverzeichnis

Vorwort ... 9

1 Die Entdeckung neuer Schächte im Jahr 1872 in der Cheops-Pyramide ... 11

2 Fundstücke in den Königinnenkammer- Schächten ... 19
2.1 Zedernähnliches Holzstück ... 19
2.2 Dolerit-Kugel ... 19
2.3 Schwalbenschwanzförmiger Doppelhaken ... 22

3 Moderne Theorien über die Dixon-Relikte ... 27

4 Verbleib der Dixon-Relikte ... 30

5 Erkundungsroboter in der Cheops-Pyramide ... 36
5.1 UPUAUT-1 ... 36
5.2 UPUAUT-2 ... 37
5.3 Pyramid Rover ... 38
5.4 Djedi ... 40

6 Weitere Gegenstände in den Schächten ... 42

7 Was liegt hinter den Blockiersteinen der Königinnenkammer? ... 64

8 Übersicht der Theorien über die sogenannten Luftschächte ... 69

9 Astronom. Aspekte beim Bau der Cheops-Pyramide ... 91

10 Argumente gegen eine astronomische Deutung der Schächte ... 105

11 Das Gizeh-Plateau ... 112

12 Aussagen über die ägyptischen Pyramiden und den großen Sphinx von Gizeh ... 128
12.1 Cheops-Pyramide ... 128
12.1.1 Brunnenschacht ... 128
12.1.2 Grabräubertunnel ... 132
12.1.3 Nordostkantenkammer ... 134
12.1.4 Kleine Kammer direkt unter der Königskammer ... 134
12.1.5 Unbekannter Gang von der Königskammer aus ... 135
12.1.6 Königinnenkammer ... 136
12.1.7 Felsenkammer ... 144

12.2 Chephren-Pyramide ... 146
12.2.1 Äußere Verkleidung ... 146
12.2.2 Eingang ... 147

12.3 Mykerinos-Pyramide ... 149

12.4 Snofrus Knickpyramide von Dahschur ... 151

12.5 Rote Pyramide von Snofru in Dahschur ... 154

12.6 Djosers Pyramide in Sakkara ... 159

12.7 Großer Sphinx von Gizeh ... 166

13 Geheimnisse der inneren Kammern der Cheops-Pyramide ... 177

13.1 Die Königskammer ... 177
13.1.1 Erster Besucher der Königskammer (nach der Antike): Al-Ma'mūn ... 177
13.1.2 Der Sarkophag in der Königskammer ... 183
13.1.3 Eine kleine Kammer direkt unter der Königskammer ... 192
13.1.4 Mythologische Amduat-Bezüge zur Cheops-Pyramide ... 197

13.2 Die Königinnenkammer ... 198
13.2.1 Der Kalif Al-Ma'mūn ... 206

13.2.2 Abū Ǧaᶜfar al-Idrīsī ... 212
13.2.3 Johann Helffrich ... 223
13.2.4 Prof. John Greaves ... 223
13.2.5 Antoine Morison ... 223
13.2.6 Charles William Pasley und John Munro ... 224
13.2.7 Edward William Lane ... 224
13.2.8 Howard Vyse ... 226
13.2.9 Humphries Brewer und Charles Nayler ... 247
13.2.10 Johann Nepomuk Visino ... 263
13.2.11 Fürst Hermann von Pückler-Muskau ... 273
13.2.12 Die Lepsius-Expedition von 1842 und Georg Erbkam ... 278
13.3 Die Felsenkammer ... 280
13.4 Die Kammer an der Nordostecke ... 287
14 Die Suche nach Hohlräumen ab den 1950er Jahren ... 292
14.1 Die 1950er Jahre ... 292
14.2 Die 1960er Jahre ... 292
14.3 Die 1970er Jahre ... 295
14.4 Die 1980er Jahre ... 303
14.5 Die 1990er Jahre ... 312
14.6 Die 2000er Jahre ... 331
14.7 Die 2010er Jahre ... 336
15 Eine geheime Kammer oberhalb der Königskammer ... 340
16 Die interne Rampen-Theorie von Jean-Pierre Houdin ... 345
17 Das Pyramidion von Snofru 's Roter Pyramide ... 353
18 Der Bau der Cheops-Pyramide ... 359
18.1 Schiffstransporte auf dem Nil im Alten Reich ... 360
18.2 Steingewinnung im Steinbruch ... 363
18.3 Transport der Steine zur Pyramide ... 367
18.4 Die Auswertung von Bauarbeiterinschriften an der Roten Pyramide des Snofru ... 379
18.4.1 Die unterschiedlichen Typen von Jahresangaben bzw. Zählungen ... 379
18.4.2 Die Jahresangaben/Zählungen auf dem Palermo-Stein ... 380
18.4.3 Das erste vollständige Datum in Ägyptens Geschichte ... 381
18.4.4 Weitere Steinmetzinschriften der Roten Pyramide ... 381
18.4.5 Der Versuch einer möglichst genauen Bestimmung der Fundhöhe der von Stadelmann gefundenen Bauarbeiterinschriften an der Roten Pyramide ... 383
18.4.6 Die Entdeckung eines Sothis-Datums aus dem Alten Reich und die Entwicklung eines neuen Modells zur Erklärung der Häufigkeit von Zählungen ... 384
18.4.7 Berechnung der Bauleistung der Roten Pyramide anhand der Bauarbeiterinschriften ... 387
18.4.8 Ermittlung der Bauzeit der Roten Pyramide ... 388
18.4.9 Ermittlung der Bauzeit der Cheops-Pyramide ... 391
18.5 Die Pyramiden des Snofru ... 393
18.6 Eine astronomische Anlage in Dahschur ... 396
18.7 Verhältnis von Höhe zu Breite der Pyramiden von Snofru und Cheops ... 398
18.8 Der Papyrusfund vom Wadi al-Jarf und seine Bedeutung für den Bau der Cheops-Pyramide ... 399
18.9 Die mysteriöse Bauarbeiterinschrift von Petrie in einer Entlastungskammer der Cheops-Pyramide ... 400
18.10 Die Verkleidungssteine der Cheops-Pyramide ... 404
18.11 Ermittlung der Gesamtarbeiterzahl für das Projekt Cheops-Pyramide ... 405
18.12 Der Felsenkern der Cheops-Pyramide und die zum Bau benötigten Steine ... 408
18.13 Favorisierte Theorie zum Bau der Cheops-Pyramide ... 409
18.14 Die achtseitige Pyramide ... 410
18.15 Besonderheiten bei den Steinlagen der Pyramide ... 412

18.16 Die Pyramide und der Kreis ... 413
19 Ein Rekonstruktionsversuch der Cheops-Pyramide ... 418
19.1 Vorbemerkungen ... 418
19.2 Die Ausgangslage ... 421
19.3 Grundannahmen für die Rekonstruktion ... 425
19.4 Ableitungen aus den Grundannahmen ... 426
19.5 Steinlagen der Cheops-Pyramide ... 426
19.6 Teilungsverhältnisse in der Pyramide ... 448
19.7 Flächenverhältnisse in der Pyramide ... 449
19.8 Die kleinen Schächte der Königinnenkammer ... 449
19.9 Die Luftschächte der Königskammer ... 450
19.10 Versuch einer grafischen Rekonstruktion der Cheops-Pyramide ... 450
19.10.1 Konstruktion einer Winkelhalbierenden ... 451
19.10.2 Näherungsweise Ermittlung des Inkreises für die Cheops-Pyramide ... 451
19.10.3 Parametermodell der Cheops-Pyramide ... 454
19.10.4 Geometrische Rekonstruktion der Cheops-Pyramide ... 454
19.10.5 Die geometrische Rekonstruktion der Geheimkammer ... 465
19.10.6 Rückblick auf die grafische Rekonstruktion ... 469
19.11 Herz und Auge der Pyramide ... 469
20 Fazit ... 471
21 Anhänge ... 484
21.1 Die Lage der Pyramiden von Kairo bis al-Lahun ... 484
21.2 Die Kartografie des Gizeh-Plateaus ... 486
21.3 War die Dolerit-Kugel aus der Cheops-Pyramide ein Gewichtsstein? ... 505
21.4 Nathaniel Davison und die Cheops-Pyramide ... 508
21.4.1 Kurze Biographie zu Nathaniel Davison (1737 – 1809) ... 508
21.4.2 Chamber in the great pyramid of Egypt ... 529
21.4.3 The well shaft in the Great Pyramid ... 530
21.4.4 Section and description of the Great Pyramid ... 532
21.4.5 Gemessene Stufenhöhen von Nathaniel Davison in 1765 ... 533
21.5 Faktencheck Zahlenspiele mit den Gizeh-Pyramiden ... 539
21.5.1 Der Goldene Schnitt und die Goldene Zahl Phi (ϕ) ... 540
21.5.2 Die Kreiszahl Pi (π) und die Königselle ... 547
21.5.3 Die Zahl Pi (π) und die Größenverhältnisse der Pyramide ... 548
21.5.4 Die Goldene Zahl Phi (ϕ) und die Größenverhältnisse der Cheops-Pyramide ... 550
21.5.5 Korrelation der Königselle mit der geografischen Lage der Cheops-Pyramide ... 552
21.5.6 In der Cheops-Pyramide sei die Lichtgeschwindigkeit kodiert ... 552
21.5.7 Die Cheops-Pyramide und die Erde ... 553
21.5.8 Die Cheops-Pyramide und Ägypten ... 554
21.5.9 Die Cheops-Pyramide und die Musiktheorie ... 556
21.5.10 Streckenverhältnisse der Cheops-Pyramide ... 556
21.5.11 Teiler-Verhältnisse der Cheops-Pyramide ... 557
21.5.12 Das Pyramidion als Urmeter beim Bau der Pyramiden ... 558
21.5.13 Die Gizeh-Pyramiden und unser Sonnensystem ... 558
21.6 Verwendete Parameter der Cheops-Pyramide ... 560
21.7 Danksagung ... 563
22 Verzeichnisse ... 564
22.1 Verzeichnis der verwendeten Literatur ... 564
22.2 Verzeichnis der Abbildungen ... 580
22.3 Verzeichnis der Tabellen ... 587
22.4 Verzeichnis der Bildnachweise ... 589

23 Indices und Register ... 594
23.1 Sachregister ... 594
23.2 Personenregister ... 601
23.3 Ortsregister ... 607
23.4 Pharaonenregister ... 609
23.5 Götternamenregister ... 610
23.6 Stern- und Planetenregister ... 611

Vorwort

Wenn man sich mit Ägyptologie und deren Geschichte beschäftigt, kommt man zwangsläufig auch mit dem Weltwunder Cheops-Pyramide in Berührung. Ein Besuch vor Ort ist unerlässlich, um eine reale Vorstellung von der schier unglaublichen Leistung der antiken Baumeister zu bekommen. Es ist auch spannend, sich mit den astronomischen Theorien über die Cheops-Pyramide zu befassen. Damit gehen auch die äußerst präzise Nord-Süd-Ausrichtung der Pyramide und die Ausrichtung des inneren Gangsystems einher.

Beschäftigt man sich nun mit der Cheops-Pyramide, so fallen einem besonders die kleinen Gänge der Königs- und Königinnenkammer auf, wovon die Letzteren noch im Inneren der Pyramide enden und mit Metallstiften versehenen Blockiersteinen verschlossen wurden. Bereits 1872 hat der britische Ingenieur Waynman Dixon in den bis dahin unbekannten kleinen Schächten der Königinnenkammer drei Gegenstände gefunden, die aus der Zeit der Erbauung der Pyramide stammten. Diese fantastische Entdeckung wurde allerdings im 19. Jahrhundert nicht richtig gewürdigt und so kamen die Funde, die seitdem als Dixon-Relikte firmieren – ein Kupferhaken, eine Steinkugel und eine Holzleiste – nicht dahin, wohin sie eigentlich gehörten, nämlich in ein Museum, sondern verblieben Jahrzehnte im Privatbesitz des Finders bevor sie drei Generationen nach Waynman Dixon als Schenkung schließlich doch noch in einem Museum landeten. Leider blieben sie auch dort erst ohne große Beachtung. Erst in den 1990er Jahren wurden sie quasi wiederentdeckt, allerdings ohne die Holzleiste, deren Alter man inzwischen mittels einer C^{14}-Methode hätte datieren können. Ein nicht mehr für möglich gehaltener Zufallsfund aus dem Jahr 2019 im Aberdeen Museum brachte dann die inzwischen zu kleinen Holzsplittern zerfallenen Reste der einstigen Holzleiste doch noch zutage. Die Altersbestimmung ergab jedoch ein Alter, welches mehrere Jahrhunderte von der bisher gedachten Bauzeit abwich. Da die verwendete Radiokarbonmethode jedoch nur das Alter des Fällens des Baums, aus welchem das Holz stammt, bestimmen kann, ergibt sich nur eine Obergrenze für das Alter, aber keine Untergrenze. Chemische Untersuchungen des Kupferhakens im Britischen Museum ergaben, dass der Haken mit sehr hoher Wahrscheinlichkeit antiken Ursprungs ist.

Eigene Recherchen haben ergeben, dass der Fundort der Gegenstände aus den 1872 entdeckten Schächten nicht eindeutig geklärt ist. Dies hat mich dazu veranlasst weitere Nachforschungen anzustellen, die auch die kleinen Schächte der Königskammer und der Königinnenkammer miteinbezogen. Über deren Bedeutung wurde bisher eine große Zahl an Theorien entwickelt, sowohl von Ägyptologen als auch von interdisziplinär arbeitenden Forschern.

Ob es sich bei der gefundenen Dolerit-Kugel in einem der kleinen Königinnenkammerschächte um einen Gewichtsstein oder nur um einen Schlagstein handelt, wird in einem eigenen Kapitel im Anhang beleuchtet.

Unter der Aufsicht des ägyptischen Antikenministeriums starteten Robotermissionen zur Erforschung der kleinen Gänge, von denen man zu diesem Zeitpunkt noch nicht wusste, wie weit sie in das Pyramideninnere reichen würden, da man an der Außenseite der Pyramide keine Öffnung gefunden hatte, im Gegensatz zu den kleinen Luftschächten der Königskammer, deren Öffnungen an die Außenseite führten. Bis heute gab es insgesamt drei Robotermissionen, die teils überraschende Ergebnisse brachten.

Dieses Buch gibt einen Überblick über die jeweiligen Robotermissionen und deren Ergebnisse, soweit sie veröffentlicht wurden. Diese Missionen konnten zwar manche Frage klären, warfen aber mehr Fragen auf, als sie beantworten konnten. Die Rätsel um die Blockiersteine am Ende der kleinen Schächte der Königinnenkammer sind bis heute nicht geklärt, ebenso wenig, was sich dahinter verbirgt.

Die Beschäftigung damit führte bereits 2016 zu einem Fachartikel[1] über die Dixon-Relikte und die kleinen Schächte, welcher in den *Göttinger Miszellen* Nr. 248 enthalten ist. Da eine Gesamtdarstellung zu diesem Thema aber nicht mit einem einzigen Artikel abzudecken ist, entstand die Idee ein Buch darüber zu schreiben.

Das vorliegende Werk versucht alle öffentlich zugänglichen wichtigen Fakten zu den Dixon-Relikten, sowie zu den kleinen Schächten und deren bisherigen Erkundungen zu präsentieren, sowie die wesentlichen Theorien über deren Bedeutung zu skizzieren. Dies betrifft jedoch nur den ersten Teil des Buches.

Der 2013 gefundene Papyrus im Wadi al-Jarf, einem antiken Seehafen am Roten Meer, der aber erst 2017 in Form einer wissenschaftlichen Veröffentlichung der Allgemeinheit vorgestellt wurde, entpuppte sich als

---

[1] Bergdoll 2016.

ältester Papyrusfund überhaupt und als Arbeitsbericht eines Inspektor Merer, der im Auftrag von Cheops für den Transport von Verkleidungssteinen aus Tura nach Gizeh mit seiner Mannschaft von 40 Personen zuständig war. Dies veranlasste mich zu einem Versuch, die Bauzeit für die Cheops-Pyramide zu bestimmen. Unter Auswertung vieler unterschiedlicher Quellen gelang es, die minimale Bauzeit von nur 13 ½ bis 14 ⅔ Jahren zu ermitteln, was die 20-jährige Bauzeit, welche uns Herodot überliefert hat, plausibel erscheinen lässt.

Die ausgiebige Analyse historischer Reiseberichte, brachte ebenfalls viele spannende und oftmals neue Erkenntnisse, die in einem eigenen Kapitel verdichtet wiedergegeben sind. Ursprünglich existierte der Plan, diese Reiseberichte als Anlage dem Buch hinzuzufügen, doch ist der Umfang derart angewachsen, dass daraus ein eigenes Werk entstand, welches als Nachschlagewerk zu Reiseberichten über das Gizeh-Plateau benutzt werden kann. Dieses Werk wird unter dem Titel *Zeitreisen durch die Pyramiden-Literatur* erscheinen.

In diesem Buch wird eine grafische Rekonstruktion der Cheops-Pyramide vorgestellt, die durch ihre Einfachheit besticht, womit sie auch plausibel erscheint. Sie geht von ausschließlich einfachen mathematischen Regeln, geometrischen Elementen (Kreise und Linien), sowie primitiven Hilfsmitteln aus.

Die Auswertung der individuellen Steinhöhen jeder Steinlage der Cheops-Pyramide führte zu der Erkenntnis, dass es oberhalb des Königskammer-Komplexes noch eine weitere, bisher unentdeckte, Kammer geben sollte. Anders sind die geringen Höhenabweichungen zwischen der Nord- und Südseite der Cheops-Pyramide, die auffallend mit den bekannten inneren Strukturen korrelieren, nicht zu erklären. Die Blockiersteine der beiden kleinen Schächte der Königinnenkammer scheinen bei der grafischen Konstruktion dieser „Geheimkammer" eine Rolle gespielt zu haben.

Die vielfältigen Recherchen brachten immer wieder interessante neue Aspekte an die Oberfläche. Es ist wie mit einem Puzzle, bei welchem viele Puzzle-Steine existieren, die aber noch zusammengesetzt werden müssen. Inwieweit dies hier gelungen ist, möge der Leser selbst entscheiden.

Ein häufig anzutreffender Irrglaube ist, dass sich das einzig noch erhaltene Weltwunder der Antike – und vermutlich am meisten vermessene Bauwerk der Welt – in der Fachliteratur durch einheitliche Messergebnisse auszeichnet. Man sollte annehmen, dass mittels Hightech-Methoden wie Laser-Messsystemen eindeutige Ergebnisse zwangsläufig entstehen müssen. Dies ist allerdings nur bedingt richtig, da oft vergessen wird genaue Referenzpunkte mitanzugeben, auf die sich die Messergebnisse beziehen.

Als Informatiker waren die vielfältig existierenden Zahlenspiele bezüglich der Cheops-Pyramide und der Kreiszahl π (Pi), dem Goldenen Schnitt ϕ (Phi) und vielen anderen Größen ebenfalls von Interesse. In einem weiteren Anhang finden sich die gängigsten Behauptungen dieser Art (Zahlenmystik), die einem Faktencheck unterzogen wurden. Objektivität war hier oberstes Gebot, um nicht auf billige Taschenspielertricks hereinzufallen.

Möge der Leser mit diesem Buch Neues und Spannendes entdecken.

Annweiler am Trifels, im Januar 2022
Stefan Bergdoll

P.S.: In den Fußnoten enthaltene Erläuterungen stammen mitunter von Wikipedia, ohne dass dies explizit am entsprechenden Ort vermerkt ist. Da die Inhalte der Fußnoten dem Leser lediglich Begriffe oder Sachverhalte erläutern und nicht Thema des Buches sind, ersparen sie meist nur das Nachschlagen in Lexika oder im Internet in Wikipedia und benötigen so meines Erachtens keiner expliziten Zitierung. Ebenso wurden einige Fakten zu Personen, die in den Unterkapiteln zu Kapitel 13.2 besprochen werden, aus Wikipedia entnommen, ohne dies explizit zu erwähnen.

1 Die Entdeckung neuer Schächte im Jahr 1872 in der Cheops-Pyramide

Abb. 1: Brücke über den Nil bei Gizeh (1872).

Abb. 2: Charles Piazzi Smyth.

Prof. Charles Piazzi Smyth[2] war ein schottischer Astronom und Esoteriker, der als brillant, aber exzentrisch galt. Von 1846 bis 1888 war er Direktor des königlichen Observatoriums in Edinburgh. Außerdem war er von den ägyptischen Pyramiden begeistert und wollte selbst genaue Messungen dort vornehmen. Im Jahre 1865 startete er seine erste Erforschung der Pyramiden. 1872 wollte er dann zusätzliche Messungen an der Cheops-Pyramide vornehmen, war aber durch eine Krankheit verhindert. So fragte er einen Freund – W. Dixon –, ob er für ihn die gewünschten Messungen vornehmen könne. Dieser war zu jener Zeit mit seinem Bruder John dabei, bei Kairo eine Brücke über den Nil zu bauen.

Der Schotte Waynman Dixon[3] war von Beruf Eisenbahningenieur und ein guter Freund von Flinders Petries Vater, den er 1873 traf.

---

2 Charles Piazzi Smyth (* 3.1.1819 in Neapel, Italien; † 21.2.1900 in Ripon, England) war königlicher Astronom für Schottland, Anthropologe, Maler und Fotograf. Seit dem 24.12.1855 war er mit Jessica Duncan (* Aberdeen, Schottland; 24.3.1896 in Sharow, England) verheiratet. Er hatte noch acht Geschwister, davon zwei älter als er. Für biografische Informationen siehe Brück und Brück 1988.

3 Waynman Dixon (* 17.3.1844 in Newcastle-upon-Tyne, England; † 24.1.1930 in Great Ayton, England) war ein britischer Eisenbahningenieur. Siehe auch: Bierbrier 2012, 155-156. Sein Vater war Jeremiah Dixon (* 6.4.1804 in Cockfield, Durham, England; † 1.8.1882 in Ambleside, England), ein Quäker und Bankangestellter, der am 21.2.1833 Mary Anne Frank (* 29.4.1803 in Darlington, England; † 21.1.1877 in Ambleside, England) heiratete. Waynman war der jüngste Sohn von 8 Kindern, darunter sein berühmter Bruder Sir Raylton Dixon (* 8.7.1838 in Newcastle-upon-Tyne, England; † 28.7.1901 in Gunnergate Hall, Middlesbrough, England), der Schiffsbauer war und sein ältester Bruder John (* 2.1.1835 in Newcastle-upon-Tyne, England; † 29.1.1891 in Croydon, England), der den Auftrag erhielt Kleopatras Nadel (ein Obelisk aus Alexandria) nach England zu transportieren. Waynman heiratete am 2.7.1896 Anne Elfleda Lawrence (* 26.4.1858 in Williamstown, Melbourne, Australien; † 1.6.1938 in Middlesbrough, England) in Twickenham (London), mit der er zwei Kinder hatte: 1.) Elfreda Mary Waynman Lawrance (* 5.9.1897 in Grove Hill Lodge, Middlesbrough, England; † nach 1946 in Australien) war mit dem Offizier der Royal Australian Airforce Dudley Sautelle Lawrance (* 12.5.1893 in Port Albert, Victoria, Australien; † nach 1946 in Australien) in

Berühmt wurde Waynman Dixon wegen seiner 1872 in der Cheops-Pyramide gemachten Funde und wegen des Transports eines Obelisken – genannt Kleopatras Nadel – von Alexandria nach London im Jahr 1877 (die Leitung hatte sein Bruder John) sowie dem Auffinden eines originalen Verkleidungssteins der Cheops-Pyramide.

Waynman, der von 1871 bis 1877 in Ägypten war, war zu dieser Zeit mit einem anderen Schotten aus Methlick in Aberdeenshire, Dr. James Andrew Sandilands Grant[4], befreundet.

Abb. 3: Waynman Dixon.

Grant war der Sohn eines Bankiers und studierte Medizin an der Universität von Aberdeen. Nach Alexandria kam er im April 1866, wo er als Mediziner gegen die dort ausgebrochene Cholera-Epidemie kämpfte. Als Anerkennung seiner Verdienste erhielt er vom türkischen Sultan den Titel Ritter des kaiserlichen Ordens von Medjidieh. 1867 kehrte er nach England zurück, um bereits 1868 permanent nach Kairo überzusiedeln. Die ägyptische Verwaltung verlieh ihm 1880 aufgrund seiner Verdienste den Titel Bey[5]. 1882 erhielt er dann von der Uni Aberdeen den Titel LL. D. (*Legum Doctor* = Doktor der Rechtswissenschaften).

Abb. 4: James Andrew Sandilands Grant (Bey).

In P. Smyth hatten W. Dixon und J. Grant einen gemeinsamen Bekannten, dessen neugierige Natur sie teilten. So ließen sie sich von Smyth dazu überreden, ihre Arbeit an der Nilbrücke zu unterbrechen und für ihn Messungen an den Pyramiden vorzunehmen. Schon bald verfielen die Schotten der Magie der großen Pyramiden. W. Dixon interessierte sich besonders für die Schächte in der Königskammer der Cheops-Pyramide und wunderte sich, dass es nichts Vergleichbares in der Königinnenkammer gab. Er engagierte den Zimmermann Bill Grundy als Unterstützung für Arbeiten in der Pyramide.

zweiter Ehe verheiratet, nachdem ihr erster Ehemann Arthur Ernst Hillaby, den sie 1917 in Lexden, Essex geheiratet hatte schon 1918 in Worksop gestorben war und 2.) Betty Waynman Stevens-Guille (* 31.5.1899 in Middlesbrough, Yorkshire; † März 1987 in Bideford, England). Betty heiratete am 14.9.1927 in Stokesley, George Frederick Stevens-Guille (* 1. Quartal 1899 in Cirencester, England; † 4. Quartal 1966 in Bideford, England). Mit ihm hatte sie einen Sohn, John De Carteret Stevens-Guille (* 2. Quartal 1928; † 19.9.2008 in Beaford, England). Er war nicht verheiratet und starb kinderlos. Die große Sammlung von Artefakten, Zeichnungen, Briefen, etc. von Waynman Dixon wurde in Exeter auf einer Auktion versteigert und wurde damit in die ganze Welt zerstreut. Die Dixons waren eine alteingesessene schottische Familie, die sich bis zu dem um 1500 geborenen Thomas Dixon zurückverfolgen lässt. Zu Waynman Dixon siehe auch: Fortenberry 2013, 129-141.

4 James Andrew Sandilands Grant (* 14.10.1840 in Methlick, Schottland; † 28.7.1896 in Bridge of Allan, Schottland) war Mediziner. Seine erste Ehefrau Adaline Northrup Torrey Grant (* 15.8.1840 in Honesdale, Pennsylvania, USA; † 24.7.1886 in Ägypten) heiratete er am 7.3.1870 in Sheffield, Yorkshire, England. Mit ihr hatte er zwei Kinder William und Jessie (* nach 1870 in Kairo, Ägypten; † 4.10.1923 in Paddington, London, England). Jessie heiratete George Gordon Curzo Farquhar Morice (* in 5.4.1878 in Ägypten; † 1. Quartal 1965 in Hove, England), der im ägyptischen Zivildienst tätig war. Nach dem Tod seiner ersten Frau heiratete James Grant im Sommer 1890 Florence Sabina Gibson (* 19.6.1858 in Birkenhead, England; † 24.6.1946 in St Marylebone, London, England). Mit ihr hatte er drei Kinder: James (* 1891 in Kairo, Ägypten; † 19.2.1919), Mary Florence (* 1893 in Kairo; † 3.2.1927 in Assuan, Ägypten) und Elsie Frances (* 1.2.1895 in Kairo, Ägypten; † August 1972 in Worthing, England). Letztere heiratete Gordon Morice, den verwitweten Mann ihrer Halbschwester Jessie.

5 Bey (ursprünglich Beg; persisch und osmanisch بگ Beg bzw. Beyg; arabisch بك Bek) ist ein türkischer Herrschertitel, gleichbedeutend mit dem arabischen Titel *amīr* und heißt „Stammesführer“. Mit dem Titel „Bey“ wurden nicht nur Militärs, sondern auch zivile Beamte der gehobenen Rangstufe ausgezeichnet.

Abb. 5: *Öffnung des Nordschachts in der Königinnenkammer.*

Vermutlich am 14. August 1872[6] machte W. Dixon die Entdeckung seines Lebens[7]. Der Nordschacht wurde allerdings nicht komplett frei gemeißelt, wie Abb. 6 (links) zeigt. An der Ost- u. Westseite wurden ebenfalls Probebohrungen vorgenommen, aber man fand keine Hohlräume. Er beschrieb sie später im Alter von fast 80 Jahren selbst in dem Artikel *The Great Pyramid – further exploration suggested* an den Herausgeber der *Times* vom 10. Januar 1924:[8]

> *"By reasoning and deduction, coupled with some imagination, I suspected the existence of two small channels leading from the Queen's Chamber, similar to those which existed, in the King's Chamber above. We measured to the spot where they ought to be, and, although there was no visible indication in the solid and most perfect condition of the wall, with hammer and chisel we drilled a one-inch hole, and when it was five inches deep the chisel went through into an open space. We then cut away the surrounding stone and revealed a small channel of about nine inches square in section, which went in horizontally and then turned upwards at a steep angle. There was also found a similar one in the opposite wall. But where they lead to we were unable to prove; probably, to some other chamber, or up to the exterior — a distance of some 250 feet."*

Der Satz aus dem *Times*-Artikel "*But where they lead to we were unable to prove*" lässt darauf schließen, dass versucht wurde, die von ihm gefundenen Schächte zu untersuchen. Mit welchen Gegenständen dies erfolgte, schreibt er allerdings nicht und auch nicht, ob dabei etwas im Schacht zurückgeblieben ist.

Abb. 6: Nahaufnahme der Öffnungen des Nord- (links) und Südschachts (rechts) in der Königinnenkammer, wobei auf der linken Seite des Nordschachts noch ein Rest des ursprünglich knapp 13 cm (5 Zoll) dicken Verschlussmaterials zu sehen ist. Die Aufnahme des Südschachts stammt von 1972 und zeigt noch den Riss mit dem abgebrochenen Steinstück links neben dem Schacht.

Der Begriff Königinnenkammer stammte fälschlicherweise von den Arabern, da diese Gräber für Königinnen mit einem gewölbten Dach, wie in der mittleren Kammer der Cheops-Pyramide, versahen, während sie für Könige ein Flachdach benutzten, wie bei der oberen Kammer der Cheops-Pyramide, weshalb diese auch die Königskammer heißt.

---

6 Pochan 1978, 118, sowie Abb. 6 links: die Einritzung 14/8/72.

7 In einem Brief von John Dixon aus London an P. Smyth vom 2. September 1872 wird die Entdeckung der neuen Schächte bereits mitgeteilt – s. Bauval und Gilbert 1994, 240 -, was den 14. August 1872 zu bestätigen scheint. In der erweiterten Auflage des Buches von Smyth 1874, 363 schreibt er allerdings, dass W. Dixon die Entdeckung im Winter zusammen mit seinem Freund Dr. Grant und B. Grundy gemacht hat.

8 Dixon 1924, 8.

Die Öffnungen der Schächte in der Königinnenkammer liegen in der Mitte der Nord- und Südwand, heute in einer Höhe von 1,50 m. Wenn man (aufgrund der Stufe im Gang zur Königinnenkammer) davon ausgeht, dass ursprünglich ein Plattenbelag in Höhe von rund einer Königselle (0,5236 m) vorgesehen war, waren sie ursprünglich in der gleichen Höhe wie jene der Königskammer angebracht, und zwar in knapp einem Meter Höhe.[9]

In seinem Buch *Our Inheritance in the Great Pyramid* beschreibt Smyth[10], dass in beiden Schächten Feuer gemacht wurde, um zu sehen, ob der Rauch abzog. Aber obwohl der Rauch im Südschacht abzog, konnte man an der Außenseite der Pyramide keinen Rauch feststellen. Vom Nordschacht wird nicht berichtet, dass der Rauch abzog.

In einem in der Zeitschrift *Nature* im Dezember 1872 erschienen ausführlichen Bericht *Recent discoveries in the Great Pyramid of Egypt — ancient Egyptian weight*[11] über die Entdeckungen in der Königinnenkammer der Cheops-Pyramide, steht allerdings zu den Schächten:

> *"The surface of the stone in the channel on the north side appeared to be clean as when originally cut, and the cement of the joints was perfectly white. There was a handful or two of débris of lime - at the bottom of the ascending portion of the channel, which had apparently fallen during the construction, and amongst this débris were found the granite ball and the piece of wooden rod and fragments. There was no indication of any draught in this north channel, and indeed the untarnished state of its walls, when opened, afforded the strongest proof that it was securely closed up. Hence the certain antiquity of the granite ball and wooden rod. No trace of any outlet or opening to either channel could be discovered on the exterior of the Pyramid. Experiments were made by firing a pistol in the ventilating channel of the King's Chamber, at the same time holding a lighted candle at the opening of the channel in the Queen's Chamber, and vice versâ, with the view of ascertaining if there was any communication between them; but no such connection could be perceived."*

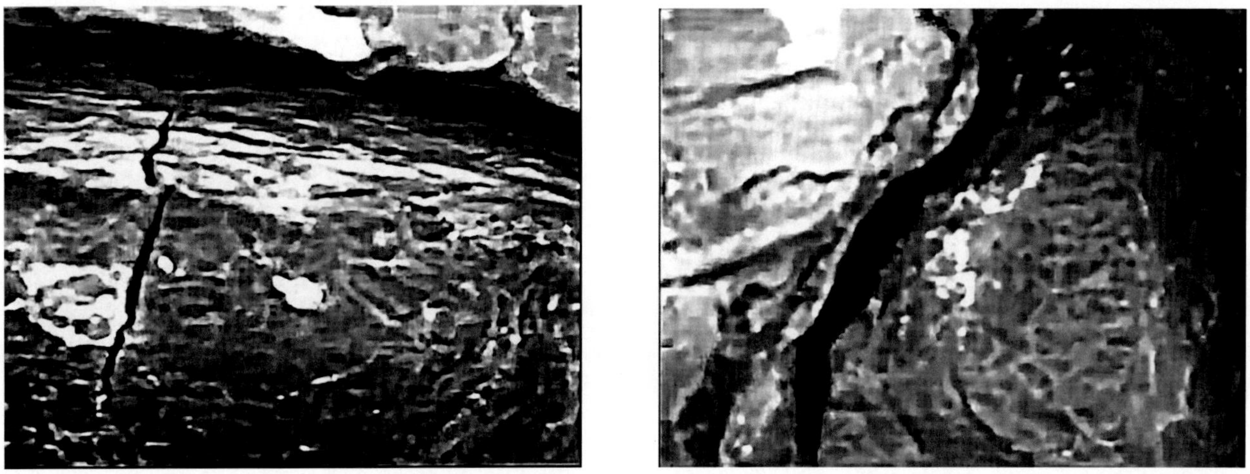

Abb. 7: Riss in der Decke des Südschachts der Königinnenkammer.

Die Tatsache, dass der Südschacht ebenfalls vom Rauch geschwärzt war, deutet darauf hin, dass durch den bestehenden Riss zuvor Rauch vom Inneren der Königinnenkammer dort eindrang und die Schachtwände schwärzte. Dies geht allerdings nur dann, wenn ein Abzug des Rauchs durch den Schacht erfolgen kann. Der von Dixon durchgeführte Feuertest bestätigt ja diese Vermutung. Unklar ist allerdings, wohin der Rauch

---

9 Stadelmann und Gantenbrink 1994, 287.

10 Smyth 1874, 364.

11 Der Artikel ist von Henry William Chisholm (H.W.C.), der auch das Buch *On the science of weighing and measuring and standards of measure and weight* geschrieben hat. Die Abteilung für Standardmaße und -gewichte des *Board of Trade* wurde 1866 gegründet, und Chisholm, ein Beamter, war von 1867 bis 1877 der erste und einzige Aufseher für Standardmaße. In dieser Funktion war er für die Aufstellung der Standardmaße am Trafalgar Square in London verantwortlich. Chisholm unterstützte die Idee eines metrischen Systems in England, die jedoch vom Parlament abgelehnt wurde.

abzieht, da bisher keine Öffnung gefunden wurde. Hier hätte ein Test mit einem der bisher eingesetzten Pyramidenroboter Klarheit bringen können. Meines Wissens wurde dies aber in den Missionen nicht untersucht. Ob allerdings die vorgefundene Schwärzung nur durch eindringenden Rauch über einen Riss erklärt werden kann, ist fraglich. Eventuell wurde bereits während des Baus der Pyramide in dem horizontal verlaufenden Schachtstück öfters Feuer gemacht, bevor der darauf liegende Stein aufgesetzt wurde. Dies würde den aktuellen Befund stützen. In den Pyramidentexten findet sich auch eine Stelle, die dazu passen würde.

> *„Es wird ihm [Anm.: dem König] eine Treppe zum Himmel geschlagen, damit er darauf zum Himmel emporsteige.*
> *Auf dem Rauch der großen Spende steigt er empor.*
> *Als Vogel fliegt Unas auf, als Käfer schwebt er nieder.“* [12]

Da also rituell bei der Bestattung des Königs ein Räuchermittel verbrannt wurde, müsste sich dies allerdings durch Untersuchung der abgelagerten Rußpartikel an den Schachtwänden ermitteln lassen. Da Ruß aus Kohlenstoff besteht, eignet sich hierfür die C^{14}-Methode als Altersnachweis. Weil in die Schachtöffnungen nach 1872 durch Besucher der Königinnenkammer immer wieder Fackeln gehalten wurden, um sich den Schachtverlauf besser ansehen zu können, ist es nun sicherlich zu spät, um noch originale Rußteile zu finden.

Bei dem Vogel in obigem Zitat handelt es sich wohl um den Ba-Vogel, der für die Seelenwanderung in die Sonnenbarke benutzt wird. Da es sich bei der Himmelfahrt um eine kultische Handlung handelt, so wie bei Scheintüren, kann der Gang auch durch Blockiersteine verschlossen sein, ohne die kultische Handlung zu behindern.

In der aktuellen Pyramiden-Literatur wird hervorgehoben, dass die kleinen Schächte in der Cheops-Pyramide ein Alleinstellungsmerkmal seien, die es in anderen Pyramiden nicht gäbe. In der Chephren-Pyramide wurde allerdings schon 1818 von Giovanni Belzoni, der die Pyramide in der Neuzeit erstmalig wieder geöffnet hat, ein Pendant in der Grabkammer gefunden. Er beschreibt die Entdeckung in seinem 1820 erschienen Buch so:

> *"At the north and south sides are two holes, which run in an horizontal direction, like those that are seen in the first pyramid, but higher up."* [13]

Bereits im April 1818 erschien in der Zeitschrift *The Quarterly Review* eine Buchbesprechung über die Reisebeschreibungen des britischen, königlichen Artillerie-Kapitäns Henry Light, welcher seine Reise durch Ägypten und Nubien im Jahr 1814 in einem Buch Anfang 1818 veröffentlicht hat. Diese Buchbesprechung enthält abschließend noch eine Zusammenfassung von den neuesten Entdeckungen, die der Italiener Giovanni Belzoni in Ägypten gemacht hat. Es folgt nun ein wörtlicher Auszug von Belzonis Angaben über die Öffnung der Chephren-Pyramide und die Entdeckungen darin.[14]

> *"On entering the great chamber, I found it to be 46 feet 3 inches long, 16 feet 3 inches wide, and 23 feet 6 inches high; for the most part cut out of the rock, except that part of the roof towards the western end. ...*
> *High up and near the centre there are two small square holes, one on the north and the other on the south, each one foot square; they enter into the wall like those in the great chamber of the first pyramid."* [15]

Wir erfahren hier also weitere Details über die beiden sich gegenüberliegenden Löcher auf der Nord- und Südseite der Kammer. Sie sind quadratisch und jeweils einen Fuß breit (≈ 30,5 cm). Damit sind sie nur unwesentlich größer, als die sogenannten Luftkanäle der Cheops-Pyramide. Leider erfahren wir keine weiteren

---

12 Thesaurus Linguae Aegyptiae, Doris Topmann, Unas-Pyramide, PT 267.

13 Belzoni 1820, 275.

14 *The following is M. Belzoni's own account of his operations in penetrating to the centre of the pyramid of Cephrenes, which will the more readily be understood by a reference to the annexed diagram.*

15 Anonymous 1818, 201. Der Verfasser zitiert hier in seinem Bericht Belzoni wörtlich.

Details über die Schächte. Die nachfolgende Abbildung zeigt die Kammer in einer Zeichnung, welche Belzoni[16] 1821 veröffentlicht hat.

Abb. 8: Grabkammer in der Chephren-Pyramide nach Belzoni (1821) mit eingelassenem Sarkophag. Gegenüberliegend in größerer Höhe befinden sich zwei kleine Schachtöffnungen.

Auch Aufnahmen aus unserer Zeit aus der Grabkammer der Chephren-Pyramide zeigen deutlich die beiden Schachtöffnungen.

[16] Belzoni 1821, Pl. 12.

Abb. 9: Moderne Aufnahme der Grabkammer in der Chephren-Pyramide mit Blick nach Osten. Die beiden kleinen Schachtöffnungen oben an der Nord- und Südwand sind gut zu sehen.

Howard Vyse schreibt 1837 zu diesen Öffnungen:

> *"I again carefully examined the excavation across the horizontal passage in the Second Pyramid, and also Belzoni's Chamber. In the latter, square holes like the beginning of air-channels had been cut on the northern and southern sides;[3] and others below them marked out with red lines. If a northern air-channel had likewise been begun on the exterior, it might have been a guide for the forced passage.*
> *[3] Mr. Perring imagined that they might have been used in the construction of the roof."* [17]

Als neue Information können wir entnehmen, dass möglicherweise weitere Öffnungen in der Kammer geplant waren oder die Öffnungen ursprünglich in einer anderen Höhe geplant waren. Die roten Linien dienten im Alten Ägypten als Vorzeichnungen oder Hilfslinien.

Perring gibt uns dann endlich die Information, wie lang die Schächte sind:

> *"Rectangular holes, 11 inches by 8½ inches, had been cut in the northern side of the chamber to the depth of 17 inches, and in the southern to the depth of 13 inches (see Fig. A).*
> *They may have been the commencement of air channels, or only to assist in the construction of the roof. Two others have been traced out in red beneath them (B)."* [18]

Auf der Nordseite besitzt der Schacht eine Länge von 43,2 cm und auf der Südseite 33 cm. Der Querschnitt beträgt 28 × 21,6 cm, wobei letzterer Wert auch beim Querschnitt der kleinen Schächte in der Cheops-Pyramide auftaucht. Perring vermutet, dass sie entweder der Beginn von Luftschächten wie bei der Cheops-Pyramide waren, oder dass sie Aussparungen für eine Unterstützung der Dachkonstruktion waren. Letzteres erscheint nicht sonderlich plausibel.

---

[17] Vyse 1840-42, 178 (Vol. 1).

[18] Perring und Andrews 1839-1842, 3.

Der Ägyptologe Miroslav Verner[19] sieht in den Öffnungen nur Haltevorrichtungen für eine Holzkonstruktion:

> *„In der Nord- und Südwand der Kammer ähneln die Mündungen der Schächte nur scheinbar denen in der Königinnen- und Königskammer der Großen Pyramide. In diesem Fall handelt es sich nämlich nur um kurze horizontale Öffnungen, die möglicherweise zur Befestigung einer Holzkonstruktion innerhalb des Grabes gedient haben."*

Verner greift damit die zweite Spekulation von Perring auf, dass die Öffnungen zur Unterstützung der Dachkonstruktion benötigt wurden. Er verbindet die Öffnungen aber mit einer Holzkonstruktion, ohne zu schreiben, wozu diese gedient haben soll. Ein Hinweis auf Perring oder Belzoni bezüglich der Öffnungen fehlt ebenso wie die Länge der Schächte. Ob sie definitiv im Kernmauerwerk enden oder nur durch Geröll verschlossen sind, bleibt unbeantwortet. Wenn die Öffnungen tatsächlich für eine Holzkonstruktion vorgesehen waren und einmal Holzbalken darin verankert worden wären, so hätte Belzoni darin vermutlich noch geringe Holzreste gefunden. Es ist wenig wahrscheinlich, dass frühere Grabräuber (mittelalterliche Araber bzw. noch frühere Plünderer) einfache Holzbalken einer unterstützenden Dachkonstruktion mitgenommen haben und diese dann auch noch rückstandsfrei entfernt haben. Auch aufgrund der Querschnittsmaße ist es wahrscheinlicher, dass hier einmal ähnliche Schächte wie bei der Cheops-Pyramide entstehen sollten, die ja auch zuerst horizontal verlaufen, bevor sie dann nach oben abknicken. Warum dies Unterfangen dann aufgegeben wurde, bleibt ein Rätsel. Vielleicht ist die Öffnung ja aber auf beiden Seiten auch nur mit Geröll verstopft und endet nicht wirklich nach dieser kurzen Distanz. Man bedenke, dass auch die Luftschächte der Cheops-Pyramide in moderner Zeit erstmalig durch Howard Vyse 1837 wieder von der Verstopfung mit Schutt und Geröll befreit worden sind. Die gleiche Prozedur wiederholten dann Mitte der 1920er Jahre Morton Edgar[20] und 1992 Rudolf Gantenbrink[21], da die Schächte jedes Mal wieder verstopft waren.

Moderne Standardwerke[22] über die Gizeh-Pyramiden enthalten keinen Hinweis auf kleine Schächte in der Grabkammer der Chephren-Pyramide. Bei Stadelmann[23] sieht man auf der Aufnahme der Chephren-Grabkammer, dass die kleinen Schächte hier in neuerer Zeit verschlossen wurden. Man möchte damit wohl Spekulationen über Sinn und Zweck der Öffnungen vorbeugen. Sollten die kleinen Schächte in der Chephren-Pyramide tatsächlich etwas mit den kleinen Schächten in der Cheops-Pyramide zu tun haben, würden dies auch kein Alleinstellungsmerkmal mehr für die Cheops-Pyramide bleiben.

---

19 Verner und Liedtke 1998, 258-259.

20 Morton Edgar (* 28.6.1874 in Glasgow, Schottland; † 6.2.1950 ebenda) war ein Kind von John Edgar und Mary Edgar (geb. Boyle). Er hatte noch drei ältere Schwestern: Annie, Eva und die drei Jahre ältere Minna, sowie einen zwölf Jahre älteren Bruder John, mit dem er zusammen die Pyramiden von Gizeh erforschte und darüber auch Bücher schrieb. Anfang 1904 schloss sich Morton mit 19 Jahren den internationalen Bibelstudenten an. Diese waren Anhänger der Theorie, dass die Cheops-Pyramide die Bibel in Stein darstellt, göttlichen Ursprungs ist und alle Prophezeiungen enthält. Im Sommer 1906 besuchte John mit seiner Frau und seiner Schwester Minna die USA und Kanada, wo er viele Vorträge über die Bedeutung der Großen Pyramide hielt. Im Sommer 1909 reisten John, seine Frau und seine beiden Söhne Jack und Stanley zusammen mit Morton nach Palästina und Ägypten, wo sie die Große Pyramide genauer untersuchten. Morton reiste zusammen mit Minna in die USA, um dort Vorträge über die Bedeutung der Cheops-Pyramide in der Bibel zu halten, so im Juni 1911, 1922 und im Juli 1924. Im Juli 1929 reiste er dann allein in die USA. Er gab sich meist als Verleger oder Buchautor aus. Morton war besonders in den 1920er Jahren bei den Pyramiden sehr aktiv, indem er Schutt wegräumte bzw. wegräumen ließ, Säuberungen im Inneren der Cheops-Pyramide vornahm, wie z. B. die verstopften Luftkanäle und jede Mengen Messungen vornahm. Von 1927 bis 1950 hatte er intensiven Briefkontakt mit Hugo Karlén.

21 Rudolf Gantenbrink (* 24.12.1950 in Menden, Deutschland) ist ein deutscher Ingenieur und Erforscher der sogenannten Luftschächte der Cheops-Pyramide. Gantenbrink hat an der Hochschule für Bildende Künste in Berlin und später in Hannover Grafik und Design studiert. Als Ingenieur und Pyramidenforscher ist er Autodidakt.

22 M. E. Lehner 1997, Stadelmann 1997

23 Stadelmann 1997, Taf. 49b.

2 Fundstücke in den Königinnenkammer- Schächten

2.1 Zedernähnliches Holzstück

FIG. 2.—Fragment of cedar rod.

Abb. 10: Zedernartiges Holzstück aus dem sog. nördlichen Luftschacht der Königinnenkammer der Cheops-Pyramide.

Bei dem von einer größeren Holzstange abgebrochenen Stück handelt es sich vermutlich um Zedernholz. Es ist 5 Zoll (= 12,7 cm) lang und hat eine Querschnittsfläche von (0,53 × 0,37 Zoll) 1,35 cm x 0,94 cm, gemäß dem Tagebucheintrag von Piazzi Smyth (s. Abb. 13). Im *Nature*-Artikel von 1872 werden die Maße auf eine Nachkommastelle gerundet angegeben, dort also mit 5 Zoll Länge und einem Querschnitt von 0,5 × 0,4 Zoll. Die unregelmäßigen Einritzungen oder Kerben, die auf obiger Abbildung zu sehen sind, sprechen nicht dafür, dass es sich bei diesem Objekt um das abgebrochene Teil eines Messstabes gehandelt hat.

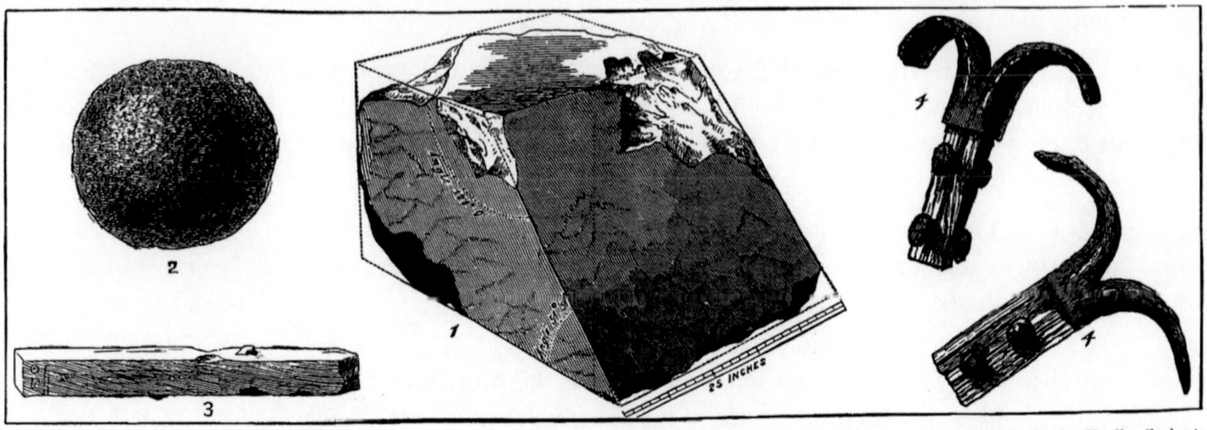

1. Original Casing Stone from North Side—2. Granite Ball, 1 lb. 3 oz. weight—3. Piece of Cedar, apparently a Measure—4. Bronze Instrument with portion of the Wooden Handle adhering to it
DISCOVERIES IN THE GREAT EGYPTIAN PYRAMID

Abb. 11: Durch Waynman Dixon gefundene Objekte in der Cheops-Pyramide.

Laut dem Bericht von John Dixon – dem Bruder von Waynman Dixon – in der Zeitschrift *The Graphic* vom 7. Dezember 1872 befand sich das Holzstück in einem exzellenten Erhaltungszustand und trug merkwürdige Markierungen und Anzeichen, die nahe legten, dass es sich wohl um einen Maßstab handelt, was allerdings aus der Zeichnung von Abb. 10 nicht hervorgeht.

2.2 Dolerit-Kugel

Abb. 12: Dolerit-Kugel aus dem Nordschacht der Königinnenkammer der Cheops-Pyramide.

Die Dolerit-Kugel wird im Britischen Museum in London als Schlagstein bezeichnet. Mit einer Größe von nur 6,5 cm Durchmesser (Angabe lt. Britischem Museum), also etwa Golfball-Größe, kann, wenn es sich um einen Schlagstein gehandelt hat, nur für Feinarbeiten, wie dem Schlagen auf einen Meißel, gehandelt haben.

Besonders auf dem rechten Bild von Abb. 12 ist eine, um die Kugel herumlaufende, eingeritzte Linie zu erkennen. Diese wird meines Wissens nirgends explizit erwähnt. Im Bericht in *Nature* von 1872 wird noch erläutert, dass auf der Oberfläche der Steinkugel etliche weiße Kalk- oder Gips-Flecken vorhanden waren. In dieser Verfassung wurde die Steinkugel durch das Standard-Department exakt gewogen und zu 8.324,97 Getreidekörnern bestimmt.[24] Danach wurden die Kalk- oder Gips-Flecken sorgfältig entfernt und das Gewicht erneut festgestellt, diesmal zu 8.322,4 Getreidekörnern (entspricht 539,29 g).

Im *Nature*-Artikel von 1872 wurde *Gewichtsstein* als möglicher Verwendungszweck angegeben. Der größte Durchmesser wird dort mit 7,32 cm und der kleinste Durchmesser mit 6,73 cm angegeben. Die Steinkugel, welche im November 1872 von Smyth gewogen wurde, besaß demnach ein Gewicht von 8.325 Getreidekörnern[25], was knapp 540 g entspricht. Dieser Wert wird auch in der Beschreibung der im Britischen Museum ausgestellten Kugel angeführt. Wilkinson[26] gab auf Nachfrage von Smyth an, dass eine ägyptische Mine[27] (Pfund) dem Gewicht von 8.304[28] Getreidekörnern (zu 64,8 mg = 538,1 g) entsprochen hat. Somit könnte es sich bei dem gefundenen Dolerit-Stein um einen altägyptischen Gewichtsstein gehandelt haben. Ob es sich nun tatsächlich um einen Gewichtsstein oder doch eher um einen Schlagstein handelt, wird im ersten Anhang detailliert untersucht.

Da der Nordschacht beim Öffnen durch Dixon absolut unversehrt war, kann man bei den darin gefundenen Objekten davon ausgehen, dass sie zusammen beim Bau der Pyramide dorthin gelangt sind. Beim Südschacht ist dies aus oben erwähnten Bedenken meines Erachtens nicht garantiert. Insofern könnte der möglicherweise im Südschacht gefundene Haken auch erst zu einem späteren Zeitpunkt dort hingekommen sein.

Bereits im April 1873 erschien in einem wissenschaftlichen Journal eine Notiz zu den Funden von 1872 in der Cheops-Pyramide, in welchem schon nicht mehr unterschieden wurde, dass W. Dixon die drei Relikte (Haken, Granit-Kugel und Holzstück) nicht im gleichen Schacht gefunden hat, wie folgender Auszug zeigt:

> *"These channels had not been recognised before, as this outcrop into the Queen's chamber had been neatly filled up with a thin plate of white stone, looking superficially like the rock of the walls. One of them is in the north wall, and the other in the south. Inside them were found squeezed out flakes of white mortar (since then analysed by Dr. Wallace, of Glasgow, and found to be not carbonate, but sulphate, of lime), an ordinary 'mina' stone-ball weight of the ordinary*

---

24 Grundlage hierfür war das aus Frankreich stammende Avoirdupois, ein Handelsgewicht, das einem Pfund entsprach, welches dort schon im 16. Jh. standardisiert wurde. Im 18. Jh. wurde es dann in Großbritannien standardisiert und zu 7.000 *grains* (Getreidekörnern) festgelegt. Dadurch ergab sich ein Gewicht von knapp 64,8 mg pro Gerstenkorn. Was in der Antike als Gewicht für ein Gerstenkorn angenommen wurde, wissen wir nicht. Von 1853 bis 1959 war dieses Pfund in Großbritannien durch ein Gewichtsstück von ca. 453,592338 g definiert. Im Münz- und Edelmetallwesen wird jedoch das Troy-System verwendet, bei dem das Pfund nur 5.760 *grains* schwer ist, also 373,24 g.

25 Smyth 1874, 364. Es handelt sich hierbei um Gerstenkörner, von denen das britische Pfund 7.000 enthält, sodass jedes Gerstenkorn knapp 64,8 mg schwer ist.

26 John Gardiner Wilkinson (* 5.10.1797 in Little Missenden, England; † 29.10.1875 in Llandovery, Wales) war ein englischer Ägyptologe, der oft als Vater der britischen Ägyptologie angesehen wird (s. J. G. Wilkinson 1871, 259 (Vol. 2).

27 Der früheste derzeit bekannte hieroglyphische Beleg (BM Ostrakon No. 5631: 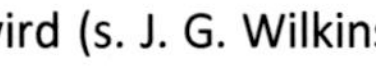 = *nbw mnn 2*) für die ägyptische Mine (*mnn*) stammt aus dem Neuen Reich und entspricht einem semitischen Lehnwort (s. Hoch 2014, 127, No. 162), welches dem akkadischen Wort *manû* entspricht. Die Erstveröffentlichung des Textes oBM 5631 erfolgte bereits in Birch 1868, Tf. XVIII.

28 Diese Angabe ergibt sich aus J. G. Wilkinson 1837, 113, Fußnote *, in der es heißt: *"The Egyptian mina was 1 lb. 5 oz. 6 dwts. English."* Gemäß dem en. Troy-(Feinunzen)-System ist 1 *lb.* = 12 *oz.* = 240 *dwts.* (**d**enarius **weight** oder pennyweight) oder 1 *dwts.* = 24 *grains*, 1 *oz.* = 480 *grains*, 1 *lb.* = 5.760 *grains*. Vermutlich hat Wilkinson die Information aus Arbuthnot 1727, Tab. 19 unter Weglassung der dort noch zusätzlich angegebenen 22 $^{26}/_{49}$ *grains*. In Young 1807, 162 steht *"Egyptian mina: 8326 English grains"*. Die Zahl 8.304 taucht bereits 1868 in Smyth 1868, 448, in Anhang Nr. 3 auf, in welchem A. D. Wackerbarth zitiert wird.

old 'profane' Egyptians, a little bronze sort of grapnel hook, and a little staff of trimmed cedar-like wood a few inches long, but nearly perished." [29]

In späteren Publikationen, die auf die Dixon-Relikte Bezug nehmen, wird meist nur von Funden im Nordschacht berichtet; so auch auf der Website von Gantenbrink[30], der mit seinem Roboter *UPUAUT-2* zuerst den Nordschacht der Königinnenkammer bis zu einer Länge von ca. 19 m erkundet hat.

Stadelmann und Gantenbrink[31] schreiben hierzu:

„Die derart verschlossenen Ausgänge wurden erst 1872 von W. Dixon entdeckt und gewaltsam geöffnet. Dabei fand er im unteren Teilstück des nördlichen Schachtes drei Gegenstände: eine kleine Steinkugel, eine Holzleiste und einen Gegenstand aus Kupfer, wohl ein schwalbenschwanzförmiges Kupferwerkzeug (Tafel 55). Diese Gegenstände befinden sich heute im Britischen Museum London und wurden erst neuerlich wieder entdeckt. Die Tatsache, dass diese Gegenstände in dem verschlossenen Schacht nSR nahe dem unteren Ausgang in der Kammer R aufbewahrt waren, zwingt uns, diese Gegenstände als originale Beigaben anzusehen. Die wahrscheinlichste Deutung dieser Gegenstände ist die, dass sie Modellbeigaben waren, wie sie ähnlich bei Gründungsbeigaben vorkommen. Sie dienten damit dem König im Jenseits als Werkzeuge, die kleine Kugel als Steinhammer, das Kupferwerkzeug als Meißel, das Holz als Elle oder Keilholz zur magischen Öffnung des Schachtes."

Verner[32] beschreibt den Fund wie folgt:

„Vor gar nicht langer Zeit wurden hier [Anm. d. Verf.: Britisches Museum] drei Gegenstände wiedergefunden, die Dixon dem nördlichen Schacht der Königinnenkammer entnommen hatte. Es handelt sich um eine Steinkugel, eine hölzerne Latte und einen kupfernen Gegenstand in Form eines Schwalbenschwanzes."

Hier fehlt nicht nur die Differenzierung zwischen Nord- und Südschacht-Funden, der Haken wird auch als *aus Kupfer* bezeichnet, wie es in der Objektbeschreibung des Britischen Museums steht.

Hawass[33] notiert auf seiner Webseite mit Datum vom 21.3.1993:

"In the southern shaft, Dixon and his associate James Grant found a small, bronze hook. The northern shaft yielded a granite ball and a piece of cedar-like wood. These objects became known as the Dixon Relics. Both sets of artifacts lay in the rubble at the bottom of the sloping shafts. A report on the discovery of the relics was published in the journal 'Nature' on December 26, 1872, including a drawing of the items."

Als Fundort gibt er für den Doppelhaken den Südschacht an und für die anderen beiden Objekte den Nordschacht der Königinnenkammer. Als Referenz wählt er den *Nature*-Artikel vom 26.12.1872.

2004 lesen wir dann bei Hawass[34] jedoch etwas anderes als zuvor:

---

29 Anonymous 1873, 273.

30 Gantenbrink 1999 unter: http://www.cheops.org/startpage/thefindings/thelowernorthshaft/lowernorth.htm [Stand 1.9.2014].

31 Stadelmann und Gantenbrink 1994, 287-288.

32 Verner und Liedtke 1998, 230.

33 Hawass 1993.

34 Hawass 2004, 158.

„Im Nordschacht [Anm. d. Verf.: der Königinnenkammer] fanden Dixon und sein Partner James Grant einen kleinen bronzenen Haken, eine Granitkugel sowie ein Teil aus zedernartigem Holz. Diese Gegenstände wurden unter der Bezeichnung 'Dixon Relics' bekannt."

Plötzlich wurden nun alle drei Objekte im Nordschacht gefunden. Nur die Tatsache, dass der Haken aus Bronze besteht, ändert er nicht. Letzteres ist besonders unter dem Aspekt bemerkenswert, dass das ägyptische Antikenministerium bereits kurz nach Wiederauffinden der Relikte (Ende 1993) eine chemische Analyse beim Britischen Museum in Auftrag gab, welche als Material klar Kupfer für den Haken bestätigt. Anfang 1994 war Zahi Hawass wieder Oberinspektor des Gizeh-Pyramidenplateaus. Die Analyse, falls nicht von ihm selbst in Auftrag gegeben, hätte ihm bekannt sein müssen. Näheres dazu weiter unten.

2.3 Schwalbenschwanzförmiger Doppelhaken

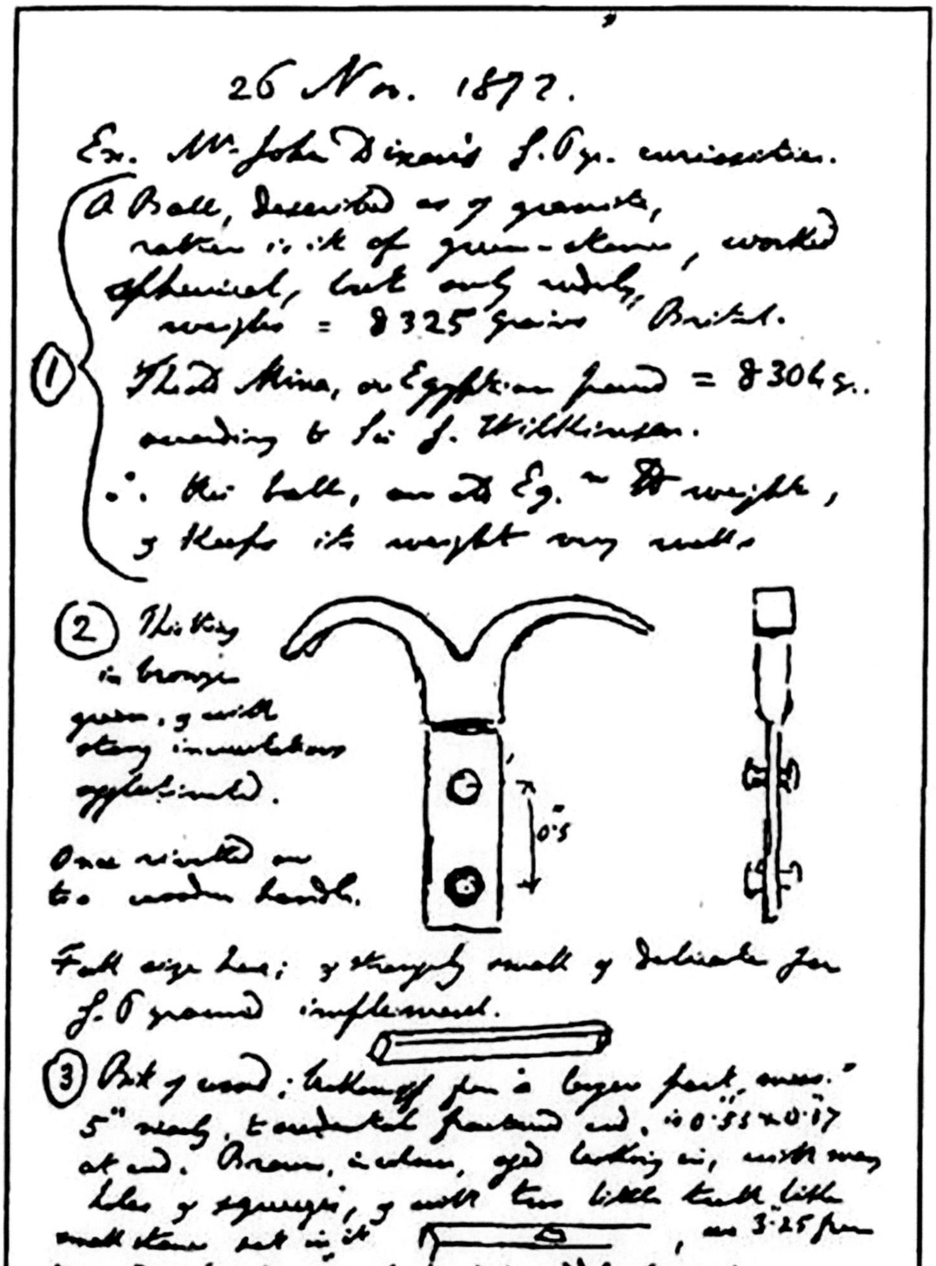

Abb. 13: Charles Piazzi Smyths Tagebucheintrag vom 26.11.1872.

Abb. 14: Doppelhaken aus der Cheops-Pyramide. © Rudolf Gantenbrink.

Die Beschriftung zu dem Doppelhaken und der Steinkugel im Britischen Museum, wo beide Objekte im 1. Obergeschoss in Raum 64, Vitrine 14 ausgestellt sind, lautet wie folgt:

"These objects were found in 1872 in the lower ends of the so-called 'air-shafts' which run from the 'Queen's Chamber'. Reports of the time are contradictory and it's not clear whether both items were in the southern shaft, or whether the stone object came from the northern. They are probably tools lost during constructions: a spherical hammer stone and part of a copper implement, original fitted to a handle of wood or bone."

Hier wird in Betracht gezogen, dass beide Objekte evtl. nicht im gleichen Schacht gefunden wurden. Auf weitere unterschiedliche Angaben zum Fundort und zum Material wird später noch eingegangen.

Am unteren Ende des aufsteigenden südlichen Schachts fand W. Dixon einen etwa 5 cm großen Doppelhaken inmitten eines kleinen Haufens von Schutt.[35]

In der *Nature*-Ausgabe vom 26. Dezember 1872 heißt es dazu:

"The bronze hook (Fig. 1) is covered with green oxide of copper, but a small notch recently made in it with a file shows it to be of bronze or gun metal. The two pins have a large rivetted head on both sides. Its length is 1.8 inch [≈ 4,6 cm], and the distance from the two extremities of the hooks is two inches [≈ 5,1 cm]. With a wooden handle attached by the two pins, it may have been used as a tool of some kind. It is probably the most ancient specimen of bronze now existing."

Bei der Objektbeschreibung des Britischen Museums wird allerdings Kupfer als Material erwähnt und nicht Bronze. Auf eine Nachfrage Anfang Dezember 2014 beim Britischen Museum teilte mir Daniel Antoine, ein Kurator (*Assistant Keeper*) der Abteilung *Altes Ägypten und Sudan*, Folgendes mit:

"This object was conserved in 2012, when it was carefully examined and was still reported as being made of copper. The purpose of the treatment was stabilisation and not analysis, so further work may be required to confirm the composition of the metal. All other reports also mention copper. Unfortunately, this does not clarify the situation. I do not think they would have been able to distinguish between copper and bronze in 1872 using a visual inspection (as both metals have a very similar appearance) and the percentage of tin would need to be determined using modern scientific techniques, particularly as anything up to 1 % tin may have been accidental (see Nicholson and Shaw, Ancient Egyptian Materials and Technology). As you will see from this reference, copper was much more prevalent in the Old Kingdom than Bronze."

Im Herbst 2015 hat mir Shaun Whitehead[36] dann freundlicherweise ein Dokument des Britischen Museums vom Januar 1994 zur Verfügung gestellt, in welchem eine Analyse des Hakens vom ägyptischen Antikenministerium angefordert wurde. Er selbst hatte 2010 vor der geplanten Djedi-Roboter-Mission beim Britischen

35 Chisholm 1872, 146-49.

36 Shaun Whitehead von der Firma Scoutek war der Projektleiter des Djedi-Teams, welches 2011 in den Schächten der Königinnenkammer der Cheops-Pyramide eine Roboter-Mission durchführte.

Museum nach einer Analyse des Hakens nachgefragt, da er vorhatte, das bereits abgebrochene Stück Metall eines Pins im Blockierstein im Königinnenkammerschacht mittels Djedi zu bergen und dann analysieren zu lassen. Susan La Niece vom Scientific Research Center des Britischen Museums stellte ihm dann im April 2010 das eingescannte Dokument als PDF zur Verfügung. In der Analyse kam das Museum zu folgender Erkenntnis:

> *"The corrosion layer is thick, adherent and unaffected by solvents. The green corrosion product was identified by Xray diffraction analysis as atacamite ($Cu_2Cl(OH)_3$), a basic copper chloride, which occurs commonly on excavated antiquities. There are traces of an organic material, possibly wood, on the area around the rivets on both sides of the shaft.*
> *The metal composition was determined on a drilled sample taken from inside the sample hole. Analysis was done by X-ray fluorescence using a drilled standard copper-arsenic alloy for comparison. The metal is copper, with 2 % arsenic, 0.2 % tin and 0.2 % iron in the metal.*
> ...
> *Conclusions*
> *The composition of the corrosion and its appearance is consistent with burial for a great number of years. Arsenical copper was the normal alloy from the latter part of the Early Dynastic Period. Tin bronze only became prevalent during the Middle Kingdom, but traces of tin are found in the copper of very early pieces. During the 1st Dynasty and earlier, copper has very low levels of iron (circa 0.03 %). Iron levels increase noticeably from the 1st Dynasty due to changes in smelting technology (Cowell 1987)[37]. The arsenical copper alloy of this piece, with 0.2 % iron, could be consistent with a date in the Early Dynastic period, but would not be out of place at a later date, though it is very unlikely to be modern."*[38]

Es wurde also für unwahrscheinlich erachtet, dass der Doppelhaken aus modernen Zeiten stammt. Aufgrund der Analyseergebnisse ist es wahrscheinlicher, dass der Haken aus der Pyramidenbauzeit stammt und nicht aus einer späteren Schatzsuche, es sei denn, dass diese sich schon relativ bald nach der Erbauung der Cheops-Pyramide ereignet hat. Dennoch kann meines Erachtens nicht völlig ausgeschlossen werden, dass das Objekt aus der griechisch-römischen Zeitepoche herrührt, zumal es zum Fundort des Hakens drei verschiedene Angaben gibt (siehe weiter unten).

Bereits 1882, 10 Jahr nach dem Fund der Dixon-Relikte, wurde eine chemische Analyse des Doppelhakens, der zuerst als aus Bronze bestehend bezeichnet worden war, durchgeführt und im *Journal of the Chemical Society*[39] veröffentlicht. Das Ergebnis war, dass der Doppelhaken zu 99,521 % aus Kupfer besteht und zu 0,479 % aus Eisen. Es scheint so, dass dieses frühe Analyseergebnis schnell in Vergessenheit geraten war, da sich keine moderne Untersuchung darauf bezog. Ironischerweise erfolgte die Analyse aus dem Jahr 1882 von einem Mitarbeiter des Britischen Museums: Walter Flight, D.Sc., F.G.S., of the Department of Mineralogy, British Museum; Examiner in Chemistry and Physics, Royal Military Academy. Das Analyseergebnis von 1882 ist nahezu identisch mit dem modernen Analyseergebnis.

Leider ist mir nicht bekannt, ob die Spuren von organischem Material, die als *„vermutlich Holz"* angegeben wurden, mittels der C^{14}-Methode untersucht wurden, um einen zusätzlichen Altersnachweis zu erbringen, oder ob die Spuren zu gering waren, um dies damit untersuchen zu können. Aufgrund der Stabilisierungsmaßnahmen, die das Britische Museum im Jahr 2012 an dem Haken vorgenommen hat, ist es auch fraglich, ob aktuell noch Spuren vorhanden sind, die mittels einer moderneren Technik untersucht werden könnten.

---

37 RM Cowell (1987) Scientific Appendix I in *Catalogue of Egyptian Antiquities* in the BM 8 (Axes) by W. V. Davies BMP 96-116.

38 *Report on the scientific examination of a hook-like implement, said to be from the great pyramid at Giza* (Submitted by the Department of Egyptian Antiquities), BMRL no. 6538/46889T.

39 Flight 1882 (Vol. XLI), 141-142.

Abb. 15: Doppelhaken (Vorder- und Rückseite) aus der Cheops-Pyramide.

Aus dem *Nature*-Artikel vom 26. Dezember 1872 geht hervor, dass der Fundort des Hakens der Südschacht ist:

> *"The sides of the channel were found to be blackened with smoke like the walls of the Queen's Chamber, and it was thought that a slight draught was perceptible.* ***The bronze hook was discovered lying amongst a small heap of debris at the bottom of the ascending channel. This channel on the south side of the Queen's Chamber*** *[Hervorhebung durch den Autor] having been discovered, which appeared to be precisely similar to the air channel of the King's Chamber, and to ascend at the same angle, an attempt was naturally made to find a corresponding channel behind the wall on the north side of the Queen's Chamber, though no indication of any such channel presented itself on the surface of the wall. After using measuring rods to mark a spot exactly opposite to the drilled hole on the south wall a hole was bored in the north wall, and a similar cavity was at once found. By enlarging the opening as before, a second channel was discovered of the same dimensions and which, after proceeding horizontally for seven feet also ascended at an angle of about 32°.*
> *The surface of the stone in the channel on the north side appeared to be as clean as when originally cut, and the cement of the joints was perfectly white. There was a handful or two of debris of lime at the bottom of the ascending portion of the channel, which had apparently fallen during the construction, and amongst this debris were found the granite ball and the piece of wooden rod and fragments. There was no indication of any draught in this north channel, and indeed the untarnished state of its walls, when opened, afforded the strongest proof that it was securely closed up. Hence the certain antiquity of the granite ball and wooden rod."*

Der letzte zitierte Satz zeigt eindeutig, dass lediglich die im Nordschacht gefundene Kugel und ein Holzstück als sicher antik bezeichnet werden können. Vom Haken ist hier nicht die Rede.

James Bonwick[40] gibt in seinem 1877 erschienen Buch *Pyramid facts and fancies* zum Fundort des Doppelhakens eine ganz andere Stelle an, während er die Steinkugel betreffend den Nordschacht der Königinnenkammer erwähnt. Hier nun die relevanten Ausschnitte aus seinem Buch:

> *"Two channels there looked like the air-holes of the other Chamber, but were sealed up. When broken through, the space was horizontal for 7 feet, and then turned north and south at the angle 32°. They might have been for acoustic purposes. Mr. Waynman Dixon tested them by*

[40] James Bonwick (* 6.7.1817 in Lingfield, Surrey, England; † 6.2.1906 in Southwick, Sussex, England) war ein Schriftsteller, der geschichtliche und pädagogische Themen bearbeitete. Später siedelte er nach Australien über.

smoke, which was not to be detected outside. A rounded granite ball, supposed a Mina weight, being 8325 grains, was taken from the northern channel. ...[41]
The Ante-chamber, or Anti-closet of Mr. Greaves, is fitted on each side with four grooves for the reception of portcullis or flat stones, to be let down to block up the way to the King's Room from the Gallery. ... The height of the portcullis, according to Perring, is 12 feet 5 inches. Mr. Waynman Dixon found a bronze hook near there; it may have belonged to some treasure-seeker of old." [42]

Da Bonwicks Buch nur fünf Jahre nach dem Fund der Dixon-Relikte gedruckt wurde, kann man davon ausgehen, dass er die Ereignisse um die Entdeckung der Königinnenkammer-Schächte genau verfolgte. Er behauptet also, dass der Doppelhaken gar nicht in der Königinnenkammer gefunden wurde, sondern in der Nähe der Vorkammer der Königskammer. Er kommt zur Einschätzung, dass es sich bei dem Fund um ein Relikt eines früheren Schatzsuchers gehandelt hat. Demnach wäre das Fundstück mit ziemlicher Sicherheit nicht aus der Bauzeit der Pyramiden.

Über sein Buch *Pyramid facts and fancies* schrieb er übrigens in seinem 1878 erschienen Buch *Egyptian belief and modern thought* im Vorwort Folgendes, um den gedachten Leserkreis seines Buches von 1877 vorzustellen:

"The author's simple design in this work, as in the 'Pyramid Facts and Fancies', was to collect information for those with little leisure for research."

Abschließend zu den Funden durch Dixon und Grant sei hier noch einmal Smyth zitiert, der seine Verwunderung zum Ausdruck bringt, dass von den Ägyptologen diese Funde nicht als archäologische Sensation angesehen wurden:

"These relics approached so nearly in character to the ordinary nick-nackets of most men's archeology, that they excited quite a furore of interest, for a time, in general antiquarian circles; but nothing more has come of them. The ball and the hook arc supposed to have been dropped down the channels unintentionally by some of the mason's labourers or boys at the passages' upper ends, when the place of those ends was still open and accessible; but the things thus strangely found, belong merely to the forced labourers, the hodmen, of profane Egypt; not to the architect and head administrator of the scientific and inspired design." [43]

---

[41] Bonwick 1877, 34.

[42] Bonwick 1877, 36.

[43] Smyth 1874, 364-365.

3 Moderne Theorien über die Dixon-Relikte

In neuerer Zeit tauchen immer wieder Theorien über die Pyramiden und deren Bestimmung auf, was auch die Dixon-Relikte einschließt.

So äußert Bauval in seinem Buch *The Orion Mystery* von 1994, dass der Bronzehaken ein *Pesch-en-Kef*-Instrument sei, welches von ägyptischen Priestern zur rituellen Öffnung des Mundes des Verstorbenen benutzt wurde. So soll mit dem Haken und einem Holzstück als Griff für den Haken in Kombination mit einem Senkblei die Pyramide auf die Polarsterne ausgerichtet worden sein. Bauval beruft sich dabei auf die Expertise des tschechischen Ägyptologen und Astronomen Zoynek Zaba. Auch Lawton und Ogilvie-Herald[44] greifen die These auf.

George Reisner fand bei Ausgrabungen im Taltempel von Mykerinos im Juli 1908 das links abgebildete *kf-psS* (*kef-pesesch*) oder auch seltener *Pesch-en-kef* bezeichnete Instrument, welches für Cheops bestimmt war. Die Inschrift darauf lautet: *„Horus Mdjedw, König von Ober- und Unterägypten, Chnum-Chufu (Cheops)"*.

Meines Erachtens ist der gefundene Metallhaken kein *kf-psS*-Instrument. Denn wenn man ein solches Instrument dort hätte absichtlich deponieren wollen, warum dann nicht ein Instrument wie das hier abgebildete benutzen?

Abb. 16: Darstellung eines kf-psS Instruments (18,3 × 2,8 × 0,4 cm) mit einer Inschrift von Cheops.

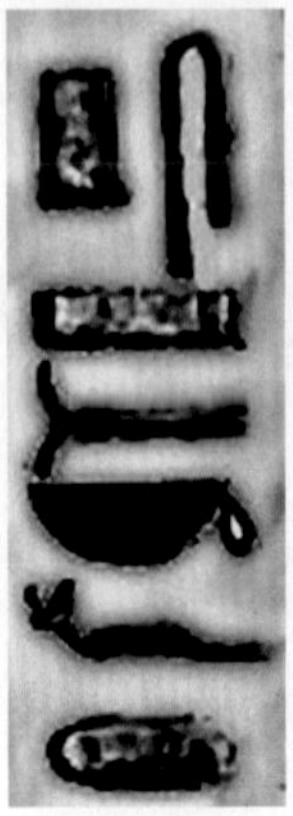

Spruch 37 der Pyramidentexte bezieht sich auf das Mundöffnungsritual und lautet: *„O Unas, ich habe dir deine Unterkiefer befestigt, so daß sie geteilt sind. psS-kf-Gerät (zur Mundöffnung)."*[45] Teil des Textes ist das *psS-kf* Instrument, welches in der Mitte von Abb. 17 liegend zu sehen ist. Unas war der letzte König der 5. Dynastie. Er regierte ca. 200 Jahre nach Cheops. Unter Unas wurden die Pyramidentexte erstmals aufgeschrieben. Sie sind allerdings schon sehr alt und reichen bis weit in die vordynastische Zeit zurück, aus der sie mündlich tradiert wurden.

Abb. 17: Ausschnitt aus Spruch 37 des Pyramidentextes der Unas-Pyramide: Nordwand, oberes Register der Grabkammer.

Miller[46] formuliert die Theorie, dass die drei – seiner Meinung nach im Nordschacht – gefundenen Objekte (Bronzehaken, Steinkugel und Holzstück) zusammen mit dem von ihm vermuteten im Schacht verbliebenen restlichen Holzstab, der in Wirklichkeit jedoch eine Metallstange ist, ein Messinstrument zur Bestimmung von Winkeln gewesen sei.

Dieses hätten antike Seefahrer zur Navigation benutzt, wobei Markierungen auf der Holzleiste zur Ablesung des angepeilten Winkels dienten. Hält man das T-förmige Objekt nun schief und peilt mit den Augen entlang der Querleiste ein Objekt an, so kann man den Winkel zwischen Betrachter und angepeiltem Objekt an der im 45° Winkel angebrachten Messleiste ablesen.

Abb. 18: Darstellung eines Winkelmessgeräts bestehend aus den Dixon-Relikten.

---

44 Lawton und Ogilvie-Herald 1999.

45 Thesaurus Linguae Aegyptiae, Doris Topmann, Unas-Pyramide, PT 37.

46 C. E. Miller 2001.

Meines Erachtens hat diese Theorie folgende Schwächen:

- Für das beschriebene Messinstrument benötigt man drei Holzstücke. Im Schacht wurde allerdings nur ein kurzes abgebrochenes Holzstück gefunden, d. h. die Haltestange und das als Querbalken und zur Anvisierung eines Himmelsobjekts benötigte Holzstück existiert nicht.
- Zur Winkelmessung benötigt man gleichmäßige Kerben in der Messlatte. Aufgrund der überlieferten Abbildungen des nunmehr vermissten Holzstückes ist dies nicht erkennbar. Die angeblichen Markierungen sehen eher aus wie natürliche Risse im Holz.
- Bisher hat man in Ägypten weder ein derartig zusammengebautes Messgerät gefunden noch eine in einer Inschrift oder Urkunde bezeugte Beschreibung desselben.

Ein modernes Werkzeug, das dem in der Pyramide gefundenen Haken am nächsten kommt, sieht so aus:

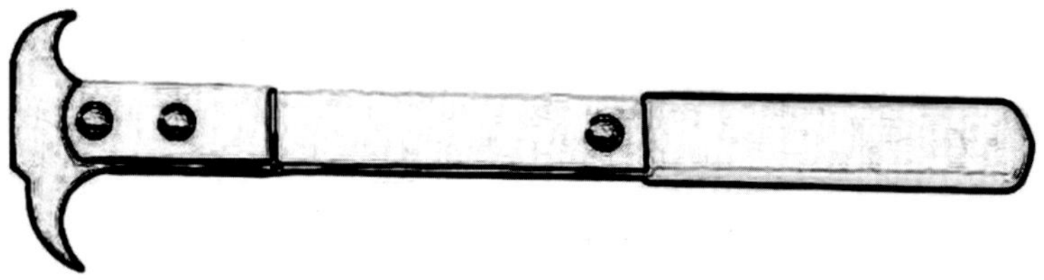

Abb. 19: Dichtungsentferner.

Als Anwendungszweck wird angegeben: zur einfachen und schonenden Demontage von festsitzenden Simmer- und Dichtringen ohne Kraftaufwand.

Nun hat es in der Antike sicher keine Dichtungsringe gegeben, die man damit hätte entfernen müssen. Die Idee hinter diesem Werkzeug scheint aber auf den wahren Anwendungszweck des Pyramiden-Hakens hinzuweisen, nämlich ein Objekt zu sich heranzuziehen. Der Griff ist dazu da, um das Werkzeug bequem in der Hand halten zu können und die Zugkraft des Arms optimal auf den Haken übertragen zu können. Betrachten wir uns jetzt noch einmal Abb. 15 und Abb. 10. Da drängt sich doch geradezu der Verwendungszweck des Hakens auf. Wenn wir einmal davon ausgehen, dass das im Nordschacht gefundene, heute vermisste Holzstück zusammen mit dem Objekt aus Abb. 30 mit dem Doppelhaken verbunden war, so haben wir ein Werkzeug, welches recht genau dem modernen Werkzeug aus Abb. 19 entspricht. Wenn wir jedoch davon ausgehen, dass man den Blockierstein mit zwei solcher Werkzeuge – in jeder Hand eines – gezogen oder gehoben hat, so hätte der Abstand der Ösen nicht mit der Spannweite eines einzelnen Doppelhakens korrelieren müssen. Zudem hätte man durch die Verwendung von zwei derartigen Werkzeugen die Kraft auf das zu bewegende Objekt verdoppeln bzw. die Anstrengung halbieren können, es zu ziehen oder zu heben.

Im oberen Bereich der Königskammerschächte ungefähr 6 m vor dem Schachtaustritt fand Gantenbrink mehrere nischenartige Vertiefungen von 1,5 cm. Deshalb liegt die Vermutung nahe, dass die in den beiden Königinnenkammerschächten gefundenen Blockiersteine ebenfalls mittels Nischen von oben her eingesetzt wurden. Falls man den Blockierstein wieder entfernen wollte, so ließ sich das vermutlich nur noch mit dem zuvor beschriebenen Werkzeug vornehmen.

Betrachten wir uns indessen noch einmal Abb. 45. Hier sehen wir, dass der Bereich vor dem Blockierstein poliert wurde. Diese aufwendige Arbeit wurde ganz sicher nicht zum Zeitvertreib der Bauarbeiter unternommen. Es muss also irgendeine tiefere Absicht dahinterstecken. Doch welche?

Abb. 20: Doppelhaken aus Tell Defenneh.

Meine Recherche nach ähnlichen antiken Objekten wie dem in der Pyramide gefundenen Doppelhaken brachte ein vermutlich von Flinders Petrie 1886 gefundenes Objekt aus Tell Defenneh zutage, welches heute ebenfalls im Britischen Museum in London unter der Museumsnummer *EA23871* geführt wird. Es wurde dem Museum 1887 vom Egypt Exploration Fund geschenkt. Als Objekttyp wird „Spange/Schnalle" mit einem Fragezeichen versehen angegeben. Das Objekt besteht aus einer Kupferlegierung (Bronze oder Messing). Als Zeitangabe wird die römische oder späte Periode genannt, allerdings ebenfalls mit einem Fragezeichen. Die Ausmaße des Objekts sind: 2,36 cm lang, 1,78 cm breit, 0,91 cm dick. Dieses Objekt ist also deutlich kleiner als der in der Pyramide gefundene Doppelhaken aus Abb. 15, hat aber eine gewisse Ähnlichkeit in Größe und Form mit dem kleinen Objekt aus Abb. 34. Als Referenz von EA23871 wird eine Veröffentlichung von Petrie[47] genannt. Zwei ähnliche Objekte sollen sich im ägyptischen Museum in Kairo befinden unter der Registrierungsnummer *JE27370 a & b*. Leider gibt es zu diesen keine Veröffentlichung und auch keine im Internet auffindbare Abbildungen.

Das heutige Tell Defenneh ist der biblische Name eines altägyptischen Ortes im östlichen Nildelta, der am tanitischen Nilarm etwa 22 km von Pelusium (von den Ägyptern Permum genannt) entfernt am Manzala-See lag. In griechischen Aufzeichnungen ist es unter der Bezeichnung *Daphnae* bekannt. Das Fundstück stammt also vermutlich frühestens aus dem 7. Jh. v. Chr., kann aber auch erst in römischer Zeit oder danach dort hingelangt sein.

47 Petrie, Griffith und Murray 1888, 80.

4 Verbleib der Dixon-Relikte

Die von Waynman Dixon und Dr. James Andrew Sandislands Grant 1872 gefundenen Relikte brachte John Dixon (der ältere Bruder von Waynman) noch im selben Jahr nach England. Von dort schickte er sie per Post an Prof. Piazzi Smyth, welcher sie untersuchte und dann wieder an John Dixon zurückschickte. Dixon versuchte sie an das Britische Museum zu verkaufen, welches aber an einem Ankauf seinerzeit nicht interessiert war. So verblieben die Objekte erst einmal für 100 Jahre im Besitz der Familie Dixon. Elizabeth Porteous, die Enkelin von John Dixon, erinnerte sich nach einem Besuch der Tutanchamun-Ausstellung 1972 daran, dass sie zwei Jahre zuvor von ihrem verstorbenen Vater ägyptische Relikte, die sich in einer Zigarrenschachtel befanden, geerbt hatte. Diese bot sie dann dem Britischen Museum als Geschenk an, wo sie durch Ian Shore erfasst wurden, aufgrund der aktuell laufenden Tutanchamun-Ausstellung aber erst einmal im Depot landeten und dort in Vergessenheit gerieten.

Als 1993 Robert Bauval dem Verbleib der Objekte auf den Grund ging, nutzte er zur Spurensuche auch die Notizen, Tagebücher und Briefe von Prof. Piazzi Smyth, welche sich in der Bibliothek des königlichen Observatoriums von Edinburgh befinden.[48]

Bauval veröffentlichte dann einen Artikel in der britischen Zeitschrift *The Independent* am 6. Dezember 1993 in der Hoffnung, dass jemand sich melden würde, der etwas zum Verbleib der Dixon-Relikte sagen konnte. Ian Shore, der damals die Objekte registrierte, las den Artikel und informierte Dr. I.E.S. Edwards, den ehemaligen Kurator der ägyptischen Sammlung des Britischen Museums, der wiederum den damals zuständigen Kurator Vivian Davies informierte. Daraufhin wurde eine Suche im Britischen Museum organisiert, und so fanden sich die Steinkugel und der Haken in der zweiten Dezemberwoche 1993 wieder. Leider war von dem dritten Fundstück, dem abgebrochenen Holzstück, keine Spur zu entdecken. Bereits wenig später beauftragte das ägyptische Antikenministerium das Britische Museum, den Haken chemisch analysieren zu lassen. Das Ergebnis lautete wie beschrieben: *„Mit hoher Wahrscheinlichkeit antiken Ursprungs“*.

Bauval forschte bzgl. des verschollenen Holzstückes weiter nach und erhielt einen Hinweis, dass es sich im Marischal Museums in Aberdeen befinden müsste. Dort befand sich bereits eine Sammlung von über 2.300 Objekten aus der Hinterlassenschaft von Dr. James Grant Bey. Eine der Töchter von James Grant und seiner zweiten Ehefrau Florence Sabina Grant[49] geb. Gibson, Elsie Frances Morice[50], die Ehefrau von Gordon Morice[51], taucht als Stifterin des Objekts *ABDUA:24358* mit dem Namen *"Stonemason's Rule (Fragment, Wood)"* auf, welches am 26. November 1946 vom Museum erworben wurde. Der Kurator dieses Museums hatte 1946 einen Brief von Elsie Frances Morice erhalten, in dem sie dem Museum aus der Hinterlassenschaft ihrer kurz zuvor verstorbenen Mutter neun ägyptische Objekte als Geschenk für die bereits vorhandene Grant-Sammlung anbot. Darunter befand sich auch besagtes Holzstück aus dem Nordschacht der Königinnenkammer. Aus einem Brief von Dixon an Smyth vom 23. November 1872 wissen wir, dass der „Holzmaßstab“ in einem Glasbehälter zusammen mit der Steinkugel und dem Haken in einer hölzernen Zigarrenschachtel verpackt wurde. Der Glasbehälter mit dem Holzstück muss aber irgendwann aus der Zigarrenschachtel herausgenommen und separat aufbewahrt worden sein, da er ansonsten von Ian Shaw für das Britische Museum registriert worden wäre.

2001 tauchte dann in einer Inventarliste des Marischal Museums in Aberdeen der vermisste „Holzmaßstab“ unter der Objektnummer *ABDUA:24358* zwar auf, konnte aber nicht gefunden werden, da das Museum damals im Umzug begriffen war. Bei der Bemerkung zu dem Objekt steht Folgendes:

> *"Left in ventilating shaft of the Great Pyramid of Cheops, Queen's Chamber. Letter dated 18/8/46 from donor (E.F. Morrice) prior to donation: 'Stone mason's rule, left in ventilation shaft of great*

48 Royal Observatory Edinburgh 2015.

49 Florence Sabina Gibson Grant (* 19.6.1858 in Birkenhead, England; † 24.6.1946 in St Marylebone, London, England) war die Tochter von Thomas Gibson aus Liverpool und seiner Frau Mary Elizabeth. Sie heiratete im Sommer 1890 James A. S. Grant und wurde am 17. Juli 1946 auf dem Toxteth Park Friedhof in Liverpool (England) beerdigt.

50 Elsie Frances Grant Morice (* 1.2.1895 in Kairo, Britisch Ägypten; † August 1972 in Worthing, England).

51 George Gordon Curzo Farquhar Morice (* in 5.4.1878 in Ägypten; † 1. Quartal 1965 in Hove, England) war im ägyptischen Zivildienst tätig.

pyramid of Cheops 400 B.C., in the Queen's Chamber & discovered by Dr. Grant Bey & Weyman Dixon in 1886 approx. This rule fell to fragments on being exposed to the air'.
Note in old museum catalogue: 'Discovered by the late Dr. Grant Bey and Mr Weyman Dixon in 1872.'"

Was die Daten auf der Museums-Webseite von Aberdeen betrifft, haben sich gegenüber den Originalinformationen einige Fehler eingeschlichen. Hier nun der Text aus dem Brief von Frl. E.F. Morice vom 18. Juni (nicht August) 1946, in welchem neun Objekte beschrieben wurden, die sie dem Museum als Geschenk anbot. Unter der Nr. 2 ist die Holzleiste aufgelistet:

"2. Stone mason's rule, left in ventilation shaft of great pyramid of Cheops 400 BCE in Queen's Chamber and discovered by Dr. Grant Bey and Waynman Dixon in 1872 approx. This rule fell to fragments on being exposed to the air."

Auf der Museums-Webseite[52] wird als Anschaffungsdatum der 26. November 1946 genannt. Als Herstellungsdatum des Objekts wird fälschlicherweise 4000 v. Chr. genannt. Interessant ist aber noch der Hinweis auf den Zerfall des Maßes in Fragmente durch Aussetzung an Luft. Das Holzstück war schon immer der Luft ausgesetzt, auch im Königinnenkammerschacht, da dieser zwar von beiden Seiten verschlossen gewesen war, sich aber darin dennoch Luft befand. Vermutlich wurde mit dieser Erklärung nur ein Grund für den Zerfall in Fragmente gesucht, der dafür herhalten musste, dass nicht der gesamte Holzmaßstab geborgen werden konnte.

Abb. 21: Zigarettenschachtel von Waynman Dixon aus dem Jahr 1872, 2019 im Archiv der Universität von Aberdeen wiedergefunden.

Ende 2019 führte die ägyptische Kuratoriumsassistentin Abeer Eladany eine Überprüfung der Objekte durch, die sich in der Asien-Sammlung des Marischal Museums in der Universität von Aberdeen befinden. Dort fand sie bei Aufräumarbeiten eine kleine Zigarettenschachtel mit der ägyptischen Fahne auf dem Deckel, die sie als Ägypterin sofort erkannte. Sie untersuchte die kleine Schachtel übrigens nur deshalb, weil es sie an ihre Heimat erinnerte, wie sie selbst sagte. Dies war also ein glücklicher Zufall. Auf dem Deckel befand sich die alte Katalognummer 1637_4, die sich beim Nachsehen als die lange vermisste Schachtel von Waynman Dixon mit den Holzfragmenten aus dem nördlichen Königinnenkammerschacht der Cheops-Pyramide herausstellte. Die Holzfragmente bestanden aus Zedernholz.

---

[52] University of Aberdeen 2021.

Abb. 22: Holzfragmente in der Zigarettenschachtel von Waynman Dixon aus dem Jahr 1872.

Damit war ein sehr wichtiges Beweismittel zur Altersbestimmung der Cheops-Pyramide gefunden worden, denn die darin befindlichen Holzstücke konnten jetzt mit der Radiokarbonmethode (C^{14}-Methode) untersucht werden. Erst im Dezember des Jahres 2020 wurde dann das Ergebnis der Untersuchung veröffentlicht: Das Alter der Zedernholzstücke wurde auf 3341–3094 v. Chr. bestimmt und damit ins 4. Jahrtausend v. Chr., also weit vor der angenommenen Bauzeit der Cheops-Pyramide im 26. Jahrhundert v. Chr. Die Differenz betrug als mindestens 500 Jahre! Das Zedernholz stammte mit hoher Wahrscheinlichkeit aus dem heutigen Libanon, da es schon im Alten Reich Inschriften gab, die den Transport von Zedernholz von dort beschreiben. Die Libanon-Zeder ist ein immergrüner Baum, der Wuchshöhen von 30 bis 50 Meter erreicht und über 1.000 Jahre alt werden kann. In der Antike wurde dieses Holz zum Palast- und Tempelbau genutzt. Es war zudem ein gefragtes Holz für den Schiffbau und zur Möbelherstellung. Der Baum, aus welchem das Holz stammt, kann aber nicht erst zu Beginn des 26. Jahrhunderts gefällt worden sein, da der Zerfallsprozess von C^{14} erst mit dem Tod des Baums beginnt; daher könnte es maximal von einem schon lange zuvor abgestorbenen Ast des Baumes stammen. Dennoch wird ein abgestorbener Ast an einem Baum kaum mehrere Jahrhunderte überdauern, sodass diese Variante eher unwahrscheinlich als Erklärungsversuch herhalten kann. Wahrscheinlicher ist es daher, dass das Holz bereits mehrfach wiederverwendet worden war, bevor es in den Schacht der Cheops-Pyramide gelangte, da Zedernholz in Ägypten sehr wertvoll war. Die Altersbestimmung allein beweist also leider erst einmal gar nichts, außer dass die Pyramide nicht schon vor 10.000 Jahren oder noch länger erbaut wurde, wie viele Mystiker meinen.

Abb. 23: links: Libanon-Zeder.

Zahi Hawass schrieb noch in dem 2004 erschienen Buch *Die Schätze der Pyramiden*:

> *„Einige Fachleute haben vorgeschlagen, das Alter der Holzleiste mit Hilfe der C-14-Methode zu bestimmen; sie gehen davon aus, dass dieses Teil während des Pyramidenbaus im Schacht zurückgelassen worden sein muss (vorausgesetzt, der Schacht wurde versiegelt). Dies ist meiner Meinung nach nicht unbedingt der Fall; das Holz kann ebenso gut nach dem Bau durch den Schachtausgang (falls ein solcher existiert) in den Schacht geworfen worden sein. Gantenbrink fand auch ein Stück Holz mit zwei Bohrungen; dabei kann es sich um den Griff handeln, in den einst der von Dixon entdeckte Bronzehaken eingesetzt war.“* [53]

Es ist schon sehr erstaunlich, dass Hawass von der Möglichkeit ausgeht, das Holzstück könne auch nach dem Bau der Pyramide in den Schacht gelangt sein. Er wusste, dass dieser Schacht erst 1872 von Waynman Dixon geöffnet wurde, dass 2002 der Blockierstein im nördlichen Königinnenkammerschacht gefunden wurde und im Schacht selbst durch den Erkundungsroboter keine weiteren Schachtöffnungen gefunden wurden, durch die das Holzstück hätte zu einem späteren Zeitpunkt hineinfallen können. Der Hinweis auf den möglichen

[53] Hawass 2004, 158-159.

Griff zum im Schacht gefundenen Haken könnte aber auch eine Erklärung für die weiteren fünf separaten Holzstücke in der kleinen Zigarettenschachtel von Dixon sein.

Im Zusammenhang mit den kleinen Schächten in der Königinnenkammer bringt Hawass im oben erwähnten Buch auf der gleichen Seite wie das oben erwähnte Zitat noch folgende Aussage:

> *„Im Südschacht kam Upuaut nach 63,4 Metern zum Stehen, und zwar an einer Art Tür oder Platte mit zwei Kupfergriffen, die den ganzen Schacht versperrte. Vom linken Griff war irgendwann im Altertum ein Stück abgefallen, das etwa zwei Meter vor dem Hindernis lag."* [54]

Auch in dieser Aussage steckt ein Fehler, da nicht etwa bereits im Altertum ein Stück des linken „Griffs" bzw. Metallpins abgebrochen wurde, sondern erst im 20. Jahrhundert im Rahmen der Sondierung von Morton Edgar mit seinen langen, zusammenschraubbaren Metallstangen mit einer Holzkugel am oberen Ende (siehe Abb. 40). Edgar schildert denn auch, wie er bei seiner Schachtuntersuchung mehrfach mit der Holzkugel auf ein hartes, den Weg blockierendes, Hindernis stieß. Dies war natürlich der Blockierstein am Ende des Schachts und dabei beschädigte er den linken Metallpin.

Interessanterweise waren die in der Pyramide nun wieder aufgetauchten Holzfragmente nicht das einzige Holz, welches im Zusammenhang mit der Cheops-Pyramide bisher untersucht wurde.

Es gab jedoch bisher noch weitere Untersuchungen von im verwendeten Mörtel der Cheops-Pyramide verwendeten Holzkohlestückchen. 1984 führten Lehner, Hawass und andere Forscher Radiokarbondatierungen an Material von ägyptischen Monumenten aus dem Alten Reich durch (finanziert von Freunden und Unterstützern der *Edgar Cayce Foundation*).[55]

1984 entnahmen sie 80 Proben aus zehn Pyramiden, darunter die von Cheops, Chephren und Mykerinos in Gizeh, sowie aus sechs Totentempeln, von denen man annimmt, dass sie alle aus dem Alten Reich stammen (ca. 2686 - 2181 v. Chr.). Bei der Cheops-Pyramide wurden Proben von Mörtelresten aus den obersten Steinlagen verwendet. Zudem wurde auch eine Probe aus einem Grab der 1. Dynastie (ca. 3100 v. Chr.) genommen. Sie erhielten 73 Radiokarbondaten, meist von Fragmenten verkohlten Holzes. Andere Proben reichten von Holzbalken, die aus dem Kern der Stufenpyramide von Djoser herausragten, bis hin zu ungebranntem Stroh von Lehmziegelwänden, die mit einigen der Pyramidenkomplexe in Verbindung gebracht wurden. Sie datierten die größeren Proben im Radiokohlenstofflabor der Southern Methodist University in Dallas (Texas) und die kleineren an der Eidgenössischen Technischen Hochschule (ETH) in Zürich. Sie hatten diese Daten mit den neuesten Methoden kalibriert. Alle Proben wurden chemisch behandelt, um unerwünschte Karbonate zu entfernen. Die beiden Labore verglichen ihre Genauigkeit, indem sie mehrere zuvor geteilte Proben datierten. Dann verglichen sie ihre Ergebnisse mit den mittleren Daten der Könige, zu denen die Monumente gehörten (*Cambridge Ancient History*, 3. Aufl.). Die Radiokarbondaten (C^{14}) lieferten einen im Mittel 374 Jahre älteren Wert als erwartet. Beim Umgang mit der 374-Jahre-Diskrepanz mussten sie jedoch auch die Möglichkeit bedenken, dass es sich bei dem verwendeten Holz um altes Holz und nicht um Holz von erst neulich geschlagenen Bäumen handeln könnte. 1984 hielten sie es für unwahrscheinlich, dass die Pyramidenbauer bei der Herstellung von Mörtel konsequent jahrhundertealtes ägyptisches Holz als Brennstoff verwendeten. Die Ergebnisse von 1984 ließen sie mit zu wenig Daten zurück, um daraus zu schließen, dass die historische Chronologie des Alten Reiches um fast 400 Jahre falsch war, aber sie hielten dies zumindest für eine Möglichkeit. Alternativ, wenn ihre Radiokarbonaltersschätzungen aus irgendeinem Grund fehlerhaft waren, mussten sie annehmen, dass viele andere Daten, die aus ägyptischem Material gewonnen wurden, ebenfalls verdächtig waren. Dies veranlasste sie eine zweite, größere Studie durchzuführen.

In den Jahren 1994–1995 erhielten sie von der David H. Koch-Stiftung Unterstützung für eine weitere Runde der Radiokarbondatierung. Diesmal wurden mehr als 300 Proben gesammelt. Sie entnahmen Proben von Monumenten von Gräbern der 1. Dynastie in Sakkara, von der Djoser-Pyramide, den Pyramiden von Gizeh und eine Auswahl von Pyramiden der 5. und 6. Dynastie und des Mittleren Reiches. Auch bei Ausgrabungen auf dem Gizeh-Plateau, wo 1991 zwei weitgehend intakte Bäckereien entdeckt wurden, wurden Proben

---

[54] Hawass 2004, 158.

[55] Lehner, et al. 1999.

entnommen. Eine Fülle von Holz aus Akazien-Bäumen wurde im Mörtel gefunden, was jedoch nicht überraschte, da die Akazie einer der wenigen in Ägypten verbreiteten Bäume ist, die Akazie langsam und bei hohen Temperaturen verbrennt, was sie zu einem idealen Brennstoff für die Herstellung von Mörtel oder andere Aufgaben macht, die eine hohe, gleichmäßige Hitze erfordern. Die Studie von 1995 ergab insgesamt 163 neue Datierungen; mit den 72 aus 1984 waren es zusammen 235, wovon allein 42 die Cheops-Pyramide betrafen. Es ergab sich für die kalibrierten Daten aus den Pyramidenproben aus dem Alten Reich von 1995, dass sie tendenziell 100 bis 200 Jahre älter als die historischen Daten für die jeweiligen Könige und etwa 200 Jahre jünger als die Daten von 1984 waren. Besonders eklatant war die Diskrepanz die Cheops-Pyramide betreffend. Im Jahr 1984 ergaben 20 Radiokarbondatierungen ein kalibriertes Durchschnittsalter von 2917 v. Chr. Im Jahr 1995 hatten sie 18 Daten aus dieser Pyramide ausgewertet, die ein durchschnittliches Datum von 2694 v. Chr. ergaben, näher an den historischen Daten der Pharaonen, 2589–2566 v. Chr., aber immer noch ein Jahrhundert älter. Die Anzahl der Daten von 1984 und 1995 war nun groß genug, um statistische Vergleiche für die Pyramiden von Djoser, Cheops, Chephren und Mykerinos zu ermöglichen. Dabei gab es zwei auffällige Ergebnisse. Erstens gibt es signifikante Diskrepanzen zwischen den Daten von 1984 und 1995 für Cheops und Chephren, nicht aber für Djoser und Mykerinos. Zweitens waren die Daten von 1995 verteilt und variierten selbst für ein einzelnes Denkmal noch stark: Für Cheops streuten sie über einen Bereich von etwa 400 Jahren! [56]

Die Erkenntnisse aus den Jahren 1984 und 1995 müssen bei den neuen Erkenntnissen aus dem Jahr 2020 berücksichtigt werden. Es zeichnet sich aber ab, dass die Chronologie für das Alte Reich weiter nach hinten geschoben werden muss; um wie viel kann mit den bisherigen Radiokarbondatierungen allerdings nicht gesagt werden, da diese zu unterschiedliche Ergebnisse gebracht haben.

Im Jahr 2014 wurde in der archäologischen Sammlung der Universität Zürich auf einem Salbgefäß aus der 5. Dynastie ein sogenanntes Sothis-Datum[57] entdeckt. Es handelt sich dabei um das älteste bekannte Sothis-Datum in der ägyptischen Geschichte (siehe Kap. 18.4.6). Dies wurde von Fachleuten zur Entwicklung eines astronomiebasierten Chronologie-Modells des Alten Reiches benutzt. Gemäß der zuvor aufgrund des Sothis-Datums aus der 5. Dynastie neu erstellten Chronologie hat König Cheops 30 Jahre regiert, beginnend ab 2636 v. Chr. Dieses Datum liegt zwar nur 47 Jahre früher als das Datum 2589 v. Chr., zeigt aber die Tendenz zur Verschiebung nach hinten an. Weiterhin handelt es sich bei diesem Sothis-Datum um kein vollständiges Datum und zudem fehlt der Name des Königs auf dem Salbgefäß. Es wurde nur aufgrund äußerer Merkmale der 5. Dynastie zugehörig eingeordnet. Dies ist also kein echter Beweis, sondern nur eine indirekte Vermutung. Es bleibt aber die Hoffnung bestehen, eines Tages doch noch ein vollständiges Sothis-Datum zusammen mit der Nennung des zu dieser Zeit herrschenden Königs zu finden, was eine zuverlässige Neukalibrierung der Herrscherdaten aus dem Alten Reich ermöglichen würde und damit auch das Alter der Cheops-Pyramide recht genau datierbar wäre.

---

56 Lehner, et al. 1999, 30-31.

57 Siehe Fußnote 1185.

5 Erkundungsroboter in der Cheops-Pyramide

Anfang der 1990er Jahre setzte das Zeitalter der Erkundungsroboter in der Cheops-Pyramide ein. Den Anfang machte dabei ein von Rudolf Gantenbrink entwickelter Roboter.[58] Der Ingenieur Gantenbrink begann sich 1987 für die Gizeh-Pyramiden zu interessieren. 1989 nahm er dann auf der Suche nach verräterischen Spuren, die die Pyramidenbauer hinterlassen hatten, eine Computer-Analyse der Pyramiden in Angriff. Im selben Jahr baute er den Kontakt zu Prof. Dr. Rainer Stadelmann[59] auf, dem damaligen Leiter des Deutschen Archäologischen Institutes (DAI) in Kairo. 1990 besuchte Stadelmann dann Gantenbrink in München, der ihm die Ergebnisse seiner Computer-Analyse zeigte. Ermutigt durch sein Interesse, besuchte Gantenbrink 1991 Kairo und nahm die Pyramiden von Gizeh selbst in Augenschein. Nachdem er gesehen hatte, was die täglichen Touristenströme für Schäden an den Pyramiden anrichten konnten – jede Person, die die Pyramiden betrat, ließ ca. 20 ml Wasser (Schweiß) darin zurück, der zu 80 % Luftfeuchtigkeit bei fast 60° C in der Pyramide führte – beschloss er, etwas dagegen zu unternehmen. So kontaktierte er Stadelmann noch in Kairo, um ihm eine Untersuchung der Luftschächte mittels eines Roboters vorzuschlagen. Stadelmann war von der Idee Gantenbrinks angetan und schlug ein Joint-Venture-Projekt vor. Während Gantenbrink an einem ersten Roboter tüftelte, kümmerte sich Stadelmann um die erforderlichen Genehmigungen in Ägypten. So erhielt er im Januar 1992 die Erlaubnis von Zahi Hawass, dem Oberinspektor des Gizeh-Plateaus, die Cheops-Pyramide zusammen mit einem ägyptischen Inspektor zu besteigen, um die Öffnung des Südschachts der Königskammer wiederzufinden, die seit über 50 Jahren in Vergessenheit geraten war. Bei seiner ersten Besteigung der Pyramide fand er dann auch prompt die Öffnung des Südschachts. Bei einem weiteren Treffen zwischen Gantenbrink und Stadelmann stellte sich heraus, dass letzterer der ägyptischen Altertümerverwaltung „versehentlich" ein Belüftungssystem für die Cheops-Pyramide in Aussicht gestellt hatte, um die erforderlichen Genehmigungen für die Schachterkundungen zu erhalten. Gantenbrink versicherte ihm daraufhin, dass es kein Problem sei, das mit dem Projekt zu vereinbaren und versprach sogar, sich um Sponsoren zu kümmern.

5.1 UPUAUT-1

Abb. 24: UPUAUT-1 Roboter. © Rudolf Gantenbrink.

Der von Rudolf Gantenbrink gebaute Roboter *UPUAUT-1* wog 1,5 kg, war 49 cm lang, 9,5 cm breit und 9 cm hoch. Er hatte keinen eigenen Antrieb, sondern musste mittels einer Winde durch den Schacht gezogen werden. Der Roboter hatte eine Kamera und einen Laserstab an Board, um die Höhe und Breite der Schächte exakt vermessen zu können. Zudem war er nur darauf ausgelegt, die Luftschächte der Königskammer zu

---

[58] Für eine ausführliche Schilderung der Erforschung durch Gantenbrink siehe: Sasse und Haase 1997, 83-126: *Der Cheops-Krimi*.

[59] Rainer Stadelmann (* 24.10.1933 in Oettingen, Bayern; † 14.1.2019 in Haidhausen, Bayern) war ein berühmter deutscher Archäologe und Ägyptologe. Von 1989 bis 1998 war er Leiter des Deutschen Archäologischen Instituts in Kairo. An der Universität Heidelberg war er ab 1975 Honorarprofessor.

untersuchen. Im März 1992 war es dann so weit: Der erste von Gantenbrink gebaute Roboter, der noch keinen Namen hatte, kam nur 9 m weit in den Königinnenkammerschächten voran.

Dies veranlasste Gantenbrink den Roboter zu modifizieren. Stadelmann schlug für die neue Variante als Namen *Upuaut* vor. Der Robotername war nicht zufällig gewählt, denn *Upuaut* war bei den alten Ägyptern ein Gott, der als Türöffner bzw. Wegbereiter galt. Der Name sollte Programm sein. Schon im Mai 1992 kam Gantenbrink mit *UPUAUT-1* nach Kairo zurück. Zuerst musste allerdings der obere Nordschacht der Königskammer von Geröll und Unrat befreit werden. Es befanden sich gut 5 m³ Zivilisationsmüll darin!

Danach ging es an die Installation eines Belüftungssystems mittels Ventilatoren, die jeweils im unteren Bereich der Königskammerschächte eingebaut wurden. Schon einen Tag später war die Luftfeuchtigkeit in der Königskammer von ca. 79 % auf 53 % gesunken[60], was dem Wert außerhalb der Pyramide entsprach, und blieb dann auch dort in der Folgezeit bei 30 % der maximalen Lüfterkapazität. Dies half, weiteren Schaden durch zu hohe Luftfeuchtigkeit im Pyramideninneren zu verhindern.

5.2 UPUAUT-2

Abb. 25: UPUAUT-2 Roboter. © Rudolf Gantenbrink.

Wieder zurück in München, machte sich Gantenbrink an die Arbeit zur Entwicklung eines deutlich verbesserten Robotermodells: *UPUAUT-2*, der mit einem Unterstützungsvehikel „Seilkletterer" zusammenarbeitete, welches er ebenfalls entwickelte. *UPUAUT-2* wog mit 6 kg immerhin schon das Vierfache von *UPUAUT-1*. Ausgestattet war er mit einem Laserführungssystem, einer Sony CCD Miniaturvideokamera mit Schwenk- und Neigungsfähigkeiten. Sieben unabhängige Elektromotoren sorgten für den Antrieb.

Bei voller Traktion konnte er 40 kp Zugkräfte ausüben. *UPUAUT-2* war 37 cm lang, 12 cm breit und konnte seine Höhe von 12 bis 28 cm anpassen. Damit war er in der Lage, gleichzeitig den Boden und die Decke des Schachts zwecks optimaler Traktion zu berühren.

Bezüglich der Präzision der Entfernungsmessung von *UPUAUT-2* möchte sei hierzu Rudolf Gantenbrink kurz zitiert[61]:

> *„Für die Vermessung der unteren Schächte wurde UPUAUT-2 mit einem von der Firma GORE (Goretex) eigens angefertigten Spezialkabel ausgerüstet, welches kalibrierte Messmarkierungen besaß. Gemessen wurde zwischen einem auf den Boden geworfenen Laserpunkt und der be-*

60 Gantenbrink 1999 unter: http://www.cheops.org/startpage/theupuautstory/thesecond1992campaign/second92.htm [Stand 1.9.2014].

61 Auszug aus einer E-Mail zwischen Rudolf Gantenbrink und dem Autor vom 1. Juni 2015.

treffenden Markierung auf dem Kabel. Die Markierungen auf dem Kabel waren jeweils in Abständen von einem Meter angebracht. Zwischenmaße wurden jeweils mit dem Zollstock zur nächsten Markierung ermittelt. Das Kabel verfügte nicht nur über einen speziellen, reibungsarmen Mantel, sondern auch über eine Seele aus unverdrehten Glasfasern, deren Bruchlast bei ca. 200 kg lag. Eine mögliche Längendehnung durch Zug bei den 60 Metern ist dabei im Bereich von - weniger als 1 cm - bei 200 kp Zugkraft. Unter Einbezug von allen möglichen Unwägbarkeiten (leichte Schlangenbildung des Kabels im unteren zugarmen Bereich, leichte Knicke im Schacht etc.), ist eine Abweichung von höchstenfalls ± 5 cm anzunehmen. Als Gesamtlänge des südlichen Schachtes der Königinnenkammer konnten wir 1993 59,45 Meter ermitteln."

Im März 1993 kam dann *UPUAUT-2* zu seinem ersten Einsatz im Nordschacht der Königinnenkammer. Dort stieß er jedoch nur knapp 19 m weit in den Schacht hinein. Denn beim ersten 45° Knick des Schachts, versperrten Metallstangen dem Roboter den weiteren Weg.

Daraufhin wurde der Roboter in den Südschacht geschickt, wo er 53 m weit vorankam, bevor eine 4–5 cm große Stufe ihm die Weiterfahrt verwehrte. Nach einigen Tagen intensiven Tüftelns gelang es schließlich, dass *UPUAUT-2* am 22. März 1993 dieses Hindernis überwand und er um 11:05 Uhr zu einem Blockierstein („der Tür") mit zwei Metallstiften gelangte, der eine weitere Erkundung unmöglich machte. Für die Ägyptologen war der Blockierstein eine kleine Sensation, vor allem, da er zwei Metallstifte enthielt. Stadelmann vermutete, dass es sich bei den von ihm als Kupferstifte bezeichneten Gegenständen vielleicht um Hieroglyphen handeln könnte.

5.3 Pyramid Rover

Abb. 26: Pyramid Rover. © National Geographic Television and Film.

Die Firma *iRobot*[62] stellte den *Pyramid Rover* genannten Roboter zusammen mit *National Geographic* her, nachdem zuvor Zahi Hawass, der damalige Leiter des obersten Rats für Altertümer, mit Tim Kelly, dem

[62] Gegründet wurde *iRobot* 1990 von Colin Angle, Helen Greiner und Rodney Brooks, die Mitarbeiter am *Massachusetts Institute of Technology* (MIT) waren. Die Firma hatte ihren Sitz in Bedford, Massachusetts. *iRobot* verfügte über

seinerzeitigen Chef von *National Geographic Television*, eine Kooperation zur Erforschung der Pyramidenschächte eingegangen waren. Der nur 12 cm breite, 30 cm lange und 11 cm hohe Roboter[63] besaß eine schwenk- und kippbaren Sony CCD Miniatur-Videokamera, einen Bohrer, sowie eine Beleuchtungseinheit und eine Miniatur-Bodenradarantenne (1,5 GHz)[64] von *Geophysical Survey Systems, Inc.* (GSSI) aus New Hampshire, die nicht mehr als 20 × 20 cm groß sein durfte.

Zudem besaß er noch ein ultraschallbasiertes Dicke-Messgerät, welches von *E. Olson Engineering* aus Colorado hergestellt wurde, um die Dicke des Blockiersteins, der sogenannten *Gantenbrink-Tür*, zu messen. Für den Antrieb besaß er sieben unabhängige Elektromotoren, die 40 kp Zugkraft erzeugten. Der Roboter konnte seine Höhe von 11 bis 28 cm variabel gestalten, um eine optimale Traktion im bis zu 23 cm hohen Schacht zu erreichen. Seine maximale Geschwindigkeit betrug 15 Fuß (4,58 m) pro Minute. Die durchschnittliche Geschwindigkeit lag aber bei nur 5 Fuß (1,52 m) pro Minute, um den Schacht während der Fahrt genau analysieren zu können. Seine Aufgabe war es, neben dem Bohren eines Loches in den Blockierstein des Südschachts zur visuellen Erkundung des Hohlraums dahinter den bis dahin nur teilweise erforschten Nordschacht der Königinnenkammer zu erkunden.

Nur wenige Tage nach der Fernseh-Übertragung vom 17. September 2002, bei der *Pyramid Rover* den Blockierstein des Südschachts durchbohrte und dann eine Minikamera durch das Loch führte, wobei ein 19 cm großer Hohlraum und danach ein weiterer Stein sichtbar wurden, schickte man den Roboter in den Nordschacht. Die Hindernisse im Nordschacht, die *UPUAUT-2* nicht überwinden konnte, wurden durch *Pyramid Rover* gemeistert und nach rund 63 m Fahrt der nördliche Blockierstein mit ebenfalls zwei Metallstiften entdeckt.

National Geographic drehte 2002 eine 53-minütige Dokumentation über die Mission mit dem Titel *Into the Great Pyramid.*[65] Chris Sondreal, der von 2001 bis 2006 für *National Geographic* arbeitete, war der verantwortliche *Supervising Producer* für den *Pyramid Rover.*

Was Berichte zu der *Pyramid Rover*-Mission betrifft, so gibt es wohl nur zwei von Zahi Hawass[66]. Laut einer persönlichen Mitteilung von Shaun Whitehead, dem Roboterspezialisten des Djedi-Teams (siehe unten), existierte noch ein Bericht von *National Geographic*, der aber nie veröffentlicht wurde.

---

einen Stab von mehr als 100 Robotik-Ingenieuren, die Roboter für eine Vielzahl von Kunden entwarfen und bauten, darunter Regierungsbehörden, die Ölindustrie, das Militär und zahlreiche Forschungsgemeinschaften.

63 http://www.irobot.it/inews/piramide-giza.php [Stand: 1.9.2015]. Die hier angegebenen Maße stellen die Minimalmaße des Roboters dar.

64 Die 1,5-GHz-Antenne konnte bis zu einer ungefähren maximalen Tiefe von 7,6-10,2 cm durch sauberen, trockenen Sand „sehen".

65 Details zu dem Film und den Mitwirkenden finden sich unter: http://www.imdb.com/title/tt0817505/combined [Stand: 1.9.2015].

66 Hawass 2005 u. Hawass 2014.

5.4 Djedi

Abb. 27: Djedi Roboter. © Djedi Team.

Die Firma *Scoutek* stellte den *Djedi* genannten Roboter her, welcher in der Cheops-Pyramide 2011 die Nachfolge von *Pyramid Rover* antrat. Seine Aufgabe war es vor allem den von *Pyramid Rover* durchbohrten Blockierstein des Südschachts der Königinnenkammer von hinten zu betrachten, um zu sehen, wie die Metallbeschläge des Blockiersteins auf der anderen Seite aussahen. Djedi besaß einen Raupen-Antrieb, der es ihm ermöglichte, die Knicke im nördlichen Schacht problemlos zu meistern, eine kleine nur 8 mm große schlangenförmige Kamera mit sechs LEDs und einem Fokus von 2 bis 15 cm, mit der man um die Ecke sehen konnte, einen Schallmesser sowie eine Mikro-Ramme. Er konnte sich nur 6 bis 38 cm pro Minute fortbewegen, was relativ langsam war.

Shaun Whitehead war der Projektleiter des Djedi-Teams. Robert Richardson von der *Leeds University* (Leiter des Robotik-Bereichs) war für den Roboter verantwortlich und Dr. Tze Chuen Ng – Zahnarzt und unabhängiger Forscher aus Hongkong – war der Gründer des Projekts. Weitere Team-Mitglieder waren: Andrew Pickering (*Leeds University*), Stephen Rhodes (*Manchester University*), Ron Grieve (*Tecron*, Kanada), Adrian Hildred (unabhängiger Forscher, UK), Arjun Nagendran (*Institut für Simulation und Training, University of central Florida*, USA), Jason Liu und William Mayfield (*Leeds University*) sowie Mehdi Tayoubi und Richard Breitner (*Dassault Systèmes*, Frankreich). Ermöglicht wurde das Projekt durch die Finanzierung von *Dassault Systèmes* aus Frankreich.

Der Schwerpunkt der Djedi-Mission war der Südschacht der Königinnenkammer. Gleichwohl wurde *Djedi* aber auch versuchsweise im Nordschacht eingesetzt.

Für den kompletten Aufstieg im Südschacht benötigte *Djedi* ca. 6 Stunden, da er zudem noch alle 45 Minuten eine Pause einlegen musste, um die Motoren abkühlen zu lassen. Die vier Räder von *Djedi* waren antriebslos und dienten dazu Stufen oder Unebenheiten im Schacht zu überwinden. Die Vorderräder waren 12,6 cm und die Hinterräder 9 cm groß, die maximale Höhe des Vehikels betrug rund 18 cm, während die maximale Gesamtlänge ca. 80 cm und die maximale Gesamtbohrlänge 65 cm betrug. Das maximale Gewicht von *Djedi* lag bei 3,4 kg, wobei der Bohrer incl. Motor allein schon fast 0,6 kg wog.

Den Namen *Djedi* hat man übrigens aufgrund einer Legende nach dem weisen Magier Djedi am Hofe des Königs Cheops benannt. Dieser soll mit 110 Jahren dem König seine magischen Kräfte demonstriert haben. Anschließend wollte Cheops von Djedi noch das Geheimnis der Kammern des Thot wissen, was dieser aber nicht preisgab. Er sagte lediglich, dass erst viel später ein anderer Mensch das Geheimnis lüften würde. Diese Geschichte wird im Papyrus Westcar erzählt.

Das Djedi-Team hatte Anfang 2011 laut Shaun Whitehead von dem obersten Rat für Altertümer die Zusage erhalten, eine umfassendere Untersuchung der gesamten Cheops-Pyramide mit den neuesten technischen Möglichkeiten vornehmen zu können. Diese Zusage wurde aber nicht eingehalten und das Djedi-Team von der Cheops-Pyramide ferngehalten. Die Ursache hierfür liegt vermutlich in den chaotischen Verhältnissen, die die ägyptische Revolution Anfang 2011 mit sich brachte. Mittlerweile antwortet die Antikenbehörde nicht einmal mehr auf Anfragen seitens des Teams. Warum dies so ist, weiß auch Shaun Whitehead nicht.

6 Weitere Gegenstände in den Schächten

Neben den oben erwähnten, durch Dixon gefundenen Gegenständen befinden sich noch weitere Gegenstände im Nordschacht, die erst die Untersuchungen mit Pyramidenrobotern zutage förderten. Hierzu zählen eine Metallstange, eine weitere Stange und ein kleines Holzstück mit zwei Löchern sowie ein Ticket aus moderner Zeit für den Zugang zur Pyramide und dem Sphinx und ein leeres weißes Blatt Papier.

Abb. 28: Endstück eines im Nordschacht verbliebenen Metallstabs, aufgenommen vom Vater von UPUAUT-1 im Frühjahr 1992. © Rudolf Gantenbrink.

Schon bei der ersten Schachterkundung durch Gantenbrink im März 1992 machte sein Premieren-Roboter, der Vater von *UPUAUT-1*, im Nordschacht der Königinnenkammer am Beginn von Block Nr. 7 bei knapp 12 m[67] vom Schachteingang eine Aufnahme, die eine moderne Metallstange mit einem Schraubgewinde zeigt. Basierend auf späteren Erkundungen teilt uns Gantenbrink mit, dass jedes Segment der von ihm gefundenen Metallstangen 2,70 m[68] lang sei. Nimmt man beginnend bei 11,85 m zwei Stangen zu 2,70 m an, so endet das letzte Segment bei 17,25 m (s. Abb. 32) oder ca. einen Meter vor dem 45°-Schachtknick nach links.

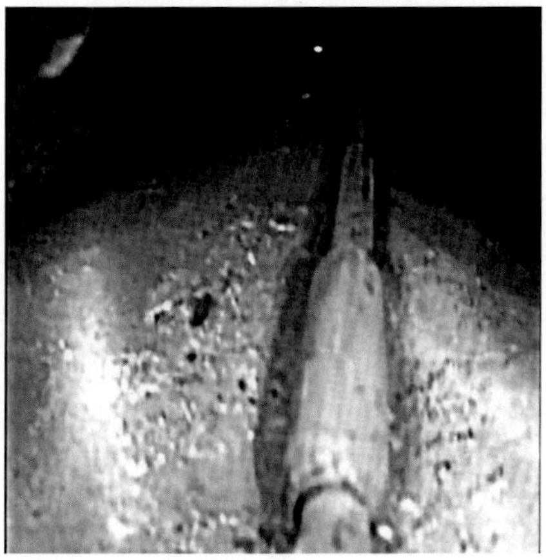

Die nebenstehende Abbildung zeigt ein von Morton Edgar benutztes Kopplungsstück. Damit schraubte er die einzelnen Metallsegmente zusammen. Dadurch konnte er die Erkundungsstange fast beliebig verlängern. Der kleine Lichtpunkt oben von Abb. 29 stellt den Laserpunkt von *UPUAUT-2* dar, der für die Entfernungsmessung benutzt wurde. Von Morton Edgar, dem Benutzer der Metallstangen, wissen wir, dass er unterschiedlich lange Stangen mit einer Größe von maximal 16 Fuß (≈ 4,88 m) gebrauchte, die er mit einem Schraubgewinde verband.[69] Die von Gantenbrink beobachteten Stangen waren aber nur jeweils 2,70 m lang. Daraus können wir ableiten, dass die unterste noch im Schacht verbliebene Stange nicht aus den 16 Fuß langen Segmenten zusammengesetzt war.

Abb. 29: Verbindungsstück zweier Metallstangen im Nordschacht, vermutlich bei 14,55 m. Länge des Verbindungsstücks ca. 4-5 cm. © Rudolf Gantenbrink.

---

67 Hawass erwähnt zwei Metallstangen: eine beginnend bei 7 m ab Schachtbeginn und eine bei rund 19 m (Hawass 2014, 57). Gemäß Angaben der *Pyramid Rover* Mission befindet sich das Endstück der ersten Metallstange ca. 7,6 m hinter der Schachtöffnung und die zweite Metallstange bei ca. 18 m (Hawass, Watters und Sondreal 2002, 29).

68 Siehe Gantenbrink 1999 unter http://www.cheops.org/startpage/thefindings/thelowernorthshaft/lowernorth.htm [Stand: 1.9.2015].

69 Edgar und Edgar 2007, 541-542.

Abb. 30: Kleines rechteckiges Objekt mit zwei Löchern im Nordschacht der Königinnenkammer. © Rudolf Gantenbrink.

Ebenfalls im Nordschacht wurde ein kleines rechteckiges Objekt (s. Abb. 30) mit zwei Löchern gefunden. Leider besitzt auch das Djedi-Team keine bessere Aufnahme. Gantenbrink nennt auf seiner Webseite als Lage *„im zweiten Drittel von Block Nr. 9"*, dem letzten Block vor dem Schachtknick. Damit liegt der Gegenstand im Bereich von 16,70 m bis 17,42 m ab der Schachtöffnung in der Königinnenkammer. Der Abstand zwischen den beiden Löchern ist lt. Gantenbrink ca. 1 cm und würde damit zu dem Haken passen, dessen Nietenabstände ca. 1,25 cm betragen. Es ist allerdings fraglich, ob, wie bereits berichtet, der Haken tatsächlich im Nordschacht gefunden wurde.

Die Entfernungen zwischen dem Objekt mit Löchern, dem Verbindungsstück der Metallstange und dem Beginn der zweiten Metallstange lassen sich aufgrund der gleichmäßigen Vorwärtsbewegung bei konstanter Geschwindigkeit von *UPUAUT-2* aus den Filmaufnahmen[70] ableiten.

In dem von Rudolf Gantenbrink erstellten Film *Robot Journey into the Past* ist ein Verbindungsstück zweier Metallstangen am unteren Bildrand (s. Abb. 31) gut zu sehen. Das Verbindungsstück befindet sich ca. einen knappen Meter vor dem 45°-Knick und liegt knapp auf der halben Entfernung zwischen dem kleinen Objekt mit zwei Löchern und dem unteren Ende der zweiten Stange. Der Laserpunkt von *UPUAUT-2* ist am unteren Ende des Verbindungsstücks zu sehen. Auf Abb. 30 ist das Verbindungsstück aufgrund der geringen Bildauflösung allerdings nur zu erahnen. Laut Morton Edgar sind ihm aber zweimal Stangen im Nordschacht abgebrochen. Die zweite, etwas dünnere Stange, ist in Abb. 31 weiter oben im Schacht zu sehen.

Abb. 31: Verbindungsstück einer im Nordschacht verbliebenen Metallstange. © Rudolf Gantenbrink.

---

70 Der Film *Robot Journey into the Past* von Gantenbrink ist hier gemeint.

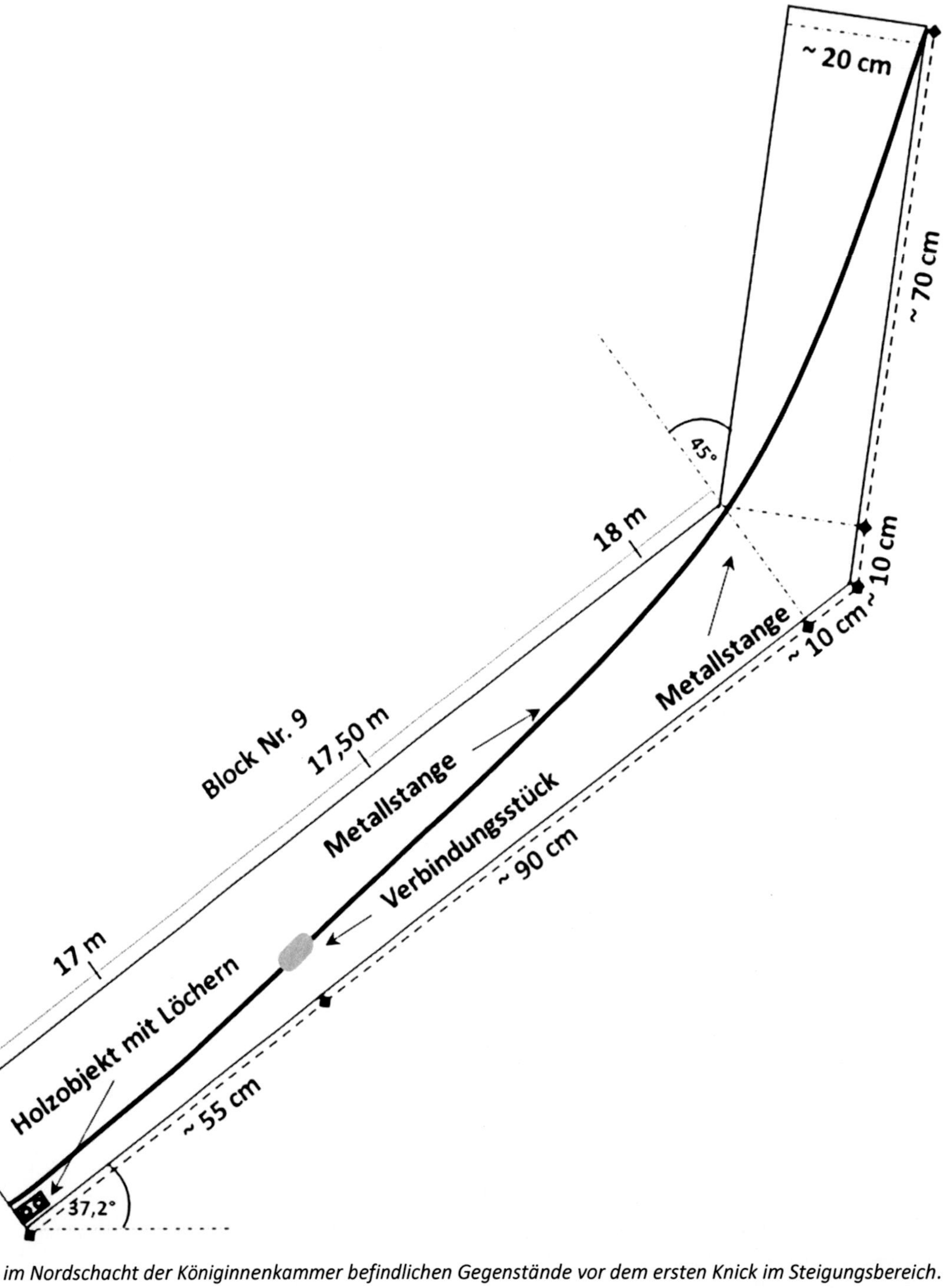

Abb. 32: Lage der im Nordschacht der Königinnenkammer befindlichen Gegenstände vor dem ersten Knick im Steigungsbereich.

Leider gibt es von der *Pyramid Rover* Erkundung des Nordschachts durch *National Geographic* 2002 nur den Bericht[71] von Zahi Hawass aus dem Jahre 2005, der einige wenige Ergebnisse über den Nordschacht enthält sowie ebenfalls von ihm den Bericht[72] aus dem Jahre 2014, der zwar mehr Informationen darüber beinhaltet, dessen Bilder aber in einer sehr schlechten Qualität abgedruckt sind. Meines Wissens wurden keine Videoaufnahmen der *Pyramid Rover*-Mission veröffentlicht, die den Bereich oberhalb des ersten 45°-Knicks bei 18,14 m im Bereich der Umgehung der Großen Galerie zeigen, ausgenommen die letzten Meter vor dem nördlichen Blockierstein, zu denen Videoaufnahmen[73] aus einer russischen Dokumentation existieren.

71 Hawass 2005, 308. Der offizielle Abschlussbericht von Zahi Hawass, Meg Watters und Chris Sondreal vom 20. Dezember 2002 wurde von Hawass bei *Annales du Service des Antiquités de l'Égypte* (ASAE) unter dem Titel *The Recent Investigation of the so-called doors inside the great pyramid* eingereicht und sollte in der Ausgabe des Jahres 2004 erscheinen.

72 Hawass 2014.

73 https://www.youtube.com/watch?v=hvoOUZYqvy8 [Stand: 1.9.2015].

Abb. 33: Zwei Metallstangen im Nordschacht der Königinnenkammer. © Rudolf Gantenbrink.

Wie auf dem Bild zu erkennen, ist die abgebrochene Metallstange an der Schachtbiegung liegen geblieben. Auf den ersten Blick sieht diese Stange wie ein Kantholzstab aus, der am Ende abgebrochen ist. Die Aufnahmen der *Pyramid Rover*-Mission belegen aber, dass es sich dabei ebenfalls um eine sehr lange Stange handelt, die zur Schachterkundung benutzt wurde, wohl eine etwas dünnere Metallstange.[74] Die Richtungsänderung im Schacht nach gut 18 m ausgehend vom Ende der Königinnenkammer war bautechnisch notwendig geworden, um die Große Galerie zu umgehen.

Wenn man die beiden kleinen Schächte der Königinnenkammer mit den von Gantenbrink angegebenen Maßen zu je 20–21 cm annimmt, so liegt der nächste Wert im altägyptischen Ellenmaß bei 11 Fingerbreit (≈ 20,57 cm).

Etwas unterhalb der Stelle von Abb. 30 befindet sich links neben der Metallstange ein kleines Objekt, welches eine gewisse Ähnlichkeit mit dem von Waynman Dixon gefundenen Doppelhaken besitzt. Im Vergleich zum Querschnitt der Metallstange muss es aber erheblich kleiner sein als das von Dixon gefundene Artefakt, und zwar etwa so groß wie ein Daumennagel.

Dieses Objekt wird bereits in einem Artikel[75] im Jahr 2000 erwähnt, allerdings ohne Abbildung. Es wäre auf jeden Fall lohnenswert, das Objekt durch einen Roboter bergen zu lassen, um es einer eingehenden Untersuchung unterziehen zu können. Lawton und Ogilvie-Herald vermuten, dass das Objekt aus Metall ist.[76]

Abb. 34: Kleines hakenförmiges Objekt im Nordschacht der Königinnenkammer. © Rudolf Gantenbrink.

Auf Nachfrage bei Chris Sondreal, dem damals für die *Pyramid Rover*-Mission Verantwortlichen bei *National Geographic*, erhielt ich Zugriff auf über 50 Bilder, die während der gesamten Fahrt des *Pyramid Rovers* bis zum Blockierstein gemacht wurden.[77] Es handelt sich dabei um Bildschirmkopien vom Monitor, der an die Echtzeit-Kamera des *Pyramid Rovers* angeschlossen war, also um Momentaufnahmen der Videokamera.

---

[74] Morton Edgar berichtet in seinen Briefen an Hugo Karlén, dass er unterschiedliche dicke Metallstangen zur Schachterkundung benutzt hat.

[75] Haase, Am Rande der Ewigkeit 2000, 10.

[76] Lawton und Ogilvie-Herald 1999, 329.

[77] Mein besonderer Dank gilt Chris Sondreal für seine Hilfsbereitschaft und Unterstützung. Laut einer persönlichen Information von ihm hatte bereits 2011, dem Jahr der Djedi-Mission, der Robotik-Experte Shawn Whitehead Zugriff auf diese Bilder.

Hier ist eine Aufnahme des *Pyramid Rovers* zu sehen, der 2002 den Nordschacht erkundet hat. Es ist die gleiche Stelle wie bei Gantenbrinks *UPUAUT-2*-Mission im Nordschacht.
Allerdings wurde gegenüber 1993 die zweite Metallstange verschoben und es befindet sich ein Stein auf der ersten Metallstange. Ebenso sieht man einen Kratzer am linken Schachtrand, der 1993 noch nicht vorhanden gewesen war (s. Abb. 33). Der Nordschacht biegt hier bei gut 18 m nach links im 45° Winkel ab.

Abb. 35: Veränderungen im Nordschacht bei der Pyramid Rover-Mission 2002 gegenüber der UPUAUT-2-Mission von 1993. © National Geographic.

UPUAUT-2 konnte zwar nicht um den Knick herumfahren, aber dennoch eine Aufnahme des direkt dahinter befindlichen Bereichs machen. Auf der linken Seite befindet sich ein Hindernis, welches die Stange zu blockieren scheint. Die Kamera von *UPUAUT-2* konnte aufgrund der Distanz leider keine besseren Bilder von diesem Gegenstand machen. Die Entfernung zu dem Hindernis ist zwar schwierig zu bestimmen, könnte aber ca. 1 m betragen.[78] Sasse und Haase geben die Länge aufgrund einer Schätzung ebenfalls mit rund 1 m an.[79] Auf dem Bild von Gantenbrink liegt die Stange am linken Schachtrand, während sie auf einem Bild des *Pyramid Rovers* (s. Abb. 37) genau wie die andere Metallstange den Schacht quert und dann rechts weiter läuft.

Abb. 36: Metallstangen von Edgar kurz hinter dem 45°-Knick im Nordschacht. © Rudolf Gantenbrink.

Abb. 37: Metallstangen von Edgar kurz hinter dem 45°-Knick im Nordschacht (Aufn. vom Pyramid Rover). © National Geographic.

Vermutlich bei dem Versuch die Hindernisse zu überwinden, hat *Pyramid Rover* die kurz vor diesem Knick abgebrochene Stange allerdings verschoben[80], denn auf der linken Seite des Schachts ist keine Stange mehr zu erkennen. Auf der anderen Aufnahme (Abb. 37 r.) ist das Hindernis auf der linken Seite weiter hinten als der Stein.

---

[78] Robert Bauval gibt in Bauval 2001, vol. 49 unter der Referenz Nr. 22 an, dass der Holzstab (für den er die Metallstange hält), ca. 80 cm lang ist und einen Querschnitt von 1,25 × 1,25 cm besitzt. Leider erklärt er nicht, wie er auf die Maße kommt bzw. von wem er sie hat. In einem Folgeartikel in Bauval 2001, vol. 50 sind es dann nur noch ca. 70 cm.

[79] Sasse und Haase 1997.

[80] Persönliche Information von Chris Sondreal.

Laut einem Artikel von Hawass[81] gibt es noch Knicke im Nordschacht bei 23,16 m und 25,60 m je nach rechts und nach 29,26 m wieder zurück nach links. Diese Maße nennt auch der Abschlussbericht der *Pyramid Rover*-Mission vom 20. Dezember 2002 für Phase II.[82] Die Teilstücke zwischen den Knicken ab 18,14 m[83] sind damit 5,02 m, 2,44 m und 3,66 m lang. In einer 2014 erscheinenden Publikation hierzu finden sich die Angaben von Phase I und von Phase II,[84] die jedoch nicht identisch sind. In Phase II konnten die Werte genauer ermittelt werden als noch in Phase I. In Phase I wurde Folgendes festgestellt:

> *"During our exploration of the northern shaft (QCN), the robot ascended approximately 19 meters (60 feet), and turned through the sharp left (west) bend. Next followed two shallow right turns (to the east at 22 meters (75 feet) and 25 meters (83 feet)). This may reorient the shaft to its original direction to the north. About 20 meters (67.5 feet) after the first bend is a pile of rubble. ...*
> *At 27 meters (90 feet) the robot stopped and was unable to go any further, but was able to capture video of the next 3 - 5 meters (10 - 15 feet). The shaft continues with a slight turn to the left. The robot was forced to stop as a result of becoming grounded on the metal rods."* [85]

Bei dem Schutthaufen, den er erwähnt, handelt es sich womöglich um das Hindernis aus Abb. 36. Nimmt man die Fußangabe für das Hindernis, so ergibt dies 20,57 m nach dem ersten 45°-Knick bzw. 22,53 m nach Schachtbeginn. Da der erste 45°-Knick bei 18,14 m ab Schachtbeginn ist, wäre der Schutthaufen 4,39 m dahinter. Nur eine Seite weiter schreibt Hawass in dem oben zitierten Artikel dann:

> *"In the northern air-shaft (QCN), the Pyramid Rover performed three runs in an attempt to gather new information. The expedition reconfirmed that the shaft is orientated north as it heads away from the second chamber. To summarize its findings: At 23 meters (76 feet) the shaft bends to the right at an angle of approximately 20 degrees (Fig. 9). At 25 meters (84 feet), there is another turn to the right at approximately the same angle. At 29 meters (96 feet), the shaft bends slightly to the left (Figs 10, 11 and 12).*
> *At 63 meters (209 feet) in the northern shaft (QCN) we discovered a third blocking stone; this closely resembles the first blocking stone in the southern air-shaft (QCS) (Figs 13, 14 and 15). As on the first stone, there were two metal pins protruding from the stone, which are covered with a green patina. The left pin is recessed in a grooved cut in the door and thus sits flush with the surface of the stone. The second pin is bent down on to the surface of the stone itself. The stone appears to be supported by the wall blocks as in the southern shaft. The thickness of this block is not known."* [86]

Bei der Angabe "*(209 feet)*" scheint es sich um einen Tippfehler zu handeln, da 209 Fuß 63,70 m entsprechen und zudem in seinem Artikel von 2005 die 63 m mit "*(208 feet)*", also 63,40 m, angegeben sind, welche auf ganze Meter gerundet 63 m ergeben. Hier noch einmal die genauen Angaben der von Hawass zuerst erwähnten Fußangaben mit Umrechnung in Meter: 75 Fuß = 22,86 m, 83 Fuß = 25,30 m und 90 Fuß = 27,43 m.

Da die letzten Angaben, die sich auf Phase II der Mission beziehen, mit denen von 2005 übereinstimmen, kann man diese als die gültigen Werte ansehen. Eine in dem Artikel von 2005 nicht enthaltene Zahl ist die Gradangabe für den zweiten und dritten Knick im Nordschacht. Im Abschlussbericht der Mission von 2002, sowie in dem Artikel von Hawass aus dem Jahr 2014 sind diese Informationen allerdings enthalten. Beide Knicke werden mit ungefähr 20° angegeben. Für den letzten Linksknick gibt es keine Gradangabe, da heißt es

81 Hawass 2005, 308.

82 Hawass, Watters und Sondreal 2002, 21.

83 Die Angabe entstammt der CAD-Zeichnung von Rudolf Gantenbrink 1999.

84 Laut dem Abschlussbericht der Mission fand Phase I vom 27.7.2002 – 3.8.2002 statt und Phase II vom 6.9.2002 – 20.9.2002.

85 Hawass 2014, 56-57. Für den Fund und die Bereitstellung dieser Quelle gilt mein Dank Dr. Christian E. Loeben vom August Kestner Museum in Hannover.

86 Hawass 2014, 58.

im Text nur, dass es sich um einen leichten Linksknick handelt. Um den ersten 45° Knick nach links auszugleichen sind eher zweimal 25°, also zusammen 50°, nach rechts und anschließend 5° nach links anzunehmen, als zweimal 20° nach rechts, was nur 40° ergibt und somit ein weiterer Linksknick nicht wieder zurück zur ursprünglichen Orientierung des Schachts führen kann. Aufgrund der unterschiedlich langen Teilstücke zwischen den Knickwinkeln reicht es jedoch nicht aus, dass deren Summe (z. B. 45° – 25° – 25° + 5° = 0°) Null ergibt, um am Ende der Strecke wieder zur ursprünglichen Lage des Schachts zurückzukehren. Die eben genannten Knickwinkel führen zu einem Versatz von gut vier Metern, gegenüber der Ausgangsposition am Schachtbeginn in der Königinnenkammer.

Was die Längenangaben der einzelnen Teilstücke im Bereich der Umgehung der Großen Galerie betrifft, ist allerdings nicht klar, ob die Fußangaben gerundet wurden und welche Bezugspunkte man dafür ausgewählt hat. Nimmt man als Bezugspunkt z. B. die Schachtmitte, welche für einen Roboter vermutlich am besten wäre, so hat dies geringfügig andere Werte zur Folge als am Rand. Aufgrund der beiden Knicke nach links und nach rechts ergibt sich bei unterschiedlichen Winkeln in Summe ein leicht anderer Wert, wenn man nur den linken Rand bzw. den rechten Rand oder die Mitte als Maß für die Schachtlänge nimmt.

Die Auswirkungen unterschiedlicher Knickwinkel wurde simuliert und in den nachfolgenden Abbildungen dargestellt.

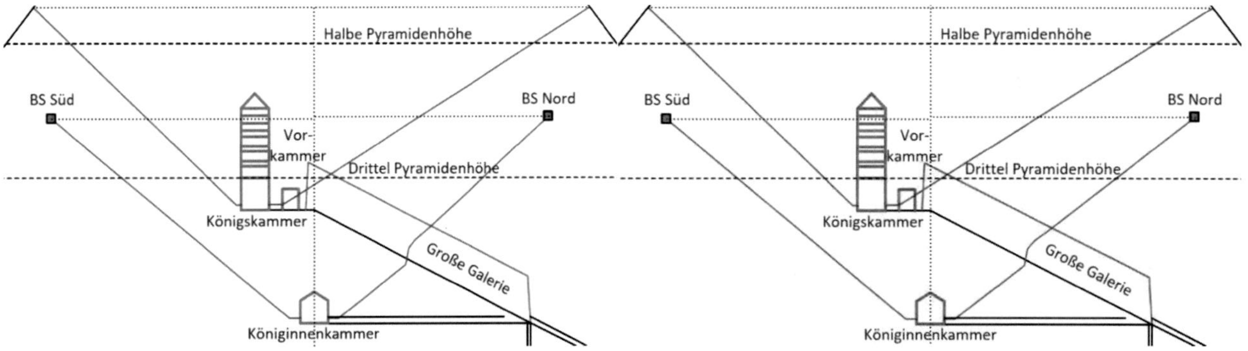

Abb. 38: Simulation des Schachtverlaufs des nördlichen Königinnenkammerschachts. Steigungs- und Knickwinkel: 37,2° (S), 45° (K), 20° (K), 20° (K), 5° (K), 37,2° (S) (linke Abb.). 37,2° (S), 45° (K), 25° (K), 25° (K), 5° (K), 37,2° (S) (rechte Abb.).

Für die Höhe der Blockiersteine wurde hier angenommen, dass sie sich exakt auf der Höhe der roten Markierungslinie in der 4. Entlastungskammer (Lady Arbuthnot-Kammer) befindet. Diese Markierungslinie liegt exakt eine Königselle unterhalb der Decke dieser Entlastungskammer. Gemäß den Angaben von Maragioglio und Rinaldi, sowie Dormion befindet sich diese Markierungslinie 4,49 m unter dem Dachgiebel der 5. Entlastungskammer (Campbell-Kammer), dessen Höhe mit 64,12 m über der Pyramidenbasis angegeben ist. Somit befindet sich die Markierungslinie in 59,63 m Höhe über der Pyramidenbasis. Bei der Simulation bin ich von dieser Höhe als Lage der Blockiersteine ausgegangen. Eine Bestätigung, dass der südlichen Blockierstein tatsächlich auf einer Höhe von 59,63 m über der Pyramidenbasis liegt, liefern die exakten Messwerte von Gantenbrink, die er mit seinem lasergestützten Messsystem des *UPUAUT-2*-Roboters ermittelt hatte. Als Gesamtlänge des Südschachts ermittelte er 59,45 m. Das horizontale Teilstück besitzt eine Länge von 1,96 m, somit beträgt die Länge des mit einem Neigungswinkel von 39,4° ± 0,2° (nach Gantenbrink) ansteigenden Schachts 57,49 m. Für die Simulation habe ich den unteren Toleranzwert von 39,2° benutzt, der einem Seked von 5 Handbreit und $2\frac{6}{7}$ Fingerbreit entspricht. Der Boden der unteren Schachtöffnung der beiden kleinen Königinnenkammerschächte befindet sich 97,5 cm über dem Kammerboden.[87] Man benötigt auch noch die genaue Höhe des Bodens der Königinnenkammer über der Pyramidenbasis zur Ermittlung der Höhe der Blockiersteine. Als allgemein in der Pyramidenliteratur akzeptiert gilt ein Wert von 43 m ± 4 cm als Höhe über der Pyramidenbasis für die Königskammer. Seit den Messungen von Flinders Petrie in den frühen 1880er Jahren ist bekannt, dass sich die Königskammer genau auf der 50. Steinlage befindet. Als Höhe für die 50. Steinlage gibt Petrie 43,116 m an, während die neueste Messung von Georges Goyon aus den 1970er Jahren 42,93 m beträgt. Der Mittelwert aus beiden Messungen beträgt 42,023 m. Daher habe ich als Höhenwert für

---

87 Geht man aufgrund der Stufe im horizontalen Schacht von einem fehlenden Bodenbelag in der Königinnenkammer von einer Königselle Höhe aus, so wären die Schachtöffnungen lediglich 45 cm über dem Boden, was einer gewöhnlichen Elle zu 6 Handbreit entsprochen hätte.

die Königskammer 43,02 m angenommen. Gemäß Dormion beträgt die Länge des horizontalen Gangs ab dem Beginn der Großen Galerie bis zum Eingang in die Königinnenkammer 38,67 m. Da die Königinnenkammer 5,24 m breit ist, beträgt die Entfernung vom Eingang in die Kammer bis zur Kammermitte genau 2,62 m. Diese befindet sich exakt in der Pyramidensenkrechten. Somit beträgt die Entfernung vom Beginn der Großen Galerie bis zur Mitte der Königinnenkammer nach Dormion 41,29 m oder 78,9 Königsellen.[88] Man kann davon ausgehen, dass der geplante Wert genau 79 Königsellen (≈ 41,36 m) betragen hat. Diesen Wert habe ich für meine Simulationen benutzt. Für den Neigungswinkel der Großen Galerie gab Gilles Dormion 26,17° an.[89] Als geplanten Wert für die Steigung habe ich einen um 0,4° größeren Wert angenommen, also 26,57°, da dieser Wert dem Winkel eines 1:2-Dreiecks entspricht, bei dem der eine Schenkel des rechtwinkligen Dreiecks doppelt so groß wie der andere Schenkel ist. Dies ist somit ein einfach zu konstruierender Winkel gewesen. Somit erhält man für das Dreieck „Beginn der Großen Galerie bis zur Großen Stufe, Mitte der Königinnenkammer und wieder zurück zum Beginn der Großen Galerie" ein 1:2-Dreieck (siehe Abb. 66), bei dem der doppelt so lange Schenkel 79 Ellen lang ist und somit der kürzere Schenkel 39,5 Ellen lang. Genau diese Distanz von 39,5 Ellen oder 20,68 m ist die Höhendifferenz zwischen dem Boden der Königskammer und dem Boden der Königinnenkammer. Zieht man nun von der Höhe 43,02 m der Königskammer die 20,68 m ab, erhält man als Höhe für die Königinnenkammer einen Wert von 22,34 m. Dieser Wert passt auch recht gut zur Höhe der 25. Steinlage, auf der sich die Königinnenkammer befindet. Nathaniel Davison und Georges Goyon gaben hierfür übereinstimmend 22,40 m an, also nur 6 cm mehr. Addiert man zu der Höhe der Königinnenkammer die Höhe von 0,98 m bis zur Schachtöffnung der kleinen Schächte, erhält man 23,32 m. Rechnet man von dieser Höhe aus mit dem von Gantenbrink ermittelten Neigungswinkel des Südschachts und der von ihm ermittelten Länge von 57,49 m die sich ergebende Höhe des südlichen Blockiersteins aus, ergibt dies eine Höhe von 59,64 m und damit nur 1 cm mehr als die angenommenen 59,63 m von Dormion. Die horizontale Lage des südlichen Blockiersteins ergibt sich damit zu 49,13 m (≈ 93,8 Ellen) südlich von der Pyramidensenkrechten. Würde man als Schachtlänge einen Wert von 63,5 m annehmen, wie er fälschlicherweise in einem 2013 veröffentlichten Artikel über die *Djedi*-Roboter-Mission veröffentlicht wurde an dem unter anderem auch Zahi Hawass[90] beteiligt war, so läge der Blockierstein 52,97 m südlich der Pyramidensenkrechten und 62,77 m über der Pyramidenbasis und somit mehr als 3 m höher als die rote Markierungslinie in der 4. Entlastungskammer und fast 4 m weiter von der Pyramidensenkrechten entfernt.

> *"Upuaut 2 also explored the south of the QC (QCS). The robot traveled approximately 57 m into QCS, where it reached a 40-mm-high step. After careful manoeuvering, the robot was able to cross the step and advance forward. At about 63.5 m from the entrance to the tunnel, Upuaut 2 encountered a stone built across the shaft to terminate it. This stone has become known as the "first blocking stone" and had two "copper handles" mounted centrally of unknown purpose or function."* [91]

Als Gantenbrink insistierte, dass er die Schachtlänge des Südschachts zu 59,45 m angegeben hätte, wurde ihm unterstellt er habe sich vermessen. Diese Anschuldigung hat ihn sehr gekränkt, da er als Ingenieur mit einem lasergestützten Messsystem gearbeitet hatte und es schlicht als Frechheit empfand ihm hier einen so großen Messfehler zu unterstellen. Meine Computersimulation gibt Gantenbrink recht, wie meine obigen Ausführungen gezeigt haben.

Nimmt man also aus guten Gründen die Angaben von Gantenbrink für wahr an und somit auch die errechnete Position des südlichen Blockiersteins in einer Höhe von 59,63 m über der Pyramidenbasis und geht weiterhin von einer symmetrischen Lage des nördlichen Blockiersteins aus, stellt man fest, dass man mit der von der *Djedi*-Mission angegebenen Schachtlänge des Nordschachts von 63,60 m ± 0,4 m[92] zu keiner symmetrischen Lage der Blockiersteine kommt. Als Neigungswinkel für den Nordschacht hatten Maragioglio und Rinaldi

---

[88] Dormion 2004, 288.

[89] Dormion 2004, 280.

[90] Hawass verwies bezüglich der Länge des Südschachts in der Königinnenkammer in einem 2014 veröffentlichten Artikel (Hawass 2014, 53) auf Morton Edgar, der als Länge des Südschachts ungefähr 63 m angegeben hat.

[91] Richardson, et al. 2013, 325.

[92] Richardson, et al. 2013, 344, Fig. 24.

„37,5° (?)" angegeben und Gantenbrink 2° weniger als für den Südschacht, somit 37,4° ± 0,2°. Unter Berücksichtigung der vier Knickwinkel im Nordschacht zur Umgehung der Großen Galerie (siehe weiter unten) würde sich seine Position wie folgt ergeben: 49,92 m südlich der Pyramidensenkrechten und 60,24 m über dem Pyramidenplateau. Der nördliche Blockierstein läge somit 60 cm höher und 79 cm weiter von der Pyramidensenkrechten entfernt als der südliche Blockierstein. Daher zweifele ich auch diese Längenangabe an, die zudem nur mittels Odometrie und nicht mittels Lasertechnik ermittelt wurde. Nimmt man eine Schachtlänge von 62,60 m (also genau ein Meter weniger als vom *Djedi*-Team angegeben bzw. 60 cm weniger als der untere Toleranzwert) an und einen Neigungswinkel von 37,2° im unteren Schachtbereich und einen Neigungswinkel von 36,5° nach der Umgehung der Großen Galerie an, so kommt der nördliche Blockierstein genau symmetrisch zum südlichen Blockierstein zu liegen. Dass man beim Bau der großen Pyramide hier einen Symmetriebruch bewusst zugelassen hat, halte ich für sehr unwahrscheinlich, da auch die Luftschächte der Königskammer exakt symmetrisch an der ursprünglichen Außenverkleidung gemäß Flinders Petrie in einer Höhe von 79,78 m[93] austraten.

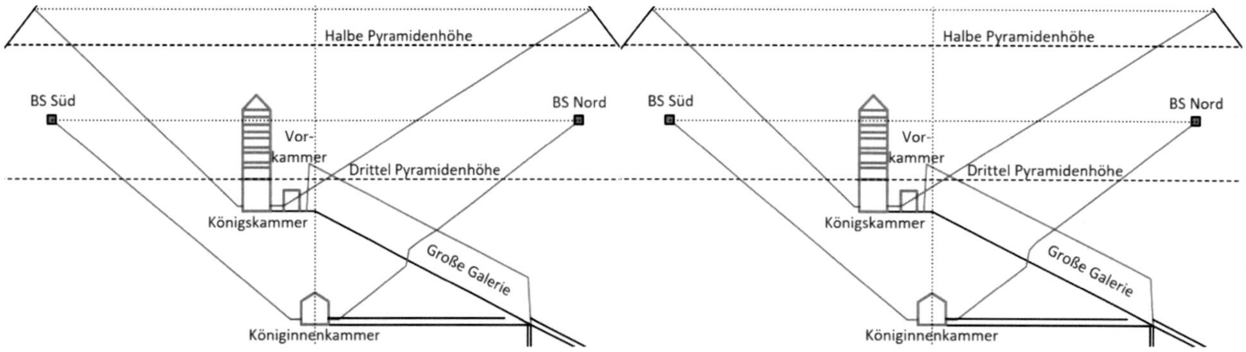

Abb. 39: Simulation des Schachtverlaufs des nördlichen Königinnenkammerschachts. Steigungs- und Knickwinkel: 37,2° (S), 45° (K), 45° (K), 45° (K), 45° (K), 36,5° (S) (linke Abb.). 37,2° (S), 45° (K), 25° (K), 25° (K), 5° (K), 36,5° (S) (rechte Abb.).

Besäßen alle Knickwinkel im nördlichen Königinnenkammerschacht 45° (siehe Abb. 39 links), so erreicht man dennoch aufgrund der unterschiedlich langen Teilstücke zwischen den Knicken nicht den gleichen Abstand zur Pyramidensenkrechten wie im Fall der von Hawass berichteten Knickwinkel. Der Blockierstein wäre in diesem Fall 1,14 m weiter von der Pyramidensenkrechten entfernt als im tatsächlich angenommenen Fall (siehe Abb. 39 rechts), bei dem beide Blockiersteine eine symmetrische Lage bezüglich der Entfernung von der Pyramidensenkrechten und der Höhe über der Pyramidenbasis einnehmen.

Nimmt man als Schachtlänge für den Nordschacht 121 Königsellen (≈ 63,36 m) an, indem man die hinter dem südlichen Blockierstein als hieratischen Inschrift gedeuteten Zeichen als Zahl 121 interpretiert, so kommt der nördliche Blockierstein 60 cm weiter von der Pyramidensenkrechten und 45 cm höher als der südliche Blockierstein zu liegen. Zudem ergibt es wenig Sinn die Angabe vom Südschacht, der wie oben gezeigt nur 59,45 m (≈ 113,54 Königsellen) lang ist, auf den Nordschacht zu übertragen. Es gibt auch keine Information darüber, ob in dem Hohlraum hinter dem nördlichen Blockierstein ebenfalls die gleichen potentiellen hieratischen Zeichen wie beim Südschacht zu finden sind.

Hawass berichtet zudem noch von einer Eintrittskarte für die Pyramiden und dem Sphinx (Datum nicht erkennbar, Größe: ca. 3,5 × 1,7 cm) und einem weißen leeren Papier, welche in einer Entfernung von 18 bis 21 m nach dem nördlichen Schachteingang, also in dem Abschnitt zwischen dem ersten 45° Knick und dem zweiten Knick, gefunden wurden.[94] Aufgrund dieser Fundsituation kann die Eintrittskarte und das andere Papier nur von der Großen Galerie aus in diesen Schacht gelangt sein. Da der erste 45° Knick die Umgehung der Großen Galerie einleitet. Auf der Eintrittskarte steht ganz oben auf Arabisch هيئة الآثار المصرية, was übersetzt *Egyptian Antiquities Organization* heißt, also der Name des ägyptischen Antikenministeriums, den es von 1971 bis 1994 innehatte. Darunter steht auf Arabisch أهرام الجيزة و أبو الهول, was übersetzt *Die Pyramiden von Gizeh und die Sphinx* heißt. Darunter steht auf Englisch *Pyramids & Sphinx at Giza*, also eine Wiederholung des arabischen Textes zuvor. Das Ticket zeigt keinerlei Bild oder Emblem, wie es auf neueren Tickets üblich ist. Die ägyptische Antikenbehörde sollte allerdings in der Lage sein, den Zeitraum der Ausstellung

93 Siehe Fußnote 1379.

94 Hawass 2014, 59, 64 Fig. 2.

dieses Tickets bestimmen zu können. Am unteren Rand sind noch die Reste einer Nummer, vermutlich die Ticketnummer zu sehen, aber kein Datum.

Es gibt meines Erachtens nur drei Möglichkeiten, wie das Ticket in den Schacht gelangt sein kann:

1. Das Ticket wurde in der Großen Galerie von einem Touristen verloren und verschwand durch eine Ritze im Boden, die mit dem Nordschacht in Verbindung stand. Dies erklärt dann auch den Fundort des Tickets im Schacht.
2. Es gab irgendwann im Zeitraum 1971 bis 2002 (vor der *Pyramid Rover*-Mission) eine Untersuchung der Großen Galerie, bei deren Untersuchung des Bodens jemand absichtlich das Ticket und ein weißes Papier in eine Ritze gesteckt hat, die zufälligerweise mit dem Nordschacht der Königinnenkammer in Verbindung stand.
3. Das Ticket und das weiße Papier wurden von unten mithilfe eines starken Gebläses, soweit in den Schacht nach oben transportiert.

Doch egal welche dieser Möglichkeiten nun der Wahrheit entspricht, verbirgt sich dahinter kein echtes Mysterium. Die Möglichkeit, dass beide Papierstücke mithilfe eines starken Gebläses von unten über 18 m weit bis fast an die gleiche Stelle transportiert wurden, ist eher unwahrscheinlich, da hierfür der 45°-Knick ein Hindernis darstellte. Daher kann es nur durch eine Ritze im Boden der Großen Galerie in den Nordschacht der Königinnenkammer gelangt sein. Die *UPUAUT*-Mission von Gantenbrink kam mit dem Roboter nicht bis an die besagte Fundstelle, sodass es auch nicht durch *UPUAUT* dort deponiert worden sein konnte. Von oben war und ist der Schacht hermetisch verschlossen, also kann es von dort auch nicht in den Schacht gelangt sein.

Weiterhin berichtet Hawass noch von weiteren Funden im Südschacht der Königinnenkammer durch die *Pyramid Rover*-Mission:

> *"Four objects were removed [at July 31, 2002] from various places inside the southern air-shaft (QCS): two crystals that we assume were placed there in modern times, one reddish-brown object [3,8 x 1,9 x 0,6 cm] with a white circular feature on one side (perhaps a rock from the walls or ceiling), and a white object [5,1 x 1,3 x 0,6 cm] – probably a piece of limestone from the wall of the shaft."* [95]

Es stellen sich vor diesem Hintergrund einige Fragen:

1. Warum wurde nicht versucht, das kleine rechteckige Objekt mit den beiden Löchern, welches von Gantenbrink entdeckt wurde und als Halterung für den Haken gedient haben soll, aus dem Schacht zu bergen und es genauer zu untersuchen? Ebenfalls hätte man weitere kleine Teile daneben, evtl. Holzsplitter, auch bergen und untersuchen können. Auch hier hätte man eine Altersbestimmung mittels C^{14}-Methode vornehmen können.
2. Warum wurde bei der *Pyramid Rover*-Mission, die den Nordschacht bis zu dem Blockierstein erforscht hat, nicht veröffentlicht, um welches Objekt (s. Abb. 36) es sich bei der Aufnahme von *UPUAUT-2* handelt?
3. Warum wurden interessante und aufschlussreiche Bilder des Nordschachts, die bei der *Pyramid Rover*-Mission 2002 gemacht wurden, entweder gar nicht oder erst 2014 veröffentlicht? Der Abschlussbericht der Mission aus dem Jahr 2002 war im Internet nicht zu finden.
4. Bilder der *Pyramid Rover*-Mission zeigen die beiden am Ende befindlichen Holzkugeln, die Morton Edgar an den Stangenenden angebracht hatte, um die Reibung an den Schachtwänden zu minimieren. Warum sind diese Bilder nicht in dem Artikel von Hawass[96] über den Nordschacht und die *Pyramid Rover*-Mission enthalten? Lediglich Fig. 9 in diesem Artikel zeigt das Ende einer Metallstange

---

95 Hawass 2014, 56. Im Abschlussbericht der *Pyramid Rover*-Mission ist auch ein Foto mit den vier Objekten enthalten.

96 Hawass 2014, 305-330 u. Abbildungen.

mit einem undefinierbaren Aufsatz, der Holzkugel. Darauf wird aber im Artikeltext kein Bezug genommen.

5. Einige Bilder der *Pyramid Rover*-Mission zeigen ein rundes, ca. 3,5 cm großes und ca. 0,5 cm dickes, metallisch aussehendes Objekt mit einem Loch in der Mitte. Warum wurde auch dieses Bild nicht veröffentlicht? Bei der Fundstelle liegt zudem noch eine große Anzahl an Steinfragmenten auf dem Schachtboden, die sich an der linken Schachtseite über mindestens einen Meter erstrecken. Wo kommt der ganze Schutt her?
6. Warum gibt es nur in einer russischen Dokumentation[97] über die Schachterkundung Videoaufnahmen von dem Bereich unmittelbar vor dem nördlichen Blockierstein, aber nicht von *National Geographic* selbst?
7. Warum wurde von offizieller Seite nicht versucht, das Alter der im Schacht gefundenen Eintrittskarte zu ermitteln? Damit hätte man die Möglichkeit gehabt, das Eindringen des Tickets in den Schacht mit einer Untersuchung in der Großen Galerie in Verbindung zu bringen. Hat es sich hierbei um eine inoffizielle Untersuchung gehandelt, über die nicht berichtet werden sollte?

Die im Nordschacht gefundenen Metallstangen stammen definitiv von Morton Edgar, der die Pyramide von 1909 bis 1938 insgesamt neunmal erforschte – davon mehrmals in den 1920er Jahren – und nicht, wie oft berichtet, von Waynman Dixon. 1931 lernte Morton Edgar bei einer seiner Expeditionen auf dem Gizeh-Plateau den schon 75-jährigen William Kingsland kennen, einen Ingenieur von der Insel Wight.[98] In dessen Buch *The great pyramid in fact & theory* findet sich dazu folgender Eintrag im Kapitel über die Königinnenkammer:

> *"Mr. Morton Edgar, in 1928, probed the Channels with specially made rods, and found the length of the north one to be at least 175 feet [= 53,34 m] and the south one 208 feet [= 63,40 m]; but he was not able to go right through to the face of the Pyramid, apparently on account of blocking debris."* [99]

Die Edgar-Brüder berichteten bereits in Ihrem 1910 erschienen Buch *The Great Pyramid Passages And Chambers* wo sie ihre zur Entfernungsmessung benutzten Stangen versteckten, wenn sie nicht in der Pyramide waren:

> *"When we had finished our work in the Queen's Chamber and Horizontal Passage, we picked up our camera, measuring-tape, etc., and made our way down the First Ascending Passage for the last time. Then, taking a look into Al Mamoun's forced passage to make sure that none of our measuring-rods had been left there (for we always hid them in that place when away from the Pyramid), we climbed up the Descending Passage to the Entrance, taking care not to give our heads a final knock against the low roof. On reaching the outside we found Judah sitting there, looking rather gloomy. We spoke cheeringly to him, and he brightened up. He had, lying beside him, all our measuring-rods tied in a bundle, and the rope-ladder coiled up ready to take over to Mr. Covington's tent."*

National Geographic schrieb dazu auf ihrem *News Channel* am 23. September 2002:

> *"Portions of the northern shaft have been previously explored. In 1872 Waynman Dixon found a small bronze hook and granite ball. In the 1920s a pyramid enthusiast, Morton Edgar, attempted to learn more about the queen's chamber shafts by using flexible metal rods. In the southern shaft he was stopped, presumably by the blocking door. In the northern shaft, which appears to bend and curve around the grand gallery, Edgar's flexible rods broke and remain there to this*

97 https://www.youtube.com/watch?v=hvoOUZYqvy8 [Stand: 1.9.2015].

98 Lamb 2013, 116.

99 Kingsland 1972, 80.

day. The SCA/NG robot "rover" had to navigate around the metal rods to reach the end of the northern shaft." [100]

Dies zeigt, dass man sich erst 2002 sicher war, dass nicht W. Dixon, sondern Morton Edgar die Metallstangen in dem nördlichen Königinnenkammerschacht zurückgelassen hatte.

In dem Buch *Gleanings from Glasgow* sind Briefe von Morton Edgar an Hugo Karlén[101] abgedruckt, in denen Edgar seine Schachterprobungen detailliert beschreibt. Es folgen einige der wichtigsten Passagen zu diesem Thema:

„The motive of the builders in so laboriously constructing two long air-channels which could not conduct air because of the incompleted inner ends, is unaccountable on any other grounds than that of symbolism." [102]

Edgar schließt die Verwendung der Königinnenkammerschächte als Luftkanäle aufgrund des Verschlusses in der Königinnenkammer aus. Wenn es sich nur um die bekannten wenigen Meter handelte, würde er nicht die Formulierung *„zwei lange Luftkanäle"* verwenden.

In einem Brief an Hugo Karlén vom 11. Dezember 1946 schreibt er bezüglich seines vierten Besuchs der Pyramiden im Jahr 1925:

"Because of my past work at the monument, in 1909, 1912, and 1914 (before the war), the authorities in this connection were prepared to attend to my representations on my 4th visit, in 1925. Although the Director-General of the Antiquities Department was a Frenchman (Mr. Lacau), his "acting" Director-General was an Englishman; and, strange to say, his name was (for he is dead now) Edgar! And he came from Scotland too, Edinburgh. I told him that I regarded all this as a good "omen"! He laughed at this, but I have an idea that the fact of his name being the same as mine, and our both being Scotsmen, may have something to do with the sympathy the Department showed to my requests. ...
1. Permission to clear away all the debris from the four Corner-Sockets, and from the rock back to the Core-masonry of the building, thus thoroughly exposing these four Sockets and their immediate surroundings.
2. To clear away the debris from the Western section of the North Base-line, from the place where former work has been stopped at the exposed Casing-stones, to the North-West Corner Socket.
3. To clear out all the debris from the Subterranean Chamber, and so complete the work that I began in 1909 and in 1912.
4. To obtain permission to search for the outer openings of the two air-channels of the Queen's Chamber; and to clear out the debris from the two air-channels of the Kings Chamber." [103]

In einem weiteren Brief an Hugo Karlén vom 13. Januar 1947 beschreibt Morton Edgar dann detailliert die Schachterprobung der Königinnenkammerschächte:

"Well, it was during this 6th visit, in the year 1928, that I determined to find out about the two air-channels of the Queen's Chamber. Waynman Dixon of England, an engineer who was at work at Nile-bridge-making, and who communicated with Professor Smyth constantly in connection with the Great Pyramid, did some good investigating work in the monument. It was in the spring

---

[100] National Geographic 2002. SCA = *Supreme Council of Antiquities*, NG = *National Geographic*, SCA/NG robot = *Pyramid Rover.*

[101] Hugo Karlén (* 24.9.1883 in Halmstad, Schweden; † 14.1.1954 in Stockholm, Schweden) war Bibelforscher und Anhänger von Charles Taze Russell, den er 1913 in den USA traf. In den Jahren 1927 bis 1950 korrespondierte er oft mit Morton Edgar. 1921 vertrieb er das Büchlein *Stora Pyramiden Och Bibeln* (dt. Die Große Pyramide und die Bibel).

[102] Edgar und Edgar 2007, 104.

[103] Edgar und Edgar 2007, 525-526.

of the year 1872[104] *that he discovered the inner openings of the two air-channels of the Queen's Chamber, as Smyth points out in his books, quoted by Brother Russell. The words: "opened, April 1872" are roughly drawn on the chamber's walls above these openings.*[105]

But Dixon did not find the outer openings of the channels, nor did Petrie find them during his investigations in 1881, and 1882. Petrie says he thought he could see the openings from the ground below, but could not be sure. No one took the trouble to make an actual search for them, - or at least there is no published report of a search. ...

But, to cut a long story short: As there seemed to be uncertainty about the length of the two air-channels of the Queen's Chamber, I thought it would be doing a service to Pyramid students if I went ahead and tested their actual lengths. I therefore went to an engineering establishment in Cairo (owned by Messrs. Thos. Cook and Son), and ordered several 16-feet long steel rods. They were of hard flexible steel, ¼" square in section, able to pass round bends in the channels course, and yet retain their shape beyond the bends (for there are such bends in the course of the North channel, both at the lower end where the channel bends upward, and also around the intervening masonry of the Grand Gallery, just as in the course of the North channel of the King's Chamber).

I had these rods threaded at their ends, and had screw-couplers fitted, to enable the workmen to connect them together into one long continuous rod, each section of the rod being coupled on as they were pushed up into the channel. Because of the comparatively restricted space in the chamber, I could not get longer lengths than about sixteen feet, and this required to get a large number of lengths.

I set off with five 16-foot rods, all of which, being coupled together, readily went up into the channels, without any indication of a stop. This was true of both channels. So I had to go into Cairo again, and order further lengths; and this time I had them made of larger section rods (⅜ ths). This was because as the rods lengthened, their weight increased and had to be supported with stronger rods. The extra lengths disappeared into the channels, and still without any indication of a stop.

So into Cairo I journeyed once again, and this time ordered several lengths ½" in section, - they in their turn also disappeared, without any sign of a stop! Finally I ordered more of the rods (not all of 16 feet, but some of them shorter), this time $^{6}/_{8}$ *ths in section. Some of these disappeared too, on being pushed up the channels, until at last we came to full stop!*

I had at least proved beyond a doubt that the channels are by no means so short as many, including Reisner and his German friend, had theorised. Adding together all the lengths of the rods, up to the point where the stop prevented my pushing the combined rod any further, I found that the full length of the South air-channel, which has only the one bend, that at the lower end next the chamber, is at least 209 British Feet, measuring from the chamber's South wall surface (two hundred and nine feet, to the abrupt stop; and I measured this twice to make sure). I could not manage to get the full length of the North channel, because of the bends around the Gallery-masonry. The length I did get was 175 feet, when my long rod broke! And this happened twice![106]

So if any later investigator examines the north air-channel of the Queen's Chamber, he will find two long lengths of steel rods, with steel screw-couplers, and an oval ball of hard wood [107] *at their upper ends, which I had attached for the purpose of gliding around any rough projections or irregularities in the course of the channels."* [108]

Der Abschlussbericht der *Pyramid Rover*-Mission enthält Angaben, in welcher Schachttiefe die beiden im Nordschacht stecken gebliebenen Eisenstangen mit der aufgesetzten Holzkugel enden. Die erste

104 Interessanterweise erwähnt er als Entdeckungsdatum der Königinnenkammerschächte den Frühling des Jahres 1872. Gemäß anderer bereits zitierter Quellen war es tatsächlich jedoch entweder Sommer 1872 oder Winter 1872.

105 Die Worte *"opened, April 1872"* sind auf keiner mir bekannten Aufnahme zu sehen.

106 *Pyramid Rover* hat die abgebrochenen Metallstangen im Nordschacht gefunden.

107 In keinem bisher veröffentlichten Erkundungsbericht der Königinnenkammerschächte ist die Rede von einem harten, ovalen Holzball. Warum wurde dies bisher nirgends erwähnt?

108 Edgar und Edgar 2007, 539-542.

Metallstange endet bei 84 Fuß (25,6 m von der Schachtöffnung entfernt oder 7 ½ m nach dem ersten 45° Knick oder beim dritten Knick) und die zweite Holzkugel fand man bei 119 Fuß (36,3 m von der Schachtöffnung entfernt oder 18,1 m nach dem ersten 45°-Knick oder 7 m hinter dem vierten und letzten Knick).

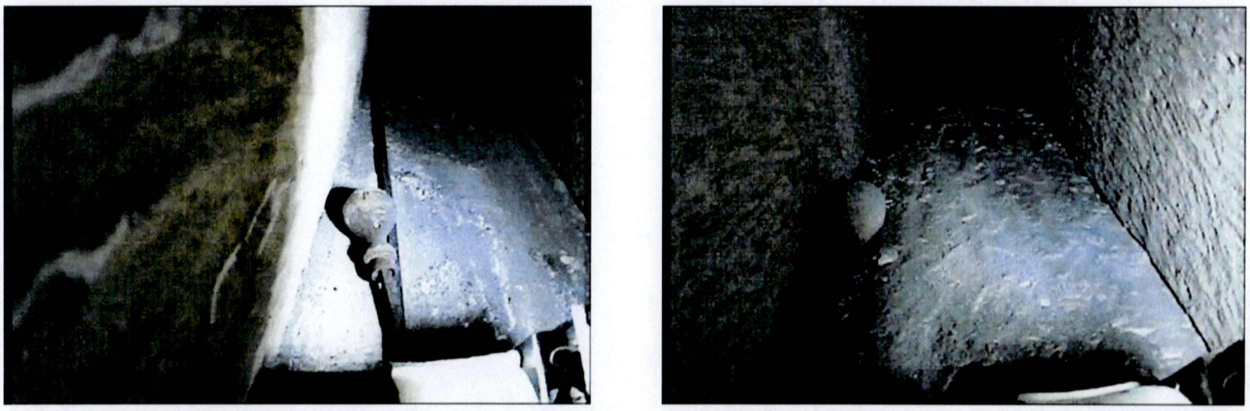

Abb. 40: Das Ende der beiden Edgar'schen Metallstangen mit den unterschiedlichen Hartholzkugeln. © National Geographic.

Die erwähnten Hartholzkugeln sind auf obigen Bildern gut zu sehen. Es wurden wohl unterschiedliche Holzobjekte für die beiden Metallstangen benutzt. Auf der linken Aufnahme erinnert das Objekt am Ende der Stange an den Fuß eines Bettgestells. Auf den Aufnahmen des *Pyramid Rovers* gibt es noch einen weiteren interessanten Gegenstand zu sehen, der in den Briefen von Morton Edgar nicht erwähnt ist.

Abb. 41: Ein radförmiges Objekt im Nordschacht mit einem Durchmesser von ca. 3,5 cm und einem Loch in der Mitte. © National Geographic.

Möglicherweise handelt es sich bei dem runden Objekt vor dem Roboter am linken Schachtrand um eine Befestigungsscheibe, mit der eine Holzkugel aus Abb. 40 an der Metallstange befestigt war. Im Abschlussbericht des *Pyramid Rover* Teams heißt es zur Erkundung des Nordschachts: *"Approximately 67.5 feet (≈ 20,57 m) after the first bend of the shaft to the left is a pile of rubble."* [109]

Eine offizielle Stellungnahme oder Veröffentlichung des *Pyramid Rover*-Teams zu diesem Objekt gibt es meines Wissens nicht. Mir ist auch nicht bekannt, ob versucht wurde es zu bergen, um es genauer untersuchen zu können. Das Objekt ist vermutlich beim Herabrollen des Schachts von dem Schutthaufen aufgehalten worden. Der Schutthaufen entstand wohl beim Versuch von Edgar, mit den Metallstangen im Schacht nach oben vorzudringen. Wegen der diversen Schachtknicke schlug dabei die Holzkugel wohl mehrfach an die Schachtwand, wobei sich dabei wohl Gesteinssplitter ablösten.

Genau wie im Südschacht ist erst der letzte Teil des Schachtes vor dem Blockierstein sehr sauber. Davor gibt es, wie auf den Bildern zu sehen, immer wieder loses Material im Schacht, das vielleicht zumindest teilweise durch die Schachterprobung mit den Metallstangen von Morton Edgar stammt.

Aus dem Edgar-Brief geht klar hervor, dass Morton Edgar unterschiedlich dicke Metallstangen benutzte und den Südschacht bis zum ihm damals noch unbekannten Blockierstein erprobte. Aufgrund der mehrfachen

[109] Hawass, Watters und Sondreal 2002, 16. Damit befindet sich dieser Schutthaufen etwa 38,7 m ab der unteren Schachtöffnung, was etwa 61 % der Schachtlänge ausmacht.

Biegungen des Nordschachts und dem daraus resultierenden Ergebnis der mehrfach gebrochenen Metallstangen kam er hier nicht bis zum Blockierstein durch. Dies erklärt auch, warum die Metallstifte im nördlichen Schacht noch beide unversehrt waren, während im Südschacht der linke Metallstift abgebrochen war. Dies wird auch in den folgenden Briefen an Hugo Karlén vom 21. Januar 1947 und 28. Januar 1947 deutlich:

"For my rod knocked distinctly against a solid ending, as though the channel came to an abrupt stop, a solid stone stop, against which my steel rod with its wood-terminal knocked every time I pulled it back, and then suddenly thrust it upward again, which of course I did many times to put this matter beyond all doubt." [110]

Abb. 42: Das Ende einer Metallstange im Nordschacht an einem Schachtknick nach rechts (links) sowie eine Verengung des Schachts weiter oben. © National Geographic.

Interessant ist auch die Aussage Edgars zu seinen Arbeiten an den Königskammerschächten. Hier säuberte er zuerst die Luftschächte, sodass ein deutlicher Luftzug in der Königskammer spürbar wurde, um dann an den äußeren Enden der Pyramidenaußenseite einen Schutz gegen eindringenden Regen und Schmutz zu errichten. Er berichtet auch von einem deutlichen Abfall der Temperatur im Pyramideninneren, was ebenso für die zahlreichen Touristen nützlich wäre.

"When I had finished my work in connection with the air-channels of the Queen's Chamber, I directed my attention to the channels of the King's Chamber (in that same year, 1928). For although air came through the South channel into the King's Chamber during my former visits, the North channel had always been stopped with debris, so that air never passed through it. And now, during a heavy rain-fall in 1925, much debris had been carried into the South channel, blocking this up too. So, I directed my workmen to clear out the debris from the South channel, and this was done fairly easily for the debris had not yet settled firmly in the small channel. But with the North channel the work of clearing out the debris was very difficult. The debris had had time to settle, and had hardened almost solid.

...

They poured a little water down the channel, to soften the debris, and then laboriously turned the long rod, with the use of levers, six men working at it, and managed each time to cut out a mere handful of the debris. But before they could get this handful, they had to draw out the long rod, and unscrew each section up to the very last part till they got to the cutting tool, out of which they then could extract their handful of dust, and throw it away. Then they had to insert their rod again, screwing on each section to enable them to reach the debris a long distance down the channel, turn it a few times to scoop out another handful of the debris, and draw out the rod once more.

This procedure had to be repeated over and over again, until at last they got through the debris! But it took these six men six weeks to do the job!

...

[110] Edgar und Edgar 2007, 548.

Now a fine strong breeze blows through this North channel, sometimes outward, and sometimes inward, according to the direction of the wind outside.
As the result of these two channels being open, the temperature in the interior of the Pyramid immediately decreased, making the inside of the building very much more comfortable to work in, and more comfortable for the numerous visitors too; for it used to be very hot in the Pyramid. All that is changed now!
To prevent rain from again carrying down debris into these two air-channels, and so stopping them up again, I instructed my men to do some building-work at their outer ends, arranging this little bit of masonry in such a way, that debris could not be carried into the channels by rain. Ten years later, in 1938, I found that this masonry which I had caused to be built at the exterior ends of the channels was still performing its intended object, for both the channels were acting perfectly, entirely free of debris. A strong current of air blew through both channels, keeping the air in the chambers and passages fresh and pure, and cool. Sometimes, indeed, the temperature inside the building was rather cold! The Antiquities Department, while giving me the necessary permission to do this work, did not engage the men, nor pay them! The last time the North air-channel was cleared of debris was away back in 1837, or about 90 years previously, when Col. Howard Vyse had it cleared out. He writes that it took his men six weeks to do this job, the same time as mine took. But as Vyse did not do any masonry-work at the outer ends of the channels, they were again stopped up with debris, carried in by the rain, - which, by the by, sometimes falls heavily in the winter, though not for many days." [111]

Wie hier geschildert wird, waren die Königskammerschächte durch Morton Edgars Reinigungsarbeiten von 1928 bis mindestens 1938 frei und dienten sowohl der Luftzufuhr im Inneren der Pyramide als auch zur Senkung der Temperatur im Pyramideninneren. Rudolf Gantenbrink behauptet in Unkenntnis dieser Geschehnisse auf seiner Webseite[112], dass er der erste nach Howard Vyse gewesen sei, der die Schächte wieder freigelegt hätte und damit für eine Luftzirkulation und Temperatur- und Feuchtigkeitsreduktion gesorgt hätte. Seit der Zeit von Vyse wurde die Pyramide bis 1988 laut Hawass nicht mehr restauriert. Die entsprechenden Arbeiten von Morton Edgar in den 1920er Jahren hat er dabei – vielleicht aus Unkenntnis – nicht berücksichtigt. Die Luftfeuchtigkeit im Inneren der Pyramide hatte sich aufgrund der großen Zahl an Touristen auf über 80 % erhöht, was sich dann auch in der Großen Galerie an einer mittlerweile auf über 1 cm Dicke angewachsenen Salzschicht ablesen ließ.[113] Deshalb schloss Hawass die Cheops-Pyramide von August 1988 bis zum Mai 1989. Im Rahmen der damaligen Restaurierungsarbeiten wurde auch die Installation eines Belüftungssystems beschlossen.[114]

Über die Belüftungssituation in der Cheops-Pyramide gibt Morton Edgar einen guten Einblick, der aus eigener Anschauung nach den Reinigungsarbeiten an den Luftschächten resultiert:

"Thus the breeze that blows through the North air-channel, now that I have had it cleared of hardened debris, does not reach into the King's Chamber directly, for the opening into the chamber is very small in comparison to the excavation. When the wind blows in from the North, it naturally takes the easiest path, and that is through into the West side of the Ante-Chamber; and it finds its way into the King's Chamber through the second Low Passage. Of course a little of the wind will find it's way in through the small opening in the chamber's North wall. A great deal depends on the direction of the wind outside of the Pyramid. If the wind blows from the South, as it sometimes does very strongly, it blows directly down the South channel into the King's

---

111 Edgar und Edgar 2007, 544-546.

112 Gantenbrink 1999.

113 In Smyth 1867, 449 (Vol. 1) wird von einer bis zu ½-Zoll dicken Salzschicht in der Königinnenkammer berichtet. Eine Probe davon bringt Smyth sogar mit nach Hause zurück, wie *in* Smyth 1867, 293 (Vol. 2) zu lesen ist. Seine Analyse (Seite 297) ergibt: *gewöhnliches Salz*. Seite 75 wird auch eine dünne Salzschicht in der Großen Galerie erwähnt, die aber wesentlich dünner sein soll als die in der Königinnenkammer. Verursacher der Salzkrusten waren wohl Touristen, die seit der Antike die Pyramide besichtigt hatten. Wegen fehlender Belüftung der Königinnenkammer konnte sich der Schweiß dort besonders gut ablagern. Diese These vertrat schon Smyth in Smyth 1867, 98 (Vol. 3).

114 Hawass 2014, 52.

Chamber, and right out again through the North channel. If from the North, all this is reversed. But sometimes the breeze comes from the interior of the Pyramid, blowing outward through both channels, - in this case the wind comes in by the Entrance Passage, or through Al Mamoun's forced passage. And the air-current moves up or down the Well-Shaft according to the direction of the outside wind. And so on, the current of air going in varying direction throughout the inside of the Pyramid, and changing between morning and night, when it is hot or cool outside." [115]

In einem Artikel[116] aus dem Jahr 2015 über die kleinen Schächte der Cheops-Pyramide schreibt Haase, dass er überzeugt ist, dass alle vier kleinen Schächte von den Erbauern als Belüftungsschächte konzipiert wurden. Aufgrund von Berechnungsergebnissen, die von Günter Mügge stammen, findet ein Lufttransport zwischen 75 und 118 m³ pro Stunde durch die Kanäle in der Königskammer statt und der thermische Auftrieb beträgt zwischen 324 und 380 m³ pro Stunde. Als Voraussetzungen (Mittelwerte) wird Folgendes angegeben: Windgeschwindigkeit: 3 m/sec; Luftdichte: 1,2 kg/m³; Temperaturdifferenz: 5° C; Rauigkeit der Schachtwände: 0,5 cm. Als Begründung, warum auch die auf beiden Seiten verschlossenen Schächte der Königinnenkammer ursprünglich als Luftkanäle konzipiert waren, gibt Michael Haase an, dass die schräge Giebeldecke der Kammer im Gegensatz zur flachen Decke der Königskammer schwierig zu konstruieren war und daher die ganze Kammer mit Sand befüllt wurde, um das schräge Giebeldach in Position zu bringen. Damit die als Luftschächte vorgesehenen Öffnungen durch diesen Sand nicht verstopft wurden, hatte man sie nicht bis zur Kammer selbst ausgeführt. Ein nachträgliches Öffnen wäre dann aber leicht möglich gewesen. Dazu ist es aber nicht mehr gekommen. Ab der Höhe des Kreuzungspunktes von aufsteigendem Gang und absteigendem Gang erfolgte die Belüftung des Pyramideninneren immer über zwei Öffnungen, den absteigenden Gang und den aufsteigenden Gang bzw. dessen Fortsetzung, die Große Galerie. Bis zur Fertigstellung der Großen Galerie konnte es also immer zu einer Luftzirkulation im Inneren kommen. Danach erfolgte die Luftzirkulation über die beiden oberen Luftkanäle der Königskammer und den Eingang, sodass man die als potenzielle Luftkanäle vorgesehenen Schächte der Königinnenkammer nicht mehr benötigte und auf Höhe der vierten Entlastungskammer der Königskammer verschloss. Da nun die Konstruktion des Giebels der Königskammer anstand, erfolgte womöglich beim Rest der Pyramide ein Baustopp bis der Giebel fertig war. Dieser Baustopp könnte nach Meinung von Haase der Grund für den temporären Verschluss mit einem Blockierstein gewesen sein. Als der Giebel dann fertiggestellt war und damit die Königskammer ebenfalls abgeschlossen war, entschied man sich, die beiden Schächte der Königinnenkammer nicht mehr weiterzuführen, und verschloss sie permanent. Der grob behauene Stein nach dem Blockierstein ist laut Haase ein Indiz dafür, dass es sich um einen Stein des Kernmauerwerks der Pyramide handelt. Die Frage, die sich mir dabei stellt: Warum gibt es dann einen Hohlraum von ca. 19 cm nach dem Blockierstein, wenn man den Schacht für immer komplett verschließen wollte? Dies ergibt für mich keinen Sinn.

Wie unterschiedlich die Längenangaben der Schächte ausfallen, zeigt folgende kurze Auflistung von verschiedenen Veröffentlichungen:

William Kingsland, der Morton Edgar 1931 kennengelernt hatte, gab als Längenangabe für den Nord- und Südschacht der Königinnenkammer Edgars Werte an, also 209 Fuß (63,70 m) für den Südschacht und 175 Fuß (53,34 m) für den Nordschacht. Bemerkenswert ist in diesem Zusammenhang die Angabe in Lepre 1990, 111, dass der nördliche Schacht 240 Fuß (73,15 m) und der südliche Schacht 250 Fuß (76,20 m) lang sind. Die Angaben stammen noch vor der ersten Schachterkundung durch Gantenbrinks Roboter *UPUAUT*. Leider schreibt Lepre in seinem Buch nicht, woher diese Angaben stammen. In einem Zeitungsartikel von 1993[117] wird 65 m als Länge für den Südschacht angegeben (der Nordschacht war zu diesem Zeitpunkt noch nicht bis zum Blockierstein erkundet). Graham Hancock schildert die Entdeckung des Verschlusssteins im Südschacht durch *UPUAUT-2* und nennt als Entfernung 200 Fuß (ca. 61 m) bis zum Erreichen der Zone, in dem die Steine des Schachts poliert sind.[118] Haase gibt für die Länge des Südschachts ca. 60 m an – er folgt damit den Angaben Gantenbrinks, der den Südschacht zu 59,45 m bestimmt hat – und für den Nordschacht knapp 64 m.[119]

---

115 Edgar und Edgar 2007, 550.

116 Haase 2015, 38-45.

117 Keys 1993.

118 Hancock und Bauval 1996, 123.

119 Haase 2002, 6-8.

In einer späteren Publikation[120] schließt sich Haase den Südschacht betreffend aber der 208/9 Fuß (63,4–63,7 m) Fraktion an und bezeichnet den Messwert von Gantenbrink aus dem Jahre 1993 als „fehlerhaft". Hawass gibt einen Wert von ca. 65 m (213 Fuß) für den Südschacht an[121], bezieht sich dabei aber auf *UPUAUT-2*. Richardson und Whitehead geben als den von Djedi ermittelten Wert für den Südschacht 63,6 ± 0,4 m an.[122]

Petrie schrieb 1883 in *The pyramids and temples of Gizeh*:

> *"The N. channel is 8.6 high, and about 8 wide in the chamber wall, running horizontally for 76 inches, and then turning upwards. The S. channel is 8.8 high, and runs 80.0 to its turn upwards."*

Wäre die Länge der aufsteigenden Schächte bereits durch Dixon oder Petrie ermittelt worden, hätte Petrie dies sicher in seinem Buch vermerkt, da er äußerst gewissenhaft zu Werke ging.

Dass der Versuch der Schachterkundung von Dixon und Grant gemacht wurde, bezeugt indirekt eine Abbildung aus einem 1880 erschienen Buch namens *The Egyptian pyramids – an analysis of a great mystery* von Everett W. Fish, in der die Königinnenkammerschächte unterschiedlich lang eingezeichnet wurden.

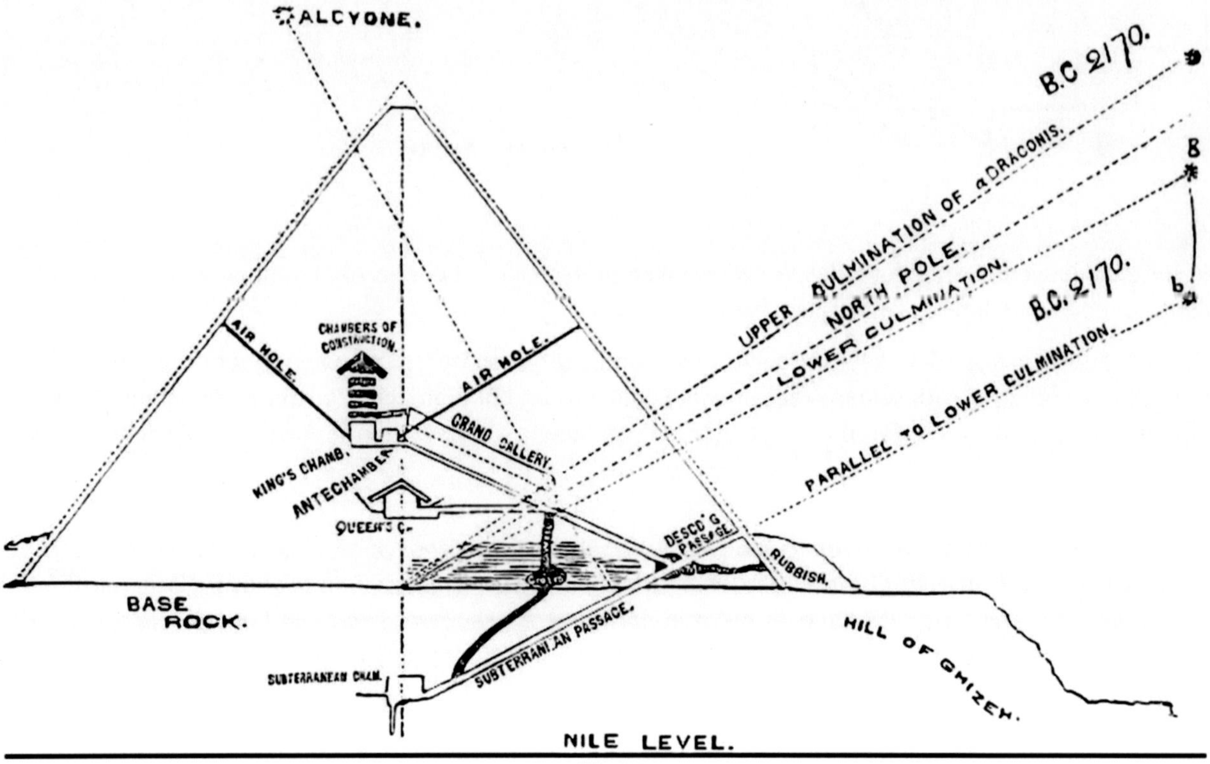

Fig. 87

Abb. 43: Vertikalschnitt durch die Große Pyramide von Gizeh, von Nord nach Süd.

Der Unterschied zu der betreffenden Abbildung in Piazzi Smyths Buch *Our Inheritance in the Great Pyramid* – sowohl in der 1874er Ausgabe als auch in der erweiterten 1880er Ausgabe – besteht allerdings in der Länge der Königinnenkammerschächte, wie folgende Abbildung zeigt:

[120] Haase 2011, 23.
[121] Hawass 2005, 308.
[122] Richardson, et al. 2013, 344.

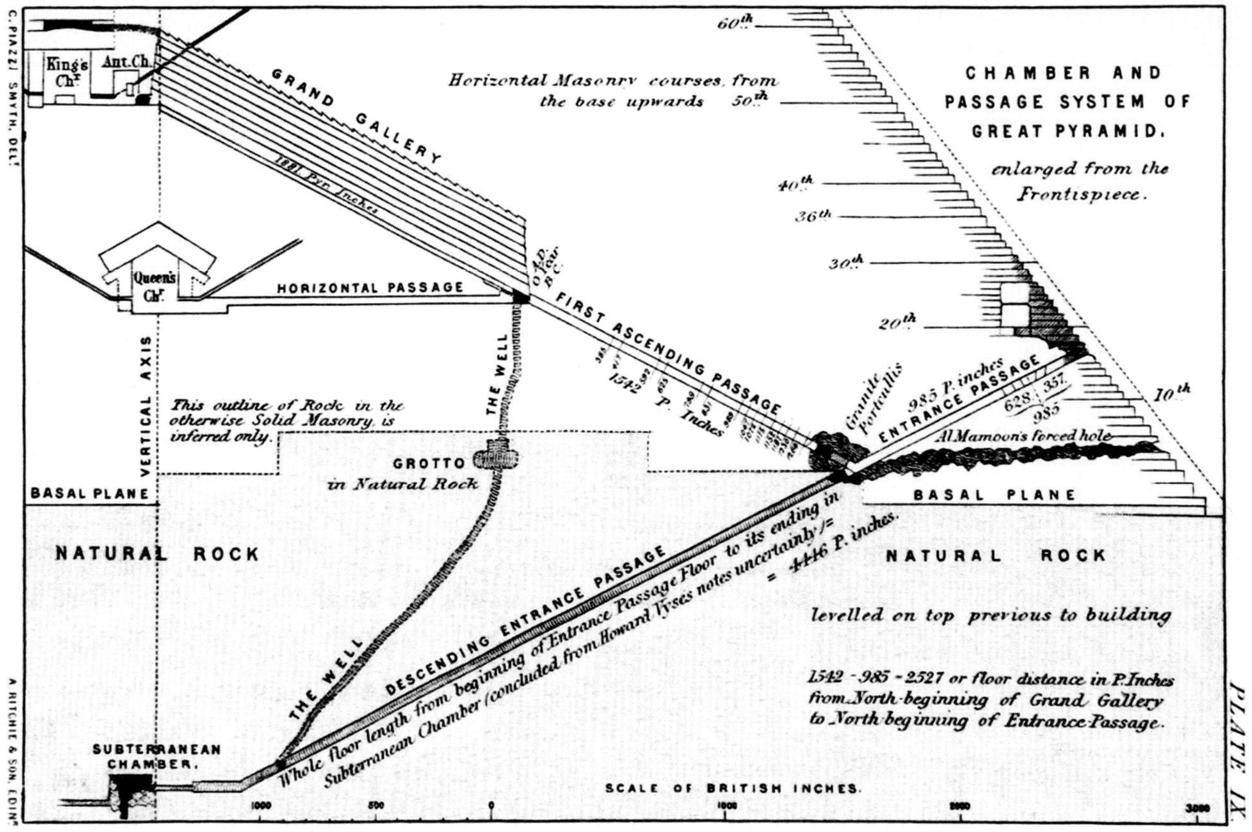

Abb. 44: Darstellung des Kammer- und Passagensystems der Großen Pyramide von Charles Piazzi Smyth.

Die unterschiedliche Darstellung der Königinnenkammerschächte bei den Abbildungen von Smyth und Fish bleibt dennoch eine interessante Tatsache.

Es ist erstaunlich, dass die Erkenntnisse von Morton Edgar in späterer Zeit wieder verloren gingen. Selbst Rudolf Gantenbrink, der auf seiner Webseite die Edgar-Brüder nur einmal im Zusammenhang mit Messungen erwähnt, hatte damals von deren Aktivitäten nicht viel gewusst, wie folgende Aussage auf seiner Webseite zeigt:

> *"In 1872, Waynman Dixon found and chiseled open the lower ends of the shafts, which had been invisible until then. In his diary and in unpublished letters to Piazzi Smyth (Royal Observatory Edinburgh Archives), Dixon places great importance on the lower shafts and mentions that he was on the verge of a great discovery. After that, the shafts received no further attention, except for angle measurements carried out by Petrie (PETRIE, W.M.F, "Ten years digging in Egypt", New York), until 1992."* [123]

Hier nun der Hinweis von Gantenbrink auf die Edgar-Brüder:

> *"I have produced a three-dimensional model for this on the CAD system AUTO-CAD; it contains the measurement results of Petrie, Maragioglio and Rinaldi, the Edgar brothers and the data I ascertained for myself in 1992 and 1993."*

Bei der Untersuchung des Blockiersteins mit dem *Pyramid Rover* brach am 8. September 2002 kurz nach 22 Uhr ein etwa 6,5 mm langes Stück vom rechten Metallpin ab, da es vom obersten Gummi-Ankerrad des *Pyramid Rovers* berührt worden war.[124]

123 Gantenbrink 1999: http://www.cheops.org/startpage/thefindings/thefindings.htm [Stand: 1.9.2015].

124 Hawass, Watters und Sondreal 2002, 31.

Abb. 45: Am 22. März 1993 entdeckte der Roboter UPUAUT-2 im südlichen Schachts einen Blockierstein mit Metallbeschlägen (Kupfer?). © Rudolf Gantenbrink.

Abb. 46: Das fehlende Stück des Metallstifts des südlichen Blockiersteins.© Rudolf Gantenbrink.

Wenn also die Schachtlänge des Südschachts schon 1928 bis zum Blockierstein ermittelt wurde, so ist es sehr wahrscheinlich, dass dabei die benutzte Metallstange den linken Metallstift (s. Abb. 45) abbrach. Edgar vermutete, dass Schutt den obersten Teil des Schachts blockierte und er deshalb nicht bis zur Außenseite der Pyramide vordringen konnte. Von dem Blockierstein konnte er mangels Kamera natürlich nichts wissen. Was den Nordschacht betrifft, so kam er nicht bis zum Blockierstein durch; es fehlten hier noch rund 10 m.

Das abgebrochene Stück des Metallstifts liegt ca. 3 m unterhalb des Blockiersteins am rechten Schachtrand am Ende von Block 27. Es wurde von *UPUAUT-2* bei seiner Fahrt durch den Südschacht aufgenommen.

Abb. 47: Metallbeschläge (Kupfer ?) des ersten Blockiersteins des nördlichen Schachts. © National Geographic.

Es ist aufgrund des polierten Schachts im unmittelbaren Bereich vor dem Blockierstein so weit heruntergerutscht. Es gibt meines Wissens keinen Bericht darüber, ob das im Südschacht der Königinnenkammer gefundene abgebrochene Stück des Metallstifts geborgen und einer Materialbestimmung unterzogen wurde.

Nebenstehende Abbildung zeigt den nördlichen Blockierstein der Königinnenkammer, den der *Pyramid Rover* erstmalig am 19. September 2002, also am vorletzten Tag der letzten Mission, erreichte.

Es ist schon bemerkenswert, dass ein 53-minütiger Dokumentarfilm von *National Geographic* über die Erforschung der Cheops-Pyramide aus dem Jahre 2003 mit dem Titel *Into the Great Pyramid*[125] keine Sequenz von der Entdeckung des nördlichen Blockiersteins zeigt, obwohl Kameraaufnahmen des *Pyramid Rover* gezeigt werden. An der Stelle, wo man die Bilder vom nördlichen Blockierstein erwarten würde, wird Mark Lehner

---

[125] Details zu dem Film und den Mitwirkenden finden sich unter: http://www.imdb.com/title/tt0817505/combined [Stand: 1.9.2015].

gezeigt, der sowohl vom südlichen wie vom nördlichen Blockierstein spricht. Warum lassen sie ausgerechnet die interessantesten Bilder aus Ihrer Dokumentation weg?

In einer russischen Dokumentation[126] wird dabei der Nordschacht (36:15 min – 37:45 min) und dessen Abschlussstein als vom *Pyramid Rover* aufgezeichnetes Video gezeigt. Warum zeigt gerade eine russische Dokumentation eine Sensation, die von *National Geographic* zusammen mit der Firma *iRobot*, dem Erbauer des *Pyramid Rover*, gemacht worden ist, wenn dies *National Geographic* in einer eigenen Dokumentation über dieses Thema selbst nicht tut? Es soll auch einen unveröffentlichten *National Geographic* Artikel über die *Pyramid Rover*-Mission geben.

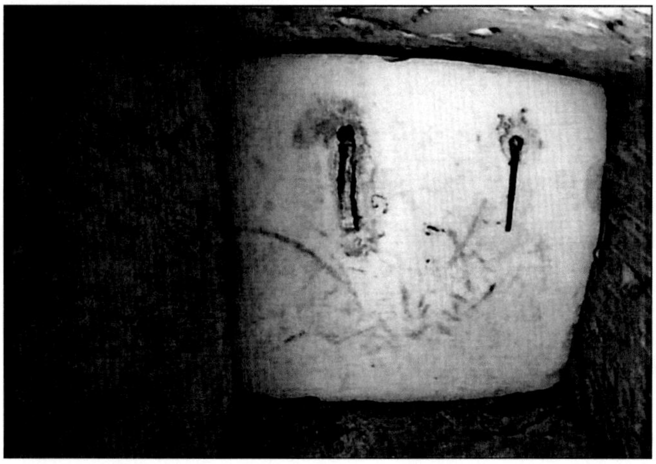

Auffällig ist, dass der linke Metallstift des nördlichen Blockiersteins anders aussieht als der rechte Metallstift. Der Abstand zwischen den Stiften beträgt wie bei dem südlichen Blockierstein etwa 7,5 cm[127], was einer ägyptischen Handbreit entspricht, sodass der Metallhaken mit seinen rund 5 cm Breite nicht dazwischen passt.

Weiterhin fallen auf dem Stein Striche auf, die den hieratischen Zeichen hinter dem südlichen Blockierstein ähneln und vermutlich von den Bauarbeitern stammen.

Abb. 48: Nördlicher Blockierstein in Nahaufnahme. © National Geographic.

Die *Pyramid Rover*-Mission fand im südlichen Schacht acht rote Markierungen, die als Schneidemarkierungen interpretiert wurden und die sich alle auf den Seiten- oder Deckenblöcken des Schachts befinden. Eine Markierung erscheint hinter dem Blockierstein auf dem Bodenblock.[128]

Am 13. September 2002 um 7 Uhr vormittags bohrte der *Pyramid Rover* mit einem 1,9 cm dicken Bohrer ein Loch durch den südlichen Blockierstein. Die eigentliche Bohrung dauerte nur 1 ½ Minuten, wobei die Dicke des Blockiersteins mit *„sehr nahe an der vorhergesagten maximalen Tiefe von 3,5 Zoll“* (≈ 8,9 cm) angegeben wurde. Die Generalprobe zur Durchführung der Minikamera durch das Bohrloch begann am 15. September um 23:50 Uhr und endete zwei Stunden später. Am 17. September um 4:55 Uhr (GMT+2) wurde die nur 1,6 cm breite Minikamera im Rahmen einer weltweit übertragenen Fernseh-Live-Übertragung, die um 4:00 Uhr (GMT+2) startete, durch das Bohrloch geschoben. Aufgrund von Messungen mit der Minikamera wurde die Steindicke mit etwa 5 cm angegeben und der freie Raum dahinter mit ca. 18 cm.[129]

Die bisher letzte Erforschung der Königinnenkammer-Schächte fand im Jahre 2011 durch den Roboter *Djedi* statt. Mit einer beweglichen Kamera ausgestattet, konnte er die Rückseite des schon vom *Pyramid Rover* im September 2002 durchbohrten ersten Abschlusssteins betrachten.

---

126 https://www.youtube.com/watch?v=hvoOUZYqvy8 [Stand: 1.9.2015].

127 Haase 2009, 13.

128 Hawass, Watters und Sondreal 2002, 13. Dieser Bericht wurde von Hawass unter dem Titel *The Recent Investigation of the so-called doors inside the great pyramid* in seinem 2003 erschienen Buch *The treasures of the pyramids* im bibliografischen Teil genannt. Er war für die 2004-Ausgabe von *Annales du Service des Antiquités de l'Égypte* (ASAE) vorgesehen.

129 Hawass, Watters und Sondreal 2002, 34.

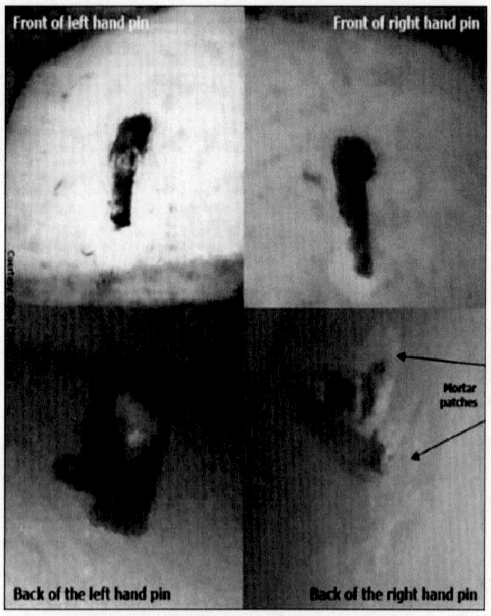

Das nebenstehende Bild zeigt die abgebrochenen Metallstifte der Vorderseite des Verschlusssteins. Der rechte Metallstift brach bei der Untersuchung durch den *Pyramid Rover* 2002 ab, der die Dicke des Steins bestimmen sollte, bevor er ein 2 cm großes Loch durch den rund 5 cm dicken Stein bohrte, wie die Fernsehaufnahmen der ZDF-Sendung *Die Nacht der Pyramiden – Neue Entdeckungen in Ägypten* vom 17. September 2002 beweisen.

In allen mir bekannten Veröffentlichungen wird übrigens immer davon ausgegangen, dass die Metallstifte aus Kupfer bestehen. Die Behauptung, dass das Material der Beschläge Kupfer sei, wurde jedoch nur aufgrund einer visuellen Untersuchung aufgestellt.

Auf der Rückseite sind die Metallstifte zu einer Schlaufe umgebogen und mit Mörtel im Stein verankert.

Abb. 49: Metallbeschläge der Vor- und Rückseite des ersten südlichen Blockiersteins. © Djedi Team.

Haase[130] führt hierzu Folgendes aus:

> *„Durch die beiden im Stein befindlichen Bohrlöcher wurden jeweils etwa 15 cm lange, im Durchmesser gut 3 mm dicke (Kupfer-)Drähte gesteckt und auf der Rückseite des Steinblocks zu kleinen halbkreisförmigen Ösen bzw. Schlaufen geformt, deren Aufsatzpunkte man am Steinblock mit Mörtel fixierte.[6] Auf der dem Schacht zugewandten Seite hatte man die Drähte dagegen um 90° nach unten gebogen und ebenfalls mit Mörtel am Stein fixiert. Obwohl die Schlaufen nur einen Durchmesser von etwa 3 mm aufweisen[7] war es damit möglich, sie als Befestigungen für eine (z. B. mit kleinen Haken ausgestattete kupferne) Haltevorrichtung zu verwenden, sodass sich dadurch letztlich eine Art Handgriff bildete, mit dem man den Verschlussstein am Schachtende installieren und wieder herausziehen konnte.“*

Weiterhin brachte die Djedi-Mission neue Zeichen zum Vorschein, bei denen es sich um hieratische numerische Zeichen handeln könnte. So sollen die drei Zeichen 100, 20 und 1 die Zahl 121 darstellen. Dies ist allerdings sehr spekulativ, denn es entspricht nicht einem gesicherten Wissen.

[130] Haase 2015, 42.

7 Was liegt hinter den Blockiersteinen der Königinnenkammer?

Von einigen bekannten Personen gab es vor und nach dem Durchbohren des südlichen Blockiersteins Spekulationen darüber, was sich dahinter befindet. So schreibt Alford in seinem 2003 erschienen Buch *Pyramids of Secrets*:

> *"Earlier, I asked this question, and furnished in response the opinions of various commentators: the mummy of Hetepheres (Gantenbrink); a ka-statue of the king (Edwards/Lehner/Bauval); the Benben Stone (Bauval); or sacred books (Bauval/Hawass). However, whilst these opinions are all very interesting, they are mere speculations, as the authors concerned are the first to acknowledge (with the exception of Gantenbrink). But, worse than that, they are speculations without a theoretical basis, for they draw upon an orthodoxy, the tomb theory, which actually precludes the existence of a secret chamber! Therefore, with all due respect to these experts, it must be stated that their predictions are worthless, since there can be no meaningful outcome from putting them to the test. ...*
> *My prediction, predicated on the likely small size of the chamber or chambers (which are less than 50 feet from the outer faces of the Pyramid), and on the kind of objects that would have been most important to the builders of a time capsule, is sacred books, which would doubtless have been stored inside a hermetically-sealed coffer of stone."* [131]

Weitere Details zu den zuvor erwähnten Theorien und Spekulationen findet der Leser in Alford 2003, Kap. 9.

In einem Beitrag über die Cheops-Pyramide sagt Stadelmann, dass es hinter den Blockiersteinen nichts mehr gibt.[132]

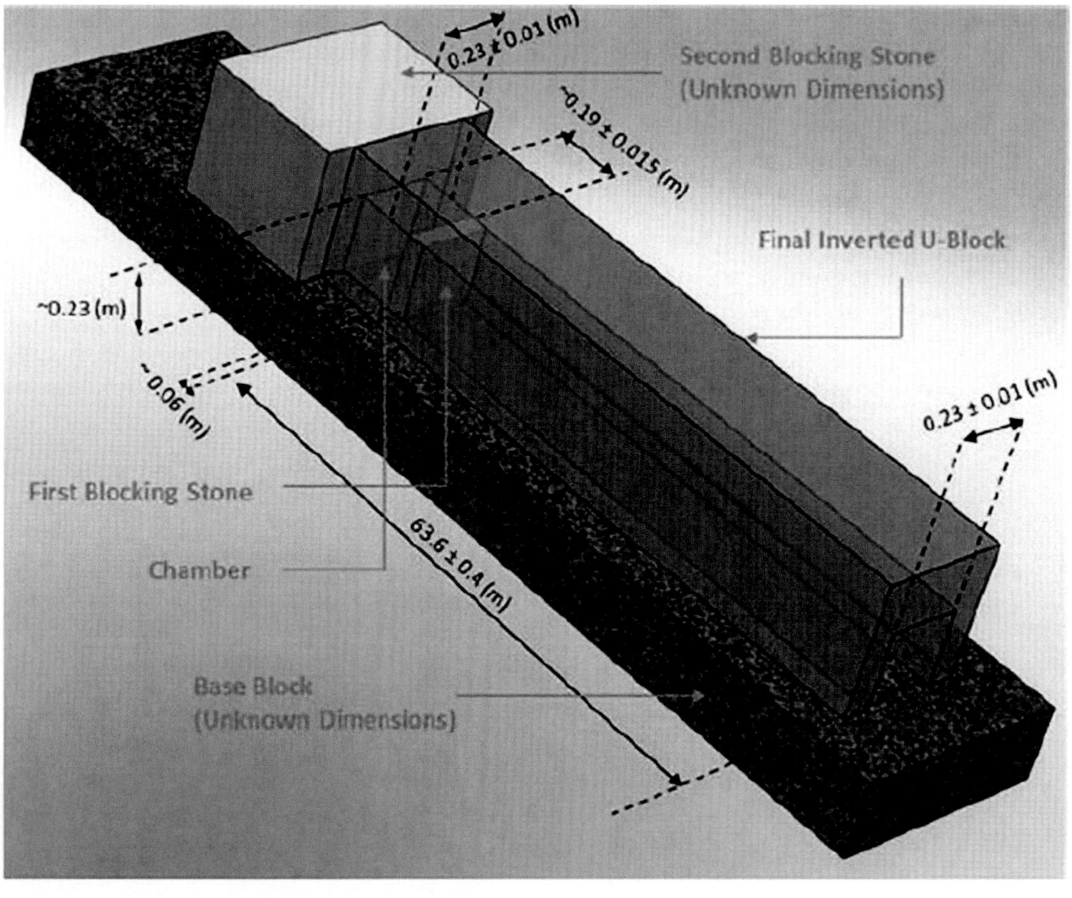

Abb. 50: Konstruktion des südlichen Schachts der Königinnenkammer. © Djedi-Team.

[131] Alford 2003, 321.
[132] Hawass 2004, 124.

Der Hohlraum, der sich hinter dem ersten Blockierstein des südlichen Königinnenkammerschachts befindet, beträgt ca. 19 cm, wie Abb. 50 zu entnehmen ist. Die Messtoleranz beträgt hier 1,5 cm. In das antike Messsystem umgerechnet, wären dies 10 Fingerbreit (≈ 18,7 cm). Der gemessene Schachtquerschnitt beträgt 23 cm bei einer Messtoleranz von 1 cm. Dies entspräche 12 Fingerbreit (≈ 22,44 cm) oder 3 Handbreit (1 Handbreit = 4 Fingerbreit).

Die Schachtlänge des nördlichen Königinnenkammerschachts bis zum ersten Blockierstein wird von Zahi Hawass mit 63,40 m angegeben[133]. Sollte es sich bei der hieratischen Inschrift[134] tatsächlich um eine Zahlenangabe der Bauarbeiter für die Schachtlänge handeln, so ergäben 121 Ellen zu 0,5236 m gleich 63,36 m. Dieser Wert könnte also mit der Längenangabe des Nordschachts übereinstimmen. Fraglich bleibt allerdings, warum die Inschrift hinter dem Blockierstein im südlichen Schacht gefunden wurde, da dieser Schacht nur 59,45 m gemäß Gantenbrink lang ist, nach Richardson und Whitehead jedoch 63,60 ± 0,4 m. Im letzteren Fall trifft die Angabe „121 Ellen" genau zu.

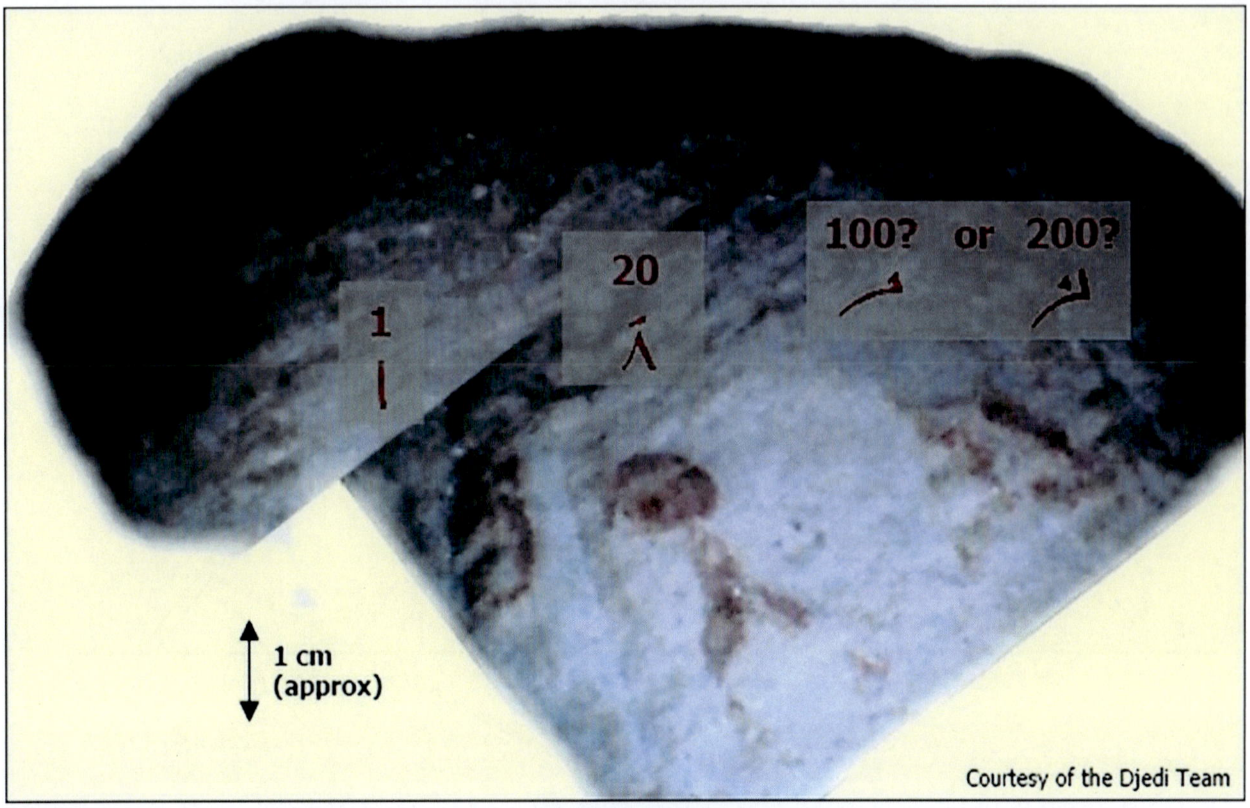

Abb. 51: Rote hieratische Zeichen, die im Hohlraum nach dem ersten Blockierstein des südlichen Königinnenkammerschachts gefunden wurden. © Djedi Team.

Die Angaben des Djedi-Teams und die von Edgar für den Südschacht sind zu bezweifeln, obwohl beide nahezu identisch sind, denn Gantenbrink hat mit modernster Lasertechnik die Schachtlänge mittels *UPUAUT-2* genau vermessen. Das Djedi-Team hatte lediglich mittels Odometrie[135] die Länge ermittelt. Ein Messfehler von Gantenbrink um fast 4 m kann aufgrund der verwendeten Laser-Technik faktisch ausgeschlossen werden, zumal er auch die Fugen im Schacht zentimetergenau vermessen hat. Eine angenommene Schachtlänge von 121 Ellen für den Nordschacht entspricht 11 × 11 Ellen. 11 hat aufgrund des Rücksprungverhältnisses für die

---

133 Hawass 2005, 308. Meine Computersimulation spricht hingegen für eine Schachtlänge von 62,60 m, also 80 cm weniger als die Angabe von Hawass.

134 Der Ägyptologe James Allen unterstützt die These, dass es sich bei den Zeichen um hieratische Zahlzeichen handelt.

135 Odometrie bezeichnet eine Methode der Schätzung von Position und Orientierung (Lageschätzung) eines mobilen Systems anhand der Daten seines Vortriebsystems. Durch Räder angetriebene Systeme benutzen dafür die Anzahl der Radumdrehungen, während laufende Systeme (z. B. Roboter) die Anzahl ihrer Schritte verwenden. Ein Gerät, das die Odometrie zur Lageschätzung verwendet, ist ein Odometer. Die Odometrie ist im Zusammenspiel mit der Koppelnavigation ein grundlegendes Navigationsverfahren für bodengebundene Fahrzeuge aller Art (Kraftfahrzeuge, Roboter), allerdings wird es aufgrund seiner Fehlereigenschaften selten als alleiniges Verfahren eingesetzt.

Pyramidenneigung von 22:28 (= 11:14) bei der Konstruktion der Cheops-Pyramide eine große Rolle gespielt, wie auch 7 und 9.

Michael Haase vermutet, dass die Zahl möglicherweise als 21 zu lesen sei, da die Hunderterstelle nicht gesichert ist, und behauptet, dass ab dem südlichen Blockierstein die Länge des projektiven Schachts bis zur Pyramidenaußenseite noch 21 Ellen (11 m) betragen würde aufgrund eines von ihm benutzten Ellen-Rasters der Pyramide.[136] Dies stimmt allerdings weder mit den Angaben von Gantenbrink überein, der hierfür 15,39 m angibt, noch mit meinen eigenen Berechnungen, die 15,06 m ergeben, also jeweils rund 29 Ellen. Als zweite Interpretationsmöglichkeit gibt Haase an, die beiden hieratischen Ziffern als Bruch $^{1}/_{11}$ zu lesen. Dieser, so meint er, würde sich dann auf die lokale Situation am Blockierstein beziehen und eine Arbeitsanweisung für die Verbreiterung der Wände an dieser Stelle darstellen, die dann darauf abzielte, eine schmale Aufsatzkante zu erzeugen, die dem Blockierstein Halt im schräg ansteigenden Schacht gäbe.

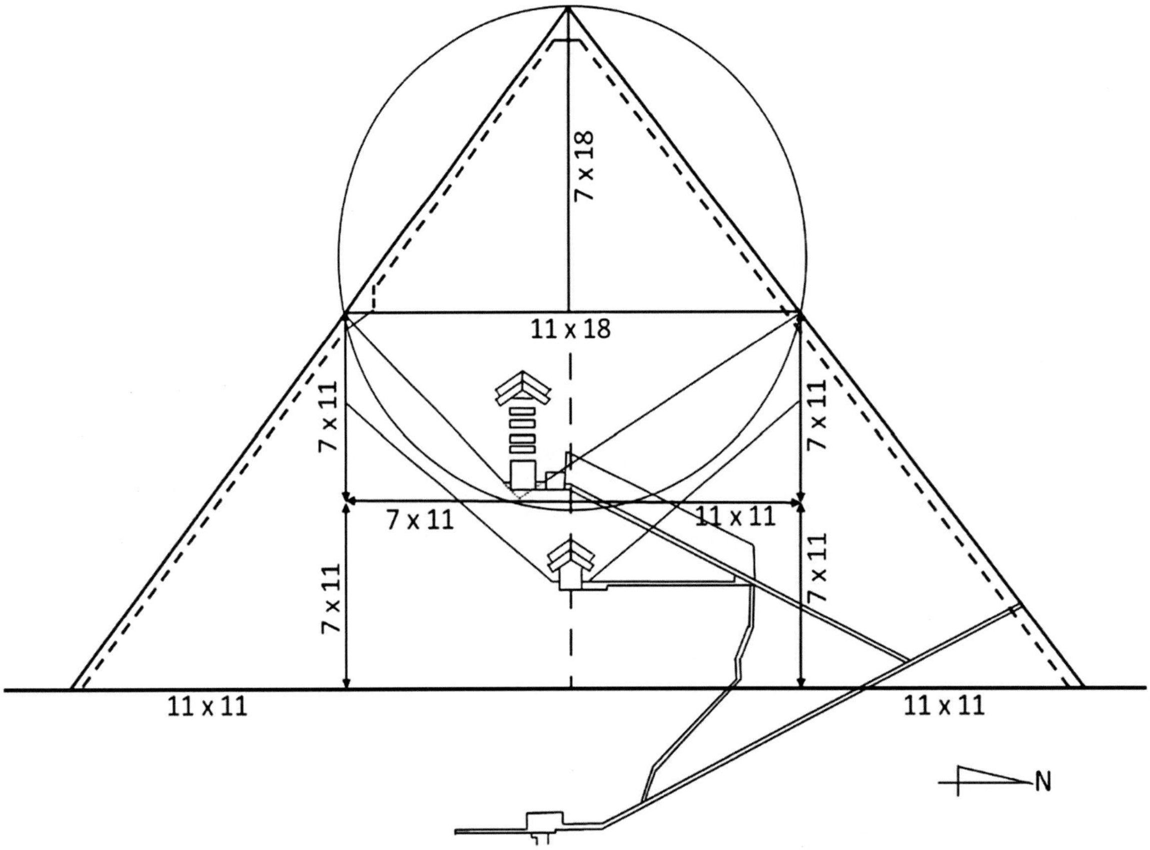

Abb. 52: Zahlensymbolismus in der Cheops-Pyramide (nach Miatello).

Die Bedeutung der Zahl 11 in der Cheops-Pyramide lässt sich leicht aus Abb. 52 entnehmen. Hier noch weitere Belege für die Zahl 11 in der Cheops-Pyramide: Länge der Königinnenkammer 11 Ellen, Höhe der Königskammer gut 11 Ellen, Basislänge der Pyramide 11 × 40 Ellen. Anzahl der Deckensteine in der obersten Entlastungskammer: 11 Steine je Seite. Während Miatello 7 × 11 = 77 Ellen als ein Grundmaß angibt, glaubt John Romer (Romer 2007, 319 sowie Anhang 4) an ein Raster von 73 ⅓ Ellen als Grundlage der Planung.

Eine fast identische Darstellung wie bei Miatello finden wir schon 1999 auf Gantenbrinks Webseite, wie folgende Abbildungen zeigen.

Wie wir sehen kommt auch die Zahl 40 oft in der Pyramide vor. So ist die Länge der Grundseite 40 × 11 Ellen und die Höhe der Pyramide 40 × 7 Ellen.

Daraus schließt Gantenbrink, dass der Architekt der Cheops-Pyramide wohl einen Plan oder ein Modell im Maßstab von 1:40 besaß.

136 Haase 2015, 44.

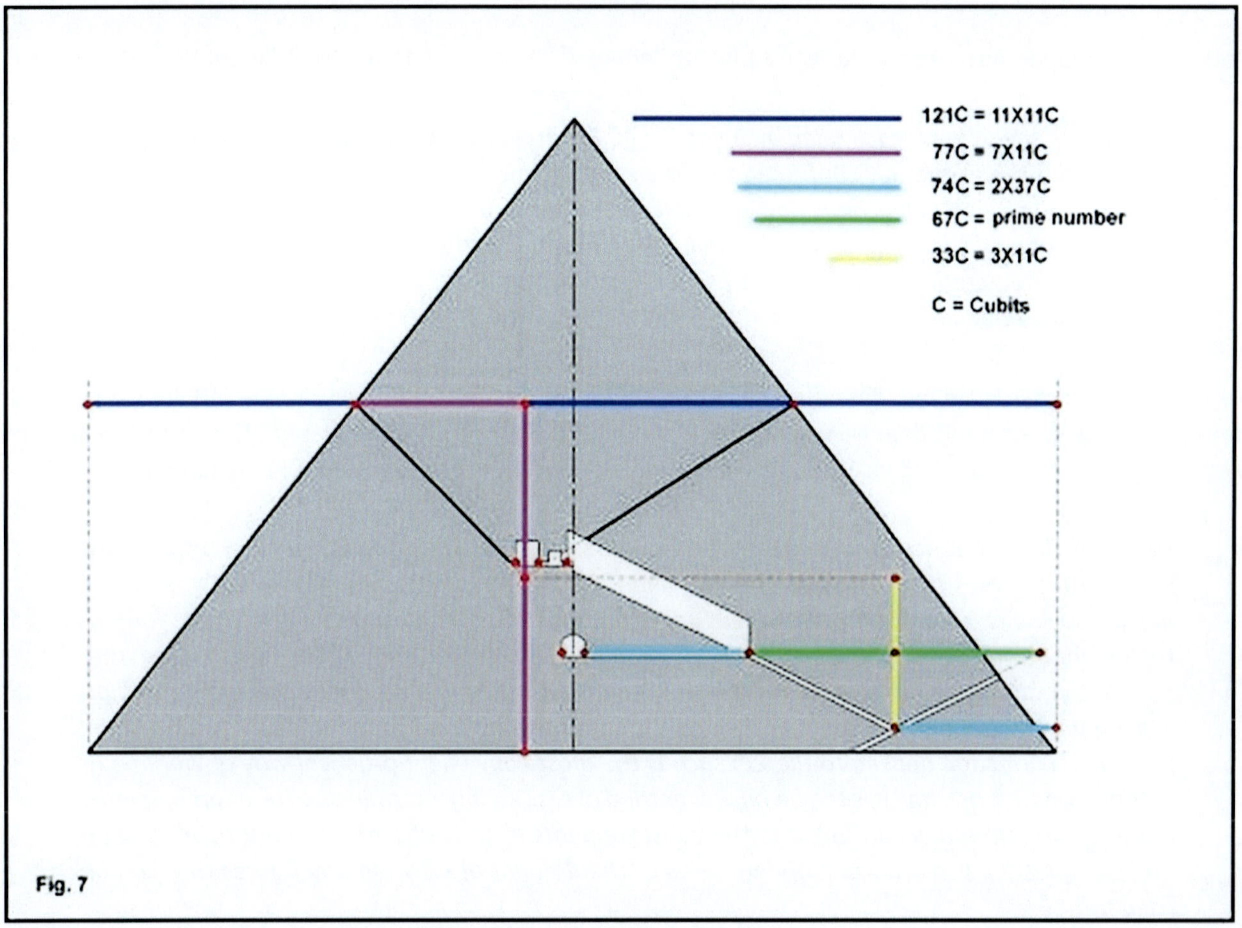

Abb. 53: Proportionen der Cheops-Pyramide für die Zahl 11. © Rudolf Gantenbrink.

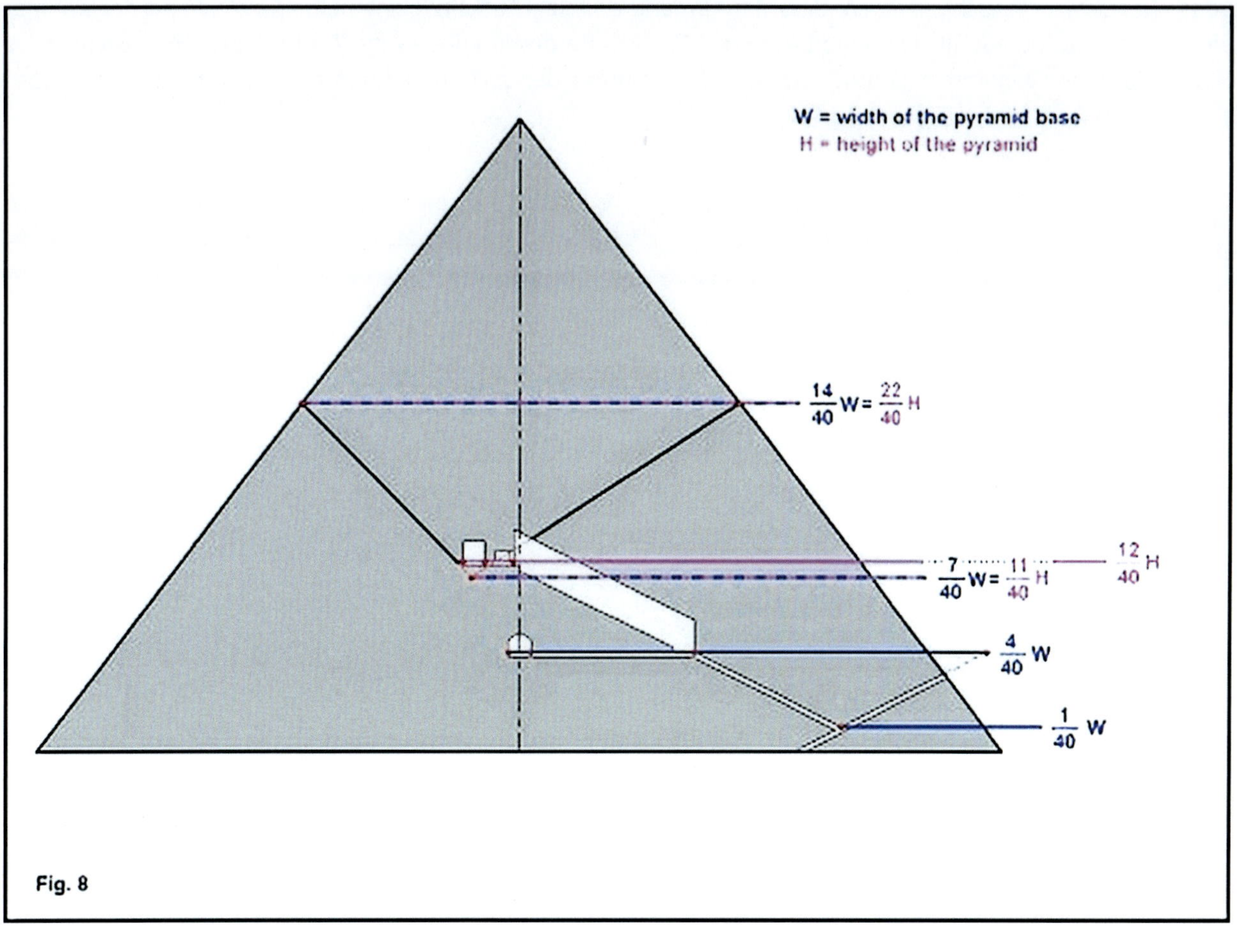

Abb. 54: Proportionen der Cheops-Pyramide für die Zahl 40. © Rudolf Gantenbrink.

Petrie trifft folgende Aussage zur Verwendung der Zahlen 7[137] und 11 in der Cheops-Pyramide:

> *"The size of the pyramid was ruled by being 7 × 40 Egyptian cubits (20.6 inches) high and 11 × 40 cubits wide. This is strongly confirmed by the size of the pyramid of Meydum, which preceded it in date, being 7 × 25 cubits high, and 11 × 25 cubits wide; it shows the use of the same system of a large number of cubits, 25 or 40, as a unit, multiplied by 7 and 11 for the dimensions. The angle of the slope required for this 7 and 11 proportion is within the small uncertainty (two minutes) of the actual remains."* [138]

Petrie ist zudem der Meinung, dass die gewählten Dimensionen der Cheops-Pyramide in Ellen sowohl mit dem Faktor 40 als auch mit dem Näherungswert $^{22}/_{7}$ (≈ 3,142857) für π zu tun haben. Der Wert $^{22}/_{7}$ kann in Ellen ausgedrückt auch als 3 Ellen 1 Handbreit interpretiert werden. Er weicht nur 0,4 ‰ von π ab.

> *"Most of these theories are manifestly beyond consideration, but on two or three of the best some further notes are desirable. The 440-cubit theory is supported by the fact of the height being 280 cubits; so that the well-known approximation to π, 22/7, appears here in the form of the height being 7 × 40 cubits, and the semi-circuit 22 × 40 cubits. From other cases (in the interior) of the ratio of radius to circumference, it seems probable that a closer approximation than 7 to 22 was in use; and it is quite likely that the formula employed for π was 22/7, with a small fractional correction applied to the 22; such is the most convenient practical way of working (if without logarithms), and it is the favourite method of expressing interminable ratios among most ancient nations. In any case all arithmetical statements of this ratio of π are but approximate, and the question is merely one of degree as to the amount of error, in any figures that can be used for it."* [139]

Zudem hat Smyth[140] nachgewiesen, dass der Umfang des Rechtecks, welches eine Seitenwand der Königskammer beschreibt, geteilt durch die Länge der Grundseite des Rechtecks die Zahl π ergibt. Zu beachten ist hierbei, dass die Wände der Kammer bis rund 13 cm unter den zwischen ihnen eingelegten Boden reichen. Es ist: 2 × (10,48 + 5,98) / 10,48 = 3,1412.

[137] Die Zahl „7" galt als heilige Zahl, weil man glaubte, die sieben mit bloßem Auge am Himmel erkennbaren beweglichen Himmelskörper bestimmten das Geschick der Menschen.

[138] W. M. Petrie 1931, 34.

[139] W. M. Petrie 1883, 183

[140] Smyth 1880, 200.

8 Übersicht der Theorien über die sogenannten Luftschächte

Schon im Mittelalter gibt es bei dem arabischen Universalgelehrten und Reisenden Abd al-Laṭīf al-Baġdādī[141] einen Hinweis auf die Königskammerschächte. Er beschreibt seine Besuche in der Cheops-Pyramide und beschreibt die Schächte als Luft- und Lichtschächte:

> *„Eine dieser beiden Pyramiden ist offen und bietet einen Eingang, durch den man in das Innere eindringt... Was den am meisten frequentierten Durchgang betrifft, dem man gewöhnlich folgt, so ist es ein Gang, der in den oberen Teil der Pyramide führt, wo man eine viereckige Kammer vorfindet, und in dieser Kammer einen steinernen Sarkophag... im oberen Teil befinden sich Öffnungen und Fenster, die gemacht worden zu sein scheinen, um der Luft und dem Licht Durchlass zu gewähren."* [142]

Prosper Alpin[143] (um 1581) beschreibt die Luftschächte von innen:

> *„Ich würde hinzufügen, dass durch eine Öffnung ein wenig Licht in diesen Raum kam. Aber wir sind alle mit Lichtern durch das Innere der Pyramide gelaufen."* [144]

Der nächste Europäer, der nach dem Italiener einen Bericht über die Luftschächte der Königskammer abgibt, ist der Brite George Sandys[145], der 1611 Ägypten besuchte und folgendes über sie schreibt:

> *"In the walls, on each side of the upper room, there are two holes, one opposite to another, their ends not discernible, nor big enough to be crept into -- sooty within, and made, as they say, by a flame of fire which darted through it."* [146]

Zu diesem Zeitpunkt waren die Schächte vermutlich schon verstopft, denn nur wenige Jahre später, 1638/39, besuchte John Greaves[147] die Pyramiden und er beschreibt die Schächte wie folgt:

> *"This made me take notice of two inlets or spaces in the south and north sides of this chamber, just opposite to one another; that on the north was in breadth 700 of 1000 parts of the English foot, in depth 400 of 1000 parts, evenly cut, and running in a straight line fix feet, and farther, into the thickness of the wall; that on the south is larger, and somewhat round, not so long as the former, and, by the blackness within it, seems to have been a receptacle for the burning of lamps. T. Livius Burretinus would gladly have believed, that it had been an hearth for one of those eternal lamps, such as have been found in Tulliola's tomb in Italy."* [148]

---

141 Abd al-Laṭīf al-Baġdādī (* 1163 in Bagdad, Irak; † 1231 ebenda) war ein arabischer Universalgelehrter.

142 Silvestre de Sacy, Sezgin und Ibn-Faġūl 1810, 176. Eigene Übersetzung aus dem Französischen.

143 Prosper(o) Alpini/Alpinus/Alpino (* 23.11.1553 in Marostica, Republik Venedig; † 23.11.1616 in Padua, Republik Venedig) war ein italienischer Arzt und Botaniker. Er reiste 1580 nach Ägypten, wo er am 22. März 1581 ankam. Er wurde Leibarzt des venezianischen Konsuls in Kairo, Giorgio Emo. Im November 1584 reiste er nach Venedig zurück.

144 Alpini, et al. 2007, 63. Eigene Übersetzung aus dem Französischen.

145 George Sandys (* 2.3.1578 in Bishopthorpe Palast, England; † März 1644 in Boxley Abbey bei Maidstone, Kent) war ein Reisender, Kolonist und Poet. Sein Reisebericht wurde erstmals 1615 veröffentlicht.

146 Sandys 1615, 131.

147 John Greaves (* 1602 in Alresford, Hampshire, England; † 8.10.1652 in London, England) war ein britischer Mathematiker und Altertumsforscher. Auch er studierte in Oxford und wurde 1630 zum Professor für Geometrie am Gresham College in London ernannt. Nach Reisen durch Europa ging er 1637 in den Nahen Osten. 1638/39 vermaß er die Pyramiden genauer als jeder seiner Vorgänger. 1643 erhielt er einen Lehrstuhl für Astronomie in Oxford.

148 Greaves 1646, 99-100.

Benoît de Maillet[149] erforschte die Cheops-Pyramide zum Ende des 17. Jahrhunderts, als er französischer Generalkonsul in Kairo war. Zu den Königskammerschächten entwickelte er eine eigene Theorie:

„Genau in der Mitte dieser Kammer, welche 32 Fuß [≈ 10,39 m] lang, 19 Fuß [≈ 6,17 m] hoch und 16 [≈ 5,20 m] breit ist, befinden sich zwei einander gegenüberliegende Löcher, welche sich 3 ½ Fuß [≈ 1,14 m] über dem Fußboden befinden. Eines davon ist nach Norden gerichtet, besitzt einen Querschnitt von 12 Zoll [≈ 0,32 m] mal 8 Zoll [≈ 0,24 m], und verläuft in einer geraden Linie zur Außenseite der Pyramide. Dieses Loch ist nun durch Steine blockiert, die sich 5 oder 6 Fuß [≈ 1,62-1,95 m] von seiner Öffnung entfernt befinden. Das andere gegenüberliegende Loch, das im gleichen Abstand vom Boden gemacht wurde, ist vollkommen rund und bietet ausreichend Platz für zwei Fäuste. Es weitet sich zunächst auf einen Fuß [≈ 0,32 m] im Durchmesser und verläuft dann nach unten, wo es sich zum unteren Ende der Pyramide hin verliert. Diese beiden Löcher sind jeweils mit dem Buchstaben ‚C' gekennzeichnet. Ich denke und hoffe, dass jeder vernünftige Mensch dies so beurteilen wird wie ich, dass diese beiden Löcher keinen anderen Zweck hatten, als den Menschen zu dienen, die mit dem Leichnam des Herrschers in diesem Grab eingeschlossen waren. Das erste Loch sollte ihnen Luft verschaffen. Darüber hinaus erhielten sie darüber Lebensmittel und alles andere, was sie benötigten. Wahrscheinlich hatten sie für diesen Einsatz ein langes Kästchen vorgesehen, das der Größe dieses Gangs angemessen war. An diesem Kästchen war ein langes Seil für die in der Pyramide eingeschlossenen Personen befestigt, mit dem sie das Kästchen zu sich ziehen konnten; ein weiteres, ebenfalls daran befestigtes Seil hing außen herunter, sodass das Kästchen im Gegenzug wieder herausgezogen werden konnte. Wahrscheinlich wurde auf diese Weise das Lebensnotwendige für die in diesem Gebäude Eingeschlossenen bereitgestellt, solange noch eine Person darin am Leben war. Beim Betreten, hatte wohl jeder dieser Menschen einen Sarg dabei, in dem er begraben werden konnte. Diese fromme und letzte Pflicht erfüllten sie sich alle nacheinander bis zum Letzten, dem zu diesem Zweck eine Hilfe fehlte, die der Rest ihrer Gruppe in ihr und in den anderen gefunden hatte. Das zweite Loch diente der Entsorgung des Mülls, der in eine zu diesem Zweck angefertigte tiefe Kammer fiel. Ich wollte die nördliche Seite der Pyramide untersuchen, um zu sehen, wo das viereckige Loch endet. Den Verlauf dieses Kanals habe ich in der beigefügten Abbildung mit je einer punktierten Linie angedeutet. Vielleicht würde ich neue Beweise für das finden, was ich zuvor gesagt habe. Aber abgesehen von der Tatsache, dass die Mächtigen des Landes an der Suche hätten Anstoß nehmen können und sie nicht versäumt hätten, sich auszumalen, dass man damit beschäftigt gewesen wäre, irgendeinen Schatz zu entdecken, war ich der Meinung, dass dieses Loch in irgendeiner Aussparung der Pyramidenaußenseite enden könnte. Zudem fürchtete ich, sein Ende völlig blockiert vorzufinden, was entweder durch den Pyramidenkörper selbst oder zumindest durch einen Verkleidungsstein hätte sein können. Auf der Grundlage dessen, was ich hier berichte, werden jedoch andere in Zukunft in der Lage sein, nach dem Ort zu suchen, wo diese Öffnung ist. Somit würde uns ein vollständiger Beweis für den Verwendungszweck dieses Lochs vorliegen, auch wenn mir dieser nicht zweifelhaft erscheint, und überdies erscheint es mir sogar unmöglich, mir einen anderen Verwendungszweck dafür vorzustellen." [150]

Maillet sah also die beiden Königskammerschächte als Versorgungsschächte für die mit dem toten König eingeschlossenen Personen an. Fälschlicherweise nennt er einen der beiden Luftkanäle als absteigenden Schacht, der in Richtung Basis der Pyramide verlaufen soll. Beide Schächte verlaufen jedoch zuerst rund 2 m horizontal, bevor sie dann nach oben abknicken.

Der Brite Thomas Shaw besichtige die Pyramiden im Juli 1721.

---

149 Benoît de Maillet (* 12.4.1656 in Saint-Mihiel, Frankreich; † 30.1.1738 in Marseille, Frankreich) war ein vielgereister französischer Diplomat und Naturforscher und zudem war er Französischer Generalkonsul in Kairo von 1692–1708. In dieser Zeit erforschte er die Pyramiden von Gizeh.

150 Maillet und Le Mascrier 1735, 242-243. Eigene Übersetzung aus dem Französischen. Eine Zusammenfassung auf Englisch findet sich in Vyse 1840-42, 227.

"But if Cheops, Suphis, or whoever else was the founder of the great pyramid, intended it only for his sepulchre, what occasion was there for such a narrow, crooked entrance into it; for the well, as it is called, at the end of the entrance; for the lower chamber, with a large niche or hole in the eastern wall of it; for the long narrow cavities in the walls of the upper room[151]*; or for the two ante-chambers, and the lofty gallery, with benches on each side, that introduce us into it ?"* [152]

Im Mai 1723[153] hat dann Johann Egidius Egmont zusammen mit dem Jesuitenpater Claude Sicard die Pyramide besichtigt und schreibt bezüglich der Luftschächte:

"On each side of the chamber are two apertures in the wall, but to what distance they extend cannot be determined. They were probably left when the chamber was built, but the original intention is unknown." [154]

1737/38 bereiste Friedrich Ludwig Norden im Auftrag des dänischen Königs Ägypten. Über den Verwendungszweck der Luftschächte weiß er nichts zu sagen, ebenso wenig über die Länge, da sie mit Steinen und anderen Dingen von Neugierigen vollgestopft wurden, die herausfinden wollten, wie weit die Gänge gehen.

„Sonst ist in dieser Kammer nichts weiter zu sehen, als zwei sehr kleine Gänge [Luftschächte], einer nach Norden und der andere nach Süden. Es ist nicht möglich jetzt zu sagen, wozu sie gebraucht worden, und wie tief sie hineingehen, weil sie mit Steinen und anderen Dingen angefüllt sind, welche die neugierigen Reisenden hineingeworfen haben, um zu erkunden, wie weit sie hinein reichen." [155]

1764/65 hält sich Nathaniel Davison, der spätere britische Konsul von Nizza und Algier, in Ägypten auf. Von Kairo aus unternimmt er des Öfteren Exkursionen zu den Gizeh-Pyramiden. Im Juli 1765 entdeckt er aufgrund von seltsamen Echos in der Großen Galerie den Eingang zur ersten Entlastungskammer, die er erforscht und welche seitdem seinen Namen trägt. In einer bisher unveröffentlichten Beschreibung der Cheops-Pyramide teilt er uns seine exakten Beobachtungen und Messungen der Luftkanäle der Königskammer mit:

"The holes M, N are exactly opposite one to another. – 8 ft. 2 in. [≈ 2.49 m] from the east end, and at the top of the lowest of the five tires of stones which form the whole height of the room. – The hole N on the north side of the room L, is 5 ½ in. [≈ 14 cm] high and 8 ½ [≈ 21.6 cm] wide. The one on the opposite side differs from this as well in size as in form, it is not improbable that its dimensions at first were the same. Perhaps a curiosity to find out where it led may have occasioned its enlargement. It's of an oval form 10 in. [≈ 25.4 cm] wide and 1 ft. 2 in. [≈ 35.6 cm] high. It is wider a little way in, but soon becomes as straight and even more so than the entrance." [156]

---

151 In der 1757 erschienen 2. Aufl. seines Buches heißt es: "*the long narrow cavities in the walls or sides of the large upper room*".

152 Shaw 1738, 417-418.

153 In Vyse 1840-42, 234 steht fälschlich 1709. Der Irrtum beruht wohl darauf, dass der Reisebericht von Egmont erst nach seinem Tod zusammen mit einem Reisebericht von Johannes Heymann, Prof. für morgenländische Sprachen, erschienen ist, ohne dass allerdings ersichtlich ist, welche Passagen von Egmont und welche von Heymann stammen. Letzterer unternahm selbst zwischen 1700 und 1709 Studienreisen in den Orient (siehe hierzu: Ersch und Gruber 1818-89, 275 (Section 1, Theil 31)). Da in dem Abschnitt über die Pyramiden jedoch der Jesuitenpater Claude Sicard genannt wird und dieser erst von 1712 bis 1726 in Ägypten war, kann es sich nur den Bericht von Egmont handeln. Dieser reiste erst 1723 nach Ägypten, wo er Ende Mai die Pyramiden besichtigte.

154 Egmont van der Nijenburg und Heymann 1759, 88 (Vol. 2).

155 F. L. Norden 1755, 80. Eigene Übersetzung aus dem Französischen.

156 Edward Wortley Montagu, M0279, Dept. of Special Collections, Stanford University Libraries, Stanford, California. Folder 8, Item 5 *1764. N. D. w/description of Great Pyramid.*

Dominique-Vivant Denon[157] kam im Zuge des Ägyptenfeldzugs von Napoleon Bonaparte 1799 nach Ägypten, wo er auch die Pyramiden besichtigte. Er schrieb über die Luftschächte, dass die Neugierigen diesen zu viel Aufmerksamkeit schenkten.

> *„Das Grab ist offen und leer, ohne jede Spur seiner Abdeckung. Der einzige Schaden in der ganzen Kammer ist die versuchte Aushöhlung an einer der Ecken und zwei kleine, grob runde Löcher in Höhe der Stütze, denen neugierige Menschen zu viel Bedeutung beigemessen haben."* [158]

Der britische Offizier Howard Vyse, der 1835 erstmals nach Ägypten kam, begann 1836 zusammen mit Giovanni Battista Caviglia mit Ausgrabungen in Gizeh. Nach der Trennung von Caviglia arbeitete er mit John Shae Perring an der Erforschung der Pyramiden von Gizeh. Bekannt wurde er durch den Einsatz von Sprengstoff in der Cheops-Pyramide. Er ließ damit einen Zugang zu den oberen vier Entlastungskammern der Königskammer freisprengen, in denen er rote bzw. ockerfarbene Steinmetzzeichen fand, die eine eindeutige Zuordnung der Pyramide zu Cheops erlaubten. Auf der äußeren Südseite der Cheops-Pyramide sprengte er eine 9 m tiefe Bresche, die noch heute zwischen der 18. und 31. Steinlage zu sehen ist. Sein Name steht noch heute für Sprengstoff-Archäologie. Mitte Mai 1837 ließ er den Nordschacht der Königskammer von Schmutz und Geröll durch Araber unter Aufsicht von John Richard Hill mittels Bohrstangen reinigen und Ende Mai dann den Südschacht. Das Ergebnis beschreibt er so:

> *"Upon the removal of this block the channel was completely open; an immediate rush of air took place, and we had the satisfaction of finding that the ventilation of the King's Chamber was perfectly restored, and that the air within it was cool and fresh. ... It is, however, satisfactorily proved by these operations that they were intended to ventilate the King's Chamber, and that they have no communication with any other apartments; and, consequently, it might be inferred that no chambers, or passages, exist in the Pyramid besides those already discovered."* [159]

John F. W. Herschel[160] brachte in den 1840er Jahren zum ersten Mal astronomische Aspekte im Zusammenhang mit den Pyramiden von Gizeh auf, inspiriert durch die Arbeiten von Colonel Howard Vyse. So schrieb er in seinem Buch *Outlines of Astronomy* im Kapitel *The pole star is not always the same*:

> *"(319.) At the date of the erection of the Great Pyramid of Gizeh, which precedes by 3970 years (say 4000) the present epoch, the longitudes of all the stars were less by 55° 45' than at present. Calculating from this datum the place of the pole of the heavens among the stars, it will be found to fall near α Draconis; its distance from that star being 3° 44' 25". This being the most conspicuous star in the immediate neighbourhood was therefore the pole star at the epoch. And the latitude of Gizeh being just 30° north, and consequently the altitude of the north pole there also 30°, it follows that the star in question must have had at its lower culmination, at Gizeh, an altitude of 26° 15' 35". Now it is a remarkable fact, ascertained by the late researches of Col. Vyse, that of the nine pyramids still existing at Gizeh, six (including all the largest) have the narrow passages by which alone they can be entered, (all which open out on the northern faces of their respective pyramids) inclined to the horizon downwards at angles as follows.*

157 Dominique-Vivant Denon (* 4.1.1747 in Chalon-sur-Saône, Frankreich; † 27.4.1825 in Paris, Frankreich) war ein französischer Kunstpolitiker mit vielseitigen Talenten.

158 Denon 1802, 5 (Vol. 2). Eigene Übersetzung aus dem Französischen.

159 Vyse 1840-42, 286-287.

160 Sir John Frederick William Herschel, 1. Baronet (* 7.3.1792 in Slough, England; † 11.5.1871 in Hawkhurst, Kent, Großbritannien) war ein britischer Astronom und Sohn des Uranus-Entdeckers Wilhelm Herschel (* 15.11.1738 in Hannover, Deutschland; † 25.8.1822 in Slough, England).

1st, or Pyramid of Cheops	**26° 41'**
2nd, or Pyramid of Cephren	**25 55**
3rd, or Pyramid of Mycerinus	**26 2**
4th,	**27 0**
5th,	**27 12**
9th,	**28 0**
Mean	**26 47**

Of the two pyramids at Aboussir also, which alone exist in a state of sufficient preservation to admit of the inclinations of their entrance passages being determined, one has the angle 27° 5', the other 26°.

(320.) At the bottom of every one of these passages therefore, the then pole star must have been visible at its lower culmination, a circumstance which can hardly be supposed to have been unintentional, and was doubtless connected (perhaps superstitiously) with the astronomical observation of that star, of whose proximity to the pole at the epoch of the erection of these wonderful structures, we are thus furnished with a monumental record of the most imperishable nature." [161]

John Herschel erweckte damit das Interesse anderer Astronomen an den ägyptischen Pyramiden. So kam es, dass Charles Piazzi Smyth[162], der königliche Hofastronom Schottlands, sich ebenfalls intensiv mit der Cheops-Pyramide beschäftigte. Smyth wurde allerdings auch durch das 1859 erschienene Buch von John Taylor[163] *The Great Pyramid: Why Was It Built? & Who Built It?* stark beeinflusst. Dieser brachte die Cheops-Pyramide mit der großen Flut und dem biblischen Noah in Verbindung und meinte, dass die Erbauung unter göttlichem Einfluss stattfand.

"To Noah we must ascribe the original idea, the presiding mind, and the benevolent purpose. He who built the Ark was, of all men, the most competent to direct the building of the Great Pyramid. He was born 600 years before the Flood, and lived 850 years after that event, dying in the year 1998 B.C. Supposing the Pyramids were commenced in 2160 B.C. (that is, 4000 years ago), they were founded 168 years before the death of Noah. We are told that Noah was a 'preacher of righteousness'; and this was his title, probably, before the Flood. But nothing could more perfectly illustrate this character of a preacher of righteousness after the Flood, than that he should be the first to establish a system of ***weights and measures*** *for the use of all mankind, based upon the Measure of the Earth."* [164]

Taylor war sicher schon von den Teilnehmern des Napoleonischen Ägyptenfeldzuges beeinflusst, wie folgende Aussagen von Edme François Jomard[165] aus der *Description de l'Égypte* aus dem Jahr 1809 zeigen:

„Das Maß der Erde, das wir in der Pyramide erhalten finden, entspricht genau dem richtigen (wahren) Gradmaß in Ägypten ... Ein zweiter charakteristischer Umstand unserer Arbeit ist die entdeckte Beziehung zwischen dem Stadion-Maß und der Elle, die beide getrennt voneinander aus dem ägyptischen Maß eines Grades abgeleitet wurden und beide sind jeweils ohne Rest

161 Herschel, John Frederick William 1849, 190-191.

162 Siehe Fußnote 2.

163 John Taylor (* 31.7.1781 in East Retford, England; † 5.7.1864 in Kensington, London, England) war ein Londoner Buchhändler, Essayist und Schriftsteller. Vielleicht wurde er schon von John Greaves zu seinen Theorien inspiriert, da in Greaves 1745, 73 steht: *"From what I have said it also appears, that the origin of our English weights and measures maybe found without the help of any other standards in this pyramid, except those in the dimensions of the tombs exterior superficies."*

164 Taylor und Herschel 1859, 228.

165 Edmé François Jomard (* 22.11.1777 in Versailles bei Paris, Frankreich; † 23.9.1862 in Paris, Frankreich) war ein französischer Geograph und Ägyptologe, der am Napoleon-Feldzug nach Ägypten 1798 teilnahm.

teilbare Bruchteile desselben Grades; dasselbe gilt für den Schönus[166]*, die Parasange und alle anderen Maße. Diese beiden Punkte scheinen mir also gleichermaßen bewiesen zu sein, nämlich 1., dass in Ägypten eine sehr genaue Messung des Erdgrades vorgenommen wurde; 2., dass die Ägypter von diesem unveränderlichen Typus ihre Wege- und Gebrauchsmaße abgeleitet haben."* [167]

„Das Maß des ägyptischen Grades ist dennoch in der großen Pyramide von Memphis erhalten geblieben, ... Die alten Bewohner dieses klassischen Landes scheinen es sich zur Aufgabe gemacht zu haben, in ihren Denkmälern Zeichen und Beweise ihrer wissenschaftlichen Arbeit zu bewahren. ... So stelle ich mir den Ursprung des metrischen Systems bei den Ägyptern vor und wie ich vermute, dass es eingeführt wurde." [168]

Jomard sah es geradezu als erwiesen an, dass der Bericht von Herodot über Ägypten glaubwürdig und verlässlich sei, ja sogar an den Punkten, wo er physische oder naturhistorische Aussagen macht, als geradezu perfekt exakt.

„Es ist heute bewiesen, dass die meisten Beschreibungen, die Herodot in Ägypten zu Gegenständen der Physik und Naturgeschichte gefunden hat, zutreffend und oft von absoluter Genauigkeit sind: Herodot hatte sie aus den Aufzeichnungen des Landes entnommen." [169]

Der Bezug eines Maßes, wie der des zur Zeit Jomards gerade festgelegten Meters auf Basis des 10.000.000. Teils des Viertels eines Meridians durch Paris, auf die Geometrie der Erde, war für ihn auch schon evident von den alten Ägyptern erfasst worden.

„Als man in Ägypten eine Messung des Erdgrades vorgenommen hatte, wahrscheinlich für die Zwecke der Astronomie und der Geographie, kam man auf die Idee, davon die Wegemessungen und sogar die üblichen Messungen abzuleiten, um sie auf einer unveränderlichen Grundlage festzulegen. Die Zeit dieser Messung ist uns unbekannt: die Tatsache allein wird uns von einem alten Schriftsteller über Astronomie bezeugt; die Denkmäler beweisen dies a priori." [170]

Es gab allerdings einen französischen Mathematiker, Alexis-Jean-Pierre Paucton[171], der bereits in einem 1781 erschienen Buch über die Theorie der Naturgesetze und die ägyptischen Pyramiden[172] die Idee prägte, dass in der Cheops-Pyramide die großen Naturprinzipien enthalten sind.

„Beim Bau der Pyramiden wurde peinlich genau darauf geachtet, dass für alle Zeiten festgelegt wurde, was die Menschen über die Astronomie, die Maße der Erde und die in Handel und Gesellschaft üblichen Maße wissen mussten." [173]

Ebenso ist nach ihm der Erdumfang in der Cheops-Pyramide kodiert, da die Basislänge jeder Seite 684,8 frz.

---

166 Bergdoll 2016, 126 ff. u. 226 (Tab. 24).

167 Jomard 1809, Mémoires, Vol. 1 Textes, 779. Eigene Übersetzung aus dem Französischen.

168 Jomard 1809, Mémoires, Vol. 1 Textes, 781. Eigene Übersetzung aus dem Französischen.

169 Jomard 1809, Mémoires, Vol. 1 Textes, 781. Eigene Übersetzung aus dem Französischen.

170 Jomard 1809, Mémoires, Vol. 1 Textes, 782. Eigene Übersetzung aus dem Französischen.

171 Alexis-Jean-Pierre Paucton (* 10.2.1732 in La Baroche-Gondouin, Frankreich; † 15.6.1798 in Dôle, Frankreich) war ein französischer Mathematiker.

172 Paucton 1781, 340 ff. « *Explication de l'hiéroglyphe du grand principe de la nature, consacré dans les Pyramides d'Égypte.* » (dt.: Erklärung der Hieroglyphen des großen Naturprinzips, das in den ägypt. Pyramiden verankert ist.)

173 Paucton 1781, 345. Eigene Übersetzung aus dem Französischen.

kgl. Fuß[174] (≈ 222,42 m) misst, was 800 geometrischen Fuß entspricht[175] (die Angabe 800 Fuß stammt von Herodot), und dies ist der 500. Teil eines Grades des Meridiankreises der Erde. Dies ergäbe einen Erdumfang von 40.036,15 km.

> *„Die vier Seiten meiner Basis und die vier Kanten meiner Höhe, von meiner Basis am Boden bis zu meinem Gipfel, sind jeweils durch das vertrauenswürdige Maß bestimmt, welches auf der Messung eines Grades des Erdmeridians basiert, von dem es der fünfhundertste Teil[176] ist."* [177]

Taylor sah die Pyramide als von Gott beabsichtigt an, die eine Masse von chronologischen Daten prophetisch offenbarte. Sie sei eine riesige Steinstruktur, die, wenn sie richtig verstanden würde, die Jahre und manchmal sogar die Monate und Tage der wichtigsten Ereignisse des Heilsprogramms der Welt zeigen würde. Taylor behauptete auch, dass die englische Maßeinheit Inch (Zoll) $^1/_{25}$ der heiligen oder hebräischen Elle[178] darstellt, deren Existenz zuvor schon Isaac Newton aus den Maßen des Jerusalemer Tempels erschlossen hatte. Damit war der *pyramid inch* (Pyramidenzoll) als Maßeinheit geboren, der rund 1,001 englischen Inch (Zoll) entsprach. Die englische Maßeinheit war demnach vom biblischen Maß abgeleitet worden und orientierte sich an der heiligen Elle. So fand er, dass die Pyramiden-Elle etwa dem 10-millionsten Teil des Erdradius entspräche. Da er diesbezüglich an Zufall nicht glauben wollte, kam für ihn nur ein göttlicher Plan als Erklärung infrage. Der Pyramidenzoll war dann auch die Grundlage für die Messungen von Smyth 1865.

Taylor und Smyth entdeckten bei ihren mathematischen Zahlenspielen auch die Kreiszahl π in der großen Pyramide. Damit legten sie denn auch die Grundlage für spätere Zahlenmystiker, die aus den Proportionen der Cheops-Pyramide die wildesten Verhältnisse ableiteten. Obwohl dem 1922 der deutsche Ägyptologe Ludwig Borchardt energisch und, wie er meinte, ein für alle Mal, mit seinem Buch *Gegen die Zahlenmystik an der großen Pyramide bei Gise*[179] entgegentrat, erfreuen sich solche Zahlenspiele bis heute immer noch großer Beliebtheit.

1880 gibt Everett Fish dann genaue Informationen über die Ausmaße der Luftschächte in der Königskammer:

---

174 Interessant ist, wie Paucton zu diesem Wert kommt, der rund 730 englische Fuß entspricht. Vermutlich durch Rückrechnung von den durch Herodot überlieferten 800 Fuß, die Paucton als geometrische Fuß interpretiert und einer angenommenen Länger der Pyramidenbasis von 730 en. Fuß. Er schreibt dazu: » *Pour se procurer un pied géométrique, qui est la mesure dont s'est servi l'architecte de la Pyramide, on sera faire une règle de cuivre de la longueur de 6 pieds 10 pouces, 2 ⅕ lignes de la toise de Paris; puis on divisera cette règle en huit parties égales, chacune desquelles sera le pied géométrique valant 123 $^{11}/_{40}$ lignes du pied-de-Roi, & dont 400 000 vaudront 57 071 $^{41}/_{54}$ toises de Paris; c'est la grandeur d'un degré du méridien de la terre.* » Damit ist sein geometrischer Fuß ≈ 27,81 cm lang. Normalerweise wird aber der geometrische Fuß statt durch 12 durch 10 und nicht durch 8 geteilt! Ein Meridiangrad hat somit nach seiner Berechnung ≈ 111,2348 km und der Erdumfang 40.044,53 km. Wie er auf den Wert von 6 Fuß, 10 Zoll und 2,2 Linien kommt erklärt er nicht.

175 Paucton 1781, 363.

176 Der 500. Teil eines Erdmeridians beträgt 222,64 m, bezogen auf einen Äquatorumfang von 40.075,017 km (gemäß WGS84-Modell). Die Gratlänge bis zur ursprünglichen Spitze der Cheops-Pyramide betrug 219,16 m.

177 Paucton 1781, 406-407.

178 Isaac Newton (* 4.1.1643 in Woolsthorpe-by-Colsterworth in Lincolnshire, England; † 31.3.1727 in Kensington, London, England) bestimmte die heilige (hebräische oder jüdische) Elle aus Angaben von Flavius Josephus (* 37 in Jerusalem, Israel; † nach 100 in Rom, Italien) Werk *Über den Jüdischen Krieg* (66-70 n. Chr.) über den Jerusalemer Tempel zu 63,56 cm. 63,56 cm / 25 = 2,5424 cm ≈ 1,001 Zoll (siehe hierzu Newtons *Dissertation on Cubits*). Taylor merkt an, dass die altägyptische Königselle $^4/_5$ der hebräischen heiligen Elle entspricht.

179 Hier ein kurzer Auszug: „*... als im letzten Jahre (Anm. d. Autors: 1921) bei uns in Deutschland eine Epidemie auf dem Gebiete der mit den Maßen der großen Pyramide bei Gise arbeitenden Zahlenmystik ausbrach, eine Epidemie, wie sie zuletzt in den fünfziger bis achtziger Jahren des vorigen Jahrhunderts namentlich in England gewütet hatte, die ich aber seit ihrer wirkungsvollen Bekämpfung durch W. Flinders Petrie im Jahre 1883 für dauernd erloschen gehalten hatte. Bei einem besonders schweren Falle des vorjährigen Ausbruchs liegt die Sache ganz klar. Der Patient (Dr. Fritz Roetling: Die kosmischen Zahlen der Cheops-Pyramide, der mathematische Schlüssel zu den Einheitsgesetzen im Aufbau des Weltalls, Stuttgart 1921) hat ein Spielzeug, einen Roman, der die Pyramidenmystik der sechziger Jahre behandelt (Max Eyth: Der Kampf um die Cheops-Pyramide, Heidelberg 1906), in die Hände bekommen und hat sich dadurch die Ansteckung zugezogen.*".

"On the north and south walls are two openings – the two air holes for ventilation, orifices that extend from the King's Chamber to the outer world, as seen in Fig. 43. That on the north wall is only about 8 × 5 inches, while that on the south is near 17 × 23 inches. The latter, however, farther within the masonry narrows down to about the/proportions of the other. The north air or vent hole is 233 feet long, and rises at an angle of 33° 42'. The south hole is 174.25 feet long and rises at an angle of 45°." [180]

Auf der Webseite von Frank Dörnenburg[181] findet man ein modernes Pendant zu Borchardts Werk gegen die Zahlenmystik, das viele mystische Zahlenspielereien sehr schön widerlegt und viele angebliche Rätsel um die Pyramiden enträtselt. Bezogen auf die Schächte der Königs- und Königinnenkammer sei hier folgende Webseite empfohlen: http://doernenburg.alien.de/alternativ/orion/ori03.php.

Mit Taylor wurde die moderne Pyramidologie begründet, die mit Charles Taze Russell[182] einen eifrigen Verfechter fand.

So zitierte er unter anderem folgende Bibelstellen: Jesaja 19:19-20[183], Ijob 38:5-7[184] und Epheser 2:19-21[185], die sich seiner Meinung nach auf die große Pyramide bezogen. In Russells erschienenem siebenbändigem Werk *Studies in the scriptures* äußert er sich so:

"The Great Pyramid of Egypt discussed in this Volume has not lost any of its interest to the author. Its Descending Passage still represents figuratively the downward course of mankind under the reign of sin and death. The First Ascending Passage still represents the Law Dispensation--God's Covenant with Israel made at Sinai and the course of that people under the domination of that Law. The Grand Gallery still represents the lofty heights of the teachings of Christ and His followers during this Gospel Age. The step in the upper end of the Grand Gallery still represents a marked change in the affairs of the world, lifting man to a higher plane. The connection between the top of the Grand Gallery and the spaces above the King's Chamber still represents the spiritual presence of our Lord in the Harvest of this Age, beginning with 1874.
We have never attempted to place the Great Pyramid, sometimes called the Bible in Stone, on a parallel or equality with the Word of God as represented by the Old and New Testament Scriptures--the latter stand pre-eminent always as the authority. We do, however, still believe that the structure of this Pyramid, so different from that of all other pyramids, was designed of the Lord and intended to be a Pyramid and a witness in the midst and on the border of the land of Egypt. (Isaiah 19:19) It certainly tells a very different story from any other art or relic handed down from its remote times.
Its wonderful corroboration of the Divine Plan of the Ages is astounding to everybody who really grasps it." [186]

180 Fish 1880, 96.

181 Dörnenburg, Pyramidengeheimnisse; Dörnenburg, Die Orion-Pyramiden.

182 Charles Taze Russell (* 16.2.1852 in Allegheny, Pennsylvania, USA; † 31.10.1916 in Pampa, Texas, USA) war ein Kind Schottisch-Irischer Einwanderer. 1881 wurde die *Zion's Watch Tower Tract Society* mit W. H. Conley als Präsidenten und C. T. Russell als Schriftführer und Schatzmeister gegründet. 1884 wurde sie nach den Gesetzen des Staates Pennsylvania als Körperschaft eingetragen und Russell wurde Präsident. Er war Mitgründer der sich anschließenden Religionsgemeinschaft der Internationalen Bibelforscher-Vereinigung (1910), die heutigen Zeugen Jehovas (1931).

183 *An jenem Tag wird es mitten im Land Ägypten für den Herrn einen Altar geben und ein Steinmal an seinen Grenzen. Sie werden ein Zeichen und ein Zeugnis für den Herrn im Land Ägypten sein. Wenn sie vor ihren Bedrängern zum Herrn rufen, dann wird er ihnen einen Retter senden, der für sie streitet und sie befreit.*

184 *Wer setzte fest ihr Maß? Du weißt es ja. Wer spannte über ihr die Messschnur aus? Worauf sind ihre Pfeiler eingesenkt, und wer hat ihren Eckstein eingefügt, als all die Morgensterne jauchzten und alle Gottessöhne jubelten?*

185 *Also seid ihr nicht mehr Fremde und Halbbürger, sondern Mitbürger der Heiligen und Hausgenossen Gottes, aufgebaut auf dem Fundament der Apostel und Propheten; der Schlussstein ist Christus Jesus selbst. Durch ihn hat der ganze Bau Halt und wächst empor zu einem heiligen Tempel im Herrn.*

186 Russell, Woodworth und Fisher 1916-18, 2 (vol. 3).

Weitere Anhänger dieser Theorie waren dann Edgar[187], Davidson und Aldersmith[188], Stewart[189], Riffert[190] sowie Barbarin[191]. Adam Rutherford[192] war der Gründer des Institutes für Pyramidologie und seit 1940 Herausgeber der Zeitschrift *Pyramidology Magazine*. In Rutherford[193] definierte er den Begriff *Pyramidology* wie folgt:

> *"Pyramidology is the science which co-ordinates, combines and unifies science and religion, and is thus the meeting place of the two. When the Great Pyramid is properly understood and universally studied, false religions and erroneous scientific theories will alike vanish, and true religion and true science will be demonstrated to be harmonious."*

Dem folgte dann sein vierbändiges Werk *Pyramidology*[194], wobei der 1972 erschienene 4. Band sehr ausführlich die Erforschung der Cheops-Pyramide von der Antike bis in die Neuzeit schildert. Schließlich folgte dann noch Raymond Capt[195]. Die hier aufgeführten Werke seien nur beispielhaft angegeben. Es gibt sicher noch unzählige weitere Werke hierzu. Eine schöne Übersicht über die Entwicklung der messianischen Pyramidologie findet sich in Lamb[196].

Anhänger dieser und darauf aufbauender Theorien werden heutzutage von Ägyptologen bisweilen auch als „Pyramidioten" bezeichnet. Die Bezeichnung „Pyramidiot" (von Pyramide und Idiot) geht auf Osbert Guy Stanhope Crawford[197] zurück, der 1935 diesen Begriff für Leute prägte, die glaubten, dass Prophezeiungen in der ägyptischen Pyramide kodiert sind. Er meinte damit Leute wie John Taylor und Charles Piazzi Smyth. Letzterer veröffentlichte 1864 sein Buch *Our Inheritance in the Great Pyramid*, welches zur Grundlage der modernen Pyramidologie wurde. Im Jahr darauf machte Smyth eine Reise nach Ägypten, um die Pyramide selbst zu vermessen und zu fotografieren. Die Ergebnisse seiner Studie veröffentlichte er dann in seinem dreibändigen Werk *Life and Work at the Great Pyramid*, welches 1867 erschien und dem 1868 erschienen Buch *On the Antiquity of Intellectual Man*.

---

187 Edgar und Edgar 1923.

188 Davidson und Aldersmith 1924.

189 Stewart 1927, Stewart 1933, Stewart 1935.

190 Riffert 1932.

191 Barbarin 1936.

192 Adam Rutherford (* 4.2.1894 in Hobkirk, Schottland; † Januar 1975 in St. Albans, England) war der Sohn des Zechenfeuerwehrmanns James Rutherford (* 28.9.1869 in Kelso, Schottland; † 12.1.1945 in Northwich, England) und Jane Davidson (* 29.9.1861 in Half Morton (Canonbie), Schottland; † 4.7.1933 in Hawick, Schottland), Tochter von John Davidson (1816-1891) und Elspeth Johnstone (1836-1917). Nach dem Tod seiner Frau Jane, heiratete er am 12.11.1935 im englischen Barnet Hilda Knaggs (* 9.8.1898 in Port of Spain, Trinidad; † 4.4.1987 in Pilling, England) mit der er noch zwei Kinder hatte. Adams Großvater, der Landarbeiter war, hieß ebenfalls Adam Rutherford (* 10.3.1837 in Minto, Schottland; † 25.9.1902 in Northwich, England), er war mit Margaret Davidson (* 13.3.1838 in Kirknewton, Northumberland, England; † 22.12.1891 in Hobkirk, Schottland), die er am 7.2.1862 heiratete und mit der er 11 Kinder hatte. Adam Rutherford war Eisenbahnangestellter und Präsident des selbst gegründeten Instituts für Pyramidologie. Er heiratete Annie Rutherford (* 18.12.1899 in Kelso, Schottland; † März 1996 in Buckinghamshire, England) mit der er einen Sohn James (* 28.4.1930 in London, England) hatte. Er ist Autor des vierbändigen Werks *Pyramidology*, in dem er versucht nachzuweisen, dass die biblische Geschichte in Bezug auf ihre Chronologie in der Cheops-Pyramide enthalten ist. 1924 besuchte er erstmals die Gizeh-Pyramiden.

193 Rutherford 1943.

194 Rutherford 1957-72.

195 Capt 1978, Capt 1986.

196 Lamb 2013.

197 Osbert Guy Stanhope Crawford (* 28.10.1886 in Bombay, Indien; † 28.11.1957 in Romsey, England) war ein englischer Archäologe und hat als einer der ersten Luftaufnahmen zu archäologischen Forschungszwecken genutzt.

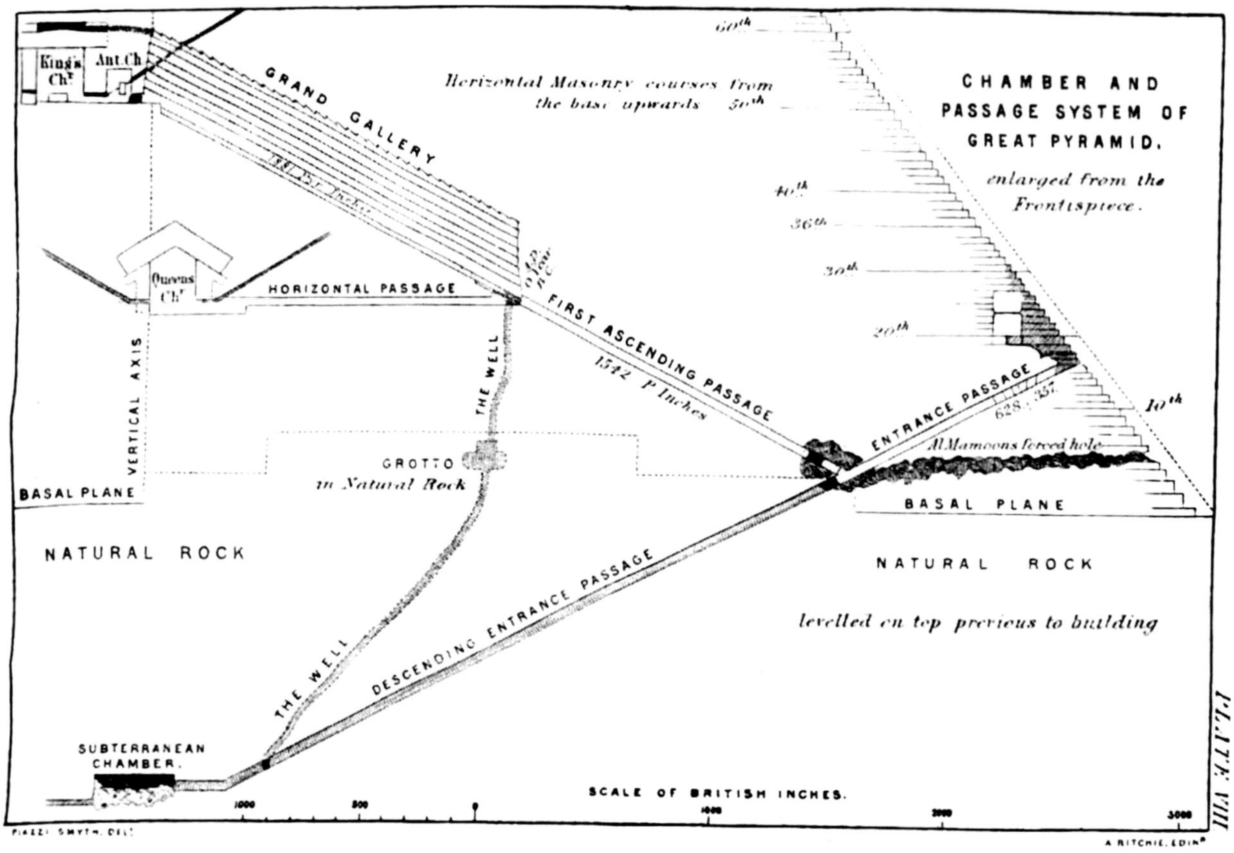

Abb. 55: Das Kammer- und Passagensystem der Cheops-Pyramide aus dem Jahr 1874 (von Charles Piazzi Smyth).

In seinem Buch *Our Inheritance in the Great Pyramid* aus dem Jahr 1864 bemerkt Smyth zu den Luftschächten der Cheops-Pyramide, als die Schächte in der Königinnenkammer noch nicht entdeckt waren:

> *"Showing also, that though astronomy be indeed concerned as well as geometry, in deciding the direction of these strangely formed channels, yet it was not for the purpose of converting the building into a simple astronomical observatory; for the bend in the lower part of the northern air-tube, joined to its very small bore, would completely prevent a human eye from ever seeing the pole-star through it, when completed."* [198]

In der erweiterten Auflage von 1874 ist er dann der gleichen Meinung wie zuvor schon Herschel, dass der Winkel des absteigenden Ganges der Höhe des damaligen Polarsterns Thuban (*α Draconis*) um 2170 v. Chr. entsprach.[199] Was die Bedeutung der Schächte der Königinnenkammer angeht, kommt er zu dem Schluss, dass es ebenfalls Luftschächte sein müssen.[200]

Noch bevor Waynman Dixon im Sommer 1872 die Königinnenkammerschächte fand, schrieb sein Bruder John an Piazzi Smyth am 25. November 1871 einen Brief, der folgende seltsame Stelle enthielt:

> *"I am more than ever convinced of the probability of the existence of a passage and probably a chamber containing possibly the records of the ancient founders - as soon as I have a decent plan drawn I will send you a copy ..."*

198 Smyth 1864, 63.

199 Smyth 1864, Fig. 15.

200 Smyth 1864, 365-366.

Dixon war also schon viele Monate vor der Entdeckung der Königinnenkammerschächte sehr davon überzeugt, einen Schacht oder eine geheime Kammer zu finden, in der möglicherweise Aufzeichnungen der Pyramidenbauer zu finden seien.[201]

Nachdem die beiden Schächte der Königinnenkammer entdeckt wurden, begannen Spekulationen nach deren Sinn und Zweck und wie weit sie reichten. Waynman Dixon, der die Schächte entdeckte und von Bill Grundy öffnen ließ, untersuchte sie zuerst mittels eines Feuers, da er sehen wollte, ob der Rauch abzieht. Falls ja, so mutmaßte er, müssten sie, genau wie ihre schon lange bekannten Pendants in der Königskammer, an der Pyramidenaußenseite enden, wo dann auch der Rauch zu sehen sein müsste. Obwohl im Südschacht der Königinnenkammer der Rauch sichtlich abzog, im Gegensatz zum Nordschacht, war von außen kein Rauch zu erkennen. Dixon versuchte auch mittels Pistolenschüsse in die Schächte eine mögliche Verbindung zu den Schächten der Königskammer zu ergründen, womit er aber scheiterte. Ob er auch mittels Holz- und/oder Metallstangen die Schächte erprobte ist nicht bekannt, da es keine Aufzeichnungen darüber gibt bzw. bis heute keine aufgetaucht sind. Dixon bestimmte den Winkel der nach rund 2 m horizontal verlaufenden Schächte nach oben abknickend zu 32°. Die heutigen Messungen liegen zwischen 38° – 40°. Zu Dixons Zeit dachte man, dass die beiden in der Königinnenkammer gefundenen Schächte nicht sehr weit ins Mauerwerk führten, da sie von den Erbauern frühzeitig aufgegeben worden seien, um die höher gelegene Königskammer zu bauen. Hinter diesem Gedanken steckt die Vorstellung, dass die Erbauer der Cheops-Pyramide nicht gewusst hätten, wie lange Cheops noch leben würde, denn in der Regel wurde ein Begräbniskomplex nach dem Tode des Pharaos nicht weiter fortgesetzt, da der neue König sich gleich daran machte, seinen eigenen Begräbniskomplex konstruieren zu lassen. Schließlich wusste ja keiner im Voraus, wie lange er leben würde. Wäre Cheops bereits gestorben, nachdem zuerst die tiefer liegende Königinnenkammer fertiggestellt worden war, so hätte er in dieser beerdigt werden können, auch wenn die Pyramide dann nicht fertiggestellt worden wäre. Nachdem man dann mit der Königskammer begonnen hatte, hätte man gemäß dieser Theorie die beiden Schächte der Königinnenkammer nicht mehr benötigt und sie im Mauerwerk enden lassen können. Diese Theorie fußt natürlich darauf, dass es sich bei der Pyramide auch um eine Bestattungsstätte für den verstorbenen König gehandelt hat. Gestützt wird die These durch die zuerst unterhalb der Pyramide errichtete unterirdische Kammer, gleichwohl diese eher als unvollendet betrachtet werden kann. Falls parallel an der Pyramide und dem absteigenden Gang zur unterirdischen Kammer gearbeitet worden wäre, hätte man einfach mit der Ausgestaltung der unterirdischen Kammer aufgehört, als die Königinnenkammer fertiggestellt war.

Wie der Abb. 55 zu entnehmen ist, ging Smyth davon aus, dass die beiden Schächte der Königinnenkammer noch ein deutliches Stück weit ins Mauerwerk hineinreichen, doch nicht so weit, wie sie Casey in seinem Buch *Philitis* von 1880 darstellt. Doch auch in der fünften stark erweiterten Auflage seines Buches von 1880 gesteht er ein, dass die Ausgänge der beiden Luftschächte der Königinnenkammer noch immer nicht gefunden wurden.

> *"How far the channel's courses are carried through the 300 feet of masonry which separate this chamber from the outer air, is not yet known. But, in the meanwhile, what we do know of the channels in the walls and immediate neighbourhood of this chamber may, in a building like the Great Pyramid, be suggestive in a variety of ways of man's life upon earth, — and may be taken more especially as reminding of a deaf, perhaps wilfully deaf, ear. There you see before you the tubes for the conveyance of sound, but the entrance to them is veiled.*
> *This idea would go for very little in a purely scientific explanation of the Great Pyramid; but we shall find before long that many of its symbolisms, and this one among them, yield to religious conclusions alone."* [202]

---

[201] Gegen Ende des 20. Jahrhunderts machte sich dann der amerikanische Ägyptologe Mark Lehner zusammen mit dem Ägypter Zahi Hawass, dem damaligen Zuständigen für das Gizeh-Plateau auf die Suche nach der „Halle der Aufzeichnungen". Gemäß einer Prophetie von Edgar Cayce sollte diese zwischen 1996 und 1998 unter der Sphinx gefunden werden. Sie sollte u. a. Aufzeichnungen über Atlantis enthalten.

[202] Smyth 1880, 430-431.

Was die Luftschächte der Königskammer betrifft, gibt es 1877 durch Dr. Grant noch einmal neue Erkenntnisse:

"The following further detail is from Dr. J. A. S. Grant, under date March, 1877: — I wrote you about the zigzag course of the lower portion of the northern air-channel of the King's Chamber, through the solid masonry. In my opinion this favours much your theory about the King's Chamber being intended for a physical and scientific observing room for the tortuous course of the channel would thoroughly cool down the outside hot air coming along it. At the same time, it is manifest that the builders must have had some important end to fulfil, by introducing such a disturbing clement as a zigzag channel into the solid masonry. Ventilation alone did not require tortuosity." [203]

Eine Bestätigung seiner Theorie über den Pyramiden-Inch erhielt Smyth aufgrund von Messungen durch Dr. Grant und W. Dixon in den Jahren 1874 und 1875, als diese den Versatz der an der östlichen Wand der Königinnenkammer befindlichen Nische aus dem Zentrum der Achse in Richtung Süden mehrfach maßen und zu dem Ergebnis von 25,025 englischen Zoll oder gleich einer hebräischen bzw. jüdischen heiligen Elle kamen.[204]

Die religiöse Bedeutung der Schächte für Smyth wird in folgendem Abschnitt besonders deutlich:

"Since I first read 'Life and Work at the Great Pyramid,'" continues Mr. H. A. Powers, "I have never been able to divest myself of the idea that the air-channels of the King's Chamber were symbolical of the second coming of Christ as King, and his reascension, 'when He shall have delivered up the Kingdom to God, even the Father; when he shall have put down all rule and all authority and power' (1 Cor. xv. 24). ...
Wherefore these closed air-channels of the Queen's Chamber symbolize the Messiah's first coming and ascension, unperceived by the House of Judah; nor could these channels be opened until 'the time of the end' symbolized by the great 36-inch step in the Grand Gallery; when a 'man-of-all-work' under the direction of his intelligent master, breaks through that intentionally left thin plate (veil) of soft limestone.'" [205]

James Bonwick schreibt 1875[206], dass seiner Meinung nach die Schächte der Königinnenkammer etwas mit Akustik zu tun hatten:

"Two channels there looked like the air-holes of the other Chamber, but were sealed up. When broken through, the space was horizontal for 7 feet, and then turned north and south at the angle 32°. They might have been for acoustic purposes." [207]

Die akustische These wird auch von Charles Casey unterstützt, wie folgender Ausschnitt aus seinem Buch *Philits* in der 5. Auflage von 1880 zeigt:

"Mr. Waynman Dixon also has had the honour of making a discovery in this chamber which is mysteriously inexplicable, viz., the existence of two channels seemingly similar in design to the air channels of the king's chamber, but which were evidently not meant by the architect for ventilating purposes, because they were hermetically sealed up by the inner or chamber-lining stone, giving no indication of their existence, until broken into by cold chisel and hammer, when it was found that they reached some 7 feet into the wall horizontally, then rose N. and S. at an angle of 32°, and likewise that they were cut through the chamber-lining block in its entire thickness, save

203 Smyth 1880, 417.
204 Smyth 1880, 425.
205 Smyth 1880, 553-554.
206 *"from the present date (1875) ..."* in Bonwick 1877, 65.
207 Bonwick 1877, 34.

the thin tympanum which was left to conceal their existence on the inner surface. The question, then, is - as they were not meant for ventilating channels, what was their use? It strikes me that they were meant for acoustic purposes, as the slight covering slab would serve as the veritable tympanum of an ear that led - where? - possibly, probably, almost certainly, to another as yet undiscovered chamber - such as I had predicted the existence of on page 35, two years before Mr. Dixon's confirmatory discovery - an idea supported by the fact mentioned by Mr. Dixon, that although the smoke of a fire lighted in the southern passage went away, its exit was not discoverable on the outside of the pyramid. And when we reflect that a slight tap, given on the stone tympanum by a small metallic or other hard substance, would be faithfully transmitted through the length of the channel to its exit - the conclusion seems reasonable that those passages had an acoustic use, and where not meant for ventilating purposes.“ [208]

Der Vater von Flinders Petrie[209] hing der Theorie von Charles Piazzi Smyth an, dass Zoll und Fuß ursprünglich ägyptische Maßeinheiten gewesen seien. Flinders Petrie hing dieser Theorie anfangs auch an, wie sein 1874 erschienenes Buch *Preliminary notice of some facts (heretofore unperceived) which will be shewn to aggregate into certain cosmic and metric systems in the great pyramid, when taken into connection with other facts to be subsequently considered* deutlich zeigt. So schreibt er darin im Vorwort:

“The following researches on this Monument confirm those distinctive principles of its design and construction, first announced by the sagacity of John Taylor and Professor Piazzi Smyth, as they were set forth in Professor Smyth’s first publication on this subject, 'Our Inheritance in the Great Pyramid', first edition, published just ten years ago. The many fresh facts here noticed, while shewing much further and interesting development of those same principles, add irrefragable proof of their validity as against superficial theories, old and new.”

Petrie wollte den Beweis antreten und reiste 1880 nach Ägypten. Dort vermaß er die Pyramiden von Gizeh. Mit seiner sehr genauen Vermessung konnte er die Theorie allerdings nicht bestätigen, sondern nur widerlegen.

In seinem 1883 erschienen Buch *The Pyramids and Temples of Gizeh* geht auch er davon aus, dass es sich bei den Königinnenkammerschächten um Luftkanäle handelt, auch wenn deren Öffnung an der Pyramidenseite noch nicht gefunden wurde (auch nicht durch ihn selbst), so errechnet er doch aufgrund seiner Messungen der Steigungswinkel der Kanäle, wo sie an der Pyramidenaußenseite enden müssten und glaubt auch, eine Öffnung an der erwarteten Stelle mit einem Teleskop auf der Südseite ausgemacht zu haben:

“The channels leading from this chamber were measured by the goniometer already described (h, section 10); they are exactly like the air channels in the King’s Chamber in their appearance, but were covered over the mouth by a plate of stone, left not cut through in the chamber wall;

---

[208] Casey 1880, 51-52.

[209] Sir William Matthew Flinders Petrie (* 3.6.1853 in Charlton bei London, England; † 28.7.1942 in Jerusalem, Palästina) war der Sohn von William Petrie (* 21.1.1821 in Kings Langley, England; † 16.3.1908 in Bromley, Kent, England) und Anne Flinders (* 1.4.1812 in St. Giles, London, England; † 5.3.1892 in Greenwich, England), die er am 2.8.1851 geheiratet hatte. Flinders Petrie heiratete am 14.11.1897 die Irin Hilda Mary Isobel Urlin (* 8.6.1871 in Dublin, Irland; † 23.11.1956 in London, England) in Hampstead (London), mit der er einen Sohn, John Flinders Petrie (* 26.4.1907 in Hampstead, England; † 1.11.1972 in Godalming, England) und eine Tochter, Ann Flinders Petrie (* 27.8.1909 in Hampstead, England; † 7.1.1989 in Hambleden, England) hatte. Der üblicherweise verwendete Name von W. M. F. Petrie ist Flinders Petrie; 1923 wurde er zum Ritter geschlagen. Er war ein sehr bekannter Ägyptologe und ein Pionier der systematischen Methodik in der Archäologie und der Konservierung von Artefakten. Petrie entwickelte das System der Datierung von Schichten anhand von Keramik und Keramikfunden. Er hatte den ersten Lehrstuhl für Ägyptologie in Großbritannien inne und grub zusammen mit seiner Frau Hilda Petrie viele der wichtigsten archäologischen Stätten in Ägypten aus. Petries Großvater war der Australien-Forscher Matthew Flinders. Petries Vater William hing der Theorie von Charles Piazzi Smyth an, dass Zoll und Fuß ursprünglich ägyptische Maßeinheiten waren. Petrie wollte den Beweis antreten und reiste 1880 nach Ägypten. Dort vermaß er die Pyramiden von Gizeh. Mit seiner sehr genauen Vermessung konnte er die Theorie allerdings nur widerlegen.

no outer end has yet been found for either of them, though searched for by Mr. Waynman Dixon, C.E., who first discovered them, and also by myself on the N. face of the Pyramid. ... Hence, if these channels were continued to the outside of the Pyramid, their floors would end on the Pyramid faces at 2641.3 above the base, and 2460.8 from the centre of the Pyramid on the N. face; and at 2679.1 above the base, and 2431.2 from the centre on the S. face. I observed something like the mouth of a hole in the 85th course on the S. face, scanning it with a telescope from below; but I was hindered from examining it closely." [210]

Was die Luftkanäle der Königskammer betraf, so fand Petrie beide wieder von Sand und Geröll verstopft vor, nachdem sie Howard Vyse 1837 erstmals gereinigt hatte. Was den Südschacht angeht, hat er jedoch eine interessante Beobachtungsmethode gefunden, indem er die beiden Tage im Jahr ausnützte, an denen die Sonne mittags direkt senkrecht in den Schacht scheint und daher keine Schatten wirft:

"The S. channel is blocked by sand at l6 feet down. It is not straight in the clear length, curving more than its own width to the east; and the sides often shift a few tenths of an inch in passing from one stone to another. These details were seen by examining it with a telescope on Feb. 8, and by photographing it on Nov. 2, 1881; these being the days on which the sun shines down it at noon. Its width at the top is 8.35 and 8.65, and its height 8.7 to 8.9." [211]

Schließlich widmet Petrie in seinem Buch ein ganzes Kapitel *Theories compared with facts* den bis dahin aufgekommenen Theorien und Zahlenspielereien, um ihnen mit wissenschaftlichen Fakten zu begegnen.[212]

Petrie verwendete den Begriff „Luftkanäle" für die Schächte, wie Smyth es getan hatte. Der Begriff „Luftkanäle" bedeutet, dass der ursprüngliche Zweck innerhalb der Gesamtstruktur für die Belüftung der höher gelegenen Kammern war. Smyth frühere Idee jedoch verband den oberen nördlichen Schacht mit Thuban (*α Draconis*). In der Freimaurerei-Literatur wird der südliche Schacht mit Sirius verbunden, sodass zumindest von der zweiten Hälfte des 19. Jahrhunderts an diese beiden Ideen, die den Zweck der Schächte zu erklären versuchten, im Umlauf waren.

Albert Churchward bildet in seinem 1898 erschienen Buch *Origin and Antiquity of Freemasonry, and its analogy to the eschatology of the ancient Egyptians, as witnessed by the 'Book of the Dead, and the Great Pyramid of Gizeh, the first Masonic Temple in the world* die Cheops-Pyramide mit allen vier kleinen Schächten so ab, als würden alle bis zur Pyramidenaußenseite gehen. Die Zeichnung enthält allerdings auch noch den Fehler, dass die Schächte der Königskammer und der Königinnenkammer parallel zueinander verlaufen und zudem beide Südschächte auf Sirius verweisen. Ebenso falsch in der Darstellung ist, dass die Königskammerschächte zuerst ein Stück weit horizontal verlaufen, bevor sie dann nach oben abknicken. Bezogen auf die Königskammer schreibt er:

"Here in this chamber, you will observe the emblem of mortality, the sarcophagus, empty — corresponding to our coffin. You will also see the small opening admitting the light of that bright morning star Sothis, shining down the line into the chamber." [213]

Aufgrund der horizontalen Strecke im unteren Bereich der Luftschächte konnte man definitiv keinen Stern von dort aus beobachten.

---

[210] W. M. Petrie 1883, 70-71.

[211] W. M. Petrie 1883, 84.

[212] W. M. Petrie 1883, 182-207.

[213] Churchward 1898, 69.

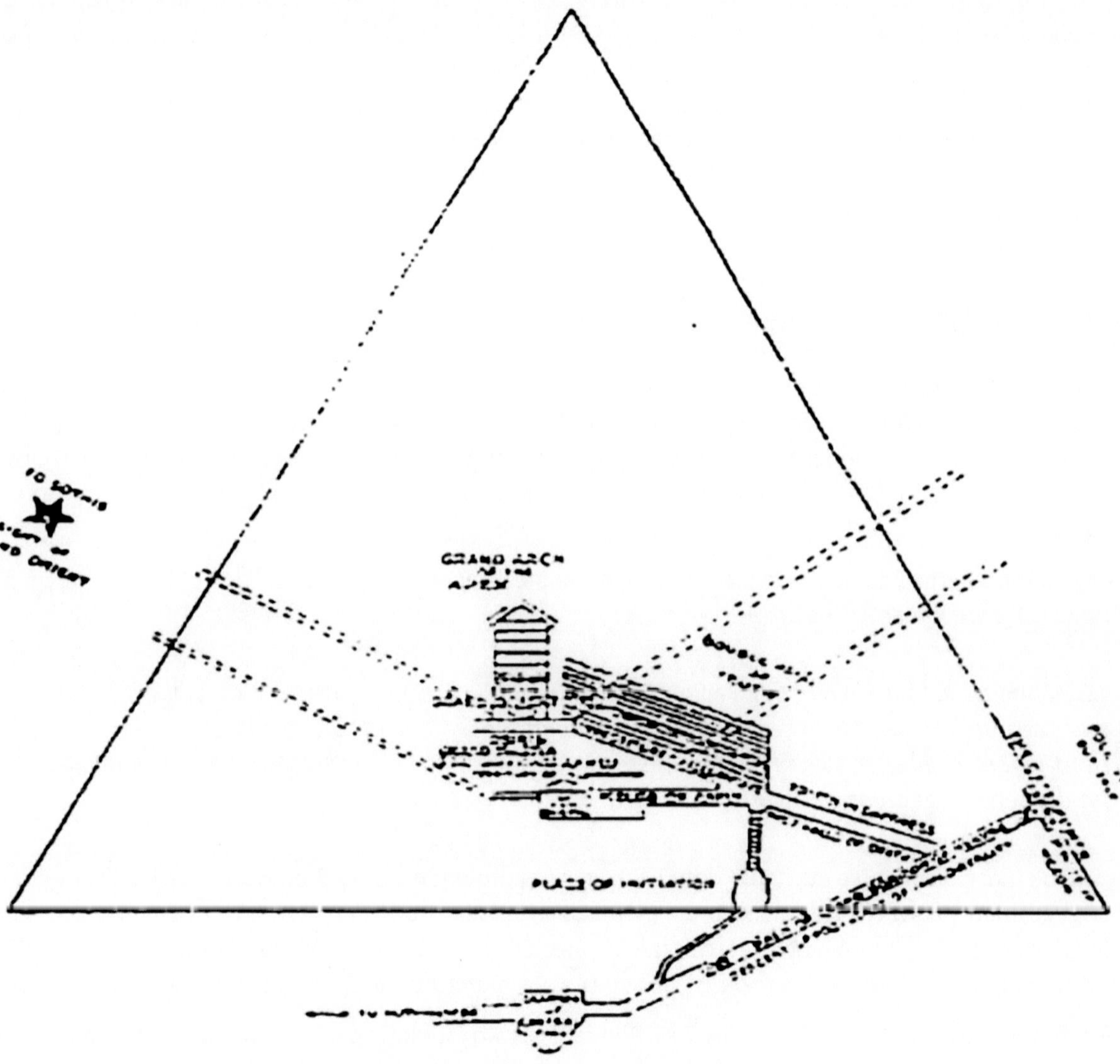

Abb. 56: Das Kammersystem der Cheops-Pyramide von 1898 (Albert Churchward).

Schon frühe Freimaurer[214] hatten sich unter anderem auf ägyptisches Geheimwissen und ägyptische Initiationsriten[215] berufen. Die perfekte Pyramide galt ihnen geradezu als Sinnbild des vollendeten Baumonuments und damit auch des Tempels, zumal sie auch noch Anklang an die christliche Dreieinigkeit fand. Im ausgehenden 18. Jahrhundert galt Ägypten als Inbegriff der mystischen Vergangenheit der Menschheit. In den Freimaurerlogen in Wien wurde intensiv über die Mysterien der Ägypter referiert. Der Freimaurer Ignaz von Born, der von Beruf Geologe war, hatte damit einen Anfang gemacht, als er 1784 unter dem Titel *Über die Mysterien der Egypter* einen Aufsatz im 1784 gegründeten *Journal für Freymaurer* veröffentlichte. Er zeigt darin die Ähnlichkeit der Einweihungsriten der ägyptischen Priester mit denen der Freimaurer auf.[216]

---

214 Der Begriff "freemason" (dt. Freimaurer) ist erstmals für 1396 ist im Zusammenhang mit dem Kathedralenbau im englischen Exeter für besondere Spezialisten belegt; die Wurzeln der Steinmetzbruderschaften reichen dagegen bis in 11. Jahrhundert zurück.

215 Wolfgang Amadeus Mozarts Oper *Die Zauberflöte*, gilt auch als Freimaureroper. Bis kurz vor ihrer Uraufführung im Jahre 1791 hieß die Oper noch *Die Egyptischen Geheimnisse*. Johann Wolfgang Goethe nannte sie *„ein öffentliches Geheimnis"*.

216 So schreibt er darin: *„Wir haben nun in dem ersten und zweyten Abschnitte über Aegypten profane und religiöse Verfassung in den ältesten Zeiten Fakta genug ausgehoben, auf deren Vergleichung sich eine auffallende Aehnlichkeit zwischen den Zeremonien und Gebräuchen, die bey den ägyptischen Mysterien verfielen, und jenen, die bey uns üblich sind, gründet. ... Ganz unauflösbar aber ist bey dem tiefen Stillschweigen der Eingeweihten und der ältern Schriftsteller über alles, was in dem Innern des Tempels behandelt wurde, der mystische Sinn. Schwerlich wird ihn je ein noch so tief und hell sehender Bruder unseres Bundes enträthseln; denn daß unsre sogenannten erleuchteten Brüder uns hierinn nicht zu Hilfe kommen können, ist ausser allem Zweifel ... Es bleibt mir also nichts übrig, als mich an den historischen Sinn zu halten. Dieser ist es eigentlich, den ich, so viel es meine Kräfte erlauben, aus allem dem,*

Vorbilder für ägyptisch verschleierte Freimaurerriten waren Wenzel Müllers Oper *Das Sonnenfest der Brahminen* sowie Johann Gottlieb Naumanns *Osiris*, die schon 1781 in Dresden uraufgeführt worden war. Beachtenswert ist in diesem Zusammenhang auch, dass die freimaurerische Ägyptomanie bereits vor der öffentlichen Ägyptomanie[217], die durch den Napoleon-Feldzug von 1798 bis 1800 ausgelöst worden war, stattfand. Es gab jedoch auch Betrüger, die sich die Geheimhaltung der Freimaurer zunutze machten, um eine eigene Loge, die angeblich auf ägyptischen Mysterien basiert, zu gründen. Der Betrüger Joseph Balsamo[218], der sich gerne Graf Alexander von Cagliostro nannte und von sich behauptete er sei im Besitz des Steins der Weisen und der auch die Zukunft sehen könne, behauptete von sich in der Londoner Freimaurerloge aufgenommen worden zu sein, was aber vermutlich nicht stimmt. Er gründete am 8. Oktober 1779 in Straßburg seine erste Loge vom *ägyptischen Ritus*. Nach einem mehrjährigen Aufenthalt bis 1783 durchzog er Italien, kehrte aber nach Frankreich zurück und errichtete in Lyon mit 12 Mitgliedern der dortigen Loge *La sagesse triomphante* im Oktober 1784 mit großem Pomp eine Mutterloge seiner ägyptischen Maurerei unter dem Namen *Mère-Loge d'adoption de la haute maçonnerie égyptienne*. Das System seiner Maurerei, an dessen Spitze er als Großkophta[219] stand, war Männern und Frauen zugänglich und bestand aus einer Stufenleiter von 90 Graden, die den Meisterinnen, an deren Spitze die Vorsteherin der Loge (*Maitresse Agissante*) stand, nach und nach zuteilwurden.

Eine religiös motivierte Betrachtungsweise der Luftkanäle brachte bereits 1920 der belgische Ägyptologe Jean François Désiré Capart[220] ins Spiel:

> *„Erwähnenswert sind auch zwei wenige Zentimeter große Schächte, die vom Gewölbe ausgehen und sich mit der Außenseite der Pyramide verbinden. Sie werden oft als Luftschächte bezeichnet; es ist wahrscheinlicher, dass sie einen Bestattungszweck hatten, vielleicht um einen Durchgang für die Seele des Königs zu schaffen."* [221]

Später wurde diese Sichtweise auch von dem Leipziger Ägyptologen Georg Steindorff 1929, sowie dem englischen Ägyptologen Iorwerth Eiddon Stephen Edwards in seinem Buch *The Pyramids of Egypt* aus dem Jahr 1947 und dem französischen Ägyptologen Jacques Victor Edmond Raymond Vandier in seinem Buch *Manuel d'archéologie égyptienne Vol. 3: Les grandes époques. L´architecture funéraire* aus dem Jahr 1954 vertreten.

Eine astronomische Deutung der Pyramiden als Pendant zur Konstellation der Orion-Gürtelsterne findet sich bereits 1911 in dem Artikel von Lee H. McCoy *The Riddle of the Pyramid*. Hierzu schreibt er:

> *"The Egyptians deified the constellation Orion as Osiris whom I have stated above they characterized as the central figure in their religion. In this group we see the well-defined outlines of the*

---

was ich über die ägyptischen Mysterien durch mehrere Jahre aufgelesen habe, zusammentrage, und hier vorlege. ... In dieser Zuversicht und im Vertrauen auf meiner Brüder Nachsicht über die Irrthümer, in welche ich verfallen mag, überlasse ich es ihrer Beurtheilung, in wie weit ich meine Vorgänger übertroffen, und ob ich irgendwo etwas an, zuführen unterlassen habe, das zur Vergleichung der ägyptischen Mysterien mit jenen der Maurerey dienen konnte."

217 Das erste Vorkommen des Wortes Ägyptomanie findet sich in einem auf Französisch verfassten Brief vom 20. März 1797 von Frederick Augustus Hervey (1730–1803), Fourth Earl of Bristol and Bishop of Derry an die Gräfin Lichtenau, worin es heißt: » *Chere amie et adorable Comtesse, enfin je trouve le Comte de Cassis, cet homme si interessant pour l'Egyptomanie dont je suis devoré et dont je ne demords pas, et qui, loin de me guerir de mon affection, me la fait prendre pour medecine et non pour maladie.* » Veröffentlicht wurde dieser Brief allerdings erst 1808 unter dem Titel *Apologie der Gräfin Lichtenau gegen die Beschuldigung mehrerer Schriftsteller* in Band 2, Seite 66 im 24. Brief.

218 Joseph Balsamo oder auch Giuseppe Balsamo, (sein Pseudonym war Alessandro Graf von Cagliostro, * 2.6.1743 in Palermo; † 28.8.1795 im Gefängnis zu San-Leone im Kirchenstaat), ist auch der erste Teil der vierbändigen Romanreihe *Memoiren eines Arztes* des französischen Autors Alexandre Dumas, zu der auch *Das Halsband der Königin*, *Ange Pitou* und *Die Gräfin von Charny* gehören, die Dumas, beginnend mit Joseph Balsamo, zwischen 1846 und 1855 in den Feuilletons der Pariser Zeitung *La Presse* veröffentlichte.

219 In der von ihm selbst erfundenen ägyptischen Maurerei war der Großkophta der Wiederhersteller der ägyptischen Freimaurerei, die durch Enoch und Elias gestiftet war.

220 Jean François Désiré Capart (* 21.2.1877 in Brüssel, Belgien; † 26.7.1947 ebenda) gilt als Begründer der belgischen Ägyptologie.

221 Capart 1920, 169. Eigene Übersetzung aus dem Französischen.

pyramid. Although all details are not found therein, yet the resemblance is so close that there can be little doubt as to this group of stars being the source whence the idea of the pyramid with its arrangement originated in the early ages of history. Perhaps due to some slight changes in the general aspect of the grouping since that time we are unable to detect as perfect a figure or arrangement as did the ancients. ... At, or near, the probable time that the Pyramid of Cheops was built, it is a fact that the celestial equator, the plane of the ecliptic, the equinoctial meridian, as well as the Milky Way intersected each other at or near the pyramidal group in Orion, making this point of the sky really a central point or axis of the whole." [222]

In den 1990er Jahren wurde diese Theorie von Bauval in seinem Buch *The Orion Mystery* wieder aufgegriffen.

Morton Edgar, der 1928 mittels Stahlstangen versuchte, die beiden Schächte der Königinnenkammer zu erforschen, gelangte zur Ansicht, dass es sich hierbei genauso um Luftschächte wie bei denen der Königskammer handelte. Immerhin war er der Erste, der die Länge des Südschachts korrekt ermittelt hat. Den Nordschacht konnte er allerdings nur zu gut 80 % mit seinen Stangen erforschen, da diese dann immer wieder abbrachen. Obwohl Edgar an der Außenseite der Pyramide versuchte, die Öffnungen der Königinnenkammerschächte zu finden, ist es ihm nicht gelungen. Trotzdem blieb er bei seiner These, dass es sich um Luftschächte handeln musste. Er nahm an, dass festsitzender Schmutz die Kanäle ab einer bestimmten Stelle blockierte. Da Morton Edgar die Cheops-Pyramide als in Stein gefasste Aufzeichnung der Menschheitsgeschichte verstand, interpretierte er auch die von ihm als Luftschächte bezeichneten Königinnenkammerschächte theologisch. Die offenen Luftkanäle der Königskammer interpretierte er als für das ewige Leben des göttlichen Geists gemacht, während die Luftkanäle der Königinnenkammer für das perfekte menschliche Leben gemacht worden seien, welches nicht ewig währt, aber trotz der zeitweiligen Versiegelung, von Gott für ein ewiges menschliches Leben bestimmt war.

Es gibt zwei sehr unterschiedliche Schulen der Pyramidentheoretiker: eine von Morton Edgar und die andere von David Davidson[223]. Nach Edgar kehrte Christus 1874 auf die Erde zurück – Mortons Geburtsjahr – und seine Herrschaft der Gerechtigkeit wird von 1914 an 1.000 Jahre andauern, während Davidson festhält, dass Christus Wiederkehr erst 1936 stattfinden wird.

Ahmed Fakhry erwähnt 1961 die Schächte der Königinnenkammer in seinem Buch *The Pyramids* wie folgt:

"They are usually referred to as 'air-channels', but most Egyptologists believe that they had a religious significance related to the soul of the king." [224]

Badawy[225] und Trimble[226] stellten 1964 die Theorie auf, dass die Luftkanäle der Cheops-Pyramide eine astronomische Bedeutung hätten und auf bestimmte Sterne am Himmel zeigten. Dies wäre z. B. für den Südschacht der Königskammer der Stern Alnilam (*ε Orionis*), der mittlere Gürtelstern des Sternbildes Orion und für den Nordschacht der damalige Himmelsnordpol, Thuban (*α Draconis*), gewesen. Das Sternbild Orion, der

---

222 McCoy 1911, 129-130 u. 133.

223 David Davidson (* 1884 in Glasgow, Schottland; † April 1956 in Hammersmith, London, England) war schottischer Ingenieur. Anfangs war er Agnostiker und der Bibel gegenüber sehr skeptisch eingestellt. Er wollte beweisen, dass die Theorie von Piazzi Smyth, nach der die biblischen Prophezeiungen im Gangsystem der Cheops-Pyramide versteckt sind, widerlegen. Er studierte 25 Jahre die Pyramide, um in dieser Zeit doch zum Pyramidologen zu werden. Da Flinders Petrie Smyth Theorien widerlegt hatte mittels präziser Messungen, glaubte Davidson eine vereinigende Wahrheit zwischen Smyth und Petrie gefunden zu haben. Diese veröffentlichte er dann in seinem Buch *The Great Pyramid: Its Divine Message* welches 1924 erschien. An diesem Buch arbeitete er von 1910 bis 1918 zusammen mit dem britischen Mediziner Dr. Herbert Aldersmith (* 1847 in London, England; † 24.3.1918 in Horsham, West Sussex, England). Durch ihn bekehrte Davidson sich zum Christentum und Anhänger des Anglo-Israelismus, eine vorwiegend in den USA verbreitete theologische Sonderlehre, nach der die Briten und andere nordeuropäische Völker von den zehn verlorenen Stämmen Israels abstammen.

224 Fakhry 1961, 118.

225 Badawy 1964, 189-206.

226 Trimble 1964, 183-187.

Himmelsjäger, wurde mit dem altägyptischen Sternbild *Sah*[227] gleichgesetzt, zu welchem die Seele des verstorbenen Königs nach seinem Tod aufsteigen soll, ebenso wie zu den Zirkumpolarsternen (den Ewigen bzw. Unermüdlichen, da sie nicht untergehen). Zum Alter der Cheops-Pyramide schlossen die Autoren aufgrund der Kulmination obiger Sterne, dass sie 2800 v. Chr. erbaut worden sein müsste.

1983 bemerkte Bauval bei einem Aufenthalt in der arabischen Wüste die Ähnlichkeit der Anordnung der Orion-Gürtelsterne und der Anordnung der drei großen Pyramiden auf dem Gizeh-Plateau. Diese Beobachtung wurde zur zentralen Idee seiner *Orion Correlation Theory* (OCT), in der er behauptet, dass die Ägypter der 4. Dynastie durch die Anordnung der Pyramiden einen symbolischen Verweis auf die Gürtelsterne des Orions erschaffen haben. Auf Empfehlung von I.E.S. Edwards erschien diese These zum ersten Mal im ägyptologischen Journal *Discussions in Egyptology Vol. 13* 1989 in dem Artikel *A Master Plan for the Three Pyramids of Giza Based on the Configuration of the Three Stars of the Belt of Orion*.

1986 erkannte Bauval, dass der südliche Königinnenkammerschacht auf den Stern Sirius zeigt. In seinem 1990 erschienen Artikel *The seeding of the Star Gods: a Fertility Rite Inside Cheop's Pyramid?* in *Discussions in Egyptology Vol. 16* veröffentlichte er diese These.

1993 drückt Bauval seine Überzeugung, dass die Schächte astronomische Bedeutung hätten, wie folgt aus:

> *"If one agrees with the consensus - as I emphatically do - that the shafts are 'astronomical' and have a cultic functions, then the conclusion is inevitable. In my opinion, the age of the Great Pyramid must be re-dated to 2475 - 2425 BC thus c. 2450 BC."* [228]

Dass die Schächte zu geheimen Kammern führen könnten, drückt Bauval auch in seinem 2014 erschienen Buch *Secret chamber revisited: the quest for the lost knowledge of ancient Egypt* wie folgt aus:

> *"Inside the Great Pyramid of Giza, wrapped in some unearthly darkness and standing in hallowed stillness, could be a secret chamber or chambers, waiting, at any minute now to be opened after at least four if not many more millennia.*
> *This chamber could be the supreme archaeological prize, the jackpot of Egyptology that may by far surpass the discovery of Tutankh-amun's intact tomb in 1922. ...*
> *The location and possible entrances to such secret chambers in the Great Pyramid and under the Great Sphinx have been known since early 1993. Yet, as amazingly frustrating as it sounds, all attempts to confirm the existence of these possible secret chambers have been forcefully prevented by Zahi Hawass. ...*
> *Since both the judicial system and the profession of Egyptology as a whole chose to either remain silent or brush the truth under the carpet, I now feel it is my duty and responsibility, perhaps even my mission, to expose the full story to the public with objectivity, without bias, and, above all, with evidence to support my claims."* [229]

Angeblich seien geheime Kammern bereits 1993 gefunden worden und Zahi Hawass, der damalige Leiter des SCA (*Supreme Council of Antiquities*), habe verhindert, dass die Öffentlichkeit davon erfahre. Bauval sieht es nun als seine Pflicht bzw. Mission an, der Öffentlichkeit die Wahrheit über die verborgenen Kammern zu offenbaren.

227 Anmerkung zum Sternbild Sah in Leitz 1995, 64 Fußnote 19: *„Eine vollständige Übereinstimmung mit dem modernen Sternbild Orion ist jedoch eher unwahrscheinlich. Da das ägyptische Sternbild s3h in allen Listen drei bis vier Dekane umfaßt, muß es größer sein als das astronomische Sternbild Orion; auf Grund seiner relativen Lage zu Sirius reichte es wahrscheinlich bis in das Sternbild Stier (Taurus) hinein."*

228 Bauval 1993, 5-6.

229 Bauval 2014, 11-13.

Inspiriert wurde Bauval womöglich von dem Historiker al-Maqrīzī[230] und seinem Werk *Khitat*, in welchem er ein Werk des Lehrers Ibrahim Ben Wasif Sah al-Katib zitiert *Nachrichten von Ägypten und seinen Wundern*:

> *„In der östlichen Pyramide [Anm.: Cheops-Pyramide] ließ er die verschiedenen Himmelsgewölbe und die Planeten darstellen, sowie an Bildern anfertigen, was seine Vorfahren hatten schaffen lassen; dazu kam Weihrauch, den man den Sternen opferte, und Bücher über diese. Auch findet man dort die Fixsterne und das, was sich in ihren Perioden von Zeit zu Zeit begibt, und die im Hinblick auf sie eingeführten Epochen dargestellt, sowie die Ereignisse der Vergangenheit, die Zeiten, zu denen man die zukünftigen Geschehnisse erwartet, und alle Herrscher Ägyptens bis ans Ende der Zeiten. Außerdem ließ er dort Gefäße aufstellen, in denen sich Arzneitränke und ähnliches derart befand."* [231]

Lepre[232] stellt eine Theorie auf, in der die kleinen Schächte in der Königinnenkammer deshalb nicht bis ins Innere durchgeführt wurden, um sie im Falle der Nicht-Fertigstellung der Pyramide bei Bedarf öffnen zu können, damit sie dann als Grabkammer und nicht wie jetzt als *Ka*[233]-Kammer fungiert. Als Beleg dafür wertet er auch, dass sich die Blockiersteine in Höhe des Dachs der Königskammer befinden. Nach Fertigstellung der Königskammer benötigte man die Königinnenkammer als mögliche Grabkammer nicht mehr und darum konnten die kleinen Schächte auch auf dieser Höhe enden. Diese Theorie erklärt allerdings nicht, warum man explizit mit Kupferbeschlägen versehene Blockiersteine benutzt hat und sich danach ein Hohlraum befindet.

Der Archäotechniker Rudolf Gantenbrink hatte die Idee, dass sich hinter den Blockiersteinen der Schächte der Königinnenkammer – er vermutete von Anfang an, dass es mehr als ein Blockierstein gibt – eine geheime Kammer befinden könnte, die die Mumie der Königin Hetepheres I. – der Mutter von Cheops – beherbergt. Die Mumie Hetepheres wurde nämlich nie gefunden, obwohl 1925 der amerikanische Ägyptologe George Andrew Reisner das versiegelte Grab Hetepheres I. gefunden hatte, welches einen großen Alabaster-Sarkophag und Kanopenkrüge mit den Eingeweiden enthielt. Der Sarkophag war allerdings leer gewesen und aufgrund der Beschädigung von gefundenen Gegenständen im Grab ging man davon aus, dass die Beerdigung gestört wurde oder in Eile stattfand. Reisners These, dass sich hinter den Blockiersteinen eine geheime Kammer befindet, basiert auf architektonischen Befunden. Ein Indiz hierfür ist die Stufe von ca. 4 cm auf den letzten Metern des Südschachts der Königinnenkammer, die seiner Meinung nach durch den Druck einer zusätzlichen Kammer hervorgerufen wurde. Denn gerade der oberste Teil des Schachtes ist von den Erbauern am sorgfältigsten bearbeitet worden, und lässt nicht auf eine schlampige Ausführung schließen, die zu dem Versatz von 4 cm führen könnte.

Die Ägyptologen Rainer Stadelmann[234], I.E.S. Edwards[235] sowie Mark Lehner[236] halten die Königinnenkammerschächte für sogenannte *Ba*-Schächte, d. h. für den Aufstieg der Seele (*Ba*) des Königs in den Himmel.

[230] Aḥmad Ibn ʿalī Al-Maqrīzī (* 1364 in Kairo, Ägypten; † 8.2.1442 ebenda) war ein herausragender arabischer Historiker und Schriftsteller, von dem etwa 200 Werke bekannt sind. Sein Hauptwerk *Khitat* ist eine Geschichte und Beschreibung von Kairo, aber auch Ägyptens, die mit der pharaonischen Zeit beginnt und mit seiner Zeit endet. Darin ist auch ein Kapitel enthalten, welches die Pyramiden von Gizeh beschreibt. Als Quelle zog er viele ältere Werke heran, die selbst verloren gegangen sind.

[231] Maqrīzī 2003, 18-19.

[232] Lepre 1990, 112.

[233] Der *Ka* ist in der altägyptischen Mythologie ein Aspekt des Seelischen, der den physischen Tod des Menschen überdauert. Er verlässt den Körper des Sterbenden und existiert dann eigenständig weiter. Der *Ka* geht im Gegensatz zum *Ba* keine Verbindung mit dem Leib des Leichnams ein, sondern tritt als *„Ego des Lebenden nach seinem Tod"* heraus, um als Wesensseele, Schutzgeist und Doppelgänger (häufig in Gestalt eines Tieres als Alter Ego) des Toten zu wirken. In der Ägyptologie war die Rolle des *Ka* lange Zeit unklar. In älteren Publikationen sind daher abweichende Deutungen anzutreffen. Die scheinbaren Widersprüche fußen auf dem mehrfachen Wandel des *Ka*-Begriffs in der ägyptischen Mythologie. Veränderte Weltbilder der Ägypter bewirkten daher auch eine wechselnde Mythologie des *Ka*. Es kann daher keine einheitliche Definition des *Ka*-Begriffs vorgenommen werden, da der *Ka* immer in Bezug zur jeweiligen Epoche gesehen werden muss.

[234] Stadelmann 1990, 137.

[235] Edwards 1981, 55-57.

[236] M. E. Lehner 1997, 112 u. 114.

Stadelmann[237] bezeichnet sie denn auch als Modellkorridore und die Königinnenkammer als Statuenkammer oder *Serdab* wegen der 4,70 m hohen Nische, in der vermutet wird, dass dort einst eine *Ka*-Statue von Cheops stand.

Lehner bezeichnet in seinem 1997 erschienen Buch *Geheimnis der Pyramiden* die beiden südlichen Schächte als *„'Luftschächte' zeigen auf den Orion"*, und die beiden nördlichen Schächte: *„'Luftschächte' auf die Polarsterne orientiert"*.[238] Das Wort Luftschächte setzt er in Anführungszeichen, da er gleich darauf erwähnt:

> *„Auch den ‚Luftschächten', die nichts mit Luftzufuhr zu tun hatten, sollte man eine Symbolfunktion zuerkennen. Keine andere Pyramide weist so hoch im Mauerwerk Kammern oder Passagen auf wie die des Cheops; die Erbauer versahen daher die Königskammer mit kleinen Modellgängen, damit sein Geist zu den Sternen aufsteigen konnte."* [239]

Dass die Königinnenkammer, aufgrund ihrer ursprünglichen Versiegelung, ein *Serdab* für den Geist (*Ka*) des Königs war, während die Königskammer mit dem Sarkophag und den geöffneten Kanälen für die Seele (*Ba*) war, beschreibt Lehner in einem Interview mit *The Sunday Telegraph* so:

> *"The open shafts in the larger chamber [the Kings's Chamber] allow the Ba [the king's soul] to come and go from the mummified body. But the same [in the Queens's Chamber] represents a substitute body, a repository for the Ka force, and the blocked shaft symbolically stops the Ka from leaving."* [240]

Lehner erweitert die ursprüngliche Theorie, dass alle sogenannten Luftkanäle Seelenschächte gewesen sind, in dem er zwischen Seelen- und Geist-Schächten differenziert. Die Theorie hört sich erst einmal gut an, beantwortet aber nicht die Frage, warum die Nische in der Ostwand der Königinnenkammer eine *Ka*-Statue beherbergt haben soll, die dann nämlich nach Westen, also ins Reich des Todes, geschaut haben müsste und nicht, wie z. B. bei Djosers Pyramide nach Norden, zu den ewigen (unzerstörbaren) Sternen um den Himmelsnordpol.

Der Ägyptologe Miroslav Verner schließt sich der astronomischen Deutung der Schächte an. Er schreibt in seinem Pyramidenbuch hierzu:

> *„Die Tatsache, daß die Schächte « astronomisch ausgerichtet » sind, entspricht der Logik des Baus und auch dem Denken seiner Erbauer. Der vorherrschenden Luftströmung von Norden her waren sich die alten Ägypter sehr wohl bewußt, und sie nutzten sie gewöhnlich auch bei der Nilschiffahrt. Die Ausrichtung der Schächte an einem bestimmten Stern am Nord- und Südhimmel war also nichts Außergewöhnliches, sondern von äußerst praktischer Natur. Zudem spielten diese Sterne auch in den damaligen religiösen und Begräbnisvorstellungen eine bedeutende Rolle. Aus den gleichen Gründen wurden auch die Schächte in der Königkammer eingeplant. Daß es sie nur in der Großen Pyramide gibt, ist ein weiteres Argument für die «Belüftungsthese». In anderen Pyramiden liegt die Grabkammer nämlich nicht über dem Eingangsniveau!"* [241]

Wie Bauval selbst in seinem Buch *Secret chamber revisited: the quest for the lost knowledge of ancient Egypt* schreibt, hängt auch er den Zahlenmystikern der Großen Pyramide an und eventuell auch den Freimaurern, da er von einer Art Initiation spricht, die man benötigt, um die Geheimnisse zu verstehen:

> *"But I must also confess that the more I pondered on how to structure this book, the more I became convinced that there was something else, something so subtle, so subliminal that it*

237 Stadelmann 1997, 279-284.
238 M. E. Lehner 1997, 112-113.
239 M. E. Lehner 1997, 114.
240 Murphy 2002, 4.
241 Verner und Liedtke 1998, 231.

> *defies any form of rational explanation, yet is undeniably there. Something, of which I am convinced although I do not know yet how exactly to expose it, that is of immense relevance to us humans on this planet. Something to do with numbers, ratios, and with strange mathematical constants and astronomical coordinates. In short, something expressed not in ancient signs and symbols, that is, those hieroglyphs seen elsewhere in ancient Egyptian monuments, but rather in what can only be called, for lack of better words, a "universal language." To understand this, to "see" it, to fathom its meaning, will require a type of intellectual archaeology, a sort of initiation if you will, that I also propose to process you through. A gigantic historical puzzle needs to be pieced together, and I have set myself the daunting task to do this."* [242]

Abschließend sei hier noch eine etwas unkonventionelle Theorie über die Königinnenkammer und deren Schächte vorgestellt, die sich von allen anderen bisher betrachteten Theorien deutlich unterscheidet. Christopher Dunn[243] benennt sie denn auch die *Giza Power Plant*-Theorie, die er in seinem 1998 erschienen Buch *THE GIZA POWER PLANT* vorstellt.

Der Kerngedanke seiner Theorie, dass die Cheops-Pyramide einmal eine Maschine war, kam ihm, als er sich mit der Cheops-Pyramide beschäftigte[244] und die enorme Präzision der Bearbeitung der Blöcke und inneren Strukturen studierte. Was die erstaunliche handwerkliche Präzision betrifft, dachte er dabei an eine moderne Schweizer Uhr. Ihm fiel z. B. auf, dass in alten Berichten über die Königinnenkammer immer wieder von *„schlechten Gerüchen"* die Rede war, die Besucher und Forscher davon abhielten, längere Zeit dort zu verweilen. Dazu kamen Berichte von Salzablagerungen in der Königinnenkammer. Diese waren mit gut 1 cm so dick, dass Flinders Petrie sie sogar in seine Messungen miteinbezog. Salzablagerungen wurden zudem auch im horizontalen Zugang zur Königinnenkammer, wie auch im unteren Bereich der Großen Galerie gefunden. Dunn fragte sich, wie das Salz hier wohl in dieser Menge hingekommen sein konnte. So kam ihm die Idee – im Rahmen seiner übergeordneten Idee der Pyramide als Maschine – dass die Salzablagerungen aufgrund chemischer Prozesse entstanden sind. So glaubt er, dass über einen der Kanäle der Königinnenkammerschächte eine Salzsäurelösung und über den anderen, hydriertes Zinkchlorid in die Kammer geleitet werden konnte. In der Nische vermutet er dann eine Art Kühl- oder Verdunstungsturm. Dunn deutet sogar den ursprünglichen Riss in der Wand, der zur Entdeckung der Schächte in der Königinnenkammer führte, so, dass er vermutlich zum ursprünglichen Design der Pyramide gehörte und über ihn chemische Flüssigkeiten kontrolliert in die Kammer gelangen konnten. Die Kupferbeschläge des südlichen Blockiersteins sieht er als Elektroden an. Das von Waynman Dixon in den Schächten gefundene Holzstück, zusammen mit dem Kupferhaken, dient seiner Meinung nach in Kombination mit den Elektroden (Metallstiften) als Signalgeber für mehr Chemikalien und die Steinkugel zur Verhinderung von Erosion des ursprünglich beibehaltenen Steinrests, der den Kanal verschloss.

Letzteres erschließt sich mir allerdings nicht, ebenso wenig die Sache mit dem Kupferhaken samt Holzgriff, der angeblich auf der Flüssigkeit im Schacht schwimmen sollte, wie er es in einem Beitext zu einer Abbildung des Hakens samt Holzgriff beschreibt. Meines Erachtens ist der Metallhaken viel zu schwer, als dass er zusammen mit einem Holzstück auf der Flüssigkeitsoberfläche schwimmen könnte. Für mich bleibt es ebenfalls rätselhaft, wie die Chemikalien in den versiegelten Schächten in die Königinnenkammer gelangen konnten, im Falle eines regulären Betriebs seiner Maschine.

Im Folgenden seien einige Zitate aus Kapitel 11 – *A HYDROGEN GENERATOR* – seines Buchs *THE GIZA POWER PLANT* gegeben, die seine Theorie näher beschreiben:

> *"One of the greatest mysteries of this chamber has been the salt encrustation on the walls. It was up to one-half-inch thick in places, and Petrie took it into account when he made*

---

242 Bauval, Secret chamber revisited 2014, 13.

243 Christopher Dunn hat einen umfangreichen Hintergrund als Handwerker und begann seine Karriere als Lehrling in seiner Heimatstadt Manchester, England, wo er 1946 geboren wurde. Von einem Unternehmen aus der Luftfahrtindustrie rekrutiert, wanderte er dann 1969 in die Vereinigten Staaten aus. In den letzten fast 50 Jahren hat Dunn auf jeder Ebene der Hightech-Fertigung gearbeitet, wie Maschinenschlosser, Werkzeugmacher, Programmierer und Betreiber von Hochleistungs-Industrielasern. Er war auch als Projektingenieur und *Laser Operations Manager* tätig.

244 1977 las er Tompkins 1978, was ihn dazu veranlasste die Pyramide als gigantische Maschine zu sehen.

measurements of the chamber. The salt also was found along the Horizontal Passage and in the lower portion of the Grand Gallery. How did salt come to build up on the walls? ...
The power plant theory explains why fluid may have been introduced into the pyramid and how it produced the salt encrustations on the walls. Nearly all of the facts that have so mystified Egyptologists fit logically together if the Queen's Chamber was once used to create hydrogen to fuel this power plant.
Salt is a natural by-product of the reaction designed to produce hydrogen. It would form when the hot, hydrogen-bearing gas reacted with the calcium in the pyramid's limestone walls. If the half-inch of salt on the Queen's Chamber walls were the result of repeated inundations — not of water — of chemicals, those used to create the fuel that powered the plant, it is unlikely that any of this chemical fluid would find its way into the bottom part of the Grand Gallery. The orientation of the passage leading from the Queen's Chamber would take the chemicals down into the Well Shaft and into the Subterranean Pit. Because the greatest concentration of heat would be inside the Queen's Chamber, with a gradual cooling off as the gas made its way into the Grand Gallery, the buildup of salt would diminish along with the heat. This process would account for the presence of salt in the Queen's Chamber and other parts of the pyramid and also for its uneven distribution in these areas. ...
In 1978, Dr. Patrick Flanagan asked the Arizona Bureau of Geology and Mineral Technology to analyze a sample of this salt. They found it to be a mixture of calcium carbonate (limestone), sodium chloride (halite or salt), and calcium sulfate (gypsum, also known as plaster of Paris). These are precisely the minerals that would be produced by the reaction of hot, hydrogen-bearing gas with the limestone walls and ceiling of the Queen's Chamber.
... the niche in the wall of the chamber could have been used to house a cooling or evaporation tower. ...
Additional evidence to support the theory that chemicals were flowing down these shafts came in 1993, when Rudolf Gantenbrink guided his robot Upuaut II up the Southern Shaft and discovered the so-called "door" with its copper fittings. ... The walls and floor of the channel were extremely rough, and the erosion of the walls appeared to have horizontal striations. There also were signs of what appeared to be gypsum leaching from the limestone walls. ... my theorized function of the Queen's Chamber within the Giza power plant was strengthened.
I have proposed that the Queen's Chamber was designed to allow the necessary chemical elements into the chamber at a metered rate. However, considering that the limestone masonry blocks inside the Queen's Chamber had perfectly fitted joints, we could reasonably ask if the crack in the wall was really an anomaly or if, instead, it was part of the original design. In the context of my theory, and if so designed, this "left" with the crack in it could have served to meter the chemicals into the chamber. ...
To deliver an accurate measure of hydrochloric acid solution to the reaction chamber, a certain head pressure would need to be maintained. The head pressure is determined by the volume of fluid in the channel, that is, the weight of the column of chemical. The copper fittings would have served as a switch to signal the need for more chemicals. Floating on the surface of the fluid would have been another part of this switch—the cedarlike wood joined together with the bronze grapnel hook. This assembly would rise and fall with the fluid in the channel. With the channel full, the bronze prongs would have made contact with the electrodes, creating a circuit, and as the fluid in the channel dropped, the prongs would move away from the electrodes, thereby breaking the contact and acting as a switch to signal the pumping of more chemical solution into the channel until the bronze hook again made contact with the electrodes." [245]

Zu den Luftschächten in der Königskammer hat Dunn in seinem eben zitierten Buch auch eine sehr unkonventionelle Theorie. In seinem Kapitel 10 - *AN AMAZING MASER* – sieht er sie als "*microwave signal input*" und "*microwave power output*" an, wobei ihm die Vorkammer der Königskammer als akustischer Filter dient und die Königskammer als resonante Quarzit-Kammer.

---

[245] Dunn 1998, 192-202. Siehe auch auf seiner Webseite: http://www.gizapower.com.

9 Astronom. Aspekte beim Bau der Cheops-Pyramide

Was das Alter der Cheops-Pyramide betrifft, so hat es in der Vergangenheit schon viele Spekulationen und Theorien darüber gegeben, wobei auch astronomisch orientierte darunter waren. John Greaves schrieb in seinem 1646 veröffentlichten Werk *Pyramidiographia*, dass die Erbauer der Großen Pyramide diese nicht nur als Grab für den verstorbenen König benutzt haben, sondern auch für astronomische Beobachtungen. Er beruft sich dabei auf Proclus, indem er folgende Passage von ihm sehr weitläufig interpretiert:

> *"That is just what Solon is doing here. Using the more ancient things known to the Greeks as an inducement to the priests, he seduces them, as it were, into discussion of antiquity as they knew it. This was a subject the Egyptians have an outstanding grasp of, since they observe the heaven unhindered on account of the purity of the air, and they preserve things of old in their memory on account of their being destroyed neither by flood nor by fire."* [246]

Greaves schreibt in seinem Buch dazu:

> *"[The Great Pyramid] ends not in a point, as mathematical pyramids do, but in a little flat or square. Pliny makes the breadth at the top to be twenty five feet. [...] By my measure it is thirteen feet, and 280 of 1000 parts of the English foot. Upon this flat, if we assent to the opinion of (a) Proclus, it may be supposed that the Aegyptian Priests made their observations in Astronomy; and that from hence, or near this place they discovered, by the rising of Sirius, their annus sothicos, or canicularis, as also their periodus Sothiaca [...] That the priests might near these Pyramids make their observations, I no way question [...] But that these pyramids were designed for observatories [...] is no way to be credited upon the single authority of Proclus."* [247]

Bei dem vorchristlichen Geschichtsschreiber Diodor lesen wir zur Sternkunde der alten Ägypter:

> *„Denn, wenn je unter einem Volk die Stellungen und Bewegungen der Gestirne genau beobachtet worden sind, so ist es bei den Ägyptern geschehen. Sie haben noch Verzeichnisse aller einzelnen Beobachtungen seit einer unglaublich langen Reihe von Jahren, weil man bei ihnen von allen Zeiten her großen Fleiß darauf gewendet hat. Die Bewegungen und Umlaufszeiten und Stillstandspunkte der Planeten, auch den Einfluss eines jeden auf die Entstehung lebendiger Wesen und alle ihre heilsamen oder schädlichen Wirkungen haben sie sehr sorgfältig bemerkt. ... Den ägyptischen Priestern, sagt man, verdanken auch die Chaldäer in Babylon ihre gerühmten Kenntnisse in der Astrologie; denn aus Ägypten seien sie dahin gewandert."* [248]

Mit Beginn der Napoleonischen Ägyptenexpedition brach ein neues Zeitalter der wissenschaftlichen Untersuchungen ägyptischer Altertümer ein, darunter natürlich auch der Pyramiden von Gizeh. Anfang des 19. Jahrhunderts gab es eine Vielzahl von Abenteurern und wissenschaftlich interessierten Leuten, darunter auch Giovanni Battista Caviglia.[249] Er erforschte die Gizeh-Pyramiden von 1816 bis 1819. In einem Bericht aus einer vierteljährlich erscheinenden Zeitung *The Quarterly Review*, die 1809 gegründet wurde, finden wir in der Juli-Ausgabe des Jahres 1818 folgenden Bericht:

---

[246] Proclus und Tarrant 2007, 194.

[247] Greaves 1646, 72-73.

[248] Diodoros, Klawes Günther und Wurm 2014, 97 = Buch 1, 81.

[249] Giovanni Battista Caviglia (* 1770 in Genua, Italien; † 1845 in Paris, Frankreich) war ein italienischer Kapitän und Ägyptologe. Er bereiste intensiv den gesamten Mittelmeerraum und wurde durch seine Expeditionen in Ägypten bekannt, bei denen er einige bekannte Artefakte entdeckte. Howard Vyse engagierte ihn zu Beginn seiner Ausgrabungen bei den Gizeh-Pyramiden, überwarf sich jedoch mit ihm und entließ ihn. Caviglia war ein sehr religiöser Mensch, der aber auch der Magie und Zauberei anhing. Siehe hierzu: Crawford 1838, 82-87.

"It is therefore quite consistent to suppose, that the priests, in the construction of these stupendous monuments, would avail themselves of the means thus offered of connecting their sacred duties with their favourite study, and of combining religion with astronomy. [...] But we are inclined to think that the pyramids were made subservient to a more immediate and important use in the science of astronomy — to correct their measurement of time. This point of astronomical utility might, we conceive, have been in contemplation when the main passages leading from the northern faces were constructed. These adits, as we have observed, are invariably inclined downwards, in an angle of about 27°, more or less, with the horizon, which gives a line of direction not far removed from that point in the heavens, where the north polar-star now crosses the meridian below the pole. The observation of the passage of this or some other star across this part of the meridian would give them an accurate measure of siderial time; a point of the first importance in an age when no other instruments than rude solar gnomons, or something still more imperfect, were in use. Indeed, we know not of any method that could more effectually be adopted for observing the transit of a star with the naked eye, than that of watching its passage across the mouth of this lengthened tube; and some one or more of these luminaries, when on the meridian below the pole, must have been seen in the direction of the angular adits.
We were led to this suggestion from an incidental remark of Caviglia, in a short memorandum of his measurements: — 'one ceases (he says) to see the pole-star at the spot where the main passage ceases to continue in the same inclination, and where one begins to mount.'
From this expression, we should be inclined to think that he had actually seen the pole-star when at the bottom of the main passage; and if so, we have not yet got the true measure of the angle which these passages form with the horizon. This would be very desirable, as it might lead to most important results; especially if it should be found that the difference in the angles of the adits of the pyramids of Gizeh, Saccara, and Dashour corresponded with the difference of the latitudes of those places; for we might then be almost certain that they were intended to observe the passage over the, meridian of some particular star, whose altitude, when below the pole, was equal to the angle of the adit. If this suggestion should be well founded, it would not be difficult, by calculation, to determine which of the stars (in Ursa Major most probably) might be seen to pass across the mouth of the shafts about the supposed time of building the pyramids, and thereby fix with more precision the period at which these stupendous edifices were erected." [250]

Die Informationen dieses Berichts gehen auf Nathaniel Davison zurück, der 1764 die erste Entlastungskammer in der Cheops-Pyramide entdeckt hat, die seit dem seinen Namen trägt. Durch die Öffnung der Chephren-Pyramide am 2. März 1818 durch Giovanni Battista Belzoni zeigte sich, dass die ab- und aufsteigenden Gänge in den Pyramiden immer einen Winkel zwischen 26 und 27° hatten. Da dies vermeintlich kein Zufall sein konnte, suchte man nach einer passenden Erklärung. Somit ist dies vermutlich die Geburtsstunde der astronomischen Deutung der Schächte der Gizeh-Pyramiden.

Robert Bauval entwarf in seinem 1994 erschienen Buch *The Orion Mystery*, welches nach seinen eigenen Angaben auf Entdeckungen aus dem Jahr 1983 zurückgeht, die Theorie, dass die Neigungswinkel der Luftschächte der Königskammer und Königinnenkammer mit bestimmten Sternen am Himmel korrespondieren, darunter natürlich auch ein Stern aus dem Orion-Sternbild. Seine Schlussfolgerung, sei im Folgenden zitiert:

"Shaft	***Gantenbrink***	***Petrie***
King's Chamber southern shaft:	*45° 00' 00'*	*44° 30' 00'*
King's Chamber northern shaft:	*32° 28' 00'*	*31° 00' 00'*
Queen's Chamber southern shaft:	*39° 30' 00'*	*38° 28' 00'*

[250] Anonymous, Observations relating to some of the Antiquities of Egypt, from the Papers of the late Mr. Davison. 1818.

I realised immediately that because all slopes were slightly steeper than previously assumed, the age of the Great Pyramid would prove slightly younger, and I quickly did the calculations. The south and north shafts of the King's Chamber were targeted to Al Nitak (Zeta Orionis) and Alpha Draconis respectively; the south shaft of the Queen's Chamber to Sirius. The dates I got were:

Shaft	***Gantenbrink***	***Epoch***	***Petrie***	***Epoch***
KC south	*45° 00' 00"*	*c.2475 BC*	*44° 30' 00'*	*c.2600 BC*
KC north	*32" 28' 00"*	*c.2425 BC*	*31° 00' 00"*	*c.2600 BC*
QC south	*39" 30' 00"*	*c.2400 BC*	*38° 28' 00"*	*c.2750 BC*

The conclusion was inevitable. The Great Pyramid was built somewhere between 2475 BC and 2400 BC, thus an average epoch of c. 2450 BC. This was news." [251]

Mit dieser als *The Orion Correlation Theory* bezeichneten Theorie fand Bauval in dem ehemaligen Kurator für die Antiquitätenabteilung im Britischen Museum (von 1947 bis 1974) I.E.S. Edwards einen Unterstützer, ebenso wie in Dr. Giulio Magli, einem Professor für angewandte Mathematik in Mailand und Jean Kerisel, einem Honorarprofessor an der *École Nationale des Ponts et Chaussées* in Paris. Diese Herren führt Bauval dann auch in seinem 2006 erschienen Buch *The Egypt Code* zu seiner Orion-Theorie entsprechend an. Ägyptologen sind diesbezüglich zurückhaltender.

In dem 1996 erschienen Buch *The Message of the Sphinx* schließt sich Robert Bauval dann Graham Hancock an, der die Theorie vertritt, dass die drei Pyramiden von Gizeh bereits vor 12.500 Jahren gebaut worden sein sollen. Indiz sei die Position des Sternbildes Orion am Himmel, die bezüglich der Erdpräzession das Sternbild unterschiedlich hoch am Himmel erscheinen lässt. Vor 12.500 Jahren hatte das Sternbild seine tiefste Position am Himmel gehabt, während es in unserer heutigen Zeit fast die höchste Position innehat. Dieser Umstand erschien Bauval und Hancock als wesentliche Grundlage für den Bau der Pyramiden. In ihrem gemeinsamen Buch behaupten sie:

"The perfect match of sky-ground images is achieved in 10,500 BC when the pattern of the Milky Way and of the three stars of Orion's belt at meridian transit is precisely matched by the course of the Nile and the pattern of the three great Pyramids on the ground. ...
There is a feature of this 10,500 BC correlation which suggests strongly that coincidence is not involved. The pattern that is frozen into monumental architecture in the form of the Pyramids marks a very significant moment in the 25,920-year precessional cycle of the three stars of Orion's belt—one that is unlikely to have been randomly selected by the Pyramid builders. ...
In 1974 Lehner published a book, The Egyptian Heritage, which is copyrighted to the Edgar Cayce Foundation and which bears the subtitle 'Based on the Edgar Cayce Readings'. Its prime objective is to substantiate Cayce's statements about the supposed 'Atlantean connection' in the prehistory of Egypt and the 'Hall of Records' established at Giza in 10,500 BC" [252]

---

[251] Bauval und Gilbert 1994, 172.

[252] Hancock und Bauval 1996, 76-77, 90. Hier der entsprechende Auszug von Edgar Cayce in seinem in seinem Wohnhaus am 30.6.1932 durchgeführten *"Reading 5748/5"*: *„In der Information was die Pyramiden anbelangt, und deren Zweck in der Erfahrung der Völker, in dem Zeitraum, als dort der Wiederaufbau des Priesters [Ra Ta] während der Rückkehr [aus den neun Jahren im Exil] in das Land war, gab es etwa 10500 vor der Ankunft des Christus in dem Land, zuerst diesen Versuch um das wiederherzustellen und zu ergänzen, das ab da begonnen hatte, was die Sphinx genannt wird, und das Schatz- oder Lagerhaus, das selbiger gegenübersteht, zwischen dieser und dem Nil, worin jene Aufzeichnungen durch Arart und Araaraart in jenem Zeitraum aufbewahrt wurden. {Anm.: Lt. Cayce war Arart der erste Pharao der Ersten Dynastie, noch vor Menes, und Araaraart war der zweite Pharao der Ersten Dynastie.}" (Quelle: http://file1.npage.de/002608/96/html/reading_5748-5.htm).* Der Name *Araaraart* erinnert an den höchsten Berg der Türkei, den Ararat, der auf Persisch auch „Noahs Berg" heißt. Einen entsprechenden Verweis finden wir in einem Artikel aus dem Jahr 2010: *"Then, in Turkey, archaeologists found a sophisticated site, Göbekli Tepe, dating to 11,000 BC – this was not only Cayce's dating but it was the land from which Cayce said the original Great Pyramid builders came: the tribe of Ararat from Mt. Ararat."* (Quelle: Auken 2010, 28).

Die Besinnung auf Mystisch-Spirituelles in einem esoterischen Umfeld zeigt sich auch darin, dass gerne, wie gerade zitiert, Prophezeiungen von Edgar Cayce[253] herangezogen werden. Dass in diesem Kontext der Name des bekannten amerikanischen Ägyptologen Mark Lehner auftaucht, ist schon bemerkenswert.[254]

In einer neuen Theorie, die in dem Buch *Black Genesis – The Prehistoric Origins of Ancient Egypt* aus dem Jahr 2011 dargelegt wird, versucht Robert Bauval zusammen mit Thomas Brophy dann nachzuweisen, dass der absteigende Gang der Cheops-Pyramide, dessen Winkel sehr präzise über die gesamte Länge von über 100 m eingehalten worden ist, auf den hellen Stern Vega ausgerichtet worden sei, der zwischen 12.320 v. Chr. und 11.820 v. Chr. durch den absteigenden Gang bis in die unterirdische Kammer der Cheops-Pyramide zu sehen gewesen sein soll. Das Jahr 12.070 v. Chr. wird als Datum angegeben, bei dem Vega durch die Mitte des absteigenden Gangs schien. Somit wurde das Alter der Cheops-Pyramide von zuvor 10.500 v. Chr. noch einmal um gut 1.500 Jahre weiter in die Vergangenheit geschoben. Hier ein paar Zitate aus dem Buch zu ihrer Theorie:

> *"Further, it is by far the brightest star that is ever near the long-term path of the celestial pole, and so for several centuries around 12,000 BCE, Vega was the brightest North Star ever. In the Great Pyramid at Giza, the two internal chambers, the King's Chamber and the Queen's Chamber, are connected to shafts oriented up and out along the meridian, the north–south line in the sky. Though they were previously determined to be air shafts, a number of authors have discussed that they probably indicate stars. Today it is generally accepted that the shafts were, in fact, associated with stars - and that specifically the King's Chamber southern shaft was oriented to Orion's belt and the Queen's Chamber southern shaft was oriented to Sirius during the fourth-dynasty era completion of the pyramid.*
> ...

[253] Edgar Cayce (* 18.3.1877 Bennettstown, Kentucky, USA; † 3.1.1945 in Virginia Beach, Virginia, USA) wurde in eine christliche Farmerfamilie hineingeboren. Seine Vorfahren wanderten in der zweiten Hälfte des 17. Jahrhunderts aus der Region Aquitanien (Frankreich) nach Amerika aus. Sie hießen noch „Le Caze" bzw. „Lacaze". In Amerika nahmen sie den daraus abgeleiteten Namen Cayce an. Im Dezember 1893 zog die Familie ins nahegelegene Hopkinsville, wo er seine zukünftige Frau kennenlernte. Aufgrund Geldmangels der Eltern musste Edgar die Schule schon nach der 9. Klasse verlassen. Edgar wurde Mitglied der Jünger Christi. Jedes Jahr las er die Bibel einmal ganz durch. Im Frühjahr 1900 wurde er von einer schweren Kehlkopfentzündung heimgesucht, sodass er nur noch flüstern konnte. Da er nicht sprechen konnte, blieb er für über ein Jahr zu Hause bei seinen Eltern. Er beschloss Fotograf zu werden, da dies seine Stimme nicht sehr belastete. 1901 kam der Bühnenhypnotiseur und Unterhaltungskünstler Hart nach Hopkinsville, der ihn mittels Hypnose zu heilen versuchte. Unter Hypnose konnte Edgar wieder normal sprechen, danach aber wieder nicht mehr. Da Hart weiterzog, konnte er sich nicht mehr um ihn kümmern, empfahl aber den Besuch eines Kollegen vor Ort, Al Layne. In einer Schlüsselsitzung erhielt Cayce die Anweisung, seinen eigenen Zustand zu diagnostizieren und das Heilmittel anzugeben. Die Diagnose von ihm selbst lautete *„Stimmverlust aufgrund einer psychischen Lähmung"* und die vorgeschlagene Heilmethode – Erhöhung des Blutflusses zum Kehlkopf – führte zur Genesung und er konnte wieder normal sprechen. Al Layne bat Cayce um eine Diagnose und ein Heilverfahren seiner eigenen Krankheit. Er stellte fest, dass die Diagnose zutreffend und die Heilmethode effektiv waren. Daraufhin schlug er Cayce vor, Tranceheilungen für die Öffentlichkeit durchzuführen. Nach anfänglichem Zögern willigte er schließlich ein, unter der Bedingung, dass die *"Readings"* kostenlos für die Patienten sind. In Trance benutzte Cayce einen medizinischen Wortschatz, der ihm sonst fremd war, und machte detaillierte Angaben über Behandlungsmethoden und Medikationen. Als er eines Tages erfuhr, dass seine Trance-Sitzungen von manchen Leuten dazu missbraucht wurden, profitgierig nach der weiteren Börsenentwicklung oder nach künftigen Wettergebnissen zu fragen (er konnte sich nach einer Trancesitzung nie an das von ihm gesagte erinnern), hörte er damit auf und konzentrierte sich auf seinen Beruf und die Familie. 1918 erblindete sein ältester Sohn, Hugh Lynn, während fotografischer Arbeiten bei einer Explosion von Blitzlichtpulver durch Verätzung der Augen. Die daraufhin konsultierten Ärzte prophezeiten ihm eine dauerhafte Blindheit und ein Auge sollte sogar herausoperiert werden. Da entschloss sich Edgar erneut zu einer Trance-Sitzung. Durch die darin erzielten Auskünfte konnten beide Augen seines Sohnes gerettet werden. Fortan stellte Edgar Cayce aus Dankbarkeit seine Fähigkeiten unentgeltlich anderen Menschen zur Verfügung. In den 27 Jahren bis zu seinem Tod hielt er über 14.000 Trance-Sitzungen ab, die von seiner am 17.6.1903 geehelichten Frau Gertrude Evans (* 22.2.1880 in Hopkinsville, Kentucky, USA; † 1.4.1945 in Virginia Beach, Virginia, USA) assistiert wurden. Edgar Cayce begründete am 7.7.1931 die *Association for Research and Enlightenment* (A.R.E.), die derzeit in 37 Ländern Geschäftsstellen unterhält und Mitglieder aus 70 Ländern besitzt.

[254] Siehe hierzu auch Kap. 14.3.

Given the latitude of the Great Pyramid, the subterranean passage points to a declination of 86.54 degrees in the sky, 3.46 degrees directly south of the celestial pole. It is precisely aligned over its entire length, "without deviating more than a centimeter in angle or orientation," as Mark Lehner puts it.

...

The passage is cut so consistently straight, and other aspects of the Great Pyramid, such as its cardinal orientation, are so accurate that it is likely that whoever cut the subterranean passage probably did not intend it to align with the celestial North Pole, because if that were indeed the target, it surely would have been hit more accurately.

...

Therefore, if these calculations and measures for Vega prove to be accurate, Vega began shining down to the bottom of the subterranean passage around 12,320 BCE, when Vega's declination rose above 86.22 degrees, and around 12,070 BCE, Vega shone down the center of the shaft until ca. 11,820 BCE, when Vega sank below 86.22 degrees declination again and no longer shone to the bottom of the shaft.

These Vega subterranean passage dates are consistent with the general Zep Tepi we can estimate from the fact that Orion's belt matches the layout of the three pyramids on the Giza plateau.

It is important that Sirius culminated at about the same time. In The Egypt Code, Bauval notes that around Zep Tepi, Sirius would have been just visible on the horizon, as seen from the Giza plateau. In light of this new information of the bright pole star, Vega, shining down the subterranean passage when it was at precessional culmination, we can now look in even more detail at the astrophysics of the Sirius connection. Again, employing the latest measures for Sirius's proper motion, as we did for Vega, we see that Sirius reached its southern culmination around 12,280 BCE at a declination of −60.43 degrees. That declination is noteworthy because the declination of the geometric horizon at Giza looking south is −60.02 degrees, and the visual horizon is thus −60.5 degrees, essentially identical to the southern culmination of Sirius. The Giza plateau, then, is the place on Earth (the only latitude) where Sirius, at the southernmost point of its twenty-six-thousand-year precession cycle, just barely eclipsed the earth."

Mit letzteren Ausführungen wird ein Bogen geschlagen von Bauvals erstem Buch zu diesem Komplex *The Orion Mystery* über *The Message of the Sphinx* und *The Egyptian Code* zum aktuellen Buch *Black Genesis – The Prehistoric Origins of Ancient Egypt.*

Der unabhängige Forscher Manu Seyfzadeh[255] versucht die Theorien von Bauval mit der tatsächlichen Bauzeit der Pyramiden im 26. Jh. v. Chr. in Einklang zu bringen, indem er schreibt:

"Not only did the Sun's akh recreate from its ka and ba within Osiris in the underworld, but so did the akh of the dead kings of Egypt according to the faith (John P. Allen, 2005). And in order to recreate the underworld together with the resurrecting body of Osiris, a funerary complex had to be constructed to make this myth tangibly come to life on the west banks of the Nile where generations of ancient Egyptians buried their kings: A tomb within a pyramid, the imagined shape of the lower body of Osiris as seen in Orion (personal interpretation), equipped with all the supplies and instructions (pyramid texts) to make it through the underworld and emerge as an akh.

This then, I believe, explains the entire Pyramid Age of the Old Kingdom as physical recreations of the Osiris resurrection myth, a point previously made by Bauval (1994) with respect to the Great Pyramid as well. Only if we see all pyramids within this religious context, can we then begin to understand the unique design behind each individual pyramid. This is why most, if not all theories formulated, in my opinion, do not adequately explain the idea behind the Great Pyramid to

[255] Manu Seyfzadeh (* 1962) ist persisch-deutscher Abstammung. Er ist praktizierender Dermatologe in Südkalifornien und hat einen Hintergrund in Naturwissenschaften. Er interessierte sich für Ägyptologie, nachdem er Robert Bauvals Buch über die Orion-Korrelationstheorie gelesen hatte.

the point of wide acceptance by both experts and that part of the lay public which cares about things like this. Consequently, I think we can now reconcile Bauval's timing of the foundation with the timing of the actual construction around 2550 B.C. without getting into a conflict. Within the context of the Osiris Cult prevailing during the Pyramid Age and likely long before it, the Great Pyramid appears to be a direct and logical extension of the three pyramids built by Sneferu and Sneferu's son Hemiunu, its presumed architect, and the other two pyramids before these three all the way back to Djoser's Step- Pyramid built by Imhotep, the first ever." [256]

Es gibt natürlich noch zahlreiche weitere Theorien und Spekulationen um das Alter der Cheops-Pyramide, die hier nicht alle wiedergegeben werden können. Der Auszug beschränkte sich daher auf einige populäre Theorien und Spekulationen.

In den Pyramidentexten sind diverse astronomische Andeutungen enthalten, die die Rolle des verstorbenen Königs im Himmel beleuchten. Nachfolgend deshalb einige Zitate aus der Übersetzung der Pyramidentexte ins Deutsche aus dem *Thesaurus Linguae Aegyptiae*:

„Unas wird den 'Messer'-Kanal durchziehen.
Dieser Unas wird zur östlichen Seite des Horizonts übergesetzt. (2x)
Seine Schwester ist Sothis, sein weiblicher Abkömmling die Morgendliche." [257]
„Re hat sich diesen Pepi zum Himmel, auf die östliche Seite des Himmels, [genommen?], wie diesen Horus[258]*, wie den Unterweltlichen, wie diesen Stern, der den Himmel erleuchtet.*
Pepis Schwester ist Sothis, [sein Abkömmling] ist der Morgendliche Gott. " [259]
...
„Der Himmel ist klar(?), Sothis lebt, denn Unas ist einer, der lebt, der Sohn der Sothis, für den die beiden Neunheiten sich im Großen Bär, dem Unvergänglichen, gereinigt haben (?)/den die beiden Neunheiten für ihn (= Re) im Großen Bär, dem Unvergänglichen, gereinigt haben (?).
...
Sothis hat Unas zum Himmel auffliegen lassen unter seine Brüder, die Götter." [260]
...
„O Atum[261]*!*
Mögest du diesen Pepi Neferkare, diese seine Pyramide und dieses Werk des Pepi Neferkare schützen und verhindern, daß ihm irgendetwas Übles/in übler Weise widerfährt, ewiglich, wie du Schu und Tefnut geschützt hast.
...

---

256 Seyfzadeh 2017, 95-96.

257 Thesaurus Linguae Aegyptiae, Unas-Pyramide, PT 263.

258 Horus (äg: *Ḥr*) war ein Hauptgott in der frühen Mythologie des Alten Ägypten. Ursprünglich ein Himmelsgott, war er außerdem Königsgott, ein Welten- oder Lichtgott und Beschützer der Kinder. Meist wurde er als Falke dargestellt. In den Pyramidentexten gilt er als Gott des Ostens, also dem Ort der aufgehenden Sonne. Das älteste Wesen des Gottes Horus war jedoch das eines Himmelsgottes. Die beiden Himmelskörper Sonne und Mond galten als die Augen des Gottes, wobei das rechte Auge das sogenannte Sonnenauge und das linke das Mondauge ist. Bei dem Streit um die Thronfolge seines Vaters Osiris, kämpft er mit seinem Bruder Seth. Horus verlor im Kampf gegen Seth das linke Auge, das sogenannte Mondauge (auch „Horus-" oder „*Udjat*-Auge", *'udjat'* = intakt, vollständig, gesund). Es ist das heile oder gesunde Auge. In beiden Fassungen des Mythos erhält Horus jedoch das Augenlicht zurück, indem der Gott Thot das Auge heilt.

259 Thesaurus Linguae Aegyptiae, Pyramide Pepis I., PT 266.

260 Thesaurus Linguae Aegyptiae, Unas-Pyramide, PT 302.

261 Atum war die altägyptische große Urgottheit aus *Iunu* (Heliopolis, alttestamentlich: *On*). Er war eine Schöpfer- und Himmelsgottheit. In den Pyramidentexten des Alten Reichs ist Atum bereits als *„Vorderster der großen Neunheit"* ebenso belegt wie auch sein Beiname *„Der sich selbst erschaffen hat"*. Atum galt auch als Lichtgott, der als Sonne während seines ersten Sonnenaufgangs das irdische Leben noch in sich trug. Er schuf auch den Urhügel (*Benben*-Stein) aus dem Urgewässer, an welchem Ort sich Heliopolis befindet. Seit dem Alten Reich wurde Atum hauptsächlich in Heliopolis verehrt und hatte dort einen Tempel, den *Hut-Benben* (*ḫwt bnbn*), *„das Haus des Urhügels"*. Dieser Tempel war mit dem *„Haus des Phoenix"* (*ḫwt bnw*) verbunden, bzw. war ein Teil davon. Vermutlich war Atum die wichtigste Gottheit in Heliopolis. Inschriften bezeichnen Atum oft als *„Herr von Heliopolis"*.

Es soll niemand unter euch sein, der Atum den Rücken kehrte, wenn er diesen Pepi Neferkare schützt, wenn er diese Pyramide des Pepi Neferkare schützt, wenn er dieses sein Werk vor allen Göttern und vor allen Toten schützt, indem er verhindert, daß ihm irgendetwas Übles/in übler Weise widerfährt, ewiglich.
O Horus!
Dieser Pepi Neferkare ist Osiris.
Diese Pyramide des Pepi Neferkare und dieses sein (Bau)Werk sind Osiris.
Begib dich zu ihm!
Sei nicht fern von ihm in seinem Namen 'Pyramide'.
...
Horus, hier ist dein Vater Osiris in seinem Namen 'Haus des Herrschers'.“ [262]
...
„O Große Neunheit[263]*, die in Heliopolis ist!*
Ihr werdet veranlassen, daß Pepi Neferkare dauert, und werdet veranlassen, daß diese Pyramide des Pepi Neferkare und dieses sein Werk dauern, ewiglich, wie der Name des Atum, der an der Spitze der Großen Neunheit ist, dauert.
...
Wie der Name des Re am Horizont dauert, so wird der Name dieses Pepi Neferkare dauern, wird diese Pyramide des Pepi Neferkare dauern und wird dieses sein Werk ebenso dauern, ewiglich.“[264]
„[Dir wird] [eine Treppe] [geschlagen/angelegt werden zur Duat, zu] dem Ort, wo Orion ist, und das Himmelsrind [wird] deinen Arm [ergreifen], Pepi Neferkare.“ [265]

Dies ist nur ein Auszug aus den mannigfaltigen Stellen, die man in den Pyramidentexten zum Thema „verstorbener König und Himmelsbezüge“ finden kann. Was damit gezeigt werden soll, ist die religiöse Überzeugung der alten Ägypter, dass die Seele des verstorbenen Königs in den Himmel aufsteigen wird und die Bedeutung einiger wichtiger Sterne bzw. Planeten (Venus galt in den Pyramidentexten als der Morgenstern bzw. morgendliche Gott) im jenseitigen Leben des Königs. So wird, wie oben in Spruch 302 zitiert, der verstorbene König zum Sohn der Sothis (= Sirius). In Spruch 266 wird der König auf die östliche Seite geholt, was so viel bedeutet wie die Erneuerung des Lebens des Königs, da die Sonne (*Re*) im Osten jeden Morgen in einem immerwährenden Kreislauf aufgeht. Deshalb ist der Osten astronomisch für die alten Ägypter auch so wichtig. Dazu kommt denn auch, dass Sirius als Morgenstern nach einer Phase der Unsichtbarkeit wieder am Morgenhimmel im Osten erscheint und dies die neue Nilüberschwemmung ankündigt. In Spruch 600 wird die Pyramide als Werk des Osiris angesehen, zu dem der König geworden ist. Seine Pyramide und er gehören zusammen: *Sei nicht fern von ihm in seinem Namen 'Pyramide'*. In Spruch 601 wird dann Bezug zum

---

262 Thesaurus Linguae Aegyptiae, Pyramide Pepis II., PT 600.

263 In der altägyptischen Mythologie spielt die Götter-Neunheit von Heliopolis eine große Rolle. Schöpfergott war Atum, der sich selbst erschaffen hat aus dem Urgewässer, welches auch das Chaos repräsentiert. Er schuf das Götterpaar Schu und Tefnut. Schu war männlich und stand für den Raum und die Luft. Tefnut war weiblich und stand für die Feuchtigkeit und das Wasser. Dieses Götterpaar wiederum hatte ebenfalls zwei Kinder, den männlichen Gott Geb, der für die Erde stand, und den weiblichen Gott Nut, der für den Himmel stand. Beide zeugten zusammen vier weitere Götter: Osiris (männlich, ursprünglich Fruchtbarkeitsgott, später Gott der Unterwelt; in den Pyramidentexten galt Osiris als „Gott des Nordens“), Isis (weiblich, stand für die (Wieder-)geburt und Magie, Schutzherrin der Kinder und Mütter, Mutter von Horus (Gott des Ostens); in den Pyramidentexten galt sie als „Göttin des Nordens“), Seth (männlich, Wüstengott und Gott des Chaos und des Verderbens; In den Pyramidentexten galt Seth als „Gott des Südens“) und Nephtys (weiblich, Beschützerin des Pharaos; in den Pyramidentexten galt sie als „Göttin des Südens“). Nicht zur Götter-Neunheit gehört der altägyptische Gott Thot, der als „Gott des Westens“ in den Pyramidentexten bekannt ist und auch als Mondgott galt. Thot war Nachfolger von Horus, dem falkengestaltigen Gott, dessen Mutter Isis war. Thot war Schreiber und Wesir von Osiris, weshalb er auch als Erfinder der Hieroglyphen gilt. Deshalb wird er auch als Lehrer der Künste und Wissenschaften und als Erfinder von Sprache und Schrift verehrt. Zudem ist er Protokollant des Totengerichts. In der griechischen Mythologie wird Thot mit Hermes (Trismegistos) gleichgesetzt.

264 Thesaurus Linguae Aegyptiae, Pyramide Pepis II., PT 601.

265 Thesaurus Linguae Aegyptiae, Pyramide Pepis II., PT 610.

Bauprogramm des Königs genommen, der eine Pyramide baut, die festbleibt, also bestehen bleibt. In Spruch 610 gelangt der König dann über Treppen zum Jenseits (*Duat*), wo sich Orion befindet. Aus Spruch 600 geht noch hervor, dass der König zu Osiris, dem Vater des Horus, geworden ist. Alle zusammen ergeben eine himmlische Familie. Der familiäre Aspekt dabei wird wohl der wesentliche Punkt bei den alten Ägyptern gewesen sein und nicht so sehr, ob es sich nun um den Bruder oder die Schwester der Sothis gehandelt hat. Um die zitierten Sprüche richtig einordnen zu können, muss man noch wissen, dass es sich bei den Sprüchen 600 und 601 um Schutzbanntexte handelt, während es sich bei den anderen zitierten Sprüchen um sogenannte Auferstehungstexte handelt. So nimmt z. B. Bauval den Spruch 600 als universell geltend an und sieht ihn daher als Unterstützung für seine Orion-Theorie an, obwohl es sich nicht um einen Auferstehungstext handelt!

Der bereits erwähnte arabische Historiker al-Maḳrīzī schreibt in seinem Buch *Khitat* im Kapitel über die Pyramiden unter anderem in dem er den Lehrer Ibrahim Ben Wasif Sah al-Katib zitiert:

> *„Sie begannen den Bau der Pyramiden unter einem günstigen Gestirn, über das sie sich geeinigt und das sie sich erwählt hatten; und als sie vollendet waren, ließ er sie von oben bis unten mit farbigem Brokat bekleiden und veranstaltete ihnen zu Ehren ein Fest, an dem alle Bewohner seines Reiches teilnahmen."* [266]

Die astronomischen Aspekte der Pyramidentexte und al-Maḳrīzīs Hinweis auf eine bestimmte Himmelskonstellation liefern also Anlass genug, sich den Himmel über den Pyramiden zur Zeit von deren Erbauung einmal näher anzusehen.

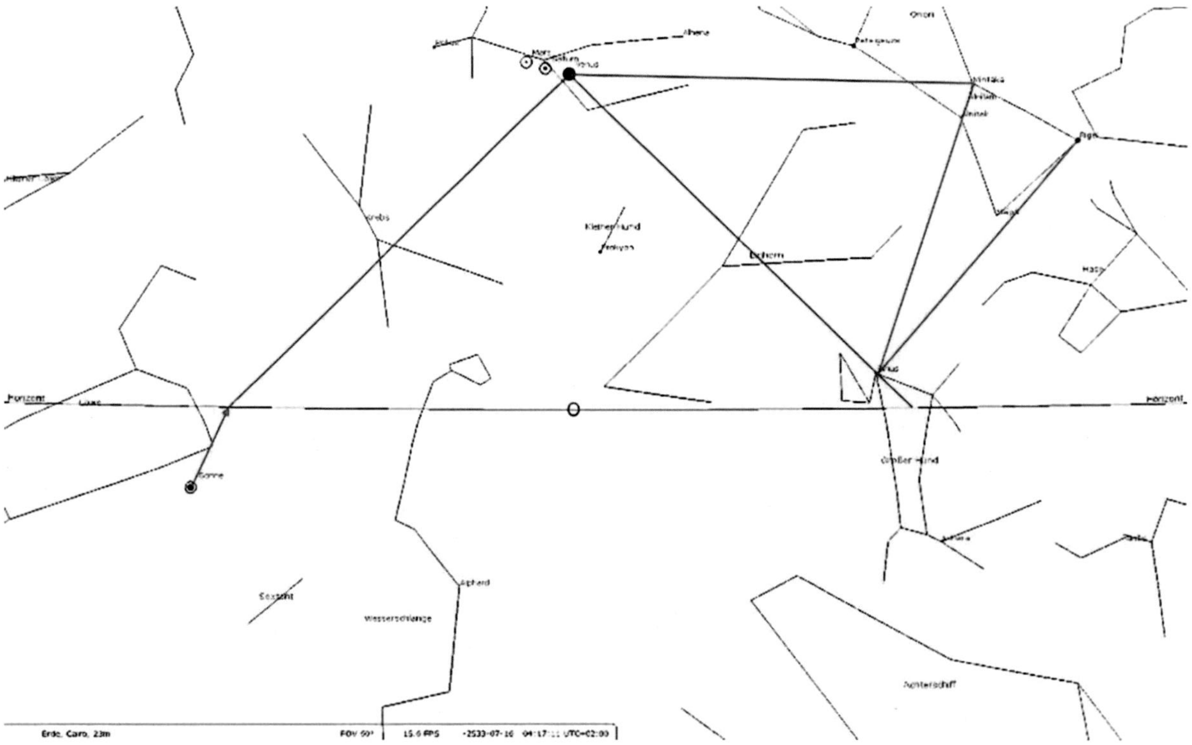

Abb. 57: Darstellung des Himmels über Gizeh zur Zeit der Sommersonnenwende 2534 v. Chr. und dem Sirius-Frühaufgang. Astronomie-Programm Stellarium (Version 0.15.0).

Die Venus steht zu diesem Zeitpunkt exakt im Osten und hat auf Ihrer Bahn den höchsten Punkt am Himmel erreicht. Sommersonnenwende war im Jahr 2534 v. Chr. bezogen auf die geografische Breite der Cheops-Pyramide am 15. Juli um 9:46 Uhr Ortszeit[267]. Da bei den alten Ägyptern der Tag aber mit dem Sonnenaufgang begann, ging dieser Tag bis zum 16. Juli um 4:42 Uhr, wo die Sonne dann erneut aufging, d. h. zur Zeit der gezeigten Sternen-/Planeten-Konstellation war nach ägyptischer Zeitrechnung der Tag der Sommer-

266 Maqrīzī 2003, 18. Der zitierte Text stammt lt. *Khitat* von dem Lehrer Ibrahim Ben Wasif Sah al-Katib (um 1400 n. Chr.) aus dessen *Nachrichten von Ägypten und seinen Wundern*.

267 Die Daten wurden mit dem NASA-Programm HORIZON (siehe Jet Propulsion Laboratory 2015*)* ermittelt.

sonnenwende. Der Morgen des 16. Juli 2534 v. Chr. war auch der Tag, an dem Sirius das erste Mal nach ca. 70 Tagen Unsichtbarkeit wieder am Morgenhimmel zu sehen war. Da das Wiedersehen des Sirius am Morgenhimmel nach einer Periode der Unsichtbarkeit als Vorbote für die Nilflut galt und dieser Tag als Neujahrsbeginn gefeiert wurde, war dies für die alten Ägypter ein besonderer Tag. Deshalb ist die oben gezeigte Himmelskonstellation an diesem Tag auch etwas ganz Besonderes für die alten Ägypter gewesen.

Wie in der Abbildung zu sehen bildet Venus mit Sirius und der auf-gehenden Sonne ein gleichschenkliges Dreieck über dem Horizont, was räumlich einer Pyramide entspricht. Venus wurde schon in den Pyramidentexten als Morgenstern mit *Sopdu*[268] (altäg. , Bedeutung: 'Die Spitzen') identifiziert, während Sirius als Vergöttlichung der altägyptischen Göttin Sopdet[269] (altäg. , Bedeutung: 'sie, die scharf ist') galt. Zusammen mit *Sah*[270] (altäg.) und *Sopdu* bildete *Sopdet* eine Triade. Die Hieroglyphe kommt sowohl in *Sopdu* als auch in *Sopdet* vor. Am Himmel findet sie ihre Entsprechung in dem Dreieck Sirius, Rigel, Mintaka.

Betrachtet man die altägyptischen Sternkonstellationen, so gehört Sirius zum Sternbild Dreieck und die Orionsterne gehören zum Sternbild Sah. Castor und Pollux bilden das Sternbild Sternenpaar.

Der Aufgangspunkt von Sirius kann übrigens sehr einfach mit der ausgestreckten Hand ermittelt werden. Verlängert man eine Linie durch die Orion-Gürtelsterne bis zum Horizont, so erscheint Sirius dann, wenn der Abstand vom oberen Gürtelstern etwa eine gespreizte Handbreit ist bei ausgestrecktem Arm. Diese Distanz entspricht am Himmel etwa 22°, was genau dem Abstand zwischen Sirius und dem oberen Gürtelstern entspricht. Mittels einer Schnur, die man mit beiden Händen hält, kann man am Himmel schnell und einfach gleich lange Distanzen ermitteln, wie es z. B. die Distanzen von Venus zu Sirius und von Venus zu Mintaka sind. Diese einfache Beobachtungsregel kannten die alten Ägypter vermutlich auch schon, um den Frühaufgang des Sirius nach den Tagen der Unsichtbarkeit am Morgenhimmel wiederzuentdecken.

Es gibt aber noch eine zweite gleichschenklige Pyramide in der Abb. 57 zu entdecken, deren Basis nicht der Horizont, sondern die Strecke ausgehend von Sirius über die Orion-Gürtelsterne Alnitak, Alnilam bis zu Mintaka darstellt. Die Strecken am Himmel zwischen Venus und Sirius, sowie zwischen Venus und Mintaka sind gleich groß. Zudem liegen die Orion-Gürtelsterne mit Sirius exakt auf einer Linie. Die Linie von Venus zu Mintaka verläuft parallel zum Horizont. Interessant ist auch, dass die Orion-Gürtelsterne die gleichen Abstände am Himmel besitzen, wie die Konstellation der Planeten Venus, Saturn und Mars. Im Gegensatz zu den Orion-Gürtelsternen nimmt die Helligkeit bei den drei Planeten in obiger Reihenfolge ab und spiegelt damit die Größenverhältnisse der drei Gizeh-Pyramiden wider, wenn auch nicht exakt bezogen auf die scheinbare Helligkeit, so doch in der Reihenfolge am Himmel, wobei der hellste Planet Venus der Östlichste ist und Saturn und Mars westlicher stehen, so wie bei der Reihenfolge Cheops-, Chephren- und Mykerinos-Pyramide.

---

268 Ein altägyptischer Gott der östlichen Wüste, also auch dadurch ein Bezug zum Osten und dem Morgen (aufgehende Sonne).

269 Auf einem Elfenbeintäfelchen, das dem König Djer (1. Dynastie, um 3000 v. Chr.) gehörte, ist *Sopdet* als Neujahrsgöttin dargestellt, da ihr erstmaliges Erscheinen nach einer ca. 70-tägigen Unsichtbarkeit am Morgenhimmel die Nilüberschwemmung ankündigt, die damals als Neujahrsanfang bei den alten Ägyptern galt, denn durch die jährlich wiederkehrende Überschwemmung wurde das Land erneuert und wieder fruchtbar gemacht.

270 Sah war die altägyptische Bezeichnung eines Sternbildes, das aus Teilen der heutigen Sternbilder Orion und Stier bestand. Es symbolisierte die Gottheiten Osiris (altäg. , Bedeutung: 'Sitz des Auges', gilt als Gott des Jenseits, der Wiedergeburt und des Nils) sowie Sah, den Gemahl der *Sopdet* und Vater des *Sopdu*. *Seba-en-Sah* (altäg. , Bedeutung: 'Stern des Herabkommenden' (Fußstern)) ist der altägyptische Name von Rigel (*β Orionis*), dem Hauptstern des altägyptischen Sternbildes *Sah*.

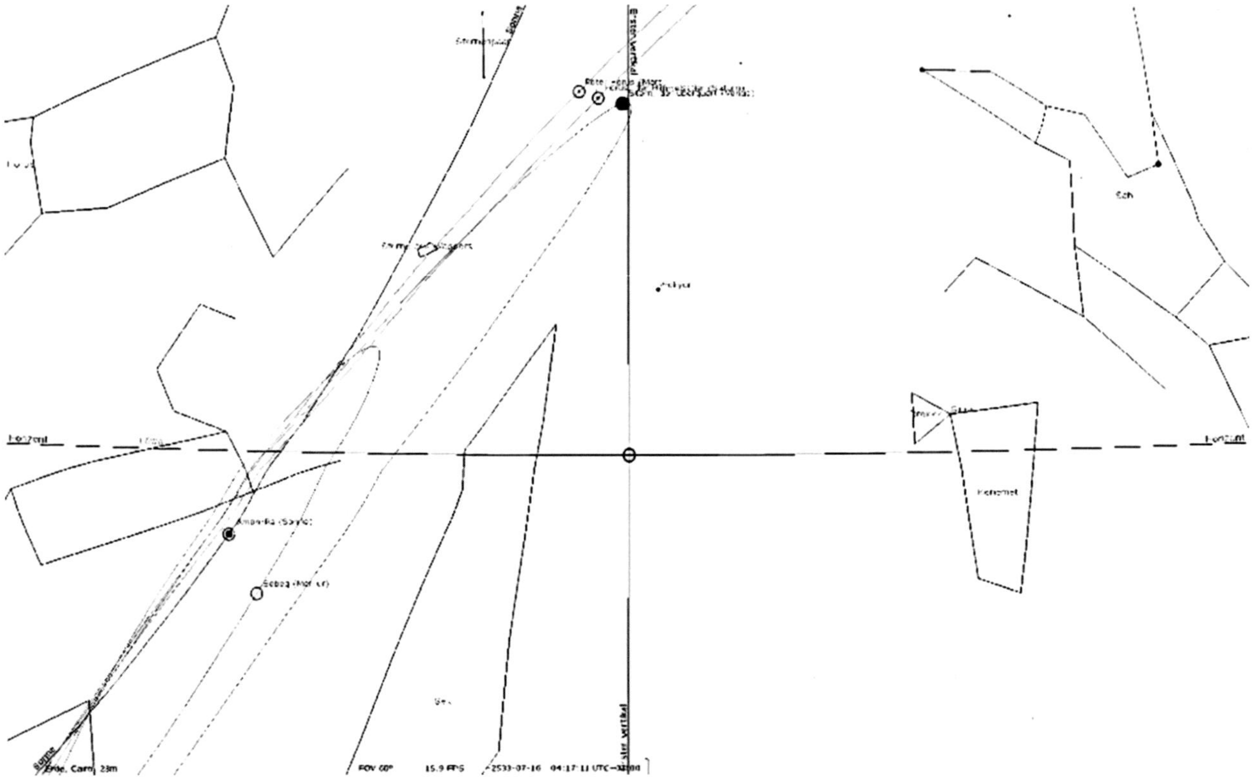

Abb. 58: Darstellung des Himmels über Gizeh am 16.7.2534 v. Chr. mit altägyptischen Sternbildern. Astronomie-Programm Stellarium (Version 0.15.0)

Gut 10 Minuten bevor Venus exakt im Osten steht, taucht Sirius am Morgenhimmel in einer Höhe von 2° auf, während Venus eine Höhe von 26,5° besitzt. Wenn Venus genau im Osten steht, beträgt die Höhe 28,8°. Venus, Sirius und Riegel sind noch bis gegen 04:23 Uhr zu sehen. Zum Schluss verschwindet Venus kurz vor Sonnenaufgang gegen 04:40 Uhr.

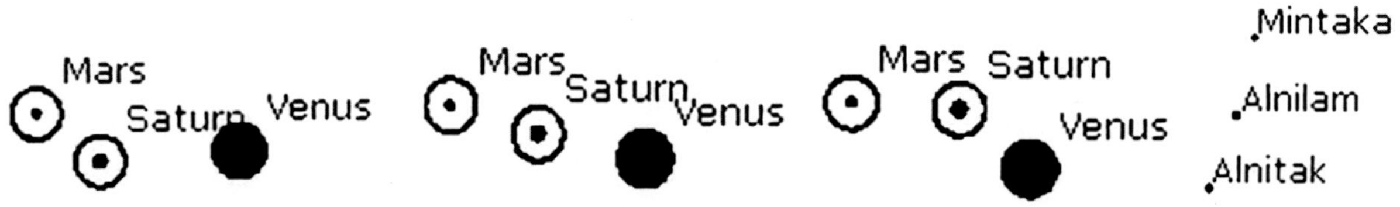

Abb. 59: Planetenkonstellation aus Venus, Saturn und Mars vom 15.7.2534 v. Chr. 4:17 Uhr bis zum 17. 7.2534 v. Chr. 4:17 Uhr und zum Vergleich die Orion-Gürtelsterne. Astronomie-Programm Stellarium (Version 0.15.0).

Wie in obiger Abbildung deutlich zu sehen ist, ist die markante Anordnung der drei Planeten nur am 16.7.2534 v. Chr., dem Tag der Sommersonnenwende, gegeben.

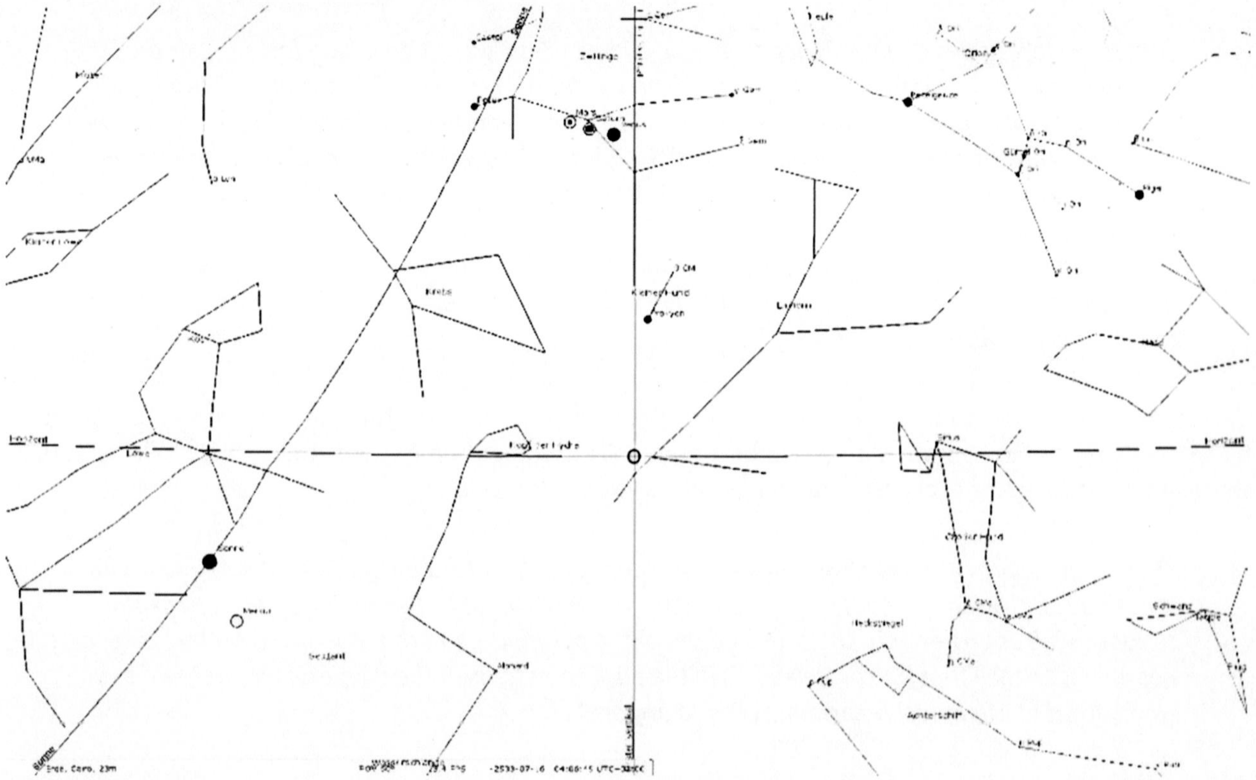

Abb. 60: Darstellung des Himmels über Gizeh am 16.7.2534 v. Chr. zur Zeit des Siriusaufgangs um 4:06 Uhr. Astronomie-Programm Stellarium (Version 0.15.0).

Die Konstellation dieser drei Planeten am Himmel ist übrigens sehr selten und dass sie auch noch am Neujahrstag der alten Ägypter, dem Sirius-Frühaufgang, stattfand und dieser auch gleichzeitig der Tag der Sommersonnenwende ist, ist vielleicht sogar einmalig. Manche würden nun sicher behaupten, dass dies kein Zufall sei und ein klares Indiz für die Zeit der Erbauung der Cheops-Pyramide darstellt, quasi als Blaupause am Himmel, so ähnlich wie Robert Bauval es mit seiner Orion-Theorie gemacht hat. Soweit sollte man aber nicht gehen, sondern nur konstatieren, was für eine seltene und überaus interessante Sternen-/Planeten-Konstellation sich an einem für die Ägypter bedeutenden Tag, zu einer Zeit, die in einem nach heutigem Wissen plausiblen Zeitraum der Erbauung der Cheops-Pyramide liegt, ereignet hat.[271] Genau ein Jahr zuvor war am Tag der Sommersonnenwende Neumond gewesen, eine besondere Planeten-Konstellation gab es da aber nicht.

Sicher ist nur, dass die alten Ägypter mit dieser Himmelskonstellation konfrontiert waren. Ob und was sie daraus geschlossen und gemacht haben, können wir nicht mit Bestimmtheit sagen. Manche sprechen ja von einem Masterplan für das Gizeh-Plateau.[272] Bauval[273] stellte 1989 diesbezüglich seine Orion-Theorie auf, wonach die Gürtelsterne des Orion-Sternbildes (altäg. *Sah*), das Vorbild für die drei großen Pyramiden auf dem Gizeh-Plateau sein sollten. Lehner[274] widerspricht dem in seinem Standard-Werk über die Pyramiden von 1997. Dennoch sieht auch er die drei großen Pyramiden in einem planerischen Gesamtzusammenhang.

---

[271] Siehe Hornung, Krauss und Warburton 2006, 490-491 zur Chronologie der 4. Dynastie. Für Snofru wird 2543-2510 v. Chr. und für Cheops 2509-2483 v. Chr. mit ± 25 Jahren Toleranz angegeben. Das Jahr 2534 fällt somit auf den Anfang der Toleranzschwelle für Cheops.

[272] Siehe hierzu auch Kap. 11 in diesem Buch und hier besonders Abb. 68.

[273] Bauval 1989, 7-18, insb. 12: *"A Masterplan with the intent to correlate the Great Pyramids of Giza with the pattern of the Belt of Orion appears very likely indeed."*

[274] M. E. Lehner 1997, 106-107. *„Die formale Symmetrie läßt viele Pyramidenbegeisterte nach weiteren geraden Linien Ausschau halten; dabei haben sie stets einen verborgenen Sinn oder verborgene Schätze im Hinterkopf. Nach einer Theorie von Robert Bauval soll die Gizeh-Diagonale von den Sternen im Gürtel der Orionkonstellation inspiriert sein, die Osiris symbolisierte. Legt man die Orion-Karte auf die Karte von Gise, zeigt sich jedoch deutlich, daß es einerseits im Orion Sterne gibt, denen keine Pyramiden entsprechen, anderseits Pyramiden, zu denen es weder im Orion noch sonstwo Sterne gibt."* Dazu noch eine Anmerkung: Bauval hat in seinem Artikel nur die drei Gürtelsterne gemeint (siehe Bauval 1989, Abb. 2).

> *„Die Südostecken der Cheops-, Chephren- und Menkaures-Pyramiden liegen fast auf der großen Gizeh-Diagonalen ... Desgleichen taten die Erbauer der 4. Dynastie alles, damit wichtigere Teile der Pyramidenkomplexe in Fluchtlinie standen. Die Gizeh-Diagonale verläuft nahe der Diagonale zwischen Menkaures erster Nebenpyramide (GIII-a), der Vorderseite von Chephrens Totentempel und Cheops erster Nebenpyramide (GI-a). Die Westseiten der Cheops- und Chephren-Pyramide stehen fast in einer Linie mit den Fronten der Pyramidentempel Chephrens und Menkaures und die Südseite der Chephren-Pyramide mit der Südmauer des Sphinx-Tempels. Die Abweichung ist nicht größer, als bei der Vermessung mit langen Schnüren über einen Kilometer abfallenden Plateaus unvermeidlich.“* [275]

Verlängert man die von Lehner beschrieben Gizeh-Diagonale bis über den Nil hinaus in das heutige Stadtgebiet von Kairo, so stoßen wir direkt auf den ehemaligen Sonnentempel von Heliopolis.[276] Bereits 1820 schreibt der damalige britische Generalkonsul von Ägypten, Henry Salt:

> *"For my own part, after the closest inspection, I cannot help entertaining [the opinion] a suspicion that this spot [Gizeh-Plateau] served as a place of sepulchre[s] to the ancient Kings of Egypt anterior as well as posterior to the construction of the pyramids, and that it was connected as such possibly with the City of On or Heliopolis in the earliest periods of the Egyptian Empire [had been transferred to Memphis] & certainly with Memphis."* [277]

On (Heliopolis) beherbergte das Kultzentrum des Sonnengottes Atum, der zuerst mit Ra und dann mit Horus identifiziert wurde. Der primäre Tempel der Stadt war das *Große Haus*[278] (äg: *pr-ꜥꜣ* = *per-aa*, von dem auch im Neuen Reich das Wort Pharao abstammte) oder auch das Haus von Atum (hebräisch: פתם, *Pithom*[279]). Seine Priester behaupteten, dass Atum (*Re/Ra*) das erste Wesen war, das sich aus den Urgewässern selbst erschaffen hat. In den Pyramidentexten heißt es dazu:

> *„Atum Chepri!*
> *Du bist als der Hügel hochgekommen.*
> *Du bist als der Benben-Stein*[280] *im Haus des bn.w-Vogels*[281] *in Heliopolis aufgegangen.“* [282]

Heliopolis ist sehr alt und spielte schon seit vordynastischer Zeit eine Rolle. Aus dem Pyramidentext Spruch 477 geht hervor, dass im Fürstenhaus von Heliopolis gemäß dem Osiris-Mythos jene mythologische

[275] M. E. Lehner 1997, 106.

[276] Heliopolis ist der griechische Name, ägypt.: *jwn.w*, in der Bibel: *On*.

[277] Usick und Manley 2007, 60.

[278] Ein Pendent dazu in unserer Zeit ist das *Weiße Haus*, der Sitz des amerikanischen Präsidenten.

[279] Der Ort wird in der Bibel auch im 2. Buch Mose (Exodus 1,11) erwähnt.

[280] Als *Benben*-Stein (äg.: *bnbn.t*) wird der Abschluss einer Pyramide oder eines Obelisken verstanden. Bei der Pyramide spricht man in diesem Fall von einem Pyramidion. Der *Benben*-Stein gilt auch als erste Manifestation des von Atum geschaffenen Urhügels in Heliopolis. Als Beleg aus dem Alten Reich dient hier ein Text von Weni, einem hohen Beamten unter den ersten vier Pharaonen der 6. Dynastie, aus dem Grab des Weni in Abydos. Unter Pepi I. war er Untervorsteher der Pyramidenstadt von Pepi. In der aus dem Grab Wenis erhaltenen Lebensgeschichte von ihm heißt es: *„Der König schickte mich nach Ibhat (in Nubien), um den Sarg Kasten-des-Lebens zu bringen und seinen Deckel und das kostbare prächtige Pyramidion für die Pyramide Schöner-Erdhügel, die Herrscherin des Königs Merenre.“*

[281] äg.: *Hw.t-bn.w*, dt. „Haus des Benu-Vogels“. Der *bn.w*-Vogel entspricht latinisiert dem Phönix-Vogel, den man auch mit „der Wiedergeborene“ übersetzen kann. So heißt es etwa im Totenbuch Spruch 122-2: *„Als Falke bin ich eingetreten. Als Phönix bin ich hervorgekommen.“* Mit dem Falken (*Horus*) ist der lebendige König gemeint und mit Phönix der wiederauferstandene König. In der Mythologie gilt er als Vogel, der am Ende seines Lebenszyklus verbrennt oder stirbt, um aus dem verwesenden Leib oder aus seiner Asche wieder neu zu erstehen. Daraus hat sich auch das Sprichwort gebildet: *„wie Phönix aus der Asche auferstehen“*.

[282] Thesaurus Linguae Aegyptiae, Doris Topmann, Pepi II-Pyramide, PT 600.

Gerichtsverhandlung stattfand, in der Seth des Mordes an Osiris angeklagt und von den göttlichen Richtern für schuldig befunden wurde. Nach der ägyptischen Mythologie war Heliopolis der Urhügel, der als erster aus der Urflut auftauchte, und hier sind die Götter entstanden. Der ägyptische Schöpfungsmythos hatte monumentale Folgen: auf dem Urhügel entstand der größte Tempelbezirk Ägyptens. Umfassungsmauern von bis zu 17 m Stärke und mehr als 10 m Höhe umschlossen schließlich eine Fläche von einem Quadratkilometer.

Die extrem genaue Ausrichtung der Pyramiden nach den vier Himmelsrichtungen, die durchschnittlich nur wenige Bogenminuten vom wahren Norden abweicht[283], unterstreicht die Bedeutung, welche die alten Ägypter den Bauten auf dem Gizeh-Plateau beigemessen haben. Rechte Winkel waren teilweise noch präziser ausgeführt. Diese Präzision[284] bei der Ausrichtung von Bauten wurde erst in der Moderne wieder erreicht.

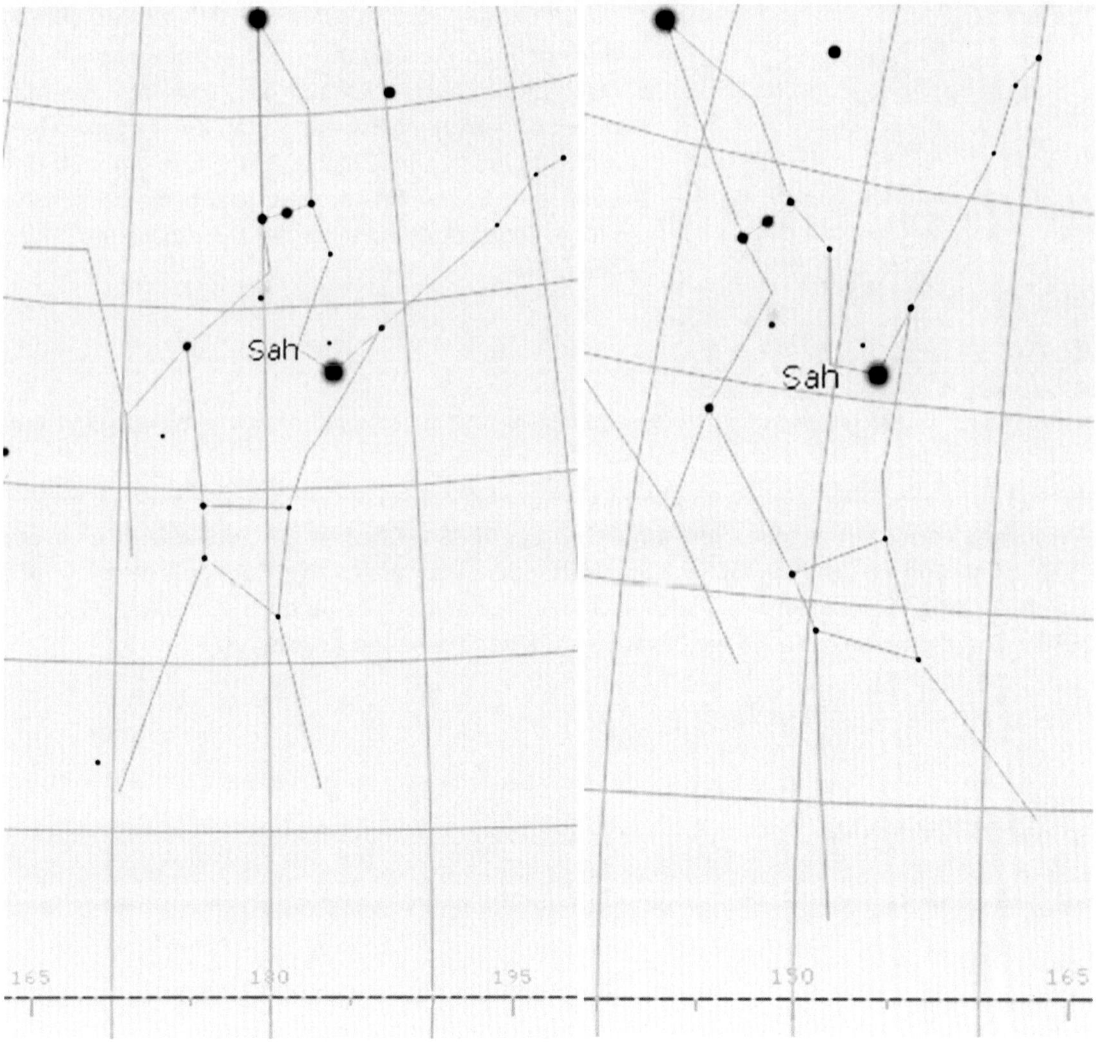

Abb. 61: Ägyptisches Sternbild Sah mit den Orion-Gürtelsternen. Links: am 14.11.2534 v. Chr. um Mitternacht lokaler Ortszeit; Kulmination von Alnitak (ζ-Orionis) im Süden bei einer Höhe von 44° 46'. Alnilam (ε-Orionis): 45° 3', Mintaka (δ-Orionis): 45° 28'. Rechts: 14.10.2534 v. Chr. (gregor. 23.9.2534) um Mitternacht zur Zeit der Herbsttagundnachtgleiche.[285]

Der linke Gürtelstern (Alnitak) im Sternbild Orion erreicht genau einen Monat nach der Herbsttagundnachtgleiche um Mitternacht lokaler Ortszeit seine höchste Position am Sternenhimmel mit rund 45°, wo er exakt im Süden steht (180°). Zur Herbsttagundnachtgleiche erreicht Alnitak eine Höhe von 36,5° um Mitternacht. Zu diesem Zeitpunkt bilden die drei Gürtelsterne den gleichen Winkel, wie die drei Gizeh-Pyramiden. Die sichtbaren Größenklassen der drei Orion-Gürtelsterne sind unter Berücksichtigung von Extinktion um Mitternacht 2,19^m, 1,98^m und 2,72^m, also Sterne 2. – 3. Größenklasse, die mit bloßem Auge gut zu sehen sind.

---

283 s. Dorner 2005.

284 s. Dorner 2007.

285 Astronomie-Programm Stellarium (Version 0.15.0): es sind Sterne bis zur 4. Größenklasse dargestellt. Je größer der dunkle Punkt, desto lichtstärker der Stern; stereographische, d.h. winkeltreue, Himmelsprojektion. Beobachtungspunkt auf der Erde ist das Gizeh-Plateau.

In der nebenstehenden Abbildung wurden die Orion-Gürtelsterne aus Abb. 61 rechts maßstabgerecht soweit vergrößert, bis eine Überdeckung mit den Gizeh-Pyramiden, aufgenommen aus 10 km Höhe, erreicht wurde.

Alnitak und Alnilam bedecken die Mitte der Cheops- und Chephren-Pyramide, während Mintaka nur leicht neben der Mitte der Mykerinos-Pyramide liegt. Es zeigt sich also eine recht gute Übereinstimmung der Anordnung der Gizeh-Pyramiden mit den Orion-Gürtelsternen, die im Sternbild Sah den Kronenrand bilden.

Betrachtet man dieses Jahr unter astronomischen Aspekten, so fällt auch noch auf, dass ungefähr vier Monate vor diesem Ereignis, was genau einer ägyptischen Saison entspricht, am 9. März 2534 v. Chr. um 9:30 Uhr Ortszeit, eine Sonnenfinsternis stattfand, die bei den Pyramiden beobachtet zu einer 90 % Verdeckung[286] der Sonne führte.

Abb. 62: Gizeh-Pyramiden aus 10 km Höhe überlagert mit den Orion-Gürtelsternen Alnitak (ζ-Orionis), Alnilam (ε-Orionis) und Mintaka (δ-Orionis).

Im 26. Jh. v. Chr. hat es nur noch vier andere vergleichbare Sonnenfinsternisse mit einer Bedeckung größer 80 % bei den Pyramiden von Gizeh gegeben: die am 4. Februar 2588 v. Chr., am 10. Juni 2586 v. Chr., am 5. Dezember 2586 v. Chr. und am 20. Juni 2568 v. Chr. stattfanden. Dass gleich zwei Sonnenfinsternisse mit einer Bedeckung größer 80 % in einem Jahr am gleichen Ort stattfinden ist übrigens auch sehr selten. Insofern war das Jahr 2586 v. Chr. astronomisch auch ein besonderes Jahr für die alten Ägypter.

286 Die Daten wurden mit dem NASA-Programm HORIZON (siehe Jet Propulsion Laboratory 2015) ermittelt.

10 Argumente gegen eine astronomische Deutung der Schächte

In den vorangegangenen Abschnitten wurde immer wieder auf die astronomische Bedeutung der Schächte von den verschiedensten Autoren hingewiesen. So wurde ein Bezug vom absteigenden Gang zu dem damaligen Polarstern Thuban (*α Draconis*) schon von John Herschel über seine untere Kulmination hergestellt.

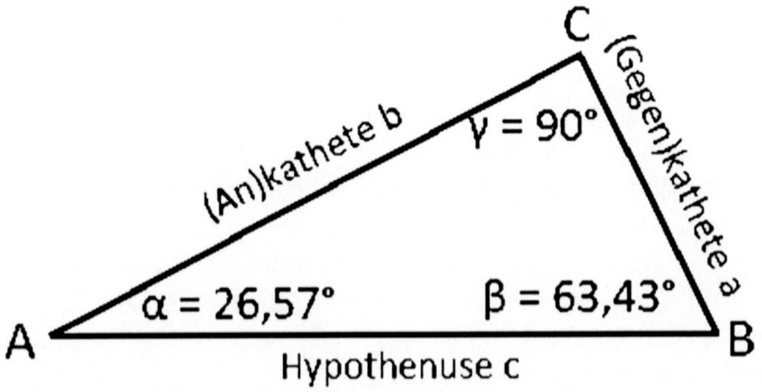

Abb. 63: Darstellung eines rechtwinkligen 1:2-Dreiecks, mit einem von Winkel 26,57°, bei dem die Seite b doppelt so lang wie a ist.

Versucht man mittels verschiedener aktueller Planetariums- bzw. Astronomie-Programmen den Zeitpunkt zu bestimmen, bei dem damals der Stern Thuban (*α Draconis*) um Mitternacht seine untere Kulmination bei einer Höhe von 26,57° hatte so kommt beileibe nicht immer das gleiche Resultat heraus, wie die folgende Übersicht zeigt:

Astronomisches Programm	Datum der unteren Kulmination von Thuban bei 26,57°
Starry Night Pro 6	14.10.2241 v. Chr.
Stellarium 0.13.2	10.10.2213 v. Chr.
Red Shift Premium 8	15.10.2180 v. Chr.
Star Map Pro 11	14.10.2166 v. Chr.
Berechnung nach Piazzi Smyth (um 1870 n. Chr.)	2170 v. Chr.

Tab. 1: Vergleich der Genauigkeit verschiedener Astronomie-Programme für ein über 4000 Jahre altes Ereignis (Kulmination des Sterns Thuban über Gizeh).

Die Ergebnisse differieren hier immerhin um 75 Jahre. Da diese Programme einen guten Querschnitt durch die derzeit verfügbaren professionellen Planetariums-Programme darstellen, kann man also bei astronomischen Berechnungen, die auf historischen Sternpositionen von rund 4200 Jahren beruhen, mit einem Unsicherheitsfaktor von ± 38 Jahren vom Mittelwert dieser Programme ausgehen. Eine jahresgenaue Datierung ist damit offensichtlich nicht möglich, noch nicht mal auf ein Intervall von ± 25 Jahren, wie es bei Mondbeobachtungsdaten der Fall ist. Damit lassen sich also allenfalls grobe Datumsbereiche eingrenzen.

Ein astronomischer Bezug der Luftschächte zu Osiris kann zwar unter Bezug auf die Pyramidentexte erschlossen werden, aber die zu Cheops Zeiten verehrten Hauptgottheiten waren Horus, Hathor, Re und Chnum, dessen Name in der Königs-Kartusche von Cheops in seiner Pyramide belegt ist. Die Verehrung der Hauptgottheiten zu Cheops Zeiten belegt auch ein Zitat von Hawass:

> *"The king, as Horus, was worshipped in the lower temple as indicated by the suggested statuary program of the king in the lower temples of Khafre and Menkaure. Hathor was worshipped in the chapels of the Queens pyramid because she was identified with the wife of the king. Re was worshipped in the upper temple. He was the universal god who accepted all that the king did in the last element of the program of the pyramid complex. He also protected the king who was buried in the 'Horizon of Re,' i.e., the pyramid."* [287]

[287] Hawass 1995, 253.

Der Bezug zu Osiris lässt sich also nur dann aufrechterhalten, wenn man Horus mit Osiris gleichsetzt. Re ist der Sonnengott und Chnum, der Schöpfergott, wird auch mit dem Mond assoziiert, da dieser wiederum mit der Periode der Frau, der Schwangerschaft und Geburt assoziiert ist. Hathor wiederum, deren Name „Haus des Horus" bedeutet, wird als Himmelsgöttin personifiziert und ist damit nicht mit einem einzelnen Stern oder einer Sternenkonstellation in Verbindung zu bringen. Der himmlische Bezug kann also so aufgefasst werden: Sonne, Mond und Sterne. Dies ist ein sehr allgemeiner kosmischer Bezug, wie er in vielen archaischen Völkern vorhanden war.

Das Besondere an dem Winkel α von 26,57° ist allerdings das Seitenverhältnis von Gegenkathete zu Ankathete, welches hierbei 1:2 ist. Ist also die Gegenkathete 1 Elle lang, so ist die Ankathete 2 Ellen lang und die Hypotenuse ergibt sich dadurch zu 2,24 Ellen. Zwischen Ankathete und Gegenkathete ist ein rechter Winkel. Stellt man sich dieses Dreieck nun aus Holz gebaut vor, so ist dieser Winkel von 26,57° immer dann gegeben, wenn zwischen der Ankathete und der Gegenkathete ein rechter Winkel ist und die Ankathete doppelt so lang wie die Gegenkathete ist. Bautechnisch ist dies sehr leicht herzustellen. Der Tangens von 26,57° ist übrigens genau ½, d. h. es handelt sich um eine Steigung von 50 %. Somit lässt sich eine plausible Erklärung für die Schachtneigung angeben ohne astronomische Belange bemühen zu müssen.

Der Winkel von 32,6°, welcher im nördlichen Luftschacht der Königskammer als Steigungswinkel auftritt, kann ebenfalls durch ein einfaches rechtwinkliges Dreieck dargestellt werden, welches man antikes Maß-Dreieck nennen kann (siehe Abb. 66), da der eine Schenkel fast genau eine Königselle plus einen römischen Fuß[288] (= 52,36 + 29,62 = 81,98 cm) lang ist, der andere eine ägyptische Königselle (= 52,36 cm) und die Hypotenuse eine ägyptische Elle und sechs Handbreit (= 97,24 cm).[289] Die Tatsache, dass dabei eine Seitenlänge genau der Addition von ägyptischer Königselle und römischem Fuß entspricht, ist sicherlich dem Zufall geschuldet, da der römische Fuß erst über zwei Jahrtausende später als Maß entstand.

Betrachten wir uns nun einmal den Neigungswinkel der Seitenflächen der Cheops-Pyramide. Dieser beträgt 51° 50' 34" oder 51,843°. Dieser Wert ergibt sich aus der Tatsache, dass die alten Ägypter die Pyramide mittels der Technik eines festen Rücksprungs (äg. *Seked*) von einer Stufe zur nächsten Stufe erbaut haben. Dieser Rücksprung betrug für die Cheops-Pyramide 5 ½ Handbreit oder 22 Fingerbreit auf eine Königselle, welche aus 7 Handbreit und jede Handbreit aus 4 Fingerbreit besteht. Die Königselle ist in 28 Fingerbreit zu je 1,87 cm unterteilt.[290]

Wie in Abb. 66 bei der Darstellung des 22:28 oder 11:14 Dreiecks zu sehen ist, stecken konstruktionsbedingt die Zahlen 7 und 11 in der Cheops-Pyramide. Deshalb ist es auch nicht verwunderlich, wenn diverse Autoren, wie z. B. Miatello, die Zahlen 7 und 11 als mystische Zahlen in Bezug auf die Cheops-Pyramide bezeichnen (s. Abb. 53).

Zur Zahl 11 kann noch vermerkt werden, dass zur Zeit der Sommersonnenwende das Nilwasser von Assuan nach Memphis, der Hauptstadt des Alten Reichs, 11 Tage benötigt.[291] Außerdem beträgt die Differenz des Sonnenjahres und des Mondjahres 11 Tage. Beide Fakten waren den damaligen Ägyptern vermutlich bekannt, doch ob sie eine Rolle für die Wahl des Rücksprungs der Cheops-Pyramide gespielt haben, bleibt dahingestellt.

Genauso kann für die Zahl 7[292] die Tatsache ins Feld geführt werden, dass die Menschen schon seit alters her am Nachthimmel sieben bewegliche Objekte sehen konnten: die Planeten Merkur, Venus, Mars, Jupiter und Saturn, die Sonne und unseren Erdmond. 7 galt als heilige Zahl, weil man glaubte, diese Himmelsobjekte

---

288 Siehe hierzu Bergdoll 2016, 62.

289 Der exakte Längenwert der Hypotenuse beträgt laut Berechnung 97,2743 cm und ist damit um 0,343 mm größer als eine Königselle plus 6 Handbreit. Um einen Wert von 97,24 cm zu erhalten müsste die ägyptische Königselle mit 52,335 cm angesetzt werden, also ¼ mm kleiner als 52,36 cm.

290 Das Verhältnis eines altägyptischen Fingerbreit (1,87 cm) zu einem modernen englischen Zoll (2,54 cm) kann mit der dritten Wurzel aus 0,4 (= $\sqrt[3]{2/5} = 0{,}7362\ldots$) angegeben werden, wobei der Fehler kleiner 0,8 ‰ beträgt, denn $1{,}87^3 / 2{,}54^3 = 0{,}399\ldots$. Anders ausgedrückt kann man sagen, dass 2 ½ Würfel der Seitenlänge 1 äg. Fingerbreit etwa 1 Würfel der Seitenlänge 1 en. Zoll volumenmäßig entsprechen. Doch ist dies sicherlich ein zufälliges und kein gewolltes Verhältnis.

291 Willcocks und Craig 1913, 146.

292 Zur Zahl 7 als heilige Zahl in Ägypten siehe: J.-C. Goyon 1996, 8-11 und Rochholz 2002, 51 f.

bestimmten das Geschick der Menschen.[293] Es ist durchaus möglich, dass die Königselle aus diesem Grund in 7 Handbreit unterteilt wurde, zumal es noch die Handelselle oder gewöhnliche Elle zu 6 Handbreit gab. Die Göttin Seschat[294] (dt. „die Schreiberin") wird fast immer mit einem 7-zackigen Stern auf ihrem Haupt dargestellt.

Für die Zahl 14 lässt sich die Anzahl an Tagen nennen, in denen der Mond zunimmt und für die Zahl 28 die Anzahl an zu- und abnehmenden Tagen.

Abb. 64: Die 14 Tage des zunehmenden Mondes. 14 Gottheiten, von denen jede einem Mondtag angehört, auf je einer der 14 Stufen einer Treppe (1-14). Am oberen Ende desselben leuchtet ihnen, auf einem Säulenständer schwebend, der Vollmond entgegen. Dahinter der Gott Thot mit anbetend erhobenen Händen.

Abb. 65: Der Mondstand. Thoth (A) muss 14 Stufen (Tage) erklimmen, bevor er zum Vollmond (B) gelangt. In (C) ist die Scheibe der aufgehenden Sonne zu sehen (oder die Sonne erhebt sich über den Urhügel) (D). Die Schildkröte (E) steht für das Dekan-Sternbild "Schildkröte" , welches seinem Aufgang in unmittelbarer Nähe von Sirius, seine Stelle zwischen dem Schluss und dem Anfang des normalen Sirius-Jahres einnimmt. Unter (F) Abbildung des Osiris-Sah. Daneben (G) die sehr geläufige Vorstellung des Isis-Gestirns der Sothis (Sirius) als liegende Isis-Kuh in einer Barke.

---

293 Daraus entwickelte sich auch die Astrologie: die Deutung der Planetenkonstellationen für das persönliche Schicksal.

294 Seschat war für die Bereiche des Schreibens, der Buchhaltung und des Ahnenkultes zuständig. In dieser Funktion war sie zugleich die Schutzherrin des Königs. Der Kult der Seschat ist seit der 2. Dynastie belegt.

Cheops-

Entfernungen:

P0 → P1: 41 E 9,3 F = 21,64 m
P0 → P5: 73 E 15,12 F = 38,51 m
P0 → P6: 90 E 15,12 F = 47,40 m
P0 → P7: 220 E = 115,19 m
P1 → P2: 53 E 18,66 F = 28,10 m
P1 → P3: 200 E 21,36 F = 105,12 m
P1 → P4: 95 E 4,43 F = 49,82 m
P1 → P6: 72 E 18,82 F = 38,05 m
P1 → P14: 194 E 13 F = 101,82 m
P2 → P4: 53 E 18,66 F = 28,10 m
P2 → P8: 163 26,32 F = 85,84 m
P2 → P9: 75 E 17,25 F = 39,59 m
P2 → P13: 146 E 13 F = 76,69 m
P3 → P12: 15 E 18,7 F = 8,20 m
P4 → P9: 22 E 19,69 F = 11,89 m
P4 → P14: 99 E 8,57 F = 52,00 m
P5 → P6: 17 E = 8,90 m
P5 → P7: 146 E 13 F = 76,69 m
P7 → P8: 82 E 4,28 F = 43,02 m
P7 → P10: 42 E 18,28 F = 22,33 m
P7 → P12: 57 E 8,3 F = 30,00 m
P7 → P13: 8 E 3,5 H = 4,45 m
P7 → P14: 32 E 13,1 F = 17,00 m
P7 → P18: 113 E 3,5 H = 59,43 m
P8 → P9: 88 E 8,09 F = 46,25 m
P8 → P10: 39,5 E = 20,68 m
P8 → P11: 21 E = 11 m
P8 → P13: 69 E 2,38 F = 36,17 m
P8 → P18: = 31 E 8,32 F = 16,39 m
P8 → P16: = 155 E 11,24 F = 81,37 m
P9 → P10: 79 E = 41,36 m
P10 → P15: 186 E 12,91 F = 97,63 m
P10 → P14: ≈ 10 E ≈ 5,24 m
P13 → P14: ≈ 20 E ≈ 10,24 m
P17 → P18 138 E 1 F = 72,28 m
P17 → P21: 41 E 15 F = 21,75 m
P18 → P21: 96,5 E = 50,53 m
P21 → P22: ≈ 32 E 4,5 H ≈ 17,09 m

Abkürzungen:

E = königliche Elle zu 52,36 cm
H = Handbreit (1 E = 7 H)
F = Fingerbreit (1 H = 4 F)
röm. Fuß = 29,62 cm
m = Meter

22:28 bzw. 11:14 Dreieck

Entlastungskammern

1. Davison
2. Wellington
3. Nelson
4. Lady Arbuthnot
5. Campbell

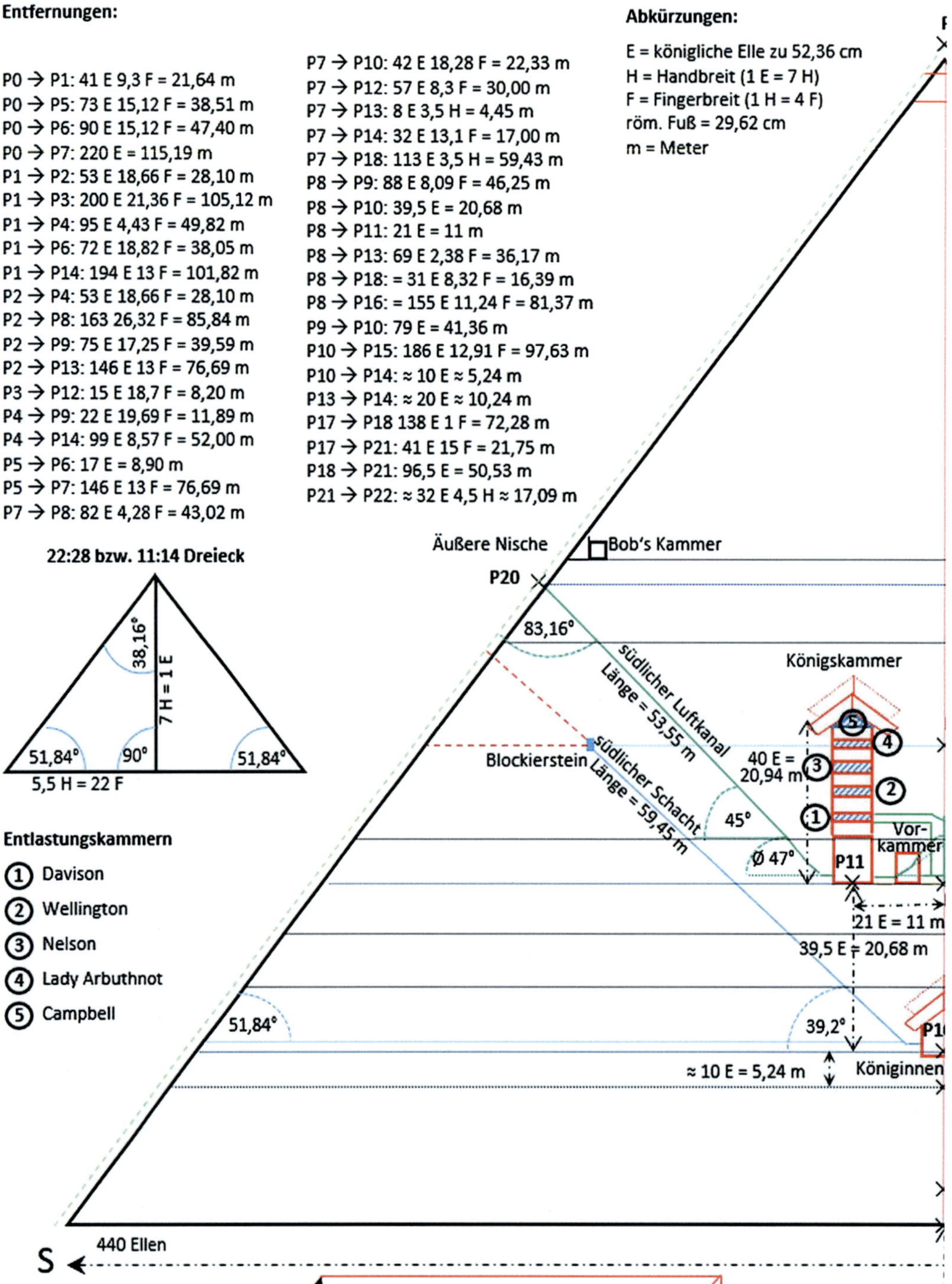

Maßstab

25 E = 13,09 m
10 m

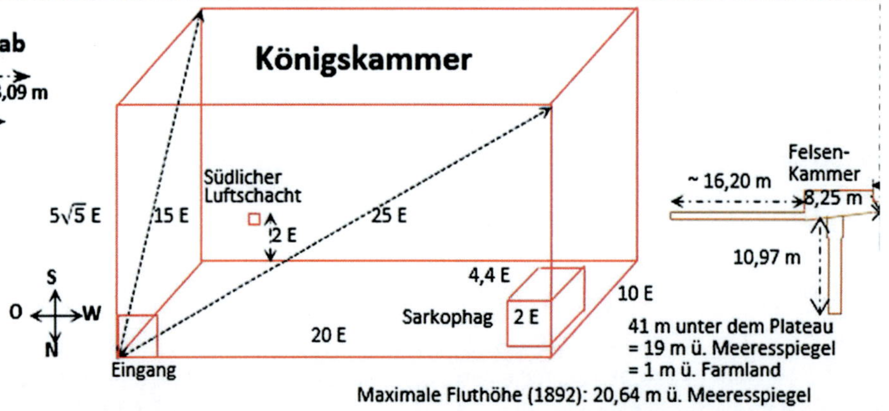

Pyramide

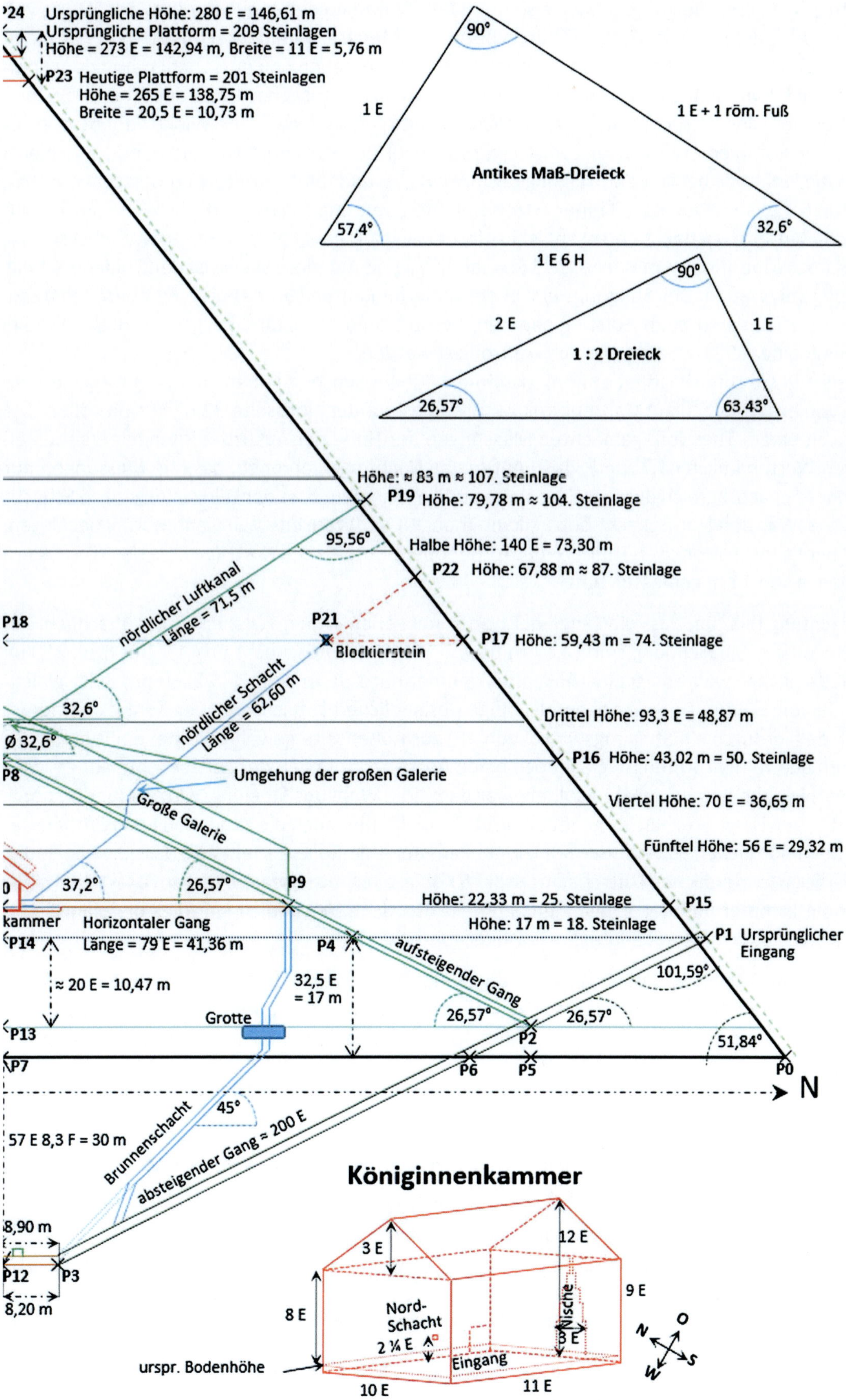

Abb. 66: Maßstabsgerechte Darstellung der Cheops-Pyramide.

Der Komplementärwinkel zum Pyramidenneigungswinkel von 51,84° entspricht 38,16° im rechtwinkligen Dreieck. Der von Gantenbrink gemessene Wert für den Südschacht liegt bei 39,4° ± 0,2°.[295] Für den Nordschacht gibt es leider keine zuverlässigen Messwerte. Laut Gantenbrink hat der Nordschacht der Königinnenkammer einen um 2° kleineren Neigungswinkel, also nur 37,4°[296]. Damit liegt er nahe bei der Schätzung von Maragioglio & Rinaldi[297], die sich mit 37,5° auf Petrie beziehen. Meine Pyramidenrekonstruktion hat einen Wert von 38,16° im Durchschnitt über den gesamten Schachtverlauf ergeben und entspricht damit dem Komplementärwinkel zum Pyramidenneigungswinkel. Man kann also davon ausgehen, dass der Baumeister hier den kürzesten Weg von der Kammer zur Pyramidenaußenseite gesucht hat. Der Winkel ergibt sich als $\tan^{-1}(^{11}/_{14})$, da es der Komplementärwinkel zum Neigungswinkel der Pyramide ist, der mit 51,84° gleich $\tan^{-1}(^{14}/_{11})$ ist. Für die Pyramide beträgt die Steigung (äg. *Seked*) $^{14}/_{11}$ und für die Königskammerschächte $^{11}/_{14}$. Der Winkel von 38,16° hat somit nichts mit einer astronomischen Deutung zu tun, da die Schächte auch nicht bis zur Pyramidenaußenseite reichen. Interessant ist in diesem Zusammenhang noch, dass der Winkel $\sin(^{1}/_{\Phi})$ = 38,17° und damit quasi identisch zum Winkel 38,16° = $\tan^{-1}(^{11}/_{14})$ ist. Auf diese Weise ist der Goldene Schnitt zufällig mit ins Spiel gekommen. Der Steigungswinkel der äußeren Kanten (Grade) bis zum oberen Plateau, also der Weg, den die Touristen beim Aufstieg nahmen, beträgt rund 42° = $\tan^{-1}(^{9}/_{10})$. Auch dieser Winkel konnte beim Bau mit einem 9:10-Dreieck einfach kontrolliert werden.
Betrachten wir uns nun die Luftschächte der Königskammer. Auf der Südseite haben wir einen Neigungswinkel des Schachts von exakt 45° [298] laut Gantenbrink, während es auf der Nordseite 32,6° [299] sein sollen. Die von Gantenbrink mit einem Theodolit gemachten Messungen der Höhe der Austrittsöffnungen ergeben einen leicht anderen Wert, nämlich 43,3° und 31,3°. Auf meine Nachfrage gab er zu, dass sie Messungen nur im unteren südlichen Schachtbereich durchgeführt haben und annahmen, dass der Winkel im ganzen Schacht konstant sein würde. Was den Nordschacht betraf, kann man auf der Webseite von Gantenbrink nachlesen, dass er 31,2° im sogenannten *Mankiller*-Tunnel – das ist der obere Bereich des Nordschachts der Königskammer – auf einer Länge von 11 m gemessen hat.

Bei genauer Betrachtung fällt auf, dass die Länge der horizontal verlaufenden Teilstücke der Luftschächte in der Königskammer unterschiedlich lang sind (2,62 m bzw. 5 Ellen im Nordschacht und 1,72 m bzw. 3 Ellen 2 Handbreit im Südschacht), während sie in Königinnenkammer mit 1,96 m bzw. 3 $^{3}/_{4}$ Ellen pro Seite gleichlang sind. Die Wahl von 1,72 m für die horizontale Länge des südlichen Luftschachts der Königskammer ist sicher kein Zufall, da hierdurch ein Steigungswinkel von 45° zur Außenseite gewählt wurde; ein Winkel, der leicht zu realisieren und zu überprüfen ist. Da jedoch beide Austrittsöffnungen der Luftschächte auf gleicher Höhe der Außenverkleidung herauskommen sollten, war damit die Wahl des Steigungswinkels für den nördlichen Luftschacht in gewissen Grenzen vorgegeben. Jedoch spielte hier auch die Umgehung der Großen Galerie, genau wie beim nördlichen Schacht der Königinnenkammer eine Rolle. Es fällt auf, dass die Länge des horizontalen Teilstücks des nördlichen Luftschachts exakt 5 Königsellen misst, was wiederum exakt der Hälfte der Breite der Königskammer und der Königinnenkammer entspricht. Vermutlich war dies die planerische Vorgabe und daraus resultierte dann der Steigungswinkel von 32,6°.

Betrachtet man noch die Tatsache, dass in Ägypten der Wind meist direkt von Norden kommt, so trifft er dennoch fast senkrecht auf den nördlichen Luftschacht. Dies ermöglicht eine optimale Belüftung der Königskammer. Dass dies auch praktisch zu spüren war, hat Morton Edgar geschildert, als er die verstopften Schächte gereinigt hatte.

---

295 Haase 1994, 260. Hier wird zwar 39,6° angegeben, aber in dem Film von Gantenbrink *Robot Journey into the Past* sieht man, dass sich das Winkelmessgerät bei 39,4° einpendelt.

296 Haase 1995, 231.

297 Siehe z. B. Maragioglio und Rinaldi 1963-1977, Vol. 4 Tavola, Tav. 3, Fig. 1).

298 Diese Messung basiert allerdings auf dem Vorgängermodell von *UPUAUT-1*, das im Gegensatz zu *UPUAUT-1* über ein Winkelmessgerät verfügte. Allerdings kam das Vorgängermodell nicht über Block 5 hinaus, d. h. es konnte nur der Winkel im Bereich der ersten 5 Blocks ermittelt werden. Für die restlichen Blocks ging man von einem geraden Verlauf aus.

299 Die 32,6° ergeben sich als Durchschnittswert der Blocks 2 bis 5, die im Bereich des Caviglia-Tunnels manuell ermittelt wurden. Im oberen Bereich des Schachts (die letzten 11 Meter heißen auch *Mankiller*-Tunnel, da Grabräuber diesen Schacht erweitert haben, aber eben nur so, dass sich genau ein Mann hineinzwängen kann) bestimmte Gantenbrink mittels fünf Messungen den Neigungswinkel zu 31,2°.

> *"Now a fine strong breeze blows through this North channel, sometimes outward, and sometimes inward, according to the direction of the wind outside.*
> *As the result of these two channels being open, the temperature in the interior of the Pyramid immediately decreased, making the inside of the building very much more comfortable to work in, and more comfortable for the numerous visitors too; for it used to be very hot in the Pyramid. All that is changed now!*
> *To prevent rain from again carrying down debris into these two air-channels, and so stopping them up again, I instructed my men to do some building-work at their outer ends, arranging this little bit of masonry in such a way, that debris could not be carried into the channels by rain. Ten years later, in 1938, I found that this masonry which I had caused to be built at the exterior ends of the channels was still performing its intended object, for both the channels were acting perfectly, entirely free of debris. A strong current of air blew through both channels, keeping the air in the chambers and passages fresh and pure, and cool. Sometimes, indeed, the temperature inside the building was rather cold!"* [300]

Damit ist auch eine plausible Erklärung für die Winkel dieser Schächte gefunden, ohne astronomische Aspekte bemühen zu müssen.

Man kann zwar nicht ausschließen, dass die alten Ägypter einen Bezug der Schächte zu bestimmten Sternen am Nachthimmel herstellen wollten, aber zwingend notwendig ist dies nicht, da die obige Begründung auch ohne astronomische Aspekte schlüssig ist.

---

300 Edgar und Edgar 2007, 545-546.

11 Das Gizeh-Plateau

Das Plateau bei dem ägyptischen Ort Gizeh, auf welchem die beiden großen Pyramiden und die etwas kleinere Pyramide stehen, wird gemeinhin als Gizeh-Plateau bezeichnet. Die am tiefsten gelegene Pyramide dort ist die Cheops-Pyramide, die 60 Meter hoch über Normalnull liegt. Damit liegt sie rund 50 Meter über dem Niedrigwasserstand des Nils. Da das Plateau in Richtung Süden ansteigt, liegen die Chephren-Pyramide und die Mykerinos-Pyramide höher als die Cheops-Pyramide. Bei der Chephren-Pyramide macht dies rund 10 m aus, was dazu führt, dass sie von ferne betrachtet höher erscheint als die Cheops-Pyramide. Dies haben auch viele frühere Reisende festgestellt. Die heute wissenschaftlich nachgewiesene Präzision, vor allem auch bei der Ausrichtung der Cheops-Pyramide nach Norden, legt den Schluss nahe, dass die Erbauer präzise astronomische Beobachtungen vorgenommen hatten, die auch den Lauf der Sonne mit einschlossen. Die Sonne war für sie seit jeher der Lebensspender, zusammen mit dem Nil. Deshalb verehrten sie die Sonne in Form ihres Sonnengottes Ra (auch Re), der früher auch Atum hieß, dessen Hieroglyphe die Sonnenscheibe mit einem Punkt in der Mitte ist. Schon in frühester Zeit errichtete man Atum bzw. Ra zu Ehren einen Sonnentempel an der Stelle, wo die Ägypter glaubten, dass sich dort der Urhügel befindet; ein Hügel, der aus dem alles umfassenden Urgewässer als einziges zuerst herausschaute und wo sich der Urgott Atum selbst erschaffen hatte.

Diesen mythologischen Ort nannten die alten Ägypter *Iunu* (altäg. ), was „die Säulen" bedeutet und auf die vielen Tempel, die sie dort zu Ehren von Atum (*Re/Ra*) errichteten, hinwies. Schon in vordynastischer Zeit, also im 4. Jahrtausend v. Chr. war die Stadt ein regionales Zentrum. Der Tempelbezirk wurde zum Herz der Stadt *Iunu*. Alttestamentarisch wurde diese Stadt mit *On* bezeichnet, während die Griechen sie dann Heliopolis (Sonnenstadt) nannten. Aus dem Pyramidentext Spruch 477 geht hervor, dass im Fürstenhaus dieser Stadt gemäß dem Osiris-Mythos jene mythologische Gerichtsverhandlung stattfand, in der Seth des Mordes an Osiris angeklagt und von den göttlichen Richtern für schuldig befunden wurde.

Bereits 1837 entstand eine präzise topografische Karte durch John Shae Perring, der lange Zeit zusammen mit Howard Vyse auf dem Gizeh-Plateau arbeitete.

Es gibt eine offensichtliche Verbindung zwischen diesem uralten Sonnenheiligtum in *Iunu* und dem Gizeh-Plateau. Genau wie die Gizeh-Pyramiden exakt nach Norden ausgerichtet wurden und der Sphinx, welcher 72,55 m (≈ 138,5 Ellen) lang ist, exakt nach Osten zur aufgehenden Sonne zur Tagundnachtgleiche, wurde die Lage der Pyramiden auf dem Plateau auch zum Sonnentempel[301] in *Iunu* ausgerichtet. Verbindet man die Südwestecke der Mykerinos-Pyramide mit der Südostecke der Cheops-Pyramide und verlängert diese Linie, so verläuft sie auch direkt durch das Zentrum der ersten Nebenpyramide von Cheops, die seiner Mutter Hetepheres gehörte, und stößt dann in 46.800 Ellen (≈ 24,5 km) Entfernung auf das Sonnenheiligtum in *Iunu* (Heliopolis).[302] Es ist schon erstaunlich, mit welcher Präzision die beiden Orte über eine so große Distanz miteinander verbunden sind.[303] Nimmt man an, dass der Haupttempel in *Iunu* mindestens 10 m hoch war, so konnte man ihn sicher vom Gizeh-Plateau aus erkennen. Dennoch stellt die präzise Ausrichtung eine Meisterleistung antiker Ingenieurskunst dar.

Mark Lehner und Zahi Hawass bemerken hierzu in ihrem neuesten Pyramidenbuch:

---

301 GPS-Koordinaten: 30° 7′ 45.6″ N, 31° 18′ 27.1″ O. H eute noch befindet sich dort ein Obelisk, der unter dem Namen Al-Masalla Obelisk firmiert und von Sesostris I. (12. Dyn.) errichtet wurde. Der Ort befindet sich heute im Stadtteil Mataria von Kairo.

302 Carsten Niebuhr schreibt dazu in seinen Reisebeschreibungen, die auf seinem Besuch in Heliopolis im Dezember 1761 beruhen: *„Aber es ist davon [Heliopolis] weiter nichts übrig als große Dämme und Hügel voller kleiner Stücke Marmor, Granit und Scherben, einige Überbleibsel von einem Sphinx, und ein noch aufrecht stehender Obelisk, der den neueren Einwohnern vielleicht zum Wegbringen zu schwer gewesen ist. Letzterer ist von Granit, aus einem Stücke, und an allen vier Seiten mit Hieroglyphen beschrieben. ... Der Fußboden des Sonnentempels war damals vielleicht nicht höher als das Land außerhalb der Dämme. Es würde also der Mühe wehrt seyn, wenn jemand an diesem Obelisk graben lassen und untersuchen könnte, wie hoch der Fußboden jetzt mit Erde bedeckt ist."* (Niebuhr 1774, 99).

303 Mittels Google Earth kann dies jeder selbst leicht nachvollziehen. Man nimmt dazu das Messinstrument und zeichnet eine Linie von der Südostecke der Mykerinos-Pyramide zum *al-Masalla*-Obelisk.

„Auch durch einfaches Augenmaß kann ein gewisser Genauigkeitsgrad erreicht werden. Die „Gizeh-Diagonale" berührt die Südwestecken aller Pyramiden (die Südwestecke der Chephren Pyramide ist allerdings einige Meter von dieser Diagonale zurückgesetzt). Geht man am südlichen Höhenzug der Maadi-Formation in östliche Richtung, den Blick auf die Pyramiden gerichtet, dann rücken die drei riesigen, auf einer Linie angeordneten Strukturen immer weiter zusammen, je näher man ihnen kommt. An einem bestimmten Punkt – im Windschatten eines kleinen Hügels – überschneiden sich die Südostecken aller drei Hauptpyramiden und die Cheops-Pyramide verschwindet hinter denen des Chephren und des Mykerinos. Geht man nur einen Schritt von weniger als einem Meter – wenig für eine Baulinie von vielen Kilometern – vor oder zurück, dann sieht man die drei Pyramiden wieder getrennt voneinander." [304]

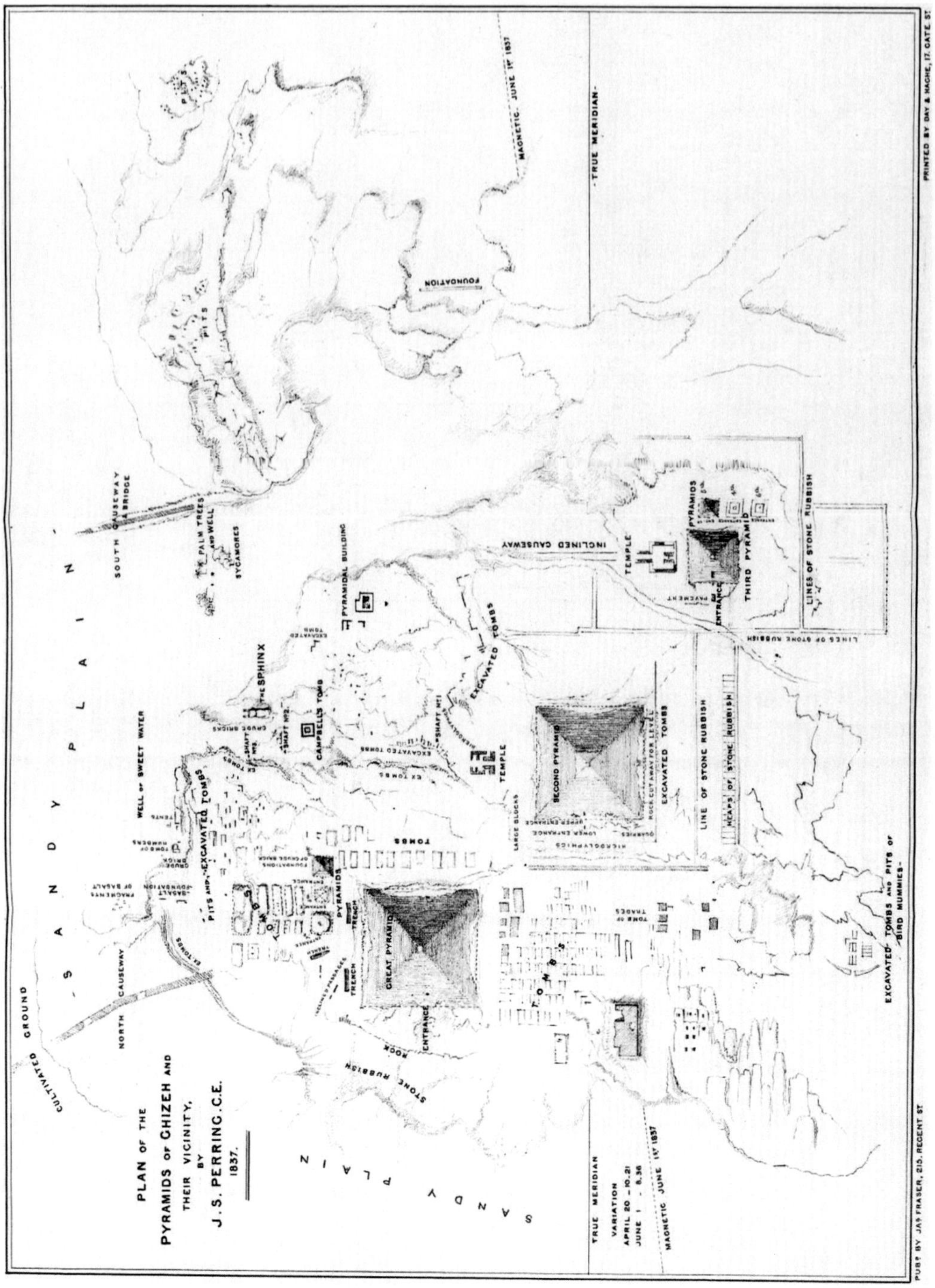

Abb. 67: Gizeh-Plateau 1837 nach John Shae Perring.

[304] Lehner und Hawass 2017, 409.

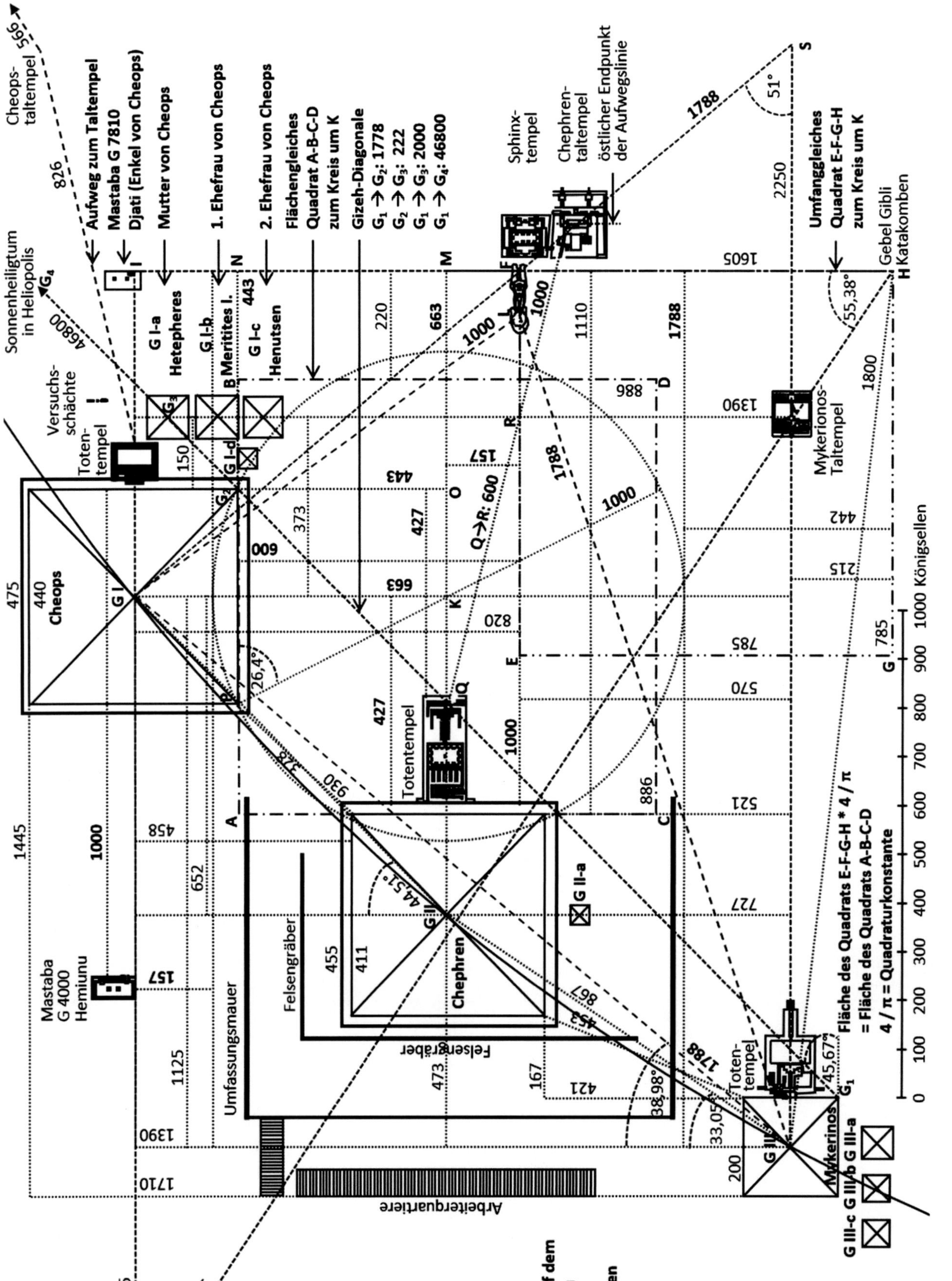

Abb. 68: Gizeh-Plateau: Lage und Entfernungen nach Flinders Petrie, Uvo Hölscher, George A. Reisner und Mark Lehner. Entfernungen auf ganze Königsellen (52,36 cm) gerundet.

In obiger Abbildung erkennt man die Gizeh-Diagonale[305], welche links unten im Punkt G_1 (Mykerinos-Südostecke) beginnt, dann durch G_2 (Cheops-Südostecke) läuft, und schließlich über G_3 (Mitte der Hetepheres-Pyramide) bis nach G_4 (Sonnenheiligtum in Heliopolis) verläuft. Die Entfernung von G_1 (Mykerinos-Ecke) nach G_3 (Mitte der Hetepheres-Pyramide) beträgt exakt 2.000 Königsellen. Die gesamte Diagonale von G_1 bis G_4 (Sonnenheiligtum in Heliopolis) beträgt 46.800 Ellen oder rund 24,5 km.[306] Ihr Winkel bezogen auf die Nord-Süd-Ausrichtung der Cheops-Pyramide beträgt 45,67° und kommt damit einer Diagonalen in einem Quadrat auf 0,67° nahe. Auf 2.000 Ellen (≈ 1,05 km) Entfernung beträgt die Abweichung der Gizeh-Diagonalen zu einer Quadratdiagonalen mit 45° Winkel gerade einmal 23,4 Ellen (≈ 12,25 m).

Lehner konstatiert bezogen auf das Gizeh-Plateau und die Bedeutung der Sonne noch Folgendes:

> *"Another dramatic effect is created at sunset during the summer solstice as viewed, again, from the eastern niche of the Sphinx Temple. At this time, and from this vantage, the sun sets almost exactly midway between the Khufu and Khafre Pyramids, thus construing the image of the akhet, «horizon», hieroglyph on a scale of acres."* [307]

Schon zur Zeit von Howard Vyse, dem „Sprengstoff-Archäologen“, hat H. C. Agnew in einem Buch über die Gizeh-Pyramiden seine Ansicht geäußert, dass alle drei großen Pyramiden zu einem geplanten Gesamtensemble gehören.[308]

Der Sphinx[309] selbst ist exakt nach Osten ausgerichtet und damit auf die aufgehende Sonne zu den Tagundnachtgleichen. Die Entfernungsangaben aus obiger Grafik zeigen, dass bestimmte Distanzen sicherlich planerisch festgelegt wurden, zumal die durch 40 teilbaren Ellenwerte.[310] Die Entfernung des Sphinx vom hinteren Felsspalt des Rückens (Punkt L) (siehe Abb. 73) zur Umfassungsmauer der Chephren-Pyramide oder zur Mitte der Cheops-Pyramide beträgt jeweils 1.000 Ellen (= 523,6 m). Daraus kann man schließen, dass der Entfernung von 1.000 Ellen auf dem Gizeh-Plateau eine besondere Bedeutung zukommt. Interessant in diesem Zusammenhang ist die Wahl des hinteren Felsspalts des Rückens (Punkt L) als Ausgangspunkt für die 1.000-Ellen-Entfernungen. Diese Wahl ergibt eigentlich nur dann einen Sinn, wenn der Sphinx zu diesem Zeitpunkt wie die meiste Zeit in seiner Geschichte entweder im Sand versunken war und nur der Kopf mit Hals und die oberste Schicht des Rückens herausschaute oder aber der Körper des Sphinx noch gar nicht aus dem Boden

305 Siehe hierzu Lehner und Hawass 2017, 44, 409 u. 455.

306 Um ein Objekt in 24,5 km Entfernung noch erkennen zu können, muss wegen der Erdkrümmung das Objekt mindestens 47,1 m höher sein, als der Beobachter, wenn der Beobachter und das zu beobachtende Objekt auf der gleichen Ebene (Höhe) liegen. Der Boden, auf dem das Sonnenheiligtum stand, lag etwa 14 m über Normalnull (Meereshöhe), während die Cheops-Pyramide an der Basis 60 m über Normalnull hoch lag. Die Höhendifferenz beträgt also 46 m. Damit ist in dieser Entfernung vom Gizeh-Plateau aus ein Objekt, welches mindestens 1,1 m hoch ist, bei klaren bis sehr klaren Sichtbedingungen zu erkennen. In dieser Entfernung können Objekte gerade noch voneinander unterschieden werden, wenn sie mindestens 1,13 m auseinander stehen (siehe hierzu Fußnote 316).

307 M. E. Lehner 1985, 141.

308 Agnew 1838, 5: *"the three great pyramids of Gizeh were component parts of one immense system, members of a vast united triad, each in itself admirable, but all three so connected with the first principle of the system as to form but one perfect whole. If then, in the contemplation of one of these sublime structures, we are lost in astonishment at the greatness of the undertaking, how must our wonder be increased when we find that all were planned at once! that before a stone of the great causeway was laid, the precise proportions of the second and third pyramids, as well as of the first, were unalterably determined by the necessary effect of the rule which fixed the length and breadth of the causeway itself!"*

309 Zur speziellen Positionierung der Sphinx auf dem Gizeh-Plateau hat auch Edgar Cayce in einer seiner Sitzungen (*Reading 195/14*) vom 18.7.1925 eine Aussage dazu gemacht. Er wurde in Trance gefragt *„In welcher Funktion handelte die Entität bezogen auf den Bau des Sphinx?“*, worauf er antwortete: *„Als die Monumente in der Ebene, wo die heute sogenannte Pyramide von Giza liegt, neu aufgebaut wurden, legte diese Entität das Fundament. Sie kalkulierte die geometrische Position des Sphinx in Bezug auf die bereits bestehenden Bauwerke. Und die Daten, die sich darauf beziehen, kann man in den Gewölben des Sphinx finden.“*

310 Siehe hierzu auch Abb. 54 und W. M. Petrie 1883, 183.

herausgelöst worden war. Mark Lehner nimmt letzteres an, da der Sphinx-Tempel aus den Steinen der den Sphinx umgebenden Gesteinsschichten erbaut wurde.[311]

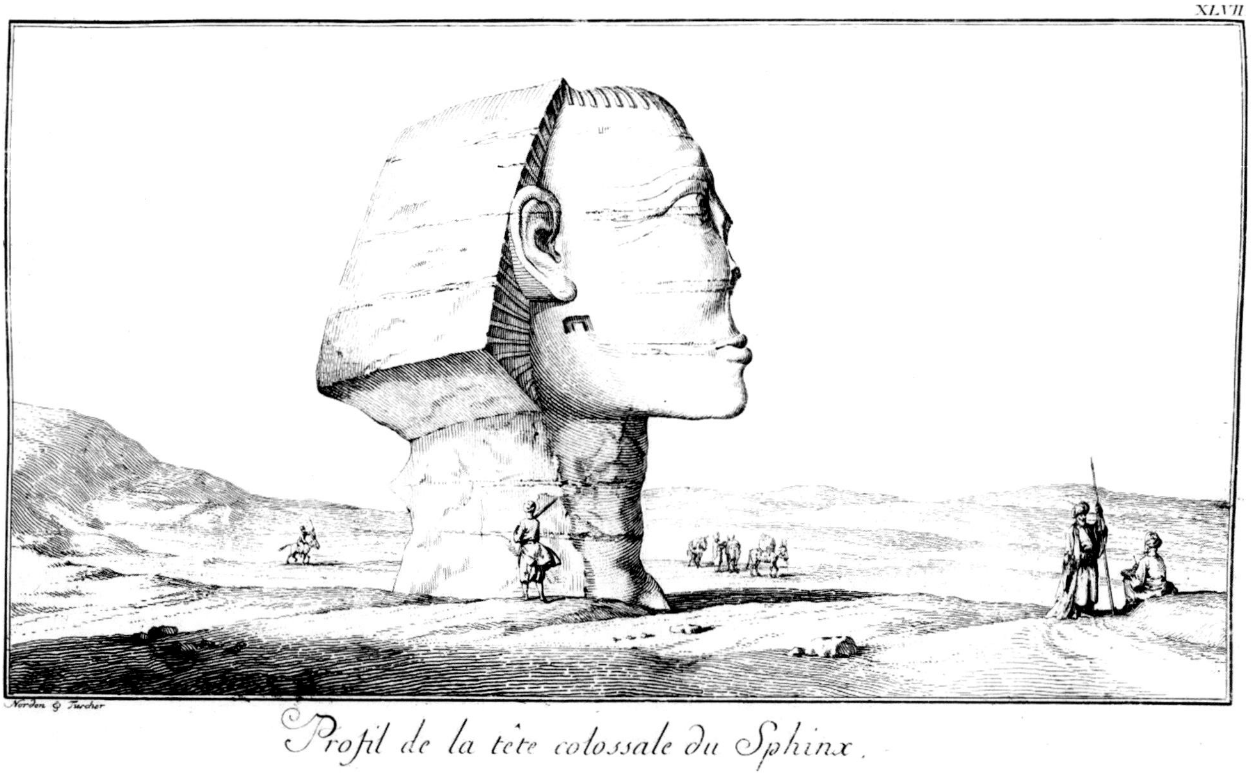

Abb. 69: Der Sphinx im Profil von Frederic Norden aus dem Jahr 1737.

Der vermeintliche Baumeister der Cheops-Pyramide, also der ersten Großpyramide auf dem Gizeh-Plateau, war Hemiunu[312], was übersetzt Diener von *Iunu* bedeutet. In *Iunu* (heute Heliopolis), befand sich das Sonnenheiligtum. Heute befindet sich dort ein Obelisk. Betrachten wir uns die Distanz von der Ostseite der Cheops-Pyramide durch dessen Zentrum (Ost-West-Achse), so gelangen wir nach 1.000 Ellen exakt zur Ostseite des Grabes von Hemiunu, in dem sich ein Nord- (mit Sargkammer) und ein Südschacht befinden.[313] Damit hat

[311] M. E. Lehner 2017 (Vol. 18 No. 1), 2-7.

[312] Hemiunu (äg. *Ḥm Jwnw* = Diener des (Gottes) von *Iunu* (= Heliopolis)) war ein Prinz der altägyptischen 4. Dynastie. Während der Regierungszeit von Pharao Cheops hatte er das Amt des Wesirs inne und war somit der höchste Beamte nach dem König. Hemiunu trug außerdem den Titel *„Vorsteher aller Bauarbeiten des Königs"* und war somit höchstwahrscheinlich verantwortlich für den Bau der Cheops-Pyramide. Insgesamt besaß er die beachtliche Zahl von 22 Titeln, darunter auch die Titel *„Großer der Fünf des Tempels des Thot"*, *„Leiter aller göttlichen Ämter"* und *„Meister (Leiter) der königlichen Schreiber"*. Die genaue Abstammung Hemiunus ist nicht ganz klar. Sein Vater ist der in Meidum bestattete Prinz Nefermaat. Dessen Vater wiederum ist nicht zweifelsfrei identifiziert. Es handelt sich entweder um Pharao Snofru oder dessen Vorgänger Huni. Hemiunu wäre demnach ein Neffe oder ein Cousin des Cheops. Hemiunu gehört die Mastaba G 4000 (in früheren Plänen auch mit D 60 bezeichnet) auf dem westlichen Gräberfeld der Cheops-Pyramide.

[313] Der Eingang zu Hemiunus Grab liegt auf dessen Ostseite. Das Grab wurde bereits durch die Wissenschaftler der französischen Napoleon-Expedition 1798/99 beschrieben. Darin wird berichtet: *„Eines dieser pyramidenstumpfförmigen Gräber fällt durch seine größeren Ausmaße auf; es ist 45,66 × 15,03 m breit und 6 m hoch; die Außenhöhe betrug 9,5 m; die Hälfte davon ist unter dem Sand verborgen. An der Ostseite befinden sich zwei Türen, die zu einigen Räumen führen: Im oberen Teil befindet sich ein Band mit Hieroglyphen. Als wir auf die Plattform steigen, entdecken wir die Öffnung eines Schachtes, der 2,14 m breit ist. Als die Ingenieure dort ankamen, fanden sie ihn fast voller Sand und Steine; Herr Le Père und Herr Coutellele ließen ihn ausräumen. In einer Tiefe von 16 ½ Metern fanden sie einen in den Felsen gegrabenen Raum, etwa 7 × 3,7 m groß und 2,82 m hoch, mit einem Sarkophag aus schönem schwarzen Basalt, perfekt geschnitten, mit sehr feiner Maserung, matt poliert und gekrönt von einem dicken Deckel mit Abdeckung: Er war von den Arabern geöffnet und von seinem Inhalt befreit worden. Die Form des Monuments ist einfach, die Seiten sind glatt und verziert, aber die Ausführung ist rein und sehr sauber; das einzige Ornament, wenn überhaupt, besteht aus vier hervorstehenden und abgerundeten Anhängseln, die an den beiden Enden des Deckels angebracht wurden; seine Länge beträgt 2,68 m; seine Breite 1,13 m; seine Höhe 1,07 m. Die Innenabmessungen*

Hemiunu meiner Meinung nach eine Art Signatur bezüglich der Planung des Gizeh-Plateaus hinterlassen. Sehen wir uns daher nach weiteren Distanzen von 1.000 Ellen auf dem Plateau um. Vom Eingang des Chephren-Totentempels bis zum Ende des Aufwegs in seinem Taltempel sind es ebenfalls 1.000 Ellen. Weiterhin schneidet ein Kreis mit 1.000 Ellen Durchmesser, also 500 Ellen Radius, dessen Mittelpunkt sich im Schnittpunkt der Nord-Süd-Achse der Cheops-Pyramide mit der Ost-West-Achse der Chephren-Pyramide befindet (Punkt K), die Cheops-Pyramide exakt an der Südost- und Südwestecke (Punkt P). Insgesamt haben wir damit fünf Entfernungen zwischen relevanten Objekten auf dem Gizeh-Plateau, die exakt 1.000 Ellen betragen. Dazu kommt noch die doppelte Distanz von 2.000 Ellen, die G_1 mit G_3 verbindet. Letztere wird allerdings vom Baumeister der Mykerinos-Pyramide gewählt worden sein und nicht von Hemiunu.

Die Zahl 1.000 entspricht 25 × 40. Beide Zahlen, 25 und 40, spielen eine besondere Rolle auch beim Bau der Cheops-Pyramide (zur Zahl 40 siehe hierzu Kap. 7 und zur Zahl 25 Kap. 19.5). Die Zahl 1.000 ist die dritte Potenz der Zahl 10, die die Basis des von den Ägyptern benutzten Dezimalsystems bildet. Auch hier erhalten wir einen Bezug zu einer für die alten Ägypter besonderen Zahl, der 3, die für eine Triade[314] steht. Das ägyptische Zahlzeichen für die Zahl 1.000 war die Wasserlilie bzw. Lotusblüte. Der Lotus war neben dem Skarabäus das wichtigste Symbol für Regeneration und Auferstehung. Diese Bedeutung des Lotus geht auf die Eigenschaft der Pflanze zurück, ihre Blüten bei Sonnenuntergang zu schließen, unter Wasser zu tauchen und bei Sonnenaufgang wieder aus dem Wasser emporzusteigen. Somit symbolisiert der Lotus, ebenso wie der Skarabäus, auch die Sonne. Die blaue Lotusblüte galt im Alten Ägypten als heilig. Wie der Papyrus die Pflanze Unterägyptens war, war der Lotus eines der Symbole für Oberägypten. Die Gizeh-Pyramiden gehörten seit Anbeginn zu Oberägypten, denn Unterägypten begann erst mit der Aufteilung des Nils einige Kilometer nördlich davon, wo das Nildelta (Unterägypten) begann. Ein weiterer Zusammenhang der Entfernung von 1.000 Ellen besteht darin, dass dies 10 × 100 Ellen sind und eine ägyptische Seillänge (Messschnur) 100 Ellen betrug. Das Hieroglyphenzeichen für die Zahl 100 ist ein aufgerolltes Seil. Bildet man ein Quadrat aus einer Messschnur zu 100 Ellen, so beträgt die Seitenlänge des Quadrats 25 Ellen. Auch hier taucht die Zahl 25 auf.

Besonders erstaunlich ist, dass das flächengleiche Quadrat (A-B-C-D) zum Kreis um den Punkt K (siehe Abb. 68) mit einer Seitenlänge von 886 Ellen exakt die Südseite der Cheops-Pyramide und die Ostseite der Chephren-Pyramide berührt und als Zentrum selbst den Punkt K besitzt! Zudem liegt die Südseite der Meritites I.-Pyramide auch auf der Strecke A-B. Die Ostseite dieses Quadrats ist genau 220 Ellen, also exakt die Hälfte der Cheops-Pyramidenbasis, von der Ostseite des Dreiecks H-I-J entfernt.

Ein flächengleiches Quadrat zu einem gegebenen Kreis erhält man durch die Formel $\sqrt{\pi}$ mal Kreisradius = Seitenlänge des Quadrats. Andersherum kann man mit der Formel: Seitenlänge des Quadrats geteilt durch $\sqrt{\pi}$, den Kreisradius eines flächengleichen Kreises zu einem gegebenen Quadrat ermitteln.[315] In beiden Fällen benötigt man jedoch hierfür die Kreiszahl π (*Pi*). Man nimmt an, dass die alten Ägypter die Zahl π mittels des Bruchs $\frac{22}{7}$ (= 3,142857...) approximiert haben. Dieser Bruch ist nur 0,001264... größer, als die Zahl π selbst.

---

betragen 2,09 × 0,60 m und 0,67 m, also ausreichend Platz für eine Mumie in ihrem Kasten." (Quelle: Jomard 1809, Textband Antiquités, Vol. 2, 666-667). Eigene Übersetzung aus dem Französischen. Für Zeichnungen hierzu, siehe: Jomard 1809, Tafelband Antiquités, Vol. 5, Pl. 14 fig. 5-10, Lage: Pl. 6 (d). Eine überlebensgroße Kalkstein-Statue von Hemiunu fand Hermann Junker am 28. März 1912 am Nordende des Grabes in einer Statuenkammer (*Serdab*). Sie befindet sich heute im Hildesheimer Roemer- und Pelizaeus-Museum (siehe Abb. 178). Gemäß Junker haben beide Schächte eine Tiefe von 20 m. Junker fand nur noch Reste eines Sarges aus Kalkstein, zertrümmert und verworfen.

[314] Der Ägyptologe George A. Reisner entdeckte bei Ausgrabungen auf dem Gizeh-Plateau in den 1930er Jahren insgesamt vier hervorragend erhaltene Triaden aus Grauwacke, die den König Mykerinos zusammen mit der Göttin Hathor, die dort als „*Herrin der Sykomore*" bezeichnet wird, und einem personifizierten ägyptischen Gau, darstellen.

[315] Ein interessanter Zusammenhang zwischen den ägyptischen und den römischen Längenmaßen besteht zwischen dem römischen Fuß und der ägyptischen Königselle zur Zeit der Römer, die 52,5 cm betrug, während der römische Fuß 29,62 cm betrug. Teilt man die ägyptische Königselle durch den römischen Fuß, ergibt dies als Wert 1,7724510... und damit fast exakt $\sqrt{\pi}$ = 1,7724538... und 29,62 x $\sqrt{\pi}$ = 52,500083... Wenn wir ein Quadrat mit der Seitenlänge 100 Königsellen (zu 52,5 cm) nehmen, was den Flächeninhalt einer ägyptischen Arure besitzt, so errechnet sich der Radius des flächengleichen Kreises zu diesem Quadrat wie folgt: 100 Ellen / $\sqrt{\pi}$ = 56,419 Ellen = 29,62 m = 100 römische Fuß. Man erhält also einen flächengleichen Kreis zu einem gegebenen Quadrat, wenn man als Quadratseite die ägyptische Elle als Maß nimmt und die gleiche Zahl als Radius in römischen Fuß benutzt! Ob dieser Zusammenhang den Römern bewusst war, kann ich nicht sagen, aber es ist doch ein sehr bemerkenswerter Zusammenhang.

Die Abweichung gegenüber π beträgt also nur 0,04 % oder 8,7 Winkelminuten[316]. Bezogen auf einen Kreis mit 1.000 Ellen (= 523,6 m) Durchmesser beträgt die Abweichung gerade einmal 0,4 Ellen oder 21 cm. Die Verbindung der beiden großen Pyramiden durch einen Kreis mit 1.000 Ellen Durchmesser und dem flächengleichen Quadrat um den Kreismittelpunkt bezeugt meines Erachtens, dass die alten Ägypter den geometrischen Zusammenhang zwischen Kreis und Quadrat kannten, wenngleich sie vermutlich die Kreiszahl π als solche nicht kannten und rechnerisch den Bruch $\frac{22}{7}$ dafür benutzten.

Die Zentren der drei großen Gizeh-Pyramiden können über einen Kreis miteinander verbunden werden, da drei Punkte ausreichen, um eindeutig einen Kreis durch sie konstruieren zu können. Als erstaunliches Ergebnis erhält man einen Kreis mit einem Durchmesser[317] von 9.000 Ellen, also 9 mal 1.000 Ellen.[318] Rechnet man den Kreis nicht mit der Kreiszahl π, sondern mit dem Bruch $\frac{22}{7}$, so erhält man als Berechnungsergebnis 9.009 Ellen oder einen um 0,1 % zu großen Wert. Zeichnerisch ist dieser Wert bei einer sinnvollen Papyrusgröße nicht mehr von 9.000 Ellen zu unterscheiden (siehe Abb. 68). Betrachtet man sich die Verbindungslinie vom Zentrum der Cheops-Pyramide zum Zentrum dieses riesigen Kreises, so verläuft diese auf dem Gizeh-Plateau durch die Süd-Kante des Chephren-Taltempels und schneidet die Linie H-I auf Höhe der linken Vorderpfote des Sphinx genau dort, wo zwischen den Pfoten der Punkt F liegt und verläuft weiter über den Punkt S zum Kreiszentrum.

Eine weitere Besonderheit ist, dass der Sphinx mit dem markanten südlichen Punkt des Dreiecks 'Gebel Gibli' (Punkt H) – Djati-Grab (Punkt I) – Vogelgrab (Punkt J) durch ein umfanggleiches Quadrat (E-F-G-H) zum Kreis um K mit 1.000 Ellen verbunden ist (siehe Abb. 68). Ein umfanggleiches Quadrat erhält man, indem man den Kreisumfang viertelt und somit die Seitenlänge des Quadrats erhält. Bezogen auf den Kreis und das flächengleiche Quadrat besteht folgender Zusammenhang: wenn „a" die Seitenlänge des flächengleichen Quadrats ist und „d" der Durchmesser des zugehörigen Kreises und „b" die Seitenlänge des umfanggleichen Quadrats zum Kreis ist, so gilt b = $\frac{a^2}{d}$. Man kann natürlich auch „b" nur durch den Kreisradius „r" ausdrücken, denn es gilt: b = $\frac{\pi}{2} \cdot r$. Setzen wir für π den Näherungswert von $\frac{22}{7}$ ein, so ergibt sich b = $\frac{22}{14} \cdot r$. Es ist auffällig, dass für den Pyramidenneigungswinkel der Cheops-Pyramide ein Seked[319] von $\frac{22}{28} = \frac{22}{2 \cdot 14} = \frac{22}{14} \cdot \frac{1}{2}$ gewählt wurde.

---

316 Die maximale Winkelauflösung beim normalen menschlichen Auge mit einer Sehschärfe von 100 % (Visus = 1) beträgt bei größeren Entfernungen (ab mehreren Metern) 1' (eine Winkelminute) bzw. $^1/_{60}$ Grad oder der 21.600. Teil eines Vollkreises. Die maximale Sichtweite eines auf dem Boden befindlichen Objektes bei 1,65 m Sichthöhe über dem Horizont (entspricht einem durchschnittlich großen (ca. 1,75 m) aufrecht stehenden Menschen) beträgt rund 5 km (= $3{,}9 \cdot \sqrt{1{,}65}$ km). Die maximale normale menschliche Winkelauflösung bei einer Distanz von 5 km beträgt rund 23 cm. Die maximale Sichtweite bei klarem Wetter beträgt 20 km, bei sehr klarem Wetter 50 km und bei außergewöhnlich klarem Wetter 280 km. Aufgrund der Erdkrümmung müssen diese Objekte jedoch eine bestimmte Mindesthöhe besitzen, damit sie noch vom Boden aus gesehen werden können. In 5 km Entfernung muss ein Objekt mindestens 2 m hoch über den Boden aufragen, damit es wegen der Erdkrümmung gerade eben noch wahrgenommen werden kann.

317 Wie man aus Papyri aus dem Mittleren Reich, also einige Jahrhunderte nach dem Bau der Gizeh-Pyramiden, weiß, benutzten die alten Ägypter bei Kreisberechnungen immer den Durchmesser (d) und nie den Radius, da sich der Kreisumfang aus π · d bzw. $\frac{22}{7} \cdot d$ einfach berechnen ließ. Dass der Nenner hierbei die Zahl „7" ist, passt auch hervorragend zur Unterteilung der Königs- bzw. Bau-Elle in 7 Handbreit bzw. 28 (7 × 4) Fingerbreit. Die Zahl „7" steht zudem für die Anzahl der am Firmament mit bloßem Auge beobachtbaren beweglichen Himmelskörpern und erhält damit einen göttlichen Bezug.

318 Als Basis für die Berechnung dienten hier die exakten Daten von Flinders Petrie (W. M. Petrie 1883, 35), der eine Genauigkeit von $^5/_{1000}$ Zoll (≈ ⅛ mm) für seine Daten benutzt hat, die er als eigene Längeneinheit für seine Messwerte benutzte. Nach diesen Daten ergibt sich ein Kreisdurchmesser von 8.997,6 Ellen. Gegenüber 9.000 Ellen ist das eine rechnerische Abweichung von weniger als 0,03 %.

319 *Seked* ist ein altägyptischer Begriff, der die Steigung ausdrückt, so wie wir z. B. die Steigung einer Straße in Prozent ausdrücken oder in Form eines Steigungswinkels. Ein Steigungswinkel von 45° entspricht dabei einer Steigung von 100%, und zwar, weil auf 1 m Länge die Höhe um 1 m zunimmt. Genau wie bei uns die Steigung mittels der Höhenänderung bezogen auf eine Längenänderung ausgedrückt wird, benutzten die alten Ägypter diese beiden Größen auch für ihr Steigungsverhältnis *s*, welches sie *Seked* nannten. Da die Grundlänge, eine Königselle, 7 Handbreit bzw. 28 Fingerbreit war, bezogen sie eine Höhenänderung immer bezüglich der Elle als Längeneinheit, so wie wir es mit dem Meter tun, nur dass unser Meter in 10 dm oder 100 cm oder 1000 mm unterteilt ist und nicht in 7 Handbreit.

Die Konstante $\frac{22}{14} \approx \frac{\pi}{2}$ steckt somit in der Berechnungsformel für das umfanggleiche Quadrat zum Kreis mit Radius r und im Neigungswinkel der Cheops-Pyramide. Man kann es auch so ausdrücken: Multipliziert man den Flächeninhalt eins umfanggleichen Quadrats zu einem gegebenen Kreis mit der Konstante $\frac{4}{\pi}$ ergibt dies den Flächeninhalt des flächengleichen Quadrats zu diesem Kreis. Weiterhin gilt: $\tan^{-1}(\frac{4}{\pi}) \approx 51{,}85°$ und $\tan^{-1}(\frac{28}{22}) = \cot^{-1}(\frac{22}{28}) = \cot^{-1}(\frac{22}{7} \cdot \frac{1}{4}) \approx 51{,}84°$. Die Konstante $\frac{4}{\pi}$ kann man auch als Quadraturkonstante bezeichnen (siehe Abb. 68).

Eine weitere interessante Distanz auf dem Gizeh-Plateau ist die Entfernung von 1.788 Ellen, die mit Mykerinos verknüpft ist. Das Zentrum der Mykerinos-Pyramide ist nämlich 1.788 Ellen vom Zentrum der Cheops-Pyramide entfernt.[320] Die gleiche Distanz finden wir vom Zentrum der Mykerinos-Pyramide zum Felsspalt im oberen Rücken des Sphinx (Punkt L). Während der Sphinx in 1.000 Ellen Distanzen zu Cheops und Chephren steht, sind es bei Mykerinos nun 1.788 Ellen als Anbindungsdistanz zur Cheops-Pyramide und zum Sphinx. Die Entfernung von 1.788 Ellen taucht im Gizeh-Plateau gleich viermal auf. Es erscheint daher sehr wahrscheinlich, dass der Planer der Mykerinos-Pyramide die mathematischen Besonderheiten, die Hemiunu geschaffen hat, kannte und es ihm mit der Zahl 1.788[321] gleichtun wollte. Setzt man die 1.000 Ellen von Hemiunu mit den 1.788 Ellen von Mykerinos in Relation ergibt dies den Bruch $\frac{1000}{1788} \approx 0{,}559284...$ Eine recht gute Approximation an diesen Bruch erhält man mittels $\frac{14}{25} = 0{,}56$, mit einer Abweichung kleiner 0,1 %. Bei diesem Bruch tauchen die schon zuvor bekannten Zahlen 14 und 25 wieder auf.

Betrachten wir uns jetzt die weiteren Vorkommen der Distanz von 1.788 Ellen auf dem Gizeh-Plateau. Die Ost-West-Distanz vom Zentrum der Mykerinos-Pyramide zu dem Punkt F – vermutlich einem Opfertempel – zwischen den Vorderpfoten des Sphinx beträgt ebenfalls 1.788 Ellen. Durch diesen Punkt F verläuft auch die Linie von H nach I (siehe Abb. 68) Bei dem Dreieck G I (Zentrum Cheops-Pyramide) – G III (Zentrum Mykerinos-Pyramide) – S handelt es sich um ein gleichschenkliges Dreieck mit der Schenkellänge von 1.788 Ellen und einem Schenkelwinkel von 51°. Damit ist dieser Winkel fast genauso groß wie der Neigungswinkel der Cheops-Pyramide, der 51,84° beträgt. Der Schenkel S nach G I verläuft dabei ebenfalls durch den Punkt F.

Es gibt einen relevanten Bezug der Mykerinos-Pyramide zur Lage auf dem Gizeh-Plateau, der erklärt, warum diese Pyramide nicht exakt auf der Achse von Cheops und Chephren liegt. Dazu muss man eine viel größere Achse betrachten, nämlich die vom Sonnenheiligtum in Heliopolis (altäg. *Iunu*, alttestamentlich: *On*) über das Zentrum der Hetepheres-Pyramide, die Südostecke der Cheops-Pyramide bis zur Südostecke der Mykerinos-Pyramide. Die Distanz beträgt 46.800 Ellen oder rund 24,5 km und der Winkel zur Ost-West-Himmelsrichtung beträgt 45,67°. In den 46.800 Ellen Entfernung sind auch die 2.000 Ellen Entfernung der Gizeh-Diagonalen von G_1 nach G_3 enthalten. Diese Linie durchläuft sowohl die Mitte der großen Halle des Mykerinos-Totentempels als auch die Mitte der Ostseite des Chephren-Totentempels.

Da Heliopolis in der altägyptischen Mythologie der Ort des Urhügels ist, welcher vom Schöpfergott Atum geschaffen wurde, ist eine Beziehung der Gizeh-Pyramiden zu Heliopolis mit einer Beziehung zum Urhügel, also dem Ersten, was erschaffen wurde, gleichzusetzen. Wegen der Betonung dieser Achse und damit der

---

Gemeinhin bezeichnet man den Seked auch als Rücksprung, d. h. wenn bei einer Höhenänderung von 1 Elle Längenänderung 5 ½ Handbreit beträgt, so beträgt der Seked (Rücksprung) 5 ½ Handbreit. Für die Steigung der Cheops-Pyramide wählten sie s = 5 ½ Handbreit auf 7 Handbreit oder $\frac{22}{7} \cdot \frac{1}{4} = \frac{22}{28}$ Fingerbreit. Der Wert von $\frac{22}{7}$ stellt gleichzeitig den Näherungswert für die Kreiszahl π dar, den die Ägypter benutzten. Mathematisch kann man es auch so ausdrücken: Der Seked s ist proportional zum Kehrwert unseres modernen Maßes für Neigung oder Gefälle und zum Kotangens des Höhenwinkels (ϕ). Es gilt dann: $s = 7 \cdot \cot(\phi)$. Für $\phi = 45°$ ist $\cot(45°) = 1$ und damit s = 7; und $\cot^{-1}(\frac{22}{28}) = \tan^{-1}(\frac{28}{22}) \approx 51{,}84°$ = Neigungswinkel der Cheops-Pyramide.

320 Nach Flinders Petrie sind es exakt 1787,93 Ellen und nach Glen Dash sind es 1788,19 Ellen. Der Mittelwert von beiden beträgt 1788,06 Ellen.

321 Eigenschaften der Zahl 1.788: $1.788 = 2^2 \cdot 3 \cdot 149$. Sie besitzt die folgenden 12 Teiler: 1, 2, 3, 4, 6, 12, 149, 298, 447, 596, 894, 1788. Die Summe ihrer Teiler beträgt 4.200. Sie liegt zwischen dem Primzahlzwilling 1.787 und 1.789; dies ist der 56. Primzahlzwilling. Die Zahl 1789 ist die 278. Primzahl ab der Zahl 2. Anmerkung: Ich behaupte nicht, dass die alten Ägypter eine oder mehrere dieser Eigenschaften kannten. Die Angaben dienen nur zur Einschätzung, um was für eine Zahl es sich dabei handelt. Für die Zahl 1.000 braucht man dies natürlich nicht anzugeben.

Verbundenheit der Mykerinos-Pyramide mit dem Sonnenheiligtum, liegt diese Pyramide nicht auf der gleichen Achse, welche die Cheops- mit der Chephren-Pyramide bildet. Addiert man die Entfernung vom Zentrum der Cheops- zur Chephren-Pyramide und von da zum Zentrum der Mykerinos-Pyramide, so ist diese Strecke 9 Ellen länger, als die direkte Entfernung vom Zentrum der Cheops-Pyramide zum Zentrum der Mykerinos-Pyramide. Diese Distanz von 9 Ellen könnte eine Anspielung auf die ägyptische Götter-Neunheit[322] sein.

Betrachtet man das Dreieck H-I-J, so ist die Strecke J-H, die durch das südöstliche Eck des Mykerinos-Taltempels verläuft, genau 500 Ellen größer als die Strecke I-J. Die Strecke I-J führt dabei von der Mastaba des Djati[323] über die Mitte des Totentempels von Cheops über das Zentrum der Cheops-Pyramide und die Südseite der Mastaba des Hemiunu zum Vogelgrab (offiziell: NC2 = North Cliff #2). Dieses ist bereits auf der Karte von Vyse bzw. Perring eingezeichnet (siehe Abb. 67 links oben).

Die Mastaba des Djati ist, zusammen mit der seiner Frau, das nördlichste Grab auf dem Ostfriedhof von Gizeh. Die offizielle Bezeichnung seines Grabes lautet G 7810 (die alternative Nummer von George Reisner hierfür lautet G 7580). Djati, der am Ende der 4. Dynastie lebte, besitzt den interessanten Titel „Aufseher der Expedition", wobei wir nicht wissen, um welche Expedition es sich gehandelt hat; vielleicht um eine Expedition ins antike Weihrauchland Punt (heute Somalia).

Eine weitere interessante Distanz auf dem Gizeh-Plateau stellt die Entfernung von 443 Ellen, also drei Ellen mehr als die Basisseite der Cheops-Pyramide, dar. Die Seite des Dreiecks H-I-J, welche durch den Sphinx und den Rand des Djati-Grabes führt (Linie H-I), verläuft in einer Entfernung von 443 Ellen parallel zur Ostseite der Cheops-Pyramide. Die Ost-West-Achse durch das Zentrum der Chephren-Pyramide verläuft ebenfalls in einer Entfernung von 443 Ellen (Linie O-G_2) parallel zur Südseite der Cheops-Pyramide. Damit ergibt sich auf dem Gizeh-Plateau ein Quadrat mit der Seitenlänge 443 Ellen, welches durch die Punkte G_2-N-M-O definiert ist. Damit hat dieses Quadrat, dessen Nordseite durch die Südseite der Meritites I.-Pyramide führt, exakt die halbe Seitenlänge, wie das zum Kreis um den Punkt K mit 500 Ellen Radius flächengleiche Quadrat A-B-C-D, welches eine Seitenlänge von 886 Ellen besitzt. Das Quadrat G I-K-M-I besitzt mit 663 Ellen eine um genau 220 Ellen (= halbe Basisseite der Cheops-Pyramide) größere Seitenlänge als das Quadrat G_2-N-M-O.

---

322 Unter dem Begriff Neunheit (oder *Enneade*) von Heliopolis (von griechisch *ennea* „neun"), altägyptisch Pesdjet (*psḏt*), werden die neun Schöpfergottheiten der heliopolitanisch-kosmologischen Kratogonie („kosmologische Entstehung der weltlichen Herrschaft") zusammengefasst. Nun, die kosmologische Verkörperung des Urwassers, aus dem die Welt entstanden sei, gehört nach der altägyptischen Mythologie nicht zu den „weltlichen Schöpfergottheiten". Das Prinzip des Nun verkörperte auf weltlicher Ebene die Gottheit Atum, der als Schöpfungsgott die „Dreiheit" des „irdischen Nichts" sowie die Zweigeschlechtlichkeit symbolisierte. In den Pyramidentexten ist Atum bereits als *„Vorderster der großen Neunheit"* genannt.

323 Djati war ein Prinz und Enkel von Cheops, dem die Mastaba G 7810 gehörte. Djatis Eltern waren die Cheops-Tochter Meresankh II (Mastaba G 7410) und vermutlich dessen Sohn Horbaef (Mastaba G 7420); beide Mastabas bilden eine Doppelmastaba und grenzen über das Südwesteck von Djatis eigene Mastaba an. Die Frau von Djati hieß Neferkau und wurde in der parallel zu Djatis Mastaba im Osten gelegenen Mastaba G 7820 beerdigt. Sie war vermutlich eine Tochter von Meresankh II. Ca. 20 m östlich des Grabs von Djati befindet sich der südliche Eingang zu dem 10,8 m langen Unterführungstunnel des Cheops-Aufwegs. Djatis Grab besitzt, wie viele andere auf dem Ostfriedhof des Gizeh-Plateaus, zwei unterirdische Schächte. Der südlichere Schacht, der in der Nähe des Eingangs liegt, ist über 16,5 m tief – vergleichbar den Schächten beim Grab des Hemiunu – und verzweigt ca. 1–2 Meter oberhalb des Schachtendes, bei einer Tiefe von 30 Königsellen, seitlich in eine rund 4 × 4 m große Kammer an deren südöstlichen Ecke eine gut 50 cm (eine Königselle) tiefe quadratische Öffnung befindet. Der Punkt I stimmt mit dem östlichen Eingang der Mastaba von Djati überein. Der nördlichere Schacht ist nur rund 11 Meter tief und verzweigt bei etwa 20 Ellen Tiefe in einen nicht ganz rechteckigen Raum der mit ca. 1,5 × 2,5 m etwas kleiner ist, als der Raum im südlicheren Schacht. Dieser Schacht besitzt keine weitere Vertiefung, wie der südlichere unterirdische Schachtraum. In Djatis Grab fand Reisner 1936 in der unterirdischen Kammer des südlichen Schachts unter anderem ein Fayence-Amulett des Gottes Thoth mit blauer Glasur und ein Udjat-Auge (Auge des Gottes Horus). In der unregelmäßigen Kammer, die über den nördlichen Schacht erreicht werden kann, fand sich ein Tongefäß, sodass dieser Raum vermutlich als Speicherort für Lebensmittel für die Versorgung des Toten im Jenseits angesehen werden kann. Bestattet wurde Djati daher sicher in der unterirdischen südlicheren Kammer, durch die die Linie I-J verläuft.

Die Entfernung vom Kreismittelpunkt K zur Umfassungsmauer der Chephren-Pyramide beträgt 427 Ellen. Genau diese Entfernung finden wir auch vom Punkt O, welcher auf der Nord-Süd-Achse durch die Ostseite der Cheops-Pyramide liegt, zur Mitte des Eingangs des Totentempels von Chephren.

Eine weitere Distanz, die zweimal vorkommt, ist 157 Ellen. Die Ost-West-Achse durch die Chephren-Pyramide verläuft 157 Ellen nördlich der Ost-West-Achse durch die Mitte (in Nord-Süd-Richtung) des Sphinx (Punkt L). Die gleiche Distanz finden wir von der nördlichen Tangente des Kreises, mit 1.000 Ellen Durchmesser um Punkt K, bis zum Zentrum der Cheops-Pyramide (G I). Auch diese spezielle Entfernung passt in das mathematisch geplante Bild des Gizeh-Plateaus. Es wurde schon erwähnt, dass die alten Ägypter die Kreiszahl Pi durch den Bruch $\frac{22}{7}$ annäherten und damit rechneten. Die Hälfte dieses Wertes $\frac{22}{14}$ multipliziert mit 100 Ellen – der Messschnurlänge der alten Ägypter – ergibt 157,14... oder rund 157 Ellen.

Der 1.000 Ellen lange Aufweg vom Taltempel des Chephren zu dessen Totentempel schneidet die Ost-West-Mittelachse des Sphinx genau im Punkt R, in dem die verlängerte Nord-Süd-Achse durch das Zentrum der Satellitenpyramiden von Cheops (G I-a bis G I-c) die Ost-West-Mittelachse des Sphinx schneidet. Eine Teilstrecke dieses 1.000 Ellen langen Chephren-Aufwegs – Punkt R bis Q – beträgt 600 Ellen. Der Punkt R befindet sich 600 Ellen südlich der Ost-West-Achse durch die Südseite der Cheops-Pyramide, genau wie die Punkte F und L.

Abb. 70: Der Totentempel (U) vor der Chephren-Pyramide mit Aufweg (z) und achs-verlängerndem Weg (79). Ausschnitt aus einer Karte des Gizeh-Plateaus von Henry Salt von 1818.

Der von Henry Salt eingezeichnete Weg (79) verläuft genau durch die zentrale Tempelachse und stimmt damit mit der horizontalen Linie durch den Punkt K in Abb. 68 überein. Dieser Weg endet am Kreis um K in 500 Ellen Entfernung östlich vom Punkt K. Möglicherweise gibt es an diesem Punkt noch etwas zu entdecken.

Abb. 71: Alte Luftaufnahme des Sphinx aus dem 19. Jahrhundert, auf der das Loch im Kopf deutlich zu sehen ist.

Auf dieser alten Luftaufnahme, welche aus einem Heißluftballon heraus gemacht wurde, ist gut zu erkennen, wie der Sphinx[324] aussah, als er noch zu einem Großteil von Sand bedeckt war. Es gab jedoch auch Zeiten, in denen nur der Kopf, Hals und die oberste Rückenschicht aus dem Sand herausragten.

Abb. 72: Ein Arbeiter steht im Kopfloch des Sphinx. Aufnahme vom 15.12.1925 während der Restaurierungsarbeiten von Émile Baraize.

Dieses Loch im Kopf des Sphinx wurde 1926 durch den französischen Ägyptologen Émile Baraize[325] geschlossen und mit einem Eisendeckel versehen. Guillaume-Antoine Olivier[326] gibt die Tiefe des Loches auf dem Kopf

324 Die Abmessungen des Sphinx sind: Gesamtlänge 72,55 m, davon am Boden 71,90 m, Höhe 20,22 m, Kopflänge 5,88 m, Loch im Kopf ca. 1,55 m Durchmesser und ca. 1,75 m tief, Halslänge 1,96 m, Halsumfang ca. 25,5 m, Rückenlänge 28,85 m, Rückenhöhe 12,38 m über dem Boden, großer Spalt am Rücken 17,5 m hinter dem Kopf, der 11,5 m tief und oben 2 m breit ist, Länge am Boden vom Ende des Hinterteils bis zur maximalen Schulterhöhe 14,50 m, maximale Breite an den Hinterläufen 19,10 m, Breite von Ellenbogen zu Ellenbogen 18,50 m, Breite am Brustkorb 12,70 m, Breite am Bauch unten 10 m, Breite am Rücken oben 3,60 m, Breite des Kopfs mit Kopftuch 10,30 m, Tiefe 9,78 m, Gesichtsbreite 4,45 m, Mundlänge 1,90 m, Mundbreite 0,68 m, Augenlänge 1,56 m, Augenbreite 0,60 m, Ohrlänge 2 m, Ohrbreite 0,85 m, Nasenlänge 2,20 m, Nasenbreite 1,20 m, Vorderpfoten Länge bis zu 18 m, Höhe bis zu 3,5 m, Breite bis zu 5,76 m. (Quelle: M. E. Lehner 1991, Kap. 5).

325 Émile Baraize (* 28.8.1874 in Cossé-le-Vivien, Frankreich; † 15.4.1952 in Kairo, Ägypten) ist ein französischer Ägyptologe. Er trat 1912 die Nachfolge von Alexandre Barsanti als Leiter der Ägyptischen Antikenabteilung an; sein ganzes Leben lang arbeitete er an der Restaurierung und Rekonstruktion einer großen Anzahl von Gebäuden. In Gizeh war er zwischen 1925 und 1936 elf Jahre lang an der Entsandung und Reparatur der Sphinx beteiligt.

326 Guillaume-Antoine Olivier (* 19.1.1756 in Les Arcs bei Toulon, Frankreich; † 1.10.1814 in Lyon, Frankreich) war ein französischer Arzt und Zoologe. Olivier bereiste zusammen mit Jean-Guillaume Bruguière von 1792 bis 1798 das östliche Nordafrika und Vorderasien und sammelte dort viele Pflanzen und Tiere. Er kam zuerst auf 22. Mai 1793 und lebte dort bis zum 26. Oktober. Am 3. Dezember 1794 kam er in Alexandria in Ägypten an. Er bereiste Ägypten bis Kairo, von wo aus er auch einen Ausflug zu den Gizeh-Pyramiden und nach Sakkara unternahm. Am 28. Mai 1795 verließ er mit dem Schiff Alexandria in Richtung Konstantinopel. Sein zweiter Besuch dort dauerte vom 14. Juli bis zum 30. August 1795, der dritte vom 17. Oktober 1797 bis zum 30. Mai 1798. Er reiste auch durch die Levante und Ägypten und schrieb ein Buch darüber: *Voyage dans l'empire Ottoman, l'Égypte et la Perse, 1801–1807.*

des Sphinx an, nämlich mit rund 3 m. Der Durchmesser des Lochs soll rund 40 cm betragen haben. Es handelt sich gemäß Olivier auch nicht um ein senkrechtes Loch, sondern es verläuft im Untergrund schief, also eher wie ein Tunnel, der zudem mit hineingeworfenen Steinen verschüttet ist. Daraus kann man schließen, dass dieser Tunnel wohl noch weiter ins Innere des Sphinx führt. Auf Bildern aus der Zeit von 1925/26, in welcher Baraize den Sphinx restaurieren ließ und in diesem Zuge auch eine Metallplatte auf dem Kopf anbrachte, welche das Loch verschließt, sieht man einen Araber, der in diesem Loch steht und nur der Kopf herausschaut (siehe Abb. 72). In den 130 Jahren zwischen Olivier und Baraize wurden wohl noch so viel Steine in das Loch im Kopf hineingeworfen, dass es nur noch rund 1,5 m tief hinabreichte.

Der bekannte amerikanische Ägyptologe Mark Lehner schrieb in seiner Dissertation über den Sphinx bezüglich des Lochs im Kopf:

> *"There is a hole cut into the top of the head between the uraeus and the protrusion, but I have not been able to measure these features on the spot. I measured the protrusion by triangulation. From Arch. Lacau photo CI 33 (Pl. 5.39), the hole appears to be as deep as the height of the man standing in it. This would make the hole approximately 1.75 m deep. The photograph suggests that the hole is between 1.50 m and 1.60 m wide north-south, and slightly longer east-west."* [327]

Man sieht also, dass Lehner das Loch nicht für eine weitere Erforschung für würdig hielt. Vermutlich kannte er den Bericht von Olivier nicht.

Schon Jean de Thévenot, der das Gizeh-Plateau am 19. Februar 1657 besichtigt hat, berichtet – vermutlich als Erster – von einem Loch im Kopf des Sphinx. Er schreibt hierzu:

> *„Ein Venezianer versicherte mir, dass er und einige andere mit Hilfe von kleinen Haken und einer Stange, die sie mitgebracht hatten, hinaufgeklettert waren. Dort stellten sie fest, dass sich auf dem Kopf ein Loch befindet, in welches sie einstiegen. Sie sahen, dass dieses Loch immer nach unten geht und sich bis zur Brust des Sphinx verengt, wo es endet."* [328]

Auch Richard Pococke beschreibt bei seinem Besuch 1738 ein Loch auf dem Rücken des Sphinx:

> *"I found by the quadrant that it [sphinx] is about twenty-seven feet [8,2 m] high, the neck and head only being above ground; the lower part of the neck, or the beginning of the breast is thirty-three feet [10 m] wide, and it is twenty feet [6,1 m] from the fore part of the neck to the back, and thence to the hole in the back it is seventy five feet [22,9 m],*[329] *the hole being five feet [1,5 m] long, from which to the tail, if I mistake not, it is thirty feet [9,1 m]; which something exceeds Pliny's account, who says that it is a hundred and thirteen feet [34,4 m] long. The sand is risen up in such a manner that the top of the back only is seen; some persons have lately got to the top of the head, where they found a hole, which probably served for the arts of the priests in uttering oracles; as that in the back might be to descend to the apartments beneath."* [330]

Dieser tiefe Einschnitt ist sowohl auf der alten Luftaufnahme (Abb. 71) von oben als auch auf der nachfolgenden Profilansicht des Sphinx gut zu sehen. Nach Pococke war die Sphinx nur 130 Fuß (39,6 m) lang, da er lediglich vom Beginn der Brust aus bis zum hinteren oberen Rücken messen konnte. Laut Lehner[331] ist der obere Rücken ab dem Hinterkopf 28,85 m lang und der Sphinx-Kopf in Ost-West-Richtung 9,78 m, was zusammen 38,63 m ergibt. Da gemäß den Angaben von Pococke der obere Rücken noch knapp einen halben

327 M. E. Lehner 1991, 187.
328 J. d. Thévenot 1664, 256. Eigene Übersetzung aus dem Französischen.
329 Gemäß Lehner befindet sich das Loch bzw. die tiefe Spalte 17,5 m hinter dem Kopf und war bis zu 2 m an der Oberfläche breit (M. E. Lehner 1991, Vol. 1, 202).
330 Pococke 1743, 46.
331 M. E. Lehner 1991, Kap. 5.

Meter aus dem Sand herausschaute, so ist die Gesamtlänge natürlich etwas größer als die 38,63 m und damit stimmt der Wert von Pococke mit 39,6 m sehr genau mit der Realität überein.

Für weitere Berichte zum Sphinx siehe Kap. 12.7.

Abb. 73: Der Sphinx vor der Ausgrabung durch Émile Baraize. Aufgenommen am 25. September 1925.

Abb. 74: Der Sphinx von Osten aus gesehen mit der Chephren-Pyramide im Hintergrund, gezeichnet durch die Ingenieure der Napoleon-Expedition nach Ägypten im Jahr 1798-99.

Die gewonnenen Erkenntnisse kann man vielleicht so zusammenfassen: Auf dem Gizeh-Plateau sind drei Generationen von Pyramidenbauern, nämlich Vater, Sohn und Enkel, in Bezug auf die Lage ihrer errichteten Monumente mathematisch aufs Engste miteinander verbunden, und dies drückt den sozialen Zusammenhalt innerhalb einer gut funktionierenden Familie aus. Dazu gesellt sich noch die Beziehung zur Mutter von Cheops, Hetepheres, durch deren Zentrum der Satellitenpyramide die Gizeh-Diagonale verläuft. Insgesamt sind also vier Generationen auf dem Gizeh-Plateau architektonisch und mathematisch miteinander verbunden.

Den Untergrund des Gizeh-Plateaus interessierte auch schon Howard Vyse bei seinen Erforschungen 1837. Er schreibt hierzu:

"The general direction of the souterrain, near the Second Pyramid, was east 1 ½ point north, and west 1 ½ point south. It appeared to have contained a communication, made out of a natural fissure, and was roofed over with slabs to form a level surface; indeed, a passage may even now exist, for we did not thoroughly examine it, but only removed a sufficient quantity of sand, to ascertain its direction and length. We entered it by a pit, made either by former explorers, or by the accidental failure of the roofing-stones, which have here fallen in for the space of twenty-two feet. This pit was about fifty feet from the south-western angle of the temple, and about two hundred from the pyramid. The channel was covered over with slabs for thirteen feet to the westward, beyond which it became a narrow fissure. It extended to the eastward sixty-five feet, it was about four feet wide, and was completely full of sand. One or two trifling fissures branched off from it, but the sides were very regular, and the working of a chisel might in many places be observed; the eastern end, indeed, to the length of six feet is entirely artificial, and ends abruptly in the rock. It may possibly communicate with sepulchral shafts, or be connected with the water, and deserves a stricter investigation than I had time to bestow upon it.
I have mentioned, that the ground in many places sounds as if it were hollow; and I have no doubt, that it contains a number of curious excavations; but the vast body of sand which has accumulated from various causes, makes it impossible, without much time and labour, to ascertain the different levels and foundations, much more to form a general idea of the whole. It is probable, however, that advantage was taken of the quarries from which the stones were cut for the Pyramids; and as that operation would naturally be guided by the quality of the material, that no regular plan was followed as to the position or size of the tombs." [332]

Zum Sphinx und Tunneln äußerte sich Zahi Hawass in einem Interview mit der *Egyptian Gazette* vom 14. April 1996 wie folgt:

"There are many hidden tunnels and corridors around the Pyramids and the Sphinx. I will reveal the secrets of the three tunnels inside the Sphinx ... I will announce how many tunnels there are around the Khufu Great Pyramid."

Zu den drei Tunneln innerhalb des Sphinx sagt er 1997 in einem Interview mit der ägyptologischen Zeitschrift *KMT*:

"About the passages: It seems everyone is now talking about so-called secret passages and chambers under the Sphinx which contain hidden mysteries and the knowledge of a "Lost Civilization." There is nothing like that! There are, indeed, three known passageways located in and around the Sphinx. The first is behind the head and was found in the 1830s by [Howard] Vyse [an early explorer of the Giza Plateau, along with John Perring], who unfortunately used dynamite to see what was there. He found this space empty. Anyone who reads his publication can know about it, the Sphinx-head passage. The second passageway is under the haunches, lying near the base of the tail. An old man[333] *who worked for the Antiquities Service knew of it from his*

---

[332] Vyse 1840-42, Bd. 2, 76-77. Eintrag vom 31. Juli 1837.

[333] Mohammed Abd al-Mawgud Fayed.

> *grandfather. Vyse also knew about it, mentioning it in one line in his book.*[334] *This hole opens onto a shaft that goes inside the Sphinx body for about nine meters [approximately. thirty feet], turning to the right and to the left and ending. The only thing there was a pair of old shoes, probably of Nineteenth Century date. This shaft had likely been used in the Twenty-sixth Dynasty for burials, based on some evidence found. Even in the Late Period the Sphinx had a reputation for being amazing and magical. The third passage was found in 1926 by [Emile] Baraize*[335]*. It is located in the middle of the north side of the Sphinx. Baraize discovered it when he was making repairs to the monument, and there is a photograph of his workmen clearing out the tunnel. Again, it was empty! All those persons who are saying that there are secret tunnels and rooms under the Sphinx should read Baraize's reports: if he had found something, wouldn't he have published it? I try to keep an open mind when investigating, but evidence is evidence."* [336]

Leider gibt es von Baraize keine Veröffentlichung zu seinen Arbeiten an der Sphinx. Insofern kann man das auch nicht nachlesen, wie Hawass dies vorgibt. 1994 schreiben Hawass und Lehner in dem Artikel *The Passage under the Sphinx*: *"Like so much of Baraize's work, the passage went entirely undocumented and, since it was covered with masonry, it was nearly forgotten."* [337] Diese Aussage hat Hawass drei Jahre vor dem Interview gemacht. In diesem Artikel steht als Aussage zum Zweck des Tunnels:

> *"The purpose of the passage in the rear of the Sphinx remains uncertain. ... it could be a search for chambers and treasures rumored to be buried within or under the statue. The way that the passage winds down through the rear of the statue, turning as it descends below the floor level of the Sphinx does suggest it is an exploratory tunnel."* [338]

Zu weiteren Gängen in der Sphinx schreiben Hawass und Lehner: *"It is possible that the passage in the north side of the Sphinx, like that at the rump, is ancient."* [339]

Stéphane Pasquali schreibt in einem Artikel von 2009:

> *"Excavations carried out by E. Baraize at Giza between 1925 and 1936 in the area of the Sphinx did not give rise to any publication nor — apparently — any personal note. This work is known through the photographic archives of P. Lacau, supplemented by a few handwritten notes. These unpublished archives are kept in the W. Golenischeff Center (EPHE Vth section. Paris)."* [340]

In seinen Memoiren schreibt Henry Salt im Jahr 1820, dass die französische Expedition unter Napoleon bei ihren Ausgrabungen vor dem Sphinx eine Tür gefunden haben und dass die Arbeiter, die damals bei den Ausgrabungen der Napoleon-Expedition dabei waren, bestätigten, dass es von dem Sphinx einen unterirdischen Gang zur Chephren-Pyramide gibt oder zumindest in das Innere des Sphinx.

> *"From various reports in circulation in Egypt, I was given to understand that the French Engineers, during {78} their stay here, had made a considerable excavation in front of the Sphinx, and that they had just discovered a door, at the time they were compelled [by untoward circumstances] to suspend their operation.*

---

334 Hier der Auszug aus Howard Vyses Buch dazu: *"The boring-rods were broken owing to the carelessness of the Arabs, at the depth of twenty-seven feet (≈ 8,23 m) in the back of the Sphinx. Various attempts were made to get them out, and on the 21st of July gunpowder was used for that purpose; but being unwilling to disfigure this venerable monument, the excavation was given up, and several feet of boring-rods were left in it. During the operation a very beautiful fossil of a reed was discovered, which is now in the British Museum."* (Quelle: Vyse 1840-42, Vol. 1, 274).

335 Siehe Fußnote 325.

336 *KMT*, Vol. 8, No. 2, 16.

337 Hawass und Lehner 1994, 201.

338 Hawass und Lehner 1994, 216.

339 Hawass und Lehner 1994, 215.

340 Pasquali 2009, 49.

This account was confirmed by the repeated assertions of the Arabs, several of whom declared they had been present at the discovery and said [it] that the door led into the body of the Sphinx, while other affirmed that it conducted up to the second Pyramid.“ [341]

Über einen Verbindungsgang von dem Sphinx zur Cheops-Pyramide spekuliert auch McCarty[342], da er sich nicht vorstellen kann, dass der versteckte Originaleingang ein angemessener Zugang für ein so imposantes Gebäude sein konnte.

Dies hat schon früh Schatzsucher zur Suche nach unterirdischen Kammern, wie der dort vermuteten „Halle der Aufzeichnungen“, verleitet. Diese Suche hält, besonders nach den Prophezeiungen von Edgar Cayce[343], bis in unsere Zeit an.

---

[341] Usick und Manley 2007, 65.

[342] McCarty 1907, 402-403.

[343] Siehe hierzu Fußnote Nr. 201.

12 Aussagen über die ägyptischen Pyramiden und den großen Sphinx von Gizeh

In diesem Kapitel sei auf einige interessante Aussagen zu den ägyptischen Pyramiden und dem Sphinx, insbesondere der Cheops-Pyramide, eingegangen, die oftmals in der modernen Ägyptologie entweder gar nicht oder nur sehr vereinzelt bekannt sind. Manche dieser Aussagen von früheren Reisenden klären auch Sachverhalte auf, die von bestimmten modernen Ägyptologen scheinbar bewusst verschwiegen werden bzw. eine genauere Untersuchung – zumindest offiziell – unterbleibt oder sogar verhindert wird. Dies mag hart klingen, doch zu allen hier erwähnten Punkten wird es im Folgenden explizite Beispiele geben, die das belegen.

12.1 Cheops-Pyramide

12.1.1 Brunnenschacht

Begonnen sei mit einem bekannten Bericht aus der Antike, nämlich mit dem von Plinius dem Älteren und dem, was er explizit über den sogenannten Brunnenschacht berichtet. Diesen Namen hat der rund 57 ½ m lange, enge und teilweise senkrechte Schacht daher erhalten, dass man damals dachte, er wäre entweder mit dem Grundwasserspiegel oder dem Nil verbunden und würde ihn so zu einem Brunnen machen. Manche nennen ihn heute auch Versorgungsschacht für die Pyramidenbauarbeiter oder Fluchttunnel für selbige. Doch der Namen Brunnenschacht hat sich in der Literatur so stark eingeprägt, dass mit diesem Begriff jeder weiß, welcher Schacht in der Cheops-Pyramide damit gemeint ist. Fachlich ebenfalls falsch ist die als Königinnenkammer bezeichnete Kammer auf Höhe der 25. Stufe in der Cheops-Pyramide. Die Araber gingen bereits im Mittelalter davon aus, dass hier eine Königin begraben worden sei, da die Giebeldachkonstruktion ihnen dies signalisierte, die nach ihren Vorstellungen ausschließlich Frauen vorbehalten war. Dennoch hat sich dieser Begriff, genau wie Brunnenschacht, derart heutzutage eingebürgert, dass es schlichtweg unsinnig wäre, hierfür einen anderen Begriff, wie etwa „mittlere Kammer" zu verwenden. Doch soll dies nur am Rande erwähnt werden. Zurück zu den Aussagen von Plinius zum Brunnenschacht, der unsere früheste Quelle über dieses innere Strukturelement in der Cheops-Pyramide darstellt.

Schon allein aus der Tatsache, dass Plinius von dem Brunnenschacht gesprochen hat, gilt vielen heute als Beweis dafür, dass zur Zeit der Römer das obere Schachtsystem (Große Galerie, Königinnenkammer und Königskammer) in der Antike bekannt war. Doch nach der Analyse vieler historischer Berichte über die Gizeh-Pyramiden kann ich mich diesem in der Fachwelt allgemein akzeptierten Sachverhalt nicht anschließen. Der erste Hinweis, der jeden stutzig machen sollte, ist die Länge für den Brunnenschacht, welche Plinius angibt, nämlich 86 Ellen (≈ 38,2 m). Zur tatsächlichen Länge dieses Schachtes fehlen rund 20 Meter. Man könnte dies nun einfach damit abtun, dass Plinius die Länge eben nur geschätzt hat. Doch wer schätzt schon eine Länge auf 86 Ellen? Wäre der Wert 80, 90 oder 100 Ellen gewesen, hätte man noch eine Schätzung annehmen können, nicht aber bei 86 Ellen. Genauso hat es sich übrigens bei der Höhe der Cheops-Pyramide verhalten, die Abd al-Laṭīf al-Baġdādī im 12./13. Jahrhundert mit 317 Ellen (≈ 146,45 m) angibt, welche angeblich von einem maß-kundigen Menschen stammt. Solch eine Zahl verwendet man nicht für Schätzungen, sondern nur für Messungen. Dennoch glaubt Abd al-Laṭīf dem Wert von 400 Ellen (≈ 184,8 m), welcher schon zuvor öfters von arabischen Autoren genannt wurde, mehr als der Messung durch diesen maß-kundigen Menschen. Allein schon die in Metern umgerechneten Werten beweisen, wer damals recht hatte. Viele andere Autoren nach Abd al-Laṭīf nennen denn auch den Wert von 317 Ellen und nicht mehr den von 400 Ellen, trotz der Zweifel von Abd al-Laṭīf an diesem Wert und das, obwohl dieser eine anerkannte Autorität bei den arabischen Gelehrten war. Meines Erachtens verhält es sich hier genauso mit dem Wert von Plinius, der nur ein gemessener sein kann. Doch welche Implikationen folgen daraus? Betrachtet man nun wieder die zahlreichen Reiseberichte, so findet sich auch ein Bericht von Samuel Kiechel, der im Jahr 1588, vermutlich als Letzter bis zur Freilegung des danach verstopften Brunnenschachts durch Caviglia im Jahr 1817, noch benutzt hatte. Nach Aussagen von Kiechel nutzte er den Brunnenschacht als Aufstiegsweg zur Königskammer auch nur deshalb, da er und sein Begleiter zwar von dem künstlichen Tunnel vom absteigenden Gang zum Beginn des aufsteigenden Gangs oberhalb der Blockiersteine zwar schon gehört hatten, den Abzweig aber aus Unachtsamkeit verpasst hatten. Unter modernen Ägyptologen herrscht vielfach die Meinung, dass der Brunnenschacht nach der Antike nicht mehr benutzt werden konnte, da er verstopft war und erst Caviglia durch seine Freilegung für dessen Benutzung sorgte. Doch wie bereits gesagt, ist diese Ansicht falsch. Weitere wichtige Hinweise zum Brunnenschacht erhalten wir durch frühe europäische Reisende, welche den inzwischen verstopften und unpassierbaren Brunnenschacht von oben her untersucht haben. Der erste uns bekannte ist wohl der Kapuzinerpater Elzéar, welcher im September 1652 den Schacht genau erforscht hat. Von ihm stammt auch die erste realistische Zeichnung des Brunnenschachts in seiner Gesamtheit bis zur damals unteren Verstopfung.

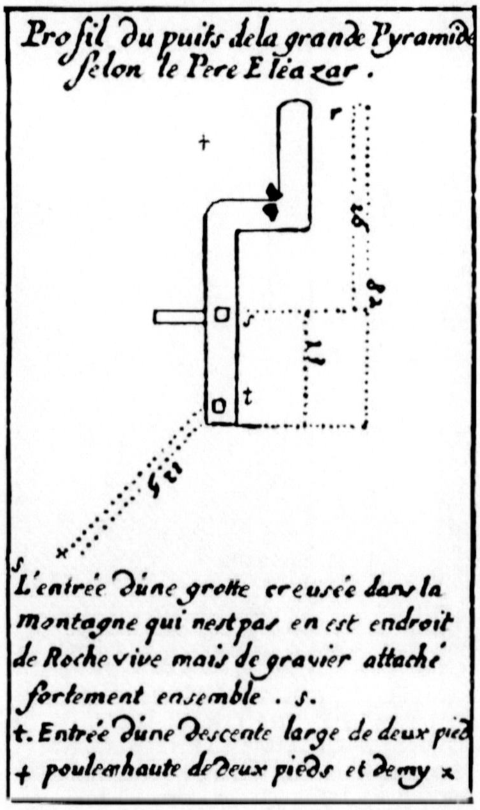

Abb. 75: Zeichnung des Verlaufs des Brunnenschachtes in der Cheops-Pyramide von dem Kapuzinerpater Elzéar (alias Eléazar).

Von der Großen Galerie aus kommend, berichten die ersten Erforscher von großen Granitsteinen, die sich im Brunnenschacht befinden und den Abstieg extrem erschwert haben, da kaum an ihnen vorbeizukommen war. Auch in der als natürliche Felsengrotte bekannten Formation, deren Eingang vom Brunnenschacht rund 20 Meter unterhalb der oberen Öffnung in die Große Galerie liegt, befinden sich heute noch große Granitsteine. Zudem beschreibt der britische Generalkonsul Henry Salt am Anfang des 19. Jahrhunderts in seinen Memoiren, dass es unterhalb des Eingangs in den Brunnenschacht, der zuerst fast 8 m senkrecht nach unten geht, bevor er nach Süden abknickt, noch Granit und Steine gab, die den Durchgang behinderten.

> *"He [Caviglia] therefore reascended and with great difficulty persuaded one of the boldest of the Arabs to go down with him, when by his assistance together with that of his companions at the mouth of the 'well', he succeeded after an hour's hard labour in removing three of the stones [illegible], which he placed in a small recess in the rock, being still obliged to leave in its place a large block of granite about 2 ½ feet [≈ 0,76 m] in diameter [in its place that] which afforded a passage barely sufficient for a man to pass. Having so far got over the difficulty - Mr La Fuentes was directed to remain at top - Mr Kabitzsch descended to the block of granite, and Captn C. [Caviglia] recommenced his enterprise.*
> *About 14 feet [≈ 4,27 m] lower down he came to a perpendicular descent (7) lined with masonwork, opening almost immediately on a small grotto [8] (F) 17 feet [≈ 5,18 m] in diameter, and 4 feet [≈ 1,22 m] in height. This at first sight appeared to be a cavern excavated in the rock & filled with rubbish, but on a more particular examination was found to be situated in a stratum, or rather an isolated bed, of gravel, which forms what I believe miners call 'a flaw' in the rock."* [344]

[344] Usick und Manley 2007, 56.

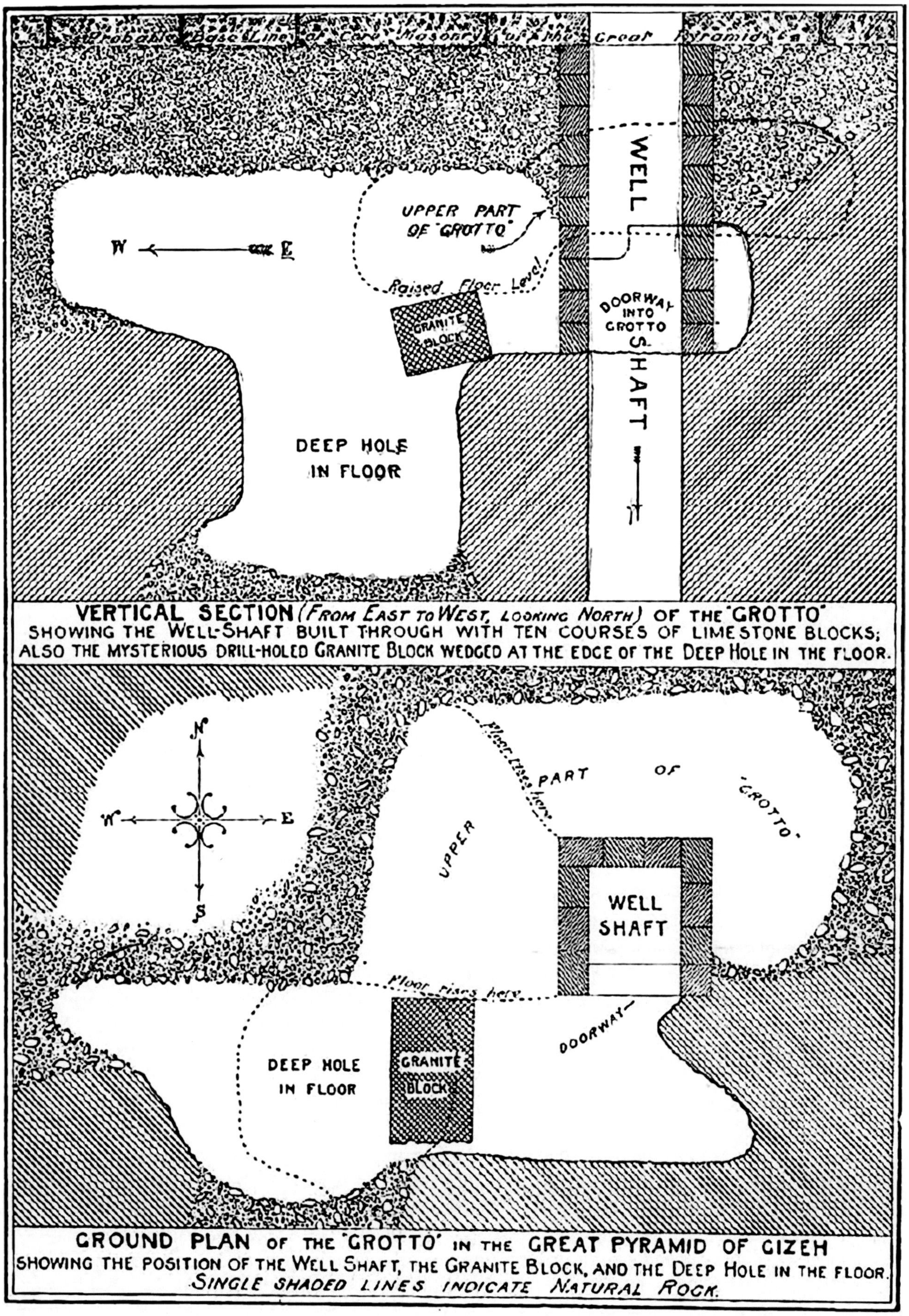

Abb. 76: Plan der Felsengrotte (Edgar & Edgar).

Abb. 77: Aufnahme von Edgar des Inneren der Felsengrotte mit dem gemauerten Brunnenschacht (Edgar & Edgar).

Morton Edgar schrieb zu dem Durchbruch vom Brunnenschacht zur Felsengrotte:

> *"Curious investigators (probably shortly after Al Mamoun's time), wondering what could be concealed behind such strange little walls, forced their way through the four lowest of the small courses of the south wall. Encountering nothing but sand and gravel, they would soon abandon their task; but, from time to time, later investigators, imbued with the same curiosity, would gradually extend the breach by picking away large quantities of the partly caked sand and gravel, and throwing it down the shaft would completely block up the bottom of the Well. (This thought was first advanced by Col. Coutelle[345] in 1801.) Thus, the lower portion of the four walls of the shaft, built so long ago through the cavity, were again laid bare on their outer surfaces; for the Grotto curves almost completely round the Well-shaft."* [346]

Der Durchbruch in die Grotte wurde jedoch vermutlich schon zur Zeit der Römer vorgenommen, falls man den Bericht von Plinius so interpretiert, dass zu seiner Zeit hier der Zugang von unten her erfolgte und in der Felsengrotte dann Endstation war, da der obere Teil noch mit ursprünglichen Granitblöcken versperrt war.

Der Eingang in die Felsengrotte erfolgt durch eine in das Mauerwerk gemachte künstliche Öffnung, da der Brunnenschacht in diesem senkrecht neben der Felsengrotte verlaufenden Teilstück gemauert worden war. Betrachten wir also einmal die Entfernung vom unteren Ende des Brunnenschachts im absteigenden Gang bis zum Eingang in die Felsengrotte, so erhalten wir eine Länge, die ziemlich genau mit den 86 Ellen, welche Plinius uns überliefert hat, übereinstimmt. Betrachten wir dann die Granitblöcke in der Felsengrotte und im Brunnenschacht selbst, so liegt es doch nahe anzunehmen, dass mit diesen Steinen der Schacht oberhalb der

[345] Siehe Fußnote 1317.

[346] Edgar und Edgar 1910, 280.

Felsengrotte verschlossen worden war. Dazu passt auch eine arabische Geschichte, die uns al-Waṣīfī erzählt, nämlich dass zu al-Ma'mūns Zeiten Schatzsucher einen Kanal (Brunnenschacht) entdeckt hätten, wo sie einen ihrer Gefährten an Seilen hinabließen, um eine Verschlussplatte zu heben, unter der ein Schatz vermutet wurde. Meines Erachtens kann es sich dabei nur um den Granit-Verschlussstein des Brunnenschachts gehandelt haben. Weiterhin wissen wir, dass zu Zeiten von Plinius nur die untere Felsenkammer am Ende des absteigenden Gangs, ca. 30 m unterhalb des Gizeh-Plateaus, bekannt war. Wären die Königs- und Königinnenkammer zu Zeiten von Plinius bekannt gewesen, warum hätte er dann einen engen und steilen Schacht wie den Brunnenschacht erwähnt, nicht aber die beiden großen Kammern, von denen zumindest die Königskammer noch einen Sarkophag enthielt? Es kann also nur so gewesen sein, dass der Brunnenschacht zu Zeiten der Römer nur von unten bis zur Felsengrotte begehbar war. Dies erklärt dann alle bekannten Fakten in diesem Kontext.

12.1.2 Grabräubertunnel

Ein weiterer spannender Punkt bezüglich der Cheops-Pyramide betrifft den Grabräubertunnel (siehe Abb. Abb. 93 und Abb. 94), der auch als al-Ma'mūn-Tunnel in der Literatur bekannt ist. Heute ist dieser künstlich geschaffene Zugang in rund sechs Metern Höhe über dem Boden derjenige Zugang ins Pyramideninnere, welchen von den Touristen benutzt wird. Der Tunnel ist etwa 37 ½ m lang und endet in Form eines kleinen Raums in Höhe der oberen Blockiersteine des aufsteigenden Gangs. Von hier zweigt ein ebenfalls künstlich geschaffener, für Touristen heutzutage aber gesperrter, kurzer Gang hinunter zum absteigenden Gang ab. Bei meinem ersten Ägyptenbesuch erfuhr ich von unserem Reiseleiter, einem Ägyptologen, dass dieser Grabräubertunnel im Jahr 820 von al-Ma'mūn und seinen Leuten gegraben wurde, um Zugang ins Pyramideninnere zu gelangen. Analysiert man historische Quellen zu diesem Themenkomplex, so erfährt man, dass al-Ma'mūn nur für 47 Tage ab Mitte Februar des Jahres 832 in Ägypten weilte. Sehr erstaunlich ist ebenfalls, dass in diesem Jahr der Nil zugefroren war, was seit Menschengedenken noch nie zuvor der Fall gewesen war. Außerdem unternahm er in dieser Zeit noch eine Reise nach Oberägypten in die Nähe von Achmim, um dort einen Hydrometer zur Messung der Nilhöhe bauen zu lassen und einen bereits vorhandenen Nilometer zur Messung der Nilflut in Achmim reparieren zu lassen. Dies wird logischerweise schon Fragen auf, wie in so kurzer Zeit ein rund 37 ½ m langer Tunnel gegraben worden sein konnte. Die Antwort darauf ist ganz einfach: Er hat nicht den gesamten Tunnel graben lassen. Der monophysitischer Patriarch der Syrisch-Jakobitischen Kirche und Chronist der östlichen Christenheit Dionysius von Tell Mahre schreibt:

> *„Wir [der Patriarch Dionysius von Tell Mahre und al-Ma'mūn] haben in Ägypten die Pyramiden gesehen, an welche sich die Mythologen schon in Gedichten erinnert hatten. Sie waren weder Kornspeicher des Joseph, wie manche vorgeschlagen hatten, noch waren sie hohl und leer. Dafür waren sie wundervolle Gebäude, die über den Gräbern der alten Könige aufgetürmt wurden, schräg und massiv. Wir haben in eine Öffnung in der Seite der einen von ihnen hineingesehen: sie war etwa 50 Ellen[347] tief."* [348]

Der arabische Autor Ibn Abī Ḥağalah aus dem 14. Jahrhundert berichtet, dass al-Ma'mūn lediglich eine vorhandene Öffnung (Blindstollen) um 20 Ellen erweitert hat.

> *"When Al Mamoon opened the fissure, which exists at present in the Great Pyramid, and had advanced about 20 cubits[349], he found a green crypt containing coined gold."* [350]

[347] Bei der arabischen Elle zu 46,2 cm sind dies 23,10 m und bei Annahme der altägyptischen Elle 26 ¼ m.

[348] Hebraeus, Abbeloos und Lamy 1872, Vol. 1, 380.

[349] Bei der arabischen Elle zu 46,2 cm sind dies 9 ¼ m und bei Annahme der altägyptischen Elle 10 ½ m.

[350] Vyse 1840-42, Vol. 2, 351.

Da die Länge des Gesamttunnels dadurch 70 Ellen oder knapp 37 Meter betragen hätte, entspricht dies recht genau der tatsächlichen Tunnellänge von rund 37 ½ m. Diese beiden Quellen korrigieren also die heute verbreitete Darstellung, dass der gesamte Tunnel von al-Ma'mūn und seinen Männern gegraben worden ist.

Heute ebenso verbreitet ist Meinung, dass der Kalif al-Ma'mūn nur auf Schatzsuche aus war und deshalb die Pyramide gewaltsam öffnen ließ. Wertet man hier wieder arabische Quellen aus, so kann man dies als eigentliche Ursache weitgehend ausschließen. Al-Ma'mūn war nämlich zu seiner Zeit bereits ein ungeheuer reicher Mann gewesen, der noch vor seinem Pyramidenbesuch im Jahr 828/29 seinem Bruder Abū Isḥāq (al-Muᶜtaṣim), den der auch zum Verwalter von Kairo machte, und seinem Sohn al-ᶜAbbās b. al-Ma'mūn jeweils 500.000 Dinare am gleichen Tag schenkte. Ein Dinar war eine Goldmünze von etwa 4,3 Gramm Gewicht, somit entsprachen 1.000.000 Dinare insgesamt 4,3 Tonnen Gold! Weiterhin weiß man, dass al-Ma'mūn ein intelligenter und wissbegieriger Mensch war, der die islamischen Wissenschaften seiner Zeit stark gefördert hat. Aus all dem kann man schließen, dass es ihm eher um die Befriedung seiner Neugierde ging, was sich wohl in der Pyramide befände, denn um Gold, Silber und Edelsteine, von denen er selbst schon mehr als genug besaß. Al-Ma'mūn unternahm auch einen Versuch, die Hieroglyphen zu entschlüsseln, was viele auch nicht wissen. In der Hauptstadt Bagdad seines Kalifats, im von al-Ma'mūn gegründeten „Haus der Weisheit", arbeiteten die größten Mathematiker, Astronomen, Ärzte und Naturwissenschaftler, die den Grundstein für die Entwicklung der exakten und Naturwissenschaften im Kalifat legten. Das Haus der Weisheit verfügte über eine Bibliothek (mit Übersetzern), ein Observatorium und die notwendigen Werkzeuge. Weiterhin ließ al-Ma'mūn im Jahr 827 einen Breitengrad der Erde für das heutige Bagdad, welches auf 33° 20' nördlicher Breite liegt, vermessen, der mit 56 ⅔ arabischen Meilen (≈ 112,2 km) nur geringfügig größer als der tatsächliche Wert von 111,2 km ist. Diese Vermessung nutzte er, um neue Weltkarten zu erstellen lassen, die wesentlich genauer als die Ptolemäischen Karten aus dem 2. Jahrhundert waren. Das Problem damit war, dass Ptolemäus unbewusst zwei verschiedene Maßstäbe benutzte, den von Eratosthenes ermittelten Wert von 110 km pro Breitengrad und einen zweiten Wert von 78 km, sowie für die Längengrade einen Wert von nur 60 – 70 km. Dies führte zu teilweise massiven Verzerrungen der Wirklichkeit, die sich noch negativ bis ins hohe Mittelalter auswirkten. Die von al-Ma'mun entwickelte Weltkarte galt lange als verschollen. Erst 1980 wurde in der Istanbuler Saray-Bibliothek ein um 1340 entstandenes Exemplar der Enzyklopädie *Masālik al-abṣār* von Ibn Faḍlallāh al-ʿUmarī (1301–1349) entdeckt, welches eine Kopie der Weltkarte enthielt, die es ermöglichte, die Originalkarte zu rekonstruieren. Die al-Ma'mūn'schen Geografen hatten sich die bewohnte Welt als Insel vorgestellt, die von einem Ozean umschlossen wurde. Erstaunlich war jedoch, dass die Karte mehrere Maßstäbe besaß, die die Gebirge perspektivisch darstellte und zudem eine Form der Projektion der kugelförmigen Erde auf die zweidimensionale Fläche verwendete, die in Europa erst im 16. Jahrhundert üblich wurde. Dies alles lässt uns die Person al-Ma'mūn in einem ganz anderen Licht erscheinen, als die vielfach heute zu hörende Reduktion auf einen geldgierigen Schatzsucher.

Was sich heute allerdings nicht mehr mangels Quellen in Erfahrung bringen lässt, ist die Antwort auf die Frage, wer den ursprünglich 50 Ellen langen Blindstollen gegraben hatte, den al-Ma'mūn dann erweitern ließ. Es wird immer wieder behauptet, dass derjenige, der den Grabräubertunnel hat graben lassen, von der inneren Struktur gewusst haben musste, da er sonst nicht so zielsicher hätte graben können. Dieser Meinung kann ich mich nicht anschließen, da der Grabräubertunnel exakt in der Pyramidenmitte bezogen auf die Pyramidenbasis gegraben wurde. Dies beweist im Falle der Cheops-Pyramide die Unkenntnis der Lage der ursprünglichen inneren Gänge und der Königskammer. Die ursprünglichen inneren Gänge verlaufen nämlich über 7 m östlich der Nord-Süd-Achse der Pyramide. Betrachtet man sich die sogenannten Versuchsschächte (eng. *trial passages*) vor der Cheops-Pyramide, die quasi das Innere des Gangsystems der Cheops-Pyramide abbilden, so erkennt man, dass diese in einem verkleinerten Maßstab realisiert wurden. Man kann daraus auf die Lage des aufsteigenden Gangs schließen, sodass man in etwa die richtige Höhe beim Graben des Blindstollens hat, aber deshalb weiß man noch nicht, ob sich das gesuchte Gangsystem exakt in der Pyramidenmitte befindet oder nicht. Die plausibelste Annahme für die ersten potenziellen Grabräuber war natürlich die Mitte der Pyramide, da es Gründe gab, die Grabkammer in deren Mitte zu vermuteten, denn dieser Ort war von allen Seiten der Pyramide am weitesten entfernt und bot somit vermeintlich den besten Schutz vor Grabräubern.

12.1.3 Nordostkantenkammer

Als Nächstes sei auf Berichte zu der Kammer an der Nordostkante (siehe Abb. 136 und Abb. 137) der Cheops-Pyramide eingegangen, von der der amerikanische Ägyptologe Bob Brier, welcher sie 2008 wiederentdeckt hat, behauptete, sie sei ihm und allen, die er kenne, zuvor unbekannt gewesen. Auch Nachforschungen ergaben laut seiner Aussage keine Hinweise über diese Kammer. Dennoch wunderte er sich über Graffitis im Inneren der Kammer, die verdeutlichten, dass sie alles andere als unbekannt war. Meine eigene Recherche zu dieser Kammer hat ergeben, dass die früheste Erwähnung durch Johann Helffrich erfolgte, einem Leipziger Bürger, der 1565 eine Reise nach Ägypten unternommen hatte (siehe Kap. 13.4). Nach ihm berichtete noch folgende Reisende über diese Kammer: Heinrich Rantzau (1623), Jean de Thévenot (1657), Albert Jouvin de Rochefort (1665), Cornelis de Bruyn (1681), Giovanni Battista Caviglia (1817). Bis zu Caviglia finden sich also sechs Berichte über diese Kammer. Der Ägyptologe Bob Brier bekräftigte nach der Besichtigung dieser Kammer, dass es sich definitiv hierbei um eine originär geplante Kammer handelt. Der Zweck dieser Kammer, die vermutlich nicht die Einzige ihrer Art war, ist bis heute unklar. Ein ähnlicher Hohlraum wurde im Rahmen des 2015 begonnenen *ScanPyramids*-Projekt in noch größerer Höhe entdeckt. Von einer physischen Untersuchung dieser Kammer ist mir nichts bekannt. Der französische Architekt Jean-Pierre Houdin hatte um das Jahr 2005 eine Theorie entwickelt, welche für den Bau der Cheops-Pyramide nicht externe Rampen, sondern interne Rampen vorsieht. Davon überzeugte er auch den Ägyptologen Bob Brier. Die von Bob Brier 2008 betretene Kammer in 83 m Höhe an der Nordostkante der Cheops-Pyramide konnte allerdings keine Bestätigung für Houdins Theorie liefern. Dennoch bleibt sie ein interessantes Artefakt und ein weiteres ungelöstes Puzzlestück im Verständnis um den Bau der Cheops-Pyramide.

12.1.4 Kleine Kammer direkt unter der Königskammer

Als Nächstes sei auf einen Bericht von Cornelis de Bruyn hingewiesen, welcher 1681 die Cheops-Pyramide besichtigt hatte und der uns auf eine kleine Kammer direkt unter der Königskammer hinweist. In seinem Reisebericht schreibt er:

„Bevor wir nach oben kamen, wurde mir gesagt, dass sich beim Eintritt in die Kammer [Königskammer] auf der rechten Seite ein Loch befindet, durch das man in eine andere Kammer gelangen kann und von dort aus wieder in einen anderen Gang. Als ich in die Kammer kam, fand ich auch bald dieses Loch, und nachdem ich mit meiner Kerze festgestellt hatte, dass es nicht tiefer als 5 oder 6 Fuß [≈ 1,62–1,95 m] war, lies ich mich in das Loch hinunter, fand aber nichts als einen kleinen quadratischen Raum, der so voller Fledermäuse war, dass sie von allen Seiten um mein Gesicht flogen. Ich war sehr erschrocken darüber und hatte viel zu tun, um meine Kerze zu beschützen. Darum warnte ich meine Freunde, die sich oben in der Grabkammer befanden und ließ sie darauf achten, dass ihre Kerzen nicht verlöschten, während ich eine genaue Untersuchung der Kammer von allen Seiten unternahm. Ich konnte 20 oder 30 Fledermausnester sehen, aber keinen Durchgang, der irgendwo anders hinführte."[351]

Betrachten wir uns diesbezüglich einen Bericht von Johann Nepomuk Visino, der an Ostern 1837 die Cheops-Pyramide besichtigt hat. Es war die Zeit, in welcher Howard Vyse seine arabischen Arbeiter überall in der Pyramide mit Grabungen beschäftigte, so auch in der Königskammer. Visino berichtet bei seinem Besuch dieser Kammer:

„Der Stoß des Fußes auf den Boden erzeugt einen dumpfen, hohlklingenden Schall. Dem Sarge gegenüber an der nördlichen Wand, wurde in neuerer Zeit eingegraben, unmittelbar an der

[351] Bruyn, Voyage au Levant 1700, 195-196. Eigene Übersetzung aus dem Französischen unter fallweiser Zuhilfenahme des niederländischen Reiseberichts.

> *Wand ein vorspringender Bogen von poliertem Granit, und vor demselben eine geräumige Höhlung gefunden. Der noch nicht weggeräumte Schutt wehrt eine nähere Beobachtung.“* [352]

Meines Wissens gibt es keinen modernen Ägyptologen, welcher direkt unter der Königskammer von einer weiteren Kammer spricht, wie aus den beiden obigen Berichten eindeutig hervorgeht. Es wird von frühen Schatzgrabungen rechts neben dem Sarkophag gesprochen, die aber nichts ergeben hätten. Eine Aufnahme aus dem Jahr 1982 zeigt noch deutlich die Spuren der frühen Schatzgrabung (siehe Abb. 104). Nach umfangreichen Restaurierungsarbeiten im Inneren der Cheops-Pyramide wurden sämtliche Spuren beseitigt, wie Abb. 106 zeigt.

12.1.5 Unbekannter Gang von der Königskammer aus

Ein weiterer sehr interessanter und weitgehend unbekannter Bericht über einen ungekannten Gang, der in der Königskammer seinen Anfang nimmt, stammt von Heinrich Rantzau, der 1623 die Cheops-Pyramide besichtigt hatte. Er schreibt:

> *„Es war in der Ecke dieser [Königs-]Kammer ein viereckiges Loch, wo man nach unten gelangen konnte. Aber niemand von uns hat es versucht. Der Vizekonsul zu Rosetta berichtete uns, dass er mit einem anderen Franzosen, Gio Asne, weit unten gewesen sei, wobei sie viele Lichter und Stricke mitgenommen hätten, doch sie fanden kein Ende. Als sie anfingen sich zu fürchten, dass ihre Lichter ausgehen würden bevor sie wieder zurück wären, kehrten sie wieder um. Der Weg ging ständig nach unten, war schmal und nicht so hoch, dass sie aufrecht gehen könnten.“* [353]

Über das Innere der Pyramide liefert uns Rantzau folgende Zeichnung:

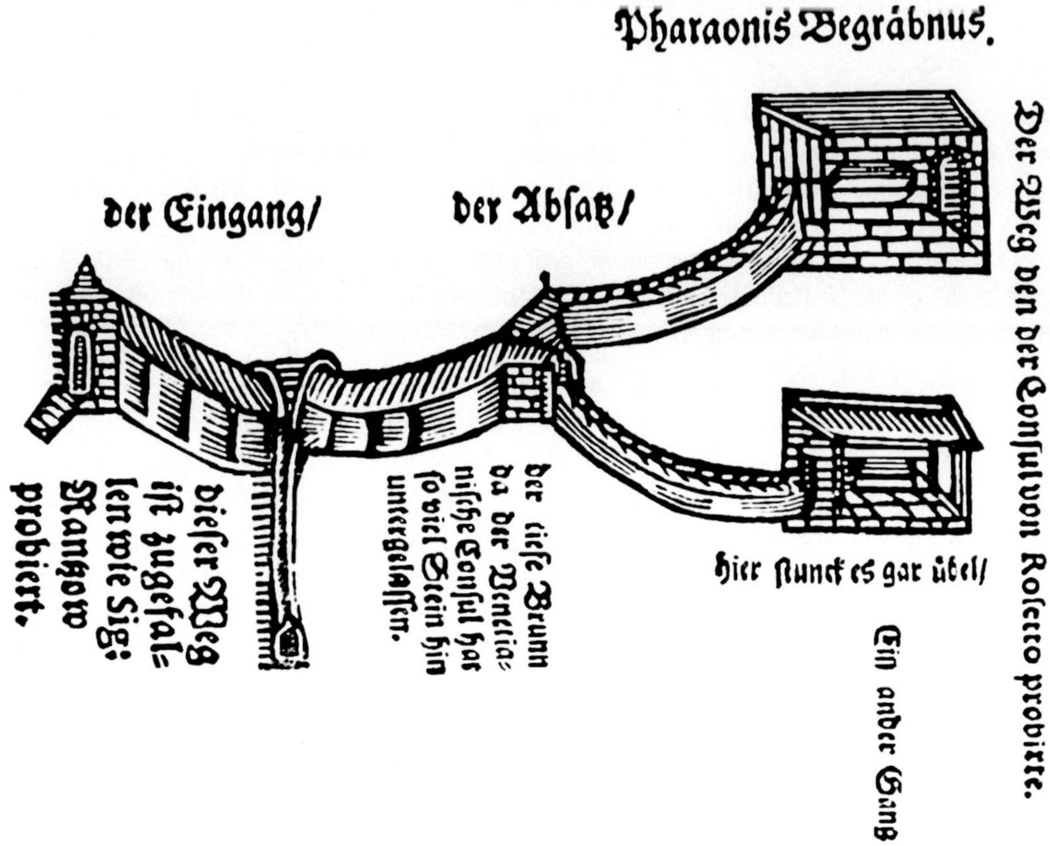

Abb. 78: Inneres Gangsystem der Cheops-Pyramide, Rantzau der Jüngere, 1623.

[352] Visino 1840, 133.

[353] Rantzau 1669, 48. Übertragung in modernes Deutsch durch den Autor.

Rantzau berichtet von einem Gang – und zwar kein Grabräubertunnel – der, wie auf der Abbildung zu sehen, von der Westseite der Königskammer seinen Anfang nimmt. Rantzau selbst hat ihn zwar nach eigenen Aussagen nicht erkundet, beschreibt aber detailliert, was er vom französischen Vizekonsul zu Rosetta erfahren hat, der selbst diesen Gang zusammen mit einem anderen Franzosen erkundete. Hätte Rantzau jedoch den Eingang zu diesem Gang nicht selbst gesehen, wäre Vorsicht geboten, was die Glaubwürdigkeit dieser Darstellung angeht. Zuerst ist man beim Lesen dieser Textpassage versucht, das rechts im Fußboden befindliche Loch neben dem Sarkophag in der Königskammer, welches vermutlich schon von al-Ma'mūns Leuten stammt, damit in Verbindung zu bringen. Doch die Abbildung der Königskammer von Rantzau zeigt eine Tür in einer Wand und nicht im Fußboden. Zudem spricht er von einem schmalen Weg, der immer nach unten ging und der nicht so hoch war, als dass man aufrecht gehen konnte. Diese Beschreibung trifft sicher nicht auf das Loch an der Nordwand im Fußboden der Königskammer zu, worunter sich gemäß Cornelis de Bruyn ein kleiner quadratischer Raum befunden hat, in dem allerdings nur Fledermausnester zu finden waren. Aufgrund weiterer fehlender Berichte zu diesem Gang könnte man das Ganze als Märchen abtun. Doch wäre das meines Erachtens ein voreiliger Schluss, denn heute wissen wir aufgrund von modernen GPR (Ground Penetrating Radar)-Untersuchungen (Yoshimura 1987, 92), dass hinter der südlichen Westwand ein Hohlraum gefunden wurde, von dem angenommen wird, dass es sich um einen Gang handelt. Weiterhin wurde festgestellt, dass der untere Eckstein im Süden der Westwand als einziger Stein drei freie Fugen besitzt, der ihn als Eingang zu einem geheimen Gang prädestiniert. Rantzau beschreibt denn auch, dass sich ein viereckiges Loch in der Ecke dieser Wand befindet, was genau zu dem Stein mit den drei freien Fugen passt. Zudem hat dieser Stein ein fast quadratisches Aussehen. Deshalb deutet vieles darauf hin, dass es sich bei der Beschreibung dieses Gangs nicht um Fiktion, sondern um Realität handelt. Die Frage, die sich daher nun stellt, ist die: Warum und von wem wurde der Gang danach wieder verschlossen, zumal er nicht bis zum Ende von dem französischen Konsul verfolgt wurde? Ohne nähere Fakten, wäre es müßig darüber zu spekulieren. Am einfachsten wäre es, diesen Eckstein mit modernem Equipment vorsichtig herauszuholen und zu sehen, ob sich der vermutete Zugang zu diesem noch unbekannten Gang tatsächlich dahinter verbirgt.

12.1.6 Königinnenkammer

Im Folgende sei auf Berichte verwiesen, welche die Königinnenkammer betreffen. Diese Kammer und der Zugangsbereich im Horizontalen Gang ab der Stufe bis zum Eingang in die Kammer waren in der Vergangenheit von noch größeren Schatzsuchaktivitäten gekennzeichnet, als die Königskammer. Einen faktischen Beweis, wann es zuerst dort zu Schatzgrabungen kam, gibt es nicht, aber starke Hinweise, die auf al-Ma'mūn und seine Leute deuten. Sicher ist nur, dass diese Kammer im Laufe der Zeit zwischenzeitlich immer mal wieder gereinigt wurde. Vielen gilt heutzutage auch Damiat Ibrahim Pascha, der von 1583 bis 1585 Vizekönig in Ägypten war, als Urheber von Schatzgrabungen in der Königinnenkammer.

Der erste mir bekannte Bericht eines Europäers, der die Königinnenkammer laut eigenen Aussagen betreten hatte, war Christoph Fürer, der am 20. September 1565 die Cheops-Pyramide besichtigt hatte, also nur drei Monate, bevor Johann Helffrich sie besichtigt hat. Er schreibt über sie:

> *„Wenn man etwa den halben Weg oben ist, gibt es einen Absatz, durch den ein viereckiger enger Gang geht, der in eine Kammer [Königinnenkammer] mündet, die mit 10 großen Steinen gegeneinander, wie ein [Giebel]-Dach bedeckt, in der Mitte höher als an den Seiten ist. Diese Kammer ist 7 Klafter [≈ 12,77 m] lang und 4 breit [≈ 7,30 m]. Von dieser Kammer muss man durch den engen Gang wieder herausgehen und anschließend hinaufsteigen."* [354]

Die von Fürer angegebenen Ausmaße der Königinnenkammer sind zwar deutlich zu groß, gerade auch im Verhältnis der Längs- zur Breitseite, da sie in Wirklichkeit nur 5,76 × 5,24 m misst. Fürer schreibt nichts zu eventuell vorhandenen Steinen in der Kammer oder irgendeinem Gestank. Ob es beides nicht gab oder er es nur für nicht erwähnenswert hielt können wir natürlich nicht sagen. Doch der Bericht von Johann Helffrich, welcher nur drei Monate danach die Königinnenkammer betrat, schreibt hierzu:

[354] Fürer 1646, 58. Übertragung in modernes Deutsch durch den Autor.

„Von da an sind wir geradewegs in eine viereckige Kammer [Königinnenkammer] gekommen, die oben und unten mit glatten Steinen versehen war. Sie war sehr verfallen und lag voller Steine und Staub, die herabgefallen waren. Als wir uns darin genug umgesehen hatten, sind wir wieder herausgegangen und haben auf der rechten Seite einen schmalen engen Gang gesehen, der zu einem tiefen Loch führt" [355]

Da kaum anzunehmen ist, dass es zwischen dem 20. September 1565 und dem 13. Dezember dieses Jahres zu Schatzgrabungen gekommen war, hat wohl Fürer die herumliegenden Steine einfach nicht für erwähnenswert gehalten. Eine Bestätigung der Aussagen von Helffrich liefert uns Hans Jacob Breuning von Buchenbach, welcher am 14. August 1579 die Cheops-Pyramide besichtigt hat. Zur Königinnenkammer schreibt er:

„Dann gingen wir durch den anderen [horizontalen] Gang in ein gleichförmiges Gemach [Königinnenkammer], wo sehr viel Erde lag und es auch unreinlich war. Von diesem Gemach geht noch ein anderer Gang, durch welchen wir auch noch hinabsteigen wollten, aufgrund der Unreinheit und des Ungeziefers sowie Fledermäusen aber davon absahen, da sich die Einheimischen, die uns immer vorangingen, hier nicht weiter vorwagten. Aus diesem Gang [Tunnel] sprangen uns auch etliche Pharaonen-Ratten an, die auch Ichneumons genannt werden, derer besonders in Alexandria durch die Ägypter gedacht wird. Dadurch erloschen uns teils mehrere Windlichter und Fackeln, sodass wir uns nichts sehnlicher wünschten, als wieder nach draußen zu gelangen." [356]

Auch er bestätigt das tiefe Loch in der Königinnenkammer, welches Helffrich zuerst beschrieb, bei dem es sich um den Nischentunnel handelt. Neu hinzu kommt die Aussage von der Unreinheit, dem Ungeziefer und den Fledermäusen, sowie der Ichneumons, die sie dort gesehen hatten. Einen Gestank erwähnt auch er noch nicht, spricht aber von Unreinheit, was die Ursache des später berichteten Gestanks sein kann.

Jean le Carlier de Pinon, welcher zusammen mit Breuning die Cheops-Pyramide besichtigt hat, schreibt etwas sehr Ähnliches zu ihrem Besuch der Königinnenkammer:

„Der untere [horizontale] Gang, der unter dem oberen liegt, führt aber nicht so weit nach oben zu einem Raum [Königinnenkammer], der in Art und Größe dem oberen ähnlich ist. In dieser Kammer sehen wir nichts anderes, als ein ziemlich breites, aber sehr niedriges Loch, das sich auf der linken Seite befindet, wenn man die Kammer betritt. Wir haben niemanden gefunden, der uns versichern konnte, ob dieses Loch in einen anderen Gang oder Raum führt, denn es ist so niedrig und eng, dass man es nicht betreten kann. Es dient auch als Rückzugsort für eine große Anzahl von Fledermäusen und Schlangen, die in der besagten Pyramide sind, sowie anderen Tieren, nachdem wir einen Fuchs dort hineingehen gesehen hatten, während wir uns dort aufhielten. Diese letzten Kammern und Gänge sind nicht gewölbt, aber ihr Boden ist eben, bestehend aus großen Quadersteinen, jedoch nicht so groß, dass er die Länge oder Breite der Kammer einnimmt, auch nicht die Hälfte oder ein Drittel davon. Wir haben nicht sehen können, wie ihre Verbindungen bzw. Fugen gemacht wurden, da von innen nichts anderes zu sehen ist, als die miteinander verbundenen Steine." [357]

Jean Palerne, der im August 1581 die Königinnenkammer betreten hatte, schrieb darüber:

„Am Ende der genannten Galerie [horizontaler Schacht] befindet sich ein leerer Raum [Königinnenkammer], der wie ein Eselsrücken gewölbt ist. Er ist etwa 5 oder 6 Schritte [≈ 3,25 – 3,90 m] lang und von gleicher Breite. Am Eingang dieses Raumes befindet sich links eine Öffnung

355 Helffrich 1579, Eintrag zum 13. Dezember 1565. Übertragung in modernes Deutsch durch den Autor.

356 Breuning von Buchenbach 1612, 164. Übertragung in modernes Deutsch durch den Autor.

357 Carlier de Pinon und Blochet 1920, 189-190. Eigene Übersetzung aus dem Französischen.

[Nische in der Ostwand], die zu einem weiteren langen Schacht führt, in den man nicht hinein geht, da er zu schwer zugänglich ist.“ [358]

Dies waren alles Berichte noch bevor Damiat Ibrahim Pascha sich in Ägypten aufhielt. Prosper Alpini, der Leibarzt des venezianischen Konsuls Giorgio Emo war und der von März 1581 bis zum Oktober 1584 in Kairo weilte, schrieb über den Herrscher über Ägypten:

„Aber nun wollen wir berichten, was wir in der Pyramide gesehen haben, weil niemand, so scheint es mir, das Innere bisher richtig beschrieben hat. Bis 1584 hatte diese Pyramide nur eine Tür, durch die man eintreten konnte. Aber in diesem Jahr befahl Damiat Ibrahim Pascha, Vizekönig von Ägypten, getrieben von Neugierde, oder besser gesagt von einem afrikanischen Zauberer, nach dem ein sehr reicher Schatz in der Pyramide versteckt sein soll, dass der Eingang, der sehr eng war und den Zugang erschwerte, durch das Einschneiden in die Pyramide vergrößert werden sollte, sodass ein Mann jetzt ohne sich bücken zu müssen, hineingehen konnte. Der Pascha hatte sogar zunächst beschlossen, einen Schacht in die Pyramide zu graben und ihn mit Schießpulver zu füllen, um das Denkmal vollständig zu zerstören. Aber er änderte seine Meinung auf Anraten von George Hemi, dem damals berühmten Konsul von Venedig (denn, wie ich sagte, damit hätte er die ganze Stadt einer großen Gefahr ausgesetzt).“ [359]

Alpini nennt uns in seinem Bericht die Ursachen der Schatzsuche durch Damiat Ibrahim Pascha. Obwohl er explizit nur die Erweiterung des Originaleingangs nennt – der al-Ma'mūn-Tunnel war vom 14. bis zum 19. Jahrhundert von dem Schutthügel an der Nordseite der Pyramide komplett verschüttet und unzugänglich – hat aufgrund der erwähnten Schatzsuche sicher auch im Inneren sein Unwesen getrieben. Dennoch gab es, wie wir gesehen haben, bereits zuvor schon Schutt und Steine in dieser Kammer. Somit kann er nicht der Erste gewesen sein, der hier Schatzgrabungen vorgenommen hat. Interessant ist auch ein Bericht von Pedro Escobar Cabeça de Vaca, der sich von Oktober 1584 bis November 1584 in Kairo aufhielt und auch die Cheops-Pyramide besichtigt hat. Sein Besuch fällt in das Ende der Zeit von Damiat Ibrahim Pascha als Herrscher über Ägypten. So schreibt er:

„Als wir in das berühmte Kairo zurückkehrten, erzählte uns einer unserer Janitscharen, dass der Pascha von Kairo die Geheimnisse dieser beiden Pyramiden erkunden wollte. Er wollte hineingehen, doch als man ihm sagte, dass es in der anderen Pyramide [Chephren-Pyramide] keine Tür gäbe, bekam er Angst und wollte überprüfen lassen, was es drinnen gab, und zwar auf Kosten anderer. Er ließ vier zum Tode verurteilte Männer kommen, und wo ich die Pyramide betrat, ließ er auch sie dort hineingehen. Dann ließ er den Eingang bewachen, durch den sie hineingingen, und er sagte, wenn sie drinnen herausfänden, wie sie herauskommen könnten, würde er sie frei lassen und ihnen ihre Strafe erlassen. Man gab ihnen so viel Nahrung mit, wie sie für drei Tage benötigten. Den Unglücklichen, die ihr lieb gewonnenes, aber verloren geglaubtes Leben mit Zweifel betrachteten, wurde angeboten herauszufinden, wie sie herauskommen könnten oder im Inneren zu sterben. Sie waren sechs Tage voller Hoffnung auf den Pascha. Die anderen waren derweil sehr gespannt auf das Ende dieses seltsamen Falles. Als sie sahen, wie lange es nun schon dauerte, ohne dass sie herauskamen, dachten sie, sie seien tot. Doch dann sahen sie sie an einem Punkt an der anderen Pyramide an der Spitze herauskommen. Auf die Frage nach den Geheimnissen, die sie gesehen hatten, sagten sie, dass sie mit großem Kummer einen langen Weg unter der Erde gegangen waren, bis sie schließlich den Ort gefunden hatten, an dem sie herausgekommen waren. Der Pascha war daraufhin erstaunt zu sehen, dass eine Pyramide tief unter der Erde mit der Spitze der anderen verbunden war. Er schenkte ihnen daraufhin ihr Leben, das sie sich mit so viel Arbeit verdient hatten.“ [360]

---

358 Palerne und Sauneron 1971, 107. Eigene Übersetzung aus dem Französischen.

359 Alpini, et al. 2007, 60. Eigene Übersetzung aus dem Französischen.

360 Escobar Cabeça Vaca 1594, 30-31. Eigene Übersetzung aus dem Spanischen.

Diese Schilderung, deren Inhalt mindestens teilweise der Fantasie geschuldet ist, bestätigt jedoch die Angaben von Alpini bezüglich der Neugierde des Paschas die Cheops-Pyramide betreffend. Durchaus denkbar ist jedoch, dass der Pascha zum Tode verurteilte Männer in die Pyramide eingesperrt hat, um zu sehen, ob sie einen Ausweg finden würden, der noch unbekannt war, zumal ihn das nichts kostete. Sicher ist nur, dass sie auf dem Gipfel der Chephren-Pyramide nicht nach sechs Tagen wieder herausgekommen sind und eine unterirdische Verbindung zwischen beiden Pyramiden gefunden haben. Zudem nennt Escobar in seinem Bericht noch eine kleine starke Tür aus Eisen, die sich im absteigenden Gang befunden haben soll:

> *„300 Fuß [≈ 83,6 m] müssen wir wohl hinuntergegangen sein [im absteigenden Gang], bis wir zu einer kleinen Tür aus starkem Eisen kamen, durch die wir rückwärts hindurchmussten, da wir es nicht wagten, auf diesem Abschnitt vorwärtszugehen, wo noch nie ein menschlicher Fuß getreten ist oder wenn doch, dann nicht ohne große Gefahr.“* [361]

Da kein Reisender vor Escobar und keiner nach ihm von dieser starken Eisentür spricht, kann man vermuten, dass sie von Damiat Ibrahim Pascha stammte, der sich während der Zeit seiner Schatzsuche in der Pyramide von ungebetenen Gästen nicht stören lassen wollte. Im Oktober/November 1584 war die Tür zwar noch vorhanden, aber nicht mehr abgeschlossen, da sie ansonsten Escobar nicht hätte passieren können. Höchst wahrscheinlich war die Schatzsuche zu diesem Zeitpunkt bereits beendet und die Tür nicht mehr von Bedeutung. Da sie aus Eisen war, wurde sie später vermutlich wieder ausgebaut und anderweitig verwendet. Dies würde erklären, warum nach Escobar niemand mehr von dieser Eisentür berichtet.

Der erste Besucher nach Escobar, welcher die Königinnenkammer beschreibt, war Samuel Kiechel, der am 3. Juli 1588 die Cheops-Pyramide besichtigt hat. Er schreibt:

> *„Als wir hinaufgekommen waren, stiegen wir in ein kleines Loch ein und kamen in einen langen Gang, dem wir folgten, bis wir in ein finsteres, großes Gemach oder eine Kammer kamen, die mit schönem rotem Marmor bekleidet war und überzogen war. Dort waren sehr viele Fledermäuse, und es herrschte ein so fürchterlicher Gestank, dass ich nicht darin bleiben konnte.“* [362]

Alle späteren Besucher der Königinnenkammer berichten von einem fürchterlichen Gestank, der die Aufenthaltsdauer, selbst von sehr neugierigen Besuchern, hier sehr stark begrenzt. Daraus kann man schließen, dass der Gestank etwas mit Damiat Ibrahim Pascha und seinen Aktivitäten zu tun hat. Durchaus denkbar wäre, dass die zum Tode verurteilten Männer hier gestorben sind und sie niemand heraustrug, sodass sie in der Kammer verwesten, was den impertinenten Gestank erklären würde. Die Königinnenkammer soll auch immer wieder Kriminellen als Unterschlupf gedient haben.

Um die Frage nach der Menge des vorhandenen Schutts in der Königskammer zu beantworten, können wir die Zeichnungen von Frederic Norden ansehen, gepaart mit der Information von Guillaume-Antoine Olivier, der auch die Höhe des Schutts angab, so kommen wir auf ein Volumen von etwa 45 m^3.

---

[361] Escobar Cabeça Vaca 1594, 28. Eigene Übersetzung aus dem Spanischen.

[362] Keller 2001, 63.

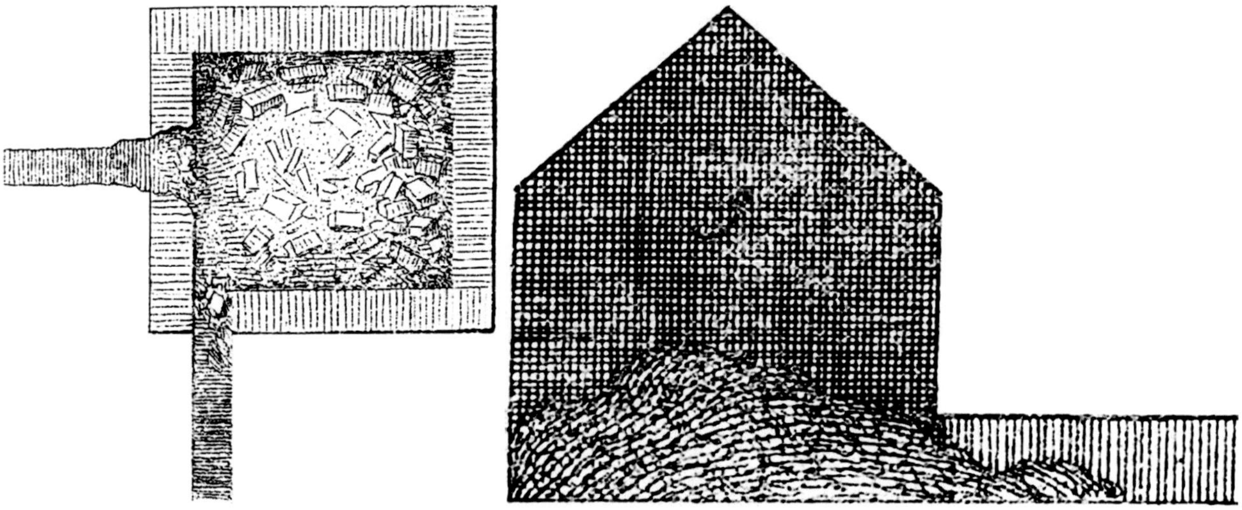

Abb. 79: Königinnenkammer der Cheops-Pyramide, Friedrich Ludwig Norden, 1755.

Olivier beschreibt die Königinnenkammer, die er am 5. April 1795 besichtigt hat, so:

„Die untere Kammer [Königinnenkammer] misst nur 18 Fuß [≈ 5,85 m] in der Länge und 16 [≈ 5,20 m] in der Breite. Die Decke ist nicht eben, sondern besteht aus Steinen, wo einer vor den anderen hervorragt, wie dieses auch bei der Galerie [Große Galerie], die zu der oberen Kammer führt, der Fall ist. Linker Hand sieht man in der Mauer eine Vertiefung [Nische], welche, wie Maillet glaubt, zur Aufnahme einer Mumie diente. Aber auch hier hat sich dieser Autor in seiner Meinung geirrt, denn diese Vertiefung endet am Boden in einem viereckigen Schacht, welcher dem ähnlich ist, durch welchen man in die Königinnenkammer kommt, und der wahrscheinlich zu einer anderen Kammer führt, welche noch kein Reisender erwähnt hat. Vergebens bemühten wir uns, hinein zu dringen, denn er ist durch Trümmer so verstopft, dass man kaum der Länge des Körpers nach hineinkriechen kann. Vermittelst einiger brennenden Kerzen aber, die wir hineinließen, bemerkten wir, dass er horizontal, und dem ersten ähnlich ist, dass sich sein Mauerwerk unversehrt erhalten hat, und dass die Trümmer, mit denen er angefüllt ist, nur hineingeworfen sind. Seit Maillet hat man allgemein angenommen, dass all der Schutt, welcher auf dem Boden der Königinnenkammer mehrere Fuß hoch liegt, von dem Nachgraben herrührt, welches man unter dem Boden dieser Kammer selbst vorgenommen hätte. Wenn diese Meinung begründet ist, so waren wohl diejenigen, welche diese Nachgrabungen unternahmen, sehr in Verlegenheit über die Menge von Steinen, die sie da herausbrachen, und mussten sie also bis in die Kammer, wohin dieser neue Kanal führt, bringen, den Kanal selbst damit anfüllen, und auch den Boden der Königinnenkammer bis zu einer Höhe von 4 bis 5 Fuß [≈ 1,30 – 1,62 m] damit bedecken. Ebenso ist es auch wahrscheinlich, dass zu Maillets Zeiten diese Trümmer die Öffnung des zweiten Kanals verdeckten, und nur eine, über derselben befindliche Vertiefung zu sehen war, wodurch denn dieser Autor zu glauben veranlasst wurde, dass dieses eher ein Mumienbehältnis, als der Anfang zu einem zweiten Kanal sein könne.

Diese Kammer ist übrigens, so wie das obere; ganz aus starken Blöcken von rosenrotem Granit erbaut; der Kanal aber, durch den man hineinkommt, besteht aus weißem Kalkstein, welcher, wie aller in den übrigen Gängen verräuchert ist. Man bemerkt auch noch eine große Spalte, welche allem Ansehen nach von einer Senkung herrührt, die diese ungeheure Masse von Mauerwerk erlitten haben mag.“ [363]

Den Nischentunnel in der Königinnenkammer beschreibt Olivier zur Zeit seines Besuchs als so verstopft, dass man kaum bis auf eine Körperlänge hineinkriechen kann. Diese Verstopfung haben vermutlich zwei englische Offiziere, die 1801 im Rahmen der Vertreibung Napoleons aus Ägypten dort waren, freigeräumt und sich am

---

363 Olivier 1805, 2. Teil, 128-130. Anpassung an modernes Deutsch durch den Autor.

Ende des Nischentunnels mit ihrem Namen verewigt: Pasley[364] und Munro[365]. Die Information von Caviglia und Salt, dass am Ende des Nischentunnels der Königinnenkammer die Namen Pasley und Munro eingeritzt seien, stammt ebenfalls von Olivier. Da die Einritzungen aber wahrscheinlich erst am 23. August 1801 erfolgten und die Reisebeschreibung von Olivier bereits 1801 auf Französisch erschien, konnte diese Information darin natürlich noch nicht enthalten sein. Sie zeigt aber, wie gut Olivier auch danach noch über Details zur Cheops-Pyramide unterrichtet war. Der Grund für die Annahme der Säuberung des Nischentunnels am 23. August 1801 liegt in der Beschreibung von Edward Daniel Clarke, der an diesem Tag die Cheops-Pyramide zusammen mit einer größeren Gruppe von britischen Offizieren besichtigt hat. Er schreibt:

> *"Some of the officers belonging to our party, while we were occupied in examining the well, had discovered two or three low ducts, or channels, bearing off from this passage to the east and west, (like those intersecting veins called by miners cross-courses,) and which they believed to have been overlooked by former travellers. Certainly there is no accurate notice of them in the descriptions given by Sandys, Greaves, Wansleb, Pococke, Shaw, Niebuhr, Maillet, Lucas, Norden, Savary, or any other author that we have consulted. Perhaps the French, engineers employed under Menou in the examination of the Pyramids, by removing the stones which had closed the mouths of these channels, have laid them open. We undertook a most laborious and difficult task, in penetrating to the extremities of these ducts. The entrance being too low to admit a person upon his hands and knees, it was necessary to force a passage by lying flat upon our faces, gradually insinuating our bodies, by efforts with our arms and feet against the sides. The difficulty, too, was increased by the necessity of bearing lighted tapers in our hands, which were liable to be extinguished at every instant, in the efforts made to advance. As we continued to struggle in this manner, one after another, fearful of being at last jammed between the stones, or suffocated by heat and want of air, a number of bats, alarmed by our intrusion, endeavoured to make their escape. This we would gladly have permitted, but it was not easily affected. Flying against our hands and faces, they presently extinguished some of our tapers, and were with difficulty suffered to pass by us. After all our trouble, we observed little worth notice at the end of any of these cavities. In one, which the author examined, he found, at the extremity of the channel, a small square apartment, barely large enough to allow of his sitting upright; the floor of which was covered with loose stones, promiscuously heaped, as by persons who had succeeded*

[364] General Sir Charles William Pasley (* 8.9.1780 in Eskdalemuir, Schottland; † 19.4.1861 in London, England) war ein britischer Soldat und Militäringenieur, der den entscheidenden Text über die Rolle des britischen Empire nach der amerikanischen Revolution schrieb: *An Essay on the Military Policy and Institutions of the British Empire*, veröffentlicht im Jahr 1810. Er war hochintelligent und in der Lage, im Alter von 8 Jahren das *Neue Testament* aus dem Griechischen zu übersetzen. Im Jahr 1796 trat er in die Königliche Militärakademie in Woolwich ein. Ein Jahr später erhielt er sein Offizierspatent in der königlichen Artillerie, und 1798 wurde er zu den königlichen Ingenieuren versetzt. Im Frühjahr 1801 besichtigte er während eines Privataufenthalts in Ägypten auch die Gizeh-Pyramiden (siehe C.W. Pasley, Journal: Egypt, British Library, Add MS 41973).

[365] John Munro (* 6.3.1781 in Uist (Inselkette), Schottland; † 10.8.1811 in Batavia, Java) war der Sohn von Reverend Hugh Munro (* 16.4.1747 in Erribol, Schottland; † 1.5.1823 Uig, Äußere Hebriden, Schottland) und Janet MacAskill (* 1749 auf Skye (Insel), Schottland; † 8.2.1794 in Uig, Äußere Hebriden, Schottland). Hugh Munro kam 1778 nach Uig, wo er fast 46 Jahre lang als Pfarrer der Gemeinde diente und die Bewohner von Uig überzeugte, mit dem Anbau von Kartoffeln zu beginnen. Als junger Mann ging John nach Fort George und schloss sich dem 78. Seaforths Regiment an. Er begleitete den britischen General und Freimaurer Sir Ralph Abercromby (* 7.10.1734 in Menstrie, Schottland; † 28.3.1801 in Alexandria, Ägypten), der im Jahr 1801 mit einer Armee nach Ägypten geschickt wurde, um Ägypten von den Franzosen zu befreien. Am 21.3.1801 erfocht Abercromby einen Sieg über die Franzosen in Alexandria unter Jacques-François Menou, wurde jedoch tödlich verwundet und starb am 28. März. Munro war ein tapferer Soldat und stieg bis zum Rang eines Leutnants auf. Während seines Ägyptenaufenthalts traf er mit Charles William Pasley zusammen, wo sie gemeinsam den Nischentunnel in der Cheops-Pyramide erkundeten. Auf dem Gipfel der Cheops-Pyramide findet sich auf der Nordseite in der vorletzten Steinlage unter dem heutigen Plateau eine Inschrift „Munro (J.)" (siehe G. Goyon 1944, 97), die höchstwahrscheinlich von John Munro stammt. Nach einiger Zeit in Ägypten reiste er weiter mit seinem Bataillon nach Indien. Von Madras aus segelte er 1811 nach Java, um mit seinem Bataillon die französische Besatzung anzugreifen. Dort wurde John bei einem Gefecht um die Einnahme von Batavia am 10. August 1811 von einem feindlichen Soldaten getötet. Er starb unverheiratet und kinderlos.

in clearing the passage leading thither.[366] *All these trifling channels and chambers are perhaps nothing more than so many vacant spaces, necessary in carrying on the work during the construction of this vast pile, which the workmen neglected to fill as the building proceeded; like the cavities behind the metopes in the Parthenon at Athens, which, although usually filled in Grecian temples, were, as we find in certain instances, left void."* [367]

Demnach hatten sich also schon Franzosen im Heer der Napoleon-Expedition an der Freilegung des Nischentunnels versucht, dieses Werk aber nicht vollendet. Aufgrund obiger Beschreibung durch Clarke und der Beschreibung bei Caviglia, dass Olivier ihn über die Namen Pasley und Munro informiert habe, liegt es auf der Hand, dass dies, wie bereits geschrieben, am 23. August 1801 erfolgte.

Meines Wissens hat bis heute noch niemand die Herren Pasley und Munro eindeutig identifiziert. Auf die hier in den Fußnoten referenzierten Personen passen aber alle Informationen, sodass es sich höchstwahrscheinlich auch tatsächlich um die Urheber der Einritzung am Ende des Nischentunnels handelt.

Sowohl Giovanni Battista Caviglia, als auch Howard Vyse haben bis 1837 noch eifrig in der Königinnenkammer gegraben auf der Suche nach einem Sarkophag. Den Bericht von Johann Nepomuk Visino (siehe Kap. 13.2.10), den kaum jemand kennt, schreibt, dass er an Ostern 1837, nachdem Vyse schon drei Wochen lang in der Königinnenkammer hat graben lassen, einen Sarkophag dort gesehen hat. Damit ist er nach Abū Ja'far al-Idrīsī (12./13. Jahrhundert) erst der Zweite, der dort einen Sarkophag gesehen hat. Er schreibt hierzu:

„Wir steigen hinab in die Kammer der Königin. Sie ist um ein Dritttheil kleiner, als die des Königs. Die Wände sind mit poliertem Marmor überkleidet, die Decke in der Mitte erhöht und nach N. und S. gleichmäßig ablaufend. Vom Eingange links an der östlichen Wand, größtentheils in derselben, steht der etwas kleinere Sarg aus Marmor, offen, leer, einfach. Unter demselben wird gegenwärtig nachgegraben, und es war bereits ein marmorbedeckter Raum sichtbar, welcher, angestoßen, hohl erklingt.
Über dem Sarge führte ein niederer Schacht in die östliche Wand. Das Licht vor mich haltend, kroch ich auf Knieen und Ellbogen hinein. Nach ohngefähr 30 Fuß führt er südlich. Fledermäuse flatterten vor mir, aufgeschreckt durch den sie erblindenden Strahl des Lichtes. Nun ging es aufwärts, anfangs geräumiger, dann aber so eng, daß ich nur höchst mühsam vorwärts kriechen konnte. Es wurde ungemein schwül, das Licht brannte düster; da rollte etwas Lebendes vor mir den Gang dahin; ich zog die Pistole; Alles war wieder still um mich; indessen ward mir doch etwas unheimlich und ich trat, die Füße voran, da ich mich in dem engen Raume nicht umwenden konnte, den Rückweg an, froh, als ich mich wieder im Gemache der Königin befand." [368]

Neben dem Sarkophag ist auch noch von einem *„marmorbedeckten Raum"* die Rede, welcher sich darunter befunden haben soll. Möglicherweise hatte Vyse hier unterhalb der Königinnenkammer einen Sarkophag gefunden, den er dann in seinem Tagebuch allerdings nicht erwähnt hat. Falls er ihn für private Zwecke behalten wollte, wäre es unklug gewesen, den Fund in seinem Tagebuch zu notieren. Aufgrund der Glaubwürdigkeit des Berichts von Visino kann kaum an der Existenz dieses Sarkophags gezweifelt werden, doch was aus ihm geworden ist und wo genau er gefunden wurde, bleibt vorerst, wenn nicht für immer, ein Geheimnis.

Ein weiterer Bericht von Fürst Hermann von Pückler-Muskau bestätigt die Aussagen von Visino bezüglich eines Sarkophags in der Königinnenkammer. Pückler-Muskau besichtigte nur eine Woche später nach Visino die Königinnenkammer. Er schreibt hierzu:

---

366 Bei diesem Schacht handelt es sich zweifelsfrei um den Nischentunnel in der Königinnenkammer. Das Datum der Erkundung, der 23. August 1801, passt im Übrigen sehr gut zu den Namen Pasley und Munro, die Caviglia später am Ende des Nischentunnels vorfand. Denn diese beiden kamen mit dem britischen General Abercromby nach Ägypten und fochten am 21. März 1801 eine Schlacht gegen die Franzosen.

367 Clarke 1814, Part 2, Sect. 2, 140-141.

368 Visino 1840, 133-134.

„Dasselbe gilt von der größten Pyramide [Cheops-Pyramide] wie von der kleinsten [Mykerinos-Pyramide], und ist die erstere wirklich entweder das Grab des Pharao Suphis nach Champollion oder des Cheops nach Herodot, so sind die dann aufgefundenen kleinen schmucklosen Kammern, in denen die beiden großen Sarkophage stehen, gewiss keine Königsgräber, sondern nur die untergeordneter Nebenpersonen oder Priester[369] *...*
Der rohe, aber kühn und kolossal konstruierte, dem Druidenbau ähnliche Eingang ist das einzige, was hier den Effekt des Großartigen auf mich machte, denn, wie gesagt, Gänge, in denen man sich kaum umdrehen, selten anders als wie ein Fiedelbogen gekrümmt, oder gar auf dem Bauch kriechend, vordringen kann und die endlich nach aller Mühe einem Heiligtum zuführen, das nur aus ein paar elenden, dunklen Zimmern von den Dimensionen einer Bediensteten-Stube besteht, deren Wände mit düsteren, einst polierten, jetzt matten Granitplatten ohne eine Spur von Schrift, Verzierung oder Bilderwerk belegt sind – scheinen mir ebenso wenig wie die beiden einfachen steinernen Kastensärge, die man hier sieht, ein Gegenstand der Bewunderung zu sein, am wenigsten für den, der die erhabene Kunst der Ägypter und ihre wahrhaften Wunder in Theben gesehen hat."[370]

In der ägyptologischen Fachliteratur findet sich hingegen nur der Hinweis auf Flinders Petrie, der Abū Ja'far al-Idrīsī zitiert, der hier im 12/13. Jahrhundert von einem Sarkophag in der Königinnenkammer berichtet. So heißt es bei Idrīsī:

„Doch zurück zu der Beschreibung der Passage. Man steigt hinauf, bis man in der Nähe eines Steinblocks [dem Stein unter welchem der horizontale Gang beginnt] eine Öffnung erreicht, von der aus man zu einer anderen schrägen Passage [Große Galerie] aufsteigt. Rechts von dem, der aufsteigt, befindet sich ein Brunnen[371] *zwischen den beiden Gängen und der eben erwähnten Tür, aber unterhalb des zweiten Ganges. Durch diese Öffnung betritt man einen quadratischen Raum*[372] *[die Königinnenkammer], in dem sich ein leerer Sarkophag befindet. An dem Dach des Raumes befinden sich Inschriften in den ältesten Schriftzeichen der heidnischen Priester.*[373] *"*[374]

Im Gegensatz zu Fürst Pückler-Muskau, der Ägyptologen meist zumindest namentlich bekannt ist, scheint Johann Nepomuk Visino für sie völlig unbekannt zu sein. Auf beide oben zitierten Texte wird in der Pyramidenliteratur nirgends hingewiesen, obwohl diese Texte doch eindeutig belegen, dass Howard Vyse in der Königinnenkammer einen Sarkophag gefunden hat. Der Fund kann nur aus Grabungen unterhalb der Königinnenkammer herrühren, da Visino von einem Raum darunter spricht. Dies birgt einerseits einiges an Sprengkraft für die aktuelle Pyramidenforschung und andererseits für die Beurteilung der Person Howard Vyse.

Als eigene Grabungstiefe gibt Vyse unter dem Fußboden der Nische nur 3 bis 4 Fuß, also max. 1,22 m an, wo er angeblich nur Wüstensand und schwarzen Staub von zerbrochenen Steinen gefunden hat.[375] In Piazzi Smyths Abbildung mit Maßstab (siehe Abb. 111) ist hier eine Ausgrabungstiefe von 2,8 m zu erkennen.[376] Dormion behauptet, dass er mittels GPR (*Ground Penetrating Radar*) Hohlräume unter der Königinnenkammer bis zu einer Tiefe von 2,5 m lokalisiert hat, die er auf Vyses Grabungen zurückführt.[377] Damit liegt sein Wert in der gleichen Größenordnung wie der von Smyth, aber deutlich über dem von Vyse selbst angegebenen Wert. Der tatsächliche Sachverhalt könnte vermutlich nur durch eine moderne wissenschaftliche Grabung in der

369 Pückler-Muskau 1844, Bd. 2, 19. Anpassung an modernes Deutsch durch den Autor.
370 Pückler-Muskau 1844, Bd. 2, 22-23. Anpassung an modernes Deutsch durch den Autor.
371 Dies ist der Beginn des nach Plinius benannten Brunnenschachts am Beginn der Großen Galerie.
372 Die Königinnenkammer ist zwar nicht quadratisch, aber fast, da sie 10 × 11 Königsellen misst.
373 Es kann sich hierbei eigentlich nur um Hieroglyphen oder um altjemenitische Inschriften gehandelt haben.
374 Idrīsī und Haarmann 1991, 70. Übersetzung aus dem Arabischen.
375 Vyse 1840-42, Vol. 1, 212.
376 Smyth 1867, Vol. 2, Pl. 8.
377 Dormion 2004, 249.

Königinnenkammer aufgeklärt werden. Dies ist aber nach Einschätzung der aktuellen Lage bezüglich der Haltung des ägyptischen Antikenministeriums für sehr unwahrscheinlich zu erachten.

12.1.7 Felsenkammer

Zur Felsenkammer in der Cheops-Pyramide, dem in der Antike einzigen zugänglichen Raum, gibt es nur sehr spärliche Informationen in Berichten vor der Freilegung durch Caviglia im Jahr 1817. Der Erste, welcher sie indirekt erwähnt, ist Herodot, der berichtet, dass bevor mit dem Bau der Pyramide begonnen wurde, unterirdische Kammern in den Felsen geschlagen wurden, die als Grabkammern für Cheops gedacht waren. Bei Strabon erfahren wir etwas von einem gewundenen Gang, der sich öffnet, wenn man den herausnehmbaren Stein entfernt, und der zur Gruft führt, wie er die Felsenkammer nennt. Plinius erwähnt zwar den Brunnenschacht, nicht aber die Felsenkammer. Somit sind uns aus der Antike nur zwei Berichte bekannt, welche die Felsenkammer, wenn auch nicht unter diesem Namen, nennen, wobei explizit eigentlich nur Strabon.

Im Mittelalter war der Zugang zur Felsenkammer prinzipiell noch möglich, wenngleich man nicht ausschließen kann, dass nach heftigen Regenfällen, die es ab und zu gab, Sand und Geröll in den absteigenden Gang gelangte und sich am unteren Ende sammelte, bis es irgendwann zu einer Verstopfung kam. Samuel Kiechel, der 1588 noch den Brunnenschacht von unten nach oben durchstiegen hat, berichtet zum absteigenden Gang:

> *„Wir stiegen den geraden Gang immer weiter hinunter.[378] Unten war er so voller Steine und dermaßen verfallen, daß wir einen guten Teil des Weges auf dem Bauch kriechen mußten. Nach langem Absteigen kamen wir zu einem engen Loch auf der rechten Seite[379], in das wir hineinkrochen, denn der andere Gang führte noch viel tiefer hinunter, er war aber mit Steinen, Sand und Staub so ausgefüllt, daß man nicht weiter konnte.“* [380]

Von arabischen Autoren des Mittelalters erfahren wir, dass die Felsenkammer zu ihrer Zeit noch betretbar war. Von dem arabischen Autor Abū Ja'far al-Idrīsī (12./13. Jahrhundert) wissen wir, dass der Zugang zur Felsenkammer noch möglich war, denn er schreibt:

> *„Yūsuf b. al-Bābā al-Shīrāb (Abū) Dār hat mir erzählt, dass er zusammen mit dem Reiter Fulim einige der absteigenden Gänge[381] der Pyramide betrat, die sie zu einem Ort führten [der unterirdischen Felsenkammer], von dem aus sie keinen [weiterführenden] Weg mehr fanden.“* [382]

Etwas weniger eindeutig ist der Bericht von Muḥammad Abū l-Qāsim ibn Ḥawqal aus dem 10. Jahrhundert:

> *"And in Houman[383] is a cleft, or excavation, under the ground, supposed to have been; with some appearance of probability, the burial-place of the ancient sovereigns of this country."* [384]

Wilhelm von Boldensele, der Anfang 1335 die Pyramiden besichtigt hatte und der der Erste ist, welcher uns eine lateinische Inschrift von der Außenseite der Cheops-Pyramide überliefert hat, war auch im Inneren der Cheops-Pyramide gewesen. Da sein Besuch noch vor den großen Erdbeben stattfand, welche sich im 14. Jahrhundert in der Region um Kairo ereigneten, und mit dem Abbau der Verkleidungssteine der Cheops-Pyramide

---

378 Dieser Gang ist der absteigende Gang, der am Ende in die Felsenkammer mündet.
379 Dies ist der untere Einstieg in den Brunnenschacht, der oben in der großen Galerie herauskommt.
380 Keller 2001, 62.
381 Damit können nur der absteigende Gang und der Brunnenschacht gemeint sein.
382 Idrīsī und Haarmann 1991, 70. Übersetzung aus dem Arabischen.
383 Statt Houman liest man auch Haraman. Hermes soll in einem großen Gebäude namens Abu Hermes begraben worden sein, welches zusammen mit einem anderen, das Grab seiner Frau oder seines Sohnes, später Haraman genannt wurde. Die Griechen bezeichneten mit Al-Haram auch die beiden großen Pyramiden in Gizeh.
384 Ibn-Ḥauqal und Iṣṭaḫrī 1800, 33.

ebenfalls noch nicht begonnen worden war, war der absteigende Gang prinzipiell noch bis zur Felsenkammer begehbar. Er schreibt nämlich:

> *„Sie sind von oben bis unten geschlossen und aus großen, gut verfugten Steinen gemauert, bis auf eine kleine Tür, die sich hoch über dem Boden befindet, und einen schmalen, dunklen Weg, auf dem man hinabsteigt. Im Inneren gibt es einen gewissen Raum, aber er ist nicht groß genug, um Getreide darin zu lagern, wie die Einheimischen glauben und berichten.“* [385]

Joos van Ghistele, der sich von 1482 bis 1483 in Ägypten befand, schreibt zu den Gizeh-Pyramiden:

> *„Im Inneren sind diese Pyramiden, anstatt hohl zu sein, ausgefüllt wie eine Mauer; ein winziger schmaler Korridor mit vielen Stufen*[386] *führt hinunter zu einer Art kleinem Gewölbe*[387]*, in das man mit Licht eintreten muss, weil es sehr dunkel ist. Es gibt nichts anderes als eine große Anzahl verschiedener Statuen, die in die Wand gemeißelt sind*[388]*: Männerköpfe, die wie Löwen aussehen, geschlossene und weit geöffnete Hände, Beine, Füße, Arme, Schwerter, Maultiere, Gänse und viele andere Figuren, alle ziemlich hoch und in einer Linie.“* [389]

Es fällt bei diesem Text jedoch auf, dass er von *„Pyramiden“* und nicht von der Cheops-Pyramide spricht. Der erste Satz deutet auf die Felsenkammer hin, der zweite jedoch nicht. Vermutlich handelt es sich hier um eine Verwechselung.

Im Jahr 1501 reiste Peter Martyr von Anghiera als spanischer Botschafter über Venedig nach Alexandria an den Hof des Sultans von Ägypten. Über die Felsenkammer in der Cheops-Pyramide schreibt er:

> *„Der Weg geht sichtlich abwärts und besteht aus glatten Marmorsteinen. Er ist eng und 175 Staffeln*[390] *[≈ 52,5 m] tief bis nach unten. Der Weg ist auch so niedrig, dass einer kaum auf den Knien gebückt, sodass ihm die Brust auf den Knien liegt, hineingehen kann. Aber sie gingen hinab und suchten, was da war. Sie fanden ein Gewölbe darin, welches 12 Schritte [≈ 8,89 m] lang war.*[391] *Daran hingen noch zwei kleinere Kämmerlein in der Höhle.*[392] *Dort fanden sie einen großen Haufen und etliche kleine Begräbnisse, weshalb sie meinten, es wäre etwa ein trefflicher Mann dort mit seinen Weibern und Kindern begraben. Denn man liest, dass die Säulen der Alten Begräbnisse gewesen sind.“* [393]

Christoph Fürer, der am 20. September 1565 die Cheops-Pyramide besichtigte, ist wohl ebenfalls noch in die Felsenkammer gelangt, da er schreibt:

---

385 Régnier-Bohler 1997, 1011. Eigene Übersetzung aus dem Französischen.

386 Es kann sich hier nicht um richtige Stufen gehandelt haben, da der absteigende Gang nie Stufen besessen hat. Vermutlich handelte es sich um kleine Vertiefungen im Boden, die dem Absteigenden etwas Halt verschafften.

387 Hiermit ist die unterirdische Felsenkammer gemeint.

388 Hier muss es sich um eine Verwechselung handeln, denn die Felsenkammer enthält keinerlei Verzierungen.

389 van Ghistele und Bauwens-Préaux 1976, 164. Eigene Übersetzung aus dem Französischen.

390 Gemäß Zedlers Großem Konversationslexikon von 1731-1754 stammt das Wort von dem niederdeutschen Wort Stappel (Stapel) ab, wozu man im Hochdeutschen „Staffel“ sagt. Der Ursprung geht auf das Wort Stufe zurück. Bei späteren Reisenden taucht in diesem Zusammenhang noch häufig der Begriff *Staffel* auf. Die Länge einer Stufe kann man mit 30 cm annehmen, wodurch die Angabe quasi synonym zu Fuß als Maß verwendet werden kann. 175 Staffeln entsprechen daher einer Länge von ca. 52,5 m. Der absteigende Gang bis zur Felsenkammer ist allerdings doppelt so lang.

391 Wenn man hier römische Einzelschritte als Maß unterstellt, so ist die Angabe recht genau. Die unterirdische Felsenkammer misst 8,36 m in nordsüdlicher Ausrichtung, 14,08 m in ostwestlicher Ausrichtung und ist maximal 5,03 m hoch.

392 Damit sind sicher die Nische im horizontalen Verbindungsstück kurz vor der Felsenkammer gemeint, sowie die Aussparung an der nordwestlichen Ecke in der Westwand der Felsenkammer.

393 Huttich und Herr 1534, 246. Anpassung an modernes Deutsch durch den Autor.

„Als wir wieder hinuntergingen und zu dem Gang kamen, welcher in die untere Kammer [Königinnenkammer] geht, fanden wir auf der rechten Seite vorn beim Hineingehen ein tiefes Loch, gerade hinunter wie ein Brunnen [Brunnenschacht]. Da hinein sind wir fünf mit großer Mühe und Arbeit hinabgestiegen. Wir hatten Lichter bei uns, um zu sehen, was da unten wäre. Wir mussten uns mit Händen und Füßen in den Löchern festhalten, die es in den Mauern hatte. Als wir dann hinab kamen, mussten wir wieder durch enge Gänge abwärts auf dem Bauch kriechen. Und danach wiederum in einen Brunnen hinein und weiter durch einen langen Gang bis in eine große Kammer [Felsenkammer], die größer war als die anderen. Diese Gänge waren großteils in den Felsen gehauen. Aus dieser Kammer gab es wiederum einen geraden Gang, der weit hineinreichte.[394] Das Ende konnten wir nicht erreichen, da der Gang verfallen war und wir nicht weiterkonnten. Man glaubt aber, dass er zu den anderen Pyramiden führt.“ [395]

Wie wir schon in der Schilderung über die Königinnenkammer von Escobar Cabeça de Vaca gesehen haben, war Damiat Ibrahim Pascha im Jahr 1584 erstaunt darüber, dass die beiden großen Pyramiden unterirdisch miteinander verbunden waren. Da Fürer jedoch schon 1565 die Gizeh-Pyramiden besichtigt hatte, muss also unter den Arabern die Vermutung über eine unterirdische Verbindung der beiden Pyramiden bereits existiert haben, wie aus dem letzten Satz von ihm zu schließen ist.

Dieser Text ist der Letzte, welcher von einem Besuch der Felsenkammer berichtet. Wie schon gesehen, war die Kammer 1588, als Samuel Kiechel die Pyramide besichtigte, nicht mehr zugänglich. Erst Caviglia konnte den Zugang zur Kammer wieder freilegen und sie 1817 betreten.

12.2 Chephren-Pyramide

Nun betrachte man sich noch einige Aussagen zur Chephren-Pyramide, da hier der spannende Punkt ist, wann sie ihre äußeren Verkleidungssteine eingebüßt hat.

12.2.1 Äußere Verkleidung

Der Franzose Pierre Belon, der 1547 die Gizeh-Pyramiden besucht hat, beschreibt die Chephren-Pyramide als stufenlos und damit nicht besteigbar. Daraus lässt sich ableiten, dass sie zu diesem Zeitpunkt noch ihre Verkleidungssteine besessen hat. Doch hatte 40 Jahre zuvor Baumgarten sowohl der Cheops- als auch der Mykerinos-Pyramide eine starke Beschädigung attestiert. Als stufenlos oder als außen ganz glatt haben nachfolgende Reisende die Cheops-Pyramide beschrieben: Chesneau (1549), Helffrich (1565), Palerne (1581), Alpini (1584), Castela (1600), Savery und Sandys (1611), Ammann (1613), Fermanel/Stochove (1630). Radziwiłł (1582) beschreibt sie jedoch als bis zur Hälfte besteigbar, woraus man schließen kann, dass in der unteren Hälfte die Verkleidungssteine fehlen. Beauvau (1605) beschreibt sie als einst ganz mit Marmor verkleidet, von dem an der Spitze noch vier Reste vorhanden sind. Dies entspricht in etwa dem heutigen Zustand. Auch Lambert (1627) schreibt, dass nur noch der Gipfel der Chephren-Pyramide Verkleidungssteine besitzt. Aufgrund der Angaben von Baumgarten, Radziwiłł und später von Beauvau und Lambert muss bezweifelt werden, dass die Chephren-Pyramide im 16. Jahrhundert noch ihre gesamte äußere Verkleidung besessen hat.

Von Interesse ist auch Greaves‘ Beschreibung des Äußeren der Chephren-Pyramide bezüglich der scheinbar noch vorhandenen Verkleidungssteine. Hierzu schreibt er:

"By my observation, the stones are of colour white, nothing so great, and vast, as those of the first, and fairest pyramid; the sides rise not with degrees like that, but are smooth, and equal,

[394] Der über 16 m weit reichende Blindschacht am Ende der Felsenkammer in Richtung Süden.

[395] Fürer 1646, 59. Übertragung in modernes Deutsch durch den Autor.

> *the whole fabric (except where it is opposed to the south) seeming very entire, free from any deformed rupture, or breaches."* [396]

Doch bereits Beauvau, der 1605 die Pyramiden besucht hatte, schrieb, dass sich nur noch an der Spitze Reste der Verkleidungssteine befinden. Nur gut ein halbes Jahrhundert nach Greaves Besuch schreibt Benoit de Maillet, der von 1692 bis 1708 französischer Generalkonsul in Ägypten war und in dieser Zeit die Pyramide nach eigenen Aussagen über 40-mal besucht hat, dass sie nur noch oben an der Spitze Verkleidungssteine besitzt:

> *„Ihr Gipfel ist immer noch vollständig mit harten Steinen bedeckt. Der Rest ist wahrscheinlich weggerissen worden, und die letzten Steine sind nur wegen der Schwierigkeit und Gefahr sie von einer so hohen und steilen Stelle lösen zu wollen, verschont geblieben. Der Aufstieg auf den Gipfel dieser Pyramide ist auch ziemlich schwierig, denn die Bedeckung ist noch ab einer Höhe von 100 Fuß [≈ 32,5 m] unterhalb des Gipfels vorhanden*[397] *und man kann nicht, ohne sich einer erheblichen Gefahr auszusetzen, diese vereinigten und rutschigen Steine passieren. Einige der Großen des Landes haben oft Araber zur Pyramide geschickt und Steine [herunter] gerollt, um ihre Neugierde zu befriedigen. Es ist auch leicht zu erkennen, dass die Spitze nicht mehr vollständig ist."* [398]

Aus diesen beiden Textstellen, von der erstere den Stand von 1639 bei Greaves beschreibt, und andererseits der Textstelle von Maillet, die den Stand von 1692 beschreibt, leitet Mark Lehner[399] ab, dass irgendwann zwischen 1639 und 1692 der Chephren-Pyramide der Großteil ihrer Verkleidungssteine abhandengekommen ist und sie seitdem das Aussehen von heute besitzt.

Zählt man nun die Berichte, die von einer nicht mehr kompletten Verkleidung der Chephren-Pyramide ausgehen und stellt diese die Zahl derer gegenüber, welche sie noch für komplett halten, so erhalten wir ein Verhältnis von 6 zu 10 für alle Berichte mit Aussagen darüber vor denen von Greaves. Rechnen wir Greaves mit seiner Meinung noch dazu, erhalten wir ein Verhältnis von 6 zu 11. Dies ist meines Erachtens jedoch alles andere als eindeutig und rechtfertigt nicht die Behauptung Lehners, dass die Verkleidung zwischen 1639 und 1692 abhandengekommen sein muss.

12.2.2 Eingang

Ein weiterer interessanter Punkt betrifft den Eingang in die Chephren-Pyramide. In der Antike war von den drei großen Gizeh-Pyramiden lediglich die Cheops-Pyramide offen. Giovanni Battista Belzoni, der als Wiederentdecker des oberen Eingangs[400] der Chephren-Pyramide gilt, war denn auch sehr enttäuscht, als er am 2. März 1838 die Grabkammer des Chephren betrat und dort eine arabische Inschrift fand, die wie folgt lautete: "*The Master Mohammed Ahmed, lapicide (Steinmetz), has opened them; and the Master Othman attended this (opening); and the King Alij Mohammed at first (from the beginning) to the closing up.*" [401] Einen historischen Hinweis auf diesen Einbruch in die Chephren-Pyramide finden wir bei dem arabischen Autor Al-Manūfī[402], der in einem Buch[403] über den Nil und seine Quellen auch über die Chephren-Pyramide schrieb,

---

[396] Greaves 1646, 104.

[397] Belzoni gibt hier im Jahr 1818 einen Wert von 140 englischen Fuß (≈ 42,7 m) an, also einen um etwa 10 Meter größeren Wert.

[398] Maillet und Le Mascrier 1735, 224-225. Eigene Übersetzung aus dem Französischen.

[399] M. E. Lehner 1997, 44: *„Zwischen 1639 (Greaves) und 1692 muß die Zweite Pyramide in ihren jetzigen Zustand gebracht worden sein, denn de Maillet erwähnt, die Verschalungssteine seien nur an der Spitze erhalten."*

[400] Die Chephren-Pyramide besitzt zwei Eingänge, wobei sich einer im Boden vor der Pyramide befindet.

[401] Belzoni 1820, 272.

[402] Abu'l-ʿAbbās Aḥmad ibn Muḥammad ibn Muḥammad ibn ʿAbd al-Salām Shihāb al-Dīn al-Manūfī al-Shāfiʿī (* 11.6.1443 in Minuf, Ägypten; † 1527 ebenda) war ein ägyptischer Schreiber lokaler Geschichte, der in Kairo studierte und dann Kadi (religiöser Richter) in seiner Heimatstadt Minuf wurde. Er schrieb mehrere Bücher.

[403] Kitāb al-Fayḍ al-madīd fī akhbār al-Nīl al-sadīd.

die in unüblicher Genauigkeit darin als *„große mittlere Pyramide von Gizeh"* bezeichnet wird, und deren Aufbrechen, welches im Jahr 774 d. H. (= 3. Juli 1372 — 22. Juni 1373) durch den Emir Sayf ad-Dīn Yalbuġā al-Ḫāṣṣakī an-Nāṣirī[404] erfolgt sein soll. Al-Manūfī zitiert darin Zayn al-Dīn al-Rašīdī (1340/41 - 1400/01) als Gewährsmann und dessen nicht mehr erhaltenes Buch *ar-Rauḍ an-naḍir waz-zahr al-'aṭir* wie folgt: *„Die Tür der mittleren großen Pyramide wurde in unserer Zeit, und zwar im Jahre 774 zur Zeit (des Regimes) des Großemirs Yalbuġā al-Ḫāṣṣakī geöffnet."* Das Problem ist nur, dass besagter Emir bereits im Dezember 1366 (= 768 AH) durch seine eigenen Mamelucken, die er allerdings sehr schlecht behandelt und sogar misshandelt hatte, ermordet worden war. Eine mögliche Erklärung wäre, dass das Jahr falsch überliefert wurde und 764 d. H. (= 1362/63) gemeint war. Bei dem in der Inschrift erwähnten König Ali Muḥammad könnte es sich um al-Manṣūr Ṣalāḥ ad-Dīn Muḥammad[405] gehandelt haben, der von 1361 bis 1363 Sultan in Ägypten war. Dies würde zu dem korrigierten Datum 764 d. H. (= 1362/63) passen. Bedenkt man, dass vermutlich kurz zuvor mit der Entmantelung der Cheops-Pyramide begonnen wurde, so passt das Geschehen um die Öffnung der Chephren-Pyramide gut in diese Zeit hinein.

Die meisten gehen heute noch davon aus, dass Belzoni der erste Europäer war, welcher den Eingang der Chephren-Pyramide gefunden hat. Doch dem ist nicht so. Aus dem Bericht von John Montagu[406] geht hervor, dass die Chephren-Pyramide zum Zeitpunkt seines Besuchs im Jahr 1739 offenstand. Da gemäß Montagu der absteigenden Gang in die Chephren-Pyramide nach einiger Zeit völlig verstopft war, gelang ihm auch keine Entdeckung einer Grabkammer. In seinem Bericht zur Chephren-Pyramide schreibt er:

> *"The second pyramid [Chephren-Pyramid], commonly supposed to have been founded by Chephrenes, is situated about 100 yards [≈ 91,44 m] distant from that of Cheops. The superficies of this pyramid, which is of a very beautiful white stone, is entire from the top about one quarter of the way down, composing for that space a plain surface, which was undoubtedly the condition of the great pyramid when it was in its entire perfection. It is in height little or nothing inferior to the former, though its basis is not near of so great a square. The entrance of this is open on the north side, whence you go into a passage running down in a declivity in the same manner as in*

---

404 Yalbuġā wurde als Mameluck von Sultan an-Nāṣir al-Ḥasan vermutlich 1350 in Kairo gekauft. Wie alt er damals war, ist unbekannt. Unter Sultan an-Nāṣir al-Ḥasan stieg er zu großer Macht auf. Normalerweise stand es nur einem Sultan zu sich eine Privatarmee aus Mamelucken anzuschaffen. Yalbuġā ging aber auch damit in die Geschichte ein, dass er als Nicht-Sultan 3.500 Mamelucken-Militärsklaven kaufte, die er als eigene Privatarmee unterhielt. Damit stellte er einen Rekord auf, der in der Folgezeit nicht mehr überboten werden sollte. Da er sehr ehrgeizig war, versuchte der Sultan ihn eines Tages, nachdem er bei ihm in Ungnade gefallen war, zu demütigen, indem er ihn zwang, sich vor seinen Augen und derer anderer Hofangehöriger auszuziehen. Dies nahm ihm Yalbuġā sehr übel und er verzieh ihm das nie. Daraufhin wusste der Sultan, dass Yalbuġā ihm gefährlich werden könnte und er versuchte ihn zu ermorden, doch kam dieser ihm im März 1361 zuvor. Danach heiratete Yalbuġā im Herbst 1361 seine Witwe Ṭulubāy, eine wohlhabende, ethnische Mongolin. In der Folgezeit verschmolz er die Finanzen des Sultanats mit seinen eigenen und häufte große Macht an, die bis zu seinem Tod im Dezember 1366 anhielt.

405 Al-Malik al-Manṣūr Ṣalāḥ ad-Dīn Muḥammad b. Ḥāǧǧī (* ca. 1345; † 1398) war von 1361 bis 1363 Sultan der Mamelucken in Ägypten. Da nach dem Sturz Sultan an-Nāṣir al-Ḥasan im März 1361 kein weiterer Sohn an-Nāṣir Muḥammads (I.) mehr lebte, setzte der mächtige Emir Yalbuġā einen von dessen Enkeln auf den Thron; es handelte sich um Muḥammad (II.), den damals etwa vierzehnjährigen Sohn Sultan al-Muẓaffar Saif ad-Dīn Ḥāǧǧī. Vielleicht erhoffte al-Manṣūr Ṣalāḥ ad-Dīn Muḥammad sich durch die Öffnung der Chephren-Pyramide Schätze zu finden, wie einst al-Ma'mūn im 9. Jahrhundert mit der Cheops-Pyramide.

406 John Montagu (* 3.11.1718 in Westminster, London; † 30.4.1792 in Barnwell, Northamptonshire, England), stammte aus einer Familie, die zum Adel von Northamptonshire gehörte und ihren Aufstieg den Stuarts verdankte. John Montagu's Urgroßvater Edward Montagu (* 3.1.1648 in Hinchingbrooke House, Huntingdon, England; † 29.11.1688 in Saintes, Charente-Maritime, Frankreich), von 1672 bis 1688 2. Earl of Sandwich (von 1672 bis 1688), hatte einen Bruder namens Sidney Wortley-Montagu (* 28.7.1650 in Hinchingbrooke House, Huntingdon, England; † 9.11.1727 in Barnwell, Northamptonshire, England), dessen Enkel Edward Wortley-Montagu (* 16.5.1713 in Warncliffe, Sheffield, Yorkshire, England; † 29.4.1776 in Padua, Italien) der Mäzen und Reisebegleiter von Nathaniel Davison (siehe Kap. 21.4) war, der 1765 die erste Entlastungskammer oberhalb der Königskammer in der Cheopspyramide entdeckte und der auch der Erste war, der jede einzelne Stufe der Cheopspyramide vermessen hat. Obwohl John Montagu und Edward Wortley Montagu eine Generation voneinander trennt, war John Montagu nur fünf Jahre jünger als Edward Wortley.

the other pyramid. After you have descended for a pretty considerable space, you find the passage entirely stopped up." [407]

Dass es sich bei dieser Beschreibung nicht um eine Verwechselung handelt, zeigt auch seine beigefügte Zeichnung, aus der unzweifelhaft hervorgeht, dass es sich um die Chephren-Pyramide handelt.

Montagus Beschreibung des absteigenden Gangs, welcher die gleiche Neigung wie die der Cheops-Pyramide enthält, belegt, dass es sich hierbei nicht um einen Grabräubertunnel gehandelt hat, sondern um den echten Eingang.

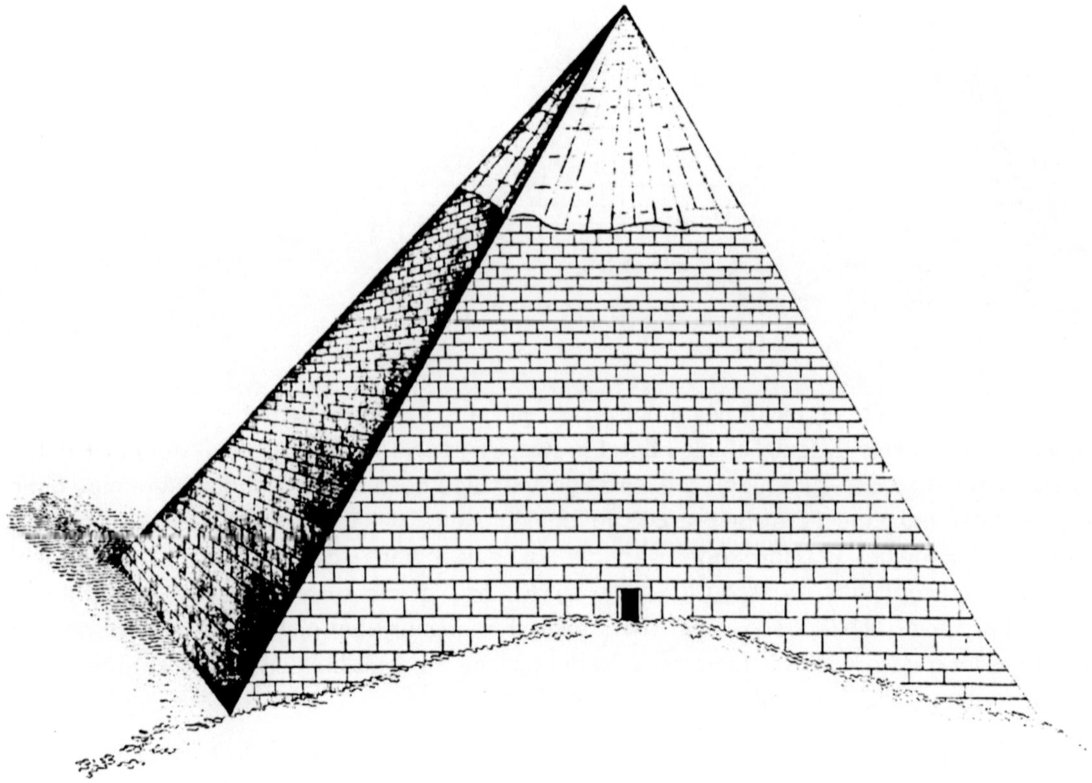

Abb. 80: Chephren-Pyramide, mit Eingang auf der Nordseite, John Montagu, 1739.

12.3 Mykerinos-Pyramide

Neben einer Außenansicht und einer Schnittzeichnung mit dem Gangsystem der Cheops-Pyramide, legt Montagu seinem Bericht noch eine Zeichnung der Mykerinos-Pyramide bei, zu der noch kein Eingang bekannt war, sowie eine Zeichnung der Knickpyramide des Snofru mit ihrem Eingang auf der Nordseite und der Roten Pyramide des Snofru in Dahschur, ebenfalls mit ihrem Eingang auf der Nordseite.

407 Sandwich und Cooke 1799, 457.

Abb. 81: Mykerinos-Pyramide, John Montagu, 1739.

Die Mykerinos-Pyramide wird mit den davor liegenden Granitblöcken, die einst das unterste Drittel der Außenverkleidung bildeten, dargestellt. Lediglich die obersten zwei Drittel waren mit Tura-Kalkstein verkleidet, wie bei den anderen beiden großen Pyramiden. Sie wird von Montagu noch als vollständige Pyramide ohne oberes Plateau gezeichnet und ohne die große Bresche auf der Nordseite, die Abd al-Malik al-Aziz Utman bin-Yusuf, der Sohn Saladins, Ende des 12. Jahrhunderts auf der Suche nach dem Eingang und Schätzen im Inneren schlagen ließ. Vermutlich wählte Montagu für seine Zeichnung hier nicht die Nordseite, da die große Bresche nur einen Einbruchversuch in die Pyramide darstellte, der Eingang aber nicht gefunden wurde. Der Schutt- und Sandhügel vor der Nordseite der Pyramide ist deutlich geringer als bei den beiden großen Gizeh-Pyramiden und wurde hier nicht dargestellt.

Von Abū Ja'far al-Idrīsī (12./13. Jahrhundert) gibt es einen Bericht über die Öffnung der Mykerinos-Pyramide.

„Ein Loch wurde auf der Nordseite am Boden der roten Pyramide[408] geöffnet – welche die drittkleinste ist. Wir wissen jedoch nicht, wer sie geöffnet hat. Sie enthält einen rutschigen Gang, der mindestens 20 oder mehr Klafter [> 40 m] nach unten führt. An seinem Ende befindet sich eine Engstelle, die jeweils nur von einer Person zur gleichen Zeit passiert werden kann. Danach gibt es einen Tunnel, der nur schwer zu passieren ist. Man muss auf dem Bauch weitere 20 Klafter [≈ 40 m] kriechen, um einen länglichen rechteckigen Raum zu erreichen, in dem sich mehrere Löcher befinden, die von Grabräubern [bzw. Schatzsuchern] gehauen wurden. Von diesem Raum aus erreicht man einen weiteren Raum, dessen vier Wände von sechs oder sieben Kammern mit gewölbten Türen gebildet werden, wie die Türen der kleinen Privatkammern in den Bädern. Und in der Mitte dieses Raumes befindet sich ein langer, leerer blauer Sarg. Al-Scharif Abū al-Ḥasan, eines der Kinder von Maymūn b. Hamza[409], erzählte mir, dass er dabei war, als die Pyramide von Schatzsuchern geöffnet wurde. Sie versuchten den Eingang mit Pickeln und Schneidewerkzeugen zu öffnen, was sechs Monate lang dauerte. Es waren viele von ihnen, und sie fanden in diesem Sarg, nachdem sie seine Abdeckung zerbrochen hatten, die verfaulten Überreste eines Mannes,

---

408 Hiermit ist nicht die Rote Pyramide in Dahschur, sondern die Mykerinos-Pyramide gemeint.

409 Es gibt einen Maymūn b. Hamza al-Husaynī Abū l-Qāsim, der allerdings schon 1001 gestorben ist. Einen anderen Maymūn b. Hamza konnte ich nicht finden.

sowie einige goldene Tafeln, die in einer unbekannten Sprache beschrieben waren. Der Anteil eines jeden Schatzsuchers belief sich auf 100 Dinare." [410]

Der Eingang in die Mykerinos-Pyramide wurde erst am 29. Juli 1837 von Howard Vyse und John Shae Perring wiederentdeckt, da auch sie schon in islamischer Zeit geöffnet worden war und davor ganz sicher schon in der Antike. Der Eingang befindet sich auf der 5. Steinlage in etwa 4,20 m über dem Boden. Damit liegt er nur etwa auf einem Fünfzehntel der ursprünglichen Höhe, was, bezogen auf die anderen beiden großen Gizeh-Pyramiden, sehr niedrig ist.

12.4 Snofrus Knickpyramide von Dahschur

Abb. 82: Die Knickpyramide von Snofru in Dahschur, John Montagu, 1739.

Montagu hat den Eingang in die Knickpyramide richtig erkannt, wenngleich er zu hoch eingezeichnet ist, indem er schreibt: *„Der Eingang dieser Pyramide wurde nie gefunden, obwohl ich auf der Nordseite, etwa auf einem Drittel ihrer Höhe, ein kleines quadratisches Loch beobachtet habe, das zweifellos der Anfang des Abstiegs ist: Es war mir jedoch unmöglich, meine Neugierde in diesem Punkt zu befriedigen, da die Form des Gebäudes den Aufstieg absolut unpraktikabel machte."* Der Eingang liegt 11,5 m über dem Boden der 200 Königsellen (≈ 104,7 m) hohen Knickpyramide und damit etwa auf einem Neuntel der Höhe. Diese Pyramide ist zusammen mit der gleich hohen Roten Pyramide die dritthöchste ägyptische Pyramide, die nur noch von der

---

[410] Idrīsī und Haarmann 1991, 73. Übersetzung aus dem Arabischen. Unterstreichungen durch den Autor. Der letzte Absatz, die Mykerinos-Pyramide betreffend, findet sich auch durch Burckhardt ins Englische übersetzt bei Howard Vyse (siehe Vyse 1840-42, Vol. 2, 71-72, Fußnote 7).

Chephren-Pyramide und der Cheops-Pyramide in ihrer Höhe übertroffen wird. Ulrich Jasper Seetzen stieg 70 Jahre nach John Montagu in die Knickpyramide hinein. Dazu schreibt Seetzen:

„Auf der Nordseite bemerkten wir in der Mitte etwa 50 Fuß [≈ 15 m] hoch eine viereckige Öffnung; allein es führte kein Gang zu derselben. Indessen machte ich einen Versuch, hinauf zu klettern; es war gefährlich, aber ich kam an die Öffnung, und Mr. Venanzy und meine Beduinen stiegen mir nach. Sie ist die Mündung eines in das Innere der Pyramide führenden Ganges, der stark abwärts führt; er hat keine Stufen, und man rutscht an einigen Stellen mehr, als man geht. Ich fand ihn 4 ¼ Fuß [≈ 1,28 m] hoch und 3 Fuß 2 Zoll [≈ 0,95 m] breit. Man hatte zu dem Gange sehr große und vorzüglich feste Blöcke gewählt, und die Arbeit war mit großem Fleiß gemacht. Mit 2 Lichtern versehen stieg ich hinab, fand aber zu Ende den Gang gänzlich durch Schutt verstopft, sodass ich wieder umkehren musste. Gemelli Carreri gibt uns in seiner interessanten Reisebeschreibung Nachricht von der größten Pyramide von denen, die er die Pyramiden der Mumien nennt, deren damals elf waren. Ich vermute, dass er unter dieser größten Pyramide jene versteht, von welcher jetzt die Rede ist, welche damals aber besuchbarer war, als jetzt. Nach seiner Versicherung führte ein Gang 267 Fuß [≈ 86,64 m] lang absteigend zu einem gewölbten Saal, der 27 ½ Fuß [≈ 8,92 m] lang, und 11 Fuß [≈ 3,57 m] breit war. Zu Ende davon war ein horizontaler Gang, der in einen kleineren Saal führte, welcher auf seiner Westseite eine viereckige Fensteröffnung hatte, wo man einen anderen Weg fand, der sich mit jenem Saal, dessen Pflaster aus dem natürlichen Felsenboden bestand, [endigte]. Vielleicht findet man in noch älteren Reisebeschreibungen wichtige Nachrichten über den inneren Bau dieser majestätischen Gebäude, weil sie vormals zugänglicher gewesen zu sein scheinen, als jetzt. Eine Sammlung von diesen zerstreuten Nachrichten dürfte noch immer sehr interessant sein, indem selbst die Franzosen nicht hinlängliche Ausreinigungen vorgenommen zu haben scheinen, um uns über den inneren Bau der Pyramiden nur so viel sagen zu können, als uns Jene längst und ohne Mühe sagten. Diese schöne Pyramide verdiente eine sorgfältigere Untersuchung, als ihr ein gewöhnlicher Reisender widmen kann. Besonders verdienten noch etliche Öffnungen untersucht zu werden, welche man in verschiedener Höhe auf der nämlichen Nordseite sieht, wo die Öffnung des beschriebenen Ganges ist. Ohne Leiter und bedeutende Vorrichtungen ist es jetzt nicht möglich, dahin zu gelangen, weil die Oberfläche der Pyramide dort sehr gut erhalten und glatt ist. Führen diese Öffnungen zu anderen Gängen? In diesem Fall wäre der innere Bau dieser Pyramide ganz von dem der größten Pyramide von Gizeh verschieden, so wie sie es auch im Äußeren ist.“ [411]

Offiziell gilt allerdings erst die Untersuchung von John Shae Perring im Jahre 1839, also 30 Jahre nach Seetzen, als erste moderne Untersuchung der Knickpyramide.

Eine sehr frühe Erwähnung der Knickpyramide finden wir bei Giovanni Francesco Gemelli Careri, der sie genau wie die Rote Pyramide am 20. August 1693 besichtigte. Er schreibt über seinen Besuch:

"Thursday 20th, Whilst our Companions were bargaining with the Arabs to shew us the Mummies, F. Fulgentius, and I went into the first of the eleven Pyramids [Rote Pyramide] there are in that Place, whereof he taking the Dimensions both within and without, we found every side to be 643 foot [≈ 208,65 m]. The Entrance is on the North-side, about the fourth part of its height[412]*, but not in the middle of the Horizontal Line; for there are 316 foot [≈ 102,54 m] towards the East, and 327 [≈ 106,11 m] towards the West.*[413] *There is but one way 3 ½ foot wide [≈ 1,14 m], and 4 foot [≈ 1,30 m] high, always descending for 267 foot [≈ 86,64 m];*[414] *At the end of it is a Room*

411 Seetzen 1854, Bd. 3, 316-317.

412 Die Rote Pyramide ist knapp 105 m hoch und der Eingang auf der Nordseite liegt auf 28,55 m Höhe. Ein Viertel der Höhe ergibt 26,25 m. Insofern ist die hier gegebene Angabe recht genau.

413 Der Eingang ist tatsächlich 3,8 m von der Mittelachse nach Osten verschoben. Nach Gemellis Angaben sind es nur 1,78 m Versatz nach Osten.

414 Der absteigende Gang ist real 62,63 m lang, 1,04 m breit und 1,16 m hoch. Danach verläuft er noch 7,43 m horizontal, bevor er in die 1. Vorkammer mündet, so dass die Länge vom Eingang bis zur Vorkammer rund 70 m beträgt.

[1. Vorkammer] 27 ½ foot [≈ 8,92 m] long, and 11 [≈ 3,57 m] in breadth Arched.[415] *At the end of this Room is another way upon the Level; 3 foot wide [≈ 0,97 m], and 9 ½ [≈ 3,08 m] long*[416]*, which leads into another Room [2. Vorkammer] 21 foot [≈ 6,81 m] long, and 11 [≈ 3,57 m] broad,*[417] *Vaulted like the other, and very Lofty, with a square Window on the West-end, which is its utmost length, 24 foot 4 inches [≈ 7,90 m] from the Floor.*[418] *From this Room we went into another Way of a considerable breadth, as high as a Man, upon the level, and 13 foot 2 inches long [≈ 4,27 m];*[419] *at the end whereof is a great Room [Grabkammer], Arched after the same manner, 26 foot and 8 inches [≈ 8,68 m] long, and 24 foot 1 inch [≈ 7,82 m] broad.*[420] *The Floor is of solid Rock, with some Points jetting out unequally, leaving some space in the middle.*[421]
There is no going up to another Pyramid [Knickpyramide] near this, because there are no stops in the Stone outward, like those already describ'd, measuring the bottom of it, we found each side to be 631 foot [≈ 204,76 m] long.[422]
The other nine Pyramids, excepting only one, which is equal to the last spoken of,[423] *are all little or of a middle size, but differing in Workmanship; and some of them are very beautiful compos'd of Stones of a prodigious greatness, such as seem impossible to be placed there by art of Man."* [424]

Die Beschreibung der Roten Pyramide hat er fast wörtlich von Thévenot übernommen, ohne aber darauf hinzuweisen.

Am 11. Juli 1764 macht Nathaniel Davison mit E.W. Montagu und Joseph Varsy einen Ausflug zur Knickpyramide von Snofru. Wie üblich vermaß er auch diese Pyramide und gibt dabei Folgendes an:

"11th. — Early this morning we prepared to set out for the farthest pyramid (The great pyramid to the south. — Pococke, lii. 1.), where we arrived in something less than an hour and a half. A little way up on the north side, there is an entrance to which one may mount, but with danger and difficulty. This pyramid has 600 feet [≈ 182,88 m] for its base; 184 feet [≈ 56,08 m] up to the angle, and 250 feet [≈ 76,2 m] thence to the top, which is 30 feet [≈ 9,14 m] broad. The passage, as far as one can advance, is 174 feet [≈ 53,04 m] in length. It is very difficult to creep down in the lower parts, on account of the stones and rubbish with which it is at last entirely choaked up. It cuts the side of the pyramid at right angles. The building, as it now stands, consists of 198 steps, namely, 68 large ones from the ground to the angle; and 130 lesser ones from that point to the top. Upon measuring one of the largest of the former, I found it to be 4 feet 2 inches [≈ 1,27 m] whereas the general size of those in the upper part is only 1 foot 10 inches [≈ 0,56 m] or 2 feet [≈ 0,61 m]. This pyramid is built of hard white stone; in some places you see fossil remains; but not so numerous as in the large pyramid a mile to the north of this. From the summit we had a most extensive prospect of the fertile plain towards the Nile on the east of the pyramids, which was the most probable situation of Memphis, of Jebel Jehusi on the other side of the river,

---

415 Die tatsächlichen Maße betragen 8,37 m Länge und 3,65 m Breite und 12,31 m Höhe. Es handelt sich hierbei um die erste von zwei Vorkammern.

416 Dieser Gang ist 3 m lang und entspricht daher dem hier angegebenen Wert recht gut, doch beträgt die Breite 1,23 m.

417 Die Maße dieser Vorkammer sind allerdings identisch mit denen der ersten Vorkammer.

418 Die tatsächliche Höhe beträgt 7,8 m.

419 Dieser Gang ist in Wirklichkeit 7 m lang.

420 Die realen Maße der Grabkammer betragen 8,35 × 4,18 m bei einer Höhe von 14,67 m. Während der hier angegebene Wert für die Länge recht gut stimmt, weicht der Wert für die Breite fast um einen Faktor 2 ab.

421 Der gesamte Abschnitt über die Rote Pyramide ist ein Plagiat und stammt von Thévenot.

422 Hierbei muss es sich um die Knickpyramide gehandelt haben, die 188,5 m (= 360 Königsellen) an der Basis misst. Bei einer Nachmessung auf Satellitenaufnahmen sieht es aber so aus, als wäre sie ursprünglich 370 Königsellen (≈ 193,7 m) lang gewesen. Ihre Umfassungsmauern waren sogar rund 300 m (≈ 570 Königsellen) lang und es gab einen gut 680 m (≈ 1.300 Königsellen) langen Aufweg vom zugehörigen Taltempel.

423 Hiermit könnte er die Meidum-Pyramide gemeint haben, von der allerdings nur noch der Kern erhalten ist. Die ursprüngliche Basislänge wird auf etwa 144 m (≈ 275 Königsellen) geschätzt.

424 Gemelli Careri 1704, 25.

of the castle of Cairo, and of all the pyramids, both those of Giza and Sacara, on the tops of these great heights the eagles build their nests; we heard the noise of the young ones as we went up. Two of them were taken by the Arabs, and carried home with us. Pococke is mistaken in supposing that the angle near the middle only appears to be such from the covering above having slid down; as we were at the summit we had an opportunity of examining it more exactly than he could possibly do below, of measuring the angle, of seeing that the covering stone is on as well above as below it; and that it is only from this station one can see the top and bottom at the same time. Having taken the bearing of this from the principal objects, we rode 20 minutes north to the largest pyramid where we had been the day before." [425]

Was diese Angaben von Davison angeht, gibt es einige beachtliche Punkte. Zum einen ist mir keine andere Quelle bekannt, welche eine Stufenzahl vergleichbar der Cheops-Pyramide für die Knickpyramide angibt, da sie als unbesteigbar angesehen wird, und zum anderen sind die Höhenangaben interessant. Die heutige Höhe liegt bei rund 101 m, während die ursprünglich bedingte Höhe durch den Knick bei heute 49 m Höhe bei knapp 105 m gelegen haben muss. Im Vergleich zu Davisons 132 m eine sehr deutliche Abweichung. Sein Basiswert von 183 m weicht aber nur 6 m von dem heutigen Wert von 189 m ab. Da zu Davisons Zeiten die Pyramidenbasis sicher von viel Sand bedeckt war, musste seine Messung der Basis zu kurz ausfallen. Erstaunlich sind dann jedoch die beiden Höhenangaben. Der Knick erfolgt nach Davison erst bei einer Höhe von 56 m (heute 49 m). Vermutlich war es schwierig, die Höhe mit dem Theodolit zu messen, da der anvisierte Punkt keine Spitze darstellte. Die Gesamthöhenangabe von 132 m liegt zwar weit über dem heute als ursprünglicher Höhe angesehenen Wert von rund 105 m, aber Stadelmann nennt genau diesen Wert (132 m) als *„geänderten Wert einer späteren Planung"*.[426] Ebenso ist mir keine weitere Angabe, als die von Davison der Plateaufläche der Knickpyramide bekannt, während es für die Cheops-Pyramide zahlreiche Quellen dafür gibt. Die Steinhöhen, die er für die Knickpyramide angibt, gleichen denen der Cheops-Pyramide.

12.5 Rote Pyramide von Snofru in Dahschur

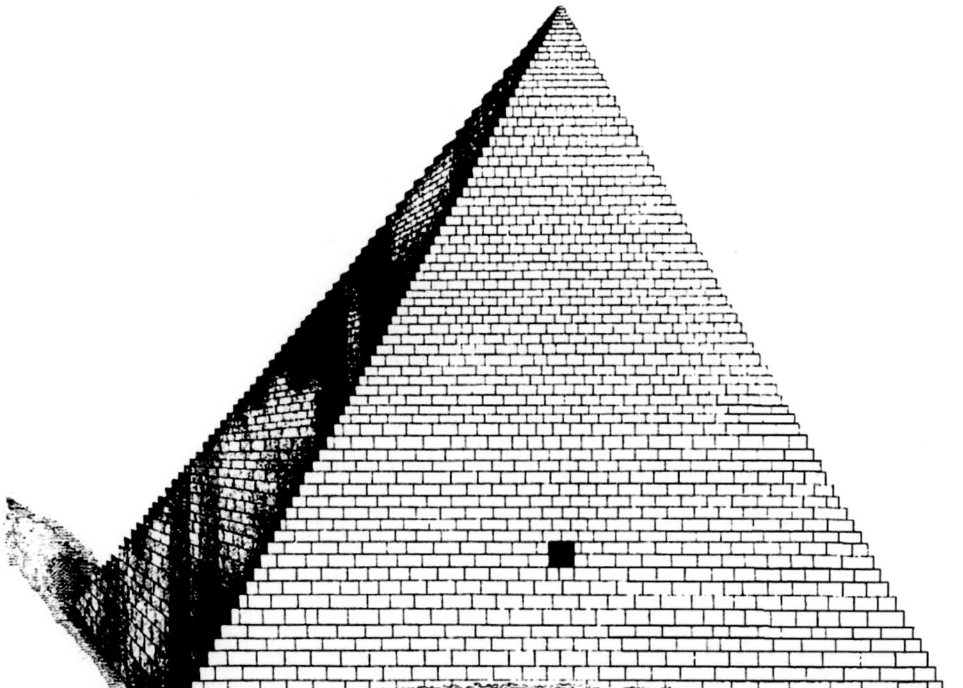

Abb. 83: Die Rote Pyramide in Dahschur von Snofru, John Montagu, 1739.

---

[425] Walpole 1817, 359-360.

[426] Stadelmann 1997, 89.

Den Eingang der Roten Pyramide, welchen John Montagu auf einem Viertel ihrer Höhe sieht (siehe Abb. 83), liegt tatsächlich auf gut 28 m Höhe, was 26,7 % ihrer Höhe von 200 Königsellen (≈ 104,7 m) entspricht. Somit ist die Aussage von Montagu richtig. Die Maße der inneren Strukturen sind auch bis auf die Länge des absteigenden Gangs annähernd richtig von ihm angegeben.

Leider scheint der hochinteressante Bericht von John Montagu, dem 4. *Earl of Sandwich* – nach ihm wurde übrigens auch unser heutiges Sandwich benannt – den meisten Ägyptologen völlig unbekannt zu sein.

Da Pietro della Valle der Erste ist, der die Rote Pyramide von Dahschur beschrieb, sei hier diese Beschreibung noch angeführt, die auf seinen Besuch der Pyramide am 9. Dezember 1615 zurückgeht. Noch bis ins späte 18. Jahrhundert wurde die Rote Pyramide als zu Sakkara zugehörig angesehen.

„Den folgenden Tag, welches der 9. Dezember war, packten wir am frühen Morgen unsere Zelte zusammen und zogen weiter zu den anderen, weiter entfernt liegenden, Pyramiden, die schon Belon erwähnt hat und von denen es viele kleinere gibt. Es gibt aber auch noch eine andere, die viel höher ist und sich weit in den Sandfeldern im Süden befindet. Die Pyramiden dort werden auch die Mumien-Pyramiden genannt, weil sie dort im Sand stehen, wo noch viele Mumien gefunden werden. Unterwegs sahen wir nichts anderes als Felder von sehr reinem und gelbem Sand, der wie derjenige aussieht, den wir als Streusand auf dem Papier benutzen [um die Tinte zu trocknen], da er sehr trocken ist. Rings um uns gibt es allenthalben viele Pyramiden unterschiedlicher Höhe, aber die gleiche Gestalt.
Die Größte [Rote Pyramide], die ich dort sah, ist viele Meilen entfernt und sehr hoch, sowie über die Maßen schön. Von außen aber ist sie dem Zahn der Zeit zum Opfer gefallen. Aufgrund von eingefallenen Stufen kann man sie nicht bis zur Spitze von außen besteigen. Darum habe ich mich auch nicht so sehr darum bemüht es dennoch zu versuchen. Ich wollte sie aber von innen besichtigen, da ihr Eingang offensteht und wie mir dünkte, viel schöner war als der andere, den ich zuvor gesehen hatte, weil der Weg, welcher hineinführt und der wie ein Brunnen gemacht ist, etwas höher zu werden beginnt. Es ist jedoch sicher, dass der Weg zweimal so tief hineingeht, wie der zu der anderen Pyramide [Cheops-Pyramide]. Im Inneren ist er auch nicht ganz so abschüssig und deswegen leichter zu gehen. Er ist aber so tief, dass ich mir sicher bin, dass man bis aufs Fundament hinabgehen könnte. Obwohl nun dieser Weg nicht so steil war wie der andere, war er doch sehr beschwerlich, da diese [Rote] Pyramide nicht nur außen beschädigt war, sondern auch im Inneren, wo ganze Stücke [Steine] bereits herabgefallen waren, welche den Weg so sehr anfüllten, dass man oft auf diesen Steinen, wie unser Herr Doktor zu Neapel auf dem Wasser gleichsam schwimmen müsse. Bisweilen gingen wir so schlimme Wege, dass ich große Angst hatte. Wäre ein Stein herabgefallen oder hätte jemand aus Bosheit – denn wir waren im Land der Ungläubigen – einen anderen hätte herabrollen lassen, der uns den Weg versperrt hätte, so wäre es um uns geschehen gewesen und wir wären lebendig begraben worden. Sollte ich noch einmal die Lust verspüren hierherzukommen, so würde ich mich auf jeden Fall besser vorsehen und eine Wache beim Eingang postieren, der ich den Befehl geben würde, wenn sie zu lange nichts von mir hören sollte, mit guten Hacken und Schaufeln hineinzugehen. Diese könnten nämlich von außen mit ihren Hacken mehr bewirken als wir es von innen tun könnten, was immer wir auch für einen Vorrat an Instrumenten mit nach drinnen mitnehmen würden, da es unmöglich ist, dass ein Mensch sich selbst eine Öffnung verschaffen könnte. Rufen aber in der Hoffnung draußen gehört zu werden, würde meiner Meinung nach eine vergebliche Mühe sein.
Wie dem auch sei, hatten wir auf eine solche Vorsichtsmaßnahme verzichtet. Am unteren Ende dieses abschüssigen Weges fanden wir keine Stufen, um hinauf zu steigen, wie bei der anderen Pyramide [Cheops-Pyramide], sondern gleich darauf die Begräbniskammer [1. Vorkammer], die sehr breit und tief war. Die Kammer war nicht gleichmäßig und eben wie in der anderen Pyramide, sondern eckig und wurde in der Höhe immer spitzer [Kraggewölbe]. Von dieser Kammer geht man durch eine kleine und sehr niedrige Tür in eine andere Kammer [2. Vorkammer], die eben so groß und auf die gleiche Weise gebaut ist, da es wohl viele gab, die bei dem Bau der Pyramide geholfen haben. Ich habe aber weder in der einen noch in der anderen Kammer ein Grab [Sarkophag] gefunden, entweder, weil niemand da begraben wurde oder weil sie geraubt und zerbrochen wurden. Es gab allerdings in der zweiten Kammer eine verfallene Tür, die man

zwischen den Marmorsteinen sehen konnte, und als ich von ihr einen Stein hinweggenommen habe, konnte ich sehen, dass der Weg weiter hineinführt. Zum Betreten hätte man aber eine große Leiter benötigt, um dort hinaufsteigen zu können. Etliche Bewohner des Landes sagen, dass das eigentliche Grab [Sarkophag] in der dritten Kammer zu finden sei. Ich kann dazu aber nichts sagen, weil ich sie nicht gesehen habe. Ich will es aber wohl glauben, weil der Leichnam dort, wegen der großen Schwierigkeit zu ihm zu gelangen, am sichersten sein würde." [427]

Die Beschreibung der Roten Pyramide von Snofru bei Dahschur enthält zwar keine Maßangaben, aber korrekt ist die Aussage, dass die erste (Vor-)Kammer genauso groß ist wie die zweite. Falsch ist jedoch die Behauptung, dass der absteigende Gang zur ersten Vorkammer nicht so steil ist, wie der absteigende Gang in der Cheops-Pyramide, denn beide Gänge haben das gleiche Gefälle.

Dass die Bewohner vor Ort mit Leitern bereits in der Grabkammer der Roten Pyramide waren, kann als gesichert gelten, da die von Pietro della Valle zitierte Aussage, welcher er selbst nicht überprüfen konnte, korrekt war.

Die erste bekannte Zeichnung des Pyramidenfelds von Dahschur stammt von Tito Livio Burattini, einem Italiener, der John Greaves 1639 bei der Vermessung der Cheops-Pyramide geholfen hat.

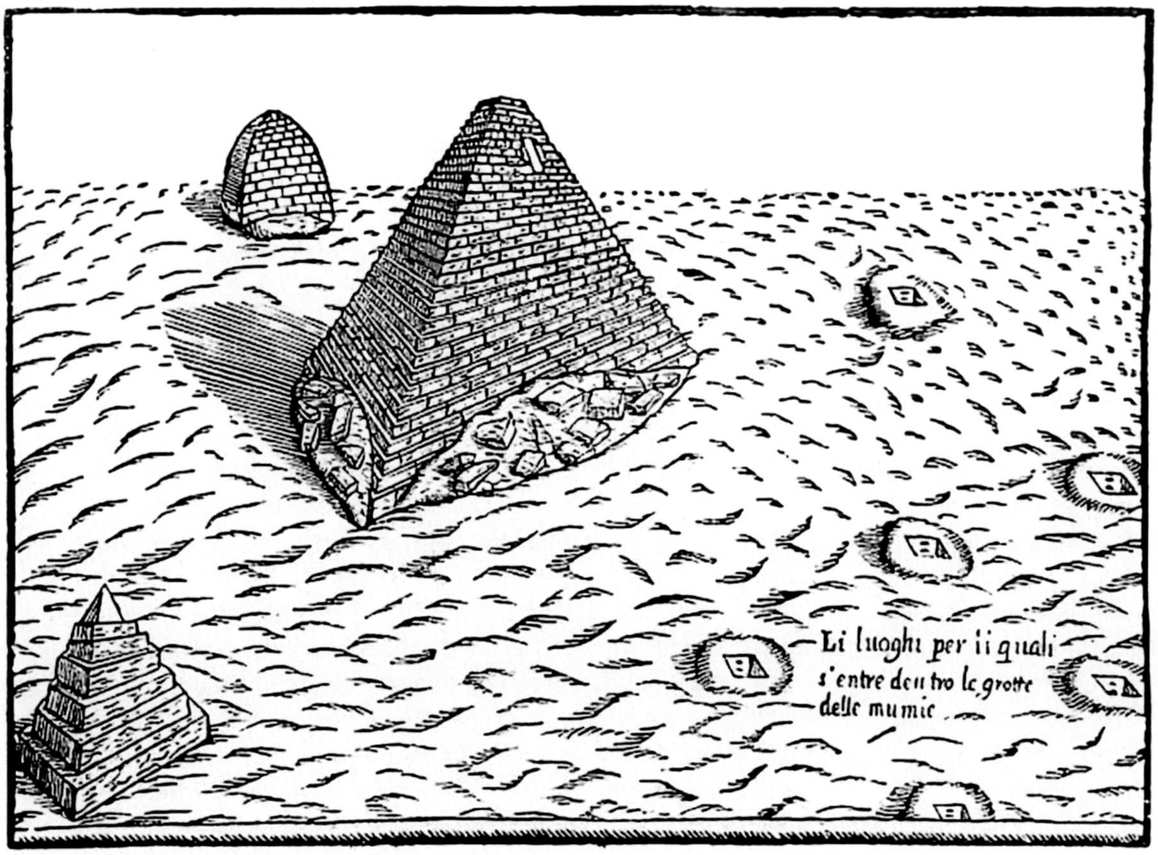

Abb. 84: Die Pyramiden bei Dahschur, Tito Livio Burattini.

„Bei diesen Pyramiden, die etwa 10 italienische Meilen [≈ 18,55 km] nördlich von denen von Gizeh liegen, lag bereits die berühmte Stadt Memphis. Jetzt sind noch die Gräber des alten Ägyptens, gemeinhin die Mumien genannt, dort zu sehen. Sechs dieser Gräber habe ich oben gezeichnet, mit dem Sand um sie herum, den man erst entfernen und sich ein Loch graben muss, wenn man hineingehen will." [428]

---

[427] Della Valle und Widerhold 1674, 102-103. Übertragung in modernes Deutsch durch den Autor.

[428] Kircher 1652-54, Bd. 2, 305. Eigene Übersetzung aus dem Italienischen.

Die obige Abbildung Burattinis zeigt die Pyramiden von Dahschur. Dies ist die bisher älteste bekannte Darstellung des Pyramidenfelds von Dahschur. Links unten ist die Schwarze Pyramide von Amenemhet III. dargestellt, die entweder damals noch deutlich besser als heute erhalten war oder damals idealisiert dargestellt wurde. Die große Pyramide in der Mitte ist die Rote Pyramide von Snofru und im Hintergrund dessen Knickpyramide, die eine Seemeile[429] bzw. nautische Meile (≈ 1,85 km) oder 3.540 Königsellen davon entfernt liegt. Die tatsächliche Luftlinienentfernung zwischen der Cheops-Pyramide und der Roten Pyramide beträgt 20 km und etwa 19,5 km zwischen der Mykerinos-Pyramide und der Roten Pyramide. Zwischen den Mumiengräbern steht noch der Text *„Die Stätten, an denen man die Mumiengrotten betritt."* Auf Satellitenaufnahmen ist heute noch zwischen der Knick- und der Roten Pyramide ein Feld von 3 × 7 Gräbern zu sehen.

Da Thévenot einer der Ersten ist, der auch detailliert über die Rote Pyramide von Dahschur berichtet, soll hier noch sein diesbezüglicher Bericht dazu wiedergeben werden, der auf seinen Besuch vom 19. Februar 1657 zurückgeht:

> *„Nachdem wir die Pyramiden und den Sphinx besichtigt hatten, gingen wir in das Dorf der Mumien, Sakkara genannt, 3 gute Meilen [≈ 4,8 km] von den Pyramiden entfernt; sprachen wir mit einem Einheimischen des Dorfes, der der Herr der Mumien ist, dass er dafür sorgen würde, dass am nächsten Morgen eine Mumiengrube für uns geöffnet wird. Er brachte uns in ein Haus, wo wir uns von dem, was wir mitgebracht hatten, ernährten und uns dann auf einer kleinen Erhebung im Hof ausruhten. Als wir am nächsten Morgen hinausgehen wollten, verlangten sie Geld dafür, dass sie uns [wie sie sagten,] die ganze Nacht bewacht hatten; und es hatte keinen Zweck, dass wir ihnen sagten, dass wir nichts von ihrer Bewachung wollten und dass wir achtsam genug wären, uns selbst zu bewachen. Doch alle unsere Beschwerden waren vergebens, denn sie schlossen uns dort ein, bis wir ihnen einen Piaster gaben, um hinausgelassen zu werden. Diejenigen, die sich nicht so bedrängen lassen wollen, sollten auf den Feldern nächtigen; aber auch das ist nicht sicher, denn sie sind sehr geldgierig und scheuen sich nicht, alles zu tun, um an Geld zu kommen. Und da sie meinen, dass die Europäer immer viel bei sich tragen, so quetschen sie, wenn sie sie in ihren Klauen haben, alles aus ihnen heraus, was sie können. Darum soll jeder, der dorthin geht, gut begleitet sein, gut bewaffnet und einen guten, starken Janitscharen bei sich haben, und bei alledem darf man es nicht wagen, sie zu schlagen; denn wenn man es täte, hätte man bald den ganzen Pöbel am Hals. Wir trennten uns dann frühmorgens von diesem Dorf, mit dem Herr über die Mumien, und gingen in die Ebene, wo sich die Mumiengräber befinden, ein wenig vom Dorf entfernt, und [ich denke] es wäre sehr bequem, zwei Stunden vor dem Tag aufzubrechen, um die Hitze der Sonne zu vermeiden, denn es gibt dort keinen Schutz. Diese Ebene beginnt in der Nähe der Stelle, wo früher die stattliche Stadt Memphis stand, von der noch einige Spuren in der Nähe des Nils zu sehen sind. Es gibt mehrere Pyramiden in dieser Ebene, und das auf einer Länge von mehreren Meilen. Da sie aber nicht sehr bedeutend sind, werde ich nur von einer sehr schönen sprechen, die 4 oder 5 Meilen [≈ 6,4 – 8 km] von dem Ort entfernt liegt, wo sie eine Mumiengrube für uns geöffnet haben.*
>
> *Nachdem ich dann mit dem Herr der Mumien vereinbart hatte, dass er mir für acht Piaster eine Grube öffnen würde, die noch nie geöffnet worden war, und ihm das Geld übergeben hatte, weil sie sonst nicht arbeiten würden, machte er sich mit zwei Einheimischen an die Arbeit. Während sie bei der Arbeit waren, gingen wir, um die [Rote] Pyramide zu sehen, die ich zuvor erwähnt hatte, die der Ersten [Cheops-Pyramide] an Schönheit in nichts nachstehen würde, wenn sie vollendet worden wäre. Wir stiegen bis zur Spitze hinauf, bevor wir sie betraten, wie wir es auch bei der Ersten [Cheops-Pyramide] gemacht hatten. Sie besitzt 148 Stufen und ist aus großen Steinen gemacht, genau wie die andere. Die obere Plattform ist nicht einheitlich und die Steine scheinen ohne eine Ordnung zusammengesetzt zu sein, woraus man schließen kann, dass sie nicht fertiggestellt worden ist. Dennoch ist sie viel älter als die andere [Cheops-Pyramide], wie es anhand der Steine, die alle abgenutzt und zu Sand zerbröckelt sind, zu erkennen ist. Sie misst 643 Fuß [≈ 210,1 m] im Quadrat an ihrer Basis, und hat ihren Eingang auf dem vierten Teil ihrer Höhe [≈ 52,5 m], der nach Norden zeigt, genau wie bei der Ersten [Cheops-Pyramide]. Sie misst auf der*

429 Sie soll $^{1}/_{60}$ Längengrad am Äquator entsprechen bzw. $^{1}/_{60}$ Breitengrad, also einer Winkelminute.

Ostseite 316 Fuß [≈ 103,3 m], und folglich 327 [≈ 106,9 m] im Westen. Es gibt nur einen einzigen Eingang in sie hinein, der 3 ½ Fuß [≈ 1,14 m] breit und 4 Fuß [≈ 1,31 m] hoch ist. Der Gang führt 267 Fuß [≈ 87,3 m] nach unten und endet in einer Halle mit einem steilen Dachfirst, 25 ½ Fuß [≈ 8,33 m] hoch und 11 [≈ 3,6 m] breit. In der Ecke der Halle gibt es einen anderen Durchgang oder Galerie, der horizontal verläuft. Er misst innen 3 Fuß [≈ 0,98 m] im Quadrat und ist 9 ½ Fuß [≈ 3,10 m] lang. Er führt zu einer anderen Kammer, die 21 Fuß [≈ 6,86 m] in der Länge und 11 [≈ 3,6 m] in der Breite ist. Sie besitzt ebenfalls ein sehr hohes Kraggewölbe, das am westlichen Ende ein quadratisches Fenster hat, 24 ⅔ Fuß [≈ 8,06 m] über dem Boden. Durch dieses tritt man in einen Durchgang ein, der gleichmäßig breit und etwa mannshoch ist. Er verläuft horizontal und besitzt eine Länge von 13 Fuß und 2 Zoll [≈ 4,30 m]. Am Ende dieses Ganges befindet sich ein großer Raum bzw. Halle mit einem Dach, der eine Länge von 26 Fuß und 8 Zoll [≈ 8,71 m] und eine Breite von 24 Fuß und 1 Zoll [≈ 7,87 m] aufweist. Der Boden besteht aus natürlichen Felsen, der auf allen Seiten rau und ungleichmäßig ist und nur einen kleinen glatten und ebenen Platz in der Mitte hinterlässt, der rundherum mit dem Felsen umgeben ist und viel niedriger liegt als der Eingang in den Raum oder das Fundament der Wand.

Als wir diese Pyramide besichtigt hatten, kehrten wir zu den Mumien zurück und fanden die Araber unsere Grube graben. Aber sie betrogen uns [wie viele andere auch], indem sie eine Grube öffneten, die schon zwanzigmal geöffnet worden war, obwohl sie schworen, es sei das erste Mal. Nun hat man diesen Vorteil, wenn man in eine noch nie geöffnete Grube hinabsteigt, dass man dort Götzenbilder und andere Kuriositäten findet. Doch wenn diese Schurken etwas finden, behalten sie es, damit sie es in der Stadt an die Europäer verkaufen können, und öffnen daher nie eine neue Grube, außer wenn sie allein sind. Diese Gruben sind viereckig, und aus recht guten Steinen gebaut, aber voll Sand, der herausgenommen werden muss. Als sie den Sand entfernt hatten, ließen sie uns an einem Seil hinunter, das um unsere Hüfte befestigt war. Das Seil wurde von denen gehalten, die oben waren, da die Grube zwei oder drei Lanzen tief war. Als wir unten waren, krochen wir durch ein kleines Loch auf dem Bauch, weil sie es nicht genügend vom Sand befreit hatten, und kamen in einen kleinen Raum, der mit Steinen zugemauert und überwölbt war. Dort fanden wir drei oder vier Mumien, aber nur eine, die ganz war, der Rest war in Stücke zerbrochen, was uns davon überzeugte, dass diese Grube schon zuvor geöffnet worden war. Wir waren dann dafür, dass man die ganze Grube öffnete, aber sie wollten nicht, es sei denn, sie würden dafür bezahlt; und deshalb gab ich ihnen einen Piaster, was sie nicht zufrieden stellte. Als sie aber merkten, dass ich sie vor ihren Augen aufbrechen wollte, ohne ihnen Geld dafür zu geben, schlugen sie die Mumie in Stücke. Es war ein langer und großer Körper in einem sehr dicken Holzsarg, der von allen Seiten dicht verschlossen war; das Holz war überhaupt nicht verrottet, und wir fanden, dass es Platanenholz war, das man in Ägypten den Feigenbaum des Pharaos nennt, welches nicht so schnell verrottet wie anderes Holz. Auf dem Sarg war das Gesicht desjenigen, der darin lag, in Prägearbeit geschnitten. Einige Särge gibt es auch aus Stein, mit dem Gesicht der Person im Inneren, in erhabener Art geschnitten, die an den Längsseiten mit Hieroglyphen bedeckt waren." [430]

Von Thévenot erfahren wir außer der Stufenzahl, die 148 betragen soll, umfangreiche Maßangaben, sowohl das Äußere wie auch das Innere dieser Pyramide betreffend. Spätere Besucher konnten diesen Bericht als Reiseführer für ihren eigenen Besuch benutzen. Die meisten Reisenden, die bis Kairo kamen, besichtigten aber lediglich, wenn überhaupt, die Gizeh-Pyramiden. Von einer ernsthaften Erforschung dieser Pyramide können wir erst wieder bei Nathaniel Davison sprechen, der Folgendes über sie berichtet:

"having lighted our candles, we descended and found it 4 feet 5 ¼ inches [≈ 1,35 m] high, 3 feet 5 ½ inches [≈ 1,05 m] wide, and 200 [≈ 61 m] long; at the end of 200 feet there is a passage running horizontally 24 feet 4 ½ inches [≈ 7,43 m], and leads to a large pyramidal room 27 feet 4 inches [≈ 8,33 m] long, and 11 feet 11 inches [≈ 3,63 m] broad, 43 feet 4 inches [≈ 13,21 m] high; from this, a passage of 10 feet 4 inches [≈ 3,15 m] conducts to another of the same dimensions.

[430] J. d. Thévenot 1664, 256-259. Eigene Übersetzung aus dem Französischen.

At the height of 11 feet [≈ 3,35 m], the stones set in 6 inches [≈ 0,15 m] one over another for 11 together, each stone being 3 feet [≈ 0,91 m] high. At the end of the inner room, 30 feet 10 inches [≈ 9,40 m] from the ground, there is a passage 24 feet [≈ 7,32 m] long, 3 feet 5 inches [≈ 1,04 m] square, which leads to a third, differing only from the former in being 1 foot 8 inches [≈ 0,51 m] broader. Not only all the pavement of this room, but 5 tiers of stones have been forcibly taken up in search of treasure. The stones of the passage have also been taken up. There is not much of the covering preserved on this pyramid; what remains is towards the top." [431]

Am 10. Juli 1764 gingen sie (Davison, Montagu, Varsy und 100 arabische Reiter als Begleiter) nach Sakkara und Dahschur. Für die Rote Pyramide von Snofru gab er 154 Stufen und eine Höhe von 343 Fuß (≈ 104,5 m) an. Die heutige Höhe ist rund 100 m und die ursprüngliche Höhe wird mit 105 m angegeben. Zum Vergleich: die Höhe der Cheops-Pyramide beträgt auf Stufe 154 rund 112,50 m. Sie stiegen auch in die Pyramide über den Eingang auf der Nordseite ein, dessen Höhe als 180 Fuß (≈ 55 m) über dem Boden angegeben wurde.

12.6 Djosers Pyramide in Sakkara

Der Pyramidenkomplex von Sakkara mit der Stufenpyramide von König Djoser aus der 3. Dynastie wurde erstmals 1821 von Johann Heinrich Karl Menu, Freiherr von Minutoli und dem italienischen Ingenieur Girolanio Segato[432] untersucht. Er war der erste Europäer, welcher die Djoser-Pyramide in Sakkara öffnen ließ. Über die Öffnung, die 1821 stattfand, schreibt er:

„Von Kairo begab ich mich nach Sakkara, wo die Arbeiten an der großen, in Absätzen erbauten Pyramide [Stufenpyramide von Djoser] von dem glücklichsten Erfolg gekrönt gewesen waren, und auch an einer zweiten hatte man einen vielversprechenden Anfang gemacht. Am Fuß jener ersten Pyramide in der Mitte der nördlichen Seite hatten einige zwanzig Arbeiter unter Leitung des Herrn Msara die Nachgrabungen begonnen, und nach etwa acht Tagen eine durchbrochene Mauer angetroffen. Da dies einen Eingang vermuten ließ, so senkte man sich ein, erreichte den Fuß der Pyramide, der aus einem Felsenkern bestand, und fand bald den wirklichen Eingang. Dieser ward nun gereinigt und zugänglich gemacht, worauf man am 23sten Tag zur eigentlichen Tür gelangte. Die Herren Salt, Drovetti[433] *und andere begaben sich nun nach Sakkara, um das*

[431] Walpole 1817, 359.

[432] Girolamo (Gerolamo) Segato, (* 13.6.1792 in Vedana bei Belluno, Lombardo-Venetien, Italien; † 3.2.1836 in Florenz, Toskana, Italien) war ein Forschungsreisender, Kartograf und Chemiker. Er war der Sohn eines Gutsverwalters und Enkel eines Industriellen. 1818 wurde er von dem italienischen Geschäftsmann Annibale de Rossetti als Mitarbeiter seines Handelshauses nach Kairo berufen. Dort begann er sich, inspiriert durch die Forschungsreisenden Giovanni Battista Belzoni und Giuseppe Forni sowie den Ingenieur und Kanaltechniker Lorenzo Masi, für die Erforschung Ägyptens zu interessieren.

[433] Bernardino Michele Maria Drovetti (* 4.1.1776 in Barbania, Italien; † 5.3.1852 in Turin, Italien) war ein italienischer Sammler ägyptischer Kunstschätze und seit der napoleonischen Besatzung Piemonts ein Diplomat und Anwalt in französischen Diensten. Im Frühjahr 1803 ernannte Napoléon Matthieu de Lesseps (1771–1832) zu Drovettis Vorgesetzten in Ägypten. Lesseps und Drovetti wurden als Diplomaten nach Ägypten gesandt, um die Lage dort für Frankreich zu beobachten. Lesseps Sohn Ferdinand de Lesseps (1805-1894) wurde 1832 zum Vizekonsul in Alexandria ernannt, 1833 dann zum Konsul von Kairo und bald darauf zum Generalkonsul in Alexandria bis 1837. Doch berühmt wurde Ferdinand de Lesseps durch den Bau des Suezkanals (1859-1869) zusammen mit seinem Landsmann Louis Maurice Adolphe Linant de Bellefonds (1799-1883), der über 400 Mio. Francs gekostet hat. Falsch ist jedoch die oft verbreitete Annahme, dass die Oper *Aida* von Giuseppe Verdi, welche auf einem Szenarium des französischen Ägyptologen Auguste Mariette (1821-1881) basierte, zur Eröffnung des Suezkanals am 17. November 1869 uraufgeführt wurde. Denn die tatsächliche Fertigstellung des Kanals erfolgte am 15. April 1871, die Uraufführung von *Aida* fand jedoch erst am 24. Dezember 1871 im Khedivial-Opernhaus in Kairo statt. 1815 übergab Drovetti den Posten an seinen Nachfolger, blieb aber in Ägypten, unternahm Reisen und blieb auch politisch aktiv. 1829 wurde Drovetti wieder als Generalkonsul für Frankreich in Ägypten eingesetzt, aber sein Interesse an Antiquitäten und Ausgrabungen blieb bestehen. Diverse Agenten suchten in seinem Auftrag und machten Ausgrabungen. Während seiner Zeit in Ägypten baute Drovetti eine eigene Sammlung auf. Als Reisender und Sammler war der berühmte Giovanni Battista Belzoni sein größter Rivale, ebenso wie Henry Salt. Salt und Drovetti hatten eine Art respektvolle

Innere der eröffneten Pyramide zu untersuchen; allein der beinah 50 Fuß [≈ 15 m] tiefe Brunnen [Schacht] war noch so unzugänglich, dass es nur Herrn Cavisch[434] aus Leipzig und Herrn Piedemonte aus Genua gelang, sich an Stricken nicht ohne große Gefahr hinabzulassen und in das Innere der Pyramide einzudringen.

So stand es mit der Arbeit, als jene Nachrichten und Anfragen wegen Fortsetzung derselben zu mir gelangten. Ich vermehrte sogleich die Zahl der Arbeiter, indem ich die Nachgrabungen bei jener zweiten Pyramide einstellen ließ und anordnete, dass der Brunnen abgeschrägt und die Gänge im Innern aufgeräumt werden sollten, um den Zugang bequemer zu machen, welches etwa 14 Tage wegnahm. Ungeachtet dieser Vorkehrungen war mein Besuch derselben weder bequem noch gefahrlos. Die Araber hatten sich am Abhang des Brunnens auf kleinen Vorsprüngen etagenweise aufgestellt und bildeten mit ihren Schultern, Rücken und Knien eine lebendige Treppe, auf der ich hinabstieg; Sand und Steine stürzten aber gleichwohl in solcher Menge herab, dass ich den Eingang ins Innere mir mit den Händen bahnen musste. Die eingeschlossene Luft war unerträglich erhitzt, sodass ich kaum darin auszudauern vermochte; leider hatte ich kein Thermometer mitgenommen, bin aber nicht abgeneigt, ihr eine Temperatur von 40 Grad Reaumur[435] [= 50° C] beizumessen.

Mit vieler Mühe untersuchte ich alle nur vorläufig wegsam gemachten Gänge, Brunnen und Gemächer, wobei die unsägliche Menge marmorner und alabasterner Fragmente mich in Erstaunen setzte, die von zerschmetterten Vasen herzurühren schienen. Außer diesen füllten Sand und Steine die Wege oft so gänzlich, dass ich an vielen Stellen, bald auf dem Gesicht, bald auf dem Rücken liegend, nur mit der äußersten Anstrengung mich fortzubewegen vermochte. In der großen Kammer fand ich einen in Schutt vergrabenen Granitblock, der mir ein großer Sarkophag zu sein schien, und weiter oben einen mit Steinen und vorgesetzten Holzkloben verwahrten Eingang. Ich verordnete vor allem die Ausräumung dieses nach oben führenden versperrten Weges und des scheinbaren Sarkophags, sowie einiger entdeckten Nebenkammern, und gab dem Herrn Segato und noch einem anderen Künstler, die mich begleiteten, den Auftrag, das Innere und Äußere der Pyramide genau zu vermessen.

Dies wurde von ihnen mit der größten Anstrengung und Genauigkeit ausgeführt; diese achtenswerten Künstler hätten aber beinah ihre Bemühungen mit dem Leben bezahlt, denn als sie am vierten Tag in die Pyramide eindringen wollten, stürzte der Brunnen zusammen, und sie mussten sich glücklich schätzen, nicht verschüttet worden zu sein, welches nur einen Augenblick später unfehlbar ihr Los gewesen sein würde; denn es bedurfte einer Arbeit von acht Tagen, um den Brunnen und Zugang wieder aufzuräumen. Die Tafeln XXVI., XXVII. und XXVIII. geben die Resultate der Arbeit Segato's und seines Gehilfen; da indes die Ausräumung des Innern bei weitem noch nicht vollendet war, so begnüge ich mich, einige allgemeine Bemerkungen über die

---

Beziehung, aber trotzdem traute Salt Drovetti nicht. Der Grund für den Kampf zwischen Drovetti und Belzoni lag sicher darin begründet, dass es eine Rivalität zwischen den britischen und französischen Agenten über den Ankauf von Antiquitäten für das jeweilige Land gab. Drovetti war der Agent für Frankreich und Salt der für Großbritannien und dieser hatte Belzoni angestellt. So gab es einige Streitigkeiten, wie die um den Obelisken, der in Philae gefunden worden war oder die um die Öffnung und Erkundung des Tempels von Abu Simbel.

434 Hierbei handelt es sich um den Leipziger Hr. Kabitzsch, welcher schon 1817 als Assistent von Caviglia in der Cheops-Pyramide geholfen hat.

435 Die Réaumur-Skala in Grad Réaumur ist eine veraltete Maßeinheit zur Messung der Temperatur. Sie wurde 1730 vom französischen Naturforscher René-Antoine Ferchault de Réaumur eingeführt. Die Réaumur-Temperaturskala war im 19. Jahrhundert in Europa, insbesondere in Frankreich und Deutschland, weit verbreitet, wurde aber nach und nach wegen der besseren Berechenbarkeit durch die Celsius-Skala abgelöst. Réaumurs Thermometer basierte auf der Ausdehnung von Alkohol (Ethanol). Da Ethanol kein lineares Volumenausdehnungsverhalten aufweist, bildete sein Thermometer die thermodynamische Temperatur nur ungenau ab. So ist die eigentlich als gleich groß gedachte Temperaturdifferenz eines Grades Réaumur in unterschiedlichen Temperaturbereichen unterschiedlich groß. Die Réaumur-Skala wurde später so definiert, dass der Schmelzpunkt von Eis 0° Ré und der Siedepunkt von Wasser bei normalem Atmosphärendruck 80° Ré betrug. Um einen Wert von ° Ré in ° C umzuwandeln, muss man ihn mit dem Faktor 1,25 multiplizieren.

Eigentümlichkeiten dieser Pyramide hier beizufügen, mir vorbehaltend, von dem später Gefundenen künftig Rechenschaft zu geben:

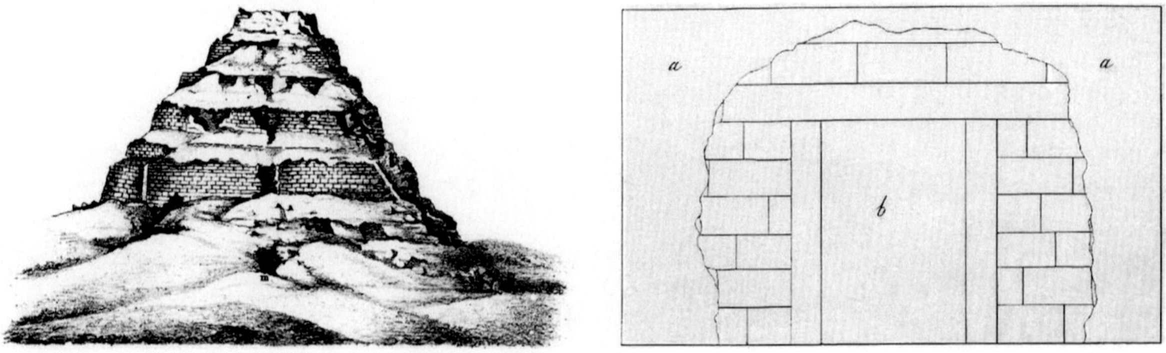

Abb. 85: Stufenpyramide von König Djoser in Sakkara, Minutoli 1821.

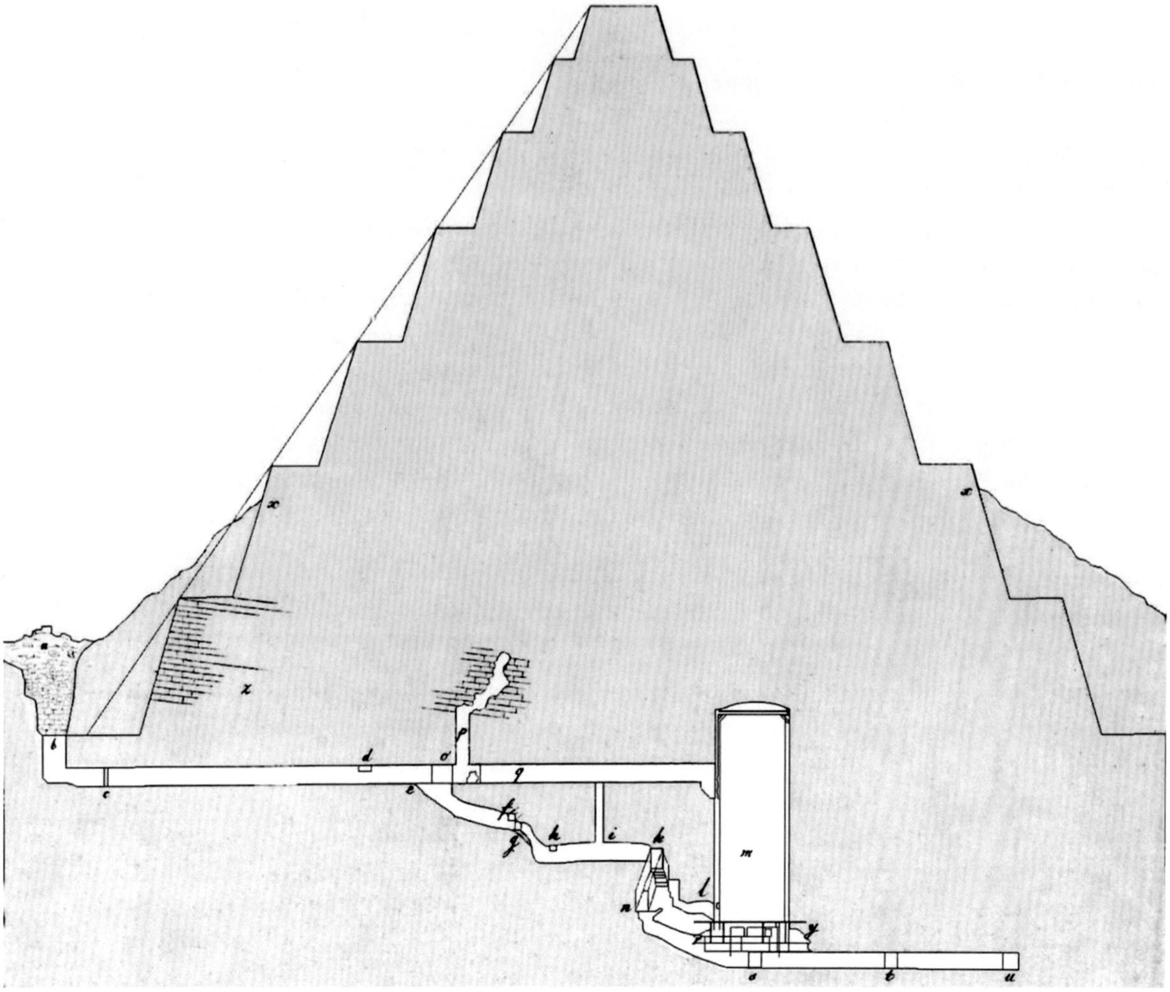

Abb. 86: Schnitt durch die Stufenpyramide von Djoser, Minutoli, 1821.

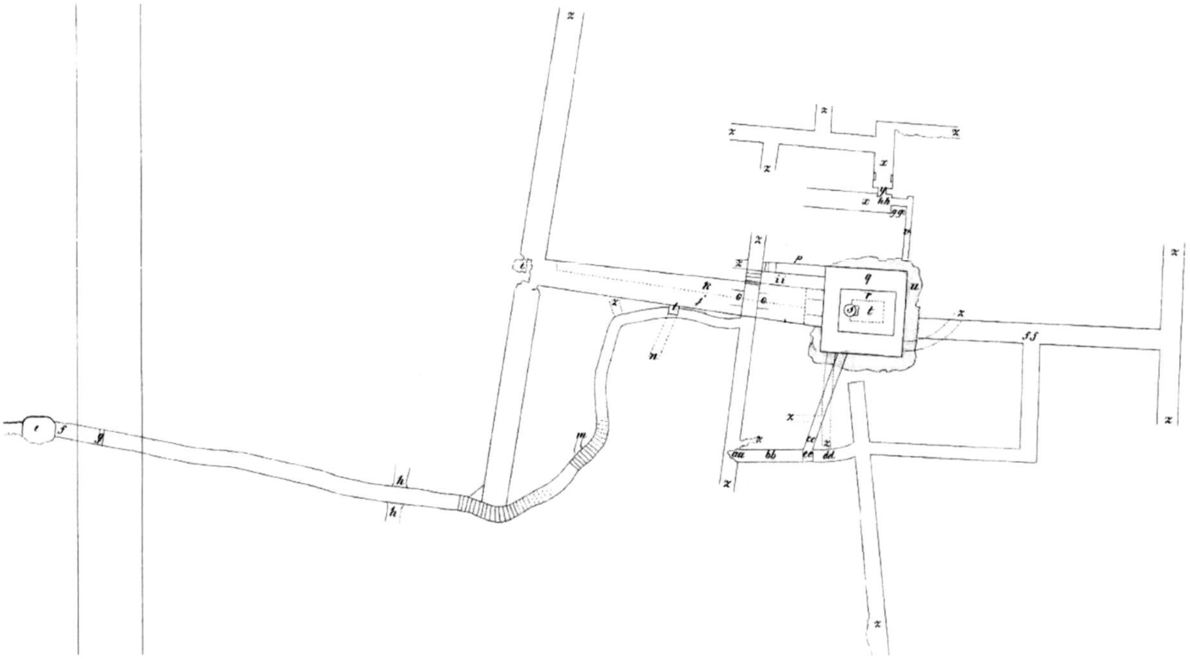

Abb. 87: Das Gangsystem der Stufenpyramide von Djoser, Minutoli, 1821.

1) Die Orientierung der vier Seiten ist nicht genau nach den vier Weltgegenden gerichtet, welches bei den Pyramiden von Gizeh der Fall sein soll.
2) Ihre Basis bildet kein regelmäßiges Quadrat, wie bei denen von Gizeh, sodass bei dem obersten Absatz ein sehr längliches Viereck entsteht.
3) Die Pyramide von Sakkara ist mit einer 14 Fuß [≈ 4,27 m] dicken Einfassungsmauer aus Quadersteinen umgeben, die an mehreren Punkten noch aus dem Sand und Schutt hervorragt. Dies ist bei keiner anderen bemerkt worden, und sie erhält dadurch eine Ähnlichkeit mit den Tempeln, die man gleichfalls auf diese Art gegen den Andrang der Ungeweihten abschloss.
4) Sie ist in sieben Absätzen treppenartig erbaut, obgleich vor Anstellung der Nachgrabungen nur sechs derselben sichtbar waren. Diese Absätze sind aus Quadern aufgeführt, die einen bedeutenden Einfall nach Innen haben, wie auf Tafel XXVII genau angegeben ist. Die Steine sind mit Kalk verbunden, zeigen aber keine Spur, dass sie jemals mit Marmor oder Granit bekleidet waren.
5) Der einzige bis jetzt gefundene Eingang ist unter der Erde.
6) In den anderen Pyramiden hat man bis jetzt nur wenige Gänge und Kammern gefunden; in dieser sind sie neben und über einander sehr zahlreich.
7) Die Pyramide selbst ist zwar aus Quadern aufgeführt, aber alle bis jetzt entdeckten Gänge und Kammern sind aus dem Felsenkern ausgehauen, welches selbst bei der sehr hohen, größten Kammer der Fall ist. Mehrere ohne Kalk aufgeführte Mauern, die man hin und wieder im Inneren antrifft, sind offenbar von späterer Konstruktion.
8) In der großen Kammer befindet sich kein Sarkophag, vielmehr wies sich aus, dass der scheinbare Granitblock, welchen ich anfangs dafürhielt, eine aus mehreren Blöcken aufgeführte kleine Kammer von Granit sei, mit einer oben abgebrochenen granitenen Säule. Die Mumie hätte zwar hier ebenso gut beigesetzt sein können, als in einem Sarkophag aus nur einem Stück; allein es scheint, dass hier einst mystische Gebräuche vorgenommen wurden, indem dieses Behältnis ganz von Rauch geschwärzt ist und ein Zugang unter dasselbe führt.
9) In keiner bis jetzt zugänglichen Pyramide hat man Hieroglyphen bemerkt, hier findet sich die Tür einer Nebenkammer mit in Relief gearbeiteten Hieroglyphen eingefasst (Tafel XXVIII, Fig. 4.), und über einer anderen Tür sind mit schwarzer Farbe Hieroglyphen gezeichnet. Die Wände dieser beiden Kammern sind mit grünen, konvexen Porzellanstücken mosaikartig bekleidet, die mittelst einer besonderen Vorrichtung in Stuck eingesetzt wurden (Tafel XXVIII, Fig. 6. a. b. c. und Fig. 7.). Übrigens öffnen sich an den Seiten der großen Kammer auf verschiedener Höhe mehrere Gänge, die ich künftig untersuchen lassen werde; einige derselben scheinen bloße Löcher zu sein. Unter

der nach einem flachen Bogen ausgeschnittenen Decke dieser Kammer ist ein auf beiden Seiten gestützter Querbalken angebracht, wie man Tafel XXVII und XXVIII, Fig. 1. a. d. bemerken wird. Die hier mitgeteilten Beobachtungen sind die ganze Ausbeute, welche diese kostspielige Unternehmung bis jetzt mir gewährte. Dass aber diese Pyramide einst im Innern mit großem Aufwand ausgeschmückt war, beweisen die zahllosen Fragmente zerbrochener Alabaster- und Marmorgefäße. Leider sollen gleich bei der ersten Eröffnung viele höchst merkwürdige Gegenstände entwand und veräußert worden sein; mir wurden bloß die Bruchstücke einer kostbaren Mumie zu Teil, ohne Zweifel die Reste des hier beigesetzten Fürsten. Sie bestanden in einem stark vergoldeten Schädel und zweien ebenfalls vergoldeten Fußsohlen; aber auch diese in ihrer Art einzigen Stücke wurden ein Raub der Wellen. Außerdem erhielt ich den wohlerhaltenen Kopf eines heiligen Geiers (der sogenannten Pharao-Henne, Vultur percnopterus), mehrere interessante Fragmente alabasterner Schalen und Vasen, die mit großer Kunst gearbeitet sind, und eine große Menge farbiger Porzellanstücke, die zur Bekleidung noch nicht aufgefundener kostbarer Gemächer gedient zu haben scheinen. Diese Porzellanstücke sind nämlich nicht bloß grün, wie in den schon erwähnten Zimmern, sondern teils schwarz, teils hochrot, teils von schöner Karmesinfarbe, und weit kleiner als die grünen Stücke, indem sie noch keinen Zoll [≈ 2,5 cm] lang, etwas über einen halben Zoll [≈ 1,25 cm] breit, viereckig und nicht konvex sind." [436]

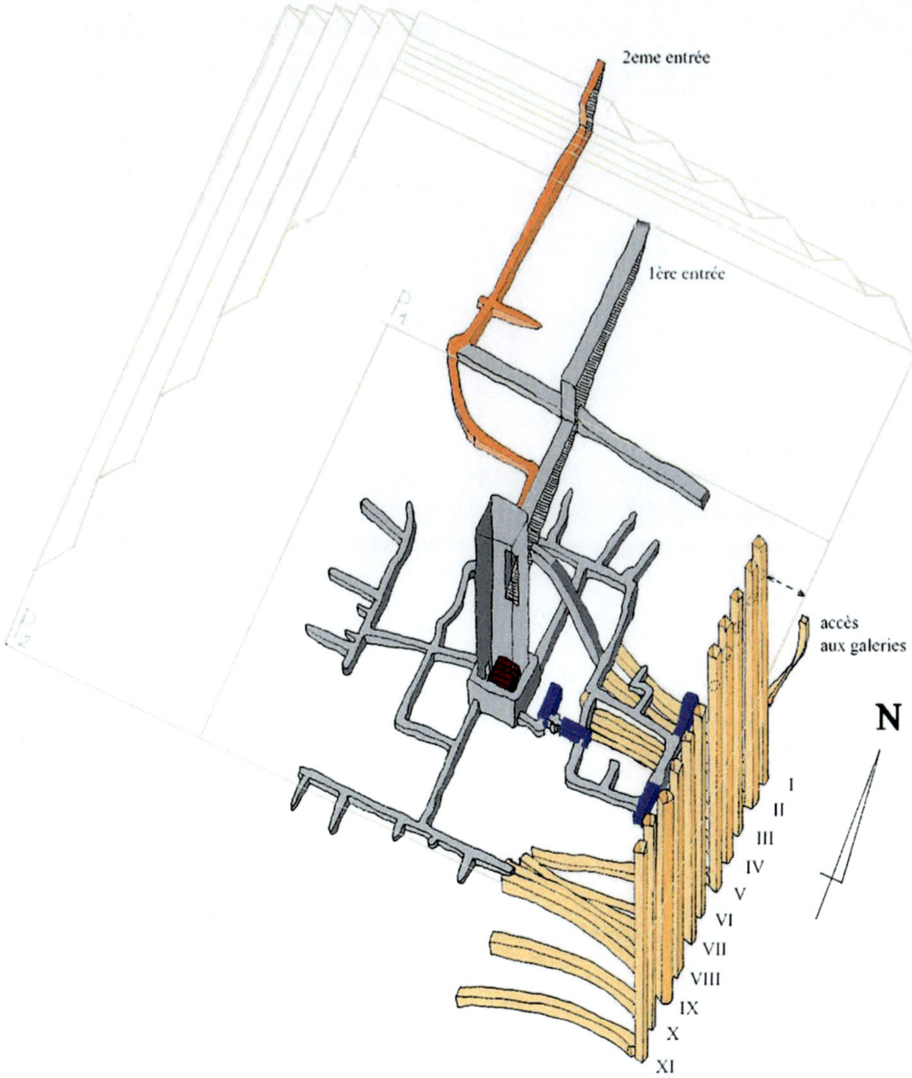

Abb. 88: Moderne Darstellung des Gangsystems der Stufenpyramide (nach Franck Monnier).

[436] Menu von Minutoli und Toelken 1824, 295-299. Anpassung an modernes Deutsch durch den Autor.

Die moderne Darstellung des Gangsystems der Stufenpyramide von Sakkara zeigt noch einen zweiten Eingang in die Pyramide.

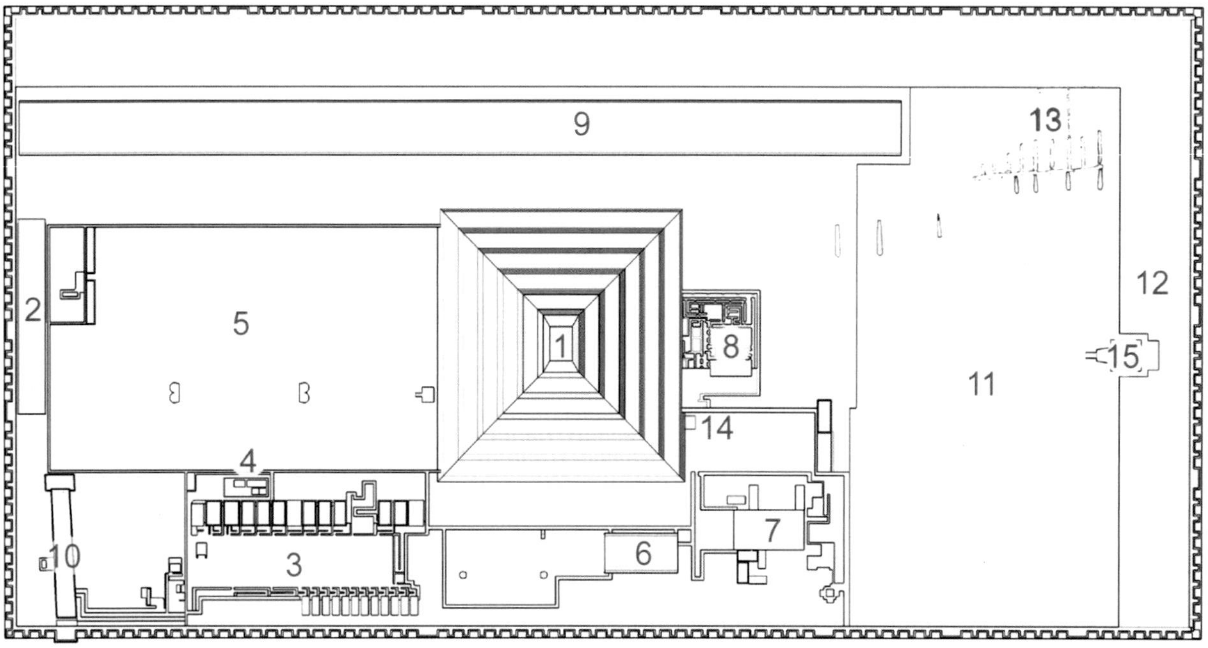

Abb. 89: Plan des Djoser-Grabbezirks (Norden ist rechts), nach Cecil M. Firth.

1 Stufenpyramide
2 Südgrab
3 Sed-Fest-Hof und -Kapellen
4 Tempel T
5 Südhof
6 Südpavillon
7 Nordpavillon
8 Totentempel
9 Westgalerien
10 Eingangskolonnade
11 Nordhof
12 Nordgalerien
13 Treppengräber
14 Serdab
15 Nordaltar

Eine Besonderheit der Stufenpyramide ist der Serdab[437] an der Nordseite der Pyramide, in welchem eine Statue von Djoser steht, die durch ein Loch im Serdab zum nördlichen Sternenhimmel schaut.

[437] Der *Serdab* (unterirdisches Gewölbe, Keller', altägyptisch: *pr-tw.t*, „Statuenhaus") ist Bestandteil vieler Privatgräber der altägyptischen 3. bis 6. Dynastien. Ähnlich wie die Scheintür sollte er der Sicherung der Fortexistenz des Verstorbenen dienen, indem er hier die *Ka*-Statue des Grabherrn aufbewahrt, und er ist häufig auch hinter der Scheintür zu finden. Der *Serdab* ist aber nicht Grundbestandteil der Gräber, sondern nur in Gräbern von (höhergestellten) Verwaltungsbeamten und Angehörigen des Königshauses (Prinzen und Prinzessinnen) zu finden – und er drückt wohl so auch ihre sozialen Stellungen aus.

Abb. 90: Serdab auf der Nordseite der Stufenpyramide.

Ein Blick durch das Loch zeigt die Statue im Inneren des *Serdab*.

Abb. 91: Blick in den Serdab der Stufenpyramide von Djoser.

12.7 Großer Sphinx von Gizeh

Auf dem Gizeh-Plateau befinden sich nicht nur die drei großen Pyramiden, viele Kleinpyramiden und unzählige Mastabas, sondern auch der berühmte große Sphinx von Gizeh. Frühe Berichte belegen, dass sein Gesicht einst mit einer rötlichen Farbe bedeckt gewesen sein muss, da noch Farbreste gefunden wurden. Auf dem Kopf des Sphinx wird schon früh von einem Loch gesprochen, welches den altägyptischen Priestern Zugang ins Innere des Sphinx bot, um von dort aus das Orakel spielen zu können, da die Bevölkerung von dem Loch angeblich nichts wusste. Untersucht man historische Reiseberichte, so stellt man fest, dass erst relativ spät etwas Konkretes über dieses Loch gesagt wurde.

Die erste konkrete Aussage über Löcher bzw. Höhlen in dem Sphinx stammt von Marco Grimani, der 1534/35 die Gizeh-Pyramiden besucht hat. Zum Sphinx schreibt er:

> *„Nicht weit von der Pyramide entfernt befindet sich ein Kopf [Sphinx] aus rotem Stein mit einem Teil der Büste, alles in einem Stück, dessen Gesicht allein 10 Schritte [≈ 6,5 m] misst. Diese Gestalt sieht hässlich aus, missfällt einem, und bietet einen unangenehmen Anblick. Darin befinden sich einige Höhlen mit ägyptischen Zeichen, sodass man versteht, dass es sich um Begräbnisstätten handelt."* [438]

Interessant ist Grimanis Sicht auf den Sphinx auch deshalb, da er den Sphinx entgegen der allermeisten Beschreibungen als hässlich ansieht. Die abgebrochene Nase und beschädigte Oberlippe trägt dazu sicher bei. Mit den von ihm genannten ägyptischen Zeichen können eigentlich nur Hieroglyphen gemeint sein. Außer ihm hat meines Wissens niemand mehr von Höhlen mit Hieroglyphen im Sphinx gesprochen. Obwohl die Hieroglyphen zu seiner Zeit noch lange nicht entziffert waren, erstaunt die Aussage, dass *„man versteht, dass es sich um Begräbnisstätten handelt"*. Vermutlich meinte Grimani mit *„darin"* nicht den Sphinx selbst, sondern das Felsplateau, welches sehr viele Höhlen mit Hieroglyphen beinhaltet. Eigentlich ergibt nur dies einen Sinn nach unserem heutigen Kenntnisstand.

Nur wenige Jahre nach Grimani besucht Pierre Belon 1547 die Gizeh-Pyramiden. Er erwähnt zwar keine Löcher und Höhlen in dem Sphinx, doch die Art wie er über sie berichtet liefert die Vorlage für spätere Reiseberichte:

> *„Wir wollen nun über den ägyptischen Sphinx berichten, den Herodot Andro-Sphinx nannte und von dem Strabo, Plinius und mehrere andere Autoren gesprochen haben. ...*
> *Dieser Stein sitzt auf einem kubischen Körper, bei dem es sich lediglich um ein großes heraus gemeißeltes Gesicht handelt, welches in Richtung Kairo blickt. Die Proportionen, sowohl des Gesichts als auch der Nase, der Augen, des Mundes, der Stirn, des Kinns und anderer Teile, sind so gut gemacht, dass nicht geleugnet werden kann, dass es sich dabei um ein großartiges Kunstwerk handelt. Und doch hat sie keine Ähnlichkeit mit den anderen Darstellungen von Sphingen.*
> *...*
> *Aber dieser Stein, über den wir sprechen, ist noch wunderbarer, da er massiv und 63 Fuß*[439] *[≈ 18,66 m] hoch ist. Plinius gibt ihm eine Länge von 143 [römischen] Fuß*[440] *[≈ 42,36 m]. Es ist die Größe und Erhabenheit dieses Kolosses, der nicht weniger wunderbar ist als ein großer Obelisk. Man kann guten Gewissens behaupten, dass die Römer nie etwas aus einer Steinmasse gemacht hatten, das in Erhabenheit und Pracht der Arbeit mit einer Pyramide, einem Obelisken oder dem Sphinx, von der wir sprechen, verglichen werden kann. Auch das, was sie je Großes*

---

438 Serlio 1540, 94. Eigene Übersetzung aus dem Italienischen.

439 Hier bezieht sich Belon auf eine fehlerhafte lateinische Plinius-Übersetzung. Der richtige Wert lautete wohl 61 ½ Fuß (lat. LXIS). Irgendein Abschreiber hat wohl aus dem „S" für ½ zwei „I" gemacht, so dass LXIII (63) entstand.

440 Dieser Wert stammt aus einer fehlerhaften lateinischen Plinius-Übersetzung. Dabei ist ein Zeichen „C" vom ursprünglichen Wert „CCXLIII" (243) abhandengekommen.

gemacht haben, war eine Nachahmung der Ägypter, und auch die Sphinx-Darstellungen, die wir heute im Kapitol sehen, wurden aus Ägypten mitgebracht, und zwar seit der Zeit des Plinius.“ [441]

Der Erste, der von einem Loch in dem Sphinx spricht, welches als glaubhaft anzusehen ist, heißt Christoph Fürer, der am 20. September 1565 das Gizeh-Plateau besucht hat. Er spricht von einem viereckigen Loch auf der rechten Seite, das aber bereits zu seiner Zeit mit Sand verschüttet war.

„Der untere Teil ist so vom Wind mit Sand verweht, dass nur ihr Kopf, ihre Brust und der Rücken herausschauen. Um den Kopf herum sind es 53 meiner Schritte [≈ 40 m], genauso wie die Länge dieses ungeheuer großen Dings. Auf der rechten Seite hat es in der Flanke ein viereckiges Loch, durch welches man, wie uns berichtet wurde, von alters her hineingehen und von dort in den Kopf steigen konnte. Darin haben dann die Pfaffen [Priester] gesprochen, was die Ägypter für ein Orakel gehalten haben. Jetzt ist dieses Loch zum größten Teil verfallen und vom Wind mit Sand verschüttet.“ [442]

Nur drei Monate nach Christoph Fürer besucht Johann Helffrich das Gizeh-Plateau und schreibt zum Sphinx:

„Den folgenden Tag sind wir früh auf gewesen und etliche von uns sind zu dem Ort geritten, an welchem die großen Pyramiden stehen. Als wir uns nun näherten, haben wir einen großen Kopf [Sphinx] erstaunt wahrgenommen, der aus einem Stein herausgehauen war, hoch aufgerichtet dastand und wie eine Figur ausgesehen hat.
Dieser Kopf ist 3 Mann hoch [≈ 5,10 m] und steht auf einem Hals. Der Umfang ist oben herum 8 Klafter[443] *[≈ 13,57 m]. Von alters her nennt man ihn Isidis, das ist ein Bildnis der Göttin Isis. ...*
Dieses Bildnis ist im Inneren gar hohl[444]*, sodass man da hinein unter der Erde von ferne durch einen engen gemauerten Gang verborgen hinein- und hinausgehen kann.*[445] *Durch diesen Gang sind die heidnischen Pfaffen in den Kopf hinein gegangen und haben von da aus zu dem Volk gesprochen, sodass das Volk der Meinung war, zu ihnen spräche der Kopf.“* [446]

Vermutlich hat Helffrich hier das Loch auf dem Kopf des Sphinx gesehen, da er zum einen nur vom Kopf und nicht von einem Körper spricht und zum anderen, da er schreibt, dass der Umfang *„oben herum 8 Klafter“* beträgt. Falls dies keine Schätzung war, setzt es voraus, dass er auf den Kopf hochgestiegen ist und dort den Umfang gemessen hat. Dabei wird ihm das Loch aufgefallen sein, was ihn dann zu der Aussage bewog, dass der Kopf innen hohl sei.

Filippo Pigafetta, der 1577 das Gizeh-Plateau besichtigte, berichtet von einem Loch in der Mitte des Rückens.

"Filippo saw the sphinx lying to the south of the pyramid complex in a small valley. 'It has a large head beyond every belief so that an eye is as long as an ordinary man.' Crows had made their nests in its ears and there was a hole along the middle of the spine. He wondered if there was the sepulchre of the king inside it or whether it was the place where the priests hid themselves so as to reply to those who came to consult the oracle. But for whatever reason, the hole was stopped up, and nothing was to be seen except the rim filled up with sand; the main body of the

---

[441] Belon und Sauneron 1970, 116b-117a. Eigene Übersetzung aus dem Französischen.

[442] Fürer 1646, 59-60. Übertragung in modernes Deutsch durch den Autor.

[443] Als Berechnungsgrundlage wird hier der Leipziger Fuß zu 28,27 cm zugrunde gelegt, da er nachgewiesenermaßen Bürger der Stadt Leipzig war. Der Klafter maß hier, wie auch sonst üblich, 6 Fuß, also rund 1,70 m.

[444] Da der Sphinx zu diesem Zeitpunkt noch mit Sand bedeckt war, kann er nur die Öffnung auf dem Rücken und die auf dem Kopf gemeint haben.

[445] Aufgrund der eigenen Beobachtung, dass dies Sphinx innen Hohlräume enthält, hat Helffrich wohl den Schluss gezogen, dass man über einen unterirdischen Gang der Sphinx betreten konnte, denn nur so konnten in der Antike Priester unbemerkt ins Innere der Sphinx gelangen, um von dort aus im Namen der Sphinx zum Volk zu sprechen.

[446] Helffrich 1579, Eintrag zum 13. Dezember 1565.

sphinx was visible, although both the fore and hind legs were buried. The head, neck and chest of the colossus were complete but the nose and a piece of one eye were broken off." [447]

Hans Jakob Ammann, der das Gizeh-Plateau Mitte Mai 1613 besichtigt hat, schreibt über den Sphinx:

„Bei diesen Pyramiden ist ein Weibskopf [Sphinx] aus dem Felsen gehauen. Er besitzt einen hohen Hals, welcher unglaublich groß ist. Sein Mund ist etwa einen Klafter [≈ 1,80 m] weit. Innen ist er hohl, aber der Eingang ist vermauert." [448]

Leider beschreibt Ammann nicht genau, wo sich der zugemauerte Eingang in den Sphinx befindet. Falls das Loch im Kopf gemeint wäre, so könnten dies die Araber gewesen sein, da bereits Jean Palerne, der 1581 dort war, berichtet:

„Andere sagen, dass dieser Kopf einst als Orakel benutzt wurde. Gesegnet war derjenige, der bei ihm begraben werden konnte, wie es den Anschein hat, wegen der großen Zahl an Begräbnissen, die es hier gibt. Demjenigen, der auf den Kopf hinauf klettern will, wird ein Unglück geschehen, wie man uns versicherte. Einmal geschah es einem Italiener, der, weil er stur sein wollte, es dennoch zu versuchen, dort von seinem Pferd getötet wurde." [449]

Die gleiche Geschichte, allerdings mit einem Franzosen als Opfer, erzählt uns Christoph Harant, der 1598 dort war. Da die Araber auch schon den Eingang in die Cheops-Pyramide zugemauert hatten, gemäß einem Bericht von Ogier vom Ende des 14. Jahrhunderts, angeblich wegen Falschmünzer, die im Inneren ihre Werkstatt hatten, kann es also gut sein, dass die Araber aus Aberglauben, der Teufel[450] könne wieder in den Sphinx fahren, um dort wie im Alten Ägypten das Orakel zu spielen, diesen verschlossen hatten.

René de L'Escale alias Pacifique de Provins, der im Sommer 1622 das Gizeh-Plateau besichtigte, schreibt über den Sphinx, dass er nicht bemerkt hat, dass er mindestens so weit ausgehöhlt war, um einen Mann darin verstecken zu können. Ob er allerdings auf den Kopf gestiegen ist oder die Situation nur vom Boden aus abgeschätzt hat, kann nicht gesagt werden. Falls er auf dem Kopf war und das Loch war von den Arabern verschlossen worden, hätte er auch nicht bemerkt, dass es im Inneren einen Hohlraum gibt. Doch ist dies natürlich nur ein Indiz und kein Beweis.

„Diese Statue ist umfangreicher als zwanzig Männer umfassen können [≈ 39 m][451] *und besitzt die Höhe eines Spießes. Vom Bauch bis oben zum Kopf stellt sie eine Frau*[452] *dar, und vom unteren Rest, der sich wie ein Pferd nach hinten erstreckt, ist nur der leicht erhöhte Rücken über der Erde sichtbar. Das gemeine Volk sagt, wenn der Pharao sein Volk zu etwas überreden wollte, würde er es um dieses Götzenbild versammeln und einen in seinen Willen eingeweihten Mann, den er mitgebracht hat, den Brunnen dieser Pyramide hinabsteigen lassen, ohne dass dieser gesehen werden könnte, und ihn unter der Erde in diese Statue steigen lassen. Dann würde dieser zu den Menschen sprechen und sie überreden, dem Willen des Pharaos zu gehorchen. Die armen Leute, die glaubten, dass es dieses Götzenbild war, das da sprach, beteten es als Gottheit an. So erfuhr ich davon, und in der Tat sah ich ganz in der Nähe des besagten Götzenbildes, an einem aufgebrochenen Ort, den unterirdischen Kanal, der von der Pyramide an besagter Stelle [Brunnenschacht] kommt. Dennoch habe ich weder bemerkt, dass die Statue [Sphinx] ausgehöhlt war, um*

447 Wolff 2003, 178-179.

448 Ammann 1618, 195. Übertragung in modernes Deutsch durch den Autor.

449 Palerne und Sauneron 1971, 110. Eigene Übersetzung aus dem Französischen.

450 Den Teufel anstatt der Priester als Verkünder der Orakel nennt z. B. Christoph Perbandt, der im August 1615 das Gizeh-Plateau besucht hat.

451 Hiermit meint er das französische Maß *toise* (dt. Klafter), welches 1,95 m misst.

452 Die Identifikation des Sphinx mit einer Frau kommt vermutlich daher, dass das Nemes-Kopftuch, welches die ägyptischen Könige zusammen mit einer Uräus-Schlange (Kobra) auf dem Haupt trugen, wie die langen Haare einer Frau aussah.

einen Mann darin zu verstecken, noch dass ihr Mund geöffnet war, um der Stimme eines eingeschlossenen Mannes Gehör zu verschaffen, die sonst gedämpft wäre. Gleichwohl kann sie eine gewisse Besonderheit oder Mechanismus besitzen, die ich nicht kennen konnte. Dieser Geschichte soll man unter Vorbehalt Glauben schenken; bei allem erscheint sie dennoch wahr, denn diese große Statue [Sphinx] ist nicht grundlos erschaffen worden, ebenso wenig wie der große Kanal [Tunnel], der unter die Erde reicht.“ [453]

Jean Coppin, der von 1643 bis 1646 Konsul in Damiette (Ägypten) für Frankreich und England ist, hat in dieser Zeit auch die Gizeh-Pyramiden besichtigt. Auch Coppin schreibt, dass der Sphinx innen hohl sei, ohne jedoch eine Öffnung explizit zu erwähnen. Er wiederholt die arabische Legende von dem verunglückten Italiener, der, nachdem er auf den Kopf der Sphinx gestiegen war, anschließend durch sein Pferd zu Tode kam.

„Nach den Großen Pyramiden gibt es noch zahlreiche kleine Pyramiden unterschiedlicher Größe, und unter ihnen befindet sich ein gewaltiger Kopf, mit dem Gesicht nach Kairo gerichtet, der einst Sphinx genannt wurde. Es handelt sich sozusagen um einen Halbkörper ohne Arme, der auf einem Sockel steht, der für den riesigen Koloss, den er trägt, geeignet ist. Der Kopf hat einen Umfang von etwa 100 Fuß [≈ 32,7 m], vom Kinn bis zum Scheitel sind es 60 Fuß [≈ 19,6 m], die Nase steht im Verhältnis zum Rest[454]*, und die Ohren sind unverhältnismäßig groß. Dieser halbe Körper von solch monströser Größe ist ganz aus einem Stück, innen hohl, und der Stein, aus dem er besteht, kommt der Schönheit des Marmors sehr nahe. Diese riesige Statue zusammen mit der Säule von Alexandria und den unverhältnismäßig großen Obelisken, die in Ägypten gefunden wurden, haben viele Gelehrte zu dem Urteil veranlasst, dass die alten Völker dieses Königreichs das Geheimnis hatten, Stein zu schmelzen und daraus Massen von der von ihnen gewünschten Erhabenheit machen zu können.*[455]

Der Sphinx oder Kopf, den ich gerade vorgestellt habe, wurde in Memphis vor dem Kommen Jesu Christi als Orakel benutzt. Das bedeutet, dass die Dämonen tatsächlich von überall her sprachen, wo die Priester herkamen, um sich durch ein unterirdisches Gewölbe, das von der Großen Pyramide zum Koloss führen soll, in die Statue zu begeben. Auf jeden Fall waren die Ägypter, geblendet von den trügerischen Antworten, die sie erhielten, froh, in seiner Nähe begraben zu sein, weshalb wir eine große Anzahl von Bestattungen dort sehen. Überraschender ist jedoch, dass einem versichert wird, dass es bei diesem Kopf einen schrecklichen Unfall gab, so dass all jene, die die Neugier haben, auf ihn zu steigen, bald darauf oder oft noch am selben Tag eine bemerkenswerte Schmach erhalten. Ich habe diese Art von Dingen immer in den Bereich von Fabeln verwiesen, doch dies wurde mir durch das neueste Beispiel eines Italieners bestätigt, der, kaum war er heruntergestiegen, von seinem Pferd getötet wurde. Wenn die Meinung darüber wahr ist, dann ist es zum Vorteil vieler Menschen, dass es sehr schwierig ist, auf den Kopf dieser Gestalt zu gelangen, denn ich wusste nicht, ob sie das Ergebnis eines bösen Geistes ist oder nicht. Es gibt kaum jemanden, der sie sieht, der nicht den Wunsch verspürt, sie zu erklimmen, und in meinem speziellen Fall, wenn es nicht so schwierig gewesen wäre, glaube ich nicht, dass ich hätte daran gehindert werden können, es zu versuchen.“ [456]

Der erste Bericht, welcher zweifelsfrei von einem Loch im Kopf des Sphinx spricht, ist der von Balthasar de Monconys, welcher im Februar 1647 vor Ort war. Hierzu schreibt er:

---

453 Provins 1631, 65-66. Eigene Übersetzung aus dem Französischen.

454 Er vergisst allerdings zu erwähnen, dass die Nase stark beschädigt ist, was Paul Lucas explizit erwähnt, die Höhe aber mit 70 Fuß angibt.

455 Anstatt „Steine zu schmelzen“ würden wir heute sagen „Steine aus Beton gießen“. Mit den „vielen Gelehrten“ sind arabische Schriftsteller gemeint. Heutzutage gibt es Anhänger der Theorie, dass die alten Ägypter die großen Pyramiden mit Steinen erbauten, die vor Ort gegossen wurden, sodass die Steine nicht nach oben geschleppt werden mussten, sondern nur das benötigte Material, was wesentlich leichter zu transportieren war als die fertigen schweren Steinblöcke.

456 Coppin 1686, 268-269. Eigene Übersetzung aus dem Französischen.

„Man glaubt, dass dieser Brunnen unter der Erde hin bis zu einem Götzenbild [Sphinx] reicht, welches noch jetzt zu sehen ist und sich etwa 300 [Doppel-]Schritte [≈ 490 m] südöstlich der Pyramide befindet. Es war einmal eine liegende Hyäne[457] [Sphinx], von welcher aber nichts mehr übrig ist als der stark verunstaltete Kopf auf einem Hals, da die Nase und das Kinn abgeschlagen sind. Was aber noch davon übrig ist, ist sehr schön anzusehen. Man muss diesbezüglich die geschickte Arbeit des Meisters loben, welcher gewiss durch dieses Stück erwiesen hat, dass er den Griechen in nichts nachstehe, die man doch sonst in allen ihren Werken bewundert. Die Skulptur ist 26 Fuß [≈ 8,5 m] hoch und misst von den Ohren bis zum Kinn 15 Fuß [≈ 4,9 m]. Die Tradition besagt, dass die Priester durch diesen Brunnen der Pyramide unter das Götzenbild kamen und dort das Orakel spielten. Oben auf dem Kopf gibt es auch noch ein Loch, wo ein Mensch darin aufrecht stehen kann, ohne gesehen zu werden, das vielleicht zur Täuschung benutzt wurde.“ [458]

Einen sehr ausführlichen und sogar wissenschaftlich analytischen Bericht über den Sphinx liefert uns Jean de Thévenot, der am 19. Februar 1657 das Gizeh-Plateau besichtigte. Er ist meines Wissens der Erste, welcher die Struktur der horizontal verlaufenden Gesteinsadern am Kopf des Sphinx als solche erkennt und diese nicht mit künstlichen Fugen verwechselt. Auch er benennt klar das Loch im Kopf des Sphinx.

„Es handelt sich um die Büste eines Körpers, der sich in einiger Entfernung von der offenen Pyramide [Cheops-Pyramide] befindet und aus dem natürlichen Gestein herausgeschnitten wurde, von dem er nie getrennt wurde, obwohl er aus fünf Steinen zu bestehen scheint, die übereinander angeordnet sind; aber nachdem wir sehr aufmerksam darüber nachgedacht hatten, stellten wir fest, dass das, was zunächst wie Fugen oder Verbindungen der Steine aussah, nur Adern im Gestein sind.
Diese Büste stellt das Gesicht und die Brust einer Frau dar, die ungeheuer hoch ist, nämlich 26 Fuß [≈ 8,5 m] hoch, allein 15 Fuß [≈ 4,9 m] vom Ohr bis zum Kinn. Dennoch wurden alle Proportionen genau eingehalten. Wie wahrscheinlich ist es nun, dass ein Mann jeden Tag die Mühe auf sich nimmt und es wagt, sich das Genick zu brechen, indem er in diesen Brunnen [Brunnenschacht] hinabsteigt, und dann, wenn er da er unten ist, nur die Mühe haben wird, wieder hochzukommen, denn es gibt dort keinen Durchgang, wie die, die hinabgestiegen sind, beobachtet haben. Falls je ein Durchgang damals in den Fels gehauen worden wäre, hätte das viel Geld gekostet und wäre jedem bekannt gewesen. Es ist daher viel wahrscheinlicher, dass der Sphinx durch das Loch betreten wurde, das sich im vermeintlichen Tempel der zweiten Pyramide befindet, oder auch durch ein anderes Loch, das sich an der Seite dieses Götzen befindet, und zwar ganz in der Nähe. Diese beiden Löcher sind sehr eng und fast vollständig mit Sand verstopft, weshalb wir nicht in sie hineingegangen sind. Zudem wussten wir nicht, ob wir in ihnen Vipern oder andere giftige Bestien finden würden. Aber selbst wenn es einen Weg durch die Felsen in dieses Götzenbild gegeben hätte, wie konnte die Stimme dieses falschen Orakels aus ihm herauskommen, da es weder beim Mund, noch der Nase, der Augen oder den Ohren ein Loch gibt?
Man mag behaupten, dass die Stimme aus dem oberen Teil des Kopfes kam, wo ein Loch ist. Wir versuchten an Seilen befestigte Haken hochzuwerfen, die ich absichtlich bei mir hatte, um dort hinaufzukommen, was uns wegen der Höhe aber nicht gelang, weshalb wir nur Steine darauf warfen, die dort liegen blieben. Ein Venezianer versicherte mir, dass er und einige andere mithilfe von kleinen Haken und einer Stange, die sie mitgebracht hatten, hinaufgeklettert waren. Dort stellten sie fest, dass sich auf dem Kopf ein Loch befindet, in welches sie einstiegen. Sie sahen, dass dieses Loch immer nach unten geht und sich bis zur Brust des Sphinx verengt, wo es endet. Die Stimme desjenigen, der damals durch die oben erwähnten Löcher eintrat, kam nicht auf diese Weise heraus, und deshalb muss man schlussfolgern, dass, wenn jemand hineingegangen ist,

[457] Monconys ist meines Wissens der Erste, der die Sphinx als Hyäne bezeichnet.

[458] Monconys 1665, 185. Eigene Übersetzung aus dem Französischen.

dann vermittels einer Leiter in der Nacht. Dann stieg er in das Loch, das sich im Kopf befindet, aus dem dann seine Stimme erklang.“ [459]

Zum Vergleich sei hier noch einmal exemplarisch durch Johann Michael Wanslebens Bericht aus dem Jahr 1672 die vorherrschende Meinung über den Sphinx wiedergegeben:

„Nahe bei der ersten Pyramide im Hintergrunde, steht das Abulhôn[460]*, oder die Sphinx der Alten. Sie ist ein bloßer Kopf mit einem Rumpf, künstlich aus Steinen zusammengesetzt, nicht über 26 holländische Fuß*[461] *[≈ 7,36 m] hoch, und bis an den Rumpf mit Erde bedeckt; die Nase ist abgehauen.“* [462]

Nachdem wir nun ausgiebig Berichte über den Sphinx betrachtet haben, bei denen es um Aushöhlungen und besonders das Loch im Kopf des Sphinx geht, können wir nun noch der Frage nachgehen, welche Dimensionen dieses Loch im Kopf hatte. Die sehr frühen Berichte liefern uns hierzu keine Aussagen, aber eine Reihe von späteren Berichten liefern uns einiges an Erkenntnissen hierzu.

Den großen Sphinx von Gizeh betreffend, dessen Gesicht er noch eine rote Farbe attestiert, schreibt John Montagu auch etwas über das Loch auf dem Kopf des Sphinx.

"About 300 yards[463] *[≈ 274 m] from the great pyramid is remaining a sphynx of an immense size, being from the shoulders to the top of the head 26 feet*[464] *[≈ 8,5 m] high. The body of the sphynx, which is cut out of the solid rock, is almost wholly covered with sand, nothing of it appearing above ground except the spine of the back, in the middle of which is a round hole about 2 feet [≈ 0,6 m] wide, but of a very inconsiderable depth. The head is made of several different stones,*[465] *and the face painted red in many places.*[466] *The nose and mouth have been purposely disfigured by the Arabs, the rest remaining very entire. On the top of the head is a deep well,*[467] *which being constantly filled with sand, has never been fathomed. Many people are of opinion, that from this hole there is a communication with the well in the great pyramid, which notion seems to have no better foundation for its support than the common vanity of travellers, who think themselves obliged to account for everything extraordinary; and are willing to give into the marvellous, rather than allow any, thing to surpass their comprehension."* [468]

Er bezeichnet es als tiefen Brunnen, der ständig mit Sand gefüllt ist und nie ausgelotet wurde, um seine Tiefe zu bestimmen. Über dieses Loch, welches bei vielen Reisenden zu den Spekulationen geführt hat, dass es mit dem Brunnenschacht in der Cheops-Pyramide verbunden sein soll, schreibt er sehr richtig: *„Viele Leute sind der Meinung, dass von diesem Loch aus eine Verbindung mit dem Brunnen in der großen Pyramide besteht, eine Vorstellung, die keine bessere Grundlage für ihre Unterstützung zu haben scheint als die allgemeine Eitelkeit der Reisenden, die sich verpflichtet fühlen, alles Außergewöhnliche zu erklären; und sie sind eher bereit, sich dem Wundersamen hinzugeben, als zuzulassen, dass irgendetwas ihr Verständnis übersteigt.“*

---

459 J. d. Thévenot 1664, 255-256. Eigene Übersetzung aus dem Französischen.

460 Der Name soll *Abū l-Haul* heißen, was *„Vater des Schreckens“* bedeutet und die arabische Bezeichnung für den Sphinx ist.

461 Der Amsterdamer Fuß (= holländischer Fuß) maß 28,31 cm.

462 Jäck 1828, 115. Anpassung der Rechtschreibung an das Hochdeutsche durch den Autor.

463 Hier hat Montagu die Entfernung unterschätzt, da es fast 500 m sind.

464 Die Angabe ist identisch mit der von Gemelli Careri, daher französische Fuß.

465 Es sind in Wirklichkeit nur parallellaufende Gesteinsschichten, die viele Reisende für unterschiedliche Steine erachtet haben.

466 Dies ist der Rest der roten Bemalung des Gesichts, die auch Richard Lepsius in der Mitte des 19. Jahrhunderts noch nachweisen kann.

467 Das Loch war wohl später nur mannstief, wie man auf einem Foto aus dem Jahr 1925 von Émil Baraize sieht.

468 Sandwich und Cooke 1799, 458.

Guillaume-Antoine Olivier, der das Gizeh-Plateau am 5. April 1795 besichtigt hat, liefert uns die erste Angabe über die Ausmaße dieses Loches. Er schreibt:

> *„Der obere Teil des Kopfes hat ein Loch von 15 Zoll [≈ 40,6 cm] im Durchschnitt und 9 Fuß [≈ 2,92 m] Tiefe; die Richtung desselben geht etwas schief, und scheint mit hineingeworfenen Steinen erfüllt zu sein. Die älteren Autoren sind über die Bestimmung dieses Lochs nicht einstimmig; einige halten es für die Öffnung eines Brunnens, welcher mit dem, der großen Pyramide in Verbindung stand; andere glauben, dass durch dasselbe der Leichnam des Amasis, eines Königs von Ägypten, in dem Schoß dieses Ungeheuers beigelegt worden wäre; noch andere meinen, dass die Priester durch dasselbe Orakelsprüche erteilten, um den unwissenden Pöbel zu leiten oder zu täuschen."* [469]

Da Olivier Gizeh im Jahr 1795 besuchte, also drei Jahre bevor die Napoleon-Expedition dort ankam, hat er noch einen Zustand vorgefunden, bevor umfangreiche Grabungs- und Freilegungsarbeiten erfolgten. Insofern sind seine Angaben über die Dimensionen des Lochs sehr relevant. Es handelt sich gemäß Olivier auch nicht um ein senkrechtes Loch, sondern es verläuft im Untergrund schief, also eher wie ein Tunnel, der zudem mit hineingeworfenen Steinen verschüttet ist. Daraus kann man schließen, dass dieser Tunnel wohl noch weiter ins Innere des Sphinx führt. Auf Bildern aus der Zeit von 1925/26, in welcher Baraize den Sphinx restaurieren ließ und in diesem Zuge auch eine Metallplatte auf dem Kopf anbrachte, welche das Loch verschließt, sieht man einen Araber, der in diesem Loch steht und nur der Kopf herausschaut (siehe Abb. 72).

Eine Bestätigung für die Angaben von Olivier finden sich bei Jacques François Louis Grobert, der im Rahmen der Napoleon-Expedition dort war und der teilweise auch den Sphinx im hinteren Bereich vom Sand befreien ließ. Er schreibt:

> *„Der Sphinx ist heute sehr heruntergekommen, viel mehr als 1738, als Norden ihn zeichnete. Ich habe seine Rückseite so weit freigelegt, dass ich sie messen kann. Um sie in ihrer Gesamtheit zu entdecken, müsste man jedoch eine sehr umfangreiche Ausgrabung vornehmen. Wenn man zum Kopf hinaufgeht, sieht man ein Loch, das an der am stärksten ausgehöhlten Stelle einen Durchmesser von 15 Zoll [≈ 40,6 cm] und eine Tiefe von etwa 9 Fuß [≈ 2,92] hat. Die Richtung ist schräg; man kann sehen, dass die Tiefe durch die hineingeworfenen Steine reduziert wurde. Es ist schwierig, den Verwendungszweck dieses Hohlraums zu bestimmen, es sei denn, man vermutet, dass dieser Kanal in einen unterirdischen Raum führt und dass die Priester an diesem Ort versteckt ihre Orakel verkündeten. Der Sphinx war zweifellos ein Götzenbild und die Schutzgottheit dieses Friedhofs; die Beschaffenheit des umgebenden Sandes lässt vermuten, dass die Ebene, die sich am Fuße des Felsens im Süden befindet und höher liegt als das normale Hochwasser des Flusses, ebenfalls mit Gräbern übersät war. Etwas weiter südwestlich befindet sich ein türkischer Santon oder Einsiedler, der in einer Kapelle lebt, um die herum einige Bäume gepflanzt worden sind."* [470]

Dass dieser Prozess relativ schnell vonstattenging und auch das Loch oben vergrößert wurde, kann man aus dem folgenden Bericht von Edward William Lane ableiten, der nur drei Jahrzehnte nach Olivier, im Frühjahr des Jahres 1827, den Sphinx untersucht hat. Er liefert uns die bis dato ausführlichste Beschreibung des Sphinx, der erst 10 Jahre zuvor erstmals komplett freigelegt worden ist:

> *„Der Große Sphinx ist eine Figur von enormer Größe, die fast vollständig aus einer Felsmasse herausgeschnitten wurde, die vielleicht ursprünglich eine ähnliche Form hatte. Dieses gigantische Objekt ist die Darstellung eines Tieres mit dem Kopf eines Menschen und dem Körper eines Löwen. Es ist nach Osten ausgerichtet. Seine Lage ist im Plan der Pyramiden usw., Nr. 1, Tafel 15, dargestellt. Sie wird von den Arabern* ابو الهول *Abu 'l-Ho'l ["der Vater des Schreckens" oder "der Schreckliche"] genannt; dieser Name wird von einigen als* ابو الهولي *Abu 'l-Hola geschrieben. Wir*

---

[469] Olivier 1805, 2. Teil, 141. Anpassung an modernes Deutsch durch den Autor.

[470] Grobert 1800/1801, 33-34. Eigene Übersetzung aus dem Französischen.

haben die Autorität der Kamu's [wie auch die von al-Maqrīzī und vielen anderen arabischen Autoren, die durch die moderne Aussprache bestätigt wird] für die Schreibweise des Namens in der früheren Weise: aber einige arabische Autoren behaupten, dass der ursprüngliche Name بلهيت. *Belhee't war; was, wenn es ein koptisches Wort ist, "ehrlich" oder "arglos" bedeutet. — Bei einer früheren Gelegenheit habe ich erwähnt,*[471] *dass die Araber glauben, dem Sphinx komme eine talismanische Wirkung zu, die den Wüstensand davon abhält, die Felder zwischen ihr und dem Nil zu überschwemmen, und mir wurde berichtet, wie sie von dem fanatischen Scheich Muḥammad, der den Beinamen Ṣā'im ad-dahr trug,*[472] *verstümmelt wurde.*[473] *— Der größte Teil dieses einzigartigen Kolosses ist jetzt unter dem Sand begraben: nur der Kopf, der Hals, der obere Teil des Körpers und der hintere Teil fast bis zur Basis sind sichtbar. Das Gesicht [siehe Tafel 28] ist stark entstellt; die Nase ist abgebrochen. Dieser Verlust verleiht dem Gesichtsausdruck viel von dem eines negroiden Charakters; aber die Gesichtszüge des alten Ägypters [ebenso wie die vergleichsweise helle Hautfarbe] unterschieden ihn weitgehend von dem eines negroiden Menschen; und die Nase des ersteren unterschied sich besonders von der des letzteren; sie war leicht gebogen und am Ende eher abgerundet.*

Ungeachtet der Verletzungen, die sie erlitten hat, ist im Antlitz der Sphinx noch immer eine eigentümliche Sanftheit des Ausdrucks zu erkennen, die bei mehreren Reisenden große Bewunderung hervorgerufen hat, und die äußerst schwierig darzustellen ist. Mr. Salt, der sagt, er habe "wiederholt mit geringem Erfolg versucht, sie abzubilden",[474] *da er nie ein korrektes Bild gesehen habe, war mit meiner Zeichnung, die mit der Camera lucida*[475] *angefertigt wurde, vollkommen zufrieden. Das Lob gebührt mehr dem Instrument als mir selbst. Die Augenbrauen sind förmlich umrissen, und um die Augen herum ist ein Rand gemalt, der sich zu den Ohren hin verlängert. Ursprünglich war das Gesicht mit einer mattroten Farbe bemalt [Reste dieser Farbe sind immer noch darauf zu sehen]; die Augenbrauen und die Umrandung um die Augen waren schwarz: Letztere stellt die Umrandung aus Kohle dar, die die alten Ägypter, sowohl Männer als auch Frauen, um ihre Augen malten. Auch die modernen ägyptischen Frauen schwärzen die Ränder ihrer Augenlider mit Kohle; und ich habe ägyptische Mädchen gesehen [wenn auch nicht oft], bei denen die schwarze Linie vom Augenwinkel [in Richtung Ohr] bis auf eine Länge von fast einem Zoll ausgedehnt war, in genauer Übereinstimmung mit dem alten Brauch. In Ägypten ist es nicht mehr üblich, dass Männer sich die Augenlider mit Kohle schminken, während dies in einigen anderen östlichen Ländern der Fall ist. Der Kopfschmuck der Sphinx war, als er noch vollständig war, nicht unelegant. Auf der Vorderseite ist der Uräus abgebildet, der normalerweise die Köpfe der ägyptischen Götter und Könige schmückte. 1817 gelang es Caviglia, den Sphinx in mühevoller Arbeit bis auf den Grund freizulegen. Die Form der gesamten Figur ist in der beigefügten Skizze*[476] *dargestellt, die teils dem Koloss selbst, teils einem Vergleich mit anderen ägyptischen Sphingen entnommen ist; und die Darstellung der Tafeln usw., zwischen den Vorderbeinen, nach*

---

471 Anmerkung von Lane: „*Im 8. Kapitel des früheren Bandes dieses Werkes [Kapitel 8].*"

472 Der Name bedeutet: „*Jemand, der die ganze Zeit fastet*".

473 Dies erfolgte gemäß Maqrīzī im Jahre 1378. Von al-Muqaddasī, der im 10. Jahrhundert lebte, wissen wir aber, dass dieser Scheich nicht der Erste gewesen sein kann, der den Sphinx beschädigte, denn er schreibt: „*Hier befindet sich auch ein Götzenbild, von dem einige behaupten, dass der Satan von ihm Besitz ergriff und es zum Sprechen brachte, mit dem Ergebnis, dass er ihm Nase und Lippen brach.*"

474 Anmerkung von Lane: „*Quarterly Review, vol. 19, p. 417*".

475 Der britische Chemiker und Physiker William Hyde Wollaston meldete 1806 unter dem Namen *Camera lucida* ein Patent für ein Zeicheninstrument an, dessen Prinzip schon länger bekannt war. U.a. scheint schon Johannes Kepler ein solches Gerät gekannt zu haben. Die *Camera lucida* erfüllte einen ähnlichen Zweck wie die *Camera obscura* (lat. *camera* „Kammer"; *obscura* „dunkel"; u.a. von Leonardo da Vinci benutzt) und wurde zum Abzeichnen von Landschaften oder Porträts verwendet. Die *Camera lucida* ist ein viereckiges Prisma, das zur Anwendung im Freien auf eine Halterung montiert und auf der Zeichenunterlage befestigt oder am Okular eines Teleskops oder eines Mikroskops angebracht wird. Bei der *Camera lucida* blickt man durch ein Guckloch direkt über die Kante des Prismas, das die Umrisse des Motivs auf das Zeichenpapier wirft. Der Benutzer kann dadurch gleichzeitig die Umrisse des Motivs und das Papier sehen und kann das Objekt dann einfach abzeichnen. Mit der *Camera lucida* wird also vor allem das Anfertigen von relativ naturgetreuen Bildern vereinfacht.

476 Anmerkung von Lane: „*Siehe Nr. 16 der Themen für Holzschnitte [Abb. 49].*"

Zeichnungen von Mr. Salt. Allein der Kopf ist 20 Fuß [≈ 6,10 m] hoch. Der Körper ist etwa 160 Fuß [≈ 48,77 m] lang. Die beiden Vorderbeine erstrecken sich über 50 Fuß [≈ 15,24 m] von der Brust aus; sie sind aus Mauerwerk gebaut; aber da die Figur ursprünglich verputzt und rot bemalt war, konnte man nicht erkennen, dass irgendein Teil aus Mauerwerk bestand. Auf einem Pflaster zwischen den ausgestreckten Vorderbeinen entdeckte Caviglia eine große Granit-Tafel, 14 Fuß [≈ 4,27 m] hoch, die an der Brust angebracht war; die Vorderseite war mit Skulpturen geschmückt, die zwei Sphingen darstellten, die Rücken an Rücken auf Sockeln saßen und vor denen jeweils ein König stand, der eine Opfergabe darbot. Die beiden opfernden Figuren sind Darstellungen von Thothmos IV.; sein hieroglyphischer Name ist vor ihnen sowie über jeder der Sphingen eingemeißelt. Über diesem Motiv befindet sich die geflügelte Erdkugel. Der untere Teil der Tafel wird von einer langen hieroglyphischen Inschrift, eingenommen, die in die Regierungszeit des oben genannten Königs datiert. Zwei weitere Tafeln aus Kalkstein befanden sich rechts und links, eine an jedem der Beine. Die rechte Tafel wurde heruntergeworfen und zerbrochen; die Fragmente befinden sich heute im Britischen Museum. Zwischen den Vorderbeinen wurden auch einige Fragmente des geflochtenen Bartes, mehrere kleine Löwenfiguren und der Vorderteil einer kleinen Sphinx [die alle rot bemalt waren, wie der Koloss selbst] gefunden[477] sowie ein Altar, der offenbar für Brandopfer verwendet wurde.[478] Auf den Pfoten des Sphinx wurden mehrere griechische Inschriften entdeckt, die an verschiedene Gottheiten gerichtet waren. Eine dieser Inschriften, die in vertieften Buchstaben auf der zweiten Stelle der linken Pfote eingeritzt ist, ist in Versen verfasst und trägt die Unterschrift von Arrian[479]. Sie ist an den Koloss gerichtet, der als Werk der ewigen Götter und als Abbild der reinsten Dienerin der Göttin Latona bezeichnet wird. Zwei weitere griechische Inschriften auf kleinen Tafeln, die vor dem Sphinx gefunden wurden, befinden sich heute im Britischen Museum. Die eine preist die göttlichen Tugenden des "Kaisers Nero Claudius Caesar Augustus Germanicus, des guten Genius der Welt", weil er bei den "rechtmäßigen Riten anwesend war und die Sonne, den Aufseher und Retter der Welt, verehrt hat": — der andere berichtet über den Bau der "Mauern" unter Antoninus und Verus.[480] Letzteres scheint auf die Mauern aus rohen Ziegeln anzuspielen, die die Sphinx umschlossen und von Caviglia freigelegt wurden. Teile dieser Mauern sind noch über dem Sand hinter dem Koloss sichtbar. Einige Monate nachdem Caviglia den Koloss bis auf das Pflaster, auf dem er dargestellt ist, freigelegt hatte, kehrte der Sand zurück und bedeckte ihn fast bis zur gleichen Höhe wie zuvor. Es gibt jedoch immer noch eine große Vertiefung im Sand vor ihm und eine weitere dahinter. Der hintere Teil ist noch immer freigelegt, fast bis zur Basis, und man sieht, dass er mit Mauerwerk bedeckt ist. Ich sah Arbeiter, die einige der Steine abtrugen, um sie in modernen Gebäuden zu verwenden. Es ist offensichtlich, dass der gesamte Koloss — mit Ausnahme einiger ornamentaler Teile sowie der Augen, Augenbrauen usw. — Rot bemalt war. Sogar auf dem Gesicht und anderen Teilen, die immer freigelegt waren, sind noch Spuren dieser Farbe zu sehen. Als ich mithilfe einer Leiter auf die Spitze des Kopfes stieg, fand ich dort ein Loch, das 4 Fuß [≈ 1,22 m] breit und fast 7 Fuß [≈ 2,13 m] tief war. Zuerst dachte ich, dass dies vielleicht gemacht wurde, um eine hohe Kappe zu befestigen, wie sie auf einigen ägyptischen Sphingen und auf den Köpfen von Königen zu sehen ist; aber die Sphingen, die auf den Tafeln vor diesem Koloss dargestellt sind, haben keine Kappen. Ich kann daher nur mutmaßen, zu welchem Zweck dieses große und tiefe Loch ausgehoben

---

477 Anmerkung von Lane: „*Diese befinden sich im Britischen Museum.*“

478 Anmerkung von Lane: „*Eines der vier "Hörner" dieses Altars befindet sich im Britischen Museum.*“

479 Lucius Flavius Arrianus (altgriechisch Ἀρριανός Arrianós, deutsch Arrian [von Nikomedien]; * um 85–90 in Nikomedia in Bithynien; † nach 145/146) war ein griechisch-sprachiger römischer Politiker und Geschichtsschreiber. Er verfasste ein Geschichtswerk über Alexander den Großen, eine Monografie über Indien sowie eine Diadochen-Geschichte. Er gilt hinsichtlich der Ereignisgeschichte als zuverlässigster der Alexanderhistoriker, wenngleich er in der neueren Forschung teilweise kritischer betrachtet wird. Neben anderen Werken, darunter eine Parther-Geschichte, gab Arrian zudem in zwei philosophischen Schriften das Denken seines Lehrers, des Stoikers Epiktet wieder.

480 Anmerkung von Lane: „*Diese beiden Inschriften und die bereits erwähnte, die an den Koloss gerichtet ist, sind im 19. Band der Quarterly Review, S. 411-415, veröffentlicht.*“

wurde, es sei denn, es wurde von Menschen gemacht, die sich einen Schatz im Kopf vorstellen konnten.[481]
Der Bart des Sphinx zeigt, dass es sich um den Kopf eines Mannes handelt, nicht um den einer Frau. Jeder ägyptische Sphinx mit menschlichem Kopf ist eine Mischung aus einem Mann und einem Löwen und hat keine Flügel: Zumindest sind das alle, die ich gesehen habe. Der Sphinx wird im Allgemeinen mit dem Kopf eines Menschen oder mit dem eines Widders dargestellt: Ersterer wird Andro-Sphinx genannt, letzterer Crio-Sphinx[482]*. Er ist das Emblem eines Königs. Der Titel des ägyptischen Königs war Pi-ra oder Phra [die Sonne]; auf Hebräisch* פרעה *Phrah, was wir fälschlicherweise Pharao schreiben.*[483] *Die Alleen zu den Tempeln waren oft auf jeder Seite mit einer Reihe von Sphingen geschmückt,*[484] *die in kurzen Abständen nebeneinander aufgestellt waren; diese waren Embleme der Pharaonen, die diese Tempel erbaut hatten, und als solche mit ihren Namen beschriftet. Der Sphinx, so scheint es, war eigentlich ein Emblem der Sonne und wurde daher verwendet, um einen König darzustellen; die Bezeichnung für beide war dieselbe. Dies erklärt die Inschrift, die Neros Anbetung der Sonne beschreibt.*[485] *— Es scheint, dass der Große Sphinx entweder während oder vor der Herrschaft von Thutmosis IV. geschaffen wurde, also mindestens 16 oder 17 Jahrhunderte vor der christlichen Ära: vielleicht wurde er während der Herrschaft von Ahmose, seinem 6. Vorgänger,*[486] *begonnen;*[487] *daher könnte die Überlieferung stammen [die Plinius erwähnt], dass er das Grab von Amasis*[488] *sei. Es ist merkwürdig, dass Herodot dieses wunderbare Kunstwerk, das selbst zu seiner Zeit schon mehr als tausend Jahre alt war, nicht erwähnt hat."*[489]

Zu Lanes Zeiten Mitte der 1820er-Jahre war der Sphinx von Gizeh großteils wieder mit Sand bedeckt: nur der Kopf, der Hals, der obere Teil des Körpers und der hintere Teil fast bis zur Basis waren sichtbar. Als Verursacher der abgebrochenen Nase macht Lane den fanatischen Scheich Muḥammad, der den Beinamen *Ṣā'im ad-dahr* (dt. *„Jemand, der die ganze Zeit fastet"*) trug, verantwortlich. Dieser soll im Jahr 1378 die

---

[481] Anmerkung von Lane: *„Mr. Salt und Mr. Briggs trugen großzügig zur Deckung der Kosten bei, die Caviglia bei seinen Operationen in den Pyramiden und den angrenzenden Gräbern sowie bei der Freilegung des Sphinx entstanden; und Caviglia schenkte dem Britischen Museum mit gleicher Großzügigkeit alle Statuen, Inschriften usw., die er entdeckt hatte."*

[482] Herodot benutzte den Namen für einen widderköpfigen Löwen. Für einen falkenköpfigen Löwen, von denen es in Ägypten viele Darstellungen gibt, prägte Herodot den Namen *Hieraco-Sphinx*. Diese beiden Sphinx-Typen treten jedoch in Ägypten erst ab dem Mittleren Reich auf, indem sie Götter repräsentieren. Der klassische Sphinx aus dem Alten Reich repräsentierte jedoch einen König, allerdings auch einen gottgleich verehrten König.

[483] Anmerkung von Lane: *„Für diese Erklärung des Pharaonentitels sind wir Major Felix zu Dank verpflichtet."* Dieser Major hat allerdings wenig zur Wahrheitsfindung beigetragen, wie wir heute wissen. Die Sonne wurde als Ra oder Re bezeichnet. Der Name Pharao kam erst im Neuen Reich (ab dem 16. Jh. v. Chr.) auf und bedeutet „Großes Haus" (äg. *Per-a-o*), so wie wir heute „Weißes Haus" für den Regierungssitz der USA benutzen.

[484] In Karnak gab es die berühmte Sphingen-Allee.

[485] Die ägyptischen Priester zu Neros Zeit kannten eher die Symbolik ihrer Zeit als die aus dem Alten Reich. Vielleicht reichte ihr Wissen aufgrund alter Papyri bis ins Neue Reich oder Mittlere Reich zurück. Da es aber bezüglich der Sphingen zu einem Bedeutungswandel zwischen dem Alten Reich und dem Neuen Reich gekommen war, konnten sie den Römern sicher nicht die ursprüngliche Intention überliefern. Soweit wir heute wissen wurde der Sphinx nie als Repräsentationssymbol der Sonne betrachtet. Hier spielen eventuell arabische Legenden eine Rolle, die den Sphinx als Anzeiger für die Nilflut sehen, da diese dann einsetzt, wenn die Sonne in das Sternbild des Löwen eintritt, was zur Sommersonnenwende der Fall ist.

[486] Ahmose I (16. Jh. v. Chr.) war der Begründer des Neuen Reiches, der die Hyksos (Fremdherrscher) aus Ägypten vertrieb und auch im Süden die Herrschaft über Nubien wieder herstellte. Er war allerdings der 7. Vorgänger von Thutmosis IV. Höchst wahrscheinlich zählte Lane damals Hatschepsut, da sie eine Frau war, nicht zu den Vorgängern als Pharaonen.

[487] Anmerkung von Lane: *„Dass er der 6. Pharao vor Thothmos IV. war, geht aus der Tafel von Abydos hervor."*

[488] Amasis, der auch als Ahmose II firmiert, war ein ägyptischer Pharao, der von 570 v. Chr. bis 526 v. Chr. regierte. Er war der fünfte Herrscher der 26. Dynastie (Spätzeit), der sogenannten Saïten-Dynastie. Lane spielt hier auf eine Verwechselung von Plinius bezüglich der beiden Herrscher an. Doch selbst Ahmose I lebte schon 1000 Jahre nach dem Bau der Pyramiden.

[489] Lane und Thompson 2000, 188-191. Eigene Übersetzung aus dem Englischen.

Verstümmelung vorgenommen haben. Doch aufgrund früherer arabischer Quellen wissen wir heute, dass es davor schon einen Zerstörungsversuch gegeben hatte, da al-Muqaddasī bereits im 10. Jahrhundert von einer Beschädigung der Nase und der Lippen spricht.

> *„Here also is an idol which some assert Satan used to take possession of and make to speak, with the result that he broke its nose and lips."* [490]

Die Gesichtszüge des alten Ägypters unterschieden ihn weitgehend von dem eines negroiden Menschen, wie Lane meint und er attestiert dem Sphinx-Gesicht eine Milde in seinem Ausdruck, die Henry Salt vergeblich versucht hat, zeichnerisch festzuhalten. Salt lobte daher die Zeichnung von Lane, der diese aber nicht seinen eigenen Fähigkeiten, sondern dem neu erfundenen Instrument, der *Camera lucida*, zuschrieb. Die Gesichtsbemalung in Form von Resten einer mattroten Farbe stellt Lane ebenfalls wie etliche seiner Vorgänger fest. Aufgrund der Freilegung des Sphinx durch Caviglia stellte sich heraus, dass die zwischen den Vorderbeinen gefundenen Gegenstände, wie etwa einige Fragmente des geflochtenen Bartes, mehrere kleine Löwenfiguren und der Vorderteil eines kleinen Sphinx, alle rot bemalt waren, so wie der Große Sphinx selbst auch einstmals. Der Sand, in welchen diese Gegenstände über die Jahrtausende gebettet waren, hat ihre Farbe entsprechend gut konserviert.

Das Loch im Kopf des Sphinx hat Lane selbst inspiziert, da er mit einer Leiter hinaufgestiegen ist. Dessen Maße, 4 Fuß (≈ 1,22 m) breit und fast 7 Fuß (≈ 2,13 m) tief, sind interessant, da sie verglichen mit anderen Reisenden Unterschiede, sowohl im Durchmesser der Öffnung als auch in der Tiefe offenbaren. Nur ein Vierteljahrhundert zuvor hatte Grobert, ein Teilnehmer der Napoleon-Expedition, die Öffnung im Kopf des Sphinx mit einem Durchmesser von 15 Zoll (≈ 40,6 cm) und einer Tiefe von etwa 9 Fuß (≈ 2,92) angegeben. Daraus können wir ableiten, dass seit dieser Zeit die ursprünglich recht kleine Öffnung stark erweitert worden ist und zudem die Tiefe des Lochs aufgrund hineingeworfener Steine abgenommen hat. Dies ist auch nicht sonderlich verwunderlich, da seit dem Sommer 1798 zuerst die Franzosen in Heerscharen über das Gizeh-Plateau hergefallen sind und ab 1801 dann die Engländer, welche die Franzosen vertrieben haben. So hat sich die Zahl der jährlichen Besucher des Gizeh-Plateaus explosionsartig um ein Vielfaches gegenüber früheren Zeiten vermehrt.

In dem Vierteljahrhundert, welches zwischen Grobert und Lane liegt, ist das Loch im Kopf des Sphinx im Durchmesser von 0,4 auf 1,2 Meter angewachsen und die Tiefe nahm gleichzeitig um 0,8 Meter ab. In den nächsten 100 Jahren wurde der Durchmesser dann nochmals um 0,3 bis 0,4 Meter vergrößert, während die Tiefe um weitere 0,6 Meter abnahm. Aufgrund dieses Bildes (siehe Abb. 72) hat übrigens der amerikanische Ägyptologe Mark Lehner die Tiefe des Lochs auf etwa 1,75 m geschätzt, ohne es jedoch selbst näher zu untersuchen und das, obwohl er seine Dissertation über den Sphinx geschrieben hat.

[490] Muqaddasi und Collins 1994, 193.

13 Geheimnisse der inneren Kammern der Cheops-Pyramide

13.1 Die Königskammer

Da die Königskammer nun schon seit rund 1200 Jahren zugänglich ist, sollte man meinen, dass inzwischen alle Geheimnisse bezüglich dieser Kammer gelüftet wurden. Spätestens durch die neu eingesetzten technischen Hilfsmittel gegen Ende des letzten Jahrhunderts sollte es eigentlich keine Geheimnisse mehr geben. Doch wie so oft, ist auch diese Annahme falsch, wie wir noch sehen werden.

Im Folgenden wird der Begriff „Brunnenschacht" verwendet, dessen Name auf den Bericht von Plinius dem Älteren zurückgeht, der im Inneren der Pyramide dafür den Begriff „Brunnen" (eng. well shaft) verwendet hat. Der Begriff „Brunnenschacht" hat sich auch in der Fachwelt derart eingebürgert, dass unter Nennung dieses Namens jedem klar ist, um welchen inneren Bereich der Cheops-Pyramide es sich dabei handelt.

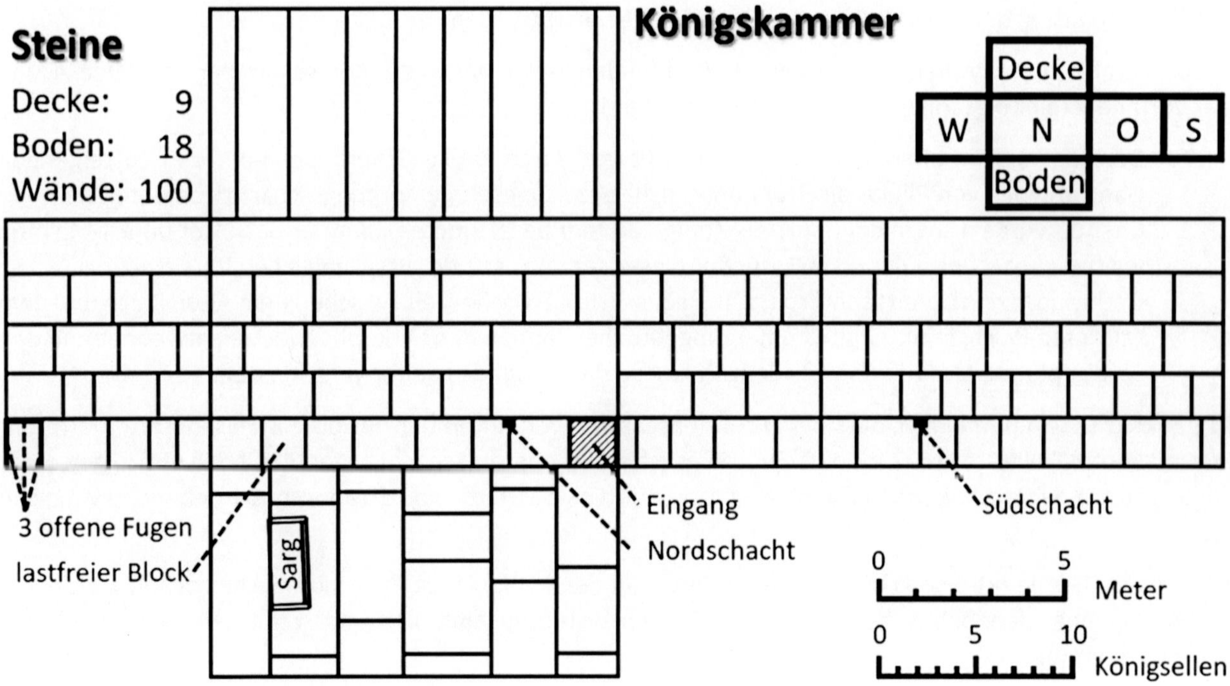

Abb. 92: Steinverteilung in der Königskammer (Zeichnung nach Piazzi Smyth).

13.1.1 Erster Besucher der Königskammer (nach der Antike): Al-Ma'mūn

Al-Maqrīzī schreibt Folgendes über den Einbruch von Al-Ma'mūn[491] in die Pyramide im Jahr 832 n. Chr.[492]:

> *„Diese Pyramide ließ al–Ma'mūn an einer Stelle öffnen; drinnen fand man einen schlüpfrigen Gang, der zu einer viereckigen, würfelförmigen Kammer emporführte, in deren Mitte ein*

[491] Abū l-ʿAbbās ʿAbdallāh al-Ma'mūn ibn Hārūn ar-Raschīd (* 14.9.786 in Bagdad, Irak; † 9.8.833 in Tarsus, Türkei) war der 7. Kalif (813–833) der Abbasiden und Sohn von Hārūn ar-Raschīd und dessen persischer Sklavin Marādschil, die zu einer der berühmtesten Familien von al-Bāda'ishahah gehörte. Im Alter von 18 Jahren heiratete al-Mamun seine Cousine, Umm ᶜĪsā, Tochter von Mūsā al-Hādī, die ihm zwei Söhne (Muḥammad al-Aṣghar und ᶜAbd Allāh) gebar; zudem hatte er noch zahlreiche Nebenfrauen. Unter ihm erreichte das Kalifat der Abbasiden seinen kulturellen Höhepunkt. Al-Ma'mūn hatte persönlich großes Interesse an den Wissenschaften und ließ zahlreiche griechische Werke zur Logik, Mathematik, Medizin und Astronomie ins Arabische übersetzen. Als Zentrum der griechisch-arabischen Übersetzungsaktivitäten fungierte die kalifatische Bibliothek in Bagdad. Er führte in den Ebenen von Mesopotamien zwei astronomische Operationen durch, um den Wert eines terrestrischen Grades zu bestimmen.

[492] Man liest immer wieder das Jahr 820 n. Chr. als Öffnungsdatum der Cheops-Pyramide durch den Grabräubertunnel. Dies ist aber offensichtlich falsch, da der Kalif erst 832 in Ägypten weilte.

Marmorsarg stand; er befindet sich noch heutigen Tages dort, niemand hat vermocht, ihn von seinem Platze herunterzubringen." [493]

Gemäß al-Maqrīzī soll al-Ma'mūn den Sarkophag des Königs in der Mitte der Kammer gefunden haben. Der Sarkophag befindet sich heute aber in der Nähe der Westwand. Die Tatsache, dass ihn niemand entfernen konnte, lag darin begründet, dass der Sarkophag nicht durch die Eingangspassagen passt. Ob der Sarkophag nun ursprünglich tatsächlich in der Mitte stand und erst später an den Rand befördert wurde, z. B. weil man unter dem Sarkophag nach Schätzen gesucht hat, kann heute nicht mehr beantwortet werden. Es kann auch sein, dass mit *„der Mitte"* nur die Mitte zwischen der Nord- und Südwand gemeint war. In diesem Fall wäre er nur unwesentlich bis zum heutigen Tag verschoben worden.

Al-Ma'mūn hat wohl als Erster das obere Schachtsystem betreten und damit potenziell auch die sogenannte Königinnenkammer. Ein weiteres Indiz für die Erstöffnung durch al-Ma'mūn ist das Nichterwähnen von großen Fledermäusen, denen später fast alle Reisende gewärtig wurden.

Da nach arabischen Überlieferungen aber al-Ma'mūn den Sarkophag in der Königskammer ohne Deckel und leer vorfand, ergibt dies folgende mögliche Erklärungen:

1. Der Zugang zum oberen Schachtsystem erfolgte durch antike Grabräuber über den absteigenden Gang und den von Plinius als Brunnenschacht bezeichneten Versorgungsschacht von unten her.
2. Cheops wurde nicht in der heute als Königskammer bezeichneten Kammer bestattet und al-Ma'mūn war möglicherweise der erste Besucher dieser Kammer seit der ursprünglichen Versiegelung.
3. Grabräuber sind bereits sehr früh, z. B. in der ersten Zwischenzeit zwischen dem Alten Reich und dem Mittleren Reich, in die Grabkammer eingebrochen, haben den Sarkophagdeckel entwendet und den Sarg geplündert. In der Ramessidenzeit wurde die Pyramide wieder verschlossen.

Zu Punkt 1: Es ist gut möglich, dass der „Brunnenschacht" von unten her nur bis zur Felsengrotte betretbar war. In diesem Fall wäre al-Ma'mūn der erste Besucher des oberen Schachtsystems seit der Antike gewesen. Der Zugang in den absteigenden Gang erfolgte vermutlich durch die von Strabon beschriebene bewegliche Tür.

Zu Punkt 2: Dies liefert eine Erklärung, wenn bereits in der Antike in die Pyramide eingebrochen wurde, die Grabräuber aber dennoch nicht in das obere Schachtsystem gelangt sind und somit den Sarkophag nicht plündern konnten.

Zu Punkt 3: Siehe hierzu auch im Text weiter unten die Aussage von Stadelmann. Dies würde bedeuten, dass in der Ramessidenzeit der „Brunnenschacht" von unten her, d. h. aus der Felsengrotte heraus wieder verschlossen wurde. Das würde dann auch erklären, dass die Römer nur von unten bis zur Felsengrotte gelangten und damit den oberen Schachtbereich nicht betreten haben.

---

[493] Maqrīzī 2003, 25.

Abb. 93: Originaleingang und Grabräubertunnel der Cheops-Pyramide.

Nach Meinung einiger Ägyptologen betrat al-Ma'mūn die Pyramide durch einen von seinen Arbeitern gegrabenen Tunnel auf der Nordseite der Großen Pyramide in der Nähe des Originaleingangs. Die entstandene Passage, die später als „Grabräubertunnel" bezeichnet wurde, ist der Weg, auf dem Touristen heute die Pyramide betreten (siehe Abb. 93, rechts der Mitte unten), da dieser Zugang deutlich bequemer ist als über den weit höher liegenden und dann abfallenden Gang. Der al-Ma'mūn-Tunnel ist 37,50 m lang, sowie durchschnittlich 2,20 m hoch und 1,50 m breit. Sein Eingang befindet sich rund 6 m über dem Boden auf der 5. Steinlage und damit über 10 m unterhalb des Originaleingangs.

Abb. 94: Zugang zum al-Ma'mūn-Tunnel.

Diese Meinungen beruhen auf einem Bericht von al-Maqrīzī,[494] der in seinem Hauptwerk *Khitat* ein eigenes Kapitel über die Pyramiden von Gizeh geschrieben hat. Darin erwähnt er die Öffnung der Cheops-Pyramide durch den Kalifen al-Ma'mūn. Der deutsche Ägyptologe Rainer Stadelmann hingegen sieht es so:

> *„Ich möchte daher unterstellen, daß sowohl der Bericht des Strabo über die Steintür, deren Konstruktion ohnehin kaum sinnvoll wäre, wie auch die Tradition von Ma'mun nur insoweit der Wirklichkeit entsprachen, als sie einen schon bestehenden, in der 1. Zwischenzeit [2081 - 2055 v. Chr.] erzwungenen Eingang mit Steintür und Tunnel betrafen, den Ma'mun erneut hat öffnen und erweitern lassen. Der originale Eingang wäre dann bis zur Beraubung der Verkleidungssteine verschlossen geblieben."* [495]

Laut Stadelmann ließ der pietätvolle Sohn des berühmten Pharaos Ramses II., Chaemwastet (um 1281 v. Chr. - 1225 v. Chr.), die gestörten Bestattungen restaurieren und schützen.[496] Erst der Kalif al- Ma'mūn hätte den alten Grabräubertunnel dann wieder öffnen lassen[497] und *„wohl nur den in der Ramessidenzeit restaurierten Holzsarg des Cheops mit der Mumie nochmals plündern können."* [498]

Der belgische Orientforscher Van Reeth[499] argumentiert, dass der Kalif al-Ma'mūn in die Cheops-Pyramide eingebrochen sei, weil Dionysius von Tell Mahre[500] ihm gesagt habe, dass sie die Höhle der Schätze sei. Laut der Zuqnin-Chronik[501] aus dem späten siebten Jahrhundert ist die Höhle der Ort, an dem Adam zusammen mit Gold, Myrrhe und Weihrauch, den er aus Eden mitgenommen hat, begraben liegt und enthält Adams prophetisches Erbe an seinen Sohn Seth, das in Form eines Dokuments aufbewahrt wird, das *„den Schlüssel zum ganzen Universum"* offenbart.[502] Da wir den Kalifen al-Ma'mūn schon als wissbegierigen Menschen kennengelernt haben, erscheint es plausibel, dass dies der wahre Grund für den Einbruch in Cheops-Pyramide war. Dionysius von Tell Mahre war zweimal selbst in Ägypten. Bei seinem ersten Besuch fand er schon den Grabräubertunnel aus früherer Zeit, der aber laut seinem Bericht nach etwa 50 Ellen[503] in einer Sackgasse endete. Von Gregorius Bar-Hebraeus[504] lesen wir in seinem Buch *Muḫtaṣar Taʾrīḫ ad-duwal* (dt. Kompendium der Geschichte der Dynastien):

---

494 al-Maqrīzī (* 1364 in Kairo, Ägypten; † 8.2.1442 ebenda) war ein herausragender arabischer Historiker und Schriftsteller, von dem etwa 200 Werke bekannt sind. Sein Hauptwerk *Khitat* ist eine Geschichte und Beschreibung von Kairo, aber auch Ägyptens, die mit der pharaonischen Zeit beginnt und mit seiner Zeit endet. Darin ist auch ein Kapitel enthalten, welches die Pyramiden von Gizeh beschreibt. Als Quelle zog er viele ältere Werke heran, die selbst verloren gegangen sind.

495 Stadelmann 1997, 113.

496 Stadelmann 1997, 7.

497 Stadelmann 1997, 120..

498 Stadelmann 1997, 266..

499 Jan M. F. van Reeth, geboren am 6.2.1960 in Belgien.

500 Dionysius von Tell Mahre bzw. Dionysius Telmaharensis (* 773 in Tal Mahre, Edessa, Türkei; † 22.8.845) war von 818 an monophysitischer Patriarch der Syrisch-Jakobitischen Kirche und ein Chronist der östlichen Christenheit. Dionysius stammte aus einer wohlhabenden Familie aus Edessa. Er wirkte zu Zeiten des Bilderstreits bzw. der byzantinischen Kaiser der amorischen Dynastie, z. B. Theophilos. Er unterhielt gute Beziehungen zum Kalifenhof in Bagdad, wenngleich gegen Ende seines Lebens die Christen wieder stärker eingeschränkt bzw. unterdrückt wurden. Dionysius gilt als einer der bedeutendsten syrischen Geschichtsschreiber.

501 Die Chronik von Zuqnin ist eine in syrischer Sprache geschriebene christliche Weltchronik, die wahrscheinlich 775/76 im Kloster Zuqnin bei Amida (Diyarbakır) verfasst wurde. Zeitweilig galt es als Werk des syrisch-orthodoxen Patriarchen Dionysius von Tell Mahre von Antiochia (amtierte 818–845), weshalb der Autor als Pseudo-Dionysius von Tell Mahre geführt wird.

502 Cooperson 2010, 178.

503 Bei der arabischen Elle zu 46,2 cm sind dies 23,10 m.

504 Bar Hebraeus, auch Abū l-Faradsch Ibn al-ʿIbrī genannt, (* 1226 in Malatya, Türkei; † 30.7.1286 in Maragha bei Täbriz in Persien), war ein Universalgelehrter und Oberhaupt des Ostens der syrisch-orthodoxen Kirche im 13. Jahrhundert. Er wurde 1246 durch den jakobitischen Patriarchen zum Bischof von Guba geweiht und erhielt den Namen Gregorius. Er verfasste über 30 Schriften aus den Gebieten Astronomie, Ethik, Grammatik, Kirchenrecht, Mathematik, Medizin, Philosophie und Theologie. Bar-Hebraeus schrieb ein Handbuch der Weltgeschichte mit dem Titel

„Wir [der Patriarch Dionysius von Tell Mahre und al-Ma'mūn] haben in Ägypten die Pyramiden gesehen, an welche sich die Mythologen schon in Gedichten erinnert hatten. Sie waren weder Kornspeicher des Joseph, wie manche vorgeschlagen hatten, noch waren sie hohl und leer. Dafür waren sie wundervolle Gebäude, die über den Gräbern der alten Könige aufgetürmt wurden, schräg und massiv. Wir haben in eine Öffnung in der Seite der einen von ihnen hineingesehen: sie war etwa 50 Ellen tief. Ferner haben wir entdeckt, dass die Pyramiden aus geschnittenen und daraufgesetzten Steinen bestehen, deren Breite und Länge an der Basis 500 Ellen beträgt. In den Scheiteln reduziert sich ihre Ellenanzahl, sodass ihre wahre Höhe 250 Ellen beträgt. Jeder dieser Steine dieses Gebäudes ist 5 bis 10 Ellen dick. Von weitem erscheinen sie wie hohe Berge." [505]

Aus der Formulierung *„Wir haben in eine Öffnung in der Seite der einen von ihnen hineingesehen: sie war etwa 50 Ellen tief."* geht eindeutig hervor, dass der Originaleingang zu diesem Zeitpunkt nicht bekannt war. Denn sonst hätten sie 17 Meter hochklettern müssen anstatt 6 m, um dann einen über 26° nach unten geneigten Tunnel zu sehen. Wäre dies gemeint gewesen, so wäre die Beschreibung sicherlich anders ausgefallen. Da die Öffnung, also der Gang, etwa 50 Ellen tief in die Pyramide hineinführte, muss dort ein Ende erreicht worden sein, denn sonst hätte er nach ca. 50 Ellen auf einen anderen Gang treffen müssen. Der al-Ma'mūn-Tunnel ist jedoch 37,5 m (> 81 arabische Ellen) lang bis zum aufsteigenden Gang und der Abzweig vom absteigenden Gang zum aufsteigenden Gang liegt in einer Entfernung von über 28 m (> 60 arab. Ellen) vom Originaleingang. Daran erkennt man, dass es sich zu dem im obigen Text beschriebenen Gang um einen Blindstollen gehandelt haben muss und dass dafür nur der heute unter dem Namen Grabräubertunnel bekannte Gang in rund 6 Meter Höhe vom Boden aus infrage kommt.

Man kann sich auch gut vorstellen, dass dieser Blindstollen bereits in der 1. Zwischenzeit, also vor gut 4000 Jahren, von Grabräubern bzw. Schatzsuchern, gegraben wurde. Betrachtet man sich die vor der Pyramide im Boden befindlichen Versuchsschächte, die das innere Schachtsystem der Cheops-Pyramide ansatzweise wiedergeben, liegt die Vermutung nahe, dass diese in der 1. Zwischenzeit gefunden wurden und den Ort bestimmten, an dem der Tunnel 50 Ellen weit in die Pyramide gegraben wurde. Die Versuchsschächte, die aus dem absteigendem Gang, aufsteigendem Gang und horizontalem Gang bestehen, sowie einem senkrechten Schacht über dem Kreuzungspunkt von absteigendem Gang und aufsteigendem Gang, wovon letzterer allerdings in der Cheops-Pyramide entweder nicht realisiert oder bis heute nicht lokalisiert wurde, entsprechen dem tatsächlichen Schachtsystem der Cheops-Pyramide, sind allerdings der Länge nach verkürzt, nicht aber der Höhe nach, da die Schachtneigung mit rund 26,5° genauso wie in der Pyramide gewählt wurde. Wurden also diese Schächte freigelegt – vermutlich wurden Sie nach dem Bau der Cheops-Pyramide mit Sand zugeschüttet – und vermessen, konnte man sehr genau die Höhe ermitteln, in welcher man einen Tunnel in die Pyramide graben musste, um auf Höhe der Blockiersteine des aufsteigenden Gangs herauszukommen. Da die Grabräuber wohl annahmen, dass sich das Schachtsystem genau im Zentrum der Pyramide befand, wählte man als Ort für den Beginn des Tunnels die Mitte auf der Nordseite. Wären auch die Längen der Versuchsschächte mit den tatsächlichen Längen in der Pyramide identisch, so hätten die Grabräuber ihr Ziel erreichen müssen. Sie kannten aber zwei Faktoren nicht: Erstens war die Längenausdehnung der Versuchsschächte geringer als die in der Pyramide umgesetzten Schächte und zweitens waren die Schächte um rund 7,3 m nach Osten versetzt. Dass die Grabräuber dies nicht wussten, zeigt, dass sie keine Kenntnis von der wahren Lage des inneren Gangsystems hatten. Der gewählte Ort für den Grabräubertunnel lässt aber meines Erachtens eindeutig darauf schließen, dass sie die Versuchsschächte kannten und aufgrund deren Lage die Höhe des eigenen Tunnels bestimmten.

Gemäß dem arabischen Autor Ibn Abī Ḥağalah hat al-Ma'mūn eine bestehende Öffnung in der Cheops-Pyramide nach dem ersten Besuch von Dionysius um 20 Ellen erweitern lassen (siehe Kap. 12.1.2), was zu einer Gesamtlänge von 70 Ellen führt, welche der heutigen Tunnellänge entspricht. Wie wir wissen weilte der Kalif

Kompendium der Geschichte der Dynastien (*Muḫtaṣar Taʾrīḫ ad-duwal*) von Anbeginn der Schöpfung bis in das Jahr 1273 n. Chr.

[505] Hebraeus, Abbeloos und Lamy 1872, Vol. 1, 380. Eigene Übersetzung aus dem Lateinischen.

nur 47 Tage[506] in Ägypten und in dieser Zeit hätte er schwerlich den gesamten Grabräubertunnel durch seine Leute graben lassen können.[507] Zudem berichtet Eutychios von Alexandria in seinen Annalen, dass al-Ma'mūn erst am 14. des Monats *Safar* (= 21. März 832) Fustat[508] betrat und schon im Folgemonat *Rabīʿ al-awwal* Ägypten wieder verließ. Zuvor ließ al-Ma'mūn in Oberägypten ein Hydrometer bauen, um die Höhe des Nils zu messen, an einem Ort namens Shūrāt[509], in einem Dorf namens Banūdah[510], und er reparierte den Nilometer in Achmim. Gemäß dieser Schilderung von Eutychios hielt sich al-Ma'mūn nie lange an einem Ort auf. Möglicherweise gab er bei seinem Eintreffen in Ägypten im Februar 832 den Auftrag, die Pyramide zu erforschen und kam dann auf der Rückreise von Oberägypten nochmals dort vorbei (am 21. März[511]) und fand, dass seine Männer eine Verbindung ins Innere der Cheops-Pyramide geschaffen hatten. Achmim liegt etwa 475 Flusskilometer südlich von Kairo. Im März fließt der Nil zwischen Assuan und Kairo mit einer durchschnittlichen Geschwindigkeit von 4 km/h.[512] Lässt man sich mit dem Schiff nilabwärts treiben, so kann man pro Tag 96 km zurücklegen, wenn man nirgends anhält und die Nacht durchfährt. Bei einer Fahrt ohne die Nachtstunden benötigt man 10 Tage für diese Strecke. Zwischen dem 21. März und dem 2. April liegen nur 12 Tage. Daher kann der Besuch in Oberägypten nur vor dem 21. März 832 stattgefunden haben. Zwischen dem

---

506 Vom 15.2.832 bis zum 2.4.832 (s. Uhrig 1988, 241, Fußnote 1154). Langlès gab 1801 nach Durchsicht des Manuskripts von al-Maqrīzī den 14.2.832 an (s. Norden und Langlès 1795-1801, 301, Fußnote 2). Gemäß Eutychios von Alexandria (* 876/77 in Fustat, Ägypten; † 11.5.940 in Alexandria, Ägypten), dem orthodoxen Patriarchen von Alexandria (933–940) betrat al-Ma'mūn in der Nacht vom 9. Muharram 217 Hidschra (= Freitag, der 16.2.832) Ägypten. Da im islamischen Kalender, der ein mondbasierter Kalender ist, der neue Tag schon mit dem Sonnenuntergang beginnt, – bei den alten Ägyptern war es der Sonnenaufgang – kann mit der Angabe „9. Muharram 217 Hidschra" *aber auch der 15.2.832 abends gemeint sein.*

507 Uhrig 1988, 175.

508 Al-Fustat (auch Fostat, arabisch: al-Fusṭāṭ) ist der Name einer arabischen Garnisonsstadt am Nil etwa 4 km südlich von Kairo, beim heutigen Alt-Kairo gelegen. Zu seiner Gründung schreibt Yaʿqūbī († 897 in Ägypten): *„im Jahre 20 der Hidschra (= 641 n. Chr.), siedelten sich die Stämme der Araber um das Zelt des ʿAmr ibn al-ʿĀṣ († 664 in Ägypten) herum an und nannten diese Niederlassung Fustat (das Zelt)."* Das Zelt stand bei einem alten Palast, dem Lichterschloss, etwas nördlich der byzantinisch-koptischen Militärfestung Babylon, die im April 641 von einem 12.000 Mann starken muslimischen Heer vom Byzantinischen Reich erobert wurde. Um den Hafen und den Kanal baute Kaiser Diokletian im Jahre 300 n. Chr. die Festung Babylon aus. Wegen ihrer strategischen Lage war diese Garnisonsstadt für die Römer so wichtig gewesen. Dann errichteten die Araber Häuser am Ufer des Nils um dieses Zelt herum und bauten die entstehende Stadt zu ihrer neuen Garnisonsstadt und Hauptstadt aus. Kairo (al-Ḳāhira = die Siegreiche) wurde erst am 6. Juli 969 durch die Fatimiden unter Dschauhar as-Siqillī als rechteckiges Militärlager vier Kilometer nördlich von Fustat gebaut, das zwischen Babylon und Kairo, quasi als Bindeglied zwischen diesen beiden Städten lag. Es wurde 4 Jahre lang gebaut, bis die neue Stadt Kairo zur Hauptstadt wurde. Die bestehende christlich-jüdische Bevölkerung blieb in der Festung Babylon wohnen. Fustat wuchs im Frühmittelalter zu einer bedeutenden Metropole heran, zusammen mit weiteren Palast- und Garnisonsstädten späterer Herrscherdynastien entstand daraus die ägyptische Hauptstadt und heutige Weltstadt Kairo. Fustat war von 641 bis 750 und von 905 bis 972 die Hauptstadt des Landes. Zur Zeit des pharaonischen Ägypten befand sich an der Stelle der späteren byzantinisch-koptischen Festung Babylon ein Vorort von Heliopolis, der als Nilhafen diente. Heliopolis war im alten Ägypten eines der wichtigsten religiösen Zentren. Die Griechen nannten diese Hafenstadt *Nilopolis*, die Kopten *Tiloj*, die ägyptische Bezeichnung lautete *P(er)-hapu-l'on* (Haus des Nils von Heliopolis), woraus der Name *Babylon* abgeleitet wurde. Diese Stadt hieß auf Altägyptisch *H̱rj-ʿḥ3* ( sprich: Cheri-aha), was Kampfplatz bedeutet. Der Ort wird schon in den Pyramidentexten des Alten Reichs erwähnt, wo gemäß der ägyptischen Mythologie der Streit zwischen Horus und Seth stattgefunden hat. Die Araber verstanden unter Babylon *Bâb-al-Ôn*, d. h. Tor von On, wobei *On* der ägyptische Name von *Heliopolis* war. Um 890 schreibt Yaʿqūbī in seinem Buch *Kitāb Al-Boldān* (Buch der Länder): *„Al-Fustat war früher als Babylon bekannt, und es ist der Ort, der heute als al-Qasr (die Burg) bekannt ist."*

509 Vermutlich handelt es sich hier um den Ort al-Shuraniyya auf der Nilinsel bei Bāşūnah (Basuna).

510 Hier könnte es sich um den Ort Bāşūnah handeln. Der Ort liegt 19 km Luftlinie nördlich (nilabwärts) von Achmim.

511 An diesem Tag, der Frühlingstagundnachtgleiche, kann man um 18 Uhr Ortszeit ein Phänomen, das André Pochan den „Blitz" nennt, beobachten. Bei Sonnenuntergang wird der Schatten über die Pyramidenkante zwischen der Süd- und Westseite geworfen und wandert dann über den rechten (östlichen) Teil der Südseite von rechts nach links. Dieser Vorgang dauert etwa 20 Sekunden. Bei Sonnenaufgang kehrt sich der Vorgang um. Durch diesen Effekt sieht man, dass die Cheops-Pyramide in Wahrheit nicht vier, sondern acht Seitenflächen besitzt, da sie in der Seitenmitte knapp einen Meter hinter die Basiskante, welche die Verbindungslinie ihrer Ecken bildet, zurückfällt.

512 Willcocks und Craig 1913, 143.

16. Februar 832 und dem 21. März 832 lagen 34 Tage. Diese Zeit ist ausreichend für einen kurzen Besuch nach Oberägypten und zurück. Demnach hielt sich al-Ma'mūn nur maximal 12 Tage in Kairo auf. Diese Zeit reicht aus, die Pyramiden von Gizeh zu besichtigen, vermutlich aber nicht, um den Grabräubertunnel bis zum Durchbruch in den aufsteigenden Gang zu erweitern, da er bei seiner Ankunft noch ein Blindstollen von ca. 26 m Länge war.

Es wird immer wieder behauptet, dass derjenige, der den Grabräubertunnel hat graben lassen, von der inneren Struktur gewusst haben musste, da er sonst nicht so zielsicher hätte graben können. Dieser Meinung kann ich mich nicht anschließen, da der Grabräubertunnel exakt in der Pyramidenmitte bezogen auf die Pyramidenbasis gegraben wurde. Dies beweist im Falle der Cheops-Pyramide die Unkenntnis der Lage der ursprünglichen inneren Gänge und der Königskammer. Die ursprünglichen inneren Gänge verlaufen nämlich gut 7 m östlich der Nord-Süd-Achse der Pyramide (siehe Abb. 93).

Die Grabräuber gingen wohl davon aus, dass sich das Gangsystem exakt in der Nord-Süd-Achse befindet. Wie oben erwähnt, war der Gang bis zur Zeit von al-Ma'mūn ein Blindstollen, der nach rund 26 m endete. Letzterer ließ den Stollen zuerst noch einige Meter weiter in der gleichen Richtung aushauen, bevor der Gang dann eine Biegung nach Osten vollführt. Angeblich sollen seine Arbeiter beim Graben ein Geräusch gehört haben, welches von einem fallenden Stein im Inneren der Pyramide herrührte[513], worauf sie anschließend in diese Richtung gruben. Dies könnte tatsächlich erklären, warum der Gang plötzlich nach Osten abbiegt. Weiterhin trifft der Grabräubertunnel am Ende nicht horizontal oberhalb des letzten Blockiersteins auf den aufsteigenden Gang, sondern ein Stück unterhalb. Dies ist auch der Grund, warum man am Ende des Grabräubertunnels mittels einer Treppe zum aufsteigenden Gang hochsteigen muss.

13.1.2 Der Sarkophag in der Königskammer

Abb. 95: Sarkophag in der Königskammer der Cheops-Pyramide. Fotografie vom Ende des 19. Jahrhunderts.

[513] Dieser Stein war der Abdeckstein, der den untersten der drei Granit-Blockiersteine im aufsteigenden Gang versteckt hat, sodass der Beginn des aufsteigenden Gangs nicht zu erkennen war.

Manche Autoren behaupten, der Sarkophag hätte 1512 noch einen Deckel besessen, der erst danach verschwunden sei. So schreibt Michael Haase in seinem Buch über die Cheops-Pyramide:

> *„Pagani, ein Mitglied einer diplomatischen Gesandtschaft aus der Republik Venedig, der 1512 die Grabkammer betrat, hielt dabei für die Nachwelt folgendes fest: «**Man erblickte dort einen Sarkophag aus Porphyr, der bedeckt ist, aber leer.** Das hat viele Besucher vermuten lassen, daß es sich bei der Pyramide um das Grab eines Königs von Ägypten handelt. Gewöhnlich nennt man in diesem Lande die Pyramiden <Berge der Pharaonen>».[389] Interessant in diesem Bericht ist vor allem der Hinweis, daß der Sarkophag noch bedeckt sei, was bedeuten könnte, daß der heute verlorengegangene Deckel im Jahre 1512 noch vorhanden gewesen war. Dagegen berichtete der Arzt und Naturforscher Prosper Alpini 1591, daß der Deckel der Sarkophagwanne nicht mehr existiert habe. **Offensichtlich wurde er im Lauf des 16. Jhs. von irgend jemandem zertrümmert und aus der Pyramide geschafft.** Der Verdacht fällt hierbei vor allem auf die Arbeiter des damaligen Vizekönigs von Ägypten, Ibrahim Pascha, die 1584 den alten Einbruchstollen vergrößern ließen, «daß man darin aufrecht stehen kann»[390], und somit in der Cheops-Pyramide wieder mit Hammer und Meißel am Werk waren." [Hervorhebung durch den Autor]* [514]

Auf diese hier fettgedruckte Aussage kommt Haase, indem er in der ins Deutsche übersetzten Ausgabe von Jean-Philippe Lauers Buch *Das Geheimnis der Pyramiden* (französischer Originaltitel: Le Mystère des Pyramides, 1974) folgende Passage übernommen hat:

> *„Man erblickt dort einen Sarkophag aus Porphyr, der bedeckt ist, aber leer. Das hat viele Besucher vermuten lassen, daß es sich bei der Pyramide um das Grab eines Königs von Ägypten handelt. Gewöhnlich nennt man in diesem Lande die Pyramiden 'Berge der Pharaonen'.[31] "* [515]

Die Fußnote 31 bei Lauer verweist auf « Ch. Shefer au *Voyage d'Outre-Mer* de Jehan Thenaud, p. 197-199 (Paris, 1884) ».

Schaut man in diesem referenzierten Werk nach, so kann man dort Folgendes lesen:

> *« ... on voit un sarcophage en porphyre, découvert et vide. Ce fait donne lieu à bien des personnes de supposer que cette pyramide a été la sépulture d'un roi d'Égypte. On appelle vulgairement, dans ce pays, les pyramides « montagnes de Pharaon. »"* [516]

Hier steht « *découvert et vide* », also „unbedeckt und leer". Schaut man in der französischen Originalausgabe von J.P. Lauer nach, so steht dort:

> *« On y voit un sarcophage en porphyre, découvert et vide. Ce fait donne lieu à bien des personnes de supposer que cette pyramide a été la sépulture d'un roi d'Égypte. On appelle vulgairement, dans ce pays, les pyramides « montagnes de Pharaon. »"* [517]

Auch hier steht „*découvert et vide* ». Ins Deutsche übersetzt hat Dr. Eva Eggebrecht das Buch von Lauer. Der Fehler liegt also eindeutig an der falschen Übersetzung, die den Sinn ins genaue Gegenteil verkehrt, wenn « *découvert et vide*" mit „der bedeckt ist, aber leer" übersetzt wird anstatt „unbedeckt und leer".

Aufgrund dieses Übersetzungsfehlers hat Haase gleich nach den Ursachen des Verschwindens des Sarkophagdeckels im 16. Jh. gesucht und verdächtigt den damaligen Vizekönig von Ägypten Damiat Ibrahim Pascha. Wenn nun der nächste Autor Haase hier zitiert, ohne weiter nachzusehen, wird der Übersetzungsfehler

---

514 Haase 2004, 135. Fettgedruckte Sätze sind Hervorhebungen des Autors.

515 Lauer 1988, 32.

516 Thenaud, Schefer und Trevisan 1884, 199.

517 Lauer 1988, 29.

weiter verbreitet und ein neues Faktum etabliert: der Sarkophagdeckel in der Königskammer der Cheops-Pyramide war im Jahr 1512 noch vorhanden und offensichtlich wurde er im Lauf des 16. Jh. von irgendjemandem zertrümmert und aus der Pyramide geschafft.[518] Gut möglich, dass aus der Vermutung von Haase bzgl. der Urheberschaft Damiat Ibrahim Paschas dann schon Gewissheit wird.

Doch zurück zum Sarkophag selbst: Es fällt auf, dass er heute nicht genau in der Mitte zwischen der Nord- und der Südwand steht, wie dies noch John Greaves beobachtet hat.[519] Der Abstand zur Nordwand beträgt 1,26 m (≈ 2,4 Ellen) und der Abstand zur Südwand 1,69 m (≈ 3,22 Ellen). Von der Westwand beträgt der Abstand 1,43 m[520] (≈ 2,73 Ellen) im Süden und 1,36 m (≈ 2,6 Ellen) im Norden und von der Ostwand beträgt er 8,06 m (≈ 15,39 Ellen) im Süden und 8,13 m (≈ 15,53 Ellen) im Norden.[521] Die Abstände ergeben in Ellen keine geraden Werte.

Eine Markierung in Form eines Kreuzes (†) auf der Südwand in der Lady Arbuthnot-Kammer 2,93 m[522] östlich der Westwand der Königskammer entfernt zeigt die Nord-Süd-Achse der Pyramide an, an der der Sarkophag in der Königskammer wohl ursprünglich ausgerichtet war. Demnach stand der Sarkophag bezogen auf die jetzige Mitte 1,57 m weiter östlich und genau nach Norden ausgerichtet. Die Verschiebung von eineinhalb Metern reicht aus, um unter dem ursprünglichen Standort des Sarkophags zu graben, was nachweislich auch stattgefunden hat. Nach Greaves stand der Sarkophag doppelt so weit von der Ostwand entfernt als von der Westwand.[523] Dies bedeutet, dass der Abstand der Westseite des Sargs 3 m betrug, was nur 7 cm Abweichung gegenüber der Nord-Süd-Markierung in der Lady Arbuthnot-Kammer bedeutet. Da Greaves seine Angabe nicht mit exakten Fußangaben unterlegt und nur von *„doppelt so weit“* spricht, kann man daraus mit Sicherheit schließen, dass der Sarkophag ursprünglich exakt in der Pyramidenmitte bezogen auf die Nord-Süd-Achse stehen sollte. Dennoch gab es auch schon vor Greaves Pyramidenbesuch Schatzsucher, die unter dem Sarkophag gesucht haben, wie er uns mitteilt:

> *"The position of it is this: it stands exactly in the meridian, north and south, and is as it were equidistant from all sides of the chamber, except the east, from whence it is doubly remoter, than from the west. Under it I found a little hollow space to have been dug away, and a large stone in the pavement removed, at the angle next adjoining to it: which Sandys erroneously imagines, to be a passage into some other compartment: dug away no doubt by the avarice of some who might not improbably conjecture a hidden treasure to be reposited there."* [524]

Auch Charles Thompson, der 1734 die Pyramiden besichtigte, schreibt, dass der Sarkophag exakt in der Mitte zwischen der Nord- und Südwand stand und bestätigt damit die Aussage von Greaves, falls er dies nicht einfach nur von ihm abgeschrieben hat, ohne es selbst nachzuprüfen.[525] Er wurde also später irgendwann verschoben, da noch im Jahr 1877 Bonwick[526] schreibt: *"It is placed exactly north and south. The eastern side is double the distance of the western."* Nach den aktuellen und sehr präzisen Messungen des Architekten

[518] Da dies kein Einzelfall darstellt, habe ich bei Verweisen immer versucht auf die ursprüngliche Quelle zu kommen und diese, wenn möglich einzusehen. Meine Erfahrung hat gezeigt, dass so mancher Verweis eines modernen Autors auf etwas Fiktives verweist, das es gar nicht gibt. Hier ist also immer Vorsicht angebracht.

[519] Greaves 1646, 98.

[520] Der französische Jesuitenpriester Claude Sicard gibt als Abstand zur Westseite 1,41 m an (= 4 Fuß + 4 Zoll). Sein Besuch der Pyramiden lag zwischen 1715 und 1726. (Quelle: Aimé-Martin 1838, 573). Es handelt sich dabei um französische Fuß zu 32,48 cm.

[521] Die Daten stammten von Gilles Dormion, siehe Dormion 2004, 296.

[522] Diese Entfernung lässt sich sehr genau bestimmen, da nur 1,36 m weiter westlich auf gleicher Höhe eine Markierungslinie eingezeichnet wurde, die mit 3 Strichen versehen ist, was für 3 Ellen bzw. 1,57 m steht. In genau dieser Entfernung finden wir westlich wiederum eine Markierungslinie, die mit der Westwand der Königskammer korrespondiert.

[523] Greaves 1646, 98.

[524] Greaves 1646, 98.

[525] Thompson 1744, Vol. 3, 273.

[526] Bonwick 1877, 41.

Dormion im 21. Jahrhundert ist die Ausrichtung des Sarkophags nicht mehr genau in Nord-Südrichtung und der Abstand zur Ostwand ist jetzt in der Sarkophagmitte 5,8-mal so groß wie der zur Westwand.

Auch in der Zeichnung von Perring, die er 1837 anfertigte, erkennt man, dass der Sarkophag nicht parallel zur Ost-/West-Wand ausgerichtet ist und damit nicht exakt nach Norden zeigt. Zudem ist der Abstand in der Mitte des Sarkophags zur Ostwand bei Perring 5,5-mal größer als zur Westwand. Vito Maragioglio schreibt: "*The sarcophagus is no longer in its original position.*"[527] Howard Vyse schreibt zum Zustand der Königskammer am 13. Februar 1836:

> *"One of the blocks composing the pavement had been taken up near the north-western corner of the King's Chamber*[528]*, and an excavation had been carried on beneath the Sarcophagus: this last, however, was almost entirely filled up with rubbish.*" [529]

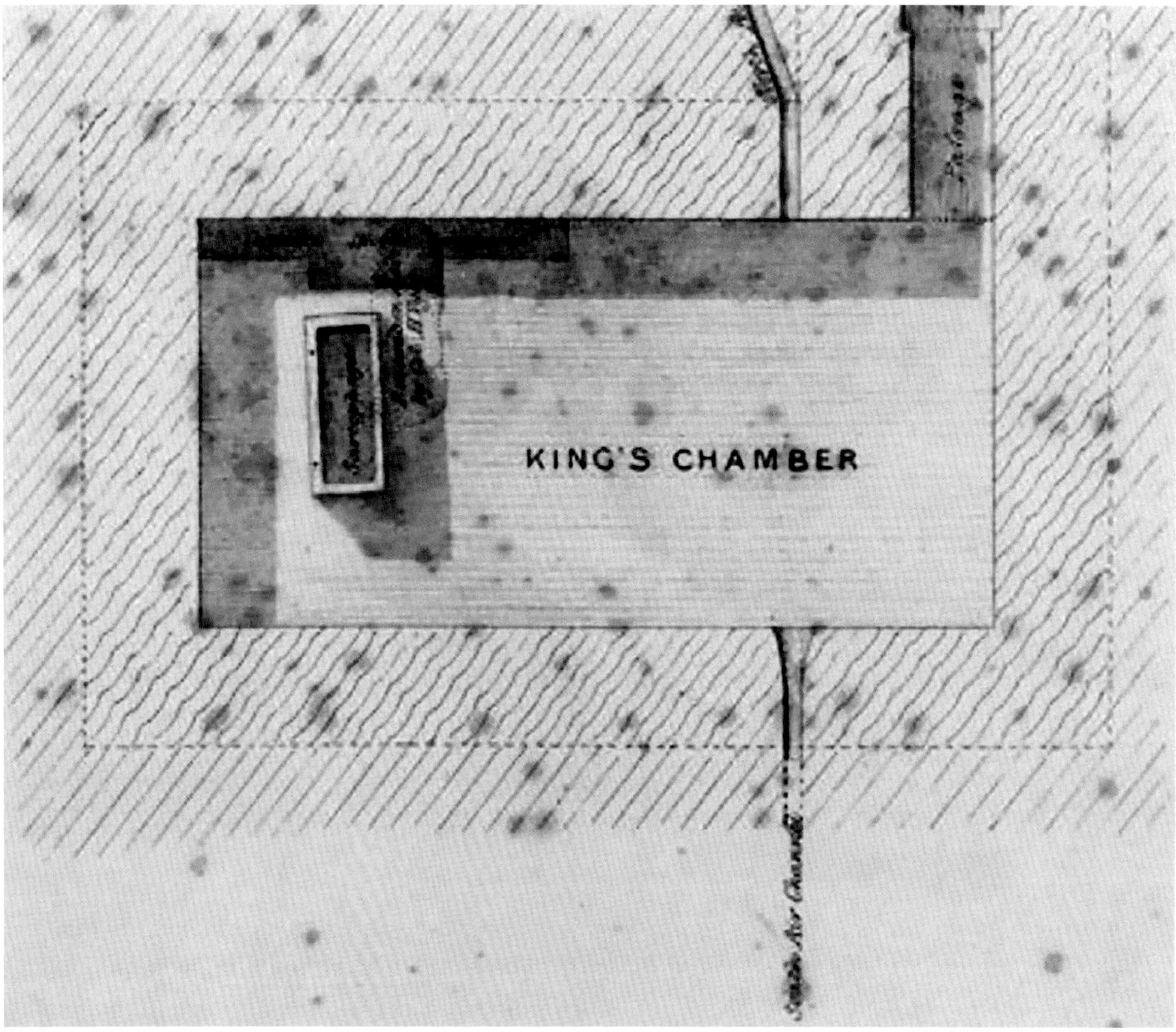

Abb. 96: Königskammer in der Cheops-Pyramide nach Perring.

Auf obiger Abbildung sieht man deutlich den länglichen dunkel gezeichneten Bereich nördlich des Sarkophags, der eine schon vor Vyse Grabungen bestehende Öffnung darstellt. Diese Öffnung wurde auch schon von Frederic Norden 1737 gezeichnet, wie die folgende Abbildung zeigt. Der Sarkophag wurde von Norden noch parallel zur Westwand gezeichnet und nicht wie bei Perring leicht verschoben.

---

527 Maragioglio und Rinaldi 1963-1977, 24.

528 Dieser Stein (siehe Abb. 95) lag bis in die jüngste Zeit noch neben dem Sarkophag und wurde erst unter Zahi Hawass im Rahmen einer Restaurierung der Cheops-Pyramide wieder eingesetzt.

529 Vyse 1840-42, Vol. 1, 4.

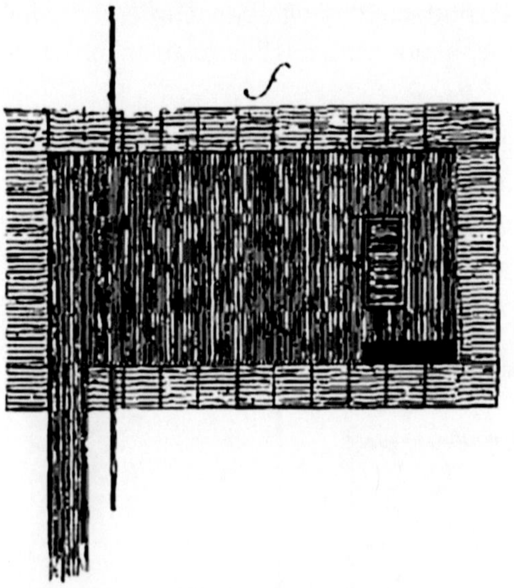

Abb. 97: Königskammer der Cheops-Pyramide nach Frederic Norden aus dem Jahr 1737.

Im Jahr 2013 entstand die Serie TIME SCANNERS der Firma *Atlantic Productions*, in welcher der Stararchitekt Steve Burrows zusammen mit dem Ägyptologen Vassil Dobrev[530] einen 52-minütigen Dokumentarfilm über die Cheops-Pyramide drehten. Mittels modernster 3D-Laserscanner wurde nicht nur das Äußere der Pyramide, sondern auch das Innere gescannt. Die Millionen von einzelnen Datenpunkten wurden zu einer Punktwolke vereinigt, die als Computermodell ein genaues Abbild der Pyramide und seiner inneren Strukturen ergaben. Basierend auf diesem hochpräzisen Datenmodell erkannte man, dass die Königskammer weiter südlich als westlich lag als bisher angenommen (siehe Abb. 98). Aus ihrem 3D-Modell geht auch klar hervor, dass das Zentrum des Sarkophags heute etwa 1,40 m weiter südlich als die genaue Nord-Süd-Mitte der Pyramide liegt. Da bereits frühe Schatzsucher unter dem Sarkophag einen Schatz oder einen Geheimgang vermutet hatten, gruben sie dort auch nach. Dies geht jedoch nur, wenn man den Sarkophag von seinem angestammten Platz verschiebt. Vermutlich war der ursprüngliche Standort des Sarkophags so gewählt, dass er im Zentrum der Nord-Süd-Achse stand, also ca. 1,40 m weiter östlich als heute. Aufgrund der Ausmaße des Sarkophags reicht dieser Abstand auch aus, um unter dem ursprünglichen Standort graben zu können. Dobrev vermutet denn auch aufgrund dieses Befunds, dass die Königskammer, welche die Südostecke berührt, etwas mit der Gizeh-Diagonalen (siehe Abb. 68) zu tun hat, die nach Heliopolis zeigt, wo dem Sonnengott *Re/Ra* gehuldigt wurde.

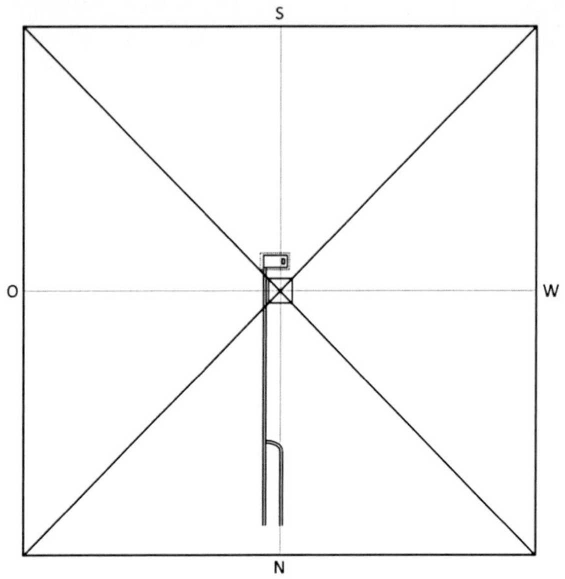

Abb. 98: Lage der Königskammer innerhalb der Cheops-Pyramide bei einer Sicht von oben auf die Pyramide.

530 Vassil Dobrev (* 30.7.1961 in Plowdiw, Bulgarien) ist Mitglied arbeitet für das französische Archäologieinstitut in Kairo. Seine Doktorarbeit trug den Titel « *Recherches sur les rois de la IVème dynastie égyptienne*. »

Klar zu sehen ist die Lage des Grabräubertunnels, der exakt in der Pyramidenmitte gegraben wurde und somit der Gedanke zugrunde lag, dass man nur in der Mitte weit genug graben muss, um ans Ziel zu gelangen. Doch ging die Rechnung der ersten Grabräuber nicht auf.

Das Aushöhlen des Sarkophags wurde mit kupfernen Röhrenbohrern durchgeführt, die als Schleifmittel Quarzsand benutzten. Stocks[531] kam auf diese Werte aufgrund einer Beobachtung von Petrie[532] das Innere des Sarkophags betreffend. Trigonometrische Berechnungen auf Basis der von Petrie geschilderten Beobachtungen ergaben einen Durchmesser von 11 cm und eine Wandstärke von 0,5 cm für den Bohrzylinder eines kupfernen Röhrenbohrers. Mit 62 Löchern, 44 für den Umfang und 18 zur Destabilisierung der zentralen Masse konnte so das Material im Inneren des Sarkophags entfernt werden.

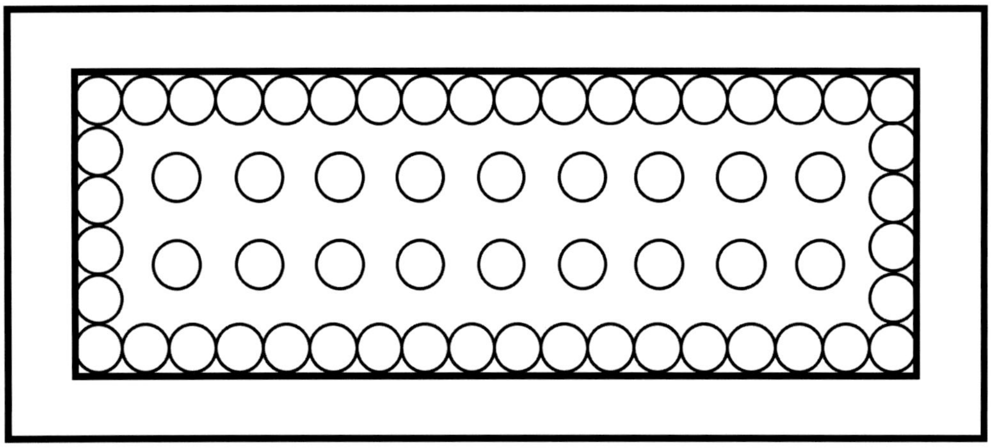

Abb. 99: Aushöhlung des Granitsarkophags mittels Kupferröhrenbohrern. Zeichnung nach Arnold.[533]

Stocks[534] nimmt an, dass zwischen vier und sechs Lagen in die Tiefe gebohrt werden mussten, um auf die gewünschte Tiefe der Aushöhlung zu gelangen. Damit wären dann 248 bis 372 Bohrlöcher für den gesamten Sarkophag notwendig.

Das nach dem Bohren übrigbleibende Material wurde vermutlich mit Feuersteinmeißeln entfernt. Die Glättung wurde möglicherweise mit handlichen Sandsteinen vorgenommen. Die Politur hätte mit Lederlappen und Schlamm erfolgen können.

Abb. 100: Herstellung von Steinvasen mit Hilfe von Röhrenbohrern.

531 Stocks 2003, 173.

532 W. M. Petrie 1883, 84: "*On the E. inside is a portion of a tube drill hole remaining, where they tilted the drill over into the side by not working it vertically. They tried hard to polish away all that part, and took off about 1/10-inch thickness all round it; but still they bad to leave the side of the hole 1/10 deep, 3 long, and 1.3 wide; the bottom of it is 8 or 9 below the original top of the coffer.*"

533 Siehe auch Stocks 2003, 169 ff, insb. 173: Abb. 6.4-6.5.

534 Stocks 2003, 175.

Die von Stocks durchgeführten Assuan-Bohrtests bestätigten, dass zwei Personen einen großen Bogen hin und her ziehen mussten, wobei eine dritte Person einen halbkugelförmigen Stein benutzte, um den erforderlichen Druck von 1 kg/cm² auf die Schneidefläche des Bohrers auszuüben. Steintrennsägen wurden wahrscheinlich an jedem Ende des Blattes mit Steinen beschwert und von zwei Personen bedient, einen an jeder Seite der Säge. Auf der Grundlage der experimentellen Bohr- und Sägeergebnisse von Assuan, die Stocks durchgeführt hat, wird geschätzt, dass die alten Säge- und Bohrraten für Granitsarkophage etwa 12 cm³/Stunde betrugen. Die geschätzte Zeit für die Herstellung des Granitsarkophags von Cheops schätzt Stocks auf 28.000 Arbeitsstunden. Bei 12 Arbeitsstunden pro Tag und 300 Arbeitstagen pro Jahr ergibt dies 7 ¾ Mannjahre Arbeit. Bei den von Stocks angenommenen fünf Teams, die gleichzeitig beschäftigt waren, ergibt dies eine Gesamtdauer von über einem Jahr zur Fertigstellung des Sarkophags. Das rechnerische Gewicht des von den Sägen (168 kg) und den Bohrern (266 kg) verlorenen Kupfers beträgt 434 kg, was einer durchschnittlichen täglichen Rate des Kupferverlustes von den Sägen und Bohrern von ca. 1 kg bedeutet. Das Gewicht des für das Sägen und Bohren verwendeten Sandes wird auf etwa 14,5 bzw. 22,5 Tonnen geschätzt, insgesamt also 37 Tonnen.[535]

Die Innenmaße des Sarkophags betragen 198,27 × 68,1 × 87,43 cm (L × B × H) nach Petrie.[536] Die Wandstärke beträgt rund 15 cm und die Bodenstärke 17,5 cm nach Petrie. Dies ergibt ein Volumen von rund 1,18 m³, bei einer Dichte von 2,8 g/cm³ für Granit also ein Gewicht von 3.304 kg, die es auszuhöhlen gilt. Der Sarkophag, wie er in der Königskammer steht, wiegt ca. 3.234 kg, wenn man die Außenmaße von Petrie (227,6 × 97,8 × 104,9 cm) zugrunde legt. Davison[537] gibt als Außenmaße 228,6[538] x 97,8 × 105,4 cm (L × B × H) und Stadelmann[539] 227,6[540] x 98,7[541] x 105,1[542] cm an. Der ursprüngliche Granitblock wog nach den Außenmaßen von Davison etwa 6.598 kg. Die Hälfte davon wären 3.299 kg, was fast exakt dem berechneten Gewicht nach den Innenmaßen von Petrie entspricht.

Abb. 101: Sarkophag aus Rosengranit des Kai-em-Nefret; H. 1,04 m, L. 2,22 m; B. 0,80 m; Herkunft: Gizeh, Nekropole, Mastaba G II S; Zeit: Altes Reich, 4. Dynastie, um 2500 v. Chr.

---

535 Stocks 2003, 174-176.

536 W. M. Petrie 1883, 86. Maragioglio und Rinaldi haben in den 1960er Jahren die Maße von Petrie bestätigt, aber auf ganze Zentimeter gerundet.

537 Edward Wortley Montagu, M0279, Dept. of Special Collections, Stanford University Libraries, Stanford, California. Folder 8, Item 5 *1764. N. D. w/description of Great Pyramid.*

538 Dies entspricht dem Durchschnittswert der sechs verschiedenen Längenmaße des Sarkophags nach (McCarty McCarty 1907, 329). Der Vergleich der Maße mit denen von McCarty zeigt die Präzision, mit der Nathaniel Davison schon 1764 den Sarkophag vermessen hat.

539 Stadelmann 1997, 120.

540 Dieses Maß erhält man, wenn man etwa in der halben Höhe des Sarkophags die Westseite vermisst. Den kleinsten Wert von 226,8 cm erhält man durch Messung an der Westseite nahe dem Boden und 228,7 cm an der oberen Westseite (siehe McCarty 1907, 329).

541 Die breiteste Stelle nach McCarty (McCarty 1907, 330) ist 98,55 cm an der Südseite nahe dem Boden.

542 Die höchste Stelle an der Nordostseite beträgt nach McCarty (McCarty 1907, 330) zwischen 104,7 cm und 104,9 cm. Zum Vergleich: Zwei Königsellen entsprechen 104,72 cm. Dies war sicherlich die gewünschte Höhe des Sarkophags.

Merkwürdig ist auch, dass der Sarkophag keinerlei Verzierungen, Muster oder Hieroglyphen enthält. Abb. 101 zeigt einen typischen Sarkophag aus der Zeit von Cheops. Die Außenwände dieses Sarkophags gleichen mit seinen nischenartigen Türen einer Palastfassade. Dies zeigt die Bedeutung des Sarkophags als Haus des Verstorbenen im Jenseits. An den Längsseiten sind jeweils 14 und auf den Schmalseiten jeweils 5 nischenartige Türen eingearbeitet. Sie umgeben den gesamten Sarkophag wie ein Fries. Die nischenartigen Türen setzen sich aus der eigentlichen Türöffnung mit aufgerollter Matte, einem unteren Architrav und einem darüber gesetzten Oberlicht zusammen. In gewisser Weise erinnert die äußere Dekoration des Sarkophags an die nischen-gegliederte Umfassungsmauer des Djoser-Pyramidenbezirkes in Sakkara. Sowohl die Wanne als auch der Deckel des Sarkophags tragen auf der einen Seite eine kurze Inschrift, die den Namen und den Titel des Eigentümers nennt und ihn als „Kämmerer des Königs“, als hochgestellten Angehörigen der mittleren Beamtenschaft, ausweist.

Wenn also ein Sarkophag eines mittleren Beamten zur Zeit von Cheops sowohl Verzierung, als auch Hieroglyphen-Inschrift aufweist, warum dann nicht der Sarkophag des mächtigsten Mannes von Ägypten? Es ist bekannt, dass Cheops gerne Rätsel mochte. Wollte er uns durch das Weglassen aller für die damalige Zeit typischen Eigenschaften eines Sarkophags auch ein Rätsel aufgeben?

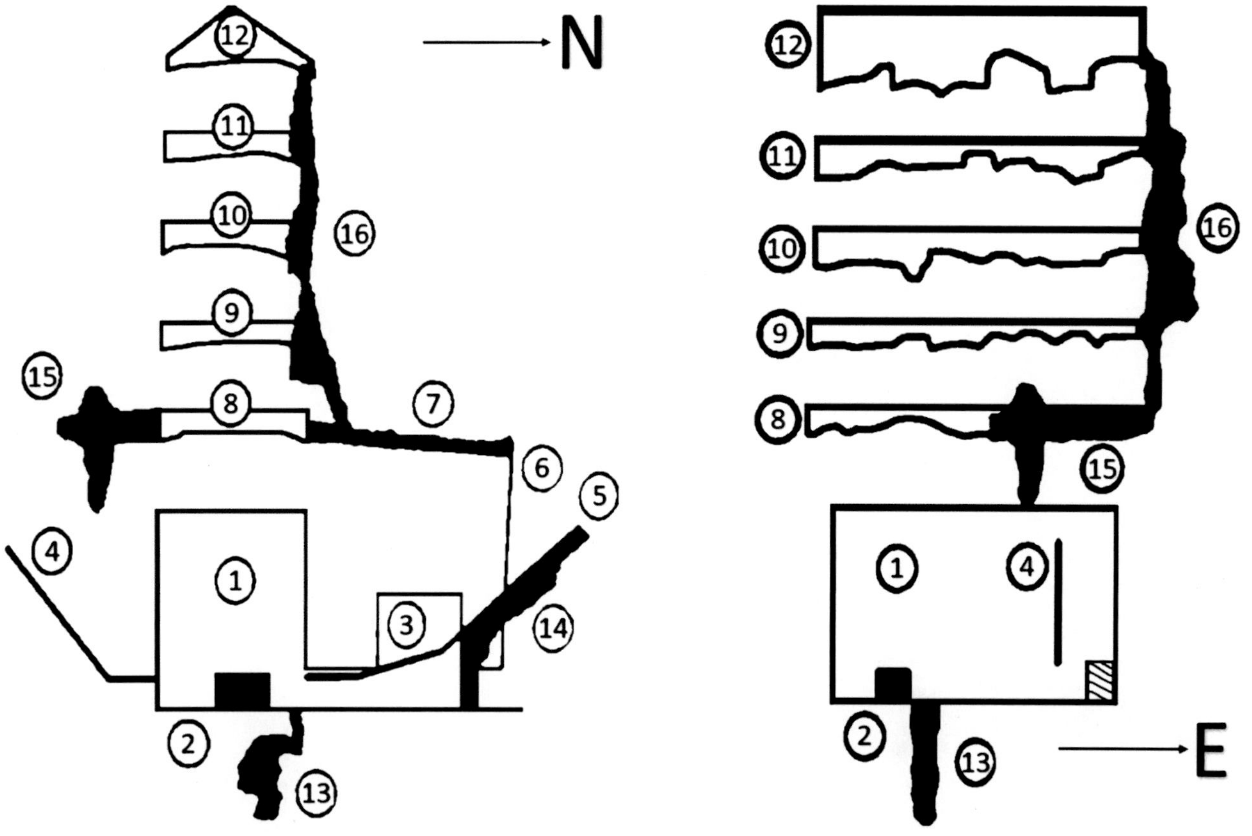

Abb. 102: Die Königskammerkonstruktion mit ihren Entlastungskammern. 1: Königskammer, 2: Sarkophag, 3: Vorkammer, 4: Südschacht, 5: Nordschacht, 6: Große Galerie, 7: Schacht zur Davison-Kammer (Länge: 7,54 m), 8: Davison-Kammer (Höhe: 0,76-1,07 m), 9: Wellington-Kammer (Höhe: 0,66-1,12 m), 10: Nelson-Kammer (Höhe: 0,61-1,47 m), 11: Lady Arbuthnot-Kammer (Höhe: 0,41-1,35 m), 12: Campbell-Kammer (Höhe: 1,78-2,62 m), 13: Howard-Vyse-Ausgrabung unter dem Fußboden der Königskammer (zuerst möglicherweise von al-Ma'mūn begonnen, dann vermutlich von Damiat Ibrahim Pascha um 1584 erweitert), 14: Caviglias Ausgrabung des Nordschachts, 15: Caviglias Ausgrabung von der Davison-Kammer, 16: Vyses gesprengte Öffnungen zu den oberen Entlastungskammern. Senkrechte Höhe vom Boden der Königskammer bis zum unteren Dachgiebel der Campbell-Kammer: ≈ 21 m oder 40 Königsellen. (Nachzeichnung nach einer Vorlage von Lawton und Ogilvie-Herold).

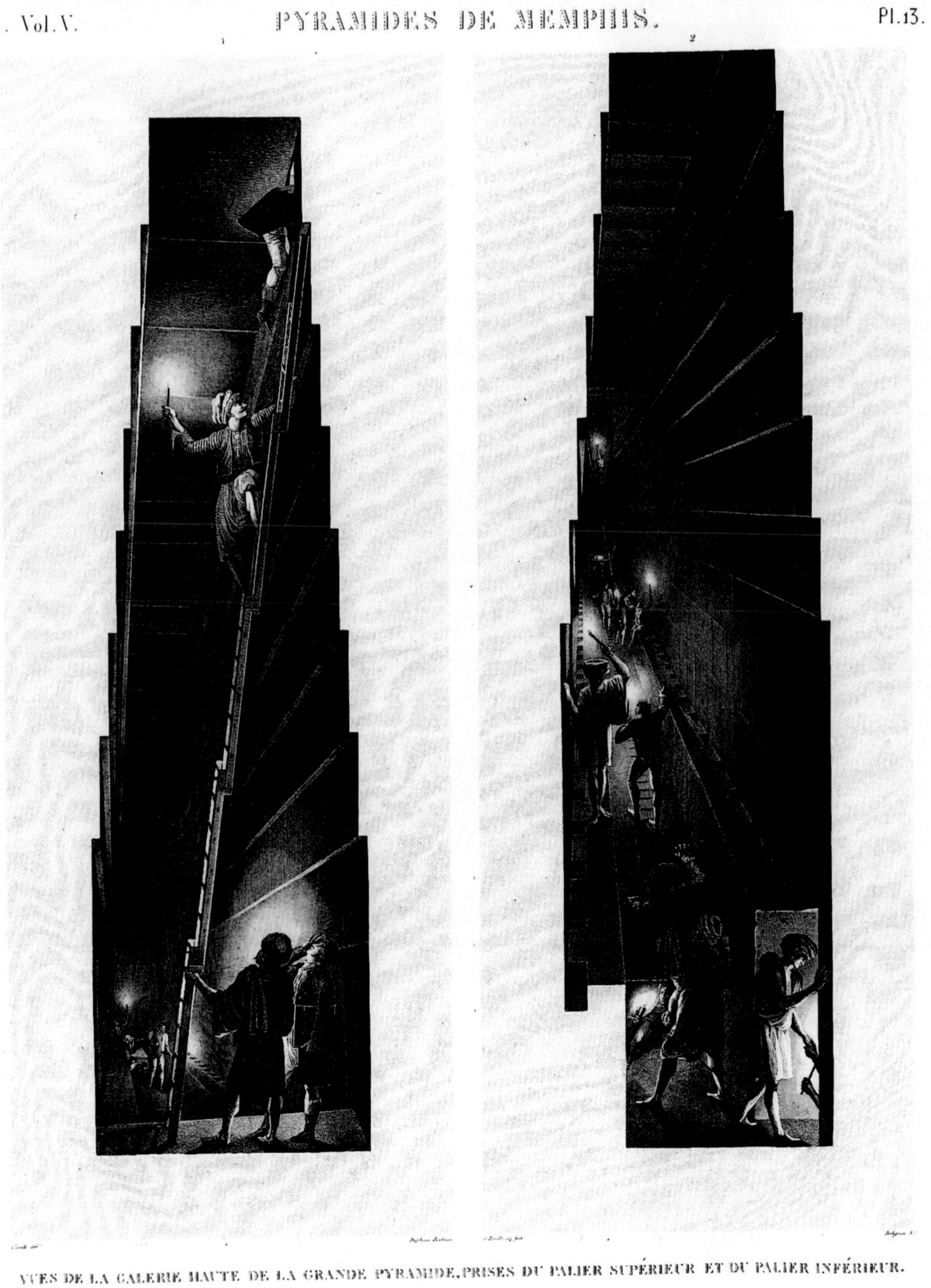

Abb. 103: Große Galerie mit Zugang zur Davison-Kammer, Description de l'Égypte (1822).

Außer den unzugänglichen obersten Entlastungskammern wurde bisher auch nirgends in der Pyramide eine Inschrift gefunden. Lediglich die Steinmetzzeichen in den unzugänglichen Entlastungskammern beinhalten Königskartuschen, die auf den Besitzer der Pyramide hindeuten. Falls die erste Entlastungskammer (Davison-Kammer) zur Bauzeit einmal ebenfalls Steinmetzzeichen enthielt, so wurden diese vermutlich im Zuge der

Öffnung der Kammer über die Große Galerie von den Bauarbeitern der Pyramide, vermutlich auf Geheiß des Königs, entfernt. Da diese Kammer damit prinzipiell über die anschließend nicht verschlossene Öffnung am oberen Ende der Großen Galerie zugänglich war. Dies würde auch erklären, warum man in allen anderen Entlastungskammern Steinmetzzeichen fand, nur nicht in der ersten Entlastungskammer.

Die Außenmaße des Sarkophags in der Königskammer wurden schon für Petrie und Stadelmann angegeben. Es gibt aber noch weitere Messungen: 2,30 m[543] (≈ 4,4 Königsellen) Länge, 0,98 m[544] Breite und 0,99 m[545] bis 1,05 m[546] (rund 2 Königsellen) Höhe. Es ist schon erstaunlich, dass für die Höhe des Sarkophags Unterschiede von bis zu 6 cm von Ägyptologen gemessen wurden. Howard Vyse gab 1837 als Maße hierfür 0,99 m breit und 1,04 m hoch an.

Der Eingang zur Königskammer ist 1,05 m (= 2 Ellen) breit und ebenso hoch. Damit passt der Sarkophag vermutlich gerade noch durch den Eingang. Der Sarkophag ist allerdings rund 2 cm größer als die Breite des aufwärts führenden Ganges an dessen Mündung, wie Flinders Petrie entdeckt hat. Dass der Sarkophag nicht durch die Gänge zum Ausgang befördert werden kann, beschreibt als Erster Pietro della Valle[547] 1615 und auch Visino[548] 1837. Dies führte zur Annahme, dass man den Sarkophag bereits während der Bauzeit gleichzeitig mit dem Bau der Kammer dort platziert hat.

Der französische Architekt Gilles Dormion hat richtig bemerkt, dass der Sarkophag zwar nicht durch die Eingangspassagen passt, wohl aber durch eine Öffnung in der Königskammer, die entsteht, wenn man den untersten Stein an der Nordwand herausnimmt, vor dem der Sarkophag steht. Dies ist der zweite Steinblock von links an der Nordwand. Der darüber liegende Steinblock liegt sowohl rechts als auch links auf dem ersten bzw. dritten Steinblock der untersten Reihe auf, sodass der zweite Block bewegt werden kann, ohne die Wandstruktur zu verletzen. Es fällt auch auf, dass die Fugen um diesen Stein herum deutlich größer sind als die anderen Fugen der Steine dieses Raumes. Weitere Nachforschungen wurden aber seitens des Antikenministeriums von Ägypten immer wieder untersagt.

13.1.3 Eine kleine Kammer direkt unter der Königskammer

Von offizieller Seite des obersten Rats für Altertümer, speziell durch Zahi Hawass, wird immer wieder betont, dass es unter dem Sarkophag in der Königskammer nichts gäbe. Das Loch, welches in Abb. 95 rechts neben dem Sarkophag direkt neben der Nordwand zu sehen ist zusammen mit einem großen Stein, der teilweise aus dem Loch hervorragt, wurde als erfolgloser Versuch von Grabräubern etwas zu entdecken, bezeichnet. Doch stimmt das wirklich?

Auf nachfolgender Aufnahme sieht man den Stein aus Abb. 95 am Boden hinten rechts liegen. Ein weiterer großer beschädigter Steinbrocken aus Granit liegt vor dem Sarkophag und versperrt den Zugang zu dem darunter befindlichen Gitter. Er stellt wohl ein abgebrochenes Stück einer der Bodenplatten dar. Insgesamt wurden im Laufe der Zeit vier Steine von den Bodenplatten entfernt, wobei aber nur noch zwei in modernen Zeiten vorhanden waren. Das lange Gitter auf der rechten Seite deckt das ehemalige Loch zu. Der große Stein liegt mit einer Kante auf diesem Gitter auf, sodass auch dieses durch Besucher nicht entfernt werden kann. Ein ähnliches Bild[549] hat auch Mark Lehner in seinem Buch *Geheimnis der Pyramiden* veröffentlicht. Das Ausmaß dieser Grabungen kann man Abb. 102 entnehmen. Bei Dormion[550] sind die Maße der beiden Steine zu entnehmen.

---

543 Z.B. Vyse 1840-42, Vol. 2, 111 oder Baedeker 1928, 133. Gemäß McCarty 1907, 329 ist dies die Länge der Ostseite nahe dem Boden gemessen.

544 Z.B. W. M. Petrie 1883, 86.

545 Z.B. Edwards 1993, 287.

546 Z.B. Pochan 1978, 39 und W. M. Petrie 1883, 86.

547 Della Valle und Widerhold 1674, 99-102.

548 Visino 1840, 132.

549 M. E. Lehner 1997, 114. Bei diesem Bild liegt der große Stein komplett auf beiden Metallgittern.

550 Dormion 2004, 296.

Abb. 104: Der Sarkophag in der Königskammer der Cheops-Pyramide. Aufnahme aus dem Jahr 1982.

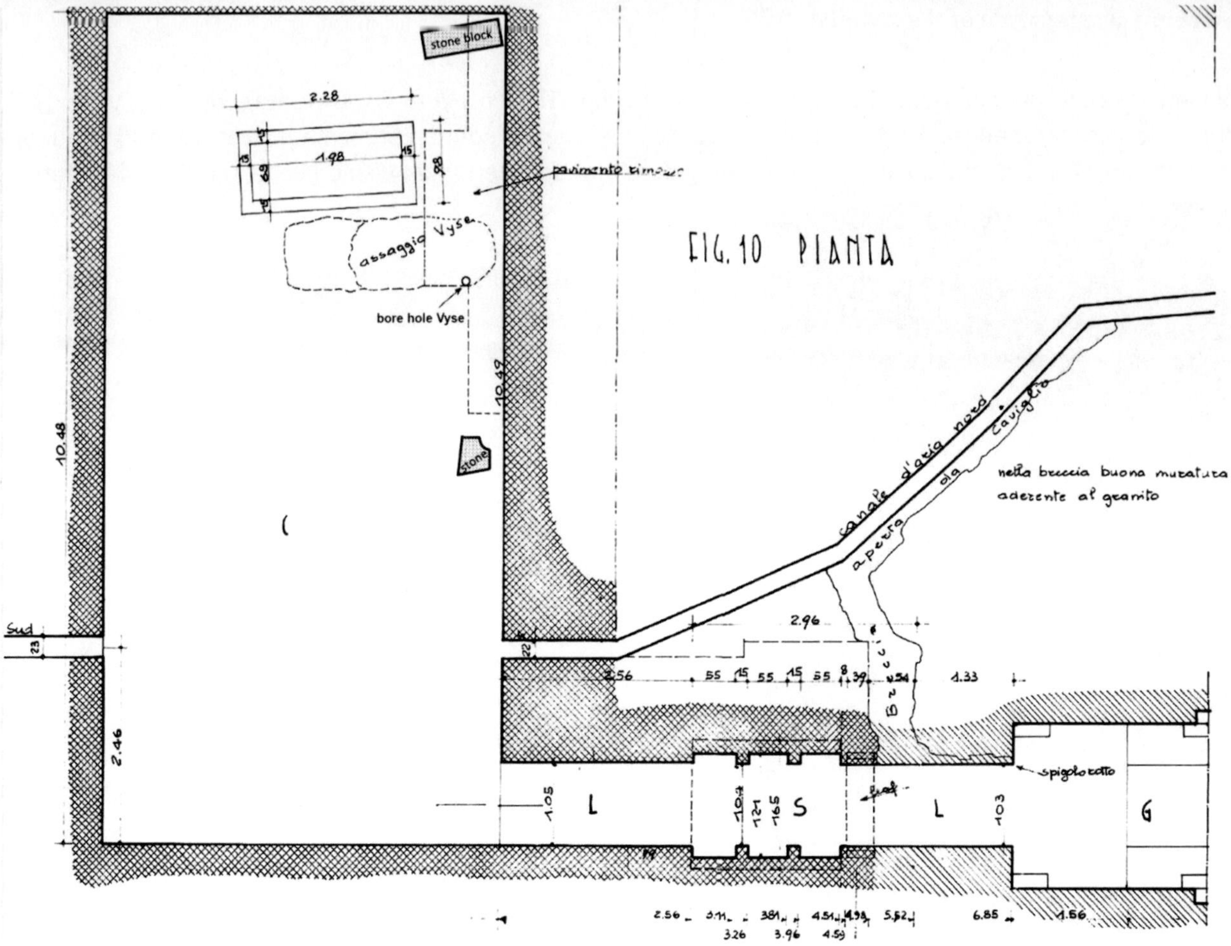

Abb. 105: Objekte in der Königskammer. Ergänzte Nachzeichnung einer Grafik von Maragioglio/Rinaldi mit Angaben von Lambert Dolphin anlässlich akustischen Untersuchungen durch das SRI im Jahre 1977.

Wie man auf obiger Abbildung sieht, lag der Stein im Vordergrund von Abb. 104 im Jahr 1977 weiter weg vom Sarkophag. Der Maßstab zeigt das Ausmaß der Ausgrabungen neben dem Sarkophag.

Bereits Howard Vyse findet den länglichen Steinblock an der Nordwestecke der Königskammer herausgenommen vor. Er schreibt hierzu Folgendes:

> *"It has been remarked that the upper chambers were finished from the east, and the vast blocks of this floor appear to have been closed in by a smaller oblong stone at the north-western corner. This had been removed, no doubt, in very early times, in search of treasures supposed to have been concealed beneath the sarcophagus. The excavation is mentioned by Greaves; and, when it was cleared out for the boring, an opportunity was afforded of observing the great care with which the supports and bedding for the blocks had been constructed, and the extraordinary manner in which they were worked and put together."* [551]

Vyse lässt in der bereits bestehenden alten Ausgrabung mittels eines Bohrers ein Loch in die Tiefe bohren (siehe Abb. 105), um nach einer weiteren Kammer zu suchen. Er instruiert dazu einen engagierten Malteser wie folgt:

> *"In the afternoon Mr. Hill came with Paulo, a Maltese, who was engaged to superintend the boring; they immediately went with M. Caviglia into the Great Pyramid, and resolved to commence operations in the centre of the king's chamber. But it was found impossible to bore through the blocks of granite, or to remove them on account of the closeness of the joints, I therefore directed Paulo on the following morning to clear out an old excavation at the north-western corner, and to begin boring at the depth of six feet four inches below the surface of the granite blocks, and at the distance of three feet from the northern, and ten feet nine inches from the western side of the chamber."* [552]

Der maltesische Bohrspezialist Paulo war vom 4. Februar 1837 bis zum Ostermontag, den 27. März 1837 durch Howard Vyse engagiert. In dieser Zeit wurde er an verschiedenen Stellen auf dem Gizeh-Plateau eingesetzt. Am 27. März fand auch die Besichtigung durch Johann Nepomuk Visino (siehe Kap. 13.2.10) statt.

Abb. 106: Sarkophag in der Königskammer der Cheops-Pyramide. Foto nach den Renovierungsarbeiten der 1980er und 1990er Jahre.

---

551 Vyse 1840-42, Bd. 1, 289-290.

552 Vyse 1840-42, Bd. 1, 147.

Im Laufe von durch Zahi Hawass ins Leben gerufene Renovierungsarbeiten im Inneren der Cheops-Pyramide wurden die beiden Steine im März 1999 entfernt und das vom Metallgitter überdeckte Loch mit passenden Granitsteinen verschlossen. Danach sah es für Touristen so aus wie in Abb. 106 zu sehen ist.

Die vier fehlenden Granitsteine am rechten Rand, die früher das Loch bildeten, wurden nun durch gleichwertige Steine ersetzt. Wie auf diesem Bild schön zu sehen ist, befinden sich drei große Bodenplatten in Nord-Süd-Ausrichtung. Der Sarkophag steht dabei auf der zweiten Platte von der Westseite aus gezählt.

Bereits Greaves macht 1638 die Entdeckung, dass unter dem Sarkophag von Schatzsuchern ein Loch gegraben wurde:

> *"Under it [the sarcophagus] I found a little hollow space to have been dug away, no doubt by the avarice of some who might not improbably conjecture a hidden treasure to be reposited there, an expenseful prodigality out of Superstition used by the ancients, and with the same blind devotion taken up and continued to this day in the East Indies."* [553]

Als Urheber dieser Grabungen ist al-Ma'mūn und seine Leute zu vermuten, die in der Cheops-Pyramide im 9. Jahrhundert nach einem Schatz oder verborgenen Gang suchten.[554]

Interessant ist die Anordnung der Bodenplatten, da nach der dritten Bodenplatte von der Westseite aus gesehen, das Konzept der fast durch den gesamten Raum reichenden Bodenplatten unterbrochen ist. Ist das ein Hinweis auf eine unter dieser Kammer versteckte weitere Kammer? Es ist wahrscheinlich, dass dies der Fall ist und diese langen, in Nord-Süd-Richtung verlegten Bodenplatten eine kleine Kammer darunter überspannen.

Den Beweis dafür liefert ein Reisebericht aus dem 17. Jahrhundert, der hier von einer kleinen, quadratischen Kammer berichtet. Es handelt sich hierbei um den Niederländer Cornelis de Bruyn.[555] Am 27. Mai 1681 besichtigte er die Gizeh-Pyramiden, auf dessen Spitze er seinen Namen eingravierte. In seinem Reisebericht schreibt er zur Königskammer in der Cheops-Pyramide:

> *„Am Ende dieses Raumes steht ein leerer und unbedeckter Sarg, der aus einem einzigen Stein ausgeschnitten wurde. Wenn man darauf schlägt, klingt er wie eine Glocke. Dieses Grab ist 3 Fuß[556] und 1 Zoll [≈ 1 m] breit und 7 Fuß 2 Zoll [≈ 2,33 m] lang. Der Stein, aus dem es besteht, ist über 5 Zoll [≈ 13,5 cm] dick, außerordentlich hart und wie Porphyr gut poliert, sodass er sehr schön ist. Die Wände dieser Kammer sind ebenfalls mit diesem Stein ausgekleidet. Dieser Sarg ist ziemlich nackt, ohne jegliche Abdeckung oder Verzierungen, entweder weil er beschädigt wurde oder weil es nie welche gab. Die Einheimischen sagen, dass der König, der den Bau dieser Pyramide befahl, nie darin begraben wurde. Die allgemeine Meinung ist, dass dieser König derjenige Pharao ist, der nach dem gerechten Urteil Gottes mit seiner ganzen Armee im Roten Meer ertrunken ist, als er die Kinder Israel verfolgte, die damals das auserwählte Volk Gottes waren.*
> *Bevor wir nach oben kamen, wurde mir gesagt, dass sich beim Eintritt in die Kammer [Königskammer] auf der rechten Seite ein Loch befindet[557], durch das man in eine andere Kammer gelangen kann und von dort aus wieder in einen anderen Gang. Als ich in die Kammer kam, fand ich auch bald dieses Loch, und nachdem ich mit meiner Kerze festgestellt hatte, dass es nicht tiefer als 5 oder 6 Fuß [≈ 1,62–1,95 m] war, ließ ich mich in das Loch hinunter, fand aber nichts als einen kleinen quadratischen Raum, der so voller Fledermäuse war, dass sie von allen Seiten um mein Gesicht flogen. Ich war sehr erschrocken darüber und hatte viel zu tun, um meine Kerze zu beschützen. Darum warnte ich meine Freunde, die sich oben in der Grabkammer befanden und ließ sie darauf achten, dass ihre Kerzen nicht verlöschten, während ich eine genaue*

553 Greaves 1646, 98.

554 Siehe hierzu Kap. 13.1.1.

555 Cornelis de Bruyn wurde 1652 in Den Haag geboren und starb um 1727 in Zydebaelen bei Utrecht. Er war ein niederländischer Reisender, Maler und Buchautor.

556 Gemeint sind hier französische Fuß zu 32,48 cm.

557 Hierbei muss es sich um ein Loch neben dem Sarkophag handeln, welches Grabräuber gegraben haben.

Untersuchung der Kammer von allen Seiten unternahm. Ich konnte 20 oder 30 Fledermausnester sehen, aber keinen Durchgang, der irgendwo anders hinführte.“ [558]

Dies ist meines Wissens die erste Beschreibung dieser kleinen Kammer direkt unterhalb der Königskammer. Eine Bestätigung, dass hier tatsächlich eine Kammer liegt, liefert uns Johann Nepomuk Visino, der zeitgleich mit Howard Vyse im Frühjahr 1837 die Pyramiden besucht hat. Er schreibt hierzu:

„Dem Sarge gegenüber, an der nördlichen Wand, wurde in neuerer Zeit eingegraben, unmittelbar an der Wand ein vorspringender Bogen von poliertem Granit, und vor demselben eine geräumige Höhlung gefunden.
Der noch nicht weggeräumte Schutt wehrt eine nähere Beobachtung. Einige andere Eintiefungen in die Wand schienen mir entweder aus der Forschung oder der Zerstörung entsprungen. Hieroglyphen fand ich nirgends.“ [559]

Wenn es sich bei dem *„kleinen quadratischen Raum“* um eine durch Grabräuber verursachte Aushöhlung gehandelt hätte, wäre diese sicher nicht quadratisch ausgefallen, da Grabräuber immer nur Löcher und Tunnel graben.

Bereits Howard Vyse hat hier im Frühjahr 1837 Bohrungen vorgenommen und verweist auf ältere Ausgrabungen an dieser Stelle:

"In the afternoon Mr. Hill came with Paulo, a Maltese, who was engaged to superintend the boring; they immediately went with M. Caviglia into the Great Pyramid, and resolved to commence operations in the centre of the king's chamber. But it was found impossible to bore through the blocks of granite, or to remove them on account of the closeness of the joints, I therefore directed Paulo on the following morning to clear out an old excavation at the north-western corner, and to begin boring at the depth of six feet four inches below the surface of the granite blocks, and at the distance of three feet from the northern, and ten feet nine inches from the western side of the chamber." [560]

Wie man sieht, wollte Vyse zuerst in der Mitte der Königskammer ein Loch bohren lassen, was aber technisch nicht möglich war und er sich somit für die Nordwestecke entschied. Doch auch dort gab es wenige Zeit später Schwierigkeiten. Am 11. Februar 1837 musste er bereits die abgenutzten Bohrstangen austauschen und am 14. Februar schreibt er:

"Owing to the idleness of the Arabs, the boring rods in the King's Chamber were not constantly turned, and a notch was made at the bottom of the hole, in which the chisel snapped off at the depth of five feet, — it was reported, upon granite. Nothing, therefore, remained but to cut through the stones for the chisel." [561]

Am 24. Februar findet er dann Wüstensand bei seinen Grabungen in der Königskammer: "*Some desert sand, probably fillings in, had been found in the excavation made for the chisel in the King's Chamber.*“ Leider lässt es sich nun nicht mehr nachweisen, ob auch dieser Sand ein besonderer Sand war, wie er in Hohlräumen bei Bohrungen durch Dormion im horizontalen Gang gefunden hat (siehe Kap. 14.4).

Eine Bestätigung eines Hohlraums in der Nähe des Sarkophags in Richtung Südwand mittels moderner nichtinvasiver Untersuchungsmethoden lieferte auch ein japanisches Team von der Waseda-Universität in Tokyo aus dem Jahr 1987.[562]

---

[558] Bruyn 1700, 195-196. Eigene Übersetzung aus dem Französischen.

[559] Visino 1840, 133. Der Besuch der Cheops-Pyramide fand am 27. März 1837 statt.

[560] Vyse 1840-42, Bd. 1, 147. Der Tagebucheintrag stammt vom 4. Februar 1837.

[561] Vyse 1840-42, 155-156.

[562] Yoshimura, Nakagawa und Tonouchi 1988, 48. Siehe hierzu auch Kap. 14.4 im vorliegenden Buch.

Die offiziellen Angaben von der ägyptischen Altertumsbehörde, dass es unter dem Sarkophag nichts gäbe, sind also offenkundig falsch. Ob in dieser kleinen Kammer unter dem Sarkophag jemals etwas von Wert verborgen war, lässt sich bedauerlicherweise nicht mehr ermitteln. Es zeigt aber, dass es in der Pyramide definitiv mehr gab, als man uns von offizieller Seite glauben machen will.

13.1.4 Mythologische Amduat-Bezüge zur Cheops-Pyramide

Wenn wir uns die Maße der Pyramide ansehen, so ist allgemein bekannt, dass die äußeren Maße (Länge und Breite) jeweils 440 Königsellen (≈ 230,38 m) betragen. Die Länge des Sarkophags der Königskammer entspricht genau einem Hundertstel dieser Länge, nämlich 4,4 Königsellen. Da die Ägypter, genau wie wir heute, mit dem Dezimalsystem gearbeitet haben, wird durch den Faktor 100 ein Bezug der Außenseite der Pyramide zu seinem Innersten, dem Sarkophag, hergestellt.

Zur Basislänge der Pyramide von 440 Ellen gibt es einen interessanten Bezug zu einem Text aus dem Amduat[563]. Darin ist die Nachtreise des ägyptischen Sonnengottes (Ra) in 12 Stunden unterteilt, von denen jede einen enormen Einblick in die menschliche Psyche bietet. Das gesamte Amduat könnte als die erste „wissenschaftliche Veröffentlichung" der Menschheit bezeichnet werden, die die Gefahren beschreibt, aber auch die Regenerationsfähigkeit der Nachtwelt, die Antworten auf grundlegende menschliche Fragen liefert. In der Einleitung zur siebten Stunde heißt es:

> *„Verweilen durch die Majestät dieses großen Gottes in der Höhle des Osiris. Weisungen erteilen durch die Majestät dieses Gottes bei dieser Höhle an die Gottheiten, die in ihr sind. ... Der geheimnisvolle Weg des Westens, auf welchem der Größte Gott dahinzieht in seiner abgeschirmten Barke. ... Gemacht ist dieses dergestalt auf der Nordseite des Verborgenen Raumes ist der Dat. ... Die Sandbank dessen ‚Mit schrecklichem Gesicht' in der Dat[564], 440 Ellen ist sie in ihrer Länge. ... So ist er beschaffen bei seiner Sandbank, die in der Dat ist. ‚Wassserbringendes' (?) ist der Name dieser Sandbank, 440 Ellen (ist sie) in ihrer Länge, 440 Ellen in ihrer Breite."* [565]

Die Unterwelt, durch die der Sonnengott Ra jede Nacht reist, besitzt eine Sandbank, die in ihren Ausmaßen (Länge x Breite) exakt den Dimensionen der Cheops-Pyramide entspricht! Ob die später aufgezeichneten Texte des Amduat die Sandbank mit der Fläche der Cheops-Pyramide gleichsetzen wollten oder ob umgekehrt die Pyramide nach den Maßen der Sandbank erschaffen werden sollte, ist indes ungewiss. Der Zusammenhang jedoch ist auffällig und mit großer Wahrscheinlichkeit nicht zufällig. In dem Text wird auch von einem *„geheimnisvollen Weg des Westens"* gesprochen. Der Westen steht für das Jenseits, während der Osten für die Geburt und den Beginn des Lebens steht, da die Sonne im Osten auf und im Westen untergeht. Geheimnisvoll ist dieser Weg deshalb, da er das Jenseits betrifft und von Lebenden nicht gesehen werden kann. Der Verweis auf einen verborgenen Raum auf der Nordseite im Jenseits könnte ein Hinweis darauf sein, warum alle Pyramideneingänge sich im Norden befinden.

In der achten Stunde des Amduat gibt es auch einen klaren Hinweis auf die Funktion der Sandbank als Totenstätte. Hier heißt es:

> *„Die ‚Bilder' der Wesen werden im Licht der Sonnenscheibe sichtbar, während die Leichname unsichtbar im Sand begraben liegen."* [566]

Diese Belege aus altägyptischen Texten zeigen, dass es sich bei der Pyramide nur um eine Begräbnisstätte handeln kann und um nichts anderes, wie von vielen immer wieder spekuliert wird.

---

563 Das Amduat (Die Schrift des verborgenen Raumes) gilt als ältestes altägyptisches Literaturwerk der Gattung Jenseitsbücher. Es entstand als Zusammenfassung unter dem Amduat-Titel „Das Buch von dem, was in der Duat (Jenseits) ist". Die Redaktoren des Amduats verwendeten ältere Vorlagen, die bis in das Alte Reich zurückreichen.

564 Auch Duat, das Jenseits.

565 Hornung 2002, 128, 135.

566 Hornung 2002, 141.

Der katholische Priester Johann Nepomuk Visino, der im Frühjahr 1837 Ägypten bereist und die Pyramiden von Gizeh besucht hat, schreibt hierzu treffend:

> *„Rings um sie [die Pyramiden] ist der Boden von großen und kleinen Gräbern erfüllt; das dazwischen hinlaufende Thal heißt das Thal der Mumien; die Benennung der einzelnen Kammern, die Sarkophage und ihre Größe, die ganze, überall das Bild des Todes zeigende Einrichtung der Pyramiden, ihre Entfernung von der Stadt – kurz, Alles deutet offenbar darauf hin; und doch zweifelt man! Was doch die Gelehrten nicht Alles bezweifeln!“* [567]

Dem kann man sich nur uneingeschränkt anschließen.

13.2 Die Königinnenkammer

Die sogenannte Königinnenkammer – der Name stammt von den Arabern, die dachten, dass hier die Königin des Erbauers der Pyramide bestattet wurde, weil die Kammer ein gewölbtes Dach besaß und dies bei den Arabern für die Beerdigung von Frauen benutzt wurde, im Gegensatz zum Flachdach bei Männern – birgt außer den von Waynman Dixon 1872 gefundenen kleinen Schächten mit drei darin gefundenen Relikten noch weitere Geheimnisse.

Abb. 107: Dach der Königinnenkammer (Westseite) mit zubetonierter Öffnung der Grabung von John Shae Perring.

Allgemein bekannt ist das Vorhandensein einer Nische an der Ostwand der Kammer.

[567] Visino 1840, 134.

Abb. 108: Nische in der Ostwand der Königinnenkammer.

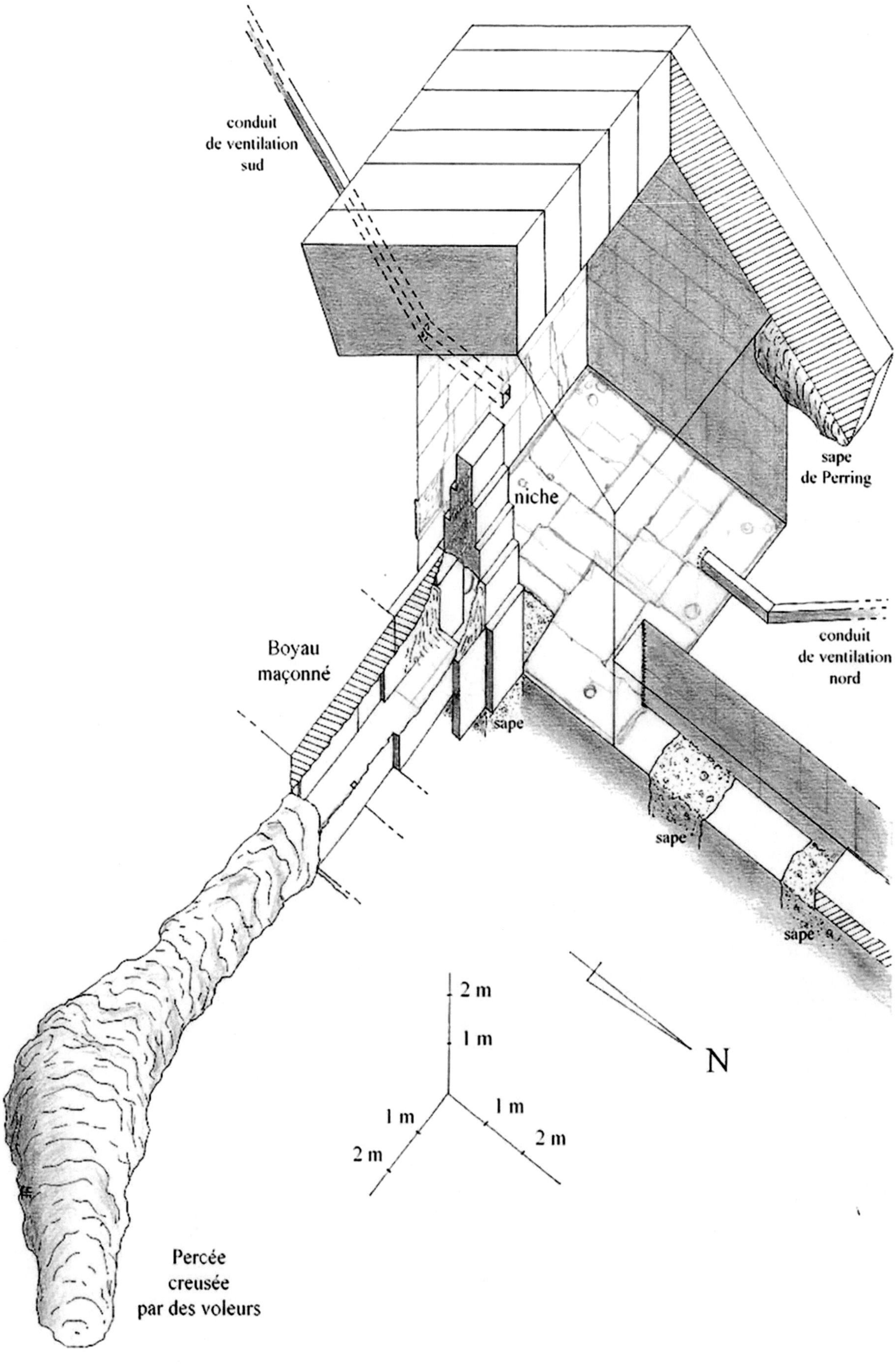

Abb. 109: 3-dimensionale Darstellung der Königinnenkammer (nach Franck Monnier).

Was die Nische in der Ostwand betrifft, deren Tunnel heute mit einem Eisengitter verschlossen ist (siehe Abb. 108) stellt sich die Frage, warum die ansonsten so symmetrieliebenden Ägypter die Nische nicht genau mittig an der Ostseite angebracht haben, sondern leicht nach Süden verschoben. Ohne Grund wird das sicher nicht geschehen sein. Doch was könnte dieser Grund sein? Wäre die Nische für eine Statue bestimmt gewesen, so wäre diese sicher mittig in der Ostwand untergebracht worden. Zudem ist die Nische, die bis zum Ansatz der Giebeldachkonstruktion reicht, mit einer Höhe von 4,71 Metern für eine Statue einfach zu groß und es wurde keine ägyptische Statue jemals von Kragsteinen eingerahmt. Es kann sich daher meines Erachtens nur um ein architektonisch bedingtes Problem gehandelt haben, wie etwa die Umgehung der Großen Galerie durch die kleinen Schächte der oberen beiden Kammern. Vielleicht war das auch der Grund, warum die Grabräuber den ursprünglich rund 7 m langen Nischentunnel nach Norden in Richtung Mitte der Königinnenkammer gegraben haben, weil sie in der Verlängerung der Mittelachse dieser Kammer ein Versteck oder einen Geheimgang vermutet haben. Gemäß der Schilderung von Caviglia, der eine Länge von 40 Fuß (≈ 12,2 m) vorgefunden hat und am Ende die Namen Pasley und Munro eingeritzt fand, können diese beiden Herren für die Erweiterung des ursprünglich nur rund 5–7 m langen Tunnels verantwortlich gewesen sein.[568] Wie man in Abb. 113 sieht, macht dieser Tunnel nach ca. 30 Fuß eine Richtungsänderung. Dies bedeutet, dass bereits die Schatzsucher vor Caviglia nach 30 Fuß (≈ 9,14 m) eine Richtungsänderung eingeschlagen haben, dann aber nach 10 Fuß (≈ 3,05 m) ihr Vorhaben aufgaben. Caviglia muss dann noch weitere knapp 20 Fuß (≈ 6 m) in die neu eingeschlagene Richtung des Tunnels weitergegraben haben, bevor auch er unverrichteter Dinge sein Vorhaben aufgab.

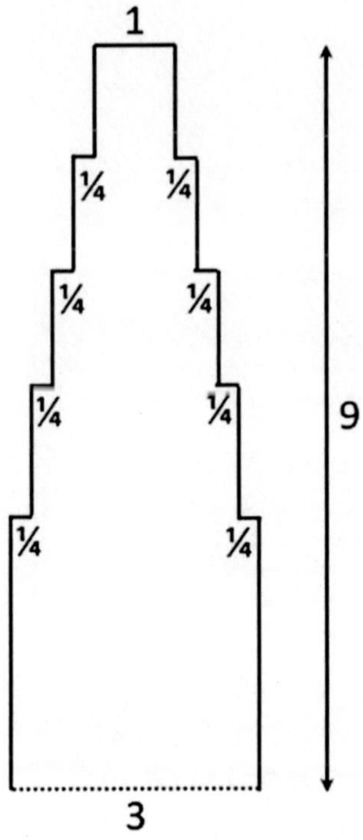

Abb. 110: Schematische Zeichnung der Nische der Königinnenkammer (Maße in Ellen).

Zunächst einmal sieht man auf obiger Abbildung, dass die Proportionen der Nische selbst symmetrisch sind, ausgenommen des untersten Abschnittes, der deutlich zu hoch wirkt. Dies liegt daran, dass ursprünglich der Boden der Kammer eine Elle höher sein sollte bzw. war, falls er anschließend entfernt wurde. Der Tunnel, der die ersten 5–7 Meter (nach Dormion[569] sind es nur gut 5 m) gemauert ist, also vom Architekten der Pyramide so gewollt, befindet sich exakt auf der Höhe, die dem ursprünglichen Boden entsprochen hat. Damit wäre dann dieser Tunnel auf der gleichen Höhe wie der Eingangstunnel in die Kammer gewesen, was typisch für ein System von internen Korridoren ist. Dormion vermutet, dass sich unter diesem Nischentunnel ein System von Fallsteinen, ähnlich denen in der Vorkammer zur Königskammer, befindet und darunter ein weiterer Gang, der zu einer tiefer liegenden Kammer führt.[570] Eingezeichnet ist auf der Abbildung von Dormion auch der Grabungsversuch von Howard Vyse, der im Frühjahr 1837 dort nach Schätzen grub.[571]

---

568 Vyse 1840-42, Vol. 2, 290-291.

569 Dormion, La chambre de Chéops 2004, 237.

570 Dormion, La chambre de Chéops 2004, 245, Abb. 60.

571 Gemäß Dormion grub Vyse vor der Ostwand-Nische 2,50 m in die Tiefe. Dies bestätigt auch Abb. 111.

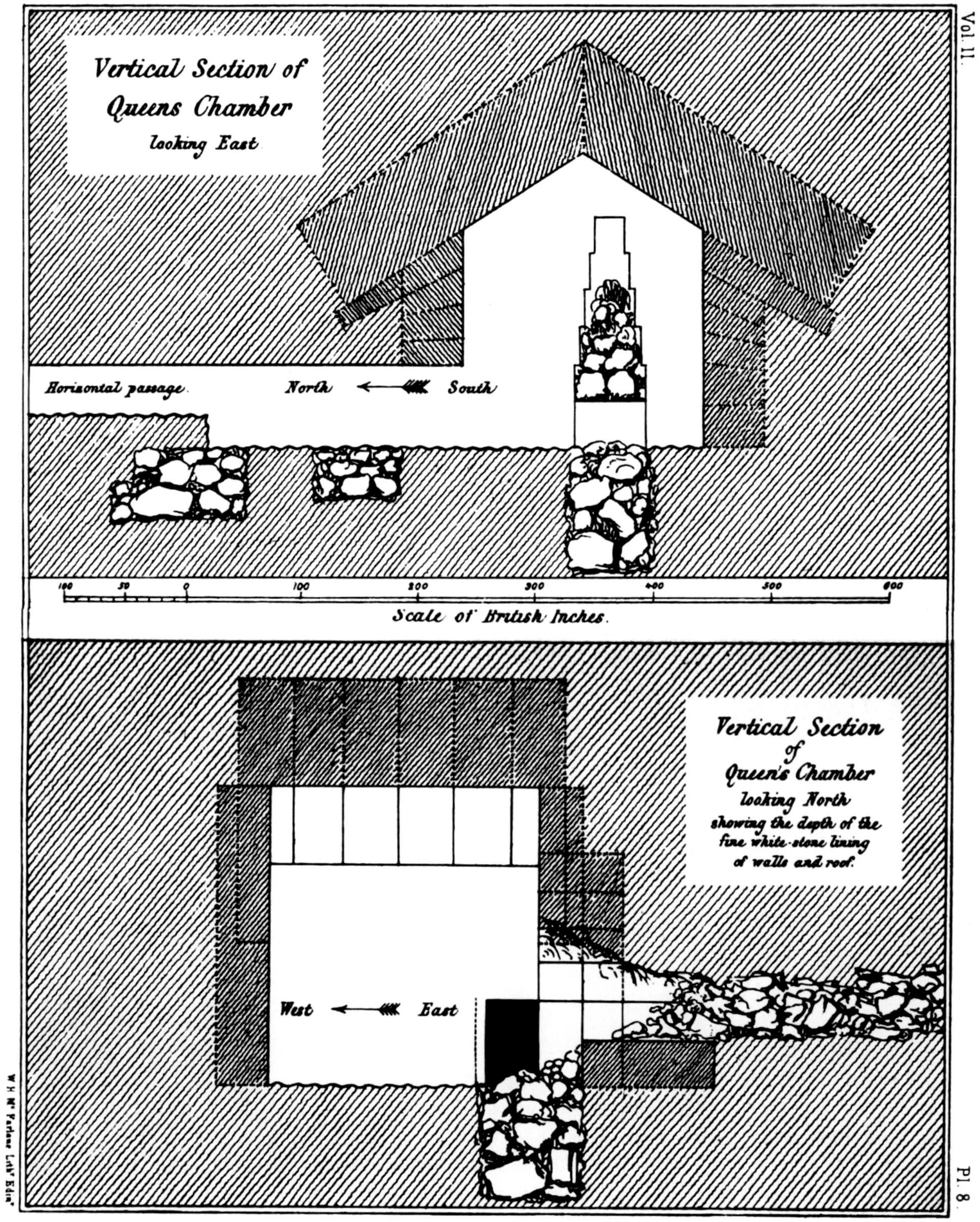

Abb. 111: Grabungen durch Howard Vyse rund um die Königinnenkammer nach Piazzi Smyth.

Die Hypothese von Dormion erhält eine interessante Bestätigung durch einen Augenzeugenbericht von einem deutschen katholischen Priester namens Johann Nepomuk Visino, der die Königskammer am 27. März 1837, also zur Zeit als Howard Vyse am 3. März 1837 begonnen hatte, die Königinnenkammer zu erforschen, besichtigt hat (siehe hierzu die Kap. 13.2.8 und 13.2.10).

Zum Aussehen der Nische, die einem kragenförmigen Gewölbe gleicht, fällt einem sofort die Große Galerie ein, die ebenfalls so aufgebaut ist. Dort war die Bauweise allerdings der Tatsache geschuldet, dass ein über 8 Meter hoher Raum einem enormen Druck von oben ausgesetzt ist, den es über die Seiten abzuleiten gilt. Vielleicht sollte die Nische ursprünglich auch deutlich weiter ins Bauwerk hineinreichen, um ebenfalls eine kleinere Galerie zu bilden. Möglich auch, dass hier eine Galerie nur symbolisch angedeutet wurde. Doch erklärt dies alles nicht den Versatz um gut eine Elle nach Süden aus der Mitte heraus. Dies würde nur dann Sinn ergeben, wenn die Nische Teil einer größeren Konstruktion ist, wie oben beschrieben. Betrachten wir uns den Originaleingang in die Pyramide auf der 16. Steinlage, so ist dieser Eingang ebenfalls aus der Mitte der Pyramide heraus verschoben. Als Grund hierfür vermutet man einen Schutz vor Grabräubern, denen man die Suche nicht zu einfach machen wollte. Bezogen auf die Höhe dieses Eingangs ist dieser auch nur minimal aus der Mitte heraus verschoben, genau wie die Nische in der Ostwand der Königinnenkammer. Das könnte also auch ein Hinweis auf den Zugang zu einer weiteren Kammer sein.

Abb. 112: Die Königinnenkammer mit der Nische an der Ostwand. Der Tunnel in der Nische ist zu diesem Zeitpunkt (Anfang des 20. Jh.) noch mit Sand und Geröll verstopft. (Edgar & Edgar).

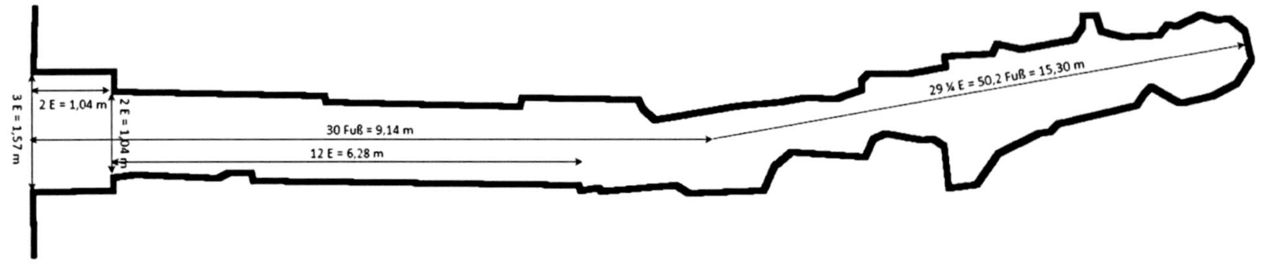

Abb. 113: Nachzeichnung der Nische mit anschließendem Tunnel in der Ostwand der Königinnenkammer nach Maragioglio/Rinaldi.

Ob Dormion tatsächlich bis zum Ende des Nischentunnels gekrochen ist, zumal da gemäß seinen Informationen nichts zu sehen war, als die Sackgasse des Tunnels, bleibt fraglich. Er selbst schreibt darüber:

> *„Als wir 1998 die Belüftung der Großen Pyramide etablierten, konnten wir in den Tunnel eintreten und ihn studieren, kurz zwar, aber ausreichend, um wesentliche Dinge zu sehen. Es handelt sich um einen horizontalen Ost-West-Tunnel, 15,30 m lang, der aus zwei Teilen besteht [Abb. 57]. Zunächst geht der Durchbruch über eine Distanz von etwa fünf Metern durch ein kompaktes Mauerwerk aus guten quadratischen Blöcken: offensichtlich die saubere Mauerumhüllung der ‚Königinnenkammer'. Die Kontinuität mit dem nächsten Tunnelabschnitt ist deutlich. Der Tunnel geht etwa zehn Meter weiter, auf eine viel chaotischere Weise, durch ein Mauerwerk aus groben Blöcken, die durch sehr breite Fugen getrennt sind. Es handelt sich hierbei um charakteristische Bruchsteine, wie man sie im al-Ma'mūn-Tunnel sieht. Es gibt absolut nichts Verdächtiges daran, das die Begeisterung derjenigen hätte wecken können, die unter großen Schwierigkeiten hier gegraben haben.“* [572]

Dormion sagt selbst, dass der Tunnel ins Nirgendwo führt. In 9 Ellen (≈ 4,71 m) Entfernung von der Ostwand der Königinnenkammer fand Dormion im Nischentunnel eine 10 × 12 cm große rechteckige, sauber ausgeschnittene, Vertiefung im Boden des Tunnels. Diese wies aufgrund ihrer Machart – drei Seiten lagen in einem Block, während die vierte Seite durch einen anderen Block begrenzt wurde. Die kleinen Schächte in den oberen Kammern weisen genau die gleichen Konstruktionsmerkmale auf. Deshalb schloss Dormion, dass es sich bei diesem Tunnel bis zum Ende des Mauerwerks (etwa 5,80 m hinter der Ostwand) um einen Serviceschacht handelte, über den vermutlich Fallsteine in einem darunterliegenden Schacht mittels Seile durch eine nachträglich wieder verschlossene Öffnung, wie die zuvor beschriebene 10 × 12 cm große, heruntergelassen werden konnten, um den darunterliegenden Gang mit der dahinterliegenden Kammer zu versiegeln. Die Handhabung der Fallsteine war von oben geplant.

Aufgrund eingehender Analysen des Bodens der Königinnenkammer kommt Dormion zu dem Schluss, dass die heute fehlende Bodenschicht von einer Elle Höhe nicht den ganzen Raum bedeckt hat, sondern nur den mittleren Bereich mit einer Fläche von 7 × 8 Ellen. Der Raum selbst ist 10 × 11 Ellen groß, sodass ein äußerer Rand von 1,5 Ellen ursprünglich nicht bedeckt gewesen sein soll. Seiner Meinung nach wurden die heute sichtbaren Bodenplatten im östlichen Bereich der Kammer, wo sich auch die Nische befindet, nachträglich geändert, was mit einem später wieder verschlossenen Zugang zu einer darunter liegenden Kammer zusammenhängt. Doch warum sollte der Rand der Königinnenkammer nicht gepflastert worden sein? Dormion fand in diesem ehemals ungepflasterten Bereich sechs Gruppen von kreisförmigen Einkerbungen, die rund 7 cm tief sind. Er glaubt, dass sie einst eine Holzpfahlkonstruktion beherbergt haben. Diese Installation, wofür auch immer sie gewesen war, hat verhindert, dass der gesamte Raum gepflastert werden konnte.

[572] Dormion 2004, 237. Eigene Übersetzung aus dem Französischen.

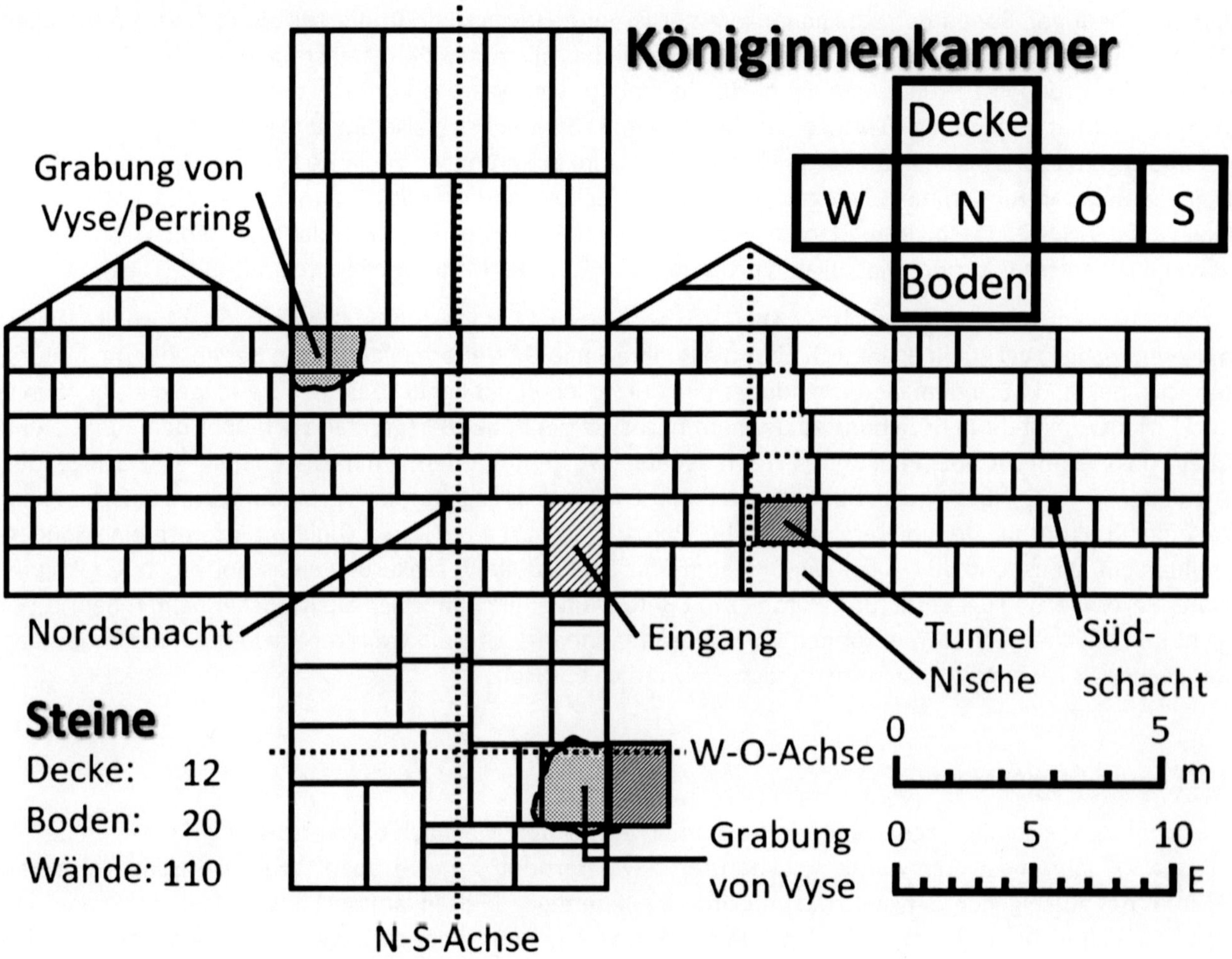

Abb. 114: Steinverteilung in der Königinnenkammer.

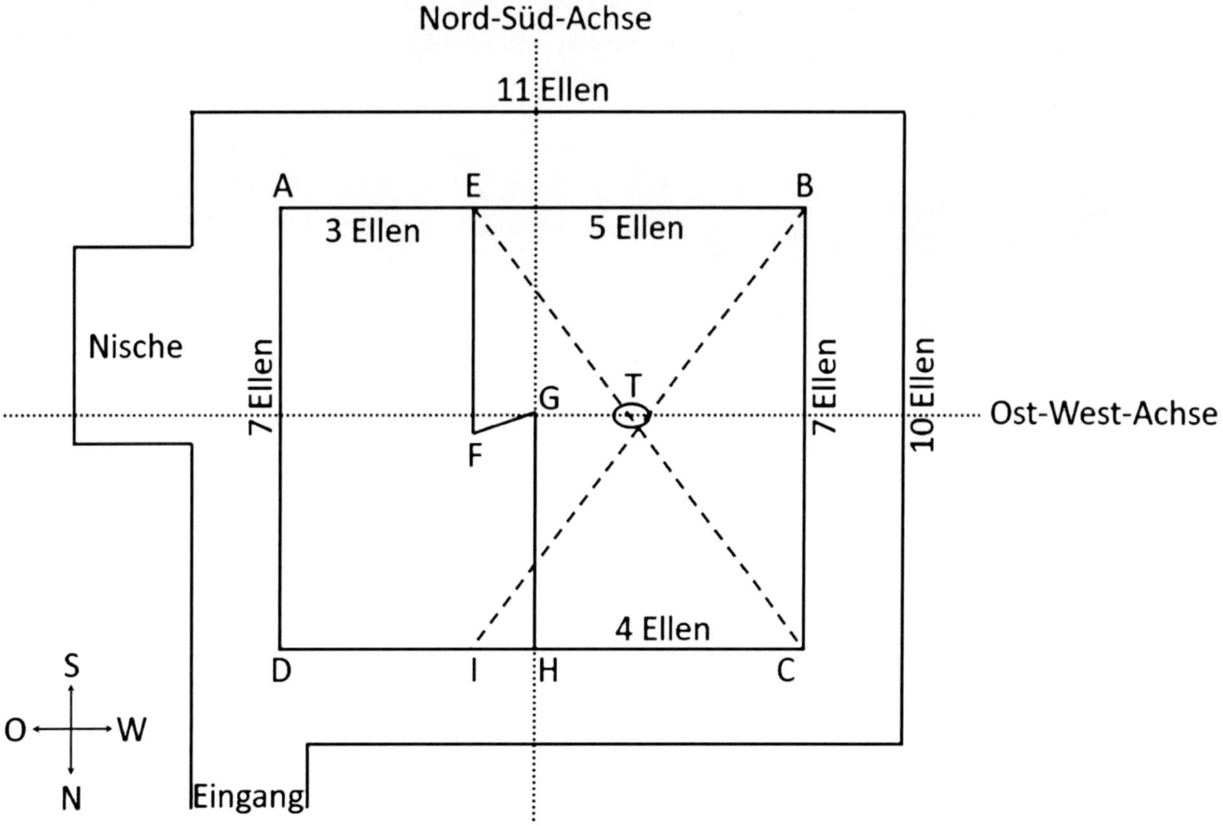

Abb. 115: Der Boden der Königinnenkammer (Nachzeichnung nach Dormion).

Auf dem heutigen Boden der Königinnenkammer ist eine Zickzacklinie in der Mitte des Raumes zu sehen (Linie E-F-G), die an ein Blitzzeichen erinnert. Dormion hat hierzu richtig festgestellt, dass diese Linie wenig mit der Konstruktion zu tun haben kann, da ein Einbau, von was auch immer, mit solch ungewöhnlichen Winkeln nicht in Verbindung zu bringen ist. Bei der Linie könnte es sich also um eine Markierung handelt. Die genaue Lage dieser Linie zeigt, dass es sich hierbei um eine ursprünglich geplante Linie handeln muss, da die Maße in Relation zur Kammer alle exakt in Ellen ausdrückbar sind. Der Mittelpunkt G der Zickzacklinie liegt exakt auf der Nord-Süd- sowie auf der Ost-West-Achse der Pyramide und wurde daher sicherlich nicht zufällig gewählt. Interessant ist auch eine ovale Vertiefung (T), die in der Mitte des Rechtecks (E-B-C-I) liegt.

Zu den Löchern im Boden fällt noch auf: Das Loch seitlich von Punkt D steht in Beziehung (gestrichelte Linien) mit zwei Löchern bei Punkt B, nämlich über die Punkte F und G. Weiterhin steht es in Beziehung zum hintersten Loch bei Punkt C, indem die Verbindungslinie durch den Punkt I geht. Das Loch zwischen den Punkten D und I wiederum steht in Beziehung zu dem am nächsten bei Punkt B liegenden Loch über den Punkt T und über Punkt F zum Loch bei Punkt E. Das Loch bei Punkt A steht mit dem am nächsten bei Punkt C liegenden Loch über Punkt G in Beziehung. Das Loch bei Punkt E wiederum liegt auf der Verbindungslinie zwischen dem Loch bei Punkt A und dem hintersten Loch bei Punkt B. Das Loch bei Punkt D nimmt insofern eine Sonderstellung ein, da es rund 30 cm tief war und somit für eine stabile Verankerung eines Holzpfostens geeignet wäre. Bei der letzten Restaurierung wurde es mit Beton aufgefüllt, damit sich die Besucher beim Hineintreten nicht den Knöchel verstauchen können. Diese Zusammenhänge sind ein weiterer Hinweis auf die Bedeutung der Löcher als Merkmale einer Konstruktion, vermutlich aus Holz.

13.2.1 Der Kalif Al-Ma'mūn

Zunächst stellt sich die Frage, wann diese Kammer zum ersten Mal nach der Versieglung der Pyramide vor etwa 4.500 Jahren betreten wurde. Antike Autoren wie Herodot[573] und Strabon[574] zeigen uns, dass zu deren Zeit nur der absteigende Gang und die unterirdische Kammer[575] (Felsenkammer) bekannt waren. Plinius war von 67 bis 69 n. Chr. Legionslegat in Ägypten und Syrien. Vermutlich hat er in dieser Zeit auch die Pyramiden von Gizeh besucht. Demnach müsste der Zugang in den Brunnenschacht zwischen 24 v. Chr. und 69 n. Chr. erfolgt sein.

Der erste nachweisbare Besucher der Königinnenkammer war der Kalif al-Ma'mūn mit Gefolge gewesen.

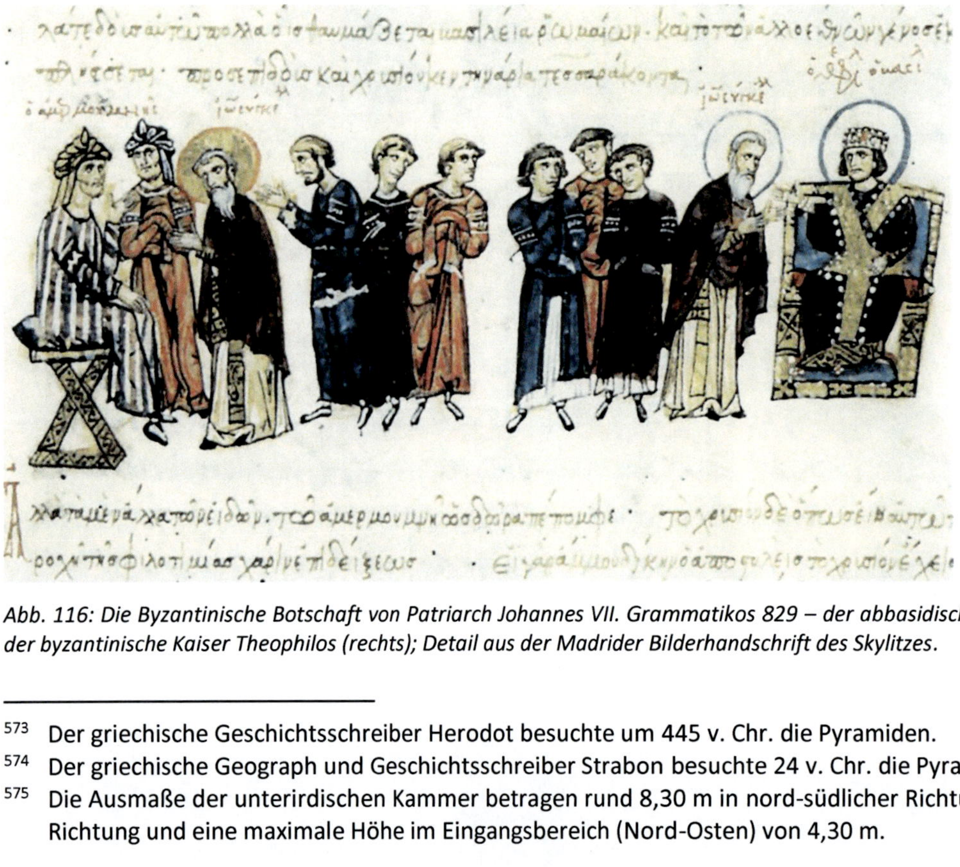

Abb. 116: Die Byzantinische Botschaft von Patriarch Johannes VII. Grammatikos 829 – der abbasidische Kalif al-Ma'mūn (links) und der byzantinische Kaiser Theophilos (rechts); Detail aus der Madrider Bilderhandschrift des Skylitzes.

---

573 Der griechische Geschichtsschreiber Herodot besuchte um 445 v. Chr. die Pyramiden.

574 Der griechische Geograph und Geschichtsschreiber Strabon besuchte 24 v. Chr. die Pyramiden.

575 Die Ausmaße der unterirdischen Kammer betragen rund 8,30 m in nord-südlicher Richtung, 14 m in ost-westlicher Richtung und eine maximale Höhe im Eingangsbereich (Nord-Osten) von 4,30 m.

Al-Ma'mūn[576] war ein wissbegieriger Kalif, der unter anderem besonders an Geografie und Astronomie interessiert war. Gleichzeitig war das 9. Jahrhundert die Blütezeit der mittelalterlichen arabisch-muslimischen Kultur. Zu diesem Zeitpunkt waren die alten Kulturen der Kalifatvölker verschmolzen, und die höchsten geistigen Werte der Antike, Byzanz und Iran (Sassanidenzeit), waren dank zahlreicher Übersetzungen am Ende des 8. Jahrhunderts beherrscht worden, besonders zu Beginn des 9. Jahrhunderts, während der Herrschaft des Kalifen al-Ma'mūn. In der Hauptstadt Bagdad des Kalifats, im von al-Ma'mūn gegründeten „Haus der Weisheit", arbeiteten die größten Mathematiker, Astronomen, Ärzte und Naturwissenschaftler, die den Grundstein für die Entwicklung der exakten und Naturwissenschaften im Kalifat legten. Das Haus der Weisheit verfügte über eine Bibliothek (mit Übersetzern), ein Observatorium[577] und die notwendigen Werkzeuge.

Auf seine Veranlassung hin wurde eine Weltkarte[578] erstellt, die die genaueste seiner Zeit galt. Spätere Geografen griffen auf sie zurück.[579] Er ließ im Jahr 827 einen Breitengrad der Erde für das heutige Bagdad, welches auf 33° 20' nördlicher Breite liegt, vermessen[580], der mit 56 ⅔ arabischen Meilen[581] (≈ 112,2 km) nur geringfügig größer als der tatsächliche Wert von 111,2 km[582] ausfiel. Der Al-Ma'mūn'sche Erdumfang entspräche demnach 40.392 km gegenüber dem heutigen Wert von 40.075 km. Die Abweichung betrug also lediglich 0,8 %. Bis zur Zeit von al-Ma'mūn benutzte man die Ptolemäischen Karten aus dem 2. Jahrhundert n. Chr. Das Problem damit war aber, dass Ptolemäus unbewusst zwei verschiedene Maßstäbe benutzte, den von Eratosthenes ermittelten Wert von 110 km pro Breitengrad und einen zweiten Wert von 78 km, sowie für die Längengrade einen Wert von nur 60 – 70 km.[583] Dies führte zu teilweise massiven Verzerrungen der Wirklichkeit, die sich noch negativ bis ins hohe Mittelalter auswirkten. Dazu bemerkt Michael Cooperson:

---

576 Siehe Fußnote 491.

577 Im Jahr 825 ließ al-Ma'mūn das erste „moderne" Observatorium der Welt in Bagdad errichten. Hier wurden detaillierte Beobachtungen von Sonne, Mond und den Planeten vorgenommen.

578 Die Karte galt lange als verschollen. Erst 1986 wurde in der Istanbuler Saray-Bibliothek ein um 1340 entstandenes Exemplar der Enzyklopädie *Masālik al-abṣār* von Ibn Faḍlallāh al-ʿUmarī (1301–1349) entdeckt, welches eine Kopie der Weltkarte enthielt, die es ermöglichte, die Originalkarte zu rekonstruieren. Die al-Ma'mūn'schen Geografen hatten sich die bewohnte Welt als Insel vorgestellt, die von einem Ozean umschlossen wurde. Erstaunlich war jedoch, dass die Karte mehrere Maßstäbe besaß, die die Gebirge perspektivisch darstellte und zudem eine Form der Projektion der kugelförmigen Erde auf die zweidimensionale Fläche verwendete, die in Europa erst im 16. Jahrhundert üblich wurde.

579 Sezgin 2003, 68: *„Die drei nach der Ma'mūnkarte ältesten erhaltenen Darstellungen Afrikas, diejenige von al-Kindī und as-Saraḫsī (3./9. Jh.), diejenige eines Anonymous aus dem 4./10. bzw. 5./11. Jh. und die von al-Idrīsī (um 1154), sind entweder verstümmelte oder vergröberte Wiedergaben der für al-Ma'mūn geschaffenen Karte."*

580 Sezgin 2003, 102.

581 1 arabische Meile = 4.000 Ellen zu 49,5 cm = 1,98 km (Prell 1960, 27-28).

582 Berechnung nach Modell WGS84 online unter http://www.in-dubio-pro-geo.de/index.php?file=ellip/latit0.

583 K. Miller 1916, 48. Bis zur Lebenszeit von Claudius Ptolemäus (* um 100, evtl. in Ptolemais Hermeiou, Ägypten; † nach 160, in Alexandria, Ägypten) gab es 8 verschiedene Erdmessungen: die erste von Aristoteles (384-322 v. Chr.) mit dem Ergebnis 400.000 Stadien; die letzte von Posidonius (135-51 v. Chr.) mit einmal 240.000 Stadien und einmal mit 180.000 Stadien. Der beste Wert stammte jedoch von Eratosthenes (um 275–194 v. Chr.) mit 252.000 Stadien. *„Er ist der Erste und Einzige, welcher nicht nur Berechnungen und Schätzungen, sondern wirkliche Messungen in umfassender Weise angestellt hat."* (K. Miller 1916, 4). Die Länge eines Stadions betrug in der Antike 600 Fuß. Das Problem ist aber, dass es viele unterschiedliche Fußmaße gab und Eratosthenes nicht explizit angab, welches Fußmaß seinem verwendeten Stadion entsprach. *„Dieter Lelgemann, der auch Wissenschaftshistoriker ist, gehen davon aus, dass Eratosthenes tatsächlich den Fuß zu 26,446 cm gemeint hat, denn: 252.000 (Stadien) x 600 (Fuß/Stadion) x 26,446 cm (cm/Fuß) = 360 (Grad) x 3.600 (Bogensekunden/Grad) x 100 (Fuß/Bogensekunde) x 30,854 cm (cm/Fuß) = 39.987 km. Dieser Ansatz verbindet das ägyptische Maßsystem der Spätzeit, bei dem die Königselle die Doppelfuß-Elle auf Basis des Gudea-Fußes war, mit dem griechischen Maßsystem, dessen am weitesten verbreitetes Fußmaß innerhalb der hellenistischen Welt der kyrenaische Fuß war. Zudem war Eratosthenes in Kyrene geboren, dem Geburtsort des kyrenaischen Fußes."* (Bergdoll 2016, 25). Zur Ansicht, dass Eratosthenes den Gudea-Fuß zu 24,683 cm als Basis benutzt hat, siehe auch: Lelgemann 2001, 226 und Lelgemann 2010, 266. Die Verwirrung unter den antiken Geografen verursachte Posidonius, der zuerst den Erdumfang mit 240.000 Stadien angab und später dann mit 180.000 Stadien. Der kleinere Wert ist dabei auffallend genau ¾ so groß wie der größere Wert. Mit den Fußmaßen ist es nun so, dass der latinische Fuß, das ist das Fußmaß, welches die Römer zuerst benutzten (vor Polybios (* um 200 v. Chr.; † um 120 v. Chr.), der davon berichtet) und davon 10 Stadien zu 600 Fuß auf die Meile gingen, mit 24,683 cm genau ¾ so groß ist wie der philetairische Fuß zu 32,911 cm. Die fast gleiche Relation mit 74,4 %

"In the case of Greek (and Persian, although al-Idrīsī does not say so), al-Ma'mūn was known to have 'devoted himself to the reading and intense study of ancient books, and attained expertise in understanding them'. One report, for example, shows him reading a translation of Ptolemy's Geography in order to learn the circumference of the earth. When he found that Ptolemy's figure, which was expressed in stadia, was unclear even to the translators, he commissioned his astronomers to carry out their own measurement." [584]

Al-Ma'mūn unternahm auch einen Versuch die Hieroglyphen zu entschlüsseln. Cooperson bemerkt dazu: "*We should therefore not be surprised to learn that his activities in Egypt were not confined to quixotic assaults on Khufu. Rather, they included efforts to collect and decipher ancient Egyptian texts.*" Cooperson zitiert nun aus dem Pyramidenbuch[585] von Idrīsī:

"And yet, when he came to Egypt on the date already mentioned in this book [= 216/832], and was moved by his lofty ambition and noble spirit to expose the secrets concealed by the pyramids and to learn their true meaning, he found no one who could translate for him what he found there, or render into Arabic the obscurities it presented, except for one Ayyūb b. Maslama, an old man who had been recommended to him by the other sages of Egypt because he could decipher hieroglyphs (al-aqlām albirbāwīya). He translated for al-Ma'mūn what was written on the Pyramids, the two obelisks of Heliopolis, a stela found in a village stable near Memphis, another stela from Memphis itself, [as well as writings found] in Bū Sīr and Sammanūd. Everything he translated is in a book called al-Ṭilasmāt al-Kāhinīya (Priestly Talismans) ...
A long time ago, I came across a few damaged pages of al-Ṭilasmāt al-Kāhinīya. There I read that on the pyramids was written the name of their builder along with other texts containing wise sayings, talismans, wonders and spells. The writing on the Great Pyramid, apart from what was written on the other monuments, was, as given in this book, written in ten different scripts. Of these, Ayyub was able to translate four; the other six he did not know. [Ayyub] says: 'The reason is that the wise men of Egypt used an exceedingly difficult symbolic script. They used depictions of the stars and planets to cast [their writing] in riddles, symbols and obscurities, such that no one has been able to figure it out'." [586]

Vielleicht durch den erfolglosen Versuch von al-Ma'mūn, die ägyptischen Hieroglyphen zu entziffern war Ibn Waḥšīya[587] nur wenig später davon inspiriert, das Gleiche zu versuchen. Er war immerhin in der Lage, zumindest teilweise zu entziffern, was in den altägyptischen Hieroglyphen geschrieben wurde, indem er sie mit der zeitgenössischen koptischen Sprache in Verbindung brachte, die von den koptischen Priestern seiner Zeit verwendet wurde. Er erkannte, dass die Schrift eine wesentliche phonetische Komponente besitzt. Ein arabisches Manuskript von Ibn Waḥšīyas Buch *Kitab Shauq Al-Mustaham fi Macirfat Rumuz Al-Aqlam*[588], ein Werk, das eine Reihe von alten Alphabeten behandelt und in dem er eine Reihe von ägyptischen Hieroglyphen entzifferte, wurde später von Athanasius Kircher im 17. Jahrhundert gelesen und dann 1806 von Joseph von Hammer-Purgstall ins Englische übersetzt und veröffentlicht unter dem Titel *Ancient Alphabets and*

(statt 75 % = ¾) findet man zwischen dem Gudea-Fuß zu 26,446 cm und dem Ptolemäischen Fuß zu 35,554 cm. Miller geht deshalb davon aus, dass *„die zwei Zahlen (180.000 und 240.000) denselben Wert darstellen und sich nur auf (ein) verschiedenes Maß beziehen."* (K. Miller 1916, 12). Der Wert von 180.000 Stadien hat sich dann in der Antike durchgesetzt, dummerweise wurde aber das falsche Stadionmaß zugrunde gelegt, wodurch es bei Ptolemäus zu den Fehlern in seinen Karten gekommen ist.

584 Cooperson 2010, 180.

585 Kitāb Anwār ʿulwī al-aǧrām fi 'l-kašf ʿan asrār al-ahrām.

586 Cooperson 2010, 180-181.

587 Ibn Wahschiyya (arabisch أبو بكر أحمد بن علي بن قيس, DMG Abū Bakr Aḥmad b. ʿAlī ibn Qais, genannt Ibn Wahschiyya / ابن وحشية / Ibn Waḥšīya; * im 9. Jahrhundert in Qusayn nahe Kufa im heutigen Irak) war ein irakischer Naturwissenschaftler, den auch unbekannte Sprachen interessierten.

588 MS Arabe 6805, Bibliothèque Nationale, Paris.

Hieroglyphic Characters Explained.[589] Die Veröffentlichung fand 16 Jahre vor Jean-François Champollions Entzifferung der ägyptischen Hieroglyphen statt.

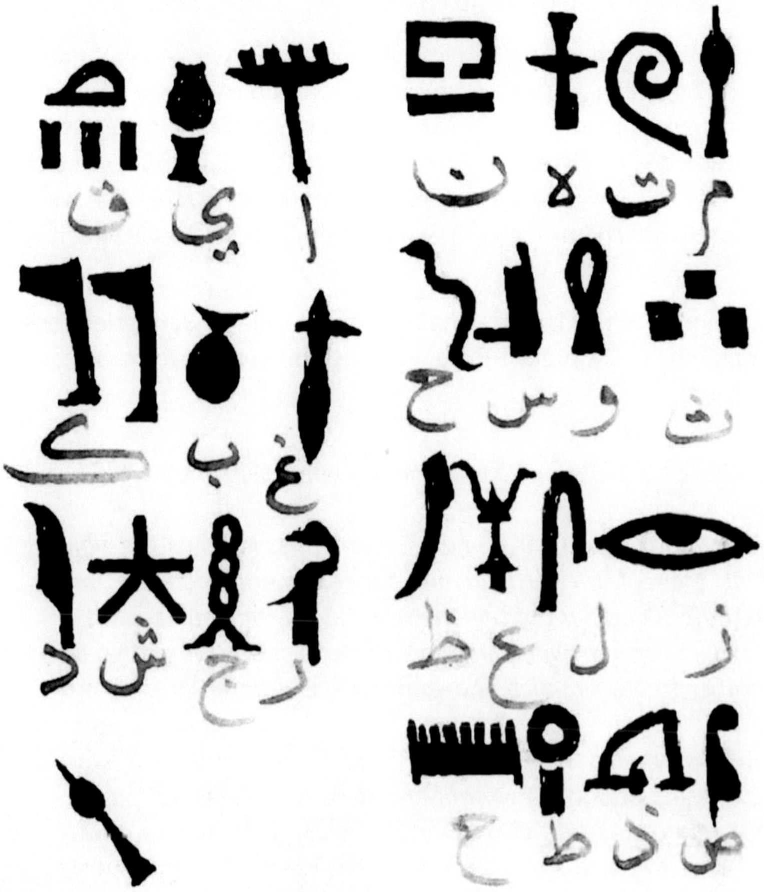

Abb. 117: Ibn Waḥšīyas Übersetzung der antiken ägyptischen phonetischen Hieroglyphen.

Obwohl Ibn Waḥšīya erkannte, dass unter den Hieroglyphen auch solche sein müssen, die eine phonetische Bedeutung haben, waren die von ihm zugeordneten Lautwerte fast alle falsch. Lediglich die Hieroglyphe für den Laut „ḥ" (3. Zeichen in 3. Reihe) wurde korrekt erkannt. Das 1. Zeichen in der 1. Reihe wäre korrekt erkannt ohne die drei senkrechten Striche darunter, die einen Plural symbolisieren; das Zeichen über den Strichen entspricht dem Lautwert „q". Bei vielen der oben dargestellten Zeichen handelt es sich um Mehrkonsonantenzeichen (z. B. 4. Reihe, 4. Zeichen von rechts hat die Bedeutung „mn"). Bei manchen Zeichen stimmt das erste phonetische Zeichen eines Lautwertes korrekt überein, wie bei dem 3. Zeichen von rechts in der 2. Reihe, das den korrekten Lautwert „st" besitzt.

Von Gregorius Bar-Hebraeus alias Abū l-Faradsch Ibn al-ʿIbrī, einem Universalgelehrten und Oberhaupt der syrisch-orthodoxen Kirche im 13. Jahrhundert, erfahren wir aus seinem Werk *Muḫtaṣar Taʾrīḫ ad-duwal* (dt. Kompendium der Geschichte der Dynastien) auch etwas über Al-Ma'mūn.

> *"And in the year eleven hundred and forty-three (A.D. 832) MAMON went against EGYPT, and with him was MAR DIONYSIUS the Patriarch. And he found that the NILE was frozen over – a thing which had never before been heard of. And in the month of 'IYAR (MAY) MAMON invaded the territory of the RHOMAYE, and he had with him his two sons MU'TASIM and 'ABBAS. And he gathered together workmen for the [re]building of TUANA, which had been destroyed by the ARABS, and there he fell sick and died on the fourth day of the week (Wednesday), on the eighth day of the fourth month of the two hundred and eighteenth year of the HAGARAYE (ARABS), and he was buried at TARSUS in CILICIA (A.D. 833)."* [590]

[589] Ibn Waḫshīya und Hammer-Purgstall 1806.

[590] Hebraeus und Budge 1932, 133.

Al-Ma'mūn begab sich also zusammen mit dem Patriarchen Dionysius von Tell Mahre im Jahr 832 nach Ägypten, wo in diesem Jahr der Nil überfroren war; ein bis dato noch nie gehörtes Ereignis. Aus anderen Quellen wissen wir, dass er am 16. Februar 832 nach Ägypten kam, bekanntlich der kälteste Monat des Jahres.

Kurz vor seinem Tod befahl der Kalif bei seinem Besuch in Ägypten im Jahr 832[591], die Große Pyramide von Gizeh zu durchbrechen, um nach Wissen und Schätzen zu suchen. In modernen Publikationen wird immer wieder das Jahr 820 im Zusammenhang mit dem Einbruch von al- Ma'mūn genannt, was jedoch falsch ist. Dieses Datum stimmt allerdings mit der Angabe des türkischen Reisenden Evliya Čelebi überein, der sich in den Jahren 1672–1680 in Ägypten aufhielt. Vermutlich wurde die von ihm genannte Jahreszahl ohne weitere Nachprüfung übernommen. Al-Ma'mūn kehrte nämlich im August 819 nach zehnjähriger Abwesenheit wieder nach Bagdad zurück.

Ibn An-Nadīm[592] berichtet, dass al-Ma'mūn einmal einen Traum gehabt hätte, in dem er dem griechischen Philosophen Aristoteles begegnet sei und mit ihm ein Gespräch führte. Ibn an-Nadīm schildert dies in seinem 938 erschienenen Buch *Kitāb al-Fihrist* wie folgt:

> *„Erwähnung des Grundes, warum Bücher über Philosophie und andere antike Wissenschaften in diesem Land reichlich vorhanden sind.*
> *Einer der Gründe dafür war, dass al-Ma'mūn in einem Traum die Gestalt eines Mannes sah, von weißer Farbe mit einem rötlichen Teint, breiter Stirn, verbundenen Augenbrauen, Glatze, blutunterlaufenen Augen und guten Eigenschaften und der auf seinem Bett saß. Al- Ma'mūn erzählte: 'Es war, als wäre ich vor ihm, voller Angst vor ihm. Dann sagte ich: 'Wer bist du', woraufhin er antwortete: 'Ich bin Aristoteles'. Darüber freute ich mich und sagte: 'Oh Gesalbter, darf ich dir eine Frage stellen?', woraufhin er sagte: 'Frag sie'. Dann fragte ich: 'Was ist gut', worauf er antwortete: 'Was gut im Geist ist'. Ich fragte erneut: 'Was ist dann?', worauf er antwortete: 'Was gut gemäß dem Gesetz ist'. Ich fragte: 'Was ist dann?', worauf er antwortete: 'Was gut für die Allgemeinheit ist'. Ich sagte: 'Was ist dann?', worauf er antwortete: 'Mehr? Da gibt es nichts mehr.' Gemäß einem anderen Zitat verhielt es sich so: 'Ich (al- Ma'mūn) sagte: 'Gib mir etwas mehr', worauf er antwortete: 'Wer dir Ratschläge über Gold gibt, der sei für dich wie Gold, und für dich ist die Einheit [Allahs].'*
> *Dieser Traum war einer der entscheidendsten Gründe für die Produktion von Büchern."* [593]

Dass al-Ma'mūn ein reicher Mann war, belegt die Tatsache, dass er im Jahr 828/29 seinem Bruder Abū Isḥāq (al-Muᶜtaṣim), den der auch zum Verwalter von Fustat machte, und seinem Sohn al-ᶜAbbās b. al-Ma'mūn jeweils 500.000 Dinare am gleichen Tag schenkte. Abu l-Maḥāsin berichtet sogar, dass nie ein Herrscher an einem einzigen Tag so viel Geld verteilt habe, wie al-Ma'mūn an diesem Tag.[594] Dies lässt es plausibel erscheinen, dass es al-Ma'mūn bei dem Einbruch in die Cheops-Pyramide nicht um Schätze ging, die man zu Geld machen konnte, sondern mehr um Wissen und der Befriedigung der Neugierde, was sich in der Pyramide befindet.

Der andalusisch-arabische Universalgelehrte Abū al-Ṣalt[595] beschreibt in seinem Werk *ar-Risāla al-mṣriyya* das Innere der Cheops-Pyramide auffallend genau. Seine Bemerkungen über „*Passagen, die nach oben und andere, die nach unten gehen, allesamt beängstigend und schwer zu passieren*" entsprechen den tatsächlichen Gegebenheiten und lassen nur den Schluss zu, dass der aufsteigende Gang zur Königskammer zu seiner

---

591 Gupta 2007, 60 ff.

592 Ibn an-Nadīm (* um 920; † 17.9.995) war ein schiitischer Gelehrter, Bibliograf und Buchhändler, der im „Byzantiner-Viertel" von Bagdad lebte. Bekannt wurde er als Autor des enzyklopädischen Werkes *Kitāb al-Fihrist*, was Index oder Katalog bedeutet. In ihm versuchte der Autor alle in arabischer Sprache geschriebenen Bücher aufzulisten.

593 Ibn al-Nadīm und Dodge 1970, 583-584. Eigene Übersetzung aus dem Englischen.

594 Uhrig 1988, 225.

595 Abū al-Ṣalt (* 1067 in Dénia, Spanien; † 30.10.1134 in Mahdia, Tunesien) war ein arabischer Universalgelehrter. Er studierte bei dem bekannten Philosophen Al-Waqasi von Valencia (1017–1095). 1096 ging er mit seiner Familie zu weiteren Studien nach Alexandria und Kairo. Als es ihm misslang, ein im Nil gekentertes Boot zu heben, wurde er zunächst festgenommen und drei Jahre lang arrestiert. Im Jahr 1112 wurde er freigelassen und aus Kairo verbannt. Er ging nach Mahdia in Tunesien, wo er von dem dortigen Emir lebenslang korrekt behandelt wurde.

Zeit offen war. Ein weiterer Beweis, dass die oberen Kammern sogar noch im 13. Jahrhundert zugänglich waren, ergibt sich aus dem Auffinden von einer arabischen Inschrift an der nördlichen Wand in der Großen Galerie, wie Wilkinson[596] berichtet.

> *"On the N. wall of the great gallery I observed the names of Aibek, Baybers, and Sultan Mohammed, which were either written by visitors during those reigns, or by someone who wished to deceive future travellers. Aibek was the first king of the Baharite dynasty of Memlooks. He reigned in 1250, and Baybers in 1260; and as the word Saeed follows the name of Mohammed, we may suppose him to be the son and successor of Bay hers. He died in 1279."* [597]

Wie wir sicher aus antiken Quellen wissen, war dieser in der Antike nicht zugänglich. Abū al-Ṣalt schreibt weiter, dass al-Ma'mūn und sein Gefolge in der Grabkammer nichts weiter als verfallene Überreste fanden. Daraus geht klar hervor, dass die Pyramide bereits zuvor – vermutlich in der 1. Zwischenzeit um 2000 v. Chr. – geplündert worden war.

Der arabische Gelehrte Abd al-Laṭīf al-Baġdādī[598] schreibt in seinem Buch über die Geschichte Ägyptens: *„Man sagt, es war der Kalif al-Ma'mūn, der sie (die Cheops-Pyramide) geöffnet hat."* [599]

In einem Bericht von Prosper Alpini[600], der 1580 nach Ägypten reiste, wo er Leibarzt des venezianischen Konsuls in Kairo, Giorgio Emo, wurde, schreibt er über den Grabräubertunnel:

> *„Aber nun wollen wir berichten, was wir in der Pyramide gesehen haben, weil niemand, so scheint es mir, das Innere bisher richtig beschrieben hat. Bis 1584 hatte diese Pyramide nur eine Tür, durch die man eintreten konnte. Aber in diesem Jahr befahl Ibrahim Pascha[601], Vizekönig von Ägypten, getrieben von Neugierde, oder besser gesagt von einem afrikanischen Zauberer, nach dem ein sehr reicher Schatz in der Pyramide versteckt sein soll, dass der Eingang, der sehr eng war und den Zugang erschwerte, durch das Einschneiden in die Pyramide vergrößert werden sollte, sodass ein Mann jetzt ohne sich bücken zu müssen, hineingehen konnte. Der Pascha hatte sogar zunächst beschlossen, einen Schacht in die Pyramide zu graben und ihn mit Schießpulver zu füllen, um das Denkmal vollständig zu zerstören. Aber er änderte seine Meinung auf Anraten von Georges Hemi, dem damals berühmten Konsul von Venedig (denn, wie ich sagte, damit hätte er die ganze Stadt einer großen Gefahr ausgesetzt)."* [602]

---

596 Siehe Fußnote 26.

597 J. G. Wilkinson 1847, 182-183.

598 Abd al-Laṭīf al-Baġdādī (* 1163 in Bagdad, Irak; † 1231 ebenda) war ein arabischer Reisender, Universalgelehrter, Historiker und Mediziner.

599 Silvestre de Sacy, Sezgin und Ibn-Faġūl 1810, 176. Eigene Übersetzung aus dem Französischen.

600 Siehe Fußnote 143.

601 Damat Ibrahim Pascha (* 1560 in Novi Šeher, Bosnien; † 10.7.1601 in Belgrad, Serbien) war ein Bosniake, der aber in Istanbul aufwuchs, osmanischer Feldherr und Staatsmann und zwischen 1596 und 1601 dreimal Großwesir des Osmanischen Reiches. Damat bedeutet Schwiegersohn. So wurde er genannt, weil er mit Aishom, der Tochter von Sultan Murata III. verheiratet war, also war er der Schwiegersohn des Sultans. Im April 1583 wurde er zum Gouverneur von Ägypten ernannt, um die vom ägyptischen Gouverneur Mürtesi Hassan Pasha verursachten Unruhen zu lösen und die ägyptische Existenz neu zu definieren. Er begab sich auf dem Seeweg nach Ägypten. 1585 unterdrückte er die drusische Rebellion im Libanon. Danach brachte er den Reichtum und die Beute, die er dort erworben hatte, nach Istanbul. Er überreichte dem Sultan auch einen Thron, der außerordentlich wertvoll war (80.000 Gold-Dukaten) und von einem Künstler namens Dervis Bey erschaffen worden war. Als Gouverneur von Ägypten wurde er 1585 durch Defterdar Sinan Pascha abgelöst, der ebenfalls nur zwei Jahre bis 1587 dieses Amt innehatte.

602 Alpini, et al. 2007, 60. Eigene Übersetzung aus dem Französischen. Siehe dazu auch: Haase 2004, 117, Abb. 116b.

13.2.2 Abū Ǧaᶜfar al-Idrīsī

Es folgt nun ein Auszug, den Howard Vyse in seinem Buch fälschlicherweise dem arabischen Geografen al-Idrīsī[603] zuschreibt, dessen wahrer Autor aber Abū Ǧaᶜfar al-Idrīsī[604] ist.

> *"Referring to what Aboo Zeyd Al Balkhi, the author of a geographical treatise, Aboo e' Szalt, and others relate of the passages by which one ascends in the interior of the Pyramid towards the top, and of the passages that descend down to its lowest recesses, we shall relate here that we ourselves entered into the Great Pyramid, and entered into the cubic chamber, in which the decayed and rotten stuff was found. The way to this chamber from the aperture that was opened by Mamoon is as follows: —*
> *He, that enters the Pyramid, continues in it for about twenty draas[605]; in some places in an upright, in others in a bent posture. Daylight shines upon him until he turns walking upright to his left hand, where he finds a sloping alley, which he ascends to the distance of a man's length, without meeting with any level step. Below this alley is a pit, said to be a well formed here, the opening of which admits a feeble light. A slender person only can enter into it. The learned Noor Eddyn-Al-Tabary has informed me that he crept into it upon his stomach to the distance of less than a man's length, and then walked in it upright upon his legs about twenty draas, after which he reached the exterior of the Pyramid, at a place elevated above the breach practiced on the north side, right in front of him who enters. To return now to the description of the alley. It is ascended until a door is reached near a block of stone, by which one ascends towards another sloping alley. To the right of him, who ascends, is a well situated between the two alleys and the just-mentioned door, but below the second alley. By this door (or opening), a square room is entered with an empty vessel in it. On the roof of the room are writings in the most ancient characters of the heathen priests. Returning from hence to the place, through which one enters, the second alley is ascended. On both sides of it are blocks of stone, in which cavities have been cut out with axes to facilitate the ascent. They are about one draa distant from each other. Another square room is then finally reached, in which is a hole, which appears to have been excavated there. An empty vessel is seen here similar to the former. Youssef Al Baba e' Sherr Abou Derr has told me, that, in company with Kalyan the Persian, he entered into some of the descending passages of the Pyramid, which led them to a place, from whence they found no way to proceed."* [606]

Das Interessanteste an diesem Bericht ist die Erwähnung eines zweiten leeren Sarkophags, nämlich in der Königinnenkammer. Dass dies keine Verwechselung mit der Königskammer darstellt, beweist sowohl die explizite Erwähnung des Gangs, der durch eine Tür vom Beginn der Großen Galerie abgeht und durch den man den quadratischen Raum mit dem leeren Sarkophag betritt als auch der Satz *"An empty vessel is seen here similar to the former"*.

Petrie schrieb dazu:

---

[603] Abu Abd Allah Muhammad ibn Muhammad ibn Abd Allah ibn Idris al-Idrīsī (* um 1100 in Ceuta, Spanien; † 1166 auf Sizilien) war ein Kartograf, Geograf und Botaniker.

[604] Abū Ǧaᶜfar al-Idrīsī (* Mai 1173 in Fāw Baḥrī, Qinā, Oberägypten; † 5.5.1251 in Ägypten) auch als Abū Ja'far al-Idrīsī bekannt, stammt aus einer marokkanischen Familie mit Wohnsitz in Ägypten. Er studierte sowohl Literatur- und Islamwissenschaft in Ägypten. Eines seiner nützlichsten Werke ist ein Buch über die Pyramiden von Gizeh, für deren Fertigstellung er fünf Jahre gebraucht hat. Das Buch mit dem Titel *Kitāb Anwār ᶜulwiyy al-aǧrām fī l-kašf ᶜan asrār al-ahrām* (dt. Buch von den Lichtern der oberen (translunaren) Himmelskörper: Über die Enthüllung der Geheimnisse der Pyramiden) von Abū Ja'far al-Idrīsī wurde zwischen 1226 und 1232 geschrieben. Der Autor unterscheidet sich von anderen durch seine systematische und präzise Arbeitsweise.

[605] Die Draá war ein türkisches Längenmaß, oft auch nur ein Zusatz zum Pik, mit verschiedenen Längen. Im weiteren Sinn entsprach das Maß der Elle. Mit Draá bezeichnete man den türkischen Pik, den maurischen und auch den arabischen Pik. Eine klare Abgrenzung zwischen Draá und Pik ist nicht möglich. Örtliche Unterschiede kennzeichneten das Maß.

[606] Vyse 1840-42, Vol. 2, 335, der Idrīsī zitiert.

"Whether any fragments of a coffer remained there, among the great quantity of stone excavated from the floor and niche, it is almost hopeless to inquire, since that rubbish is now all shot away into various holes and spaces. Caviglia, however, did not find a coffer when clearing the chamber, but fragments might have been easily over-looked." [607]

In der Ägypten-Literatur ist der von Vyse unter Edrisi zitierte Text der einzige, in welchem von einem Sarkophag in der Königinnenkammer berichtet wird. Ein jedoch in der Ägypten-Literatur unbeachtet gebliebenes Werk von einem katholischen Priester des 19. Jahrhunderts, Johann Nepomuk Visino[608], der auf seiner Pilgerreise nach Jerusalem im Frühjahr 1837 auch Ägypten bereiste und über Ostern die Pyramiden von Gizeh besucht und erforscht hat, berichtet jedoch ebenfalls von einem leeren Sarkophag in der Königinnenkammer (siehe Kap. 13.2.10). Er besuchte die Cheops-Pyramide am 27. März 1837, also genau in der Zeit, in der Howard Vyse wenige Wochen zuvor angefangen hatte, in der Königinnenkammer zu graben.

Nur gut eine Woche später, am 4. April 1837, besichtigte Fürst Hermann von Pückler-Muskau die Cheops-Pyramide. Auch er berichtet von zwei Sarkophagen: einem in der Königskammer und einem in der Königinnenkammer (siehe Kap. 13.2.11). Genau an diesem Tag beendet Howard Vyse seine Grabungen in der Königinnenkammer.

Schaut man sich den bei Howard Vyse zitierten Text näher an, der diesen dem Edrisi (= al-Idrīsī) zugeschrieben hat, so findet man, dass der Text unter dem Eintrag "Edrisi" mit dem Verweis "*Note by J. L. Burckardt*" gefolgt von "*Extract from Shereef Djemal eddyn Aboo Djafar Mohumed Edrysy's 'History of the Pyramids', written in 623 A.H.*[7]" beginnt. Die Fußnote Nr. 7 enthält den Hinweis "*There appears to be a mistake in this date. See Edrisi's preface to his own work, translated by Jaubert. 4to. Paris, 1836, p. 22.*" Darin heißt es: « *Cet ouvrage a été terminé dans les derniers jours du mois de chewâl, l'an 548 de l'hégire (correspondant à la mi-janvier de l'an 1154 de J. C.).* » Vyse hält also das Datum 623 A.H. (= 1226 n. Chr.) für einen Fehler, da laut Edrisi (Idrīsī) er sein Werk 548 A.H. (= 1154 n. Chr.) beendet hat. Schauen wir uns einmal an, was der von Jaubert übersetzte Idrīsī über die Pyramiden von Gizeh geschrieben hat:

„Sechs Meilen von Missr [Kairo] entfernt sieht man die Pyramiden. Sie wurden auf einem ebenen Plateau gebaut, und es gibt keinen Berg in der Umgebung, der aus Steinen gebaut ist. Die Höhe eines jeden von ihnen, vom Boden aus, beträgt 400 Ellen, und seine Breite, ringsum, ist gleich der Höhe. Das Ganze ist aus Steinblöcken von 5 Spannweiten hoch, von 15 oder 10 lang, mehr oder weniger, je nach Architektur. Diese Blöcke sind miteinander verbunden (versiegelt), und wenn das Gebäude über dem Boden steht, schrumpfen seine Proportionen, sodass seine Oberseite kaum den notwendigen Platz bietet, um ein Kamel zu tragen." [609]

Dies entspricht dem Text, welchen Vyse im Anschluss an den Text von Abū Ja'far al-Idrīsī mit der Einleitung "*The following extract was translated by M. Jomard*" in seinem Buch abgedruckt hat, also dem Geografen Idrīsī. Gehen wir nun dem Verweis auf Johann Ludwig Burckhardt[610], der auch als Scheich Ibrahim bekannt ist, nach. Burckhardt schreibt in einem seiner Briefe an seine Eltern und Geschwister:

„Ich habe kürzlich eine arabische Geschichte der Pyramiden, ein Manuscript gekauft, die sehr selten ist und nicht in Europa sich findet. Sie enthält sehr merkwürdige Nachrichten, und Herr

607 W. M. Petrie 1883, 217.

608 Ein Hinweis auf sein Werk findet sich in Amin 2013, 461 ohne Hinweis auf Besonderheiten, aber mit einem Verweis auf Röhricht 1890, 388. Von einem Aufenthalt in Ägypten wird aber auch dort nicht berichtet.

609 Eigene Übersetzung aus dem Französischen aus: Idrīsī und Jaubert 1836-40, 307.

610 Johann Ludwig Burckhardt (* 24.11.1784 in Lausanne, Schweiz; † 15.10.1817 in Kairo, Ägypten) war ein Schweizer Orientreisender. Die Gebiete, die Burckhardt bereiste, also die Levante, Ägypten, der Hedschas und der Sinai, gehörten damals zum Osmanischen Reich. Während seines Aufenthalts im Orient nannte er sich Scheich Ibrahim ibn Abdallah; unter diesem Namen ist er auch in Kairo begraben worden. Bekannt ist er vor allem als Wiederentdecker der Nabatäerstadt Petra und des großen Tempels von Abu Simbel. Weniger bekannt, aber wohl bedeutender sind seine präzisen und umfangreichen ethnografischen Aufzeichnungen.

Salt wünscht, ich möchte ihm die interessantesten übersetzen, um sie seinem Mémoire noch beyzufügen. Darauf habe ich es ihm versprochen, daß ich es thun werde, sobald er mein Portrait mache; es wird mir die Übersetzung eine Woche Arbeit kosten, da das Portrait ihm blos zwei Tage aufs höchste beschäftigen kann. Er hat mich darauf aufs neue versichert, aber bis dahin ist noch nichts gethan." [611]

Bei diesem Manuskript, dessen Übersetzung sich Herr Salt[612] wünschte, handelt es sich um das Werk eines anderen Edrisi (Idrīsī), der im 12./13. Jahrhundert lebte, nämlich um das Buch *Kitāb Anwār ʿulwī al-aǧrām fi 'l-kašf ʿan asrār al-ahrām*[613] (dt. Buch von den Lichtern der oberen (translunaren) Himmelskörper: Über die Enthüllung der Geheimnisse der Pyramiden). Dieser Autor heißt Abū Ja'far al-Idrīsī[614] (1173 - 1251). Die *„sehr merkwürdigen Nachrichten"* könnten sich auf den Sarkophag in der Königinnenkammer beziehen.

In dem Katalog *Catalogus codicum manu scriptorum Bibliothecae Regiae Monacensis* von 1858 findet sich das Buch dieses Idrīsīs unter dem Eintrag *„Lichter der Erhabenheit der heiligen Orte über die Enthüllung der Geheimnisse der Pyramiden, verfasst von Alseyyid Alscherîf Djemal eddîn Abu Dja^{c}far Mohammed b. ^{c}Abdul^{c}azîz b. Alqasim b. ^{c}Omar b. Suleimân al-Edrîsi."* [615] Zum Vergleich nochmals die Schreibweise von Vyse: *"Shereef Djemal eddyn Aboo Djafar Mohumed Edrysy"*. Damit kann kein Zweifel bestehen, auf welchen Text Vyse sich in seinem ersten Auszug unter "Edrisi" bezieht. Dieser Edrisi widmete sein Werk über die Pyramiden im Jahre 1229 dem Sultan al-Kamil Muhammad al-Malik[616] von Ägypten. Leider gibt es bis heute keine vollständige europäische Übersetzung des Pyramidenbuchs von Abū Ja'far al-Idrīsī, welches in sieben Kapitel unterteilt ist, wobei das dritte Kapitel gemäß Haarmann nüchtern seine eigenen Beobachtungen im Inneren der Pyramide beschreibt. Lediglich die 1991 erschienene Fassung von Ulrich Haarmann besitzt eine deutsche Zusammenfassung der einzelnen arabischen Seiten. Wie der folgende Auszug zeigt, wird für die relevante Passage, in der auf das Innere der Cheops-Pyramide eingegangen wird, nichts über einen Sarkophag in der Königinnenkammer berichtet.

„Auch den widersprüchlichen Angaben über die Spitze und vor allem über das Innere der Cheops-Pyramide geht er nach. Der Weg in die Grabkammer und weit darüber hinaus bis tief ins Pyramideninnere, wo sich ein früherer Besucher schon verewigt hatte [S. 71,13-72,9], wird von Idrīsī nach eigenen und fremden Beobachtungen und Messungen genau geschildert." [617]

Weitere Informationen zu dem arabischen Text erfahren wir von Gupta, in einem Artikel über die Einbrüche in die Cheops-Pyramide. Er schreibt über die Informationen des Texts zum Inneren der Cheops-Pyramide:

„Dabei ist zu erfahren, dass man in „einem würfelförmigen Gemach (بيتا مكعبا)" – damit kann nur die Grabkammer [Königskammer] gemeint sein – einen steinernen Sarkophag mit Deckel sah, in

611 Burckhardt 1956, 183.

612 Henry Salt (* 14.6.1780 in Lichfield, England; † 30.10.1827 in Desouk bei Alexandria, Ägypten) war ein englischer Diplomat, Reisender, Künstler und Ägyptologe. Er wurde 1815 für England als Generalkonsul nach Kairo berufen. In seiner Zeit in Ägypten trug er eine ansehnliche Sammlung ägyptischer Artefakte zusammen. Salt bezahlte den Italiener Giovanni Battista Belzoni, um für ihn die Ausgrabungen bei den Pyramiden von Gizeh und der Sphinx zu leiten. Für seine Fähigkeit, Hieroglyphen zu entziffern, erntete er großes Lob von Jean-François Champollion.

613 Idrīsī und Haarmann 1991.

614 Der deutsche Islamwissenschaftler und Historiker Ulrich Haarmann, der 1991 eine arabische Textedition mit deutscher Zusammenfassung der zugehörigen arabischen Manuskripte zu dessen Pyramidenbuch herausgegeben hat, nennt ihn Abū Ǧa^{c}Far al Idrīsī.

615 Halm und Laubmann 1858, 167-169.

616 Al-Kamil (* um 1177 in Kairo, Ägypten; † 6.3.1238 in Damaskus, Syrien) war der vierte Sultan der Ayyubiden in Ägypten (1218–1238). Er gilt als einer der bedeutendsten mittelalterlichen islamischen Herrscher des Orients nach seinem Onkel Saladin. Al-Kamil schloss am 18. Februar 1229 mit Kaiser Friedrich II. von Hohenstaufen in Jaffa einen Friedensvertrag. In diesem wurde ein Großteil Jerusalems an das Königreich Jerusalem abgetreten, dessen Souveränität damit durch den Ayyubiden-Herrscher bestätigt wurde. Der Gesandte von Friedrich II. weilte selbst einige Zeit in Kairo zu Verhandlungen mit al-Kamil.

617 Idrīsī und Haarmann 1991, 76.

dem Knochenreste vorhanden waren. In „einem kleinen gewölbten Gemach (قبه صغيره)" wurde außerdem ein anthropoider Sarg aus Stein mit einer Leiche gefunden, der aus der Pyramide herausgeholt worden war [4]. Noch im Jahre 1117 – nach anderer Angabe im Jahre 1214 – soll er neben dem Eingang des königlichen Palastes zu Misr gesehen worden sein: Es waren also zwei Särge in der Pyramide. Wie aus dem Zusammenhang zu erkennen ist, kann mit der Bezeichnung „gewölbtes Gemach" die mittlere Kammer bzw. die Königinkammer mit dem Giebeldach gemeint sein, wobei angenommen werden muss, dass mit dem Ausdruck „gewölbt" der Sachverhalt nicht angemessen wiedergegeben wird. So konnte dieses Gemach, das sich ganz oben in der Pyramide befand, durch einen schmalen Gang ohne Treppen - gemeint ist damit offensichtlich der aufsteigende Gang - erreicht werden (Graefe, 67). Da aber zugleich das Gemach ausdrücklich „klein" genannt wird, handelt es sich nicht um die Königinkammer selbst, sondern eher um die kleine Nische, die sich an der Ostwand der Kammer befindet und deren Seitenwände wie ein Kraggewölbe aufgebaut sind (Abb. 3). Hierzu passt auch, dass der Sarg nicht liegend, sondern stehend wie eine Statue aufgestellt war. Von Bedeutung ist vor allem, dass der Sarg nach der arabischen Beschreibung weder in der unterirdischen Kammer noch irgendwo in dem absteigenden Gang gewesen sein kann." [618]

Der Sarg in der Königskammer besaß gemäß unserem Autor noch einen Deckel und im Sarg lagen Knochenreste. Ob diese allerdings von der Mumie stammen kann nicht gesagt werden, denn von Mumienresten ist nicht die Rede. Wichtig ist auch die explizite Erwähnung von zwei Sarkophagen, wobei letzterer sich in einem gewölbten Gemach befand. Ob dieser Sarg, wie Gupta meint, tatsächlich aufrecht in der Nische der Königinnenkammer stand, sei dahingestellt. Dies ist auch nicht so relevant, wie die Tatsache, dass es in der Königinnenkammer einen zweiten Sarkophag gab. Dieser wurde aber nach Kairo in die königliche Residenz gebracht. Damit waren seine Ausmaße nicht so groß, dass er nicht durch die engen Gänge gepasst hätte. Gemäß dieser Beschreibung konnte dieser Sarg nicht von Vyse gefunden worden sein, da es sehr unwahrscheinlich ist, dass er irgendwann ab dem 13. Jh. n. Chr. wieder zurück in die Pyramide gebracht worden ist.

Sicher ist hingegen, dass Johann Ludwig Burckhardt den von Vyse zitierten Text so übersetzt hat, wie Vyse ihn in seinem Buch abgedruckt hat, denn das Originalmanuskript der Burckhardt'schen Übersetzung ist im Frühjahr 2002 beim Umzug der Bibliothek und des Archivs des Britischen Museums zusammen mit den handgeschriebenen *Mémoires* von Henry Salt wieder aufgetaucht.[619] Möglicherweise besaß Burckhardt jedoch ein anderes und womöglich vollständigeres Exemplar von Abū Ja'far al-Idrīsīs Pyramidenbuch als dies Haarmann für seine Übersetzung vorlag.

Der deutsche Islamwissenschaftler und Historiker Ulrich Haarmann hat 1991 eine komplette arabische Version mit deutschen Kommentaren des Pyramidenbuchs von Abū Ǧaᶜfar al-Idrīsī herausgegeben. Leider ist hierin nur eine zusammenfassende Inhaltsangabe in Deutsch der einzelnen Kapitel des Buches vorhanden. Eine geplante Übersetzung des arabischen Textes ins Deutsche oder Englische kam bedauerlicherweise vor seinem Tod nicht mehr zustande. Bis heute gibt es leider keine vollständige Übersetzung dieses Buches in eine europäische Sprache.

Nachfolgend seien einige interessante Schilderungen wiedergeben, die Idrīsī uns in seinem Pyramidenbuch mitteilt (Quelle: Haarmann 1991, 59 ff.).

Abū Ǧaᶜfar al-Idrīsī beschreibt in seinem Pyramidenbuch (31:5-35:7), dass al-Ma'mūn auch die Pyramiden besucht und in die Cheops-Pyramide einzudringen versucht habe, allerdings ohne großen Erfolg. Hier widerspricht er der gängigen Meinung unter den arabischen Historikern, die davon ausgehen, dass al-Ma'mūn in die Pyramide als erster eingedrungen sei. Er berichtet jedoch von Aḥmad ibn Ṭūlūn[620], der oft und gerne bei den Pyramiden geweilt habe und zu dessen Zeit die Schatzgräberei blühte (35:16 ff).

---

618 Gupta 2007, 61.

619 Usick und Manley 2007, 70-71.

620 Aḥmad ibn Ṭūlūn (* 20.9.835 in Bagdad, Irak; † 10.5.884 in al-Qatai, Ägypten) war der Begründer der muslimischen, türkischstämmigen Tuluniden-Dynastie in Ägypten und regierte von 868 bis 884. Bald hatte er seine Stellung in Ägypten so gefestigt, dass er ab 868 die fälligen Steuern nicht mehr an die Kalifen abführte. Diese Gelder ermöglichten ihm, durch den Ausbau von Bewässerungsanlagen und den Aufbau einer Flotte, die ägyptische Wirtschaft

Außerdem beschreibt er (37:2-14), dass der Abbasiden-General al-Muʾnis al-Muẓaffar al-Muʿtaḍidī[621], der einen der drei erfolglosen Fatimiden-Angriffe auf Ägypten zurückschlug und der der erste in islamischer Zeit gewesen sein soll, der einen Preis für jeden verkündete, der es wagte, die Spitze der Großen Pyramide zu erklimmen. Eine durch Blitzschlag verursachte Beschädigung der ansonsten glatten und rutschigen Verkleidung soll ein solches Unterfangen erleichtert haben.

Der Fatimidenwesir al-Afḍal ibn Badr al-Ǧamālī[622], stellte die Pyramiden in den Mittelpunkt prächtiger Feiern während der „Feuernächte", d. h. der Nächte des ersten und fünfzehnten der beiden Monate *Radschab*[623] und *Scha'bān*[624] (37-38). Fackeln wurden nicht nur auf den Booten angezündet, die auf dem Nil von Tura und Helwan nach Gizeh und Fustat[625] nordwärts trieben, sondern auch auf der Spitze der Cheops-Pyramide, wo lodernde Feuer leuchteten.[626] Ṭalā'i' ibn Ruzzīk[627], der letzte große fatimidische Wesir vor der Ankunft der Kreuzritter und Ayyubiden in Ägypten, war sowohl ein Dichter von hohem Rang als auch ein Förderer der Architektur und Archäologie. Er war beeindruckt von den pharaonischen Ruinen von Heliopolis (38:9) und von Gizeh. Während seines Wesirats (1154-1160) stürzte ein tapferer Mann von der Chephren-Pyramide zu Tode, die sich aufgrund ihrer weitgehend intakten Verkleidung als praktisch unbesteigbar erwies (38-39).[628]

Sultan Saladin (1137/38-1193) – der erste Sultan von Ägypten (1171) und Eroberer von Jerusalem (1187) – lagerte oft im Schatten der Pyramiden (39:5). Nach erfolglosen Versuchen, die Pyramiden selbst abzureißen, griff er zu den Mastabas und kleinen Pyramiden (39:10) auf dem Pyramidenhügel von Gizeh als Steinbrüche. Auf seinen Befehl hin verwendete der General Ḳarāḳūsh[629] die in Gizeh gewonnene Beute für den Bau der Kairoer Zitadelle und der prächtigen Gewölbebrücke aus mindestens 42 Bögen (nach eigener Zählung von Idrīsī (58:5)), welche Gizeh mit den westlichen Nachbardörfern über die allzu oft überfluteten Niederungen verband, die dann nicht mehr leicht zu überqueren waren.[630]

---

zu fördern. Außerdem betrieb er eine umfangreiche Bautätigkeit. Beispiele dafür sind die zwischen 876 und 879 errichtete Ibn-Tulun-Moschee in dem von ihm neu gegründeten Qatai nördlich von Fustat (bei Alt-Kairo), sowie die Erweiterung des Hafens von Akko. Seine Bedeutung ist darin zu sehen, dass Ägypten unter ihm, erstmals seit den Ptolemäern, ein unabhängiges Reich wurde. Nachfolger Ibn Tuluns wurde sein Sohn Chumarawaih (884–896).

621 Al-Mu'nis al-Muẓaffar (* 845/6; † 933 in Bagdad, Irak) war von 908 bis zu seinem Tod 933 Oberbefehlshaber der abbasidischen Armee und ab 928 virtueller Diktator und Königsmacher des Kalifats.

622 Badr al-Ǧamālī (* um 1008; † 1094 in Kairo, Ägypten) war Wesir und faktischer Herrscher des Fatimiden-Reiches (1074–1094). Mit seinen armenischen Truppen intervenierte er 1073 in Ägypten und befreite Kairo im Jahre 1074, welches zwei Jahre zuvor von Seldschuken besetzt wurde. Durch die Reorganisation der Reichsverwaltung gelang es Badr, die Dynastie der Fatimiden zumindest in Ägypten zu retten.

623 Dies ist der siebte Monat im islamischen Mond-Kalender.

624 Dies ist der achte Monat im islamischen Mond-Kalender.

625 Siehe Fußnote 508.

626 Man kann dies als Vorläufer der französischen *« Son et lumière »*-Veranstaltungen der Moderne sehen.

627 Ṭalā'i' ibn Ruzzīk (* 11.1.1102; † 18.9.1161 in Kairo, Ägypten) war ein Wesir (1154-1160) des Kalifats der Fatimiden in Ägypten.

628 Gemäß Richard Lepsius (C. R. Lepsius 1849-58, Text I, 27) konnte im 19. Jahrhundert die Chephren-Pyramide wie folgt bestiegen werden: *„An der Nordseite der Pyramide sind 8 Absätze wahrzunehmen (s. oben S. 26). Zu besteigen ist sie auf dieser (der Nord-Seite bis zur Hälfte, dann auf der N.W. Kante fast bis zur Bekleidung, dann geht man bis zur Mitte der Westseite und steigt [von dort] zur Spitze. Der Stein der Spitze fehlt."*

629 Bahā' al-dīn Ḳarāḳūsh al-Asadī († 1212) war ein Abenteurer armenischer Herkunft. Er war ein Eunuch, der von Mamlūk d'Asad al-dīn Shīrkūh († 1169) seine Freiheit erlangte. Nach dessen Tod wurde er zum Kämmerer (für die Finanzen verantwortlichen Aufgabenträger) ernannt. Ihm und dem Ḳāḍī 'Īsā al-Ḥakkārī ist die Ernennung Saladins zum Wesir durch den Kalifen al-'Āḍid zu verdanken.

630 Die Zeit der Wiederbenutzung von verbauten Steinen auf dem Gizeh-Plateau begann jedoch nicht erst im 12. Jahrhundert unserer Zeit durch die Araber. Schon im Mittleren Reich wurden Steine, die in den Totentempeln oder Taltempeln der Pyramiden von Gizeh verbaut waren, entwendet und an anderer Stelle wieder benutzt. So verbaute nachweislich Amenemhet I. (20. Jh. v. Chr.), der erste König der 12. Dynastie, etwa 30 Blocks aus dem Totentempel von Cheops in seiner Pyramide in el-Lischt (etwa 60 Kilometer südlich von Kairo auf der Westseite des Nils), der hier eine neue Hauptstadt gründete (die Hauptstadt der 11. Dynastie war für 150 Jahre Theben). Auf einigen dieser Blocks ist noch die Königskartusche von Cheops zu sehen. Aber nicht nur Cheops-Monumente, sondern auch andere, wie der Totentempel von Chephren wurden zum Ziel von Steinplünderungen durch Amenemhet I. Ob es sich hierbei allerdings um bewusste Plünderungen handelt, mag bezweifelt werden, da das Chaos der 1. Zwischenzeit sicher schon für Plünderungen auf dem Gizeh-Plateau gesorgt hat. Immerhin lagen zwischen dem Bau der Cheops-

Saladins Sohn, der ungestüme und unreife al-Malik al-ᶜAzīz ᶜUthmān (1171-1198), machte das Gelände der Pyramiden zum Testgelände für einige seiner verschwenderischen Aktivitäten während seiner kurzen und erfolglosen Herrschaft über Ägypten. Hier organisierte er militärische Spiele mit bis zu 12.000 Kavalleristen. Der Gewinner dieses Wettbewerbs kletterte mit seinen Schuhen und einer gespannten Armbrust in der Hand triumphierend auf die Spitze der Cheops-Pyramide (40:1-3). Und hier zeigte ᶜUthmān seine größte Torheit, indem er sich mit einer enormen Anzahl von Handwerkern (Steinbrucharbeiter, Säger, Schmiede usw.) und kostspieligen Materialien an den Abbruch der Mykerinos-Pyramide wagte, ein völlig sinnloses Unterfangen, das in nur acht Monaten die riesige Summe von 12.000 Dinaren (41:13) verschlang und zu keinem für ihn befriedigenden Ergebnis führte.

Der Sultan al-Kamil Muhammad al-Malik[631] organisierte im Jahr 1230/1 herrliche Feierlichkeiten rund um die Pyramiden. Bis zu 14 Männer wurden durch üppige Geschenke angespornt, vor den Augen des königlichen Lagers auf die Spitze der Großen Pyramide zu klettern. Leitern wurden in die Pyramide getragen, damit die adeligen Besucher aus Syrien die Kammern ohne Gefahr und Mühsal sehen konnten (43:12-45:5).

Der Kaiser Friedrich II.[632] schickte seinen Gesandten zu al-Kamil, Graf Thomas von Acerra[633], der Memphis und Gizeh besuchte und eifrig lateinische Inschriften auf den Pyramiden sammelte (65:5-12). Idrīsī zählt ihn zu den gelehrten Besuchern der Pyramiden in seiner Zeit, obwohl er kein Muslim war.

Idrīsī berichtet auch von den Zeichen, die außen auf den Pyramiden stehen. Er widerspricht hier Abū Zayds Behauptung, die Pyramiden seien mit griechischen Buchstaben bedeckt. Schließlich könne doch jeder vernünftige Mensch sehen, dass es sich um Musnadische (ar. *qalam*) Zeichen handele (60:9). Andernfalls hätte sie bereits al-Ma'mūns geniale Übersetzer entziffern können. Idrīsī berichtet (64:14 ff) von einem byzantinischen Gefangenen namens Lāwīn, der angeblich in der Lage war, die Hieroglyphentexte lesen zu können. Dieser berichtet davon, dass in diesen Texten stünde, dass die Byzantiner bei der Flucht aus Ägypten Schätze vergraben hätten, die bei Beachtung bestimmter Rituale am ersten Mai[634] eines Jahres wiedergewonnen werden könnten. Es darf allerdings bezweifelt werden, dass dieser Lāwīn tatsächlich die Hieroglyphentexte lesen konnte. Vermutlich wollte er sich nur wichtigmachen und erfand eine Geschichte.

Was die Beschreibung der Gizeh-Pyramiden anbelangt, so ging Idrīsī entschlossen seinen eigenen und unabhängigen Weg, indem er die Messungen mehrerer zeitgenössischer Spezialisten, von deren Kompetenz er hinreichend überzeugt war, zusammenstellte und verglich. So erhalten wir zum ersten und letzten Mal im islamischen Mittelalter, die genaue Basislänge der beiden großen Pyramiden, gemessen in Ḥākim-Ruten (*Kasaba*), die zu Idrīsīs Zeiten in Ägypten üblich waren. Eine andere Frage, der er viel Aufmerksamkeit widmet, ist die Feststellung der wahren Natur der Plattform auf der Spitze der Großen Pyramide (69:3-5). Es gab zu viele widersprüchliche Berichte über diesen Platz, und da er sich offensichtlich nie selbst auf den Gipfel getraut hat, musste er sich mit Informationen aus zweiter Hand begnügen.

Es folgt eine Übersetzung des arabischen Textes von Seite 68 bis 73:

> *„Unser Freund Nagib al-Dīn Muḥammad Ibn Ali al-ʿAbbās Aḥmad, der Sohn unseres Scheichs Abū Abd Allah Muḥammad bin al-Muayed al-Ḥamzanī erzählte mir, dass der Richter Shihāb al-Dīn*

Pyramide und der von Amenemhet I. rund 600 Jahre. Möglicherweise hat Amenemhet I. einfach nur herumliegende Steine einsammeln lassen, um sie für seine Pyramide wiederverwenden zu lassen.

631 Siehe Fußnote 616.

632 Friedrich II. (* 26.12.1194 in Jesi bei Ancona, Reichsitalien; † 13.12.1250 in Castel Fiorentino bei Lucera, Königreich Sizilien) aus dem Adelsgeschlecht der Staufer war ab 1198 König von Sizilien, ab 1212 römisch-deutscher König und von 1220 bis zu seinem Tod Kaiser des römisch-deutschen Reiches. Außerdem führte er ab 1225 den Titel „König von Jerusalem". Von seinen 39 Regierungsjahren als römisch-deutscher Herrscher hielt er sich 28 Jahre in Italien auf. Er ist in Sizilien aufgewachsen, sprach Arabisch und war bekannt für seine Neugierde, seine Missachtung kirchlicher Autorität und seine Neugierde auf den Islam und das Wissen, das man in islamischen Ländern finden konnte.

633 Er war Stellvertreter von Friedrich II. in Syrien und mit dessen Tochter Margarethe († Ende 1297 oder Anfang 1298) verheiratet. Im Jahre 1226/7, im Vorfeld seines Feldzuges im Heiligen Land (dem berüchtigten Fünften Kreuzzug), schickte er Thomas von Acerra, seinen Stellvertreter in Syrien, als Gesandten zu al-Malik al-Kamil.

634 Möglicherweise ist dies eine Anspielung auf den Schattenwurf der Gizeh-Pyramiden an diesem Tag im Jahr, der vielleicht den Fundort des vergrabenen Schatzes anzeigt. Um die Mittagszeit fällt der Schatten an diesem Tag allerdings nicht über die Pyramidenbasis hinaus.

Abd al-Aziz bin Hārūn ihm sagte, dass die beiden Pyramiden in seiner Gegenwart gemessen wurden. Die größere der beiden [Cheops-Pyramide] maß 65 Ḥākim-Ruten[635] *[≈ 259,34 m]. Er sagte: ‚Ich habe die Grundfläche in Feddan berechnet und es ergab 10 Feddan*[636] *plus einen halben Feddan plus die Hälfte des achten Teils eines Feddan [= 10 $^9/_{16}$ Feddan = 65^2 bzw. 4.225 Ruten]. Die zweite Pyramide [Chephren-Pyramide] maß im Durchschnitt 61 [≈ 243,39 m] dieser Ruten.*[637] *Ich berechnete die Grundfläche in Feddan und es ergab 9 Feddan, plus ein Viertel Feddan, plus die Hälfte des zehnten Teils eines Feddan, plus ein Viertel des zehnten Teils eines Feddan [= 9 $^{13}/_{40}$ Feddan = 3.730 Ruten; 61^2 = 3.721].'*

Dann traf ich – nachdem al-Nagib Muḥammad mir das gesagt hatte – Richter Shihāb al-Dīn Abū Muḥammad Abd al-Aziz bin Hārūn, der mir erzählte, was er gesehen hatte. Al-Nagib berichtete mir wörtlich und fügte hinzu: Ich habe ihr [Pyramiden] Ausmaß sehr genau bestimmt, indem ich den Winkel einer der Pyramiden parallel zur Erde durchbrochen [?] fand.[638] *Ich habe eine Rute davorgesetzt und an seinem Ende eine weitere Rute auf der anderen Seite angebracht. Dann habe ich alles so lange abgestimmt, bis ich den korrekten Wert des Winkels ermittelt hatte.*[639] *Dieser Richter hat uns mit seinen Handlungen geholfen den Unterschied bei der Messung zu erkennen.*

Was die Messung der Höhe der Pyramide betrifft, so hat al-Sharīf al-Ṣaʿīd Tāj al-Sharaf Ibn al-Ḥalabī mir erzählt, dass er in der Hand unseres Freundes al-Ḥākim al-Fadel Abi al-Ḥasan Ali al-Ḳuṭāmī al-Asṭarlābī, bekannt als Naḳḳāsh al-Sikka, diesen Text geschrieben fand: Die Pyramide besitzt eine Form, die aus vier gleichseitigen Dreiecken besteht. Jede Seite ist gleich der Seite eines der Dreiecke und sie ist von einer Halbkugel umgeben. Um die Höhe zu wissen, multipliziert man das Quadrat einer seiner Seiten mit zwei, und von dem, was man addiert [?], zieht man die Wurzel, was dann die Höhe ergibt.[640] *Oder man nimmt die Hälfte des Quadrats einer seiner Seiten und zieht die Wurzel, so wird auch das die Höhe ergeben.*[641]

Bezüglich der Spitze der [Cheops-]Pyramide habe ich eine Gruppe befragt, die sie bereits bestiegen hat. Sie sagten mir, dass sie weniger als 10 Ellen[642] *[≈ 5,78 m] breit ist. Von einer Hälfte der*

---

635 Im Originaltext steht hier das Wort *qasaba*, was übersetzt „Rute" bedeutet. Gemäß Hinz (Hinz 1970, 63) besaß sie eine Länge von 3,99 m. Nimmt man diesen Wert mal 65, so erhält man als Länge 259,34 m, ein etwa 12,5 % zu großer Wert. Der korrekte Wert wäre 57 ¾ Ruten zu 3,99 m oder 65 Ruten zu 3,544 m. Von 1830 bis heute beträgt der Wert dieser Rute jedoch 3,55 m, da die Rutenlänge von 24 *qabḍa* (Faustbreite) auf 22 *qabḍa* reduziert wurde. Falls dieses neue Maß auch für die Pyramidenmessung bei Idrīsī benutzt worden wäre, würde sich eine nahezu perfekte Übereinstimmung mit der tatsächlichen Basislänge der beiden großen Gizeh-Pyramiden ergeben.

636 Die Einheit Feddan entsprach einer Fläche von 400 Quadratruten. 1 Feddan hatte im Mittelalter somit eine Fläche von 6.368 m^2 oder rund ⅔ Hektar.

637 Die Chephren-Pyramide besitzt eine Seitenlänge von 410 oder 411 Königsellen bzw. 215 m.

638 Hiermit könnte der Neigungswinkel zwischen Pyramidengrat und Pyramidenbasis gemeint sein.

639 Um die Höhe der Pyramide zu bestimmen hat man wohl über zwei in den Boden vor der Pyramide gesteckte Ruten die Spitze der Pyramide anvisiert und dann den Winkel zwischen den beiden Rutenspitzen bestimmt. Der Tangens des mit der Erde, d. h. der Horizontalen, gebildeten spitzen Winkels, mit der leicht bestimmbaren Entfernung bis zur Mittelsenkrechten der Pyramide multipliziert, ergibt dann die Höhe.

640 Vermutlich ist hier die Anwendung des pythagoräischen Lehrsatzes gemeint. Die Multiplikation mit dem Faktor 2 deutet dabei auf ein rechtwinkliges Dreieck hin, bei dem beide Schenkel gleich lang sind, sodass die Formel $a^2 + b^2 = c^2$ zu $2\,a^2 = c^2$ umgeformt werden kann. Zieht man nun die Wurzel aus $2\,a^2$, so erhält man c. Dies gilt etwa für das Basisquadrat der Pyramide. Auf diese Weise erhält man jedoch die Diagonale des Basisquadrats und nicht die Höhe der Pyramide. Die Formulierung mit der Addition ist jedoch unklar. Vielleicht ist es eine Anspielung auf $a^2 + a^2 = c^2$, was umgeformt $2\,a^2 = c^2$ ergibt. $\sqrt{2 \cdot 65^2} \approx 91{,}92$ Ruten und somit rund 366,78 m. Die tatsächliche Länge der Basisquadrat-Diagonalen beträgt 325,81 m. Vielleicht nahm man an, dass dieser Wert auch der Gratlänge entsprach, der tatsächlich jedoch nur 219,16 m betrug. Mit der Höhe muss nicht die senkrechte Höhe gemeint sein; es kann auch die Wegstrecke von der Basis zur Spitze gemeint sein, die man beim Besteigen zurücklegen muss. Der größte Wert entspricht dabei der Gratlänge und der kleinste Wert der Länge der Seitenmitte (Apothem), der hier 186,45 m entspricht.

641 Wenden wir den letzten Satz an, so ergibt dies $\sqrt{230{,}38^2/2} = 162{,}9$ m bzw. $\sqrt{65^2/2} \approx 46$ Ruten ≈ 183,39 m. Vielleicht ist auch die Hälfte der Basisquadrat-Diagonalen gemeint, mit deren Hilfe man die Gratlänge berechnen kann.

642 Es handelt sich hierbei um türkische Ellen, die 57,75 cm lang sind und zur Königselle im Verhältnis von 10:11 stehen: 10 türkische Ellen entsprechen daher 11 Königsellen.

absolut quadratischen Fläche wurden Stücke von Steinen herausgebrochen, sodass eine der beiden Hälften höher ist als die andere bezüglich der Basis der Pyramide.[643]
Al-Muwaffaq al-Baġdādī[644] *sagte: Es sind ganze 10 Ellen [≈ 5,78 m], und er gab an, dass er demjenigen, der in seiner Gegenwart hinaufstieg [auf die Cheops-Pyramide], den Befehl gegeben hatte, mit seinem Turban zu messen und ihm den Turban danach zu bringen. Das hatte er auch getan und die Messung ergab das, was zuvor gesagt wurde.*
Unter Bezugnahme auf das, was Abū Zaid al-Balchī[645]*, Abū al-Ṣalt*[646] *und andere von den Passagen erzählen, durch die man im Inneren der Pyramide zur Spitze aufsteigt, und von den Passagen, die bis zu den tiefsten Aussparungen hinabsteigen, werden wir hier erzählen. Wir sind selbst in die Große Pyramide eingetreten und in eine quadratische Kammer*[647] *gelangt, in der verfaultes und verrottetes Material gefunden wurde. Der Weg zu dieser Kammer über die von al-Ma'mūn geschaffene Öffnung ist wie folgt:*
Wer die Pyramide betritt [über den al-Ma'mūn-Tunnel], der bleibt etwa 20 Klafter[648] *[≈ 39,9 m] lang in ihr;*[649] *an manchen Stellen in aufrechter, an anderen in gebeugter Haltung. Das Tageslicht scheint auf ihn, bis er sich im aufrechten Gang nach links umdreht, wo er eine schräge Passage [aufsteigender Gang] vorfindet, die er bis auf die Länge eines Mannes hinaufsteigt, ohne auf eine ebene Stufe zu stoßen. Unterhalb dieser Passage befindet sich eine Grube [Verbindungsgang zum absteigenden Gang], die hier wohlgeformt sein soll und deren Öffnung ein schwaches Licht zulässt. Nur ein schlanker Mensch kann sie betreten.*[650] *Der Gelehrte Nūr al-Dīn Abū ᶜAbd Allāh Muḥammad b. Muḥammad b. Abī Bakr al-Ṭabarī*[651] *hat mir mitgeteilt, dass er auf dem Bauch bis zu einer Entfernung von weniger als einer Menschenlänge [≈ 1,50 m] hineinglitt und dann auf den Beinen etwa 20 Klafter [≈ 39,9 m] lang gebückt darin [absteigender Gang] ging. Danach erreichte er die Außenseite der Pyramide [Originaleingang], an einer Stelle, die über der an der*

---

643 Gemäß dieser Beschreibung war das Pyramidenplateau schon zu Idrīsīs Zeiten beschädigt, obwohl die Außenverkleidung noch vollständig intakt war. Wie wir zuvor gesehen hatten, wurde aber die Pyramide schon mindestens seit dem 10. Jahrhundert bestiegen. Insofern kann es sein, dass von diesen Personen mit einem Hammer Steinstücke vom Plateau als Souvenirstücke mit nach unten genommen wurden. Diesen Satz übersetzte U. Haarmann wie folgt: *„Was die Spitze der Pyramide betrifft, so fragte ich eine große Zahl von Leuten, die sie bestiegen haben. Sie (alle) berichteten mir, daß es weniger als 10 Ellen seien und daß aus der Hälfte der exakt quadratischen Oberfläche ein paar Steine herausgerissen worden sind, so daß die eine Hälfte ca. eine. Steinreihe höher ist als die andere."* Hier spricht er von ein paar herausgerissenen Steinen und dass die eine Hälfte eine Steinreihe höher als die andere ist. Aus der Übersetzung des arabischen Texts durch eine Bekannte hat sich dies jedoch nicht erschlossen. Man könnte höchstens indirekt darauf schließen, aber wörtlich steht es wohl so nicht im arabischen Text.

644 Gemeint ist hier *Abd al-Laṭīf al-Baġdādī.*

645 Abū Zaid al-Balchī (* 850 in Balch, Afghanistan; † 31.10.934 ebenda) war ein islamischer Universalgelehrter. Er gilt als der Gründer der klassischen arabischen Schule der Geografie.

646 Siehe Fußnote 595.

647 Damit ist die Königinnenkammer gemeint.

648 Gemäß Hinz 1970, 54 maß das Klafter im Ägypten zur Zeit des Islams 199,5 cm.

649 Tatsächlich ist der Tunnel etwa 37,5 m lang.

650 Das ist auch der Grund, warum spätere europäische Reisende hier immer von einem Engpass sprechen, den sie auf dem Bauch liegend durchqueren müssen.

651 Bei diesem Gelehrten handelt es sich wohl um einen Zeitgenossen von Idrīsī, der aus Tabaristan stammte. Die alte persische Region Tabaristan (heutige Provinzen Māzandarān und Golestan im Iran) erstreckte sich entlang der Südost- und Südküste des Kaspischen Meeres nördlich der heutigen Hauptstadt Teheran und hatte eine Ausdehnung von etwa 500 km × 70 km. Bekannt ist nur al-Ṭabarī, Aḥmad b. ᶜAbd Allāh b. Muḥammad b. Abī Bakr Muḥibb al-Dīn Abū D̲jaᶜfar (* 20.9.1218 in Mekka, Saudi Arabien; † 19.4.1295 ebenda). Dieser gilt als der größte Gelehrte seines Jahrhunderts in der Hedschas, einer Landschaft im westlichen Saudi-Arabien, in dem die beiden heiligen Stätten des Islams, Mekka und Medina, liegen. Er wurde in eine Familie hineingeboren, die sich vor kurzem in Mekka niedergelassen hatte und die dazu bestimmt war, eine der wichtigsten Buyūtāt (noblen Familien) zu werden. Er war ein schāfiʿitischer Traditionalist und Jurist. Sein Urgroßvater, Abū Bakr, war in den siebziger Jahren des 12. Jahrhunderts aus Ṭabaristān nach Mekka ausgewandert. Dort heiratete er und hatte sieben Söhne und eine Tochter. Ab der zweiten Generation etablierte sich die Familie, mehrere seiner Söhne bekleideten bereits prestigeträchtige Positionen.

Nordseite vorgenommenen Bresche liegt[652]*, direkt vor demjenigen, der sie [über den al-Ma'mūn-Tunnel] betritt. Doch zurück zu der Beschreibung der Passage. Man steigt hinauf, bis man in der Nähe eines Steinblocks [dem Stein unter welchem der horizontale Gang beginnt] eine Öffnung erreicht, von der aus man zu einer anderen schrägen Passage [Große Galerie] aufsteigt. Rechts von dem, der aufsteigt, befindet sich ein Brunnen*[653] *zwischen den beiden Gängen und der eben erwähnten Tür, aber unterhalb des zweiten Ganges. Durch diese Öffnung betritt man einen quadratischen Raum*[654] *[die Königinnenkammer], in dem sich ein* <u>*leerer Sarkophag*</u> *befindet. An dem Dach des Raumes befinden sich Inschriften in den ältesten Schriftzeichen der heidnischen Priester.*[655] *Von dort kehrt man an den Ort zurück, durch den man eintritt, und steigt in die zweite Passage [die Große Galerie] hinauf. Zu beiden Seiten sind Steinblöcke, in denen mit Äxten Hohlräume*[656] *ausgehauen wurden, um den Aufstieg zu erleichtern. Sie sind etwa einen Klafter [≈ 2 m] voneinander entfernt. Schließlich erreicht man einen weiteren vierseitigen Raum [die Königskammer], in dem sich ein Loch*[657] *befindet, das dort ausgegraben zu sein scheint. Hier ist ein* <u>*leerer Sarkophag*</u> *zu sehen,* <u>*der dem ersten ähnlich ist*</u>*. Yūsuf b. al-Bābā al-Shīrāb (Abū) Dār*[658] *hat mir erzählt, dass er zusammen mit dem Reiter Fulim einige der absteigenden Gänge*[659] *der Pyramide betrat, die sie zu einem Ort führten [der unterirdischen Felsenkammer], von dem aus sie keinen [weiterführenden] Weg mehr fanden.*

Derjenige, dem ich vertraute, erzählte mir, dass ein fremder [nicht-arabischer] Mann ihm sagte, dass er einen der Räume der Großen Pyramide kenne, und die beiden stimmten darin überein, dorthin zu gehen und das, was sie brauchten, in zwei Säcken, gefüllt mit Essen sowie Kerzen, mitzunehmen. Und als sie die Pyramide betraten, sagte der Fremde zu ihm: "Ich gehe vor dir hinunter, folge mir!" und er betrat eines der beiden Löcher.[660] *Er fügte hinzu: Ich zögerte eine Stunde lang, ihm zu folgen, dann wagte ich es und bewegte mich vorwärts, nachdem ich zuvor rückwärts gegangen war. So stieg ich hinter ihm hinunter.*[661] *Und der Ort, von dem ich herabstieg, ist ungefähr so groß wie ein Mann. Dann sagte er zu mir: "Komm rein, hab keine Angst." Also ging ich rein und meine Füße berührten den Sand. Dann zündete er eine Kerze an und wir gingen in einen Tunnel, der sich nach unten neigte. Wir fanden schließlich einen Schacht*[662] *[Brunnenschacht], den er hinunterstieg und ich folgte ihm. Es gab Löcher in diesem Schacht, sodass der Hinuntergehende seine Füße hineinstecken und sich darin festhalten konnte, falls er seine Arme ausbreitete. Als wir unten ankamen, sahen wir eine Öffnung, durch die er ging und ich folgte ihm hinterher. Wir kamen zu einem weiteren Schacht.* [663] *Zusammenfassend zählte ich – also der Erzähler – 16 Schächte und 16 abschüssige Wege*[664]*, bis ich wegen der Abgründe*

---

652 Dieser Beschreibung nach wurde also der Originaleingang möglicherweise schon zu al-Ma'mūns Zeiten freigelegt. Man benutzte aber der Bequemlichkeit wegen weiterhin den al-Ma'mūn-Tunnel, da man hierzu nur 6 m an der Außenseite hochsteigen musste anstatt 17 m und zudem horizontal aufrecht gehend bis zum aufsteigenden Gang gelangte, anstatt mühsam gebückt steil hinunterzugehen und sich dann durch den Engpass zum aufsteigenden Gang zu zwängen. Den Schutthügel späterer Zeiten gab es da noch nicht, da die Pyramidenverkleidung noch intakt war.

653 Dies ist der Beginn des nach Plinius benannten Brunnenschachts am Beginn der Großen Galerie.

654 Die Königinnenkammer ist zwar nicht quadratisch, aber fast, da sie 10 × 11 Königsellen misst.

655 Es kann sich hierbei entweder um Hieroglyphen gehandelt haben oder, was ich für wahrscheinlicher halte, um altjemenitische Inschriften von Sabäischen Priestern, die zu den Pyramiden gepilgert waren.

656 In den Banketten oder Seitenbänken und unmittelbar darüber in den Wänden befinden sich jeweils 25 rechteckige Vertiefungen und Nischen in einem Abstand zueinander von etwa 1,75 m. Die Nischen sind 0,67 × 0,20 m groß, die Vertiefungen 0,52 × 0,18 m.

657 Da er nur von einem Loch spricht, könnte es sich bereits um das heute bekannte Loch rechts neben dem Sarkophag an der Nordwand gehandelt haben.

658 Um wen es sich hierbei handelte, konnte ich leider nicht in Erfahrung bringen.

659 Damit können nur der absteigende Gang und der Brunnenschacht gemeint sein.

660 Hiermit kann nur der al-Ma'mūn-Eingang und der Originaleingang gemeint sein.

661 Aufgrund der Beschreibung kann hier nur der Originaleingang gemeint sein, da der al-Ma'mūn-Tunnel horizontal verläuft.

662 Dies ist der Einstieg in den Brunnenschacht von der Großen Galerie aus.

663 Das wird vermutlich der absteigende Gang gewesen sein, in welchen der Brunnenschacht mündet.

664 Die Zahl 16 bezeichnet hier wohl nicht die Anzahl, sondern ist eher symbolisch gemeint (eine Verschmelzung des Geistigen mit dem Materiellen) oder es handelt sich einfach um eine Übertreibung.

glaubte, dass ich beim Bahamūt[665] landen würde. Wir kamen schließlich, nach diesen schrecklichen Abgründen, in einen nicht so großen Raum, wo es einen Sarg wie den in dem Raum oben in der Pyramide gibt, dessen Deckel fehlte und der leer war.[666] Überall um ihn herum fanden sich Überreste der Zerstörung sowie ein alter Teppich [oder Matte] und Palmblätter. Ich war darüber erstaunt und habe mich gefragt: Falls jemand gekommen ist wie wir, von wo hat er ihn dann hergebracht? Und aus welchem Grund? Und wenn er seit dem Bau der Pyramiden dort war, wie können dann seine Überreste noch immer vorhanden sein? Ich hob meinen Kopf zur Decke und sah dort eine ockerfarbene Schrift, die mit einem Stift von Jalil[667] wie die von al-Tumār geschrieben wurde: Ward[668] ist hier eingebrochen und ging zurück. Als der Fremde sich in die Hände schlug und sagte: "la hawla...[Lā Hawla wa lā Quwwata illā Billāh = Es gibt keine Macht und keine Macht außer Allah]" und "Inna li lah...['innā li-llāhi wa-'inna 'ilayhi rāji'ūn = Siehe, wir gehören Allah, und zu ihm kehren wir heim]", sprach er: Hier endet mein Wissen. Ich hätte nie gedacht, dass ein Mensch uns jemals zuvorkommen würde, um diesen Ort [und diesen Sarg] zu öffnen und das, was bei den Verstorbenen war, sowie das Elixier[669], das bei einem von ihnen war, zu nehmen. Dann schaute ich mich in diesem Raum um und fand eine Art Tür, die mit Sand verschlossen war.[670] Ich sah Öffnungen, als wären sie Durchgänge zu einem anderen Ort. Wir hatten Angst, ohne genügend Informationen dort hineinzugehen. Also gingen wir zurück, ohne aus dem Staunen über das, was wir gesehen hatten, herauszukommen. Ich sprach zu ihm über die Inschrift, die an der Decke gewesen ist: Der Mann, der vor dir an diesen Ort ging und den Sarg auftat und nahm, was darin war, hieß Ward. Und er schrieb: Ward [selbst] ging an den Ort, den niemand sonst vor ihm betreten hatte, und er kehrte auf demselben Weg zurück und hinterließ eine Spur [Inschrift], um deutlich zu machen, dass er zuerst da war und, dass er wissen konnte, was der, der nach ihm hierherkommt, nicht mehr kann. Er [der Fremde] schätzte, was ich intelligent ausgedrückt hatte, er und alle, die ihn hörten, und es wurden gute Dinge über mich geschrieben."[671]

Was das obere Pyramidenplateau der Cheops-Pyramide betrifft, so vergleiche man die obige Beschreibung mit der von Marco Grimani von 1537: *„Man sieht, dass dies der Platz ist, in dem die Pyramide beendet war, denn sie endete nicht spitz; zudem ist der Platz völlig intakt, ausgenommen einem Stein, das ist ein Kopfstein, der etwas von seinem Platz herausgekommen ist."*

Der Text von Idrīsī beweist, dass um das Jahr 1200 bereits der Verbindungsgang zwischen dem absteigenden Gang und dem aufsteigenden Gang existierte, dieser sich aber in einem sehr schlechten Zustand befand, sodass man nur mit großer Mühe und als schlanker Mensch auf dem Bauch kriechend die Passage überwinden konnte. Genau die gleiche Erfahrung machen auch die späteren europäischen Reisenden. Ob dieser Verbindungsgang bereits von al-Ma'mūns Arbeitern geschaffen wurde, kann daraus jedoch nicht geschlossen werden. Das Gleiche gilt für die Freilegung des Originaleingangs. Klar ist lediglich, dass der Verbindungstunnel und der Originaleingang wohl zeitgleich zugänglich gemacht wurden. Dass es dafür dem Schlagen einer Bresche bedurft hat, da die äußere Verkleidungsschicht damals noch intakt war, kann man heute noch daran erkennen, wie viel Gestein vor dem Eingang weggeräumt wurde. Dies scheint aber erst zur Zeit von Damiat Ibrahim Pascha im Jahr 1584 erfolgt zu sein, wie uns Prosper Alpini schildert. Hatte man also zuvor die ursprüngliche Tür gefunden, laut Strabon ein herausnehmbarer Stein, der möglicherweise über einen Kippmechanismus nach oben klappbar war?

---

665 Bahamūt ist einer arabischen Legende nach, ein wundersamer Fisch, der in grundlosen Gewässern schwimmt und das gesamte Gebäude der Welt auf sich trägt. Der Mythos basiert auf dem sagenhaften Urzeitmonster Behemoth, das im Buch Hiob im Alten Testament erwähnt wird.

666 Der Beschreibung nach kann dies nur die Königinnenkammer sein.

667 Jalil ist ein persisch-arabischer muslimischer männlicher Vorname und bedeutet „erhaben" und „ehrenhaft".

668 Dieser Name ist ein persischer Vorname, sodass der Eindringling womöglich persische Wurzeln hatte.

669 Möglicherweise handelt es sich hierbei um eine Kanope, also ein Gefäß, in welchem die alten Ägypter die Eingeweide des Verstorbenen legten.

670 Dies wird die Nische mit dem Tunnel in der Ostwand der Königinnenkammer sein.

671 Idrīsī und Haarmann 1991, 68-73. Übersetzung aus dem Arabischen. Unterstreichungen durch den Autor.

Zu den im arabischen Text enthaltenen Längenangaben muss Folgendes angemerkt werden: zur Ermittlung der Basiskantenlänge der beiden großen Gizeh-Pyramiden wurden nicht Ḥākims-Ellen benutzt, wie es z. B. bei Haarmann (Idrīsī und Haarmann 1991, 76) heißt, sondern Ḥākims-Ruten (Kasaba). Diese besaßen eine Länge von 3,99 m. Für alle anderen Längenangaben, ausgenommen dem Pyramidenplateau, wurde die Einheit Klafter gewählt, die knapp 2 m lang war. In dem ursprünglich von Burckhardt übersetzten Teilauszug dieses Pyramidentextes übersetzt er diese Längenangaben mit *Draá*, der türkischen Bezeichnung für Elle, was aber ebenso falsch ist, da das Maß keine Elle, sondern die Spanne zwischen zwei ausgestreckten Armen (Klafter) ist. In dem hier aus dem arabisch übersetzten Text geht hervor, dass die Abstände in der Großen Galerie zwischen den Löchern in den Seitenbanketten ungefähr einen Klafter (≈ 2 m) groß sind. Tatsächlich sind diese Abstände durchschnittlich 1,75 m groß.

Damit ergeben sich folgende Längenangaben im Text:

- Die Basislänge der Cheops-Pyramide: 65 Ruten (Kasaba) oder 259,34 m.
- Die Basislänge der Chephren-Pyramide: 61 Ruten (Kasaba) oder 243,39 m.
- Die Seitenlänge des oberen Plateaus der Cheops-Pyramide: 10 Ellen oder 5,78 m.
- Die Länge des al-Ma'mūn-Tunnels: ca. 20 Klafter oder ca. 40 m.
- Die Länge des absteigenden Gangs bis zum Verbindungstunnel: ca. 20 Klafter oder ca. 40 m.
- Die Länge des absteigenden Gangs in der Mykerinos-Pyramide: ca. 20 Klafter oder ca. 40 m.

Die Vermessung des oberen, zu diesem Zeitpunkt noch intakten Pyramidenplateaus, ist absolut genau. Dies lag allerdings auch daran, dass die arabisch-türkische Elle genau in einem Verhältnis von 10:11 zur altägyptischen Elle stand, sodass der in arabisch-türkischen Ellen ermittelte Wert nicht gerundet werden musste, da er auch so genau mit der Realität übereinstimmte.

Der al-Ma'mūn-Tunnel ist tatsächlich heute 37,5 m lang, was 18 ¾ Klaftern entspräche. Berücksichtigt man die Tatsache, dass damals noch die Verkleidungssteine vorhanden waren und damit der Tunnel länger war als heute, so ist die Angabe von 20 Klaftern, also ca. 40 m, recht präzise.

Die Länge des absteigenden Gangs bis zum Verbindungsgang beträgt allerdings nur rund 30 m. Damals war aber noch der heute fehlende Teil bis zur Außenverkleidung vorhanden, sodass die Ganglänge auch entsprechend länger war als heute. Zudem hat man sich bei der Angabe sicher überlegt, dass der Weg über den Grabräubertunnel und der andere Weg, der am Originaleingang herauskommt, in etwa gleich lang sein müssen; konkret nachgemessen hat man es wohl nicht.

Wir können also festhalten, dass es sich bei den Längenangaben von Idrīsī tatsächlich um recht genaue Messwerte handelt, die ganz sicher nicht auf Schätzungen basieren, sondern auf echtem Vermessen. Damit stellen die Angaben von Idrīsī die erste wissenschaftliche Untersuchung der Cheops-Pyramide dar, über 400 Jahre vor der ersten europäischen wissenschaftlichen Untersuchung von John Greaves (1638/39).

Idrīsī gibt als Maß für die Basislänge der Cheops-Pyramide 65 Ḥākims-Ruten an und für die Chephren-Pyramide 61 (68, 4–7). Die Grundflächen betrügen demnach 10 $^{9}/_{16}$ bzw. 9 $^{13}/_{40}$ Feddan. Haarmann gibt hier fälschlicherweise 10 $^{9}/_{15}$ bzw. 9 $^{121}/_{400}$ Feddan an (Idrīsī und Haarmann 1991, 76). 10 $^{9}/_{16}$ Feddan entsprechen 67.262,4 m^2, tatsächlich beträgt die Grundfläche der Cheops-Pyramide nur 53.075 m^2 und ist damit ein Viertel kleiner als von Idrīsī angegeben.

Einzigartig an dieser Beschreibung ist die Erwähnung von alten Schriftzeichen – vermutlich Hieroglyphen – an der Decke der Königinnenkammer. Möglicherweise wurden sie von späteren Besuchern zerstört. Ebenso wichtig ist die Erwähnung eines leeren Sarkophags in der Königinnenkammer.

Zusammenfassend können wir sagen, dass dieser Bericht aus dem Mittelalter einer der bedeutendsten ist, die wir haben, da es sich hierbei um die erste wissenschaftliche Untersuchung der Gizeh-Pyramiden in der Geschichte handelt. Dies macht auch die Aussagen über den Sarkophag in der Königinnenkammer plausibel, denn der Text enthält keine erkennbaren fiktiven Elemente oder Übertreibungen, wie sie oft in anderen arabischen Texten zu finden sind.

13.2.3 Johann Helffrich

Johann Helffrich besuchte mit drei Begleitern die Cheops-Pyramide am 13. Dezember 1565. Sein Bericht ist einer der Ersten, welcher die Königinnenkammer beschreibt. Hierzu sagt er:

> *„Danach sind wir auf einen langen und weiten Platz [Beginn der Großen Galerie] gekommen, der auch überall mit schönem und glattem Marmor verziert war, wo wir uns ein wenig ausgeruht haben. Dieser [horizontale] Gang ist ungefähr 100 Schuh [Fuß] [≈ 28–32 m] lang. Von da an sind wir geradewegs in eine viereckige Kammer [Königinnenkammer] gekommen, die oben und unten mit glatten Steinen versehen war. Sie war sehr verfallen und lag voller Steine und Staub, die herabgefallen waren.“* [672]

Aus dieser Beschreibung der Königinnenkammer geht klar hervor, dass nicht erst Damiat Ibrahim Pascha um 1584 hier Schatzgrabungen unternommen hat, sondern diese schon älter sind.

13.2.4 Prof. John Greaves

Einer der ersten modernen und wissenschaftlichen Beschreibungen der Cheops-Pyramide verdanken wir dem Mathematikprofessor und Astronomen John Greaves, der 1638 die Pyramiden von Gizeh besuchte und diese ausgiebig erforschte und dokumentierte. Als erster Ägyptenreisender vermaß er die Pyramiden mit astronomischen Instrumenten. Zur Königinnenkammer schreibt er Folgendes:

> *"This leadeth (running in length upon a levell 110 feet [≈ 33,5 m]) into an arched vault, or litle chamber which by reason it was of a gravelike smell, and halfe full of rubbage, occasioned my lesser stay. This chamber stands East and West: the length of it is lesse then 20 feet [≈ 6,1 m], the breadth about 17 [≈ 5,2 m], and the height lesse then 15 [≈ 4,6 m]. The walls are entire, and plastered over with lime, the roofe is covered with large smooth stones, not lying flat, but shelving and meeting above in a kind of Arch, or rather an Angle. On the East side of this room, in the midle of it, there seems to have been a passage leading to some other place.“* [673]

Die Königinnenkammer war halb gefüllt mit stinkendem Müll, welche wohl frühere Besucher dort zurückgelassen haben. Ein Sarkophag wird nicht erwähnt, wohl aber die Nische in der Ostwand der Kammer mit einem Gang, den er allerdings nicht weiter untersucht. Er spekuliert, dass dieser eine Verbindung mit dem Sphinx herstellt.

13.2.5 Antoine Morison

Der Franzose Antonie Morison, ein Priester in der Diözese Toul (Meurthe-et-Moselle), dann Chorherr der Kirche St. Pierre zu Bar-le-Duc, besuchte 1697 die Pyramiden von Gizeh und berichtet von der Königinnenkammer der Cheops-Pyramide Folgendes:

> *„Es gibt jedoch nichts in diesem Raum, was darauf hindeutet, dass diese Königin nach ihrem Tod dorthin gebracht wurde; nur in der Wand gibt es eine Art Nische, in der ein Mensch stehen kann, aber diese Situation ist nicht die am besten geeignete Haltung für die Toten.“* [674]

Seiner Schilderung nach gibt es dort nichts Erwähnenswertes, also auch keinen Sarkophag.

---

672 Helffrich 1579, Eintrag zum 13. Dezember 1565. Übertragung in modernes Deutsch durch den Autor.

673 Greaves 1646, 88-89.

674 Morison 1704, 163. Eigene Übersetzung aus dem Französischen.

13.2.6 Charles William Pasley und John Munro

Aus den Memoiren des britischen Konsuls Henry Salt geht hervor, dass am Ende des Nischentunnels in der Ostwand der Königinnenkammer die Namen „Pa[i]sley[675] und Munro[676]" zu lesen waren, wie sie bereits von einem Herrn Olivier[677] bemerkt worden waren. Aus dem Bericht von Edward Daniel Clarke[678], geht klar hervor, dass ihn begleitende britische Offiziere den Nischentunnel freigelegt und bis an dessen damaligen Ende, ein kleiner kammerartiger Hohlraum, vorgedrungen sind. Clarke selbst ist in ihn eingedrungen und berichtet aus eigener Anschauung. Die Gefährten, welche gemäß Clarke den Schacht freiräumten, dessen Mündung wohl von den Franzosen unter Napoleon freigelegt worden war, waren mit ziemlicher Sicherheit die Herren Pasley und Munro, auch wenn er diese nicht namentlich erwähnt. Denn diese beiden kamen mit dem britischen General Abercromby[679] nach Ägypten und fochten am 21. März 1801 eine Schlacht gegen die Franzosen. Da Clarke und seine Reisegefährten am 23. August 1801 in der Cheops-Pyramide ihre Untersuchungen vornahmen, können wir dieses Datum auch mit hoher Wahrscheinlichkeit als ersten Freilegungsversuch des Nischentunnels durch Europäer bezeichnen. Die Entfernung von der Mündung des Nischentunnels in die Königinnenkammer bis zu dem erweiterten Hohlraum beträgt etwa 12,2 m. Vermutlich wurde der Nischentunnel durch den inzwischen regen Besuch von britischen Armeeangehörigen[680] zu neuen Schatzsuchungen in der Königinnenkammer benutzt und dadurch wurde der Nischentunnel wieder verstopft, sodass Caviglia ihn erneut säubern musste.

13.2.7 Edward William Lane

Lane, ein britischer Orientalist, bekannt durch sein arabisch-englisches Lexikon und seinem erst im Jahr 2000 posthum veröffentlichtem Werk *Description of Egypt*, bereiste Ägypten erstmals von 1825 bis 1828, also nur wenige Jahre nach der Entzifferung der Hieroglyphen durch den Franzosen Champollion im Jahr 1822. Diese erste Ägyptenreise – es folgten noch zwei weitere in den Jahren 1833–35 und von 1842 bis 49 – war die

---

675 Siehe Fußnote 364.

676 Siehe Fußnote 365.

677 Siehe Fußnote 326.

678 Clarke, der am 23. August 1801 die Cheops-Pyramide besucht hat, schreibt hierzu: "*Some of the officers belonging to our party, while we were occupied in examining the well, had discovered two or three low ducts, or channels, bearing off from this passage to the east and west, (like those intersecting veins called by miners cross-courses,) and which they believed to have been overlooked by former travellers. Certainly there is no accurate notice of them in the descriptions given by Sandys, Greaves, Wansleb, Pococke, Shaw, Niebuhr, Maillet, Lucas, Norden, Savary, or any other author that we have consulted. Perhaps the French, engineers employed under Menou in the examination of the Pyramids, by removing the stones which had closed the mouths of these channels, have laid them open. We undertook a most laborious and difficult task, in penetrating to the extremities of these ducts. The entrance being too low to admit a person upon his hands and knees, it was necessary to force a passage by lying flat upon our faces, gradually insinuating our bodies, by efforts with our arms and feet against the sides. The difficulty, too, was increased by the necessity of bearing lighted tapers in our hands, which were liable to be extinguished at every instant, in the efforts made to advance. As we continued to struggle in this manner, one after another, fearful of being at last jammed between the stones, or suffocated by heat and want of air, a number of bats, alarmed by our intrusion, endeavoured to make their escape. This we would gladly have permitted, but it was not easily affected. Flying against our hands and faces, they presently extinguished some of our tapers, and were with difficulty suffered to pass by us. After all our trouble, we observed little worth notice at the end of any of these cavities. In one, which the author examined, he found, at the extremity of the channel, a small square apartment, barely large enough to allow of his sitting upright; the floor of which was covered with loose stones, promiscuously heaped, as by persons who had succeeded in clearing the passage leading thither.*" (Clarke 1814, Part 2, Sect. 2, 140-141.)

679 Sir Ralph Abercromby KB (* 7.10.1734 in Menstrie, Schottland; † 28.3.1801 in Alexandria, Ägypten) war ein britischer General. Ralph Abercromby war das älteste der sechs Kinder des Juristen George Abercromby aus Tullibody in Clackmannanshire und seiner Frau Mary, Tochter von Ralph Dundas, Esq. aus Manor. Nach dem Besuch der Schule in Rugby studierte Abercromby Recht in Edinburgh und Leipzig (1754), um – wie schon sein Vater und sein Großvater – Jurist zu werden. Da er sich aber statt für die Juristerei mehr für das Militär interessierte, kaufte ihm seine Familie im März 1756 eine Stelle als Kornett bei den *3rd Dragoon Guards*. 1795 wurde er als Nachfolger von Charles Grey Oberbefehlshaber der britischen Truppen in Westindien. Zwei Jahre lang kämpfte er dort erfolgreich gegen die Franzosen. 1801 ging er mit 18.000 Mann gegen die Franzosen nach Ägypten.

680 Mountnorris 1809, Vol. 3, 389.

Grundlage für sein Werk *Description of Egypt*. Der Londoner Verleger John Murray zeigte frühes Interesse an der Veröffentlichung des Werkes, welches durch die Wahl seines Titels eine Hommage an die berühmte Napoleonische *Description de l'Égypte* war, zog sich dann aber zurück. Diese Ablehnung war wahrscheinlich darauf zurückzuführen, dass das Buch detaillierte Berichte über Ägypten, zahlreiche Illustrationen und Texte in arabischer, altägyptischer (hieroglyphischer Schrift) und altgriechischer Sprache enthielt, was die Druckkosten erheblich erhöht hätte. Zudem waren so große Publikationen aus der Mode gekommen und Lane war kein etablierter Autor, weshalb sich kein Verlag dafür interessierte.

John Gardner Wilkinson, der auch als Vater der britischen Ägyptologen bezeichnet wird, war mit Lane befreundet, da beide zeitgleich in Ägypten waren und die gleichen Interessen hatten. Interessant ist Lanes Beschreibung der Königinnenkammer, da sie zu diesem Zeitpunkt noch nicht von dem britischen Colonel Howard Vyse betreten war. Lane war zweimal vor Vyses Pyramidenerforschung in der Cheops-Pyramide und einmal nach ihm. Es folgt nun seine Beschreibung, die auf seine 14-tägige Exkursion im Dezember 1825 zurückgeht[681]:

> *"This has been called, by some travellers, 'the Queen's Chamber'; from the supposition that the Queen of the founder of the Pyramid was buried in it. The roof is formed of long blocks of stone, leaning against each other. The height of the chamber, to the commencement of the roof, is 13 feet and a half [≈ 4,11 m], and to the summit, about 7 feet [≈ 2,13 m] more [Gesamthöhe: 20 ½ Fuß ≈ 6,25 m]. The floor, sides, and roof are constructed of the same kind of lime-stone as the passages. In the eastern end (not in the middle, but rather to the right), is a high and narrow recess, five feet [≈ 1,52 m] wide at the bottom, but becoming narrower towards the top; like the sides of the grand passage; as the annexed sketch will shew. It is 3 feet 5 inches [≈ 1,04 m] deep. Within it, 4 feet [≈ 1,22 m] from the floor, is the entrance of a forced passage, 4 feet [≈ 1,22 m] wide. At the commencement it is square, and smoothly cut; but further in, it becomes irregular; and at the distance of 50 feet [≈ 15,24 m], it terminates at a hollow space, wider and more irregular than the rest. In this chamber and forced passage there is little to detain us."* [682]

Der obige Text wurde allerdings auch schon von Sophia Lane-Poole, der Schwester von Edward William Lane, ebenfalls eine Orientalistin, in ihrem 1844 erschienenen Buch *The Englishwoman in Egypt: Letters from Cairo, written during a residence there in 1842–44* abgedruckt.[683]

Interessant an Lanes Beschreibung sind die Ausmaße des Gangs, der an der Nische in der Ostwand beginnt. Seine Länge wird mit 50 Fuß (≈ 15,24 m) angegeben. Dies entspricht auch der Längenangabe von dem französischen Architekten Gilles Dormion von 2004.[684] Während rund 180 Jahren hat sich diesbezüglich also nichts geändert, so scheint es jedenfalls. Das Ende dieses Tunnels wird von Lane als Hohlraum, der breiter und unregelmäßiger als der Rest ist, beschrieben. Betrachtet man Abb. 109, so war vermutlich mit dem Hohlraum nicht das tatsächliche Ende des Tunnels gemeint, sondern die Stelle kurz davor. Von einer Kammer am Ende des Tunnels ist aber nicht die Rede. Die gleichen Daten für den Nischentunnel geben bereits Maragioglio und Rinaldi[685] in den 1960er Jahren an.

Von einem Sarkophag in der Königinnenkammer berichtet Lane nichts, sodass wir davon ausgehen können, dass es vor den Ausgrabungen von Howard Vyse dort keinen Sarkophag gegeben hat.

---

681 Lane-Pool 1877, 23.

682 Lane und Thompson 2000, 171

683 Poole 1844, 137.

684 Dormion 2004, 236.

685 Maragioglio und Rinaldi 1963-1977, Vol. 4, T. 6.

13.2.8 Howard Vyse

Sir Richard William Howard Vyse[686] war ein britischer Offizier, Politiker, Anthropologe und Ägyptologe. Er war der einzige Sohn des Generals und Politikers Richard Vyse (1746–1825) und dessen Frau Anne Howard, der einzigen überlebenden Tochter und Erbin des Feldmarschalls George Howard (1718–1796) sowie Enkel des ersten Earl of Strafford. Seine militärische Laufbahn begann im Jahr 1800 bei den Dragonern. Schon ein Jahr später war er Leutnant und 1802 bereits Captain. 1813 war er Major und 1825 dann Leutnant-Colonel. 1830 diente er als *"High Sheriff of Buckinghamshire"* [687]. Im Jahr 1837, dem Jahr seiner Pyramidenerforschung, wurde er zum Colonel befördert. Schließlich wurde er 1846 zum Major-General befördert.

Zu seiner unrühmlichen politischen Karriere ist Folgendes zu sagen: Vyse wurde 1807 für Beverley in Yorkshire, einem Bezirk, dessen Wahlen häufig angefochten wurden, ins Parlament gewählt. Zwei Monate nach der Wahl reichte Philip Staple, der unterlegene Kandidat, dem Parlament eine Petition ein und beschuldigte Vyse (zusammen mit dem anderen Siegerkandidaten John Wharton) der Bestechung und Korruption während des Wahlkampfes. Der engere Ausschuss, an den die Petition verwiesen wurde, lehnte es ab, das Ergebnis der Wahl zugunsten von Staple für ungültig zu erklären. Etwa 16 Jahre nach Vyses Tod tauchten Beweise auf, dass die meisten seiner Wähler bezahlt worden waren. Zahlungen, die nach einer Wahl (wie diese waren) geleistet wurden, galten nicht als Bestechung im Sinne des Bestechungsakts von 1729 (und der einschlägigen Rechtsprechung) und wurden von den parlamentarischen Auswahlausschüssen nicht als Grund für die Ungültigkeit einer Wahl angesehen.

Howard Vyse ist durch seine gemeinsamen Forschungen mit John Shae Perring an den Pyramiden von Gizeh im Jahr 1837 bekannt geworden, bei denen er nicht vor der Verwendung von Sprengstoff zur Öffnung verschlossener Kammern zurückschreckte (*"gunpowder archaeology"*). Auch an der Südseite der Cheops-Pyramide sprengte er eine 9 m tiefe Bresche, die sich zwischen der 18. und 31. Steinlage befindet.

Abb. 118: Bresche auf der Südseite der Cheops-Pyramide durch Howard Vyse, 1837.

---

[686] Richard William Vyse (* 25.7.1784 in Stoke Poges, Buckinghamshire, England; † 8.6.1853 ibid.).

[687] Der Titel "High Sheriff von Buckinghamshire" bezeichnete ursprünglich den Vertreter des Königs bei der Besteuerung, der das Gesetz in sächsischer Zeit aufrechterhielt.

Vyse war sehr ehrgeizig und wollte unbedingt den Pyramiden irgendwelche Geheimnisse entlocken. Dabei scheute er auch nicht davor zurück, einen Teil seines persönlichen (ererbten) Vermögens[688] dafür einzusetzen. Dass er unbedingt einen Erfolg suchte, belegen seine eigenen Aussagen:

"In conversation with M. Caviglia, I expressed my disappointment that greater progress had not been made, particularly at the Great Pyramid." [689]
"I naturally wished to make some discoveries before I returned to England." [690]
"In returning to the tents in the afternoon, I asked M. Caviglia when he would probably have finished his excavations at the mummy-pits, and be able to take the bulk of the people to the pyramids. He said in about a fortnight, but that he then intended to begin upon another. I remarked, that in that case it was useless for me to remain any longer, as no discovery could be made before I should be obliged to return to England." [691]
"I expected to find a sepulchral apartment, to which, I thought it probable, that chamber [Davison's] was an entresol, and the top of the great passage an entrance." [692]
"I still entertained great hopes of finding a sepulchral apartment, and therefore directed that every exertion should be made to get above Wellington's Chamber, for which purpose Daoud was employed." [693]
"All hopes of an important discovery were not given up." [694]

So entließ er auch Giovanni Battista Caviglia[695] am 11. Februar 1837 aus seinen Diensten, nachdem dieser seiner Meinung nach an unwichtigen Stellen, wie Mumiengruben, das Geld verschleuderte. Engagiert hatte Vyse ihn 1836 in Alexandria als Assistent für seinen geplanten Ausgrabungen. 1836 engagierte Vyse auch seinen Landsmann John Shae Perring[696], der nach dem Rauswurf von Caviglia zu seinem Stellvertreter in Gizeh wurde.

Caviglia hatte in Zusammenarbeit mit dem britischen Generalkonsul in Kairo, Henry Salt, bereits 1818 einige wichtige Ausgrabungen und Entdeckungen auf dem Gizeh-Plateau vorgenommen. So räumte er den absteigenden Gang frei und schuf wieder den Zugang zur unterirdischen Felsenkammer. Er beseitigte auch die Verstopfung des Brunnenschachtes zum absteigenden Gang, sodass danach die Luft hierdurch wieder zirkulieren konnte und das Geheimnis, wohin der Brunnenschacht führt, gelöst war. Schon Caviglia war erpicht darauf, wichtige Entdeckungen zu machen. Henry Salt schrieb in seinen Memoiren 1820:

"Captain Caviglia's next operation was the cleaning out of the Queen's chamber which he undertook and completed with the hope of finding a sarcophagus there, similar to the one in the chamber above.
His labour, however, was but ill repaid, as he found nothing but the bare walls, incrusted with a thick coat of salt, so that if such a sarcophagus ever was deposited there, it must have been long ago removed.

[688] In der in München erschienenen *Allgemeinen Zeitung* vom 23. Juli 1853 steht auf Seite 3259, er habe 10.000 £ Sterling aus eigenen Mitteln aufgewendet.
[689] Vyse 1840-42, Vol. 1, 140.
[690] Vyse 1840-42, Vol. 1, 142.
[691] Vyse 1840-42, Vol. 1, 147.
[692] Vyse 1840-42, Vol. 1, 153.
[693] Vyse 1840-42, Vol. 1, 208.
[694] Vyse 1840-42, Vol. 1, 235.
[695] Siehe Fußnote 249.
[696] John Shae Perring (* 24.1.1813 Boston, Lincolnshire, England; † 16.1.1869 Manchester, England) war ein britischer Ingenieur, Anthropologe und Ägyptologe, der hauptsächlich durch seine Forschungs- und Dokumentationsarbeit an zahlreichen ägyptischen Pyramiden bekannt wurde. Nach Vyses Rückkehr nach England im Jahre 1837 übernahm Perring mit Vyses finanzieller Unterstützung die weiteren Forschungen. Im Rahmen seiner Arbeit erstellte Perring unter anderem Karten, Pläne und Innenprofile der Pyramiden von Abu Roasch, Gizeh, Abusir, Sakkara und Dahschur. Die Ergebnisse seiner Arbeit bei der Vermessung der Pyramiden veröffentlichte Perring 1839–1842 in einem dreibändigen Werk unter dem Titel *The Pyramids of Gizeh*.

The first twelve or fourteen feet, appear[s] to form a recess, large enough for the admission of a sarcophagus, that may be coeval with the erection of the pyramid, but the rest has been in all probability more recently excavated with the expectation I conceive of discovering another outlet, and the rubbish removed in the attempt, may have been that which incumbered the Queen's chamber.
This passage has been noticed before by Monsieur Olivier, and the names of 'Pa[i]sley and 'Munro' were found inscribed at the farther end." [697]

Vyse lag in Übersetzung (von Johann Ludwig Burckhardt) aus dem Arabischen ein Text vor, in welchem ein Sarkophag in der Königinnenkammer beschrieben wird (siehe Kap. 13.2.2). Dies und die von Caviglia im Frühjahr 1822 durchgeführten Grabungsarbeiten in der Königinnenkammer hatten ihn vermutlich dazu veranlasst, unterhalb der Nische in der Ostwand nach einem verborgenen Sarkophag und/oder anderen Schätzen zu suchen.

Doch betrachten wir uns zunächst einmal seine in Tagebuchform verfassten Berichte zu den Arbeiten in und um die Königinnenkammer, die er am 3. März 1837 beginnt. Um das Ausmaß seiner Arbeiten zu erkennen, betrachten wir zunächst die Anzahl an Arbeitern, die ihm zur Verfügung stehen und die ,Projekte', an denen diese in seinem Auftrag arbeiten. Am 3. März 1837 beschäftigt er 237 Personen, davon 7 Aufseher, 124 Männer und 106 Kinder. Sie sind auf folgende Projekte aufgeteilt:

1. Cheops-Pyramide
   a. Ausgrabungen an der Südseite der Pyramide
   b. Ausgrabungen an der Nordseite der Pyramide
   c. Davison-Kammer
   d. Königinnenkammer
   e. Horizontaler Gang zur Königinnenkammer
2. Chephren-Pyramide
   a. Bohrung für den unteren Eingang
   b. Belzonis Kammer
   c. Gangsystem
3. Mykerinos-Pyramide
   a. Inneres
4. Campbell-Grab

"Another operation was begun in the passage leading to the Queen's Chamber. The upper stone, which formed the step, was let in on one side under the superstructure; but the stones beneath it were only keyed in so that a small reed could be inserted for several feet along their sides, and they appeared, therefore, to conceal the entrance into another passage. We began to remove the great block under the recess in the Queen's Chamber, and the whole of that apartment was carefully examined." [698]

Vyse teilt uns hier mit, dass er einen Stein in der Nische der Ostwand der Königinnenkammer entfernt hat, welcher einen dahinter liegenden Gang verborgen hat. Daraufhin entfernten sie den großen Stein am Boden der Nische, um weitere Erkundungen vornehmen zu können. Man beachte hierzu die Beschreibung, die Vyse in seiner Darstellung zu Caviglia hierzu gibt, der schon 20 Jahre zuvor die Königinnenkammer vom Schutt befreit und untersucht hat: *"M. Caviglia then cleared out the Queen's Chamber, in the hope of finding a sarcophagus, and, also, of successfully continuing an excavation which had been made to the distance of forty feet under the niche in that apartment. Nothing, however, was discovered excepting the names of "Paisley" and "Munro" inscribed at the end of it."* [699] Der Tunnel in der Nische an der Ostwand der Königinnenkammer war also zu dem Zeitpunkt, als Caviglia ihn untersuchte, erst 40 Fuß (≈ 12,2 m) lang.

---

697 Usick und Manley 2007, 59.
698 Vyse 1840-42, Vol. 1, 179-180.
699 Vyse 1840-42, Vol. 2, 290-291. Er schreibt hier Paisley, meint aber Pasley.

Am nächsten Tag, dem 4. März 1837 beschäftigt Vyse schon 152 Männer und 114 Kinder zu den 7 Aufsehern. Zur Königinnenkammer schreibt er:

> *"A stone in the southern side, and exactly opposite the entrance of the Queen's Chamber, was broken into; the joints appeared to indicate a door, but nothing was discovered."* [700]

Am 9. März 1837 schreibt Vyse in sein Tagebuch:

> *"Having entered the Great Pyramid, we directed our attention to the Queen's Chamber, and to the large stone in the northern end of the great passage."* [701]

Obwohl die Arbeiten jeden Tag seit dem 3. März an der Königinnenkammer fortgesetzt wurden, erwähnt er nur selten im Tagebuch explizit die Königinnenkammer. Ab dem 16. März taucht dann bei der Projektliste folgender Eintrag auf: *"Two Borings in Passage to Queen's Chamber."* Im beschreibenden Text zu dem jeweiligen Tag verliert er jedoch kein Wort darüber, z. B. wieso und wo genau und mit welcher Absicht führt er dort Bohrungen durch. Erst der Eintrag vom 20. März gibt darüber Aufschluss:

> *"Two parties had, on the 16th instant, begun to bore in the passage leading to the Queen's Chamber, in order to ascertain whether the communication existed, which appeared to be concealed by the stones let in under the step, where we had been so long employed. The borings were made near a round hole in the pavement, about six inches deep. Similar holes had been found in the Queen's Chamber, at the exterior of the north-western angle of the Second Pyramid, and in other places.*[8]
> *8 Mr. Perring says, that these holes may be observed wherever the upper part of the courses of stone are exposed, and that they were intended to support the wooden machines mentioned by Herodotus for raising the stones, which he thinks were like the polyspaston of Vitruvius, but this machine is supposed to have consisted of an apparatus of blocks, and pullies, which were probably then unknown."* [702]

Dass die Löcher im Boden der Königinnenkammer vermutlich etwas mit einer Holzkonstruktion zu tun hatten, bemerkte schon Perring. Diese Idee griff auch Dormion in seiner Suche nach einer Geheimkammer unterhalb der Königinnenkammer auf (siehe Einleitung zu Kap. 13.2). Vyse erwähnt in seinem Eintrag auch, dass sie relativ lange unterhalb der Nische gegraben haben, scheinbar aber ohne etwas Bemerkenswertes zu finden. Bis einschließlich zum 22. März taucht noch in der Tagesübersicht der Arbeiten der Eintrag zu Bohrungen im Gang der Königinnenkammer auf; Details werden aber nicht erwähnt. Als Grund der Bohrungen gibt Vyse an, eine mögliche Verbindung vom horizontalen Gang zu dem neu entdeckten Gang hinter der Nische in der Ostwand zu finden. Das Ergebnis dieser Erforschung hingegen bleibt im Dunkeln, da er dazu nichts berichtet.

Zu einem Sarkophag in der Königinnenkammer erfahren wir von Vyse nichts, obwohl es zwei unabhängige Zeitzeugenberichte gibt, die davon berichten: Johann Nepomuk Visino (siehe Kap. 13.2.10) und der preußische Fürst Hermann Pückler-Muskau) (siehe Kap. 13.2.11. Während Visino am Ostermontag des Jahres 1837, also am 27. März, das Innere der Cheops-Pyramide besichtigt hat, war Pückler-Muskaus Besuch eine Woche später, am 4. April. Beide sprechen von einem Sarkophag in der Königinnenkammer.

Howard Vyse schreibt in seinem veröffentlichten Tagebuch zum 6. April 1837: *"The lower entrance into the Second Pyramid was opened."* [703] Aufgrund der Schilderung von Pückler-Muskau wissen wir, dass dieser zwei Tage zuvor, also am 4. April 1837, das Innere der Cheops-Pyramide besichtigt hatte, also genau acht Tage nachdem Visino dort war. Von daher wissen wir also, dass der Sarkophag in der Königinnenkammer, den Visino zuerst beschreibt, mindestens acht Tage lang dort zu sehen gewesen war. Genau an diesem 4. April

700 Vyse 1840-42, Vol. 1, 180.
701 Vyse 1840-42, Vol. 1, 184.
702 Vyse 1840-42, Vol. 1, 197.
703 Vyse 1840-42, Vol. 1, 214.

beendet denn auch Vyse seine Grabungen in der Königinnenkammer, wie er in seinem veröffentlichten Tagebuch schreibt:

> *"I was this morning informed, that a cavity had been discovered below the second tier of stones under the step in the passage leading to the Queen's Chamber; but, upon examination, it was found to be accidental, and full of sand, rubble-work, &c. A similar vacancy occurred at about the same depth under the stone near the niche in the Queen's Chamber, which contained, like the other, fillings in of desert sand, and a quantity of the black particles of decayed stone; they were about three or four feet deep, and evidently did not lead to any concealed communication. The works, therefore, were abandoned."* [704]

Es ist schon sehr verdächtig, dass Vyse hier nichts von einem Sarkophag erwähnt, denn bereits Visino am 27. März und nun, am 4. April auch Pückler-Muskau erwähnt. Übrigens erwähnt Vyse weder Visino noch Pückler-Muskau in seinem veröffentlichten Tagebuch in Zusammenhang mit dem Inneren der Cheops-Pyramide, sodass man ihm unterstellen muss, dass er hier bewusst etwas verschweigt. Während Visino nirgends erwähnt wird, taucht der Name Fürst Pückler-Muskau in einem Eintrag vom 22. Februar 1837 auf, da er an diesem Tag dort angekommen ist und bei Vyse wegen einer Unterbringung bei den Pyramiden nachgefragt hatte. Doch schon hier zeigte sich Vyse ihm gegenüber ablehnend, da er schrieb:

> *"When I was paying the people in the evening, Prince Pückler Muskau arrived, and requested to encamp in my enclosure; to this I did not consent, but directed a person to conduct his highness to the Great Tomb in the plain generally occupied by travellers; where he encamped."* [705]

Dennoch lud er ihn einen Tag später zu einem Besuch bei ihm ein. Sein ihn begleitender Doktor Koch[706] schickte Vyse eine Nachricht, dass Fürst Pückler-Muskau seine Einladung am Folgetag annehmen würde. So kam es auch und Vyse notiert für den 24. Februar 1837 in seinem Tagebuch: *"The prince paid me a long visit."* Doch diese Kurznotiz ist alles, was Vyse uns hierzu mitteilt. Für den 25. Februar vermerkt er: *"In going round to the several works, I met at the Second Pyramid Prince Pückler Muskau, who called to take leave before he set out for Upper Egypt."* Eine weitere Erwähnung von Pückler-Muskau findet sich in den drei Bänden von Vyse nicht mehr. Gemäß der Beschreibung von Pückler-Muskau hat das Treffen mit Vyse wohl auch so stattgefunden, jedoch nachdem der Fürst zuvor in Kairo sich mit Caviglia getroffen hatte, der ihm berichtete, dass er einige Tage zuvor von Vyse entlassen worden war. Da diese Entlassung am 11. Februar 1837 stattfand, passt alles zusammen. Zudem schreibt Pückler-Muskau selbst, dass er Kairo am 21. Februar 1837 verlassen hatte, mit dem Ziel Gizeh und den dort befindlichen Pyramiden.[707] Vyse war wohl über die Befragung durch Pückler-Muskau nach den Ursachen der Entlassung von Caviglia nicht sonderlich begeistert, sich ihm gegenüber besonders kooperativ zu zeigen. Deshalb vermutlich auch der lapidare Satz von Vyse vom 24. Februar, dass er ein langes Gespräch mit dem Fürsten hatte. Der Fürst beschreibt das Treffen so:

> *„Als ich indes später den Oberst Wyse [Vyse] bei meinem Besuch der Pyramiden dort antraf, führte dieser ebenfalls mehrere plausible Gründe für sein Verfahren an, sodass ein Dritter, ohne genaue Kenntnis der Sache [der Streit mit Caviglia, der zu dessen Entlassung geführt hatte], kein Urteil darüber zu fällen sich erlauben darf."* [708]

Von dem zweiten Besuch am 4. April berichtet Vyse dann nichts mehr. Interessant wäre zu wissen, was in seinem privaten – nicht veröffentlichten – Tagebuch für den 4. April 1837 steht.

---

704 Vyse 1840-42, Vol. 1, 212.

705 Vyse 1840-42, Vol. 1, 167.

706 Pückler-Muskau schreibt über ihn, er sei der *„Neffe des rühmlich bekannten Münchener Medizinalrats gleichen Namens, und Generalstabsarzt der ägyptischen Flotte"*, der ihm von Muhammad Ali Pascha zugeteilt worden war.

707 Pückler-Muskau 1844, Bd. 2, 6.

708 Pückler-Muskau 1844, Bd. 1, 271. Anpassung an die moderne Orthografie durch den Autor.

Visino hatte zudem noch einen marmorbedeckten Raum unterhalb der Königinnenkammer wahrgenommen. Vyse wollte mit seiner offiziellen Aussage, dass es außer Staub, Sand und Steinen hier nichts zu finden gab, bewusst von seinen Funden ablenken, denn allein schon der Sarkophag, den Visino und Pückler-Muskau sahen, musste real gewesen sein.

Die Fußnote von Pückler-Muskau enthält auch einen sehr interessanten Hinweis auf eine potenzielle Fälschung der „angeblich" von Howard Vyse entdeckten Hieroglyphen in den Entlastungskammern der Cheops-Pyramide. Doch dazu später mehr.

Pückler-Muskau erwähnt auch die Grabungen in der Königskammer durch Howard Vyse und erfährt, dass Vyse nahe daran sei, unter der Königskammer einen großen Raum zu entdecken. Da hatte er wohl den kleinen quadratischen Raum gesehen, den schon Cornelis de Bruyn im 17. Jahrhundert beschrieben hatte.

„Auch fand er [Vyse] einige unbekannte kleine Kammern [Entlastungskammern] auf, und hofft sogar nahe daran zu sein, ein großes Gemach unter dem supponierten Königsgrabe zu entdecken. Wir quetschten uns selbst später in das zu diesem Endzweck praktizierte Loch, und hatten Mühe genug, unversehrt wieder heraus zu kommen." [709]

Abschließend zu Pückler-Muskau sei noch dessen Einschätzung von Howard Vyse zitiert:

„Und für die materielle Erhaltung dieser seltsamen Monumente [Pyramiden] ist in der Tat auch in den nächsten Jahrtausenden noch wenig zu fürchten, wenn nicht die englischen Antiquare sie aus Liebe zur Kunst definitiv in die Luft sprengen. Wir haben jetzt eben einen der eifrigsten Amateure [Vyse] daselbst, der täglich mehrere hundert Beduinen beschäftigt, um die geduldigen Monumente an allen Ecken und Enden anzubohren; selbst der Sphinx wird mithilfe eines eisernen Pfahls gespießt, um dahinterzukommen, ob er aus dem Ganzen, oder so hohl im Leibe sei, als manche lebende Statuen es im Kopfe sind. Doch die Instrumente erweisen sich zu schwach, eines bricht nach dem anderen, und vor der Hand bleibt noch immer der Vorteil in diesem heftigen Kampf den alten Denkmälern. Sie verlieren zwar einige Steine auf dem Wahlplatz, aber der Feind steht nach wie vor impotent vor ihnen, und ihr geheimster Hort bleibt jungfräulich vor ihm verschlossen." [710]

Am 24. März 1837 berichtet Vyse:

"Daoud[711] was sent to blast in Davison's Chamber; and small charges of gunpowder were used in the other works wherever they could be applied." [712]

Der Araber Daoud wurde von Vyse engagiert, da er als Sprengstoffexperte unter den Einheimischen galt. Wie der obige Eintrag zeigt, wurde überall da Sprengstoff benutzt, wo es nur ging! Der Grund dafür ist klar: Es spart Zeit und Arbeitskräfte und damit auch Geld.

Am 4. April 1837 gibt Vyse dann die Arbeiten in der Königinnenkammer und dem horizontalen Gang zu dieser Kammer auf:

"I was this morning informed, that a cavity had been discovered below the second tier of stones under the step in the passage leading to the Queen's Chamber; but, upon examination, it was found to be accidental, and full of sand, rubble-work, &c. A similar vacancy occurred at about the same depth under the stone near the niche in the Queen's Chamber, which contained, like

---

[709] Pückler-Muskau 1844, Bd. 2, 5. Anpassung an die moderne Orthografie durch den Autor.

[710] Pückler-Muskau 1844, Bd. 2, 4. Anpassung an die moderne Orthografie durch den Autor.

[711] Zu Daoud schreibt Vyse: *"he was an excellent workman, extremely zealous and active, and possessed of great strength, although he was said to live entirely on spirits, and Hasheesh (an intoxicating preparation of hemp)."*

[712] Vyse 1840-42, Vol. 1, 200.

the other, fillings in of desert sand, and a quantity of the black particles of decayed stone; they were about three or four feet deep, and evidently did not lead to any concealed communication. The works, therefore, were abandoned. The Arabs recommended that a stone should be removed at the right of the entrance into the Queen's Chamber, where a ledge or grooving at the bottom of the wall had been discontinued. The sparry excrescence on the sides of this chamber gives it an unfinished appearance. The slight projection at the corner of the entrance has been made, according to some opinions, to prevent the blocks, with which the passage is supposed to have been closed up, from being forced into the Chamber; the step may also have some relation to these blocks." [713]

Nach dem Bericht von Vyse bricht er am 4. April 1837, einen Monat nach dem Erforschungsbeginn, die Suche in und um die Königinnenkammer ab, ohne etwas Verwertbares gefunden zu haben. Er spricht von Hohlräumen, die nur mit Sand und zerfallenem schwarzen Stein gefüllt war. Als Tiefe der Grabungen unter der Nische gibt er „*3 bis 4 Fuß*" an, also knapp einen Meter bis 1,22 m. Dormion[714] hingegen behauptet aufgrund seiner Georadar-Untersuchungen, dass Vyse etwa 2,50 m tief unter der Nische gegraben hat, also gut das Doppelte der Angabe von Howard Vyse. Im Zusammenhang mit der Schilderung von Visino (siehe Kap. 13.2.10) stellen sich diesbezüglich einige Fragen. Wurde der Sarkophag in der Königinnenkammer, den Visino und Pückler-Muskau erwähnen, tatsächlich dort gefunden? Falls ja, warum erwähnt ihn Vyse dann nicht? Falls nein, wo wurde er dann gefunden und warum dorthin gebracht? War der Sarkophag tatsächlich leer, wie Visino beschreibt oder war der Inhalt bereits entnommen worden? Wollte Vyse sich mit einem leeren Sarkophag nicht blamieren und hat ihn deswegen verschwiegen oder enthielt der Sarkophag doch etwas Wichtiges, was Vyse nicht der Öffentlichkeit zugänglich machen wollte und ließ daraufhin den Sarkophag heimlich verschwinden? Fragen über Fragen, die sich ohne weitere Belege nach so langer Zeit nicht beantworten lassen.

Was Howard Vyse und seine berühmte Entdeckung der Königskartuschen in den oberen Entlastungskammern der Cheops-Pyramide betrifft, so kommt man nicht umhin auch Betrug oder Fälschung in Betracht zu ziehen. Betrachten wir uns zunächst seine eigene Schilderung bezüglich der ersten Begehung der Wellington-Kammer, also der Entlastungskammer direkt oberhalb der Davison-Kammer. Am 30. März 1837 ist der Durchbruch mit Sprengstoff, den der engagierte Araber Daoud benutzt hat, geschafft. Vyse schreibt in sein Tagebuch:

"The hole into Wellington's Chamber being practicable, I examined it with Mr. Hill. The floor was unequal, as it was composed of the reverse of the blocks of granite, that formed the ceiling of Davison's Chamber. It was entirely empty, excepting one piece of stone thrown into it by blasting. Not an insect or a bat appeared, nor the traces of any living animal. There had not been, indeed, any doorway or entrance; and although some of the granite blocks in the southern and northern walls had lugs, or projections, yet the stones composing the roof rested upon them — so that it was impossible that they could have been moved up as a portcullis. This chamber, in fact, like Davison's and the others afterwards discovered, was merely a vacancy, or chamber of construction, to take off the weight of the building from the King's Chamber. Their dimensions are as follows :— King's Chamber, 34 feet 3 inches [≈ 10,44 m], by 17 feet 1 inch [≈ 5,21 m]; Davison's, 38 feet 4 inches [≈ 11,68 m], by 17 feet 1 inch [≈ 5,21 m]; Wellington's, 38 feet 6 inches [≈ 11,73 m], by 17 feet [≈ 5,18 m]. In the ceilings alone was any exactness of construction preserved. These were beautifully polished, and had the finest joints, in order most probably to prevent the slightest accumulation of dust or of rubbish. In all other respects, the masonry hi these apartments became less perfect as they ascended. The northern and southern walls of Wellington's, and of Davison's Chambers were of granite, the eastern and western of calcareous stone; the ceiling consisted of nine blocks of granite laid from north to south, and were, like those in Davison's apartment, of a sufficient length to extend their bearings beyond the walls of the King's Chamber. The average height of the chamber (which varies, owing to the irregular surface of the floor) was about three feet eight inches. Mr. Perring, in the course of his survey, found that these

---

[713] Vyse 1840-42, Vol. 1, 212.

[714] Dormion 2004, 249.

apartments had been finished from the eastward, and that consequently the western sides were last built.

...

Having ordered the entrance to be enlarged, I went round the other works. I afterwards wrote to Colonel Campbell, and sent with my letter the idols found in his tomb. Mr. Perring and Mr. Mash having arrived, we went in the evening into Wellington's Chamber, and took various admeasurements, and in doing so we found the quarry marks." [715]

Die Schilderung beginnt mit der Feststellung, dass Vyse zusammen mit John Richard Hill[716] die Kammer untersucht haben. Merkwürdig, dass sie trotz detaillierter Beschreibung der Kammer die Markierungen übersehen haben. Diese findet Vyse erst am Abend, bei einem weiteren Besuch der Kammer, zusammen mit John Shae Perring[717] und James Mash[718]. Wenn man einen Raum betritt, der definitiv vor über 4000 Jahren versiegelt wurde und den bis dato niemand betreten hatte, so schaut man sich doch sicherlich sehr genau um,

---

715 Vyse 1840-42, Vol. 1, 205-207.

716 John Richard Hill (* um 1802 in England; † 19.5.1842 in Holborn, London, England) war ein englischer Unternehmer. Über seine Jugend ist nichts in Erfahrung zu bringen. Am 12.12.1824 heiratet er Sarah Susannah Stephenson in Clerkenwell (London), mit der er eine Tochter Eliza Ann (* 10.10.1828 in London, England) hat. Vermutlich hat Hill in London als Ingenieur bei Alexander Galloway (* 18.3.1776 in London; † 20.11.1847 in Clerkenwell, London, England) angeheuert, wo er vermutlich auch Henry Raven erstmalig getroffen hat, bevor er nach Ägypten reiste. Wann dies war, lässt sich nicht mehr genau bestimmen. Im Februar 1836, als er Howard Vyse traf, besaß er jedoch ein kürzlich übernommenes Hotel in Kairo. Gemäß Vyse engagierte ihn der Pascha später als Aufseher über seine dampfgetriebenen Kupferwerke in seiner Zitadelle. Zusammen mit seinem Partner Henry Raven (siehe Fußnote 721) besaß Hill einige der besten Hotels in Ägypten, darunter eins der angesehensten in Alexandria, das Hotel d'Europe und das Ende 1841 eröffnete *New English Hotel* in der *Kamel Ibrahim Straße* am Esbekie-See in Kairo, in welchem auch sein Freund Henry Raven ein Büro besaß. Im Frühjahr 1842 wurde auch Samuel Shepheard (* 21.1.1816 in Little Preston manor, Northamptonshire, England; † 12.6.1866 in Eathorpe Hall, Warwickshire, England) in diesem Hotel eingestellt, nachdem dieser als junger Offizier an Bord eines *Peninsular & Orient*-Postschiffes am 30. Januar 1842 sich auf die Seite der meuternden Schiffscrew gegen den Kapitän gestellt hatte, worauf er in Suez entlassen wurde; ab 1845 war Shepheard Alleineigentümer dieses Hotels, das er zuerst in *New British Hotel* umbenannte. 1850 erbaute er es an anderer Stelle neu und nannte es *Shepheards British Hotel*, wo es bis 1860/61 in seinem Besitz blieb, bevor er es dann für 10.000 £ an den aus Bayern stammenden Philipp Zech verkaufte. Der Nürnberger Architekt Johann Adam Rennebaum erbaute es dann nach Zechs Tod 1891 komplett neu und nannte es *Shepheard's Hotel*, wo es aufgrund des außergewöhnlichen Services für die Gäste Weltruhm erlangte. In den beiden Weltkriegen diente es als Kommandozentrale der Alliierten. Seit 1891 war es noch mehrere Male (1881, 1899, 1904, 1909) erweitert und modernisiert worden, bevor es am 26. Januar 1952 einem Brand zum Opfer fiel; 1957 wurde es 800 m entfernt in Garden City von *Egyptian Hotels Ltd.* neu gebaut, wo es bis heute steht und *Shepheard Hotel* heißt. Ab 1837, nachdem Hills und Ravens Engagement bei Howard Vyse bezüglich der Gizeh-Pyramiden beendet war, hatten sie eine neue Geschäftsidee, die den Transport von Reisenden durch Ägypten betraf. Sie hatten das Glück, vom *Bombay Steam Committee* einen Fünf-Jahres-Vertrag für 1.000 £ pro Jahr zu erhalten, indem sie Waggons, Gepäckwagen und andere Ausrüstung zur Verfügung stellten und konnten als Agenten des *Bombay Steam Committee* handeln. Dazu bauten sie (Hill und Raven) ein weiteres Hotel in Suez. Hill und Raven traten geschäftlich ab 1837 unter *J. R. Hill and Company* auf. Zudem besaßen beide das englische eiserne Dampfschiff *Jack-o'-lantern*, welches die Route von Kairo nach Atfeh, dem Knotenpunkt des Nils und des Mahmudiya-Kanals, abdeckte, aber nur sehr schwach motorisiert war. Für die Unterbringung der Reisenden über Land von Kairo nach Suez verfügten sie über Unterkünfte in den sieben Wüstenstationen von Kairo bis Suez, einer Strecke von 135 km. Der verantwortliche Fahrer für die Reisenden war ein Bruder von Hill. Für den Überlandtransport verfügten sie über Pferde, Kamele, Esel und etliche Wagen. Nach Hills Tod gingen die Unterkünfte an die *Peninsular Steam Navigation Company* über. Das restliche Transportgeschäft in Ägypten hat die *Egyptian Oriental Transit Company* nach Hills Tod übernommen, während noch 1841 Hill das private Transportgeschäft seines Konkurrenten Thomas Fletcher Waghorn (* 20.6.1800 in Chatham, England; † 7.1.1850 in Islington, London, England) übernommen hatte. Waghorn wurde 1837 zum stellvertretenden Postagenten mit einem Gehalt von 300 Pfund ernannt, als die Postämter der *British and East India Company* sich darauf einigten, gemeinsam die Verantwortung für den Überlandtransport der Post zu übernehmen.

717 Siehe Fußnote 696.

718 James Mash (* um 1810 London, England; † 21.4.1877 Croydon, London, England) war ein britischer Ingenieur, der im Auftrag von Vyse zusammen mit Perring arbeitete und diesen unterstützte. Zusammen mit Perring entdeckte er das Eisenstück in der Cheops-Pyramide, welches durch Sprengungen am äußeren oberen Ausgang des südlichen Luftschachts zum Vorschein kam.

zumal der Raum ja nur rund einen Meter hoch ist. Zudem war Vyse ja auf neue Entdeckungen in der Pyramide aus, wie zuvor gezeigt. Da wäre es doch sträflicher Leichtsinn gewesen dies zu übersehen. Es könnte natürlich auch sein, dass die Zeichen (*"quarry marks"*) an den Wänden wirklich sehr schwach waren und deshalb zuerst übersehen wurden. Doch dann gibt es das Problem, dass sie danach deutlich zu erkennen waren, fast wie frisch gemalt! Warum spricht Vyse hier nur von Steinbruchmarkierungen (*quarry marks*), wo doch auch eine Königskartusche dabei war? Auch wenn diese von Steinbrucharbeitern geschrieben worden waren, ist dies aber dennoch sehr bedeutend, da daraus ein Hinweis auf den Bauherren (Cheops) geschlossen werden kann.

Am nächsten Tag, den 31. März 1837 schreibt er den Namen Wellington mit roter Farbe, so wie die von ihm gefundenen Zeichen, groß auf die Südwand der neu entdeckten Entlastungskammer. Er schreibt in sein Tagebuch:

> *"In the afternoon I went with Mr. Hill to Wellington's Chamber, and the Duke's*[719] *glorious name was inscribed on the southern wall.*
> *Mr. Raven came to see the works. This gentleman, who was afterwards employed, had had the charge of a rice-mill worked by steam at Rosetta. ... He was a friend of Mr. Hill's, to whom I am indebted for his assistance; and I take this opportunity of acknowledging my obligations to Mr. Hill himself, who was always ready to assist me, and was of the greatest possible service."* [720]

In dieser Passage von Vyse wird die Beziehung zu John Richard Hill und Henry Raven[721] aufgezeigt. Zu Herrn Hill sagt er zu Beginn seines ersten Bandes:

> *"I revisited the Pyramids of Gizeh on the 13th February, 1836, and took with me Mr. Hill, a very intelligent person, who now keeps the hotel at Cairo, but who was then employed in the Pacha's service, as superintendant of some copper mills*[722] *worked by steam in the citadel."* [723]

Diese Passagen geben einen kurzen Einblick zu Hill und Raven, die im Folgenden noch eine Rolle spielen.

Am 8. April 1837 schreibt Vyse:

---

[719] Der Titel bezieht sich auf die kleine Stadt Wellington in Somerset. Er wurde am 11. Mai 1814 an Arthur Wellesley verliehen. Dieser war der bedeutendste britische Heerführer und Staatsmann der napoleonischen Zeit. Sein größter Erfolg war der Sieg über Napoleon Bonaparte zusammen mit Blücher in der Schlacht bei Waterloo. Später war er zweimal Premierminister des Vereinigten Königreichs.

[720] Vyse 1840-42, Vol. 1, 208.

[721] Henry Raven (* 2.1.1797, Yarmouth, Norfolk, England; † 1868, England) war der Sohn von John Raven und Frances Shittleborow. Er war ein britischer Ingenieur, der im Rahmen der Modernisierungsmaßnahmen des ägyptischen Herrschers Muhammad Ali Pascha (* um 1770 in Kavala, Griechenland; † 2.8.1849 in Alexandria, Ägypten; regierte Ägypten von 17.5.1805 bis 2.3.1848) diesen als Spezialist für dampfgetriebene Maschinen unterstützte. So arbeitete er in den 1830er Jahren für den Pascha in einer dampfgetriebenen Reismühle in Alexandria. Gemäß Vyse konnte Raven sich auch auf Arabisch unterhalten. Er kümmerte sich oft um Reisende und sorgte für deren Annehmlichkeiten während der Reise oder in den gemeinsam mit Hill betriebenen Hotels. Nach dem Tod seines Partners John Richard Hill im Mai 1842 und dem Verkauf der Transportorganisation samt Hotels an die ägyptische Transportgesellschaft im gleichen Jahr, kehrte er zusammen mit einem Freund, Samuel Bevan (* 12.5.1816 in London, England; † 18.9.1876 ebenda) über Rom zurück nach England.

[722] In dem Artikel *Improvements in Egypt* in der London Times vom 15. Oktober 1825, wird ein Brief von Thomas Jefferson Galloway (* 23.3.1806 in London, England; † 5.7.1836 in Alexandria, Ägypten; verheiratet mit Elizabeth Beckwith (1805-1893) seit 1.10.1831 in Alexandria) vom 12. Mai 1825 aus Kairo an seinen Vater Alexander Galloway (* 18.3.1776 in London, England; † 20.11.1847 in Clerkenwell, London, England) zitiert, in dem es heißt: *"After being formally presented, and after a long and tedious consultation with those grandees, the copper-mill being the subject of our discourse; they at last decided where it should be erected."* Die Kupferfabrik benötigte der Pascha und Vizekönig von Ägypten für seine Kriegsschiffe. Howard Vyse schreibt, dass er zusammen mit Perring und Galloway das Äußere der Cheops-Pyramide vermessen hat.

[723] Vyse 1840-42, Vol. 1, 3.

"Two quarry-men were sent to blast over Wellington's Chamber." [724]

Bis dato keine Erwähnung mehr von den Steinbruchmarkierungen in Wellingtons Kammer und das, obwohl dort jeden Tag Arbeiter laut seinem Tagebuch gearbeitet haben.

Auf der Suche nach einer weiteren unterirdischen Kammer, immer inspiriert von Herodots Beschreibung, dass Cheops in einer unterirdischen Kammer, die von Wasser umflossen ist, beerdigt wurde, ließ er in der bekannten unterirdischen Kammer der Cheops-Pyramide den „Brunnenschacht" weiter vertiefen. Von Caviglia, der 20 Jahre zuvor die Felsenkammer freigelegt und untersucht hat, hatte er folgende Information dazu: *"He says, that in the subterraneous chamber there is a cistern, with excavations like niches, and in them pedestals."* [725] Bezogen auf die Beschreibung von Herodot, dass Cheops in einem Grab liegt, welches vom Nil umspült wird, merkt Caviglia an, dass sich der Boden der Felsenkammer 30 Fuß (≈ 9,14 m) über dem Höchststand des Nils (zu seiner Zeit) befindet, indem er sich auf die Messungen der Wissenschaftler der Napoleon-Expedition bezieht.[726]

Ursprünglich wollte Vyse den Schacht 50 Fuß (über 15 m) tief aufgraben lassen, um nach dem wasserumspülten Grab von Cheops zu suchen, aufgrund von Schwierigkeiten der Arbeiter mit ausreichend Sauerstoff, beendete er das Unternehmen nach 36 Fuß[727] (≈ 11 m) im September 1838. Es wurde aber nichts Erwähnenswertes bei diesen Grabungen gefunden. Den Befehl zum Vertiefen des Schachts gab er bereits am 10. April 1837.

Betreffend der Steinbruchmarkierungen aus Wellingtons Kammer schreibt er am 17. April 1837:

"Mr. Raven, as usual, returned to the Pyramids by daybreak. I settled various affairs at Cairo. Mr. Perring sent his drawings of the quarry marks in Wellington's Chamber. I returned to Gizeh in the evening." [728]

Bis dato immer noch keine Erwähnung, um was für Zeichen es sich handelt, während er am 11. April an der Südseite der Cheops-Pyramide entdeckte Zeichen in sein Tagebuch aufnahm: *"I copied the quarry-marks found at the southern front of the Great Pyramid."*

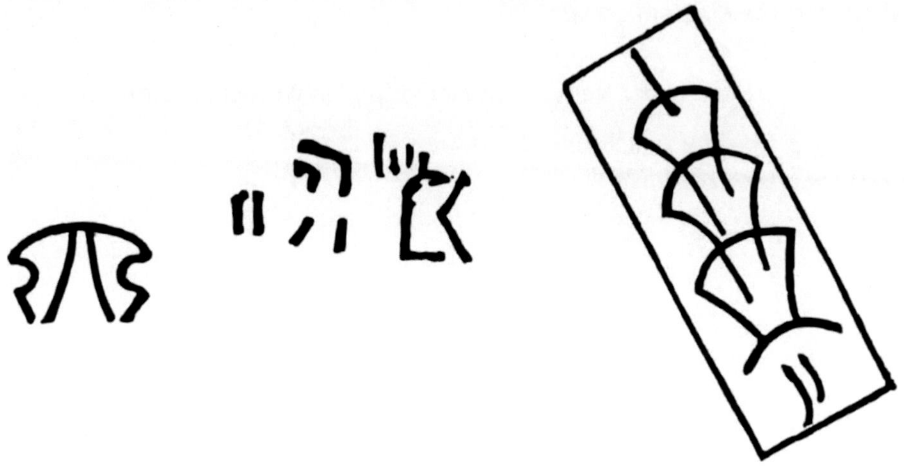

Abb. 119: Steinbruchmarkierungen an der Südseite der Cheops-Pyramide gefunden von Howard Vyse im April 1837.

[724] Vyse 1840-42, Vol. 1, 216.

[725] Vyse 1840-42, Vol. 2, 293.

[726] Vyse 1840-42, Vol. 2, 290.

[727] Im Haupttext auf Seite 224 steht bei Vyse hier *"thirty-eight feet"*, also 38 Fuß, was ungefähr 11,60 m entspräche. In der Korrekturliste am Ende des Buches auf Seite 293 steht hierzu aber *"thirty-six"*, also 36 Fuß oder rund 11 m. Diese Korrektur hat z. B. Pochan übersehen, als er eine Zeichnung des Brunnenschachts in der unterirdischen Kammer anfertigte und die Zeichnung wie folgt beschriftete: *"depth reached by Perring: 11,60 m"* (siehe Pochan 1978, 13).

[728] Vyse 1840-42, Vol. 1, 230.

Warum gibt Vyse diese Markierungen wieder, nicht aber die in der Wellington-Kammer, denn besonders spektakulär sind diese an der Südseite gefundenen Zeichen nicht?

Am 18. April 1837 lässt Vyse durch Ausgrabungen an der Westseite der Königinnenkammer die Art untersuchen, wie das Dach konstruiert wurde. Er schreibt dazu in sein Tagebuch:

> *"An excavation was begun for the purpose of ascertaining the manner in which the roof in the Queen's Chamber was constructed. Mr. Perring and Mr. Mash arrived."* [729]

Das Loch, welches Perring dazu unterhalb der Decke an der Westseite der Königinnenkammer hat graben lassen, wurde erst 1998 bei umfangreichen Restaurierungsarbeiten an der Cheops-Pyramide wieder geschlossen. Auf Fotografien von vor 1998 ist es noch gut zu sehen.

Am 20. April 1837 sendet er Perrings Zeichnungen zu den in der Wellington-Kammer gefundenen Steinbruchmarkierungen an William Richard Hamilton[730]:

> *"I wrote to Mr. Hamilton, and sent Mr. Perring's drawings of the quarry-marks, and some of the black dust found in Wellington's Chamber."* [731]

Die nächste Entlastungskammer wird am 25. April 1837 entdeckt, in der auch rote Steinbruchmarkierungen gefunden werden, die Vyse aber ebenfalls nicht für beachtenswert hält, in sein Tagebuch aufgenommen zu werden.

> *"In the course of the day the chamber, subsequently called Nelson's, was discovered. It was entirely empty, had no regular entrance, and was floored with the reverse of the granite blocks of Wellington's Chamber, which it much resembled, as it had these dimensions, thirty-eight feet nine inches, by sixteen feet eight inches. The ceiling was of polished granite, and resembled those in the other chambers; but the northern and southern sides of the room were not entirely of that material. Several quarry marks were inscribed in red upon the blocks, particularly on the western side. This apartment was evidently intended for the same purpose as those below it, viz. to carry off the weight of the building from the King's Chamber."* [732]

Am 27. April lässt Vyse dann die Zeichen, welche in der Nelson-Kammer gefunden wurden, kopieren:

> *"The quarry-marks in Nelson's Chamber were copied."* [733]

---

729 Vyse 1840-42, Vol. 1, 231.

730 William Richard Hamilton, FRS, (* 9.1.1777 in London, England; † 11.7.1859 ebenda) war ein britischer Altertumsforscher, Reisender und Diplomat. Er war der dritte Sohn von Rev. Anthony Hamilton, Erzdiakon von Colchester, und Anne, Tochter von Richard Terrick, Bischof von London. Er wurde 1777 in St Martin-in-the-Fields (London), geboren und besuchte die Harrow School und das St Johns College in Cambridge. 1799 wurde er zum leitenden Privatsekretär von Thomas Bruce, 7. Earl of Elgin, ernannt. Er war in Ägypten, als die Briten das Land von den Franzosen übernahmen, sicherte den Stein von Rosette und überwachte seinen Transport nach England. Nach einer Reise auf dem Nil schrieb er ein bekanntes Werk der Ägyptologie, *Ægyptiaca*. Er war ein Treuhänder des Britischen Museums. Von 1809 bis 1822 diente Hamilton als ständiger Untersekretär für auswärtige Angelegenheiten, und von 1822 bis 1825 war er Minister und Bevollmächtigter im Königreich der beiden Sizilien. 1830 trat er die Nachfolge von Sir Thomas Lawrence als Sekretär der Gesellschaft von Dilettanti an, ein Amt, das er bis zu seinem Tod im Jahr 1859 innehatte. Der Geologe William John Hamilton und der Soldat Frederick William Hamilton waren seine Söhne.

731 Vyse 1840-42, Vol. 1, 232.

732 Vyse 1840-42, Vol. 1, 235.

733 Vyse 1840-42, Vol. 1, 236.

Einen Tag später lässt er den Namen Nelson[734] durch Herrn Hill in die Kammer schreiben:

> *"Mr. Hill inscribed Nelson's great name in the chamber lately discovered."* [735]

Am 2. Mai 1837 berichtet Vyse von weiteren roten Steinbruchmarkierungen, die an der Südwand der Cheops-Pyramide gefunden wurden.

> *"Red quarry marks were continually found upon the stones, that were removed at the southern front of the Great Pyramid."* [736]

Eine Zeichnung dieser Zeichen fügt er diesmal aber leider nicht bei.

Am 6. Mai 1837 erfolgt der Durchbruch in die oberhalb von Nelsons Kammer gelegene Entlastungskammer, der er den Namen "Lady Arbuthnot"[737]-Kammer gibt.

> *"The chamber above Nelson's (afterwards called Lady Arbuthnot's) was opened, and in the course of the afternoon I entered it with Mr. Raven. We found this apartment of the same description, and nearly of the same dimensions as the others below it, being 37 feet 4 inches [≈ 11,38 m] by 16 feet 4 inches [≈ 4,98 m]. Like the rest it was quite empty, and built in the same manner, but with less care, and with a greater proportion of calcareous stone on the northern and southern sides. The excavation was continued, in order to get above it."* [738]

In dieser Kammer gab es recht viele Steinbruchmarkierungen, später Steinmetzzeichen genannt. Abgebildet sind diese in Perrings erstem Band über die Cheops-Pyramide auf Tafel 6.[739]

In seinem Tagebuch berichtet er davon am 9. Mai 1837:

> *"Lady Arbuthnot's Chamber was minutely examined, and found to contain a great many quarry-marks. Notwithstanding that the characters in these chambers were surveyed by Mr. Perring upon a reduced scale, I considered that facsimiles in their original size would be desirable, as they were of great importance from their situation, and probably the most ancient inscriptions in existence. I requested therefore Mr. Hill to copy them. This drawings were compared with the originals by Sir Robert Arbuthnot, Mr. Brettel[740] (a civil engineer), Mr. Raven, and myself, and are deposited in the British Museum."* [741]

Am 10. Mai 1837 vermaßen Perring und Hill die neue Kammer; die Arbuthnots begutachteten die Arbeiten.

---

734 Horatio Nelson, 1. Viscount Nelson, Herzog von Bronte (* 29.9.1758 in Burnham Thorpe, England; † 21.10.1805, Kap Trafalgar, Spanien) war ein britischer Admiral, der einige viel beachtete Seesiege errang bzw. daran entscheidenden Anteil hatte: 1797 St. Vincent (vor der Küste Portugals), 1798 Abukir (Ägypten), 1801 Kopenhagen, 1805 Trafalgar.

735 Vyse 1840-42, Vol. 1, 236.

736 Vyse 1840-42, Vol. 1, 238.

737 Sir Robert Keith Arbuthnot, 2. Baronet (* 9.9.1801 in Edinburgh, Schottland; † 4.3.1873 in Florenz, Italien) heiratete Anne Forster (* 1809 Brighton, England; † 6.3.1882 in Florenz, Italien), Tochter des Feldmarschalls Sir John Forster FitzGerald und seiner Frau Charlotte, Tochter von William Hazen. Die Kammer ist nach Lady Anne benannt.

738 Vyse 1840-42, Vol. 1, 256.

739 Perring und Andrews 1839-1842, Taf. VI.

740 Joseph Cartwright Brettel (* 24.8.1810 in Dudley, England; † 3.2.1880 in Shoalhaven, Australien) war ein Bauingenieur, der 1837 für Howard Vyse arbeitete und später für die Ostindien-Kompanie tätig war.

741 Vyse 1840-42, Vol. 1, 259.

"Mr. Perring, with the assistance of Mr. Hill, surveyed Lady Arbuthnot's Chamber. Sir Robert and Lady Arbuthnot examined the works, as far as the intense heat would allow." [742]

Am 12. Mai betrug die Temperatur in einem der Zelte von Vyse über 120° F, also knapp 50° C. Dies zeigt, unter welchen Bedingungen dort gearbeitet wurde.

Am 18. Mai 1837 erhält Vyse eine Anfrage von dem späteren (31. August 1837) Vizekonsul Dr. Alfred Septimus Walne[743] in Kairo, der die in der Cheops-Pyramide gefundenen Zeichen gerne in Kopie hätte, um sie an den italienischen Ägyptologen Rosellini[744] zu schicken, was Vyse aber ablehnte.

"Dr. Walne applied, through Mr. Perring, for copies of the characters found in the Great Pyramid, in order to send them to M. Rosellini. I requested Mr. Perring to express my regret that I could not accede to his request, and received from that gentleman a satisfactory and obliging answer." [745]

Vyse erläutert nicht, warum er das Ansinnen von Dr. Walne, der damals noch Augenarzt in Kairo war und ab Ende August 1837 britischer Vizekonsul in Kairo wurde, ablehnte. Walne, der schon seit 1836 in Ägypten weilte, hatte wohl nicht nur Interesse an den Gizeh-Pyramiden gefunden, sondern auch an Hieroglypheninschriften, von denen es auf dem Gizeh-Plateau zahlreiche auf herumliegenden Steinen und in den umliegenden Gräbern zu sehen gab. Ein Zeitungsartikel vom Dezember 1836 belegt eindeutig das Interesse von Dr. Walne an Hieroglypheninschriften:

"Egyptian Society – The Augsburg Gazette states, that a scientific society under this name has been formed at Cairo, by a British physician, Mr Alfred Walne, long resident in Egypt, and a zealous student of hieroglyphic and Coptic literature. The Society has hired a house for he reception of travellers, and are collecting a library of books likely to be useful to such as explore the Egyptian provinces in Africa and Asia. One Turk has subscribed, but the members are chiefly English, with some French and German." [746]

Ein weiterer Beleg für Walnes Leidenschaft für Hieroglyphen finden wir im Reisebericht von Stephens:

"The author is personally acquainted with many of the members [of the Egyptian Society], particularly with Mr Walne, Hon. Sec. who, besides being a gentleman of high literary and

742 Vyse 1840-42, Vol. 1, 260.

743 Alfred Septimus Walne (* 22.2.1806 in Market Weston, England; † 17.6.1881 in London, England) ließ sich in England zum Augenarzt ausbilden, bevor er 1836 nach Ägypten ging. Er soll ein berühmter Augenarzt gewesen sein. Möglicherweise kannte er auch seinen Landsmann Dr. Charles Nayler/Naylor (siehe Fußnote 776), der ebenfalls ein berühmter Augenarzt war und ab 1836 in Diensten des ägyptischen Paschas stand. Die in Ägypten verbreitete Augenkrankheit Ophthalmie, eine infektiöse Bindehautentzündung, konnte unbehandelt zur Erblindung führen. Der Pascha plante auch den Bau einer Augenklinik in Kairo. Dies war vermutlich auch der Grund für Walne und Nayler nach Ägypten zu kommen, denn beide kamen 1836 dort an. Nachdem Howard Vyse wieder nach England zurückgereist ist, wurde Walne am 31. August 1837 zum englischen Vizekonsul in Kairo ernannt. Walne war ein Freund des italienischen Ägyptologen Ippolito Rosellini. Die Pläne der Augenklinik in Kairo scheiterten vermutlich im Frühjahr 1837. Am 16. August 1841 wurde Walne dann zum Konsul in Kairo ernannt. Im selben Jahr war er auch Vizepräsident der *Egyptian Society* in Kairo. Am 9. Februar 1859 wurde er nach Alexandria beordert, wo er jedoch nur bis zum 2. Mai 1859 blieb. 1863 wurde er in den Ruhestand versetzt und lebte von da an in London bis zu seinem Tod.

744 Ippolito Rosellini (* 13.8.1800 in Pisa, Italien; † 4.6.1843 ebenda) war ein italienischer Ägyptologe, der mit Jean-François Champollion an einer Ägypten-Expedition teilnahm und als Gründer der italienischen Ägyptologie gilt. Rosellini studierte unter Giuseppe Mezzofanti in Bologna. 1824 wurde er Professor für orientalische Sprachen an der Universität in Pisa und wurde 1834 als korrespondierendes Mitglied in die *Preußische Akademie der Wissenschaften* aufgenommen.

745 Vyse 1840-42, Vol. 1, 264.

746 The Literary Gazette, Vol. 20 (Dezember 1836), 796.

professional attainments, has devoted much attention, and with great success, to the study of hieroglyphics and Egyptian antiquities." [747]

Schon vor April 1834 muss Alfred Walne in Ägypten gewesen sein, da die Zeitung *Das Ausland: Wochenschrift für Erd- und Völkerkunde* vom 30. März 1834 Folgendes berichtet:

„Aegyptische Mumie.
Hr. Alfred Walne übergab neulich dem Museum des St. Baritholomäus-Hospitals in London den Kopf einer ägyptischen Mumie, den er aus einem von ihm zu Zoorneh[748]*, der Todtenstadt von Theben, entdeckten Grabe nahm. An diesem Kopf erkannte man deutlich die Methode, deren sich die ägyptischen Einbalsamierer zur Entfernung des Gehirnes bedienten, und wodurch auch Herodots Bemerkung klar wird. Bei den vollkommensten Proben ihrer Kunst, sagt er, zogen sie das Gehirn durch die Nasenlöcher, theils vermittelst eines gekrümmten Eisens, theils vermittelst der Infusion von Spezereien (drugs). Die Hirnschale, so wie die übrigen Höhlungen des Leibes ward dann mit reinem Myrrhen-Pulver, Cassia und anderen Parfümerien gefüllt. Von der oben erwähnten Hirnschale wurde das os ethmoideum [Siebbein] mit Geschicklichkeit entfernt, so daß für den Abzug des Gehirns ohne Entstellung der Gesichtszüge eine hinlängliche Oeffnung sich bildete. Im Verfolge sehr zahlreicher Untersuchungen ägyptischer Mumien entdeckte Hr. Alfred Walne vergleichungsweise wenige, bei welchen dieses langwierige Verfahren in Anwendung gebracht ward."* [749]

Ende Mai 1836 erscheint in der Augsburger Postzeitung eine Mitteilung über von Hr. Walne entdeckten Altertümern in Ägypten.

„Hr. Walne, aus Kairo, kündigt die Entdeckung eniger interessanter Altertümer in den Dämmen von Kairun, nahe bei dem Mahmudiya-Kanal[750]*, an. Bei der Ausgrubung, zwecks der Gewinnung vou Baumaterialien, ist man auf einen ungeheuren viereckigen Bau gestoßen, so wie auf Überbleibsel von zwei Denkmälern. Das eine, von welchem bis jetzt nur ein Teil aufgedeckt ist, rührt aus der Zeit des Ramses II. , des angeblichen Sesostris, her. Dass andere, das aber gleich nach seiner Auffindung zerstört wurde, war ein Tempel aus der ptolemäischen Zeit, auf welchem man die Namen Soter*[751] *und Philadelphos*[752] *erkennen konnte. Hr. Walne hält es für wahrscheinlich, dass dir großen Dämme von Kairun auf der Stelle des alten Schedia liegen, und zwar da, wo der Kanal von Alexandria mit dem kanopischen Arme des Nils zusammen trifft. Zu Strabos Zeit war Schedia*[753] *[Chaireon bzw. al-Karyun oder Kom el-Giza] ein sehr bevölkerter Ort, und der, wo die*

[747] Stephens 1837, 131.

[748] Vermutlich war mit Zoorneh das heutige el-Gournah bzw. Scheich Abd el-Qurna am Westufer des Nils gegenüber von Luxor gemeint.

[749] Das Ausland: Wochenschrift für Erd- und Völkerkunde, 30. März 1834, 356.

[750] Der Mahmudiya-Kanal ist ein ca. 80 km langer Kanal in Ägypten. Er verbindet el-Mahmoudiyah am Nildelta mit Alexandria. Er ist nach Mahmud II. (* 20.7.1785 in Istanbul, Türkei; † 1.7.1839 ebenda; von 1808 bis 1839 Sultan des Osmanischen Reiches) benannt. Er wurde von 1817 bis 1820 auf Veranlassung von Muhammad Ali Pascha gebaut. Beteiligt war der französische Architekt Pascal Coste (1787–1879). Die Stadt Alexandria bezieht aus dem Kanal ihr Trinkwasser.

[751] Soter ist ein griechisches Wort und bedeutet Retter. Griechische Götter und Herrscher erhielten dies als Beinamen, wie z. B. Ptolemaios I. (* 367/66 v. Chr. in Makedonien; † 283/82 v. Chr. in Alexandria, Ägypten), einer der Generäle Alexanders des Großen und dessen Freund sowie später einer der Diadochen und Begründer der hellenistischen Ptolemäerdynastie in Ägypten.

[752] Ptolemaios II. Philadelphos (* 308 v. Chr. auf Kos, Griechenland; † 29.1.246 v. Chr.), Sohn Ptolemaios' I. und der Berenike I., war von 285 bis 246 v. Chr. Pharao (König) von Ägypten in der griechisch-römischen Zeit. Seit 285 v. Chr. war Ptolemaios II. Mitregent seines Vaters und damit designierter Nachfolger. Kurze Zeit später scheint er mit der ägyptischen Doppelkrone gekrönt worden zu sein.

[753] Bei dem Ort handelt es sich um das heutige al-Karyun, am ehemals kanopischen Nilarm, etwa 25 km östlich von Alexandria. Gemäß Strabon lag Schedia 4 Schoinos von Alexandria entfernt. Da die Römer den griechisch-ägyptischen Schoinos mit 4 römischen Meilen gleichsetzten (siehe Bergdoll 2016, 224, Tab. 23), ergab dies eine Distanz

Zölle erhoben wurden; auch war es der Platz, wo die Pachten sich versammelten, auf denen die Statthalter nach den Chebais hinunter fuhren." [754]

Hatte also Vyse Angst, dass Walne seine Königskartusche eventuell als Kopie aus umliegenden Gräbern oder von herumliegenden Steinen wiedererkennen konnte oder lag es an der Freundschaft von Walne mit dem italienischen Ägyptologen Rosellini – der damaligen Autorität auf dem Gebiet der Hieroglyphen –, dass dieser die Königskartusche noch vor Vyse veröffentlichen konnte? Keine Bedenken, Kopien der Kartuschen zu zeigen, hatte Vyse bezüglich Samuel Birch vom Britischen Museum und dem Scheriff von Mekka. Beide waren nicht vor Ort und konnten daher keine identischen Kartuschen auf dem Gizeh-Plateau gesehen haben. Daher waren sie für Vyse ungefährlich, falls es sich bei der Kartusche aus der obersten Entlastungskammer der Cheops-Pyramide tatsächlich um eine Fälschung durch ihn handelt. Bei Dr. Walne war dies definitiv nicht so, was Vyse sicher wusste.

Das persönliche Tagebuch von Howard Vyse enthält für den 8. Mai 1837 noch folgenden Hinweis:

"M.8 ... Wrote to Dr Walne about money, Mr Hill's Bill up 830 £ [?] but had about 15 [?]. Mr Raven 250 £ from [?] Paid Mr Hill 150 £ ..." [755]

Davon findet man in der veröffentlichten Version von Vyse nichts diesbezüglich. Dr. Walne, welcher Gründungsmitglied und ehrenamtlicher Sekretär (Hon. Sec.) der *Egyptian Society* in Kairo war, wurde als von Vyse um finanzielle Unterstützung gebeten. Wir kennen das Antwortwortschreiben von Walne zwar nicht, aber es wäre möglich, dass dieser das Ansinnen von Vyse abgelehnt hatte und Vyse sich daraufhin „revanchierte", indem er das Anliegen von Walne zwecks der Königskartuschen ablehnte. Sofern nicht noch weitere Dokumente auftauchen, die das Geschehen näher beleuchten, bleibt dies jedoch nur Spekulation. Genauso gut könnte die Antwort von Walne an Vyse auch erst nach dem 18. Mai 1837 bei Vyse eingetroffen sein und Walne wollte sehen, ob er für ein finanzielles Engagement auch eine Gegenleistung erhielt. Fakt ist jedoch, dass die Anfrage von Vyse an Dr. Walne bezüglich Geldes zwei Tage nach dem Durchbruch zur vorletzten Entlastungskammer (Lady Arbuthnot) stattfand.

Eine weitere Merkwürdigkeit fand Creighton im persönlichen Tagebuch von Vyse zum 27. April 1837, also zwei Tage, nachdem die dritte Entlastungskammer (Nelson-Kammer) entdeckt wurde. Die zweite Entlastungskammer (Wellington-Kammer) war bereits am 20. April 1837 entdeckt worden. Aufgrund der schwierig zu entziffernden Handschrift von Vyse liest Creighton für den 27. April Folgendes:

"... [?], the Sheikh was inside, [& drew] figures. [erste Lesart durch Creighton]
... [?], the Sheikh was inside, [the W] figures, [zweite Lesart durch Creighton]
on the western side of calcerous stones as [?]" [756]

Vyse hatte zwar in seinem veröffentlichten Tagebuch nur von Steinbruchmarkierungen (*quarry marks*) in der Wellington-Kammer gesprochen, doch wissen wir, dass es dort auch Königskartuschen zu sehen gab, wie aus

---

von 16 römischen Meilen oder 23,7 km. In ptolemäisch-römischer Zeit hieß der Ort Schedia, galt als Vorstadt von Alexandria und war sowohl eine Zollstation als auch Flusshafen von Alexandria am kanopischen Nilarm. Bereits in frühptolemäischer Zeit war in Schedia eine Garnison zur Sicherung des für Alexandria überlebenswichtigen Verbindungskanals stationiert. Da der Name Schedia auf Schiffsbrücke deutet, gab es hier wohl eine Brücke über den Kanal in Form von aneinandergebundenen Schiffen.

754 Augsburger Postzeitung, Nr. 152 (Beilage) vom 31. Mai 1836, 3.

755 Creighton 2021, Appendix 2, The "W Figures". Die Angaben in Pfund beziehen sich höchst wahrscheinlich auf ägyptische Pfund und nicht auf englische Pfund. 1834 wurde ein Dekret des Khediven (Gouverneur der osmanischen Provinz Ägypten) erlassen, mit dem eine ägyptische Währung auf der Grundlage eines bimetallischen Standards (Gold und Silber) eingeführt wurde, die auf dem Maria-Theresia-Taler basierte, einer in der Region beliebten Handelsmünze. Das ägyptische Pfund, bekannt als *Geneih*, wurde eingeführt und löste den ägyptischen Piaster (*Ersh*) als Hauptwährungseinheit ab. Der Piaster zirkulierte weiterhin als 1/100 eines Pfunds, wobei der Piaster in 40 Para unterteilt war. Ein ägyptisches Pfund war um 1837 etwa 1 ½ britische Pfund wert.

756 Creighton 2021, Appendix 2, The "W Figures".

Perrings Zeichnungen eindeutig hervorgehen. Creighton spekuliert nun darüber, dass die potenziellen "W figures" eine Anspielung auf die Zeichnungen in der Wellington-Kammer sind, wobei das „W" genauso gut für „*western side*" eine Abkürzung sein könnte, falls es sich überhaupt um ein „W" handelt. Fakt ist lediglich, dass der Scheich in den Entlastungskammern war, ob er sich dort aber nur umgesehen oder etwas gezeichnet hat, bleibt indes ungewiss. Es bleiben auch hier Fragezeichen, wie noch an diversen anderen Stellen bei Vyse.

Am 19. Mai 1837 finden wir im Tagebuch von Vyse:

> *"Sir Robert Arbuthnot, Mr. Brettel, Mr. Raven, and myself, compared Mr. Hill's drawings with the quarry-marks in the Great Pyramid; and we afterwards signed an attestation of their accuracy."* [757]

Diese Passage in Vyses 1840 veröffentlichtem Tagebuch zeigt uns, dass Herr Hill die Zeichnungen, die für die Veröffentlichung bestimmt waren, von Sir Arbuthnot und den Herrn Brettel und Raven sowie Vyse selbst kontrolliert hat und ihre Genauigkeit mit den in der Pyramide gefundenen Zeichen bestätigt wurde. In späterer Zeit, ja sogar bis heute, wird von einigen die Echtheit des Königsnamens Khufu (= Cheops), die Vyse in der Campbell-Kammer gefunden haben will, bezweifelt.

Am 27. Mai 1837 stoßen Vyses Arbeiter zur letzten Entlastungskammer vor, der Vyse den Namen Campbell[758] gibt. Dass es die letzte Entlastungskammer ist, erkennen sie daran, dass das Dach dieser Kammer nicht flach ist, sondern ein Giebeldach, wie bei der Königinnenkammer oder der von Belzoni geöffneten Kammer.

> *"The chamber over Lady Arbuthnot's (subsequently called Campbell's) was opened and minutely examined. The people employed at the mouth of the southern Air-channel could be distinctly heard from it; its length was 37 feet 10 inches [≈ 11,53 m], and its width 20 feet 6 inches [≈ 6,25 m]; it was entirely empty, without door or entrance, and seemed to have been intended for the same purpose as the chambers below it, but appeared to be the last and to complete the series, as it had an inclined roof, like the Queen's and Belzoni's Chambers, composed of 11 slabs of calcareous stone, 12 feet 3 inches [≈ 3,73 m] long. They rested upon a low wall about 3 feet [≈ 0,91 m] high, which allowed for the inequalities of the floor, composed, as in the other instances, of the reverse of the granite slabs that formed the ceiling of the rooms below it; the stone, by the side of which the entrance was worked up, was 6 feet 6 inches [≈ 1,98 m] in thickness. Holes had been cut in the floor, apparently for the purpose of sustaining temporary supports of wood for the erection of the roof. Excepting the floor, the whole of the chamber was built of calcareous stone. The joints were open, and there were considerable settlements; some of the stones of the roof also were cracked, which was not surprising, considering the immense weight they supported. When we first entered this chamber, the floor was covered with the same deposit of dust which we had observed in the apartments below it, and, in addition, the calcareous stones were covered with an exudation, which had the appearance of white feathers, and resembled that afterwards found in the Third Pyramid [Mykerinos-Pyramide]. There were many quarry marks similar to those in the other chambers, and also several red lines crossing each other at right angles, with black equilateral triangles described near the intersections, in order probably to obtain a right angle."* [759]

Die Löcher, die Vyse hier im Boden der obersten Entlastungskammer erwähnt, bringt er auch mit einer Holzkonstruktion in Verbindung, wie dies Dormion für die Löcher im Boden der Königinnenkammer postuliert. Die folgende Abbildung ist in den zuvor zitierten Text eingebettet und zeigt die simple Konstruktion eines

---

757 Vyse 1840-42, Vol. 1, 265.

758 Patrick Campbell (* 17.12.1779 in Duntroon, Schottland; † 29.8.1857 in Southampton, England) war ein britischer Diplomat. Am 7. Januar 1833 wurde er zum britischen Generalkonsul in Ägypten berufen und bekleidete dieses Amt bis 1841. Am 13. August 1841 wurde er in den Ruhestand versetzt. Howard Vyse benannte eine bei der Erforschung der Cheops-Pyramide entdeckte Kammer nach Patrick Campbell, der an der Finanzierung der Ausgrabungen beteiligt gewesen war.

759 Vyse 1840-42, Vol. 1, 277-278.

rechten Winkels, nämlich indem man ein gleichseitiges Dreieck benutzt und deren eine Seite halbiert und von dort aus zur gegenüberliegenden Seite eine Verbindungslinie zeichnet.

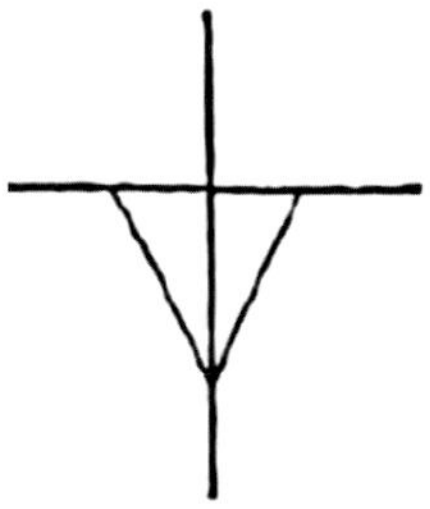

Abb. 120: Konstruktion eines rechten Winkels in Campbells Kammer (nach Vyse).

Interessant ist hierbei auch, dass die zuvor erwähnten Markierungslinien mit roter Farbe gezeichnet wurden, genau wie die Steinmetzzeichen, die gleichseitigen Dreiecke aber in schwarzer Farbe. Hierin ist sicherlich eine Arbeitsteilung beim Pyramidenbau zu erkennen. Die Einhaltung von Winkeln war eine wichtige Aufgabe beim Bau der Pyramide und wurde sicher nicht den einfachen Arbeitern überlassen. Die Trennung in unterschiedliche Farben machte es somit leichter, zu erkennen, an welchen Stellen es auf besondere Genauigkeit ankam.

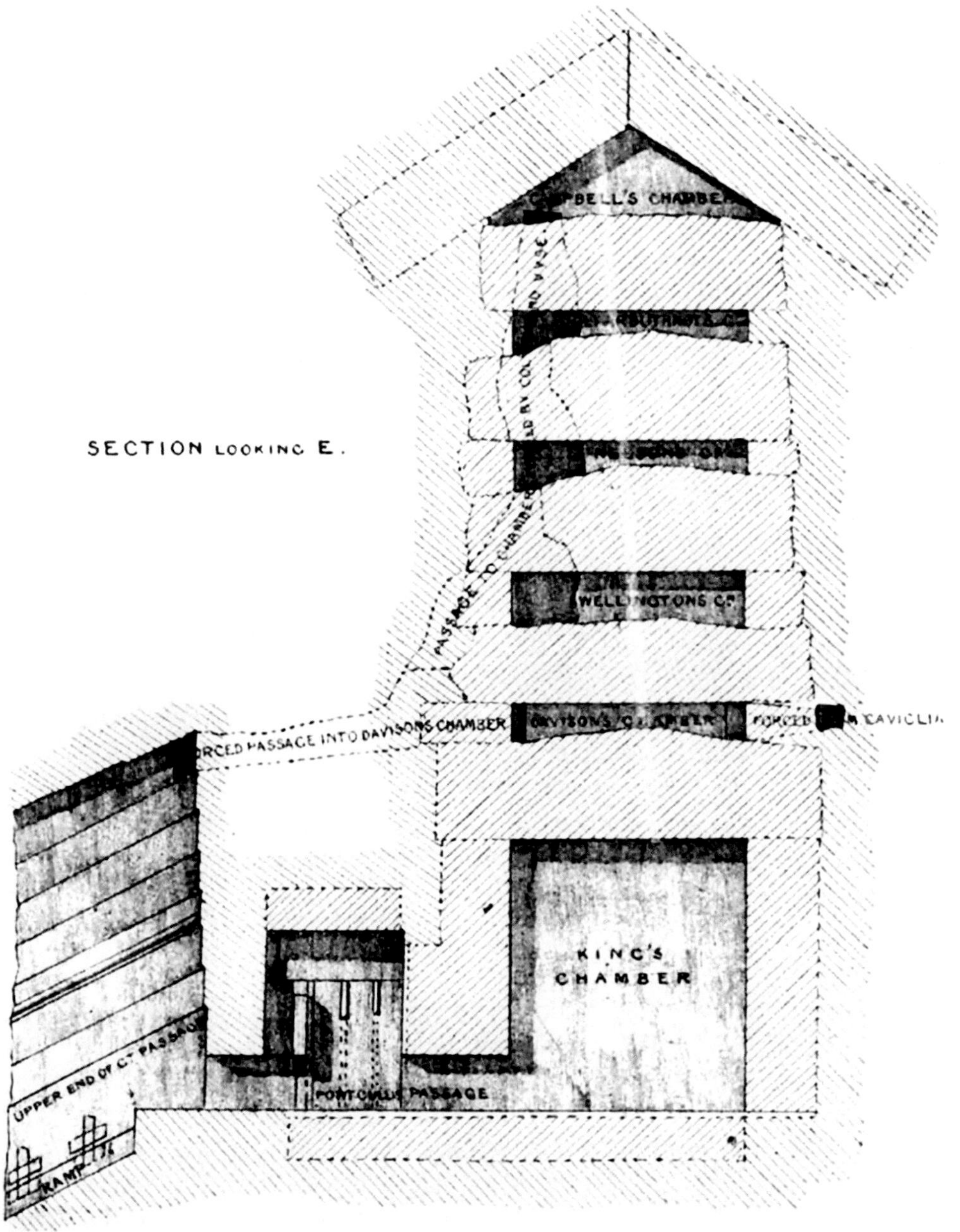

Abb. 121: Die Königskammer mit den fünf Entlastungskammern: Davison, Wellington, Nelson, Arbuthnot und Campbell (nach Vyse).

Vyse zitiert nun Samuel Birch, den Experten für Hieroglyphen vom Britischen Museum, betreffend der in den Entlastungskammern gefundenen Zeichen. Interessant ist dabei die Passage zum Namen Cheops:

> *"The other name discovered with it, which he had already observed in an adjacent tomb, and conjectured to be that of Cheops, demonstrates at the same time the value of the phonetic system, and the ingenuity of the learned Italian. It is composed of elements purely phonetic, and is decidedly a name. It has also been published by Mr. Wilkinson, mater. Hieroglyph. unplaced King's; and M. Rosellini, tom. i. tav. 1, 2, and reads Shoufou (Suphis) or Khoufou (Cheops), according to the aspiration given to the initial — a sieve* *, which appears in Mr. Wilkinson's work without any distinction from the solar disc. The merit of assigning it to Cheops belongs to M. Rosellini."* [760]

Damit ist klar, dass es sich bei der Königskartusche aus der Campbell-Kammer tatsächlich um den Namen von Cheops handelt und nicht wie von manchen Kritikern gerne behauptet um den Namen *Ra-ufu* oder *Re-ufu*, da die Sonnenscheibe mit dem Punkt in der Mitte den Sonnengott Ra (bzw. Re) bezeichnet.

Abb. 122: Cheops-Kartusche (nach Vyse) aus der obersten Entlastungskammer, Inschrift hier um 90° gedreht und horizontal gespiegelt.

Gemäß dem Maßstab von Vyse ist die Kartusche rund einen Fuß (ca. 30 cm) groß und besitzt damit die Ausmaße eines DIN-A4-Blattes.

Abb. 123: Cheops-Kartusche (nach Perring) aus der obersten Entlastungskammer, Inschrift hier um 90° gedreht und horiz. gespiegelt.

Die Zeichen in der Kartusche bei Perring entsprechen eher den Zeichen auf der Wand in der Entlastungskammer als in Vyses Veröffentlichung, wo die Zeichen idealisierter dargestellt sind.

Hier folgt die Nachzeichnung der Königskartusche von Cheops aufgrund der Fotografie von Robert Schoch, in der die Kartusche aus der Campbells Kammer in Großaufnahme zu sehen ist.

Abb. 124: Nachzeichnung nach einer Fotografie von Robert Schoch[761] der Königskartusche von Cheops aus der obersten Entlastungskammer, südliche Giebeldecke. Die Darstellung wurde horizontal gespiegelt. Die Wand befand sich rechts (wg. der Spiegelung hier links), weshalb ein Stück von der Kartusche fehlt. Rechts: eine leicht bearbeitete Ausschnittvergrößerung des ersten Zeichens aus einer Fotografie der Kartusche.

---

760 Vyse 1840-42, Vol. 1, 280.

761 Originalaufnahme auf *www.giza-vermaechtnis.ch/1912-1988-entdeckungen/* [Stand: 26.9.2019].

Scott Creighton schreibt in seinem Buch *The Great Pyramid Hoax*, dass er aus Gesprächen mit Dominique Görlitz und Stefan Erdmann, die 2013 die Campbell-Kammer besuchten und durch ihre Mikroprobenentnahme an einem Graffiti (nicht der Cheops-Kartusche) einen Skandal von ungeahntem Ausmaß ausgelöst hatten, erfahren hatte, dass die drei Linien in dem Kreiszeichen einen etwas anderen Farbton haben als der Rest der Kartusche. Dieser Tonunterschied scheint darauf hinzuweisen, dass zwei leicht unterschiedliche Farbmischungen für die Zeichnung der Cheops-Kartusche verwendet wurden: eine, wie Creighton meint, am 30. Mai 1837 und die andere am 16. Juni 1837 zum Hinzufügen der drei Striche im Kreis.[762]

Damals gab es zwei korrekte Schreibweisen für Cheops: einmal mit dem Sieb-Zeichen (Kreis mit drei Strichen) und einmal mit einem inhaltsleeren Kreiszeichen. Dies wusste man aber 1837 noch nicht und so stand Vyse, der in benachbarten Gräbern zur Cheops-Pyramide schon beide Schreibvarianten gesehen hatte, unter dem Druck, die vermeintlich richtige Variante herausfinden zu müssen, die er dann zur Beglaubigung nach London zu schicken hatte. Wäre nur eine der beiden Varianten die richtige Schreibweise gewesen und hätte er sich für die falsche entschieden, stände er anschließend blamiert da. Daher war es für ihn ungemein wichtig, die richtige Schreibung herauszufinden. Geht man nun davon aus, dass Vyse die Cheops-Kartusche in der Campbell-Kammer komplett gefälscht hat bzw. hat fälschen lassen, so ist es möglich, dass er zuerst versehentlich das inhaltsleere Kreiszeichen hat malen lassen, später seinen vermeintlichen Irrtum bemerkte, und noch drei Striche hat hinzufügen lassen, damit es zum Sieb-Zeichen wird. Gab es an der Stelle jedoch schon eine Originalkartusche von Cheops, die aber schlecht zu lesen war, könnte es sein, dass er diese mit roter Farbe nachzeichnen ließ. Falls dem so war, besaß das Kreiszeichen ursprünglich keinen Punkt, womit eine korrekte Schreibung des Namens von Cheops vorlag. Auch in diesem Szenario kann er später, nachdem er seinen vermeintlichen Irrtum bemerkt hat, drei Striche hinzufügen lassen, um aus dem Kreiszeichen ein Sieb-Zeichen zu machen. In beiden Fällen würden sich die von Görlitz und Erdmann gemachten Beobachtungen der unterschiedlichen Farbmischungen damit erklären lassen.

Bei dem korrespondierenden Zeichen in Perrings Kartusche, die 1837 gezeichnet wurde, sind nur zwei Striche in dem Kreis erkennbar. Da die Unterseite des Kreiszeichens aber sehr dick ist, ging hier vermutlich der dritte Strich unter, indem er mit dem Kreis verschmolz. Zudem sind unter der Viper zwei Striche anstatt wie bei Vyses Notizbucheinträgen (siehe Abb. 125 und Abb. 126) Punkte eingezeichnet, die im Namen der Kartusche aber nichts zu suchen haben und vermutlich nur unbeabsichtigte Farbspritzer sind. Das Werk von Perring, aus dem die Kartusche stammt, wurde bereits 1839 gedruckt, dagegen das Werk von Vyse erst 1840. Vyse hatte also noch Zeit gehabt, seinen Fehler zu bemerken und die Punkte aus der Kartusche in seinem Buch zu entfernen.

Betrachtet man die von Vyse am 27. Mai 1837, dem Tag der Öffnung der 5. Entlastungskammer, in sein persönliches Notizbuch gezeichnete Cheops-Kartusche, so sieht diese doch etwas anders aus:

Abb. 125: Nachzeichnung der Cheops-Kartusche aus dem Notizbucheintrag von Howard Vyse vom 27. Mai 1837.

Der Kreis enthält hier nur zwei Punkte, die auf gleicher Höhe liegen. Damit ähnelt das Zeichen einem Gesicht mit zwei Augen, aber ohne Nase. Die zwei Punkte unter der Viper befinden sich nicht auf gleicher Höhe, wie in späteren Zeichnungen. Die Darstellungen der beiden Wachtelküken sind hier sehr rudimentär eingezeichnet und weichen von späteren Darstellungen ab. Ein Eintrag vom 16. Juni 1837 aus Vyses Notizbuch zeigt nun die Cheops-Kartusche wie folgt:

[762] Creighton 2017, 181.

Abb. 126: Nachzeichnung der Cheops-Kartusche aus dem Notizbucheintrag von Howard Vyse vom 16. Juni 1837.

Die Hornviper besitzt jetzt eine ausgeprägtere Schlangenform und das Kreissymbol (Sonnenscheibe) enthält jetzt weder Punkte noch Striche. Zudem befinden sich jetzt die beiden Punkte auf gleicher Höhe. Die beiden Wachtelküken entsprechen jetzt eher der Darstellung der Zeichen in der Campbell-Kammer.

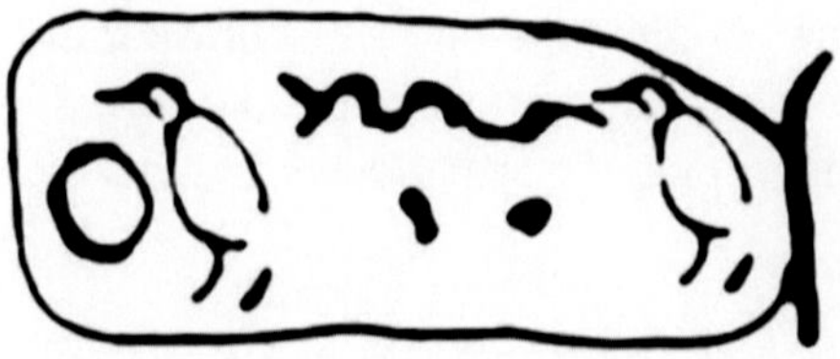

Abb. 127: Nachzeichnung der Originalzeichnung aus dem Jahr 1837 von J.R. Hill eingereichter Cheops-Kartusche.

In der von Hill gezeichneten Cheops-Kartusche aus der Campbell-Kammer, die nach London zwecks Zertifizierung eingeschickt wurde, wurde das Kreis-Zeichen ohne die drei Striche benutzt. Zudem befinden sich zwei Punkte unter der Viper, die Vyse später in seinem Buch über die Pyramiden weggelassen hat. Wir erinnern uns: Perring hatte aus den Punkten in seinem Buch Striche gemacht.

Weiterhin haben Recherchen im Britischen Museum ergeben, dass das Dokument mit der Originalzeichnung dieser Königskartusche aus der Campbell-Kammer nur von Vyses Mitarbeiter J. R. Hill unterschrieben wurde. Es befindet sich außer dem Stempel des Britischen Museums keine Nennung von Zeugen zwecks Beglaubigung dabei, wie dies bei anderen eingereichten Zeichnungen von Vyse der Fall war. Unter der Kartusche steht in Handschrift: *"On a Stone No. 7 S. Side"*, was den genauen Ort der Entdeckung markiert. Warum hat Vyse diese, für ihn so wichtige Zeichnung, nicht selbst unterschrieben? Wollte er sich eine Hintertür offenlassen, falls sich im Nachhinein herausstellen sollte, dass etwas an der Schreibung doch nicht korrekt ist? Plausibel wäre dies, dennoch bleibt es ohne weitere Beweise reine Spekulation.

In der vierten Entlastungskammer, der Lady Arbuthnot Kammer, fanden sich mehrfach Bauarbeiterinschriften zu Arbeitermannschaften, wie „Die Weiße Krone des Chnum-Chufu ist mächtig" und „Horus Medjedu ist rein", wobei Medjedu der Horus-Name von Cheops ist.

Der französisch-ägyptische Ägyptologe Georges Goyon (1905–1996) hat in einer umfassenden Untersuchung die Cheops-Pyramide auf Inschriften von Besuchern untersucht und darüber 1944 ein Buch geschrieben mit dem Titel *Les inscriptions et graffiti des voyageurs sur la Grande Pyramide*. Auf der 4. Steinlage auf der Westseite hat er ein Steinmetzzeichen gefunden, welches seiner Meinung nach aus der Zeit der Erbauung der Pyramide stammt und den Namen von Cheops in einer Königskartusche enthält.

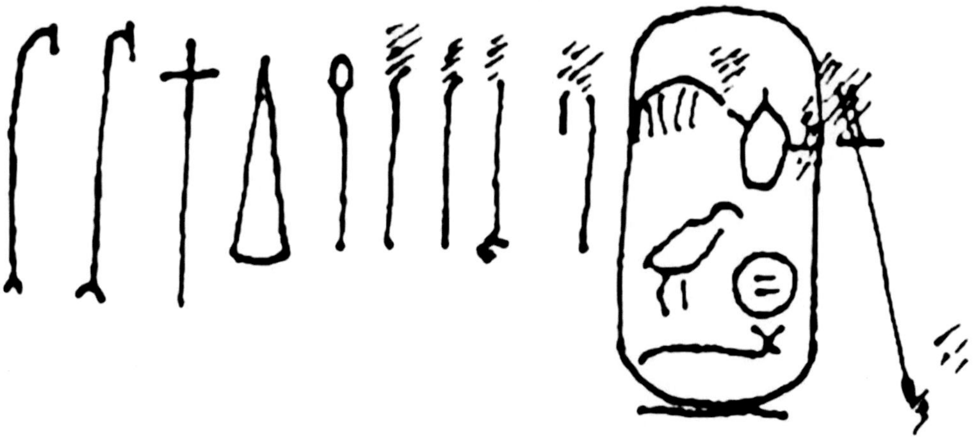

Abb. 128: Steinmetzzeichen auf der 4. Steinlage der Westseite der Cheops-Pyramide.

Dieses Steinmetzzeichen befindet sich auf einem Hintermauerungsstein[763] (eng. *backing stone*), also einem kleinen Stein, der zwischen der äußersten Schicht des Kernmauerwerks und der Kalkstein-Verkleidung eingesetzt wurde. Der Name in der Kartusche beinhaltet den Eigennamen von Cheops, nämlich Chnum-Chuf(u), was so viel bedeutet wie: Chnum[764] (be)schützt mich. Nachfolgend die vollständige Kartusche dazu:

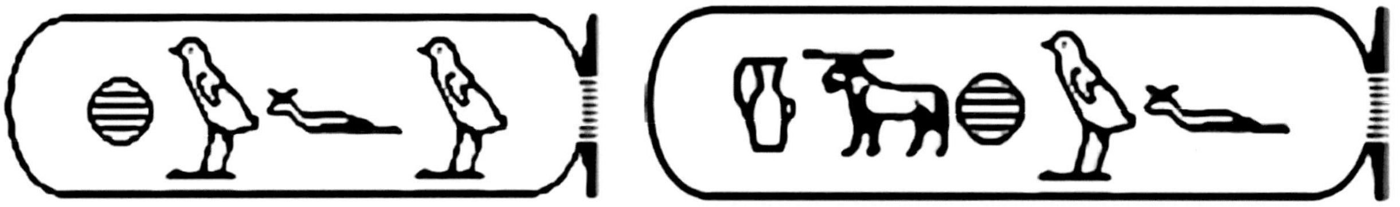

Abb. 129: Eigenname des Cheops: Ḫwj=f w(j) und Ḫnmw Ḫwj=f w(j).

Ein anderer Autor, Leslie Valentine Grinsell (1907 – 1995), ein englischer Archäologe und Museumskurator, berichtet in seinem Buch *Egyptian Pyramids* von weiteren Inschriften zur Bauzeit der Pyramide, die er außen auf der Pyramide gefunden hat. So erwähnt er den Namen einer Arbeitsgruppe, die sich *die weiße Krone von Chnum-Chufu ist mächtig* nannte.[765]

Grinsell fand auch auf heute freiliegenden Hintermauerungssteinen der 5. und 6. Steinlage, zwei weitere Steinmetzzeichen, die den Horus-Namen[766] von Cheops Medjedu (äg. *mḏdw*), was *„Der (die Feinde) zerdrückt"* bedeutet, beinhalteten. Andere Markierungen bezeichnen die Namen der Arbeitergruppen von Handwerkern.[767]

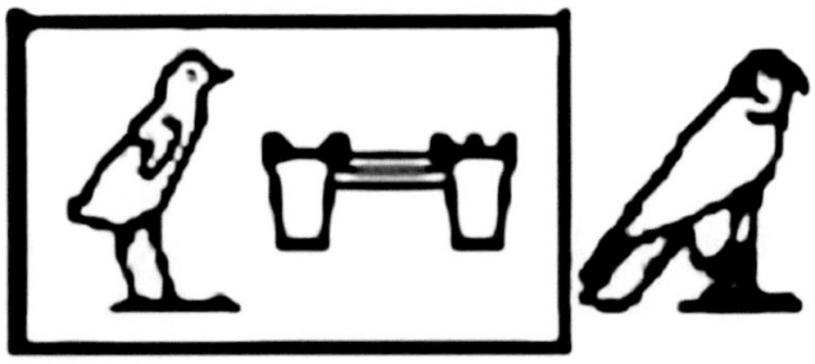

Abb. 130: Horus-Name des Cheops: Medjedu (mḏdw).

Auch an der Ostseite der vierten Entlastungskammer entdeckte man, auf dem Kopf stehend, den im 19. Jahrhundert noch nicht bekannten Horus-Namen Medjedu. Dieser ist bei Vyse bereits verzeichnet, auch wenn er zu jener Zeit noch nicht als solcher identifiziert werden konnte, was die Möglichkeit einer Fälschung ausschließt.

Abb. 131: Horus-Name des Cheops: Medjedu. Zeichnung von Howard Vyse.

Damit ist seit spätestens Ende der 1940er Jahren klar, dass die Königskartusche in der obersten Entlastungskammer der Cheops-Pyramide nicht der einzige direkte Beweis für die Urheberschaft der großen Pyramide

[763] Der englische Begriff *„backing stone"* wird gemäß einem technologischen Wörterbuch (Schlomann, Hoyer und Kreuter 1932, 301) mit „Hintermauerungsstein" übersetzt.

[764] Chnum ist ein altägyptischer Gott, der seit dem Alten Reich belegt ist. In früheren Zeiten ausschließlich tiergestaltig, wurde er seit etwa 2400 v. Chr. als widderköpfiger Gott in Menschengestalt dargestellt.

[765] Grinsell 1947, 53 und Abb. 5.

[766] Der Horus-Name ist einer der fünf Namen im altägyptischen Königstitulatur. Bis in die 4. Dynastie war dies der einzige Name des Königs (Pharaos) in vor- und frühdynastischer Zeit. Zugrunde liegt der Glaube, dass der Herrscher zu seinen Lebzeiten den fernen Himmelsgott (Falken-Symbol) Horus auf Erden repräsentiert; seit dem Ende des Alten Reiches wird der König mit dem Osiris-Mythos verbunden.

[767] Grinsell 1947, 103.

von Gizeh ist. Dies gilt vor allem deshalb, weil zu Zeiten von Howard Vyse der Horus-Name von Cheops noch nicht bekannt war.

Das Ganze schließt aber natürlich nicht aus, dass Vyse oder seine Assistenten die Cheops-Kartusche in der obersten Entlastungskammer zwecks besserer Lesbarkeit mit roter Farbe nachgezeichnet haben.

13.2.9 Humphries Brewer und Charles Nayler

In der zweiten Hälfte des 20. Jahrhunderts ist ein Dokument aufgetaucht, welches behauptet, dass Howard Vyses Assistenten Raven und Hill eine Fälschung der Inschriften in den Entlastungskammern vorgenommen haben. Es handelt sich dabei um eine Kopie einer Seite aus dem Radiologbuch von Walter Martin Allen[768], einem Amateurfunker und Hobby-Genealogen. Bei der Erforschung der Geschichte seiner Familie fand sich eine Seite eines Radiologbuchs aus dem Jahr 1954, welche belegen soll, dass sein Urgroßvater Humphries Brewer 1837 mit Howard Vyse und seinem Team in Gizeh gearbeitet hatte und Humphries Augenzeuge der Fälschung von Inschriften in den Entlastungskammern geworden ist. In dem Eintrag vom 9.10.1954 heißt es:

> *"Humfrey received prize for bridge he designed in Vienna over Danube. H. went to Egypt 1837, British Medical Serv. to Egypt. Robert took bible back to England 1868 after Humfrey died. Nell said they were to build hospital in Cairo for Arabs with severe eye afflictions. Dr. Naylor took Humfrey along. Treatment not successful, hospital not built. He joined a Col. Visse exploring Gizeh pyramids. Rechecked dimensions 2 pyramids.* ***Had dispute with Raven and Hill about painted marks in pyramid. Faint marks were repainted, some were new.*** *[Hervorhebung durch den Autor] Did not find Tomb. Saw some limestone blocks at top of one pyramid. Humfrey went to Syria & Jerusalem to see holy city few weeks later. Had words with a Mr. Hill and Visse when he left. He agreed with a Col. Colin Campbell & another Geno Cabilia. Humfrey went back to England late 1837. Had to wait a month for boat from Bayruth [Beirut] to Athens. Went up through Austria and Prussia. His father was disturbed about the trip, told him details. Jennie was happy he went."* [769]

Die von mir im Fettdruck hervorgehobene Passage besitzt eine gewisse Sprengkraft; scheint sie doch zu belegen, dass an den Zeichen in den Entlastungskammern entweder von Howard Vyse selbst oder von einem der Herren Raven oder Hill manipuliert wurde, ja sogar neue Zeichen erst geschaffen wurden. Das war auch der Grund, warum hier sämtliche Passagen über die Steinbruchmarkierungen, wie Vyse sie nennt, aufgelistet sind, damit man sich selbst ein Bild davon machen kann, was für Informationen Vyse öffentlich zugänglich gemacht hat; deshalb auch die Passagen über die Herren Hill und Raven zuvor. Da der obige Text schwere Anschuldigungen enthält, nämlich Betrug, muss man sich zuerst einmal fragen, ob dieser Text selbst nicht eventuell eine Fälschung sein könnte. Es gibt jedoch einige Gründe, die inhaltlich für seine Echtheit sprechen.

1. Der dargestellte Sachverhalt zwecks Errichtung eines Hospitals in Kairo zur Behandlung von Augeninfektionen der Araber findet sich auch im Buch von Howard Vyse. In seinem Tagebucheintrag vom 6. März 1837 heißt es in einer Fußnote:

> *"As several of the Arabs were attacked with ophthalmia, I applied to Naylor Bey, who had arrived from England for the purpose of establishing an Ophthalmic Hospital: the Pacha immediately*

[768] Walter Martin Allen (* 21.7.1918 in Johnstown, Pennsylvania, USA; † 10.4.2000 in Salix, Pennsylvania, USA) war ein Ingenieur aus Pittsburgh, der sich in den 1950er Jahren erstmals für die Genealogie seiner Familie interessierte und Informationen von älteren Verwandten sammelte. Unter ihnen waren zwei von Humphries Brewers Töchtern (Mary Brewer Christie und Rebecca Brewer Allen), Walters Tante Nell und sein Onkel, Col. Joseph Walker, M.D.

[769] Creighton 2017, 71-72. Das Originaldokument, d. h. die handschriftliche Seite des Logbucheintrags vom 9.10.1954 ist in Abb. 7.1 zu sehen.

gave him the rank and decorations of a Bey[770]*, and a house called Ater El Nebbi, near Fustat*[771]*, for an establishment; he also sent a ship of war to bring his family from Europe. From some cause or other, however, the establishment was broken up, and, I believe, that Mr. Naylor returned to Europe."* [772]

Am 18. April 1837 heißt es:

"I wrote to Nayler Bey about some people, who had applied to me on account of their eyes, but they were not admitted into his hospital." [773]

---

2. Der kurze Satz *"Did not find Tomb."* stimmt ebenfalls, da Vyse das Grab von Cheops nicht gefunden hat, obwohl er mit viel Ehrgeiz danach gesucht hat.
3. Die Fehlschreibung der Namen für Vyse (Visse) und Caviglia (Cabilia) deutet auf die Echtheit hin. Ein Fälscher hätte sicherlich auch diese Namen korrekt wiedergegeben, so wie die Namen für Hill und Raven. Dies sind typische Schreibfehler, wenn man einen Namen nicht geschrieben gesehen hat, sondern ihn nur gehört hat.
4. Caviglia alias Cabilia wird als Genuese bezeichnet. Dies ist korrekt.
5. Er verwechselt Colonel Patrick Campbell mit dem britischen Feldmarschall Colin Campbell, der den Oberbefehl bei der Niederschlagung des Sepoy[774]-Aufstandes[775] von 1857 in Indien hatte. Warum sollte ein Fälscher das tun?

In einem Nachruf im *Tioga County Agitator (Wellsboro, PA)* vom 8. Januar 1868 steht:

"Humphries Brewer was born in the Parish of Box, Wiltshire, England and died on the 25th day of December last, aged 50 years, 9 months and 27 days."

Geboren wurde er also am 28. Februar 1817. Weiterhin finden wir in diesem Nachruf:

"He had also traveled through Egypt and the Holy Land, and his mind was well stored with an accurate knowledge of the history of that portion of the Old World. ... Mr. Brewer united with his other qualities that of an accomplished engineer."

Zusätzlich heißt es hier:

"He emigrated to this country some twenty years ago; since which time he has resided at Blossburg and Fall Brook. His knowledge of geology led him into this locality, and he began to make early examinations into the coal deposits in and about Blossburg."

Über seinen Charakter lesen wir darin:

---

770 Klassisch ist der türkische Herrschertitel Bey mit dem arabischen Titel Emir gleichgesetzt. Er wurde jedoch auch als Titel für zivile Beamte der gehobenen Rangstufe und vornehme Privatpersonen vergeben. Der Bey unterstand dabei immer direkt dem Pascha, also einem Gouverneur einer Großprovinz.

771 Siehe Fußnote 508.

772 Vyse 1840-42, Vol. 1, 182.

773 Vyse 1840-42, Vol. 1, 231.

774 Sepoy (persisch: ‚Soldat') ist die Bezeichnung für die mit Musketen bewaffneten indischen Soldaten des Mogulreiches, der Britischen Ostindien-Kompanie, sowie der *British Indian Army* während der britischen Kolonialherrschaft.

775 Der Beginn des indischen Aufstands von 1857 gegen die Kolonialherrschaft der Britischen Ostindien-Kompanie durch die Sepoys wird meist auf den 10. Mai 1857 datiert. 1859 gab es noch einzelne Auseinandersetzungen; der indische Aufstand endete nach allgemeinem Verständnis erst in diesem Jahr. Nach der Niederschlagung wurde die Ostindien-Kompanie durch den *Government of India Act* 1858 aufgelöst und Britisch-Indien zu einer formellen Kronkolonie.

"He possessed what is rarely found in business men, in combination, clear perception, great energy, and great caution. Blessed with an almost instinctive perception of character, he read men at a glance. The business he controlled at different times would have employed several common men; yet he was enabled by the energy and power of his mind to so guide and control it, that it appeared to be easy and smooth. Mr. Brewer was an honest man and constantly trusted with thousands; placed where his name was law, and where his judgment dictated what was right between his fellow men. Yet he has gone to his grave without a stain of dishonesty upon him. No man has said, no person will ever say that he wronged them. His heart was always warm and generous."

Eine Recherche in Genealogie-Datenbanken ergab verwandtschaftliche Zusammenhänge zwischen den Familien Brewer, Orton und Brunel.

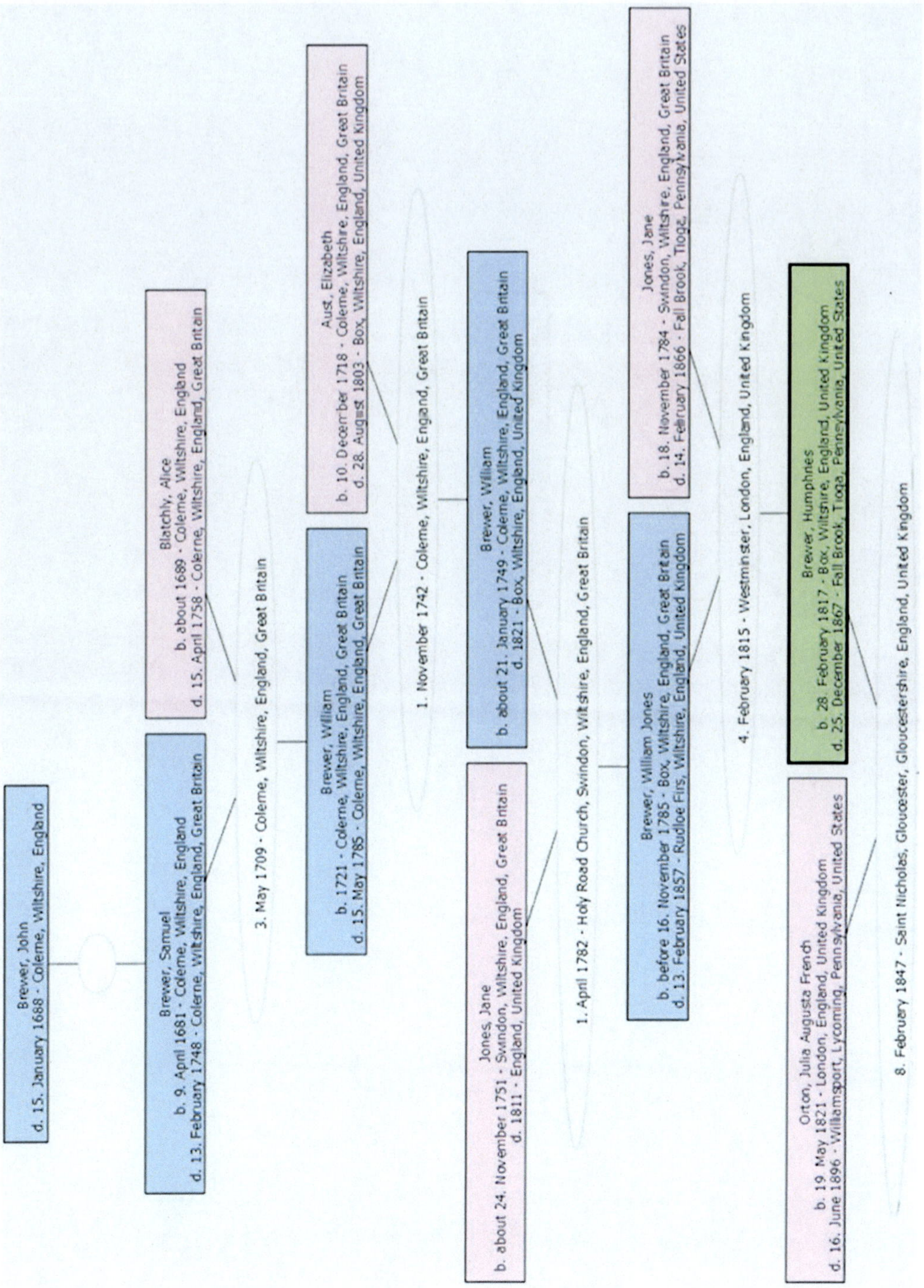

Abb. 132: Vorfahren von Humphries Brewer.

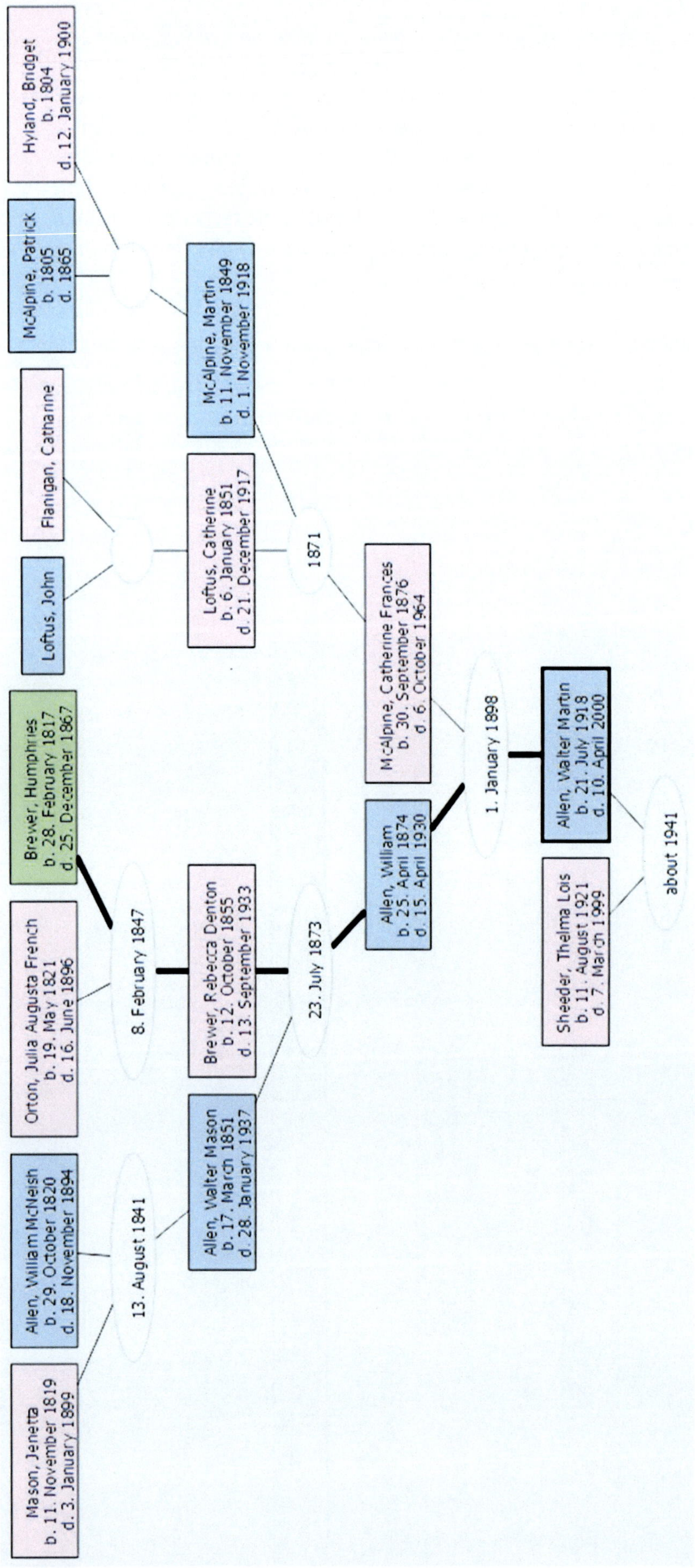

Abb. 133: Beziehung von Walter Martin Allen zu Humphries Brewer.

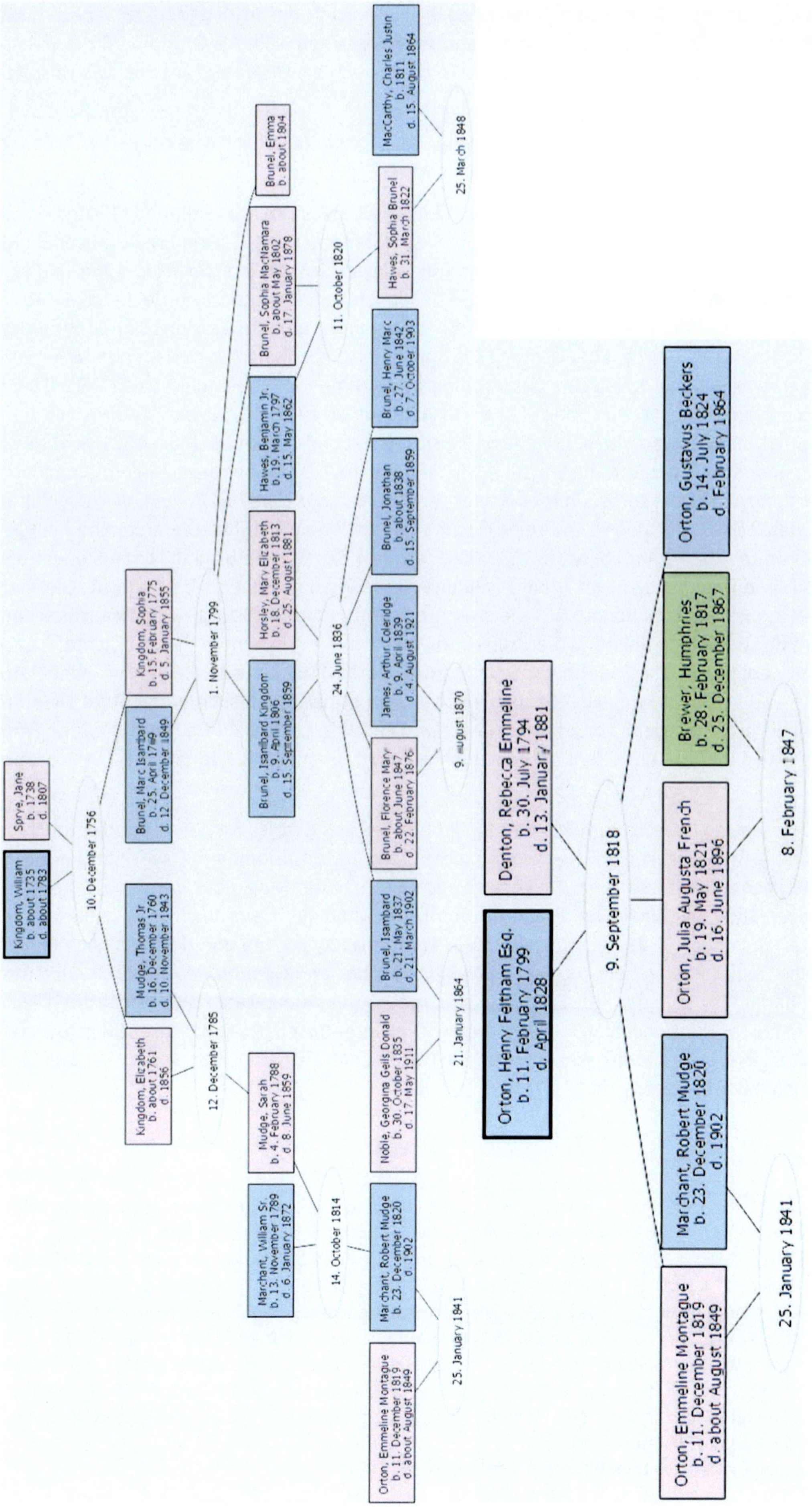

Abb. 134: Stammbaumverbindungen zwischen den Brewers, Ortons und Brunels.

Betrachten wir uns die Geschichte näher, in der Humphries Brewer mittels des British Medical Service nach Ägypten gelangt und dort von einem Dr. Nayler mitgenommen worden sein soll. Als Grund wird die Errichtung eines Hospitals für Augenkrankheiten angegeben. Wie dann noch erwähnt wird, wurde das Hospital allerdings nie gebaut.

Wie schon gesehen, erwähnte auch Howard Vyse einen Nayler Bey, der die Augenkrankheiten seiner Arbeiter behandeln sollte. Wer war also dieser Dr. Nayler alias Nayler Bey?

Charles Nayler[776] war das erste Kind von Sir Richard Nayler (1759–1816), einem angesehenen Chirurgen aus Gloucester, der zudem 1788 und 1794 Bürgermeister von Gloucester war, und dessen Frau Frances Blunt (1770–1805), beide aus dem Distrikt Gloucestershire. Im *Westminster School Register from 1764 to 1883* findet sich ein Charles Nayler, der am 19. September 1810 in der Schule aufgenommen wurde und diese 1812 verlies. Am 24. Juni 1813 trat ein Charles Nayler in das 85. Fußregiment ein, am 2. Juni 1814 dann in das 63. Fußregiment als Leutnant. Er wurde aber schon 1815 auf halbe Bezahlung gesetzt. In der Nähe von Gloucester, in Boddington heiratet Charles seine aus Boddington stammende Frau Emily Neale (1795–1845) am 16. April 1818, eine Pfarrerstochter von John Neale. Danach studierte Charles Nayler Medizin mit dem Schwerpunkt auf Augenkrankheiten am *Royal College of Physicians* in London. Am 18. März 1821 wird seine Tochter Emily Mary in Boddington getauft, die am 14. April 1846 Francis Malpas heiratet, 1849 mit ihm nach Australien auswandert und 1853 dort stirbt. Charles Nayler wird 1828 in der Liste des *Royal College of Physicians of London* als Doktor (M.D.) für das St. Andrews Hospital in London aufgeführt. Die erste Ehe hielt jedoch nicht und so heiratete Charles am 28. März 1833 die Französin Caroline de Bréa in Nizza. Sie war die Tochter von François Marie Maurice de Bréa[777] und Joséphine Marie Victoire Hebert[778], die am 21. Oktober 1798 in Menton bei Nizza geheiratet haben. Über sie stammt Charles späterer Bezug zu der französischen Gemeinde Menton an der Grenze zu Italien, wo er mit seiner Frau oft die Wintermonate verbrachte[779] und am 5. Dezember 1869[780] dort stirbt. Die St. John Kirche in Menton wurde 1867 an der Ecke Verdun Street und Carnot Avenue erbaut und verdankt ihre Existenz dem wachsenden britischen Besuch in der Stadt Menton unter dem Einfluss wiederholter Besuche von Charles Nayler und Caroline de Bréa.[781] Da Naylers zweite Frau aus einer einflussreichen Familie stammte, hat er wohl auch versucht, finanzielles Kapital für seine Projekte über sie zu erlangen.

Gemäß der Zeitung *The London Gazette* vom 20. Juni 1834 befindet sich Charles Nayler vermutlich noch in Frankreich, da es in dem Zeitungsartikel heißt, er wohne nicht mehr in Großbritannien. Davor hätte er noch in Cranbrook in der Grafschaft Kent gewohnt. Dies belegt auch die Liste der Mitglieder des *Royal College of Physicians* in London von 1830, die für Nayler als Ort Cranbrook, Kent angibt. Vermutlich ist er nach seinem Erwerb des Doktortitels in London 1828 nach Cranbrook in Kent umgezogen und von dort aus nach Frankreich, wo er 1833 seine zweite Frau geheiratet hat. Im *Dublin Almanac and General Register of Ireland* aus dem Jahr 1835 wird Charles Nayler in der Rubrik *College of Surgeons* mit dem Zusatz F.L.S. aufgelistet. Diese Abkürzung steht für *Fellow of the Linnean Society of London*. Die Linné-Gesellschaft wurde 1788 gegründet und gilt als eine der ältesten existierenden naturforschenden Gesellschaften. Nayler war also vor seiner Reise nach Ägypten ein Mitglied dieser Gesellschaft.

---

776 Charles Nayler (* 8.12.1797 in Gloucester, England; † 5.12.1869 in Menton, Côte d'Azur, Frankreich) war ein englischer Arzt mit Schwerpunkt auf Augenkrankheiten, der einige Zeit im Dienst des ägyptischen Paschas stand.

777 François Marie Maurice de Bréa (* 1773 in Ussy, Normandie, Frankreich; † 8.1.1858). Sein Vater war der Graf Pierre François Gian-Gian de Bréa (* 4.10.1727 in Menton, Côte d'Azur, Frankreich; † 8.8.1801 ebenda), der Bürgermeister von Menton und Generalintendant des Fürstentums Monaco war und dessen Sohn Jean Baptiste Fidèle Bréa (* 24.4.1790 in Menton, Frankreich; † erschossen am 25.6.1848 auf der Avenue d'Italie in Paris, Frankreich) französischer Brigade-General und ab 1845 Feldmarschall war, der in den Napoleonischen Kriegen kämpfte, sowie 1815 bei Waterloo. Die Tochter des Grafen, Louise Marie Françoise de Bréa (* 17.7.1780 in Menton, Frankreich; † 31.1.1874 ebenda), heiratete den französischen General Louis de Partouneaux (* 26.9.1770 in Romilly-sur-Seine, Aube, Frankreich; † 14.1.1835 in Menton, Frankreich).

778 Joséphine (oder Séraphine) Marie Victoire Hebert (* um 1780; † 1845).

779 https://www.menton.fr/Eglise-anglicane.html (abgerufen: 28.7.2019).

780 *Annuaire des Alpes-Maritimes* publié par *la Société des lettres, sciences et arts des Alpes-Maritimes*, Nice, 1869, 142.

781 http://www.menton-chambredhote.com/photos/eglise-anglicane.htm (abgerufen: 28.7.2019).

1836 reist er, vermutlich von Frankreich (Marseille ?) aus, nach Alexandria, wo er Menschen behandelt, die an der Augenkrankheit Ophthalmie, einer infektiösen Bindehautentzündung, erkrankt sind. Gerade in Ägypten gab es immer wieder Ophthalmie-Epidemien. Schon die Soldaten und Expeditionsteilnehmer von Napoleon hatten darunter bei ihrem Aufenthalt in Ägypten zu leiden. Die Krankheit wurde durch erkrankte Soldaten auch nach England verbreitet.

Die Augsburger Postzeitung vom 19. Oktober 1836 vermeldet:

> *„Aus Genua meldet die dortige Zeitung unter dem 1. Okt.: Am gestrigen Tage ist eine dem Vicekönig von Aegypten gehörige und von dem Kapitän Hassan befehligte Kriegsbrigg von 18 Kanonen und 128 Mann Besatzung, von Alexandrien kommend, nach 30 Tagen im hießigen Haven eingelaufen. Am Bord derselben befindet sich Hr. Nayler, Bei erster Klasse und General in Diensten Sr. Hoheit."*

Aufgrund dieser Meldung muss Nayler also Anfang September 1836 in Alexandria aufgebrochen sein, vermutlich um benötigte Ausrüstungsgegenstände für das geplante Augenhospital in Kairo in Europa zu kaufen. Zu Dr. Nayler schreibt der britische Generalkonsul von Ägypten, Patrick Campbell[782] in einem Brief an Lord Palmerston[783]:

> *"In 1836 an oculist, Dr. Charles Nayler, visited Alexandria. He was so successful in treating cases of ophthalmia that he was besieged by men of all classes, seventy or eighty daily gathering outside his house in the hopes of attracting his attention and benefiting by what seemed to them more than human skill. The pasha, in the hope of securing his services, offered him a salary of £ 1200 a year."* [784]

Wie wir daraus entnehmen können, reiste Dr. Nayler bereits 1836 nach Ägypten, sehr wahrscheinlich im Frühjahr, da er im September schon wieder nach Genua reiste im Auftrag des ägyptischen Vizekönigs. Demzufolge kann Humphries Brewer nicht mit Dr. Nayler gemeinsam nach Ägypten gereist sein. Die Aussage aus dem Logbuch "*Dr. Nayler took Humphrey along*" enthält auch nicht explizit die Aussage, dass Nayler ihn von England aus mitgenommen hat. Sie kann sich durchaus darauf beziehen, dass Nayler ihn von Alexandria aus nach Kairo mitgenommen hat, da dort die Augenklinik geplant war. Da Campbell Nayler kannte, ist es gut möglich, dass Vyse durch ihn von Nayler erfahren hat und ihn um Unterstützung für seine Arbeiter gebeten hat. Soweit ist also auch noch alles stimmig mit dem Logbucheintrag von Walter Allen. Als Nachweis fehlt nur, wie Humphries durch den *British Medical Service*, der eigentlich *Army Medical Service* hieß, nach Ägypten kam. Leider gibt es erst seit Juli 1903 ein monatlich erscheinendes Journal des am 23. Juni 1898 gegründeten *Royal Army Medical Corps*. Vor den 1850er Jahren wurden die medizinischen Dienste der Britischen Armee auf Regimentbasis organisiert. Jedes Regiment hatte seinen eigenen medizinischen Offizier und die männlichen Pfleger, die das Regimentskrankenhaus betrieben, wurden aus dem Regiment abgeordnet. Der Ausdruck *British Medical Service* taucht in britischen Zeitungen erstmals am 27. November 1862 in der Bombay Gazette auf. Der Ausdruck *Army Medical Service (AMS)* taucht in der britischen Zeitung *London Courier and Evening Gazette* erstmalig in der Ausgabe vom 8. April 1809 auf. Die *British Medical Association (BMA)* wurde am 19. Juli 1832 von Sir Charles Hastings im Krankenhaus Worcester gegründet. Ziel der Vereinigung sollte sein, Ärzte sowohl wissenschaftlich als auch persönlich zusammenzubringen. Zunächst lief die Vereinigung bis 1856 unter dem Namen *Provincial Medical and Surgical Association (PMSA)*. Ab 1842 begann die Vereinigung eine wöchentliche Zeitschrift herauszubringen, welche ab 1857 *British Medical Journal* genannt

---

[782] Siehe Fußnote 758.

[783] Henry John Temple, 3. Viscount Palmerston (* 20.10.1784 in Westminster, London, England; † 18.10.1865 in Brocket Hall, Hertfordshire, England) war ein britischer Staatsmann und Premierminister (1855–1858 und 1859–1865). Er trat Ende 1830 als Staatssekretär des Auswärtigen und Mitglied der Whigs-Partei in das Kabinett von Premierminister Charles Grey, 2. Earl Grey, ein. In dieser Position blieb er bis zum Rücktritt des Premierministers im Juli 1834. Gegen den französischen Einfluss in Syrien und Ägypten schritt er ein und beendete die Eroberungspolitik Muhammad Alis in Ägypten 1840.

[784] Campbell, 5.10.1836 (Foreign Office (TNA), UK, 78-284).

wurde. Die für uns interessanten Jahre 1836 und 1837 sind dadurch also nicht abgedeckt. Es wäre jedoch nicht ungewöhnlich, wenn mit der Formulierung "*British Medical Service*" aus dem Logbuch nur ein britischer medizinischer Dienst im Allgemeinen gemeint war und nicht ein Dienst mit exakt diesem Namen.

In Großbritannien gab es erstmals 1806 ersthafte Bestrebungen zur Regulierung aller Mediziner im ganzen Land. Nachdem 300 Jahre lang nur erfolglose Versuche einer begrenzten, auf bestimmte Berufszweige beschränkten Regulierung unternommen worden waren, stand eine allgemeine medizinische Reform plötzlich ganz oben auf der Tagesordnung vieler Ärzte und Politiker. Davor konnte jeder gegen eine geringe Gebühr beispielsweise an einer schottischen Universität seinen Doktortitel erwerben, ohne je einen Fuß nach Schottland gesetzt zu haben. Aufgrund von Analysen, warum die Britische Armee in der Zeit davor oftmals schlechte Leistungen erbrachte, fand man heraus, dass die Armee meist nicht vom Feind geschlagen wurde, sondern von Krankheiten. England befand sich seit 1793 in einem langwierigen Krieg mit Frankreich, der Anfang des 19. Jahrhunderts auch in Ägypten gegen Napoleon ausgetragen wurde. Am 4. März 1806 leitete Sir Joseph Banks[785], der seit 1778 Präsident der *Royal Society of London* war, eine außergewöhnliche Versammlung von Medizinern in seinem Haus am Soho Square in London. Denn bis dahin konnte jeder im Gegensatz zu vielen anderen europäischen Ländern im Vereinigten Königreich als Chirurg, Apotheker, Drogist oder Hebamme praktizieren, ohne eine spezielle Ausbildung absolviert zu haben. Eine Reform des medizinischen Dienstes schien für die Durchführung eines erfolgreichen Krieges unverzichtbar zu sein. Die Ärztekammern blockierten jedoch die vorgeschlagene Gesetzgebung, welche von vielen Politikern unterstützt wurde, noch für etliche Jahre. Erst 1815 kam es zu einer Reform des Apothekergesetzes. Mit diesem Gesetz wurden eine obligatorische Ausbildung und formale Qualifikationen für Apotheker, modern ausgedrückt für Allgemeinmediziner, unter der Lizenz der *Society of Apothecaries* eingeführt. Es war der Beginn der Regulierung des Arztberufs im Vereinigten Königreich. Das Gesetz verlangte Unterricht in Anatomie, Botanik, Chemie, *Materia Medica* und Physik sowie eine sechsmonatige praktische Krankenhauserfahrung. Als dieses Gesetz in Kraft trat, war Charles Nayler erst 17 Jahre alt. Daher kann man davon ausgehen, dass er die soeben beschriebenen Anforderungen zur Erlangung eines medizinischen Doktortitels erfüllt haben musste.

Über die Wertschätzung des Paschas Muhammad Ali[786] für Dr. Nayler erfahren wir in einem spanischen Zeitungsartikel, in dem der genaue Wortlaut zur Ernennung von Nayler in den Rang eines Beys wiedergegeben wurde:

---

785 Sir Joseph Banks, 1. Baronet GCB PRS (* 2.2.1742 in London, England; † 19.6.1820 ibid.) war ein englischer Naturforscher, insbesondere Botaniker, der Mitte des 18. Jahrhunderts James Cook auf seiner ersten Reise und Weltumsegelung (1768–1771) begleitete und zahlreiche naturwissenschaftliche Entdeckungen machte. Joseph Banks kam in Argyll Street, Soho (Westminster) als einziger Sohn von William Banks (1719–1761) und Sarah Banks, einer geborenen Bate (1720–1804), zur Welt. Er hatte noch eine jüngere Schwester, Sarah Sophia Banks, die am 28. Oktober 1744 geborenen wurde und ebenfalls der Botanik zugewandt war. Das Haus der Familie in Revesby Abbey, Lincolnshire war im Jahre 1714 vom Urgroßvater gekauft worden. Der junge Banks wurde zunächst zu Hause unterrichtet. Ab April 1752 besuchte er die *Harrow School* und wechselte im September 1756 an das *Eton College*. Im Dezember 1760 trat er in das *Christ Church College* in Oxford ein. Bereits in Eton entdeckte Banks seine Vorliebe für Botanik und setzte seine Studien in Oxford fort. Da er aus vermögenden Verhältnissen stammte, steuerte der 25-Jährige zur Finanzierung von James Cooks erster Expedition mit der *HMS Endeavour* denselben Betrag bei wie die Krone. Als der am längsten amtierende Präsident der *Royal Society of London* von 1778 bis 1820 stand er in Kontakt mit führenden Forschern seiner Zeit. 1785 wurde Banks zum Ehrenmitglied der Kgl. Bayerischen Akademie der Wissenschaften ernannt. 1787 wurde er gewähltes Mitglied der *American Philosophical Society*. Im Jahr 1788 wurde er zum Mitglied der *American Academy of Arts and Sciences* und 1789 zum Mitglied der Deutschen Akademie der Naturforscher Leopoldina gewählt. Seit 1806 war er auswärtiges Mitglied der Preußischen Akademie der Wissenschaften und seit 1812 deren Ehrenmitglied. 1772 wurde er in die *Académie des sciences* aufgenommen und 1792 zum *Fellow der Royal Society of Edinburgh* gewählt. Seit 1780 war er Ehrenmitglied der Russischen Akademie der Wissenschaften in Sankt Petersburg. Banks wurde am 1. Juli 1795 zum Ritter des Bath-Ordens (KB) ernannt, der bei der Umstrukturierung des Ordens im Jahr 1815 zum Großkreuz-Ritter (GCB) wurde. Da er keine Kinder hatte, erlosch sein Adelstitel bei seinem Tod.

786 Muhammad Ali Pascha, auch Mehmed Ali Pascha (* 4.3.1769 in Kavala, Griechenland; † 2.8.1849 in Alexandria, Ägypten), war vom 17.5.1805 bis 2.3.1848 Gouverneur der osmanischen Provinz Ägypten (Eyalet-i Mısır), herrschte aber relativ unabhängig von der Zentralregierung. Er war der Begründer der bis 1953 in Ägypten herrschenden Dynastie.

„Wisse hiermit, General Nayler Bey, dass du, der du ein christlicher Arzt mit höchster Bildung und gebürtiger Engländer bist, dass du bei deiner Ankunft in Alexandria der ganzen Welt die deutlichsten Beweise deiner Menschlichkeit und deines Wissens gegeben hast, indem du die Ursachen beseitigt hast, die meine armen Untertanen daran gehindert hatten, ihre Sehorgane auf natürliche Weise zu nutzen; dass wir dich, nachdem wir deine Fähigkeit und deine Talente erkannt hatten, zu unserem obersten Augenarzt ernannt und dich in den Rang eines ehrenamtlichen Generals erhoben haben.
Alexandria, den 1. September 1836, gesiegelt von Muhammad Ali Pascha." [787]

Hintergrund dieses Zeitungsartikels ist die Reise von Dr. Nayler nach Cadiz im Oktober 1837 zwecks Genesung. Darin heißt es noch:

„Gerade angekommen in unserem Hafen an Bord des Schiffes Sully, Dr. D. Cárlos Nayler, Mitglied des Royal College of Doctors in London, Augenarzt im Dienste des Vizekönigs von Ägypten, Syrien, &c.; dekoriert mit den Insignien eines Bey, erster Klasse, im Range eines Generals. Den herausragenden Talenten dieses berühmten Augenarztes verdanken die in Ägypten lebenden Spanier eine ewige Anerkennung. ... Dr. Nayler ist mit Erlaubnis zur Genesung in Spanien, und wir haben die größte Genugtuung, unseren Mitbürgern, die von Augen- und Taubheitskrankheiten betroffen sind, seine Entschlossenheit mitzuteilen, sich für vier Monate in Cadiz zu erholen, wo er bereits einen Wohnsitz vorbereitet hat."

Wir können also davon ausgehen, dass Dr. Nayler vom Frühjahr 1836 bis zum September 1837 in Ägypten weilte. Laut seinem Tagebuch verließ Howard Vyse am 7. August 1837 Kairo und war am 9. August in Alexandria, von wo aus er bald darauf ein Schiff nach Malta bestieg. Von dort fuhr er sicher weiter nach England. Vyse und Nayler reisen also fast zeitgleich ab. Nach seinem Spanienaufenthalt, der möglicherweise länger als die geplanten vier Monate gedauert hat, ist er am 28. Oktober 1838 auf einen Ärztekongress nach Lissabon gereist, wie folgender Auszug zeigt:

„Ueber die epidemischen Ophthalmien, die sich in der Casa pia zu Lissabon seit 1834 bis jetzt gezeigt haben, und über die neuerlichst abgehaltene Conferenz, von Dr. Mendes, Arzt der Anstalt. — Um sich über die Aetiologie der Ophthalmien, die im Frühjahr dieses Jahres und noch jetzt unter den Kindern der Casa pia grassirten, aufzuklären, lud die Verwaltungscommission auf den 28. October [1838] den Dr. Nayler-Bey und einige Lissaboner Aerzte zu einer Conferenz ein. ... — Nach Erwähnung aller eben angeführten Details sagte Dr. Nayler weiter nichts, als dass diese Ophthalmien ihm denen, die er in Egypten beobachtet, analog schienen, mit dem Unterschiede, dass sie da noch heftiger seien und die Cornea in kaum 24 Stunden perforirt werde." [788]

Anschließen hat er sich 1839 nach Rio de Janeiro in Brasilien begeben, um dort Augenkrankheiten zu heilen. Es gibt jedoch auch Berichte, die Nayler als Scharlatan bezeichnen.

1840 reist Nayler dann nach Schweden, wie eine kurze Mitteilung der *Frankfurter Ober-Post-Amts-Zeitung* vom 21. September 1840 vermerkt: *„Schweden – Stockholm, 11. September. ... Unter den kürzlich hier ankommenden Reisenden ist ein Dr. Nayler-Bey, Augenarzt des Paschas von Aegypten, Mehemed [Muhammad] Ali, und Commandeur eines portug. Ordens."*

In Schweden blieb er aber nur kurze Zeit, wie der folgende Ausschnitt aus der Zeitung *Sundine* vom 23. Dezember 1840 zeigt:

[787] Eigene Übersetzung aus dem Spanischen eines Auszugs der *Gaceta de Madrid* vom 16. Oktober 1837.

[788] *Zeitschrift für die gesammte Medicin mit besonderer Rücksicht auf Hospitalpraxis und ausländische Literatur*, Band 18, 1841, 67.

„Der in den Mittheilungen aus Schweden erwähnte Dr. Nayler Bey, Ober-Augenarzt des Vicekönigs von Aegypten, Commandeur des portugiesischen Thurm- und Schwerdt-Ordens u.s.w. ist auf seiner Reise von Schweden nach Brüssel durch Hamburg gekommen. Während seines dreimonatigen Aufenthalts in Schweden hat er daselbst auf eigene Kosten ein Hospital angelegt, in welchem Arme, die an Ohren- und Augenkrankheiten leiden, unentgeldliche Hülfe erhalten sollen."

Im September 1841 reist Dr. Nayler in die Schweiz, um dort kostenlos Schielende zu heilen, wie der *Schweizer Bote* vom 18. September 1841 erwähnt.

Aus dem folgenden Auszug der *Allgemeinen medicinischen Central-Zeitung* aus dem Jahr 1842 (Bd. 11, 680), erfahren wir, dass Dr. Nayler in Griechenland die Eröffnung eines Hospitals für Augenkranke anstrebt:

„Griechenland. Athen (d. 22. Sept.). Unsere Gesellschaften für Natur- und Heilkunde gedeihen wachsend. ... Der englische Augen- und Ohrenarzt Dr. Nayler (? Red.) hat hier seit sechs Wochen über 200 Operationen mit dem besten Erfolge gemacht. Er hat sich erboten, aus eigenen Mitteln 8000 Dr[achmen]. zur Errichtung eines ophthalmischen Instituts herzugeben, wenn der König eben so viel seinerseits bewilligen wollte. Dieser Vorschlag ward angenommen, und da durch andere Beiträge ein Kapital von 20,000 Dr[achmen]. beisammen ist, so dürfen wir bald die Eröffnung eines Hospitals für Augenkranke erwarten."

Die Gründung der Augenklinik in Athen erfolgte am 14. August 1843, wurde aber erst 1854 nach einer von Königin Amalia[789] organisierten Spendenaktion fertiggestellt.

Das bisher Geschilderte macht es sehr wahrscheinlich, dass Dr. Nayler auch ein Hospital für Augenkranke in Ägypten errichten wollte. Einen Hinweis darauf, warum das nicht gelang, gibt uns Visino, der zu dem damaligen Vizekönig von Ägypten, Muhammad Ali, bemerkt: *„Ferner alle Institute, welche zur Bildung des Volkes dienen konnten, haben die ausschließende Aufgabe, gute Soldaten und eine gute Marine zu bilden; die Spitäler sind nur Militärspitäler, für Arme sind sie nicht vorhanden. So dient also Alles nur den Riesenplänen seines Ehrgeizes ..."* [790] Vermutlich wollte Muhammad Ali die Augenklinik nur für Militärangehörige nutzen lassen, während Dr. Nayler die Armen im Visier hatte und diese kostenlos behandelte. Dies könnte der Grund gewesen sein, warum er sich dafür nicht einspannen lassen wollte.

Da jeder, der mit dem Schiff von Europa nach Ägypten reist, zuerst in Alexandria ankommt, und Dr. Nayler sich dort noch vermutlich aufhielt, ist ein Kennenlernen in Alexandria nicht unwahrscheinlich. Zudem war Humphries 1837 ein begabter junger Mann mit 19 Jahren, der vermutlich etwas von der Welt sehen wollte und die Gelegenheit nutzte für ein Projekt, bei dem seine Fähigkeiten als Ingenieur und Steinmetz, die er im Betrieb seines Vaters gelernt hatte, in ein fremdes, exotisches Land zu gehen, um einen Hauch von Abenteuer zu erleben.

Eine interessante Theorie zu dem vermeintlichen Betrug von Howard Vyse bezüglich der Cheops-Kartusche in der obersten Entlastungskammer kommt von den Autoren Martin Stower und Jean Coburn, die in ihrem im Februar 2019 erschienen Buch *The Strange Journey of Humphries Brewer – Witness to a Forgery in the Great Pyramid?* folgende Geschichte erzählen. Demnach soll Charles Nayler 1846 in Konstantinopel[791] (heute Istanbul) mit dem österreichischen Ritter Theodor von Schwarzhuber[792] zusammengetroffen sein, dem er

789 Amalie Marie Friederike Herzogin von Oldenburg (* 21.12.1818 in Oldenburg, Deutschland; † 20.5.1875 in Bamberg, Deutschland) wurde durch Heirat Prinzessin von Bayern und Königin von Griechenland.

790 Visino 1840, 172-173.

791 Siehe hierzu: Zeitung *Das Ausland*, vom 15.6.1855, S. 557 und Zeitung *Le Narrateur fribourgeois*, vom 1.9.1846, S. 4.

792 Theodor von Schwarzhuber (* 1818 in Innsbruck, Österreich; † 1850 in Istanbul, Türkei) war Absolvent der Orientalischen Akademie in Wien und anschließend Dolmetscher an der österreichischen Internuntiatur in Konstantinopel und Inhaber des ottomanischen Verdienstordens. Er wurde 1841 im Rahmen der Orientalischen Akademie als Internuntiaturs-Dolmetschgehilfe nach Konstantinopel versetzt und durchlief dort die Laufbahn eines Dolmetschers

erzählte, warum er nie wieder zurück nach England gereist sei. Als Grund gab er an, von jemandem bestochen worden zu sein, um England für immer fernzubleiben. Leider erwähnte Schwarzhuber nicht, um wen es sich dabei gehandelt hat. Stower und Coburn mutmaßen, dass es sich bei dem Bestecher um Howard Vyse gehandelt hat, der verhindern wollte, dass Nayler etwas zu den Betrugsvorwürfen von Humphries Brewer berichtet, der diese ihm vermutlich geschildert hatte, bevor er aus Ägypten abreiste.[793]

Wie und wann können Humphries Brewer und Howard Vyse sich getroffen haben? Damit Humphries etwas von dem Betrug mitbekommen hat, muss er zu der Zeit der Entdeckung der Königskartusche vor Ort gewesen sein, also ab dem 27. Mai 1837. Falls Humphries Brewer der unbenannte Steinbrucharbeiter war, den Vyse am 8. April 1837 einsetzte, um Sprengarbeiter oberhalb der zweiten Entlastungskammer vorzunehmen, so müsste Humphries zu dieser Zeit bereits für Vyse gearbeitet haben. Falls dies zutrifft, so wird er wohl der eine nichtbenannte Steinbrucharbeiter gewesen sein, der neben Daoud am 22. März 1837 angestellt wurde. Denn bei Vyse heißt es hierzu:

> *"Two quarrymen were employed in blasting the stones in the lower entrance of the Second Pyramid."* [794]

Plausibel wäre also, dass Humphries Brewer am 22. März 1837 von Vyse engagiert wurde und mindestens bis Ende Mai 1837 bei den Pyramiden war. Setzt man für die Überfahrt von England nach Alexandria zu seiner Zeit drei Wochen an plus ca. zwei Tage von Alexandria nach Kairo, so muss Humphries um seinen 19. Geburtstag im Februar 1837 von England aufgebrochen sein.

Laut dem Logbuch von 1954 gab es Streit zwischen Vyse und Brewer und Brewer verließ das Team von Vyse. Dies kann erst nach dem 27. Mai 1837 erfolgt sein, da an diesem Tag die oberste Entlastungskammer entdeckt wurde. Da Brewer laut dem Logbuch von Walter Allen wenige Wochen danach Syrien und Jerusalem bereiste, kann der Aufbruch aus Ägypten für Juni 1837 angesetzt werden. Wie lange er sich in Palästina aufhielt, kann nicht gesagt werden, aber laut dem Logbuch ist er Ende 1837 wieder zurück in England, gerade als sein Vater und Thomas Lewis einen Vertrag für Schächte zum Bau des Box-Tunnels[795] unterzeichnet haben. Man kann vermuten, dass sein Vater ihn für dieses Projekt dabeihaben wollte.

Zeitlich passt auch die folgende Aussage aus dem Logbuch:

> *"Had to wait a month for boat from Bayruth [Beirut] to Athens. Went up through Austria and Prussia. His father was disturbed about the trip, told him details."*

Da Humphries nur als Tourist in Syrien und Jerusalem war, war der Aufenthalt dort sicher eher in Wochen als in Monaten bemessen. Um Ende 1837 wieder in England zu sein, passt die Zeitangabe, dass er noch einen Monat in Beirut auf ein Schiff nach Athen warten musste, um von dort vermutlich über Land nach Österreich und Preußen zurückzukommen, gut. Möglicherweise hat er auf dem Rückweg in Berlin Station gemacht, wo er mit George Burge zusammentraf, der vermutlich dort ein Projekt angenommen hatte. Näheres zu George Burge und Humphries als sein Agent in Budapest zum Bau der Kettenbrücke über die Donau folgt später.

Nach Humphries Rückkehr nach England war er sicher in der Firma seines Vaters tätig, wo dieser zusammen mit Thomas Lewis zwei Kontrakte[796] für den Bau des Box-Tunnels erhalten hatten. Dieser Tunnel war

---

(3. Dolmetscher, 2. Dolmetscher, Sekretär-Dolmetscher). Die gesammelten Briefe von Schwarzhuber zeichnen ein ausführliches Bild des gesellschaftlichen Lebens Mitte des 19. Jahrhunderts an der Internuntiatur.

[793] Stower und Coburn 2019, Teil 2, Kap. 33.

[794] Vyse 1840-42, Vol. 1, 199.

[795] Der Box Tunnel ist rund 3 km langer Eisenbahntunnel auf der Bahnstrecke London–Bristol zwischen Chippenham und Bath, in der Nähe des Ortes Box. Der Tunnel wurde von Isambard Kingdom Brunel geplant und gebaut. Brunel führte in den Jahren 1836 und 1837 acht Erkundungsbohrungen durch, um die Gesteinsqualität zu untersuchen. Die eigentlichen Bauarbeiten begannen im Dezember 1838 in sechs voneinander getrennten Bereichen: an den beiden Tunnelportalen sowie am Fuße der vier zukünftigen Ventilationsschächte.

[796] Es waren die Kontrakte für die Schächte Nr. 2 und 3 (87 und 89 m tief), die im Spätsommer 1837 ausgeschrieben wurden und für die Brewer und Lewis im November 1837 den Zuschlag erhielten.

notwendig für den Bau der Eisenbahnlinie von London über Bath nach Bristol durch die Great Western Railroad Ltd. Die beiden Kontrakte entsprachen etwa 800 Meter Tunnel vom östlichen oder Corsham-Ende, der durch Oolith-Kalkstein[797] verlegt werden sollte. Dies waren schwierige Schichten, doch William Jones Brewer, Humphries Vater, kannte sich bestens damit aus.

Samuel Hansard Yockney[798], ein ehemaliger Schüler der Bath Engineering Company Stothert & Pitt, wurde zum Ingenieur und Manager von Brewer und Lewis ernannt. Sein jüngster Bruder Augustus Yockney[799] ging im Dezember 1849 mit Humphries Brewer und Gustavus Beckers nach Fall Brook in Pennsylvania, um dort in der Kohleindustrie und für die Eisenbahn zu arbeiten.

Der folgende Auszug aus einem zeitgenössischen Magazin über die Archäologie und Geschichte der Grafschaft Wiltshire in England zeigt, dass die Brewers große Mengen von Sprengstoff benutzen für ihre Arbeit am Box-Tunnel. Daher rührt auch die Expertise von Vater William und Sohn Humphries auf diesem Gebiet. In rotem Sandstein wurde 1,5 kg Sprengstoff für das Sprengen von 1 m^3 Gestein benutzt. Aufgrund einer 1831 von dem Engländer William Bickford[800] erfundenen und zum Patent angemeldeten Zündschnur, deren Brenndauer pro Längeneinheit immer gleich ist, konnten Unfälle beim Sprengen fast ganz vermieden werden. So kam es beim Bau des Box-Tunnels auch nur zu einem einzigen Zwischenfall bis Dezember 1839.[801]

> *"Messrs. Brewer & Lewis had to contend, the obstacles which crossed their path only incited them to greater efforts to complete their undertaking, and in order to make up for the delay occasioned by the irruption of water they employed upwards of 300 workmen. The cutting, on the Corsham side, extends through one solid bed of freestone or superior Oolite, in many places 130 feet [≈ 39,62 m] thick, and lying upon a bed of fuller's earth, or clay, 120 feet [≈ 36,58 m] in thickness; under which blue marl, resting upon lias clay is found. So uninterrupted and compact is the rock through which this end of the tunnel passes, that no masonry was required in any part of it, the stone itself forming sides and roof, and nothing being required at the bottom but the rails on which the carriages run. One ton of gunpowder was used every week in blasting this stone, and thirty-five tons of coal were also used in the same time."* [802]

Eine Heiratslizenz vom 25. September 1838 beweist, ausgestellt in Bathwick, Somerset, England, dass Humphries Brewer bereits zu diesem Zeitpunkt die zu diesem Zeitpunkt noch minderjährige Julia Augusta French Orton, geboren am 19. Mai 1821 in London, Tochter des Londoner Journalisten Henry Feltham Orton und seiner Frau Rebecca Emeline Denton, heiraten wollte. Die eigentliche Hochzeit fand aber erst 8 ½ Jahre später, am 8. Februar 1847, in der Pfarreiskirche St. Nicholas in Gloucester statt. Zu Beginn wohnte das Paar noch in Radloe Firs, einem kleinen Ort zwischen Box und Corsham in Wiltshire in der Nähe von Bath. Doch schauen wir uns nun an, was Humphries in der Zwischenzeit alles gemacht hat.

Weitere Details über beauftragte Personen für den Box-Tunnel erfahren wir aus dem 1842 erschienenen Buch *The railways of Great Britain and Ireland, practically described and illustrated*:

> *"Mr. Burge[803] is the principal contractor for this stupendous work, and Mr. Glennie[804] the resident*

797 Oolith (Eierstein, aus griech. ᾠόν oon, „Ei“ und λίθος lithos, „Stein“) ist ein Sedimentgestein, das aus kleinen Mineralkügelchen (Ooiden) besteht, die durch ein kalkiges oder toniges Bindemittel verkittet sind. Die Ooide bestehen vorwiegend aus Kalk (Calcit oder Aragonit: Rogenstein, Erbsenstein), Eisenhydroxid (Eisenoolith) oder aus Kieselsäure (Kieseloolith, meist verkieselte Kalkoolithe). Sie haben in der Regel einen Durchmesser von 0,5 bis 2 mm.

798 Samuel Hansard Yockney (* 12.10.1813 in Westminster, London, England; † 29.12.1893 in Tidenham, England) war Bauingenieur und das Älteste von 12 Kindern seiner Eltern.

799 Augustus Yockney (* 12.3.1827 in London, England; † 23.4.1892 in Corsham, England).

800 William Bickford (* 4.1.1774 in Ashburton, Devon, England; † 2.10.1834 in Camborne, England).

801 Whishaw 1842, 147.

802 Anonymous 1869, 330 im Artikel über *Geology of Wiltshire*.

803 George Burge (* 15.8.1795 in London, England; † 2.5.1874 in Margate, Kent, England), war ein berühmter britischer Bauingenieur.

804 William Glennie (* 3.6.1797 in Dulwich, London, England; † 10.6.1856 in Bristol, England) war Assistenz-Ingenieur für den Bau des Box-Tunnels.

engineer; under whom are Messrs. Shireff, Marchant[805]*, Murray, Blatchley*[806]*, Orton*[807]*, and Paxton*[808]*.*
At shaft No. 8 we met with a very intelligent person in Mr. Yockney, who represented Messrs. Leeds and Brewer, contractors for shafts Nos. 7 and 8." [809]

George Burge wurde in den späten 1820er Jahren zum Hauptauftragnehmer der St. Catherines Docks in London. Der Maßstab dieser Werke ist in W. Ranwells berühmtem Aquarell, gestochen von J. Phelps, gut dargestellt. Bei den Ausgrabungen waren 2.500 Männer beschäftigt. Burge erhielt auch die Kontrakte Nr. 4–6 für den Box-Tunnel und war Auftragnehmer für die Fundamente der von William Tierney Clark[810] in Budapest entworfenen Szechenyi-Kettenbrücke[811]. Zudem hatte er noch einen unbekannten Auftrag in Deutschland, während des Baus des Box-Tunnels.[812]

Da Humphries Brewer als Agent für George Burge in Budapest war betreffs des Brückenbaus über die Donau – im Logbuch von Walter Allen fälschlicherweise als bei Wien über die Donau beschrieben – kann es auch sein, dass er im Auftrag von Burge auch in Deutschland war für den unbekannten Auftrag. Falls dies in Berlin war, würde dies erklären, dass mündliche Aussagen in der Brewer-Familie, die behaupten, Humphries hätte in Berlin studiert, daher rühren. Falls dies zutrifft, war dies zeitlich gesehen sicher nach der Rückkehr von Humphries aus Ägypten und Palästina.

Der Box-Tunnel wurde für den Eisenbahnverkehr am 30. Juni 1841 eröffnet. Wie wir aus dem *Pesther Tageblatt* vom 9. September 1841 erfahren, war Humphries Brewer anschließend als Agent für Burge in Budapest:

„Des Herrn Brewer Sohn, Herr Humphries Brewer, ist seit dem Beginne dieses grossartigen Ofner und Pesther Ketten-Brückenbaues als Agent des Herrn Burge hier in Pesth, und leitet die Arbeiten zu dessen vollen Zufriedenheit, was bei der trefflichen Sachkenntnis, die er sich bei mehreren dergleichen Bauten in England angeeignet hat, leicht erklärlich ist."

Die Kettenbrücke in Budapest wurde erst 1849 eingeweiht. Es kann also gut sein, dass Humphries von 1841 bis 1847 in Budapest beschäftigt war, zudem es Aussagen von Rebecca Denton Brewer gibt, nach denen Humphries sieben Jahre im Ausland tätig war, bevor er heimkam. Zurück in England heiratete Humphries dann Julia Orton am 8. Februar 1847. Sie zogen nach Monmouth, einer Stadt in Süd-Ost-Wales, wo Humphries einen Auftrag zum Bau eines Eisenbahntunnels – Troy Tunnel genannt – mit einer Länge von 130 Metern erhalten hatte. Doch dieser Tunnel erwies sich als schicksalhaft für Humphries, da er in fast ruinierte, denn nichts funktionierte wie geplant. Am 24. April 1849 wurden die Anlagen und Ausrüstungen im Troy-Tunnel versteigert. Dies war vermutlich der Anlass für Humphries sein Glück in der Neuen Welt zu versuchen, wohin er noch im gleichen Jahr aufbrach.

Die erste Tochter, Elizabeth Jane, wurde am 18. Februar 1848 geboren. Im November 1849, kurz nach der Geburt seiner zweiten Tochter Mary, die am 22. Oktober 1849 ebenfalls in Rudloe Firs zur Welt kam, bricht

---

805 Robert Mudge Marchant (* 23.12.1820 in Chilcompton, England; † 1902 in Edmonton, London, England), war Assistenz-Ingenieur für den Bau des Box-Tunnels und ein Verwandter von Isambard Kingdom Brunel, verheiratet mit Emmeline Montague Orton, der Tochter des Journalisten Henry Feltham Orton.

806 Charles Graham Blatchley (* 23.10.1828 in Ringwood bei Bristol, England; † 2.10.1887 in Cheltenham, England) war Bauingenieur.

807 Horatio Lewis Orton (* 21.3.1801 in London, England; † 1851 in Reading, Berkshire, England) war Ingenieur und erhielt zusammen mit seinem Partner Errington Paxton ab 1836 Verträge für temporäre Schächte für den Bau des Box-Tunnels. Am 20.6.1837 mussten sie allerdings Bankrott anmelden. Der junge Gustavus Beckers Orton arbeitete als Vorarbeiter bei seinem Verwandten.

808 Errington Paxton (* 1781 in London, England; † April 1849 in Pershore, England) war Vertragspartner von Horatio Lewis Orton.

809 Whishaw 1842, 148.

810 William Tierney Clark (* 23.8.1783 in Bristol, England; † 22.9.1852 in Hammersmith, London, England) war ein englischer Brückenbau-Ingenieur.

811 Baubeginn war 1839 und eingeweiht wurde die Brücke am 21.11.1849.

812 Skempton 2002, Vol. 1, 103.

Humphries Brewer nach Pennsylvania auf. Er kommt am 22. Dezember 1849 mit dem Schiff New-York zusammen mit Gustavus Beckers in New York an. Seine Frau und seine beiden Töchter, Elizabeth Jane und Mary, kommen am 16. August 1850 mit dem Dampfschiff *Niagara* von Liverpool nach New York nach. Die Familie lässt sich zuerst in Blossburg im Tioga County in Pennsylvania nieder. Dort kommen auch die Kinder William, Robert und Rebecca zur Welt. 1857 erforscht Humphries zusammen mit Duncan Magee (21.11.1831 in Bath, Steuben, New York, USA – 8.5.1860 Wiesbaden, Deutschland) ein Gelände 10 km östlich von Blossburg bei Fall Creek (oder Fall Brook, wie es später genannt wurde) und dem Tioga Fluss. Sie stoßen hier auf ein großes Kohlevorkommen. Duncans Vater John Magee (3.9.1794 in Easton, Northampton, Pennsylvania, USA – 5.4.1868 in Watkins Glen, Schuyler, New York, USA), der von 1827 bis 1831 für New York im US-Kongress Abgeordneter war, kauft daraufhin 6.000 Morgen Land von dem Besitzer C. L. Ward, die das erforschte Gebiet umschließen. Dort plant und gründet er die Siedlung Fall Brook 1858, in die die Familie Brewer umzieht. Dort kommen auch die restlichen Kinder der Brewers, Emmeline und Augusta, zur Welt. Gegen den Widerstand vieler existierender Kohleminen wird im neu gegründeten Fall Brook am 7. April 1859 die *Fall Brook Coal Company* gegründet. Der Bau der Schächte, Plattformen und anderer Vorrichtungen in der Kohlemine war das Ergebnis der Energie und des Könnens von Humphries Brewer. Zusammen mit dessen Sohn Duncan Magee baut er eine Eisenbahnlinie von Blossburg nach Fall Brook. Seine Frau Julia zog irgendwann nach seinem Tod um, zuerst nach Elmira, New York und danach nach Williamsport, Pennsylvania, wo sie am 16. Juni 1896 starb. Nach der Schließung der Kohlemine in Fall Brook im Jahr 1899 wurde der Ort aufgegeben und verkam zur Geisterstadt. Heute existiert nur noch der Friedhof, auf dem auch der Grabstein von Humphries Brewer zu finden ist.

In einem Artikel des *Wellsboro Agitator* vom 15. Juni 1886 finden wir folgenden Text zu Humphries Brewer:

> *"The Blossburg Advertiser suggests that a monument be erected to the memory of the late Duncan S Magee and Humphries Brewer by the miners of the county, at the mouth of Drift No 1 at Fall Brook, the scene of the first mining operation by the Fall Brook Coal Company. The idea is a good one, and we second the motion."*

Zu diesem Zeitpunkt beschäftigte die *Fall Brook Coal Company* rund 2.000 festangestellte Mitarbeiter, wie es an anderer Stelle in dem Zeitungsartikel heißt.

Der Vater von Humphries Brewer war William Jones Brewer (16.11.1785, Box, Wiltshire, England – 13.2.1857 Corsham, Wiltshire, England), seine Mutter war Jane Jones (18.11.1784 in Swindon, Wiltshire, England-14.2.1866 in Fall Brook, Tioga County, Pennsylvania, USA), die am 4.2.1815 in Westminster (London) geheiratet haben. In einem Zensus von 1851 für die Pfarrei Corsham wird William Brewer zusammen mit seiner Frau Jane und den beiden Kindern, Robert und Jane, in Rudloe Firs, gelistet. Dort steht zu William, dass dieser 100 Morgen Land besitzt und sechs Männer beschäftigt. Bei seinem Sohn Robert steht als Berufsbezeichnung "*Quarry Master*". Von Williams Söhnen ging also Humphries 1849 nach Amerika und Robert blieb bei seinen Eltern, wo er in der Kalksteinmine von Rudloe Firs mit seinem Vater arbeitete. Im Zensus von 1861 für Corsham, also nach dem Tod von William Jones Brewer, findet sich noch seine Frau Jane, sowie die Kinder Robert und Jane. Bei Robert steht jetzt als Berufsbezeichnung *Steinhändler*. Beide Kinder sind zu diesem Zeitpunkt noch unverheiratet. Robert hatte nach dem Tod seines Vaters das Familienunternehmen übernommen. Im Rahmen seiner Auswanderung nach Amerika zu seinem Bruder Humphries verkaufte er auf einer Auktion am 27. Juli 1864 alles. Die Vermögenswerte umfassten 4 Steinwagen, 3 Straßenbahnwagen, einen Pferdekran und eine Menge Steinblöcke. Gemäß dem Testament seiner Mutter vom 20. Februar 1869 musste er allerdings wieder nach England zurückgekommen sein, da seine Adresse als 23, York Street, Portman Square, London und sein Beruf *Mining Engineer* angegeben wurde.

Aus einem Taufbucheintrag von 1817 in der Gemeinde Ditteridge in Wiltshire (nahe bei Box) geht hervor, dass der Vater von Humphries Brewer, William Jones Brewer, ebenfalls Steinmetz war. In einem Nachlasseintrag von 1858 wird er als „*Quarrymaster*" (Steinbruchmeister) bezeichnet.

Die Eltern von Julia Augusta French Orton waren Henry Feltham Orton (7.3.1799 in London, England – 20.4.1828 ibid.) und Rebecca Emmeline Denton (30.7.1794 in London, England – 13.1.1881), die am 9.9.1818 in Westminster (London) geheiratet haben.

Henry Feltham Orton starb früh, mit nur 29 Jahren. Bis zu seinem Tod war er Journalist. Er schrieb auch eine Abhandlung über den Bau des Tunnels unter der Themse, der den Titel *A Practical and Detailed Description of the Commencement, Progress, and Present State of the Tunnel under the Thames* trägt und 1827 in London gedruckt wurde. Darin erwähnt Orton, dass der berühmte Architekt des Tunnels, Isambard Kingdom Brunel[813], seine Beschreibung auf Fehler persönlich überprüft hat. Es besteht auch eine Verwandtschaftsbeziehung zwischen den Brunels und den Ortons und damit auch zu den Brewers (siehe Abb. 134). Die älteste Tochter von Henry Feltham Orton, Emmeline Montague, eine Schwester von Humphries Brewers Frau, war mit Robert Mudge Marchant verheiratet, dessen Urgroßvater William Kingdom war, dessen Enkel wiederum Isambard Kingdom Brunel war. Weiterhin war Horatio Lewis Orton, ein Bruder von Henry Feltham Orton, ein alter Kollege von Brunel, den er im Februar 1836 als Auftragnehmer für die Errichtung von Versuchsschächten für den Box-Tunnel engagierte.

Über Humphries Brewer erfahren wir auch relevante Informationen aus einem Buch *History of Monona County, Iowa* von 1890:

> *"Mr. Christie was united in marriage, October 20, 1869, with Miss Mary Humphries Brewer, the daughter of Humphries and Julia (Orton) Brewer, with whom he became acquainted at Folbrook[814], Pa. By this union there have been born two children, William Humphries who was born July 27, 1871 and Edmund Willard, born April 9, 1874, both of whom are still residing with their parents. The father of Mrs. Christie, Humphries Brewer, was born at Bath, England, February 29, 1818[815], and was educated at London. Adopting civil engineering, he was prominently identified with several notable engineering enterprises. Submitting plans for the great bridge across the Danube River, which unites the two cities of Buda and Pesth, in Hungary, the feasibility of construction of which, was much doubted by engineers, he was awarded the prize and built the bridge, which is a marvel of skill. He was also the author of the Thames tunnel at London[816], and in 1849 came to America and became the president and manager of the Folbrook Coal Mines, in which position he died December 25, 1867. He was one of the most remarkable men of the period and was highly appreciated by all with whom he came in contact. He was married in London, England, February 18, 1846[817], to Miss Julia Orton, a native of that city, born May 20, 1820[818], who became the mother of seven children[819]. Mrs. Christie was born at London[820], October 22, 1849, and came to America with her parents the same year[821]. She received her education at the Geneva Seminary, New York, and finished at Musicvale Seminary, Conn."* [822]

---

813 Isambard Kingdom Brunel (* 9.4.1806 in Portsmouth, England; † 15.9.1859 in London, England) war ein britischer Ingenieur und ein technischer Pionier des Zeitalters der Industriellen Revolution. Er wurde mit dem Bau der *Great Western Railway* (GWR) und einer Reihe bekannter Dampfschiffe und Brücken bekannt. Im Jahr 2002 wurde Brunel in einer öffentlichen Umfrage der BBC zur Ermittlung der 100 größten Briten auf den 2. Platz gewählt.

814 Heute: Fallbrook. Die Stadt lag bei Blossburg im Tioga County, welche 1862 noch 1.400 Einwohner besaß, wurde um das Jahr 1900 aufgegeben, als die dortige Kohlemine dicht gemacht wurde. Heute existiert nur noch der Friedhof von Fallbrook. Fall Brook heißt auch der nahe gelegene Bach dort.

815 Richtig ist Box (8 km östlich von Bath), Wiltshire, England, 28.2.1817.

816 Der Themse-Tunnel unterquert die Themse in London und verbindet die Stadtteile Rotherhithe und Wapping miteinander. Verschiedene Investoren, darunter Arthur Wellesley, *1. Duke of Wellington*, der auch 1837 Howard Vyse mitfinanzierte, finanzierten das Projekt. 1824 wurde die Thames Tunnel Company gegründet, im Februar 1825 begannen die Bauarbeiten. Der Tunnel ist etwa 10 Meter breit und 366 Meter lang. Er wurde 1843 fertiggestellt und war der weltweit erste Tunnel unter einem Fluss. Die verantwortlichen Ingenieure waren Marc Isambard Brunel und sein Sohn Isambard Kingdom Brunel.

817 Richtig ist 8.2.1847.

818 Richtig ist 19.5.1821.

819 Elizabeth Jane, Mary Humphries, William Marchant, Robert Jones, Rebecca, Emmeline und Augusta Beckers.

820 Richtig ist Rudloe Firs, Wiltshire (11 km nordöstlich von Bath).

821 Richtig ist 16.8.1850 Ankunft in New York aus Liverpool mit dem Schiff *Niagara*.

822 Anonymous, History of Monona County, Iowa 1890, 661.

Den verwandtschaftlichen Bezug zwischen Urgroßvater Humphries Brewer und Walter Martin Allen zeigt Abb. 133.

Betreffen der Person Humphries Brewer und den Aussagen aus dem Logbuch von Walter Allen können wir festhalten, dass die Angaben plausibel und größtenteils mittels anderer Quellen überprüfbar sind.

Dummerweise sind die Originalbriefe von Humphries Brewer an seinen Vater verloren gegangen. Wenn auch aus anderen Quellen nicht direkt bewiesen werden kann, dass Humphries von Howard Vyse in Gizeh angestellt war, so kann aufgrund der anderen Vorkommnisse nicht ausgeschlossen werden, dass einige Steinbruchmarkierungen in den Entlastungskammern der Cheops-Pyramide mit roter Farbe nachgezeichnet wurden. Wie im vorherigen Abschnitt über Howard Vyse aber gezeigt, ändert dies nichts an der Zuordenbarkeit der Pyramide zu Cheops, die auf diversen weiteren Beweisen beruht. Falls unter Howard Vyse sogar neue Zeichen angebracht wurden, so betrafen sie vermutlich nicht die Königskartusche, wenngleich diese der besseren Sichtbarkeit wegen möglicherweise mit roter Farbe nachgezeichnet wurde. Somit können auch Analysen von Farbpartikeln der Cheops-Kartusche gegebenenfalls nur beweisen, dass die Farbe nicht antik ist. In diesem Falle wäre sie von Vyse oder seinen Assistenten Hill bzw. Raven vermutlich nachgezeichnet worden. Ein Beweis, dass diese sie erst komplett neu gezeichnet haben, ist dies jedoch nicht, da die in diesem Fall übermalten Farbpartikel nicht mehr separat untersuchbar sind.

Aufgrund des politisch motivierten Skandals um das angebliche „Stehlen" bzw. „Beschädigen" der Cheops-Kartusche durch die beiden Deutschen Dominique Görlitz und Stefan Erdmann, kann man nur vermuten, dass eine Analyse der Farbe der Cheops-Kartusche zwischen 2004 und 2006 zu dem Ergebnis geführt hat, dass die Farbe nicht antik ist. Wäre das Ergebnis dieser Untersuchung eindeutig zugunsten eines antiken Alters ausgefallen, warum hätte Hawass es dann verschweigen sollen? Da es genug Anhänger von Theorien gibt, die die Pyramide einer weilt älteren Zivilisation oder gar Aliens zuschreiben, wäre das Zugeben einer Fälschung dieser Kartusche natürlich Wasser auf deren Mühlen und würde erklären, warum Zahi Hawass die ursprüngliche Beprobung der Cheops-Kartusche vor 2006 verschwieg und die Beschädigung dann 2013 den beiden zuvor genannten Deutschen anhängen wollte. Weiterhin meinte Hawass dazu noch, dass der *„Jude Bauval"* der Anstifter des ganzen gewesen sei, der nur beweisen wolle, dass die Pyramiden nicht von den Ägyptern, sondern von den Juden erbaut worden waren. Doch war weder Robert Bauval der Anstifter noch ist er Jude oder will für die Juden etwas beweisen. Doch dazu passt folgender Bericht aus der arabischen Zeitung *Arab West Report.*

In einem Zeitungsartikel von 2005 wird erwähnt, dass Zahi Hawass schon seit 1997 immer wieder betont, dass die Juden die Erbauung der Pyramiden von Gizeh für sich proklamieren würden.

> *„Since 1997, Zāhī Hawās claims that there has been a cultural war waged against Egyptian civilization, and in particular the country's heritage. He argues that some Jews have been claiming that they built the pyramids, while others say the Pyramids were built by aliens or by the people of Atlantis."* [823]

Ausführliche Informationen zu diesen Vorkommnissen finden sich in dem 2015 erschienenen Buch von Dominique Görlitz und Stefan Erdmann: *Das Cheops-Projekt.*[824]

Der Autor Scott Creighton, der das private Tagebuch von Howard Vyse, ein handgeschriebenes Manuskript[825] von über 600 Seiten, durchforstet hat, fand für den Tag der Öffnung der obersten Entlastungskammer, den 27. Mai 1837, folgenden Eintrag, den er als Anstiftung zum Betrug interpretiert:

[823] Zeitung *Arab West Report*, 11.8.2005, The Jews and the Pyramids.

[824] Görlitz und Erdmann 2015, Kap. 1 bis 3.

[825] Das Manuskript befindet sich im Vyse Familienarchiv des *Zentrums für Buckinghamshire Studien* in Aylesbury, England.

> *"The chamber was 39 long, by 19.10 broad: as it was within "Campbells Chamber May 27, 1837." "For Raven & Hill." These were my marks from cartouche [image of cartouche with plain disc] to inscribe over any plain, low trussing."* [826]

Zum englische Wort *"trussing"* gibt der Autor folgende Erklärung: *„Eine Traverse ist ein dreieckiger Träger zum Halten einer Struktur. Das dreieckige Satteldach von Campbells Kammer trägt das Gewicht der darüber liegenden Pyramide und kann in diesem Zusammenhang als Träger betrachtet werden."* Die Cheops-Kartusche findet sich, von oben nach unten bemalt, am unteren Ende des Giebeldachs, also des *„trussing"*.

Creighton hält es deshalb für plausibel, dass in dem veröffentlichten Tagebuch Humphries Brewer nicht erwähnt wird, da dieser ihm ja Betrug vorwarf und Vyse unter Auslassung der Erwähnung von Humphries Brewer, diese Tatsache unter den Tisch kehren wollte.

Creighton hat auch mögliche Belege für den Namen Brewer in Vyses persönlichem Tagebuch gefunden, wie er schreibt:

> *"A number of words in Vyse's private journal may be the name Brewer. These have yet to be verified. If verified, then this will categorically prove the story that Humphries Brewer worked with Vyse at the Giza pyramids."* [827]

Da die Handschrift von Howard Vyse allerdings sehr schwer zu lesen ist, ist dies keine leichte Aufgabe, zumal bei einem Namen, für den es keine festgelegte Rechtschreibung wie bei einem normalen Wort gibt. Man darf also gespannt sein, ob ein Grafologe und Handschriftenexperte in Zukunft hier noch einen eindeutigen Beleg erbringen kann.

Ein Fakt, welcher die Betrugsthese durch Howard Vyse plausibel macht, ist die Tatsache, dass Vyse während seiner Grabungen im Frühjahr 1837 langsam das Geld ausging und er nach neuen Geldgebern suchte. In diesem Kontext ist wohl auch die Anfrage an Dr. Walne bezüglich Geldes zu sehen (siehe Kap. 13.2.8). Um diese zu finden und zu überzeugen ihm Geld zur Verfügung zu stellen kam eine sensationelle Nachricht wie die des Beweises der Urheberschaft (Cheops-Kartusche in der obersten Entlastungskammer) der Pyramide genau richtig. Letztendlich gibt es für die Betrugsthese von Vyse nur Indizienbeweise, die man für wahr erachten kann oder nicht. Wie würde wohl ein heutiger Richter aufgrund dieser Indizien urteilen, wenn es um die Betrugsvorwürfe von Howard Vyse ging?

13.2.10 Johann Nepomuk Visino

Einen sehr interessanten Reisebericht über die Cheops-Pyramide verdanken wir dem katholischen Priester Johann Nepomuk Visino[828], der auf einer Pilgerreise 1837 ins Heilige Land auch nach Ägypten gekommen ist

826 Creighton 2017, 182. Die Originalhandschrift hierzu gibt er in Abb. 13.14 wieder.

827 Creighton 2017, 187.

828 Johann Nepomuk Visino (* 7.6.1801 in Gern, Eggenfelden, Niederbayern, Deutschland; † 8.4.1879 ebenda). Die Gemeinde Gern liegt 50 km südwestlich von Passau. 1818 absolvierte er das Wilhelms-Gymnasium in München, um danach eine Priesterausbildung zu beginnen. Seine Primiz hielt er am 16.10.1825 in Gern. Visino war Schüler des späteren Bischofs von Regensburg Georg Michael Wittmann (* 22.1.1760 in Pleystein, Oberpfalz, Bayern, Deutschland; † 8.3.1833 in Regensburg, Bayern, Deutschland), der ab 1802 Regens des Priesterseminars war. Visino war zu Beginn als katholischer Priester tätig bis 1828 in Vilshofen, von 1829 bis 1830 in Regen, 1838 bis 1841 in Egg, 1841–1877 in seiner Heimatgemeinde Gern. Von 1834 bis 1838 war er Garnisonskaplan in Athen, von wo aus der mit bischöflicher Erlaubnis 1837 seine Pilgerreise antrat. 1838 befanden sich rund 250 deutsche Katholiken im Zivil- und 380 im Militärstand in Athen. 1868 veröffentlichte Visino noch ein kleines Büchlein mit dem Titel *„Des ehrwürdigen Thomas von Kempen vier Bücher der Nachfolge Christi. Rhythmisch bearbeitet und durch eigene Betrachtungen vermehrt"* von Johann Nepomuk Visino, bischöflich-geistlicher Rat (seit 21.12.1865) und Pfarrer in Gern, der Diözese Passau, erschienen im Verlag der königlichen Hofbuchdruckerei von J. Rösl, 1868. Visino hat dies Büchlein dem Bischof Dr. Heinrich Hofstätter in Passau gewidmet.

und dort die Pyramiden von Gizeh besichtigt hat. Einen Hinweis auf seine Reise nach Ägypten finden wir z. B. in der *Augsburger Postzeitung* vom 5. Juni 1838, wo es auf Seite 4 heißt:

> *„Der bisherige griechische Garnisonskaplan Visino aus Gern bey Eggenfelden (Diözese Passau), geht als Schloßkaplan der gräflich Armannsberg'schen Familie nach Egg. Derselbe reiste 6 Monate lang in Aegypten, Syrien und Palästina und besuchte auch die Inseln Cypern, Rhodos und Chios."*

Seine Erlebnisse schilderte er in Briefen an einen geistlichen Freund aus Passau. Diese Briefe wurden 1840 unter dem Titel *Meine Wanderung nach Palästina* in Passau gedruckt. Wie schwierig es in der damaligen Zeit war in Bayern etwas drucken zu lassen berichtet ein Freund, Ludwig Steub[829], nach dem Tod von Visino in der *Allgemeinen Zeitung* vom 26. Januar 1883:

> *„Die bayrischen Schriftsteller – es waren zum Glück nicht viele – fanden ihre Laufbahn sehr holpericht. Die bayerischen Verleger druckten nur Gebets- und Kochbücher. Andere Erzeugnisse erschienen nur mit Hülfe der Subscribenten, die der Autor mühsam zusammen betteln mußte. Noch mein verstorbener Freund Visino, der Pfarrer von Gern, unterzog sich dieser Prüfung, als er 1840 seine „Wanderung nach Palästina" herausgab. Andere verschenkten ganz leidliche Manuscripte an auswärtige Verleger, da sie die vaterländischen auch umsonst nicht zu drucken wagten."* [830]

Noch während Visino Anfang 1838 nicht zurück in Bayern ist, berichtet der *Wöchentlicher Anzeiger für die katholische Geistlichkeit* in seiner Ausgabe vom 24. März 1838 Folgendes:

> *„Athen, 27. Januar. Herr Garnisons-Kaplan J. Nep. Visino aus Vilshofen (Diözese Passau) erhielt den Ruf als Schloßkaplan der gräflich Armansperg'schen Familie auf Egg, der auch angenommen wurde. Herr Visino denkt Mitte Februars von hier abzugehen, nachdem er zuvor Morea besucht hat. Seine Ostern wird er zu Rom feiern, und Anfangs Mai in Bayern eintreffen. Da derselbe sechs Monate lang in Aegypten, Syrien u. Palästina reiste, auch die Inseln Cypern, Rhodus u. Chios besuchte, so dürfte eine Beschreibung seiner höchst interessanten Reise dem deutschen Publikum sehr erwünscht seyn."*

Eine Ankündigung zu Visions Buch erscheint dann gut ein Jahr später in der *Bayrischen National-Zeitung* vom 21. Juli 1839, wo es heißt:

> *„Es ist des dortigen (Armansberg'schen Schlosses) Schloßkaplans Visino merkwürdige Reise nach Palästina, welche, ohngefähr 30 Bogen stark, schön ausgestattet, in der Pustetschen*

---

[829] Ludwig Steub (* 20.2.1812 in Aichach, Bayern, Deutschland; † 16.3.1888 in München, Deutschland) war ein deutscher Schriftsteller und Jurist. Eines seiner ersten Werke hatte den Titel *Bilder aus Griechenland* und erschien 1841, also ein Jahr nach Visinos Buch. Sein Hauptwerk *Drei Sommer in Tirol* erschien 1846. Sein letztes Werk erschien 1887 unter dem Title *Zur Ethnologie der Deutschen Alpen*. Steub besuchte zunächst das (heutige) Wilhelms-Gymnasium München, welches auch Visino besucht hatte, und schloss es 1829 ab. Im Selbststudium lernte er mehrere Sprachen und studierte Philosophie und Philologie, bevor er zur Rechtswissenschaft wechselte. 1845 ließ er sich als Rechtsanwalt in München nieder und bekleidete danach von 1863 bis 1880 das Amt eines Notars. Von 1837 bis 1885 war er Mitglied der *Zwanglosen Gesellschaft München*, einer der ältesten Münchener Herrenclubs, deren Ziel es war, die Pflege von Literatur und dem Austausch untereinander einen geselligen Rahmen zu geben ohne die Regeln eines Vereins. Steub war Gründungsmitglied dieses Vereins gewesen, in dessen Rahmen er möglicherweise Visino kennenlernte.

[830] *Allgemeinen Zeitung, Beilage zur Allgemeinen Zeitung, Nr. 26*, 26. Januar 1883, Artikel: *Zur Tiroler Culturgeschichte. Von Ludwig Steub.*

Buchdruckerei zu Passau nächstens erscheinen wird, von der man sich alles Schöne verspricht, und worauf man sich sehr freut." [831]

In einer Annonce in der *Bayerischen Landbötin* vom 22. Oktober 1839 wirbt Visino zusammen mit der Pustet'schen Buchhandlung um Subskribenten. Dort heißt es:

„Bis Ende dieses Monats erscheint und wird in allen Buchhandlungen Subscription angenommen:

Meine

Wanderung nach Palästina

In Briefen

an einen Geistlichen der Diözese Passau.

Von

J. N. VISINO,

vormaligen Feldkaplan und Garnisons-Prediger in Athen.

Mit dem Erscheinen dieses Werkchens erlischt der billige Subscriptionspreis von 2 fl. 42 kr., für welche bei 30 Bogen geliefert werden, und der Ladenpreis von 3 fl. 12 kr. tritt sogleich ein. Um sowohl den zahlreichen Freunden des Verfassers, als dem Publikum überhaupt die Vergünstigung des Subscriptionspreises genießbar zu machen, lassen wir diese Anzeige ergehen, der wir über das Werk selbst noch Folgendes anzufügen haben.

Der Flug unserer Gedanken versetzt uns oft in jenes Land, das für alle Bekenner des Christenthums ebenso interessant, als leider auch noch immer nicht genug bekannt ist. Keine Zimmerreise wird dem Publikum mit diesen Werke übergeben; der gelehrte Herr Verfasser durchwanderte ¾ Jahre jene heiligen geweihten Stellen, und sein Führer, sein Stock und Stab waren die Berichte alter Schriftsteller, wie neuerer Reisenden, die jene Fremde ihm gleichsam zur wohlbekannten Heimath machten. Dennoch ersah er nicht selten das Unrichtige in jenen Berichten, welcher Umstand, und die zahlreichen Aufforderungen von Seite seiner Freunde, ihn veranlassten, seine Reise dem Drucker zu übergeben, in derselben das Unwahre zu berichtigen, das Mangelhafte zu ergänzen, dass ganz Fehlende hinzuzufügen.

– Eine willkommene Zugabe sind die getreuen, von dem Herrn Verfasser an Ort und Stelle selbst aufgenommenen Zeichnungen der jüdischen und christlichen alterthümlichen Monumente, die Pläne der Stadt Jerusalem, wie des Heiligen Grabes etc. etc.; besonders aber empfiehlt sich dieses Werk noch, als dasselbe, hinsichtlich der genauen Schilderung der interessanten Orte Palästinas, immer mit besonderer Rücksichtnahme und Hinweisung auf die hl. Schriften bearbeitet ist, und dadurch sich von den bisher erschienenen derartigen Schriften vorteilhaft unterscheidet.

Passau, im Oktober 1839.

Pustet'sche Buchhandlung"

Eine erste Rezension über Visinos Reisebericht erscheint im Raum Stuttgart und München erscheinenden *Morgenblatt für gebildete Leser (Morgenblatt für gebildete Stände)*, Literaturblatt Nr. 29, vom 16. März 1840, S. 113-114, redigiert von Dr. Wolfgang Menzel, die mit folgenden Worten endet: *„Wir empfehlen dieses Werk eines frischen und gesunden Geistes, in dem tiefe Frömmigkeit sich paart mit edler Teilnahme an den Geschicken der Welt."* Zu den Pyramiden steht in der Rezension lediglich *„Der Verf. sah die Pyramiden etc."*. Dies ist insofern wichtig, da auch Dr. Menzel in Visinos Schilderung über die Pyramiden keine Sensation sieht, die es zu berichten gilt. Bis zum Ende dieses Kapitels wird dem Leser klar werden, warum das wichtig ist.

In Visinos erstem Brief erwähnt er den Grund, warum er als bayrischer Priester überhaupt nach Griechenland gekommen ist. Er schreibt:

---

[831] *Bayrische National-Zeitung*, Nr. 115, 21. Juli 1839, Seite 1, Überschrift: *Vaterländische Original-Briefe*.

> *„Da erging von der königlich griechischen Regierung der Aufruf an den bayrischen Klerus, drei Individuen aus seiner Mitte zu stellen, welche bereit wären, als Feldprediger und Seelsorger nach Griechenland abzugehen."* [832]

Nachdem er seinem nicht namentlich genannten Freund, an welchen er den Brief schrieb, die Für und Wider einer solchen Reise aufgezählt hat und was er alles dabei abgewogen hat, so schreibt er: „*Ich erbot meine Dienste – sie wurden angenommen, so ging ich nach Griechenland*". Dann schreibt er weiterhin:

> *„Du kannst Dir denken, liebster Bruder! daß ich mit meinen Freunden in Athen recht oft von meinem Entschlusse sprach, sobald die Verhältnisse es erlauben, Palästina zu bereisen. ...*
> *Unterdessen hatten die Verhältnisse allmählich zur Ausführung meines Planes günstig sich gestaltet. Der Gesundheitszustand Athens war der beste, die Spitäler beinahe leer, die Kirche und das Pfarrhaus, welches zwei katholische Missionare von Syra bewohnten, denen die Cura für die immer zahlreicheren, aus verschiedenen Nationen bestehende katholische Gemeinde übergeben war, standen fertig, und Herr Andreas Arneth, Seiner Majestät des Königs Hofkaplan, ... war so freundlich, die während meiner Abwesenheit nöthigen Funktionen für die katholische Militär-Gemeinde, vereint mit dem Pfarrer der Civil-Gemeinde, Herrn Konstantin Sargologo, zu übernehmen.*
> *An dem herrlichen Frühlingsabende des 17ten Februars stand ich auf dem Verdecke des königlichen Paket-Bootes Semiramis, welches die Kommunikation zwischen Athen und Smyrna unterhält, und eben sich bereit machte, den Hafen Piräus zu verlassen."* [833]

Das Jahr 1837 erwähnt Visino am Ende des ersten Briefes. So beginnt seine Reise nach Palästina am 17. Februar 1837 in Athen. Seine erste Station ist die Kykladeninsel Syra bzw. Syros. Der erste Brief von Visino datiert vom 2. März aus Syra. Den zweiten Brief schreibt er am 4. bis 8. März von der griechischen Insel Delos, den dritten Brief dann am 10. März von der Insel Lero (Lirios) und den vierten Brief bereits aus Ägypten, nämlich von Alexandria am 18. März. Der fünfte, und für uns interessante Brief, datiert vom 30. März aus Kairo. Von Alexandria aus ging seine Reise zuerst auf einem Nilkanal und dann auf dem Nil nach Kairo. In Kairo angekommen war er Gast im Franziskanerkloster bei Prior Cherubino, wo er während seines Aufenthalts in Kairo die nächsten Tage wohnte. Es war Karfreitag, der 24. März 1837, als er von Pater Cherubino empfangen wurde. Tags darauf zog er von seiner guten, aber teuren Unterkunft bei Quaranti ins Kloster um. Anschließend schildert uns Visino sein erstes Treffen mit dem königlich-kaiserlichen österreichischen General-Konsul, dem Regierungsrat Anton Joseph Laurin[834], der ihn im Folgenden tatkräftig bei allen Belangen unterstützt:

---

[832] Visino 1840, 3.

[833] Visino 1840, 6-7.

[834] Anton Joseph Laurin (auch Anton Ritter von Laurin) (* 21.1.1789 in Wippach, Slowenien; † 12.7.1869 in Mailand, Italien) wurde in eine wohlhabende Familie geboren. Er besuchte das Gymnasium in Görz, studierte Theologie in Ljubljana und später Jura in Wien, wo er 1816 seinen Abschluss machte. Nach seinem Abschluss nahm er eine Stelle im Handelsministerium an. Aufgrund seiner Sprachkenntnisse, insbesondere der italienischen Sprache, wurde er 1822 Konsularverwalter in Palermo, Neapel und Messina. Im Jahr 1828 wurde er österreichischer Generalkonsul in Palermo und von 1834 bis 1849 in Alexandria (Ägypten). In Ägypten vermittelte er 1841 geschickt in einem Streit zwischen dem türkischen Sultan Mehmed II. und dem ägyptischen Vizekönig Muhammad Ali Pascha und wurde dafür mit dem Orden des Sultans der Türkei ausgezeichnet und vom österreichischen Kaiser Ferdinand I. zum Ritter geschlagen. Während seines Dienstes in Ägypten half er den Christen in Jerusalem, wohin Laurin häufig reiste. Aus diesem Grund verlieh ihm Papst Gregor XVI. den Titel *Dignitarius terrae sanctae* (Würdenträger des Heiligen Landes). Laurin war ein bedeutender Amateursammler und Experte für altägyptische Denkmäler. Er freundete sich mit dem englischen Konsul und Howard Vyse an. Zusammen mit Vyse besichtigte er die Cheops-Pyramide und kletterten auf deren Spitze, wo Laurins eingravierter Name entdeckt wurde. Er tätigte auch bedeutende Schenkungen an das Kunsthistorische Museum in Wien. 1838 heiratete er in Alexandria die aus Palermo (Sizilien) stammende junge Anetta Penelopa Beneducci, die ins österreichische Konsulat in Alexandria geflüchtet war, da sie in ihrer Heimat den für sie von ihren Eltern vorgesehenen Ehemann nicht heiraten wollte. Sie fand Laurin wohl auf Anhieb eine gute Partie und bot ihm an sie zu heiraten, was dieser dann auch nach nur sehr kurzem Zögern tat. Von 1839 bis 1850 hatten sie fünf Kinder, zwei Söhne und drei Töchter.

„Nach den kirchlichen Ceremonien begab ich mich zu dem k. k. österreichischen General-Konsul, Regierungs-Rath Ritter von Laurin, um die Empfehlungsschreiben zu präsentieren, womit die Güte des k. k. österreichischen Ministers und Gesandten in Athen, Ritters von Prokesch-Osten[835] *an alle Konsulate seines Hofes im Oriente mich versah. Herr von Laurin empfing mich mit überraschender Freundlichkeit, lud mich für die Ostertage an seine Tafel und erlaubte mir in Allem, was ich wünschte und bedürfte, mich direkt an ihn zu wenden. Hocherfreut über diese nicht geahnte Wirkung meines Schutzbriefes, kehrte ich in mein Kloster zurück, wo ich Abend bei der Auferstehung und bei dem Hochamte am Osterfeste, die Stelle des erkrankten Organisten versah."* [836]

Am 27. März, dem Ostermontag, macht Visino zusammen mit einer kleinen Gruppe einen Ausflug zu den Pyramiden:

„Am Ostermontage mit dem frühesten Morgen hatte ich mit Palme, Küll und noch einigen Deutschen und Franzosen eine Parthie nach den Pyramiden von Gizeh (lies Dschiseh) verabredet." [837]

Als die Gruppe nach einigen Stunden bei den Pyramiden angekommen ist, ergeht es ihnen wie den meisten Reisenden – damals wie heute!

„Ein höchst belästigender Übelstand für den Besucher dieser Denkmäler ist die unverschämte Zudringlichkeit der Beduinen, die einander zurückdrängend, als Führer sich anbieten, den Kommenden in die Zügel fallen, und in gebrochenem Italienisch Geld fordern. Wir konnten nur dadurch fortkommen, daß wir abstiegen und mit kräftigen Peitschenhieben uns den Weg öffneten, ein Verfahren, das mir, unser kleines Häuflein gegen die uns umdrängenden Massen kräftiger Gestalten, deren Manche lange Flinten, große Keulen und Pistolen trugen, betrachtet, sehr bedenklich erschien, aber durch den Erfolg sich vollkommen rechtfertigte." [838]

Anschließend beginnt Visino allein, da keiner seiner Gefährten Lust hat, die Cheops-Pyramide zu besteigen:

*„Da von meinen Gefährten keiner Lust hatte, die Pyramiden zu besteigen, ich jedoch diesem Verlangen nicht widerstehen konnte, so trennte ich mich von ihnen und begann die mühsame Wanderung. Die Pyramide, welche ich bestieg, ist die erste und größte jener neune, welche in einer Reihe von N.O. nach S.W. sich hinziehen; man heißt sie die Pyramide des Cheops. *)*
**) Nach Champollion ist sie die Pyramide von Suphi dem Ersten."* [839]

Auf dem Gipfel angekommen schildert er die Plateau-Fläche als ein Geviert von je 40 Fuß (≈ 11,67 m). Nachdem er sich an der herrlichen Aussicht berauscht hat, steigt er, nicht ohne große Vorsicht walten zu lassen, wieder hinab. Da ihm die Beduinen, die ihm beim Aufstieg helfen wollten, zu lästig waren, hat er auf deren Hilfe verzichtet. Als Abstiegsmethode wählt er von Stufe zu Stufe zu springen, da ihm das am sichersten

835 Anton Prokesch, ab 1830 Ritter, ab 1845 Freiherr und ab 1871 Graf von Osten (* 10.12.1795 in Graz, Österreich; † 26.10.1876 in Wien, Österreich) war ein österreichischer General, Diplomat und Reiseschriftsteller. Anton Prokesch stammte aus einer mährischen Familie, deren ältester bekannter Vertreter Franz Prokes um 1700 als Händler in Groß-Seelowitz bei Auspitz lebte. Der 1795 in Graz geborene Prokesch machte von 1813 bis 1815 die Feldzüge gegen Frankreich mit. Er wurde 1818 Adjutant des Feldmarschalls Schwarzenberg. In den folgenden Jahren mehrfach zu Missionen in den Orient verwendet, gelang es ihm 1829, mit dem Pascha von Akka eine Übereinkunft zugunsten der Christen im Heiligen Land abzuschließen. 1829 wurde er in der Jerusalemer Grabeskirche als Ritter in den Ritterorden vom Heiligen Grab investiert. Er wurde 1830 als „Ritter von Osten" geadelt. Das Adelsprädikat sollte die großen Verdienste zum Ausdruck bringen, die sich Prokesch in der Levante erworben hatte.

836 Visino 1840, 119-120.

837 Visino 1840, 123.

838 Visino 1840, 125-126.

839 Visino 1840, 126.

erscheint. Er erwähnt noch, dass kurz zuvor ein Engländer beim Abstieg abgestürzt sei und dabei zu Tode gekommen ist. Als er wieder sicheren Boden unter den Füßen hatte, wurde er von seinen Gefährten mit Freudengeschrei, Weinflaschen und reichlich Lebensmittel begrüßt. Seine Gefährten waren bei weitem nicht so neugierig wie er, wie folgender Abschnitt zeigt:

> *„Nachdem ich mich erquickt und zugleich überzeugt hatte, daß meine Gefährten noch keine Lust trügen, das Innere der Cheops-Pyramide zu durchkriechen, säumte ich nicht, die Zwischenzeit noch zum Besuche der nächstgelegenen Pyramiden und ihrer Umgebungen zu benützen, und bestieg meinen Esel, der mich schnell zu der zweiten Pyramide trug, deren nordöstlicher Fuß ohngefähr 400 Schritte [≈ 300 m] von dem südwestlichen Ende der Ersten entfernt ist.“* [840]

Nun schildert er die Ausgrabungsarbeiten an der Chephren-Pyramide durch die Arbeiter von Howard Vyse, den er, in Ermangelung der Kenntnis der richtigen Schreibweise, als Oberst Weiß bezeichnet. Er beschreibt die Arbeiten wie folgt:

> *„Der Eingang, ein trichterartiger Schacht von 5 Fuß [≈ 1,46 m] in's Gevierte, ziemlich steil abwärts führend, lag bereits vom Sande gereinigt zu Tage. Er besteht aus fein polirten Granitblöcken, die so genau zusammengefügt sind, daß man kaum ihre Absätze bemerkt. Sie soll einst, wie noch jetzt ihr Gipfel, von schöngeglätteten Steinen aus egyptischen Jaspis ganz überkleidet gewesen seyn.“* [841]

Zur dritten Pyramide, der des Mykerinos, und den Arbeiten von Howard Vyse schreibt er:

> *„Die dritte Pyramide heißt die des Mykerin. Sie ist bedeutend kleiner als die beiden vorigen, soll aber die prächtigste unter allen gewesen seyn, indem sie mit einer glänzend polirten Ueberkleidung von Rosengranit von oben bis unten bedeckt, und am Fuße mit einem Sockel von spiegelglattem schwarzen Gesteine umgeben war, von welchem noch jetzt einzelne Stücke von 6 Fuß [≈ 1,75 m] Höhe und Breite und 10–12 Fuß [≈ 2,92–3,50 m] Länge vorhanden sind. Die Araber haben sie ihrer prachtvollen Hülle beraubt, sie entweder verkauft oder zu anderen Bauten verwendet. Sie ist so verschüttet, daß Herr Oberst Weiß beinahe daran verzweifelt, ob der Versuch, sie zu öffnen, ihm gelingen werde.“* [842]

Aus seinen Schilderungen geht jedoch nicht eindeutig hervor, ob er persönlich mit Howard Vyse gesprochen hat oder ob er diese Informationen von seinen Mitarbeitern erhalten hat. Neugierig wie Visino war, hat er sich sicher mit Leuten vor Ort unterhalten.

Im Jahr 1837 waren sicher noch mehr Pyramiden zu sehen als in unserer heutigen Zeit, da inzwischen viele kleinere Pyramiden verschwunden sind. Er schreibt:

> *„Man zählt zu Gizeh gegen 50 solcher Pyramiden, welche aber alle bei weitem kleiner, als die 3 eben beschriebenen sind. Nördlich von der Pyramide des Kefren liegen 10 Reihen sehr schön gedeckter Gräber. Die Zahl der minder bedeutenden Grabgewölbe geht in's Große; die Hügel der Wüste von Gizeh bis Sakkarah sind davon erfüllt.“* [843]

Als Visino zu seinen Gefährten zurückkehrt, sind diese mittlerweile bereit ins Innere der Cheops-Pyramide zu gehen. Mit großen brennenden Wachskerzen und von Beduinen mit brennenden Kerzen begleitet, betreten sie die Cheops-Pyramide über den Originaleingang, da er ihn als groß und geräumig und 50 Fuß [≈ 14,6 m]

---

840 Visino 1840, 129.
841 Visino 1840, 130.
842 Visino 1840, 130-131.
843 Visino 1840, 131.

über der Basis gelegen beschreibt. Sie gehen den absteigenden Gang bis zum Abzweig des aufsteigenden Gangs hinunter:

> *„Nach 150 Fußlängen [≈ 43,78 m] abwärts, gelangt man auf den Grund der Pyramide, welcher eine kleine unregelmäßige Höhlung bildet, von welcher zur Rechten und Linken etwas verfallene Schachten auslaufen.*
> *Ein anderer Gang führt in derselben Richtung, wie der erste, nur etwas mehr zur Linken geneigt, in eben der schrägen Neigung aufwärts, ebenfalls 150 Fuß [≈ 43,78 m] weit.“* [844]

Gegenüber heute war der Aufstieg vom Schnittpunkt des horizontalen Gangs, welcher zur Königinnenkammer führt, und dem Übergang vom aufsteigenden Gang zur Großen Galerie damals sehr beschwerlich. Visino schildert nun den Aufstieg in die Königskammer:

> *„Große Lücken machen hier das Steigen beschwerlicher, doch sind die Beduinen immer bei der Hand und helfen nach. Nun trennen sich die Wege; der eine führt horizontal in eine Kammer [Königinnenkammer], der andere [Große Galerie] aufwärts; um aber zu diesem Gange zu gelangen, muß man ohngefähr 30 Fuß [≈ 8,76 m] weit nach Art der Kaminfeger aufwärts steigen, indem man die Füße in schief gegenüber stehende Löcher setzt, welche zu beiden Seiten in die Wand eingehauen sind; hoch über diesem Gange wölbt sich die Decke desselben, welche in gleich schräger Linie mit ihm läuft. Oben angelangt, kömmt man einige Schritte weiter in ein geräumiges Gemach [Königskammer], dessen Wände aus polirtem Granite so fleißig zusammengefügt und so gut erhalten sind, als wären sie erst in neuerer Zeit gefertigt worden.*
> *Dies 38 Fuß [≈ 11,09 m] lange, 19 ½ Fuß [≈ 5,69 m] breite und 25 Fuß [≈ 4,38 m] hohe Gemach mit flacher Decke heißt: die Kammer des Königs.*
> *Zur Rechten unweit der Wand steht ein 8 Fuß [≈ 2,33 m] langer, 3′ [≈ 0,88 m] breiter und 5′ [≈ 1,46 m] hoher Sarg, einfach, ohne Verzierung, leer, ohne Inschrift und Deckel, aus einem Granitblocke gemeißelt, auf einem in den Boden gemauerten Piedestale.*
> *Zu groß, um erst durch den Eingang in die Kammer gebracht worden zu seyn, ist er ungezweifelt schon bei dem Baue der Pyramide in dieselbe gesetzt worden, ein Umstand, welcher für die Bestimmung des Zwecks der Pyramiden von Wichtigkeit seyn dürfte. Nach der Richtung des Sarges lag der Leichnam den Kopf gegen Süden, die Füße gegen Norden gekehrt.*
> *Zur Rechten des Eingangs ist ein Luftloch [nördlicher Luftschacht] angebracht, welches in gerader Linie an die Außenseite der Pyramide führt; dessen ohngeachtet ist aber die Luft doch sehr heiß und drückend. Der Stoß des Fußes auf den Boden erzeugt einen dumpfen, hohlklingenden Schall.*
> *Dem Sarge gegenüber an der nördlichen Wand, wurde in neuerer Zeit eingegraben, unmittelbar an der Wand ein vorspringender Bogen von polirtem Granit, und vor demselben eine geräumige Höhlung gefunden.*
> *Der noch nicht weggeräumte Schutt wehrt eine nähere Beobachtung. Einige andere Eintiefungen in die Wand schienen mir entweder aus der Forschung oder der Zerstörung entsprungen. Hieroglyphen fand ich nirgends.“* [845]

Die Grabungsarbeiten in der Königskammer müssen zwangsläufig von Howard Vyse stammen. Interessant ist auch, dass Visino nicht wie die meisten Besucher den Sarkophag selbst anschlägt und den resultierenden Klang mit einer Glocke vergleichen, sondern er nur auf den Boden stampft, wo ein hohl klingender Schall ertönt. Dieser wird womöglich von den Aushöhlungen durch Vyse verursacht worden sein.

Erstaunlich ist die Feststellung Visinos, dass der Leichnam im Sarkophag mit dem Kopf im Süden und den Füßen im Norden lag. Im Inneren des Sarkophags lässt nichts darauf schließen. Aufgrund der Pyramidentexte, die in den Pyramiden der 5. und 6. Dynastie ab der Wintersaison 1880/81 gefunden wurden, ergibt sich aber, dass das Ziel des Königs im Jenseits war, sich mit den immerwährenden, also nicht am Horizont untergehenden, Sternen zu vereinigen. Deshalb wurde an der Djoser-Pyramide, der ersten Steinpyramide aus der 3.

[844] Visino 1840, 131-132.
[845] Visino 1840, 132-133.

Dynastie, für den König eine Öffnung eingebaut, durch die er auf die Zirkumpolarsterne am Nordhimmel schauen konnte. Aufgrund dieses Wissens kann man schließen, dass der Leichnam ursprünglich mit Blick in Richtung Norden eingebracht wurde. Heute ist dieses Wissen allgemein bekannt. Dass aber ein Geistlicher im Jahr 1837, als die Entzifferung der Hieroglyphen erst 15 Jahre her war, bereits darüber Bescheid wusste, zumal die Pyramidentexte zu dieser Zeit noch unbekannt waren, ist schon erstaunlich. Vielleicht hatte er diese Information von Vyse oder einem seiner Mitarbeiter vor Ort erhalten.

Wichtig ist auch die Bemerkung, dass Visino nirgends Hieroglyphen gesehen hat. Visino spricht auch nur von einem Luftkanal, der zudem horizontal zur Außenseite gehen sollte. Hier waren die Arbeiten von Vyse noch in vollem Gange, den dieser meldete erst am 15. Mai dessen Befreiung von Geröll, Sand und Müll, welchen dieser über die Jahrhunderte verstopft hatte. Am 12. Februar 1837 hat Vyse die äußere Mündung des nördlichen Luftkanals entdeckt und tags darauf mit der Öffnung des verstopften Kanals begonnen. Wie berichtet vergingen allerdings 3 Monate, ehe der Kanal wieder frei war. Während des Besuchs von Visino, am 27. März, war er definitiv noch nicht frei, sodass durch ihn keine Luft in die Königskammer gelangen konnte und es deshalb darin auch ungemütlich heiß und schwül war.

Visinos gesamte Schilderungen haben bis hierher Hand und Fuß und zeugen von einem neugierigen, interessierten Menschen, der den Dingen auf den Grund gehen möchte. Dies ist auch bei der folgenden Schilderung der Königinnenkammer zu berücksichtigen und wichtig für die Beurteilung dessen, was er jetzt schildert:

> *„Wir steigen hinab in die Kammer der Königin. Sie ist um ein Drittteil kleiner, als die des Königs. Die Wände sind mit poliertem Marmor überkleidet, die Decke in der Mitte erhöht und nach N. und S. gleichmäßig ablaufend. Vom Eingang links an der östlichen Wand, größtenteils in derselben, steht <u>der etwas kleinere Sarg aus Marmor, offen, leer, einfach</u>. Unter demselben wird gegenwärtig nachgegraben, und es war bereits ein marmorbedeckter Raum sichtbar, welcher, angestoßen, hohl erklingt.*
> *Über dem Sarg führte ein niederer Schacht in die östliche Wand. Das Licht vor mich haltend, kroch ich auf Knieen und Ellenbogen hinein. Nach ungefähr 30 Fuß [≈ 8,76 m] führt er südlich. Fledermäuse flatterten vor mir, aufgeschreckt durch den sie erblindenden Strahl des Lichtes. Nun ging es aufwärts, anfangs geräumiger, dann aber so eng, dass ich nur höchst mühsam vorwärts kriechen konnte. Es wurde ungemein schwül, das Licht brannte düster; da rollte etwas Lebendes vor mir den Gang dahin; ich zog die Pistole; Alles war wieder still um mich; indessen ward mir doch etwas unheimlich und ich trat, die Füße voran, da ich mich in dem engen Raume nicht umwenden konnte, den Rückweg an, froh, als ich mich wieder im Gemach der Königin befand.“* [846]

Das Spannende an dieser Schilderung ist die Erwähnung eines zweiten Sarkophags, der sich bei der Nische der Königinnenkammer befand und den Ausgrabungen von Howard Vyse in der Königinnenkammer, die einen marmorbedeckten darunterliegenden Raum sichtbar werden ließen. Der Ausgrabungsbereich vor dem Sarkophag von Vyse ist in Abb. 105 zu sehen. Diesen Sarkophag erwähnt auch Fürst Pückler-Muskau, der am 4. April 1837, das Innere der Cheops-Pyramide besichtigt hatte (siehe Kap. 13.2.11). Vyse begann am 3. März 1837 mit der Erforschung der Königinnenkammer, also rund drei Wochen, bevor Visino diese besucht hat.

Dass Vyse bei seinen Untersuchungen nicht zimperlich zu Werk ging, zeigt der Einsatz von Sprengstoff, welchen er benutzte, um die Entlastungskammern oberhalb der Davison-Kammer freizulegen. Zudem benutzte er auch an der Pyramidenaußenseite Sprengstoff, um eine Bresche in die Pyramide zu sprengen, wie z. B. direkt unterhalb des südlichen Luftschachts, bei dem dann sein Kollege Perring eine flache Eisenplatte gefunden hat, welches angeblich an einer Stelle in der Pyramide war, welche durch den Bau selbst versiegelt wurde und die Eisenplatte somit zur Bauzeit der Pyramide dort hingelangt sein müsse. Es gibt zu diesem Vorfall allerdings keine Zeichnung, weder davor noch nach dem Fund, die dies belegen könnte. Die Eisenplatte könnte somit auch von einem früheren Besteiger der Pyramide verloren worden sein und eine Spalte beim Luftschacht gelangt sein, wo es dann nach der Sprengung zutage gekommen ist. Ebenso möglich ist es, dass die gefundene Eisenplatte Teil einer Säge zum Schneiden von Steinen war, welches dann abbrach und stecken blieb.

---

[846] Visino 1840, 133-134. Anpassung an die moderne Orthografie durch den Autor, sowie die Unterstreichung.

Auch in der unterirdischen Kammer ließ Vyse den senkrechten Schacht, den man auch als Brunnenschacht bezeichnen könnte, aufsprengen und ausgraben, weil er dort weitere Kammern vermutete. Er gelangte bis in eine Tiefe von rund 9 m, an der sich die Grube im Felsen stark verengt. In den 1990er-Jahren wurde dieser Schacht dann bis zu einer Tiefe von ca. 11 m gegraben. Anschließend wurde ein Deckel eingesetzt und der Schacht verschlossen.

Schauen wir einmal in das Tagebuch von Howard Vyse, was er am 27. März 1837 gemacht hat:

> *"As more people were absolutely necessary, I sent to the Shieks of Koum el Eswith, and Cafr el Batran. The former came, attended with ten additional men; the latter, however, did not make his appearance at all, notwithstanding I sent by the janissaries in the evening, and again on the following morning. I accordingly reported him to the British consul. Mr. Perring informed me by Mr. Hill that neither Mr. Mash nor himself could attend for some days. I discharged Paulo. Hyaenas and other wild animals came frequently round the tents during the night; but the dogs alarmed them, and prevented our getting a shot at them."* [847]

Aus seinem veröffentlichten Tagebuch können wir nicht entnehmen, ob er an diesem Tag die Königinnenkammer besucht hat oder nicht. Seiner Schilderung der Geschehnisse nach, hatte er aber an diesem Tag andere Probleme, nämlich mehr Arbeiter zu organisieren. Am 25. März hatte er noch 119 Männer und 119 Kinder beschäftigt – für den 26. März macht er keine Angabe – für den 27. März waren es dann aber nur noch 101 Männer und 109 Kinder. Deshalb auch der Wunsch nach mehr Personal, den er in seinem Tagebuch äußert. Für den 28. März gibt er dann 140 Männer und 120 Kinder an. Somit schienen seine Aktionen vom 27. März Wirkung gezeigt zu haben. Deshalb war er vermutlich auch nicht selbst in der Cheops-Pyramide gewesen an diesem Tag. Ein weiterer Hinweis diesbezüglich ergibt sich noch aus Visinos Text:

> *„Man nennt diese Pyramide die des Kefren. Sie kommt, da ihr Gipfel noch unversehrt ist, der ersten an Höhe, jedoch nicht an Umfang, gleich. Eine Menge Arbeiter, unter Leitung und auf Rechnung des Herrn Oberst Weiß, eines Engländers, war eben beschäftigt, den verschütteten Eingang wieder zu öffnen."* [848]

Dies stimmt mit dem Tagebuch von Vyse überein, da er für den 23. März 1837 u. a. als Arbeiten angibt: "*Second Pyramid. — Lower Entrance.*" und in den Folgetagen bis einschließlich dem 28. März: "*The same works were repeated*".

Für den 25. März 1837 schreibt Vyse:

> *"A quantity of black dust, apparently decayed stone, was discovered under the first stone that was removed in the lower entrance of the Second Pyramid."* [849]

Vermutlich lag der Fokus dieser Tage für Vyse bei den Arbeiten an der Chephren-Pyramide und der Sprengung einer Öffnung nach oben in der Davsion-Kammer, da er für den 24. März schreibt: *"Daoud was sent to blast in Davison's Chamber; and small charges of gunpowder were used in the other works wherever they could be applied."* Daoud war ein arabischer Steinbrucharbeiter, den Vyse am 22. März, zusammen mit einem anderen Araber, dessen Name er nicht nennt, engagiert hat. Er schreibt am 22. März dazu: *"Two quarrymen were employed in blasting the stones in the lower entrance of the Second Pyramid."* Was für Vyse ungewöhnlich ist, dass er den Namen des anderen engagierten Steinbrucharbeiters nicht nennt. Denn zu Daoud schreibt er in einer Fußnote vom 22. März:

> *"One of these Arabs, Daoud, remained with me during the whole time I was at Gizeh, and was employed after I left Egypt in sinking the shaft in the subterraneous chamber in the Great*

847 Vyse 1840-42, 203.
848 Visino 1840, 130.
849 Vyse 1840-42, 200.

Pyramid; he was an excellent workman, extremely zealous and active, and possessed of great strength, although he was said to live entirely on spirits, and Hasheesh (an intoxicating preparation of hemp). He had once a narrow escape when blasting for the lower entrance at the Second Pyramid. He had set fire to two shots, and only one of them going off, he returned to relight the other, which exploded whilst he was in the narrow passage; luckily no large fragments came out, and he escaped with a few trifling bruises about the arms. The previous explosion had thrown out many fragments of considerable weight to a great distance." [850]

Warum verliert Vyse kein Wort über den anderen engagierten Steinbrucharbeiter, der ja extra von ihm als Experte für Sprengarbeiten eingestellt wurde? War es vielleicht gar kein Araber, sondern der englische Bauingenieur Humphries Brewer? Wie zuvor gezeigt, gibt es Aussagen darüber, dass Brewer von Vyse engagiert wurde, er aber nach dem Aufdecken der Fälschung von Zeichen in den oberen von Vyse neu entdeckten Entlastungskammern von diesem sofort entlassen wurde. Wenn Vyse hier tatsächlich einen Betrug beginn, hatte er aus seiner Sicht natürlich kein Interesse daran, Hinweise darauf in seinem später veröffentlichten Tagebuch zu hinterlassen. Deshalb könnte er aus einem arabischen Steinbrucharbeiter und einem englischen Ingenieur einfach zwei arabische Steinbrucharbeiter gemacht haben. Wer sollte sich da später noch für einen zweiten, nicht namentlich genannten, arabischen Steinbrucharbeiter interessieren? Interessant wären dazu die Einträge in das private Tagebuch von Howard Vyse vom 22. März bis zum 28. März. Vielleicht würde das Licht in das Dunkel dieser Angelegenheit bringen.

Falls der von Visino beschriebene kleine Sarkophag aus einer darunterliegenden Kammer stammte, könnte es auch sein, dass er ursprünglich nicht leer war und der Inhalt entwendet wurde, ohne dies zu erwähnen. In letzterem Falle könnte eine Vertuschung auch zu der anschließenden Zerstörung des Sarkophags geführt haben, um anschließend keine Fragen mehr dazu aufkommen zu lassen oder den Fundort des Sarkophags zu manipulieren, sodass anschließend niemand mehr den Fundzusammenhang herstellen kann.

Falls der von Vision beschriebene Sarkophag mit dem von Abū Ja'far al-Idrīsī beschriebenen Sarkophag identisch ist, müsste er zwischenzeitlich, vermutlich noch vor Greaves Besuch 1638, unter der Königinnenkammer wieder versteckt worden sein, was jedoch ziemlich unwahrscheinlich erscheint. Dass Vyse nicht der erste war, der dort gegraben hat, beweist sein Grabungsfund in Form eines alten Eimers. Er schreibt diesbezüglich am 13. Februar 1837 in sein Tagebuch:

"An old basket having been dug up in the passage leading to the queen's chamber, I concluded that it had been already examined, and ordered the rubbish to be replaced, and the operation to be given up." [851]

Die Grabungen in der Königinnenkammer begannen am 3. März 1837 und dauerten bis zum 4. April dieses Jahres an. Vermutlich hat Vyse den Sarkophag unterhalb der Königinnenkammer bei seinen Grabungen entdeckt und ihn kurzzeitig in die Königinnenkammer vor die Nische gestellt, wo ihn dann Visino und Pückler-Muskau gesehen haben.

Abschließend zu Johann Nepomuk Visino sei noch eine Rezension seines Reiseberichts zitiert, die am 26. März 1840 in der *Bayrischen Landbötin* S. 306–307 erschienen ist:

„Zu diesen neuesten Schriften über Palästina und die angränzenden Länder ist auch die von dem ehemaligen königlichen griechischen Garnisonskaplan, Herrn J. N. Visino entworfene Schilderung: „Meine Wanderung nach Palästina, von J. N. Visino, Garnisons-Caplan in Athen," getreten. Dieses Werk, das sich bereits in den Händen der Subscribenten[852] *befindet, wurde mit allgemeinem Beifalle aufgenommen; das Gemüth des Lesers wird durch die Darstellungen des Verfassers, bezüglich des heiligen Landes selbst ungemein angesprochen und erhoben. Aber auch das, was*

[850] Visino 1840, 199.

[851] Vyse 1840-42, Vol. I, 154.

[852] Im Buch aufgelistet sind namentlich 184 Subskribenten mit Berufsbezeichnung, darunter auch ein Anton Visino, königlicher Posthalter und Gastgeber in Vilshofen.

der Verfasser über Aegypten, kurz, über den ganzen Zug seiner Reise schreibt, ist höchst interessant und verdient allgemein gelesen zu werden. Besonders der Zustand Aegyptens, das in dem Augenblicke so sehr das Augenmerck Europa's auf sich zieht, in vielen Punkten in einem ganz anderen Lichte dargestellt, als es manchmal von Schriftstellern geschieht, die vielleicht durch Mehemet Ali's Gunstbezeugungen sich haben bestechen lassen. – Das in Frage stehende Werk wurde bereits mehrfach sehr günstig beurtheilt, wie dieses namentlich im Literatur-Blatte Nro. 29. vom J. 1840 geschehen."

Der Zufall will es, dass im in Wien erschienenen einflussreichen *Intelligenz-Blatt Nr. 43* vom 2. Dezember 1843 unter dem Titel *Jahrbücher der Literatur – Hundert dritter Band 1843. Juli, August, September* unter Inhalt die beiden Werke von Howard Vyse und Johann Nepomuk Visino direkt untereinander stehen, als Nr. 12 das Werk von Vyse und als Nr. 13 das von Visino.

13.2.11 Fürst Hermann von Pückler-Muskau

Hermann Ludwig Heinrich Graf von Pückler-Muskau[853], ab 1822 Fürst von Pückler-Muskau, wurde am 30. Oktober 1785 auf Schloss Muskau als erstes von fünf Kindern seines Vaters Graf Ludwig Carl Hans Erdmann von Pückler (1754–1811) und der Gräfin Clementine von Callenberg (1770–1850) geboren. Seine Mutter war bei seiner Geburt erst 15 Jahre alt und sein Vater bereits 31 Jahre. Seine Eltern hatten am 27. Dezember 1784 geheiratet. Die erst 14 Jahre alte Braut, die dank ihrer Mutter Gräfin Olympia von *la Tour du Pin* eine Halbfranzösin war, brachte die Standesherrschaft Muskau mit in die Ehe ein. Hermann hatte noch einen Bruder gehabt, der jedoch schon in seiner Kindheit an der Ruhr gestorben war. So wuchs er zusammen mit seinen drei jüngeren Schwestern in der Freien Standesherrschaft Muskau, der größten der vier Oberlausitzer Freien Standesherrschaften, auf. Sein Großvater Georg Alexander Heinrich Herrmann von Callenberg lebte im Hause. Seine extrem junge Mutter war mit der Erziehung von Hermann überfordert und sein Vater galt als mürrisch und verschlossen. Die Bediensteten behandelten ihn auch nicht sonderlich gut. Eine Ausnahme davon machte sein Großvater Graf von Callenberg und sein Hauslehrer Andreas Tamm, wobei letzterer bereits früh zum Gehen gezwungen wurde. Nach dem Tod seines Großvaters mütterlicherseits wurde der erst Neunjährige Hermann 1795 für vier Jahre zu den Herrnhutern[854] nach Uhyst, und dann aufs Pädagogikum der Francke'schen Stiftungen nach Halle und schließlich auf das Philanthropinum in Dessau gegeben. In Halle wurde er aus der Schule geworfen, nachdem er ein Spottgedicht auf die Frau des Kanzlers schrieb und auch Dessau entließ ihn bald wieder. Die streng pietistische Erziehung an der *„herrenhuterischen Heuchelanstalt"* (Pückler) in Uhyst begründete seine spätere Abneigung gegen den Protestantismus. Wenn er sich religiös äußerte, trat ein entschiedener Pantheismus hervor. Im hohen Alter konvertierte er zur römisch-katholischen Kirche.

Im Jahr 1800 immatrikulierte er sich zum Studium der Rechte an der Universität Leipzig, brach dies jedoch frühzeitig ab und begann eine militärische Laufbahn (1802–1806 Leutnant im sächsischen *Garde du Corps* in Dresden). Er unternahm schließlich ausgedehnte Reisen – oft zu Fuß – in die Provence und nach Italien. Nach dem Tode des Vaters 1811 übergab er die Verwaltung Muskaus bald seinem Freund, dem Dichter Leopold Schefer. Als Oberstleutnant und Generaladjutant des Herzogs (seit 1815 Großherzog) Karl-August von Sachsen-Weimar-Eisenach nahm er an der Völkerschlacht bei Leipzig teil. In den folgenden Feldzügen gegen Napoleon fungierte er als Verbindungsoffizier zum russischen Zaren Alexander I. und wurde danach kurzzeitig als Militärgouverneur von Brügge eingesetzt.

---

853 Für viele ist er heute nur noch in Form der nach ihm benannten Eiskreation – Erdbeer-Vanille-Schokolade – als Fürst-Pückler-Eis bekannt, obwohl er im 19. Jahrhundert einer der erfolgreichsten Autoren war. Im Dritten Reich fiel er jedoch wegen seiner judenfreundlichen Haltung den Nazis zum Opfer, die viele seiner Bücher entfernten.

854 Die Herrnhuter Brüdergemeinde (oft auch lateinisch *Unitas Fratrum*; Evangelische oder Erneuerte Brüder-Unität, englisch *Moravian Church*) ist eine aus der böhmischen Reformation (Böhmische Brüder) herkommende nominell überkonfessionelle christliche Glaubensbewegung, die vor allem vom Pietismus, aber auch vom Calvinismus und (nach dem Tode von Zinzendorfs 1760) stark vom lutherischen Protestantismus geprägt wurde. Als Gründungsjahr wird 1457 symbolisch angesehen (Georgs von Podiebrad Übergabe des Guts Kunwald an die Petr-Chelčický-Brüder).

1812 bereiste er zusammen mit Leopold Schefer das erste Mal England, wo er angesichts der dortigen Parks seine Berufung zum Gartenkünstler entdeckte. Nach dem Wiener Kongress 1815 fiel Pücklers Teil der Lausitz von Sachsen an Preußen. Nach Schätzungen von Historikern war Pückler einer der fünfzehn größten Landbesitzer im Königreich Preußen.

Am 9. Oktober 1817 erfolgte seine Heirat mit der neun Jahre älteren Lucie von Hardenberg (1776–1854), Geschiedene von Pappenheim, Tochter des preußischen Staatskanzlers Karl August von Hardenberg (1750–1822). Die Ehe blieb jedoch kinderlos. 1822 wurde Pückler von seinem Schwiegervater in den Fürstenstand erhoben, wobei im Gegensatz zu den schlesischen Freien Standesherrschaften Oels, Trachenberg, Carolath und Pless es bei der Freien Standesherrschaft Muskau nicht zu einer Anerkennung als Fürstentum kam. 1826 geschah pro forma die Scheidung von Lucie, die er eigenen Angaben zufolge nur wegen ihrer Mitgift und nicht aus Liebe geheiratet hatte, mit der er aber dessen ungeachtet lebenslang freundschaftlich zusammenblieb.

Der verschuldete Park- und Gartengestalter wollte nach England reisen, um erneut reich zu heiraten. Auf der Suche nach einer vermögenden Erbin verbrachte Pückler zwischen 1825 und 1829 viele Monate dort. Er bewunderte den Lebensstil des englischen Landadels, den er als das beste Element in der englischen Gesellschaft betrachtete. Dennoch kritisierte er in den Briefen an seine Frau Lucie mit scharfen Worten die rücksichtslose Vertreibung der Landbevölkerung in Irland durch englische Adelige, die in Irland die Schafzucht intensivierten. Er fand keine Braut, dafür wurden seine Reiseberichte ein literarischer und finanzieller Erfolg in Deutschland, dann auch in England und den USA. Der Fürst beschloss deshalb nach Nordamerika zu reisen, doch wegen eines Duells verpasste er die Schiffsabfahrt.

Stattdessen unternahm er eine Reise über Algier nach Ägypten, wo er vom Khediven Muhammad Ali Pascha als Staatsgast empfangen wurde und für seinen Aufenthalt einen Palast mit Personal erhielt. Er reiste weiter in den Sudan, bis er 1838 südlich von Khartum entkräftet den Rückweg antrat. 1837 kaufte er sich in Kairo auf dem Sklavenmarkt die etwa 12-14-jährige Machbuba[855], die ihn auf der weiteren Reise begleitete. Er nahm sie darauf mit zurück nach Europa, aber sie lebte nur noch kurz als seine Mätresse in Muskau[856]. Das Mädchen verstarb am 27. Oktober 1840 in seinem Schloss und wurde in Muskau begraben. Ferner reiste er in den Nahen Osten, wo er mit der berüchtigten Lady Hester Lucy Stanhope[857] zusammentraf, bis nach Konstantinopel. Er versuchte später erfolglos, dort preußischer Botschafter zu werden, so reiste er weiter nach Griechenland.

Fürst Pückler war über die Militärlaufbahn hinaus als tollkühn und rastlos bekannt: 1815 (oder am 9. Oktober 1816, in Berlin) stieg er mit einem Freiluftballon von Gottfried Reichard (1786–1844) auf. 1837 reiste er über Alexandria und Kairo zu den Pyramiden von Gizeh und von dort weiter bis zu den Nilkatarakten im Sudan. Im Mai 1837 hinterließ er seinen Namen auf einer Pyramide in Meroe im Sudan.

---

855 Eigentlich hieß sie Ajiamé und stammte aus Äthiopien. Der Name Machbuba bedeutet zu Deutsch „Die Goldene" oder „Mein Liebling".

856 Bad Muskau, bis 1961 Muskau, ist eine Landstadt im Landkreis Görlitz in der Oberlausitz (Sachsen). Weltweite Bekanntheit erlangte sie durch den Fürsten und Landschaftskünstler Hermann von Pückler-Muskau, der mit seinem Landschaftspark ein einzigartiges Kulturgut geschaffen hat, das zum Welterbe geworden ist. Bad Muskau ist staatlich anerkannter Kurort im Freistaat Sachsen (Ort mit Moorkurbetrieb) und zählt zum amtlichen sorbischen Siedlungsgebiet.

857 Hester Lucy Stanhope (* 12.3.1776 in Kent, England; † 23.6.1839 im Libanon) war eine Abenteurerin. Sie herrschte über ein lokales „Reich" in den Drusen-Bergen des Libanon. Hester Stanhope wurde als Tochter des liberalen Politikers und Erfinders Charles Stanhope, 3. Earl Stanhope geboren. Ihr Großvater war der Earl of Chatham, ihr Onkel der britische Premierminister William Pitt der Jüngere, bei dem sie später Haushälterin war. Vom Vater, so sagt man, hatte sie ihren scharfen Intellekt und ihren Geschmack für Exzentrik, in der *Downing Street* lernte sie Macht und Intrigen kennen. Als sie nach dem frühen Tode Pitts 1806 ihre herausgehobene Stellung verlor, mochte sie all das nicht mehr missen und zog als eine der Abenteurerinnen der frühen Neuzeit in den Osten. Im Libanon, wo sie von 1810 an in einem verlassenen Bergkloster bis zu ihrem Tod, also für fast drei Jahrzehnte, herrschte und hauste, wurde sie zu Europas „Königin der Wüste" und zur *"Mystery Lady of the Orient"*. Sie war die erste westliche Frau, die Palmyra betrat und sich von den Beduinenstämmen als neue Zenobia (Zenobia: geboren um 240 in Palmyra in Syrien; gestorben 272/73 oder nach 274 in Rom, war von 267/68 bis 272 n. Chr. die Herrscherin Palmyras und des römischen Orients von Kleinasien bis Ägypten) feiern ließ.

Bis zu seinem Tod im Jahr 1871 widmete er sich der Schriftstellerei. Dabei war er der erste deutsche Schriftsteller, der Papier für Durchschläge benutzte bzw. eine Weiterentwicklung der Watt'schen Presse (die sich im Museumsbestand des Fürst-Pückler-Museums Park und Schloss Branitz befindet).

Da eine Einäscherung Verstorbener damals aus religiösen Gründen verboten war, griff er zu einer provokanten List und verfügte, dass sein Herz in Schwefelsäure aufzulösen sei und der Körper in Ätznatron, Ätzkali und Ätzkalk gebettet werden solle. So wurde er am 9. Februar 1871 – gestorben war er am 4. Februar 1871 – im Tumulus – einer Seepyramide im Parksee des Branitzer Schlossparks – beigesetzt. Da er kinderlos war, fielen Schloss und Park nach seinem Tod an den Majoratsnachfolger, seinen Neffen, den Reichsgrafen Heinrich von Pückler, Barvermögen und Inventar an seine Nichte Marie von Pachelbel-Gehag, geb. von Seydewitz. Den literarischen Nachlass des Fürsten erbte die Schriftstellerin Ludmilla Assing, mit der Auflage, die Biografie des Autors zu schreiben und seine ungedruckten Briefwechsel und Tagebücher zu veröffentlichen.

Die Gizeh-Pyramiden hat Pückler-Muskau zuerst am 24. und 25. Februar 1837 besucht und dann nochmals auf seinem Rückweg aus Oberägypten nach Kairo am 4. April 1837. Bei seinem ersten Besuch hatte er mit Howard Vyse ein langes Treffen gehabt, bei dem auch über Caviglia und den Streit mit Vyse gesprochen wurde.

Betrachten wir uns nun, was Pückler-Muskau in seinem 1844 veröffentlichten Buch *Aus Mehemed Alis Reich* zu seinem Besuchen des Gizeh-Plateaus berichtet:

> *„Was mich betrifft, so glaube ich nach dem, was ich selbst beobachtet, dass man sich auf diesem Wege*[858] *vergebene Mühe macht, und die wahren hohen Personen, zu deren Ehren diese Grabmonumente errichtet wurden, gar nicht innerhalb derselben, sondern immer unter ihnen zu suchen sind.*[859]
> *Dasselbe gilt von der größten Pyramide [Cheops-Pyramide] wie von der kleinsten [Mykerinos-Pyramide], und ist die erstere wirklich entweder das Grab des Pharao Suphis nach Champollion oder des Cheops nach Herodot, so sind die dann aufgefundenen kleinen schmucklosen Kammern, in denen die beiden großen Sarkophage*[860] *stehen, gewiss keine Königsgräber, sondern nur die untergeordneter Nebenpersonen oder Priester, und der alte respektive König ruht noch ungestört da, wo Herodot es angibt, nämlich in des Felsens Kern, auf dem der gigantische Steintumulus nachher errichtet wurde; denn nichts anders als Tumuli von Stein sind am Ende diese rohen Anfänge der Kunst, ohne alle Bildwerke, ohne Hieroglyphenschrift, obgleich sie zur Zeit Herodots schon wieder mit dem Schmuck seitdem fortgeschrittener Kunst, mit Tempeln, Sphingen, Kolossen, Höfen und prächtigen Aufwegen umgeben worden waren, welche letztere alle Hieroglyphen trugen, während man mit heiliger Ehrfurcht die Urmonumente in ihrer ursprünglichen Einfachheit beließ.*[861] *Ja, es wäre sogar nicht unmöglich, dass mehrere von den verhältnismäßig gegen die ungeheuren Steinmassen so ganz unbedeutenden niedrigen und schmalen Gänge und Gemächer, in denen man oft kaum kniend und liegend Raum finden kann, erst später zu gewissen Zwecken der Priester herausgebrochen und in die Pyramiden hineingebaut worden wären, wie man Schächte in Felsen treibt und wie wir selbst jetzt Ähnliches, nur weniger systematisch und mit*

---

858 Er spielt hier auf den Versuch von Vyse an, mit Gewalt einen oberirdischen Tunnel in die Mykerinos-Pyramide zu machen, um auf die vermuteten inneren Gänge zu stoßen.

859 Anmerkung von Pückler-Muskau: *„Man hat in der Tat seitdem einen Sarkophag ohne Hieroglyphen in der Tiefe unter der Pyramide gefunden. Er war aber leer und beschädigt, also schon längst das Heiligtum durch Schätze Suchende entweiht."*

860 Pückler-Muskau spricht hier, wie weiter unten im Text, von zwei großen Sarkophagen in der Cheops-Pyramide. Da auch Visino (siehe Kap. 13.2.10), der 8 Tage zuvor die Königinnenkammer besichtigt hatte, davon berichtet hat, kann kein Zweifel bestehen, dass Howard Vyse hier einen Sarkophag gefunden hat, den er allerdings selbst nie erwähnt hat. Näheres hierzu siehe in Kap. 13.2.8.

861 Anmerkung von Pückler-Muskau: *„Die soeben von Oberst Vyse angeblich entdeckten Hieroglyphen, im Innern der großen Pyramide sind nicht in den Stein gegraben, sondern nur wie mit einem in Farbe getauchten Finger verkehrt und vielleicht sehr neuerlich auf die Wand gepinselt."*

geringeren Hilfsmitteln, an diesem kolossalen Monument von Neuem durch die Engländer unternehmen sahen. [862]*"* [863]

Von den Gizeh-Pyramiden ist Pückler-Muskau eigentlich enttäuscht, da er sie nur für massige, aufeinander getürmte Steinhaufen ansieht, deren inneren Kammern schmucklos sind. An anderer Stelle vergleicht er die Cheops-Pyramide mit dem Straßburger Münster, vermutlich wegen der Höhe der Gebäude, und kommt zu dem Schluss, dass bei dem Münster echte Kunst zu bestaunen sei, im Gegensatz zu den ägyptischen Pyramiden. Das Wichtigste an diesem Textabschnitt ist aber die Feststellung, dass sich in der Cheops-Pyramide zwei große Sarkophage befanden und nicht nur einer! In einer weiteren Textstelle (siehe weiter unten im Text) wiederholt er diese Aussage nochmals, sodass man von einem Versehen nicht sprechen kann, zumal Visino (siehe Kap. 13.2.10) acht Tage zuvor dort ebenfalls zwei Sarkophage gesehen hat. Pückler-Muskau kann sich bei den leeren schmucklosen Sarkophagen einfach nicht vorstellen, dass darin einer der größten ägyptischen Könige aller Zeiten seine letzte Ruhestätte gefunden haben soll. Er hält es daher mit Herodot, der das Cheops-Grab als von Wasser umflossen beschreibt, was nur dann der Fall sein kann, wenn das Grab tief unter der Erde liegt. Daher meint er auch, dass man in der unterirdischen Felsenkammer größere Chancen hätte, das eigentliche Grab des Cheops zu finden. Leider wissen wir nicht, welche Pyramide und welchen Sarkophag er in seiner Fußnote meint, der bereits unterirdisch gefunden worden ist.

Von einigem Interesse ist auch die zweite Anmerkung Pückler-Muskaus, dass Howard Vyses *„angeblich entdeckten Hieroglyphen" „wie mit einem in Farbe getauchten Finger verkehrt [herum] und vielleicht sehr neuerlich auf die Wand gepinselt"* wurden. Er zweifelt also an, dass Vyse diese Zeichen entdeckt hat und hält es für möglich, dass dieser sie selbst dort angebracht hat. Dies stärkt die Fälschungshypothese, die aufgrund der Auswertung des persönlichen – und bisher nicht veröffentlichten – Tagebuchs von Vyse von Scott Creighton vertreten wird.[864]

Schauen wir uns nun einen weiteren Abschnitt von Pückler-Muskau an:

„Sobald wir von der sogenannten kleinen [Mykerinos-Pyramide] – denn auch sie bleibt an sich immer eine enorme Masse – niedergestiegen waren, begaben wir uns in das Innere der größten [Cheops-Pyramide]. Der rohe, aber kühn und kolossal konstruierte, dem Druidenbau ähnliche Eingang ist das einzige, was hier den Effekt des Großartigen auf mich machte, denn, wie gesagt, Gänge, in denen man sich kaum umdrehen, selten anders als wie ein Fiedelbogen gekrümmt, oder gar auf dem Bauch kriechend, vordringen kann und die endlich nach aller Mühe einem Heiligtum zuführen, das nur aus ein paar elenden, dunklen Zimmern von den Dimensionen einer Bediensteten-Stube besteht, deren Wände mit düsteren, einst polierten, jetzt matten Granitplatten ohne eine Spur von Schrift, Verzierung oder Bilderwerk belegt sind – scheinen mir ebenso wenig wie die beiden einfachen steinernen Kastensärge, die man hier sieht, ein Gegenstand der Bewunderung zu sein, am wenigsten für den, der die erhabene Kunst der Ägypter und ihre wahrhaften Wunder in Theben gesehen hat.[865] *Mir waren diese freilich damals noch unbekannt,*[866] *doch war auch schon ohne den Vergleich der erste Eindruck bei mir nicht anders, als ich ihn schildere, und da ich kein gelehrter Archäologe bin, der hier auf Entdeckungen ausgeht, so bemühe ich mich nur, dem Leser ein wahres und beschauliches Bild des Ganzen, dem individuellen*

---

862 Damit meint er Arbeiten von Vyse an der Mykerinos-Pyramide, bei der auch Sprengstoff zum Einsatz kam.

863 Pückler-Muskau 1844, Bd. 2, 18-20. Anpassung an modernes Deutsch durch den Autor. Unterstreichung durch den Autor.

864 Creighton 2017, 182.

865 Sein Urteil über die Cheops-Pyramide fällt ziemlich vernichtend aus, doch belegt gerade diese Haltung, dass die Aussage von den beiden Sarkophagen der Wahrheit entsprechen muss. Mit den wahrhaften Wundern von Theben meint er die großartigen Tempel, wie etwa den Karnak-Tempel, dort, welche mit unzähligen Hieroglyphen und Bildern geschmückt sind, sowie Pfeilern, die in Lotus- oder Papyrusblüten enden.

866 Seine Reise nach Oberägypten – und damit auch nach Theben – fand erst nach dem ersten Besuch der Gizeh-Pyramiden statt.

Eindruck, den es auf mich gemacht, gemäß, wiederzugeben – was die Gelehrten in der Regel vermissen lassen.[867]
Ich durchkroch mit meiner gewöhnlichen Beharrlichkeit alles, was geöffnet ist, und nachher auch auf Leitern in die teils neuerlich, teils in schon vergessener Zeit (wie zum Beispiel Davisons sogenanntes Zimmer)[868] *entdeckten Löcher. Alles dies ist sehr ermüdend und erhitzend, aber nichts davon im mindesten gefährlich, als höchstens etwa das Hinabsteigen in den 280 Fuß [≈ 85,34 m] tiefen Brunnen,*[869] *mit bloßen Einschnitten in der Mauer, der vom sogenannten Saal der Königin*[870] *(die vielleicht nur eine Hofdame oder Priestermätresse war) nach dem tiefsten sich fortwährend senkenden Gang [absteigender Gang] nieder führt, welcher letztere in einem natürlichen Felsengewölbe [Felsenkammer], nahe der Mitte der Pyramide und schon in ihrem Fundament endet. Aus dieser Höhle [Felsenkammer] geht auf der entgegengesetzten Seite ein anderer horizontaler schmaler Gang*[871] *noch weiter dem Mittelpunkt zu und hört dann plötzlich auf. Hier ist vielleicht der Schlüssel zum tieferen noch Unbekannten. Dort herum, glaube ich, sollte man rastlos nachforschen, denn hier in der Tiefe muss der König liegen, wenn er überhaupt vorhanden ist, hier im Herzen des Felsens, einst von einem hineingeleiteten Kanal des Nils umflossen, wie es uns der Vater der Geschichte [Herodot] erzählt, freilich ohne ihn selbst gesehen zu haben*[872] *und nur das zweifelhafte Priesterwort als Bürgschaft gebend.*
Die Luftlöcher, welche in dem ‚Saal des Königs' getauften Zimmer in der Mauer befindlich sind, hat man über 100 Fuß [≈ 30,5 m] verfolgt, wie man uns versicherte, und der Oberst Vyse glaubt auch ihren Ausgang oben aufgefunden zu haben, doch alles ist und bleibt höchst unbedeutend.
Erst nach mehreren Stunden hatten wir uns aus der Grabhöhle wieder hervor gearbeitet und begrüßten das rosige Licht und sanken todmüde auf die Riesensteine am Eingang hin und aßen Orangen und tranken Kaffee und fühlten uns durch dieses Intermezzo bald wieder so wunderbar gestärkt, dass ich, den Reigen kühn eröffnend, auch von außen heute noch zum Ziele gelangte, nämlich den 500 Fuß [≈ 152,4 m] hohen Gipfel der Pyramide kurz vor Sonnenuntergang erstieg."[873]

Pückler-Muskau berichtet hier eindeutig von zwei Sarkophagen in der Cheops-Pyramide, genau wie dies Visino, welcher am 27. März 1837 das Innere der Cheops-Pyramide erforscht hatte, geschrieben hat. Das genaue Datum der Besichtigung des Inneren der Cheops-Pyramide von Pückler-Muskau gibt er nicht an, aber aufgrund einer Begebenheit, die er kurz darauf schildert, können wir das Datum rekonstruieren. Er schildert dies so:

„Als ich im Begriff war, am Morgen darauf zu Pferd zu steigen, um meine Reise fortzusetzen, ließ mir Oberst Vyse sagen, dass er in diesem Augenblick einen neuen Eingang in die zweite Pyramide [Chephren-Pyramide] entdeckt habe, denn der Unermüdliche operiert auf allen dreien zugleich."[874]

Die Entdeckung des neuen Eingangs in die Chephren-Pyramide erfolgte laut dem Tagebuch von Vyse am 6. April 1837. Aus dem Text von Pückler-Muskau geht hervor, dass er zwei Tage zuvor das Innere der Cheops-Pyramide besichtigt hatte, also am 4. April 1837.

---

867 Er spielt hier auf das manchmal übertriebene Lob der Gelehrten über das letzte Weltwunder der Antike an.
868 Hier ist die von Nathaniel Davison im Jahr 1765 entdeckte erste Entlastungskammer der Königskammer gemeint.
869 Dies ist vermutlich ein Schreibfehler und sollte 180 Fuß [≈ 54,86 m] heißen.
870 Der Brunnenschacht geht nicht von der Königinnenkammer ab, sondern von der Großen Galerie; die Höhe ist aber die Gleiche.
871 Dies ist der rund 16 ½ m lange Blindtunnel, der von der Felsenkammer ausgeht.
872 Man nimmt an, dass Herodot von den Priestern damals das ca. 30 m tiefe Osiris-Grab gezeigt wurde, in welchem man im 20. Jahrhundert tatsächlich einen von Wasser umflossenen Sarkophag fand.
873 Pückler-Muskau 1844, Bd. 2, 22-25. Anpassung an modernes Deutsch und Unterstreichung im Text durch den Autor.
874 Pückler-Muskau 1844, Bd. 2, 30-31. Anpassung an modernes Deutsch durch den Autor.

Die Beschreibung des Besuchs der ägyptischen Pyramiden von Pückler-Muskau wurde übrigens schon Mitte 1839 in der damals in Augsburg erscheinenden *Allgemeinen Zeitung*[875] veröffentlicht. Die Reisebeschreibung beginnt mit der Überschrift *Reise von Kairo bis Assuan* und enthält den Untertitel *Von dem Verfasser der Briefe eines Verstorbenen*. Die *Briefe eines Verstorbenen* erschienen in vier Bänden in den Jahren 1830 bis 1831. Mit diesem Werk machte Pückler-Muskau als Schriftsteller auf sich aufmerksam, da das Werk ein literarischer Erfolg wurde. Das Werk wird bis heute (vollständige Taschenbuchausgabe vom 4. März 2015, Zenodot Verlagsgesellschaft) noch neu aufgelegt und gedruckt. Der erste Teil dieser in der *Beilage zur Allgemeinen Zeitung* abgedruckten Reisebeschreibung findet sich in Nummer 199 vom 18. Juli 1839 auf den Seiten 1545–1547 und endet mit dem Vermerk: *Fortsetzung folgt*. Diese Fortsetzung findet sich in der Folgeausgabe Nummer 200 vom 19. Juli 1839 auf den Seiten 1553 bis 1554 und endet mit dem Vermerk: *Beschluß folgt*. Auf Seite 1554 werden *die beiden großen Sarkophage* erwähnt. Diese Veröffentlichung erfolgte also noch bevor 1840 das Werk von Howard Vyse erschien. Damit kann man auch ausschließen, dass Pückler-Muskau erst abwarten wollte, was Vyse hierzu schrieb.

Nach den beiden Augenzeugenberichten von Visino und Pückler-Muskau, lässt sich die Existenz eines weiteren Sarkophags in der Königinnenkammer, den Vyse dort zutage gefördert haben muss, nicht leugnen. Vielleicht ergibt die Auswertung seines persönlichen Tagebuchs noch einen Hinweis darauf, was es mit diesem Sarkophag auf sich hatte und was daraus geworden ist.

13.2.12 Die Lepsius-Expedition von 1842 und Georg Erbkam

Georg Gustav Erbkam, am 29. September 1811 im schlesischen Glogau geboren, war nach seinem in Berlin 1841 abgeschlossenen Architekturstudium an der Bauschule zuerst Feldmesser sowie Land- und Wasserbauinspektor. Der berühmte deutsche Ägyptologe Richard Lepsius, ein entfernter Verwandter von ihm, schlug ihn als Teilnehmer der geplanten Königlich Preußischen Ägypten-Expedition vor und wurde akzeptiert.

Die messtechnischen Aufnahmen für die Pläne der Pyramidenfelder bei Memphis, des Gebietes von Abu Roasch und Amarna führte Erbkam mit hoher Genauigkeit durch, was selbst spätere Expeditionen oft nicht erreichten. Erbkam hat auch Bauaufnahmen der Pyramiden und Mastabas von Gizeh bis zum Fayum und der Felsengräber von Beni Hassan gemacht. Ebenso vermaß er die Tempelanlagen von Theben und Karnak.

Am 20. August 1842 machte er sich von Berlin aus zusammen mit anderen Expeditionsteilnehmern nach Ägypten auf, wo er am Abend des 13. September 1842 auf einem Dampfschiff gegen Abend Alexandria erreicht und sich dort einquartiert. Am 18. September 1842 trifft auch Lepsius ein, mit ihm Max Weidenbach, Frey, der Italiener Bonomi, der schon früher 4 Jahre in Oberägypten war und Arabisch, Englisch, Französisch und Italienisch spricht; er ist Mitglied der Expedition; außerdem ist noch ein englischer Architekt namens Wild mitgekommen, der die Reise auf eigene Kosten mitmachen will. Zusammen sind es acht Personen. Am 5. Oktober 1842 erreichen sie dann Kairo. Am 15. Oktober 1842, das ist der 47. Geburtstag des Preußischen Königs Friedrich Wilhelm IV. statten sie den Gizeh-Pyramiden ihren ersten Besuch ab; Hauptziel ist dabei die Cheops-Pyramide. Georg Erbkam führt von Anfang der Reise an ein Tagebuch, in dem er zum 15. Oktober 1842 u. a. vermerkt:

> *„...endlich kamen wir an den Eingang der Pyramide auf ¼ ihrer Höhe an, und es ward beschlossen, gleich hineinzugehen, es wurden Lichter geholt und mit 2 - 3 Mann als Führern krochen wir hinab; zuerst muß man sehr gebückt gehen und die Füße in kleine Vertiefungen des Bodens setzen; nachher geht es aufwärts; die Decke ist sehr hoch, man glitscht längs. Endlich kommen wir durch abermaligen engen Gang in die untere Kammer. Die Seiten der Gänge sowie Kammern sind mit röthlich grauem Granit höchst sauber gefugt, ausgelegt, die Platten in Letzteren etwa 1,15 m im Quadrat groß; ein leerer, halb zerstörter Sarkophag steht darin; schönes Echo; im Kreise stehend*

[875] Die *Allgemeine Zeitung* war im 19. Jahrhundert neben der *Frankfurter Zeitung* und der *Kölnischen Zeitung* eine der ersten und wichtigsten politischen Tageszeitungen Deutschlands. Sie erschien im Verlag der Cotta'schen Buchhandlung, die von 1807 bis 1865 auch das *Morgenblatt für gebildete Leser* als literarische Tageszeitung verlegte. Vom 16. Januar 1807 bis 30. September 1882 erschien die *Allgemeine Zeitung* schließlich in Augsburg, mit vier Druckseiten täglich und einer umfangreicheren *Außerordentlichen Beilage*, die etwa wöchentlich erschien.

mit unsren Kerzen sangen wir das Lied: Heil dir im Siegerkranz, was prächtig klang. Dann ging es hinaus, wieder enge und mühsame Gänge aufwärts bis in die obere Kammer fast von derselben Größe, auch ohne Hieroglyphen. Ich war durch das Kriechen sehr ermüdet. Fledermäuse flogen hin und wieder; Franke fing eine. Die Temperatur war im Ganzen sehr angenehm kühl, wahrscheinlich, weil ein Luftzug durch die Pyramide herrscht. Erschöpft kamen wir an das Tageslicht, den Besuch der andern Pyramiden verschoben wir auf später..." [876]

Erbkam beschreibt hier einen leeren, halb zerstörten Sarkophag in einer Kammer, die sich unter der oberen Kammer befindet. Da sie zuerst abwärts durch den Originaleingang in die Pyramide gehen und dann aufwärts, gelangen sie über den aufsteigenden Gang zur Großen Galerie, von der sie in die untere Kammer gelangen. Dies kann eigentlich nur die Königinnenkammer sein, denn als sie diese wieder verlassen geht es aufwärts zur oberen Kammer, was nur die Königskammer sein kann. Dies würde jedoch bedeuten, dass Erbkam einen Sarkophag in der Königinnenkammer beschreibt! Zudem soll der Sarkophag halb zerstört sein. Der Sarkophag in der Königskammer ist zwar an einem Eck beschädigt, aber als halb zerstört würde man ihn wohl nicht bezeichnen. Wenn es sich doch um den Sarkophag aus der Königskammer handeln sollte, wieso gehen sie dann nach dem Verlassen der Sarkophag-Kammer hinauf in die obere Kammer? Die Beschreibung des Weges zur unteren Kammer passt auch nicht zur unter der Pyramide befindlichen Felsenkammer, da man zu dieser über den absteigenden Gang nur abwärts und eben hingelangt, aber nie aufwärtsgehen muss. Genauso unwahrscheinlich ist es, dass mit der oberen Kammer die Davison-Kammer, also die erste Entlastungskammer gemeint ist, da man diese nur mühsam mit zusammengebundenen Leitern am Ende der Großen Galerie erreichen konnte. Hat also Erbkam doch einen Sarkophag, genau wie Visino, in der Königinnenkammer gesehen? Da er aber nicht von einem Sarkophag in der Königskammer spricht, ist zu vermuten, dass Erbkam in seiner Beschreibung etwas durcheinandergebracht hat. Aufgrund dessen, was bisher dazu geschildert wurde, ist es höchst wahrscheinlich, dass Vyse den Sarkophag in der Königinnenkammer am 4. April 1837 oder unmittelbar danach aus der Cheops-Pyramide hat abtransportieren lassen.

Lepsius beschreibt in einem seiner Briefe das erste Betreten der Cheops-Pyramide am 15. Oktober 1842 wie folgt:

„... stiegen wir wieder bis zum Eingange de Pyramide hinunter, versahen uns mit Lichtern, fuhren gleich Bergleuten mit einigen Führern in den schief abfallenden Schacht hinein und gelangten auf den mir durch Zeichnungen wohlbekannten Wegen zur Galerie und in die sogenannte Königskammer. Wir bewunderten die unendlich feinen Fugen der ungeheuren Blöcke und untersuchten die Steinarten der Gänge und Räume. Dann stimmten wir in dem geräumigen Saale, dessen Fußboden, Wände und Decke durchweg von Granit erbaut sind, und daher ein tönendes metallenes Echo zurückgeben, unsere preußische Hymne an, die so kräftig und feierlich schallte, daß unsere Führer nachher den übrigen Beduinen erzählten, wir hätten das Innerste der Pyramide ausgewählt, um darin unsern Gottesdienst und ein lautes gemeinschaftliches Gebet zu halten. Wir besuchten nun noch die sogenannte Kammer der Königin und verließen dann die Pyramide, indem wir uns die schwerer zugänglichen Räume zu sehen, für einen späteren, längeren Besuch derselben vorbehielten." [877]

Im Gegensatz zu Erbkam schreibt Lepsius, dass sie zuerst die Königskammer und dann die Königinnenkammer betreten haben. Beide Berichte geben in völlig unterschiedlichem Stil diese ersten, für beide sehr imposante Erinnerungen an ihren ersten Besuch der Cheops-Pyramide wieder: Lepsius bewundernd, feierlich, pathetisch und Erbkam detailverliebt, natürlich und die aktuellen Umstände bezeichnend, wie etwa *„enge und mühsame Gänge"*, *„sehr gebückt gehend"*, *„man glitscht längs"*, *„angenehme Temperatur"* etc.

Weder Lepsius noch Erbkam erwähnen den Sarkophag in der Königskammer, es sei denn man geht von einer Verwechslung bei Erbkam aus. Doch warum erwähnt Lepsius den Sarkophag nicht, welchen doch fast alle Reisende vor ihm immer erwähnt haben, z. B. dass er hell wie eine Glocke klingt, wenn man ihn anschlägt?

---

876 http://www.deutschestextarchiv.de/book/view/erbkam_tagebuch01_1842?p=65 (abgerufen am 29.9.2019)

877 C. R. Lepsius 1852, 21.

In den Tagebüchern von Erbkam kann man noch viele interessante Dinge über das alltägliche Leben während der Expedition lesen. Dies liegt wahrscheinlich daran, dass Erbkam seine Tagebücher nicht im Hinblick auf eine Veröffentlichung geschrieben hat, sondern als persönliche Erinnerungen. Das macht das Ganze auch sehr authentisch und glaubhaft. Natürlich kann auch Erbkam Dinge verwechseln und falsch in sein Tagebuch notieren. Die angenehme Kühle, von der Erbkam spricht, die durch einen Luftzug verursacht wird, kann sich nur auf die Öffnung der Luftschächte in der Königskammer durch Vyse fünf Jahre zuvor beziehen.

Was für eine Verwechslung der Kammern bei Erbkam spricht, ist folgende Passage *„nachher geht es aufwärts; die Decke ist sehr hoch, man glitscht längs."* Damit kann eigentlich nur die Große Galerie gemeint sein. Was wiederum dagegen spricht ist: *„Die Seiten der Gänge sowie Kammern sind mit röthlich grauem Granit höchst sauber gefugt"*, denn der Granit in der Königskammer ist nicht rötlich, wohl aber die Steine in der Königinnenkammer, die aber nicht aus Granit, sondern aus Kalkstein sind. Auch die von Erbkam erwähnten 1,15 m im Quadrat großen Platten sprechen eher für die Königskammer als für die Königinnenkammer und ebenso, dass sie in der Königskammer und nicht in der Königinnenkammer gesungen haben. Alle Fakten abwägend spricht die Wahrscheinlichkeit eher für eine Verwechslung der Kammern durch Erbkam.

13.3 Die Felsenkammer

Die Felsenkammer war in der Antike die einzige bekannte Grabkammer in der Cheops-Pyramide, da der aufsteigende Gang zu dieser Zeit noch perfekt getarnt war und es noch keinen Grabräuberstollen bis dahin gab. Erst durch den im 9. Jahrhundert von al-Ma'mūn geschaffenen Stollen waren alle drei Grabkammern zugänglich. Idrīsī, der im Mai 1173 in Fāw Baḥrī, Qinā, Oberägypten geboren wurde, 1187 dann mit seiner Familie nach Kairo übersiedelte, wo er am 5. Mai 1251 starb, kannte die Pyramiden noch, als sie ihre Verkleidungssteine noch besaßen und man die Cheops-Pyramide durch zwei Eingänge betreten konnte, denn er schreibt: *„"Ich gehe vor dir hinunter, folge mir!" und er betrat eines der beiden Löcher."* Zudem erwähnt er explizit den von al-Ma'mūn geschaffenen Tunnel als auch den Originaleingang, durch welchen einer seiner Landsleute wieder herausgekommen ist, nachdem er zuvor die Pyramide durch den al-Ma'mūn-Tunnel betreten hatte. Die Felsenkammer erwähnt er zwar nicht explizit, doch kann man aus seiner folgenden Beschreibung schließen, dass es sich um diese gehandelt haben muss. *„Yūsuf b. al-Bābā al-Shīrāb (Abū) Dār hat mir erzählt, dass er zusammen mit dem Reiter Fulim einige der absteigenden Gänge der Pyramide betrat, die sie zu einem Ort führten [der unterirdischen Felsenkammer], von dem aus sie keinen [weiterführenden] Weg mehr fanden."* Höchst wahrscheinlich hat Idrīsī die Pyramiden Ende des 12. Jahrhunderts unter der Herrschaft von Saladin erstmals besucht.

Ein früher Bericht eines Europäers über die Felsenkammer stellt der von Christoph Fürer dar, welcher am 20. September 1565 die Cheops-Pyramide untersuchte.

> *„Als wir wieder hinuntergingen [von der Königskammer] und zu dem Gang kamen, welcher in die untere Kammer [Königinnenkammer] geht, fanden wir auf der rechten Seite vorn beim Hineingehen ein tiefes Loch, gerade hinunter wie ein Brunnen [Brunnenschacht]. Da hinein sind wir fünf mit großer Mühe und Arbeit hinabgestiegen. Wir hatten Lichter bei uns, um zu sehen, was da unten wäre. Wir mussten uns mit Händen und Füßen in den Löchern festhalten, die es in den Mauern hatte. Als wir dann hinab kamen, mussten wir wieder durch enge Gänge abwärts auf dem Bauch kriechen [bis zur Grotte]. Und danach wiederum in einen Brunnen hinein und weiter durch einen langen Gang bis in eine große Kammer [Felsenkammer], die größer war als die anderen. Diese Gänge waren meistenteils in den Felsen gehauen. Aus dieser Kammer gab es wiederum einen geraden Gang, der weit hineinreichte.[878] Das Ende konnten wir nicht erreichen, da der Gang verfallen war und wir nicht weiterkonnten."*[879]

[878] Der über 16 m weit reichende Blindschacht am Ende der Felsenkammer in Richtung Süden.

[879] Fürer 1646, 59. Übertragung in modernes Deutsch durch den Autor.

Der Beschreibung nach hatte er unzweifelhaft noch den kompletten Brunnenschacht von oben nach unten durchstiegen, um dann in die Felsenkammer zu gelangen. Der Brunnenschacht war also zu diesem Zeitpunkt noch nicht so weit blockiert, dass er am unteren Ende nicht mehr passierbar war.

Samuel Kiechel, der die Cheops-Pyramide am 3. Juli 1588 betreten hat, schreibt:

> *„Wir stiegen den geraden Gang [absteigender Gang] immer weiter hinunter. Unten war er so voller Steine und dermaßen verfallen, daß wir einen guten Teil des Weges auf dem Bauch kriechen mußten. Nach langem Absteigen kamen wir zu einem engen Loch auf der rechten Seite*[880]*, in das wir hineinkrochen, denn der andere Gang führte noch viel tiefer hinunter, er war aber mit Steinen, Sand und Staub so ausgefüllt, daß man nicht weiter konnte."* [881]

Aus der weiteren Beschreibung von Kiechel geht eindeutig hervor, dass er durch den Brunnenschacht von unten in die Große Galerie aufgestiegen ist. Er war wohl der letzte, zumindest von dem wir einen Bericht haben, der noch den gesamten Brunnenschacht durchstiegen hat. Der weitere Verlauf des absteigenden Gangs war zu diesem Zeitpunkt bereits nicht mehr passierbar. Es ist durchaus möglich, dass die Verstopfung des unteren Teils des absteigenden Gangs etwas mit den Schatzsuchaktivitäten von Damiat Ibrahim Pascha zu tun hatte, welcher 1584 einige Grabungen im Inneren vornehmen ließ. Die Steine könnten aus der Felsenkammer stammen, wo er sie eventuell versucht hat abzutransportieren und dann etliche am unteren Ende des absteigenden Gangs zurückgelassen hat.

François Savary de Brèves, der die Gizeh-Pyramiden am 11. November 1611 besichtigt hat, schreibt:

> *„Nachdem wir sie [Cheops-Pyramide] von außen betrachtet hatten, gingen wir lange Zeit, mit all der Neugierde und dem Erstaunen, das uns die Neuartigkeit eines so seltsamen und wunderbaren Werkes bescherte, mit Fackeln durch eine quadratische Öffnung in der Mitte der Vorderseite [Originaleingang], die zur Stadt zeigt, hinein. Wir gingen einer nach dem anderen 50 Schritte [≈ 32,5 m], gebückt und gesenkten Hauptes, in einem quadratischen Marmorgang [absteigender Gang] hinunter, der 5 Fuß [≈ 1,3 m] breit und ebenso hoch war. Wir setzten unsere Füße in die Löcher von Beschlägen, die als Stufen dienten. Denn alle Treppen, die sich in der besagten Pyramide befinden, besitzen keine Stufen, sondern sind im Gegenteil alle vereint und glatt, wie Glas. Unten an diesem Abstieg gibt es links eine Lücke, von der aus ein weiterer Abstieg zu sehen ist [absteigender Gang zur Felsenkammer], der viel tiefer unter die Pyramide führt, aber der Eingang hierzu ist zugemauert."* [882]

Ab diesem Zeitpunkt sieht es so aus, als ob der absteigende Gang bereits kurz nach dem Verbindungstunnel zum aufsteigenden Gang, also in etwa nach 30 m ab dem Originaleingang, nicht mehr zugänglich war. Vielleicht hat jemand aus Sicherheitsgründen den Zugang tatsächlich zumauern lassen. Es ist jedenfalls genau die Stelle, wo sich auch in heutiger Zeit ein metallenes Absperrgitter befindet, was den Zugang für normale Touristen blockiert.

Erst Giovanni Battista Caviglia ließ im März 1817 den absteigenden Gang von Arabern freiräumen und gelangte nach über 200 Jahren der Nichtbetretbarkeit wieder in die Felsenkammer, die er ebenfalls freiräumen ließ. Es ist gut möglich, dass Ibrahim Paschas Leute im Jahr 1584 die letzten waren, die die Felsenkammer noch betreten hatten.

---

880 Dies ist er untere Einstieg in den Brunnenschacht, der oben in der großen Galerie herauskommt.

881 Keller 2001, 62.

882 Savary de Brèves 1628, 277. Eigene Übersetzung aus dem Französischen.

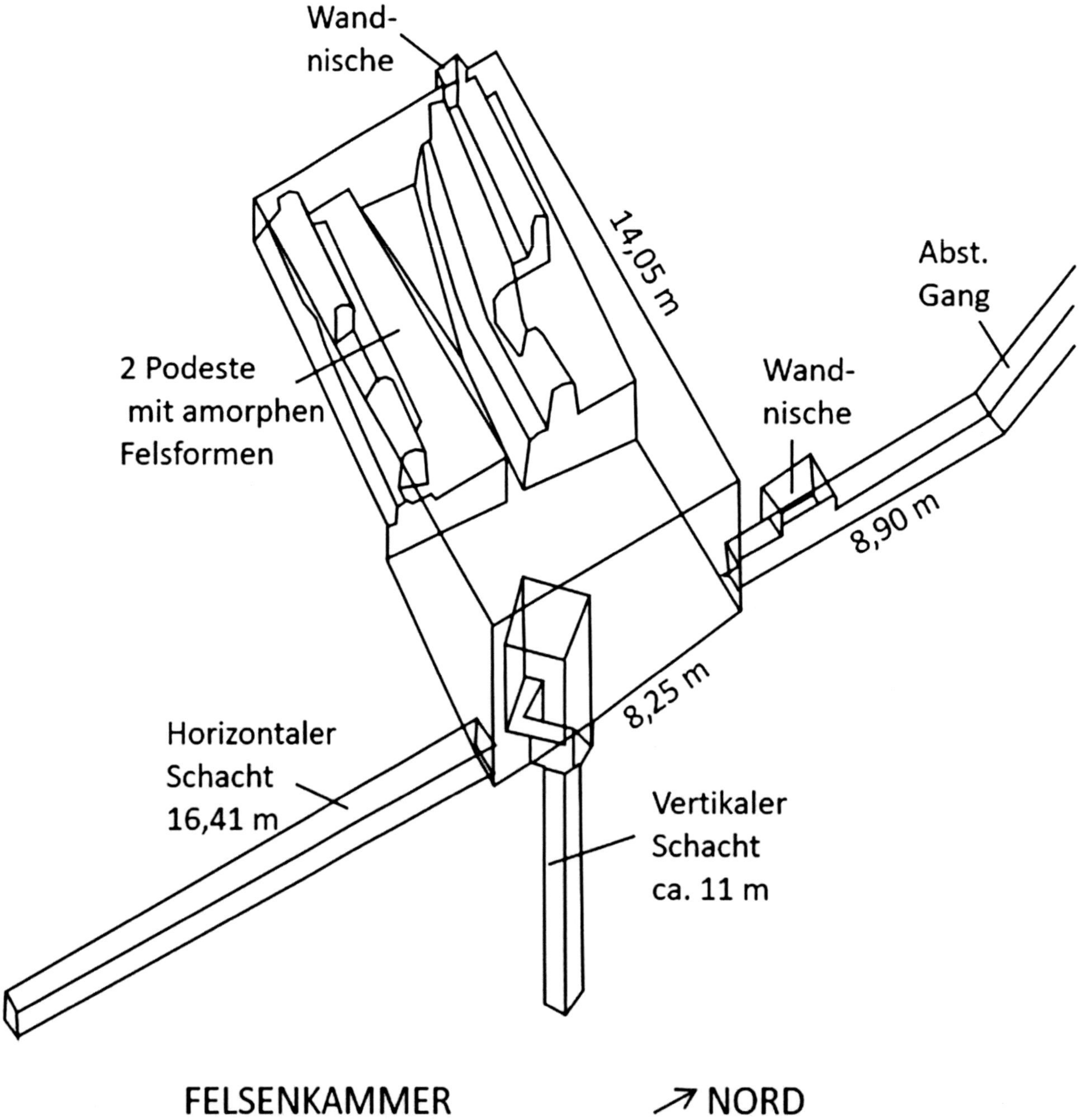

Abb. 135: Schematische Zeichnung der Felsenkammer der Cheops-Pyramide. (Nachzeichnung nach Kerres).

Betrachten wir uns einmal die Maße der Felsenkammer genauer: Länge = 14,05 m[883], Breite = 8,25 m oder 8,28 m[884], Höhe = 3,10 m (variabel)[885]. Wie in den Fußnoten zu diesen Maßangaben zu sehen ist,

---

883 Dormion gibt 14,05 m an (Dormion 2004, 278), Maragioglio und Rinaldi geben 14,06 m für die Nordwand und 14,08 m für die Südwand an (Maragioglio und Rinaldi 1963-1977, Vol. 4, Tav. 4), Lehner und Hawass geben 14 m an (Lehner und Hawass 2017, 146), Stadelmann nimmt mit 14,08 m den Wert für die Südwand an (Stadelmann 1997, 113), sowie 26 ¾ Ellen, da er den Ellenwert für den geplanten und daher richtigen Wert hält.

884 Während Dormion 8,25 m angibt (Dormion 2004, 278), geben Maragioglio und Rinaldi 8,28 m für die Ostwand und 8,36 m für die Westwand an (Maragioglio und Rinaldi 1963-1977, Vol. 4, Tav. 4). Der Wert für die Ostwand wird auch von Lehner und Hawass übernommen. Stadelmann nimmt hingegen den Wert für die Westwand, da er auf einen glatten Ellenwert kommen möchte, den er mit 16 Ellen angibt. 16 Königsellen nach Cheops wären aber 8,38 m.

885 Dormion gibt als Höhe beim Eingang 3,10 m an (Dormion 2004, 278). Maragioglio und Rinaldi geben 3,10 m als Höhe vom Boden des Eingangs bis zur Decke an, 5,03 m bis zum ursprünglichen Boden im vertikalen Schacht (dieser Wert stammt von Petrie) und 6,73 m bis zu einer weiteren Verengung im vertikalen Schacht (Maragioglio und Rinaldi 1963-1977, Vol. 4, Tav. 4) an. Lehner und Hawass geben 5,3 m an (Lehner und Hawass 2017, 146), was aber wohl ein Druckfehler darstellt und 5,03 m heißen soll, da dies der Wert ist, den Stadelmann (Stadelmann 1997, 113) als maximale Höhe angibt (der Wert von Petrie).

unterscheiden sie sich alle ein wenig, von Autor zu Autor. Man kann aber festhalten, dass Stadelmann nicht die gemessenen Werte angibt, sondern die seines Erachtens korrekten Ellenwerte, die er dann in Meter zurück umrechnet. Echte Messwerte geben nur Dormion und Maragioglio/Rinaldi an, wobei letztere nur den Breitenwert angeben, aber keinen Längen- oder Höhenwert. Lehner und Hawass übernehmen nur den Wert von Maragioglio/Rinaldi für die Breite, von Stadelmann den Wert für die maximale Höhe (allerdings mit einem Druckfehler: 5,3 m anstatt 5,03 m) und als Länge runden sie den Wert von Stadelmann (14,08 m) ab auf glatt 14 m. Da die Werte von Dormion echte Messwerte sind, und auch sonst seine Messwerte vorzüglich sind, ist es sinnvoll diese für die weitere Betrachtung zu benutzen. Die Idee von Stadelmann, dass die ursprünglichen Werte nicht in Metern oder Fuß geplant wurden, sondern in altägyptischen Königsellen, macht sicherlich Sinn. Doch hat Stadelmann hier die gemessenen Werte einfach passend gemacht, damit sie zu „vernünftigen" Ellenwerten passen. Die von Cheops verwendete Elle maß 52,36 cm, wie wir aus den genauen Maßen der Königskammer wissen. Legt man diese Elle als Maß für die Felsenkammer zugrunde, so ergeben sich folgende auf zwei Nachkommastellen gerundete Werte: 14,05 m = 26,83 E (14,08 m = 26,89 E und 14 m = 26,74 E), 8,25 m = 15,76 E (8,28 m = 15,81 E), 3,10 m = 5,92 E (5,03 m = 9,61 E). Alle diese Werte repräsentieren keine ganzzahligen Ellenwerte. Die Präzision der Königs- und Königinnenkammer in ihren Dimensionen belegen eindrucksvoll, dass hier die geplanten Werte in Königsellen bis auf den Millimeter genau umgesetzt wurden. Falls also Cheops die Felsenkammer ebenfalls geplant hätte, warum hätte er dann dort solche „krummen" Ellenwerte nutzen sollen? Dies ergibt keinen Sinn. Setzt man hingegen die Elle zu 51,75 cm fest, so ergibt eine Breite von 8,28 m exakt 16 Ellen, 14,05 m ergibt 27,15 Ellen und 3,10 m ergibt dann 5,99 Ellen. Der letzte Wert weicht dabei nur unwesentlich von 6 Ellen ab. Der Wert 27,15 Ellen weicht ebenfalls nur unwesentlich von 27 ⅐ Ellen ab oder altägyptische ausgedrückt gleich 27 Ellen 1 Handbreit. Eine Verkleinerung der Königselle von Cheops um 6,1 mm ergibt hier schon ein ganz anderes Bild. Die 51,75 cm waren mit ziemlicher Sicherheit ein älterer Standard für die Königselle gewesen vor der Zeit von Cheops. Daraus können wir nun schließen, dass Cheops die Felsenkammer bereits vor dem Bau seiner Pyramide so vorgefunden hat.

In der Mitte zwischen der Nord- und Südwand der Felsenkammer befindet sich ein nahezu quadratischer Schacht, dessen Seitenwände diagonal zum Raum verdreht sind. Zuerst hat er eine etwa 2 × 2 m breite Öffnung, um sich dann nach gut 2,60 m Tiefe auf etwa 1,40 × 1,40 m zu verjüngen. Mit diesem Querschnitt reicht er dann noch einen guten weiteren Meter in die Tiefe, von wo aus es 7,80 m bis zur Decke der Felsenkammer sind. Daran schließt sich das Bohrloch von Howard Vyse an, welches noch einmal 7,20 m weiter in die Tiefe reicht, also insgesamt 11 m ab dem Boden der Felsenkammer, der sich hier etwa 4,10 m unterhalb der Decke befindet. Denkbar ist, dass die ersten 2,60 m Tiefe von der ursprünglichen Ausschachtung des potenziellen Grabs stammen, während Cheops noch 2 Ellen tiefer hat ausschachten lassen, um potenzielle Grabräuber hierin mehr sehen zu lassen als es zu sehen gibt. Howard Vyse, der von Herodots Bericht über das vom Nilwasser umflossene Grab inspiriert war, hatte deshalb an dieser Stelle so tief graben lassen, um das vermeintliche Grab zu finden.

Betrachten wir uns nun den fast 16 ½ m weit reichenden Blindschacht, der am Südende der Felsenkammer beginnt und einen fast quadratischen Querschnitt von 0,75 × 0,78 m hat. Betrachtet man sich die vielen unterirdischen Gänge und Verzweigungen unterhalb der Stufenpyramide in Sakkara, die das Grab von König Djoser aus der 3. Dynastie war, so war das Felsengrab in Gizeh möglicherweise der Versuch eine ähnliche unterirdische Anlage wie in Sakkara zu errichten. Da Djoser etwa 100 Jahre vor Cheops regierte, lag also zwischen ihm und Cheops ausreichend Zeit, um für einen König zwischen Djoser und Snofru, dem Vater und Gründer der 4. Dynastie, ein angemessenes Königsgrab auf dem Gizeh-Plateau zu erschaffen. Infrage käme hier Huni, der Vater von Snofru und Großvater von Cheops, dessen Grab bis heute unbekannt geblieben ist.

Aus uns unbekannten Gründen wurde das Vorhaben dann aber unvollendet eingestellt. Auch die Tiefe von 28 m des quadratischen Zentralschachts unterhalb der Djoser-Pyramide ist vergleichbar mit der Tiefe des Felsengrabs unterhalb der Cheops-Pyramide; zudem gibt es an der Ostseite der Djoser-Pyramide noch 11 Schächte mit einer Tiefe von 32 m. Etwa 30 m scheint also die typische Schachttiefe für ein Königsgrab im damaligen Ägypten gewesen zu sein.

Kommen wir nun zu einem anderen auffälligen Merkmal im Zusammenhang mit der Felsenkammer. Etwa 1 ½ m davor, im horizontalen Teil des absteigenden Ganges, der hier nur 0,85 m breit und 0,91 – 0,95 m hoch ist, findet sich eine 1,84 m lange und gut 1 m (2 Königsellen) tiefe Wandnische. Ihre Oberseite ist leicht unregelmäßig geformt und am Südende ist sie 1,23 m hoch und damit etwa 30 cm höher als der anschließende

Gang zur Felsenkammer. Diese Nische korrespondiert exakt mit der senkrechten Pyramidenachse. Die Frage, die sich hier aufdrängt, ist, warum gerade hier und nicht am Beginn der Felsenkammer? Meines Erachtens liegt die Lösung darin begründet, dass es sich bei der Felsenkammer um ein altes Grab, wenn auch unfertig, handelt, welches über einen senkrechten Zugangsschacht verfügte, wie es üblich war. Die rund 1 ½ Meter Zugangstunnel[886], die es von der Wandnische bis zur Felsenkammer sind, entsprechen 3 Königsellen (3 × 51,75 cm = 155,25 cm). Diese Länge ist typisch für solche Gräber mit einem tiefen Zugangsschacht. Die Wandnische ist daher meines Erachtens ein Relikt des ursprünglichen senkrechten Zugangstunnels. Dieser zu Cheops Zeiten sicher noch zugängliche Schacht, hatte den Vorteil, dass er die einfache Installation einer senkrechten Holzkonstruktion erlaubte, um so beim Bau der Pyramide immer genau zu wissen, wo das Zentrum der Pyramide ist. Da Cheops den natürlichen Felsenkern, der zum Teil über 5 Meter die Pyramidenbasis überragt, stehen gelassen hat, machte die exakte Ausrichtung der Pyramide nicht gerade einfacher, da man zu Beginn kein Seil horizontal von einer Ecke zur anderen spannen konnte, zumindest nicht die diagonal gegenüberliegenden Ecken betreffend, erleichterte eine exakt im Zentrum stehende Holzkonstruktion dies doch enorm. So konnte man gleich lange Seile von dort aus zu jeder Ecke spannen und wusste dann automatisch, dass sie die gleiche Entfernung vom Zentrum besaßen.

Eine weitere Auffälligkeit besteht in der Änderung der Schachtbreite am unteren Ende des absteigenden Gangs, der dort noch mit 1,05 m genau 2 Königsellen (nach Cheops) breit ist, der anschließende horizontale Teil aber nur 0,85 m breit, also 20 cm weniger bzw. 10 cm auf jeder Schachtseite. Die 85 cm ergeben nach der alten Königselle zu 51,75 cm genau 11 ½ Handbreit, während es nach der Cheops-Elle 11,36 Handbreit oder rund 11 ⅓ Handbreit sind. Cheops hat hier vermutlich die ursprüngliche Breite des horizontalen Zugangstunnels zum Felsengrab beibehalten, beim absteigenden Gang ist er dann aber zu einem glatten Ellenmaß nach seiner Königselle übergegangen. Auch das scheint mir ein plausibler Beleg dafür zu sein, dass Cheops den absteigenden Gang hat graben lassen und dass dieser nicht schon mit dem älteren Felsengrab angelegt worden ist. Einige Ägyptologen halten übrigens das Felsengrab für erst nach dem Bau der Cheops-Pyramide angelegt, wofür ich keinerlei Hinweise sehe.

Für Cheops hatte diese unvollendete und sehr tief liegende Grabkammer einen enormen Vorteil. Er konnte es in den Plan seiner Pyramide mitaufnehmen, um mögliche Grabräuber in die Irre zu führen. Den senkrechten Schacht ließ er dazu oberhalb des horizontalen Gangs verschließen und anschließend von oben her mit Schutt und Steinen so weit verfüllen bis zu einer ausreichenden Mindesttiefe für seine Holzkonstruktion im Zentrum der Pyramide. Doch zuvor ließ er einen schrägen Zugangstunnel, den absteigenden Gang, von unten aus bis zur Oberfläche des Gizeh-Plateaus in dem üblichen Neigungswinkel von 26,5° ausschachten. Dann ließ er das Plateau so weit glätten und mit Pflastersteinen als Sockel verlegen, dass er seine Pyramide darauf errichten konnte. Den natürlichen Felsenkern in der Mitte ließ er allerdings stehen, um Baumaterial zu sparen. Der absteigende Gang konnte nun an der Oberfläche ebenfalls einfach im gleichen Winkel wie im Felsmassiv fortgesetzt werden. Doch zuvor verlängerte er das untere Ende des senkrechten Schachts um 14 Königsellen in horizontaler Richtung nach Norden. Das gesamte horizontale Teilstück ist gemäß Dormion (Dormion 2004, 278) 8,90 m lang, was exakt 17 Königsellen (von Cheops) entspricht. Den ursprüngliche 1,55 m lange Zugangstunnel zum Felsengrab musste er zuerst nur um 1 Fingerbreit erweitern, damit er seiner neuen Ellennorm von 3 Königsellen entsprach. Von da an folgte der horizontale Abschnitt mit einer Länge von 14 Königsellen bis zum unteren Beginn des aufsteigenden Gangs. Von hier an bis zu der unteren Öffnung des Brunnenschachts finden wir wieder eine Distanz von exakt 14 Königsellen oder 7,33 m.[887] Die Distanz von jeweils 14 Königsellen ist typisch für die Cheops-Pyramide. Man findet sie nämlich auch als Höhe von der oberen Stufe in der Großen Galerie bis zum Eingangstunnel in die erste Entlastungskammer (Davison-Kammer), sowie dessen Tunnellänge bis zu besagter Kammer und als Versatz des Eingangs in Richtung Osten gegenüber der Seitenmitte der Nordseite. Die Zahl 14[888] findet sich übrigens auch im Rücksprungverhältnis (äg. *seked*)

886 Gemäß Maragioglio/Rinaldi sind es 1,52 m vom Südende der Wandnische bis zum Abfall des Schachtbodens in der Felsenkammer (Maragioglio und Rinaldi 1963-1977, Vol. 4, Tav. 4).

887 Gemäß Maragioglio/Rinaldi beträgt die Distanz am Boden 7,53 m und an der Decke 7,13 m, was zu einem Mittelwert von 7,33 m führt (Maragioglio und Rinaldi 1963-1977, Vol. 4, Tav. 4).

888 14 ist auch das Doppelte der Zahl 7, die wiederum als Basis für die Königselle benutzt wurde, nämlich 7 Handbreit. Da Ägypten aus Ober- und Unterägypten bestand und der König auch eine Doppelkrone zu zeremoniellen Anlässen trug, kann dies der Grund für die doppelte Größe der Zahl 7 sein, womit sie eine symbolische Bedeutung besäße.

für den äußeren Neigungswinkel der Pyramidenseiten: auf 11 Fingerbreit waagrechter Fläche nimmt die Höhe um 14 Fingerbreit zu. Man kann dies einfach in Form eines rechtwinkligen Dreiecks realisieren, bei dem eine Kathete 11 Fingerbreit lang ist und die andere 14 Fingerbreit.[889] In diesem Zusammenhang ist auch interessant, dass Archimedes in einer Abhandlung mit dem Titel *Kreismessung* (griechisch: *Κύκλου μέτρησις*, transkribiert *Kýklou métrēsis*, lateinisch: *Dimensio circuli*) folgende Aussage trifft: *„Der Kreis hat zum Quadrat seines Durchmessers (nahezu) ein Verhältnis wie 11 zu 14.“*;[890] dies war auch Euklid[891] bekannt.[892] In diesem Satz von Archimedes kommt auch das Verhältnis von 22 zu 7 ($^{22}/_{7} \approx 3{,}14286 \approx \pi \approx 3{,}14159$) vor, welches seine Näherung an die Kreiszahl Pi (π) darstellt.[893]

Meines Erachtens zeigt dies auch, dass Cheops bzw. Hemiunu dies genau so planen ließ und diese Ausschachtungen zu seiner Zeit erfolgten, während der senkrechte Zugangsschacht und das Felsengrab schon vorhanden waren. Viele Erforscher der Cheops-Pyramide hatten sich gefragt, warum am Ende des absteigenden Gangs ein 8,90 m langes horizontales Gangstück besteht und zudem das horizontale Gangstück nicht erst in der Pyramidenmitte beginnt. Die obige Analyse liefert hierfür eine schlüssige Erklärung.

Der sogenannte Brunnenschacht hatte meines Erachtens eine doppelte Funktion: Erstens als Fluchttunnel für die Arbeiter, die noch im oberen Teil der Pyramide Innenarbeiten vornahmen und zweitens als Teil der Irreführung potenzieller Grabräuber. Nachdem dieser enge und steile Schacht nicht mehr benötigt wurde, verschlossen ihn die Arbeiter am oberen Ende des senkrechten Teilstücks neben der Felsengrotte. Dies erklärt auch die Länge des von Plinius mit 86 römischen Ellen (≈ 38,2 m) angegebenen Brunnenschachts. Entgegen der heute als gegeben benutzten Annahme, dass der gesamte Brunnenschacht bereits in der Antike bekannt war und damit auch der Zugang zum oberen Gangsystem, bin ich der Meinung, dass die Römer nur von unten her bis zur Felsengrotte vorgedrungen sind. Erstens spricht die von Plinius angegebene Länge dafür und zweitens der Umstand, dass Plinius nichts von weiteren Grabkammern berichtet hat. Wäre ihm die Königskammer mit dem Sarkophag bekannt gewesen, warum hätte er sie dann verschweigen sollen, den unbedeutenden Brunnenschacht hingegen erwähnen sollen? Man nimmt heutzutage auch an, dass der Originaleingang, welcher gemäß Strabon mit einem beweglichen Stein verschlossen war, möglicherweise schon seit Anbeginn an bekannt war. Damit wäre er Teil des von Cheops geplanten Ablenkungsmanövers für potenzielle Grabräuber. Diese konnten somit, ohne Zerstörungen an der Pyramide anzurichten, bis in die Felsenkammer vordringen, wo ursprünglich von Cheops vermutlich irgendwelche Scheingrabbeigaben deponiert worden waren, aber sonst keine Schätze und auch kein Leichnam des Königs zu finden waren. Der erste Eindringling konnte selbst aber nicht wissen, dass er der Erste war und musste somit annehmen, dass bereits vor ihm jemand anderes den Leichnam des Königs und den Sarkophag aus der Felsenkammer weggeschleppt hatten. Im Gegensatz zu dem Sarkophag in der Königskammer gab es technisch kein Hinderungsgrund für den Abtransport eines Sarkophags aus der Felsenkammer. Wer damals mutig war und gut klettern konnte, drang dann auch bis zur Felsengrotte vor, wo er aber ebenfalls keine Schätze vorfand bzw. eventuell extra von Cheops dort deponierte nicht wertvolle Grabbeigaben. Somit konnten Grabräuber immerhin zwei Räume im Inneren der Cheops-Pyramide erkunden und diese für alles halten, was es dort zu entdecken gäbe. Der aufsteigende Gang war ja perfekt getarnt.

Zu der gleichen Schlussfolgerung, dass Cheops mit dem absteigenden Gang und der Felsenkammer ein Täuschungsmanöver für Grabräuber inszenierte, kommt auch der unabhängige Forscher Bernhard Kerres in seinem Buch *Cheops – In der Mitte der Pyramide*, indem er in seinem Fazit schreibt:

---

889 Die sich ergebende Diagonale ist dann ziemlich genau 17,8 Fingerbreit. In unserer modernen Gradmessung erhält man als Wert $\tan^{-1}(14/11) = \cot an^{-1}(11/14) \approx 51{,}84°$.

890 Archimedes, et al. 1892, 74.

891 Euklid von Alexandria (altgriechisch *Εὐκλείδης Eukleídēs*, latinisiert *Euclides*) war ein griechischer Mathematiker, der wahrscheinlich im 3. Jahrhundert v. Chr. in Alexandria gelebt hat. Sein Werk *Elemente* wurden 2000 Jahre lang als akademisches Lehrbuch benutzt und war bis in die zweite Hälfte des 19. Jahrhunderts das nach der Bibel meistverbreitete Werk der Weltliteratur.

892 Euklid, et al. 1781, 12. Buch, 2. Satz, 298-300.

893 Archimedes gibt in seinem 3. Satz über die Kreismessung (Archimedes, et al. 1892, 75-81) ein Intervall an, in welchem die Zahl Pi (π) liegt, nämlich $3\ ^{10}/_{71} < \pi < 3\ ^{1}/_{7}$ oder $3{,}140845... < \pi < 3{,}142857...$ Der Mittelwert zwischen der Ober- und Untergrenze beträgt $3\ ^{141}/_{994} = 3{,}141851...$ Da $\pi = 3{,}141592...$ ist, beträgt die Abweichung zum Mittelwert gerade einmal 0,000258453 oder rund ¼ Promille.

„Die Funktion des Absteigenden Gangs und der Felsenkammer ist die einer bewussten Irreführung potenzieller Grabräuber. Dabei entspricht die Führung des Absteigenden Gangs unter das Basisniveau der Cheops-Pyramide der tradierten Form des Wegs zur Grabstätte des Pharaos und ist Teil dieser Täuschung. Der auch ursprünglich nicht verborgene, sondern weithin sichtbare Eingang in das Bauwerk dient ebenfalls der Irreführung, die durch die möglicherweise komplette Auffüllung des Absteigenden Gangs noch verstärkt wurde. Der Zugang zum zu schützenden oberen Gang- und Kammersystem wurde damit so geschickt getarnt, dass er erst durch Zufall im 9. Jahrhundert n. Chr. entdeckt wurde.“ [894]

Wäre der Originaleingang in nachrömischer Zeit noch auffindbar gewesen, hätte vermutlich niemand versucht einen Grabräubertunnel zu graben. Wann die ersten 50 Ellen (≈ 23,1 m) dieses Schachts, der vor al-Ma'mūn ein Blindschacht war, gegraben wurde, bleibt ungewiss, da der Originaleingang möglicherweise schon in der 1. Zwischenzeit im 3. Jahrtausend v. Chr. nicht mehr auffindbar war und somit für Grabräuber der Bedarf eines künstlich geschaffenen Tunnels bestand. Da man sich aber immer wieder gefragt hat, wieso die Grabräuber exakt in der Höhe des beginnenden aufsteigenden Gangs einen Tunnel gegraben hatten, was irgendwie implizieren musste, dass sie etwas von der inneren Architektur der Pyramide kannten, halte ich es für wahrscheinlicher, dass dieser erste Versuch erst durch die Araber irgendwann nach 641 n. Chr. und vor 832 n. Chr. erfolgt ist. Untersucht man nämlich die sogenannten Versuchsschächte unmittelbar vor der Cheops-Pyramide, kann man Rückschlüsse auf das Innere der Pyramide treffen. Die Länge der Versuchsschächte entsprach zwar nicht der tatsächlichen Länge in der Pyramide, wohl aber die Tiefe, in der sich der Abzweig des aufsteigenden Gangs vom absteigenden Gang befand. Dies würde erklären, wieso der Grabräuberstollen exakt in dieser Höhe angefangen wurde zu graben. Eine fehlende Kenntnis des Inneren der Pyramide beweist, dass der Stollen genau in der Seitenmitte gegraben wurde und nicht 7,3 m östlich davon. Die Grabräuber nahmen nämlich an, dass sich die Grabkammer im Zentrum der Pyramide befinden würde, da dies der von allen Seiten weiteste Weg durch die Pyramide darstellt und somit den vermeintlich besten Schutz der Grabkammer bietet. Dies ist auch eine logische Überlegung, die nicht von der Hand zu weisen ist. Erst durch die zusätzlichen Grabungsarbeiten von al-Ma'mūns Männern löste sich – vermutlich aufgrund von Erschütterungen – der im absteigenden Gang befindliche Deckstein, welcher den Beginn des aufsteigenden Gangs etwa 3.400 Jahre lang verborgen hatte. Das Geräusch des fallenden schweren Steins hörten die Arbeiter und begannen daraufhin die Richtung des Stollens zu ändern, bis sie dann tatsächlich etwas oberhalb des Beginns des aufsteigenden Gangs herauskamen. Wer weiß, was passiert wäre, wenn sich dieser Abdeckstein nicht abgelöst hätte; vermutlich wäre dann der Grabräuberstollen in Richtung Pyramidenmitte weiter gegraben worden, um ihn dann irgendwann enttäuscht aufzugeben. Das Auffinden der oberen beiden Kammern mit all ihren Inhalten wäre dann wohl eher in modernen Zeiten erfolgt. Den obersten der drei Granit-Blockiersteine versuchten al-Ma'mūns Männer mit roher Gewalt zu zerstören, weshalb dieser auch nur noch gut zur Hälfte vorhanden ist. Doch war dies ein sehr mühsames Unterfangen und es schien deutlich einfacher, statt die Blockiersteine mühsam zu zerkleinern und aus dem Gang zu entfernen, eine Umgehung durch den weichen Kalkstein vorzunehmen. Dies führte zu dem knapp 3 Meter langen Verbindungsgang zum absteigenden Gang, der etwa 3 Meter hinter dem Abzweig zum aufsteigenden Gang auf den absteigenden Gang trifft. Entgegen der Annahme von Benoît de Maillet[895], dass der gesamte aufsteigende Gang mit Granit-Blockiersteinen ausgefüllt war, glaube ich, dass es genau die drei heute noch vor Ort befindlichen Blockiersteine gab. Auch in der Vorkammer zur Königskammer benutzen die Ägypter drei Fallsteine zur Verschließung des Zugangs zur Königskammer. Bei Blockaden dachte man, dass ein System aus drei aufeinanderfolgenden Steinen Hindernis genug wäre; vielleicht hatte es auch eine mythologische Bewandtnis. Dies lässt übrigens auch vermuten, dass

[894] Kerres 2018, 166. Kerres geht übrigens auch von einem zentralen Schacht aus, um das bautechnische Problem während der Errichtung der Pyramide um einen bestehenden Felsenkern herum in den Griff zu bekommen. Er verbindet dies allerdings nicht mit dem von mir vorausgesagten schon existierenden senkrechten Schacht zur Felsenkammer.

[895] Er kam am 29. Juni 1692 in Ägypten an, wo er neben seiner Funktion als Konsul für Frankreich auch an persönlichen Forschungen arbeitete. Maillet war 16 Jahre lang französischer Konsul und blieb bis 1708 in Ägypten, wo er nach eigenen Angaben die Pyramiden von Gizeh über 40-mal besuchte, was aufgrund anderer Berichte jedoch stark bezweifelt werden muss.

es bei den kleinen Schächten, welche von der Königinnenkammer nach oben reichen, ebenfalls ein System aus drei aufeinander folgenden Blockiersteinen gibt, wovon man heute nur den ersten durchbohrt hat, zumindest nach offiziellen Angaben.

13.4 Die Kammer an der Nordostecke

Abb. 136: Cheops-Pyramide mit der Kerbe in 83 m Höhe an dem Nordostgrad.

Der französische Architekt Jean-Pierre Houdin hat um das Jahr 2005 eine Theorie entwickelt, welche für den Bau der Cheops-Pyramide nicht externe Rampen, sondern interne Rampen vorsieht. Er konnte alsbald den Ägyptologen Bob Brier von seiner Theorie überzeugen. Houdin war an der Nordostkante der Pyramide in knapp ⅔ Höhe eine Kerbe aufgefallen, die er gerne genauer untersucht hätte. Da er selbst keine Genehmigung zur Besteigung der Pyramide erhielt, ersuchte er Bob dies für ihn zu tun. Dieser erhielt vom Antikenministerium 2008 eine Sondererlaubnis für sich und einen Kameramann von National Geographic. Er machte Aufnahmen für eine Dokumentation mit dem Namen *Unlocking the Great Pyramid*, welche für den National Geographic Channel gedreht wurde. Beide bestiegen die Pyramide, bis sie in einer Höhe von rund 270 Fuß (knapp 83 m) die fast 6 m hohe Kerbe erreichten, welche sich als quadratische Plattform von fast 16 m^2 Fläche herausstellte. Diese Plattform hatten früher, als die Besteigung der Pyramide noch erlaubt war, schon viele Besucher als Punkt zum Ausruhen beim beschwerlichen Aufstieg benutzt. Im 17. Jahrhundert erhielt diese kleine Plattform auf 83 m Höhe von Franzosen den Spitznamen „die Taverne", da sie dort Rast machten und sich gerne einen Schluck genehmigten. Den meisten entging dabei aber, dass man am hinteren Ende der Plattform über ein schmales Loch in einen Hohlraum gelangen konnte.

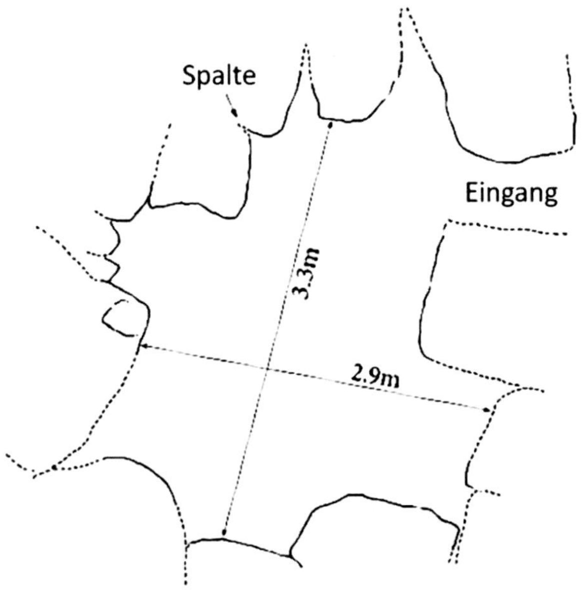

Abb. 137: Grundriss von Bobs Kammer (Zeichnung nach Kawae).

Die Entfernung von der Pyramidenkante bis zum Eingang dieser Kammer beträgt ca. 5 ½ m. So erforschte Bob Brier eine ca. 3,3 × 2,9 m große und über 2 m hohe Kammer in etwa 83 m Höhe[896] an der Nordostecke der Cheops-Pyramide, welche bis dato in keinem Buch über die Pyramide verzeichnet ist. Aufgrund der angegebenen Höhe sollte sich also die Kammer auf der 107. Steinlage befinden. Interessant ist, dass die von Petrie ermittelten Steinhöhen ergeben, dass auf dieser Stufe keine Abweichung zwischen der Südwest- und der Nordostseite messbar ist. Während noch eine Stufe zuvor die Abweichung 0,5 Zoll (1,27 cm) betrug. Auch für die drei nächsten Stufen beträgt die Abweichung nicht mehr als 0,1 Zoll (0,25 cm). Erst ab Stufe 111 (ca. 85,5 m Höhe) steigt die Abweichung wieder auf 0,7 Zoll (1,78 cm) an, also genau oberhalb der Decke dieser Kammer, von der Bob Brier sagt, dass sie aufgrund konstruktivischer Merkmale eindeutig Teil des ursprünglichen Baus ist und damit nicht nachträglich von Schatzsuchern ausgehöhlt worden sein kann. Sie trägt nun den Namen „Bobs-Kammer". Bei der 2015 vom Ägyptischen Antikenministerium gestarteten *ScanPyramids-Mission* wird dieser Raum jedoch mit C2 bezeichnet, vermutlich für "Chamber 2". Die bei dieser Mission eingesetzten Myonen-Detektoren haben nämlich nicht nur Bobs Kammer bestätigt, sondern auch noch einen vergleichbaren Raum in ca. 105 m Höhe ausgemacht, welcher als C1 bezeichnet wurde (zur Lage siehe Abb. 189 und Abb. 190). Zu diesem Raum gibt es von außen allerdings keinen Zugang. In den Filmaufnahmen des zuvor erwähnten Dokumentationsfilms sieht man allerdings, dass Bob Brier nicht der erste war, der diese Kammer betreten hat, da es etliche Graffitis an den Wänden gibt, die eindeutig modernen Ursprungs sind. So schreibt Brier später in einem Artikel über seine Erstbesichtigung dieser Kammer:

> *"I slipped in and was greeted by the date "1845" painted in black ink on one of the blocks (the rest of the graffiti is illegible)."* [897]

Recherchen seitens Houdin und Brier zu dieser Kammer blieben erfolglos, wie sie berichteten. Nachfolgend seien sechs Berichte über diese ominöse Kammer kurz vorgestellt, um zu zeigen, dass die Kammer in der Literatur nicht unerwähnt geblieben ist, wie Brier und Houdin glaubten.

Der vermutlich früheste Reisebericht, in dem diese Kammer erwähnt wird, stammt von Johannes Helffrich, der am 13. Dezember 1565 diese Kammer betrat und in seinem 1589 erschienen Buch beschrieb. Eine bildliche Darstellung der Kerbe in 83 m Höhe findet sich schon in seiner Abbildung aus dem Jahr 1589.

---

[896] Brier 2009, 27-29. Die Kammer selbst liegt eine Stufe über der Höhe der kleinen äußeren Plattform, welche rund 82,30 m hoch ist und sich auf der 106. Stufe befindet (siehe Kawae, et al. 2013, 230). Die Kammer liegt damit 5 Stufen oberhalb des Austrittes der Königskammer-Luftkanäle. Die Basislänge auf Höhe der Kammer (107. Stufe) beträgt noch 100 m.

[897] Brier 2009, 27-29.

Abb. 138: Gizeh-Pyramiden nach Johannes Helffrich, 1565.

In seinem Reisebericht schreibt Helffrich zum 13. Dezember 1565:

> *„als wir nun hinauff gestiegen / unser 4 Personen / da haben wir um der mitte funden eine Hölen / forne auff der ecken für dieser Hölen ist ein kleiner platz / darauff wir geruhet."* [898]

Dies ist vermutlich die erste Beschreibung dieser Kammer; darum müsste sie eigentlich Hellfrichs-Kammer heißen und nicht Bobs Kammer. Scheinbar wurde jedoch schon damals nichts Interessantes im Inneren der Höhle gefunden, da er dies sonst sicherlich geschrieben hätte.

Der nächste mir bekannte Reisebericht, der diese Kammer erwähnt, ist der Däne Heinrich Rantzau der Jüngere, der am 12. Mai 1623 die Gizeh-Pyramiden besuchte. Er schreibt:

> *„Des morgens frühe ritten wir nach den Pyramiden, welche liegen 2 deutsche Meilen [≈ 15 km] gegen Westen von der Stadt, und stiegen auf die eine hinauf, die hatte 225 Treppen oder Stufen in die Höhe und gar viele, die so hoch waren, dass eine einem bis zur Brust reichte. Oben auf [der Pyramide] ist es ein wenig flach von sehr großen Quadersteinen (wie auch ansonsten am ganzen Werk) belegt. Als ich 100 Stufen oder Steine hinter mir gelassen hatte, da war eine Kammer und ein weiter Eingang."* [899]

Der Franzose Jean de Thévenot besichtigte am 19. Februar 1657 die Gizeh-Pyramiden und schreibt über diese Kammer:

> *„Die Höhe dieser Pyramide beträgt 520 Fuß [≈ 169,9 m] und die Breite 682 Fuß [≈ 222,9 m]. Ungefähr in der Mitte der Höhe findet man, wenn man von der Nordostecke aus hochsteigt, eine*

---

[898] Helffrich 1589, 208. Übertragen ins Hochdeutsche heißt das: *„Als wir nun zu viert (die Cheops-Pyramide) hinaufstiegen, fanden wir etwa auf halber Höhe eine Höhle; vor dieser befindet sich ein kleiner Platz, worauf wir uns ausgeruht haben."*

[899] Rantzau 1669, 47. Übertragung in modernes Deutsch durch den Autor.

kleine viereckige Kammer, in der es zwar nichts zu sehen gibt, die man aber zum Ausruhen nutzen kann, wenn man [vom Aufstieg] müde geworden ist." [900]

Der Franzose Albert Jouvin de Rochefort besichtigte am 16. Februar 1665 die Gizeh-Pyramiden und schreibt bezüglich der Kammer an der Nordostseite:

„Bevor wir hinaufgingen, vermaßen wir eine Seite dieser Pyramide zu Fuß, die 275 gewöhnliche Schritte[901] *zählt, was 110 Klafter [≈ 215,6 m] ausmacht. Wir ließen einen kleinen Mauren, der diesen Job schon mehrmals gemacht hatte, vor uns aufsteigen, um uns den Weg zu zeigen, und folgten ihm, wobei einige Stufen so hoch sind, dass man mit dem Knie nachhelfen muss, um sie zu erreichen, was sehr ermüdend ist, dazu kommt die Anzahl von 212 Stufen unterschiedlicher Höhe, denn es gibt einige von 2 Fuß [≈ 0,65 m], von 2 ½ Fuß [≈ 0,82 m] und sogar von 3 Fuß [≈ 0,98 m], sowie mehrere halb verfallene. Lediglich auf der östlichen Seite sind die Stufen noch am vollständigsten. Hier führte uns unser kleiner Maure nach oben. Auf dem Weg nach oben machten wir in einer kleinen Kammer Pause, um Kraft zu sammeln. Dann stiegen wir weiter zum Gipfel auf, der von unten spitz zu sein scheint, obwohl er 16 Fuß [≈ 5,23 m] breit, von einer quadratischen Form und mit 12 schönen Steinen gepflastert ist."* [902]

Der Holländer Cornelius de Bruyn, der am 27. Mai 1681 die Gizeh-Pyramiden besichtigt und die Cheops-Pyramide bestiegen hat, beschreibt die Kammer so:

"Wir begannen dann, außen hinaufzusteigen, und hielten zwischendurch an, um Atem zu schöpfen, und kamen etwa auf halber Höhe an, wo wir an einer der Ecken, und zwar zwischen Osten und Norden, was die leichteste Stelle ist, um hinaufzusteigen, auf eine kleine viereckige Kammer stießen, in der nichts zu sehen war und die nur zum Ausruhen diente, was sehr praktisch ist, da man dort nicht ohne große Mühe hinaufsteigen kann." [903]

Giovanni Battista Caviglia, der am 8. Januar 1817 erstmals die Gizeh-Pyramiden besichtigte, schreibt:

„Was die Außenseite [der großen Pyramide] betrifft, so habe ich lediglich zu bemerken, dass sich an der nordöstlichen Ecke, etwa auf halber Höhe, eine kleine Zelle oder Kammer befindet, die von einigen der alten Reisenden erwähnt wurde." [904]

Caviglia ist nun für die Ägyptologen wahrlich kein Unbekannter. Mindestens diese Textstelle, zumal sie auf Englisch war, hätten Brier und Houdin eigentlich finden müssen und damit auch den Hinweis auf ältere Reiseberichte über diese Kammer.

Bob Brier wunderte sich darüber, dass Ägyptologen bisher dieser Kammer keine Bedeutung zugemessen hatten. Im Inneren dieser Kammer fand er einen Spalt, der nach hinten zu schmaler wird. Mit seiner Taschenlampe konnte er aber nicht entscheiden, wie weit der Spalt reichte. Ein Luftzug war jedoch aus der Spalte nicht zu spüren. Die Kammer war zwar kein Beweis für die interne Rampentheorie von Houdin, aber ein interessantes Artefakt aus der Bauzeit der Pyramide allemal.

Bob Brier schreibt über seine Entdeckung in der Kammer:

---

900 J. d. Thévenot 1664, 242. Eigene Übersetzung aus dem Französischen.

901 Ein gewöhnlicher Schritt ist ein Einzelschritt, im Gegensatz zum geometrischen Schritt, der einen Doppelschritt darstellt. Der geometrische Schritt besitzt eine Länge von 5 Fuß und demgemäß der gewöhnliche Schritt eine Länge von 2,5 Fuß. Die Umrechnung für 275 Schritte 110 Klafter oder 660 Fuß anzusetzen, ergibt allerdings nur 2,4 Fuß pro Schritt oder 78 cm pro Schritt. Per Definition müssten es aber 81,2 cm sein.

902 Jouvin de Rochefort 1676, 44. Eigene Übersetzung aus dem Französischen.

903 Bruyn, A voyage to the Levant 1702, 141. Eigene Übersetzung aus dem Englischen.

904 Usick und Manley 2007, 59. Eigene Übersetzung aus dem Englischen.

"I quickly photographed 'the cave.' The crevice let in enough sunlight that I was sure the photos would come out. As I was measuring the cave for Jean-Pierre, I noticed a second crevice at floor level inside the cave. It was formed by two blocks not being set right next to each other, leaving a space of about twelve inches [≈ 30 cm]. But the little crevice extended well beyond the first two blocks, forming a small tunnel that ran for at least fifteen feet [≈ 4,57 m]. I couldn't squeeze inside, so I took a few photos and started my descent." [905]

Abb. 139: Eingang zu Bobs Kammer in 83 m Höhe an der Nordostseite der Cheops-Pyramide.

Der japanische Ägyptologe Yukinori Kawae untersuchte mit einem Team von Informatikern und Mathematikern im Rahmen der *ScanPyramids-Mission* 2016 die Plattform in 83 m Höhe und den dahinterliegenden Raum C2. Da sie keine schwere Ausrüstung wie einen Laser-Scanner nach oben schaffen konnten, mussten sie sich mit normalen Videokameras behelfen. Aus diesen Aufnahmen mit insgesamt über 300.000 Einzelbildern rekonstruierte dann das Team um Kawae die Kammer mittels Spezialsoftware und erstellte ein 3D-Modell.

Ob es von der von Bob Brier wiederentdeckten Kammer einen verborgenen Zugang zu einer inneren Rampe oder zu einem Gang, welcher in eine noch unentdeckte Kammer im Zentrum der Pyramide in großer Höhe liegt, müssten weitere Untersuchen vor Ort zeigen. Der mittels Myonen-Detektoren ermittelte Raum in rund 105 m Höhe, könnte ebenfalls damit zu tun haben.

[905] Brier und Houdin 2008, 175.

14 Die Suche nach Hohlräumen ab den 1950er Jahren

14.1 Die 1950er Jahre

Das amerikanische Medium Edgar Cayce[906] hatte in den 1920er bis 1940er Jahren immer wieder Aussagen zu den Gizeh-Pyramiden und der Sphinx gemacht. Dies betraf auch die angeblich von den untergegangenen Atlantern unter dem Sphinx versteckte „Halle der Aufzeichnungen", in der es Informationen zum Bau der Pyramiden und zum Erbe der Bevölkerung von Atlantis zu finden gäbe. 1957 brach eine abenteuerlustige Universitätsstudentin, die von diesen Aussagen gehört hatte, zusammen mit ihrer Freundin nach Ägypten auf, um der Sache auf den Grund zu gehen. Aufgrund eines knappen Budgets – sie hatten keinen Sponsor – benutzten sie ein Frachtschiff von Amerika aus nach Ägypten, welches sie im Herbst 1957 erreichten.

Am Gizeh-Plateau angekommen erhielten sie tatsächlich die Erlaubnis, um mit einem Handbohrer insgesamt acht Löcher zu bohren. Sie bohrten die Löcher in einem Abstand von ca. drei Metern im Fundament um den Sphinx herum. In einer Tiefe von rund drei Metern trafen sie jeweils auf Grundwasser. 23 Jahre später fand Zahi Hawass schon in 1,80 m Tiefe Grundwasser (siehe Kap. 14.4). Der Grundwasserspiegel musste also in dieser Zeit gestiegen sein. Unterirdische Kammern oder Tunnel fand die Studentin mit ihrer Freundin jedoch nicht. Ihre Untersuchungsergebnisse fasste sie aber in einem unveröffentlichten zwölfseitigen Bericht für die *Edgar Cayce Foundation* (ECF) zusammen, der Vorläufer für umfangreiche Arbeiten wurde, die ab den 1970er Jahren von anderen Forschern mithilfe finanzkräftiger Sponsoren durchgeführt wurden.[907]

14.2 Die 1960er Jahre

Der Gedanke, im Inneren von großen, massereichen Objekten mittels moderner Technik nach Hohlräumen in den Gizeh-Pyramiden zu suchen, reicht zurück bis in die 1960er Jahre. 1965 wurde einer repräsentativen Gruppe von Kosmos-Physikern und Archäologen der Vorschlag unterbreitet, die Chephren-Pyramide mit kosmischer Strahlung zu untersuchen, mit der Bitte um Kommentare zu ihrer technischen Machbarkeit und ihrem archäologischen Interesse. Die wichtigste Neuerung der vorgeschlagenen Detektoren für kosmische Strahlung bestand in ihrer Fähigkeit, die Ankunftswinkel der eindringenden Myonen der kosmischen Strahlung mit großer Präzision über einen großen empfindlichen Bereich zu messen. Die dafür notwendige Ausrüstung wurde mit großem Erfolg auf der Weltausstellung in New York vorgeführt, und am 14. Juni 1966 wurde die Vereinbarung für das gemeinsame Pyramidenprojekt zwischen Ägypten[908] und den Vereinigten Staaten von Amerika unterzeichnet. Das Experiment wurde 1966 vor allem von der US-Atomenergiekommission finanziert, mit erheblicher Unterstützung der *National Geographic Society*, der *Smithsonian Institution*[909], der *IBM Corporation*, der *Hewlet Packard Corporation* und William Golden[910]. Zwischen 1966 und Anfang 1967 wurde die Ausrüstung zur Messung der kosmischen Strahlung in der Chephren-Pyramide installiert. Das Projekt nannte sich *Joint Pyramid Project* und stand unter der Leitung von Dr. Luis Alvarez, der 1962 erstmals die Gizeh-Pyramiden besichtigt hatte, von der *Berkeley University* (Kalifornien), der 1968 den Physik-Nobelpreis erhielt.

Ziel des Projektes war es, mittels modernster Myonen-Detektoren in der Chephren-Pyramide verborgene Kammern zu entdecken. Das zugrunde liegende Prinzip war die Erkennung von Masseanomalien innerhalb

---

906 Zu Edgar Cayce siehe Fußnote 253.

907 Cayce 1991, 193-194.

908 Zum damaligen Zeitpunkt nannte sich Ägypten offiziell noch „Vereinigte Arabische Republik" (eng. United Arabian Republic (U.A.R.)). Die vom 1. Februar 1958 bis zum 28. September 1961 bestehende Vereinigte Arabische Republik war ein Zusammenschluss der arabischen Staaten Ägypten und Syrien. Ihr schloss sich am 8. März 1958 das Königreich Jemen (Nordjemen) in loser Konföderation an. Die Union zerbrach mit dem Austritt Syriens am 28. September 1961 und Nordjemens im Dezember 1961. Ägypten behielt den Namen Vereinigte Arabische Republik nach deren Ende noch bis zum Jahr 1972 bei.

909 Die Smithsonian Institution ist eine bedeutende US-amerikanische Forschungs- und Bildungseinrichtung mit Sitz in Washington, D.C., die zahlreiche Museen betreibt.

910 William Theodore Golden (* 25.10.1909 in New York City, USA; † 7.10.2007 ebenda) war ein einflussreicher amerikanischer Wissenschaftsberater, der mit seinem als Investmentbanker erlangten Vermögen zahlreiche Institutionen finanziell und organisatorisch unterstützte.

der Pyramide. Myonen sind Elementarteilchen, die in vielen Eigenschaften dem Elektron ähneln, aber rund 200-mal massereicher als diese sind. Weiterhin zerfällt es im Unterschied zum Elektron spontan mit einer mittleren Lebensdauer von nur etwa 2,2 Mikrosekunden. Da die von kosmischen Partikeln erzeugten Myonen jedoch fast Lichtgeschwindigkeit besitzen, unterliegen sie relativistischen Bedingungen, d. h. der sogenannte Zeitdilatation. So erhöht sich durch diesen Effekt die durchschnittliche Halbwertszeit bei Myonen mit 99,5 % der Lichtgeschwindigkeit auf 13 Mikrosekunden. Diesem Effekt ist es überhaupt erst zu verdanken, dass noch genügend Myonen auf der Erdoberfläche ankommen. Ohne die Zeitdilatation wäre schon die Hälfte der Myonen nach rund 660 Metern zerfallen. So aber ist erst die Hälfte nach 3,9 km zurückgelegter Strecke zerfallen. Sie sind ein Hauptbestandteil der sekundären kosmischen Strahlung. Diese entsteht durch Reaktionen der eigentlichen kosmischen Strahlung (vor allem aus dem Weltall kommenden Protonen) mit Atomkernen der oberen Atmosphäre in einer Höhe von 9 bis 12 Kilometern. In Meereshöhe liegt die Teilchenflussdichte dieser „kosmischen" Myonen um die 100 pro Quadratmeter und Sekunde. Mit ihrer meist hohen kinetischen Energie können sie problemlose mehrere Meter Blei durchdringen und erzeugen in Materie durch viele aufeinander folgende Stöße lange Ionisationsspuren, die zur Detektion dienen können. Das Myonen-Experiment in der Chephren-Pyramide sah eine Funkenkammer[911], die mit Neon-Gas befüllt war, vor. Es wurden immerhin 84 Myonen pro Minute detektiert, wie der Strahlungs-Spezialist und Projektteilnehmer Dr. Lauren Yazolino verkündete. Im Herbst 1968 sagte er dann, dass die Ergebnisse wundervoll wären und man schon die Kanten und Flächen der Pyramide auf den Bildern identifizieren könne.

Es wurden über ein Jahr lang rund um die Uhr die Muster der die Pyramide durchdringenden kosmischen Strahlen (Myonen) auf Magnetbändern aufgezeichnet. Die Detektoren befanden sich dabei in der sogenannten „Belzoni"-Kammer, die sich im Zentrum der Chephren-Pyramide auf dem Bodenniveau befindet. Der Grund, warum man zuerst in der Chephren-Pyramide nach bisher unentdeckten Kammern suchte, liegt auf der Hand: bisher wurde dort nur eine einzige Kammer von Giovanni Battista Belzoni im März 1818 gefunden, die seitdem seinen Namen trägt, auch wenn er feststellen musste, dass vor ihm schon Araber in früherer Zeit hier eingebrochen waren. Von den anderen großen Pyramiden (von Cheops und Snofru) wusste man, dass es dort jeweils zwei Grabkammern gab. So lag es nahe, dass es wohl auch in der Chephren-Pyramide noch mindestens eine weitere Kammer zu entdecken gäbe. In einem Artikel aus der englischen *Times* vom 23. August 1968 mit der Überschrift *IBM seeks Chephren's mummy* auf Seite 19 lesen wir:

> *"They hope to discover by this sophisticated technological device something which has eluded generations of archaeologists: whether the pyramid houses a secret burial chamber together with the pharaoh's mummy and treasures. It has long been thought that the pharaoh Chephren, whose father Cheops built the most famous Egyptian pyramid, secreted his burial chamber in some still undiscovered cavity in the 447ft. high limestone pyramid to prevent its being ravaged by grave robbers. The answer to these questions is expected within six weeks after the computer has "mapped" the pyramid. ...*
> *Installations and programming of the IBM 1130[912] will be completed in about a month. It may take as little as another two weeks to process the data, according to Dr. Alvarez. The IBM 1130,*

911 Eine Funkenkammer ist ein Teilchendetektor, vor allem zum Nachweis von Myonen. In einer optisch durchsichtigen Kammer sind mehrere parallele elektrisch leitende Platten angebracht. An die Platten wird abwechselnd eine Hochspannung von etwa 20 kV angelegt. Die Kammer ist mit einem Edelgas gefüllt, das zunächst elektrisch neutral ist. Die Platten sind daher voneinander isoliert, es fließt kein Strom. Ein eindringendes elektrisch geladenes Teilchen spaltet längs seiner Flugbahn Elektronen von den Atomen ab, es hinterlässt eine Ionisationsspur. Die entstehenden Ionen werden durch die anliegende Spannung beschleunigt, wobei sie lawinenartig weitere Ladungsträger auslösen (Stoßionisation). Zwischen benachbarten Platten springt schließlich ein Funke über. Die Funkenentladung findet genau entlang der Ionisationsspur bzw. der Flugbahn statt. Der Weg des Teilchens kann quer durch mehrere Platten beobachtet werden, wenn diese vom Teilchen durchdrungen werden. Das ist zum Beispiel bei Myonen, die durch die kosmische Strahlung in der Hochatmosphäre entstehen, der Fall.

912 Das 1965 eingeführte IBM 1130 Computersystem war zu dieser Zeit der kostengünstigste Computer von IBM. Als binäre 16-Bit-Maschine wurde sie an preissensitive, rechenintensive technische Märkte wie Bildung und Technik vermarktet. Zu den typischen Installationen gehörte ein 1-Megabyte-Festplattenlaufwerk, auf dem das Betriebssystem, die Compiler und Objektprogramme gespeichert waren, wobei der Programmquellcode auf Lochkarten generiert und verwaltet wurde. FORTRAN war die am weitesten verbreitete Programmiersprache, aber es gab auch mehrere andere, darunter APL.

owned by the University of California, arrived at Eims Shams from I.B.M.'s Greenock plant on Tuesday this week. Financial support and assistance are being provided by the United States Atomic Energy Commission. the Smithsonian Institute, the National Geographic Society, the University of California. and the UAR Department of Antiquities."

Die anschließende Analyse der Daten wurde in Berkeley mit den Computern CDC 6600 und CDC 7600[913] durchgeführt. Obwohl knapp ein Fünftel der Pyramide auf diese Weise untersucht wurde, war das Ergebnis unbefriedigend, da es zu widersprüchlichen Messergebnissen kam, die man sich nicht erklären konnte. Für die Wissenschaftler sah es so aus, als ob eine unbekannte unterirdische Quelle die Detektoren beeinflusste, sodass es an zwei aufeinanderfolgenden Tagen zu völlig unterschiedlichen Messergebnissen kam, die nicht erklärbar waren. So lesen wir in einem Artikel in der *Times* vom 26. Juli 1969 mit dem Titel *Pyramid versus the space age* von dem Archäologie-Redakteur John Tunstall auf Seite 17:

"Scientists who have been trying to X-ray the Pyramid of Chephren at Gizeh, near Cairo, are baffled by mysterious influences which are throwing into utter confusion the readings of their space age electronic equipment. For 24 hours a day for more than a year, in the hope of finding secret chambers thought to exist within the six million ton mass of the pyramid, they have been recording on magnetic tape the pattern of cosmic rays reaching its interior. The idea is that as the rays strike the pyramid uniformly from all directions, they should, if the pyramid is solid, be recorded uniformly by a detector in the chamber at the bottom. But if there were vaults above the detector, they would let more rays through than the solid areas, thereby revealing their existence. More than a million dollars and thousands of man-hours have been spent on the project, which was expected to reach a dramatic climax a few months ago when the latest IBM 1130 computer was delivered at Ein Shams University computer centre, near Cairo. ...
At Ein Shams Dr. Amr Gohed, who had been in charge of the installation at the pyramid since Mr. Yazolino left, showed me the new IBM 1130 machine surrounded by hundreds of tins of recordings from the pyramid stacked in date order. Though hesitant at first, he eventually told me of the complete impasse that had been reached. 'It defies all the known laws of science and electronics', he said, picking up a tin of recordings made in October. He put the tape through the computer, which traced the pattern of cosmic ray particles on paper. He then selected a recording of the next day in October and put it through the computer. But the recorded pattern was completely different. The salient points which should be repeated on each tape were absent. 'This is scientifically impossible', he told me. But it is happening before the scientists' eyes. Dr. Gohed said that the earlier recordings, which had raised the hopes of a great discovery. were now found to be a jumbled mass of meaningless symbols with no guiding pattern whatever. After long discussion and many cups of Arabian coffee, I put the ultimate question to Dr. Gohed: 'Has all this scientific know-how been rendered useless by some force beyond man's comprehension?' He hesitated before replying, then said: 'Either the geometry of the pyramid is in substantial error, which would affect our readings, or there is a mystery which is beyond explanation-call it what you will occultism, the curse of the Pharaohs, sorcery, or magic, there is some force that defies the laws of science at work in the pyramids'." [914]

Der erste wissenschaftliche Versuch mögliche Hohlräume in einer der großen Gizeh-Pyramiden zu finden, mit moderner, nicht-zerstörender Untersuchungsmethodik (Auswertung kosmischer Myonen-Strahlung), ergab leider kein eindeutiges Ergebnis.

---

913 Der CDC 7600 war der von Seymour Cray entworfene Nachfolger des CDC 6600, der die Dominanz von Control Data auf dem Gebiet der Supercomputer bis in die 1970er Jahre ausdehnte. Der 7600 lief mit 36,4 MHz (27,5 ns Taktzyklus) und verfügte über einen Primärspeicher von 65 Kword (mit einer Wortgröße von 60 Bit) mit Magnetkern und Sekundärspeicher variabler Größe (bis zu 512 Kword) (je nach Standort). Er war im Allgemeinen etwa zehnmal so schnell wie der CDC 6600 und konnte bei von Hand kompiliertem Code etwa 10 MFLOPS liefern, mit einer Spitze von 36 MFLOPS.

914 Auszug aus einem Artikel in der Zeitung *Times* vom 26. Juli 1969.

14.3 Die 1970er Jahre

Bereits 1974 bis 1977 suchte das *Stanford Research Institute* (SRI)[915] nach geheimen Kammern in den beiden großen Gizeh-Pyramiden und der Sphinx. Dazu wurde 1974 ein gemeinsames amerikanisch-ägyptisches Projekt ins Leben gerufen, dessen Teammitglieder vom SRI, der Ain Shams-Universität[916] und Archäologen vom ägyptischen Obersten Rat für Altertümer (SCA = *Supreme Council of Antiquities*)[917] stammten. Die Teamleiter waren Lambert Dolphin[918], leitender Physiker beim SRI, und Ali Helmi Moussa, Vorsitzender der Abteilung für Physik von der Ain Shams Universität.

Bereits 1969, also kurz nach der Zeit der Myonen-Experimente durch Dr. Alvarez, war der 1947 geborene Zahi Hawass[919] Inspektor (damals noch Junior-Inspektor) für die ägyptische Altertümerverwaltung, jedoch erst ab 1974 als erster Inspektor für Gizeh zuständig. Er strebte bereits früh einen gehobenen Posten in der Antikenbehörde an, wozu es jedoch eines Doktortitels bedurfte. Da seine Noten des BA-Abschlusses zu schlecht waren, durfte er in Ägypten keinen Studiengang besuchen, der ihm einen Doktortitel bescheren würde. So heuerte er bei der in den 1960er Jahren gegründeten *Sound and Light Show of Giza* an, um am Brennpunkt der ägyptischen antiken Bauwerke, den Pyramiden von Gizeh, zu sein. Dort wartete er auf eine

---

915 SRI International (SRI), gegründet im Jahr 1946 als *Stanford Research Institute* der *Stanford University*, ist ein Forschungsinstitut mit Sitz in Menlo Park an der Bucht von San Francisco, das praktische Anwendungen der Naturwissenschaften entwickelt. Das Institut ist seit 1970 von der Universität unabhängig und nennt sich seit 1977 SRI International. Seine Finanzierung erfolgt durch Aufträge von Regierungen, Unternehmen und anderen Organisationen. Der Jahresumsatz beträgt mittlerweile über 500 Mio. US$, bei 1.500 Mitarbeitern in 19 Standorten in der USA und Japan. Das Internet feierte sein formelles Debüt 1976, als die SRI die erste Verbindung zwischen zwei ungleichen Netzwerken herstellte. Die SRI verband das drahtgebundene ARPANET mit dem drahtlosen Paketfunknetz der SRI, dem weltweit ersten mobilen digitalen Funknetz.

916 Die Ain-Schams-Universität ist eine höhere Bildungseinrichtung in Kairo, Ägypten. Als dritte konfessionslose öffentliche ägyptische Universität wurde die Ain-Schams-Universität 1950 unter dem Namen „Ibrahim-Pascha-Universität" gegründet. Die Universität hat ca. 200.000 Studierende und rund 10.000 Mitarbeiter.

917 Die Gründung einer Behörde zum Schutz ägyptischer Altertümer geht auf das Jahr 1859 zurück, in dem das *Département d'Antiquités* beziehungsweise *Service d'Antiquités* (Antikendienst), von dem Franzosen Auguste Mariette (1821–1881) gegründet wurde. Mariette kämpfte um den Erhalt ägyptischer Monumente, gegen die Plünderer und gegen die unerlaubte Ausfuhr ägyptischer Altertümer. Im Jahre 1858 wurde er vom Khediven (Vizekönig) zum Direktor der ägyptischen Monumente ernannt, dem *Service des Antiquités d'Egypte* (SAE), welcher heute immer noch Bestand hat. 1971 erhielt die Behörde die Bezeichnung *Egyptian Antiquities Organization* (EAO) (Ägyptische Altertümerverwaltung), wie sie dann bis zum Jahr 1994 hieß. In diesem Jahr erfolgte eine erneute Umbenennung und Reorganisation zum heutigen *Supreme Council of Antiquities*. Zahi Hawass war von 2002 bis 2011 Generalsekretär des SCA.

918 Lambert Tyler Dolphin (* 24.5.1932 in Shoshone, Idaho, USA) hat von 1950 bis 1956 Physik und Elektrotechnik studiert. Danach arbeitete er von 1956 bis 1988 beim SRI. Hier befasste er sich mit der ballistischen Raketenabwehr, den Auswirkungen von Atomtests auf Funkkommunikation und Radar, der Erkennung von Raketenstarts über dem Horizont und anderen Aspekten der Geophysik der oberen Atmosphäre. Sein Urgroßvater John August Dolphin (* 29.9.1843 in Huetlanka, Schweden; † 15.6.1882 in Ortonville, Minnesota, USA) wanderte am 6.5.1857 in die USA aus und siedelte sich in Minnesota an, wo er am 30.10.1865 seine norwegische Frau Augusta Torgerson (* 4.6.1845 in Stavanger, Norwegen; † 3.12.1935 in Oshawa Township, Minnesota, USA) heiratete.

919 Zahi Abass Hawass (* 28.5.1947 in Abeyeda bei Damiette, Ägypten) war und ist einer der einflussreichsten ägyptischen Archäologen. Er studierte griechische und römische Geschichte in Alexandria, wo er im Juni 1967 mit einem Bachelor abschloss. Sein Diplom in Ägyptologie erhielt er 1980 an der Universität von Kairo. Danach übernahm er das Amt des Generalsekretärs der Altertümerverwaltung für das Gizeh-Plateau. Von 1987 bis 2011 war er maßgeblich an allen Entscheidungen rund um das Gizeh-Plateau beteiligt. So konnten in dieser Zeit auch immer wieder Privatpersonen die Cheops-Pyramide für eine gewisse Zeit, meist nach Schließung der Pyramide für die Öffentlichkeit um 18 Uhr, zur Privatinspektion gegen eine Geld-Zahlung (meist direkt an ihn) buchen. 1998 erhielt er vom ägyptischen Präsidenten Mubarak eine Auszeichnung erster Klasse im Bereich Kunst und Wissenschaften für die Restaurierung des Sphinx. Im Mai 2006 wurde er vom *Time Magazine* zu den 100 einflussreichsten Personen der Welt gezählt. Seine enge Nähe zum Mubarak-Regime wurde ihm später zum Verhängnis, sodass er im Sommer 2011 den Posten als Generalsekretär des SCA verlor. Seitdem wird auch immer wieder gegen ihn wegen Korruptionsvorwürfen ermittelt. Dennoch zieht er im Hintergrund bis heute die Strippen.

Gelegenheit, die sich ihm dann 1974 in Form von Mark Lehner bot.[920] 1978 war er erstmalig Leiter einer Ausgrabung auf dem Gizeh-Plateau.[921] Inzwischen hatte Zahi Hawass einen Posten als Inspektor bei den Gizeh-Pyramiden inne, den er bis 1979 bekleidete. Im Jahr 1980 wurde Hawass dann Chefinspektor für die Gizeh-Pyramiden. Von 1980 bis 1987 studierte Hawass an der Universität von Pennsylvania in Philadelphia (USA) Ägyptologie und syrisch-palästinensische Archäologie. Das Studium erhielt er im Rahmen eines *Fulbright*-Stipendiums[922] – welches er angeblich wegen guter Kontakte zu Hugh Lynn Cayce, dem Sohn von Edgar Cayce, der jemanden im Fulbright-Stipendienausschuss kannte, erhielt. Seine Promotion im Jahr 1987, erfolgte mit finanzieller Unterstützung der *Edgar Cayce Foundation*, heute *Association for Research and Enlightenment* (ARE) genannt. Die Hauptsponsoren waren Joseph Jahoda[923] und Joseph Schor[924] (Bauval und Osman 2012, 206-207).

---

[920] Zahi Hawass lernte 1974 den erst 24-jährigen Mark Lehner kennen, der Beziehungen – vor allem über seine Eltern – zu der Edgar Cayce Stiftung hatte.

[921] Für weitere Hintergrundinformationen zu Zahi Hawass siehe: https://www.guardians.net/hawass/background.htm.

[922] Das Fulbright-Programm, welches 1946 als internationales Austauschprogramm zwischen den Vereinigten Staaten von Amerika und anderen Staaten gegründet wurde, ist eines der prestigeträchtigsten Stipendienprogramme der Welt. Es bezieht sich mit bilateralen Verträgen und Vereinbarungen allein und weltweit auf den akademischen Austausch in die und aus den USA. Zur Finanzierung sollte ein Teil des Erlöses dienen, der durch den Verkauf von überschüssigen und nicht in die Staaten zurückgeführten amerikanischen Kriegsgütern erzielt wurde.

[923] Joseph R. Jahoda (* 26.11.1929) ist ein amerikanischer Geschäftsmann und Seniormitglied in der *Edgar Cayce Foundation*, der sie sein ganzes Leben lang unterstützte. In den 1970er Jahren besaß er die Firma *Bayshore Inc.*, die ein Sonarsystem entwickelt hat, das periodisch die Kontrolllautstärke auf einer Reihe von akustischen Frequenzen abtastet. 1976 gründete er die Firma *Astron Corporation* (heute: *Astron Wireless Technologies, Inc.*), die elektronische Spulen und Transformatoren herstellte sowie lineare Stromversorgungen. 1990 reichte er zusammen mit Stephen D. Shergold ein Patent (US-Patent-Nr. 5,111,213) für eine verbesserte Breitband-HF-Antenne ein, bei der die gesamte Länge (Höhe) der Antenne Hochfrequenzenergie abstrahlt. Das Patent wurde ihm am 5. Mai 1992 erteilt. 1998 reichte er zusammen mit Glenn F. Brown ein Patent (US-Patent-Nr. 5,880,695) zur verbesserten Nutzung von Drahtlos-Antennen ein, welches ihm am 9. März 1999 erteilt wurde. Ebenfalls 1998 reichte er zusammen mit Carl J. Freeman, Joshua J. Caron und Reichel B. Haskell ein Patent (US-Patent-Nr. 6,029,891) eines Systems zur Verifizierung magnetischer Muster ein, welches am 29. Februar 2000 erteilt wurde. Jahodas Frau, Ursula Martens (* 2.1.1933 in Pasadena, Los Angeles, USA; † 13.3.2013 in Mills River, North Carolina, USA) war Sekretärin bei der *Foundation of The Archeological Record, Inc,* sowie seit den 1960er Jahren Vorstandsmitglied der *Astron Corporation* und der *Association of Research and Enlightenment* (A.R.E.). Ihr Vater, Otto Martens, stammte aus Itzehoe in Deutschland und ihre Mutter, Gertrude Wenzlau, stammte aus Genthin in Sachsen-Anhalt, Deutschland, reiste aber im Oktober 1934 von Hamburg als Staatenlose (vermutlich wurde ihr wegen ihres jüdischen Glaubens von Hitler-Deutschland ihre deutsche Staatsangehörigkeit aberkannt, wie dies vielen anderen ab dem 23.8.1933 ebenso erging) mit ihrer amerikanischen Tochter Ursula in die USA. Geheiratet hatten sie am 23.2.1932 in Orange, CA, USA.

[924] Joseph Martin Schor (* 10.1.1929 in Brooklyn, New York, USA; † 14.7.2013 in New York City, USA) war der Sohn von Aaron Jacob Schor (* 15.6.1903 in Jaffa (seit 1910 Tel Aviv), Palästina; † 26.3.1972 in New York, USA) und Rhea Iress Kavshansky (* 5.10.1906 in Brooklyn, New York, USA; † 17.10.1986 in New York City, USA). Sein Großvater Abraham Leib Hitovitz-Shur (* 25.2.1880 in Seredžius, Litauen; † 9.9.1961 in New York City, USA), von Beruf Schneider, wanderte gegen Ende des 19. Jahrhunderts (vermutlich wegen der antijüdischen Pogrome in Russland in den Jahren 1881 bis 1884) nach Palästina aus, wo er seine zukünftige Frau Rose Goldberg (* ca. 1886 in Jaffa, Palästina; † 11.4.1965 in New York City, USA) kennenlernte, die er 1902 heiratete. Gemeinsam wanderten sie 1904 über Frankreich nach New York aus, wo sie am 4.8.1904 ankamen. 1912 wurden beide als amerikanische Staatsbürger eingebürgert, ebenso ihr Sohn Aaron Jacob Schor. Dessen Sohn, Joseph Martin Schor, heiratete zuerst am 6.9.1953 die Schriftstellerin Sandra Moshman (* 20.5.1932 in Queens County, New York, USA; † 9.7.1990 in New York City, USA), mit der er drei Kinder hatte. Nach ihrem frühen Tod heiratete er am 14. Juni 1992 die spätere Geschichtsprofessorin Laura Sharon Strumingher (* 24.6.1945 in New York City, USA), mit der er noch zwei Kinder hatte. Laura, die bereits 1974 an der Universität von Rochester einen Doktortitel in Philosophie errang, veröffentlichte 2006 das Buch mit dem Titel *The Life and Legacy of Baroness Betty de Rothschild*. Joseph Martin Schor schloss 1951 seinen *Bachelor of Science* mit *magna cum laude* am *City College of New York* ab. Seinen Doktor in Philosophie erhielt er 1957 von der *Florida State University*. Ab 1957 arbeitete er zuerst als leitender Forschungschemiker. Später, in den 1970er Jahren, war er Leiter der Biochemie-Sparte bei einem der weltgrößten Chemiekonzerne *DuPont* und bei den *Endo Laboratories*. Er war auch Mitglied auf Lebenszeit bei der *A.R.E.* Im Mai 1996 erhielt der inzwischen zum Multimillionär gewordene Joseph Schor überraschend eine Forschungslizenz vom *Supreme Council of Antiquities* (SCA, früher EAO). Er wollte die von Edgar Cayce erwähnte „Halle der Aufzeichnungen" und die Beweise der Existenz von Atlantis finden. Offiziell lautete die Begründung der Arbeiten und der Lizenzvergabe zwar so: *„Untersuchung des*

1980 wurde er dann zum Chefinspektor befördert und von 1987 bis 1997 war er Generaldirektor der ägyptischen Altertümerverwaltung für das Plateau von Gizeh, Sakkara und die Oase Bahariya. Zwischen 1998 und 2002 bekleidete er das Amt des Unterstaatssekretärs für die Denkmäler von Gizeh, bevor er 2002 Generalsekretär des Obersten Rates für Altertümer (SCA) Ägyptens wurde. Diese Position behielt er bis 2011 inne, als er am 22. August 2011 durch Mohamed Abdel Fattah und einen Monat später durch Mustafa Amin ersetzt wurde.[925] Wer jedoch dachte, dass Hawass dadurch in der Versenkung verschwinden würde, sah sich eines Besseren belehrt. Noch im Sommer 2020 wurde er zum UNWTO[926]-Botschafter für verantwortungsbewussten Tourismus ernannt, wie der Minister für Tourismus und Antiquitäten Khaled el-Anany am 6. September 2020 ankündigte. el-Anany drückte seine Freude über die Wahl aus und sagte, dass Hawass der beste internationale ägyptische Botschafter zur Förderung des Tourismus und der Antiquitäten sei.[927]

Hawass war bereits in den 1970er Jahren in die Tätigkeiten des oben genannten gemeinsamen Projektes mit dem SRI durch seine Tätigkeit als Antikeninspektor involviert. Dazu gesellte sich auch der Amerikaner Mark Lehner[928], der heutige Präsident und Direktor von der *Ancient Egypt Research Associates* (AERA). Mitte der 1970er Jahre lernte Mark Lehner auch den Teamleiter Lambert Dolphin vom SRI kennen, der das 1974 initiierte Projekt zur Suche nach geheimen Kammern in dem Sphinx und den Gizeh-Pyramiden seitens des SRI leitete, sowie Zahi Hawass, der zu diesem Zeitpunkt als Inspektor für die EAO (*Egyptian Antiquities Organization*) arbeitete. Beide verband schnell eine langanhaltende Freundschaft, die sie bis heute verbindet.

Mark Lehner wurde durch seinen Vater Paul Lehner schon als Jugendlicher mit Hugh Lynn Cayce, dem Sohn des berühmten Mediums Edgar Cayce – auch „schlafender Prophet" genannt – bekannt gemacht. Marks Eltern schlossen sich einer Studiengruppe von Cayce an, die von einem anderen Geistlichen der Kongregation,

---

Untergrunds auf geologische Verwerfungen und Hohlräume, die möglicherweise für die Touristen oder die Monumente eine Gefahr darstellen." Doch in Wirklichkeit verfolgte er andere Ziele. Er reiste selbst nach Ägypten, um die Explorationen im Sphinx-Untergrund zu koordinieren und um Kontakte zu pflegen. Für das Projekt stellte er eine hochmoderne *Remote-Sensing*-Ausrüstung im Wert von über 1 Mio. US-Dollar zur Verfügung.

925 Für weitere Informationen zu Zahi Hawass siehe z. B. in Bauval und Osman 2012, passim, bes. Kap. 1.

926 United Nations World Tourism Organisation.

927 *Ahram online*, vom 6.9.2020 (http://english.ahram.org.eg/NewsContent/9/40/379411/Heritage/Ancient-Egypt/Renowned-Egyptologist-Zahi-Hawass-selected-as-UNWT.aspx).

928 Der berühmte Ägyptologe und Pyramidologe Mark Edward Lehner (* 2.4.1950 in North Dakota, USA) wurde als Sohn von Paul William Lehner (* 25.7.1924 in North Dakota, USA; † 9.8.1997 in Dickinson, North Dakota, USA) und Ethel Lois Davy (* 24.4.1926 in North Dakota, USA; † 22.12.2006 in Minot, Ward, North Dakota, USA) geboren. Mark hatte noch eine Schwester (Lois) und drei Brüder (Daniel, David, Steve) als Geschwister. Marks Großvater Heinrich Christoph Lehner (* 12.1.1884 in Gochsheim (Kraichtal) bei Karlsruhe, Deutschland; † 21.7.1960 in Bismarck, North Dakota, USA) stammte aus einem badischen Ort in der Nähe von Karlsruhe, wo die Familie schon seit drei Generationen wohnte. Er wanderte im Juni 1902 nach Baltimore, Maryland aus. Dann ging er nach Dakota, wo er seine spätere Frau Katharina Jasmann (* 16.8.1890 in Hutchinson, South Dakota, USA; † 12.5.1976 in Bismarck, North Dakota, USA) kennenlernte, die er am 28.11.1914 in Goodrich, North Dakota heiratete. Katharinas Vater Michael (* 3.4.1858 in Worms, Odessa, Russland; † 1.3.1934 in Goodrich, North Dakota, USA) und ihre Mutter Rosina Neuhardt (* 16.6.1861 in Kassel, Odessa, Russland; † 3.2.1959 in Bismarck, North Dakota, USA) waren Russland-Deutsche. Beide emigrierten am 30.7.1873 auf dem Schiff Thuringia über Hamburg nach New York. Bereits Marks Großvater Heinrich Christoph (Henry Christopher) war Pfarrer in einer evangelischen Kirchengemeinde gewesen, genau wie später sein Vater Paul, der Pfarrer in einer Kongregationskirche und ein ewig nach Wahrheiten Suchender war. Dieser führte Mark als Teenager dann bei Hugh Lynn Cayce (* 16.3.1907 in Bowling Green, Warren County, Kentucky, USA; † 4.7.1982 in Virginia Beach, Virginia, USA) dem Sohn des berühmten Mediums Edgar Cayce (* 18.3.1877 in Bennettstown bei Hopkinsville, Kentucky, USA; † 3.1.1945 in Virginia Beach, Virginia, USA) ein, der 1931 die *Association for Research and Enlightenment* (A.R.E.) in Virginia Beach, Virginia, gründete. Diese widmete sich der Forschung und Erforschung von Themen wie ganzheitliche Gesundheit, alte Mysterien, persönliche Spiritualität, Träume und Traumdeutung, Intuition, Philosophie und Reinkarnation. Ein beliebtes Forschungsobjekt war das Gizeh-Plateau mit den Pyramiden und dem Sphinx. Als Edgar Cayce 1945 starb, übernahm sein Sohn Hugh Lynn die Leitung von A.R.E. bis zu seinem Tod 1982. Dessen Sohn Charles Thomas Cayce übernahm danach die Leitung bis 2006. Der aktuelle CEO von A.R.E. heißt Kevin J. Todeschi. Mark Lehner heiratet im Juni 1975 in Kairo Suzanne Ayad Massoud, die bereits 1973 ihren Abschluss an der American University of Cairo (AUC) gemacht hat und Dozentin am arabischen Sprachinstitut an der Uni war. Mit ihr hatte er zwei Söhne Luke und Ramsi. Luke hat ebenfalls an der AUC studiert sowie an der Harward Universität am *American Repertory Theater* (A.R.T.) Institut, welches mit der Moscow Art Theater School kooperiert.

in der sein Vater Geistlicher war, geleitet wurde. Hierdurch wurde Mark Lehner in seinen Jugendjahren geprägt. Im September 1971 brach er das College in Minota, North Dakota, ab und trampte zuerst von hier aus quer durchs Land. Seine Reise führte ihn schließlich nach Virginia Beach, Virginia, dem Hauptsitz der Edgar-Cayce-Stiftung. Er war mit der Organisation seit seinen Jugendjahren vertraut, und diese ermöglichte ihm 1972 seine erste Reise nach Ägypten im Rahmen einer Edgar-Cayce-Jugendreise. In einem Interview, welches er AP[929]-News gab (erschienen am 27. August 2018) sagte er: *"I was extremely interested in this legend of the Hall of Records and the fact that the Edgar Cayce Readings said there was a passage from the right paw of the Sphinx into this Hall of Records."* [930]

Wieder zurück in Amerika bewarb sich Lehner für ein Juniorjahr an der amerikanischen Universität in Kairo, wo er aufgrund von A.R.E.-Beziehungen auch angenommen wurde. Die Finanzierung seines Studiums von 3.500 US$ pro Jahr übernahm das Ehepaar Arch und Arm Ogden aus Florida, sowie der Geschäftsmann und Cayce-Anhänger Joseph Jahoda. Lehner kam im September 1973 in Kairo an, kurz bevor der Jom-Kippur-Krieg[931] ausbrach. Als die AUC (*American University Cairo*) geschlossen wurde und fast alle Amerikaner flohen, blieb Lehner dort und wurde Assistent des NBC[932]-Kairo-Korrespondenten. Vor Ort konnte er sich auf Rufus Mosley, einen Freund von Hugh Lynn Cayce, verlassen. Mosley war Pilot einer kommerziellen Fluggesellschaft und flog wöchentlich nach Kairo. Er hatte Verbindungen zu hochrangigen Ägyptern und half Mark Lehner. Lehner besuchte die AUC von 1973 bis 1975, wo er seinen BA-Abschluss in Anthropologie machte.[933] Zu dieser Zeit begann er, an archäologischen Missionen als Vermesser und Kartograf teilzunehmen. 1974 traf er dann zum ersten Mal mit Zahi Hawass zusammen, den er bei einem gemeinsamen Freund auf einer Party traf. Daraufhin lud Hawass Lehner in sein Büro bei den Pyramiden ein. Dort erzählte Lehner dann Hawass, dass Edgar Cayce überzeugt gewesen war, die Reinkarnation eines gewissen *Ra-Ta* zu sein, einer Art Hohepriester, der vor der Zerstörung von Atlantis nach Ägypten geflohen war und am Fuß der Sphinx unter der rechten Pfote das gesamte Wissen über Atlantis deponiert hatte, sowie über den Bau der Gizeh-Pyramiden. Obwohl Hawass in einem Interview[934] aus dem Jahre 2002 mit der arabischen Zeitung al-Ahram[935] beteuerte, dass er dies für eine verrückte Geschichte gehalten hat, die keiner glauben würde, hat es Hawass nicht davon abgehalten, später zusammen mit Lehner nach der von Cayce beschriebenen „Halle der Aufzeichnungen" bei der Sphinx zu suchen. 1974, noch während Lehners Studium, erschien sein erstes Buch mit dem Titel *The Egyptian Heritage: Based on the Edgar Cayce Readings* in der A.R.E. Press, der hauseigenen Druckerei der *Edgar Cayce Foundation* (ECF). Dieses Erstlingswerk war, wie aus dem Untertitel zu ersehen ist, stark an die Vorstellungen von Edgar Cayce angelehnt, der z. B. in einem seiner sogenannten *„readings"* [936] (Lesungen)

---

[929] *Associated Press* (AP) ist eine Nachrichten- und Presseagentur mit Hauptsitz in New York City, die im Mai 1848 gegründet wurde.

[930] https://apnews.com/897b2dd0891046fb91408059395ed355/Egyptologist-Mark-Lehner's-journey-started-in-North-Dakota.

[931] Der Jom-Kippur-Krieg war ein Krieg vom 6. bis zum 25. Oktober 1973, der von Ägypten, Syrien und weiteren arabischen Staaten gegen Israel geführt wurde. Es war der vierte arabisch-israelische Krieg im Rahmen des Nahostkonflikts.

[932] *National Broadcasting Company* (NBC) ist ein US-amerikanisches Hörfunk- und Fernseh-Network. Die Sendekette gehört zu dem Medienkonzern NBC Universal und hat ihren Sitz im *Rockefeller Center* in New York City.

[933] Lehner setzte seine Ausbildung fort und erhielt 1991 einen Doktortitel in Ägyptologie an der *Yale University* in New Haven, Connecticut.

[934] *Al-Ahram Online*, Ausgabe Nr. 602 vom 5. bis 11.9.2002. Da der ursprüngliche Artikel nicht mehr direkt unter http://weekly.ahram.org.eg/2002/602/hr2.htm abgerufen werden kann, weise ich hier auf die archivierte Version hin, wo er noch eingesehen werden kann: https://web.archive.org/web/20120707080111/http://weekly.ahram.org.eg/2002/602/hr2.htm

[935] *Al-Ahram* (arabisch الأهرام, „die Pyramiden") ist der Name einer staatlichen ägyptischen Zeitung, die im Dezember des Jahres 1875 gegründet wurde. Sie ist die älteste Zeitung der arabischen Welt und wird derzeit in Kairo veröffentlicht. Die erste Ausgabe erschien am 5. August 1876 in Alexandria. Al-Ahram gibt zwei fremdsprachige Versionen heraus: die englischsprachige Version *Al-Ahram Weekly*, die 1991 herausgegeben wurde, und die französischsprachige Version *al-Ahram Hebdo* sowie die tägliche englischsprachige Internetausgabe *Ahram Online*.

[936] Cayce begab sich innerhalb von 43 Jahren zwischen 1901 und 1944 angeblich rund 25.000- bis 30.000-mal in Trance (also etwa zweimal täglich); seine Antworten nannte er "*readings*" (Lesungen).

aus dem Jahr 1932 den Fund der legendären „Halle der Aufzeichnungen" auf dem Gizeh-Plateau für 1998 vorausgesagt hat.[937]

Dies nahm auch Zahi Hawass zum Anlass, um 1998 Ausgrabungen unter dem Hauptkörper der Sphinx in Gizeh durchführen zu lassen. Dabei wurden Zugangstunnel zu mehreren großen, scheinbar natürlichen Höhlen direkt unter der Sphinx entdeckt. Es wurden nach offiziellen Aussagen keine Artefakte gefunden. Um zu prüfen, ob der Sphinx wegen der unterirdischen Höhlen und Tunnel gefährdet sei, wurden Untersuchungen durchgeführt, die aber keine bedrohlichen Situationen für das Bauwerk ergaben. Im Untersuchungsergebnis wies man darauf hin, dass es unter dem Sphinx keine künstlichen Konstruktionen irgendwelcher Art gäbe bzw. jemals existierte.[938]

Sowohl Mark Lehner, als auch Zahi Hawass sind mit der A.R.E. von Edgar Cayce verbunden:

> *"Although ultimately disappointing, the Egypt project funded by A.R.E. provides strong evidence of the organization's willingness to examine the readings objectively. Lehner had been mentored as a young man by Hugh Lynn and Charles Thomas Cayce, and an A.R.E. couple, Arch and Arm Ogden of Florida, had funded his education in Cairo at the urging of the elder Cayce.[67] Later, Hugh Lynn was instrumental in furthering the graduate education of Zahi Hawass, now the Egyptian government official in charge of the Giza site, in Egyptology at the University of Pennsylvania.[68]"*[939]

Offiziell distanzierte sich Lehner später in der Öffentlichkeit von seiner Cayce-Vergangenheit,[940] aber leugnet sie nicht, wie dies Zahi Hawass tut.[941] In dem schon oben erwähnten Interview von 2002 gab er allerdings zu, dass er Edgar Cayces Sohn Hugh Lynn getroffen hat. Er sagte:

> *"In 1975 Hugh Lynn Cayce arrived in Egypt, and Mark introduced us. He firmly believed what his father said about the past. Mark, though, admitted that his beliefs about the past were changing as a result of his experience with history and archaeology at Giza and his studies of ancient Egypt as a whole, but he was under pressure from the Cayce Foundation. I witnessed a night when Hugh Lynn and more than 300 supporters were given permission to meditate inside the Great Pyramid. We organised a conference attended by such scholars as Ahmed El-Sawi and the late Nasif Hassan, who gave talks on Egyptology and Egyptian history. Of course, we did not succeed in changing their minds. The whole group still believed that the Hall of Records was located under the right paw of the Sphinx."*[942]

Es fällt jedoch auf, dass gerade in den 1990er Jahren die Suche nach Geheimkammern verstärkt wurde, an der Lehner und Hawass beteiligt waren. Lehners mittlerweile als Standardwerk geltendes Buch über die Gizeh-Pyramiden erschien 1997 auf Englisch und 1999 in einer deutschen Übersetzung. Genau 20 Jahre später erschien dann von beiden gemeinsam das neue Standardwerk[943] über die Gizeh-Pyramiden, welches ebenfalls sofort ins Deutsche übersetzt wurde. In dem oben erwähnten Interview von 2002 bezeichnet

---

937 In seinem "*reading*" vom 30.6.1932 (Nr. 5748/5) spricht er auch im Zusammenhang mit den Gizeh-Pyramiden von Ereignissen, die das Jahr 1998 betreffen. Veröffentlicht wurde das jedoch erst 1997.

938 Siehe hierzu: The Sun, *GIZA LOOK Mystery HOLE in Sphinx 'leading down to hidden chambers' could reveal 'lost Pharaoh's treasures', top historian claims*, Sean Keach, 15. August 2019.

939 Johnson 1998, 68. Zu Fußnote 68 im zitierten Text, siehe Smith und Cayce 1988, 250.

940 Sebrell Spring 2009, 2: "*My personal myth changed from one of destiny, to simply trying to find the truth about Giza and ancient Egypt and to use what I learned for understanding how we make our lives meaningful in general, and what lies beyond our attempts to do so.*"

941 "*... let me make emphatically clear that I have never had any connection with the Edgar Cayce Foundation. It has not sponsored me, nor financed my post-graduate studies at the University of Pennsylvania.*" [Aussage vom September 1996]. Quelle: http://myblog.robertbauval.co.uk/2012/04/18/the-zahi-hawass-saga-who-is-telling-the-truth/

942 https://web.archive.org/web/20120707080111/http://weekly.ahram.org.eg/2002/602/hr2.htm

943 Lehner und Hawass 2017.

Hawass Lehner auch als Bruder, wenngleich nicht als Blutsbruder, die zusammen aufwuchsen – wohlgemerkt, war Hawass bei ihrem ersten Treffen schon 27 Jahre alt und Lehner 24 Jahre.

Im Jahr 2010 schrieb ein leitender Direktor der Edgar-Cayce/ARE-Stiftung, Herr John van Auken, einen Artikel in der hauseigenen Zeitschrift *Venture Inward*, (Ausgabe: Juli-September 2010) mit dem Titel *Ancient Mysteries – Zahi Hawass Coming to A.R.E.* Darin schreibt er:

> *"But he [Zahi Hawass] also has a long history with A.R.E. and Edgar Cayce's information. In 1974, at 27 years of age, Zahi Hawass met Mark Lehner, and the two became lifelong friends and colleagues. It was Lehner who introduced Hawass to the Edgar Cayce Egyptian information. Years later, both men went on to get their PhDs in archaeology, Lehner at Yale University and Hawass at the University of Pennsylvania as a Fulbright Fellow. ... Hawass first met Hugh Lynn Cayce, Edgar's eldest son and then president of the A.R.E., in Egypt in 1975 with an A.R.E. tour group of over 300 people. They wanted to meditate in the Great Pyramid privately. Hawass helped arrange that and spoke to the group. He also met privately with Hugh Lynn discussing Edgar's strange visions of ancient Egypt. ... Even though they could not resolve their differences, Hugh Lynn helped Hawass get to the U.S. and get a Fulbright scholarship, creating a bond between the two men. I was working on the staff of A.R.E. in those early days, the 1970s, and heard many of Lehner's reports on his work in Egypt for A.R.E., which had given Lehner a scholarship to attend the American University in Cairo to study Egyptology and to look for evidence supporting Cayce's vision of Egypt. ...*
> *Dr. Zahi Hawass has spoken at A.R.E.'s annual Ancient Mysteries Conference twice before. Each time it has been quite informative and visually exciting. He returns again this year, October 8-10 (see p. 51), to share his findings and update us on the secrets from the sands of Egypt. When I was recently in Egypt leading an A.R.E. tour group, Hawass spoke to our group privately, as he had done with Hugh Lynn's group some 40 years ago."* [944]

In dem oben zitierten Artikel von Auken findet sich noch eine interessante Passage, worin es heißt:

> *"Lehner had become a well-established member of the archaeological academic community. He was not going to move off of the accepted dating of these monuments – neither was Hawass. Together they took on these new findings, refuting each one and holding to the accepted line – at least in public. In private, both retained open minds and continued to keep their eyes alert for any evidence that Cayce was right. For example, they recently drilled underneath the Sphinx to check for damage from a rising water table. But they did not need to drill directly under the Sphinx to test the water table. Lingering somewhere in their minds had to be Cayce's claim that there is a chamber beneath the Sphinx, and a hallway from this chamber to the Hall of Records where the Atlantean stone tablets are stored for future generations to find and wonder over. Both claim that their drillings did not find any chamber, but once again we are missing the whole truth. They only drilled to a depth of 10 meters (32.8 feet), but between the paws of the Sphinx stands the ancient Dream Stele of Thutmosis IV (see p. 27), and on this stone is carved the subterranean chamber at a minimum depth of nearly 20 meters (65.62 feet) below the Sphinx's base. They did not drill deep enough. (Go to youtube.com/watch?v=3qGzfZHWbZE) At least, that was the report on the video. A short time later Hawass made this statement during his talk in London: 'There is a cavity beneath the Sphinx; whether it is simply a cavity or a chamber we cannot determine.'"* [945]

Nachdem wir nun einige Einblicke in die Vergangenheit der beiden Hauptakteure am Gizeh-Plateau, Zahi Hawass und Mark Lehner, genommen haben, können wir mit der Beschreibung der durchgeführten Aktivitäten zur Suche und Erforschung von Hohlräumen in den Gizeh-Pyramiden und dem Sphinx zurückkehren.

944 Auken 2010, 27-28.
945 Auken 2010, 28.

1972 machte Dr. Hugo Fellner-Feldegg von der Hewlett-Packard Corporation in Palo Alto, Kalifornien, das SRI auf die Arbeit von Professor Alvarez in Gizeh aufmerksam, nachdem er von einem neuen, vom SRI geförderten Forschungsprogramm zur Untergrund-Fernerkundung mittels kurzer elektromagnetischer Impulse erfahren hatte. Nach einem Treffen mit Dr. Fellner-Feldegg und Professor Alvarez beschloss die SRI-Gruppe, ihre Bemühungen auf die Entwicklung eines tragbaren Schallgeräts zu richten, mit dem archäologisch interessante Objekte wie die Pyramiden erforscht werden können. Auf der Grundlage von erfolgreichen Durchführbarkeitsexperimenten schlug die SRI-Gruppe dann Anfang 1973 der *National Science Foundation*[946] Feldexperimente in Gizeh in Ägypten vor. Ein weiterer Anstoß kam hinzu, als zwei von drei kleinen frischen Kalksteinproben von der Chephren-Pyramide elektrische Eigenschaften zeigten, die offenbar günstig genug waren, um die Pyramiden mit Radiowellen zu sondieren. Die Feldexperimente wurden anschließend im Herbst 1974 in Ägypten von einem gemeinsamen ägyptisch-amerikanischen Team unter Verwendung der vom SRI speziell für diesen Zweck entwickelten elektromagnetischen Kurzpulsschallgeräte durchgeführt. Die Leitung seitens des SRI hatte, wie bereits erwähnt, Lambert Dolphin. Das gesamte Team bestand aus sechs Amerikanern (fünf vom SRI, sowie einer vom *Lawrence Berkeley Laboratory* der Universität von Kalifornien) und sechs Ägyptern von der Ain Shams Universität in Kairo und der A.R.E. Ihr Ziel war die Suche nach archäologisch bedeutsamen verborgenen Kammern in der Chephren-Pyramide. Die Feldexperimente begannen am 27. September 1974 in der Belzoni-Kammer. Man fand allerdings keine weiteren Kammern in der Chephren-Pyramide. Die Baustandards scheinen sich mit dem Bau der zweiten und dritten Pyramide in Gizeh deutlich verschlechtert zu haben. Für die Kalksteine der beiden großen Pyramiden von Gizeh wurde schlüssig nachgewiesen, dass sie hohe Hochfrequenzverluste aufweisen. Der Kalkstein der Pyramiden hat sich als relativ porös erwiesen, da eine zwei Stunden in Wasser getränkte Steinprobe nach zwei Tagen einen Gewichtsverlust von 2 bis 9 % aufwies. Im Inneren der Pyramiden herrschte eine hohe Luftfeuchtigkeit von 83 %. Somit war auch der Wassergehalt der inneren Steine in den Pyramiden deutlich höher als an den Außenseiten, die Sonne und Wind ausgesetzt waren. Diese Faktoren beeinflussten maßgeblich die Messergebnisse, da die ausgesendeten Schallwellen somit unterschiedlich stark gedampft wurden. Die hohe Luftfeuchtigkeit im Pyramideninneren erklärte auch die relativ starken Salzablagerungen in der Königinnenkammer der Cheops-Pyramide.

Im Rahmen des gleichen Forschungsprojekts und teilweise auch des gleichen Teams wurde während der Feldarbeit 1977 in Gizeh, Sakkara und Luxor akustische Sondierung[947], Widerstandsmessung und Magnetometrie für eine Vielzahl von Explorationsaufgaben eingesetzt. Luftbildaufnahmen und Wärme-Infrarot-Bilder wurden auch vom ägyptischen Zentrum für Fernerkundung der *Nationalen Akademie für Wissenschaftliche Forschung und Technologie* in Auftrag gegeben, um bei der Interpretation der Ergebnisse zu helfen. Die angewandten Methoden brachten an allen drei Standorten signifikante Ergebnisse. Eine Reihe von Anomalien, die durch den Einsatz der Instrumente entdeckt wurden, verdient eine weitere archäologische Untersuchung. Da die Untersuchungen auf Hohlräume von 1974, welche die Cheops-Pyramide nicht mit einschloss, wurde dies nun 1977 nachgeholt.

Als Ergebnis der Untersuchung der Widerstandsfähigkeit bei dem Sphinx wurden mehrere Anomalien beobachtet. Hinter der linken Hinterpfote (Nordwestende) wiesen die Untersuchungen auf eine kleine Anomalie hin, die möglicherweise auf einen von Nordwesten nach Südosten ausgerichteten Tunnel zurückzuführen ist.

---

946 Die *National Science Foundation* (NSF) ist eine unabhängige Behörde der Regierung der Vereinigten Staaten mit Sitz in Arlington, Virginia, deren Aufgabe die finanzielle Unterstützung von Forschung und Bildung auf allen Feldern der Wissenschaften, mit Ausnahme der Medizin ist. Sie wurde am 10. Mai 1950 gegründet. Mit einem jährlichen Budget von ca. 7 Milliarden Dollar (2020) repräsentiert sie 20 Prozent der gesamten Zuschüsse der US-Regierung für Grundlagenforschung an Hochschulen.

947 Cayce 1991, 203-204: *„Diese Methode, die als >Immersionsakustik< bezeichnet wird, funktionierte im Grunde nach demselben Prinzip wie der Ultraschall, hatte aber einen stärkeren Transmitter, den man am Boden eines Bohrloches ins Wasser eintauchen mußte. Mittels einer starken elektrischen Ladung schickte der Transmitter Klangwellen in alle Richtungen aus. Der Receiver konnte überall in einem Bereich von 20 bis 30 m aufgestellt werden, und wenn kein >Loch<, oder keine Spalte im Felsen auftrat, so ertönte auf dem Receiver ein dumpfer Klang. Wenn jedoch ein Hohlraum den Weg verstellte, er reichte kein Klang den Receiver. Die Forscher konnten die Größe und Form eines solchen Hohlraumes auf ganz einfache Weise dadurch bestimmen, daß sie den Receiver hin und her bewegten."*

Ziemlich in der Mitte des Sphinx befindet sich hinten auf dem Boden ein Einstieg zu einem unterirdischen Hohlraum, der 1980 von Hawass, Lehner und deren Mitarbeitern erforscht wurde. Ursprünglich gefunden wurde dieser Tunnel bereits 1926 von Émil Baraize, der bei seinen Restaurierungsarbeiten des Sphinx dort einen Gang gefunden hatte, der bis zum Grundwasserspiegel hinunterreichte. Es handelt sich dabei um einen durch stufenförmiges Mauerwerk überdachten Gang, der nicht nur nach unten führt, sondern auch im Inneren des Sphinx nach oben in Richtung Hinterteil. Dieser Gang war bei den Arbeiten von Baraize im Jahr 1926 undokumentiert geblieben. Baraize ließ den Gang im Rahmen der Restaurierungsarbeiten mit Zement verschließen. Hätte nicht ein damaliger Junge, Mohammed Abd al-Mawgud Fayed, der als Korbträger für Baraize arbeitete, sich 1980 an diesen Tunnel erinnert, hätte man ihn entweder gar nicht oder erst viel später wieder gefunden. Der 1,07 m bis 1,30 m breite nach unten reichende Tunnel geht 5 m weit unter den Sphinx, um dort im Felsgestein in einer Sackgasse zu enden, die auf Höhe des Grundwasserspiegels[948] von 1980 lag; nach oben reicht der Tunnel 4 m weit, um dann in einer 1 m breiten und 1,80 m hohen Nische zu enden.[949] Als Urheber dieses Tunnels wird Howard Vyse gehandelt, der gemäß seinem Tagebuch am 27./28. Februar 1837 Bohrungen in Schulter und Schwanznähe des Sphinx vorgenommen hatte, ohne diese näher zu spezifizieren.[950] Der Tunnel kann aber ursprünglich auch bereits in der Antike gegraben worden sein, wie Lehner und Hawass bemerken.

Eine weitere Anomalie fand das Team von 1977 in der Mitte der Südseite in der Nähe eines quadratischen Anbaus, der vermutlich in römischer Zeit hinzugefügt wurde. Diese Anomalie wurde als vertikaler Schacht interpretiert. Vor den Vorderpfoten der Sphinx wurden zwei weitere Anomalien entdeckt. Das Grundgestein vor der Sphinx war mit Pflastersteinen aus der Römerzeit bedeckt, was die Messungen etwas erschwerte. Eine Anomalie trat jedoch bei großen Elektrodenabständen auf, was auf einen bis zu 10 m tiefen Hohlraum oder Schacht schließen ließ, der, falls vorhanden, wahrscheinlich mit Schutt gefüllt ist. Da das Messraster relativ groß war, empfahl das Team eine Überprüfung der gefundenen Anomalien mit einem deutlich geringeren Messabstand der Elektroden, bevor man in dem Gebiet Ausgrabungen durchführt. Dies war aber nicht mehr Teil des aktuellen Projekts.

Teil des Projektes war jedoch auch eine Untersuchung der Königskammer in der Cheops-Pyramide. Hier wurde ein Hohlraum in etwa 7,25 m unterhalb der Königskammer auf etwa halber Distanz zur Königinnenkammer ausgemacht. Dieser Hohlraum war etwa 5 m lang und bis zu 2,5 m hoch.[951] Der bekannte Bereich von frühen Ausgrabungen neben dem Sarkophag (siehe Abb. 104) wurde jedoch nicht explizit als Hohlraum erwähnt, da man diesen ja nach Entfernung der Abdeckgitter betreten und untersuchen konnte.

1978 wurden dann weitere Arbeiten mit dem seismischen Hochfrequenzsonar, Widerstands- und Luftbildfotografie von einer Gruppe privater Investoren [*Recovery System International* (RSI)] aus Milwaukee gesponsert. Der Leiter der Feldarbeit für RSI war der Bergbauingenieur Kent Wakefield, der 1971 gegründeten Firma Westec Metals. Als Finanzier soll das prominente Mitglied bei A.R.E., Joseph Jahoda, hinter RSI stecken. Das RSI erhielt alle erforderlichen Lizenzen und Genehmigungen zur Erforschung der Großen Pyramide und der Nekropole von Gizeh. So vergibt das A.R.E Aufträge an RSI für Bohrungen und an SRI für Widerstandsstudien und seismische Untersuchungen. Das RSI schenkte der ägyptischen Altertümerverwaltungsbehörde (EAO) im Rahmen dieses Projekts eine große 4-Zoll-Bohranlage mit Kompressor und Zubehör im Wert von 100.000 US$.[952] Nach Abschluss der Bohrungen wurde sie in ein verschlossenes Lagerhaus gebracht, aber innerhalb eines Jahres wurde sie auseinandergenommen und geplündert. Außerdem wurde eine Fernsehkamera für

948 Heutzutage liegt der Grundwasserspiegel etwa 4,30 m unterhalb des Sphinx-Bodenniveaus.

949 Lehner und Hawass 2017, 232.

950 Siehe hierzu Fußnote 334. Demnach hätte Baraize einen Teil der von Vyse benutzen, stecken gebliebenen, Bohrern finden müssen. Die Angabe von Vyse, dass er 27 Fuß (≈ 8,23 m) tief bohrte, passt nur dann zu diesem Schacht, wenn er mehr als 3 m über dem Bodenniveau des Sphinx mit der Bohrung angefangen hat, da dieser nur 5 m unter den Sphinx reicht.

951 Siehe Abb. 109 bei http://ldolphin.org/egypt/egypt2/index.html#ivd5

952 Ein Foto, in welchem diese Anlage bei der Sphinx im Einsatz ist, findet man unter Bauval 2014, Abb. P.9.

das Bohrloch erworben und ebenfalls der Antikenbehörde am Ende der Feldsaison übergeben. Der Bohrer ermöglichte es, in und um die Pyramiden herum Löcher in das Grundgestein zu bohren und das Bohrmaterial nur mit Luft (statt mit Wasser) zu entfernen.

Als Ergänzung zu dem oben genannten Projekt hatte die *Association for Research and Enlightenment* (A.R.E.) in Virginia Beach, Virginia, unter der Leitung von Dr. Hugh Lynn Cayce darum gebeten, spezielle Studien in und um die Sphinx herum durchzuführen. Einige der von dem verstorbenen Edgar Cayce aufgezeichneten Lesungen betrafen die Sphinx. Hugh Lynn Cayce drehte während der Explorationen einen Dokumentarfilm, da er fest damit rechnete, die von seinem Vater vorhergesagte „Halle der Aufzeichnungen" zu finden. Fünf Bohrlöcher wurden bei den größten seismischen und Widerstandsanomalien gebohrt, obwohl die Anzahl an Bohrungen durch die dem SRI erteilte Lizenz nicht limitiert war. Laut Dolphin befanden sich drei Löcher im Bereich des Tempels unterhalb der Sphinx und zwei Löcher in der Plattform (Felsuntergrund) um den Sphinx selbst. Ursprünglich hatten sie gehofft, mindestens sechs weitere Löcher um den Sphinx herum zu bohren, aber dies wurde wegen der begrenzten Zeit und des begrenzten Budgets sowie wegen der Bedenken der ägyptischen Antikenbehörde nicht getan, da es Bedenken gab, dass die Sphinx in irgendeiner Weise beschädigt werden könnte.[953] Es gibt auch Berichte von Rivalitäten zwischen den unterschiedlichen Gruppen vor Ort (SRI und RSI). Jahoda behauptet sogar, dass die ägyptische Armee mit Waffen zum Sphinx kam, um die Bohrungen zu stoppen, angeblich wegen zu großer Erschütterungen für die Pyramiden! Später, wieder zurück in den USA, landeten SRI und RSI vor Gericht, wobei SRI versuchte, eine ihnen geschuldete Zahlung vom RSI einzutreiben, aber zu diesem Zeitpunkt war RSI bereits bankrott.[954]

1979 startete Mark Lehner unter der Schirmherrschaft des amerikanischen Forschungszentrums in Ägypten (***A****merican* ***R****esearch* ***C****enter of* ***E****gypt*)[955] das ARCE-Sphinx-Projekt, die erste systematische Studie über das antike Denkmal und seine Beziehung zu seiner Umgebung.

Etwa zur gleichen Zeit beaufsichtigte Zahi Hawass die Ausgrabungen 50 Meter östlich des Sphinx-Tempels und traf in einer Tiefe von nur 1,8 Metern auf den felsigen Untergrund.

14.4 Die 1980er Jahre

Im September 1980 suchten ägyptische Bewässerungsspezialisten nach Grundwasser, das im selben Gebiet, weniger als 30 Meter von der Hawass-Grabung entfernt (ca. 80 m östlich des Sphinx-Tempels), gebohrt worden war, und konnten ungehindert mehr als 15 Meter hinunter bohren, bevor ihr Bohrmeißel plötzlich mit etwas Hartem und Massivem kollidierte. Nachdem sie den Bohrer freigelassen hatten, stellten sie zu ihrer Überraschung fest, dass sie einen großen Klumpen Assuan-Granit (Rosengranit) an die Oberfläche gebracht hatten.[956] Irgendwo zwischen 50 und 80 Metern östlich des Sphinx-Tempels fällt also das Gestein um mehr als 13 Meter ab. Ob es sich dabei um einen relativ flachen Abfall über die gesamte Distanz von rund 30 Metern oder über einen sehr kurzen und steilen Abfall handelt, ist aufgrund fehlender weiterer Bohrungen nicht bekannt. Der gefundene Granit kommt in der Gegend um Kairo herum nicht natürlich vor. Er wurde sicher von Assuan hierher transportiert, genau wie der in der Cheops-Pyramide verwendete Granit. Erstaunlich ist auch der Fundort bezüglich der Tiefe, in der der Granit zutage gefördert wurde. Er liegt mehr als 10 Meter unter dem heutigen Grundwasserspiegel. Leider sind das Ausmaß und die Strukturierung des Granit-Vorkommens vor dem Sphinx-Tempel nicht bekannt. Aus geologischer Sicht kann es dort aber nicht entstanden sein, sodass die logische Schlussfolgerung ist, dass es hierher gebracht wurde. Es muss jedenfalls zu einer Zeit

---

953 http://ldolphin.org/egypt/sphinx.html

954 Siehe hierzu: Lawton und Ogilvie-Herald 1999, 284.

955 Die ARCE wurde 1948 gegründet, um die Arbeiten des Ägyptologen George A. Reisner in Gizeh und Libyen weiterzuführen. 1962 wurden die Ziele weiter gefasst und zu einer Forschungsorganisation in Ägypten umgewandelt, die mit öffentlicher und privater Förderung von einem Konsortium amerikanischer Universitäten und Museen unterhalten wird.

956 Hancock und Bauval 1996, 99. In der Fußnote hierzu heißt es: "*The discovery of the granite was also confirmed to us by Mark Lehner in his letter, op. cit., p. 4.*".

gewesen sein, als der Grundwasserspiegel noch unterhalb von diesem Niveau lag. Möglicherweise lagen hier die Strukturen des Landungshafens der Transportschiffe zum Bau der Gizeh-Pyramiden. Weitere Bohrungen, um das Ausmaß des Granit-Vorkommens zu erkunden, wären hier sinnvoll, um nähere Aussagen darüber treffen zu können.

Es ist schon erstaunlich, dass bis 1979 der Sphinx bei den Gizeh-Pyramiden nie sorgfältig untersucht, vermessen und kartografiert wurde. Um dieses Versäumnis nachzuholen, beschloss die ARCE ein Projekt unter Leitung von Mark Lehner. Finanzielle Unterstützung erhielt das Projekt auch durch das *Deutsche Archäologische Institut in Kairo* (DAIK[957]) im September 1979 in Form von teurer Ausrüstung, aber auch in Form von Personal des DAI. Für eine fotogrammetrische Untersuchung der Sphinx war dies notwendig, um so genaue Zeichnungen des Sphinx herzustellen. Im Rahmen dieses Projektes wurde auch der von Baraize 1926 zugemauerte Tunnel am Hinterteil des Sphinx wieder entdeckt, geöffnet und erforscht.

1982 untersuchte ein Team vom SRI (Stanford Research Institute) in einem vom ECF (*Edgar Cayce Foundation*) finanzierten Projekt[958] nach Hohlräumen unter dem Sphinx. Mark Lehner, der die ganze Zeit über das Projekt begleitete, beschreibt die Suche wie folgt:

> *"They brought a very powerful acoustical sounder, which is a long pencil-shaped thing. They put it down a drill hole. This is called Immersion Downhole Acoustics. You have to be in water. So, they put it down into the water table and it sent out sound waves in all directions. Then they put down a listener, like a stethoscope, and you get a signal on an oscilloscope if sound waves are coming through; if they're not, you don't. You discover fissures this way – on one side of the fissure there's no signal and on the other side there is.*
> *They put the sounder underneath the paw [of the Sphinx] and always got a good, clear signal – there's no underground cavity blocking it. And they put it along the paw between the elbow and that box on the side, around the outside of the box and into the corner, and there was always a good signal.*
> *But, at my prompting, they put it on the bedrock floor inside the box – and it was dead three places where they put it down, as though there is some kind of opening or empty space underneath that was blocking the signal. That was the very last day of the SRI project, and they never checked that out."* [959]

Eine weitere Untersuchung diesbezüglich erfolgte aber erst durch die seismischen Untersuchungen von Thomas Dobecki[960] in den frühen 1990er Jahren (siehe Kap. 14.5).

Die beiden Franzosen, Gilles Dormion (ein Konstruktionstechniker) und Jean-Patrice Goidin (ein Architekt), besichtigten die Cheops-Pyramide im März 1985 und machten Beobachtungen, die auf die Existenz eines verborgenen Systems von Gängen und Kammern schließen ließ. So postulierten sie, dass es hinter dem Originaleingang im oberen Bereich unter den Giebelsteinen einen Gang gibt, sodass die gewaltige Eingangskonstruktion überhaupt einen Sinn ergibt. Ein messtechnischer Nachweis eines Hohlraumes an dieser Stelle gelang dann 30 Jahre später im Jahre 2017, wo auch eine „zweite Große Galerie" – *"big void"* genannt – gefunden wurde (siehe hierzu: Kap. 14.7).

Dormion und Goidin stellten die Hypothese auf, dass das heute sichtbare Gangsystem ein Trick ist, um Grabräuber in die Irre zu führen, und dass sich die eigentliche Grabkammer des Cheops seitlich der Entlastungskammern befindet. Es fiel ihnen auf, dass im horizontalen Gang zur Königinnenkammer einige der jeweils gut eine Königselle hohen und zwei Königsellen langen (ca. 1,05 m) beiden übereinander liegenden Steinreihen, welche die Wände des Gangs bildeten, symmetrisch bezüglich ihrer Fugen verlegt waren, sodass diese ein

[957] Ab 1968 war Rainer Stadelmann wissenschaftlicher Direktor am *Deutschen Archäologisches Institut in Kairo* (DAIK), von 1989 bis 1998 war er dessen Leiter.

[958] Venture Inward, Mai/Juni 1986, 57.

[959] Venture Inward, Mai/Juni 1986, 57.

[960] Thomas Lee Dobecki (* 27.10.1945 in South Bend, Indiana, USA) ist ein amerikanischer Geologe, der sich auf seismische Untersuchungen spezialisiert hat. Er arbeitete für die angesehene Beratungsfirma *McBride-Ratcliff & Associates* aus Houston, Texas.

Fugenkreuz bildeten.[961] Bezüglich der Architektur der Cheops-Pyramide war dies ein besonderer Befund, da normalerweise die Steine aus Stabilitätsgründen nie direkt übereinander gelegt wurden, sondern versetzt. In keinem anderen Gang der Cheops-Pyramide konnte dieses Kreuzfugenmuster beobachtet werden. Es gibt in dem horizontalen Gang auch Bereiche, in denen die Seitenwände nur aus jeweils einem einzigen hohen Stein bestehen, sowie im Bereich der Stufe innerhalb dieses Ganges. Die beiden Franzosen stellten die Theorie auf, dass dieses Kreuzfugenmuster auf das Vorhandensein eines verborgenen Lagerraums hinweisen könnte, der möglicherweise die im Jenseits benötigten Habseligkeiten des Pharaos enthielt. Für Ende August bis Anfang September 1986 erhielten sie von der ägyptischen Altertumsbehörde (EAO) die Erlaubnis, vier maximal 33 Millimeter große Löcher im horizontalen Gang zu bohren;[962] Voraussetzung war allerdings, dass die Löcher danach wieder wasserdicht verschlossen werden müssen. Die Durchführung der Bohrungen übernahm die *Électricité de France*[963] *(EDF)*, während die mikrogravimetrischen Messungen von der *Compagnie de Prospection Géophysique Française (CPGF)* durchgeführt wurden, die in der Mitte des horizontalen Gangs eine Dichteanomalie beobachtet hatten. Da sich die Bohrungen als schwieriger als erwartet erweisen, bohren sie nur drei Löcher, wobei der Bohrer auf feinen Sand stieß.[964] Die Ergebnisse der drei Bohrkerne waren:

1. Bohrkern (2,65 m Länge):

- 1,28 m solider Kalkstein,
- 0,57 m Füllmaterial aus Kalk,
- 0,20 m Mischung aus Kalkstein-Füllmaterial und Mörtel,
- 0,25 m fein gesiebter Sand,
- 0,35 m massiver Kalkstein.

2. Bohrkern (2,35 m Länge):

- 1,98 m kompakter Kalkstein,
- 0,16 m feiner Sand,
- 0,21 m Kalkstein.

3. Bohrkern (2,53 m Länge):

- 1,44 m Kalkstein,
- 0,68 m Mischung aus Kalkstein-Füllmaterial,
- 0,41 m gesiebter, feiner Sand.

Eine Analyse des kristallinen Sands ergab, dass er eine andere Konsistenz hatte, als der Sand um das Gizeh-Plateau herum. Dieses Resultat sorgte allgemein für Verwunderung, da es unklar war, warum man nicht den Sand vor Ort für eine Verfüllung von Zwischenräumen bzw. Hohlräumen genutzt hat. Spekulationen, dass der Sand radioaktiv gewesen sei, sind haltlos. Man allerdings Sand mit den gleichen Eigenschaften auf der Sinai-Halbinsel gefunden. Doch warum sollte man Sand über hunderte von Kilometern nach Gizeh bringen, wo es doch dort Sand genug gab? Bis jetzt gibt es dafür noch keine hinreichende Erklärung.

J. P. Lepre schreibt bezüglich dieser von Dormion und Goidin gefundenen Hohlräumen seitlich des horizontalen Gangs:

> *"As to the discovery of the sand- cavities by the French expedition in 1986, this detection was accomplished by the employment of a microgravimeter, a sonar-like device. In my own investigation of the Queen's Chamber horizontal passage in 1978 I detected the presence of these*

---

961 Dormion und Goidin 1987, 94-95.

962 Dormion und Goidin 1987, 196.

963 Die *Électricité de France SA* (EDF) ist eine börsennotierte, staatlich dominierte französische Elektrizitätsgesellschaft. EDF ist der zweitgrößte Stromerzeuger weltweit und beschäftigte 2019 weltweit fast 165.000 Mitarbeiter zur Versorgung von etwa 37 Millionen Kunden.

964 Dormion und Goidin 1987, 197.

cavities —or something that I felt was present in that section of the corridor —by an entirely different method." [965]

Lepres Methode basierte auf der genauen Analyse der 130 Blöcke[966], die den horizontalen Gang ohne die Deckenplatten bilden und deren Fugen. 122 dieser Blöcke haben entweder die gleiche relative Größe oder sind in die gleiche Richtung orientiert. Lediglich acht Steine gehorchen diesen Regeln nicht, wovon zwei Bodensteine waren. Diese stellten einen halbierten großen Block dar, der durch eine Fuge getrennt war, die in entgegengesetzter Richtung zu den Fugen der anderen Bodensteine verlief. Hierbei handelte es sich um die gleiche Situation wie beim absteigenden Gang an der Stelle, wo der ehemals versteckte aufsteigende Gang beginnt.

Schon Piazzi Smyth schrieb dazu im 19. Jahrhundert:

„When measuring the cross joints in the floor of the entrance-passage in 1865, I went on chronicling their angles, each one proving to be very nearly at right angles to the axis, until suddenly one came which was diagonal; another, and that was diagonal too; but after that, the rectangular position was resumed. Further, the stone material carrying these diagonal joints was harder and better than elsewhere in the floor, so as to have saved that part from the monstrous central holes and ditches perpetrated in other parts of the same inclined floor by some moderns. Why then did the builders change the rectangular joint angle at that point, and execute such unusual angle as they chose in place of it, in a better material of stone than elsewhere; and yet with so little desire to call general attention to it, that they made the joints fine and close to such a degree that they had escaped the attention of all men until 1865 A.D. ?
The answer came from the diagonal joints themselves, on discovering that the stone between them was opposite to the butt-end of the portcullis of first ascending passage, or to the hole whence the prismatic stone of concealment, through 3,000 years, had dropped out almost before Al Mamoun's eyes. Here, therefore, in a peculiar relation of position to something concealed, was a ***secret sign in the pavement of the entrance-passage****, appreciable only to a careful eye and a measurement by angle, but made in such hard material that it was evidently intended to last to the end of human time with the Great Pyramid, and has done so thus far.**
** This matter has been looked into in 1871-2 still further by Mr. Waynman Dixon, who finds that the interstitial stone, between the two diagonal joints, is composed of a sensibly different material, and harder quality of stone, from that which is employed on either side of them; though still to be esteemed of limestone only."* [967]

Eine weitere Besonderheit, die Lepre hier beobachtet hat, stellen die rötlich-ockerfarbenen Konstruktionslinien und -symbole dar, die jedoch sehr schwach und mit dem bloßen Auge kaum zu erkennen waren.

---

965 Lepre 1990, 105.
966 Boden: 21, Westseite: 55, Ostseite: 54.
967 Smyth 1880, 421-422. Hervorhebung durch den Autor.

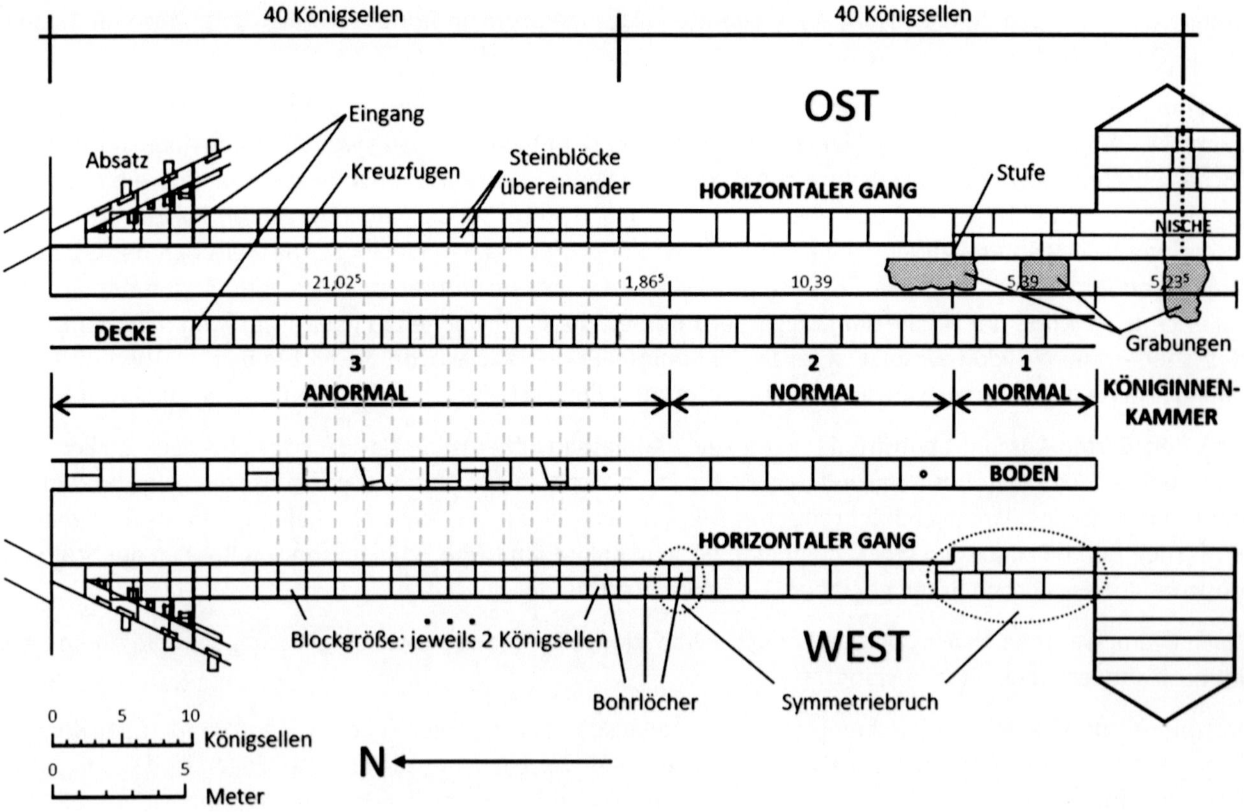

Abb. 140: Architektur des horizontalen Ganges und der Königinnenkammer.

In Dormions Buch von 2004 *La chambre de Chéops* findet sich ein detaillierter Plan mit den Steinen des horizontalen Gangs.[968] Dormion teilt den Gang in vier Abschnitte ein, wobei die beiden ersten hier beschriebenen den anormalen Bereich in Abb. 140 ergeben.

Ein Abschnitt reicht vom Beginn der Großen Galerie bis zum eigentlichen Eingang in den horizontalen Gang und ist genau 10 Königsellen (≈ 5,24 m) lang. Damit besitzt dieser Abschnitt die gleiche Länge wie die Breite der Königinnenkammer bzw. Königskammer.

Der nächste daraufhin folgende Abschnitt ist genau 30 Königsellen lang und zeichnet sich dadurch aus, dass er, genau wie der erste Abschnitt, aus jeweils zwei Königsellen (≈ 1,05 m) langen Steinen, in Form von zwei parallel übereinander liegender Steinreihen, besteht. Damit bilden die beiden ersten, zusammen 40 Königsellen langen, Abschnitte einen für die Cheops-Pyramide anormalen Bereich, da hier zwei Steinreihen, sowohl auf der Ost- als auch auf der Westseite des horizontalen Gangs, achsensymmetrisch verlegt wurden, sodass sich zwischen den Steinen kreuzförmige Fugen ergeben. Aus Stabilitätsgründen ist diese Art der Steinverlegung, wie bereits erwähnt, besonders ungünstig und daher ansonsten auch vermieden worden. Doch warum hat man genau hier eine Ausnahme von der Regel gemacht? Dormions Hypothese hierzu von 1986 lautete, dass sich dahinter Lagerräume befinden könnten. 2001 wurde dann eine Hypothese diskutiert, dass es sich hierbei möglicherweise um eingeritzte Pseudo-Fugen handelt, um mögliche Grabräuber zu täuschen. Doch kann diese Hypothese sehr schnell damit entkräftet werden, dass es sich ansonsten um zwei 40 Ellen lange und etwa gut 2 Ellen hohe Steine handeln müsste. Allein wegen des enormen Gewichts, welches diese gigantischen Steine auf die Waage gebracht hätten, kann dies schon nicht der Fall sein. Falls es sich aber doch um mehrere Steine handelt, müsste man auch die echten Fugen, selbst wenn sie hauchdünn sind, mit heutiger Technik problemlos erkennen können. Da auch dies nicht der Fall ist, scheidet diese Hypothese also aus.

Ein dritter Abschnitt des horizontalen Gangs besteht nach Dormion aus einer Reihe von Steinblöcken, die die ganze Ganghöhe ausmachen. Dieser Bereich, der 20 Königsellen lang ist, besteht auf beiden Gangseiten aus 7 solcher Steine. Auf der Westseite folgt allerdings zu Beginn dieses dritten Abschnitts noch ein 1,7 Königsellen (≈ 0,90 m) langer Abschnitt aus zwei übereinander liegenden Steinen, wie im Abschnitt zuvor. Auch dies stellt in der Konstruktion des horizontalen Ganges eine Anomalie dar, die bisher noch nicht hinreichend

[968] Dormion 2004, 115. Siehe hierzu auch Abb. 140 in diesem Buch.

erklärt wurde. Das Ende dieses dritten Abschnitts bildet die Stufe im Boden, wo die Ganghöhe von 1,18 m auf 1,70 m anwächst.

Von hier bis zum Eingang in die Königinnenkammer erstreckt sich der vierte, auf der westlichen Gangseite exakt 11 Königsellen (≈ 5,76 m)[969] lange, Abschnitt, der damit genauso lang wie die Königinnenkammer ist. Dieser Abschnitt ist dadurch gekennzeichnet, dass die Seitenwände wieder zwei aus zwei übereinander liegender Steinreihen bestehen; jetzt aber, in normaler Bauweise, sodass die senkrechten Fugen nicht mehr übereinander liegen und zudem keine bauliche Symmetrie der verwendeten Steine zwischen der Ost- und Westwand vorliegen. Interessant ist auch, dass die Länge des horizontalen Gangs vom Beginn der Großen Galerie bis zur Mitte der Nische der Königinnenkammer, die sich nicht genau in der Mitte der Kammer befindet, sondern nach Süden versetzt ist, exakt 80 Königsellen beträgt, wovon die ersten beiden Abschnitte genau die Hälfte dieser Strecke ausmachen. In dieser Aufteilung scheint auch eher Planung als Zufall zu stecken.

Was den vierten Abschnitt betrifft, der genau eine Königselle höher ist als der Rest des überdachten horizontalen Ganges, so scheint es aufgrund der bis zur Stufe zweireihigen Seitenwände, dass dies ein von den Erbauern bewusst geplantes architektonisches Merkmal war und nicht, wie viele meinen, dem nachträglichen Entfernen durch Schatzsucher geschuldet ist. Gleichwohl haben frühe Schatzsucher im Bereich der Stufe im horizontalen Gang nach unten gegraben, sind aber nicht fündig geworden.

Nach allem, was man bisher über die Cheops-Pyramide weiß, fällt es schwer zu glauben, dass die Anomalien im horizontalen Gang ohne Bewandtnis sind.

Dormion[970] und Lepre[971] haben beide darauf hingewiesen, dass nur vier Fugen in den Wänden der Königskammer eine Breite aufweisen, die als „offen" bezeichnet werden kann; alle anderen Fugen sind so eng, dass man sie kaum sehen kann. Von diesen vier größeren Fugen befinden sich drei um den untersten Stein der Westwand (siehe Abb. 92). Die rechte, senkrechte Fuge ist ¼ Zoll (≈ 6,4 mm), die linke, senkrechte Fuge ist ⅛ Zoll (≈ 3,2 mm) und die obere, waagrechte Fuge ist $^1/_{16}$ Zoll (≈ 1,6 mm) gemäß Lepre breit. Weiter schreibt er hierzu:

> *"It appears very significant indeed that the only stone in the entire chamber with three open joints should occupy the unique position of that of a lower course corner stone. Is it possible this stone could be moved if enough pressure were applied to it from the interior of the King's Chamber? Again, it is the only stone in the entire chamber with open joints on three sides, and one which is located in the exact spot where another entrance or passage is likely to be set. The original builders, who were for some strange reason fond of plastering certain joints throughout the pyramid, used this method on the three open joints surrounding this particular stone. The plaster application on this lower corner stone, having aroused my curiosity, was partially removed from certain areas by me using a sharp pen knife. When I noted the open joints which had been hidden by that mass of plaster – a phenomenon first cited by me in 1978 – the idea of a possible western entrance came to mind."* [972]

Weiterhin fällt in der Königskammer auf, dass fast genau gegenüber dem Sarkophag an der Nordwand der unterste Steinblock gerade so groß ist, dass der Sarkophag hier durchpassen würde. Dieser lastfreie Stein (siehe Abb. 92) könnte, genau wie der linke, untere Stein der Westwand, entfernt werden, ohne die Statik der jeweiligen Wand zu gefährden, da der jeweils darüber liegende Stein größer ist. Dieser Befund passt auch zu den Ergebnissen von Dormion und Goidin[973] aus dem Jahr 1986.

1987 leitete der Japaner Sakuji Yoshimura von der Waseda-Universität in Tokyo eine nicht-destruktive Untersuchung der Cheops-Pyramide mittels elektromagnetischer Wellen. Dabei stieß sein Team auf eine Reihe von Hohlräumen, die sich auch mit denen von Dormion und Goidin decken.

---

969 Dormion 2004, 115.
970 Dormion 2004, 297.
971 Lepre 1990, 103.
972 Lepre 1990, 103.
973 Dormion und Goidin 1987, 114-118.

" 'Unknown Room' located to the north of King's Chamber
The French Mission proposed that there is an 'Unknown Room' to the north of the King's Chamber. They assumed the 'Davison's Room' was constructed to protect this 'Unknown Room', and pointed out that the unbalanced force made cracks on the beams. However, if we recall the megalithic masonry of the northern entrance, it is reasonable to say that similarly gigantic masonry was constructed to protect the King's Chamber and Grand Gallery, the two very important and heavily loaded spaces inside of the Pyramid. Moreover, besides these structural reasons, it is important to recognize the invisible symbolic meaning carried by such structure." [974]

Auch im Südwesten der Königskammer wurde ein Hohlraum vermutet, der zur Lage des Steins mit den drei offenen Fugen in der Südwestecke passt.

"The unusual cracks and strain on the beams of 'Davison's Room' suggest the existence of a fragile masonry or a void space at the southwest of King's Chamber." [975]

In einer zweiten Untersuchung im September 1987 ergab sich für das japanische Team noch folgende Erkenntnis:

"In the area right to the center of the figure, a portion representing the southern part under the floor of the granite sarcophagus is red, which shows a strong reflection. This indicates the existence of a cavity which was not detected in the previous survey. To define the scale of the cavity, it is necessary to make further analysis and clarify the relationship between the cavity and the tunnel whose opening is located on the northern floor of King's Chamber which was excavated by Vyse." [976]

Fälschlicherweise gingen die Japaner davon aus, dass das Loch auf der rechten Seite des Sarkophags durch Howard Vyse 1837 gegraben wurde. Es wurde aber bereits im 17. Jahrhundert von dem Niederländer Cornelis de Bruyn in seinem Reisebericht erwähnt.[977] Vermutlich geht die erste Grabung dort auf die Schatzsuchaktivitäten von al-Ma'mūn zurück.

Bezüglich der ein Jahr zuvor durch die Franzosen gemachten Entdeckungen im horizontalen Gang vermeldet das japanische Team:

"A cavity was found 1.5 meters below the floor, over 3 meters from the place 14 meters from the starting point. The cavity extends downward by 2.5 to 3.0 meters. The bottom of the cavity was not identified, because it may extend further downward or something exists on the bottom. Scanning the cavity indicated that it contains sands. The eastern line provided a stronger response, and the western one provided a weaker response. This tells the high possibility that the cavity runs probably from the center to the western side wall. This point was the same one where the French team had drilled." [978]

Die Stelle, an der die Franzosen 1986 gebohrt haben, ist in Abb. 140 eingezeichnet. Man erkennt, dass genau in dem Bereich vom Übergang des normalen zum anormalen Bereich drei Bohrlöcher in die Westwand gebohrt wurden. Das am weitesten von der Königinnenkammer liegende Bohrloch wurde an der Stelle vorgenommen, wo auch im Boden schon ein Loch vorgefunden wurde.

974 Yoshimura 1987, 83.
975 Yoshimura 1987, 92.
976 Yoshimura, Nakagawa und Tonouchi 1988, 48.
977 Bruyn 1700, 195-196. Siehe hierzu auch Kap. 13.1.3.
978 Yoshimura 1987, 5.

Der besondere Quarzsand, den die Franzosen beim Bohren dort gefunden haben, wurde von den Japanern analysiert, die zu folgendem Ergebnis kamen: Der von der französischen Mission im Inneren der Großen Pyramide gefundene Sand besteht hauptsächlich aus Quarz und wenig Plagioklas. Er besteht zu mehr als 99 % aus Quarz und wird allgemein als Quarzsand bezeichnet. Die Größe der Körner ist groß und beträgt zwischen 100 und 400 Mikron. Der im Süden der Pyramide gesammelte Sand enthält vor allem Mineralien wie Kalzit, Quarz und Plagioklas. Dieser Sand ist mit 10 bis 100 Mikron Größe deutlich kleiner, zudem ist jedes Korn kantig, d. h. autochthon. Es zeigt, dass der Sand an der gleichen Stelle entstanden ist. Der Sand von der Ostseite der Sphinx und aus der Wüste hinter der Pyramide ist fast derselbe wie der Sand vom Süden der Pyramide. Der von Sakkara entnommene Sand ist ebenfalls derselbe, und es gibt einen offensichtlichen Unterschied zu dem Sand aus dem Inneren der Pyramide. Den Sand aus dem Inneren der Pyramide gibt es nur an wenigen Orten auf der Welt, wie etwa in Abswella[979] bei el-Tor auf der Sinai-Halbinsel. Aufgrund seiner Eigenschaften wird er auch „heulender Sand“ oder „musikalischer Sand“ genannt, weil er beim darüber laufen Geräusche macht, wie wenn der Wind weht. Selbst mit moderner Technik ist es schwierig, diesen besonderen Sand von magmatischem Gestein zu gewinnen, sodass es für die alten Ägypter als höchst unwahrscheinlich anzusehen ist, ihn auf diese Art gewonnen zu haben. Er wurde daher sehr wahrscheinlich von der Sinai-Halbinsel importiert. Von el-Tor nach dem altägyptischen Hafen Wadi al-Jarf sind es ca. 115 km über das Rote Meer und von da an rund 160 km über Land bis zum Nil, wo der Sand wieder per Schiff bis zu den Pyramiden transportiert werden konnte.[980] Prof. Sakuji Yoshimura bemerkte, dass mit Sand gefüllte Kammern als Schutz vor Erdbeben dienen können, da solche Konstruktionen auch in dem Erdbeben gefährdeten Japan üblich seien.

Die Königinnenkammer betreffend findet er auch Hohlräume, was er wie folgt beschreibt:

> *"The cavity, which had been found in the first season behind the west side of the north wall [of the Queen's Chamber], was surveyed again in the second season utilizing the electromagnetic scanning and also this time the cavity was detected. From the results of the second season's survey, the shape of this cavity in the section seems to almost rectangular and the size might be the same as that of the horizontal passage to this chamber."* [981]

In einer weiteren Veröffentlichung aus dem Jahre 1988 schreibt er detailliert dazu:

> *"As a result, similar to the first survey, the reflection of the other side of surface of the block detected at 3 m beyond the north wall [of the Queen's Chamber]. The monitored image shows a cavity 3m wide. It has been proven from the reflection test of the known cavity in Great Pyramid that the monitored image is twice as large as the actual dimension. Taking this fact into consideration, the actual width of the cavity on the northern side of the northern walls is judged to be between 1 and 1.5m. This phenomena is assumed to be caused by the separation of the transmitting antenna and the receiving antenna and their horizontal connecting position. When the height was measured by vertically placing the transmitting antenna and receiving one, a reflection suggesting a cavity was observed at less than 1 m from the floor. This is considered to be almost the actual height of the cavity. Therefore, the size of east-west cross section of the cavity is approximately 1.5 m by 1 m, which is almost the same as the size of Horizontal Passage. ...*
> *In the previous survey, a cavity was detected 1.5 m under the floor. It extended approximately 3 m northward from the point approximately 15 m north of Queen's Chamber where French Mission made a boreing reseach. Therefore the results of the survey made by the French Mission using an absolute gravimeter were confirmed. It was confirmed that the cavity extended 2.5 to 3 m downward and that sands were present in it.*

---

[979] Der Ort liegt bei al-Minya direkt am Roten Meer; er befindet sich ca. 320 km Luftlinie von den Pyramiden entfernt.

[980] Yoshimura, Nakagawa und Tonouchi 1988, 86-87.

[981] Yoshimura, Tonouchi und Nakagawa 1987, 3.

In this season, our research also revealed that there was no cavity in the north of the northernmost hole which French Mission bored. A cavity was confirmed to exist around the 2nd and the 3rd hole from the north." [982]

Wie wir gesehen haben, finden sich in den beiden Jahren 1986 und 1987 mit moderner Technik neue Hohlräume in der Cheops-Pyramide, wenngleich sich manche davon als mit Sand gefüllt herausstellen, interessanterweise ist es aber kein gewöhnlicher Sand von Gizeh oder der näheren Umgebung, sondern von weiter Entfernung, vermutlich von der Gegend um el-Tor auf der Sinai-Halbinsel.

Larry Dean Hunter[983] ist ein Name, der in Verbindung mit dem Gizeh-Plateau immer wieder auftaucht. In dem Buch *Giza: The Truth* von Lawton und Ogilvie-Herald ist ihm sogar ein eigenes Kapitel gewidmet.[984] Hunter, der auch als Verschwörungstheoretiker bezeichnet wird, will bereits am 22. Juni 1979 eine geheime Kammer in der Cheops-Pyramide gefunden haben. Er trat damit in Form eines offenen Briefs im Internet, aber erst am 6. November 1988 an die Öffentlichkeit. Darin behauptet er, dass es eine bis dato noch ungeöffnete Kammer oberhalb des südlichen Blindschachts der unterirdischen Felsenkammer gäbe. Als „Beweis" führt er an, dass man in diesem Blindschacht gut hören könnte, wenn jemand in der Königskammer den Sarkophag mit einem Schlag zum Klingen bringt. Daraus schloss er, dass dies nur möglich sei, wenn zwischen der Königskammer und dem Blindschacht eine weitere, bisher unentdeckte Kammer, liege, die den Schall aufnehme und nach unten weiterleite. Hierbei könnte es sich tatsächlich um die kleine Kammer unterhalb der Königskammer handeln (siehe Kap. 13.1.3), die als Resonanzraum fungiert. Er wollte Hawass die „Beweise" selbst zeigen, doch Hawass weigerte sich ihn zu begleiten, weshalb Hunter Kontakt zu zwei seiner Inspektoren aufnahm und ihnen die „Beweise" vorstellte. Einer von den Inspektoren, Ahmed Moustafa, wies Hunter an, am 16. Oktober 1988, um 8:00 Uhr, eine Stunde vor Ankunft der Arbeiter, die aktuell mit Restaurierungsarbeiten beschäftigt waren, zu erscheinen, um die Schalltests vorzunehmen. Doch Moustafa erschien nicht wie besprochen und so ging er zu Sammia Malac, Assistentin von Zahi Hawass, erklärte ihr die Situation und sicherte sich die Erlaubnis, zur Großen Pyramide zu gehen. Er wurde von dem Inspektor Ragab begleitet. Dieser bestätigte, dass er tatsächlich den Klang aus der Königskammer und die Echos der Kammer über seinem Kopf hörte und offenbarte, dass er solche Dinge bis jetzt nicht gekannt hatte. Nach dem Verlassen der Pyramide berichtete Ragab zuerst Sammia Malac und später Hawass selbst, was er gehört hat, doch letzterer wies dies von sich. Als Hunter dies erfuhr, ließ er sich dennoch nicht entmutigen und organisierte für den 26. Oktober 1988 mit dem ursprünglich dafür vorgesehenen Inspektor Moustafa einen neuen Termin, der dann auch stattfand. Moustafa konnte die Echos aus der Königskammer laut Hunter ebenfalls hören und glaubte auch an eine Verbindung zwischen der Königskammer und dem südlichen Blindschacht in der unteren Felsenkammer. Doch auch dieses Mal wies Hawass den Bericht von Ragab zurück. Selbst gab er vor zu beschäftigt zu sein, um sich damit zu befassen. Schließlich unternahm Hunter noch einen letzten Versuch, indem er Hawass persönlich ansprach, als dieser auf dem Gizeh-Plateau war und ihn von einem dritten Test in seiner Gegenwart und der Teilnahme eines amerikanischen Toningenieurs (vermutlich Thomas Danley), von der Existenz dieser Kammer überzeugen wollte, indem er für diesen Test eigens den südlichen Blindschacht temporär verschließen lassen wollte, damit keine Geräusche von der Felsenkammer in den Gang dringen konnten. Doch Hawass lehnte auch dies ab und verwies Hunter an die ägyptische Antikenbehörde, welcher er einen entsprechenden Bericht einreichen sollte, um seine Vorgesetzten darüber zu informieren. Enttäuscht reiste Hunter am 20. November 1988 wieder aus Ägypten ab.[985] Vom August 1988 bis zum Mai 1989 ließ Zahi Hawass die Cheops-Pyramide wegen Restaurierungsarbeiten für Touristen schließen.

---

982 Yoshimura, Tonouchi und Nakagawa 1987, 49-50.

983 Larry Dean Hunter (* 11.5.1950 in den USA) war laut eigenen Angaben nach Abschluss der Schule von 1969 bis 1979 bei der US Marine, wo er es bis zum Bootsmannsmaat (eng. *Quartermaster 1st class*) gebracht hat, was in Deutschland etwa dem Rang eines Unteroffiziers entspricht. Seit Ende der 1970er Jahre lebt er in Los Angeles in Kalifornien. Seit spätestens 1979 interessiert er sich für ägyptologische Themen und hat sogar ein Patent unter der Nummer *US-Patent #4509501* angemeldet, bei welchem es um einen Primärreflektor in Form einer modifizierten Pyramide geht, die einen Sonnenenergiekollektor an der Spitze des Primärreflektors besitzt, um die Sonnenenergie zu konzentrieren. Er vertritt die These, dass die Cheops-Pyramide einst als Solarkraftwerk gebaut wurde.

984 Lawton und Ogilvie-Herald 1999, Kap. 13, 421-436.

985 http://larryhunter.com/oldsite/Secret%20Chamber/newpage1.htm

14.5 Die 1990er Jahre

Die 1990er Jahre zeichneten sich vor allem durch die Robotererkundungen der kleinen Schächte in der Königs- und Königinnenkammer aus, die ab 1992 begannen. Doch bereits 1990 untersuchte wieder einmal ein französisches Team – Jean Kerisel[986], Jean-Bruno Kerisel und Alain Guillon – die Luftverschmutzung in der Königskammer, um subtile Beweise dafür zu finden, dass diese nach Süden sinkt, denn auf dieser Seite weisen die großen Granit-Dachbalken ausgeprägte Risse auf.

Zu Beginn der 1990er Jahre wurde auch der Sphinx von Gizeh wieder zum Ziel zahlreicher Untersuchungen. Der Auslöser war diesmal die Kontroverse zwischen den Ägyptologen und Geologen bezüglich des Alters des Sphinx. Bereits in der ersten Hälfte des 20. Jahrhunderts unternahm der französische Gelehrte René Adolphe Schwaller de Lubicz[987] Untersuchungen in Luxor und Gizeh vor. Dabei beobachtete er eine merkwürdige physische Anomalie im Pyramidenkomplex von Gizeh. Die deutlich zu sehenden Erosionsspuren am Sphinx waren ganz anders als bei anderen Objekten aus dem Alten Reich. Schwaller vermutete, dass die Ursache der Erosion am Sphinx durch Wasser und nicht durch Sandstürme verursacht worden war. Damals verstand jedoch noch niemand die Implikationen dieser Beobachtung und sie blieb weitgehend unbemerkt bis in die 1970er Jahre, als der unabhängige Ägyptologe John Anthony West[988] sich der Frage annahm. Sollte nämlich tatsächlich Wasser die Ursache der Erosion gewesen sein, so muss der Sphinx deutlich älter sein, als von den Ägyptologen behauptet, da Wasser in Form von Regen nur während der letzten Eiszeit vor rund 10.000 Jahren in ausreichender Menge vorhanden war, um die beobachteten Erosionsspuren zu erklären. Dies widersprach natürlich der Einschätzung der Ägyptologen, dass der Sphinx nur rund 4.500 Jahre alt sei und zusammen mit den Gizeh-Pyramiden geschaffen wurde. Noch heute vertreten die meisten Ägyptologen die Meinung, das Gesicht des Sphinx sei das Gesicht des Pharaos Chephren[989] oder Djedefres[990] (auch Radjedef), einem Sohn von Cheops, über den nur wenig bekannt ist.

---

986 Jean Lehuérou Kerisel (* 18.11.1908 in Saint-Brieuc, Bretagne, Frankreich; † 22.1.2005 in Paris, Frankreich) war ein führender französischer Ingenieur für Geotechnik. Später erwarb er sich auch einen Ruf als Erforscher historischer Baumethoden, zum Beispiel in Ägypten bei den Pyramiden. Er war auch als beratender Ingenieur bei der U-Bahn in Kairo tätig. Unter anderem entwickelte er eine Theorie, wo die eigentliche Grabkammer in der Cheops-Pyramide sein könnte und wie die Pyramide gebaut worden sein könnte. Dazu schrieb er einige Bücher.

987 René Adolphe Schwaller (* 30.12.1887 in Asnières-sur-Seine, Frankreich; † 7.12.1961 in Grasse, Frankreich) war ein französischer Chemiker, Philosoph, Metaphysiker und Ägyptologe. 1919 übertrug ihm sein Freund, der litauische Dichter Oscar Wladislas von Lubicz Milosz (1877-1939), das Recht, sein Wappen zu tragen und seinem Geburtsnamen "de Lubicz" hinzuzufügen.

988 John Anthony West (* 9.7.1932 in New York, USA; † 6.2.2018 in USA) war ein US-amerikanischer Autor, Dozent, Führer und Befürworter der Sphinx-Wassererosionshypothese. 1957 zog er von New York nach Europa, lebte in Großbritannien und schrieb Kurzgeschichten und Theaterstücke. Während der Recherchen für sein Buch *The Case for Astrology* (zusammen mit Jan Gerhard Toonder) in den späten 1960er Jahren begann West mit einer Studie über östliche und westliche Philosophie, Religion und Mystik. Er war besonders angetan von der Arbeit des französischen Gelehrten René Adolphe Schwaller de Lubicz, wie man unschwer aus Wests Buch *Serpent in the Sky* erkennen kann. 1993 wurde seine kontroverse Arbeit mit dem Geologen Robert M. Schoch von Charlton Heston in einem NBC-Special namens *The Mystery of the Sphinx* vorgestellt. Dies brachte West einen *News & Documentary Emmy Award* für die beste Forschung und eine Nominierung für den besten Dokumentarfilm ein.

989 Lehner und Hawass 2017, 238. Zitat: *„Eines der wichtigsten Ergebnisse der Entdeckungen Lehners bestand in der Bestätigung einer lang gehegten Vermutung der Ägyptologen, dass der Sphinx das Gesicht des Pharaos Chephren trug."* Hintergrund dieser Aussage ist die genaue Kartierung der Sphinx durch Mark Lehner von 1979 bis 1983 mithilfe des deutschen Kartierungsspezialisten Ulrich Kapp vom DAI und der darauf folgenden Verwendung einer Software zur Rekonstruktion der Gesichtszüge, wie sie nach deren letzter Rekonstruktion 1279 v. Chr. durch Pharao Thutmosis IV (siehe: M. E. Lehner 1997, 131) geschaffen wurde. Lehner sah große Ähnlichkeit in dem Gesicht des Sphinx und dem Alabaster-Gesicht aus dem *Boston Museum of Fine Arts* von Chephren. Darum wurde dieses Gesicht dreidimensional gescannt und über das entsprechende gescannte Gesicht des Sphinx gelegt und verglichen. Siehe hierzu auch den Artikel von Glenn Rifkin in der *New York Times* vom 25. September 1991, Sektion D, Seite 9. Andere Forscher bemerken jedoch dazu, dass der Winkel zwischen dem Mundende und den Augen bei der Alabaster-Statue nur 14° beträgt, während es beim Sphinx 32° sind und somit die beiden Gesichter überhaupt nicht ähnlich sind; auch die Augenpartie würde nicht übereinstimmen. Siehe hierzu die NBC-Dokumentation von 1993 mit dem Titel *The Mystery of the Sphinx*.

990 Lehner und Hawass 2017, 215. Hier wird direkt behauptet, das Gesicht des Sphinx stelle den König Djedefre dar.

Anthony West verglich die Erosion an dem Sphinx, am Sphinx-Tempel und an den Umfassungsmauern mit der Erosion anderer Strukturen auf dem Gizeh-Plateau. An dem Sphinx und den angrenzenden Wänden wurde der Fels stark abgenutzt, was ihm ein hängendes Aussehen verlieh. Die Kanten waren abgerundet, und tiefe Risse waren auffällig. Bei anderen Strukturen auf dem Plateau zeigten die Oberflächen nur den schärferen Abrieb durch Wind und Sand.

Auf einer zweiten Reise nach Gizeh im April 1991 brachten West und Robert Schoch[991] den Geophysiker Thomas Dobecki mit, um eine seismische Untersuchung der Fundamente durchzuführen. Es sollte untersucht werden, ob das unter dem Fundament des Sphinx liegende Gestein Anzeichen von Niederschlagsschäden aufwies. Der Grad der Verwitterung des unterirdischen Gesteins konnte durch spezielle Schallwellen, die in tieferen Gesteinsschichten erzeugt wurden, gemessen werden. Das Team erhielt von der EAO (*Egyptian Antiquities Organization*) die Erlaubnis für ihre Sonaruntersuchungen, die im April 1991 durchgeführt wurden.

In dem 1992 über ihre Forschungen gemachten Ergebnisse berichteten Dobecki und Schoch in der Zeitschrift *Geoarchaeology*:

"The focus of the present study was, in part, a similar search for voids and cavities in the area of the Enclosure, but the main reason for the extensive (in terms of areal coverage and types of methods employed) seismic surveys was to acquire supportive data for a developing theory which suggests that the initial carving of the core body of the Sphinx may predate the reign of Khafre (see Schoch, 1992; Schoch and West, 1991). ...
A final purpose of the survey was to search for previously unknown manmade features under the desert sands. One possibility is that structures could be buried beneath the sands to the east of the Sphinx where the bedrock drops to some 15+ m subsurface. The seismic survey, therefore, included searches in such areas with the goal of detecting anomalous features upon or within the bedrock were buried by sand. ...
The most interesting observation made from the data interpretations is the eastward trend towards deeper weathering within the Enclosure. That is, while the typical depth of weathering is approximately 2.5 m along the flanks and eastern portion of the Sphinx, the western portion of the Enclosure (i.e., behind the rump of the Sphinx) shows weathering has progressed to a much smaller depth (1 m) than it has at the eastern end where it reaches as deep as 3 to almost 4 m in some places. In addition to this increased weathering depth at the eastern end, we also observe limited zones where depth to competent limestone is locally increased (e.g., between positions 20 and 33 m along line S4[992]). This area is in front of and between the paws of the Sphinx and coincides with the area of interpreted cavity development from the previous Japanese gravity and radar work. The observed increased depth of lower velocity limestone in this area is likely due to the fracturing and rubble fill of such a cavity, which we interpret as being at least partially collapsed. ...
Anomaly A is in the same area as the deepened weathering between the paws as observed on refraction line S4 and where the Japanese and SRI have placed a potential cavity. The anomaly pattern shows a significant decrease in velocity over a rectangular area extending under the Sphinx and its left paw. Again, we consider the agreement and coincidence of the several data sets to dictate the presence of a fairly large void (estimated 9 x 12 m] which, owing to its very low velocity, is very fractured and likely collapsed, at least in part." [993]

---

[991] Robert Milton Schoch (* 30.3.1957 in Washington, DC, USA) ist ein amerikanischer außerordentlicher Professor für Naturwissenschaften am *College of General Studies* der Universität Boston. Seit 1991 ist Schoch ein Befürworter der Sphinx-Wassererosionshypothese. Schoch erhielt 1979 einen BA in Anthropologie und einen BS in Geologie von der George Washington University in Washington, DC. Er erhielt einen MS- und einen PhD-Abschluss in Geologie und Geophysik von der Universität Yale (PhD, 1983). Schochs Dissertation, *Systematik, Funktionsmorphologie und Makroevolution der ausgestorbenen Säugetierordnung Taeniodonta*, wurde 1986 vom *Peabody Museum of Natural History* veröffentlicht.

[992] Die Messlinie S4 verlief nur wenige Meter vor den Vorderpfoten des Sphinx.

[993] Dobecki und Schoch 1992, 528, 535, 539.

Das Ergebnis der seismischen Untersuchung deutete auf die Existenz mehrerer unerforschter Tunnel und Hohlräume im Grundgestein unter der Sphinx hin, darunter einen großen rechteckigen Hohlraum unter der linken Vorderpfote des Sphinx. Genau hier wurde bereits in den 1930er Jahren von Edgar Cayce die legendäre „Halle der Aufzeichnungen", welche relevante Aufzeichnungen der Bevölkerung des untergegangenen Atlantis enthalten soll, prophezeit.

Was die Finanzierung des Sphinx-Projektes von Anthony West anging, so sammelte dieser 175.000 US$, die hauptsächlich von Freunden und Kontakten in Ägypten kam. Unter diesen Geldern waren auch 10.000 US$, die von der *Association for Research and Enlightenment* (ARE), der ehemaligen *Edgar Cayce Foundation* (ECF), stammten, die als Bedingung jedoch daran knüpften, dass ihre beiden hochrangigen Mitglieder Joseph Jahoda und Dr. Joseph Schor daran teilnehmen durften. Anthony West und Boris Said[994], den er schon seit seiner Kindheit kannte, wurden Partner einer Firma, die sie „Das Sphinx-Projekt" nannten. Sie vereinbarten, dass West sich auf die Forschung konzentrieren würde, während Said die Expedition filmen und dokumentieren würde. Das Ergebnis der Filmarbeiten war dann ein preisgekrönter Dokumentarfilm über den Sphinx von Gizeh mit dem Titel *The Mystery of the Sphinx*, der erstmals Ende 1993 beim amerikanischen Fernsehsender NBC ausgestrahlt wurde. Vor allem Schoch und West vertraten hier die These, dass das Aussehen des Sphinx nur durch Erosion mittels Wassers entstanden sein konnte und nicht nur durch Sanderosion. Dies implizierte aber zwangsläufig, dass der Sphinx etwas doppelt so alt sein musste, wie die Ägyptologen glaubten. Dies und eine gewisse Anspielung auf die mögliche Urheberschaft der Atlanter[995], sowie die Tatsache, dass Zahi Hawass in der NBC-Dokumentation nicht so gut wegkam wie Schoch und West, kränkten Hawass so sehr, dass er noch 1993 weitere Untersuchungen seitens Schoch, West oder Dobecki verbot. Für Hawass war und ist bis heute unumstritten, dass sämtliche Bauwerke Ägyptens nicht älter als 5000 Jahre sein konnten und von den alten Ägyptern erbaut wurden. Jeder, der an dieser Vorstellung in irgendeiner Weise gerüttelt hat, fiel bei ihm in Ungnade und wurde auf seine Weise dafür abgestraft. Die Behauptung damals, dass unter den Pfoten der Sphinx die „Halle der Aufzeichnungen" liegen könnte, nannte Hawass *„Amerikanische Halluzinationen ... Es gibt keine wissenschaftliche Grundlage für irgendetwas davon. Wir haben ältere Denkmäler in der gleichen Gegend. Sie wurden definitiv nicht von Männern aus Atlantis erbaut. Das ist Unsinn, und wir werden nicht zulassen, dass unsere Denkmäler zur persönlichen Bereicherung ausgenutzt werden. Die Sphinx ist die Seele Ägyptens."*

1992 untersuchte der Franzose Kerisel die unterirdische Kammer mittels Bodenradar und Mikrogravimetrie. Er postulierte aufgrund seiner Messergebnisse eine Kammer seitlich unterhalb der Felsenkammer. Der Zugangsschacht sollte sich genau im Zentrum der Pyramide befinden, also 1,10 m nördlich des Eingangs in die Felsenkammer und 7,80 m westlich vom Eingang.[996] Kerisel war von Herodots Berichten einer wasserumströmten Kammer als Begräbnisort für Cheops inspiriert. Daher vermutete er das wahre Grab von Cheops tief unter der Felsenkammer auf Höhe des Nilbettes, sodass ein unterirdischer Kanal vom Nil aus hier Wasser während der Überschwemmungsjahreszeit in die Kammer einleitete. Diese Idee hatte auch schon Howard Vyse, weshalb er den schon existierenden Schacht in der Felsenkammer weiter nach unten zu erweitern, um hier auf das vermeintliche Grab von Cheops zu stoßen. Wie wir wissen, blieben aber seine Versuche ohne Erfolg.

Kerisel beschreibt seine Entdeckungen so:

> *"His [Kerisel's] team therefore commenced by using GPR in October 1992, with the following results:*
> ***By this method, we detected, under the floor of the horizontal corridor [leading to the Subterranean Chamber] (to the right of the niche) an interface that could be the roof of a corridor-oriented SSE NNW. This roof was found to be at the depth that the descending corridor would reach if it were to be extended. The***

---

994 Boris Said (5.5.1932 in New York City, USA; † 24.3.2002 in Seattle, USA), gemeinhin „Bob" genannt, war ein amerikanischer Rennfahrer, der später auch den Dokumentarfilm *Mystery of the Sphinx* drehte. Er war ebenfalls Bobfahrer und nahm zweimal an den Olympischen Spielen teil, 1968 in Grenoble und 1972 im japanischen Sapporo, wo er als Zehnter das beste Ergebnis erzielte. Said kannte Anthony West schon seit seiner Kindheit.

995 Damit ist die Bevölkerung des legendären untergegangenen Atlantis gemeint, von der schon Platon in der Antike berichtet hat.

996 Kerisel 2001, 69, Abb. 49.

corridor, if it is empty, would be about 1.60m [5 feet] in height and rises slightly, opening into the pit that we will come to later.

Then in December they switched to using microgravimetry, with the following results:

At the spot where the radar had detected a kind of passage, the micro-gravimeter detected nothing, which indicates that the passageway has been filled in. On the other hand, in the horizontal passageway it detected a very clear local anomaly of a mass defect in the west side, at 6m [20 feet] before the entrance to the chamber. According to our calculations, it corresponds to a vertical pit of at least 5m [16 feet] in depth, square in section with sides of about 1.40m [4 feet], in immediate proximity to the west wall.

From this Kerisel concluded:

The passageway detected by the GPR could simply be a marl [fine-grained sedimentary rock] zone of the type of strata that one sees on the head of the Sphinx: but it would be rather exceptional that it should be so thick. As for the micro-gravimeter, it could have detected a sizeable volume of dissolution of the limestone by underground water, that is to say a sort of deep grotto: such a geological accident could exist. He suggests that he wanted to perform drilling to investigate the anomalies further, and that he was preparing an appropriate request to the authorities. However, at the time of writing we are not aware of such work having been performed." [997]

1995 erhielt er die Erlaubnis, auf der Suche nach einem Hohlraum in den Boden zu bohren, fand aber keinen.[998]

1992 begann das Zeitalter der robotergestützten Untersuchung der Cheops-Pyramide, um ihr weitere Geheimnisse zu entlocken. Begonnen hatte das ganze allerdings damit, dass das *Deutsche Ägyptologische Institut in Kairo* (DAIK) von der ägyptischen Altertümerverwaltung mit dem Einbau von Ventilatoren in den Lüftungsschächten der Königskammer der Cheops-Pyramide beauftragt wurde. Prof. Rainer Stadelmann, der von 1989 bis 1998 leitender Direktor des DAIK war und ein guter Freund von Zahi Hawass, wurde diesbezüglich von dem Münchner Ingenieur, Rudolf Gantenbrink, kontaktiert. Gantenbrink hatte sich schon seit 1987 für die Pyramiden interessiert und 1989 eine Computeranalyse erstellt, deren Ergebnisse er 1990 dann Stadelmann in München zeigte, der sich daraufhin interessiert zeigte. Davon ermutigt reiste Gantenbrink 1991 erneut zu den Pyramiden von Gizeh. Er kontaktierte Stadelmann noch in Kairo, um ihm eine Untersuchung der Luftschächte mittels eines Roboters vorzuschlagen. Diesem gefiel die Idee recht gut, sodass er ein Joint-Venture-Projekt vorschlug. Während Gantenbrink an einem ersten Roboter tüftelte, kümmerte sich Stadelmann um die erforderlichen Genehmigungen in Ägypten. So erhielt er im Januar 1992 die Erlaubnis von Zahi Hawass, der zu diesem Zeitpunkt Oberinspektor des Gizeh-Plateaus war, die Cheops-Pyramide zusammen mit einem ägyptischen Inspektor zu besteigen, um die Öffnung des Südschachts der Königskammer wiederzufinden, die seit über 50 Jahren in Vergessenheit geraten war. Gantenbrink fand die Öffnung auch und bei einem weiteren Treffen zwischen ihm und Stadelmann stellte sich heraus, dass letzterer der ägyptischen Altertümerverwaltung „versehentlich" ein Belüftungssystem für die Cheops-Pyramide in Aussicht gestellt hatte, um die erforderlichen Genehmigungen für die Schachterkundungen zu erhalten. Gantenbrink versicherte ihm daraufhin, dass es kein Problem sei, das mit dem Projekt zu vereinbaren und versprach sogar, sich um Sponsoren zu kümmern. Bei dieser Gelegenheit schlug er vor, auch die Schächte der Königinnenkammer genauer zu erforschen. Die wichtigsten Ägyptologen gingen zu dieser Zeit noch davon aus, die kleinen Schächte in der Königinnenkammer bereits nach rund 10 m endeten, denn sie hatten die Arbeiten von Morton Edgar übersehen, der mit Eisenstangen schon in den 1920er Jahren die Schächte untersuchte hatte und im weniger komplexen Südschacht sogar mit seiner Eisenstange bis zum Blockierstein in gut 60 m Entfernung von der Öffnung vorgedrungen ist und dabei ein Stück von einem der beiden Metallpins des Blockiersteins abgebrochen hatte (siehe hierzu Kap. 6).

Im März 1992 war es dann so weit: Der erste von Gantenbrink gebaute Roboter, der noch keinen Namen hatte, kam nur 9 m weit in den Königinnenkammerschächten voran und drohte dann stecken zu bleiben, sodass Gantenbrink sich dazu veranlasst sah den Roboter zu modifizieren. Als Namen für das Gefährt schlug Stadelmann dann *Upuaut* vor, da dies bei den alten Ägyptern ein Gott war, der als Türöffner oder Wegbereiter galt.

[997] Lawton und Ogilvie-Herald 1999, 289-290. Siehe auch hier: Kerisel 1993.

[998] M. E. Lehner 1997, 67.

Bereits im Mai 1992 kam Gantenbrink mit *UPUAUT-1* nach Kairo zurück. Zuerst musste allerdings der obere Nordschacht der Königskammer von Geröll und Unrat befreit werden. Es befanden sich gut 5 m^3 Zivilisationsmüll darin! Zur Erkundung der Luftschächte der Königskammer kam *UPUAUT-1* ebenfalls zum Einsatz.

Danach ging es an die Installation eines Belüftungssystems mittels Ventilatoren, die jeweils im unteren Bereich der Königskammerschächte eingebaut wurden.

Am 6. März 1993 kam dann Gantenbrink zusammen mit einem eigens zusammengestellten Filmteam in Kairo an, um sein für viel Geld verbesserten Roboter *UPUAUT-2* zu seinem ersten Einsatz im Nordschacht der Königinnenkammer zu bringen. Er und sein Team hatten von Zahi Hawass die mündliche Zusage für weitere Forschungen und Dreharbeiten erhalten. Im Nordschacht stieß er jedoch nur knapp 19 m weit in den Schacht vor, denn beim ersten 45°-Knick des Schachts, versperrten Metallstangen dem Roboter den weiteren Weg. Daraufhin wurde der Roboter in den Südschacht geschickt, wo er 53 m weit vorankam, bevor eine 4–5 cm große Stufe ihm die Weiterfahrt verwehrte. Nach einigen Tagen intensiven Tüftelns gelang es schließlich, dass *UPUAUT-2* am 22. März 1993 dieses Hindernis überwand und er um 11:05 Uhr zu einem Blockierstein („der Tür") mit zwei Metallstiften gelangte, der eine weitere Erkundung unmöglich machte. Die Entdeckung des mit zwei Metallpins versehenen Blockiersteins war für sowohl für die Ägyptologen wie auch für die breite Öffentlichkeit eine Sensation. Die Videoaufnahmen von *UPUAUT-2* zeigten zudem, dass die untere rechte Ecke des Blockiersteins weggebrochen war oder schon immer gefehlt hat. Laut Gantenbrink fand sich schwarzer Staub unbekannter Herkunft bei dieser kleinen Öffnung. Nun entstand die Idee diesen Stein mit einem an einem Roboter befestigten Bohrer zu durchbohren und zu erkunden, was dahinter verborgen lag. Natürlich machte sich Gantenbrink zu diesem Zeitpunkt noch die Hoffnung hier weiter an vorderster Front mittels eines neuen Roboters mitwirken zu können. So konnte man in der Presse lesen, dass ein weiterer Roboter entwickelt werden sollte, der ein optisches Glasfaserkabel durch eine schmale Öffnung in der unteren rechten Ecke der Tür einführen sollte, um Aufschluss über das Rätsel des Blockiersteins zu erhalten. Gantenbrink hoffte, mit dieser Arbeit Ende 1993 beginnen zu können.[999] Doch es kam alles ganz anders.

Gantenbrink nahm an, dass entweder Stadelmann, Hawass oder jemand von der Pressestelle der ägyptischen Altertümerverwaltung die Entdeckung offiziell bekannt geben würden. Doch nichts dergleichen geschah zeitnah und Stadelmann hielt Gantenbrink immer wieder hin, noch zu warten. Enttäuscht reiste er daraufhin wieder zurück nach Deutschland. Dort angekommen kontaktierte er die beiden privaten Ägyptologie-Forscher und Buchautoren Robert Bauval und Graham Hancock, die sehr interessiert an den Videoaufnahmen von *UPUAUT-2* waren. Gantenbrink stellte sie ihnen zur Verfügung, vergaß aber darauf zu bestehen, die Aufnahmen nicht weiterzuleiten. Diese kontaktierten daraufhin die Medien über die Sensation von den Pyramiden, bevor es zu einer offiziellen Stellungnahme durch die ägyptische Altertümerverwaltung gekommen war. Dies ärgerte diese so sehr, dass Gantenbrink daraufhin zur *Persona non grata* erklärt wurde und nicht mehr nach Ägypten einreisen durfte. Dies ärgerte nun natürlich Gantenbrink, der sich als Opfer einer Kampagne gegen ihn sah. Dennoch bot er der ägyptischen Antikenbehörde an, ihr *UPUAUT-2* zu überlassen und sogar auf eigene Kosten einen deutschen Techniker auszubilden, der die Forschungen damit fortführen könnte. Doch der Vorschlag wurde abgelehnt, weil man Gantenbrink keine Bühne mehr geben wollte, um Ruhm zu ernten, weder direkt noch indirekt.

Von ägyptischer Seite wurde sogar beschlossen, die Cheops-Pyramide im Frühjahr 1993 für ein ganzes Jahr für Touristen zu sperren, damit man ungestört weiter im Inneren forschen konnte. Diese Entscheidung nährte natürlich wieder zahlreiche Spekulationen über geheime Forschungen in der Pyramide.

Derweil hatte 1992 Alla el-Din Shaat, ein Assistent von Zahi Hawass, völlig überraschend die Kultpyramide (G I-d) des Cheops entdeckt und 1993 auch das zugehörige Pyramidion. Das war eine große Überraschung, da das Gelände bereits 1883 intensiv von Petrie untersucht worden war. Das Pyramidion hatte eine Basislänge von etwa 96 cm und eine Höhe von knapp 61 cm.[1000]

---

999 *Hamburger Abendblatt* vom 17.4.1993, 48.

1000 Sadek 1995 [1997], 117-118. Die Daten stammen von einem Anhang von Joseph Dorner.

Abb. 141: Pyramidion der Kultpyramide (G I-d) der Cheops-Pyramide.

1994 wurde dann das Interesse der Öffentlichkeit auf den Sphinx gelegt, da man hier einen „geheimen Gang" gefunden hatte, wie das *Hamburger Abendblatt* vom 10. Oktober 1994 berichtete:

> *„Geheimgang entdeckt*
> *ap Kairo — Bei der Restaurierung der Sphinx, der Löwenfigur mit dem Menschenkopf die am Fuß der Pyramiden von Giseh kauert, haben Arbeiter einen Geheimgang entdeckt, der tief in das Innere der Statue hineinführt. Sahi Hawass, Chef der ägyptischen Altertumsverwaltung: ‚Er ist von Steinen verschüttet. Leider können wir ihn erst im nächsten Frühjahr freilegen. Wir müssen noch einige Vorbereitungen treffen.' Der Gang führt von der Nordseite her nach unten in das 73 Meter lange Kalkstein-Monument hinein, das vor 4600 Jahren errichtet wurde und dessen Bedeutung bis heute ungeklärt ist. Der verschlossene Zugang liegt etwa auf halbem Weg zwischen Vorderbeinen und Schwanz. Hawass: ‚Auch wenn sich dahinter keine Reichtümer aus der Pharaonenzeit verbergen sind die Steine an sich schon ein Schatz, weil sie den Experten tiefe Einblicke in das verschaffen werden, was im Innern der Sphinx vor sich geht.'"* [1001]

Im Oktober 1995 hat Zahi Hawass gegenüber Boris Said, der für eine neue Dokumentation mit einer kleinen Filmcrew nach Ägypten gereist ist, folgende Aussage gemacht:

[1001] *Hamburger Abendblatt* vom 10.10.1994, 26.

> *"Even Indiana Jones will never dream to be here. Can you believe it? We are now inside the Sphinx in this tunnel. This tunnel has never been opened before. No one really knows what's inside this tunnel. But we are going to open it for the first time."* [1002]

Dieses Zitat zeigt auch, dass sich Zahi Hawass schon recht früh mit der Filmfigur Indiana Jones aus den 1980er Jahren identifiziert hat.

Schor und Jahoda wollten ein eigenes Projekt zur Erforschung der Sphinx vor Ort haben und beantragten daher beim ägyptischen SCA (*Supreme Council of Antiquities*) 1995 eine Genehmigung für akustische Radarvermessungen auf dem Gizeh-Plateau, mit der Begründung zur Erforschung der potenziellen Risiken, dass sich der Sphinx aufgrund des seit dem Bau des Assuan-Staudamms erheblich (bis zu 8 m) gestiegenen Grundwasserspiegels, absenken könnte und gefährdet sei. Die wahren Beweggründe waren aber andere, nämlich die Erforschung von bis dato unbekannten Kammern und Tunneln. Schor hatte nach seinem Ausscheiden aus den *Forrest Laboratories* eine eigene Stiftung gegründet, die das neue Projekt finanzieren sollte. Sie erhielten vom SCA eine jährlich verlängerbare 5-Jahres-Lizenz. Es ist zu vermuten, dass Zahi Hawass hierbei nicht leer ausging.

Im April 1996 traf das gemeinsame Team der Schor-Stiftung und der *Florida State University* (FSU) in Gizeh ein. Die FSU wurde durch drei Professoren für Geologie – Dr. Alan Zindler, Dr. A. Leroy Odom und Dr. James Tull – und einen Professor für Archäologie, Dr. Daniel Pullen, vertreten. Das Team der Schor-Stiftung wurde von Schor selbst geleitet und umfasste Joseph Jahoda – der inzwischen Technischer Direktor der Stiftung war – sowie sowohl Thomas Dobecki als auch der Dokumentarfilm-Produzent Boris Said, die aus dem alten Team von Anthony West mitgebracht worden waren. Said führte die Dreharbeiten durch, während Dobecki GPR-Untersuchungen im Sphinx-Bereich durchführte. Später wurde behauptet, dass seine Untersuchungen vor dem Sphinx die Existenz der möglicherweise von Menschenhand geschaffenen „Kammer" unter den Pfoten bestätigten, die er während des Sphinx-Projekts 1991 postuliert hatte. Diese Anomalie wurde als ungefähr 30 mal 40 Fuß (9 mal 12 Meter) groß und ungefähr 16 Fuß (5 Meter) unter den Pfoten liegend beschrieben. Währenddessen identifizierte Dobecki am anderen Ende der Einfriedung zwischen dem Rumpf und der westlichen Wand eine weitere Anomalie etwa 4,5 Meter (15 Fuß) unter der Oberfläche, und es wurde vermutet, dass es sich dabei um einen Tunnel handelt, der aus dem Rumpf der Sphinx austritt und nach Westen in Richtung der zweiten Pyramide führt.[1003]

In einem Interview, welches Boris Said 1998 Kenneth und Dee Burke von der Zeitung *Leading Edge* gab, spricht er von den wahren Beweggründen für die Schor-Expedition vom April 1996. Er wirft auch ein Licht auf die angeblich geheimen Grabungen der Ägypter in den Entlastungskammern der Cheops-Pyramide, die Ende 1996 begonnen wurden. Da das Interview hervorragende Hintergrundinformationen zu den Arbeiten auf dem Gizeh-Plateau in den 1990er Jahren aus erster Hand liefert und zudem die Originalquelle nur schwer zu finden ist, sei hier das ganze Interview mit ihm nochmals zur Verfügung gestellt. Man darf in dieser Darstellung jedoch nicht vergessen, dass Boris Said den damaligen Chef des obersten Rats für Altertümer, Zahi Hawass, als Freund bezeichnet. Da Said zum Zeitpunkt des Interviews bereits, wie er selbst sagt, seit 1991 auf dem Gizeh-Plateau filmt und forscht, und er dies auch weiterhin gerne tun möchte, wird er selbstverständlich Zahi Hawass in seinem Interview weder bloßstellen noch in anderer Weise in negativem Licht darstellen. Denn würde er dies tun, könnte er weitere Arbeiten in Ägypten vergessen. Dies sei nur als Hintergrundverständnis für das Lesen des Artikels dem Leser mitgegeben, der die politischen Verhältnisse dieser Zeit nicht so genau kennt.

> *"SECRET TUNNELS IN EGYPT*
> *Boris Said interviewed by Kenneth and Dee Burke*
> *LE [Leading Edge]: Our readership will be interested in the kind of presentation of your material that you are planning to give at the February Global Sciences Congress in Florida.*

[1002] Lawton und Ogilvie-Herald 1999, 374.
[1003] Lawton und Ogilvie-Herald 1999, 368.

Boris [Said]: What I plan on doing at the Global Science Congress is to debunk some of the mystique that has been built up around Egypt and the Giza Plateau by some well-meaning and some not-so-well-meaning people who are trying to get to the bottom of the Atlantis legend. Specifically, my ex-partner, John Anthony West, as well as Robert Bauval and Greg Hancock, who have both written wonderful books, basically succeeded in alienating most of the management of the Giza Plateau, Dr. Zahi Hawass and his associates in the Egyptian Antiquities Organization. These three researchers have gotten themselves pretty well locked off the Plateau. There has been a lot of acrimony, accusations and name calling. The bottom line is that they have pretty much been locked out of any kind of investigation.
What developed out of that was a conspiracy theory, which my good friend Richard Hoagland[1004] added to, with this discovery of an allegedly illicit tunnel in the Pyramid.[1005] The tunnel is allegedly heading for a room at the end of an air shaft, which was discovered by a German robotic camera operated by Rudolf Gantenbrink, who was also ultimately asked to leave the Plateau.
I have been filming over there since 1991. I have never been denied access to anything, so if there is a secret tunnel in the chambers above the King's Chamber, then why would they have given me, on two occasions, permission to take a television crew up there? We have had cameras all over the Pyramid, and we have never been denied access or given only restricted access. But my feeling is, if you look at the Plateau honestly and objectively, there are some amazing things going on.
I don't believe that there are conspiracies. There is, however, a lot of spirited competition to see who gets to announce what, and I believe that my friend, Dr. Zahi Hawass is at the forefront. He is the person who announces all the discoveries and all of the finds. He does not like the idea that foreign investigators come to Egypt to "exploit" the treasures of Egypt. I think he sees Graham, Bauval and John Anthony West as exploiters. I don't share that view, but I try to stay out of the line of fire, primarily because they have not precluded me from doing anything over there.
LF: So your focus in Egypt is what? We know that you produced an NBC television special production with John Anthony West called "Mystery of the Sphinx."
Sonic experiments performed by Thomas Dobecki revealed an apparently artificial, rectangular chamber below the left front paw of the Sphinx, precisely as American psychic Edgar Cayce had predicted half a century ago!
Thomas Dobecki's ground penetrating radar reveals a tunnel leading away from the chamber below the paws. It heads toward the rump of the Sphinx, and possibly connects to a tunnel discovered at the bottom of the well behind the Sphinx.
Boris: Yes, and since then I have put out a video with pieces of the mystery of the Sphinx and pieces of some other work that we did. I was over there for two years working in conjunction with a group called the Joseph Schor Foundation.[1006] It was about the search for Atlantis. There are a lot of published reports as to what the real purpose of the expedition was, but we were trying to find access to a room, which we believe we have identified, under the front paw of the Sphinx. That room was identified by the exploration of geophysicist/seismologist Dr. Thomas Dobecki in 1991, and it was later confirmed by ground-penetrating radar in 1996.

1004 Richard Charles Hoagland (* 25.4.1945 in Morristown, New Jersey, USA) ist ein amerikanischer Autor, der Verschwörungstheorien, die NASA betreffend, vertritt: Leben auf dem Mond und Mars und andere verwandte Themen. Die NASA und US-Regierung sollen diese „Tatsachen" seiner Meinung nach unter Verschluss halten. Er war ehemaliger wissenschaftlicher Berater von CBS News.

1005 Hierbei handelt es sich um den ehemals von Caviglia in den frühen 1800er Jahren dort gegrabene Tunnel, der 1996/97 weitergegraben wurde in der Hoffnung auf eine weitere Kammer, die in Verbindung mit dem südlichen kleinen Kanal in der Königinnenkammer steht.

1006 Der durch seine Firmenanteile an Forrester Laboratories zum Multimillionär gewordene Dr. Joseph Schor erhielt im Mai 1996 vom ägyptischen *Supreme Council of Antiquities* (SCA) eine Forschungslizenz für das Gizeh-Plateau, die bis 1998 reichte. Dabei stellte er eine hochmoderne *Remote-Sensing*-Ausrüstung im Wert von über 1 Mio. US$ zur Verfügung. Zu seinem Team gehörten der Seismologe Thomas Dobecki, der Dokumentarfilmer Boris Said, sowie vier Geologen der *Florida State University*. Zusätzlich wurde als *Remote-Sensing*-Spezialist und Anthropologe Dr. James J. Hurtak (* 1940 in den USA) zum Team geholt. Hurtak ist Präsident der Akademie für die Wissenschaft der Zukunft sowie Gründungsmitglied der *Mars Society* in den Vereinigten Staaten.

The Egyptians have been very resistant to our suggestions that we (1) drill a hole down into the room; and (2) excavate a tunnel at the back of the Sphinx which we think leads to that room. For whatever reasons, they have denied us permission to do the excavations. The bottom line is that it is their country and it is their monument. It is hard to be miffed about that. If a group of Nigerians set up shop on your front lawn and said, "We have absolute proof that Atlantis is here, under your grandfather's grave, and we are going to dig it up," there would be trouble.
We have also discovered a tunnel at the bottom of a well, about 120 feet [ca. 36,5 m] down, and it is about halfway up to the Great Pyramid.[1007] *We are trying to find a way to get permission to open that tunnel, because we think it might lead to the Sphinx as well.*[1008] *That would bear out the Rosicrucian*[1009] *theory that the three pyramids are connected to a temple-like structure, which is then connected to the Sphinx.*
All of this has been documented in legends, stories and the Rosicrucian records. The problem has been getting the Egyptian government to allow us to continue our exploration. They have a rule that says if you want to do exploration in Egypt, you have to have an academic background and an institution of higher learning has to apply for the permit. That usually also means considerable financing, and the financing usually comes from someone like Dr. Joseph Schor, someone who has an enormous personal interest in the project. I worked with him for two years. We came to

---

1007 Dies ist das inzwischen als *Osiris-Grab* bezeichnete Kammersystem, welches sich über drei Ebenen in der Tiefe erstreckt und dessen Eingang am Aufweg zur Chephren-Pyramide liegt. Es wurde in den Jahren 1933 und 1934 von dem ägyptischen Ägyptologen Selim Hassan bei seinen Grabungen entdeckt und dokumentiert. In der Fernsehsendung *Opening the Lost Tombs: Live from Egypt*, die am 2. März 1999 auf FOX TV ausgestrahlt wurde, sieht man Hawass als Entdecker der Grabanlage in Indiana Jones Manier. Noch in einem *Focus online*-Artikel *Archäologische Sensation in Pyramide gefunden* vom 4. Mai 2016 sowie dem dazugehörigen Online-Video behauptete Zahi Hawass fälschlicherweise, wie bereits zuvor schon in der deutschen ZDF-Reportage *Terra X – Rätsel in Stein* vom 25. August 2006, er habe persönlich diese Anlage entdeckt. Zitat aus dem Focus-Online-Artikel: *„Ich habe mit diesem Schacht zwei wichtige Entdeckungen gemacht, die erste ist, dass es sich um das Grab handelt, das Herodot beschrieben hat. Niemand ahnte, dass es tatsächlich existierte, bis ich es ausgegraben habe und den Sarkophag fand. Die zweite Entdeckung ist, dass es sich um ein symbolisches Grab für den Totengott Osiris handelt, Osiris, der auch über das unterirdische Labyrinth von Gizeh regierte. Ich muss sagen, das Osiris-Grab ist wirklich die aufregendste Entdeckung meines Lebens.“* Unklar ist, ob Verbindungstunnel zu den Pyramiden oder zum Sphinx führen. Auf der Nordseite des Grabs führt in der untersten Ebene ein Schacht rund 9 m weit in Richtung Cheops-Pyramide, bevor dieser für Menschen unpassierbar wird. Hawass wollte ihn mit einer optischen Sonde erkunden, doch gab es später dazu keine weiteren Informationen.

1008 Da ihr Auftraggeber Joseph Schor nur über eine Erlaubnis für Radarmessungen und Filmarbeiten verfügte, war es ihnen untersagt weitergraben. Hawass startete daraufhin 1998 selbst die Ausgrabung dieser Anlage, um sich selbst als Entdecker der Anlage präsentieren zu können.

1009 Rosenkreuzer, früher Rosencreutzer, ist die Bezeichnung verschiedener spiritueller Gemeinschaften. Sie sind nach dem legendarischen/literarischen Charakter Christian Rosencreutz benannt. Das Rosenkreuzertum trat erstmals im 17. Jahrhundert als Reformbewegung in Tübingen innerhalb des deutschen Protestantismus mit zwei anonymen gesellschaftskritischen, politischen Programmschriften (*Fama Fraternitatis* und *Confessio Fraternitatis*) und einer romanhaften Allegorie, der *Chymischen* Hochzeit, an die Öffentlichkeit. Die Manifeste erschienen in einer Zeit, in der die wissenschaftlich-technische Naturbeherrschung zu einer Entfremdung zwischen Wissenschaft und christlicher Kultur führte. Das Hauptanliegen und Ziel der drei Schriften war es, dieser Entwicklung durch eine Kultivierung der Erde mittels einer kontinuierlichen Reformierung von Wissenschaft, Ethik und Religion gegenzusteuern. In der *Fama Fraternitatis* (kurz Fama) werden die Rosenkreuzer zudem nicht als Bruderschaft bezeichnet, die zur Geheimhaltung verpflichtet ist. Ihr Selbstverständnis baut auf einer vorurteilsfreien Verbreitung und Nutzbarmachung von Erkenntnissen und noch unbekanntem, unentdecktem Wissen aus anderen Kulturkreisen auf. Organisierte Gruppen von Rosenkreuzern gab es zu dieser Zeit noch nicht. Erst mehr als 140 Jahre nach Erscheinen der Manifeste wurde um 1760 mit dem Orden der Gold- und Rosenkreuzer die erste Rosenkreuzerorganisation im Umfeld der Freimaurerei gegründet. Dieser Orden bildete mit seiner Form des mystischen Irrationalismus und Illuminismus einen Gegenpol zu den rationalen und modernistischen Kräften der Aufklärung. Nach dem Ende des Ordens der Gold- und Rosenkreuzer 1787 lebte der Rosenkreuzer-Mythos ab 1865 in der freimaurerischen Societas Rosicruciana in Anglia (S. R. i. A.) fort. Ferner fand der Mythos Eingang im Umfeld theosophischer und hermetischer Gruppen ab 1875, die auch als „Neue Rosenkreuzer“ bezeichnet werden.

a parting of the ways when he wanted to sell the show to the Fox network[1010]*, and Fox wanted absolute control of the subject matter. I objected to that, because I thought the subject matter should speak for itself.*

So I am now on my own. I have another sponsor, who has asked that his name not be revealed for the time being. I just returned from Egypt, where I was in the wake of the Luxor disaster. The Egyptian government is now obviously desperate for good publicity, and I feel the climate might now be more conducive to my doing a television film. What I have offered, relative to the room under the paw of the Sphinx, is for them to drill the holes and run cameras down into them, similar to the way they discovered the solar boats, and that we supply the engineering background and the funds. In return for this, we would have the exclusive right to televise.

The Egyptians' concern is, "What if the Sphinx is damaged in the process?" That is certainly a legitimate concern, and we are trying to get some engineering opinions so that we can guarantee them that it will not be damaged in the process. I have every hope that they are finally going to let us in there this spring.

LE: So you recently came back from Egypt, and you met with the appropriate people?

Boris: Yes. I met with several Egyptians who are representing me and helping me to put a project together which would be an Egyptian search for Egyptian history. If it turns out to be Atlantis, then that's great. I am a film maker. I try to divorce myself from the 1,001 agendas that seem to find their way over to the Plateau.

The other side of it is that in the eight years I spent over there, I have discovered something on my own by bringing a couple of ex-NASA scientists over there. We found that there is a pattern of sonic resonance inside the King's Chamber of the Great Pyramid. We suspect that this sonic resonance is enhanced by the entire structure and by the materials used in the structure. If that is true, then that would be evidence that there was a scientific logic employed in the building of the Pyramid, which predates our knowledge of this sort by seven or eight thousand years. In other words, if the Pyramid was built as a giant resonance box, and if the choice of materials was carefully studied and the dimensions were carefully studied, and the effects had a purpose, that would offer a lot more proof of the existence of an advanced civilization. That would be better proof than some tablet that says, "Made in Atlantis by the Atlanteans."

My feeling is that while we are seeking to get into the Hall of Records room under the Sphinx's paw, which is what the American television networks will buy and which will create the kind of funding that we need, I can sneak into the show some appropriate scientific facts about this sonic resonance which is as indicative of the existence of a highly advanced culture as tablets in the Hall of Records would be.

My talk at the Global Sciences Congress will be an effort to point out that evidence of this culture might not have been hidden or buried; maybe it is there and we just haven't recognized it. It is only recently that we have acquired the sensitive equipment that we need to record some of the sounds, because some of them are below the range of human hearing.

LE: Tell us about the tunneling in the Great Pyramid that is the basis of a recent article in the publication, Atlantis Rising. You are reported to have filmed the tunnel area.

Boris: Above the King's Chamber, there are five chambers. Four of the chambers are a little bit bigger than the King's Chamber; they are longer and wider. They are about 3 ½ feet high, so you can't stand up in them. The fifth chamber has a peaked ceiling. The chambers are all covered with graffiti, and the graffiti dates back to 1815. The top chamber was discovered in 1837. They are quite difficult to get to, and you have to know a little about rock climbing to get to them. Two years ago, Rudolf Gantenbrink passed a robotic camera up one of the air shafts; I believe it was the one in the Queen's Chamber. At the end of this chamber, the camera came to what was described as "a door with bronze hinges."

[1010] Fox Networks Group (früher Fox International Channels) ist eine Tochtergesellschaft der Fox Entertainment Group für Fernsehen und Kabel. Das Unternehmen produziert und vertreibt 300 Unterhaltungs-, Sport- und Filmkanäle in 45 Sprachen in Lateinamerika, Europa, Asien und Afrika mit verschiedenen Marken, darunter Fox, Star India, Fox Sports, Fox Life und National Geographic Channel, Fox Movies Premium, Star Movies, Baby TV, Star Plus und STAR Gold. Diese Marken erreichen weltweit rund 1,7 Milliarden Haushalte.

There is a theory by Richard Hoagland and others that there is a room on the other side of this little door. What Hoagland is claiming is that the Egyptians have been tunneling to reach that room. When we were going up to investigate those chambers, there was in fact a new tunnel which was being excavated which is parallel to the long dimension of the first of the four chambers above the King's Chamber. The dirt and stone from this tunnel were being stored one floor above. Richard saw something sinister in that; I didn't. I think that by storing the rocks one chamber up, they didn't have to dispose of it. If they had lowered the rock, they would have had to take it all the way down the steps and all the way out of the Pyramid or else it would have interfered with the tourist flow. They are now obviously doing more work, because there is now a 220 voltage power cord going up there, and it's warm to the touch, which means it is being used for something. Are they honor bound to tell us? No, I don't think so. It's their country.
Frankly, I think they are going to embark on a policy of bombarding the news with new discoveries, because otherwise, who would go to Egypt now? That slaughter at Luxor was colossal.[1011] *It was ugly, and it was scary. There are no tourists in Egypt now. There were 10 guests at the Mena House and 11 at the Nile Hilton when I was there. So I think we are going to see a lot of information coming out now.*
LE: Your position is that they can be tunneling in secret, and they don't have to report it. They don't owe anyone an explanation. Is it common knowledge in the countryside that they are doing this, digging and exploring?
Boris: You can make a whole big case out of it. They are tunneling all over the Plateau. They are doing it to the extent that they have the money to do it. It's common knowledge.[1012] *Zahi Hawass has never said to me, in eight years I've known him*[1013]*, "You can't go in there and film that, Boris." On two separate occasions, I was given permission to drag a six-man crew up there. I haven't been the victim of any plots.*
LE: If they can uncover additional treasures, that will attract even more tourists. If they can uncover a Hall of Records and can figure out a way to safely open these things to the public, wouldn't they do that?
Boris: I think so, and I think they are coming to it. There was a lot of question about who does the opening, who gets the credit, who gives the permission; there is a tremendous pecking order over there. That's been what has stood in our way all along.
The other thing we must understand is that they have a $3 billion tourist industry, and that is, I think, their primary source of dollars.[1014] *Right now, they are in grave danger of losing the whole thing, and that would be a national disaster.*
LE: So where do things stand now as far as your proposals are concerned?
Boris: I put together a group of very influential Egyptians who are interested in salvaging their reputation and the tourist industry, and they were very solicitous and very polite. We worked out a formula for proceeding. I offered them the financing in return for the film rights and asked them if they would nominate their own committee. I offered them an international engineering firm which is based in Cairo, and I have every hope that they are going to say yes. I am really quite optimistic about it. I would hope it happens in March of 1998. Hopefully it will repair some

[1011] Der Anschlag von Luxor, auch Massaker von Luxor, fand am 17. November 1997 in *Deir el-Bahari*, einer archäologischen Ausgrabungsstätte in Theben West in der Nähe des Nils in Ägypten, statt. Der Totentempel der Hatschepsut in *Deir el-Bahari* ist eine der bekanntesten ägyptischen Touristen-Attraktionen. Islamisten töteten hier mehrere Dutzend ausländische Touristen.

[1012] Hier räumt Boris Said ein, dass die Ägypter überall auf dem Gizeh-Plateau graben und forschen sowie es ihr Budget erlaubt, da es ihr eigenes Land ist.

[1013] Daraus geht hervor, dass Boris mindestens schon seit Beginn 1990 Zahi Hawass kennt, auch wenn er erstmals 1991 für Filmaufnahmen in Ägypten war.

[1014] Wenn man die Aktionen der ägyptischen Altertümerverwaltung betrachtet, darf man den Einfluss des Tourismus auf die Wirtschaft des ganzen Landes nie aus den Augen verlieren.

of the damage that has been done. Robert Bauval has the attitude that because he is an engineer, they owe him some kind of candor. Candor is not a word in the Egyptian language.[1015]
The whole idea of my lecture at the Global Sciences Congress will be the simplicity of getting things done in Egypt if you're straightforward. I just want to tell about my adventures for eight years. I have discovered some amazing, incredible things.
LE: Such as?
Boris: The most important thing that was revealed in our film in 1993, "The Mystery of the Sphinx," was pretty conclusive proof that the Sphinx is much older than anybody thought it was. I think they proved that it was damaged by water flowing down off the plateau, and that the downflow of water was at least 9,000 years ago. So that's pretty conclusive to me as a layperson.[1016]
Also, Dr. Dobecki, with his seismograph, established pretty clearly that there is a very suspicious, rectangular void under the left front paw of the Sphinx, right where Edgar Cayce said it would be. Now do I know whether it's there? No. The only way to know it is there is to dig down and find out.
One of the other things that Dobecki found was a series of tunnels and voids in front of the Valley Temple, and that has since been successfully subjected to the "shovel test."
The most significant thing was what an engineer named Tom Danley[1017] *discovered. Tom used to work with Intersonics Corporation (he was the one in the "Mystery of the Sphinx" who did the levitation experiments with sound). Tom measured the Pyramid, measured the five rooms above the King's Chamber, put some huge amplifiers and woofers in the King's Chamber, created sound, measured vibratory responses in the five rooms, and created a theory. His theory is that the dimensions of the Pyramid and the materials with which the Pyramid was made and the box inside the King's Chamber all served to enhance and amplify whatever sounds were made inside the King's Chamber. He also believes that when the wind blew across the air shafts, especially when the Pyramids were smooth in the early days, it was like blowing across the neck of a coke bottle; it created a harmonic vibration in the chamber that was below the range of human hearing, below 16Hz. He described a certain pattern to those resonances, and the pattern or the sequence of notes described an F-sharp chord*[1018] *(F-sharp, according to ancient Egyptian texts, was the harmonics of the planet), which coincidentally is what many Native American Shamans tune their sacred flutes to. So here you have 2 ½ million blocks piled up in Egypt; halfway around the world you have a guy whittling on the branch of a cherry tree, and they come up with the same F-sharp resonance. Coincidence? I think not.*
My feeling is that we are on track for something there, and I hope to get a chance to do some measurements at Palenque and at other sites in Mexico. We are hoping that there will be some sort of correlation between the vibrations in these pyramids, and I think that is just phenomenally interesting.
LE: So, you are willing to offer support, including financial support, to the Egyptians and what you want is to film whatever is found.
Boris: Yes, that's what I want! That's what I do!" [1019]

In dem obigen Interview mit Boris Said kommt das Gespräch auch auf einen Tunnel in den Entlastungskammern der Cheops-Pyramide. Im November 1996 wurde ausgehend von der Davison-Entlastungskammer der

---

1015 Dies ist ein sehr interessanter Hinweis von Said, dass es „Offenheit/Aufrichtigkeit" als Wort in der ägyptischen Sprache nicht gibt! Daraus kann man ableiten, dass es in Ägypten als normal betrachtet wird, zumal Ausländern gegenüber, wenn man nicht „offen/aufrichtig" ist.

1016 Er bestätigt hier, dass er Anhänger der Wasser-Erosionshypothese von Schoch und West bezüglich des Sphinx ist.

1017 Thomas J. Danley (* 16.7.1952 bei Chicago, Illinois, USA) ist ein amerikanischer Toningenieur, Elektroingenieur und Erfinder, der mehrere Patente für Audio-Wandler besitzt. Er erschien 1993 in der Dokumentation *The Mystery of the Sphinx*, um die akustische Levitation zu demonstrieren.

1018 Die Note ‴F# (fis) hat bezogen auf die übliche 440 Hertz Stimmung eine Frequenz von rund 11,5 Hz. Die tiefste Note auf einem Konzertflügel ͵͵A hat 27,5 Hz. Menschen hören im Durchschnitt Frequenzen zwischen 20 und 20.000 Hz.

1019 Interview von Boris Said durch Kenneth und Dee Burke, *Secret Tunnels in Egypt*, *Leading Edge* Zeitschrift, Januar/Februar 1998.

Cheops-Pyramide der von Caviglia 1837[1020] unter Aufsicht von Vyse dort gegrabene Tunnel angeblich erweitert. Caviglias Absicht war es gewesen, den südlichen Luftschacht der Königskammer oberhalb des Niveaus der Königskammer weiter zu erkunden.

Im Februar 1997, sah man ein dickes Stromkabel in den Tunnel oberhalb der Großen Galerie, der zur Davison-Kammer führt, verschwinden, was darauf hindeutete, dass dort oben irgendetwas im Gange war, zumal auf der Großen Stufe am oberen Ende der Großen Galerie Jutesäcke mit Kalksteinsplittern bereit zum Abtransport standen und ein Seil lose aus der oberen Öffnung in der Großen Galerie hing.[1021] Weitere Informationen zu den Aktivitäten in den Entlastungskammern findet man in Form eines persönlichen Berichts von Thomas Danley[1022] im Buch von Lawton und Ogilvie-Herald.[1023] Folgende „offizielle" Aussage stammt von Zahi Hawass zu diesem Thema:

> *"We recently explored the five relieving chambers above the King's Chamber in the Great Pyramid in order to examine more closely the graffiti there."* [1024]

Dies war also die Version der Arbeiten in den Entlastungskammern für die Öffentlichkeit.

Im Februar 1998 hatte Simon Cox[1025] angeblich eindeutige Beweise für die Existenz eines inoffiziellen Tunnels vor Ort persönlich gesehen. Er verschaffte sich mittels *Bakschischs*, einem in Ägypten fast immer funktionierenden „Türöffner", Zutritt zu der Davison-Kammer, wo er sah, dass der ehemals von Caviglia begonnene Tunnel wieder geöffnet worden war und seiner Meinung nach in Richtung Süden weiter gegraben worden war.

Am 1. April 1998 wurde die Cheops-Pyramide wegen Renovierungsarbeiten geschlossen, nachdem entdeckt wurde, dass die Anzahl der Besucher die Luftfeuchtigkeit innerhalb der Pyramide auf 80 % erhöht hatte. Die Wände der Großen Galerie waren inzwischen mit bis zu 2 cm Salz bedeckt. Während der rund einjährigen Schließung der Pyramide wurden offiziell folgende Tätigkeiten vorgenommen:

- Graffitis, die von Besuchern in der Pyramide zurückgelassen wurden, wurden mechanisch entfernt.
- Die Wände der Großen Galerie wurden von Salzresten gereinigt.
- Die Wände der Königs- und Königinnenkammer wurden gereinigt.
- Risse in den Wänden der Großen Galerie wurden repariert.
- Im Inneren der Pyramide wurde ein neues Beleuchtungssystem installiert.
- Eine französische Firma schenkte ein neues Belüftungssystem. Das System wurde an der äußeren Öffnung des Luftschachtes der Pyramide angebracht, um den Strom der Frischluft in die Pyramide zu erhöhen, indem sie eine kleine Maschine ans obere Ende des sogenannten Lüftungskanals im Inneren der Pyramide stellten, sodass man es von außen nicht mehr sehen konnte.

Zudem hat der Oberste Rat der Altertümer (*Supreme Council of Antiquities*) zwei Entscheidungen in Bezug auf die Pyramiden von Gizeh getroffen:

- Nur 300 Besucher pro Tag dürfen die Pyramiden betreten.

[1020] Vyse 1840-42, Bd. 1, 138. Nachdem Vyse sich kurze Zeit später von Caviglia getrennt hatte, ließ er hier selber weitergraben, wie er am 13. Februar 1837 berichtet: "*The excavation, begun by M. Caviglia behind the blocks of granite, which form the southern wall of Davison's chamber, with a view of intersecting the southern air-channel, was continued*" (Vyse 1840-42, Bd. 1, 153).

[1021] Bilder, die dies belegen findet man mit Datum vom 17. Juni 1997 unter: https://www.enterprisemissions.com/pyramid.html. Ein Foto mit Kalksteinsplittern und -brocken in einer Entlastungskammer ist hier zu finden: Paganini 2018, Abb. 7.46.

[1022] Siehe Fußnote 1017.

[1023] Lawton und Ogilvie-Herald 1999, 459-460.

[1024] Hawass 1998, 53.

[1025] Simon Cox (* 11.12.1966 in Großbritannien) ist ein britischer Autor, der als ehemaliger Chefredakteur des Magazins *Into the DUAT.* Er ist ein alternativer Historiker, der die okkulten Verschwörungstheorien, Geheimgesellschaften usw. erforscht. Sein erstes Buch *Cracking The Da Vinci Code*, war ein weltweiter Bestseller in mehreren internationalen Märkten.

- Der Rat einigte sich mit der Zivilluftfahrtbehörde darauf, allen Flugzeugen das Überfliegen über die Pyramiden zu verbieten.

Lawton und Ogilvie-Herald hatten unter nicht unerheblichen Risiken und auf eigene Faust im Herbst 1998 die Grabungsarbeiten in der Davison-Kammer persönlich in Augenschein genommen. Zu der Darstellung von Danley und den Aussagen von Hoagland und Hunter merken sie noch folgendes kritisch an:

> „*Even without the benefit of our own exciting, risky and 'clandestine' first-hand exploration of this tunnel in the autumn of 1998, which we describe in the Introduction, it is clear that this analysis should have raised alarm bells. For example, anyone who takes the trouble to examine proper reports or diagrams of Caviglia's* original *tunnel will realise what Danley himself indicated to us – that after the right-hand turn, the tunnel runs along behind and parallel to the south wall of Davison's chamber. Since Danley* also *makes it clear that the supposed 'extension' continues in the 'same direction', it is clearly heading west – not to the south, where it would need to head if it were going to meet up with the end of the southern Queen's Chamber shaft. In fact Hoagland* and *Hunter* are *clearly aware of this while they are speaking on The Art Bell Show, but the observation is passed off with 'it would be easy to branch off to the south'. Meanwhile, the logic of quite why the 'tunnelers' would spend so much time taking the tunnel a total of 60 feet – as they suggest in this interview – in the wrong direction, when they still had of the order of 100 feet to travel south, is quite beyond us.*“ [1026]

Zu erwähnen bleibt hier noch, dass Hoagland wegen der angeblich geheimen Tunnelaktivitäten oberhalb der Königskammer nicht selbst 1997 nach Ägypten fuhr, um dort Bilder von den Arbeiten zu machen, sondern Larry Hunter hinschickte, um die Angaben von Danley zu überprüfen. Hunter bezog auch Mohammed Sherdy, den stellvertretenden Herausgeber der ägyptischen Zeitung *El Wafd*, mit ein. Zahi Hawass bestritt, dass in den Entlastungskammern außer einigen „Reinigungsarbeiten“ irgendetwas vor sich ginge. Unter diesen Reinigungsarbeiten verstand er die Räumung des 1837 durch Howard Vyse beim Sprengen der Zugänge zu den oberen Entlastungskammern liegen gebliebenen Gerölls.

Lawton und Ogilvie-Herald kommen nach persönlicher Erforschung des Caviglia-Tunnels in der Davison-Kammer zu folgendem Ergebnis:

Etwa 10 Fuß (ca. 3 m) nach dem Beginn in der Davison-Kammer biegt der Caviglia-Tunnel, der etwa einen Meter im Durchmesser misst, scharf nach rechts ab, um der Südwand der Kammer in Richtung Westen zu folgen, wo sich der Gang noch weitere 15 Fuß (ca. 4,5 m) erstreckt. Etwa 10 Fuß (ca. 3 m) nach dem Knick nach Westen erweitert sich der Gang so weit, dass man darin stehen kann. Dennoch ist diese Erweiterung kein Raum im eigentlichen Sinne, wie Danley dies meint. Von dieser Stelle aus wurde auch einige Fuß weit in Richtung Süden gegraben. Von dieser Erweiterung aus sind es noch 5 Fuß (ca. 1,5 m) nach Westen, bis man das Ende des Caviglia-Tunnels erreicht, der an einer Wand ohne Öffnungen oder Verzierungen endet.

Wieso Danley behauptete, dass der Tunnel um weitere 8 bis 9 Meter verlängert wurde, ist Lawton und Ogilvie-Herald völlig unbegreiflich, da dies offensichtlich nicht der Fall war.

Weiterhin waren die Jutesäcke, die Danley in Wellingtons Kammer gesehen hatte, noch da, als Lawton und Ogilvie-Herald sie untersuchten. Sie hielten es für sehr wahrscheinlich, dass sowohl diese als auch die von Hunter auf der Großen Stufe beobachteten Säcke Trümmer von Howard Vyses ursprünglicher Sprengung in den 1830er Jahren enthielten, um Zugang zu den oberen Entlastungskammern zu erhalten, deren Aufräumarbeiten die Behörden vermutlich endlich beschlossen hatten. Diese wären in Wellingtons Kammer angesammelt worden, und die darüber liegenden Kammern wären dann vollständig freigeräumt worden. Wenn der Caviglia-Tunnel insgeheim erweitert worden wäre, so muss man sich fragen, warum diese Leute dann die Mühe auf sich genommen hätten, den Schutt zuerst in die höher gelegene Wellington-Kammer zu befördern, bevor er dann aus der Pyramide abtransportiert wurde. Das ergibt jedenfalls keinen Sinn, da beide Kammern der Öffentlichkeit nie zugänglich waren.

[1026] Lawton und Ogilvie-Herald 1999, 460-461.

Das Stromkabel, welches im Frühjahr 1997 von der Großen Galerie aus in die Davison-Kammer hineinführte, wurde mit ziemlicher Sicherheit für eine in den Entlastungskammern angebrachte Beleuchtung verwendet. Die war nämlich für die Schuttbeseitigung und die nähere Untersuchung der Graffitis erforderlich.

Lawton und Ogilvie-Herald gingen auch in die drei verbleibenden Entlastungskammern oberhalb der Wellington-Kammer, in denen keine Trümmer oder irgendetwas Ungewöhnliches zu entdecken war. Erwähnenswert fanden sie auch, dass überall in den Hauptkammern und Gängen der Großen Pyramide Anzeichen dafür zu erkennen waren, dass echte Restaurierungsarbeiten im Gange waren, einschließlich der Erneuerung von Fugen, dem Ausfüllen von Rissen und der Behandlung der Kalksteinblöcke.

Im November 1998 kündigte Hawass in einer Pressemitteilung an, dass die Cheops-Pyramide ab Anfang 1999 wieder für Touristen geöffnet wird.[1027] Tatsächlich wurde die Pyramide aber erst am 1. Juni 1999 wieder für die Öffentlichkeit zugänglich, für die sie 14 Monate lang wegen Restaurierungsarbeiten gesperrt war.

Ein letztes Kuriosum betreffend die Cheops-Pyramide und die 1990er Jahre soll hier am Ende dieses Abschnittes noch berichtet werden, auch wenn es nichts mit der Suche nach Hohlräumen zu tun hat, sondern mit der Ersetzung des 1874 durch zwei Astronomen auf der Cheops-Pyramide befestigte Metallgerüst, welches die ursprüngliche Spitze der Pyramide markieren sollte, durch einen goldenen Abschlussstein.

Am 14. Mai 1998 fand auf dem *Place de la Concorde* in Paris eine recht bemerkenswerte Zeremonie statt. Dabei wurde ein vergoldeter Schlussstein auf den altägyptischen Obelisken von Ramses II. gesetzt, der seit 1836 in der Mitte dieses symbolträchtigen Platzes der französischen Hauptstadt steht. Das Ereignis fiel mit dem offiziellen Besuch des damaligen ägyptischen Präsidenten Husni Mubarak in Paris zusammen, der vom französischen Präsidenten Jacques Chirac persönlich eingeladen worden war. An der Zeremonie nahmen viele hohe ägyptische und französische Beamte teil, darunter Kulturminister Farouk Hosny, der Vorsitzende für Antiquitäten, Gaballah Ali Gaballah, und der ägyptische Botschafter in Frankreich. Am selben Tag feierte Israel übrigens den 50. Jahrestag seiner Staatsgründung. Während der Zeremonie in Paris kündigte Hosny vor den Medien an, dass in Ägypten in der Nacht zum Jahrtausendwechsel am 31. Dezember 1999 ein ähnliches Ereignis, jedoch in viel größerem Umfang, stattfinden würde, nämlich das Setzen eines vergoldeten Schlusssteins auf die Spitze der Großen Pyramide von Gizeh: *„Wir können die Pyramiden nicht Stein für Stein wieder aufbauen"*, sagte Hosny, *„deshalb haben wir ein symbolisches Ereignis gewählt, wie es die alten Ägypter taten, als sie Obelisken wie die Franzosen auf der Place de la Concorde mit einem Schlussstein versahen."* [1028]

Im Oktober 1998 kündigte Hosny ferner an, dass der berühmte französische Komponist Jean Michel Jarre den Auftrag erhalten habe, dieses Jahrtausend-Ereignis in Gizeh zu organisieren. Dementsprechend kündigten die offiziellen ägyptischen Fremdenverkehrsbehörden an, dass Jarre eine musikalische Oper mit dem Titel *Die zwölf Träume der Sonne* für die Summe von 10 Millionen Dollar[1029] komponieren werde, und dass:

> *„at midnight a helicopter will fly into the site and, hovering in a starburst of lasers and spotlights, will place a gigantic gilded capstone atop the Great Pyramid all to the accompaniment of what is expected to be an unprecedented Jarre* crescendo *of electronic music. The gold cap, approximately 28 feet high (about the size of a two-story house) is being especially constructed to protect the pyramid structure. In place, it will catch the first light of the new millennium as the sun rises over Egypt. Capping pyramids with gold and timing important events to the setting and rising sun are very much part of the ancient Egyptian pharaonic tradition, making this piece of Jarre theatre particularly meaningful."* [1030]

1027 Diese Ankündigung reiht sich in eine sehr lange Liste von nicht eingehaltenen Terminzusagen seitens Zahi Hawass ein, besonders die Cheops-Pyramide betreffend.

1028 Bauval und Osman 2012, 67-68.

1029 Als dann im Juni 1999 bei einer Parlamentssitzung über die enormen Kosten debattiert wurde waren es für die Oper plötzlich nur noch 6 Mio. US$ (Quelle: Al-Ahram Weekly, *MPs blast millennium party*, Gamal Essam El-Din, 3-9. Juni 1999, Ausgabe 432).

1030 EGYPTAIR In-Flight Magazine "HORUS", Sommer 1999.

Für das Mega-Millennium-Ereignis waren ursprünglich 3 Mio. Menschen als Teilnehmer vorgesehen. Doch aus Sicherheitsgründen setzten die ägyptischen Behörden ein Limit von nur 250.000 Teilnehmern.

Im November 1998 teilte Zahi Hawass in einer Pressemitteilung der Öffentlichkeit folgendes mit, die auf seiner Webseite nachzulesen ist:

> *"Celebration of the Year 2000*
> *At 12 o'clock midnight of the year 1999 and the beginning of the year 2000 we will put a gold capstone above the Great Pyramid. We know that when the king originally put the capstone on the Great Pyramid it meant that the pyramid is finished, after that the people would dance and sing because the national project is finished.*
> *From sunset of Dec 31 until the sunrise of Jan 1, will be a big celebration in the shadow of the pyramid. There is a famous French composer who will be designing that night."* [1031]

Schon zu Beginn des Jahres 1999 begannen die Arbeiten an einer riesigen Bühne für die geplanten ausgewählten Zuschauer des Spektakels. Doch im Sommer 1999 kam es für die Planer des Millennium-Spektakels anders als erwartet, wie ein Zeitungsartikel der englischsprachigen *Al-Ahram Weekly* vom 3. bis 9. Juni 1999 unter dem Titel *MPs Blast Millennium Party* belegt. Die Parlamentsabgeordneten (MPs = *Members of Parliament*) beklagten sich über die enormen Kosten[1032] für die Ausrichtung dieses Ereignisses, aber auch darüber, dass es im Fastenmonat *Ramadan* stattfinden sollte. Dass der islamische Monat *Ramadan* ausgerechnet auf die Zeit des Jahrtausendwechsels viel, war für die Veranstaltungsplaner natürlich Pech, zumal sich weder der Monat *Ramadan* noch der Jahrtausendwechsel verschieben ließen. Einfluss hatte man lediglich auf die Kosten für das Ereignis. Der Kultusminister betonte, dass er sich voll bewusst sei, dass die Millenniums-Feier mit dem *Ramadan* zusammenfallen werde. Er meinte jedoch, dass man Sufi-Musik spielen wolle und der Gebetsruf musikalisch begleitet würde. Bei so viel Musik und Gesang von Sonnenuntergang bis Sonnenaufgang werde die große Menschenmenge keine Zeit haben, Wein und Alkohol zu trinken. Meiner Meinung nach kennt er die Menschen aber nicht wirklich, wenn er dies für eine Millenniums-Party annimmt.

Nach Bauval, war eines der Bilder, die der französische Musiker Jean Michel Jarre vorgeschlagen hatte, ein mit Laserlicht auf die Große Pyramide projiziertes riesiges Auge[1033], wodurch das Symbol *das Auge in der Pyramide* entstand, das bekanntlich das höchste Symbol der Freimaurer ist. Ob das bewusst geplant war, nur in Kauf genommen wurde oder unbewusst geschah, ist nicht klar. Zudem würde ein über der Cheops-Pyramide schwebender goldener Abschlussstein, eine Anspielung auf das Symbol auf den US-Dollar-Scheinen sein.

Bauval machte im November 1999 zahlreiche arabische Zeitungen und Zeitschriften auf die Problematik aufmerksam. Über die Hintergründe hierfür kann man nur spekulieren, denn damit sabotierte er letztendlich die ganze Veranstaltung. Ob er damit nur Hawass desavouieren wollte oder nicht, bleibt wohl Bauvals Geheimnis. Er schrieb jedoch in seinem 2012 erschienen Buch *Breaking the mirror of heaven – The conspiracy to suppress the voice of ancient Egypt*:

> *"As usual, Hawass claimed that the original idea for the millennium ceremony at Giza was his own and proudly announced to the Egyptian press that before the May 1998 ceremony in Paris he had unearthed two ancient limestone blocks in Abusir near Giza, which contained inscriptions*

[1031] http://www.guardians.net/hawass/releas11-98.htm. [Stand: 29.9.2015].

[1032] Die Summe belief sich auf 9.572.100 US$. Ibrahim El-Nimiki, stellvertretender Vorsitzender des Gesetzgebungsausschusses der Versammlung, sagte, Ägypten sei finanziell nicht gut genug aufgestellt, um die Feierlichkeiten durchzuführen. Wir sind nicht dagegen, das kulturelle Image Ägyptens zu fördern, aber ich muss leider sagen, dass Ägypten es sich nicht leisten kann, die exorbitante Rechnung für diese Feier zu bezahlen. (Quelle: Al-Ahram Weekly, *MPs blast millennium party*, Gamal Essam El-Din, 3–9. Juni 1999, Ausgabe 432).

[1033] Gemeint war hier das Horus-Auge (auch *Udjat*-Auge), welches ein altägyptisches Sinnbild des Himmels- und Lichtgottes Horus und eine ägyptische Hieroglyphe mit magischer Bedeutung ist.

> *and drawings depicting workers moving a capstone for a royal pyramid amid scenes of dancing and celebrations."* [1034]

Wenn die Aussage von Bauval stimmt, hat Hawass die ursprünglich von Kulturminister Farouk Hosny in Paris gemachte Ankündigung für sich vereinnahmt. Denkbar wäre es, da Hawass die Entdeckung des Osiris-Grabs auf dem Gizeh-Plateau, die in den 1930er Jahren von Selim Hassan gemacht und dokumentiert wurde, ebenfalls für sich in Anspruch genommen hat (siehe Fußnote 1007).

Bauvals Verhältnis zu Hawass drückt sich auch an anderer Stelle im oben zitierten Buch aus:

> *"Meanwhile, we hope the point has been made in this chapter that Hawass, during his long years of acting as principal spokesman for Egypt's history and civilization, has, to put it mildly, delivered and confused and blurred the vision of what has happened at the Giza Pyramids and in Egyptian antiquities in general. He also has distorted the truth, as we shall see, of foreign involvement in Egypt over the last two centuries or so, namely since the rediscovery of ancient Egypt with the arrival of Napoleon in 1798. We fervently believe that this unfortunate and misleading negative perception about the role of foreign archaeological missions, which Hawass has disseminated through his aggressive media campaign, needs to be put right. This is vitally important not only for historical reasons but, more important, for the future of the antiquities in a new and free democratic Egypt; for the truth is that even though it is commendable that the Egyptians themselves are in control and fully responsible for their antiquities, the participation of foreign missions, both practically and financially, is not only necessary but crucial. A historical spring cleanup is thus necessary."* [1035]

Al-Ahram Weekly berichtete unter dem Titel *Parliament debates millennium-eve party* auf seiner Frontseite in der Ausgabe vom 9. bis 15. Dezember 1999 Folgendes:

> *" 'The celebration is very important and is a major responsibility,' Hosny said. 'We should have been put on trial, had we failed to organise it.' Abul-Enein*[1036]*, however, noted that the planned celebration has come under fire from several writers and journalists. 'This is why the culture minister is now required to respond to all the questions and objections that have been made,' he said. Reviewing these objections, Abul-Enein said it has been claimed that the celebration could be seriously detrimental to the pyramids plateau and Khufu's pyramid in particular. 'History will never forgive you if the celebration proved to have this detrimental effect,' Abul-Enein told Hosni. Abul-Enein also questioned the idea of installing a small golden 'pyramidion' on top of Khufu's pyramid. ... Hosni, however, surprised his audience by revealing that the suggestion to install a golden pyramidion on top of Khufu's pyramid has not yet been finally decided. 'The scenario of the celebration is still open and will be subject to revision every now and then,' he said. Gaballah Ali Gaballah, secretary-general of the Supreme Council of Antiquities, said the idea of the golden 'pyramidion' is important 'because it symbolises the sun god. The Pharaohs used to build this pyramidion of granite and colour it in a golden hue'."* [1037]

Bauval schreibt über den zeitlichen Ablauf, dass die Debatte über den Schlussstein eskalierte und schließlich eine Wendung zum Schlechteren nahm, als Anschuldigungen einer zionistisch-freimaurerischen Verschwörung auf den Titelseiten der radikalen ägyptischen Zeitung *Al Shaab* (Das Volk) auftauchten, die die Organisatoren, nämlich Kultusminister Farouk Hosny und Zahi Hawass, anprangerte und behauptete, sie stünden hinter dem Betrug. Als Belege nennt Bauval die Zeitung *Al Shaab* vom 10. Dezember 1999 und vom

[1034] Bauval und Osman 2012, 69.

[1035] Bauval und Osman 2012, 74.

[1036] Mohamed Abu el-Enein war ein ägyptischer Parlamentsabgeordneter und prominenter Geschäftsmann, auf dessen Bitte es zu einer Sondersitzung des Parlaments kam, über die hier berichtet wird.

[1037] Al-Ahram Weekly, *Millennium extravaganza*, Gamal Essam El-Din, 9.–15.12.1999, Ausgabe Nr. 459.

18. Dezember 1999. Interessant ist aber, dass noch *Al-Ahram Weekly* vom 9. bis 15. Dezember 1999 als Abschluss zu dem oben zitierten Artikel folgendes steht:

> *"Abul-Enein reacted by declaring that he was impressed by Hosny's description of the planned event. 'It will mark the advent of the third millennium for the entire world, but it will mark the advent of the seventh millennium for Egyptian civilisation,' Abul-Enein asserted."* [1038]

Dies klingt nun nicht gerade nach einer Wendung zum Schlechteren. Wie in vielen Ländern gab es eben Ende des 20. Jahrhunderts auch in Ägypten eine Zeitungs- und Zeitschriftenpluralität, die vielen Meinungen Ausdruck verlieh.

Auch in der Ausgabe vom 16. bis 22. Dezember heißt es in einem Artikel bei *Al-Ahram Weekly* auf einem Frontseitenartikel mit dem Titel *Beehive at Giza*:

> *"More than one thousand construction workers, Egyptologists, and technicians have been toiling since 5 November to prepare the site near the Great Pyramids of Giza where a spectacular millennium eve celebration is set to take place on December 31. Nevine El-Aref checks the progress of the work.*
> *The pyramid party, called The Twelve Dreams of the Sun, and directed by French musician Jean-Michel Jarre, is being hyped as one of the world's foremost millennium eve events, to be broadcast via satellite to some 2.5 billion people worldwide.*
> *According to Minister of Culture Farouk Hosny, 80 per cent of the preparations are complete, including a 160,000 square metre parking area, the wooden frames of the luxurious $400 per person tents, and the open area where the LE 50 ticket holders will sit."* [1039]

Auch hier wird noch kein Wort darüber verloren, dass die Veranstaltung wenige Tage später so nicht stattfinden wird. Am Ende dieses Artikels wird auf einen anderen Artikel in der gleichen Zeitung verwiesen, der weiter hinten im Bereich *Travel* steht und den Titel *Countdown at Giza* trägt, worin ein Interview von Nevine El-Aref mit Zahi Hawass abgedruckt wird, in dem auch der geplante vergoldete Abschlussstein zur Sprache kommt. In dem Interview heißt es unter anderem:

> ***"What about the golden capstone? Isn't it dangerous to place a nine-metre-high pyramidion on the top of the Great Pyramid, when its blocks are already suffering from deterioration? What is it made of and how will it be placed in position?***
> *We are not working haphazardly. We have carried out serious field studies. Our target is to protect and preserve the lofty monument, not to share in its collapse. The Supreme Council of Antiquities (SCA) is carrying out research in collaboration with the Remote Sensing and Space Science Authority (RSSA) and the Egyptian Armed Forces to assess the condition of the great stones on the face of the pyramid and determine the best method to place the cap.*
> *Archaeologists are registering the number of blocks on the surface at the top of the great pyramid of Khufu and documenting graffiti found on its top. As for the capstone, the most feasible suggestions are being considered. It will be fabricated in wood and covered with golden textile.*
> *There was a suggestion the pyramidion be made of an iron frame covered with copper, but studies revealed that this could adversely affect the monument, so the idea was abandoned.*
> *Even at the last minute, placing the capstone could be cancelled if – according to Farouk Hosny, minister of culture – field work indicates it could affect the monument.*
> ***How could you consider using a helicopter to place the capstone on the pyramid at midnight, when the vibrations and the air would be like putting a bomb beside the monument?***
> *Using a helicopter was only one suggestion considered. It was studied and proved a failure. We will not use a helicopter, the cap will be placed in its position in advance by the Armed Forces*

[1038] Al-Ahram Weekly, *Millennium extravaganza*, Gamal Essam El-Din, 9.–15.12.1999, Ausgabe Nr. 459.
[1039] Al-Ahram Weekly, *Beehive at Giza*, Nevine El-Aref, 16.–22.12.1999, Ausgabe Nr. 460.

and will be illuminated at midnight on the 31st of December, announcing the beginning of the new millennium.
How credible are the allusions on the Internet and in opposition newspapers that the planned celebration supports Jewish and Masonic ideas?
The suggestion is groundless. Putting a golden capstone on the pyramid is not an invention or supporting Masonic ideas; it is a pure ancient Egyptian tradition. A relief found four years ago in a tomb in Abusir, beside Amenemhat's pyramid, showed a number of workers pulling a pyramidion bearing hieroglyphic text that revealed the name as ben-ben, and the word gaen, which means 'white gold', while women are dancing and singing. The celebration has nothing to do with Masonic beliefs. It is a performance inspired by celebrations held by pharaohs after the completion of their great funerary complex.
To ancient Egyptians, building a pyramid was a national project in which all strata of society were brought into requisition; the completion of a great towering monument on top of the plateau was a symbol of power, strength and national unity. The design on the US dollar is a faulty imitation of the pyramids of the Middle Kingdom.
According to my colleague Mohamed El-Saghir, head of the pharaonic department in the SCA, The Twelve Dreams of the Sun [Jean-Michel Jarre's "electronic opera", to be performed at the millennium celebrations] is also an ancient Egyptian invention because the Egyptians worshipped the sun. They believed that there were twelve hours of the day and twelve of the night, when the sun traversed the underworld. Texts written in the mortuary literature allude to this, and representations can be seen in many tombs in the Valley of the Kings and Queens in Luxor.
Do you think there is a connection between the pyramids of Giza and the lost civilisation of Atlantis, as published on the Internet by the New Agers?
This is false information published by crazy people who also announce that they will come by aeroplane and land on the pyramid by parachute to see the discovery that is bound to be made, or see devils coming out of the Great Pyramid. The opinions of people like these cannot be taken seriously. Anyway, complete security measures will be provided on the plateau, because our aim is to protect our monuments and our guests.
Spiritual tourism and praying inside the pyramid is becoming more widespread. Who are these spiritual tourists, and will there be a special prayer inside the pyramid for the new millennium?
There will be no special prayers celebrating the new millennium. On 31 December, Khufu's pyramid will be closed and no one will be allowed to enter. People of different nationalities come and meditate inside the Great Pyramid every two weeks, under the supervision of an archaeological inspector and a member of the tourism police. Americans, Canadians and Japanese were among the earliest and most interested, but there are also Australians and few Europeans." [1040]

In diesem Interview räumt Hawass allerdings ein, dass das Aufsetzen des Abschlusssteins, inzwischen aus Holz, mit vergoldeten Textilien umhüllt, immer noch kurzfristig abgesagt werden kann, wenn es durch die Arbeit vor Ort so aussieht, als könne dies das Monument beschädigen. Dies ist natürlich ein sehr fadenscheiniges Argument, da ein hölzerner Abschlussstein wohl kaum in der Lage ist, ein Monument wie die Cheops-Pyramide, die selbst schwerste Erdbeben seit über 4.500 Jahren überstanden hat, zu gefährden. Es ist dies ein rein politisches Argument zur Gesichtswahrung, falls dieses eineinhalb Jahre zuvor geplante Ereignis aus politischen Gründen nun doch nicht stattfinden kann. Wie wir gleich sehen werden, wurde auch kein Abschlussstein bei der Millenniums-Party der Cheops-Pyramide aufgesetzt.

Erst in der Ausgabe vom 23. bis 29. Dezember 1999 von *Al-Ahram Weekly* ist in dem Artikel *Prepping the plateau* wird die Absage des geplanten Setzens des Abschlusssteins auf die Cheops-Pyramide mitgeteilt.

"Unfortunately, what was intended to be the 'crowning glory' of the whole celebration – the four-minute episode of placing a so-called pyramidion on top of the Great Pyramid – has been eliminated from the programme. Farouk Hosny, minister of culture, announced last Thursday that the decision was made in order to put a stop to the circulation of controversial rumours,

[1040] Al-Ahram Weekly, *Countdown at Giza*, Nevine El-Aref, 16.-22.12.1999, Ausgabe Nr. 460.

which threatened to cast a pall on the event during the final preparations. 'The placing of the pyramidion would not affect the pyramid,' Hosny said. 'The high-ranking committee, consisting of the Remote Sensing Authority, the Architectural Department of the Ministry of Defence and geologists, engineers and archaeologists, have carried out in-depth technical, scientific and archaeological research and assured us that the plan is feasible. The decision not to carry out this short but crucial episode was considered necessary in order to put an end to all the talk about the celebration by people who want to diminish the role of Egypt.'" [1041]

Es wird auch von über 1.000 ägyptischen Arbeitern und 30 französischen Technikern berichtet, die emsig mit den Vorbereitungen für die Millenniums-Party beschäftigt sind, um den Zieltermin halten zu können.

Statt der ursprünglich geplanten 3 Mio. und dann durch die ägyptische Sicherheitsbehörde auf 250.000 Personen reduzierte Anzahl an Gästen, kamen schließlich nur gut 100.000 Personen zur Millenniums-Party nach Gizeh. Es gab ca. 7.500 Eintrittskarten zu 400 US$, in dessen Preis ein königliches Essen, in einem der 15 eigens dafür aufgestellten und für 500 Personen ausgelegten Zelte, enthalten war. Auf dem Schwarzmarkt konnte so ein Ticket auch schon einmal das Doppelte kosten. Die normalen Tickets wurden für 50 ägyptische Pfund verkauft. Neben der eigens von Jean Michel Jarre komponierten Oper wurde auch Musik von der legendären Umm Kulthum[1042] gespielt und ihr Gesicht im Großformat auf die Pyramidenfront projiziert. Von der Wüste hereinziehender dichter Dunst verdeckte die Sicht der Gäste auf die beiden großen Pyramiden für einige Zeit, sodass ein großer Teil der geplanten Lasershow nicht stattfinden konnte. In einem Leserbrief bei *Al-Ahram Weekly* vom 6. bis 12. Januar 2000 heißt es: "*Though the thickening fog became a real hindrance to this great show, it did not stop an enthusiastic audience of thousands to spend an unforgettable occasion at such a unique site.*" In einem anderen Leserbrief darin heißt es: "*Secondly, and most importantly, was it really worth it to spend $9.5 million dollars on such a celebration?*"

14.6 Die 2000er Jahre

Der französische Architekt und passionierte Ägyptologe Gilles Dormion hat im November 2000 zusammen mit dem französischen Geophysiker Jean-Pierre Baron die Königinnenkammer mittels Bodenradars (GPR) untersucht. Als Ergebnis erhielten sie die Reflexion eines zwei Ellen (≈ 1 m) breiten Tunnels, der in Ost-West-Richtung ca. 7 Ellen (≈ 3,50 m) unterhalb des Bodens der Königinnenkammer verlief und dessen Achse etwa 2,50 m von der Südwand entfernt war.[1043]

Einen architektonischen Hinweis auf diese Ebene liefert auch die Analyse der Steinhöhen, da die Stufe 18 (etwas unter 17 m hoch) bezogen auf die Nord-Süd-Abweichung der Pyramidenhöhe mit äußerster Präzision verlegt wurde (siehe Abb. 190). Dormion gibt für die Höhe dieser Kammer rund 16,50 m an, was zur Stufe 18 passt. Insofern ist es daher wahrscheinlich, dass sich dort tatsächlich noch eine Kammer und ein Gang befinden, aber meiner Meinung nach nicht die eigentliche Grabkammer von Cheops.

Dormion folgert schließlich:

„da die so genannte letzte Grabkammer, die als Königskammer bekannt ist, vom Einsturz bedroht ist, besteht eine hohe Wahrscheinlichkeit, dass Cheops' Grab "irgendwo anders" in der Pyramide an einen sichereren Ort gebracht wurde.

[1041] Al-Ahram Weekly, *Prepping the plateau*, Nevine El-Aref, 23.–29.12.1999, Ausgabe Nr. 461.

[1042] Umm Kulthum (* 18.12.1898 in Tammai az-Zahaira, Ägypten; † 3.2.1975 in Kairo, Ägypten; eigentlich ʾUmm Kulṯūm Fāṭima ʾIbrāhīm as-Sayyid al-Baltaǧī) war eine ägyptische Sängerin und Musikerin. Umm Kulthum war das jüngste von drei Kindern. Ihre Mutter war Hausfrau, ihr Vater Imam in der Dorfmoschee. Schon mit neun Jahren trug sie religiöse Lieder in der Öffentlichkeit vor. Das arabische Wort *Umm* bedeutet Mutter. Ihr Ruhm in der arabischen Welt ist mit dem von Maria Callas und den Beatles in der westlichen Welt vergleichbar. Selbst nannte sie sich auch den „singenden Stern des Orients". Sie war eine enge Freundin und Unterstützerin des Offiziers und späteren Präsidenten Gamal Abdel Nasser seit ihrer Kindheit. Zu ihrer Beerdigung versammelten sich so viele Menschen, wie noch nie zuvor in Kairos Straßen und tagelang wehten die Fahnen in Ägypten auf halbmast. Sie erhielt in der *Omar Makram Moschee* in Kairo ein Staatsbegräbnis, was normal nur hohen Politikern zuteilwird.

[1043] Dormion 2004, 260.

...

Cheops ging sicherlich nicht das Risiko ein, in einem Raum begraben zu werden, der ihn zu zerquetschen drohte, da er auf der unteren Ebene eine weitere "operative" und intakte Bestattungskammer hatte.“ [1044]

Die Einsturzgefahr bestand sehr wahrscheinlich schon während dem Bau der Pyramide, da die Risse in den oberen Dachsteinen durch den Druck der darüber liegenden Schichten entstanden sind. Ursache könnte ein Baufehler gewesen sein (siehe Abb. 190, Stufe 57), da die Nord-Süd-Höhenabweichung zwei Stufen unterhalb der Decke über 5 cm beträgt. Deshalb wurde wohl auch eine Reparatur von der ersten Entlastungskammer aus versucht, die aber augenscheinlich misslang.

Diesbezüglich schließe ich mich Dormions Theorie an, glaube allerdings im Gegensatz zu ihm nicht, dass der Raum unterhalb der Königinnenkammer – vermutlich im Westen – als logische Konsequenz für das Grab von Cheops betrachtet werden muss.

Hawass kündigte im August 1999 an, dass er der *Schor Foundation* eine letzte Chance geben werde, Cayces Behauptungen über eine „Halle der Aufzeichnungen“ zu beweisen, die unter dem Plateau versteckt war. Zuerst sollte die Expedition noch Ende 1999 stattfinden, dann Anfang 2000, doch tatsächlich durchgeführt wurde sie erst im Sommer 2001.

Im August 2001 wurden im Rahmen einer von der *Schor Foundation* gesponserten Expedition Bodenradar-Messungen (GPR) an verschiedenen Standorten auf dem Gizeh-Plateau gesammelt. Eine Untersuchung bestand aus einem Satz von 15 Profilen mit einem kommerziellen GPR mit 250 MHz Antennen auf der Nordseite des Sphinx, in der Nähe der linken Vorderpfote der Sphinx. Die einzelnen Linien waren ca. 10 m lang, mit einem Spurenabstand von 2 cm; das Intervall zwischen den Linien betrug 35 cm. Die Untersuchung umfasste eine Fläche von etwa 5 mal 10 m mit 7.590 Spuren. Das Bild zeigt zwei fast parallele planare Flächen, die jeweils etwa 3 m breit sind und nach unten in Richtung des Bereichs unter der Pfote abfallen. Die obere planare Oberfläche erscheint zuerst im Bild in einer Tiefe von ca. 2 m in einem Abstand von 6 bis 7 m vom äußeren (nördlichen) Rand der Pfote und erreicht eine Tiefe von ca. 3,5 m direkt außerhalb der Pfote. Die scheinbare Trennung zwischen oberer und unterer Fläche variiert zwischen etwa 0,6 und 1 m. Diese Trennung kann jedoch bis zu 2,5 m größer sein, wenn die Region offen ist oder mit nicht konsolidiertem Schutt gefüllt ist (aufgrund der höheren Ausbreitungsgeschwindigkeit der Radarwellen in der Luft). Die beiden Flächen im Bild könnten so interpretiert werden, dass sie auf eine von Menschen gemachte Struktur – einen Tunnel oder Durchgang – hinweisen, die unter dem Sphinx hinabführt. Solche Merkmale könnten auch durch natürliche Frakturen im darunter liegenden Kalksteingestein verursacht werden, aber die Frakturen müssten relativ breit sein (ein signifikanter Bruchteil einer Wellenlänge) oder mit ungewöhnlich leitfähigem Material gefüllt sein, um so starke Echos zu erzeugen, wie sie gemessen wurden.[1045]

Im Jahr 2002, neun Jahre nach der letzten Robotererkundung durch Gantenbrink, gab es eine neue Robotermission zur Erkundung der kleinen Schächte in der Königinnenkammer, bei der ein Blockierstein am Ende des Ganges durchbohrt werden sollte. Ein eigens zu diesem Zweck entwickelter Roboter der Firma *iRobot* in Kooperation mit *National Geographic*, *Pyramid Rover* genannt, kam hierbei zum Einsatz, nachdem zuvor Zahi Hawass, der damalige Leiter des obersten Rats für Altertümer, mit Tim Kelly, dem seinerzeitigen Chef von *National Geographic Television*, eine Kooperation zur Erforschung der Pyramidenschächte eingegangen waren (siehe Kap. 5.3). Nur wenige Tage nach der Fernseh-Übertragung[1046] vom 17. September 2002, bei der *Pyramid Rover* den Blockierstein des Südschachts durchbohrte und dann eine Minikamera durch das Loch

---

[1044] Dormion 2004, 261. Eigene Übersetzung aus dem Französischen.

[1045] Oristaglio, Haldorsen und Englund 2005.

[1046] Das groß als Live-Übertragung von Zahi Hawass angekündigte Ereignis stellte sich später als Aufzeichnung heraus. Es wurde in über 140 Länder der Erde per Fernsehen übertragen und soll von über einer halben Milliarde Zuschauern verfolgt worden sein. Man kann dies als medienwirksames Großereignis für Ägypten und die Gizeh-Pyramiden ansehen. Die angeblich „Live-Übertragung“ begann um 20 Uhr amerikanischer Ostküstenzeit, also zur dortigen Hauptsendezeit. Damit war auch klar, wer die Haupt-Zielgruppe der Übertragung war, denn in Kairo war es 3 Uhr morgens!

führte, wobei ein 19 cm großer Hohlraum und danach ein weiterer Stein sichtbar wurden, schickte man den Roboter in den Nordschacht.

In einem Interview von Nevine El-Aref mit Zahi Hawass gibt dieser kurz danach folgendes Statement ab:

> *"'I am really happy that we have found another sealed chamber,' Hawass said. 'This great discovery is very important because it will let the mystery of the Pyramid continue. It will never stop.'"* [1047]

Damit wird auch klar, warum die Fortsetzung der Schachterkundung ganze neun Jahre gedauert hat und auch die nächste Mission erneut neun Jahre auf sich warten lässt: je mehr Mysterien um die Pyramide vorhanden sind, umso stärker wirken diese als Publikumsmagnet und damit als wichtige Finanzeinnahmequelle für Ägypten. Die Aussage von Hawass, dass der neuerliche Stein hinter dem mit Metallpins versehene Blockierstein ein weiterer Verschlussstein zu einer versiegelten Kammer sein soll, konnte nur pure Spekulation sein, um den Interessantheitsgrad der ganzen Angelegenheit zu steigern. Echte Gründe für diese Annahme gab es nicht. Im Gegenteil, das Aussehen des Steins, welcher durch die Linse der durch das Loch geschobenen kleinen Kamera zu sehen war, sah eher wie ein normaler Stein aus, als ein besonderer Stein.

Ägyptische Forscher wie Abbas Mohamed Abbas vom *National Research Institute of Astronomy and Geophysics* unternahmen Anfang 2006 Bodenradaruntersuchungen auf dem Gizeh-Plateau, um verborgene Schächte oder Tunnel in den untersuchten Sektoren aufzudecken. Das Untergrund-Bildgebungsradargerät (SIR 2000) der Firma *Geophysical Survey System Inc.* (GSSI) wurde bei der im Februar 2006 durchgeführten Untersuchung verwendet. Nicht abgeschirmte Mehrfrequenz-Antennen (80–160 MHz) wurden für die Vermessung im kontinuierlichen Modus verwendet. Die untersuchten Gebiete wurden über das Plateau der Pyramiden verteilt, um die Abdeckung ausgewählter Schlüsselzonen sicherzustellen. Die Ergebnisse der Erhebung stützen die Möglichkeit des Vorhandenseins von nicht näher bezeichneten Überbleibseln von hohem Wert.

Eine dieser insgesamt 10 Zonen betraf auch den unmittelbar an die Cheops-Pyramide angrenzenden südwestlichen Teil direkt vor der Pyramide und deckte eine Fläche von einigen Metern Breite und 115 m Länge (der halben Pyramidenbasis) ab. Die Zone reichte von der Südwestecke bis zur Sonnenbootgrube. Eine zweite Zone deckte einige Meter Breite und die gesamte Ostseite der Chephren-Pyramide ab. Eine weitere Zone deckte einige Meter Breite vor der Südseite der Mykerinos-Pyramide ab, deren Länge rund das Doppelte der Pyramidenbasis betrug, ausgehend von der Südwestecke der Pyramide in Richtung Osten. Die nächste Zone lag am östlichsten Rand des Gizeh-Plateaus ca. 150 m nördlich des Sphinx; ihre Ausdehnung in Nord-Süd-Richtung betrug rund 200 m, war einige Meter breit und endete in Höhe des Südrands der Cheops-Pyramide. Die weiteren sechs untersuchten Zonen befanden sich alle um den Aufweg herum zur Chephren-Pyramide. Direkt um den Sphinx wurde keine Zone definiert, da es hier zuvor schon genügend GPR-Untersuchungen gegeben hat.

Um die Radarprofile zu visualisieren und die Störungen des eingebetteten Hochfrequenzrauschens während der Vermessung zu beseitigen, wurden einige einfache Verarbeitungsschritte verwendet. Dies waren: Hintergrundentfernung, Bandpassfrequenz, Verstärkungsverbesserung und Zeit-Tiefen-Umwandlung. Für die Umwandlung von Zeit in Tiefe benutzten sie die Geschwindigkeit der Radarwellenausbreitung. Viele Tests wurden unternommen, um die Radarwellengeschwindigkeit im Gizeh-Plateau-Untergrund möglichst genau zu bestimmen, was zu einem Wert von 8 cm pro Nanosekunde führte. Dieser Wert wurde dann für die Umrechnung von Zeit in Tiefe auf dem Plateau benutzt.

In Zone 1 zeigte sich in etwa 17 m Tiefe eine hyperbolische Struktur, die etwa 5 Meter östlich der Südwestecke der Cheops-Pyramide begann und ca. 15 Meter breit war. Diese Struktur hatte ein höhlenähnliches Aussehen. Eine ähnliche Struktur fand sich auch im Nordosten der Chephren-Pyramide in einer Tiefe von 5 bis 20 Metern und ähnlicher Breite wie in Zone 1. Die Forscher kamen zu dem Ergebnis, dass die höhlenartigen Merkmale einem Tunnelabschnitt von mindestens 3 bis 5 m Breite zugeschrieben werden könnten, der nicht mit Materialien gefüllt ist.

[1047] Al-Ahram Weekly, *More secrets on the way?*, Nevine El-Aref, 19.–25.9.2002, Ausgabe Nr. 604.

Generell wurde für die untersuchten Gebiete ein hohes Potenzial für das Vorhandensein noch unbekannter archäologischer Fundorte aufgedeckt. Dies reicht von Tunneln bis hin zu vertikalen Schächten. Es wurden zwei mögliche Schächte gefunden, die eine Flächenausdehnung von etwa 20 × 10 m bzw. 5 × 5 m besitzen und sich ca. 200 m südlich der Cheops-Pyramide und etwa 100 m nördlich des Aufwegs zur Chephren-Pyramide befinden. Die vertikale Ausdehnung der Fundorte liegt zwischen 12 und 25 m und könnte an einigen Stellen sogar noch tiefer sein. Die Fundorte könnten durch einen oder mehrere Tunnel miteinander verbunden sein. Wörtlich meint Abbas hierzu:

> *"We can presume the existence of a momentous diversity of archaeological structures at the Pyramids plateau which remain, as yet, unexposed. These structures could be a linked net of tunnels and shafts that may well lead to precious tombs."* [1048]

Die Lage des Sonnenbootes der dritten Pyramide wurde festgestellt. Die Wissenschaftler empfahlen eine weitere detailliertere Untersuchung, um einen genaueren Blick auf die Art und Form der Fundorte zu erhalten.[1049]

Diese Ergebnisse scheinen die Vermutung eines unterirdischen Labyrinths unter dem Gizeh-Plateau zu bestätigen. Auf weitere Ergebnisse diesbezüglich darf man gespannt sein.

2007 stellte der französische Architekt Jean-Pierre Houdin eine neue Theorie[1050] zur Konstruktion der Cheops-Pyramide auf. Darin behauptet er, die Cheops-Pyramide wäre mithilfe einer internen Rampe gebaut worden. Diese hätte den Vorteil gehabt, dass man keine externe Rampe benötigt hätte und die Arbeiter die Steine quasi überdacht und vor direkter Sonneneinstrahlung geschützt die Steine auf Holzschlitten nach oben ziehen können. Er begründete seine Theorie unter anderem darauf, dass man außen an der Pyramide visuelle Hinweise auf eine mit etwa 7 % Steigung verlaufende Struktur erkennen könne, die sich wie eine Wendeltreppe um die Pyramide bis nach oben zieht. Zusätzlich ergaben die 1986 von EDF[1051] durchgeführten Mikrogravitationsanalysen eine Struktur, die sich mit dem Vorhandensein einer inneren spiralförmigen Rampe deckte. Zusammen mit dem amerikanischen Ägyptologen Bob Brier[1052] unternahm er im Rahmen von Dreharbeiter zu einer Fernseh-Dokumentation seiner Theorie im Jahr 2008 eine Untersuchung der kleinen äußeren Plattform in ca. 83 m Höhe, da er relativ nahe dahinter seine interne Rampe vermutete. Bob Brier erhielt zusammen mit einem speziell ausgebildeten Kameramann die Erlaubnis von der ägyptischen Antikenbehörde, die Cheops-Pyramide zu besteigen und die kleine Plattform zu untersuchen. Dabei gelang Bob Brier die Wiederentdeckung der schon lange bekannten (mindestens seit 1565 von Johann Helffrich) kleinen fast quadratischen Kammer (siehe Abb. 136, Abb. 137 und Abb. 139), die man von diesem Plateau in rund 83 m Höhe betreten kann. Außer Graffiti von früheren Besuchern fand sich allerdings nichts Interessantes in dieser Kammer. Ägyptologen bestätigten aber, dass es sich bei dieser Kammer um eine während der Bauzeit der Pyramide angelegte Kammer handelt und nicht um eine nachträgliche Höhle. Leider hatte der erstaunte Bob Brier, der von dieser Kammer keine Ahnung gehabt hatte, keine Wärmebildkamera zur Stelle, um Jean Pierres Theorie gezielt untersuchen zu können, da nach dessen Meinung die interne Rampe relativ dicht hinter der Kammer verlaufen müsste und sich durch eine unterschiedliche Wärmesignatur von anderen Stellen hinter der Kammer unterscheiden müsste. Eine Sondierungsbohrung in dieser Kammer war jedoch wegen einer fehlenden Genehmigung des ägyptischen Antikenministeriums unmöglich, um seine Theorie zu bestätigen. Meines Wissens wurden bis 2020 keine Untersuchungen mehr in dieser Richtung unternommen bzw. publiziert. Auch eine erst 2015 entdeckte weitere mögliche Kammer in etwa 105 m Höhe an der Nordostkante würde Houdins Theorie bestätigen, da die interne Rampe dann eine komplette Windung weiter oben angekommen wäre. Doch bis heute ist Houdins „Interne Rampen-Theorie" nicht verifiziert.

[1048] Abbas, et al. 2012, 173.

[1049] Abbas, et al. 2012.

[1050] Houdin und Hawass 2007.

[1051] Siehe Fußnote 963.

[1052] Bob Brier (* 13.12.1943 in New York City, USA), auch als Mr. Mummy bekannt, ist ein weltweit angesehener amerikanischer Ägyptologe, insbesondere auf dem Gebiet der Paläopathologie. Der an der *Long Island University* C.W. Post Campus tätige Ägyptologe zählt weltweit zu den besten Experten für Mumien und Mumifizierung.

2008 kamen Andrew und Sue Collins sowie Nigel Skinner-Simpson nach Gizeh, um im Boden des Gizeh-Plateaus nach einem Äquivalent des Sternes Deneb im Sternbild Schwan (auch Kreuz des Nordens) zu suchen. Ähnlich wie Bauvals Orion-Theorie suchten sie einen astronomischen Bezug von Strukturen auf dem Gizeh-Plateau, im Gegensatz zu Bauval allerdings unterirdisch. Sie fanden auf der Verlängerung der durch das Zentrum der Cheops-Pyramide verlaufenden Ost-West-Achse westlich des Westfriedhofs einen Eingang zu einem umfangreichen Höhlen- und Kammersystem, welches durch unterirdische Tunnels miteinander verbunden war. Sie behaupteten, dass sie das unterirdische System neu entdeckt hätten, welches bisher erst sehr wenig erforscht sei. Doch war dies keine Neuentdeckung, wie der nachfolgende Text zeigt, da die erste belegte Entdeckung schon 190 Jahre früher durch Caviglia erfolgte.

Die erste bekannt gewordene Entdeckung geht auf Caviglia zurück, der zwischen 1817 und 1818 das Höhlen- und Kammersystem entdeckt hat.[1053] Wir wissen dies aus den Aufzeichnungen des damaligen britischen Generalkonsuls Henry Salt, der es in seinen Memoiren festgehalten hat. Diese Memoiren wurden aber erst 2007 durch Usick und Manley veröffentlicht. Auf dem Gizeh-Plateau-Lageplan (siehe Abb. 222) ist das Höhlensystem mit dem Buchstaben „Q" eingezeichnet, wozu es in der Referenz heißt: "*Catacombs, entering many hundred feet in the rock and very extensive like those in Alexandria.*" Im beschreibenden Text heißt es dazu:

"Respecting the Catacombs marked (Q.Q. - general ground plan) to the west of the Pyramids, I have little to say. We entered into one, and followed up our researches through rude and craggy vaults, several hundred yards into the rock, creeping at times on our hands and knees, among the bones, {54} and carcases of camels and other animals carried there by the hyenas, which frequent these caves. At last, we entered by a forced passage through a thin wall into a spacious chamber, which presented nothing to our view, but bare and mouldering walls. This chamber communicated with three others of equal dimensions, whence issued many labyrinthick passages, which had too intricate and uninteresting an appearance to induce us to advance. Captn Caviglia informed me that he afterwards advanced in another direction, three hundred feet farther but found nothing to tempt him to continue his researches. The Portals to these Catacombs, are ornamented externally, and one of them, may be seen, from the path, before you mount up {55} the hill on which [stands] the pyramids stand." [1054]

Auch bei Howard Vyse sind diese Katakomben in seinem Lageplan verzeichnet (siehe Abb. 67); dort heißt es: "*Excavated tombs and pits of bird mummies*".

Bei Lehner und Hawass steht unter dem Titel *Die geheimnisvolle Höhle*:

„Drei Gräber am Ostende des höheren der zwei Steilhänge, die zum nördlichen, den Nordwestrand des Gizeh-Plateaus begrenzenden Wadi hin abfallen, sind seit Reisner mit NC (North Cliff / „Nördliche Klippe") bezeichnet. Alle drei sind unvollendet, NC 2 ist das größte und vollständigste. Während des Zweiten Weltkrieges dienten die drei Gräber den Mannschaftsangehörigen als Luftschutzräume; einer von ihnen, Nicholas Melnikoff, kartierte sie 1939. ... Für die Ausbuchtung im Innern, mit Säulen und Mittelachsenkorridor, lassen sich in Felsgräbern des Alten Reiches im westlichen Zentralfeld-Steinbruch Parallelen finden; sie datieren in die späte 4. bis in die 5. Dynastie. ... Beim Aushöhlen des Südendes von Grab NC 2 stießen die Bauleute auf eine gewaltige natürliche Höhle, mit einer Kluft, die sich über mindestens Hundert Meter Richtung Süden zieht. Weder Reisner noch Smith erwähnten sie und auch Melnikoff kartierte sie nicht. Henry Salt hat das Grab bei seiner Arbeit mit Caviglia besichtigt, ebenso Howard Vyse.
Auf der Suche nach Fledermäusen erkundete Ibrahim Helmy, Entomologe an der Medizinischen Marine-Forschungsstelle in Kairo, 1980/81 die„Dabh Höhle" („Hyänenhöhle") - wie sie nach seiner Aussage vor Ort genannt wurde - vom Grab NC 2 aus. Mit Essama Al-Banna, Inspektor der Altertümerverwaltung in Gizeh, untersuchte Helmy zwei Gänge; einer davon führte zu drei

---

[1053] Möglicherweise kannte sie auch schon Frederic Norden, da er in seiner Karte (siehe Abb. 217) die entsprechende Stelle mit dem Hinweis « *Tombeaux et Grottes* » (Gräber und Grotten) bezeichnet hat.

[1054] Usick und Manley 2007, 62.

kastenähnlichen Kammern. Auch einer von uns (Lehner) nahm NC 2 und die Dabh-Höhle in Augenschein, durch den großen nördlichen Raum („die Kuppel") und bis zum Ende seiner engen Süderweitung.
2009/10 gruben Archäologen der Gizeh-Denkmalaufsicht in NC 2; sie mussten ihre Arbeiten aber leider einstellen, als sie gerade einmal die obere Ebene kartiert hatten. Wir gehen davon aus, dass die Erbauer von Grab NC 2 die Höhle versehentlich trafen. Später wurden in den Kammern und Gängen Mumien heiliger Tiere – darunter auch Vögel – bestattet, ein wenig wie in den Katakomben in Sakkara." [1055]

Die im obigen Text erwähnte Kluft, die sich über 100 Meter in Richtung Süden zieht, entspricht den 300 Fuß von Caviglia.

14.7 Die 2010er Jahre

Das neue Jahrzehnt begann für die Pyramidenforschung mit dem hoffnungsvollen Roboterprojekt *Djedi*[1056]. *Djedi* war ein kleiner Roboter der Firma Scoutek, welcher die Nachfolge des Roboters *Pyramid Rover* aus dem Jahr 2002 antrat, um die kleinen Schächte in der Königinnenkammer zu erforschen. Projektleiter des Djedi-Teams war Shaun Whitehead von der Firma Scoutek. Schwerpunkt des *Djedi*-Projekts war der Südschacht der Königinnenkammer, aber auch der Nordschacht sollte untersucht werden. Nachdem 2002 vom *Pyramid Rover* ein Loch in den Blockierstein am Ende des Südschachts gebohrt worden war und eine Minikamera dann hindurchschaute, wollte man nun mit einer beweglichen Spezialkamera auch die Rückseite der Blockiersteine betrachten. Am 29. Mai 2010 war es dann so weit: Djedi fuhr den Südschacht hoch, wofür er über 6 Stunden benötigte, um dann die bewegliche Kamera durch das 2002 gebohrte Loch des Blockiersteins zu schieben. Auf der Rückseite waren die zu einer Schlaufe umgebogen Metallstifte zu sehen, die mit Mörtel im Stein verankert waren. Weiterhin entdeckte Djedi in dem etwa 19 cm großen Hohlraum hinter dem Blockierstein im Südschacht neue Zeichen, bei denen es sich um hieratische numerische Zeichen handeln könnte. So sollen die drei Zeichen 100, 20 und 1 die Zahl 121 darstellen. Diese Zahl wird als von den Bauarbeitern für den Südschacht angegebene Längenangabe in Königsellen von einigen interpretiert, was einer Länge von 63,36 m entspricht. Dagegen spricht jedoch, dass der Südschacht gemäß lasertechnischen Messungen von Gantenbrink nur 59,45 m lang ist, während der Nordschacht hingegen eine Länge von etwa 63,40 m aufweist.

Das Djedi-Team hatte Anfang 2011 laut Shaun Whitehead vom obersten Rat für Altertümer die Zusage erhalten, eine umfassendere Untersuchung der gesamten Cheops-Pyramide mit den neuesten technischen Möglichkeiten vornehmen zu können. Diese Zusage wurde aber nicht eingehalten und das Djedi-Team von der Cheops-Pyramide ferngehalten. Die Ursache hierfür liegt vermutlich in den chaotischen Verhältnissen, die die ägyptische Revolution Anfang 2011 mit sich brachte. Danach antwortet die Antikenbehörde nicht einmal mehr auf Anfragen seitens des Teams.

Insgesamt gab es bis heute drei Robotermissionen zur Erforschung der kleinen Schächte in der Königinnenkammer, jeweils im Abstand von etwa 9 Jahren: 1993 (*Upuaut*), 2002 (*Pyramid Rover*) und 2010 (*Djedi*).

Der französische Architekt Jean-Pierre Houdin, der bereits 2007 seine Interne-Rampen-Theorie vorgestellt hatte, präsentierte 2011 eine weitere Theorie. Darin geht er davon aus, dass der unterste zweite Stein von links in der Nordwand der Königinnenkammer einen Zugang zu weiteren Räumen verbirgt. Seine Theorie basiert darauf, dass dieser Stein lastfrei ist, da der darüberliegende Stein ihn komplett überspannt, sodass er relativ einfach herausnehmbar ist, ohne weitere Steine damit zu beeinflussen. Zudem befindet sich dieser Stein genau gegenüber dem Sarkophag und die Dimensionen des Steins reichen aus, um den Sarkophag durch die dann entstehende Lücke zu schieben. Nach Houdins Theorie befindet sich hinter diesem Stein eine kleine

---

[1055] Lehner und Hawass 2017, 489.

[1056] Den Namen *Djedi* hat man übrigens aufgrund einer Legende nach dem weisen Magier Djedi am Hofe des Königs Cheops benannt. Dieser soll mit 110 Jahren dem König seine magischen Kräfte demonstriert haben. Anschließend wollte Cheops von Djedi noch das Geheimnis der Kammern des Thot wissen, was dieser aber nicht preisgab. Er sagte lediglich, dass erst viel später ein anderer Mensch das Geheimnis lüften würde. Diese Geschichte wird im *Papyrus Westcar* erzählt.

Passage, die zu weiteren bisher nicht entdeckten Vorkammern führt, welche Möbel und sonstige Gegenstände für Cheops beherbergen sollen. Die ägyptischen Behörden lehnten den Antrag Houdins für eine Erkundung aber ab. 2011 kündigte Houdin dann zusammen mit den kanadischen Forschern um Prof. Maldague an, die Cheops-Pyramide ein ganzes Jahr lang mittels Infrarot-Thermografie zu durchleuchten. Der Arabische Frühling machte diesen Bemühungen dann allerdings einen Strich durch die Rechnung und es sollten vier Jahre vergehen, bis es zu einer solchen Untersuchung kam.

Am 25. Oktober 2015 wurde unter der Schirmherrschaft des ägyptischen Ministeriums für Nationale Altertümer die *ScanPyramids-Mission*[1057] gestartet, die von der Fakultät für Ingenieurwesen der Universität Kairo und dem französischen Institut HIP (*Heritage, Innovation, Preservation*) initiiert, konzipiert und koordiniert wird. Zum Einsatz kamen dabei: Myon-Radiografie (kosmische Partikel), Infrarot-Thermografie, Fotogrammetrie, Scannen und 3D-Rekonstruktion. Diese nicht-zerstörerischen Technologien wurden von international renommierten Forschern und drei großen Universitäten in Kairo, Quebec City und Nagoya in Japan eingesetzt, um noch nicht bekannte Hohlräume in der Cheops-Pyramide zu suchen. Wissenschaftlicher Leiter der Mission war Prof. Hany Mahfouz Helal[1058].

Mittlerweile wurden im Laufe dieser Mission sogar mehrere, von unabhängigen Wissenschaftsteams, bestätigte Hohlräume gefunden. Ca. 1–2 Meter hinter den Giebelsteinen des Originaleingangs verbirgt sich ein Hohlraum von mindestens 5 Metern Länge. An dieser Stelle wurde schon 1987 von Dormion und Goidin ein Hohlraum in Form eines Ganges postuliert.[1059] Möglicherweise hängt er mit dem riesigen, im Jahr 2017 entdeckten, Hohlraum in 55 bis 70 Meter Höhe – *big void* genannt – zusammen. Die Wissenschaftler vermuten hier eine zweite Große Galerie, zu der der Zugang über den Hohlraum hinter den Giebelsteinen des Originalzugangs liegen könnte. Es ist auffallend, dass der riesige Stein direkt oberhalb des Originaleingangs eine Breite von exakt 7 Königsellen besitzt.[1060] Hier treffen wir wieder auf die Zahl 7[1061], die in der Architektur der Pyramide sehr oft anzutreffen ist und immer auf einen geplanten Wert schließen lässt, nie aber auf Zufall. Die Höhe bis an die Unterseite der darüber liegenden steinernen Giebelbalken beträgt ebenfalls 7 Ellen, sodass dies die Ausmaße in Breite und Höhe des dahinterliegenden Raumes sein könnten. Die Länge lässt sich leider nicht genau ermitteln; gemäß den ausgewerteten Daten der Myonen-Radiografie müssen es aber einige Meter sein.

Im Rahmen dieser Mission wurde noch ein weiterer Hohlraum in etwa 112 Meter Höhe an der Nordostseite der Pyramide, der knapp 30 Meter über dem bekannten Hohlraum (Bobs Kammer) liegt und ein Volumen von 16 m^3 haben soll, gefunden. Damit besitzt er eine vergleichbare Größe wie Bobs Kammer (siehe Kap. 13.4).

Meines Erachtens befindet sich hier eine noch nicht entdeckte Kammer oberhalb der Königskammer in rund 94 Meter Höhe im Zentrum der Pyramide. Von oben ist der Druck bei weitem nicht mehr so groß wie bei der Königskammer in 43 Meter Höhe. Diese Kammer sei im Folgenden als „Geheimkammer" bezeichnet. Es ist gut möglich, dass diese oberste Kammer in ihren Dimensionen noch größer als die Königskammer ist und somit der letzten Ruhestätte des Königs als würdig betrachtet werden kann. Möglicherweise hat die *ScanPyramids-Mission* diese Kammer noch nicht gefunden, da sie im Zentrum der Pyramide liegt und es schwierig ist, dort einen Hohlraum eindeutig zu identifizieren, da dort auch die schon bekannte Königinnenkammer liegt.

[1057] Siehe hierzu die Webseite des Projekts: http://www.scanpyramids.org

[1058] Hany Mahfouz Helal war der ägyptische Minister für Hochschulbildung und Staatsminister für wissenschaftliche Forschung. Helal diente als Kultur- und Wissenschaftskanzler in der ägyptischen Botschaft in Paris. Helal arbeitete als Professor an der Fakultät für Ingenieurwesen der Universität Kairo (1993) und als Leiter der Singor-Universität in Alexandria (Oktober 2004). Er war als Experte für geowissenschaftliche Programme des UNESCO-Regionalbüros in Kairo (1993) und als UNESCO-Berater des *International Laboratory for Scantron*, Jordanien (2002) tätig.

[1059] Dormion und Goidin 1987, 100.

[1060] Dormion 2004, 282.

[1061] In der ägyptischen Zahlensymbolik kommt der Zahl 7 die höchste Bedeutung zu, was auch bei der Göttin Seschat, der Herrin der Schrift durch ihren 7-zackigen Stern auf ihrem Kopf symbolisiert wird. Der Bezug der Zahl 7 zu den sieben mit bloßem Auge erkennbaren beweglichen Himmelsobjekten liegt hier nahe, sowie die Verbindung der Götter zum Kosmos.

Schon der Papyrus Westcar[1062] nährte seit seiner Entdeckung im 19. Jahrhundert die Erwartungen, in der Cheops-Pyramide noch unbekannte Kammern zu finden. In dem Kapitel über Djedi, den Zauberer, steht geschrieben:

"Now, the majesty of the king of Upper and Lower Egypt Khufu, justified spent some time seeking for himself these secret chambers of the sanctuary of Thot in order to make for himself a copy for his tomb." [1063]

In einem Interview, welches Zahi Hawass der Zeitung Al-Ahram Weekly gab, welches dann am 20. Dezember 2018 unter der Überschrift *The madness of the Pharaohs* abgedruckt wurde, nimmt Hawass zu diversen Verschwörungstheorien Stellung. So ist zu lesen:

"Many people today believe that the Sphinx lies on top of evidence about lost civilisations but that the Egyptian authorities and archaeologists are purposefully hiding it. Other groups even go as far as to believe that the Sphinx is 15,000 years old.
None of this is true. We are not hiding anything. There have been many requests from New Age individuals to drill under the Sphinx in order to prove our good intentions that Egypt is not hiding anything. But our answer has always been no, because how would anyone benefit from such drilling?
When the water table began to rise in front of the Sphinx, we bored 32 holes around the statue. Each went down to the solid rock, or about 15 metres underground, until the drilling had shown that the Sphinx sat on solid rock. Nothing is hidden under it.
Therefore, although we see many people who are eager to see what is hidden under the Sphinx, these same people do not want to believe that nothing has been found under it except for four tunnels re-opened for study purposes.
...
Many expeditions have brought radar equipment to see if there is anything hidden under the Sphinx. They also did not find anything. Edgar Cayce, an American clairvoyant, had followers who believed that there was a box hidden under the right paw of the Sphinx. These followers believed that the box contained the science of the lost civilisation of Atlantis, and they got permission from the Egyptian Antiquities Organisation to drill *under the statue.*
The drilling took place near the right paw, and unsurprisingly it found nothing. A team from Waseda University in Japan also used radar to investigate the area around the Sphinx, but this proved to be to no avail. They also drilled under the right paw, but then changed their mind, claiming they needed to drill under the left paw instead.
Let us also not forget that there was a lot of noise in 2000 about archaeological evidence that would allegedly be discovered under the Sphinx. Again, nothing happened.
An American friend of mine once informed me that nine Americans, three ladies and six men, all New Agers who called themselves "psychics", were fascinated with ancient Egypt and had visited the country. They visited the Cairo Museum first and looked at the Old Kingdom objects.
One of them was a lady called Carol Amon. The psychics said that the Stanford Research Institute in the US had claimed that this lady could "break" laser rays with her bare hands. When she

---

[1062] Als *Papyrus Westcar* oder *Westcar-Papyrus* wird eine 1823/24 von Henry Westcar erworbene ägyptische Papyrusrolle bezeichnet. Sie war bis zum Fund des *Wadi al-Jarf-Papyrus* (siehe Kap. 18.8) das bislang älteste erhaltene Dokument, in dem von Zauberern berichtet wird. Die Papyrusrolle befindet sich seit 1886 unter der Bezeichnung Papyrus Berlin 3033 in der Papyrussammlung des Ägyptischen Museums Berlin und wird meist in das späte Mittlere Reich (ca. 1837–1760 v. Chr.) oder in die 13. Dynastie (ca. 1759–1630 v. Chr.) datiert. Der Text des Schriftstücks umfasst insgesamt fünf Erzählungen, von denen die erste nur noch in ihrem Abschluss erhalten ist und die fünfte möglicherweise unvollendet blieb. Die Texte beziehen sich auf den ägyptischen Herrscher Cheops (4. Dynastie, Altes Reich), der sich von seinen Söhnen Berichte über Wunder erzählen lässt, die unter seinen Vorgängern geschehen sein sollen, bis er selbst Zeuge eines Wunders wird.

[1063] Bagnato 2006, 58.

visited special places, she felt connected with them and her soul would fly out of her body leaving her unable to control it, they said.
When this lady stood in front of the Sphinx, she felt re-incarnated and connected with the past. She began to say that she was living in ancient times. The other eight followed her, each claiming to have his or her own miracle to perform. They said that Carol Amon had become unconscious, feeling that she was in the past and producing drawings depicting the construction of the Pyramids and the Sphinx thousands of years ago. Lo and behold, the ancient Egyptians were able to find the drawings and use them to build the Great Pyramid, she said.
An English writer also once described his visit to the Sphinx. He foretold that in November 1999 the sky would be full of shooting stars that would kill anything in the sky as a punishment. According to him, all communication through the air would stop, and the world would not be able to communicate.
However, nothing happened. The writer did not explain the reason for this failure.
Today, we are hearing about a group of Poles and Americans who claim that they will discover material under the Pyramids that can save the world. They are collecting money from people all around the world to do so, but once again they are engaged in deception.
From all this, we can see how many people have created stories that have nothing to do with the truth of the Pharaohs. I call this "Pharaoh madness"." [1064]

Die Ergebnisse zur von Hawass angesprochenen Untersuchung des gestiegenen Grundwasserspiegels unter der Sphinx kann man in dem am 4. Februar 2019 erschienen Artikel *Shallow geophysical techniques to investigate the groundwater table at the Great Pyramids of Giza, Egypt*[1065] nachlesen.

1064 Zeitung *Al-Ahram Weekly*, 20.12.2018.
1065 Sharafeldin, et al. 2019.

15 Eine geheime Kammer oberhalb der Königskammer

Bei meinem Rekonstruktionsversuch der Cheops-Pyramide (siehe Kap. 19) bin ich auf die Spur einer bis dato noch unentdeckten Kammer gestoßen, welche weit oberhalb der Königskammer im Zentrum der Pyramide zu suchen ist. Erstaunlicherweise fand sich eine solche Kammer an der von mir vermuteten Stelle innerhalb der Pyramide in einer Zeichnung aus dem Jahr 1877 von Joseph Seiss.

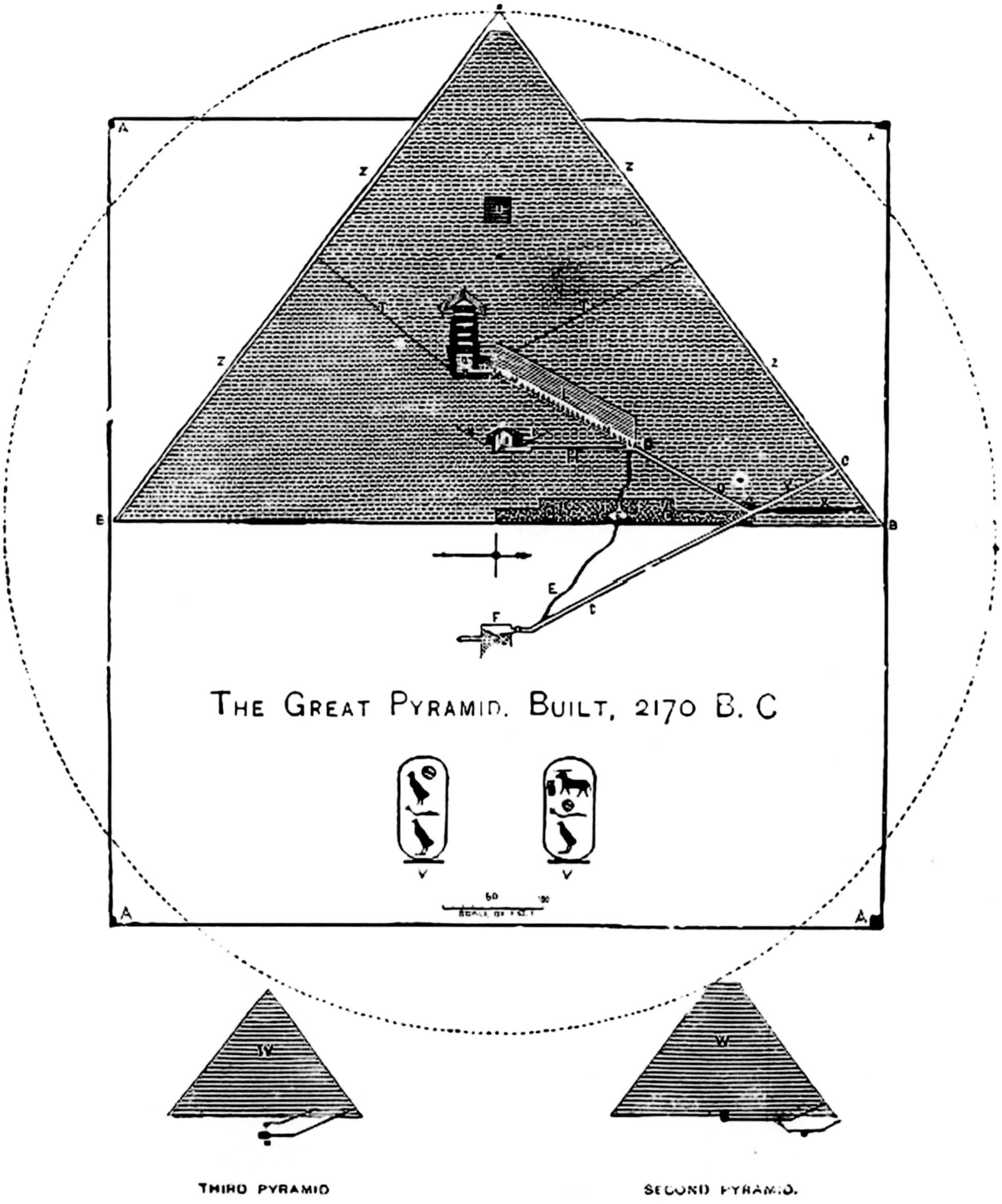

Abb. 142: Plan der Cheops-Pyramide nach Joseph Augustus Seiss, 1877.

Joseph Seiss[1066] stand in der Tradition von John Taylor und Piazzi Smyth, welche ihn stark beeinflusst haben. Sein Buch über die Cheops-Pyramide sieht er aber nur als:

[1066] Joseph Augustus Seiss (* 18.3.1823 in Graceham, Maryland, USA; † 20.6.1904 in Philadelphia, USA) war Theologe.

> *"A brief résumé of the principal facts, to enable those who hear me to form some fair opinion of the matter, is all that I propose, feeling that if I can succeed in this, I shall have done something of worth in making known the wonders of wisdom so long ago treasured up in the Great Pyramid of Gizeh."* [1067]

Die obige Zeichnung, welche später auch John Edgar[1068] für Vorträge benutzt hat, findet sich in seinem 1877 erschienenen Buch *A Miracle in Stone: or The Great Pyramid of Egypt*. Als Anmerkung zu dem Buchstaben „U" in der obersten Kammer schreibt er *"Supposed undiscovered Chamber"*. Dazu schreibt er: *"The piles of ancient rubbish from the building of this pyramid which cover the breast of the hill also add their indications of another chamber of grander materials than the others, and higher up in the edifice."* [1069] Er zitiert nun aus Smyths Werk *Life and work at the Great Pyramid during the months of January, February, March and April A.D. 1865*, wie dieser darauf kam eine noch unentdeckte Kammer weit oben in der Pyramide zu vermuten. Smyth schreibt dazu:

> *"'Now for secrets, 'thought we, as we paced about amongst the deep cuts effected by recent rains in these ancient rubbish heaps; 'for what stray or forgotten or anomalous things may not be discoverable here ?' ...*
> *At last, however, and without going to any extraordinary lengths, we did hit on something rare and strange; it was towards the top of the heap, and just in front of, though at a great distance from, the Pyramids entrance portal: for there, appeared frequent splinters and fragments of green and white, or black and white diorite, exceedingly similar to, if not exactly the same as, the material of the celebrated statue of the Pyramid King at the Boolak Museum.*
> *But the tomb where that marvel of early sculpture was found, lies a long way south-east of the Great Pyramid: and when we asked Alee*[1070] *if the pieces now before us could have come from there, — he answered, 'But who would take the trouble to bring them all that distance, and so*

[1067] Seiss 1877, 37.

[1068] John Edgar (* 12.4.1862 in Blythswood, Glasgow, Schottland; † 9.6.1910 in USA) war der ältere Bruder von Morton Edgar. Er studierte in Glasgow Medizin und wurde 1896 dort Professor, wo er sich im Bereich der Gynäkologie spezialisierte. Er war Mitglied der Königlichen Fakultät der Ärzte und Chirurgen in Glasgow. Sein Vater und seine beiden Schwestern, Eva und Minna, kamen zuerst mit dem Buch von Charles Taze Russell *The Divine Plan of the Ages* in Kontakt. Russell ernannte ihn in seinem Testament zum stellvertretenden Mitglied des fünfköpfigen Redaktionsausschusses des *Watch Tower* (in Deutsch: Wachturm), der Zeitung für die Zeugen Jehovas. Über seine Schwestern und eine Freundin, Sarah Ferrie, kam auch er mit den Ideen von Russell, dem Begründer des *Wachturms* (Juli 1879), und Piazzi Smyth in Kontakt. Im Herbst 1899 vertiefte er dann seine Studien in die Russell'sche Bibelauslegung. Auf einer langen Zugfahrt nach Nord-Schottland las er dann das Buch *The Divine Plan of the Ages* selbst und war sofort davon angetan. Er bezeichnete danach diesen Tag, als den wichtigsten in seinem Leben. Er wurde Mitglied der Internationalen Bibelstudenten in Glasgow. Sein Vater starb im Juni 1903, wo er zum Familienoberhaupt wurde. Anfang 1904 schloss sich sein Bruder Morton mit 19 Jahren den Bibelstudenten an. Im Sommer 1906 besuchte John mit seiner Frau und seiner Schwester Minna die USA und Kanada, wo er viele Vorträge über die Bedeutung der Großen Pyramide hielt. Hier verwendete er auch die Zeichnung aus Abb. 142. Im Sommer 1909 reisten John, seine Frau und seine beiden Söhne Jack und Stanley zusammen mit seinem Bruder Morton nach Palästina und Ägypten, wo sie die Große Pyramide genauer untersuchten. Eine plötzliche und schwere Krankheit brachte dann im Juni 1910 seinen Tod. Das gemeinsam mit seinem Bruder geschriebene Buch *Great Pyramid Passages* befand sich bei seinem Tod gerade im Druck.

[1069] Seiss 1877, 160.

[1070] Ali Gabri (* 1833 in Kairo, Ägypten, † Dezember 1904 in Kairo, Ägypten) war unter Flinders Petrie dessen rechte Hand bei zahl-reichen Ausgrabungen. Petrie hatte ihn 1880 so charakterisiert: *„Charles Piazzi Smyth, Dixon, Watson und Gill sowie ein weiterer Reisender, der mit ihm den Nil hinauffuhr, sind sich einig über seine große Intelligenz, seine gewissenhafte Ehrlichkeit und den Schutz seiner Reisenden vor jeglicher Aufdringlichkeit sowie seine Gentleman- und Kameradschaftlichkeit."* Ein Foto von ihm, kurz bevor er starb, findet sich im Magazin *The Sphinx, Vol. 17, No. 266, 1910, p. 15*, wo auch ein Nachruf auf ihn zu lesen ist. Mit seiner Frau Sara hatte er zwei Söhne, die ihn überlebten, wovon einer, Hadji Ali Gabri, in die Fußstapfen seines Vaters getreten war und Morton Edgar bei dessen Pyramiden-Expedition half. Hadji, so genannt, da er nach Mekka gepilgert war, ist auch auf einer Fotografie von Morton Edgar zu sehen: Edgar und Edgar 1910, Vol. 1, Pl. CII.

high up the hill, and mix them up with the earth here?' and then, shaking his head, he said, 'It was not possible; and besides that, there are too many of them;' and therewith, as he sat on the ground, he looked at all his toes and all his fingers, and at the greater number of the diorite fragments scattered immediately about him, and repeated 'it was impossible.'
'Then where do they come from ?'
Of that he could form no idea, but testified again and again that never had he alighted across a single portion of such diorite forming any part of the structure of the Great Pyramid, or of a single tomb round about it; nor had he ever heard of any vase, figure, or anything made of it being found in them, either below or above ground. That statement he thought settled the case so completely, that after its enunciation he went on quietly passing, as before, his toes in review under his fingers, and looking seriously at a rub which one of them had sustained; but I was compelled to gaze up at the Pyramid, with its vast bulk, and believe that there is another chamber still to be discovered there, and one which will prove, when found, to be the very muniment-room of the whole monument. But how to find it ?
...
Wherefore we will say no more of our one additional expected room, until our linear measures give illustration, approaching to proof, of the idea being founded on fact. Such were my thoughts at the time, and therewith we went back to daily measurings of the passages and their details." [1071]

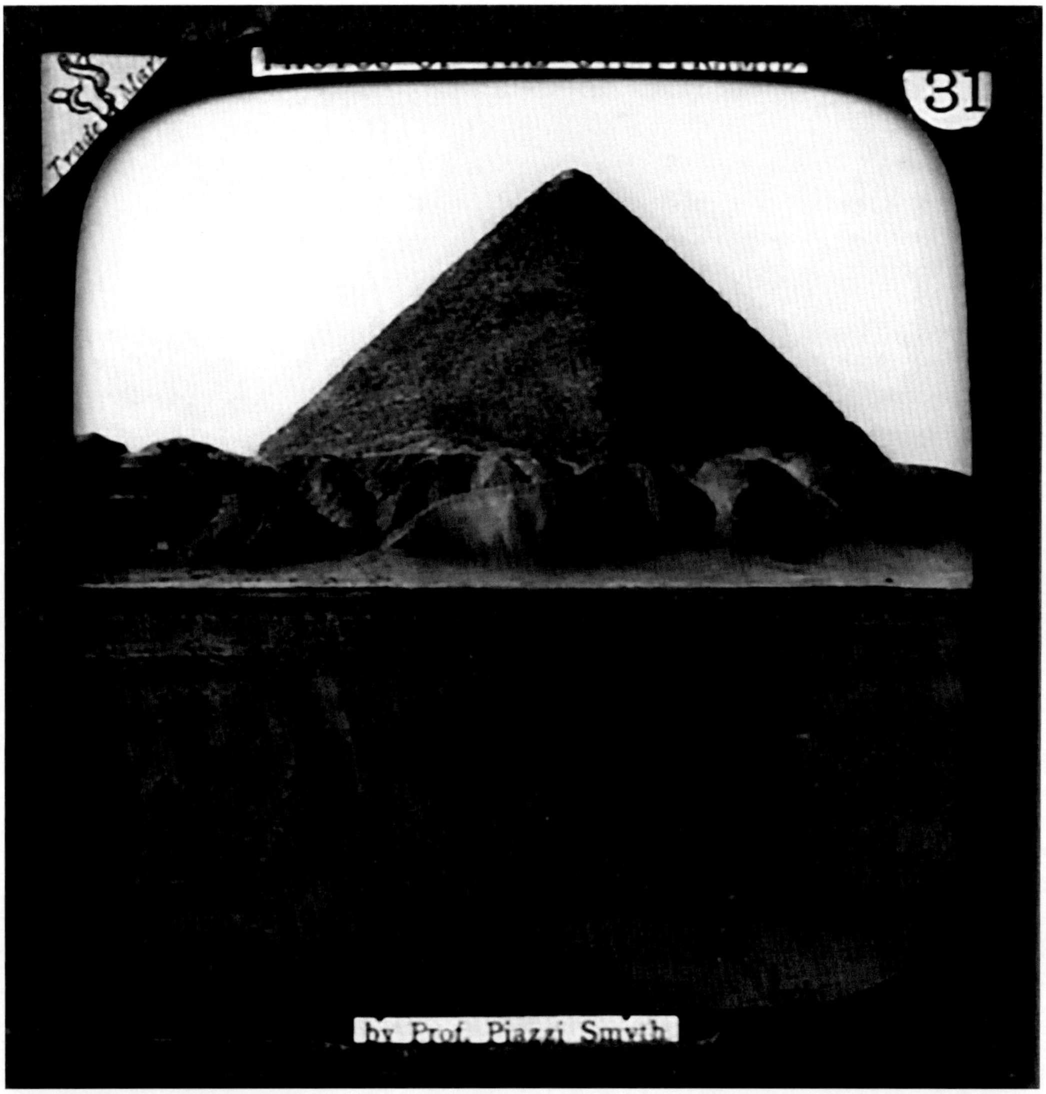

Abb. 143: Die Cheops-Pyramide: Sehr frühe Fotografie von Piazzi Smyth, aufgenommen 1865 mit einer Minikamera.

[1071] Smyth 1867, 187-190.

Abb. 144: Besteigung der Cheops-Pyramide durch Touristen im Jahr 1875 mit Hilfe von Arabern.

Meine grafische Rekonstruktion der Cheops-Pyramide (siehe Kap. 19.10) hat auch eine interessante Eigenschaft der Blockiersteine am Ende der kleinen Schächte der Königinnenkammer ergeben. Sie könnten als grafische Markierungspunkte für die Lage der oberen Geheimkammer gedient haben. Man betrachte hierzu die durch beide Blockiersteine (im Norden und Süden) verlaufenden Linien (siehe Abb. 203). Verschiebt man den Inkreis des Pyramidendreiecks so weit nach oben, dass dessen Unterseite nicht mehr auf der Pyramidenbasis zu liegen kommt, sondern auf Höhe der Königskammer, so schneidet der so verschobene Inkreis den Umkreis um das Pyramidendreieck in zwei sehr markanten Punkten. Denn wenn man diese Schnittpunkte mit der jeweils gegenüberliegenden unteren Pyramidenbasisecke verbindet, verlaufen die Linien durch den jeweiligen Blockierstein und schneiden die Pyramidensenkrechte im Punkt des angenommenen Dachgiebels der Geheimkammer. Die Lage der Geheimkammer ergibt sich aber im Wesentlichen aus den von Flinders Petrie vermessenen Höhenunterschieden zwischen der Nord- und Südseite der Cheops-Pyramide. Immer dort, wo es interne Strukturen gibt, wie etwa Kammern, geht die Abweichung der Gesamthöhe zwischen der Nord- und Südseite auf den jeweiligen Stufen gegen null (siehe Kap. 19.5 und dort speziell Tab. 40).

Ein noch ungelöstes Problem ist die Frage nach den beiden Metallpins in den Blockiersteinen. Ägyptologen mutmaßen, dass sie Haltegriffe waren, um den Stein an seinen Bestimmungsort mit einem entsprechenden Werkzeug zu ziehen. Da die Blockiersteine allerdings von oben her während dem Bauen der Pyramide eingesetzt wurden, ergibt dies keinen Sinn. Die benutzten Metallpins sehen allerdings einem Hieroglyphenzeichen sehr ähnlich, welches die Gardiner-Notation S29 besitzt und phonetisch mit einem „s" transkribiert wird.

Ägyptologen bezeichnen diese Hieroglyphe 𓋴 als „gefaltetes Tuch". Schaut man bei *Großes Handwörterbuch Ägyptisch-Deutsch* von Rainer Hannig unter dem Buchstaben „s" nach, so findet man dort als eine der möglichen Bedeutungen „Kultgerät (aus Gold)". Dies hätte schon einmal einen symbolischen Bezug zu unserem Blockierstein. Die Metallpins sind zwar nicht aus Gold, aber aus Kupfer oder Bronze, was fast den gleichen Farbton wie Gold hat. In jedem ersten Blockierstein – vermutlich ist es eine Kaskade aus drei aufeinanderfolgenden Blockiersteinen, wie dies auch sonst in der Pyramide üblich ist – stecken jedoch zwei dieser umgebogenen Metallpins. Da das Hieroglyphenzeichen S29 den phonetischen Laut „s" besitzt, ergeben zwei sukzessive Zeichen das Wort „ss". Schlägt man nun wieder im Wörterbuch nach, so entdeckt man, dass dieses Wort „Asche", aber auch „eilen" oder „atmen" und „riechen" bedeuten kann. Als Wort „ss" benötigt es meistens noch ein sogenanntes Determinativ-Zeichen, welches die Bedeutung festlegt. Ohne dieses Determinativ-Zeichen bedeutet „ss" in Übersetzung „Asche". Sollte also auf den Blockiersteinen das Wort „Asche" stehen, könnte sich hinter dem letzten der vermutlich drei Blockiersteinen etwas zu Asche Verbranntes befinden. Für eine Urne wäre der Platz selbst zwischen dem ersten und zweiten Blockierstein groß genug. Im Fall für „eilen" wird das Gardiner-Zeichen D54 𓂻 dahinter gestellt. Im Falle von „atmen" und „riechen" wird das Gardiner-Zeichen D20 dahinter gestellt. Da es sich bei den letzten beiden Interpretationen um Verben handelt, die zudem noch ein Determinativ-Zeichen benötigen, ist deren Sinn im Falle der Blockiersteine eher unwahrscheinlich. Somit bleibt bei der Interpretation als Hieroglyphen entweder die Bedeutung: „2 Kultgeräte" oder „Asche" übrig. Da das Altägyptische noch den expliziten Dual kennt, ist es üblich, ein Symbol (Zeichen) zu verdoppeln, wenn man genau zwei davon meint. Für den generellen Plural werden hingegen drei kleine senkrechte Striche benutzt und das Wort erhält zusätzlich meist noch das Gardiner-Zeichen G43 𓅱 (Wachtelküken) oder Z7 𓏲 (gerolltes Seil), welche beide mit dem phonetischen Laut „w" transkribiert werden. So bedeutet das Wort 𓋴𓋴𓅱𓉐, welches mit „ssw" transkribiert wird „Einfriedung". Das letzte Zeichen dieses Wortes mit dem Gardiner-Zeichen O1 steht für „Haus", da es einen einfachen umfriedeten Bereich mit einer Öffnung, dem Eingang, darstellt und steht hier als Determinativ zu dem phonetischen Wert „ssw".

16 Die interne Rampen-Theorie von Jean-Pierre Houdin

Der französische Architekt Jean-Pierre Houdin hat sich viele Jahre mit der Cheops-Pyramide und dessen möglicher Konstruktion beschäftigt. Sein Vater Henri Houdin entwickelte Anfang 1999 die erste Theorie einer inneren Rampe, die spiralförmig gebogen nach oben verlief.[1072] Dabei entwickelte er die sogenannte „Innere Rampen-Theorie", welche davon ausgeht, dass für die Konstruktion der Pyramide innere Rampen eingesetzt wurden. Er ging dabei von einer Steigung von 8 % für die Rampen aus. Jean-Pierre griff die Idee seines Vaters auf und verfeinerte die Idee seines Vaters. Im Gegensatz zu seinem Vater ging er nicht von einer runden Spirale aus, sondern von einem 5 Ellen breiten Gang, der sich entlang der Seiten der Pyramide im Inneren mit 7 % Steigung nach oben wand. An den jeweiligen Ecken der Pyramide musste es dann Vorrichtungen geben, um die Richtung der auf Holzschlitten hochgezogenen Blöcke um 90° zu drehen.

Seine Theorie geht von folgenden drei Prämissen aus:

1. Die Steinblöcke für die unteren Steinschichten wurden mittels kurzer externer Rampen nach oben transportiert.
2. Die größten und schwersten Granit-Blöcke für die Königskammer wurden ebenfalls über äußere Rampen nach oben transportiert, aber nur bis zur Höhe der Königinnenkammer in rund 22 m Höhe. Danach wurden sie mithilfe von Gegengewichten über die Große Galerie[1073] nach oben gezogen.
3. Die kleineren Steinblöcke für die oberen Steinlagen der Pyramide wurden mittels interner Rampen nach oben transportiert.

Jean-Pierre vermutete zuerst, dass die kleine Plattform in rund 83 m Höhe an der Nordostkante der Pyramide für das Drehen der Holzschlitten genutzt worden ist. Wie sich dann später jedoch herausstellte war der Boden dieser Plattform uneben und zudem gab es dahinter einen über 3 m langen und halb so breiten Raum[1074], der sich eindeutig als ursprünglich so konzipiert herausstellte. Durch diese Entdeckung war zwar die ursprünglich vorgeschlagene interne Rampen-Theorie nicht widerlegt, aber auch nicht bestätigt. Falls es dennoch interne Rampen gibt, müssen sie allerdings tiefer in der Pyramide liegen, als ursprünglich angenommen. Aufgrund der Ausmaße (ca. 4 × 4 m) der Plattform in 83 m Höhe und dem dahinter liegenden Hohlraum geht hervor, dass eine interne Rampe mindestens 7 m hinter der ursprünglichen Außenverkleidung der Pyramide verlaufen musste. Die innere Rampe sollte direkt hinter der von Bob Brier 2008 wiederentdeckten Kammer in rund 83 m Höhe (siehe Kap. 13.4) an der Nordostecke verlaufen und ebenso nach einem weiteren Umlauf den in 105 m Höhe mittels Myonen-Detektoren im Rahmen der *ScanPyramids-Mission* entdeckten weiteren Hohlraum passieren. Eine Sondierungsbohrung in der Kammer in 83 m Höhe war jedoch wegen einer fehlenden Genehmigung des ägyptischen Antikenministeriums unmöglich, um seine Theorie zu bestätigen. Dies bleibt ein Anliegen für die Zukunft.

Bezüglich interner Rampen hegt Jean-Pierre jedoch noch eine weitere Vermutung. Bereits 1986 starteten die beiden Franzosen Gilles Dormion, ein Design-Techniker, und Jean-Patrice Goidin, ein Architekt, ein Projekt zur exakten Vermessung der Cheops-Pyramide. Nachdem sie aufgrund guter Beziehungen zum ägyptischen Antikenministerium die Genehmigung dafür erhalten hatten, stellten sie ein Team von Wissenschaftlern zusammen unter dem Namen « *Opération Khéops* ». Darunter befanden sich auch Spezialisten für Mikrogravimetrie. Mittels dieser speziellen Messtechnik wollten sie die Pyramide auf Hohlräume untersuchen. Dabei entdeckten sie westlich des horizontalen Gangs zur Königinnenkammer eine Besonderheit. Hier wurden Steinblöcke gleicher Größe nämlich in einem bestimmten Bereich des Gangs direkt übereinandergelegt, sodass die Fugen wie ein Raster aussahen. Deshalb vermuteten sie, dass dahinter sich etwas verbergen müsse. Mikrogravimetrische Messungen lieferten dann auch die Bestätigung dafür. Aufgrund dieser Ergebnisse erhielten die Forscher die Erlaubnis für drei Bohrungen. Die ersten beiden verliefen ergebnislos, aber die dritte Bohrung stieß auf einen mit Sand gefüllten Hohlraum. Anfang 1987 untersuchte ein japanisches Team von der Waseda-Universität mittels Bodenradar die Pyramide auf Hohlräume. Dabei bestätigte das Team den Fund eines parallel zum horizontalen Gang verlaufenden Hohlraums ca. 1,5 m unter diesem. Zudem untersuchte das Team den in diesem Hohlraum gefundenen Sand. Zur großen Verwunderung stellte sich heraus, dass der benutzte Sand aufgrund seiner Zusammensetzung nicht dem Sand des Gizeh-Plateaus entsprach

[1072] Brier und Houdin 2008, 127-128.

[1073] Brier und Houdin 2008, 93 ff.

[1074] Manchmal wird der Raum auch mit den Maßen 3 × 3 m angegeben.

(siehe Kap. 14.4). Warum man also dafür importierten Sand benutzte ist noch unklar. Den Japanern wurde es jedoch nicht erlaubt weitere Löcher in den horizontalen Gang zu bohren, um weitere Erkenntnisse zu gewinnen.

Houdin hielt jedoch diese Entdeckung der 1980'er Jahre für einen weiteren Beleg seiner internen Rampen-Theorie, indem er vermutet, dass die beiden Franzosen 1986 ohne es zu wissen auf die interne Rampe gestoßen sind.[1075]

Sollte dies stimmen, so müsste die interne Rampe aber viel weiter im Inneren der Pyramide verlaufen, als von Houdin angenommen. Warum sollte die innere Rampe aber mit importiertem Sand aufgefüllt worden sein? Eine Möglichkeit wäre zur Stabilisierung. Da die Rampe aber für den Bau bis nach oben immer in Betrieb gewesen wäre, müsste sie auch ohne Sandauffüllung genügend Stabilität besessen haben. Das kann also der Grund nicht sein. Wollte man hingegen die Benutzung der Rampe durch Auffüllen von Sand für mögliche Grabräuber unbrauchbar machen, so stellt sich die Frage, wie die Verfüllung vonstattengegangen sein soll. Da die gesamte Rampenlänge deutlich länger als ein Kilometer war, hätte man dafür sehr viel Sand benötigt. Dann ist es aber völlig unlogisch Sand erst zu importieren, wo er lokal doch vor der Pyramide reichlich vorhanden war. Eine plausible Antwort darauf kann derzeit nicht gegeben werden.

Betrachten wir uns nun einmal den Steigungswinkel von 7 %, den Houdin vorschlägt. Dieser Winkel entspricht genau 4° Neigung. Für unser Empfinden ist das ein glatter Wert. Für die alten Ägypter aber, die unsere Gradrechnung nicht kannten, war das kein glatter Wert. Gemäß ihrer *Seked*-(Rücksprung)-Technik entspräche das einer Steigung von 1,96 Finger auf eine Elle. Da ist es doch viel wahrscheinlicher, dass die Ägypter eine Steigung von 2 Finger auf eine Elle als Winkel benutzt haben. Dies entspricht etwa 7,14 %. Visuell unterscheidet sich das nicht wirklich sichtbar von 7 % Steigung. Betrachten wir also damit einmal einige Rampen-Szenarien.

Zuerst betrachten wir den Fall, dass die interne Rampe weitestgehend außen an der Pyramide entlangläuft. Aufgrund des außen gefundenen Hohlraums in 83 m Höhe sollte der Gang daher mindestens 7 m von der Pyramidenaußenseite entfernt sein. Wichtig ist auch die Startposition der Rampe. Houdin sieht dessen Beginn an der Südostseite gelegen an. Weiterhin nimmt er eine kleine Außenrampe an.

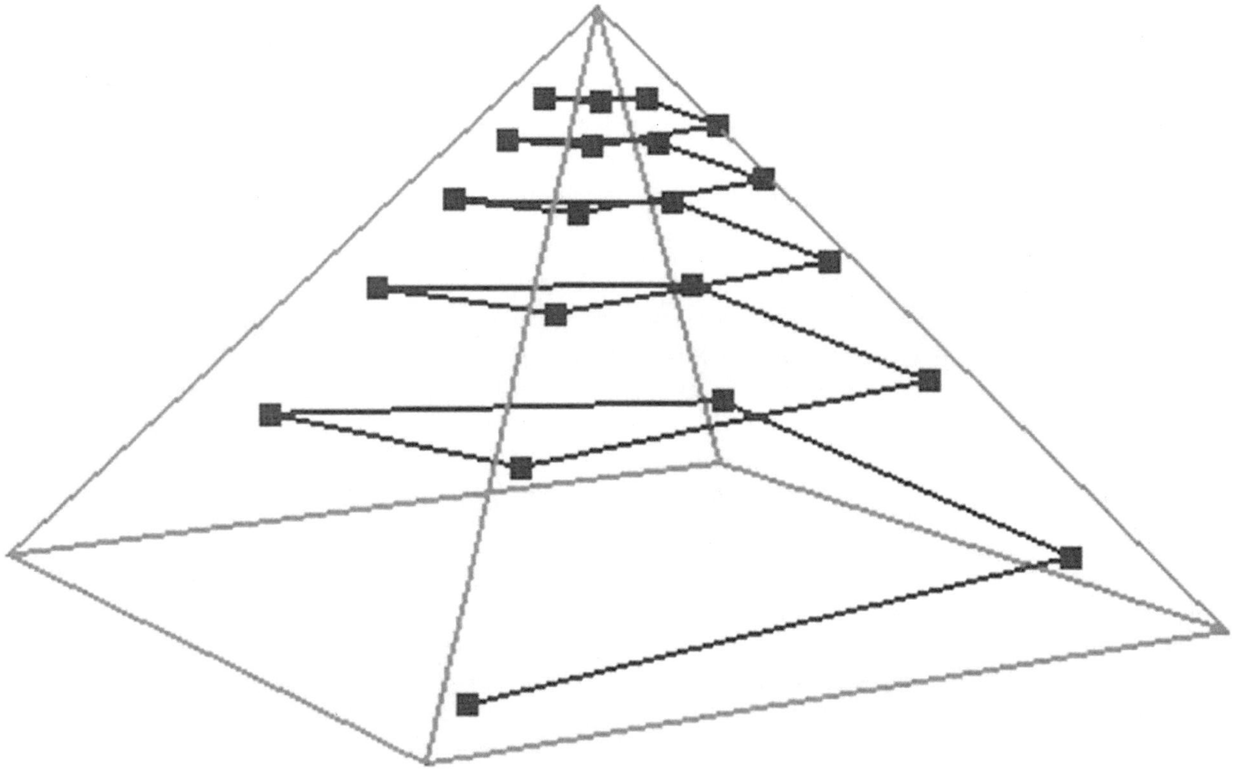

Abb. 145: Cheops-Pyramide mit einer internen Rampe nach Jean-Pierre Houdin.

[1075] Brier und Houdin 2008, 90.

Startposition	Rampenabstand	Pyramidenhöhe	Seitenlänge	Rampenstrecke	Höhenzunahme	Zielhöhe
Südost	24,47	3,94	224,19	175,26	13,06	17,00
Nordost	22,23	17,00	203,67	159,22	11,86	28,86
Nordwest	20,19	28,86	185,03	144,65	10,78	39,64
Südwest	18,34	39,64	168,10	131,41	9,79	49,43
Südost	16,67	49,43	152,72	119,38	8,89	58,32
Nordost	15,14	58,32	138,74	108,46	8,08	66,40
Nordwest	13,76	66,40	126,04	98,53	7,34	73,74
Südwest	12,50	73,74	114,51	89,51	6,67	80,41
Südost	11,35	80,41	104,03	81,32	6,06	86,47
Nordost	10,31	86,47	94,51	73,88	5,50	91,97
Nordwest	9,37	91,97	85,86	67,12	5,00	96,97
Südwest	8,51	96,97	78,00	60,98	4,54	101,51
Südost	7,73	101,51	70,86	55,40	4,13	105,64
Nordost	7,03	105,64	64,38	50,33	3,75	109,39
Nordwest	6,38	109,39	58,48	45,72	3,41	112,80
Südwest	5,80	112,80	53,13	41,54	3,09	115,89
Südost	5,27	115,89	48,27	37,73	2,81	118,70
Nordost	4,79	118,70	43,85	34,28	2,55	121,26
Nordwest	4,35	121,26	39,84	31,14	2,32	123,58
Südwest	3,95	123,58	36,19	28,29	2,11	125,68
Südost	3,59	125,68	32,88	25,70	1,91	127,60

Tab. 2: Daten zur internen Rampe nach Jean-Pierre Houdin.

Houdin gibt für sein Rampenmodell an, dass die erste Rampenstrecke 575 Fuß (≈ 175,26 m) lang ist und die Länge nach 14 Kehren noch 150 Fuß (≈ 45,72 m) beträgt. Als Steigung der Rampe gibt er ungefähr 7 % an. Zudem nimmt er als Ausgangspunkt der Rampe die Südostecke der Pyramide an. Die Höhe der kleinen Außenrampe gibt er nicht explizit an. Zur Simulation wurde deshalb angenommen, dass sie mit Beginn der 4. Steinlage in 3,94 m Höhe endet. Um eine Rampenstrecke bezogen auf die x-Achse von 175,26 m zu erhalten, muss man den ersten Rampenabstand mit 24,47 m auf jeder Seite definieren, da die Seitenlänge der Pyramide in 3,94 m Höhe 224,19 m beträgt. Die Geometrie der Cheops-Pyramide ist so definiert, dass pro Höhenmeter die Seitenlänge um 1,5714 m abnimmt.[1076] Berücksichtigt man dieses Verhältnis für eine gleichförmige Abnahme der Rampenabstände von der Außenseite der Pyramide und wählt dann die Steigung so, dass nach 14 Kehren die Rampenstrecke noch 45,72 m beträgt, so muss der Steigungswinkel 7,45° betragen, was einer Steigung von 13 % entspricht.

Betrachten wir uns nun in Houdins Modell die jeweils erreichten Zielhöhen. Es fällt auf, dass nach der ersten Rampenlänge diese in 17 m Höhe, also genau auf Höhe des Originaleingangs, ihre erste Kehre an der Nordostecke in Richtung Nordwestecke hat. Damit ist sichergestellt, dass der Eingangsbereich von der internen Rampe nicht tangiert wird. Bei der 9. Kehre erreicht die Rampe an der Nordostecke eine Höhe von 86,47 m. An dieser Ecke liegt aber auch Bobs Kammer (bzw. C2). Ihr innerster Eckpunkt liegt ca. 7,5 m im Inneren der Pyramide. Berücksichtigt man dies, so hat die Rampe nach Houdin dort eine Höhe von 85,9 m. Da die Kammer knapp 2,4 m hoch ist, würde die Rampe an dieser Stelle nur 0,5 m oberhalb der Kammer verlaufen, aber über 4 m weiter im Inneren der Pyramide. Nach weiteren vier Kehren befindet sich die Rampe dann wieder an der Nordostecke in einer Höhe von 105,64 m, diesmal aber nur in gut 7 m Abstand von der Pyramidenaußenseite. Die Kammer C1, welche dort auf einer Höhe von ca. 105 m liegen und etwa die gleichen Ausmaße wie die Kammer C2 haben soll, müsste dann mit der internen Rampe direkt in Verbindung stehen. Ein Eindringen in diese Kammer von außen würde damit Aufschluss geben, ob die Parameter für die interne Rampe richtig gewählt wurden. Wäre keine Verbindung zu einer internen Rampe von dort aus nachweisbar, so würde dies nicht generell gegen eine interne Rampen-Theorie sprechen, sondern nur gegen die von Houdin gewählten Parameter. Die Gesamtlänge dieser Rampe läge bei 1.659,85 m, also etwa 1 Meile.

1076 Dieser Wert weicht nur um 0,000632... von $\pi/2$ ab.

Betrachten wir uns eine Rampen-Simulation, bei der die Rampenlänge maximiert ist und die Steigung das ägyptische Maß 2 Finger auf 1 Elle (= 28 Finger), was 7,14 % entspricht, hat. Als minimalen Abstand von der Außenseite, nicht der heutigen, sondern der Oberfläche der jetzt fehlenden Verkleidungssteine, setzen wir dafür 5 m an. Die kleine Außenrampe bis zur Höhe des Beginns der 4. Steinlage lassen wir an der Südostseite bestehen. Damit ergibt sich folgendes Bild:

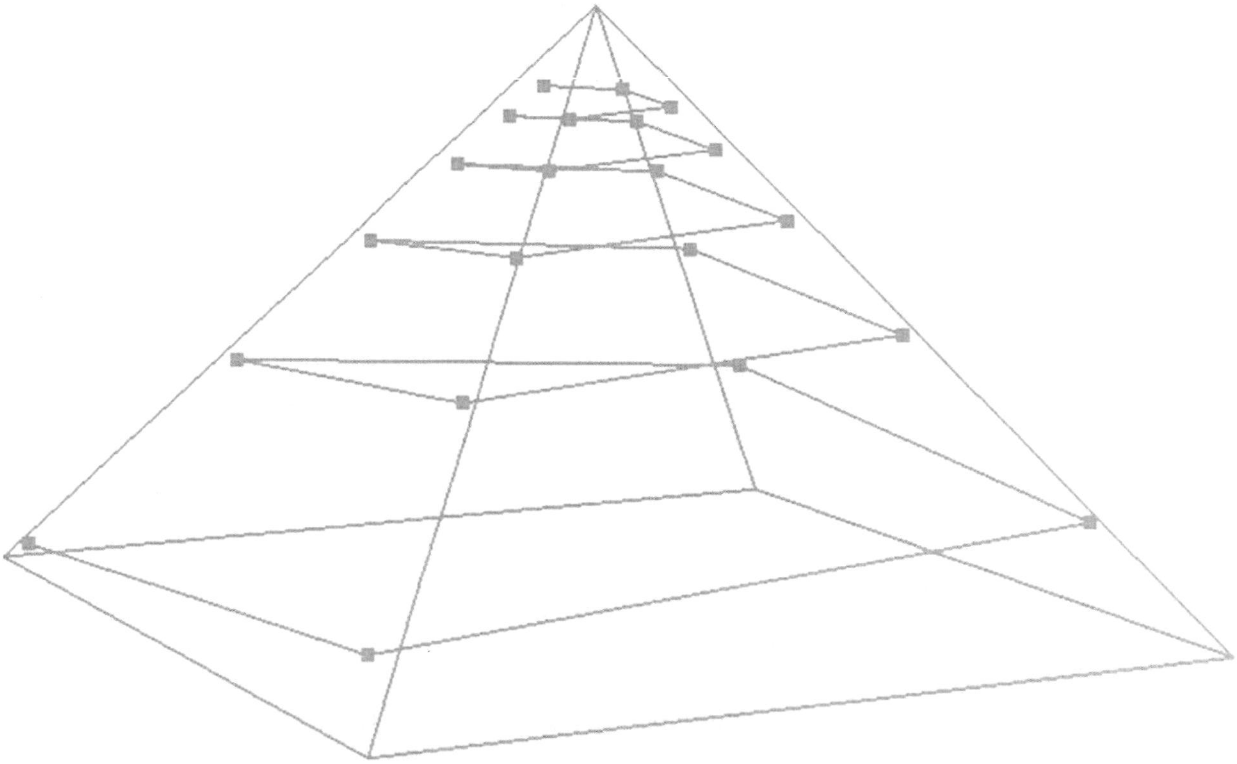

Abb. 146: Interne Rampe mit maximaler Rampenlänge.

Startposition	Rampenabstand	Pyramidenhöhe	Seitenlänge	Rampenstrecke	Höhenzunahme	Zielhöhe
Südost	5,00	3,94	224,19	214,19	15,30	19,24
Nordost	5,00	19,24	200,15	190,15	13,58	32,82
Nordwest	5,00	32,82	178,81	168,81	12,06	44,88
Südwest	5,00	44,88	159,86	149,86	10,70	55,58
Südost	5,00	55,58	143,04	133,04	9,50	65,09
Nordost	5,00	65,09	128,11	118,11	8,44	73,52
Nordwest	5,00	73,52	114,85	104,85	7,49	81,01
Südwest	5,00	81,01	103,08	93,08	6,65	87,66
Südost	5,00	87,66	92,63	82,63	5,90	93,56
Nordost	5,00	93,56	83,36	73,36	5,24	98,80
Nordwest	5,00	98,80	75,12	65,12	4,65	103,45
Südwest	5,00	103,45	67,81	57,81	4,13	107,58
Südost	5,00	107,58	61,32	51,32	3,67	111,25
Nordost	5,00	111,25	55,56	45,56	3,25	114,50
Nordwest	5,00	114,50	50,45	40,45	2,89	117,39
Südwest	5,00	117,39	45,91	35,91	2,56	119,96
Südost	5,00	119,96	41,88	31,88	2,28	122,24
Nordost	5,00	122,24	38,30	28,30	2,02	124,26
Nordwest	5,00	124,26	35,12	25,12	1,79	126,05
Südwest	5,00	126,05	32,30	22,30	1,59	127,64
Südost	5,00	127,64	29,80	19,80	1,41	129,06

Tab. 3: Daten zur internen Rampe mit minimalen Rampenabständen.

Die Streckenlängen der Rampen zu Beginn sind nun natürlich größer als bei den Annahmen von Houdin, aber aufgrund der schneller steigenden Höhe pro Kehre ist die Strecke nach der 14. Kehre über 5 m kürzer als in Houdins Modell. Ein weiterer Unterschied besteht auch darin, dass der Rampenabstand von der Außenseite immer konstant ist. Nach 21 Kehren beträgt die erreichte Höhe 129,06 m während die Höhenzunahme auf 1,41 m pro Rampenseite geschrumpft ist. In Houdins Modell lag die erreichte Höhe bei 127,60 m und die letzte Höhenzunahme noch 1,91 m. Genau wie Houdins Modell liefert auch das Modell mit den minimalen Rampenabständen keine Kollisionspunkte mit den neu entdeckten äußeren Kammern C1 und C2 oder dem Originaleingang. Die Gesamtlänge dieser Rampe läge bei 1.751,66 m.

Betrachten wir uns jetzt eine Simulation einer internen Rampe, die erst ab der Höhe der 25. Steinlage, also dem Boden der Königinnenkammer, beginnt.

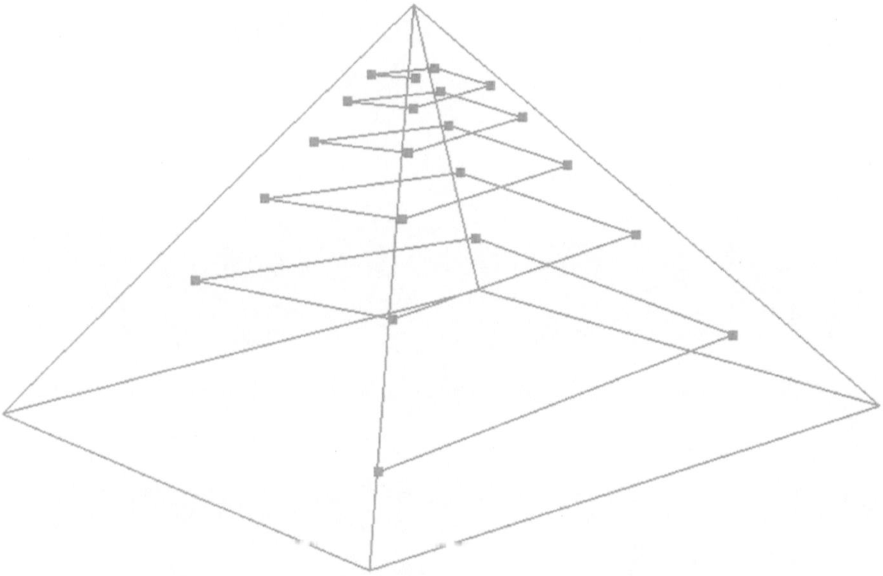

Abb. 147: Interne Rampe ab Höhe der Königinnenkammer (25. Steinlage).

Startposition	Rampenab-stand	Pyramiden-höhe	Seitenlänge	Rampenstrecke	Höhenzunahme	Zielhöhe
Südost	19,05	22,40	195,18	157,08	11,22	33,62
Nordost	17,33	33,62	177,55	142,89	10,21	43,83
Nordwest	15,77	43,83	161,51	129,98	9,28	53,11
Südwest	14,34	53,11	146,92	118,24	8,45	61,56
Südost	13,05	61,56	133,65	107,56	7,68	69,24
Nordost	11,87	69,24	121,58	97,84	6,99	76,23
Nordwest	10,80	76,23	110,60	89,01	6,36	82,59
Südwest	9,82	82,59	100,61	80,97	5,78	88,37
Südost	8,93	88,37	91,52	73,65	5,26	93,63
Nordost	8,13	93,63	83,25	67,00	4,79	98,42
Nordwest	7,39	98,42	75,73	60,95	4,35	102,77
Südwest	6,72	102,77	68,89	55,44	3,96	106,73
Südost	6,12	106,73	62,67	50,43	3,60	110,33
Nordost	5,56	110,33	57,01	45,88	3,28	113,61
Nordwest	5,06	113,61	51,86	41,73	2,98	116,59
Südwest	4,60	116,59	47,17	37,96	2,71	119,30
Südost	4,19	119,30	42,91	34,53	2,47	121,77
Nordost	3,81	121,77	39,03	31,41	2,24	124,01
Nordwest	3,47	124,01	35,51	28,58	2,04	126,05
Südwest	3,15	126,05	32,30	26,00	1,86	127,91
Südost	2,87	127,91	29,38	23,65	1,69	129,60

Tab. 4: Daten für eine interne Rampe ab Höhe der Königinnenkammer.

Für die obige Simulation wurde eine Länge der ersten Rampe ab der 25. Steinlage von 300 Königsellen (≈ 157,08 m) gewählt und als Steigung wieder 7,14 %. Die Rampenabstände sind vergleichbar wie bei der ersten Simulation mit den Daten von Houdin. Nach 21 Kehren der Rampe wird eine Pyramidenhöhe von 129,60 m erreicht, wobei die letzte Rampe nur noch einen Höhengewinn von 1,69 m gebracht hat. Spätestens ab da ergibt eine weitere innere Rampe keinen Sinn mehr. Für die restliche Höhe wird man sich etwas anderes ausgedacht haben. Im Nordosten würde diese Rampe mit 93,63 m gut 10 m über dem Raum C2 liegen und mit 110,33 m knapp 2 m unter dem Hohlraum C1 in ca. 112 m Höhe. Die letzte Kehre wäre dabei übrigens nur noch 2,87 m von der Pyramidenaußenseite entfernt. Die Rampengesamtlänge läge hier bei 1.500,78 m.

Abschließend noch eine Simulation einer internen Rampe, welche erst ab Höhe der Königskammer in 43 m Höhe beginnt.

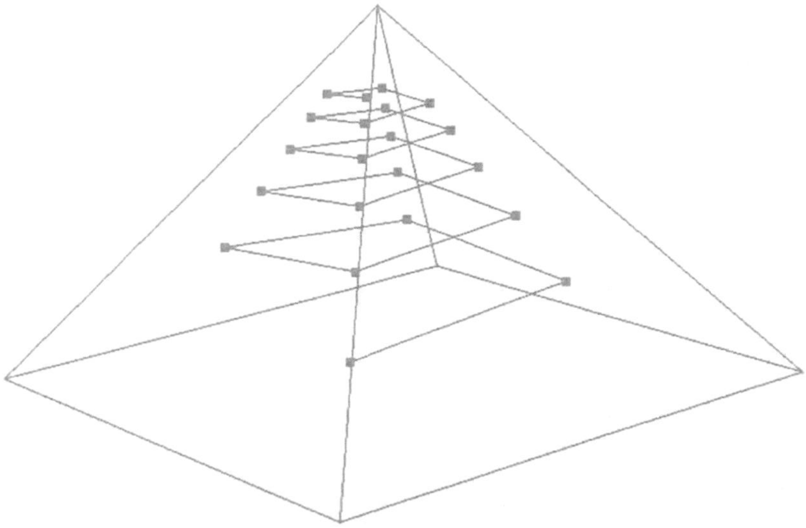

Abb. 148: Interne Rampe ab Höhe der Königskammer (50. Steinlage).

Startposition	Rampenabstand	Pyramidenhöhe	Seitenlänge	Rampenstrecke	Höhenzunahme	Zielhöhe
Südost	29,05	43,00	162,81	104,72	7,48	50,48
Nordost	26,95	50,48	151,06	97,16	6,94	57,42
Nordwest	25,00	57,42	140,15	90,15	6,44	63,86
Südwest	23,20	63,86	130,03	83,64	5,97	69,83
Südost	21,52	69,83	120,65	77,60	5,54	75,38
Nordost	19,97	75,38	111,94	72,00	5,14	80,52
Nordwest	18,53	80,52	103,86	66,80	4,77	85,29
Südwest	17,19	85,29	96,36	61,98	4,43	89,72
Südost	15,95	89,72	89,40	57,50	4,11	93,82
Nordost	14,80	93,82	82,95	53,35	3,81	97,63
Nordwest	13,73	97,63	76,96	49,50	3,54	101,17
Südwest	12,74	101,17	71,40	45,93	3,28	104,45
Südost	11,82	104,45	66,25	42,61	3,04	107,49
Nordost	10,97	107,49	61,46	39,53	2,82	110,32
Nordwest	10,17	110,32	57,03	36,68	2,62	112,94
Südwest	9,44	112,94	52,91	34,03	2,43	115,37
Südost	8,76	115,37	49,09	31,57	2,26	117,62
Nordost	8,13	117,62	45,55	29,29	2,09	119,72
Nordwest	7,54	119,72	42,26	27,18	1,94	121,66
Südwest	6,99	121,66	39,21	25,22	1,80	123,46
Südost	6,49	123,46	36,38	23,40	1,67	125,13

Tab. 5: Daten für eine interne Rampe ab Höhe der Königskammer.

Für die obige Simulation wurde eine Länge der ersten Rampe ab der 50. Steinlage von 200 Königsellen (≈ 104,72 m) gewählt und als Steigung wieder 7,14 %. Die Rampenabstände sind vergleichbar wie bei der vorherigen Simulation mit den Daten von Houdin. Nach 21 Kehren der Rampe wird eine Pyramidenhöhe von 125,13 m erreicht, wobei die letzte Rampe nur noch einen Höhengewinn von 1,67 m gebracht hat. Spätestens ab da ergibt eine weitere innere Rampe keinen Sinn mehr. Für die restliche Höhe wird man sich etwas anderes ausgedacht haben. Im Nordosten würde diese Rampe mit 93,82 m gut 10 m über dem Raum C2 liegen und mit 107,49 m rund 2,5 m über dem Die letzte Kehre wäre dabei immerhin noch 6,5 m von der Pyramidenaußenseite entfernt. Die Rampengesamtlänge läge hier bei 1.149,84 m.

Zusammenfassend kann man über die Simulation verschiedener interner Rampenmodelle folgendes sagen:

- Ein Modell mit internen Rampen wird spätestens ab einer Gesamthöhe der Cheops-Pyramide von 128 bis 130 m unrentabel, da der Höhenzugewinn pro Rampenlänge dann zu gering ausfällt.
- Eine Maximierung der Streckenlänge pro Pyramidenseite bringt für das Erreichen einer möglichst großen Höhe, unter Beibehaltung der Prämisse, dass pro Rampenstrecke mindestens 1,57 m oder 3 Ellen an Höhe zu überwinden sind, keinen Vorteil, da auch hier ab einer Höhe von unter 130 m der weitere Höhenzuwachs pro Rampenstrecke auf einer Pyramidenseite unter diesen Wert sinkt. Einziger Vorteil bleibt hier, dass man insgesamt weniger Kehren benötigt, um diese Höhe zu erreichen.
- Das Vermeiden bestimmter interner Stellen, wie z. B. äußere Kammern, bedarf einer genauen Planung der Rampe im Voraus.
- Die Geometrie einer internen Rampe hängt von vielen Faktoren ab und nicht nur vom Steigungswinkel. Auch der Rampenabstand zur Außenseite spielt eine Rolle, da sich der Schlitten mit Seilen nicht ohne größere Probleme um 90° Ecken ziehen lässt. Je mehr Personen einen Schlitten ziehen müssen, umso breiter müsste die interne Rampe sein, um die Strecke zwischen den vordersten Seilziehern und dem Schlitten nicht zu groß werden zu lassen. Im freien Gelände mag dies kein Problem darstellen, wohl aber auf einer Rampe im Inneren der Pyramide. Je breiter aber eine Rampe ist, umso größer der Hohlraum, den sie darstellt, und umso größer der Druck von oben, der auf ihr lastet. Deshalb ist es sinnvoll Maßnahmen zur Druckentlastung vorzunehmen. Houdin hat dafür eine Konstruktion vorgeschlagen, die der Großen Galerie entspricht, da sich diese Bauweise bewährt hat. Die Mindesthöhe einer internen Rampe sollte so hoch sein, dass alle Arbeiter darin aufrecht stehen können. Durch das Vorbeugen beim Ziehen des Schlittens kann die Höhe an den Seiten der Rampe etwas geringer ausfallen. Eine Mindesthöhe von 3 Ellen (≈ 1,57 m) vor einer Verkleinerung der Breite nach oben ist aber sicherlich ein vernünftiger Wert, damit die Arbeiter effizient den Schlitten hochziehen können. Als Breite macht sicherlich ein Wert von 5 Ellen (≈ 2,62 m) Sinn.
- Der Steigungswinkel einer internen Rampe hängt unter anderem davon ab, mit welcher Anzahl an Personen ein Steinblock auf einem Holzschlitten nach oben gezogen werden kann. Hierbei ist noch zu berücksichtigen, dass der Schlitten möglichst nicht von alleine nach unten wegrutscht, um Unfälle und Beschädigungen der Rampe zu vermeiden. Dafür hat sich mittels moderner Versuche ein Wert von 7–8 % Steigung als Maximalwert herauskristallisiert. Ein Winkel mit einer Steigung von 2 Fingerbreit auf eine Elle, was 7,14 % entspricht, ist ein plausibler Wert für den optimalen Neigungswinkel einer Rampe. Dies gilt auch für äußere Rampen.
- Der Transport der Decken- und Giebelsteine der Königskammer, mit einem Gewicht von rund 60 Tonnen auf eine Höhe von 43 bis 60 m, erscheint über eine interne Rampe fragwürdig. Diese gewaltigen Steinquader wurden vermutlich bis zur Höhe der Königinnenkammer mittels einer äußeren Rampe transportiert. Eine äußere Rampe mit einem Steigungswinkel von 7,14 % wäre 600 Ellen (≈ 314,16 m) lang gewesen, um die Höhe der Königinnenkammer zu erreichen. Ein Blick auf das Gizeh-Plateau zeigt, an welchen Seiten eine Rampe dieser Länge möglich gewesen wäre. In Norden und Osten fällt das Plateau zu schnell zu steil ab, als dass hier eine solche Rampe hätte errichtet werden können. Es bleiben also noch die West- und Südseite übrig. Eine Rampe von Süden her wäre zwar möglich, aber deutlich schlechter, da das Gelände hier stetig abfällt und in 314 m Entfernung bereits 10 m tiefer als die Basis der Pyramide liegt. Auf der Westseite der Pyramide steigt das Gelände an, sodass dies für eine Rampe optimal ist, da sie dadurch für die untersten Steinschichten der Pyramide zuerst nach unten statt nach oben führt. In 314 m Abstand zur Außenseite der Pyramide ist das Gelände 72–73 m hoch. Die Basis der Pyramide liegt auf einer Höhe von 60 m. Dadurch benötigt man aber keine so lange Rampe. Eine Rampe von 400 Ellen Länge (≈ 209,44 m) würde bei der angenommenen Steigung

von 7,14 % einen Höhengewinn von rund 15 m bedingen. Da das Terrain westlich der Pyramide in dieser Entfernung zwischen 68 und 69 m hoch liegt, würde also eine Rampe dieser Länge voll ausreichen. Die Rampe würde dann in Höhe der Mitte der Chephren-Pyramide rund 350 m nördlich von dieser beginnen. Für die ersten 15 Volumenprozent der Pyramide könnten dann die Steine über diese Rampe nach unten befördert worden sein. Für die nächsten 19 Volumenprozente würden die Steine dann über die Rampe nach oben gezogen werden. Ein gutes Drittel des Bauvolumens der Pyramide würde also über diese äußere Rampe transportiert. Von da an könnten sie mittels einer Konstruktion von Gegengewichten über die ab hier entstehende Große Galerie nach oben gezogen worden sein, wie Houdin das in seiner Theorie vorschlägt. Man kann sich nun aber auch eine äußere Rampe auf der Westseite vorstellen, auf der das Material bis zur Höhe der Königskammer transportiert wurde. Aufgrund des Terrains müsste diese Rampe dann nur 700 Ellen (≈ 366,52 m) lang sein, da in dieser Entfernung von der Westseite der Pyramide die Höhe des Geländes bei 77 m liegt. Die Rampe hätte dann nur etwas weiter westlich der Westseite der Chephren-Pyramide begonnen. Der Höhengewinn dieser Rampe betrüge dann 26,18 m. Damit läge also die Gesamthöhe der Rampe auf 43,18 m. Die Königskammer befindet sich auf 43 m Höhe. Dies stellt meines Erachtens die plausibelste Erklärung für den Bau dar, da bis zu dieser Höhe alle schweren Steine über eine äußere Rampe transportiert werden können. Die Entlastungskammern können dann mittels kleiner Rampen auf der Pyramidenfläche errichtet worden sein. Zudem sind auf Höhe der Königskammer mit rund 58 % mehr als die Hälfte des gesamten Materials der Pyramide verbaut.

17 Das Pyramidion von Snofru 's Roter Pyramide

Das Pyramidion der Roten Pyramide fand Stadelmann 1982 im Schutt von Dahschur etwa 150 m vor der Ostseite der Roten Pyramide in Form von zerbrochenen Fragmenten. Er hat es wieder zusammensetzten und restaurieren lassen.

Abb. 149: Pyramidion der Roten Pyramide in Dahschur. Aufnahme vor der Restauration 2005.

Irgendwann vor dem 18. Jahrhundert scheint das Pyramidion noch an seinem ursprünglichen Platz gewesen zu sein, wie folgendes Zitat von Aloys Hirt[1077] belegt:

„Eine der größeren Pyramiden bei Saccara hat von oben eine Art von besonderem Pyramidion, wie die Obelisken." [1078]

Wann es von oben herabgestürzt wurde, ist nicht bekannt. Als der Engländer Richard Pococke 1737 die Pyramiden von Dahschur besichtigt und vermessen hat, war das Pyramidion jedenfalls schon nicht mehr existent, da er von einem oberen Plateau spricht, welches die Maße 20 × 15 Fuß (≈ 6,10 m × 4,57 m) besitzt.[1079] Zudem zählt er 156 Stufen, jeweils 2 bis 3 Fuß hoch, bis zum oberen Plateau, für welches er eine Höhe von 345 Fuß[1080] (≈ 105,16 m) angibt. Damit besitzt das obere Plateau eine vergleichbare Größe zur Cheops-Pyramide.

Da die gefundenen Fragmente vor der Ostseite lagen, liegt es nahe, dass die Täter dachten, dass es den Sturz unbeschadet überstehen würde, um es dann nach Kairo abzutransportieren. Doch es zerbrach beim Sturz in viele Stücke, die erst 1982 Stadelmann wie ein Puzzle wieder zusammensetzte.

Das wieder zusammengesetzte Pyramidion (Abb. 149), welches aus feinem weißen Tura-Kalkstein bestand, wurde vor der Ostseite der Pyramide auf einem ca. 75 cm hohen Sockel auf einer ursprünglichen Bodenplatte aufgestellt.[1081] In einer ersten wissenschaftlichen Veröffentlichung 1983 von Stadelmann konnte man zu dem Pyramidion lesen:

„Die Unterfläche ist nicht ganz erhalten, doch dürfte die Seitenlänge genau 3 Ellen, d.h. 1,57 m betragen haben. Messungen an dem von uns nur vorläufig zusammengesetzten Pyramidion ergaben – mit einer leichten Ungenauigkeit, die in Kauf genommen werden muß, weil die einzelnen Bruchstücke vor einer Restaurierung noch nicht fest verfugt werden können – leicht voneinander abweichende Neigungswinkel der vier Seitenflächen und im ganzen einen etwas steileren Winkel als der an der erhaltenen Verkleidung gemessene von 45°. Messung von D. Polz an der freigelegten Verkleidung." [1082]

Aus diesem Text geht hervor, dass die Seitenlänge von 3 Ellen ein geschätzter Wert darstellt und kein gemessener Wert! In einer späteren Publikation von Stadelmann scheint aus dem vermutlichen Wert nun ein definitiver Wert geworden zu sein, wie ein Ausschnitt aus seinem 1997 veröffentlichten Pyramidenbuch zeigt:

„Ein glücklicher Umstand bescherte uns während der Grabungen des Deutschen Archäologischen Instituts den Fund des Pyramidions, das zerschlagen, aber zusammensetzbar im Abbruchschutt auf der Ostseite der Pyramide zutage kam. Es ist bisher das einzige aufgefundene Pyramidion des Alten Reiches,[1083] aus einem monolithen Kalkstein feinster Qualität gearbeitet, mit einer

---

[1077] Aloys Hirt (* 27.6.1759 in Behla (heute: Stadt Hüfingen), Deutschland; † 29.6.1837 in Berlin, Deutschland) war ein deutscher klassischer Archäologe. (Die häufig auftauchende Namensform Aloys Ludwig Hirt ist nachweislich falsch.) Er war der erste Professor für Archäologie an der neu gegründeten Berliner Universität 1810 und gilt als Mitbegründer der Berliner Museen und der Bauakademie. Hirt wird der Berliner Klassik zugerechnet. 1782 ging er nach Rom, wo er sich ab 1785 als Fremdenführer etablierte und als wissensreicher Antiquar galt. Wohl wegen der napoleonischen Kriege ging er 1796 zurück nach Deutschland und wurde wohl mit Förderung der Gräfin Lichtenau Königlich Preußischer Rat und Mitglied der *Akademien der Wissenschaften und der Künste* in Berlin. Vermutlich war er selbst nie in Ägypten gewesen.

[1078] Hirt 1815, 13.

[1079] Pococke 1743, 51.

[1080] Die ursprüngliche Höhe betrug knapp 105 m oder 200 Königsellen.

[1081] Hawass 2003, 161 und Abb. S. 163.

[1082] Stadelmann 1983, 235-236.

[1083] Frederic Norden beschreibt 1737 ein noch intaktes Pyramidion in situ auf dem Gizeh-Plateau, welches er einer vierten Pyramide – vermutlich die größte der drei Satellitenpyramiden der Mykerinos-Pyramide – zuschreibt. Er berichtet: *„Was die vierte Pyramide betrifft, so ist sie immer noch hundert Fuß kleiner als die dritte. Sie ist ebenfalls ohne*

Basislänge von 3 E = 1,57 m und - sehr überraschend - einem Winkel von etwas mehr als dem an der Pyramide gemessenen von 45°. Auch die vier Seitenflächen haben jeweils einen leicht divergierenden Böschungswinkel! Letzteres ist nicht so verwunderlich, denn bei der altägyptischen Winkelmessung durch Messung eines Rücksprunges pro Elle Steigung mußte es zu Ungenauigkeiten kommen, die erst gegen die Spitze zu ausgeglichen werden konnten. Dies könnte auch zu dem steileren Böschungswinkel an der Spitze geführt haben, wenn nicht eine viel subtilere, aber durchaus vorstellbare Beobachtung bei der Konstruktion dafür Anlaß war. Bei dem flachen Böschungswinkel von 45° wäre die Spitze der Pyramide vom Hof des Pyramidentempels aus gegen die enorme Seitenfläche hin verflacht und kaum mehr wahrzunehmen gewesen. Eine geringfügige Steigerung dieses Winkels in den letzten 10 Metern wäre gegen die Silhouette der Pyramide nicht aufgefallen, hätte aber der Spitze eine stärkere Betonung von nahe unten gegeben. Die Spitze selbst war unbeschrieben und zeigt auch keine erkennbaren Spuren zur Befestigung eines Metallbelages." [1084]

Eine Seitenlänge von 3 Königsellen besitzt auch die Vertiefung auf der oberen Plattform der Chephren-Pyramide, wie bei Lepsius[1085] und Maragioglio/Rinaldi[1086] zu sehen ist. Damit erscheint es plausibel, dass ein „Standard-Pyramidion" aus der Zeit der 4. Dynastie eine Seitenlänge von 3 Königsellen besaß.

Stadelmann macht jedoch in beiden Publikationen keine Angaben zur Höhe des Pyramidions und auch nicht zu den gemessenen Neigungswinkeln. In dem Beitrag *Königsgräber der Pyramidenzeit* in dem 2004 erschienen Buch *Ägypten – Die Welt der Pharaonen* teilt uns Stadelmann dann doch eine Höhenangabe mit, nämlich genau 100 cm.[1087] Einen Neigungswinkel des Pyramidions nennt er jedoch auch dort nicht. Man kann ihn aber einfach errechnen: Er beträgt dann 51,87° und entspricht damit dem Neigungswinkel der Cheops-Pyramide, die 51,84° Neigungswinkel besitzt. Damit stellt sich dann die Frage, ob dieses Pyramidion wirklich von der Roten Pyramide stammt, denn der Neigungswinkel der Roten Pyramide beträgt nur 43,6° bzw. 45° nach Stadelmann und somit sollte dessen ursprüngliches Pyramidion den gleichen Neigungswinkel besessen haben. Die Erklärung von Stadelmann dazu ist höchst spekulativ. Aufgrund des Neigungswinkels könnte sich es bei dem 1982 gefundenen Pyramidion auch um das für die Cheops-Pyramide handeln. Dagegen spricht allerdings die Fundsituation bei der Roten Pyramide in Dahschur. Die Stadelmann'sche Angabe von 100 cm Höhe und 157 cm Breite führte allerdings bei vielen Mysterienjägern zu der Annahme, dass die alten Ägypter bereits einen Urmeter besaßen! Dies ist jedoch Unsinn, da sich diese Maße aufgrund der Maße 3 Ellen für die Basisbreite und dem Winkel von 51,87° oder altägyptisch 5,5 Seked (≈ 51,84°) ergeben.

Auf Zahi Hawass' Webseite stehen jedoch ganz andere Angaben:

"The pyramid's capstone is called a Pyramidion. Many have been found and dated to the Old and Middle Kingdoms. The oldest pyramidion, discovered by Stadelmann, belongs to the Red, or North Pyramid of Snofru at Dahshur. Found in pieces, it is now restored and displayed on the east side of the pyramid. It is a mere 785 mm high.
The second oldest Pyramidion was discovered by the author near the recently uncovered satellite pyramid of Khufu (G1d, see map). It counts among the few complete examples because its four

---

Verkleidung, geschlossen und ähnlich wie die anderen, aber ohne einen Tempel, wie die erste. Eines ist jedoch bemerkenswert: Die Spitze ist mit einem einzigen großen Stein abgeschlossen, der als Sockel gedient zu haben scheint. Außerdem liegt sie außerhalb der Linie der anderen, etwas weiter westlich." (Quelle: F. L. Norden 1755, 81; eigene Übersetzung aus dem Französischen.) Als vierte Pyramide ist bei Jacotin die größte der drei Satellitenpyramiden der Mykerinos-Pyramide bezeichnet (siehe Abb. 220). Mit der ersten Pyramide meint Norden jedoch die Chephren-Pyramide und mit der zweiten, die Cheops-Pyramide. Da der Reisebericht von Norden erst posthum – er starb 1742 an Tuberkulose – erschienen ist, hat der Verleger die erste mit der zweiten Pyramide verwechselt, was zu einer Verwirrung führte.

1084 Stadelmann 1997, 101.

1085 C. R. Lepsius 1849-58, Text I, 27.

1086 Maragioglio und Rinaldi 1963-1977, Vol. 5, Tav. Fig. 1 und Vol. 5, Text, 50.

1087 Schulz, et al. 2004, 60 Text zu Abb. 29.

angles are preserved. It is 7.9 mm (sic[1088]) high with a base of 1.118 m. Now the Pyramidion is located on a base in front of the north side of the pyramid." [1089]

Zu einer Höhe von 78,5 cm gelangt man, wenn man für ein Pyramidion der Seitenlänge 3 Ellen (1,57 m) einen Neigungswinkel von 45° annimmt. Laut Stadelmann ist der Neigungswinkel jedoch etwas steiler, womit der von Hawass angegebene Höhenwert nicht stimmen kann. Man kann dies auch ganz leicht selbst auf der Abb. 149 erkennen, da das Pyramidion deutlich höher als der Sockel ist. Nach Hawass' Angaben dürfte das Pyramidion jedoch nur rund 3 cm höher als der Sockel sein, was offensichtlich nicht der Fall ist. Für das Pyramidion der Kultpyramide GI-d von Cheops ergibt sich jedoch ein Neigungswinkel von 51,75°, was ziemlich genau zu dem Neigungswinkel der Cheops-Pyramide von 51,84° passt.

Wie der Gipfel der Roten Pyramide 1839 ausgesehen hat, erfahren wir von Perring:

"The top of the pyramid was built entirely with Arabian stone. The apex had been formed of one block, and the course below it of four others, 4 feet 9 inches thick; but in general the courses towards the top were about 2 feet, and those near the base about 3 feet, in thickness. The stones are laid in horizontal courses, and the whole of the masonry is good, and resembles that of the Great Pyramid of Gizeh." [1090]

Gemäß Perring bestand die Spitze (Apex) aus einem einzigen Block, der auf vier darunterliegenden Steinblöcken lag. Als ursprüngliche Höhe gibt er 342,7 Fuß (≈ 104,46 m) an. Die nachfolgende Abbildung zeigt die damalige Fundsituation der Roten Pyramide.

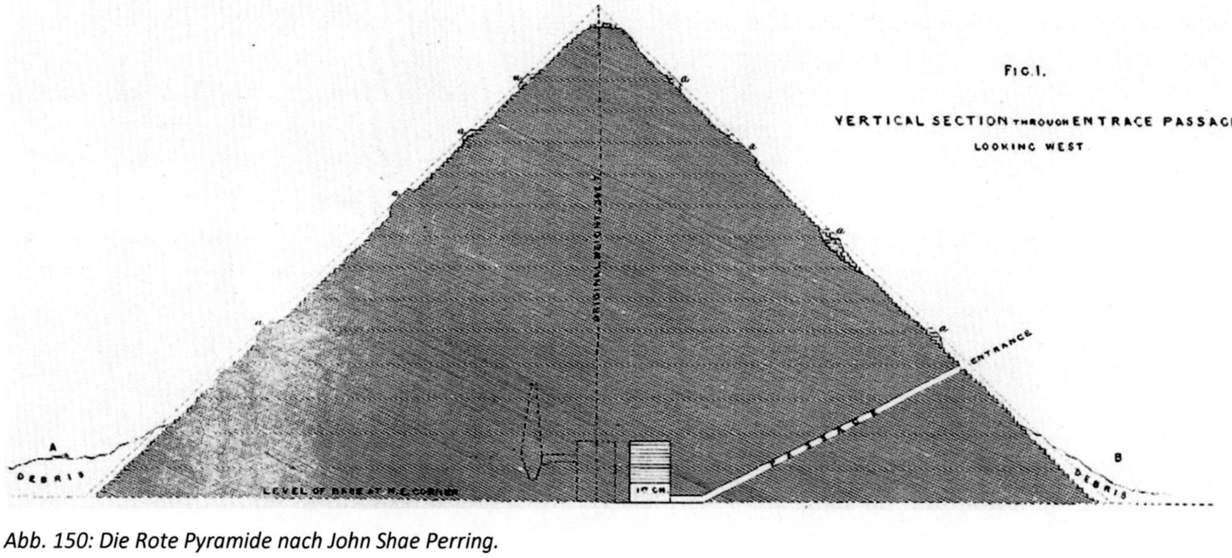

Abb. 150: Die Rote Pyramide nach John Shae Perring.

Leider geht aus der Zeichnung und dem Text die Größe der Plateaufläche nicht hervor. Darum kann hieraus auch kein Rückschluss auf die Größe des ursprünglichen Pyramidions geschlossen werden.

Die Geschichte um die Rekonstruktion des Pyramidions der Roten Pyramide ist jedoch noch nicht zu Ende. Stadelmann berichtet:

"During long years the pyramidion was misused by solders of the near army camp and visitors as a place to be used for inscribing their names on it. In autumn 2005 the pyramidion was

[1088] Der korrekte Wert beträgt laut Josef Dorner 709 mm (Dorner 1998, 4). Der „." ist somit ein Tippfehler und als „0" zu lesen.

[1089] http://www.guardians.net/hawass/mortuary1.htm#pyramidion (abgerufen am 21.9.2019).

[1090] Perring 1842, 15.

dismantled again, cleaned and reconstructed according to the measurements on a high socle in order to prevent visitors to misuse it again." [1091]

Danach wurde der ursprünglich nur 0,75 m hohe Sockel um einen Meter auf 1,75 m erhöht und die Dimensionen des Pyramidions geändert (siehe Abb. 151)!

Abb. 151: Pyramidion der Roten Pyramide nach der zweiten Restauration von 2006. Die Aufnahme stammt vom November 2010.

Bei dem nun neu restaurierten Pyramidion kann man die Basiskantenlänge nicht mehr messen, da das Pyramidion nun die Gestalt eines Diamants hat. Vielleicht war dies von Stadelmann auch beabsichtigt, um der zu Beginn gemachten Feststellung, dass *„die Unterfläche nicht ganz erhalten war"*, Rechnung zu tragen. Das jetzt (siehe Abb. 151) zu besichtigende Pyramidion weist aber einen steileren Neigungswinkel auf als zuvor. Laut einem Artikel von Corinna Rossi *Note on the pyramidion found at Dahshur* hat dieses Pyramidion jetzt einen Neigungswinkel von 54,5°. Sie bezweifelt auch, ob das Pyramidion wirklich für die Rote Pyramide bestimmt war, in dem sie schreibt:

"Thus, the slope of the pyramid has been given values between 43° and 45°, while the pyramidion has, beyond any doubt, a slope of about 54° 30'. Although the idea of a voluntary or involuntary variation of the slope during construction cannot be ruled out, it seems that a variation of about 10° would have been very unlikely. Therefore, it is worth considering whether this pyramidion might have been intended for another pyramid in the area." [1092]

Bei einem Neigungswinkel von 54,5° (= *Seked* von 5 Handbreit auf eine Königselle) und einer Basiskantenlänge von 1,57 m ergibt sich eine Höhe des Pyramidions von 1,10 m. Dies passt natürlich nicht mit der Angabe von Stadelmann von 1,00 m.

Um die Ungereimtheiten zu erklären, könnte man sich folgendes Szenario vorstellen: Betrachtet man die älteste Darstellung des nur teilweise zusammengesetzten Pyramidions in Stadelmanns Pyramidenbuch (Stadelmann 1997, Taf. 29), die vermutlich aus dem Jahr 1982 stammt, so erkennt man, dass nicht nur ein guter Teil der Unterseite fehlt, sondern auch die Spitze. Wenn sich nun die Angabe von 1,00 m von Stadelmann auf den erhaltenen Teil ohne Spitze bezog, so kann das neu rekonstruierte Pyramidion mit Spitze natürlich durchaus 1,10 m hoch sein. Vielleicht wurde auch der Neigungswinkel etwas angepasst, um der Vermutung von Stadelmann *„Eine geringfügige Steigerung dieses Winkels in den letzten 10 Metern wäre gegen die Silhouette der Pyramide nicht aufgefallen, hätte aber der Spitze eine stärkere Betonung von nahe unten gegeben."* mehr

[1091] Stadelmann 2008, 312.
[1092] Rossi 1999, 221.

Geltung zu verschaffen und eine Verbindung des Pyramidions mit der Cheops-Pyramide auch schon über den zu großen Neigungswinkel eine klare Absage zu erteilen. Wenn der Neigungswinkel von 54,5° tatsächlich dem ursprünglichen Neigungswinkel dieses Pyramidions entspricht, so könnte es auch für die Knickpyramide von Snofru bestimmt gewesen sein, deren unterer (bis 49 m Höhe) Neigungswinkel 54,5° beträgt. Wäre dieser Winkel beibehalten worden, so hätte darauf das in Stücke zerbrochene Pyramidion perfekt gepasst. Aufgrund der gefundenen Bruchstücke ist es auch möglich, dass das Pyramidion nie auf der Spitze einer Pyramide stand und von dort hinuntergeworfen wurde, denn sonst wäre wohl nicht nur ein kleiner Teil der Spitze abgebrochen und ein Großteil einer Basisseite noch so gut erhalten geblieben.

18 Der Bau der Cheops-Pyramide

In diesem Kapitel sei auf die verschiedenen Schritte beim Bau der Pyramide eingegangen, wobei möglichst viele aktuelle Forschungsergebnisse hier eingeflossen sind, sowie eigene Berechnungen vorgenommen wurden.

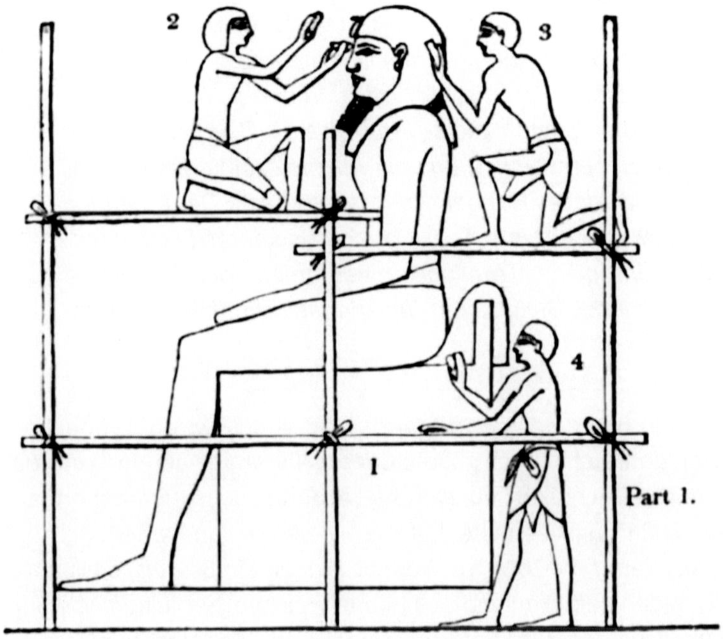

Abb. 152: Großer sitzender Koloss aus Granit, den die Arbeiter polieren, einige davon auf einem Holzgerüst.

Das größte Problem das Bauwesen im Alten Ägypten zu verstehen liegt darin, dass es darüber quasi keine schriftlichen Aufzeichnungen mehr gibt.[1093] So schreibt etwa Ulrike Fauerbach in einem Artikel über das Bauwesen im Alten Ägypten:

> *„Das technische Bauwissen im Alten Ägypten, einer der ältesten Schriftkulturen der Welt, war so gut wie nicht schriftlich fixiert. Es wurde durch mündliche und praktische Wissensvermittlung tradiert, in erster Linie innerhalb der Handwerkerschaft. Lediglich das für das Bauwesen notwendige Verwaltungswissen lässt sich, kasuistisch dargelegt, in den schriftlichen Quellen fassen, etwa wenn es heißt: "Gering wird ihre (der Arbeiter) Motivation sein ..., wenn die Mittagspause ausbleibt"[1094]."[1095]*

Weiterhin schreibt Fauerbach über die Hintergründe des Problems:

> *„Die Bauten selbst waren jedoch eine allgegenwärtige Erinnerung daran, was leistbar war. Da ein hoher Prozentsatz der Bevölkerung an den Bauprojekten beteiligt war, war zumindest das Basiswissen vielfach gespeichert und konnte nicht so leicht verloren gehen. Expertenwissen war freilich gefährdeter. Gewölbebau, Felsgräber und das Aufstellen von Obelisken beispielsweise erfordern ohne Zweifel Spezialisten, und tatsächlich lassen sich hier Brüche beobachten. Als wichtigste Träger des technischen Bauwissens im pharaonischen Ägypten sind die Handwerker zu benennen, die ihre Kenntnisse an ihre männlichen Nachkommen weitergaben und nicht verschriftlichten. In den familiär strukturierten Facharbeiterschaften, die möglicherweise gildenartig organisiert waren, kann man die wichtigste bauliche Wissensinstitution erkennen. Ruhm ernteten*

[1093] Eine Ausnahme hiervon liefert der erst im Jahr 2013 gefundene Papyrus im Wadi al-Jarf am Roten Meer, in welchem ein Inspektor Merer Aufzeichnungen über den Transport von Steinen aus dem Tura-Steinbruch in den Hafen bei der Cheops-Pyramide notiert hatte.

[1094] pAnastasi I, 17.

[1095] Fauerbach 2014, 110.

ihre Mitglieder jedoch nicht. Lauscht man ausschließlich den Autobiographien der Oberschichtangehörigen, so war Bauwissen Verwaltungswissen." [1096]

Wie kann man sich eine Baustelle zur Erbauung einer großen Pyramide vorstellen? Fauerbach schreibt hierzu:

> *„Ägyptische Baustellen wird man sich stark hierarchisch durchorganisiert vorzustellen haben. Als Gewerke nachweisbar sind Schreiber, Schmiede, Seiler und Korbmacher, Steinbrecher, Festmacher, Zugkräfte und Schiffer, ferner Ziegler, Schlamm-Anmischer, Mörtelmischer und Gipsmacher, Steinmetzen, Bildhauer, Verputzer und Maler. Sowohl die bauspezifischen Quellen als auch jene, die die übrige Landesverwaltung widerspiegeln, zeigen uns ein Ausmaß an Kontrolle von Mensch und Material, das kaum Raum für individuelles Handeln zu lassen scheint. Die Arbeiterschaft war in feste Gruppen unterteilt, deren Mitglieder in Listen vermerkt und deren Erscheinen täglich kontrolliert wurde. Wechselte bspw. während des Transports eines Steinblocks die Schiffsmannschaft, so wurde dies auf dem Block vermerkt. Gleichzeitig führten die Schreiber akribisch Buch über sämtliche Materialmengen."* [1097]

Dass die alten Ägypter Großprojekte, die selbst den Bau des Assuan-Staudamms von 1898 bis 1902 in den Schatten stellen, bewältigen konnten, ist bekannt, denn schließlich gilt die Cheops-Pyramide als einziges noch existierendes Weltwunder der Antike. Doch welche Techniken nutzten die Arbeiter beim Pyramidenbau? Diese Frage wird bis heute kontrovers diskutiert. Erklärungsversuche gibt es so viele wie Sand am Meer, doch gibt es Beweise? Ja und nein. Ein Papyrusfund aus dem Jahr 2013 im Wadi al-Jarf ist ein Beweis, dass unter Cheops Steine vom Tura-Steinbruch zu den Pyramiden gefahren wurden und in welchem zeitlichen Abstand. Zusammen mit anderen Beweisen, wie den Einträgen auf dem Palermostein[1098] (ein Annalenstein aus der 5. Dynastie des Alten Reichs), in denen der Vater von Cheops König Snofru Transportschiffe mit über 52 m Länge in Auftrag gibt, kann man wichtige Berechnungen zum Transport der Verkleidungssteine vom Tura-Steinbruch zum Gizeh-Plateau durchführen. Leider liegt uns der Annalenstein nur in Bruchstücken vor. [1099]

Betrachten wir nun jedoch welche Informationen heute verfügbar sind und was man damit machen kann.

18.1 Schiffstransporte auf dem Nil im Alten Reich

Herodot beschreibt in seinem Buch über Ägypten auch den Schiffbau und den Transport auf dem Nil.

> *„Ihre Schiffe, mit denen sie Lasten befördern, sind aus der Akazie gemacht, deren Gestalt dem Lotos von Kyrene sehr ähnlich ist, und ihr Saft ist Gummi. Aus der Akazie also schneiden sie Holzstücke von etwa zwei Ellen Länge und fügen sie wie Ziegel zusammen, wobei sie den Schiffsbau auf folgende Weise durchführen: Sie fixieren die zwei Ellen langen Holzstücke um zahlreiche lange Pflöcke herum, und wenn sie auf diese Weise das Schiff gebaut haben, legen sie oben darauf Querhölzer, Rippen dagegen verwenden sie nicht; innen dichten sie die Fugen mit Papyrus ab. Sie fertigen nur ein Steuerruder an, das durch den Schiffsboden hindurchgeführt wird. Der Mast, den sie verwenden, ist (ebenfalls) aus Akazie, die Segel aus Papyrus. Diese Fahrzeuge können nicht stromaufwärts fahren, wenn nicht ein lebhafter Wind weht, sondern werden vom Land aus gezogen. Stromabwärts fährt man folgendermaßen: Es gibt eine Art Tür aus Tamariskenholz, mit einer Rohrmatte überflochten, und einen durchbohrten Stein von etwa zwei Talenten[1100] [≈ 52,4 kg] Gewicht. Von diesen Dingen ist die Tür an ein Tau gebunden, und man lässt sie dann*

[1096] Fauerbach 2014, 112.

[1097] Fauerbach 2014, 61.

[1098] Seinen Namen bekam dieses Teilstück aufgrund seines jetzigen Aufbewahrungsortes im Archäologischen Regionalmuseum von Palermo, wo es sich seit 1877 befindet.

[1099] Die beiden größten Bruchstücke werden aufgrund ihrer Ausstellungsorte „Palermo-Stein" und „Kairo-Stein" genannt, ein deutlich kleineres Fragment (P1; „London-Fragment" genannt) befindet sich im *Petrie Museum of Egyptian Archaeology* in London. Daneben existieren drei weitere Teile, die als „Kairo-Fragmente" bezeichnet werden.

[1100] Das attische Talent wog 26,2 kg.

vor dem Schiff hinab und im Wasser treiben, den Stein dagegen an einem anderen Tau hinter dem Schiff. Die Tür nun bewegt sich rasch, wenn die Strömung sie erfasst, und zieht dadurch die Baris - das ist der Name für diese Fahrzeuge - hinter sich her, der Stein dagegen wird hinten nachgezogen und wahrt durch seinen Tiefgang die gerade Richtung der Fahrt. Sie haben eine große Menge dieser Fahrzeuge, und manche befördern (ein Gewicht von) vielen tausend Talenten [> 52 t].“ [1101]

Schon Cheops Vater Snofru gab Schiffe mit über 52 m Länge in Auftrag, wie folgende Einträge auf dem Palermo-Stein zeigen:

13. Regierungsjahr:

"building a 100-cubit 'adoring the two lands' boat and 60 'sixteener' royal boats (of) cedar; smiting Nubia, bringing (in tribute) 7,000 male and female live captives, 200,000 sheep and goats; building the wall of the south and north-land (called) 'the mansions of Sneferu'; bringing 40 ships laden? (with) pine-wood.“ [1102]

14. Regierungsjahr:

"creating 35 estates with people? (and) 122 cattle-farms; building a 100-cubit 'adoring the Two Lands' boat (of) pine, and two 100-cubit boats (of) cedar; seventh occasion of the census“ [1103]

Auf solch einem Schiff kann man sich locker 40 Mann Besatzung (eine Phyle) vorstellen. Im Grab des Nefer in Sakkara (5. Dynastie) ist eine Besatzung von 42 Seeleuten (28 Ruderer, 2 Offiziere, 4 Steuermänner und 8 Verantwortliche für die Segel) bezeugt. Die Länge des Schiffes kann als 25 m berechnet werden.[1104] Das seit 1982 im Bootsmuseum neben der Cheops-Pyramide ausgestellte Schiff, welches man in einer Bootsgrube neben der Pyramide gefunden hat, besitzt eine Länge von 43,40 m und eine Breite von 5,90 m.[1105] Seine Wasserverdrängung wird auf 50 t geschätzt, das theoretische Ladegewicht auf 150 t.[1106] Die von Snofru in Auftrag gegebenen Schiffe konnten dann ca. 200 t Ladegewicht transportieren. Das bedeutet eine Transportkapazität für 80 Steine mit einem durchschnittlichen Gewicht von 2 ½ t.

Was die Geschwindigkeit betrifft, mit dem man Waren auf dem Nil transportieren kann, hängt nicht unwesentlich von der Fließgeschwindigkeit des Nils ab. Willcocks[1107] gab in einer Untersuchung über die ägyptische Bewässerung in den 1910er Jahren eine Spanne von 81 bis 150 km/Tag an, abhängig von der Jahreszeit. Die geringste Fließgeschwindigkeit ermittelte er im Monat Juni, also dem Monat, in dem der Nil seinen niedrigsten Wasserstand hat, bevor die Nilflut einsetzt. Die größte Fließgeschwindigkeit erreicht der Nil bei Hochwasser im Oktober. Das Wasser benötigt somit im Juni 12 Tage vom Assuan-Staudamm bis zur Delta-Staustufe und nur 6 ½ Tage im Oktober, wo sich das Nilwasser mit 1,75 m/s (= 6,3 km/h ≈ 150 km/Tag) Richtung Mittelmeer bewegt.[1108] Betrachtet man nun historisch aufgezeichnete Reisezeiten, so gibt es einen Beleg aus dem Alten Reich aus der Zeit von König Unas, dem letzten König der 5. Dynastie, der ca. 200 Jahre nach Cheops regierte. Er benötigte von Elephantine, einer Insel bei Assuan bis zur alten Hauptstadt nach Memphis

[1101] Herodotus 2017, 160 = 2. Buch, 96.
[1102] T. A. Wilkinson 2000, 141.
[1103] T. A. Wilkinson 2000, 143.
[1104] Tallet 2017, 157.
[1105] Hawass 2003, 169.
[1106] Haase 2004, 67. Diese Angabe passt auch zu den von Herodot gemachten Angaben, dass die ägyptischen Schiffe eine Last von vielen tausend Talenten befördern können.
[1107] Willcocks und Craig 1913, 143.
[1108] Willcocks und Craig 1913, 144-145..

(beim heutigen Kairo) lediglich sieben Tage.[1109] Da die Strecke rund 870 km (933,5 km nach Fischer[1110]) auf dem Nil beträgt, ergibt sich eine zurückgelegte Strecke von 124 km/Tag (132 km/Tag nach Fischer). Die Aufzeichnung ist deshalb so interessant, weil sie sich offensichtlich auf den Beamten, der für die Beförderung der Granitsäulen des Unas-Pyramidentempels aus den Steinbrüchen bei Assuan verantwortlich war, bezieht.[1111] Auf dem Reliefblock ist auch das Transportschiff mit den beiden Granitsäulen zu sehen. Beide Säulen befinden sich bereits auf einem Transportschlitten.[1112] Deshalb kann man sie als Referenz auch für den Transport des Rosengranits aus Assuan benutzen, den Cheops für seine 50–60 Tonnen schweren Deckenbalken für die Königskammer benutzte. Für das Neue Reich sind sogar Transportlasten von über 300 Tonnen belegt, so etwa für den Transport zweier Obelisken aus Assuan für den Totentempel des weiblichen Pharaos Hatschepsut aus der 18. Dynastie (15. Jh. v. Chr.) in *Deir el-Bahari*/Theben-West. Auch hier befinden sich die Obelisken bereits auf dem Schiff auf einem Transportschlitten, wovon der eine Obelisk ein Gewicht von 323 t aufweist.[1113] Doch dies stellt bei weitem noch nicht den Rekord auf, zu dem die Ägypter fähig waren. Ramses II. lies im 13. Jh. v. Chr. eine 1.000 t schwere Kolossalstatue von Assuan nach Theben für sein Ramesseum[1114] per Schiff transportieren.[1115] Der größte geplante Transport in der ägyptischen Geschichte stellte aber vermutlich der als „unfertiger Obelisk" im Steinbruch von Assuan bekannte Koloss dar, der auf 1.168 t geschätzt wird und der für Pharao Thutmosis III., den Nachfolger von Hatschepsut, bestimmt war.[1116]

Abb. 153: Eine besonders hohe Nilflut bei den Pyramiden von Gizeh (19. Jahrhundert) vor Errichtung des ersten Assuan-Staudams.

1109 Fischer 1975, 33-35 und Köpp-Junk 2016, 19. Die Übersetzung der Inschrift lautet: *„Ich habe Granitsäulen aus Elephantine für die seine Majestät Unas innerhalb von sieben Tagen zurückgebracht"*.

1110 Nach Fischer 1975, 34 sind es 580 Meilen, also 933,5 km. Als Reisegeschwindigkeit gibt er 3,4 Meilen/h, also 5,5 km/h an, innerhalb von 24 Stunden 132 km.

1111 Fischer 1975, 33. Ein Reliefblock vom Aufweg des Taltempels zeigt Lastschiffe, die diese Säulen unter der Überschrift transportieren: *„Von Elephantine kommend, beladen mit Granitsäulen für die Pyramide ‚Schön sind die Orte des Unas'"*. Auf einem anderen Block steht: *„die Ankunft dieser Lastkähne von Elephantine, beladen mit [Granit-]Säulen von 20 Ellen"*.

1112 Fischer 1975, 34 Abb. 2.

1113 Arnold 1991, 62.

1114 Das Ramesseum ist ein von Ramses II. in Theben-West erbauter Tempel. Es zählt mit den anderen Tempeln, die dort standen, zu den Millionenjahrhäusern (auch Haus der Millionen von Jahren).

1115 Arnold 1991, 62.

1116 Arnold 1991, 60.

Die für Unas verzeichnete Fahrt kann eigentlich nur im Herbst erfolgt sein, wo die Fließgeschwindigkeit des Nils am größten ist. Die Angabe deckt sich auch gut mit den minimal 6 ½ Tagen im Oktober, die Willcocks ermittelt hat. Flussabwärts nutzten die Ägypter immer die natürliche Strömung und flussaufwärts Segel, da der Wind meistens von Nord nach Süd, also stromaufwärts blies. Das Ziehen eines Schiffes stromaufwärts konnte auch durch Ochsengespanne oder menschliche Zugmannschaften erfolgen.

Von einem Beamten der 6. Dynastie des Alten Reichs ist folgender Bericht erhalten, der von einem Transport eines Opfertisches aus dem Alabastersteinbruch von Hatnub und von Assuan Granit für eine Scheintür sowie andere Teile für die Pyramide von König Merenre berichtet:

> *„.. mit ihnen in einer einzigen Expedition mit sechs Lastschiffen und drei Schleppkähnen mit acht Spanten nach Norden zur Pyramide, Merenre erscheint in Vollendung gefahren [sei].*
> *Seine Majestät schickte mich nach Hatnub, damit ich aus Hatnub einen großen Opfertisch aus Alabaster bringe. Ich brachte diesen Tisch für ihn in siebzehn Tagen herbei. Nachdem er aus dem Bruch in Hatnub herausgeschlagen war, ließ ich ihn mit diesem Lastschiff, einem Schiff aus Akazienholz von sechzig Ellen (31,5 Meter) Länge und dreißig Ellen (15,75 Meter) Breite, das ich dafür gebaut hatte, stromabwärts fahren. Zusammengebaut in siebzehn Tagen, im dritten Monat des Sommers, als kein Wasser über den Sandbänken stand, landete es sicher bei der Pyramide 'Merenre erscheint in Vollendung'...*
> *Seine Majestät schickte mich, dass ich in Oberägypten Kanäle grabe und drei Lastschiffe und vier Schleppkähne aus Akazienholz von Uauat (Unternubien) haue. Später schnitten die fremden Oberen von Irtjet, Uauat, Yam und Medja das Holz für sie. Ich habe das alles in einem Jahr gemacht. Die flottgemachten Schiffe wurden mit sehr großen Granitblöcken für die Pyramide 'Merenre erscheint in Vollendung' beladen.“* [1117]

Um Zeit zu sparen, wurden die Steine vom Schiff – möglicherweise über eine Hebevorrichtung des Schiffes – direkt auf hölzerne Transportschlitten geladen, von wo aus eine andere Mannschaft die Steine über eine Rampe zur Basis der Pyramide brachte. Von hier aus übernahm wohl eine weitere Mannschaft den Transport zu der Stelle der Pyramide, wo die Steine benötigt wurden. Da der Inspektor Merer einen Tag in Tura mit seinem Team zubrachte, um Steine einzusammeln, kann man davon ausgehen, dass die im Steinbruch gebrochenen Steine dort auf die benötigten Maße gebracht wurden und dann in einer Deponie für fertige Steine, wahrscheinlich nach Größe sortiert, gelagert wurden. Ein Inspektor brauchte dann nur seine Bedarfsliste durchzusehen und seine Männer anzuweisen, welche Steine auf das Schiff geladen werden sollten, denn die unteren Verkleidungssteine waren größer und schwerer als die oben an der Pyramide benötigten. Der Verkleidungsstein aus dem oberen Bereich der Pyramide, der 1865 von Piazzi Smyth gefunden und nach Edinburgh gebrachte wurde, wog immerhin noch eine halbe Tonne und das, obwohl größere Teile davon abgebrochen waren. Der ganze Verkleidungsstein wog etwa 650 kg. Während die Höhe der oberen Verkleidungssteine etwa eine Elle (≈ ½ m) betrug, besaßen die untersten Verkleidungssteine eine Höhe von fast 3 Ellen (≈ 1 ½ m) und bis zu 15 Tonnen wogen.

18.2 Steingewinnung im Steinbruch

Die gängige Meinung unter Ägyptologen, dass die Steinblöcke für die Cheops-Pyramide mittels Holzsprengkeilen aus dem Steinbruch abgetrennt wurden, muss aufgrund von Experimenten stark bezweifelt werden. Die von den alten Ägyptern praktizierte Vorgehensweise sollte dabei so ausgesehen haben:

Die Steinbrucharbeiter trieben zunächst mit einem Bronzemeißel tiefe Kerben in den Stein, in welchen sie dann trockene Holzkeile steckten. Diese wurden dann mit Wasser besprengt, damit sie aufquollen und dadurch ein Riss in dem Stein entstand, durch den er leicht vom Felsen gelöst werden konnte. Der Versuch wurde wie folgt durchgeführt:

[1117] Hawass 2004, 32.

„Mittels Bohrgerät und Stahlmeißel wurden innerhalb von zwölf Stunden vier Keillöcher in den Versuchsblock eingearbeitet. Die entsprechend der Lochform gefertigten Holzkeile wurden mit einem schweren Vorschlaghammer in die Keillöcher getrieben und mit einer Wasser-Berieselungsanlage hundert Stunden befeuchtet. Drei Sprengversuche mit Holzkeilen verschiedener Art (Zedern, Eichen und Buchenholz) wurden durchgeführt. Zur Anwendung kamen nur trockene Holzkeile, denen zur Optimierung im Ofen bei 100 °C die Restfeuchte entzogen worden war." [1118]

Die Versuche einen Kalksteinblock von knapp einer halben Tonne aus einem Steinbruch mittels dieser Technik herauszulösen brachten folgende Ergebnisse[1119]:

- Trotz eines geringeren Abstandes sowie einer tieferen Einkerbung der Keillöcher gegenüber den üblichen Maßen in den ägyptischen Steinbrüchen kam es nicht zu einer Spaltung des Blockes.
- Man kann daraus schießen, dass die Pyramidenbauer mit ihren Steinbeilen, auch unter Berücksichtigung des enormen Zeitaufwandes, niemals die exakten Keillöcher hätten herstellen können.
- Mit einem nachgegossenen Bronzemeißel wurde ein Bearbeitungsversuch durchgeführt, der nach 30 Minuten abgebrochen wurde, da der Meißel, ohne eine gravierende Bearbeitungsspur am Stein zu hinterlassen, abstumpfte.
- Wie die Versuchsbeschreibung zeigt, muss die Auffassung, nach der die Pyramidenbauer die Keiltechnik zum Sprengen der Blöcke gekannt hätten, als widerlegt gelten.
- Bei unseren Nachforschungen haben wir bei keinem einzigen Pyramidenblock Arbeitsspuren von halbfertigen Keillöchern entdecken können, die an den unbearbeiteten Blöcken jedoch vorhanden sein müssten.
- Spuren von Keillöchern an den losen Blöcken, die um die Giseh-Pyramiden herum liegen, haben mittelalterliche Steinräuber hinterlassen bzw. stammen aus jüngster Zeit, als die Pyramiden als Steinbruch für die Errichtung von Bauten in Kairo benutzt wurden.
- Keillöcher zum Absprengen der Gesteinsblöcke sind zum ersten Mal aus der spät-ptolemäischen Zeit in den Steinbrüchen Ägyptens entstanden (ca. 200 - 100 v. Chr.) und wahrscheinlich aus Griechenland eingeführt worden.
- Die bekannten und heute noch sichtbaren Keil-Lochreihen, vor allem in den Granitsteinbrüchen von Assuan, aber auch im Sandstein von Silsileh, sind in der römischen Epoche entstanden. Gerade diese Keillöcher, in die aber keine Holzkeile, sondern Eisenkeile eingeführt worden sind, haben zu der falschen Schlussfolgerung geführt, dass mittels feuchter Holzkeile der Gesteinsblock aus dem Felsen herausgesprengt wurde.
- Die Steinblöcke wurden mit Eisenkeilen und nicht mit Holzkeilen aus dem Felsen gesprengt.

Zum Bearbeiten der Kalksteine benutzten die alten Ägypter Hämmer aus Dolerit, einem vor allem in Assuan häufig vorkommendem sehr harten basalthaltigen Gestein. Damit hackten sie ca. 55–65 cm breite Gräben in den Stein. Die Breite von durchschnittlich 60 cm rührt daher, dass so die Arbeiter in den Gräben hockend den Stein bearbeiten konnten. Zerbrachen die Dolerit-Hämmer in zwei Teile, was immer wieder vorkam, so konnten diese noch als Poliersteine verwendet werden. Die Steinbrucharbeiter klopften mit den scharfen Kanten der Dolerit-Hämmer feine Kalksteinsplitter ab, die dann zur Mörtelherstellung benutzt werden konnten. Für die Cheops-Pyramide wurden große Mengen davon benutzt. In den Steinbrüchen durchzogen Mergelschichten den Kalkstein. Diese sind noch heute auf dem Gizeh-Plateau zu sehen. Diese Schichten begrenzten die Dicke der zu brechenden Steine. Das erklärt auch die unterschiedliche Dicke der einzelnen Schichten beim Bau der Cheops-Pyramide. Die Bearbeitung der Steine erfolgte noch im Steinbruch. Selbst die abgeschrägten äußeren Verkleidungssteine aus dem Tura-Steinbruch wurden bereits im Steinbruch passgenau zugehauen. Für das Kernmauerwerk bedurfte es jedoch nicht dieser Sorgfalt. Hier war die Höhe der Steine relevant, um die einzelnen Steinlagen möglichst gleich hoch gestalten zu können.

[1118] Lamm 2018, 72 ff.
[1119] Lamm 2018, 72 ff.

Vor der Nordseite der Chephren-Pyramide sieht man heute noch vorhandenen Rinnen im Felsen, die Aufschluss über das Abbauvolumen geben. Die riesigen Steinblöcke wurden vermutlich zum Bau des Opfertempels des Chephren benutzt.

Für den Abbau der in der Königskammer der Cheops-Pyramide verwendeten Granitblöcke aus Assuan müssen Dolerit-Hämmer als Werkzeuge stark in Zweifel gezogen werden, da damit nur die etwas mürbere Oberfläche des Granits weggesprengt werden kann, nicht jedoch die tiefer liegenden Strukturen des Granits. Neben dem berühmten unvollendeten Obelisken in Assuan, welcher 1.168 t gewogen hätte, findet man zwar viele Dolerit-Kugeln, die jedoch zum Aushöhlen von Granit nicht geeignet sind. Vermutlich benutzte man hierzu bereits gehärtetes Eisen. Mittlerweile gibt es dafür immer mehr Funde aus Ägypten und dem Nahen Osten.

Hill, der Assistent von Howard Vyse, fand 1837 beim Freisprengen des südlichen Luftschachts ein stark verrostetes Eisenbruchstück von ca. 26 × 9 × 0,4 cm. In einer Fußnote vermerkt Vyse dazu:

> *"Lord Prudhoe[1120] is said to have brought from Egypt an ancient iron instrument; and I thought that I had perceived the remains of an iron fastening in the chamber containing the sideboard or shelf in the great temple at Abou Simbal [Abu Simbel]. In fact, stone could not have been quarried without metal, which must, therefore, have been in use in the earliest times. The smelting of metals seems to have been an antediluvian art, as artificers in iron are mentioned in the Bible; but it is impossible to say in what state metals then were. In M. Rosellini's work, people are represented cutting granite with a yellow instrument."* [1121]

1989 wurde eine chemische Analyse des von Hill gefundenen Eisenstücks von el-Sayed el-Gayer und M. P. Jones durchgeführt. Man fand nur feinste Spuren von Nickel darin und der Kohlenstoffgehalt am Eisen war gebunden. Bei Eisen aus einem Meteoriten liegt der Nickelgehalt normalerweise deutlich höher (ca. 10 %) und der Kohlenstoff ist in der Regel nicht gebunden. Dies weist eindeutig auf von Menschen gemachtes Eisen hin. Es wurde auch festgestellt, dass es sich um Schmiedeeisen handelt.

Herodot schreibt in seinem Buch über Ägypten auch von Eisenwerkzeugen beim Bau der Cheops-Pyramide:

> *„An der Pyramide ist in ägyptischen Buchstaben verzeichnet, wie viel für Rettich, Zwiebeln und Knoblauch für die Arbeiter ausgegeben wurde; und soweit ich mich recht an die Summe erinnere, die mir der Dolmetscher nannte, der die Inschriften vorlas, seien eintausendsechshundert Talente Silber ausgegeben worden. Wenn das richtig ist, wie viel weiteres Geld muss dann erst für das Eisenwerkzeug, mit dem sie arbeiteten, für das Brot und für die Kleidung der Arbeiter ausgegeben worden sein? Denn der Bau dauerte doch die angegebene Zeit und auch noch eine weitere nicht kurze Zeit, wie ich meine, in der sie die Steine brachen, herbeischleppten und die unterirdische Ausschachtung anlegten."* [1122]

1881 entdeckte Gaston Maspero[1123] bei der Öffnung einer Seitenkammer der Unas Pyramide bei Sakkara sechs Bildhauermeißel aus Eisen sowie mehrere Eisenstücke aus dem Alten Reich.[1124]

1120 Admiral Algernon Percy, 4. Duke of Northumberland, KG, PC (15.12.1792 - 12.2.1865), von Geburt an bis 1816 Lord Algernon Percy genannt und zwischen 1816 und 1847 als Lord Prudhoe bekannt, war ein britischer Marinekommandant, Entdecker und konservativer Politiker. Percy trat im März 1805 im Alter von 12 Jahren an Bord der *HMS Tribune* in die *Royal Navy* ein und diente in den Napoleonischen Kriegen. Zwischen 1826 und 1829 nahm er an einer Expedition nach Ägypten, Nubien und in die Levante teil.

1121 Vyse 1840-42, Vol. 1, 275-276.

1122 Herodotus 2017, 178 (= 2. Buch, 125,6 u. 125,7).

1123 Gaston Camille Charles Maspero (* 23.6.1846 in Paris; † 30.6.1916 ebenda) war ein französischer Ägyptologe italienischer Abstammung.

1124 Olshausen und Belck 1907, 373-374.

Cheops hat mindestens zwei Expeditionen in die westliche Wüste ausgesandt, um Mineralien einsammeln zu lassen. Carlo Bergmann entdeckte im Jahr 2000 in der westlichen Wüste einen Platz[1125], den er „Wasserberg des Djedefre" nannte. Hier fand er Inschriften von Cheops und seinem Nachfolger Djedefre. In einer dieser Inschriften heißt es:

> *„[1] Jahr nach dem zwölften Mal der Zählung allen Kleinviehs: [2] Es kommt der Rekrutenaufseher Bebi und seine Truppe [3] hierher, um mf3t-Pulver aller Art zu gewinnen."* [1126]

Bei der Truppe handelt es sich um eine Mannschaft von 200 Personen, da Expeditionsmannschaften wie Arbeitsmannschaften gegliedert wurden. Eine Mannschaft bestand aus fünf Phylen und jede Phyle aus zwei bis vier Abteilungen. Jede Abteilung bestand aus 10 Männern, was bedeutet, dass eine Truppe oder Regiment aus 100 bis 200 Mann bestand.

Das *mf3t*-Pulver muss ein Mineral sein, welches dort abgebaut wurde. Die Hieroglyphengruppe für dieses Wort taucht bisher in keinem Hieroglyphenwörterbuch auf. Die Darstellung sieht so aus:

Der Ägyptologe Klaus-Peter Kuhlmann interpretiert dieses noch unbekannte Wort als ein Pulver. Die Umgebung von Dachla[1127] ist für ihre eisenoxidhaltigen Buntsandsteine und Tonerden bekannt.

Eine weitere Expeditionsinschrift unter Cheops lautet:

> *„[1] Jahr nach dem dreizehnten Mal der Zählung allen Viehs und Kleinviehs von Unter- und Oberägypten, [2] (König) Horus: Mḏḏw[1128], versehen mit ewigem Leben: [3] Ankunft des Aufsehers der Rekruten und Leibwächter, [4] Ijj-mrjj und Bbj, [5] mit zwei Rekruten-Trupps unter ihrer Leitung, [6] um mf3t-Pulver zu gewinnen als die/aus der Farbe des Wüstenbezirks. [7] Sie nahmen mjnw-Beutel, [8] die in Auftrag gegeben worden waren, guter Qualität mit (zurück)."* [1129]

Von beiden Inschriften ist auch die Datierung sehr interessant. Es handelt sich im ersten Fall um das Jahr nach dem 12. Mal der Viehzählung unter Cheops und im zweiten Fall um das Jahr nach dem 13. Mal der Viehzählung unter Cheops. Eine zweijährige Viehzählung vorausgesetzt ergibt das letzte Datum ein 26. Regierungsjahr des Cheops, da die erste Zählung im ersten Regierungsjahr durchgeführt wird. Die vorherrschende Lehrmeinung, dass Cheops gemäß dem Turiner Königspapyrus nur 23 Jahre regiert hat, scheint damit widerlegt zu sein. Im Jahr 2013 taucht dann noch im Wadi al-Jarf[1130], einem altägyptischen Hafen am Roten Meer, ein Papyrus auf, der ebenfalls ein Jahr nach der 13. Viehzählung unter König Cheops enthält (siehe Kap. 18.8). Da es in diesem Papyrus um den Steintransport vom Tura-Steinbruch zur Cheops-Pyramide ging, wurden also im Jahr nach der 13. Zählung sowohl Verkleidungssteine für die Abschlussarbeiten an der Pyramide transportiert, als auch Farbpigmente aus der Westwüste herbeigebracht, um eine Bemalung – vielleicht des Opfertempels und für Inschriften – vornehmen zu können. Die Menge an mineralischem Pulver kann nicht unerheblich gewesen sein, wenn er im Abstand von zwei Jahren Expeditionen in die Westwüste durchführen ließ, am Ende sogar mit 400 Mann.

1125 Dieser Fundplatz befindet sich ca. 80–90 km von der Oase Dachla entfernt.

1126 Kuhlmann 2005, 245 f, Inschrift I.

1127 Dachla ist innerhalb Ägyptens die von Kairo am weitesten entfernt liegende Oase. Sie liegt in einer Senke umgeben von Felsenformationen und besitzt etwa 30.000 Hektar kultivierte Fläche sowie einen See.

1128 Dies ist der sogenannte Goldhorusname des Königs Cheops.

1129 Kuhlmann 2005, 247-251, Inschrift II.

1130 Der Ort liegt rund 25 km Luftlinie südlich von Zafarana, einem modernen Ort am Roten Meer und rund 120 km Luftlinie südlich von Suez.

18.3 Transport der Steine zur Pyramide

Betrachten wir uns einmal die Möglichkeiten der damaligen Ägypter tonnenschwere Steinblöcke von einem Steinbruch zur Pyramide zu transportieren. Zuerst müssen wir dabei unterscheiden, ob der Steinbruch auf der gleichen Nilseite wie die zu erbauende Pyramide liegt oder nicht. Im ersten Fall benötigen wir nur Transportschlitten, im zweiten Fall zusätzlich noch Schiffe. In jedem Fall benötigen wir also einen Transportschlitten für die Steine, wie es auf zahlreichen hieroglyphischen Abbildungen zu sehen ist.

Im 1817 entdeckten Grab[1131] des Djehutihotep[1132] in Deir el-Berscheh[1133] befindet sich ein Fries[1134] auf dem 172 Schlepper abgebildet sind, die eine etwa 60 t[1135] schwere Statue schleppen. Die auf einem Holzschlitten platzierte Statue wurde entlang einer speziell gebauten Straße gezogen.

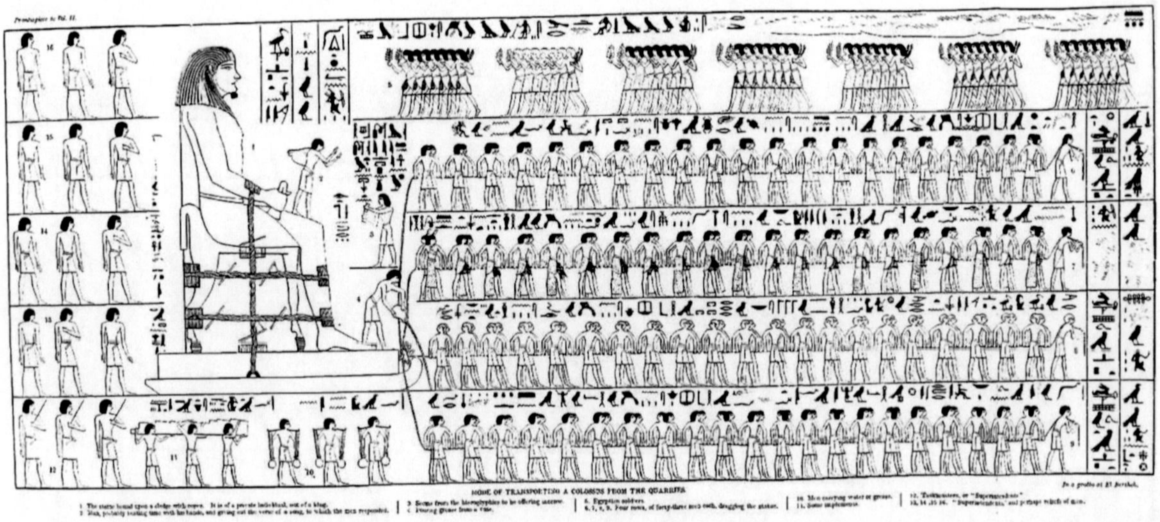

Abb. 151: Darstellung der Djehutihotep-Statue, die mit Wasser als Gleitmittel gezogen wird, etwa um 1840 v. Chr. während der Regierung von Sesostris II., 12. Dynastie.

In einer Bildunterschrift, die das Bild kommentiert, heißt es: *„Der Weg, auf dem sie (die Statue) kam, war sehr schwierig, über alle Maßen. Das Schleppen der großen Dinge auf ihr war für das Herz des Volkes schwierig, weil es sich um hartes Gestein handelte."*[1136] Als Erklärung zu dem Bild gibt Wilkinson folgenden Text:

> *„Transportmethode eines großen Kolosses aus den Steinbrüchen. Die Statue ist auf einem Schlitten mit Seilen gefesselt; auf dem Knie steht ein Mann, der mit den Händen den Takt schlägt und einen Vers eines Liedes ausgibt; ein anderer steht auf dem Sockel und gießt eine grüne Flüssigkeit, offensichtlich Fett, aus einer Vase vor den Schlitten. In der oberen Reihe befinden sich*

[1131] Es wurde während einer Expedition der britischen Marineoffiziere James Mangles und Charles Irby entdeckt. Das vollständigste Grab wurde von Percy Newberry, der seine Beschreibung 1895 veröffentlichte, erforscht und detailliert beschrieben. Die einzige erhaltene Fotografie vor der Beschädigung des Originals stammt von Major Brown. Siehe hierzu: Davies 1999, 29-35 u. Pl. 6-10.

[1132] Djehutihotep (äg.: Ḏḥwt(y)-ḥtp, dt. Thoth ist zufrieden) II. war ein altägyptischer Gaufürst des 15. Gaus von Oberägypten, dem Hasengau, der in der zwölften Dynastie im 19. Jh. v. Chr. dem König Sesostris II. diente.

[1133] Deir el-Bersche ist ein koptisches Dorf auf dem östlichen Nilufer gegenüber der Stadt Mallawi (knapp 300 km südlich von Kairo), südlich der antiken Stadt Antinoupolis. Es liegt im Gouvernement al-Minya und zählt heute etwa 15.000 Einwohner.

[1134] An der Innenwand der Fassade auf der linken Seite des Eingangs befindet sich die berühmte Szene des Transports der Kolossalstatue.

[1135] Die Inschrift zur Abbildung spricht von einer 13 Ellen (≈ 6,81 m) hohen Statue aus hartem Gestein von Hatnub. Anhand der Proportionen kann man schließen, dass die Statue eine Länge von 7,8 Ellen (≈ 4,08 m) besaß. Der Sockel war dann 1 Elle (≈ 0,52 m) hoch und 9,5 Ellen (≈ 4,97 m) lang. Gewöhnlicher Alabaster besitzt nur eine Härte von 2 auf der bis 10 (= Diamant) reichenden Mohs'schen Härteskala. Der ägyptische Alabaster, auch Onyxmarmor genannt, besitzt allerdings eine Härte von 3,5 bis 4. Als Dichte wird 2,94 t/m³ angegeben. Granit hingegen ist deutlich härter, denn es besitzt eine Härte von 7. Bei dem geschätzten Gewicht von 60 t muss die Breite der Statue eine Breite von knapp 2,5 Ellen (≈ 1,28 m) besessen haben, wenn der Sockel die gleiche Breite besaß.

[1136] Breasted 1906-07, 310.

Kompanien von Soldaten, die grüne Zweige tragen; dann vier Reihen von Männern, dreiundvierzig in jedem, die die Statue mit Seilen ziehen; und in der untersten Reihe befinden sich andere, die Arbeitsgeräte und Vasen mit Fett oder anderen Flüssigkeiten tragen, gefolgt von "Überwachern" oder Aufgabenmeistern; und hinter der Statue befinden sich andere "Überwacher" und vielleicht Reliefs von Männern." [1137]

Eine sehr ähnliche Zeichnung, aber mit weniger Schleppern wurde von Minutoli[1138], der 1820 im Auftrag des preußischen Staats eine Expedition nach Ägypten unternahm.

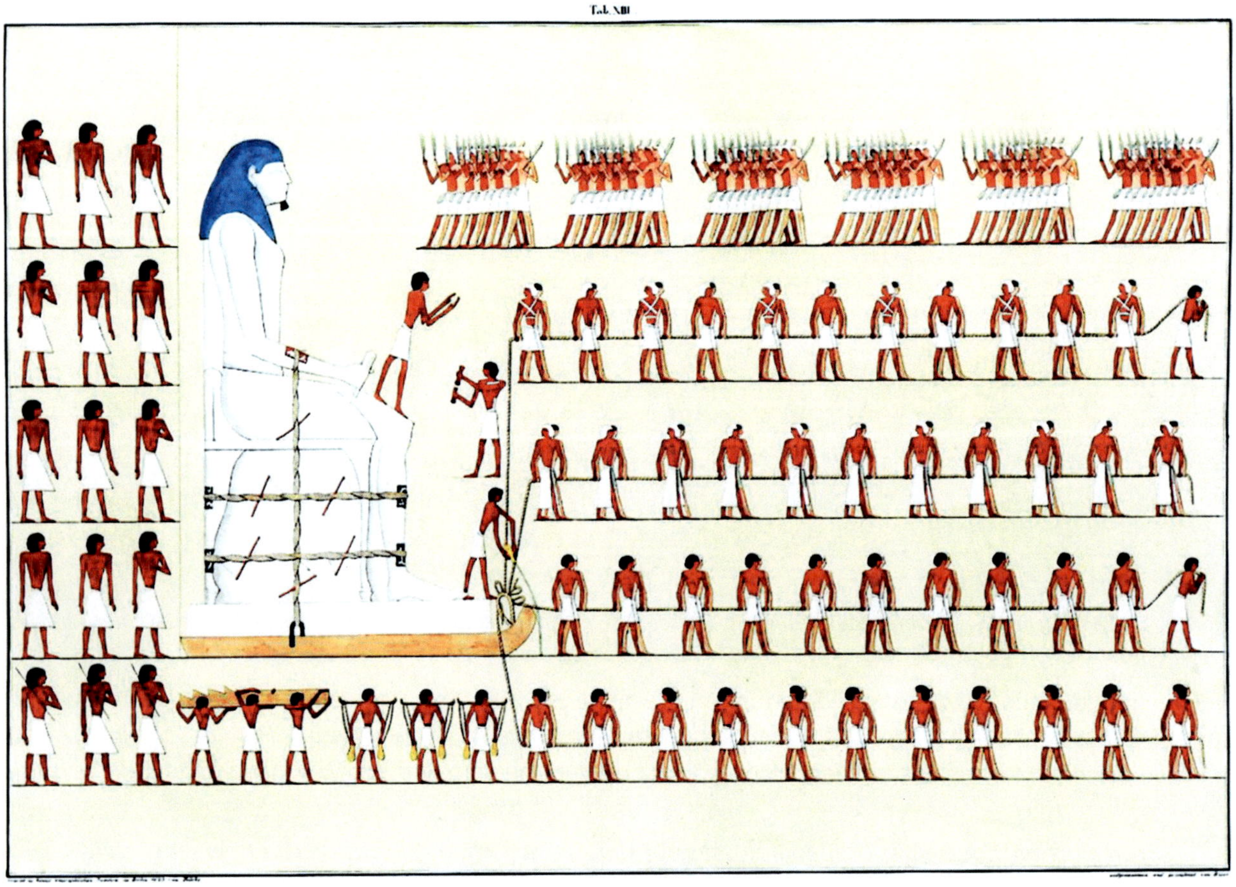

Abb. 155: Transport eines monolithischen Kolosses, eine kolorierte Zeichnung aus den Katakomben zwischen Beni Hassan und Scheik-Abadeh, von Herrn Ricci.

Während die beiden Bilder über den Transport eines Kolosses auf den ersten Blick gleich aussehen, unterscheiden sie sich doch in einigen Punkten. Der auffälligste Unterschied betrifft die Farbgebung bei der Darstellung von Minutoli. Im beiliegenden Text schreibt er, dass selbst Granitstatuen der Ägypter wohl bemalt gewesen sind. Zur besseren Unterscheidung von Personengruppen wurden zwei Farben benutzt. Es gibt keine hieroglyphische Beischrift oder sie wurde hier explizit weggelassen. Das Begrüßungskomitee für die Statue besteht bei Minutoli aus 6 Gruppen zu je 10 (= 60) Personen, während es bei Wilkinson aus 7 Gruppen zu je 7 (= 49) Personen besteht. Die Anzahl der Schlepper ist auch unterschiedlich; bei Minutoli sind es 23 + 22 + 21 + 22 = 88 Schlepper und bei Wilkinson 4 × 43 = 172 Schlepper, also etwa doppelt so viele. Bei Minutoli sind alle vier Schlepperreihen unterschiedlich dargestellt, während sie bei Wilkinson identisch sind. In der obersten Schlepperreihe bei Minutoli tragen 6 Personen zusätzlich zwei Gurte über der Brust. In der dritten

---

1137 J. G. Wilkinson 1854, Vol. 2, V. vom Autor ins Deutsche übersetzt.

1138 Johann Heinrich Karl Menu, seit 1820 Freiherr von Minutoli (* 12.5.1772 in Genf, Schweiz; † 16.9.1846 in Berlin, Deutschland) war ein preußischer Generalleutnant, Prinzenerzieher, Entdecker und Altertumsforscher. Die Familie Minutoli stammte ursprünglich aus Lucca und wanderte im 17. Jahrhundert in die Schweiz aus. Heinrich war der Sohn von Daniel von Minutoli (1732–1811) und dessen Ehefrau Isabelle, geborene von Lucadou (1739–1816). Minutoli wurde 1832 zum Ehrenmitglied der Preußischen Akademie der Wissenschaften ernannt, nahm bald darauf mit dem Titel eines Generalleutnants seine Entlassung und zog sich auf eine Besitzung bei Lausanne zurück.

Reihe schauen alle Personen nach vorne, während in den drei anderen Reihen der vorderste jeder zweiten Gruppe nach hinten schaut. Man erkennt hierin eine systematische Anordnung. Bei Wilkinson hingegen schauen auch einige Personen nach hinten, aber ohne erkennbares Schema. Dafür tragen die Schlepper in der zweiten Reihe andere Kleider als die Schlepper der übrigen Reihen. Zudem tragen die beiden der Statue am nächsten stehenden Schlepper der zweiten Reihe eine Straußenfeder auf dem Kopf, mit der gewöhnlich die Gottheit Maat geschmückt ist.

Aufgrund der Unterschiede der Anzahl der Schlepper, die bei Minutoli nur gut die Hälfte der Schlepper bei Wilkinson ausmacht, ist fraglich, ob hier jeweils die tatsächliche Schlepperanzahl dargestellt werden sollte oder ob es einfach nur „viele" sein sollten.

Eine 2014 veröffentlichte Studie zeigte, dass Wasser als Gleitmittel in der richtigen Menge die notwendige Zugkraft um die deutlich reduziert und es zu keiner Bremswirkung des Sandes kommt. "*Summarizing, we find that there is a pronounced effect of the addition of small amounts of water to sand. The force necessary to move the sled at constant speed with a given weight on top of it can be reduced by as much as 40 %, and the force necessary to get the sled to move by up to 70 % on standard sand.*"[1139]

Golvin und Goyon[1140] verweisen darauf, dass eine Grundregel ägyptischer Bautechnik lautete, schwere Steinblöcke nie hochzuheben, sondern sie stattdessen auf dem Boden zu ziehen. Wandreliefs dokumentieren diese Transportmethode detailliert.

Die Schleppmannschaften trugen in der Regel eigene ruhmreiche Namen. Für Cheops sind beispielsweise aus den Graffiti in den Entlastungskammern folgende Namen belegt: „*Cheops ruft Liebe hervor*" und „*Mächtig ist die weiße Krone des Chnum-Chufu*".

Bereits im Jahr 1934 wurden von Henri Chevrier Transportversuche mit schweren Lasten durchgeführt. Es wurde ein Holzschlitten gebaut, der dem eines in Gizeh gefundenen altägyptischen Originals nachempfunden wurde. Als Ladung verwendete man einen Steinblock von ca. 2 m³, was etwa einem Gewicht von 5 t entspricht. Golvin und Goyon zitieren Chevriers Bericht von 1934, der sehr aufschlussreich ist:

> *„Vor den Schlitten wurde die Oberfläche der Gleitbahn mit Wasser begossen, und etwa fünfzig Mann wurden an zwei Zugseile gestellt. Ebenso wie ich voll von Zweifeln, ob es gelingen würde, die Last zu bewegen, stemmten sie sich auf einen Startpfiff hin in die Seile. Der Effekt war unmittelbar: Sie fielen vornüber, denn der Schlitten mit seiner Last hatte sich ganz leicht in Bewegung setzen lassen; nun brach er seitwärts aus und kam am Rand der befeuchteten Gleitbahn zum Stillstand. Ohne tiefe Spuren hinterlassen zu haben. Nur die dünne befeuchtete Oberflächenschicht war abgerieben. Das Ergebnis des Versuches war eindeutig: Es war ratsam und durchaus ausreichend, die Oberfläche der Gleitbahn nur in der Breite des Schlittens zu befeuchten: schon eine geringe Zahl von Arbeitern genügte. Die Arbeiter setzten den Versuch fort und reduzierten nach und nach die Zahlenstärke der Zugmannschaft, bis schließlich nur noch sechs Leute im Einsatz waren, je drei pro Zugseil, ohne daß diese sich hätten übermäßig anstrengen müssen. Als erstes Ergebnis konnte festgehalten werden: Pro Tonne Gewicht ein Mann*[1141] *- ein identisches Verhältnis wie beim Transport schwerer Lasten mit einer gut geschmierten Feldbahn-Lore. Zweites Ergebnis: Der Reibungskoeffizient festgestampften, befeuchteten Nilschlamms tendiert gegen Null."*[1142]

Als Zugkraft gab er 40 kp (≈ 392 Newton) pro Person an. Daraus ergibt sich eine Gleitreibungszahl von 0,05.

Chevrier hatte sich hier sicher sehr starke Männer für das Experiment ausgesucht, wie folgender Auszug aus der Norm DIN 33411 *Körperkräfte des Menschen Teil 5 „Maximale statische Aktionskräfte" Tabelle 11*, zeigt, können beim Ziehen folgende praxisrelevante Kräfte erreicht werden:

[1139] Fall, et al. 2014, 4.

[1140] Golvin und Goyon 1990, 100.

[1141] Die würde bedeuten, dass Chevrier von einer Dichte von 3 t/m³ ausgeht.

[1142] Golvin und Goyon 1990, 100-101.

- 95 % aller Männer ca. 190 N
- 50 % ca. 275 N
- 5 % ca. 400 N

- 95 % aller Frauen ca. 110 N
- 50 % ca. 180 N
- 5 % ca. 260 N

Beim Schieben (Handgriff in 1,35 m Höhe bei sicherem Stand):

- 95 % aller Männer ca. 310 N
- 50 % ca. 510 N
- 5 % ca. 770 N

- 95 % aller Frauen ca. 140 N
- 50 % ca. 250 N
- 5 % ca. 400 N

Bei Chevriers Experiment muss also beachtet werden, dass die von seinen Arbeitern erbrachte Leistung nur eine kurzfristig erbringbare Leistung darstellt und nicht als Dauerleistung für den Steintransport durch Arbeiter benutzt werden kann. Dennoch bestätigt dieses Experiment die obige DIN-Norm, nach der 5 % aller Männer in der Lage sind eine Zugkraft von 400 Newton (N) auszuüben. Dies ist für den Pyramidenbau dann von Bedeutung, wenn es kurze steile Abschnitte beim Ziehen zu überwinden gilt. Gewöhnliche Rampen wird man allerdings möglichst mit einer gleichmäßigen Steigung versucht haben anzulegen.

Haan[1143] berichtet mit Verweis auf Experimente von Hodges[1144] und Parry[1145], dass eine Kraft von 220 bis 320 N dauerhaft von Arbeitern erbracht werden kann. Der Mittelwert liegt bei 270 N und damit nur 5 N unter dem Durchschnittswert für 50 % aller Männer nach DIN 33411. Im Folgenden sei daher für Berechnungen der Wert von 275 N pro Arbeiter für eine dauerhafte Leistung benutzt.

Wenn wir also nochmals auf die Djehutihotep-Kolossalstatue zurückkommen, wo wir gesehen haben, dass 172 Schlepper nötig waren, um den Koloss zu ziehen, so erhalten wir gemäß der Formel

Zugkraft = Last × Gleitreibungszahl

eine benötigte Zugkraft von 3.000 kp (≈ 29.420 N) für das Schleppen eines 60 t Gewichts auf der Ebene mit einer Gleitreibungszahl von 0,05. Dies ergibt dann pro Schlepper 171 N (≈ 17,5 kp). In einem deutschen Handbuch zur Binnenschifffahrt von 1918 wird die Zugkraft eines Mannes mit 30 kp (≈ 294 N) für das Treideln – das Ziehen eines Schiffes mit Seilen vom Ufer eines Kanals aus – angegeben. Als Arbeitszeit eines Treidlers wird dabei von 10 bis 12 Stunden pro Tag ausgegangen.[1146] Diesen Wert erreicht laut obiger DIN-Norm noch fast die Hälfte aller Männer. Der errechnete Wert von 17,5 kp pro Schlepper der Djehutihotep-Kolossalstatue liegt damit in einem sehr plausiblen Bereich. Die Arbeitszeiten von 10 bis 12 Stunden pro Tag sind sicher auch für das Alte Ägypten anwendbar.

Machen wir die Rechnung jedoch mit 88 Schleppern, so erhalten wir – gleiches Statuengewicht und gleiche Gleitreibungszahl vorausgesetzt – pro Schlepper 334 N (≈ 34 kp). Auch diese Zugkraft liegt durchaus noch im Bereich des Machbaren, da noch etwa jeder vierte Mann zu dieser Leistung fähig ist. Zudem kann man davon ausgehen, dass die Ägypter für solche Aufgaben die jeweils kräftigsten und stärksten Arbeiter ausgesucht haben.

[1143] Haan 2010, 15.

[1144] Hodges und Keable 1989, 139.

[1145] Parry 2004, 133.

[1146] Teubert 1918, Bd. 2, 228. Einen Wert von 27 kp (≈ 265 N) gibt Gehler in seinem physikalischen Wörterbuch an (Gehler, et al. 1825-1845, 981). Als maximale Kraft gibt Gehler 100–120 kp (≈ 981–1177 N) an.

Aus dem konkreten Beispiel mit der Djehutihotep-Kolossalstatue können wir im Umkehrschluss auch eine obere Grenze für die Gleitreibungszahl errechnen, da wir davon ausgehen können, dass eine Kraft von 400 N pro Schlepper die Obergrenze des Machbaren darstellt. Wir erhalten hierbei als Gleitreibungszahl 0,117.

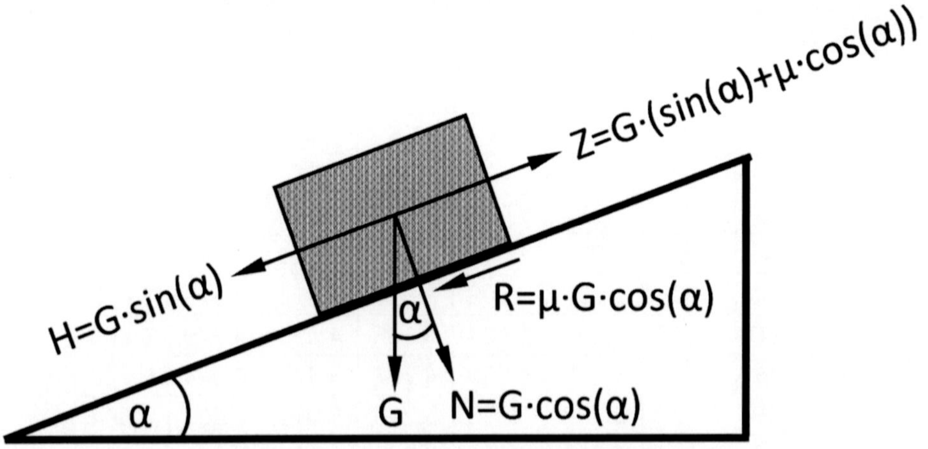

Abb. 156: Kräfte, die auf einen Steinblock auf der schiefen Ebene wirken. Z = Zugkraft, H = Hangabtriebskraft, N = Normalkraft, R = Reibungskraft, μ = Gleitreibungszahl, G = Gewichtskraft, α = Steigungswinkel.

Wenn ein Gegenstand auf einer schiefen Ebene (z. B. einer Rampe) nach oben gezogen werden soll, so errechnet sich die Zugkraft mittels folgender Formel:

Zugkraft = Last × (sin(α) + Gleitreibungszahl × cos(α))

Der Neigungswinkel α geht also zusätzlich in die Berechnung mit ein. Benutzen wir noch einmal das Beispiel von zuvor und errechnen nun die maximale Steigung, die die 172 Schlepper bei einer maximalen Zugkraft von 400 N pro Person und einer Gleitreibungszahl von 0,05 hochziehen können. Wir erhalten einen Winkel α von 3,84° bzw. in eine Steigung umgerechnet von 6,7 %.

Die meisten, wenn nicht sogar alle, bisher gemachten Versuche, einen antiken Steintransport zu simulieren, gingen nur von Zugkräften, nicht aber von Schiebekräften aus. Wie wir aus den Angaben der DIN-Norm 33411 entnehmen können, sind die Schiebekräfte fast doppelt so groß wie die Zugkräfte. Befestigt man z.B. an dem Transportschlitten einen Holzmast mit einem Querbalken in Brusthöhe, so können zusätzlich zu den Schleppern auch noch einige, wenngleich aus Platzgründen nicht so viele wie diese, Schieber am Transport mitwirken, was die Anzahl an Gesamtpersonen zum Transport weiter reduziert. Für einen gewöhnlichen Steinblock von 1 m^3 und 2,5 t Gewicht reicht es vermutlich, wenn zwei Schieber dem Transportschlitten ohne Holzmasten von hinten zusätzlichen Schub verleihen.

Bezüglich der Gleitreibungszahlen nennt Müller-Römer[1147] folgende Werte:

Hartholz auf Hartholz, gefettet.	0,04[1148]-0,12
Holzschlitten auf festem, glattem Untergrund mit nassem Nilschlamm als Auflage.	0,05
Holzschlitten auf feuchter Lehmziegelschicht.	0,05
Holzschlitten auf Sandschüttung oder auf Kugeln aus Dolerit.	0,05
Holzschlitten auf grob poliertem Kalkstein.	0,05-0,1
Kalkstein, geglättet, mit nasser Mörtelschicht auf Kalkstein, geglättet.	0,14
Holzschlitten auf nassem Untergrund aus Erde und Schotter.	0,25
Steinblock, behauen, auf grob poliertem Kalkstein.	0,25
Holz auf Holz.	0,3
Holz auf Beton.	0,3

Tab. 6: Verschiedene Gleitreibungszahlen bei unterschiedlichem Untergrund.

1147 Müller-Römer 2011, 79.

1148 Der niedrigere Wert gilt für die Gleitreibung bei Verwendung von quer unter dem Schlitten fest angeordneten Rundhölzern.

Für die weiteren Berechnungen sei hier eine Gleitreibungszahl von 0,05 angenommen, da dieser Wert am wahrscheinlichsten ist. Was die maximale Steigung einer Rampe angeht, so muss berücksichtigt werden, wann eine Person, die sich auf der Rampe bewegt, ins Rutschen kommt. Für einen Schlepper mit einem Gewicht von 60–70 kg[1149] kommt er bei 20° ins Rutschen. Somit ergibt sich auch eine Obergrenze für den maximalen Neigungswinkel einer Rampe, 20° bzw. 36,4 % Steigung.

Steigung in °	**Steigung in %**	**Last in t**									
		0,5	**1**	**1,5**	**2**	**2,5**	**3**	**3,5**	**4**	**4,5**	**5**
0	**0**	245	490	735	981	1.226	1.471	1.716	1.961	2.206	2.452
1	**1,7**	331	661	992	1.323	1.654	1.984	2.315	2.646	2.976	3.307
2	**3,5**	416	832	1.248	1.665	2.081	2.497	2.913	3.329	3.745	4.161
3	**5,2**	501	1.003	1.504	2.006	2.507	3.009	3.510	4.012	4.513	5.015
4	**7**	587	1.173	1.760	2.346	2.933	3.520	4.106	4.693	5.279	5.866
5	**8,7**	672	1.343	2.015	2.686	3.358	4.030	4.701	5.373	6.044	6.716
6	**10,5**	756	1.513	2.269	3.025	3.782	4.538	5.295	6.051	6.807	7.564
7	**12,3**	841	1.682	2.523	3.364	4.205	5.045	5.886	6.727	7.568	8.409
8	**14,1**	925	1.850	2.776	3.701	4.626	5.551	6.476	7.402	8.327	9.252
9	**15,8**	1.009	2.018	3.028	4.037	5.046	6.055	7.064	8.074	9.083	10.092
10	**17,6**	1.093	2.186	3.279	4.372	5.464	6.557	7.650	8.743	9.836	10.929
11	**19,4**	1.176	2.353	3.529	4.705	5.881	7.058	8.234	9.410	10.586	11.763
12	**21,3**	1.259	2.519	3.778	5.037	6.296	7.556	8.815	10.074	11.333	12.593
13	**23,1**	1.342	2.684	4.026	5.368	6.709	8.051	9.393	10.735	12.077	13.419
14	**24,9**	1.424	2.848	4.272	5.696	7.121	8.545	9.969	11.393	12.817	14.241
15	**26,8**	1.506	3.012	4.518	6.024	7.529	9.035	10.541	12.047	13.553	15.059
16	**28,7**	1.587	3.174	4.762	6.349	7.936	9.523	11.110	12.698	14.285	15.872
17	**30,6**	1.668	3.336	5.004	6.672	8.340	10.008	11.676	13.344	15.012	16.680
18	**32,5**	1.748	3.497	5.245	6.994	8.742	10.490	12.239	13.987	15.735	17.484
19	**34,4**	1.828	3.656	5.485	7.313	9.141	10.969	12.797	14.625	16.454	18.282
20	**36,4**	1.907	3.815	5.722	7.630	9.537	11.445	13.352	15.259	17.167	19.074
51,84	**127,3**	4.007	8.014	12.021	16.028	20.035	24.042	28.049	32.056	36.063	40.070

Tab. 7: Zugkraft in Newton (N) für Steinblöcke von 0,5 bis 5 t in Abhängigkeit der Steigung bei einer Gleitreibungszahl von 0,05.

Die maximale Neigung, bei der ein Gegenstand auf einer schiefen Ebene gerade noch von selbst liegen bleibt, ergibt sich über folgende Formel: $\tan(\alpha_{max})$ = Haftreibungszahl μ.

Bei der Reibung zwischen festen Körpern unterscheidet man grundsätzlich zwischen Haftreibung und Gleitreibung, je nachdem, ob die beiden beteiligten Oberflächen sich gegeneinander bewegen oder nicht. Laut Müller-Römer muss für den Transport von Lasten über eine Rampe die Haftreibung 20 % größer als die Gleitreibung sein.[1150] Ein kleiner Steinblock mit 0,5 t Gewicht, wie er im oberen Teil der Cheops-Pyramide oftmals benutzt wurde, kann auf der Ebene schon von einer durchschnittlich starken Person alleine gezogen werden. Ein 2,5 t Block benötigt schon 2 × 2-Schlepper auf der Ebene. Bei einer Steigung von 5° verdreifacht sich hier schon die Anzahl an Schleppern auf 12. Um einen 2,5 t Steinblock über die Außenverkleidung der Cheops-Pyramide hochzuziehen würde man 73 Schlepper benötigen. Wie man leicht sieht, ist dies schon aus diversen Gründen nicht möglich: erstens, weil die Schlepper bei fast 52° Steigung kein Gewicht mehr ziehen könnten, da sie nicht genug Halt hätten um nicht abzurutschen und zweitens die Zugkraft eines Schleppers mit zunehmender Steigung abnimmt, sodass sie bei 52° gegen null geht.

1149 Die alten Ägypter waren kleiner und leichter als wir heutzutage. Die männliche Durchschnittsgröße betrug nur 1,58 m – was übrigens fast exakt 3 Königsellen (≈ 1,57 m) unter Cheops entspricht –, wie Mumienfunde belegen.

1150 Müller-Römer 2011, 80.

Steigung in °	Steigung in %	Last in t									
		0,5	1	1,5	2	2,5	3	3,5	4	4,5	5
0	**0,0**	1	2	3	4	4	5	6	7	8	9
1	**1,7**	1	2	4	5	6	7	8	10	11	12
2	**3,5**	2	3	5	6	8	9	11	12	14	15
3	**5,2**	2	4	5	7	9	11	13	15	16	18
4	**7,0**	2	4	6	9	11	13	15	17	19	21
5	**8,7**	2	5	7	10	12	15	17	20	22	24
6	**10,5**	3	6	8	11	14	17	19	22	25	28
7	**12,3**	3	6	9	12	15	18	21	24	28	31
8	**14,1**	3	7	10	13	17	20	24	27	30	34
9	**15,8**	4	7	11	15	18	22	26	29	33	37
10	**17,6**	4	8	12	16	20	24	28	32	36	40
11	**19,4**	4	9	13	17	21	26	30	34	38	43
12	**21,3**	5	9	14	18	23	27	32	37	41	46
13	**23,1**	5	10	15	20	24	29	34	39	44	49
14	**24,9**	5	10	16	21	26	31	36	41	47	52
15	**26,8**	5	11	16	22	27	33	38	44	49	55
16	**28,7**	6	12	17	23	29	35	40	46	52	58
17	**30,6**	6	12	18	24	30	36	42	49	55	61
18	**32,5**	6	13	19	25	32	38	45	51	57	64
19	**34,4**	7	13	20	27	33	40	47	53	60	66
20	**36,4**	7	14	21	28	35	42	49	55	62	69
51,84	**127,3**	15	29	44	58	73	87	102	117	131	146

Tab. 8: Anzahl an benötigten Schleppern bei einer Zugleistung von 275 N pro Schlepper und einer Gleitreibungszahl von 0,05. Die mit zunehmender Steigung abnehmende Zugleistung eines Schleppers ist hier nicht berücksichtigt.

In Gehlers physikalischem Wörterbuch finden wir bezüglich der Leistungsminderung des Menschen betreffend der Tragkraft unter Berücksichtigung von Steigungen folgende Formel dazu:

p = 120 (1 – v/5 – 2 sin(α)) [1151]

wobei p die bei einer Bewegung angewandte Kraft in Kölner Pfund ist, v die Bewegungsgeschwindigkeit in rheinischen Fuß pro Sekunde und α der Steigungswinkel in Grad.

Dabei wird als maximale Tragkraft 120 Kölner Pfund[1152] und als maximale dauerhafte Gehgeschwindigkeit in der Ebene 5 Rheinische Fuß[1153] (≈ 1,57 m) pro Sekunde angenommen, was 5,652 km/h entspricht. Umgerechnet in unser System der SI-Einheiten sieht die Formel wie folgt aus:

p = 550,3 (1 – v/5,652 – 2 sin(α))

wobei die Tragkraft p in Newton (N) und die Geschwindigkeit v in km/h anzugeben sind.

Wir können die Formel nun leicht auf die Zugkraft anpassen, da wir auch hier die Newton-Werte für die Ebene kennen und die Bewegungsgeschwindigkeit des Menschen in der Ebene identisch ist. Dennoch sei hier die maximale durchschnittliche Bewegungsgeschwindigkeit in der Ebene auf 5 km/h reduziert, da dieser Wert heute als übliche Gehgeschwindigkeit benutzt wird. Die Formel sieht dann wie folgt aus:

p = 400 (1 – v/5 – 2 sin(α)) für 5 % aller Männer und

p = 275 (1 – v/5 – 2 sin(α)) für 50 % aller Männer

1151 Gehler, et al. 1825-1845, 994.

1152 Ein Kölner Pfund wog in Köln rd. 467,6 g.

1153 Der Rheinische Fuß steht übrigens in einem Verhältnis von 5:3 zur altägyptischen Königselle.

Aus der Formel ist auch leicht erkennbar, was als maximale Steigung möglich ist, nämlich dann, wenn $p = 0$ ist. Bei einem Steigungswinkel von 30° ergibt der Term $2 \sin(\alpha) = 1$ und damit selbst bei $v = 0$ wird p zu 0. Besitzt der Neigungswinkel einer Rampe 20° und geht man von einer Gehgeschwindigkeit von 1 km/h (≈ 28 cm/s) aus, so bleiben nur noch 11,6 % der Zugleistung gegenüber dem Wert in der Ebene übrig. Bei einem Steigungswinkel von gut 23,5° und einer Gehgeschwindigkeit von 1 km/h geht die Zugkraft ebenfalls auf 0 zurück.

Ein weiterer Faktor, der die menschliche Leistungsfähigkeit beeinflusst, ist die Temperatur. Vor allem bei sehr hohen oder sehr tiefen Temperaturen nimmt die Leistungsfähigkeit deutlich ab. Gehler nennt hier für hohe Temperaturen, wie sie beispielsweise auf der Insel Martinique (französisches Übersee-Departement auf dem 14. nördlichen Breitengrad) vorherrschen, eine Leistungsreduktion von rund 50 %.[1154] Die Temperaturen auf Martinique liegen zwischen 24 und 30° C, bei einem Jahresdurchschnitt von rund 26°. Die Monate Juni bis November zeichnen sich durch hohe Luftfeuchtigkeit aus. Genau diese Kombination von relativ hohen Temperaturen und hoher Luftfeuchtigkeit setzt dem menschlichen Körper ziemlich zu und mindert somit die Leistungsfähigkeit beachtlich. In Ägypten sind die Temperaturen zwar in den Sommermonaten deutlich höher – 40° C und mehr sind hier keine Seltenheit –, aber die Luftfeuchtigkeit ist dann sehr niedrig. Hätten Mitteleuropäer die Cheops-Pyramide errichtet, müsste man eine Leistungsreduktion aufgrund der klimatischen Verhältnisse auf jeden Fall zum Ansatz bringen, für die hitzegewohnten Ägypter stellt dies allenfalls in den Sommermonaten eine geringfügige Leistungsminderung dar, die man bei Berechnungen vernachlässigen kann, ohne einen allzu großen Fehler zu begehen.

Steigung in °	**Steigung in %**	**Last in t**									
		0,5	**1**	**1,5**	**2**	**2,5**	**3**	**3,5**	**4**	**4,5**	**5**
0	**0,0**	1	2	3	4	6	7	8	9	10	11
1	**1,7**	2	3	5	6	8	9	11	13	14	16
2	**3,5**	2	4	6	8	10	12	15	17	19	21
3	**5,2**	3	5	8	10	13	16	18	21	24	26
4	**7,0**	3	6	10	13	16	19	23	26	29	32
5	**8,7**	4	8	12	16	20	23	27	31	35	39
6	**10,5**	5	9	14	19	23	28	33	37	42	47
7	**12,3**	5	11	16	22	27	33	38	44	49	55
8	**14,1**	6	13	19	26	32	39	45	52	58	64
9	**15,8**	8	15	23	30	38	45	53	60	68	75
10	**17,6**	9	18	26	35	44	53	61	70	79	88
11	**19,4**	10	20	31	41	51	61	72	82	92	102
12	**21,3**	12	24	36	48	60	72	83	95	107	119
13	**23,1**	14	28	42	56	70	84	98	112	125	139
14	**24,9**	16	33	49	66	82	98	115	131	147	164
15	**26,8**	19	39	58	78	97	116	136	155	175	194
16	**28,7**	23	46	70	93	116	139	162	186	209	232
17	**30,6**	28	56	85	113	141	169	197	225	254	282
18	**32,5**	35	70	105	140	175	210	245	280	314	349
19	**34,4**	45	89	134	179	223	268	313	357	402	447
20	**36,4**	60	120	179	239	299	359	419	479	538	598

Tab. 9: Anzahl an benötigten Schleppern bei einer Zugleistung von 275 N pro Schlepper und einer Gleitreibungszahl von 0,05. Berücksichtigt sind hierbei eine Schleppgeschwindigkeit von 1 km/h und die Leistungsreduktion aufgrund der Steigung.

Benötigten wir unter Nichtbeachtung der Leistungsreduktion und Ziehgeschwindigkeit für einen 2,5 t Steinblock auf einer Rampe mit 20° Neigung nur 35 Schlepper, so sind es nun fast 300 Schlepper. Nimmt man eine Arbeitsmannschaft mit 200 Personen, wie sie für den Bau der Cheops-Pyramide nachgewiesen ist, als

[1154] Gehler, et al. 1825-1845, 995.

größtmögliche Schleppmannschaft, so erkennt man aus obiger Tabelle schnell die Grenzen des Machbaren. Bei 20° Neigung liegt diese Grenze bei ca. 1,7 t Gewicht. Bei 15° können noch 5 t Steine gezogen werden.

Die Gewichtsangaben für die Deckensteine der Königskammer schwanken zwischen 40 und 60 t Gewicht. Um einen 60 t Stein (inkl. Schlitten und Seile) mit einer Geschwindigkeit von 1 km/h zu ziehen, benötigt man eine Mannschaft von 134 Personen für den Transport auf der Ebene und 189 Personen für eine Rampe mit 1° oder 1,7 % Steigung. Für einen 40 t Stein benötigt man jedoch lediglich 89 Personen für die Ebene und mit 200 Schleppern kann man ihn eine Steigung von 4,8 % mit 1 km/h hochziehen und das mit nur durchschnittlich starken Männern.

Je größer die Anzahl an Schleppern ist, desto mehr Platz benötigt man auf einer Rampe. Je nach Art der Rampe kann dies auch ein limitierender Faktor sein. Im Herbst des Jahres 2018 gaben Forscher der Abteilung für *Archaeology, Classics and Egyptology* (ACE) der Universität Liverpool und des *Institut Français d'Archéologie Orientale* (IFAO) die Entdeckung einer Rampe in Hatnub[1155] bekannt, die schon zu Cheops Zeiten genutzt wurde. Die gut erhaltene Rampe kann Aufschluss darüber geben, wie seine Pyramide gebaut wurde. Das Besondere an der Rampe ist, dass sie auf beiden Seiten mit Treppenstufen versehen war, die ein komplexes Lochmuster für Holzpfähle beinhaltete, wobei die Löcher mit 70–80 cm Durchmesser beachtlich groß waren. Die bisher freigelegte Rampe ist 30 m lang und 3 m breit, wobei ihre ursprüngliche Länge auf 100 m geschätzt wird. Da bisher aus dem Alten Reich keine Rampen gefunden wurden, mit der Ausnahme von Meidum, ist diese Entdeckung in Hatnub etwas Besonderes. Die Steigung der Rampe betrug 20 %. Die meisten Rampentheorien für den Bau der Gizeh-Pyramiden gehen von 5 bis 8 % aus. Laut Archäologen wurde die zentrale Rampe mit Schlamm bedeckt, auf dem die von den Arbeitern gezogenen Schlitten rutschten. Auf diesen Schlitten wurden die Steinblöcke (bis zu drei Meter breit) platziert. Mit den seitlichen Stangen wurde der Schlitten dann mit Seilen festgehalten, die auch zum Ziehen verwendet wurden, um zu verhindern, dass er sich aufgrund der hohen Steigung der Rampe nach hinten bewegen konnte.[1156]

Vielleicht wurden die massiven Holzpfähle in Hatnub aber auch dazu benutzt, um die Zugseile darum zu wickeln, um so die Kraft umzulenken. Die Schlepper könnten dann die Rampe während dem Ziehen nach unten gehen, was eine erhebliche Zunahme ihrer Kräfte bedeutet. Gemäß den Annahmen von Tab. 9 könnte ein Steinblock von 9,35 t Gewicht, mit 200 Schleppern die Rampe hochgezogen werden. Wenn wir jedoch die Schlepper nach unten ziehen lassen, benötigen wir nur 47 Schlepper, also weniger als ein Viertel der ursprünglichen Anzahl. Mit 200 Schleppern nach unten könnte ein Steinblock mit 21,4 t die 20 %-Rampe hochgezogen werden!

Die Anzahl an Schleppern errechnet sich durch folgende Formel:

$p = 275\,(1 - v/5 + 2\sin(\alpha))$ für 50 % aller Männer

Gegenüber der Formel für das Hochziehen der Lasten ohne Kraftumlenkung ändert sich nur das Vorzeichen vor dem Sinus-Term.

In diesem Zusammenhang auch interessant ist die Fähigkeit von Sand in Abhängigkeit seines Zustandes (trocken oder nass) ab einer gewissen Steigung von selbst abzurutschen. Trockener Sand rutscht bei 34° Steigung (≈ 67,5 %) ab, während nasser Sand erst ab einer 45°-Steigung (= 100 %) von selbst abrutscht. Vielleicht stand ja eine kleine Pyramide aus nassem Sand der Roten Pyramide von Snofru Modell, da man durch Probieren herausfand, dass man keinen steileren Winkel mit Sand herstellen konnte. Bedenkt man das Debakel von Snofrus Pyramide in Meidum, bei der die äußeren Schichten abgerutscht sind und nur noch der Kern stehen blieb, könnten entsprechende Versuche mit Sand unternommen worden sein. Schon bei der Knickpyramide wurde der anfänglich steilere Winkel auf 45° reduziert.

[1155] Hatnub (äg.: Hw.t-nbw, dt. Haus des Goldes) ist der Name antiker Alabastersteinbrüche in der Ost-Wüste etwa 18 km südöstlich von Tell el-Amarna und ca. 65 km südöstlich der modernen Stadt al-Minya.

[1156] http://theconversation.com/la-rampe-de-kheops-relance-les-recherches-sur-la-construction-des-pyramides-107578, https://phys.org/news/2018-11-ancient-quarry-ramp-workers-egypt.html und https://www.livescience.com/63978-great-pyramid-ramp-discovered.html

Steigung in °	Steigung in %	Last in t (Ziehen nach unten mittels Kraftumlenkung)									
		0,5	**1**	**1,7**	**2**	**2,5**	**3**	**3,5**	**4**	**4,5**	**5**
0	**0,0**	1	2	3	4	6	7	8	9	10	11
1	**1,7**	1	3	4	6	7	9	10	12	13	14
2	**3,5**	2	3	5	7	9	10	12	14	16	17
3	**5,2**	2	4	6	8	10	12	14	16	18	20
4	**7,0**	2	5	7	9	11	14	16	18	20	23
5	**8,7**	3	5	8	10	13	15	18	20	23	25
6	**10,5**	3	5	8	11	14	16	19	22	25	27
7	**12,3**	3	6	9	12	15	18	21	23	26	29
8	**14,1**	3	6	9	12	16	19	22	25	28	31
9	**15,8**	3	7	10	13	16	20	23	26	30	33
10	**17,6**	3	7	10	14	17	21	24	28	31	35
11	**19,4**	4	7	11	14	18	22	25	29	33	36
12	**21,3**	4	8	11	15	19	23	26	30	34	38
13	**23,1**	4	8	12	16	20	23	27	31	35	39
14	**24,9**	4	8	12	16	20	24	28	32	36	40
15	**26,8**	4	8	12	17	21	25	29	33	37	42
16	**28,7**	4	9	13	17	21	26	30	34	38	43
17	**30,6**	4	9	13	18	22	26	31	35	39	44
18	**32,5**	4	9	13	18	22	27	31	36	40	45
19	**34,4**	5	9	14	18	23	27	32	37	41	46
20	**36,4**	5	9	14	19	23	28	33	37	42	47
51,84	**127,3**	6	12	18	25	31	37	43	49	55	61

Tab. 10: Anzahl an benötigten Schleppern bei einer Zugleistung von 275 N pro Schlepper und einer Gleitreibungszahl von 0,05. Berücksichtigt sind eine Schleppgeschwindigkeit von 1 km/h und die Leistungssteigerung aufgrund der Kraftumlenkung der Seile.

Würde man für den Bau der Cheops-Pyramide so vorgehen, dass man bereits von unten an auf jeweils einer Steinbreite die Verkleidungssteine verlegt und diese glatt poliert, sowie daneben eine Treppe mit Löchern für Holzpfähle wie in Hatnub installiert, so könnten die Arbeiter mittels Kraftumlenkung die Treppe nach unten gehen, während der Steinblock nach oben gezogen wird. Gemäß Tab. 10 würden so für einen 2,5 t Block nur 31 Personen benötigt werden. Die Zahl muss allerdings noch korrigiert werden, da wie gerade gezeigt der Neigungswinkel zu groß ist, als dass der Sand darauf haften bliebe. Die Gleitreibungszahl muss daher auf mind. 0,2 erhöht werden, wenn wir einen auf der Unterseite polierten Kalkstein über eine polierte Kalksteinrampe ziehen. Dennoch würden dadurch 34 statt 31 Arbeiter ausreichen. Die geringe Änderung der Arbeiterzahl liegt daran, dass die benötigte Zugkraft nur von rund 20.000 N auf rund 22.300 N ansteigt. Für einen 5 t Block erhöht sich die benötigte Zugkraft von rund 40.000 N auf dann rund 44.600 N und die Anzahl an Arbeitern steigt von 61 auf 68.

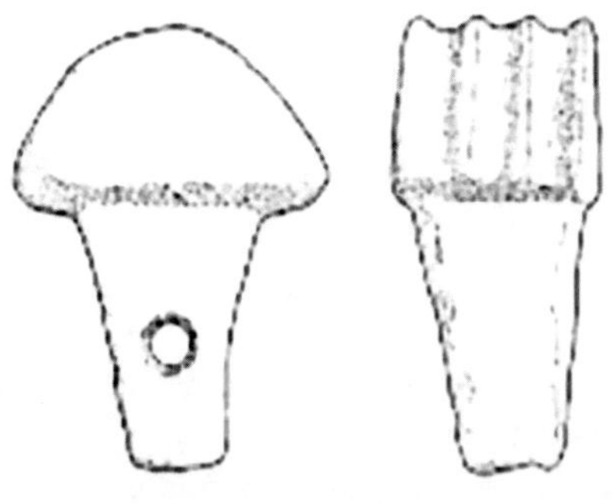

Abb. 157: Pilzförmige Hartsteine mit Kopfrillen, gefunden bei den Pyramiden von Gizeh (Zeichnung nach Lehner).

Lehner schreibt zu diesem „geheimnisvollen Werkzeug":

> *„Weitgehend unklar ist die Funktion offenbar aus dem Alten Reich stammender Steinwerkzeuge, die in Gise gefunden wurden und die ungefähre Form eines Pilzes mit ein oder zwei Löchern im Stiel und drei parallelen Nuten im Kopf besitzen. Möglicherweise waren es Lagersteine oder Proto-Flaschenzüge, wobei der Stiel in einem Pfahl oder Gerüst steckte und die Rillen als Seilführung dienten. Im Gegensatz zu einem richtigen Flaschenzug gibt es kein Felgenrad, doch mit Hilfe der Nuten ließ sich vermutlich die Zugrichtung von Seilen umlenken."* [1157]

Greift man den Bericht von Herodot zum Bau der Cheops-Pyramide auf, so könnte man sich auch vorstellen, dass mittels Seile und Kraftumlenkung Steine von einer Stufe auf die nächste angehoben wurden. Haan[1158] berichtet von Versuchen, die Hodges und Keable in den 1980er Jahren durchgeführt haben, bei denen sich vier Männer an den Hebeln befanden und zwei Männer, die Stützen einsetzen. Mit einem Hebelverhältnis von 20 gelang es den Arbeitern, eine 2,5 Tonnen schwere Last 81 cm in 3 Minuten und 20 Sekunden anzuheben und in 20 Sekunden horizontal 19 cm zu bewegen. Dies entspricht einer Durchschnittsgeschwindigkeit von 14,6 bzw. 34,2 m pro Stunde. Haan[1159] kommt zu dem Schluss, dass von allen von ihm in Betracht gezogenen Bauweisen der Hebelmechanismus den geringsten Personalaufwand erfordert, da er nicht viel weniger effizient ist als die Rampenmethoden, aber keine Rampe benötigt. Dies spricht für den von Herodot überlieferten Ansatz zum Bau der Pyramiden.

Boessneck[1160] schreibt, dass auch Rinder zum Ziehen von Sarkophagen, von Schiffen stromaufwärts, von Steinblöcken zum Grab- und Tempelbau und von anderen Lasten benutzt wurden.

Abb. 158: Steintransport mittels Ochsen aus den Steinbrüchen von el-Masara[1161]. Transport eines für einen Tempelbau in Memphis bestimmten Blockes im 22. Jahre des Ahmose (Dyn. 18).Die bärtigen Arbeiter sind nach der Inschrift Phönizier.

Die obige Abbildung zeigt einen Steintransport mit einem Transportschlitten, bei dem die Zugseile an den Kufen des Schlittens befestigt sind. Jeweils zwei Ochsen laufen parallel nebeneinander, sodass insgesamt sechs Ochsen den Schlitten ziehen. Drei phönizische Aufseher, je einer pro Ochsengespann, begleiten den Transport. Es handelt sich um eine Steinbruchzeichnung aus dem Neuen Reich (18. Dynastie), also rund 1000 Jahre nach der Zeit der Erbauung der Cheops-Pyramide und zudem sind es „Ausländer" (Phönizier) und nicht Ägypter.

Wie schwer mag der Steinblock gewesen sein, den die Rinder hier transportiert haben? Schauen wir dazu in die 2010 überarbeitete Broschüre *Einschätzen des Zugkraftbedarfs beim Holzrücken*[1162] nach. Hierin heißt es:

> *„Über den Daumen gepeilt kann man sagen, daß ein gut trainiertes Pferde- oder Ochsengespann einen Tag lang einen Kraftaufwand liefern kann, der, als Zugkraft (kp/kgf) in der Zugkette*

[1157] M. E. Lehner 1997, 211.

[1158] Haan 2010, 23.

[1159] Haan 2010, 78.

[1160] Boessneck 1953, 12.

[1161] El-Masara ist eine Stadt in der Provinz Gizeh, am rechten Nilufer, 16 Kilometer südöstlich von Kairo entfernt, in der Nähe der antiken pharaonischen Hauptstadt Memphis. Es ist in zwei Zentren unterteilt, das Stadtgebiet und den Flusshafen. Die Stadt besitzt Kalksteinbrüche, die im alten Ägypten weit verbreitet sind.

[1162] Die Autoren der ursprünglich im Englischen erschienen Broschüre waren: Tim Harrigan, *Biosystems & Agricultural Engineering Dept.*, *Michigan State University*, East Lansing, Michigan und Richard Rosenberg, Dulcy Perkins und John Sarge, *Tillers International*, Scotts, Michigan.

gemessen, etwa 10-12 % ihres Körpergewichts entspricht. Diese Größenordnung belässt eine Kraftreserve zur Bewältigung der normaler Weise auftretenden Schwankungen des Zugkraftbedarfs und ermöglicht ausdauerndes Arbeiten innerhalb der gegebenen Umweltbedingungen. In der Landwirtschaft und im Wald ziehen Arbeitsgespanne für kurze Zeit gewöhnlich wesentlich mehr als diese 10-12 % ihres Körpergewichts." [1163]

Das Zuggespann aus zwei Ochsen besaß ein Lebendgewicht von rund 1.750 kg. Demgemäß lag die Zugkraft bei 175–210 kp, was in Newton umgerechnet 1.716-2059 N entspricht. Gehen wir für unsere Berechnung von 2.000 N pro Gespann aus, so erhalten wir eine Gesamtzugleistung von 6.000 N. Auf der Ebene kann bei einer Gleitreibungszahl von 0,05 der Stein auf dem Schlitten 12 t gewogen haben. Bei einer Gleitreibungszahl von 0,1 halbiert sich das Steingewicht auf 6 t, bei 0,2 auf 3 t und bei 0,3 auf 2 t. Man sieht hier sehr schön, wie stark die Gleitreibung das maximal zu transportierende Gewicht bestimmt.

Falls die Darstellung der Größe des Steinblocks im Vergleich zu den Menschen und Tieren realistisch dargestellt ist, so misst der Steinblock ca. 2 × 1,2 m. Er ist genauso lang wie ein Ochse. Die Breite können wir nur schätzen, da sie aus dieser Perspektive nicht ersichtlich ist. Wir nehmen einmal eine Breite von 1 m an. Der Block hätte dann ein Volumen von 2,4 m³. Bei einem Gewicht von rund 2,5 t pro m³ ergibt dies 6 t Gewicht. Daraus ergibt sich wie oben gesehen eine Gleitreibungszahl von 0,1. Wäre der Steinblock nur einen halben Meter breit, so wöge er 3 t und die sich daraus ergebende Gleitreibungszahl betrüge 0,2. Dies erscheint ein realistischer Wert, da hier keine Wassergießer den Sand vor dem Schlitten befeuchten.

Für den Transport eines Schlittens auf einer Rampe gibt es keine Belege. Menschen wurden wohl schon deshalb benutzt, da sie sowohl flexibler agieren können und zudem prozentual mehr Zugkraft pro Körpergewicht ziehen können. Bei der zuvor benutzten durchschnittlichen Zugkraft von 275 N (≈ 28 kp) und einem Gewicht von 75 kg, ergibt dies über 37 % des Körpergewichts.

Wo man sich Ochsen als Zugtiere im Alten Ägypten vorstellen kann, ist das Treideln von Schiffen auf Kanälen.

Die von Assuan per Schiff angelieferten Granitblöcke, sowie die Verkleidungssteine aus dem Tura-Steinbruch, mussten natürlich über den Nil und Nilkanäle zu einem Hafen bei der Pyramide befördert werden. Von hier aus wurden sie dann auf Schlitten auf das Plateau hochgezogen. Noch im 19. Jahrhundert war der ursprüngliche Aufweg zur Cheops-Pyramide sichtbar (siehe Abb. 224). Der Aufweg vom 20 m über dem Meeresspiegel von Alexandria hoch gelegenen Taltempel zum Gizeh-Plateau betrug etwa 700 m und hatte 40 Höhenmeter zu überwinden (siehe Abb. 227), was einer durchschnittlichen Steigung von 5,7 % entspricht. Der Knick im Aufweg nach etwa 270 m hinter dem Taltempel zeigt, dass man sich am Gelände orientiert hat, um den bestmöglichen Weg zu finden.

Ende 2005 hat das schweizerische Forschungsteam um Cornelius von Pilgrim in Assuan in der Nähe des Nils einen Teil einer alten Transportrampe im Rahmen einer Notgrabung wegen eines geplanten Hausbaus freigelegt, der auf die frühe 5. Dynastie hindeutet und damit auf das Pyramidenzeitalter in Ägypten. Die erste Bauschicht der Rampe, lag auf der Sandbank auf und besteht aus einer senkrecht zum Fluss verlaufenden Stützmauer, die leicht geneigt war und eine Füllung aus Ziegelschutt besaß. Da der Nil-Sand unter der Rampe nach Osten hin abfällt, wurde die Rampe offensichtlich gebaut, um über eine Sandbank zu gelangen und das Flussufer mit tieferem Wasser zu verbinden. Diese Vermutung wurde sechs Jahre später bei der Dokumentation einer Baugrube auf dem unmittelbar östlich angrenzenden Grundstück bestätigt. Dort zeigte sich der Osthang der Sandbank im Südprofil unter der Fortsetzung der Mauer. Der erhaltene Teil der Rampe misst an seinem Maximum im Osten 1 m Höhe und im Westen, wo die Sandbank ansteigt, 0,60 m. Die Breite konnte nicht bestimmt werden, da sie jenseits der Grenze der Ausgrabungsstätte lag, aber sie muss mehr als 3 m betragen haben. Sie dienten dazu, Granitblöcke auf floßartige Fahrzeuge zu laden, um sie über Land zum nächstgelegenen Zugang zum Nil oder zu einem mit ihm verbundenen Kanal zu transportieren. Die gesamte Schicht ist mit einem großen, unbearbeiteten Granitblock (3,25 × 1,75 × 1,25 m)[1164] in der Mitte der

---

[1163] https://www.zugrinder.de/de/literatur.html?file=files/zugrinder/deutsch/literatur/Zugkraftbedarfs_beim_Holzruecken_Netz.pdf&cid=290 (abgerufen am 20.10.2019).

[1164] Der Granit in Assuan weist eine spezifische Dichte von 2,8 g/cm³ auf. Der Block von 3,25 × 1,75 × 1,25 m besitzt ein Volumen von 7,11 m³ und hat somit ein Gewicht von rund 20 Tonnen. Damit wiegt er etwa ein Drittel von den schwersten beim Bau der Cheops-Pyramide benutzten Granitblöcken.

Ausgrabungsfläche verbunden, der zurückgelassen wurde, anstatt transportiert zu werden. Die in dieser Schicht gefundenen Keramikscherben weisen auf eine Datierung in die frühe 5. Dynastie hin.[1165]

18.4 Die Auswertung von Bauarbeiterinschriften an der Roten Pyramide des Snofru

18.4.1 Die unterschiedlichen Typen von Jahresangaben bzw. Zählungen

Die landläufige Meinung[1166], dass an den Pyramiden nur zur Zeit der Nilüberschwemmung gebaut wurde, wenn die Bauern nichts Sinnvolles tun konnten, ist offensichtlich falsch, da es Belege dafür gibt, dass auch zur Zeit der Aussaat – die Ägypter nannten diese Jahreszeit *Peret*[1167] – an den Pyramiden gebaut wurde. So wurde eine Inschrift auf einem Hintermauerungsstein (eng. *backing stone)*, also einem Stein unmittelbar unter einem abgeschrägten Verkleidungsstein, der Roten Pyramide gefunden, die König Snofru, der Vater von Cheops, als letzte seiner drei Pyramiden erbauen ließ. Sie war auch die erste vollkommene ägyptische Großpyramide.

Die erste Steinmetzinschrift an dem südwestlichen Eckstein der Roten Pyramide gibt das Jahr der 15. Zählung an, allerdings ohne Monat und Tag. Man kennt inschriftlich drei Hieroglyphendarstellungen bezogen auf Zählungen, die etwas mit der Zeit zu tun haben. Die Darstellungsformen sind:

1)  Umschrift: rnp.t-zp, Bedeutung: Regierungsjahr
2)  Umschrift: ṯnw.t, Bedeutung: Zählung
3)  Umschrift: ṯnw.t, Bedeutung: Viehzählung

---

[1165] Pilgrim 2020, passim, bes. 1232-1235.

[1166] Diese Meinung bildete sich möglicherweise aus der falsch interpretierten und auf die Cheops-Pyramide bezogenen Stelle Herodot II,124, nach der die Arbeiten an den Pyramiden außerhalb der Überschwemmungsjahreszeit geruht haben sollen.

[1167] Die alten Ägypter hatten einen 365-Tage-Kalender, der in 3 Jahreszeiten (*Achet* = Überschwemmung, *Peret* = Aussaat, *Schemu* = Ernte) zu jeweils 4 Monaten zu jeweils 3 Wochen à 10 Tagen eingeteilt war. Am Jahresende wurden noch 5 Zusatztage (*Epagomenen*) gezählt, an denen nicht gearbeitet wurde und die den Geburtstagen der Götter Osiris, Horus, Seth, Isis und Nepthys geweiht waren. Der Jahresanfang des ägyptischen Kalenders war seit frühester Zeit am Eintritt der Nilüberschwemmung ausgerichtet. Das ägyptische Jahr begann mit der Überschwemmungsjahreszeit, Achet genannt, welches mit dem ersten erneuten Sichtbarwerden des Sternes Sirius (äg. *Sopdet*) zusammenfiel, der im Alten Reich in Oberägypten etwa 70 Tage im Jahr unsichtbar war und Mitte Juli (julianisches Datum) erstmals wieder am Nachthimmel gesehen werden konnte. Die ägyptischen Priester waren die Hüter des Kalenders und sorgten dafür, dass es zu keiner Änderung am Kalender kam, da dies ihrer Meinung nach ein Eingriff in die göttliche Ordnung bedeutet hätte. Es ging sogar so weit, dass Könige – seit dem Neuen Reich auch Pharaonen genannt – bei ihrem Amtsantritt schwören mussten, den Kalender nicht zu ändern. Da ein Sonnenjahr aber nicht genau 365 Tage, sondern rund ¼ Tag mehr beträgt, kam es alle vier Jahre zu einer Verschiebung um einen Tag gegenüber der natürlichen Jahreszeit. Obwohl die Priester im Alten Ägypten dies bereits wussten, verzichtete man auf eine Schalttageregelung. Erst in der griechisch-ägyptischen Zeit im 3. Jh. v. Chr. unter den Ptolemäer-Königen wurde ein Versuch unternommen, alle vier Jahre einen Schalttag einzuführen. Jedoch wurde nach nur rund zwei Jahrzehnten das Experiment „Schalttag" eingestellt und rückwirkend wieder abgeschafft. Die uns bekannten Schalttage führte erst Gaius Julius Cäsar in seiner Kalenderreform 45 v. Chr. im Römischen Reich ein. Dieser Kalender wird heute noch nach ihm *Julianischer Kalender* genannt. Die Schaltregel wurde nach Cäsars Tod von den Pontifices wörtlich ausgelegt, was jedoch zu falschen Schaltungen führte. Cäsar hatte die Schaltung in jedem vierten Jahr angeordnet, die Priester verstanden dies jedoch nach der Inklusivzählung als eine Schaltung alle drei Jahre. Dies ist vermutlich das älteste bekannte Beispiel eines *Zaunpfahlfehlers*. Die zu viel gezählten Schaltjahre wurden durch Kaiser Augustus korrigiert, indem er die Schaltungen in den Jahren 5 v. Chr., 1 v. Chr. und 4 n. Chr. aussetzte und erst 8 n. Chr. wieder aufnahm. Beide römische Kaiser verewigten sich in den beiden Monatsnamen Juli und August. Im ägyptischen Kalender war die Einfügung eines Schalttages erstmals im Jahr 26 v. Chr. möglich. Kaiser Augustus führte daher noch im Jahr 26 v. Chr. im altägyptischen Kalender das Schaltjahr ein.

Hinter der ersten Darstellungsform steht dann eine Zahl, die das Regierungsjahr angibt. Ein Beispiel hierzu ist eine Steinblockinschrift aus der Mastaba (G 4000) des Hem-Iunu[1168], des obersten Bauaufsehers von Cheops und höchstwahrscheinlich Hauptarchitekt der Cheops-Pyramide:

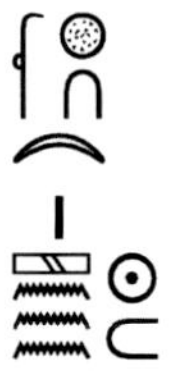

Umschrift: rnp.t-zp 10 3bd 1 šm.w hrw 10
Bedeutung: Jahr 10, erster Monat der Erntejahreszeit, Tag 10.

Es ist allerdings umstritten, ob hier wirklich das 10. Regierungsjahr oder das Regierungsjahr der 10. (Vieh)-Zählung gemeint ist. In letzterem Falle und unter der Annahme, dass das Vieh wie üblich in dieser Zeit nur alle zwei Jahre gezählt wurde, wäre es das 20. Regierungsjahr von Cheops.

Falls das Jahr nach einer Zählung gemeint ist, so wird nach der *rnp.t*-Hieroglyphe noch ein Einschub gemacht mit einer weiteren Hieroglyphengruppe, wie folgendes Beispiel zeigt:

Umschrift: rnp.t-m-ḫt-zp 18 3bd 4 šm.w hrw 6
Bedeutung: Jahr nach der 18. Zählung, Monat 4 der Erntejahreszeit, Tag 6.

Diese Inschrift, die nach dem Jahressymbol die Präposition „nach" (äg. *m-ḫt*) besitzt, ist der Beginn einer Denkmalinschrift Pepi I.[1169], die man im Wadi Maghara auf der Sinai-Halbinsel gefunden hat.

18.4.2 Die Jahresangaben/Zählungen auf dem Palermo-Stein

Bei den obigen Beispielen 2 und 3, die sich auf Zählungen (von Vieh) beziehen, wird die Anzahl vorangestellt. Als Beispiel sei ein Teil eines Eintrags[1170] auf dem Annalenstein (Palermo-Stein[1171]) aus dem Alten Reich wiedergegeben, der sich auf Snofru, den Vater von Cheops, bezieht:

Umschrift: zp 7 ṯnw.t
Bedeutung: Das 7. Mal der Zählung.

Die Jahreseinträge auf dem Palermo-Stein sind jeweils mit vertikalen Strichen voneinander getrennt. Jeder Eintrag kann, muss aber nicht, einen Eintrag mit einem Regierungsjahr oder einer Zählung enthalten, wodurch der Eintrag eindeutig wird. Die Hieroglyphenschrift wird von rechts nach links und von oben nach unten gelesen, sodass ein Eintrag links neben einem anderen durch eine vertikale Linie abgetrennten Eintrag immer das Folgejahr betrifft, wenn nicht explizit eine Zählangabe oder ein Regierungsjahr darin enthalten ist. Nun ist der linke Eintrag neben dem eben beschriebenen 7. Mal der Zählung unter Snofru ein Eintrag, der ein 8. Mal der Zählung enthält. Dies kann jetzt zweierlei bedeuten: entweder hat man hier unter Snofru tatsächlich jährlich gezählt oder das Jahr nach der 7. Zählung wurde nicht auf dem Annalenstein erwähnt. Letzteres scheint der Fall zu sein, da das Jahr rechts vom Eintrag 7. Mal der Zählung keine explizite Zählung oder Regierungsjahr enthält und es deshalb ein Folgejahr des zuvor beschriebenen Jahres sein muss. Leider ist letzteres nicht mehr auf dem noch vorhandenen Teil des Palermo-Steins enthalten. Zwei Register oberhalb der

---

1168 Eine Abbildung von Hem-Iunu in Form einer Statue findet sich in Abb. 178.

1169 Pepi I. (griechisch Phiops I.) war der dritte König der 6. Dynastie im Alten Reich. Regentschaft: 2295–2250 v. Chr.

1170 Palermo-Stein, Vorderseite, Register 6, mittlerer Eintrag.

1171 Für detaillierte Abbildungen und eine Übersetzung der Einträge inkl. Umschrift siehe: T. A. Wilkinson 2000, passim.

Einträge von den Regierungsjahren für Snofru sind viele Einträge vorhanden, die zu dem König Ninetjer[1172] gehören. 14 Jahreseinträge sind von ihm erhalten plus ein halber Eintrag. Die Reihenfolge der Jahresangaben darauf ist wie folgt:

Folgejahr, 4. Zählung, Folgejahr, 5. Zählung, Folgejahr, 6. Zählung, Folgejahr, 7. Zählung, Folgejahr, 8. Zählung, Folgejahr, 9. Zählung, Folgejahr, 10. Zählung.

Aus dieser Abfolge geht eindeutig hervor, dass in der 2. Dynastie zu Zeiten Ninetjers die Zählung zweijährig stattfand. Dennoch handelt es sich bei all diesen Einträgen um Einträge vom Typ 2, also ohne das Rindersymbol am Ende, was speziell für Viehzählungen vorgesehen ist. Dadurch kann ausgeschlossen werden, dass das Nichtvorhandensein des Rindersymbols automatisch mit einer jährlichen Zählung gleichzusetzen ist. Es gibt jedoch auch einen Eintrag auf der Rückseite des Palermo-Steins, wo im 2. Register, welches Einträge zum König Userkaf, dem ersten König der 5. Dynastie, enthält, bei dem eine Zählung, nämlich die 3. Zählung, durch ein Rindersymbol abgeschlossen wird. Dadurch ist dieser Eintrag eindeutig als das 3. Mal der Viehzählung zu lesen. Vermutlich hat man das Rindersymbol hier zusätzlich benutzt, da man in der Spalte der Zählangabe noch ausreichend Platz dafür hatte. So kann das Fehlen des Rindersymbols bei Einträgen auf dem Palermo-Stein möglicherweise der Platznot geschuldet sein.

Der Geschichtsschreiber Diodor erwähnt alte Aufzeichnungen zur Geschichte der Ägypter durch ihre Priester:

> *„Die ganze übrige Zeit stand das Land [Ägypten] unter einheimischen Königen; es waren ihrer 470 Männer und 5 Frauen*[1173]*. Von ihnen Allen hatten die Priester in ihren heiligen Büchern Beschreibungen, die von Alters her immer den Nachfolgern überliefert wurden, und von der Leibesgröße jedes Königs, von seinen Eigenschaften und den Taten eines Jeden nach der Zeitfolge Nachrichten gaben."* [1174]

18.4.3 Das erste vollständige Datum in Ägyptens Geschichte

Eine Steinmetzinschrift an der Roten Pyramide an einem Hintermauerungsstein, laut Stadelmann in etwa 9 m Höhe, gilt als das erste vollständige Datum in der Geschichte Ägyptens, es lautet: *„Jahr der 15. Zählung, 2. Monat der Jahreszeit Peret, Tag 14"*.[1175] Demnach entspricht dieses Datum einem Tag Anfang Dezember nach unserem gregorianischen Kalender. Damit beweist der Eintrag auch, dass die Arbeiter für die Rote Pyramide auch zur Zeit der Aussaat gearbeitet haben. Dies ist für eine Abschätzung der Bauzeit relevant, denn wenn man nur Arbeiter in den vier Monaten der Überschwemmungsjahreszeit zulässt, benötigt man wesentlich mehr Zeit oder mehr Arbeiter für die Errichtung einer Pyramide. Im Folgenden wird also bei der Abschätzung der Bauzeit von einer Arbeit rund ums Jahr ausgegangen.

18.4.4 Weitere Steinmetzinschriften der Roten Pyramide

Stadelmann[1176] fand auf Hintermauerungssteinen der Roten Pyramide mehrere Steinmetzinschriften. Eine Inschrift mit dem 15. Mal der Zählung (Monat und Tag sind nicht mehr erhalten) fand sich auf dem südwestlichen Eckstein, der zur Zeit der Grundsteinlegung verlegt wurde.[1177] Eine weitere Inschrift fand sind auf einem Hintermauerungsstein unmittelbar über der 12. Steinlage auf der Ostseite, der aufgrund der Fundlage

---

[1172] Ninetjer (eigentlich: Ni-netjer; auch Hor-ni-netjer) war der dritte ägyptische König der 2. Dynastie. Jürgen von Beckerath datiert seine Regierungszeit von etwa 2810–2767 v. Chr. bis 2760–2717 v. Chr. Ninetjer war zudem der Herrscher mit der längsten Regierungszeit in der 2. Dynastie.

[1173] Darunter auch des weiblichen Pharaos Hatschepsut, die den Terrassentempel von *Deir el-Bahari* (Theben) bauen ließ.

[1174] Diodoros, Klawes Günther und Wurm 2014, 64 = Buch 1, 44.

[1175] Spalinger 1994, 282.

[1176] Stadelmann 1997, 222-223.

[1177] Stadelmann 1987, 234 mit Abb. 1. und Stadelmann 1997, 100, Abb. 27a.

nicht sehr viel weiter von oben kommen kann.[1178] Dies ist die zuvor beschriebene Inschrift, die das erste vollständig erhaltene Datum beinhaltet. Nur wenige Steinlagen höher – er spricht von einem versprengten Stein, der auf der 16./17. Steinlage der Ostseite gefunden wurde, aber vermutlich 1–2 Steinlagen weiter oben verbaut wurde – wurde ein weiteres vollständiges Datum entdeckt – 16. Mal der Zählung, 3. Monat *achet* (= Überschwemmungsjahreszeit), Tag 30.[1179] Die 16. Steinlage befindet sich laut Stadelmann in rund 12 m Höhe. Aus den beiden Angaben der Fundhöhe geht hervor, dass eine Steinlage im unteren Bereich mit durchschnittlich 75 cm anzusetzen ist. Wenn also der auf der 16. Steinlage gefundene Stein zwei Steinlagen weiter oben verbaut wurde, so betrüge dessen Höhe rund 13,5 m.

Was die Fundhöhen angeht, so macht Stadelmann in seinem Pyramidenbuch selbst widersprüchliche Angaben. Auf Seite 94–95 lesen wir:

> *„Inzwischen haben wir jedoch in Dahschur-Nord an der Roten Pyramide den Eckstein mit dem Datum des Baubeginns, nämlich das 15. Mal der Zählung = 28.-30. Regierungsjahr des Snofru gefunden. Weitere beschriftete Blöcke der Verkleidung an der Roten Pyramide belegen, daß zwischen dem 15. Mal und dem 16. Mal, d. h. nach 2–3 Jahren schon etwa 10–12 m der neuen Pyramide, immerhin eine Steinmasse von mehr als 400 000 m³, verlegt waren.“* [1180]

Zur Umrechnung der Angabe x.-mal der Zählung in das Regierungsjahr unter der Annahme einer immer zweijährig durchgeführten Zählung ist zu sagen: das 1. Mal der Zählung entspricht dem 1. Regierungsjahr, da nach Antritt der Herrschaft des neuen Königs immer eine Zählung (Bestandsaufnahme) durchgeführt wurde. Das 15. Mal entspricht dann der Zählung im 28. Regierungsjahr; das Jahr nach dem 15. Mal dem 29. Regierungsjahr und das 16. Mal dem 30. Regierungsjahr.

Bei dem von Stadelmann angenommenen Neigungswinkel der Roten Pyramide von 45° und einer Basiskantenlänge von 420 Ellen (≈ 219,91 m) ergibt sich bei 10 m Höhe ein Volumen von 440.958 m^3 und bei 12 m Höhe von 519.298 m^3. Beide Werte sind zwar größer als 400.000 m^3, aber die Aussage „rund 500.000 m^3“ hätte den Sachverhalt besser getroffen.

Auf Seite 222–223 schreibt er dann:

> *„Blöcke der 12. Lage markieren noch dasselbe 15. Mal, d. h. etwa das Jahr 30, solche der 15. Lage tragen das Datum des 16. Males, d. h. des Jahres 32. Innerhalb von 2-3 Jahren sind demnach 15 Steinlagen, d. h. gut 12 m Höhe erbaut worden, was etwa einem Fünftel der Gesamtmasse ausmachte.“* [1181]

Hier setzt Stadelmann das 15. Mal mit dem 30. Regierungsjahr in Bezug, was aber aufgrund der Zählweise (siehe oben) nicht sein kann. Es kann sich höchstens um das Ende des 28. Regierungsjahres handeln. Das 16. Mal entspricht auch nicht dem 32. Regierungsjahr wie Stadelmann angibt, sondern dem 30. Regierungsjahr. Jetzt spricht er auch von 15 Steinlagen, die gut 12 Meter hoch sein sollen. Aufgrund des Berichts von Stadelmann aus dem Jahr 1987 (siehe Stadelmann 1987, 234) konnte man noch von einer ursprünglichen Lage des Steins auf der 17. oder 18. Steinlage ausgehen. Auf 12 m Höhe sind bereits 30,8 % der knapp 1,7 Mio. m^3 verbaut und nicht etwa ein Fünftel (= 20 %).

Auf Seite 225 schreibt Stadelmann dann:

[1178] Stadelmann 1983, 235, Abb. 6, Tf. 74d.

[1179] Stadelmann 1983, 235, Abb. 7, Tf. 74b. und Stadelmann 1987, 234.

[1180] Stadelmann 1997, 94-95.

[1181] Stadelmann 1997, 222-223.

> *„Ockerinschriften auf Verkleidungsblöcken der Roten Pyramide von Dahschur belehren uns, daß der Bau dort mit der Grundsteinlegung im 15. Jahr der Zählung = Jahr 28/29 der Regierung des Snofru begonnen wurde; zwei bis drei Jahre später war die Pyramide schon 15 m hoch."* [1182]

Während es auf Seite 95 beim 16. Mal der Zählung noch 10–12 m waren, sind es nun 15 m. Daraus muss man leider folgern, dass man es mit den Angaben von Stadelmann zu diesem Thema nicht so genau nehmen kann, denn welche Angaben sind nun korrekt?

Abschließend zu Stadelmann noch ein weiteres Zitat zu den Steinlagen der Roten Pyramide:

> *„Die Steinlagen sind horizontal und allem Anschein nach mehr oder weniger gleich hoch verlegt worden. Ihre Höhe nimmt generell nach oben ab, allerdings scheint es nach den erhaltenen Verkleidungsschichten nicht ausgeschlossen, daß etwa alle 12 Lagen eine besonders hohe Steinlage eingeschoben wurde."* [1183]

18.4.5 Der Versuch einer möglichst genauen Bestimmung der Fundhöhe der von Stadelmann gefundenen Bauarbeiterinschriften an der Roten Pyramide

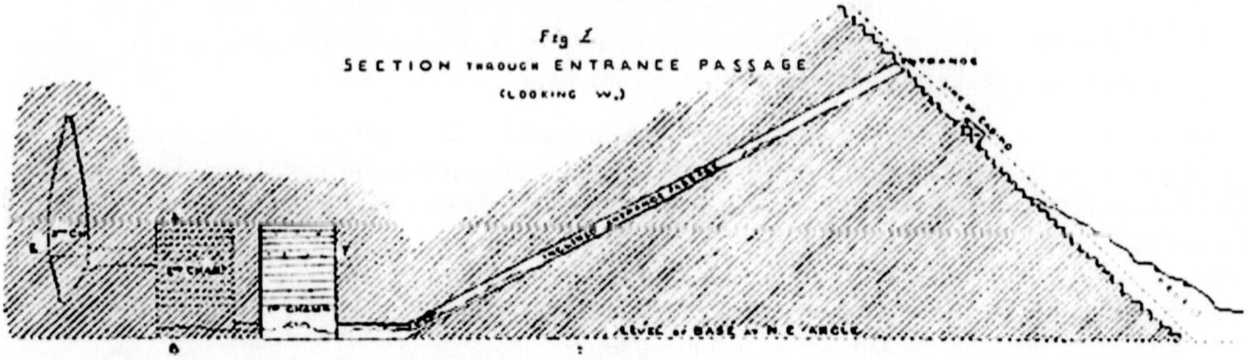

Abb. 159: Die Rote Pyramide von Dahschur; Zeichnung von J.S. Perring.

Es gibt jedoch andere Informationsquellen, aufgrund derer man zu einer anderen durchschnittlichen Höhe der unteren Steinlagen kommt.

1. Perring: Gemäß Abb. 150 gibt es 30 Stufen bis zum Eingang in die Rote Pyramide. Der Schutt reicht bis einschließlich zur 17. Stufe. Jede Stufe hat im unteren Bereich eine Höhe von ca. 3 Fuß oder 91,5 cm.
2. Vyse: Gemäß Abb. 159 sind es 33 Stufen bis zum Eingang in die Rote Pyramide. Der Schutt reicht bis einschließlich zur 18. Stufe. Daraus erhält man eine durchschnittliche Stufenhöhe für die unteren 33 Steinlagen von 86,8 cm.
3. Maragioglio: Der Originaleingang liegt gemäß Maragioglio[1184] bei 28,65 m Höhe über der Pyramidenbasis an der Außenseite der ehemaligen Außenverkleidung. Aus seiner Abbildung geht hervor, dass es 30 Stufen bis zu diesem Originaleingang in die Pyramide gibt. Daraus erhält man eine durchschnittliche Stufenhöhe für die unteren 30 Steinlagen von 95,5 cm. Selbst gibt er jedoch 90 cm als durchschnittliche Stufenhöhe an, vermerkt aber nicht, für welchen Bereich dieser Durchschnittswert gilt. Man kann aber davon ausgehen, dass dieser Wert für den unteren, in seiner Abbildung dargestellten, Bereich gilt, da bei rund 160 Stufen die Pyramide sonst 144 m hoch sein müsste, sie aber maximal 110 m hoch war. Die durchschnittliche Stufenhöhe bezogen auf die ganze Pyramide liegt bei knapp 69 cm. Bei 32 Stufen und der angegebenen Höhe käme man auf rund 90 cm.

[1182] Stadelmann 1997, 225.

[1183] Stadelmann 1997, 100.

[1184] Maragioglio und Rinaldi 1963-1977, Bd. 3, Tf. 18, Abb. 5.

Eine eigene Zählung durch den Autor ergab 33 Stufen bis zum Eingang und stimmt daher mit den Angaben von Vyse/Perring überein. Im Folgenden sei im unteren Bereich mit 90 cm pro Stufe als Wert zur Berechnung des Baufortschritts benutzt.

Auf der nachfolgenden Aufnahme sieht man einen Ausschnitt aus der künstlich angelegten Treppe zum Eingang der Roten Pyramide. Ein Tourist zeigt die Größenverhältnisse der Stufen. Bis zu vier moderne Stufen entsprechen einer Steinlage der Roten Pyramide.

Abb. 160: Steinlagen im unteren Bereich der Roten Pyramide mit der künstlich geschaffenen Treppe zum Eingang. Ein Tourist dient hier als Größenvergleich.

18.4.6 Die Entdeckung eines Sothis-Datums aus dem Alten Reich und die Entwicklung eines neuen Modells zur Erklärung der Häufigkeit von Zählungen

Im Jahr 2014 wurde in der Archäologischen Sammlung der Universität Zürich auf einem Salbgefäß aus der 5. Dynastie ein sogenanntes Sothis-Datum[1185] entdeckt. Es handelt sich dabei um das älteste bekannte Sothis-Datum in der ägyptischen Geschichte. Dies wurde von Fachleuten zur Entwicklung eines astronomiebasierten Chronologie-Modells des Alten Reiches benutzt. Das Gute daran ist, dass es einen Großteil aller zeitgenössischen Jahresdaten erklären und einordnen kann. Mithilfe eines vollständigen Sothis-Datums kann man den exakten Zeitpunkt auf 10–50 Jahre genau angeben. Die Genauigkeit ist dabei umso größer, wenn man zu einer tagesgenauen Datumsangabe auch noch den Beobachtungsort des Sirius-Frühaufgangs kennt. Kennt man den Ort nicht, so kann es aufgrund der großen geografischen Ausdehnung von Nord- nach Süd (Mittelmeer bis 1. Nilkaterakt bei Assuan) von Ägypten dennoch eine nicht unerhebliche Unschärfe geben; deshalb auch die Spanne von 10 bis 50 Jahren. Das bislang älteste Sothis-Datum stammte aus der 12. Dynastie (Mittleres Reich) aus dem ägyptischen al-Lahun (auch *Illahun*), einem Ort am östlichen Taleingang des Fayyum-Beckens.[1186] Das 2014 gefundene deutlich ältere Sothis-Datum[1187] lautet übersetzt: *„Öl gemacht für den Schutz des Jahres im 4. Monat der Peret-Saison für das Erscheinen der Sothis im 4. Monat, Achet, gemacht für den ersten Tag des Jahres"*. Bedauerlicherweise ist der Name des Königs auf dem Gefäß nicht erhalten, der vermutlich auf dem jetzt fehlenden Deckel des Gefäßes stand. Stilistisch wird es aber in die 5. Dynastie

[1185] Als Sothis-Datum bezeichnet man ein Datum aus dem altägyptischen Kalender, bei welchem der Frühaufgang oder heliakische Aufgang („zur aufgehenden Sonne gehörend") des hellsten Sterns am Nachthimmel, dem Sirius (äg. *Sopdet*, gr. *Sothis* oder in der Antike auch „Hundsstern" genannt), mit dem Anfang des bürgerlichen Kalenders, der aus 365 Tagen besteht, zusammenfällt. Es handelt sich dabei um eine Übereinstimmung des „astronomischen" mit dem „bürgerlichen" ägyptischen Kalender. Etwa alle 1460 Jahre (365 × 4 = Sothis-Zyklus) – real alle 1456 Jahre – fällt der erste Tag des bürgerlichen Jahres auf den Frühaufgang des Sirius, also das erste Mal der Sichtbarkeit nach einer Zeit der Unsichtbarkeit am Nachthimmel. Da der bürgerliche Kalender nur fixe 365 Tage besitzt und es keine Schalttage gibt, hingt dieser dem astronomischen Kalender pro Jahr um rund einen Vierteltag hinterher. Dies summiert sich in vier Jahren zu einem Tag und in 1460 Jahren (in der Realität sind es jedoch 1456 Jahre, siehe hierzu im Text weiter unten) zu einem ganzen Jahr. Dann stimmen beide Kalender wieder überein. Aus historischen Quellen (Censorinus) geht hervor, dass im Jahr 139 n. Chr. der Sirius-Frühaufgang auf den ersten Tag des bürgerlichen Jahres fiel, den 1. Thot. Die Erwähnung eines heliakischen Frühaufgangs des Sterns Sirius in Kombination mit einem Datum des bürgerlichen Kalenders erlaubt es nun, unter Berücksichtigung verschiedener Faktoren, daraus absolute Daten für dieses Ereignis zu berechnen. Für kultische Zwecke war zudem noch ein Mondkalender in Benutzung.

[1186] Gautschy, et al. 2019, 71, Abb. 5.

[1187] Gautschy, et al. 2019, 72, Abb. 6.

eingeordnet. Bisherige Radiokarbondatierungen von Objekten des Alten Reiches lassen sich anhand des neuen Sothis-Datums und einem neu entwickelten Modell zum Auftreten der Zählungsereignisse im Alten Reich nun gut in Übereinstimmung bringen. Aufgrund der gefundenen Angaben zu (Vieh)-zählungen hat man nach deren Auswertung festgestellt, dass man 2⅓-mal mehr Funde von Angaben der Form *„x. Mal der Zählung“* als *„Jahr nach dem x. Mal der Zählung“* besitzt. Diese auffällige Abweichung lässt sich nicht mit Zufall erklären. Es wurde jetzt ein chronologisches Modell entwickelt, bei dem ein *„Jahr nach dem x. Mal der Zählung“* nur dann vorkommt, wenn im ägyptischen Mondkalender ein 13. Mondmonat als Schaltmonat eingeschoben wurde, um den Mondkalender wieder dem bürgerlichen Kalender anzugleichen. Dies war dann der Fall, wenn der Beginn eines 13. Mondmonats vor dem erwarteten Datum des heliakischen Sothis-Frühaufgangs zu liegen käme.

> *„Ein »Jahr nach dem Ereignis« folgt in dieser Rekonstruktion auf ein »Schaltjahr« mit 13 Mondmonaten. Basierend auf der belegten Anzahl der Regierungsjahre der Pharaonen, den entsprechenden Angaben in den Königslisten (Abb. 8) und einigen wenigen überlieferten Mondfestdaten aus der Zeit von Djedkare-Isesi und Unas wurde versucht, die überlieferte Abfolge von »Jahren des Ereignisses« und »Jahren nach dem Ereignis« zu reproduzieren und - in einem zweiten Schritt - die Pharaonen des Alten Reiches absolut zu datieren. Es zeigte sich, dass sich die meisten der kontemporär belegten »Jahre nach dem Ereignis« mit diesem Modell erklären lassen.“* [1188]

Gemäß der zuvor aufgrund des Sothis-Datums aus der 5. Dynastie neu erstellten Chronologie hat König Cheops 30 Jahre regiert, beginnend ab 2636 v. Chr.[1189]

Da ein Mondjahr zu 12 Mondmonaten aus 354 Tagen besteht, also gut 11 Tage weniger als ein Sonnenjahr, muss etwa alle drei Jahre ein Schaltmonat eingefügt werden, um die Differenz zum Sonnenjahr wieder auszugleichen.[1190] Wenden wir dieses Schema auf die Zählungen an, so gibt es im Schnitt nur jedes 4. Jahr ein Jahr nach der Zählung. Diese Information können wir anschließend auch auf die Errechnung der Gesamtbauzeit der Roten Pyramide von Snofru anwenden. Die Erkenntnisse daraus lassen sich dann sicher ohne allzu großen Fehler auf die Cheops-Pyramide, unter Berücksichtigung des größeren Bauvolumens, übertragen.

In Anbetracht dieser neuesten Erkenntnisse können wir wohl daraus schließen, dass auf dem Palermo-Stein das Jahr nach dem 7. Mal der Zählung für König Snofru nicht einfach „vergessen oder nicht erwähnt“ wurde, sondern dass es dieses schlicht nicht gab, da kein Schaltmonat im Mondkalender vorlag. Da jedoch noch in der 2. Dynastie gemäß den Einträgen auf dem Palermo-Stein (siehe Kap. 18.4.2) eindeutig ein zweijähriger Zählrhythmus stattfand, muss es irgendwann danach und spätestens zu Snofrus Zeiten zur Umstellung gemäß den obigen Erkenntnissen gekommen sein. Der Inschriftenfund in der Westwüste von Carlo Bergmann (siehe hierzu auch Kap. 18.2) im Jahr 2000, bei dem sowohl ein Jahr nach dem 12. Mal der Zählung und ein Jahr nach dem 13. Mal der Zählung unter König Cheops verzeichnet ist, erschwert jedoch die Annahme des Modells mit den Schaltmonaten. Es gibt nun zwei mögliche Szenarien, falls das Modell stimmt, wie es dazu gekommen sein kann. Im ersten Fall wurde nach dem 13. Mal der Zählung festgestellt, dass ein Zeitraum von 24 Jahren seit der letzten Sonderschaltung eines 29-tägigen Mondmonats vorüber war und deswegen erneut ein Schaltmonat eingefügt werden musste und es somit auch ein Jahr nach dem 13. Mal gab. Im zweiten Fall war die nächstgrößere Korrektur nach rund 127 Jahren fällig gewesen und erforderte das Einfügen eines zusätzlichen Schaltmonats, um den Mondkalender mit dem Sonnenkalender zu synchronisieren. Wenn, wie weiter unten gezeigt wird, der Sonnenkalender bei den Ägyptern im Jahre 2774 v. Chr. eingeführt worden war, so wäre die erste zusätzliche Jahrhundert-Korrektur im Jahr 2647 v. Chr. erforderlich gewesen. Damit landen wir wieder in dem Zeitbereich, der sehr wahrscheinlich in der Herrschaft von König Cheops liegt. Wenn also Cheops im Jahr 2636 v. Chr. an die Macht kam, so könnte es sein, dass zwischen dem 12. Mal der Zählung und dem 13. Mal der Zählung ein normaler Schaltmonat stattfand, aber nach dem 13. Mal der

---

1188 Gautschy, et al. 2019, 73.

1189 Gautschy, et al. 2019, 73.

1190 Im heute noch gültigen islamischen Kalender, welcher ein Mondkalender ist, entsprechen 33 Mondjahre zu 354 Tagen (= 11.682 Tage) gleich 32 Sonnenjahre zu 365 ¼ Tagen (= 11.688 Tage). Nimmt man die astronomisch exakten Werte, ergibt die Differenz gut 6 ⅓ Tage. Das ist also die Ungenauigkeit, die sich auf ⅕ Tag oder 4,8 h pro Jahr beläuft.

Zählung der zusätzliche Schaltmonat eingefügt wurde. Sollte jedoch in Zukunft noch ein Jahr nach dem 11. Mal der Zählung für Cheops nachgewiesen werden können, so ist die Methode der Verknüpfung der Schaltmonate mit den Ereignissen der Viehzählung als widerlegt anzusehen.

Ein weiterer Beweis für die Regierung von Cheops im 27. Vorchristlichen Jahrhundert wurde durch eine Radiokarbondatierung (C^{14}-Methode) von Heuschrecken erbracht, die Bergmann an dem Fundort „Wasserberg des Djedefre" fand. Zu den Funden gehörten Reste von hauptsächlich dünnwandigen Keramikgefäßen wie Bechern, Schalen und verrußten Vorratskrügen, etwa 60 Siegelabdrucke mit den Namen der Expeditionsleiter Iimeri und Bebi sowie aus den untersten Schichten teilweise geröstete Heuschrecken, die sicher als Nahrung dienten. Die Radiokarbonmethode ergab ein Alter von 2.600-2700 v. Chr.

Eine Besonderheit sei in diesem Zusammenhang noch erwähnt. Der Beginn des Sothis-basierten Kalenders fand nach meinen Analysen am 18. Juli 2774 v. Chr.[1191] statt. An diesem Tag gab es einige astronomische Besonderheiten. In der Nacht vom 17. auf den 18. Juli fand die Sommersonnenwende statt. Der 18. Juli war also der erste Tag nach der Sommersonnenwende. Am Morgen des 18. Juli fand in Ägypten eine zentralringförmige Sonnenfinsternis statt. Zu dieser Zeit war auch Neumond. Weiterhin war es der erste Tag in diesem Jahr, an dem der Stern Sirius nach einer mehrmonatigen Zeit der Unsichtbarkeit in den frühen Morgenstunden am Nachthimmel wieder sichtbar wurde. Es war also im Sothis-basierten Kalender der Neujahrstag. Zu dieser Zeit war der mit bloßem Auge zu sehende Stern Thuban[1192] (*α Draconis*) der damalige Polarstern, der sehr nahe am Himmelsnordpol stand.

Da im altägyptischen Kalender das Jahr immer exakt 365 Tage besaß, war es rund einen Vierteltag zu kurz. Das Sternenjahr ist eine knappe Minute länger als 365 Tage. In einem Sothis-Zyklus ergibt dies ca. einen Tag Differenz. Dies bedeutet, dass der Sothis-Zyklus nur 1456 Jahre[1193] beträgt und nicht 1460 Jahre zu 365 Tagen, denn erst nach vier Jahren addiert sich die Zeitdifferenz von einem Vierteltag pro Jahr zu einem ganzen Tag. Zu beachten ist aber, dass 1460 gregorianische Jahre gleich 1461 ägyptischen Wandeljahren zu 365 Tagen entsprechen oder 1459 gregorianische Jahre gleich 1460 ägyptische Jahre sind! Der römische Schriftsteller Censorinus schrieb im Jahr 238 n. Chr. ein Buch namens *de die natali*, in welchem er uns mitteilt, dass im Jahr 139 n. Chr. die Ägypter eine neue Sothis-Periode begonnen hätten. Dies geschieht, wie oben gezeigt, nur alle 1456 Jahre. Rechnet man nun zwei Sothis-Perioden von diesem Datum zurück, gelangt man zum Jahr 2774 v. Chr.[1194] Der bisher existierende Mondkalender wurde allerdings nicht abgeschafft, sondern galt für religiöse Zwecke weiter. Dies war somit vermutlich der Anfang, an dem die beiden Kalender von Zeit zu Zeit synchronisiert werden mussten. Wahrscheinlich erfolgte die Anpassung des Mondkalenders an den Sonnenkalender durch Einfügen von Schaltmonaten, wie weiter oben aufgezeigt.

Nach Beckerath[1195] regierte Ninetjer[1196] von etwa 2810–2767 v. Chr. bis 2760–2717 v. Chr. Bedenkt man nun, dass inzwischen aufgrund von diversen C^{14}-Datierungen von Objekten des Alten Reichs die chronologischen Daten von Beckerath als zu gering gelten, so lag die Regierungszeit von Ninetjer wahrscheinlich vor dem Beginn des neu eingeführten Sonnenkalenders im Jahr 2774 v. Chr. Somit ergibt dies kein Widerspruch zu der auf dem Palermo-Stein gefundenen durchgängigen zweijährigen Zählweise für die Regierungszeit des Ninetjer. Die Einführung des Sonnenkalenders geht mit großer Wahrscheinlichkeit auf den König zurück, der im Jahr 2774 v. Chr. regiert hat, wer immer dies auch war. Selbst wenn man die früheste Regierungszeit von Beckerath für Ninetjer (2810–2767 v. Chr.) ansetzt, ergibt sich immer noch kein Widerspruch bezüglich der Zählweise, da auf dem Palermo-Stein nur die Regierungsjahre 7–21 verzeichnet sind, also 2803–2789 v. Chr. In diesem Fall hätte also Ninetjer in seinem 36. Regierungsjahr den Sonnenkalender eingeführt.

[1191] Der 18. Juli 2774 v. Chr. ist ein julianisches Datum, welches umgerechnet auf den heute benutzten gregorianischen Kalender den 25. Juni 2774 v. Chr. ergibt (zur Datumsumrechnung siehe: http://www.nabkal.de/kalrech2.html #rechner).

[1192] Thuban besitzt eine Helligkeit von $3{,}6_m$. Mit bloßem Auge können noch Sterne bis 6_m gesehen werden. Die Skala ist logarithmisch, d.h. ein Stern 4. Größenklasse erscheint 10-mal heller als ein Stern 5. Größenklasse.

[1193] Beckerath 1997, 8, Fußnote 16.

[1194] $139 - 2 \times 1456 = -2773$. Da es das Jahr 0 aber nicht gibt, sondern man von 1 v. Chr. direkt auf 1 n. Chr. übergeht entspricht dies dem Jahr 2774 v. Chr.

[1195] Beckerath 1997, 178.

[1196] Bei Beckerath heißt der König Binothris, gemäß der Chronologie von Manetho.

18.4.7 Berechnung der Bauleistung der Roten Pyramide anhand der Bauarbeiterinschriften

Wenn man im unteren Bereich eine Stufenhöhe von 90 cm annimmt, so befindet sich die Oberseite der 12. Steinlage in 10,80 m Höhe und die 18. Steinlage in 16,20 m Höhe. Legt man nun diese Werte für die verschiedenen Datumsangaben zugrunde, so erhält man ein anderes Bauvolumen pro Jahr. Unter der Annahme eines zweijährigen Zählzyklus ergibt sich folgender Baufortschritt nach den Angaben von Stadelmann:

Steinlage	Höhe [m]	Bauvol. [m³]	Vol.diff. [m³]	Tage	Zeitdiff.	Vol./Tag [m³]	Vol.diff./Tag [m³]
12	9,00	400.593		284		1.411	
16	12,00	519.298	118.705	820	536	633	221
18	13,50	575.993	175.400	820	536	702	327

Tab. 11: Bauvolumen nach Baufortschritt gemäß zweier Bauarbeiterdatierungen an der Roten Pyramide. Fundhöhen laut Stadelmann.

Betrachtet man diese Zahlen, so fällt sofort auf, dass im ersten Dreivierteljahr täglich ein Bauvolumen von über 1.400 m³ aufgetürmt wurde, während es in den kommenden 2 ¼ Jahren nur 15,7-23,2 %, also weniger als ein Viertel, davon betrug. Die Schwierigkeiten beim Bau einer Pyramide nehmen zwar mit zunehmender Höhe zu, aber sicher nicht für 4–6 Steinlagen im unteren Bereich in dieser Größenordnung. Auch wenn man eine durchschnittliche Stufenhöhe von 90 cm im unteren Bereich annimmt, so ergibt sich bezogen auf den Baufortschritt auch keine befriedigende Situation, da die Prozentwerte für das tägliche Bauvolumen nur noch bei 15,3-22,5 % liegen.

Steinlage	Höhe [m]	Bauvol. [m³]	Vol.diff. [m³]	Tage	Zeitdiff.	Vol./Tag [m³]	Vol.diff./Tag [m³]
12	10,80	472.675		284		1.664	
16	14,40	609.174	136.500	820	536	743	255
18	16,20	673.686	201.011	820	536	822	375

Tab. 12: Wie vorherige Tabelle, jedoch Fundhöhen lt. Berechnung nach Maragioglio.

Zu den beiden vorigen Tabellen sei noch angemerkt, dass man die Genauigkeit der Angaben nicht überstrapazieren darf. Die Angaben zum Bauvolumen ergeben sich aus den Angaben 420 Ellen Basislänge, 210 Ellen Höhe, 45° Neigungswinkel und einer Ellenlänge von 52,36 cm, wie sie bei Cheops nachgewiesen wurde. Setzt man wie Krauss[1197] jedoch 52,5 cm als Ellenlänge an, so erhält man ein Gesamtvolumen der Roten Pyramide von 1.786.794 m³ anstatt von 1.772.538 m³ bei einer Ellenlänge von 52,36 cm. Noch größer werden die Abweichungen, wenn man einen anderen Neigungswinkel der Pyramide annimmt. Der Wert von Lauer und Lehner beträgt nur 43° 22′, der von Perring 43° 36′ 11″. Bei dem von Lauer und Lehner verwendeten Wert hätte die ursprüngliche Höhe der Roten Pyramide nur 103,86 m (≈ 198,36 Ellen) betragen. Nach Perring betrüge die Höhe 104,72 m oder exakt 200 Ellen zu 52,36 cm, also der Cheops-Elle. Daraus kann man auch folgern, dass Perring den exakten Neigungswinkel nicht gemessen hat, sondern als Ergebnis der Rückrechnung durch eine vorgegebene Höhe von 200 Ellen zu 52,36 cm erhalten hat. Das Pyramidenvolumen nach dem Wert von Lauer und Lehner ergibt bei Annahme einer Elle von 52,36 cm einen Wert von 1.674.237 m³. Dies sind gut 5,5 % weniger, als bei einem Neigungswinkel von 45°.

Schon Krauss[1198] hat darauf verwiesen, dass die Zählungen nicht zwangsweise immer zweijährig durchgeführt wurden. Er geht sogar von meist jährlich durchgeführten Zählungen aus. Vor der Herrschaft von Snofru und nach der Herrschaft von Chephren hat es keine so großen Bauprojekte im Alten Ägypten gegeben. Eine zweijährige Bestandsaufnahme war deshalb sicher zu ungenau für die Planung der erforderlichen Ressourcen, zu denen auch die Versorgung der Arbeiter mit Nahrungsmitteln gehörte. In diesem Zusammenhang spricht man auch von der ersten vorindustriellen Großbäckerei, um die große Zahl an Arbeitern für die Pyramidenprojekte mit Brot zu versorgen. Das Gleiche galt sicher auch für die Herstellung von Bier, dem zweiten Grundnahrungsmittel der Arbeiter im Alten Ägypten.

[1197] Krauss 1998, 33.
[1198] Krauss 1998, 30.

Für den Bau der Roten Pyramide können wir annehmen, dass es zwischen dem 15. Mal der Zählung und dem 16. Mal der Zählung kein Jahr dazwischen gab. Das wiederum hat logischerweise auch direkt Auswirkungen auf die Berechnung des Baufortschritts bzw. Bauleistung. Wie wir gesehen haben, gab es bei der Bewertung der Daten aus Tab. 11 und Tab. 12 Schwierigkeiten. Schauen wir uns nun die beiden Tabellen unter der Prämisse an, dass zwischen dem zweiten und dritten Datum nicht 556 Tage, sondern nur 171 Tage liegen.

Steinlage	Höhe [m]	Bauvol. [m³]	Vol.diff. [m³]	Tage	Zeitdiff.	Vol./Tag [m³]	Vol.diff./Tag [m³]
12	9,00	400.593		284		1.411	
16	12,00	519.298	118.705	455	171	1.141	694
18	13,50	575.993	175.400	455	171	1.266	1.026

Tab. 13: Bauvolumen nach Baufortschritt gemäß zweier Graffiti-Datierungen an der Pyramide. Fundhöhen laut Stadelmann. Datum als jahresweise Zählung interpretiert.

Steinlage	Höhe [m]	Bauvol. [m³]	Vol.diff. [m³]	Tage	Zeitdiff.	Vol./Tag [m³]	Vol.diff./Tag [m³]
12	10,80	472.675		284		1.664	
16	14,40	609.174	136.500	455	171	1.339	798
18	16,20	673.686	201.011	455	171	1.481	1.176

Tab. 14: Daten basierend auf Tab. 13, jedoch Fundhöhen laut Berechnung nach Maragioglio.

Wenn man als ursprünglicher Verbauungsort des Steins mit dem 16. Mal der Zählung die 18. Steinlage nimmt, dann hat sich die durchschnittliche tägliche Bauleistung bei Tab. 13 um 37,5 % (1411/1026 = 1,375...) und bei Tab. 14 um 41,5 % (1664/1176 = 1,414...) in den sechs Lagen ab der 12. Lage vermindert. Unter Annahme der Steinlage 16 betrüge die Verminderung der Bauleistung in beiden Fällen mehr als 50 %. Bezogen auf die Annahme einer zweijährigen Zählung lag die Differenz aber bei mehr als dem 6-fachen (1411/211 = 6,38...) bzw. 4-fachen (1664/375 = 4,43...).

18.4.8 Ermittlung der Bauzeit der Roten Pyramide

Aus dem oberen Bereich der Roten Pyramide sind zwei Funde bekannt, die beide ein Jahr des 24. Mals der Zählung tragen.[1199] Beim ersten handelt es sich um einen bereits von Lepsius[1200] beschriebenen Stein, in der Fachliteratur auch als Erbkam-Stein[1201] bekannt. Beim zweiten, um einen Hintermauerungsstein, den Stadelmann[1202] beschrieben hat. Dass die Rote Pyramide noch zu Lebzeiten von Snofru beendet wurde, belegt ein Eintrag bei Lepsius, der schreibt: „an der Spitze ist ein Eckstein und ein anderer Stein der Bekleidung erhalten".[1203] Nach der zuvor erläuterten Hypothese kann man von folgenden Szenarien ausgehen:

1. Erst das 4. Jahr nach Amtsantritt von Snofru besaß einen Schaltmonat und bedingte demnach ein Jahr nach der Zählung.
2. Das 3. Jahr nach Amtsantritt von Snofru war ein Jahr nach der Zählung.
3. Das 2. Jahr nach Amtsantritt von Snofru war ein Jahr nach der Zählung.
4. Das 1. Jahr nach Amtsantritt von Snofru war ein Jahr nach der Zählung.

Falls also die 24. Zählung bei Snofru die letzte war, die stattgefunden hat und es kein Jahr nach der 24. Zählung gab, welches auch nicht belegt ist, so hat Snofru entweder 31 oder 32 Jahre regiert.

1199 Spalinger 1994, 282-283 und Stadelmann 1987, 234-236 Abb.3 u. 239-240 Abb.4.

1200 C. R. Lepsius 1849-58, Text Bd. 1, 206.

1201 Die Zeichnung der Bauarbeiterinschrift geht auf Georg Gustav Erbkam (* 29.9.1811 in Glogau, Niederschlesien; † 3.2.1876 in Berlin, Deutschland), einen begabten Feldvermesser und entfernten Verwandten von Carl Richard Lepsius zurück, der diese in seinem ersten Skizzenbuch auf Seite 85 gezeichnet hat. Siehe auch Kap. 13.2.12.

1202 Stadelmann 1987, 239-240 Abb.4.

1203 C. R. Lepsius 1849-58, Text Bd. 1, 206.

In der nachfolgenden Tabelle sind die Fakten der bekannten aufeinanderfolgenden Zählungen fett markiert.

Jahr	Zählung	Zählung	Zählung	Zählung
1	1	1	1	
2	2	2		1
3	3		2	2
4		3	3	3
5	4	4	4	
6	5	5		4
7	6		5	5
8		6	6	6
9	7	**7**	7	
10	8	**8**		7
11	9		8	8
12		9	9	9
13	10	10	10	
14	11	11		10
15	12		11	11
16		12	12	12
17	13	13	13	
18	14	14		13
19	15		14	14
20		**15**	**15**	15
21	16	**16**	**16**	
22	17	17		16
23	18		17	17
24		18	18	18
25	19	19	19	
26	20	20		19
27	21		21	20
28		21	22	21
29	22	22	23	
30	23	23		22
31	24		24	23
32		24		24

Tab. 15: Regierungsjahre von Snofru und Anzahl der Zählungen.

Da wir es als erwiesen ansehen können, dass zwischen dem 7. Mal und 8. Mal der Zählung kein Jahr nach der Zählung existierte und dies auch nicht zwischen dem 15. Mal und dem 16. Mal, so bleibt nur eine Möglichkeit übrig, die beiden Beobachtungen gerecht wird, nämlich Szenario 2. Damit läge auch die Regierungsdauer von Snofru bei 32 Jahren, falls es in seiner Regierungszeit nicht noch einen zusätzlichen Korrekturmonat gegeben hat, der ein weiteres Mal nach der Zählung rechtfertigt. Da die obige vorgeschlagene Korrektur zur Einführung eines Schaltmonats nach drei Jahren aber zu einem verbleibenden Fehler von rund 4 ¼ Tagen (= 3 x (365,25 – 354) – 29,5) führt, muss man etwa jedes 7. Mal nach einer Zählung zusätzlich ein weiteres Mal nach der Zählung einführen, denn 7 × 4,25 = 29,75, also nur ¼ Tag mehr als benötigt. In Wirklichkeit ist die Differenz noch geringer, da ein Sonnenjahr etwas weniger als 365,25 Tage hat, nämlich nur 365,24219 Tage.

	Tage	Jahre
Sonnenjahr	365,24219	
Mondjahr	354,3671	
3 Sonnenjahre	1.095,72657	
3 Mondjahre	1.063,1013	
3 Jahresdifferenz	32,62527	
Schalt-Mondmonat	29,53059	
Differenz	3,09468	
Jahre für nächste Korrektur	= 3 × Mondmonat / Diff.	28,62711815

Tab. 16: Astronomisch exakte Berechnung für die Schaltung von Mondmonaten.

Die obige Tabelle zeigt, dass erst nach knapp 29 Jahren ein weiteres Mal ein zusätzlicher Schaltmonat eingefügt werden muss, um den Mondkalender astronomisch mit dem Sonnenjahr in Übereinstimmung zu bringen. Nachfolgend noch eine Tabelle, die zwar zu einem schlechteren Kalender führt, aber einen, der praktikabel ist, da hier das Mondjahr zu 354 Tagen (= 6 × 30 + 6 × 29) angenommen wird.

	Tage	Jahre
Sonnenjahr	365,24219	
Mondjahr	354,3671	
3 Sonnenjahre	1.095,72657	
3 Mondjahre	1.063,1013	
3 Jahresdifferenz	32,62527	
Schalt-Mondmonat	29	
Differenz	3,62527	
Jahre für nächste Korrektur	= 3 x Mondmonat / Diff.	23,99821255

Tab. 17: Praktische Berechnung für die Schaltung von Mondmonaten.

Wenn wir nach 24 Jahren einen zusätzlichen Mondmonat zu 29 Tagen einführen, dann machen wir nur rund 4 ½ Jahre zu früh unsere Korrektur. In diesen 24 Jahren weicht der Mondkalender nun um 5,6 Tage vom Sonnenkalender ab, da unser Fehler bei 1,2 Tagen pro Jahr lag und wir eine Differenz von rund 4,63 Jahren (≈ 28,62711815 Jahre – 23,99821255 Jahre) hatten. Für eine nahezu perfekte Anpassung müssten wir also alle 126,7 Jahre nochmals einen weiteren Schaltmonat zu 29 Tagen einfügen. Diese letzte Anpassung ist allerdings für die Errechnung der Regierungszeit von Snofru vernachlässigbar, da unwahrscheinlich ist, dass erstens eine so präzise Anpassung der beiden Kalender vorgenommen wurde und zweitens, dass diese Anpassung, falls sie tatsächlich stattfand, ausgerechnet in der Regierungszeit von Snofru stattfand. Die Abweichung von einem Mondmonat in 24 Jahren kam allerdings bei einer Regierungszeit von ca. 32 Jahren sehr wohl zum tragen. Leider können wir nicht sagen, wann innerhalb der Regierungszeit von Snofru dies der Fall war. Wir können nur daraus schließen, dass Snofru demnach 33 Jahre regiert hat bis zum 24. Mal der Zählung. Gemäß der bereits zuvor genannten Regierungszeit von Cheops, die ab 2636 v. Chr. begonnen haben soll[1204] kommt man für Snofru auf einen Beginn von 2669/68 v. Chr. für seine Regentschaft.

Für die Gesamtbauzeit ergeben sich nun zwei mögliche Szenarien:

1. Der Sonder-Schaltmonat aufgrund des 24-jährigen Zyklus wurde zwischen dem 22. und 31. Regierungsjahr eingefügt.
2. Der Sonder-Schaltmonat wurde nicht zwischen dem 22. und 31. Regierungsjahr eingefügt.

Im ersten Fall betrug die Bauzeit zwischen dem 15. Mal der Zählung und dem 24. Mal der Zählung 13 Jahre und im zweiten Fall nur 12 Jahre.

Schauen wir uns beide Szenarien einmal bezogen auf den Baufortschritt an, unter der Annahme, dass am Jahresende des 24. Mals der Zählung die Pyramide fertig war.

[1204] Gautschy, et al. 2019, 73.

Steinlage	Höhe [m]	Bauvol. [m³]	Vol.diff. [m³]	Tage	Zeitdiff.	Vol./Tag [m³]	Vol.diff./Tag [m³]
12	9,00	400.593		284		1.411	
16	12,00	519.298	118.705	455	171	1.141	694
18	13,50	575.993	175.400	455	171	1.266	1.026
160	109,96	1.772.538	1.253.240	4.745	4.290	374	292

Tab. 18: Daten basierend auf Tab. 13 und Annahme einer 13-jährigen Bauzeit.

Steinlage	Höhe [m]	Bauvol. [m³]	Vol.diff. [m³]	Tage	Zeitdiff.	Vol./Tag [m³]	Vol.diff./Tag [m³]
12	10,80	472.675		284		1.664	
16	14,40	609.174	136.500	455	171	1.339	798
18	16,20	673.686	201.011	455	171	1.481	1.176
160	109,96	1.772.538	1.163.364	4.745	4.290	374	271

Tab. 19: Daten basierend auf Tab. 14 und Annahme einer 13-jährigen Bauzeit.

Steinlage	Höhe [m]	Bauvol. [m³]	Vol.diff. [m³]	Tage	Zeitdiff.	Vol./Tag [m³]	Vol.diff./Tag [m³]
12	9,00	400.593		284		1.411	
16	12,00	519.298	118.705	455	171	1.141	694
18	13,50	575.993	175.400	455	171	1.266	1.026
160	109,96	1.772.538	1.253.240	4.380	3.925	405	319

Tab. 20: Daten basierend auf Tab. 13 und Annahme einer 12-jährigen Bauzeit.

Steinlage	Höhe [m]	Bauvol. [m³]	Vol.diff. [m³]	Tage	Zeitdiff.	Vol./Tag [m³]	Vol.diff./Tag [m³]
12	10,80	472.675		284		1.664	
16	14,40	609.174	136.500	455	171	1.339	798
18	16,20	673.686	201.011	455	171	1.481	1.176
160	109,96	1.772.538	1.163.364	4.380	3.925	405	296

Tab. 21: Daten basierend auf Tab. 14 und Annahme einer 12-jährigen Bauzeit.

Als Ergebnis dieser Auswertungen kann man dies festhalten:

1. Die Bauzeit für die Rote Pyramide betrug nur 12–13 Jahre.
2. Das verbaute Volumen pro Tag nahm im unteren Bereich zwischen der 12. und 18. Steinlage um max. 30 % in einem halben Jahr ab.
3. Der Durchschnittswert des verbauten Volumens pro Tag sank auf 22,5-26,5 % nach einer 13-jährigen Bauzeit gegenüber dem ersten Wert nach einem Dreivierteljahr bzw. um 24,3-28,7 % nach einer 12-jährigen Bauzeit. In einfachen Zahlen ausgedrückt bedeutet das eine Reduktion der Bauleistung um etwa Dreiviertel gegenüber den Anfangswerten.

18.4.9 Ermittlung der Bauzeit der Cheops-Pyramide

Das wegen des inneren Felsenkerns geschätzte Volumen der Cheops-Pyramide beträgt etwa 2.000.000 m³ (siehe Text nach Abb. 173). Geht man nun von der gleichen Bauleistung für die Cheops-Pyramide wie für die Rote Pyramide aus, so ergibt sich für die Cheops-Pyramide eine Bauzeit von nur 13 ½ bis 14 ⅔ Jahren. Dies ist deutlich weniger, als die gängigen Schätzungen, die von rund 20 Jahren ausgehen.

Romer[1205] kommt nach eigener Berechnung basierend auf den Baufortschritten an der Roten Pyramide nach Krauss[1206] zu nur 10 Jahren Bauzeit für die Rote Pyramide und zu 14 Jahren für die Cheops-Pyramide. Letzterer Wert entspricht meinem zuvor ermittelten Durchschnittswert.

Müller-Römer[1207] errechnet eine wesentlich höhere Bauzeit für beide Pyramiden. Für die Rote Pyramide kommt er auf eine Gesamtbauzeit von 18,7 Jahren ohne Berücksichtigung von Vorbereitungsarbeiten, die sich wie folgt zusammensetzt:

- Bau eines Kernmauerwerks: 11,6 Jahre
- Verkleidungsmauerwerk etc.: 4,9 Jahre[1208]
- Rückbau der Arbeitsplattformen etc.: 2,2 Jahre
- Glättung: 0,8 Jahre
- Glättung zusätzlich: 0,5 Jahre

Er vergleicht seine eigene Rechnung mit der von Stadelmann, der etwa auf den gleichen Zeitraum kommt. Betrachtet man bei Müller-Römer nur den Zeitraum für den Bau des Kernmauerwerks, so liegen die Werte im vergleichbaren Rahmen mit den anderen hier vorgestellten Werten. Die Glättung der Verkleidungssteine könnte jedoch kein separater Prozess gewesen sein, sondern von den Steinbrucharbeitern schon im Steinbruch erledigt worden sein, sodass diese Zeit nicht extra zur Gesamtbauzeit addiert werden muss und man erhielte nach seiner Berechnung 16 ½ Jahre. Die rund 5 Jahre, die er für das Verkleidungsmauerwerk, Arbeitsplattformen, Rampen etc. ansetzt, können allerdings nicht anhand von Bauinschriften datiert werden, wie die des Kernmauerwerks. Vergleich man die 11,6 Jahre mit den von mir vorgestellten 12 Jahren, so liegen beide Werte sehr nahe beisammen. Möglicherweise wurden die Verkleidungssteine bereits zusammen mit dem Kernmauerwerk verlegt, mit Ausnahme einer Treppe auf jeder Pyramidenseite, über die die Bauarbeiter auf die jeweils oberste Plattform gelangten. Legt man Houdins „Innere Rampentheorie" (siehe Kap. 16) zugrunde, benötigt man bis auf große Höhen überhaupt keine äußeren Treppen und könnte somit alle Verkleidungssteine bis zu der obersten Plattform, wo die innere Rampe endet, zusammen mit dem Kernmauerwerk verbauen. Dann wäre ein Zeitraum von ca. ½ Jahr für die Verlegung der obersten Verkleidungssteine ein realistischer Zeitraum. Müller-Römers Ansatz, sowie meiner, fielen den Zeitraum betreffend zusammen. Falls die Gesamtbauzeit 13 Jahre betrug, hätte man für die Verlegung der Verkleidungssteine rund 1 ½ Jahre Zeit.

Für den Bau der Cheops-Pyramide gibt Müller-Römer eine Bauzeit von 22 ½ Jahren ohne Glättung und 24 ½ Jahren mit Glättung an. Die Gesamtbauzeit teilt er dabei in folgende Schritte auf:

- Bau des Kernmauerwerks: 12,8 Jahre
- Verkleidungsmauerwerk etc.: 6,9 Jahre
- Rückbau der Arbeitsplattformen: 2,8 Jahre
- Glättung: 1 Jahr
- Glättung zusätzlich: 1 Jahr

Für die Bauzeitenberechnung nimmt Müller-Römer folgende Hypothesen an:[1209]

- Das stufenförmige Kernmauerwerk wird über tangential angeordnete Rampen mit dem Neigungsverhältnis 2:1 unter Einsatz von Umlenkwalzen und abwärts gerichteten Zugkräften gebaut.
- Eine Umbauung des Kernmauerwerks mit Arbeitsplattformen ist erforderlich, um die äußere Verkleidungsschicht und die Außenverkleidung verlegen zu können, sowie den Bau der Pyramidenspitze und die Verlegung, Bearbeitung und Glättung der Außenverkleidungssteine von oben nach unten, zeitgleich auf allen vier Seiten der Pyramide, durchführen zu können.

Bezogen auf den Transport der Steinblöcke für das Kernmauerwerk gibt er an:

[1205] Romer 2007, Anhang 5, 456.

[1206] Krauss, JEA 82, 1996.

[1207] Müller-Römer 2011, Kap. 8.3, 389-406.

[1208] Hierunter versteht Müller-Römer: *„Die Bauzeit für die Arbeitsplattformen, das Verkleidungsmauerwerk, die äußere Verkleidung und die Außenverkleidung zuzüglich der Rampen"*.

[1209] Müller-Römer 2011, 356-357.

„Bei dem Transport von ca. 1,67 Mio. Steinblöcken für das Kernmauerwerk (unter Berücksichtigung des Felskerns) während 300 Arbeitstagen über 12,8 Jahre hinweg ergibt sich eine durchschnittliche tägliche Transportleistung von 435 Steinblöcken (522 m³).“ [1210]

Für die Ermittlung der Gesamtarbeiterzahl, die beim Bau der Cheops-Pyramide benötigt wurde, s. Kap. 18.11.

18.5 Die Pyramiden des Snofru

Was König Snofru betrifft, gibt es auf dem Palermo-Stein folgenden Eintrag aus dem Jahr der 8. Zählung:

"erecting (the building) 'Sneferu high of the white crown' (at) the base? of the southern gateway, (and the building) 'Sneferu (high of) the red crown' (at) the base? of the northern gateway; making doors for the royal palace (of) pine; eighth occasion of the census.
2 cubits, 2 palms, two-and-three-quarters fingers" [1211]

Zur Bedeutung dieses Textes schreibt Wilkinson *"The nature of the buildings named 'Sneferu high of the white crown' and 'Sneferu high of the red crown' is not known. Their stated location, at the base of the southern and northern gateways respectively, adds little to the picture."* [1212] Allgemein bekannt ist, dass die Weiße Krone Oberägypten repräsentiert und die Rote Krone Unterägypten. Seit der Reichseinigung durch König Menes um 3000 v. Chr., der als erster über Ober- und Unterägypten gleichzeitig geherrscht hat, wird der König meist mit beiden Kronen, der Weißen und Roten, abgebildet. Snofru lies insgesamt drei Pyramiden errichten: die erste in Meidum, die allerdings wohl schon zu Bauzeiten eingestürzt ist und von der nur der stufenförmige Kern noch steht, und zwei Pyramiden in Dahschur.

Abb. 161: Die Ruine der Meidum-Pyramide.

[1210] Müller-Römer 2011, 406. In einer Fußnote verweist er auf Verner und Liedtke 1998, 89, der von 300 bis 600 Steinblöcken als tägliche Transportleistung ausgeht.

[1211] T. A. Wilkinson 2000, 144.

[1212] T. A. Wilkinson 2000, 144.

Zur Erbauung der Meidum-Pyramide gründete Snofru die erste Pyramidenstadt in der ägyptischen Geschichte. Da die Pyramide aber zum Misserfolg wurde, wurde auch die Pyramidenstadt schnell wieder aufgegeben. Anders verhielt es sich bei seiner zweiten gegründeten Pyramidenstadt *„Erscheinung des Snofru"* bei Dahschur. Diese Stadt ist noch in der 6. Dynastie eine blühende Metropole. Zur Zeit des Pyramidenbaus wohnten hier die oberen Stände und die Vorarbeiter sowie die Mehrzahl der Priesterschaft mit ihren Hilfskräften. Das Wohnrecht in einer Pyramidenstadt brachte Steuerfreiheit und sonstige Vergünstigungen mit sich. Zudem gab es noch bei den Pyramiden Arbeitersiedlungen, in denen die vor Ort tätigen Arbeiter und Handwerker wohnten. Nach der Fertigstellung der Pyramide(n) wurden sie, im Gegensatz zu den überdauernden Pyramidenstädten, wieder eingeebnet.

Der riesige Schutthaufen um die Meidum-Pyramide belegt, dass die Bauweise nicht solide genug war und das Material großflächig abgerutscht ist, sodass nur mehr der Kern der Pyramide stehen blieb. Dass Snofru mit seiner ersten Pyramide andere Pläne hatte, beweist schon der Name dieser Pyramide: Snofru dauert bzw. Dauer Snofrus. Danach wechselte Snofru das Terrain und wählte als Ort für seine beiden weiteren Pyramiden Dahschur. Unklar ist indes, ob er beide gleichzeitig errichten ließ oder nacheinander. Die gängige Lehrmeinung geht davon aus, dass er zuerst die südliche Pyramide mit dem Namen *Südlicher Glanz Snofrus*, die auch Knickpyramide genannt wird, bauen ließ und anschließend die nördliche Pyramide mit dem Namen *Nördlicher Glanz Snofrus*, die auch die Rote Pyramide heißt. Die Rote Pyramide liegt 4.000 Königsellen (gut 2 km) nördlich (351°) von der Knickpyramide. Letztere wiederum liegt 45 km nördlich von der Meidum-Pyramide. Die Sphinx von Gizeh befindet sich 65 km nördlich der Meidum-Pyramide und das ziemlich genau nördlich (358,36°). Damit der Sphinx exakt nördlich liegt, müsste sie 1,85 km weiter östlich liegen.

Abb. 162: Die Knickpyramide des Snofru in Dahschur.

Mit einer Steigung unten an der Pyramide bis zum Knick in 49 m (oder 47 m = 90 Ellen) Höhe von 54,5° ist sie steiler als die Meidum-Pyramide mit 51,8°. Ab da änderte man den Winkel auf 45° [1213] und erreichte so eine Höhe von 200 Ellen (rund 105 m). Es ist schon erstaunlich, mit welcher Präzision mancher Ägyptologe/Archäologe den exakten Winkel der Pyramide angeben kann. So schreibt z. B. Zahi Hawass in seinem Buch *Magic of the Pyramids*: *"He (Snofru) subsequently went to Dahshur and there built the "Bent Pyramid" – the original angle of 54° 31' 13" was later changed to 43° 21'."* [1214] Einen Winkel eines antiken Bauwerks auf die Bogensekunde genau anzugeben und dies als ursprünglichen Winkel zu bezeichnen ist vermessen. Schon die enorme Genauigkeit bei der Nord-Süd-Ausrichtung der Cheops-Pyramide von rund 3' (Bogenminuten) war eine technische Meisterleistung, die bis ins 19. Jahrhundert nicht mehr erreicht wurde. Einen Wert auf die Bogensekunde hier anzugeben ist jedoch schlichtweg unsinnig. Der Wert stimmt noch nicht einmal theoretisch, da Hawass vermutlich von einem *Seked* von 5, also einem Rücksprung von 20 Fingerbreit (= 5 Handbreit) auf 28 Fingerbreit (= 1 Königselle), ausging, was aber zu einem Winkel von 54° 27' 44" führt. Der Wert von Hawass in das altägyptische *Seked*-Maß umgerechnet ergibt 19,9572... Fingerbreit auf 28 Fingerbreit oder 4,989... Handbreit Rücksprung!

[1213] Stadelmann 1997, 89 und Müller-Römer 2011, 162. Lehner nimmt 43°–44° an (M. E. Lehner 1997, 102).

[1214] Hawass 2015, 11.

Analysen der Bauweise gehen von mehreren Phasen bei dieser Pyramide aus, wobei in der ersten Phase bei einer Seitenlänge von 300 Ellen (≈ 157 m) ein Neigungswinkel von etwa 60° geplant war[1215], was zu einer Gesamthöhe von 157 m geführt hätte und wodurch jede der vier Dreiecksflächen der Pyramide sich als gleichseitige Dreiecke ergeben hätten. Als Baumaterial benutzte man örtlich vorkommenden Kalkstein, was der Pyramide die helle Farbe verleiht. In einer zweiten Bauphase ging man dann zu einem Neigungswinkel von 5 *Seked* (≈ 54,5°) über. Bei einer Bauhöhe von 49 m änderte man in einer dritten Bauphase den Winkel erneut, und ging auf 45° (= 7 *Seked*) herunter. Die kleine Nebenpyramide südlich der Hauptpyramide wurde mit annähernd dem gleichen Winkel von 44,5° errichtet.[1216]

Abb. 163: Die Rote Pyramide des Snofru in Dahschur.

Die Rote Pyramide besaß einst eine Verkleidung aus hochwertigem weißen Tura-Kalkstein. Doch schon im Mittelalter wurden die Verkleidungssteine von den Arabern entwendet, um sie für Bauwerke in Kairo zu benutzen. Der Kern der Pyramide besteht dagegen aus rötlichen Kalksteinblöcken, die aus Steinbrüchen in unmittelbarer Umgebung der Pyramide gewonnen wurden. Von der Färbung dieses Materials rührt der heutige Name her. Die ursprüngliche Höhe der Roten Pyramide betrug 210 Ellen (≈ 110 m) bei einer Basislänge von 420 Ellen (≈ 220 m) und der Neigungswinkel beträgt laut Stadelmann[1217] 45° (nach Lehner[1218] 43,37° und nach Dorner[1219] 44,73°) und entspricht damit dem Neigungswinkel des oberen Teils der Knickpyramide. Dies ist ein Hinweis darauf, dass die Rote Pyramide erst nach den Erfahrungen der Knickpyramide erbaut wurde. Die Pyramide besteht aus ca. 160 Steinlagen.

Der Pyramidenkomplex von Dahschur wird auch gemäß einem Dekret aus dem 21. Jahr von Pepi I.[1220] als *„Erscheinen des Snofru“* bezeichnet. Cheops nahm dann die Herausforderung an seine Pyramide mit dem gleichen Winkel wie die erste Pyramide in Meidum von seinem Vater zu bauen und hatte Erfolg damit. Mit diesem Winkel konnte man Proportionen erzeugen, die dem Goldenen Schnitt entsprachen, auch wenn dieser vermutlich den damaligen Ägyptern noch nicht bekannt war, so waren es doch vermutlich die sich daraus ergebenden ästhetischen Proportionen, die die ausschlaggebende Rolle gespielt haben. Ästhetik war den alten Ägyptern schon immer wichtig gewesen, wie man auch schon in der Anordnung der Hieroglyphenschrift sieht, deren Zeichen in Quadraten angeordnet wurden. Da der Goldene Schnitt in der Natur an vielen Stellen

1215 Belege für diese erste Bauphase finden sich in den absteigenden West- und Nord-Korridoren an den Stellen, an denen der neue Abschnitt des Korridors mit dem Original verbunden ist (siehe Dorner 1986, Abb. 4 und Monnier und Puchkov 2016, 28 ff. und Abb. 13).

1216 Dabei muss man sich klarmachen, dass hier vermutlich auch ein 45°-Winkel geplant war, denn eine Abweichung von einem halben Winkelgrad ist relativ wenig. Beispielsweise beträgt bei einer Seitenlänge (Apothema) von 100 m und einer Neigungswinkeldifferenz von 0,5° die Höhendifferenz der Pyramide gerade einmal gut 61 cm bei einer Höhe von rund 71 m (bei einem Winkel von 45°).

1217 Stadelmann 1983, 235 (Messung nach Polz) und Stadelmann 1997, 100.

1218 M. E. Lehner 1997, 104.

1219 Dorner 1998, 25.

1220 Pepi I. (griechisch Phiops I.) war der dritte König der 6. Dynastie im Alten Reich. Er regierte etwa innerhalb des Zeitraums von 2295 bis 2250 v. Chr.

auftritt, ist das Nachbilden dieser Proportionen nur natürlich, da sich der Mensch schon immer Dinge aus der Natur abgeschaut hat.

Abb. 164: Die Knick-, die Rote und die Meidum-Pyramide aus großer Entfernung.

18.6 Eine astronomische Anlage in Dahschur

Knapp 300 m östlich der Roten Pyramide liegt eine noch im Sand vergrabene runde Anlage (siehe Abb. 166), mit einem Eingang im Norden, die als Observatorium von Sternen gedient haben kann. Sie besitzt einen Durchmesser von 100 Ellen (52,36 m) und liegt etwa 500 Ellen (≈ 250 m) östlich von der Südostecke der Roten Pyramide entfernt. Exakt im Norden ist ein 4 Ellen (gut 2 m) breiter Eingang zu der ansonsten geschlossenen Anlage erkennbar. Verlängert man eine Linie durch die Mitte des nördlichen Eingangs nach Süden, so verläuft die Linie exakt an der Ost-Kante der Knickpyramide entlang. Es wäre wohl sehr verwunderlich, wenn dies alles dem Zufall geschuldet ist.

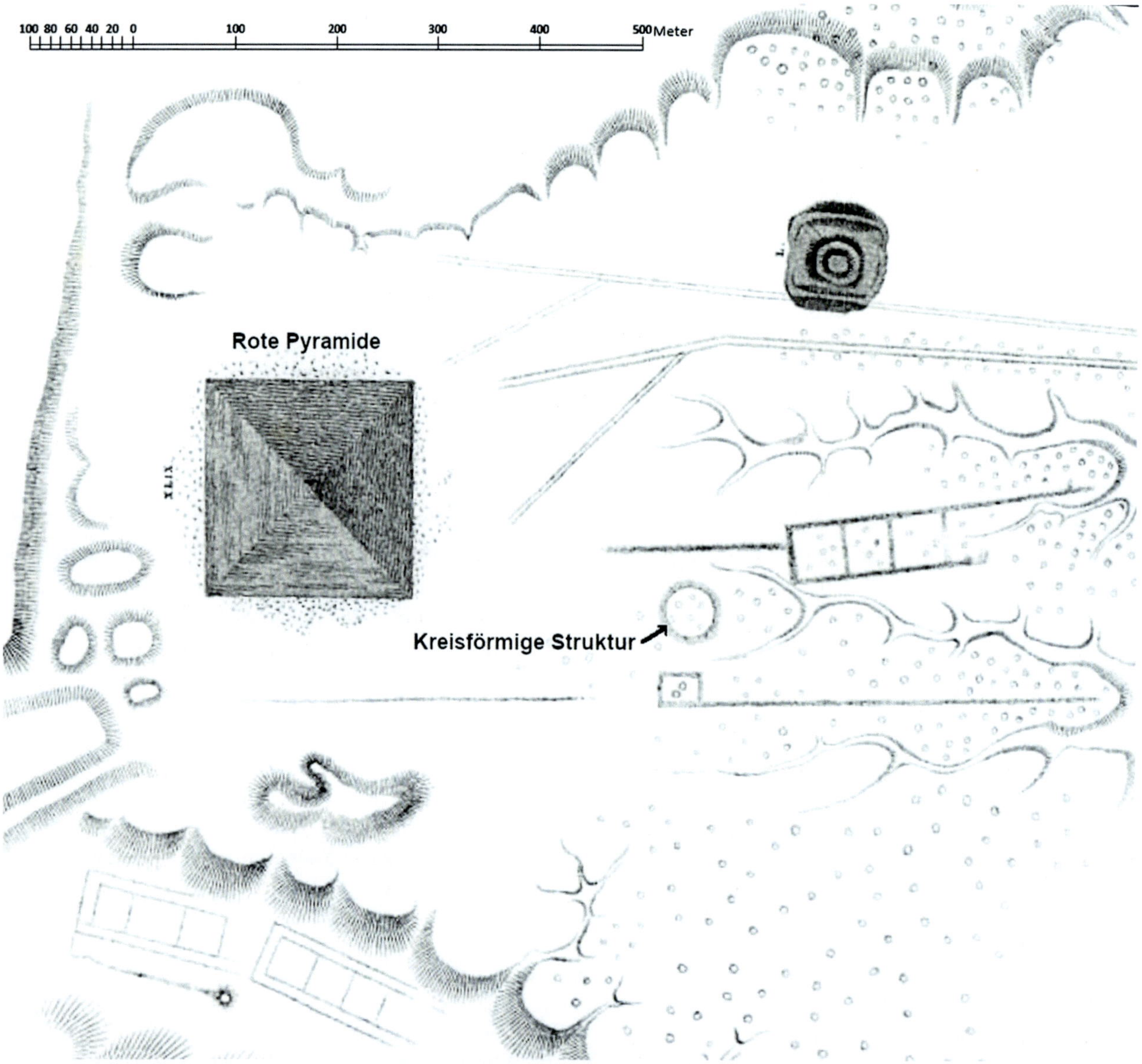

Abb. 165: Ausschnitt aus einer Karte von Dahschur von Richard Lepsius, 1849. Kartenausschnitt nach Norden ausgerichtet.

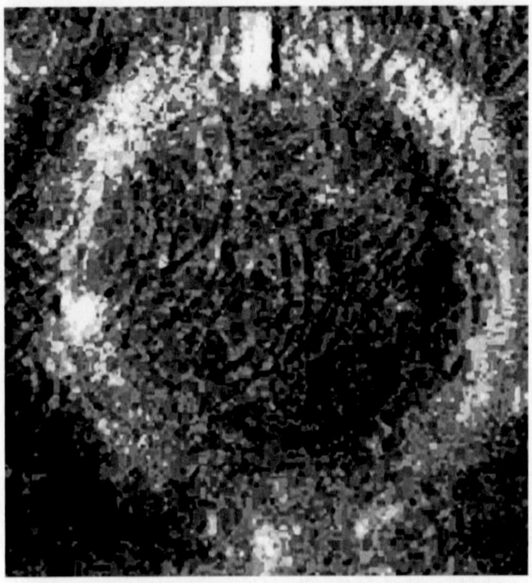

Abb. 166: Noch im Sand vergrabene runde Anlage 250 m östlich der Roten Pyramide.

Solch eine Anlage eignet sich gut, um den wahren Norden zu finden. Man kann dafür entweder die Sonne benutzen oder auch Sterne, wie die nachfolgende Abbildung zeigt. Ein Beobachter steht im Mittelpunkt der kreisförmigen Anlage, die als künstlicher Horizont dient. Ein Assistent markiert die Stelle, an der ein bestimmter Stern aufging und dann, Stunden später, unterging. Der Beobachter muss nur noch den Winkel zwischen Aufgangs- und Untergangspunkt halbieren, um den Meridian zu erhalten. Dieses Verfahren wird umso genauer, je mehr Sterne man markiert und, umso öfter man den Vorgang wiederholt und die Ergebnisse mittelt.

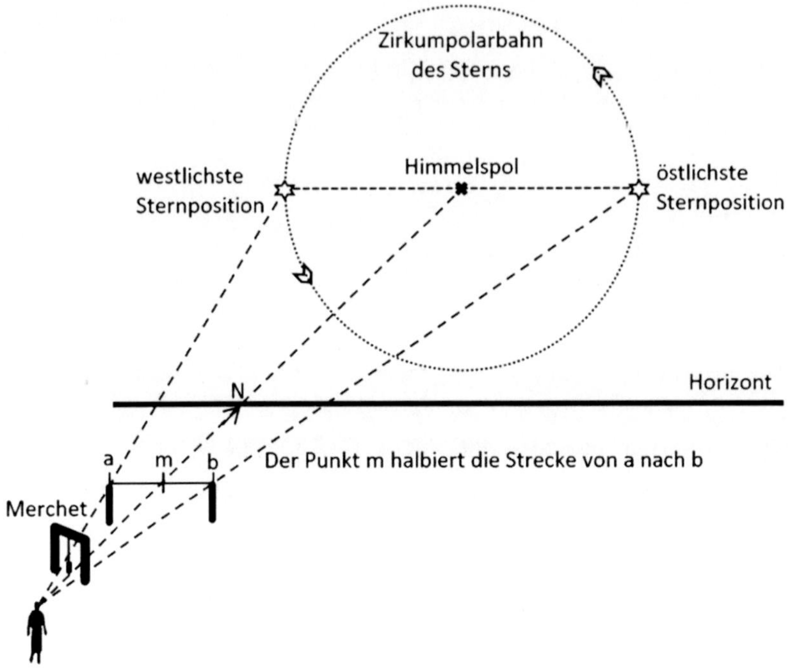

Abb. 167: Methode zur Bestimmung des wahren Nordens mittels eines Zirkumpolarsterns (Zeichnung nach Josef Dorner).

Die in Abb. 167 gezeigte Methode zur Bestimmung des wahren Nordens wurde von dem österreichischen Vermessungsingenieur Josef Dorner vorgeschlagen. Hierbei wird die größte Digression (äußerster Azimut-Wert) eines Zirkumpolarsterns bestimmt. Dorner kam bei seinen Feldversuchen zu dem Ergebnis, dass diese Art der Bestimmung des wahren Nordens bis auf eine Bogenminute genau ist. Dabei stellte er sein Messverfahren realitätsgetreu mittels Fluchtstangen, Lotschnüren und Visiergeräten nach. Da die kleinste Abweichung vom Norden bei der Cheops-Pyramide bei etwa zwei Bogenminuten liegt, ist Dorners Methode dafür anwendbar.

In Nabta-Playa, etwa 100 km westlich von Abu Simbel und 800 km südlich von Kairo in einer Höhe von etwa 300 m, in der nubischen Wüste hat man ein prähistorisches Observatorium gefunden, welches eines der ersten ältesten archäoastronomischen Monumente der Welt darstellt.

Abb. 168: Megalithisches Observatorium bei Nabta-Playa.

Etwa zeitgleich mit der Kreisgrabenanlage von Goseck, jedoch etwa 2000 Jahre älter als Stonehenge, errichteten die Bewohner einen Steinkreis in Nabta-Playa für Kalenderzwecke zur Bestimmung der Sommersonnenwende.

Die Anlage von Goseck liegt in Sachsen-Anhalt und wurde in Form eines äußeren und inneren Palisadenrings aus Holz ca. 4900 v. Chr. errichtet. Von einigen Archäologen wird sie als das älteste Sonnenobservatorium der Welt bezeichnet. Nach Untersuchungen des Astroarchäologen Wolfhard Schlosser vom Astronomischen Institut der Ruhr-Universität Bochum, der früher schon die Himmelsscheibe von Nebra interpretiert hat, sind die beiden südlichen Tore und Zugangswege (vom Mittelpunkt der Anlage aus gesehen) mit einer Genauigkeit von 3 bis 4 Tagen auf den Sonnenauf- und -untergang zur Wintersonnenwende um 4900 v. Chr. ausgerichtet.

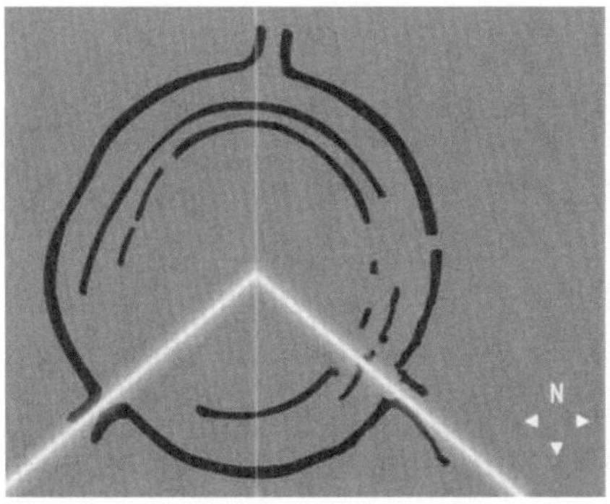

Abb. 169: Kreisgrabenanlage von Goseck. Die gelben Linien stellen rechts die Richtung des Sonnenaufgangs und links die des Sonnenuntergangs zur Wintersonnenwende dar. Die senkrechte Linie markiert den astronomischen Meridian.

Die Kreisgrabenanlage liegt auf einem Plateau oberhalb des Saaletals und besteht aus einem deutlich erkennbaren, annähernd kreisförmigen Ringgraben mit etwa 71 m Durchmesser. Es konnte ein flacher Erdwall rund um den Graben nachgewiesen werden. Die Anlage hat drei grabengesäumte Zugangswege, die nach Norden, Südwesten und Südosten ausgerichtet sind. Im Inneren befinden sich Spuren zweier konzentrischer Palisaden (etwa 56 und 49 m Durchmesser) mit gleich ausgerichteten, zum Zentrum hin schmaler werdenden Toren.

Weitere, auf Ägypten bezogene, Möglichkeiten zum Finden einer Himmelsrichtung finden sich bei Isler[1221].

18.7 Verhältnis von Höhe zu Breite der Pyramiden von Snofru und Cheops

Das Plateau von Dahschur liegt auf der gleichen Höhe wie das Gizeh-Plateau. Die Entfernung von der ältesten Steinpyramide, der des Königs Djoser[1222], bis zur Roten Pyramide sind es 7 km und bis zur Knickpyramide 9 km Entfernung. Auch hier könnten es wieder gerade Ellenzahlen sein, je nach Messpunkt, einmal 14.000 Ellen und einmal 18.000 Ellen. Die Höhe der Knickpyramide betrug ebenfalls 200 Ellen (105 m), während die Basis mit 360 Ellen (188,5 m) allerdings ein gutes Stück kleiner war als die Rote Pyramide. Das Verhältnis von Breite zu Höhe lag bei der Knickpyramide bei 1:1,8, bei der Roten Pyramide bei 1:2,1 und drückte damit

[1221] Isler 1989, passim.

[1222] Djoser war der erste altägyptische König der 3. Dynastie (Altes Reich). Er regierte etwa von 2720 bis 2700 v. Chr.

jeweils einfache rationale Proportionen aus. Bei der Cheops-Pyramide lag das Verhältnis bei $1{:}1{,}57\overline{142857}$. Die Zahl beträgt fast $^{\pi}/_{2}$ = 1,57079632..., die Zahl ϕ des Goldenen Schnitts[1223] hingegen 1,61803398... Das Verhältnis von Höhe zu Breite lässt sich bei der Cheops-Pyramide mit $0{,}\overline{63}$ jedoch einfacher ausdrücken als dessen Kehrwert. Für die Knick- und Rote Pyramide ist es umgekehrt, denn dort haben wird als Kehrwerte die Werte $0{,}\overline{5}$ und $0{,}\overline{476190}$. Für die anderen beiden Gizeh-Pyramiden ergeben sich wiederum einfache Proportionen: für die Chephren-Pyramide[1224] (Breite: 411 Ellen[1225] = 215,20 m, Höhe: 274 Ellen = 143,47 m) ein Verhältnis von Breite zu Höhe wie 1:1,5 (Kehrwert = $0{,}\overline{6}$) und für die Mykerinos-Pyramide[1226] (Breite: 200 Ellen = 104,72 m, Höhe: 125 Ellen = 65,45 m) ein Verhältnis von Breite zu Höhe wie 1:1,6 (Kehrwert = 0,625). Aus den Proportionen erkennt man die Sonderstellung, die die Cheops-Pyramide einnimmt, da sie die einzige Pyramide unter den besprochenen Pyramiden ist, deren Darstellung des Verhältnisses von Höhe zu Breite und von Breite zu Höhe jeweils nur durch einen periodischen Bruch ausgedrückt werden kann.

Wenn wir uns nun nochmals den obigen Text von Wilkinson (siehe Text zu Fußnote 1211) vor Augen führen, der schrieb, dass er mit dem Text auf dem Palermo-Stein keine Verbindung zu realen Gebäuden herstellen kann, scheint mir dies doch recht einfach zu sein. Die Knickpyramide mit dem Namen *Südlicher Glanz Snofrus* und die Rote Pyramide mit dem Namen *Nördlicher Glanz Snofrus* stehen für die Weiße Krone Oberägyptens und die Rote Krone Unterägyptens. Die beiden Dahschur-Pyramiden versinnbildlichen somit die Vereinigung von Ober- und Unterägypten und demonstrieren den Herrscheranspruch von Snofru über die „Beiden Länder", wie Ägypten auf altägyptisch heißt. Das im ägyptischen Text bezeichnete *südliche Gateway* entspricht dabei dem südlichen Terrain, auf dem die Knickpyramide steht und das *nördliche Gateway* das Terrain, auf dem die Rote Pyramide steht, die immerhin gut 2 km voneinander entfernt sind.

18.8 Der Papyrusfund vom Wadi al-Jarf und seine Bedeutung für den Bau der Cheops-Pyramide

Was die Bauzeit der Cheops-Pyramide betrifft, so gibt es eine authentische Quelle: ein Papyrus aus der Zeit von Cheops.

Erst in jüngster Zeit, im Jahr 2013, sind Fragmente eines authentischen Dokuments aus der Zeit von Cheops aufgetaucht. Die Fragmente stammen von einem Papyrus, der im Wadi al-Jarf, einem Ort an der Küste des Roten Meeres, wo im Alten Ägypten ein Seehafen existierte, gefunden wurde. Es handelt sich dabei um einen Tagebuchbericht des Inspektors Merer[1227], der für den Transport von Verkleidungssteinen vom Tura-Steinbruch, 15 km von den Pyramiden entfernt, zuständig war. Der Papyrus datiert aus dem Jahr nach der 13. Viehzählung unter König Cheops, was gemäß Tab. 15 dem 18. Jahr der Regentschaft entspräche. Nimmt man hingegen wie Stadelmann eine durchgängig zweijährige Zählung an, so wäre es das 27. Regierungsjahr.

1223 Zum Goldenen Schnitt siehe auch Kap. 21.5.1.

1224 Die Basis der Chephren-Pyramide liegt 10,11 m (= 19,3 Ellen) höher als die Basis der Cheops-Pyramide.

1225 Dieser „krumme" Wert von 411 Ellen kann hinterfragt werden, da renommierte Ägyptologen hier meist nur die Seitenlänge in Metern, nicht aber in Ellen, angeben, andere Autoren den Meterwert in 410 Ellen umrechnen, damit eine „glatte" Zahl in Ellen herauskommt. Während bei der Cheops-Pyramide die exakten Dimensionen der Königskammer zu der eindeutigen Ellenlänge von 52,36 cm geführt haben, ist dies allerdings aus den Grabkammermaßen der Chephren-Pyramide so nicht ermittelbar. In Metern hat diese Grabkammer die Ausmaße (L × B × H) von 14,16 m × 4,97 × 6,84 m. Während für die Cheops-Grabkammer ein Seitenverhältnis von Länge zu Breite von 2:1 besteht, also doppelt so lang wie breit, ist das Verhältnis bei der Chephren-Grabkammer 2,85:1. Nimmt man an, dass die Länge dieser Kammer ebenfalls ein exakter gerader Ellenwert sein sollte, so ergibt sich hierfür eine Länge von 27 Ellen, wobei jede Elle dann 52,44 cm lang ist, also knapp ein Millimeter länger als die von Cheops verwendete Elle. Nimmt man diesen Wert von geht bei der Breite von 9,5 Ellen aus, ergibt dies 4,98 m. Die Höhe der Kammer betrüge unter der Annahme, dass es genau 13 Ellen sein sollten 6,82 m. Der Sarkophag des Chephren wird mit 2,63 m angegeben. Bei einer Ellenlänge von 52,44 cm ergäben 5 Ellen eine Länge von 2,62 m. Die Ungenauigkeiten bei der benutzten Elle sind also bei der Chephren-Pyramide etwas größer als bei der Cheops-Pyramide. 410 Ellen zu 52,44 cm ergeben eine Länge von 215,02 m. Da Mark Lehner als Basislänge 215 m angibt, könnten es also ursprünglich auch 410 Ellen gewesen sein. Aber dann erhält man ein „krummes" Verhältnis von Höhe zu Breite von 1:1,49635... anstatt von 1:1,5.

1226 Die Basis der Mykerinos-Pyramide liegt 1,57 m (= 3 Ellen) höher als die Basis der Chephren-Pyramide.

1227 Wie aus dem Papyrus vom Wadi al-Jarf hervorgeht, gehörte Merer und seine Leute zu einer Elitetruppe, vermutlich da sie eine kostbare Fracht, die Tura-Kalksteine, transportierten.

Merer, war Vorgesetzter einer Truppe von ca. 20–40 Personen, die *Phyle* genannt wird; sie hieß *M3-wrrt* (sprich: Ma werret). Aus den Eintragungen seines Journals erfahren wir Details zum Abbau und Transport der Steine vom Tura-Steinbruch zum Hafen bei der Cheops-Pyramide.

> *„[Day 25]: [Inspector Merer spends the day with his phyle [h]au[ling]? st[ones in Tura South]; spends the night at Tura South.*
> *[Day 26]: Inspector Merer casts off with his phyle from Tura [South], loaded with stone, for Akhet-Khufu; spends the night at She-Khufu.*
> *Day 27: sets sail from She-Khufu, sails towards Akhet-Khufu, loaded with stone, spends the night at Akhet-Khufu.*
> *Day 28: casts off from Akhet-Khufu in the morning; sails upriver <towards> Tura South.*
> *Day 29: Inspector Merer spends the day with his phyle hauling stones in Tura South; spends the night at Tura South.*
> *Day 30: Inspector Merer spends the day with his phyle hauling stones in Tura South; spends the night at Tura South."* [1228]

Der Name *Horizont des Cheops* (eng. *Horizon of Khufu*) ist der Name, den Cheops seiner Pyramide gegeben hat. Da die Strecke vom Tura-Steinbruch nur rund 15 km beträgt, kann man aus dem Tagebucheintrag von Tag 26 schließen, dass Merer und sein Team nicht direkt zum Fuß der Pyramide über einen künstlich angelegten Kanal gefahren ist, sondern in dem ebenfalls künstlich angelegten Hafen (*Ra-schi-Chufu*)[1229], wo es auch ein Verwaltungszentrum gab, in der Nähe der Pyramide die Nacht verbringen musste. Aufseher dieses Verwaltungszentrums und des Hafens war der Prinz Anchaf[1230], ein Halbbruder von Cheops. Bei einer Gesamtbauzeit der Pyramide von erwiesenermaßen weniger als 30 Jahren muss alles straff organisiert und die Ressourcen effektiv eingesetzt worden sein. Der Hafen war vermutlich mit vielen Anlegestellen versehen, die für die einzelnen Schiffe Parkpositionen boten, um von dort ab dem frühen Morgen gezielt und ohne sich gegenseitig zu behindern entladen werden zu können. Vermutlich befand sich auf jedem Schiff die Besatzung einer Phyle, also 20–40 Mann, die die geladenen Steine abluden.

18.9 Die mysteriöse Bauarbeiterinschrift von Petrie in einer Entlastungskammer der Cheops-Pyramide

Es soll noch eine Bauarbeiterinschrift in einer Entlastungskammer der Cheops-Pyramide geben, die in Zusammenhang mit einem Regierungsjahr von Cheops stehen soll. Der Konjunktiv in dieser Formulierung ist angebracht, da es darüber widersprüchliche Angaben gibt. Zuerst sei erwähnt, dass weder bei Howard Vyse noch bei John Shae Perring diese Inschrift in deren Veröffentlichungen zu finden ist. Die erste Erwähnung wird Flinders Petrie zugeschrieben. Dieser erwähnt sie allerdings auch nicht in seinem 1883 erschienen Buch über die Pyramiden mit dem Titel *The Pyramids and Temples of Gizeh*, indem er seine akribischen Untersuchungs- und Messergebnisse über die Pyramiden veröffentlicht hat, sondern erst in der 10. überarbeiteten Auflage seines Buches *A History of Egypt* von 1923, worin es heißt:

> *"The name of the king is found repeatedly written in red paint, with the date of the 17th year on the blocks of masonry above the King's chamber: this establishes the traditional attribute of the pyramid."* [1231]

Von der ersten (1894) bis zur neunten Edition (1920) von Petries *A History of Egypt* heißt es nur:

[1228] Tallet 2017, Papyrus B, Sektion B1, 150.
[1229] Haase 2004, 19 Abb. 18.
[1230] Anchhaf (äg.: ʿnḫ ḥ3=f, „Leben ist hinter ihm") gehört die Mastaba G7510 auf dem Ostfriedhof der Cheops-Pyramide in Gizeh. Sie ist das größte Privatgrab auf dem gesamten Plateau.
[1231] W. M. Petrie 1894, 60 (10th ed. 1923).

"The name of the king is found repeatedly written in red paint, among the quarry marks, on the blocks of masonry above the King's chamber; this establishes the traditional attribution of the pyramid." [1232]

Man beachte auch die Formulierung bei Petrie *"with the date of the 17th year"*. Wenn er dies korrekt aus den Hieroglyphen übersetzt hätte, müsste dort entweder stehen: im Jahr nach der 12. Viehzählung oder im Jahr der 13. Viehzählung (siehe Tab. 15). Geht man hingegen von einer kontinuierlich zweijährig durchgeführten Viehzählung aus, müsste es heißen: im Jahr nach der 8. Viehzählung. Dummerweise hat Petrie weder geschrieben, wo er die Inschrift gelesen hat, also in welcher Entlastungskammer, noch hat er eine Zeichnung angefertigt und diese veröffentlicht. Manche Ägyptologen haben die Angaben Petries einfach ohne Nachforschung übernommen und als gegeben angesehen, so etwa auch der deutsche Ägyptologe Rainer Stadelmann, der 1987 in einer Veröffentlichung schreibt:

„Eine Verdoppelung der aller späteren Angaben von Regierungsjahren der 4. Dynastie ließe sich von den Bauten und von den Baugraffiti her durchaus begründen: von Cheops ist ein 17. Mal der Zählung in einer der Entlastungskammern durch Petrie beobachtet worden ..." [1233]

Hier wird aus *"date of the 17th year"* ein *„17. Mal der Zählung"*, was einer Verdoppelung der Jahre gleichkommt, da Stadelmann von einer durchgängig zweijährig durchgeführten Viehzählung zur Zeit von Cheops ausgeht. Der Ägyptologe Verner[1234] der den obigen Text von Stadelmann ebenfalls zitiert, schreibt noch:

"Spalinger expressed a suspicion that Petrie confused his records from Snofru's pyramid at Meidum (where the dates of sp[1235] 17 - of course, not accompanied by any king's name - occur) with those from the Great Pyramid in Giza. Petrie's assertion that such a date occurred in the Great Pyramid repeatedly seems to corroborate Spalinger's theory. ...
Currently, Zahi Hawass is surveying the inscriptions in and on the Great Pyramid. According to his kind personal communication, the date of the rnpt[1236] sp 17, reported by Petrie, has not yet been identified in the pyramid." [1237]

In einem aktuellen Buch zur Rekonstruktion der ägyptischen Chronologie von Christine Tetley[1238] lesen wir:

"The date of the '13th year after the cattle count' is very clear. This record extends Khufu's reign from 23 to 27 years. However, another inscription that was discovered by Flinders Petrie in 1883 but was then lost, was rediscovered in 2001. Petrie commented, 'The name of the king is found repeatedly written in red paint with the date of the 17th year on the blocks of masonry above the King's chamber ...'
The location of the inscription was subsequently lost until Zahi Hawass found it in a relieving chamber of Khufu's pyramid. It referred to 'a workmen's crew named 'drunkards of the crown of Khufu' together with the note 'year after the 17th time of the cattle count'.' Assuming a biennial

---

1232 W. M. Petrie 1894, 41 (6th ed. 1901).

1233 Stadelmann 1987, 239.

1234 Miroslav Verner (* 31.10.1941 in Brünn, Tschechien) ist ein tschechischer Ägyptologe und Mitglied des *Deutschen Archäologischen Institutes*, des UNESCO-Komitees für ägyptische Altertümer sowie des *Board of Directors* des Internationalen Ägyptologen-Verbandes.

1235 Äg: *sp* (sprich: sep) bedeutet „mal", im Sinne von „zum x. mal". Gemeint ist mit *sp 17* das 17. Mal der Viehzählung.

1236 Äg.: *rnpt* (sprich: renpet) bedeutet „Jahr" und *rnpt sp 17* damit *„das Jahr des 17. Mals (der Viehzählung)"*.

1237 Verner 2001, 374.

1238 Mary Christine Tetley (* 1.4.1944; † 19.7.2013 in Neuseeland). Sie war die erste Absolventin des neuseeländischen Laidlaw College, die einen Doktortitel in Theologie erhielt. Er wurde vom *Australian College of Theology* verliehen, wiederum der Erste, der einer Frau durch eine Diplomarbeit verliehen wurde (andere waren *honoris causa* gewesen). Ihre Arbeit wurde 2005 von Eisenbrauns mit dem Titel *The Reconstructed Chronology of the Divided Kingdom* veröffentlicht.

cattle count (as inferred by a 'year after' not applicable to annual counts), this inscription boosts Khufu's regnal years to 35." [1239]

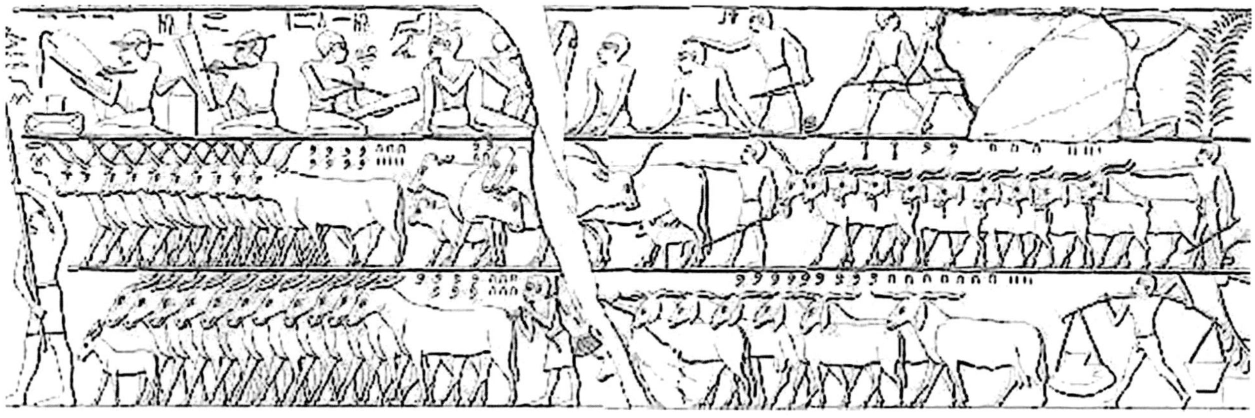

Abb. 170: Viehzählung[1240] *nach einem Relief in der Mastaba G 75 in Gizeh.*

Das Zitat von Petrie ist noch korrekt – nicht aber, dass er die Inschrift 1883 entdeckt hat –, entgegen der Aussage von Verner, dass Hawass die Inschrift von Petrie bisher (bis 2001) nicht finden konnte, schreibt Tetley das Gegenteil, nämlich dass Hawass die verloren gegangene Inschrift 2001 wieder entdeckt habe. Dort wird auch gleich der Name der Phyle (der Arbeitermannschaft) genannt, welche die Inschrift verfasst hat – *Trunkenbolde der Krone von Khufu* – und aus Petries *date of the 17th year* wird jetzt *year after the 17th time of the cattle count*, also das Jahr nach der 17. Viehzählung unter Cheops. Dabei verweist die Autorin auch gleich noch darauf, dass man aufgrund der Formulierung *„dem Jahr danach"*, auf eine zweijährige Periode der Viehzählung schließen könne und sich somit für Cheops 17 × 2 + 1 = 35 Regierungsjahre finden lassen.

Hawass selbst schreibt in einem Artikel aus dem Jahr 2005 dazu:

> *"My second point concerns the number of years of Khufu's reign. The Turin Papyrus lists 23 years for Khufu. In the Old Kingdom, regnal dates were kept according to the taking of a cattle-count that usually took place every other year, rather than to the actual years of reign. Stadelmann has suggested that this cattle census was always biennial, and that the Turin Canon records the number of cattle censuses that occurred during Khufu's reign, rather than his regnal years. In this case the ancient records would show that Khufu's reign lasted 46 years. Recently, an inscription of year 27 of Khufu has come to light at a mining site in the desert south of Dakhla oasis. This leads us to the necessary conclusion that Khufu's reign was at least 27 years long or, more probably between 30 and 32 years (pl. I.1-2)."* [1241]

Hawass erwähnt hier mit keiner Silbe die von Petrie gefundene Inschrift. In einem Buch von ihm aus dem Jahr 2006 gibt er zu bedenken, dass es bereits zu Snofrus Zeiten, dem Vater von Cheops, schon einjährige Zählungen gegeben hat und man daher bei einem Datum der Form x. Mal der Zählung nicht wissen könne, ob die Anzahl mit 2 zu multiplizieren ist oder nicht. Eindeutig sind nur die Angaben der Form „Jahr nach dem x. Mal", da diese zwangsweise auf eine zweijährige Zählung hinweisen.

> *"The Egyptian government took a census of cattle every two years, and kings of the early periods numbered their reigns according to these censuses. Though we know there were several annual censuses during Sneferu's reign we cannot simply multiply the count by two."* [1242]

1239 Tetley 2014 (in two volumes), 2017 (in one volume), 300-301.

1240 Im 2. Register links oben steht in Hieroglyphenschrift die Zahl 835, gemeint sind hier 835 Rinder. Im 3. Register links oben steht die Zahl 660, gemeint sind hier 660 Esel.

1241 Hawass 2005, 309.

1242 Hawass 2006, 40.

Was die Gesamtanzahl der für Cheops nachgewiesenen Viehzählungsangaben betrifft, so lesen wir bei McClellan:

"There are five 'year of the counts' preserved for his reign with only one 'year after the count' ". [1243]

Die vermeintlich genauesten Informationen zu Petries rätselhafter Cheops-Viehzählung hat Boris Banjevic:

"Hawass has recently rediscovered the 17th census count of Khufu. According to his reconstruction of the Turin Canon, Khufu's reign lasted for 32 years." [1244]

In der Fußnote zu diesem Text schreibt er:

"http://www.ahram.org.eg/weekly/2001/524/eg5.htm. It was first discovered by Vyse 1837. One of the quarry marks in Campbell's Chamber suggests that it was completed in the year of the 17th census. There is no doubt that the year was written after finishing the chamber. Vyse records that similar quarry marks to what he found above the King's Chamber were found on core blocks in the first five courses of the Great Pyramid. Petrie had not made an error about the 17th count as Krauss has recently proposed (R. Krauss, Chronologie..., 14)." [1245]

Der angegebene Link zur Online-Ausgabe der Zeitschrift *Al-Ahram* verweist auf die Ausgabe 524 vom 8.–14. März 2001. Hierin ist dazu aber nicht der von Banjevic angegebene Text zu lesen, sondern Folgender:

"According to Zahi Hawass, director-general of the Giza Plateau, and the American scholar Mark Lehner, the answer to this question lies in the Turin Papyrus, the earliest King List, which records the names of Egypt's most important Pharaohs, the duration of their rule and major events which took place during their reigns.
Some 63 years after the papyrus was discovered by the Italian Egyptologist Drovetti[1246]*, Hawass says a new study of the document reveals that Khufu might have reigned for as long as 32 years. 'Ancient Egyptians recorded the lengths of the reigns of their kings based on the bi-annual cattle count,' Hawass explained. 'Khufu reigned longer than we thought. Lehner and I have been studying the famous Turin Papyrus again, with special reference to Khufu because his originally reported 23-year reign would surely not have been long enough to raise such a monument as the Great Pyramid.'"*

Laut Banjevic war es nicht Petrie, sondern Howard Vyse, der als erster die Inschrift entdeckt hat. Weiterhin wird auch der Ort des Fundes genannt, nämlich die oberste Entlastungskammer (Campbells Chamber). Dann meint er noch, dass die Angabe des 17. Mals der Zählung sich auf die Fertigstellung der Entlastungskammer bezieht, um dann aber gleich zu betonen, dass die Jahresangabe nach dem Beenden der Kammer geschrieben wurde. Die Ansichten von Banjevic scheinen jedoch zweifelhafter Natur zu sein und finden sich bei keinem anderen Autor, denn wenn sich die Angaben bei Howard Vyse finden ließen, wären sie auch von anderen schon entdeckt worden.

Falls es die Petrie'sche Angabe aus einer Entlastungskammer der Cheops-Pyramide tatsächlich gegeben hat, müsste es auf jeden Fall eine meist einjährige Zählung gewesen sein und somit auf das Jahr 22 oder 23 der Regentschaft von Cheops verweisen (siehe Tab. 15). Es ist nämlich schlichtweg nicht möglich, dass in den versiegelten Entlastungskammern nach deren Fertigstellung noch jemand hineinkam. Da die Verlegung der äußeren Verkleidungssteine mit Sicherheit erst deutlich später als nach der Beendigung der

---

[1243] McClellan 2011, 136.
[1244] Banjevic 2004, 14.
[1245] Banjevic 2004, 22.
[1246] Siehe Fußnote 433.

Entlastungskammern stattfand, passt dieses Datum nicht zu dem vom Wadi al-Jarf-Papyrus, wo sich die Aufzeichnungen von Inspektor Merer bezüglich des Steintransports von Tura auf das Jahr nach der 13. Zählung (Monate Akhet I bis Peret II = Juli bis November) beziehen, was gemäß Tab. 15 dem 18. Regierungsjahr entspräche. Insofern erscheint es als unplausibel, dass sich ein Datum der 17. Viehzählung in einer Entlastungskammer findet. Wenn Hawass tatsächlich im Jahr 2001 dieses Datum entdeckt hat, warum wurde es dann nirgends veröffentlicht?

18.10 Die Verkleidungssteine der Cheops-Pyramide

Der Ägyptologe Mark Lehner schätzt die Anzahl an ursprünglich vorhandener Verkleidungssteine der Cheops-Pyramide auf 115.000 bis 200.000, die ein Volumen von 67.390 m^3 besaßen. Die Dichte der Tura-Steine variierte von 2,6 bis 2,9 Tonnen pro Kubikmeter. Setzt man das Mittel von 2,75 t/m^3 an, so ergibt dies eine Gesamtlast von über 185.000 Tonnen für die Verkleidungssteine. Im Schnitt wog also jeder Stein etwa 1 t.

Was bedeutet das für den Transport über eine Rampe vom Nil zum Gizeh-Plateau? Der Höhenunterschied, welcher hierbei zu überwinden ist, liegt bei 50 m. Laut Herodot war der Aufweg zur Cheops-Pyramide 925 m lang, was einer Steigung von 3° oder 5,2 % entspricht. Der Aufweg vom Taltempel bis zur Pyramide betrug rund 700 m (siehe Abb. 227), sodass wir von da an noch etwa 225 m bis zum Hafen rechnen können. Gemäß Tab. 9 benötigten die Ägypter für einen 1 t-Stein 5 Schlepper, die ihn mit 1 km/h die Rampe hochzogen. Für die gesamte Rampe benötigten sie also rund eine Stunde, das macht 5 Arbeitsstunden insgesamt. Bei 185.000 Steinen ergibt dies 925.000 Arbeitsstunden bzw. 92.500 Arbeitstage zu 10 Stunden. Nun müssen wir uns ansehen, wie viel Platz ein Team von 5 Arbeitern incl. Transportschlitten auf der Rampe benötigt, damit wir die Gesamtzahl an Arbeitern auf der Rampe errechnen können. Wir wollen hierbei lieber etwas zu großzügig als zu knapp kalkulieren und nehmen deshalb einen Platzbedarf (hintereinander) von 10 m an, darin auch der Abstand zwischen zwei Transportteams eingerechnet. Laut Herodot war der Aufweg 18,5 m breit, sodass wir von 10 parallel arbeitenden Teams ausgehen können, wobei hierbei zwei Personen eines Teams nebeneinander laufen können. Dadurch können sich maximal 925 Teams gleichzeitig auf der Rampe befunden haben. Nehmen wir an, die Ägypter hätten morgens um 7 Uhr mit der Arbeit begonnen, dann wären um 8 Uhr die ersten Teams am Ende der Rampe mit ihrem Transportschlitten angekommen und die Rampe ist jetzt mit 925 Teams besetzt. Um 9 Uhr sind 925 Teams am Ziel angekommen und um 18 Uhr sind die letzten Teams angekommen. Insgesamt macht das 9.250 Teams pro Tag. Gehen wir nun einmal davon aus, dass ein Team, wenn es oben angekommen ist und den Stein an der Pyramidenbasis abgeliefert hat, wieder auf einem Weg zur Basis der Rampe zurückgeht. Nehmen wir ferner an, dass das Team dafür vom Erreichen des oberen Randes der Rampe bis zum Beginn einer neuen Transporttour die Rampe hoch eine Stunde Zeit vergeht, in der auch Ruhepausen enthalten sind. Dadurch benötigt man 9.250 Arbeiter.[1247] Diese können also 9.250 1 t-Steine pro Tag über die Rampe vom Nil zur Pyramide transportieren. In nur 20 Arbeitstagen wären alle Verkleidungssteine vom Fluss zur Pyramide transportiert! Eine Zahl, die man vermutlich aus dem Bauch heraus deutlich größer geschätzt hätte. Selbst wenn wir im Nachhinein die Transportkapazität um den Faktor 10 kürzen (z. B. bei der Annahme von nur 92,5 Teams gleichzeitig auf der Rampe und daher nur 925 Arbeitern), benötigen wir immer nur noch 200 Tage. Basierend auf diesen Berechnungen erscheint es als relativ sicher, dass es möglich war, die gesamten Verkleidungssteine im Steinbruch von Tura innerhalb eines Jahres zu brechen und bearbeiten, per Schiff in den Hafen der Pyramide zu transportieren, von dort über die Rampe hoch zu schleppen und an der Pyramide zu verbauen. Dann wäre das bei Merer erwähnte Jahr nach der 13. Zählung – d.i. Jahr 18 gemäß Tab. 15 – auch das Jahr, in welchem seine Pyramide beendet wurde. Rechnen wir anschließend noch zwei Jahre für Aufräumarbeiten und der Errichtung einer Mauer um die Pyramide, so landen wir im 20. Regierungsjahr von Cheops. Dies entspricht exakt der Zeitspanne für den Bau der Pyramide, die uns Herodot überliefert hat.

Da pro Schiff im Mittel etwa 200 1 t-Steine transportiert werden konnten (siehe Kap. 18.1) benötigte man also 925 Schiffsladungen für alle Verkleidungssteine. Wie wir aus dem Tagebuch von Inspektor Merer entnehmen konnten (siehe Kap. 18.8) benötigte er für einen kompletten Transportzyklus 5 Tage in denen er mit seiner Phyle von 20 bis 40 Arbeitern die bearbeiteten Steine von Tura (Süd) auf sein Schiff verladen und zum Pyramidenhafen gebracht hat und dann wieder zurück nach Tura (Süd) gefahren ist. Wie wir schon erahnen

[1247] Zwei Rampenbesatzungen ergeben 1.850 Teams zu 5 Arbeiter gleich 9.250 Arbeiter.

können, wird dies der limitierende Faktor in Bezug auf die Transportzeit und damit die Bereitstellungszeit für die Arbeiter an der Rampe gewesen sein. 925 Schiffsladungen benötigen also 4.625 Tage, wenn alles nur mit einem einzigen Schiff erledigt werden würde. Wenn wir auf 200 Tage kommen wollen, benötigen wir 23 Schiffe, die gut 52 m lang sind. Hier sehen wir auch, dass wir für die 20 Tage, die minimale Zeit des Rampentransports, gleich 230 Schiffe benötigten, die parallel unterwegs sind. Dieser Wert ist sicher deutlich zu groß. Gehen wir also von den 23 Schiffen aus. Da jedes Schiff einen 5-Tageszyklus durchläuft, an dem es zwei Tage am Steinbruch in Tura liegt und einen Tag im Hafen von *She-Khufu*, vermutlich einem Verwaltungszentrum, dann einen Tag im Hafen von *Akhet-Khufu* sind von den 23 Schiffen nur etwa 5 gleichzeitig in einem Hafen bei den Pyramiden, während am Nil bei dem Tura-Steinbruch bis zu 10 Schiffe gleichzeitig liegen. Der Hafen zum Entladen der Steine am Fuße der Pyramide muss also für mindestens 5 parallel anlegende Schiffe ausgelegt sein. Dies erscheint mir eine realistische Größenordnung zu sein. Die Belegschaft aller Schiffe beträgt dann 460–920 Personen. Rechnen wir noch einen Puffer dazu und nehmen 1.000 Personen für den Schiffstransport an.

Wie Herodot schon richtig bemerkt hat, wurden die Verkleidungssteine von oben nach unten verlegt. Ein anderes Vorgehen ist auch gar nicht möglich, da man auf der glatt polierten Oberfläche der Verkleidungssteine und einem Neigungswinkel von knapp 52° nicht über bereits verlegte Verkleidungssteine nach oben gelangen könnte. So bot es sich sicher an, auf jeder Pyramidenseite eigene Phylen zu beschäftigen. Ganz oben an der Pyramide erst einmal nur eine für alle Seiten und später dann je Pyramidenseite eine eigene Phyle. Je weiter man sich dann nach unten vorgearbeitet hat und, umso größer der Steinbedarf wurde, konnten auch mehrere Phylen parallel eingesetzt werden. Ein Inspektor für 20–40 Personen ist durchaus vorstellbar. In heutiger Zeit ist ein Verhältnis von einem Vorsetzten für zehn Personen ein gängiger Richtwert. Betrachtet man die Arbeiten von Howard Vyse aus dem 19. Jahrhundert, wo er mehrere Hundert Arbeiter gleichzeitig beschäftigte, so wählte er ein Verhältnis von einem Aufseher für 20 Personen. Setzen wir dieses Verhältnis für den Bau der Pyramide an, so bedurfte es nur ein bis zwei Aufseher pro Phyle.

18.11 Ermittlung der Gesamtarbeiterzahl für das Projekt Cheops-Pyramide

Generell kann man sagen, dass es wohl die Aufgabe von gut ausgebildeten Beamten gewesen ist, die Anzahl an benötigten Bauarbeitern zu berechnen. Ein Beispiel, allerdings aus dem Neuen Reich, liefert uns der Papyrus Anastasi I, indem es heißt:

> *„Man sagt zu dir: Entleere das Magazin, das beladen ist mit Sand, unter dem Monument deines Herrn ... das geholt worden ist vom (Steinbruch) Gebel Ahmar. Es beträgt 30 Ellen, ausgestreckt auf dem Boden, mit einer Breite (von) 20 Ellen, wenn es vorbeigeht (?) an (?) Kammern, die mit Sand vom Ufer gefüllt sind. Die Zellen/Mauern (?) seiner Kammern sind von einer Breite 4 (auf) 4 (auf) 4 Ellen. Sie haben eine Höhe von 50 Ellen insgesamt, Ablaufventile (?) befinden sich in dem/n Sandhügel/n (?). Du wirst beauftragt, in Erfahrung zu bringen, was vor (ihm) ist. Wieviel Mann werden benötigt, es zu entfernen in 6 Stunden, wenn ihre Arbeitsmoral gut ist? Gering wird ihre Motivation sein, es zu entfernen, wenn die Mittagspause ausbleibt.“* [1248]

Zur Beantwortung der Frage nach der Berechnung der Gesamtarbeiterzahl rufen wir uns noch einmal das tatsächlich verbaute durchschnittliche Volumen pro Tag in Erinnerung (siehe Tab. 11), hier waren es im Schnitt 1.411 m^3 Stein pro Tag im ersten Dreivierteljahr des Baus der Roten Pyramide. Da der Steinbruch auf dem Gizeh-Plateau höher liegt als die Cheops-Pyramide, konnte das Material bis zu einer Pyramidenhöhe von 35 m[1249] abwärts transportiert werden, was deutlich weniger Zugleistung erfordert, als aufwärts zu ziehen (siehe Tab. 10). Dadurch erklärt sich m. E. auch die relativ hohe Bauleistung pro Tag zu Beginn des Pyramidenbaus. Zur Berechnung der benötigten Schlepper gehen wir aber bewusst von dem ungünstigeren Fall des Ziehens auf der Ebene aus, was uns automatisch einen Puffer gegenüber der realen Situation einbringt. Für

[1248] Fischer-Elfert 1986, 143-147.

[1249] Es könnte sogar noch 10 m mehr gewesen sein, da vermutlich das ganze Gizeh-Plateau im Bereich der Steinbrüche um 10–15 m von oben abgetragen wurde, bis zu der heute sichtbaren Höhe.

die Rampe können wir von einer Länge von etwa 300 m ausgehen.[1250] Die unterste Steinlage beherbergt die größten und schwersten Steine. Sie waren etwa 1,4 m hoch, 2,3 m lang und 2 m breit und wogen 16 t. Zum Schleppen in der Ebene benötigte man dafür 36 Personen gemäß den Tab. 9 zugrunde gelegten Formeln. Nach der Faustformel von Chevrier (siehe Kap. 18.3) benötigte man pro Tonne Gewicht nur einen Mann, also in unserem Fall nur 16 Mann. Gemäß Haan[1251] benötigt ein Schlepper einen Platzbedarf von 2,2 m^2. Bei einer Rampenlänge von 300 m und einer Breite von 3 m[1252] besitzt sie 900 m^2 Fläche und bietet somit Platz für 410 gleichzeitig arbeitende Schlepper. Nehmen wir die gleiche Bauleistung für die Cheops-Pyramide wie für die Rote Pyramide in den ersten 284 Tagen mit gut 400.000 m^3 an, so müssen wir aufgrund des inneren Felsenkerns der Cheops-Pyramide bis einschließlich der 13. Steinlage die Pyramide bauen. Bis dahin müssen 1 Mio. Tonnen Stein in knapp 180.000 Steinblöcken verbaut werden; pro Tag also rund 3.521 t. Als durchschnittliches Blockgewicht erhalten wir so 5,5 t. Das kleinste Blockgewicht (der 13. Steinlage) entspricht nur 2,5 t, das größte Blockgewicht (der 1. Steinlage) entspricht 16 t. An Schleppern auf der Ebene bedeutet dies gemäß den Formeln von Tab. 9: 6, 12 und 36 Personen, gemäß Chevrier nur 3, 6 und 16 Personen. Die Anzahl an Blöcken (kleinste, durchschnittliche, größte) pro Tag beträgt 1.408, 631 und 220. Hierfür werden dann gemäß Tab. 9 an Schleppern benötigt: 8.451, 7.575 und 7.923. Auf die 300 m Rampe passen 410 Schlepper, das ergibt also 20,6-mal eine volle Rampe für den Transport der kleinsten Steine, 18,5-mal für die durchschnittlichen Steine und 19,3-mal für die größten Steine. Wenn die Steine, wie angenommen, mit einer Geschwindigkeit von 1 km/h gezogen werden, so benötigt der Transport auf der Rampe 20 Minuten. Insgesamt benötigen die Schlepper also maximal 6,2 Stunden reine Schleppzeit pro Tag. Nach Chevrier wären es sogar nur 3,1 Stunden. Unser 8-Stunden-Arbeitstag reicht dazu völlig aus. Wenn wir die Anzahl der Schlepper pro Rampe verdoppeln, so erhalten wir als Minimum 820 Personen, die für den Steintransport benötigt werden. Mit angenommenen 1.000 Schleppern haben wir auch hier noch einen Puffer für die zu Beginn erhöhte Bauleistung, die mit der Höhe abnimmt.

Schätzen wir nun noch die Arbeitsleistung der Steinbrucharbeiter ab. Hierzu unternahm Lehner ein Experiment, welches er durch den Fernsehkanal NOVA dokumentieren ließ. Ziel war es, mit Mitteln, die den alten Ägyptern zur Verfügung standen eine kleine 6 m hohe und 9 m breite Pyramide zu errichten. Dafür benötigten 44 Arbeiter 3 Wochen, in der 186 Steine verbaut wurden (siehe M. E. Lehner 1997, 208-209). Bei diesem Experiment produzierten 12 Arbeiter in 22 Tagen 186 Steine, jeder im Schnitt 1 m^3 (≈ 2,5 t), also durchschnittlich 8 ½ Steine (≈ 21 ¼ t) pro Tag.[1253] Entgegen den altägyptischen Arbeitern besaßen sie allerdings eine Winde mit Stahltrosse, um die Steine vom Felsen wegzuziehen.

Bei dieser Arbeitsleistung (8,5 m^3 pro Tag und Arbeiter) benötigt man lediglich 166 Arbeiter, um die im ersten Dreivierteljahr ermittelten 1.411 m^3 pro Tag (siehe Tab. 11) zu bewältigen. Selbst wenn man annimmt, dass die alten Ägypter wegen der fehlenden Winde nur ein Fünftel der Leistung pro Arbeiter und Tag erbringen konnten, kommen wir dennoch mit 830 Arbeitern aus. Da es sich bei dem Wert von 1.411 m^3 pro Tag um einen Durchschnittswert handelt und zu Beginn etwas mehr Volumen pro Tag benötigt wurde, reichen vermutlich 1.000 Arbeiter aus, um diese Leistung zu erbringen.

1250 Klemm und Klemm 1993, 54, Abb. 52. Lehner gibt 300 m als Entfernung für den Steinbruch an (Hawass 2004, 34), Hawass sogar nur 200 m (Hawass 2006, 62).

1251 Haan 2010, 44.

1252 Hawass 2006, 62.

1253 M. E. Lehner 1997, 206-207.

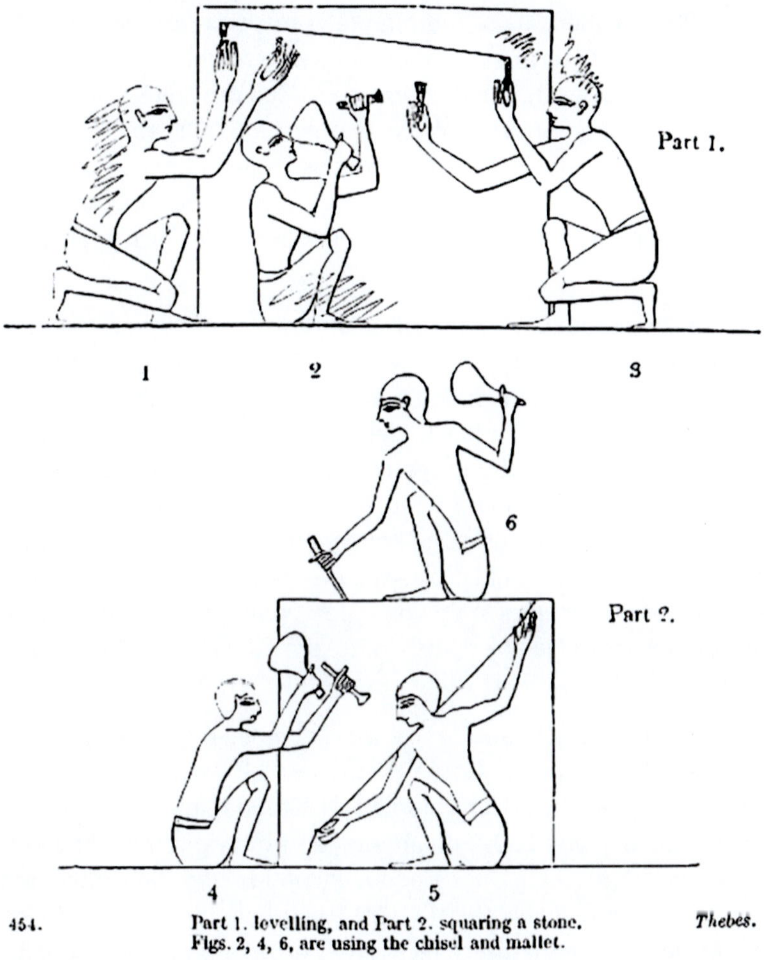

Abb. 171: Kontrolle der Oberflächenebenheit unter Verwendung von Stangen und Schnur (oben) und einer diagonalen Kontrolle auf Ebenheit unter Verwendung nur einer gespannten Schnur (unten). Darstellungen aus dem Grab des Rechmire[1254].

Abb. 172: Kupferwerkzeuge, die in Gizeh gefunden wurden.

[1254] Rechmire war ein altägyptischer Wesir im Neuen Reich (15. Jh. v. Chr.), der unter Thutmosis III. und Amenophis II. amtierte.

Rechnen wir die nur rund 1.000 benötigten Personen (inkl. Aufseher) für den Rampentransport plus die 1.000 Steinbrucharbeiter, so sind dies zusammen 2.000 Personen. Dazu kommen jetzt noch die Arbeiter, die die angelieferten Steine an der Pyramide verbauen. Wenn wir davon ausgehen, dass nicht mehr als 4.000 Arbeiter[1255] gleichzeitig an der Pyramide selbst beschäftigt gewesen sein können, also 1.000 pro Seite, beträgt die Gesamtarbeiterzahl 6.000 plus die Arbeiter für den Schiffstransport. Wenn wir hierfür 1.000 Arbeiter ansetzen (siehe Kap. 18.10) erhalten wir eine Gesamtanzahl von 7.000 Arbeitern für das Projekt Cheops-Pyramide. Da die Verkleidungssteine erst benötigt werden, wenn die Pyramide fast fertig ist, kann die gleiche Mannschaft, die auf dem Gizeh-Plateau im Steinbruch gearbeitet hat, anschließend im Tura-Steinbruch gearbeitet haben.

7.000 Arbeiter reichten also aus, um die Cheops-Pyramide in 13 ½ bis 14 ⅔ Jahren zu errichten. Diese Zeitspanne entspricht nicht der tatsächlichen Bauzeit, sondern gibt an, in welcher Zeit die Pyramide mit den damaligen Mitteln erbaut werden konnte. Zusätzlich muss man jedoch noch etliche Leute rechnen, die für die Nahrungsmittelversorgung (hauptsächlich Brot, Gemüse und Bier), Kleidung und die Werkzeugherstellung sowie den Schiffsbau beschäftigt waren. Für die Zeit von Cheops geht man von einer Bevölkerung von 1 bis 1 ½ Mio. Ägyptern aus. Dies würde dann bedeuten, dass etwa 0,5-0,7 % aller Ägypter in den Bau der Cheops-Pyramide involviert waren. Der größte in Deutschland ansässige Konzern ist die Volkswagen AG, die 2018 664.500 Beschäftigte weltweit hatte. Selbst wenn alle bei Volkswagen beschäftigten Personen in Deutschland arbeiten würden, entspräche das einer Bevölkerungszahl von 0,8 %. Nimmt man nur die 7.000 direkt am Bau der Cheops-Pyramide beschäftigten Personen als Vergleich, hätte man die gleiche Größenordnung.

Betrachten wir abschließend noch ein ägyptisches Großprojekt aus der Neuzeit: den Bau des ersten Assuan-Staudamms vom Sommer 1898 bis zum November 1902, mit einer Gesamtbauzeit von 4 ½ Jahren. Die 25.000 dafür eingesetzten Arbeiter arbeiteten etwa 280 Tage pro Jahr. Das Volumen des Staudammes beträgt rund 1,2 Mio. m³. Dies ergibt eine spezifische Arbeitsleistung von 26 ¼ Personentagen/m³. Wählt man eine entsprechende Arbeitsleistung für die 2 Mio. m³ verbauten Steine der Cheops-Pyramide und die errechnete Bauzeit von 13 ½ Jahren als minimale Bauzeit, so benötigte man dafür rund 10.800 Arbeiter, die an 360 Tagen im Jahr arbeiten. Da die Arbeiter austauschbar sind, arbeitet natürlich nicht jeder Arbeiter 360 Tage pro Jahr.

18.12 Der Felsenkern der Cheops-Pyramide und die zum Bau benötigten Steine

Schon Lepsius schrieb *„Dieses ganze Plateau ist sichtlich zum Behufe des Pyramidenbaues in seiner ganzen Ausdehnung abgetragen worden, und bildet nach dem N.W. Thale eine breite Terrasse, die gleichfalls in ihrer ganzen Länge abgetragen ist, um Steine zu gewinnen."*[1256] Da ist es nicht verwunderlich, dass sich auch noch Reste dieses ehemaligen Felsenplateaus im Inneren der Pyramide befinden.

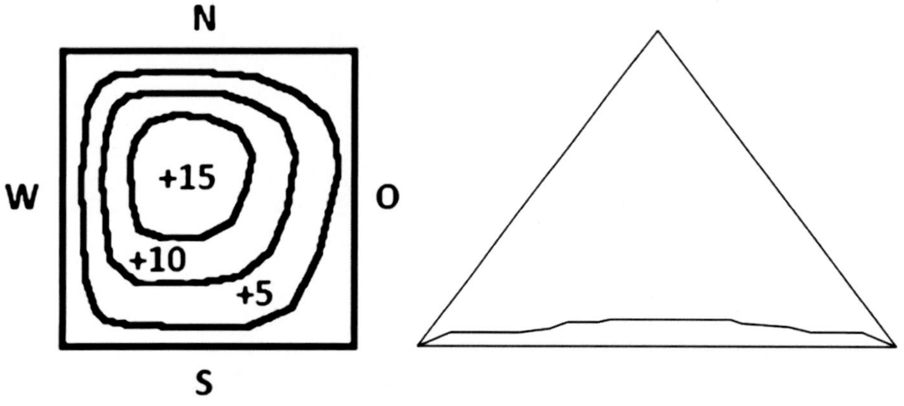

Abb. 173: Innerer Felsenkern der Cheops-Pyramide (Zeichnung nach Fiorini). Siehe hierzu auch Abb. 227.

[1255] Haan geht davon aus, dass bei der Hebelmethode mind. 4.000 Arbeiter benötigt werden (siehe Haan 2010, 79). Die Zeit, die benötigt wird, um einen einzelnen Block durch die Hebelmethode zu platzieren, erfordert im Basisbereich weniger als 2 Stunden, dauert aber bis zu 14 Stunden, um ihn an die Spitze der Pyramide zu heben.

[1256] C. R. Lepsius 1849-58, Textbd. I, 24-25.

Lehner schreibt dazu:

„An der Nordostecke der Cheops-Pyramide fehlen heute am Kernmauerwerk so viele Steine, dass der gewachsene Fels zu sehen ist, der sich in vier Stufen bis zu einer Höhe von vier Metern erhebt. Hier liegt der Sockel des Felsmassivs sechs bis sieben Meter hinter den Lochreihen, die vielleicht die äußeren Bezugslinien für das Aufstellen und Schneiden der Verkleidungssteine für die Basis markieren.“ [1257]

Der bautechnische Gesamtaufbau der Pyramide sieht so aus, dass ein innerer Kern (bis zu 15 m über dem Plateau[1258]) aus ursprünglich vorhandenem Felsen besteht, um den dann nur grob behauene Steine und zum Teil auch Sand zum Verfüllen benutzt wurde. Um diesen inneren Kern herum wurden dann sorgfältig gut bearbeitete Steine in Form von Stufen gesetzt, bevor dann die perfekt polierten Steine der Außenverkleidung aufgesetzt wurden. Die immer wieder verbreitete These, dass die Cheops-Pyramide aus 2,3 Millionen Steinquadern besteht bei einem Volumen von ca. 2,6 Mio. m³, bei dem jeder Stein im Durchschnitt 2,5 Tonnen wiegt, ist schlichtweg falsch. Diese Berechnung berücksichtigt nämlich nicht den bestehenden Felsenkern (siehe Abb. 173 und Abb. 227). Gemäß Raynaud[1259] ergibt sich somit eine Ersparnis von 23 % der Gesamtmasse der Pyramide, die dann nur noch 2 Mio. m³ besitzt und aus maximal 2 Mio. Steinquadern erbaut wurde. Aufgrund der eben beschriebenen Bauweise und den durch moderne Bohrungen gefundenen, mit Sand gefüllten Hohlräumen konnte der größte Teil der Pyramide mit deutlich weniger Aufwand als gemeinhin angenommen realisiert werden. Wir wissen zwar heute, dass auch Sand in Hohlräumen der Pyramide vorkommt, kennen aber den Gesamtanteil am Volumen nicht. Jedenfalls wird damit auch die geschätzte Bauzeit von ca. 20 Jahren realistischer. Hawass gibt hierzu an:

"In addition to this new information about the interior of the Great Pyramid, there are two important points I would like to address here. The first is the traditional estimate of the number of stones, mentioned in almost every book about the Great Pyramid, is 2,300,000. There is no scientific basis for this number, and we were not even able to track it to its original source. We now believe that the pyramid was built over a natural rock-core about 9 m high. A scientific estimate for the number of the stones used in the pyramids has been made by architects of Helwan University, who suggest that there were just 1,200,000 blocks." [1260]

Wie die Gewinnung der einzelnen Steinblöcke im Steinbruch vor sich ging, können wir schon bei Lepsius nachlesen, der schreibt:

„Der gewöhnliche Gebrauch war, die Baublöcke von der Oberfläche abzulösen, indem man Gräben in den Felsboden zog und die gesonderten Blöcke dann von unten absprengte. Oft aber ging man auch absichtlich terrassenförmig in die Tiefe, um Felswände zu gewinnen, die man dann von der Seite zu Privatgräbern aushöhlen konnte.“ [1261]

18.13 Favorisierte Theorie zum Bau der Cheops-Pyramide

Aufgrund der bis heute zahlreich entwickelten Theorien zum Bau der Pyramide bevorzugt der Autor folgende These, die der italienische Architekt Marco Virginio Fiorini in seinem Buch *The Egyptian Architects Unveiled* beschreibt. Er geht davon aus, dass bis zu einer Höhe von 60 m, das entspricht dem Beginn der fünften und letzten Entlastungskammer, eine äußere Rampe benutzt wurde, die vom rund 95 m hoch und rund 700 m entfernt gelegenen, westlich der Pyramide befindlichen, Steinbruch bis zur Pyramide führte. Zu Beginn

---

[1257] Lehner in Hawass 2004, 37.

[1258] Fiorini 2013, 28 und Raynaud 2008, 19.

[1259] Raynaud 2008, 20.

[1260] Hawass 2005, 309.

[1261] C. R. Lepsius 1849-58, Textbd. I, 25.

musste also das Steinmaterial nicht vom Nil zur Pyramide hinauf transportiert werden, wie viele annehmen, sondern vom höher gelegenen Steinbruch hinab (!) zur Pyramide. Dies stellt natürlich eine deutliche Erleichterung beim Bau dar, die sich auch sofort auf die Bauzeit auswirkt. Zudem steigt das Gizeh-Plateau vom Osten Richtung Westen kontinuierlich an, sodass die Ost-Kante der Pyramide heute 60 m über Normalnull liegt, während das ursprüngliche Felsplateau auf der Westseite der Pyramide bereits rund 70 m hoch war.[1262] Das Plateau wurde zwar beim Bau der Pyramide eingeebnet, aber sinnigerweise hatte man zuerst das natürliche Gefälle des Geländes für eine Rampe benutzt. So musste man erst ab einer Pyramidenhöhe von 35 m, was einem Bauvolumen von knapp 56 % entspricht, Steine aufwärts bewegen, um sie an den Zielort zu bringen. Selbst bei 60 m Höhe der Pyramide hätte diese Rampe nur eine Steigung von 1,2 % gehabt, dies allerdings über 700 m, was doch viel Material für die Rampe bedeutet hätte. Geht man deshalb von einer verkürzten Rampe für die letzten Höhenmeter von 35 m bis 60 m aus und nimmt einen Steigungswinkel von 7 % an, so wäre die Rampe nur noch 123 m lang und damit nur unwesentlich mehr als die Hälfte der Pyramidengrundseite. Granitblöcke für die Kammern und Blockiersteine mussten allerdings von Assuan über den Nil zur Pyramide befördert werden. Dies wurde sicherlich zu Zeiten der Nilflut vorgenommen, um möglichst nahe an die Pyramiden heranfahren zu können.[1263] Als dann eine Bauhöhe von 60 m erreicht war, waren bereits rund 78 % des gesamten Bauvolumens der Pyramide verbaut. Spiralförmig angelegte Rampen wurden dann vermutlich für die Bauhöhen oberhalb von 60 m angelegt. Alle schweren Granitblöcke, die bis zu 60 Tonnen gewogen haben, konnten noch über die Primärrampe hochgezogen werden. Vielleicht hat man hier ja auch mit Gegengewichten gearbeitet, da die Primärrampe sicherlich breit genug ausgelegt wurde. Schließlich mussten über diese Rampe sehr viele Menschen täglich auf- und absteigen. Falls diese Primärrampe bis zu 60 m Höhe bereits vor Vollendung der Pyramide wieder abgebaut wurde und dann vermutlich als Steinlieferant für die eigentliche Pyramide diente, benötigte man allerdings ein anderes Rampensystem für die Arbeiter, die ja dann die restlichen 22 % des Baumaterials nach oben bringen mussten. Dafür könnten dann Spiralrampen von ganz unten angelegt worden sein. Vielleicht wurden diese auch baugleich mit der Primärrampe errichtet, um Arbeitern eine zusätzliche Auf- und Abstiegsmöglichkeit zu gewähren.

18.14 Die achtseitige Pyramide

Einige interessante Beobachtungen zu den Seitenflächen der Cheops-Pyramide hat bereits Petrie beschrieben. Die Cheops-Pyramide besitzt nicht vier Seiten, sondern acht, wobei der Rücksprung in der Mitte einer Grundseite allerdings lediglich geschätzte 94 cm groß ist. Hierzu folgt ein Zitat von Petrie:

> *"This hollowing is a striking feature; and beside the general curve of the face, each side has a sort of groove specially down the middle of the face, showing that there must have been a sudden increase of the casing thickness down the mid-line. The whole of the hollowing was estimated at 37 [Anm. des Autors: inch] on the N. face."* [1264]

Den Effekt hatte bereits 1802 Denon[1265] dargestellt, der mit Napoleon Bonaparte in Ägypten war:

[1262] C. R. Lepsius 1849-58, 234, Abb. 81.

[1263] Laut Herodot begann die Nilflut zur Zeit der Sommersonnenwende und dauerte 100 Tage lang. Der Nil-Höchststand wurde normalerweise Anfang September bei den Pyramiden erreicht. Ab Mitte September sank der Nil dann wieder langsam, um im Oktober seinen Normalstand zu erreichen. Da die Nilflut aber von den Regenfällen in Äthiopien abhing, konnte diese im Extremfall auch ausfallen oder sich um mehrere Wochen verschieben.

[1264] W. M. Petrie 1883, 44.

[1265] Denon 1802, Bd. 3, Abb. 59.

Abb. 174: *Visualisierung der konkaven Krümmung einer Pyramidenseite der Cheops-Pyramide von Denon (1802).*[1266]

Pochan[1267] hat diesen Effekt ebenfalls untersucht und glaubt, dass die Ägypter damit die Sommersonnenwenden bis auf 12 Stunden genau bestimmen konnten. Er schreibt, dass die Südspitze der Großen Pyramide aus zwei Ebenen besteht, die sich in einem Winkel von etwa 27 Bogenminuten treffen. Am Tag einer Tagundnachtgleiche ereignet sich ein merkwürdiges Phänomen, das Pochan den „Blitz" nennt. Bei Sonnenaufgang wird der Schatten über die Pyramidenkante zwischen der Süd- und Ostseite geworfen und wandert dann über den linken (westlichen) Teil der Südseite von links nach rechts. Dieser Vorgang dauert etwa 20 Sekunden. Bei Sonnenuntergang kehrt sich der Vorgang um. Dieses merkwürdige Phänomen ist vom 21. März bis zum 21. Juni, der Sommersonnenwende, zunehmend sichtbar. Am 21. Juni ereignet sich dieses Phänomen um 6:40 Uhr am Morgen und um 17:20 Uhr am Nachmittag. Es ist dann zum letzten Mal in der Herbst-Tagundnachtgleiche zu beobachten. Dann ist es am Morgen um 6 Uhr zu sehen, während es bei der Frühlingstagundnachtgleiche nur abends um 18 Uhr zu sehen ist. Damit können die Tagundnachtgleichen präzise bestimmt werden. Das Phänomen ist jedoch nicht auf die Südseite beschränkt, es kann auch auf der Nordseite, wo sich der Eingang ins Innere der Pyramide befindet, beobachtet werden. Hinzu kommt, dass eine Art Terrasse vor der Nordseite existiert, die über 100 m lang ist. Sie besteht aus polierten Steinen. Nach Pochan diente sie der Anzeige des Sonnenschattens, den die Pyramidenspitze warf. Er bezieht sich dabei auf eine Schilderung von Plinius[1268], welcher den durch Kaiser Augustus nach Rom transportierten und auf dem Circus Maximus aufgestellten ägyptischen Obelisk und dessen Verwendung beschreibt:

> *„Den auf dem Marsfelde stehenden Obelisk bestimmte der Kaiser Augustus zu einem merkwürdigen Zwecke, nämlich durch seinen Schatten die Dauer der Tage und Nächte anzuzeigen. Der Schatten nämlich, welchen derselbe am Mittage des kürzesten Tages warf, wurde auf der Ebene durch ein Steinpflaster angedeutet, und allmählig auf diesem durch eingelegte metallene Streifen die Zunahme und dann auch wieder die Abnahme der Tage bezeichnet, - in der That eine der näheren Kenntnissnahme würdige, und dem Genie des Mathematikers Facundus Novus[1269] zur Ehre gereichende Erfindung. Dieser Gelehrte liess auf der Spitze des Obelisks eine vergoldete*

[1266] Für eine Luftaufnahme vom Frühjahr 1926, die zur Tagundnachtgleiche um 18 Uhr aufgenommen wurde und diesen Effekt ebenfalls zeigt, siehe: Pochan 1978, Fotografie vor Seite 137 (diese Aufnahme findet sich auch unter im Internet unter: http://nicole.michel.pagesperso-orange.fr/images/pochan2.jpg [Stand: 1.7.2021]), sowie im *National Geographic Magazin* von 1926 in der Septemberausgabe, Seite 314.

[1267] Pochan 1978, 230-236, Abschnitt "*The great pyramid and the determination of equinoxes and solstices.*"

[1268] Plinius Secundus, Naturgeschichte, Buch 36, Abschnitt 15.

[1269] Facundus Novus baute im Jahr 9 v. Chr. ein monumentales Zifferblatt auf dem Marsfeld in Rom mit dem Namen *Augustus-Horologium* (Uhr des Augustus).

Kugel anbringen, deren Schatten sich in einer Spitze sammelte, die unregelmässig bald hier- bald dorthin geworfen wurde; Anlass dazu soll ihm der Kopf eines Menschen gegeben haben." [1270]

18.15 Besonderheiten bei den Steinlagen der Pyramide

Petrie listet alle Steinlagen der Cheops-Pyramide akribisch genau auf und gibt sogar für alle vier Hauptseiten der Pyramide die jeweilige Höhe an.[1271] Prinzipiell nimmt die Dicke der Steinlagen von unten nach oben ab. Es gibt aber immer wieder Sprünge von kleineren zu größeren Steinlagen, z. B. ist die 34. Steinlage 66,5 cm hoch, während die 35. Steinlage 126,5 cm hoch ist.

Steinlage	Höhe n. Petrie	Bemerkung
1	1,488 m	bedeckt die Grundfläche
35	1,265 m	$^{32}/_{50}$ der Grundfläche
44	1,044 m	$^{28}/_{50}$ der Grundfläche
67	0,889 m	$^{20}/_{50}$ der Grundfläche
74	0,772 m	$^{18}/_{50}$ der Grundfläche
90	0,978 m	$^{14}/_{50}$ der Grundfläche
98	0,953 m	$^{12}/_{50}$ der Grundfläche
118	0,904 m	$^{8}/_{50}$ der Grundfläche
144	0,790 m	$^{4}/_{50}$ der Grundfläche
164	0,655 m	$^{2}/_{50}$ der Grundfläche
180	0,673 m	$^{1}/_{50}$ der Grundfläche

Tab. 22: Steinlagen mit besonderer Bedeutung bezogen auf die Fläche nach Petrie.

Obige Tabelle zeigt eine von Petrie erkannte Besonderheit. Es gibt Steinlagen, die bezogen auf die Grundfläche der Pyramide einen geraden Bruchteil in Fünfzigstel darstellen. Bemerkenswert ist hierbei auch, dass diese Steinlagen jeweils bedeutend höher sind als die Vorgängersteinlage und damit eine Art Stufe bilden. Diese Stufen hat auch Goyon benutzt, um die Pyramide in Abschnitte zu unterteilen.[1272]

Weiterhin ist dem Autor bei den Angaben von Petrie zu den Steinlagen aufgefallen, dass die 25. und 50. Steinlage sich dadurch auszeichnen, dass sie quasi auf allen Pyramidenseiten gleich hoch sind. Dies ist bemerkenswert, da die Abweichungen sonst i. d. R. von einigen Zentimetern bis über 10 cm betragen. Nun hat meine Rekonstruktion ergeben, dass sich der Boden der Königinnenkammer auf der 25. Steinlage und der der Königskammer, auf der 50. Steinlage befindet. Die gleiche Höhe auf allen Pyramidenseiten ist ein weiteres Indiz dafür, dass diese Steinlagen bewusst dafür ausgewählt wurden und man deshalb hier besonders genau gemessen hat. Zudem beträgt die Pyramidenbodenfläche auf der Höhe der 50. Steinlage 50 % der Pyramidengrundfläche.[1273]

Die 206 exakt vermessenen Steinlagen von Davison 1765 erlauben den Schluss, dass die Pyramide ursprünglich 210 (= 3 × 7 × 10) Steinlagen besaß und auf der obersten Steinlage das Pyramidion stand. Letzteres hatte vermutlich eine Höhe von 7 Königsellen, was 1/40 der Gesamthöhe der Pyramide von 280 Ellen entspricht. Die Kantenlänge hätte dann exakt 11 Ellen betragen. Das Pyramidion kann als kleines Abbild oder Modell der gesamten Pyramide gesehen werden. Die Besonderheit der Zahlen 7 und 11 wurde schon in Abb. 52 bis Abb. 54 gezeigt.

Weitere detaillierte Informationen zu den Steinlagen der Cheops-Pyramide finden sich im Kap. 19.5.

[1270] Plinius Secundus, et al. 2007, 522.

[1271] W. M. Petrie 1883, Tf. VIII. für die Nord- und Südseite gibt er die Werte konkret an, für die Ost- und Westseite nur als Striche in einer Grafik.

[1272] G. Goyon 1990, 220-222.

[1273] Die Pyramidengrundfläche beträgt 193.600 Ellen². Nach Goyon befindet sich die 50. Stufe auf 82 Ellen Höhe, auf der die Fläche 96.809,88 Ellen² beträgt (= 50,005 %). 96.800 Ellen² wären die Hälfte der Grundfläche.

18.16 Die Pyramide und der Kreis

Ein anderer Zusammenhang, der in jüngster Zeit näher untersucht wurde, bezieht sich auf kreisförmige Proportionen, die bei Baudenkmälern des Alten Ägypten auftreten. Daher sei dieser potenzielle Zusammenhang hier kurz näher beleuchtet. Das berühmteste Bauwerk ist natürlich die Cheops-Pyramide, deren Umfang 1.760 Ellen und deren Höhe 280 Ellen beträgt; somit ergibt der Umfang geteilt durch die Höhe annähernd den Durchmesser eines Kreises: nämlich 6,2857... ($2 \times \pi \approx 6{,}2832$). Aufgaben aus dem mathematischen Papyrus Rhind[1274] belegen, dass bei Kreisberechnungen der Durchmesser und nicht der Radius die benutzte Größe war. Für ein annähernd flächengleiches Quadrat zu einem Kreis entspricht der Kreisdurchmesser der Diagonalen des Quadrats (siehe Abb. 245).

Betrachten wir nun den Sarkophag in der Königskammer der Cheops-Pyramide an. Die Ausmaße betragen 4,4 Ellen Länge (= $^1/_{100}$ der Pyramidenbasislänge), 1,88 Ellen Breite und 2 Ellen Höhe. Der Umfang des Sarkophags beträgt demnach 12,56 Ellen, was geteilt durch die Höhe von 2 Ellen einen Wert von 6,28 ergibt, also eine gute Näherung an den Kreisdurchmesser eines Einheitskreises mit Radius 1 (Elle).[1275] Zudem besitzt der ausgehöhlte Sarkophag 50 % des Volumens des ursprünglich dafür benutzten Steines (siehe Kap. 13.1.2).

Die Anwendung kreisförmiger Proportionen um die Königskammer und in der Umgebung der Pyramide von Cheops deutet darauf hin, dass die Architekten beabsichtigten, diese eingeschlossenen Räume zu umschließen und zu beschützen. Die Ägypter führten rituelle Umrundungen von Denkmälern zu vielen wichtigen Anlässen, wie etwa dem Kultlauf beim *Sedfest*[1276], durch. Die umschließende Symbolik ist in den Pyramidentexten in Spruch 534 textlich am deutlichsten in Bezug auf die Pyramidenarchitektur belegt. [1277] Hier heißt es:

[1274] Interessanterweise lassen sich die ägyptischen mathematischen Aufgaben, die in dem Papyrus beschrieben sind, exakt in eine moderne Programmiersprache übersetzen, wie dies eindrucksvoll Stephan Seidlmayer anhand zweier Beispielaufgaben (Nr. 42 und Nr. 57) gezeigt hat. Siehe hierzu sein Beitrag in Heft Nr. 8 von GEGENWORTE – Hefte für den Disput über Wissen mit dem Titel „COMPUTER IM ALTEN ÄGYPTEN". Er verweist unter Bezugnahme auf das *Century Dictionary*, welches erstmals zwischen 1889 und 1891 in einer 24-bändigen Auflage erschien und unter dem Stichwort "*computer*" folgende Definition enthält: "*One who computes; a reckoner; a calculator; specifically, one whose occupation is to make arithmetical calculations for mathematicians, astronomers, geodesists, etc.*" Genau nach dieser Definition lassen sich die ägyptischen Rechenaufgaben aus dem *Papyrus Rhind* begreifen, da sie eine algorithmische Beschreibung der Problemlösung darstellen. Aus genau diesem Grund ist es auch einfach, sie in eine moderne Programmiersprache zu übertragen, der dann ebenfalls den formalisierten Lösungsalgorithmus enthält.

[1275] Diese Werte in Königsellen sind die vermutlich geplanten Werte für den Sarkophag. Die genauesten gemessenen modernen Werte habe ich bei dem italienischen Architekten Fiorini gefunden (siehe: Fiorini 2013, 62). Dieser gibt folgende äußere Werte an: Länge 277,88 cm; Breite 97,89 cm; Höhe 105,04 cm. Mit diesen Werten ergibt der Wert für Höhe / Umfang ≈ 6,20. Die Höhe weicht nur 0,32 cm von dem Wert von 2 Ellen (104,72 cm) ab. Schon hieran kann man erkennen, dass die geplante Höhe exakt 2 Ellen haben sollte und die tatsächlichen Maße für Länge und Breite vermutlich auch von den geplanten abweichen.

[1276] Das *Sedfest* (auch *Heb-Sed-Fest* genannt) war ein altägyptisches Fest, bei dem der König eine zentrale Rolle einnahm. Die ältesten Belege reichen in die frühdynastische Zeit zurück, seit der Spätzeit wurde es zwar möglicherweise nicht mehr gefeiert, spielte aber immer noch bis in die Ptolemäerzeit eine wichtige Rolle in den Königsdarstellungen. Abbildungen des *Sedfestes* sind im Alten Reich erstmals im Südgrab des Djoser, im Sonnenheiligtum des Niuserre und in den Totentempeln des Sahure, Teti II. sowie des Pepi II. zu finden. Das *Sedfest* wurde zumeist im dreißigsten Regierungsjahr, so er es überhaupt erlebte, gefeiert. Mit einem rituellen Kultlauf, bei dem er das Tempelareal umrundete, sollte der ägyptische König wohl seine physische Eignung als König unter Beweis stellen. Während es in der vordynastischen Zeit durchaus noch eine sportliche Aufgabe für den amtierenden König gewesen sein konnte, war es später sicher nur eine Zeremonie, bei der König nicht mehr rannte, sondern durch schnelle Schritte dies nur andeutete. Man denke hier nur an Pepi II. (≈ 2245–2180 v. Chr.), der mit 6 Jahren König wurde und mit mehr als 60 Regierungsjahren (im Turiner Königspapyrus werden sogar 94 Jahre (!) angegeben, was aber vermutlich ein Fehler ist) eine der längsten Herrschaften in der Geschichte des alten Ägypten innehatte. Für Pepi II. sind tatsächlich zwei *Sedfeste* belegt. Auch der berühmte Pharao Ramses II. (auch Ramses der Große genannt), regierte 66 Jahre lang und konnte somit zwei *Sedfeste* feiern. Es gibt jedoch auch Quellen, die nahelegen, dass nach dem ersten *Sedfest* alle zwei Jahre ein weiteres *Sedfest*, quasi als Eignungstest, stattfand.

[1277] Lightbody 2016, 50.

„Die Einrichtung dieser Pyramide und dieses Tempels für Pepi und für seinen Ka[1278]*: was diese Pyramide und dieser Tempel umschließen*[1279]*, ist für Pepi und für seinen Ka.“* [1280]

Für die Nebenpyramiden der Cheops-Pyramide, welche für drei Königinnen (Hetepheres, die Mutter von Cheops = G1a, Meritetis = G1b, Henutsen = G1c) erbaut wurden, ergeben sich folgende Werte: G1a ≈ 6,28; G1b ≈ 6,29; G1c ≈ 6,28.

Abb. 175: Pyramide G1a der Königin Hetepheres (Mutter von Cheops).

Abb. 176: Pyramide G1b der Königin Meritetis.

[1278] Siehe Fußnote 233.

[1279] Das Verb  (eg. *Sni*) bedeutet: *rund sein; umkreisen; umgeben.*

[1280] Thesaurus Linguae Aegyptiae, Pyramide Pepis I., PT 534, § 1277b.

Abb. 177: Pyramide G1c der Königin Henutsen, davor: Reste des Isis-Tempels.

Für die Chephren-Pyramide ergibt der Wert von Umfang durch Höhe nur exakt 6, während der entsprechende Wert für die Mykerinos-Pyramide wieder 6,3 ergibt. Für die erste Nebenpyramide der Mykerinos-Pyramide (G3a) ergibt sich ein Wert von 6,2.

Als Architekt der Cheops-Pyramide wird der Halbneffe von Cheops, Hemiunu[1281], angesehen. Er hatte das Amt des Wesirs (äg. *Tjati*) inne und war somit der höchste Beamte nach dem König. Sein Vater ist der in Meidum bestattete Prinz Nefermaat und seine Mutter Itet.

[1281] Hemiunu, äg. , *Ḥm Jwnw* (*Hem-Iunu*) = Diener des (Gottes) von *Iunu* (=Heliopolis).

Abb. 178: Lebensgroße[1282] Statue des Hemiunu, mutmaßlicher Baumeister der Cheops-Pyramide, Kalkstein, Höhe: 155,5 cm, Roemer- und Pelizaeus-Museum Hildesheim.

Hemiunus Vater ist wahrscheinlich König Snofru, der Vater von Cheops. Hemiunu gehört die Mastaba G 4000 auf dem westlichen Gräberfeld der Cheops-Pyramide. Als einzige Mastaba aus dieser Zeitperiode enthält sie zwei Grabkammern, von denen eine möglicherweise für eine Frau von Hemiunu gedacht war.

[1282] Bei einer Höhe von 1,55 m der Statue und einer Sockelhöhe von rund 10 cm ergibt sich noch eine Höhe von 1,45 m für den sitzenden Hemiunu. Dies entspricht einer Körpergröße von ca. 1,95 m. Sollte Hemiunu also lebensecht abgebildet sein, war er für seine Zeit ein überdurchschnittlich großer und kräftiger Mann gewesen. Damit wäre er, zusammen mit seiner edlen Abstammung, sicher bestens für seine Aufgaben geeignet gewesen.

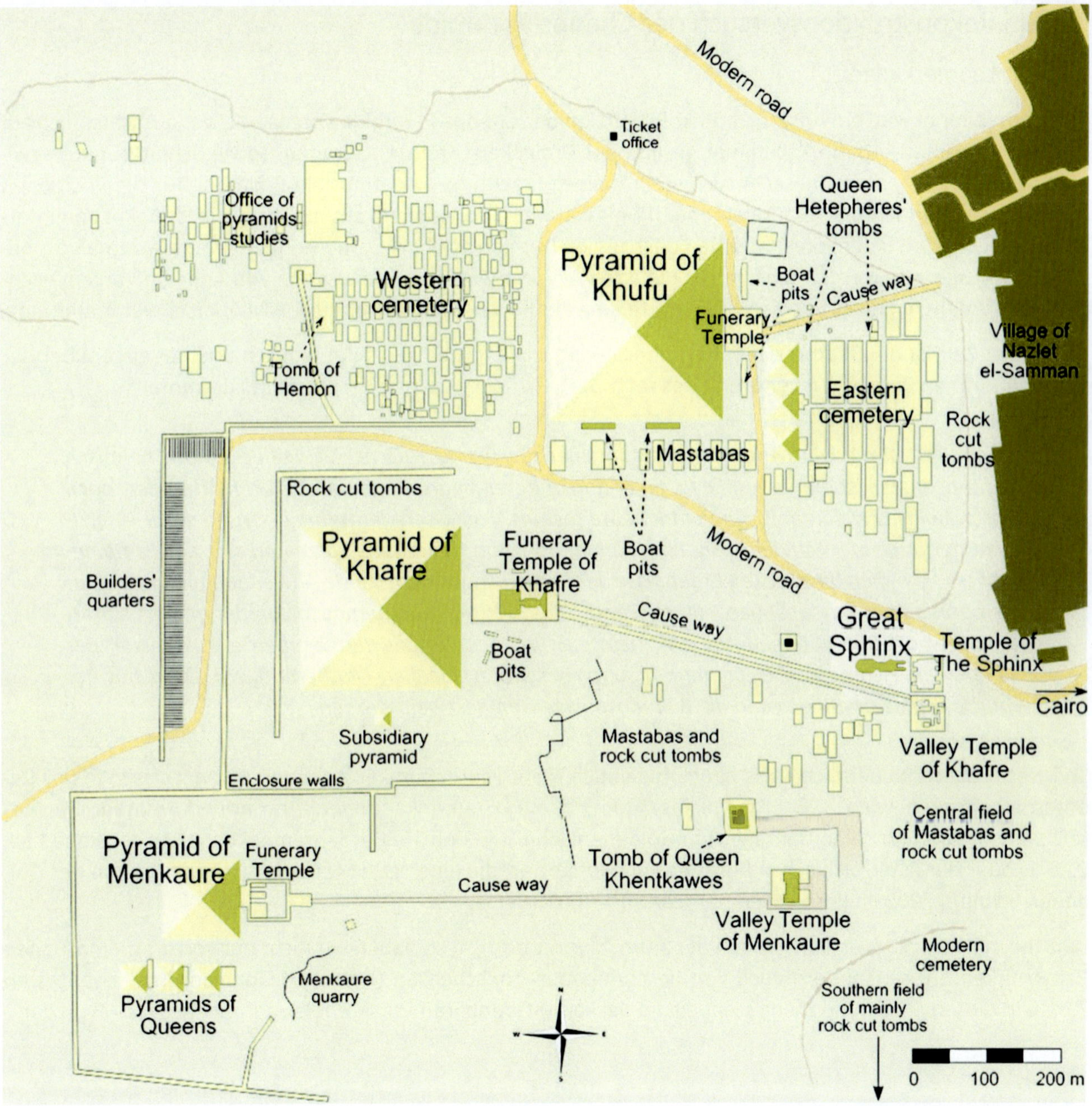

Abb. 179: Lageplan der Pyramiden von Gizeh mit Gräbern. Das Grab von Hemiunu (hier: Tomb of Hemon) befindet sich auf dem großen Westfriedhofs.

19 Ein Rekonstruktionsversuch der Cheops-Pyramide

19.1 Vorbemerkungen

In diesem Kapitel wird ein Ansatz zur Rekonstruktion der Cheops-Pyramide vorgestellt, der ausschließlich auf einfacher Geometrie basiert: genauer gesagt, auf Dreiecken, Kreisen, Geraden, sowie Schnittpunkten zwischen diesen Elementen. Dieser Ansatz stellt meines Erachtens eine plausible Erklärung für die Positionen der wichtigsten inneren Strukturelemente (Königskammer, Königinnenkammer, Kreuzungspunkte von internen Passagen) dar, indem die grafische Konstruktion nur von solchen Elementen ausgeht, die damals als bekannt vorausgesetzt werden dürfen. Für die alten Ägypter war Geometrie schon von Anbeginn an ein wichtiges Instrument, wenn es um die Wiederaufteilung der Felder nach der jährlichen Nilüberschwemmung ging.

In neuerer Zeit ist die Geometrie immer mehr in den Hintergrund gedrängt worden und hat gegenüber der Antike enorm an Bedeutung verloren. Dies fasst Darij Grinberg sehr schön wie folgt zusammen:

> *„In der Tat ist die Mathematikolympiade einer der wenigen Orte, wo Dreiecke noch heimisch sind. Ansonsten ist dieser von Ceva, Euler und anderen begründete und im 19. Jahrhundert noch sehr populäre Zweig der Mathematik heute fast ins Vergessen geraten. Ein Grund dafür ist vielleicht der folgende: Mit der Ausnahme einiger ganz fundamentaler Sätze und z. B. des Lemoinepunktes[1283] haben die meisten Ergebnisse der Dreiecksgeometrie keine Anwendungen in der Mathematik und in der sonstigen Wissenschaft. Dies läßt sich aber genauso von der ganzen Unterhaltungsmathematik behaupten. Der tiefere Grund des Verfalls der Geometrie ist viel eher der Mangel von geometrischer Erfahrung sogar bei professionellen Mathematikern. Dazu hat der Bourbakismus[1284] einiges und die Bildungsmisere den Rest beigetragen."*[1285]

So ist es nicht verwunderlich, dass heutzutage auch Nicht-Mathematiker zu neuen Erkenntnissen in der Geometrie beitragen, wie z.B. George Phillips Odom[1286], ein US-amerikanischer Künstler und Amateur-Geometer, der vor allem für seine Beiträge zum Goldenen Schnitt in den 1980er Jahren bekannt wurde (siehe Kap. 21.5.1) oder der österreichischen Künstler Kurt Hofstetter, die eine neue Methode zur Konstruktion des Goldenen Schnitts 2005 im Forum *Geometricorum*[1287] publizierte.

Was die mathematischen Fähigkeiten der alten Ägypter betrifft, so haben wir nicht nur von mathematischen Papyri Erkenntnisse, sondern auch von beschriebenen Tonscherben (*Ostraka*). Einer der interessantesten Funde in diesem Zusammenhang stellt ein im Sakkara-Stufenpyramidenkomplex gefundenes Ostrakon dar.

[1283] Dieser Punkt wird auch Symmedianenpunkt oder Grebepunkt genannt. Er ist der Schnittpunkt der an den Winkelhalbierenden gespiegelten Seitenhalbierenden, der Symmedianen.

[1284] Nicolas Bourbaki ist das kollektive Pseudonym einer Gruppe (Autorenkollektiv) vorwiegend französischer Mathematiker, die seit 1934 an einem vielbändigen Lehrbuch der Mathematik in französischer Sprache – *Éléments de mathématique* – arbeitete und mehrmals jährlich an verschiedenen Orten Frankreichs in Seminaren ihr gemeinsames Buchprojekt vorantrieb. Als „Bourbakismus" bezeichnet man deshalb auch die damit verbundene Auffassung der Mathematik als Lehre von Strukturen. Ab 1940 hat sich diese Auffassung auf der ganzen Welt verbreitet.

[1285] Grinberg, Darij: *Karl Wilhelm Feuerbach, sein Kreis und die Dreiecksgeometrie* (Quelle: http://www.cip.ifi.lmu.de/~grinberg/Dreigeom/Feuerbach.pdf, abgerufen am 16. Juni 2019).

[1286] Siehe Fußnote 1546.

[1287] Forum *Geometricorum* Volume 5 (2005) 135–136.

Abb. 180: Ein mathematisches Ostrakon aus der Zeit von König Djoser, dem Erbauer der ersten Pyramide, der Stufenpyramide in Sakkara. Die Abmessungen betragen 15 × 17.5 × 5 cm.

Der Plan zeigt eine konkave Kurve und fünf gleich große vertikale Segmente, die sich von der Kurve nach unten erstrecken. Eine Veröffentlichung dieses Ostrakons mit Anmerkungen dazu gab Battiscombe Gunn im Jahre 1926 heraus. Darin schrieb er:

> *„The very fact that the distance is not specified makes it most probable that it is to be understood as one cubit, an implied unit found elsewhere.“* [1288]

Fig. 2.

Abb. 181: Transkription der vorherigen Abbildung.

[1288] Gunn 1926, 200.

Gunn interpretiert die Angaben des Ostrakons als Höhenangaben einer Kurve, ausgedrückt in Ellen, Handbreiten und Fingern, wobei in jeder Spalte ein Höhenwert der Kurve steht. Man kann nun die Zahlenangaben in Fingern, der kleinsten Basislängeneinheit der Ägypter, ausdrücken und erhält somit die Werte 41, 68, 84, 95 und 98.

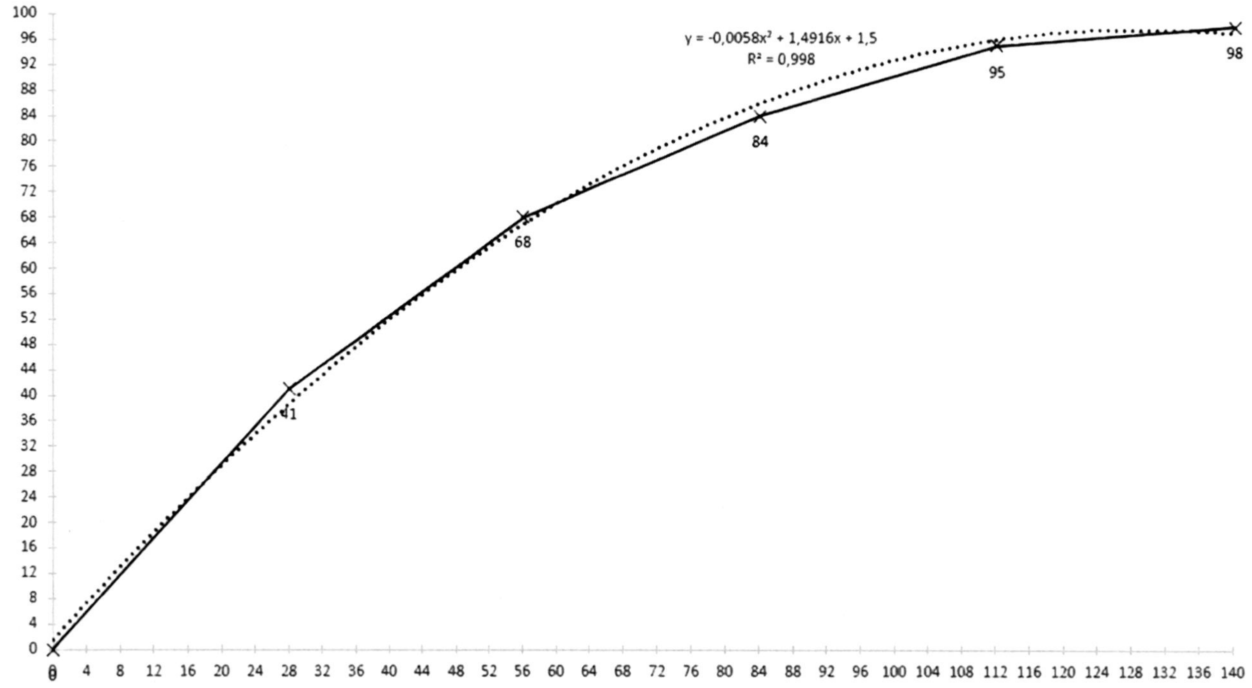

Abb. 182: Kurvenverlauf basierend auf den Werten des Ostrakons.

Horizontal [F]	Vertikal [F]	polynomiale Trendlinie
0	0	1,50
28	41	38,72
56	68	66,84
84	84	85,87
112	95	95,80
140	98	96,64

Tab. 23: Werte des Ostrakons in Fingern. Der horizontale Abstand wird dabei mit einer Elle (= 28 Fingern) als Basiswert angenommen.

Die auf dem Ostrakon angegebenen Werte lassen sich sehr gut mittels einer polynomialen Trendlinie approximieren. Die Formel hierzu lautet: $y = -0{,}0058\,x^2 + 1{,}4916\,x + 1{,}5$. Das Bestimmtheitsmaß[1289] liegt bei 99,8 %. Die Abweichung der Trendlinie auf ganze Finger gerundet beträgt maximal 2 für alle angegebenen Werte. Gemäß Gunn sah die geplante Struktur wie folgt aus:

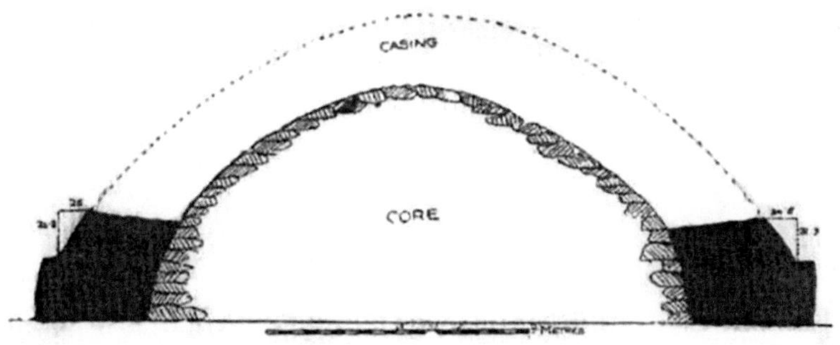

Fig. 5.

Abb. 183: Rekonstruierte Struktur basierend auf Fundresten und dem mathematischen Ostrakon.

[1289] Das Bestimmtheitsmaß, auch Determinationskoeffizient, bezeichnet mit R^2, ist in der Statistik eine Kennzahl zur Beurteilung der Anpassungsgüte einer Regression – beispielsweise, um zu bewerten, wie gut Messwerte zu einem Modell passen.

Man sollte also die mathematischen Fähigkeiten der Alten Ägypter nicht unterschätzen.

Die folgende Grafik zeigt den Zusammenhang zwischen der Fläche des Pyramidenstumpfes und dem bereits verbauten Volumen.

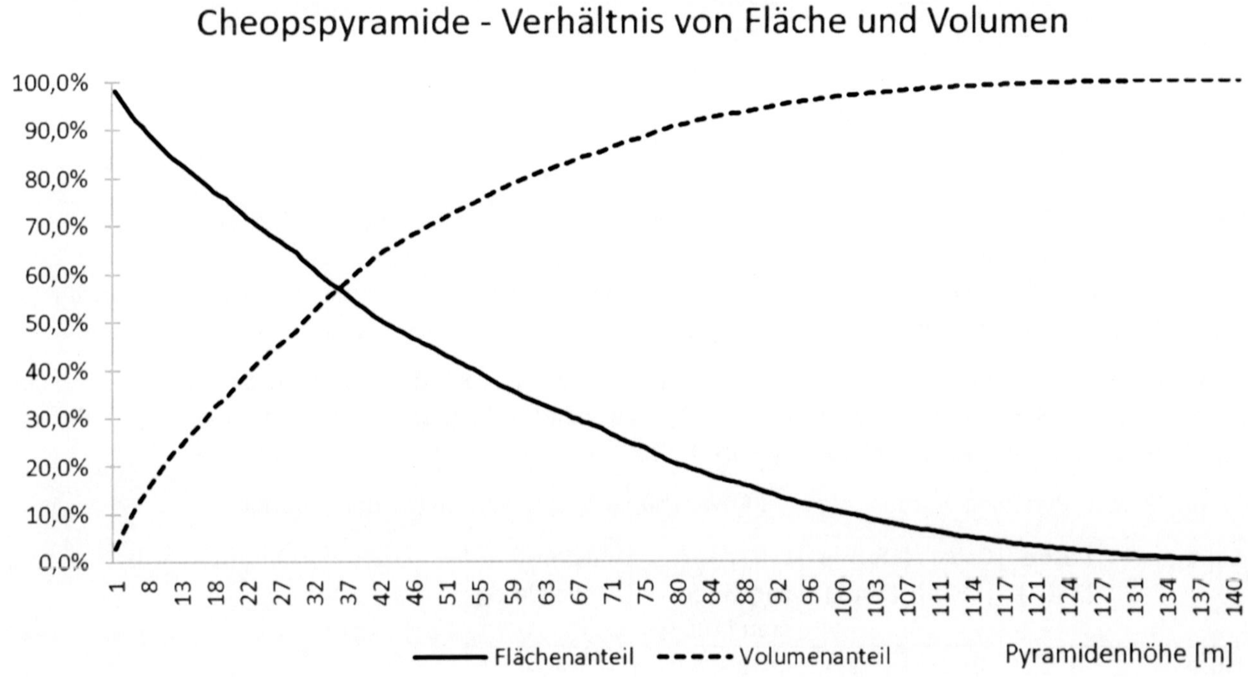

Abb. 184: Zusammenhang zwischen Fläche und Volumen des Pyramidenstumpfs der Cheops-Pyramide.

Bei einer Höhe von rund 36 Metern, was der Stufe 42 entspricht, lagen sowohl die Fläche als auch das verbaute Volumen bereits bei 57 %. Auf Stufe 50 in Höhe der Königskammer betrug die Fläche noch die Hälfte der Grundfläche, während das verbaute Volumen mit 65 % knapp zwei Drittel betrug. In Höhe der Blockiersteine auf Stufe 74 in knapp 60 m Höhe betrug die Pyramidenstumpffläche nur noch 35 % der Grundfläche, während das verbaute Volumen schon knapp 80 % betrug.

Mit den beiden folgenden Formeln lassen sich die Pyramidenstumpffläche und das Pyramidenstumpfvolumen einfach berechnen:

Volumen = Basisseitenlänge^2 × Gesamthöhe / 3
Stumpffläche = [Basisseitenlänge – Stumpfhöhe × (Seked / 7) × 2]^2
Stumpfvolumen = [1 – (1 – Stumpfhöhe / Gesamthöhe)^3] x Volumen
= Volumen – Stumpffläche × (Gesamthöhe – Stumpfhöhe) / 3

Mit Seked ist der Rücksprung auf eine Königselle gemeint. Für die Cheops-Pyramide beträgt er 5 ½ Handbreit, d. h. $^{5,5}/_7 = {}^{11}/_{14} = {}^{22}/_{28}$. Die Basisseitenlänge betrug 440 Ellen und die Gesamthöhe 280 Ellen.

19.2 Die Ausgangslage

Genaue wissenschaftliche Vermessungen der Cheops-Pyramide fanden erstmals 1880/81 durch Sir William Flinders Matthew Petrie statt, der auch als Vater der ägyptischen Archäologie gilt. Seine Messungen haben bis heute Bestand und variieren nur um sehr geringe Abweichungen von den neuesten Messungen durch Mark Lehner und David Goodman, die sie 1984 durchgeführt haben. Was die äußersten Eckpunkte der Pyramide angeht, liegen die Abweichungen zwischen Petrie und Lehner bei weniger als 4 cm. Weitere Messungen zwischen Petrie und Lehner wurden durch J. H. Cole 1925 durchgeführt, sowie 1979 von Josef Dorner.

Die Bestimmung des Basisvierecks der Pyramide durch die unterschiedlichen Messungen (alle Angaben in Meter) sei hier wiedergeben:

Basisseite der Pyramide	**Petrie (1883)**	**Cole (1925)**	**Dorner (1981)**	**Lehner (1984)**
Nord	230,363	230,253	230,328	230,389
Ost	230,32	230,391	230,369	230,282
Süd	230,365	*230,454*	230,372	230,309
West	230,342	230,357	230,372	230,337
Durchschnitt	**230,348**	**230,364**	**230,36**	**230,329**

Tab. 24: Länge der 4 Basisseiten der Pyramide. Lehner-Werte sind Mittelwerte.

Aufgrund der äußerst gewissenhaft durchgeführten Vermessung von Petrie berufen sich noch heute die meisten Ägyptologen auf die Daten von Petrie und das im Allgemeinen zu Recht. Obwohl ein gutes Jahrhundert zwischen den Messwerten von Petrie und Lehner liegen, weichen die durchschnittlichen Basislängen nur um 1,9 cm voneinander ab, was 0,08 ‰ entspricht!

Die Genauigkeit und Präzision der Baumeister zeigt sich in der Nord-Süd-Ausrichtung der Pyramiden. Diese wurde schon 1693 von dem französischen Hydrografen Jean Mathieu de Chazelles, einem Mitglied der königlichen Akademie der Wissenschaften, festgestellt.[1290]

Für die Cheops-Pyramide wurden folgende Abweichungen vom wahren Norden gefunden:

Seite	**Petrie (1883)**	**Cole (1925)**	**Dorner (1981)**	**Lehner/Goodman (1984)**	**mittlere Abweichung**
Nord	-0° 3,3′	-0° 2,5'	-0° 2,5'	-0° 2,9'	**-0° 2,8'**
Ost	-0° 4,0'	-0° 5,5'	-0° 3,4'	-0° 3,7'	**-0° 4,1'**
Süd	-0° 3,7'	-0° 2,0'	-0° 2,5'	+0° 3,7'	**-0° 3,0'**
West	-0° 3,9'	-0° 2,5'	-0° 2,8'	-0° 4,6'	**-0° 3,4'**
mittlere Abweichung	**-0° 3,7'**	**-0° 3,1'**	**-0° 2,8'**	**-0° 3,7'**	**-0° 3,3'**

Tab. 25: Abweichungen der Ausrichtung der Cheops-Pyramide vom wahren Norden. Lehner-Werte sind Mittelwerte.

Wie man mit den damaligen primitiven Messwerkzeugen im Vergleich zu unseren lasergestützten Hochpräzisions-Messwerkzeugen zu solchen Werten kam, ist schon sehr erstaunlich. Angesichts dieser Präzision sollte man nicht den Fehler begehen und die Genauigkeit des Längenmaßes der Königselle unterschätzen. Für die für den Bau der Cheops-Pyramide benutzte Königselle hat Dorner[1291] 52,36 cm festgestellt, indem er die Durchschnittslänge der Seitenflächen von 230,38 m durch 440, die überlieferte Längenangabe in Ellen, geteilt hat. Dieser Wert passt übrigens sehr gut zu einem historisch überlieferten Umrechnungsverhältnis. Ausgangspunkt dieser Betrachtung ist der römische Fuß, welcher aus sehr vielen Werten im Mittel zu 29,62 cm festgestellt wurde.[1292] Diesen Mittelwert stützt auch der Säulenschaft der Mark-Aurel-Säule, der exakt 100 römische Fuß hoch ist, also 29,62 m. Sie wurde im 2. Jh. n. Chr. auf dem *Piazza Colonna* in Rom errichtet, wo sie auch heute noch steht. Damit lässt sich also der römische Fuß bis auf einen Zehntelmillimeter genau bestimmen. Der *Palimpes Romanus* (auch *Pygon* genannt), welcher eine Hand (*palm*) plus einen Fuß (*pes*) breit ist, entspricht dem ägyptischen *Remen*. Der römischen Fuß verhält sich zum römischen *Palimpes* wie 16:20. Für die alten Ägypter nimmt Petrie[1293] an, dass die Maßeinheit *Remen* vornehmlich in der Feldvermessung verwendet worden sein soll. Der *Remen* steht, in einem berechenbaren, aber irrationalen, Verhältnis zur Königselle (52,36 cm), indem in einem Quadrat mit der Seitenlange von einer Königselle die Diagonale gleich 2 *Remen* (= *Pygon*) lang ist. Multipliziert man nun die 37,025 cm mit der Wurzel aus 2, so ergibt dies

[1290] Thompson 1744, 273.
[1291] Dorner 2007, 55.
[1292] s. Bergdoll 2016, 78-121.
[1293] W. M. Petrie 1934, 5.

52,361257… cm. Dieser Wert stimmt bis auf den Zehntelmillimeter mit dem von Dorner ermittelten Wert überein. Der Wert von 52,36 cm für die Cheops-Elle wird deshalb im Folgenden verwendet.

Für die Rekonstruktion der ursprünglich geplanten Werte wurde davon ausgegangen, dass der Steigungswinkel der Großen Galerie 26,565° sein sollte – abgeleitet aus einem 1:2-Dreieck – so wie derjenige des absteigenden und aufsteigenden Gangs.

Um die Einfachheit eines Winkels aus Sicht der Ägypter beurteilen zu können, müssen wir immer in *Seked*, also in Rücksprungverhältnissen, denken und nicht in unseren gewohnten Grad-Angaben.

Interessant sind auch gewisse Entfernungen in der Cheops-Pyramide, die eine ganze Ellenzahl betragen (s. Abb. 66 und Tab. 26). Die meisten Autoren, die eine schematische Darstellung der Cheops-Pyramide zeigen, benennen Entfernungen nur in unserem metrischen Maß bzw. dem britischen oder amerikanischen Maß, meist mit Ausnahme der Angabe der Gesamthöhe und der Länge einer Grundseite, die auch noch in königlichen Ellen angegeben wird. Dass die alten Ägypter als Maßeinheit aber alle Maße in Königsellen, Handbreit und Fingerbreit gerechnet haben, scheint mancher gerne zu vergessen. Mit an Sicherheit grenzender Wahrscheinlichkeit wurde die Pyramide zuerst auf dem Papier (Papyrus) konstruiert, bevor sie gebaut wurde. Weiterhin ist wahrscheinlich, dass auch ein kleines Modell z. B. im Maßstab 1:40 (s. Abb. 54) gebaut wurde, bevor mit dem eigentlichen Bau der Pyramide begonnen wurde. Dass auch dies noch nicht ausreichend war, belegt die Tatsache, dass auf dem Gizeh-Plateau auch Probeschächte (eng. *trial passages*) gefunden wurden, die eine teilweise Kopie der inneren Schächte der Pyramide darstellen. Bei der Größe dieses Bauvorhabens können diese Maßnahmen eigentlich auch nicht verwundern. Aufgrund der Feldvermessungen, die wegen der jährlich wiederkehrenden Nilüberschwemmungen notwendig waren, waren die alten Ägypter in einer mathematischen Disziplin besonders gut und geübt, der Trigonometrie.

Deshalb wurde versucht, mittels Trigonometrie unter Berücksichtigung bestimmter waagrechter Entfernungen in ganzen Ellen und einfach zu konstruierenden Winkeln zu den ursprünglich geplanten Werten zurückzufinden, wie sie die alten Ägypter einst geplant hatten. Vergleicht man die Schwankungsbreite von Vermessungen der Cheops-Pyramide mit den rekonstruierten Werten, so ergibt sich eine erstaunlich genaue Übereinstimmung. Nimmt man beispielsweise die Messungen von Gilles Dormion[1294], so weichen z. B. gewisse Winkel von dem konstruktionsbedingt erwarteten Winkel nur unwesentlich ab. Es gibt eine Reihe von Möglichkeiten, wie es zu Abweichungen vom geplanten Winkel mit dem tatsächlich gemessenen Winkel kommen kann. So kann es zum einen zu Messfehlern gekommen sein, zu Übertragungsfehlern von den Messergebnissen in die Veröffentlichung (z. B. Zahlendreher), unterschiedlichen Bezugspunkten (z. B. bei der Großen Galerie) oder es können auch Probleme wie Setzungen des Bauwerks, Verschiebungen wegen Erdbeben oder einfach nur ungenügende Genauigkeit bzw. Probleme in der Umsetzung gewesen sein. Dies alles sollte man bei der Benutzung des vorhandenen Zahlenmaterials niemals aus den Augen verlieren.

Ein mathematisch interessanter Zusammenhang besteht auch in der Geometrie des Pyramidendreiecks, welches mit dem Steigungswinkel von 51° 50,6' (≈ 51,84°), das entspricht einem Rücksprung (*Seked*) von 11 cm auf 14 cm Höhe oder mathematisch $\tan^{-1}(^{11}/_{14})$, das Apothema[1295] als Seite hat. Die Länge des Apothemas, also der Weg von der Mitte einer Pyramidenseite bis zur Pyramidenspitze, betrug 186,45 m.

Für den absteigenden Gang gibt Dormion einen Winkel von 26° 26' 46" (≈ 26,43°) an. Die Abweichung zum Winkel 26,565° beträgt nur rund 7' 8" (≈ 0,12°). Man kann also davon ausgehen, dass der geplante Winkel wirklich 26,565° war, der aus dem 1:2-Dreieck resultiert.[1296] Für den aufsteigenden Gang gibt Dormion einen Winkel von 26° 6' (≈ 26,1°) an. Die Abweichung zu dem geplanten Winkel beträgt demnach weniger als ein halbes Grad. Die Steigung der Großen Galerie, welche die Verlängerung des aufsteigenden Gangs darstellt,

---

1294 Dormion 2004, 274-299.

1295 Bei einer regelmäßigen Pyramide, d. h. einer Pyramide, deren Grundfläche ein regelmäßiges Vieleck ist, ist das Apothema die schräge Höhe einer Seitenfläche; d. h. die kürzeste Entfernung vom Scheitelpunkt zur Basis auf einer bestimmten Fläche.

1296 Dorner kommt auf 7' 37", da er die Werte von Petrie nimmt. Dennoch sieht er die Abweichung als zu groß an, um unbewusst zu sein. Er wundert sich auch über den Grund für die Abweichung vom 1:2 Gefälle, welches schon in der Roten Pyramide von Snofru angewandt worden war, was seiner Meinung nach keinen Vorteil bringt. (siehe Dorner 2000, 39).

gibt er mit 26° 10' 16" (≈ 26,17°) an. Auch hier wieder eine Abweichung von weniger als einem halben Grad zu dem geplanten Winkel von 26,565°.

Die Werte von Dormion sind präzise und insgesamt stimmig. Die Abweichung des Giebels der Königinnenkammer und des Beginns der Großen Stufe von der Pyramidensenkrechten, welche direkt übereinander liegen, beträgt weniger als 5 cm von der Pyramidenmitte.

Entfernungen mit glatter Ellenanzahl	**Einfach zu konstruierende Winkel**
Pyramidengrundseite: 440 E = 230,38 m	26,57° = 1:2 Dreieck → ab- und aufsteigender Gang
Länge des absteigenden Gangs: 200 E = 104,72 m	51,84° = 22:28 Dreieck → Neigungswinkel der Pyramide
Die horizontale Länge vom Beginn der Großen Galerie bis zur Mitte der Königskammer: 100 E = 52,36 m	
Ende des absteigenden Gangs bis zum Beginn der unterirdischen Kammer: 17 E = 8,90 m	
Höhe der Pyramide: 280 E = 146,61 m	
Pyramidenmitte bis Mitte der Königskammer: 21 E = 11 m	
Länge des aufsteigenden Gangs: 75 E = 39,27 m	
Länge des horizontalen Gangs: 79 E = 41,36 m	
Höhe zwischen Originaleingang und Höhe des Schnittpunktes von aufsteigendem mit absteigendem Gang: 24 E[1297] = 12,57 m	
Königskammerlänge: 20 E = 10,47 m	
Königskammerbreite: 10 E = 5,24 m	
Diagonale der Königskammerseite: 15 E = 7,85 m	
Raumdiagonale der Königskammer: 25 E = 13,09 m	
Königinnenkammerlänge: 11 E = 5,76 m	
Königinnenkammerbreite: 10 E = 5,24 m	
Königinnenkammerhöhe: 12 E = 6,28 m (heute, aufgrund fehlenden Bodenbelags)	
Königinnenkammerhöhe: 11 E = 5,76 m (ursprünglich, mit fehlendem Bodenbelag)	
Höhe der Nische: 9 E = 4,71 m (heute, aufgrund fehlenden Bodenbelags)	
Höhe der Nische: 8 E = 4,19 m (ursprünglich, mit fehlendem Bodenbelag)	
Tiefe der Nische: 2 E = 1,05 m	

Tab. 26: Entfernungen und Winkel in der Cheops-Pyramide bezogen auf Abb. 66.

Aufgrund der Diskussion um die bisher veröffentlichten Messergebnisse zum Inneren der Cheops-Pyramide müssen die Angaben der obigen Tabelle zu den ganzzahligen Ellenanzahlen natürlich auch mit einem kleinen Fragezeichen versehen werden.

Einer Theorie von Romer[1298] nach, soll dem ursprünglichen Plan der Cheops-Pyramide ein 6-Quadrat-Raster zugrunde liegen, wobei jedes Quadrat eine Seitenlänge von 73 ⅓ Ellen[1299] betragen soll (6 × 73 ⅓ Ellen = 440 Ellen). Dieses Raster hat allerdings seinen Nullpunkt nicht in Höhe des Pyramidenplateaus, auf welchem die Pyramide steht, sondern noch unterhalb der unterirdischen Grabkammer, nämlich in Verlängerung der Linie des absteigenden Gangs mit dem Schnittpunkt der Pyramidensenkrechten. Der Kreuzungspunkt von absteigendem Gang und aufsteigendem Gang liegt dann nach Romers Darstellung auf einem Schnittpunkt des 6-Quadrat-Rasters, sowohl in der Höhe als auch in der Breite. Deshalb nennt er diesen Punkt auch *Prism*

[1297] Siehe hierzu auch: Dorner 2000, 39.

[1298] Romer 2007, 63-66.

[1299] Romer 2007, Appendix 4, Abb. 233, 454.

Point.[1300] Alle weiteren strukturrelevanten Punkte liegen bei ihm allerdings mit Ausnahme der Pyramidensenkrechten durch die Pyramidenspitze nicht auf diesem Raster. Deshalb führt er ein zweites Raster ein, welches bei 0 auf dem Pyramidenplateau beginnt, und ebenfalls aus 73 ⅓ Ellen-Quadraten besteht, aber zudem noch eine Unterteilung in 20 Ellen, 40 Ellen und 60 Ellen besitzt. Damit kommt er dann mittels 3 × 73 ⅓ Ellen = 220 Ellen (entspricht der halben Grundseite) + 60 Ellen = 280 Ellen auf die Höhe der Pyramide. Allerdings liefert auch dieses zweite Raster keine Schnittpunkte mit architekturrelevanten Punkten in der Pyramide. Es dient Romer als Grund zur Erklärung, warum der Neigungswinkel der Pyramide so ist, wie er ist, nämlich 51° 50' 34".

Zudem wendet er die Kombination der beiden Raster auch auf das Pyramidenplateau selbst an.[1301] Basierend auf Angaben von Petrie, der Snofrus Meidum-Pyramide und der Cheops-Pyramide ein gemeinsames Proportionssystem attestiert, wendet er sein Rastersystem auch auf die Meidum-Pyramide an, dort allerdings nicht mit einer 20-40-60 Unterteilung, sondern mit 12 ½ - 25 – 37 ½ Ellen.[1302]

Da mich die Theorie mit dem doppelten verschobenen Raster von Romer nicht überzeugt hat, habe ich nach einer plausibleren Alternative gesucht und bin zu der grafischen Rekonstruktion mittels einfacher mathematischer Elemente gelangt. Diese hat den Vorteil der Überprüfbarkeit, wenngleich natürlich ohne schriftliche Aufzeichnungen aus der Pyramidenzeit nichts definitiv zu beweisen ist.

19.3 Grundannahmen für die Rekonstruktion

Für die Rekonstruktion des ursprünglichen Pyramidenplans wurde von folgenden Annahmen ausgegangen:

1. Die Basislänge der Pyramide beträgt 440 Ellen.
2. Die Höhe der Pyramide bis zur heute nicht mehr vorhandenen Spitze beträgt 280 Ellen.
3. Die Decke der Königskammer befindet sich in der Drittelhöhe der Pyramide.
4. Die horizontale Länge vom Beginn der Großen Galerie bis zur Mitte der Königskammer auf der 25. Steinlage, auf der sich der ursprüngliche Boden der Königinnenkammer befindet, beträgt exakt 100 Königsellen bzw. eine ägyptische Seillänge oder 52,36 m.
5. Die Länge des absteigenden Gangs bis zur Horizontalen beträgt exakt 200 Ellen oder 2 ägyptische Seillängen.
6. Der Seked (Rücksprung auf eine Höhe von einer Elle) der Pyramide beträgt 5 ½ Handbreit, was einem Winkel von 51,8428° entspricht.
7. Der Winkel des absteigenden Gangs, des aufsteigenden Gangs und der Großen Galerie beträgt jeweils 26,565°. Dieser Winkel entsteht bei Nutzung eines Dreiecks mit einem Katheten-Ankatheten-Verhältnis von 1:2.
8. Die Ausmaße der Königskammer betragen: 10 × 20 × 5 $\sqrt{5}$ Ellen (Breite x Länge x Höhe). Die Länge der Diagonalen der Seitenfläche beträgt 15 Ellen. Die Raumdiagonale der Königskammer beträgt 25 Ellen.
9. Die Ausmaße der Königinnenkammer betragen: 10 × 11 × 8 Ellen (bzw. 11 Ellen bis zum Dachgiebel). Die Höhenangaben beziehen sich auf die ursprüngliche Situation, wo der Bodenbelag in Dicke von einer Elle noch vorhanden war.[1303] Die Nische in der Ostwand ist unten 3 Ellen breit und 8 Ellen hoch.
10. Die Pyramide ist exakt in Nord-Süd-Richtung ausgerichtet.

[1300] Als Höhe über dem Plateau nimmt er den Wert von Petrie mit 4,57 m an. Unter Berücksichtigung des Schachtneigungswinkels für den absteigenden Gang mit 26,523° ergibt sich der Schnittpunkt des absteigenden Gangs mit dem Pyramidenzentrum bei -33,87 m. Addiert man zu diesem Wert den Wert von 4,57 m, so erhält man 38,44 m. Romers Raster ist aber 38,39 m lang und breit. Der Fehler beträgt bzgl. seines *Prism Points* zwar nur 5 cm, er selbst gibt dafür aber lediglich 0,07 cm an (Romer 2007, Abb. 233, 454).

[1301] Romer 2007, Abb. 169, 342.

[1302] Romer 2007, Abb. 148, 295.

[1303] Pococke 1743, 237-238. *"Doubtless they had a notion, that there was some hidden treasure under this first room; which may be concluded from their breaking up the floor, by which one may go between several stones, that lie in a confused order, into the body of the pyramid, for about twenty paces; the stones taken out at this place almost fill the room."*

19.4 Ableitungen aus den Grundannahmen

Aus den zuvor definierten Annahmen kann man Folgendes direkt ableiten:

1. Die Höhe des Bodens der Königskammer = 280 / 3 - 5 $\sqrt{5}$ Ellen oder 43,02 m.
2. Der Flächeninhalt des Dreiecks, welches entsteht, wenn man den Boden der Königskammer in zwei gleich große Dreiecke aufteilt, beträgt 100 Quadrat-Ellen und der Umfang 52,36 Ellen.
3. Der Flächeninhalt des Dreiecks, welches entsteht, wenn man die Länge der Königskammer als eine Seite eines Dreiecks ansieht und mit dem oberen Eckpunkt der gegenüber liegenden Seitenwand ein Dreieck bildet, beträgt 125 Quadrat-Ellen und der Umfang 60 Ellen. Bei diesem Dreieck handelt es sich um ein pythagoreisches Dreieck mit den Seitenlängen 15:20:25 Ellen, also um ein 3:4:5-Dreieck.
4. Die beiden zuvor bezeichneten Dreiecke stehen flächenmäßig in einem Verhältnis von 4:5.
5. Da es sich bei dem ersten Dreieck – der Hälfte des Bodens der Königskammer – um ein 1:2-Dreieck handelt, beträgt der Winkel zwischen der Länge der Kammer und der Bodendiagonalen 26,57° und ist damit identisch zu dem Winkel für den absteigenden Gang, dem aufsteigenden Gang und der Großen Galerie.

Die Summe der Seitenwandflächen der Königskammer ergibt $300 \cdot \sqrt{5} \approx 670{,}82$ E^2 und der Rauminhalt beträgt $1.000 \cdot \sqrt{5} \approx 2.236{,}06$ E^3. Teilt man den Rauminhalt durch die Summe der Seitenwandflächen, so erhält man als Wert exakt 3 ⅓. Für die Königinnenkammer ergibt die gleiche Rechnung mit der Summe der Seitenflächen von 378 E^2 (ohne Bodenbelag; mit wären es nur 336 E^2) und einem Rauminhalt von 1.155 E^3 (ohne Bodenbelag; mit wären es 1.045 E^3) ein Verhältnis von 3 $^1/_{18}$. Beide Verhältnisse lassen sich also durch einfache Brüche ausdrücken, zumal die Ägypter mit Ausnahme von ⅔ nur Stammbrüche – d. h. der Zähler ist immer 1 – kannten. Für die Königskammer lässt sich auch ein Bezug zur Kreiszahl π und zum Goldenen Schnitt ϕ herstellen[1304], nicht jedoch für die Königinnenkammer, egal ob mit oder ohne fehlenden Bodenbelag.

19.5 Steinlagen der Cheops-Pyramide

Aus dem Bericht[1305] von Abd al-Laṭīf über die Cheops-Pyramide geht die ursprüngliche Höhe der Pyramide bis zur damals noch vollständigen Plattform hervor. Dies gelingt durch zwei unterschiedliche Seitenlängenangaben für das Pyramidenplateau der Cheops-Pyramide. Die eine lautet 10 Ellen und die andere 11 normale Ellen. Da im 12. Jahrhundert die türkische Elle (*Pik Baladi*) für Messungen üblich war, bezieht sich die Angabe „10 Ellen" auf türkische Ellen. Mit der Angabe „11 normale Ellen" ist die ägyptische Königselle gemeint, die damals noch in Gebrauch für das Ablesen der Nilmesser war. Die türkische Elle ist 57,75 cm lang und die Nilmesserelle 52,5 cm. Beide stehen also in einem exakten Verhältnis von 10 zu 11. Mit diesem Wissen erhält man deshalb auch die tatsächliche Plattformlänge zu dieser Zeit, die 5,78 m betrug. Wie wir wissen wurden die Verkleidungssteine erst ab der zweiten Hälfte des 14. Jahrhundert von der Pyramide entfernt, sodass im 12. Jahrhundert die Pyramide noch ihr ursprüngliches Aussehen und damit auch ihre ursprüngliche Höhe besaß, abgesehen von einem fehlenden Pyramidion auf der Spitze. Da Nathaniel Davison noch 206 Stufen 1765 vorgefunden hat und dessen ermittelte Pyramidenhöhe gut drei Königsellen geringer war, als die aufgrund des Neigungswinkels der Pyramide zu erwartende Höhe bei Abd al-Laṭīf, kann man mit an Sicherheit grenzender Wahrscheinlichkeit schließen, dass es ursprünglich 209 Stufen bis auf die obere Plattform gab und das Pyramidion die 210. Stufe darstellte, denn die übliche Stufenhöhe kurz vor der Spitze betrug durchschnittliche eine Elle. Aufgrund des Neigungswinkels der Pyramidenseiten und den exakten Maßen der oberen Plateaufläche, kann man mathematisch einfach deren Höhe berechnen: Sie betrug damals 142,96 m, was genau 273 Königsellen entspricht. Das jetzt fehlende Pyramidion war demnach 7 Königsellen (≈ 3,67 m) hoch gewesen und war an der Basis 11 Königsellen lang.

1304 Wie leicht man Zahlenspiele konstruieren kann, zeigen folgende Ausführungen: Betrachtet man in der Königskammer das Verhältnis aller Seitenflächen (incl. Boden und Decke) zum Rauminhalt, so ergibt sich als Zahl $0{,}3 + (0{,}4/\sqrt{5}) \approx 0{,}4788854382$. Teilt man die Zahl 3 durch $2 \cdot \pi$, ergibt dies $\approx 0{,}477464829275686$. Die Abweichung der ersten Zahl zu dieser Zahl beträgt nur knapp 3 ‰. Nimmt man (2,718281828459...) die Eulerzahl e hoch dem Teilungsverhältnis von Seitenflächen zu Rauminhalt, also $e^{0{,}4788854382}$ so ergibt dies ≈ 1,61427419, was eine gute Näherung der Goldenen Zahl $\phi = (\sqrt{5} + 1)/2 \approx 1{,}61803398875$ darstellt, denn die Abweichung beträgt nur 2,3 ‰.

1305 Silvestre de Sacy, Sezgin und Ibn-Faḡūl 1810, 174-175.

Die einzelnen Berichte der Reisenden geben einen gewissen Aufschluss über die anschließende Entwicklungsgeschichte der oberen Plattform. So wissen wir von dem Bericht[1306] von Idrīsī, dass bereits zu seiner Zeit die obere Plattform beschädigt war, denn er schreibt, dass die eine Seite der Plattform höher als die andere war. Durch den Augenzeugenbericht von Ogier[1307], der am 24. November 1395 die Pyramiden von Gizeh besucht hat, wissen wir, dass die Abbrucharbeiten der äußeren Verkleidungssteine in vollem Gange waren. Aufgrund früherer Reiseberichte lässt sich schließen, dass mit dem Abbruch nach dem großen Erdbeben vom 16. Oktober 1353 (oder 1352, siehe Ambraseys 2009, 372), welches wohl die Pyramide beschädigt hat, begonnen wurde. Bis zu diesem Zeitpunkt war die Cheops-Pyramide noch in ihrer ursprünglichen Gestalt zu sehen gewesen. Durch den Abriss der Verkleidungssteine verringerte sich zuerst auch die Breite der oberen Plattform. Anschließend warf man dann noch Steine der oberen Plattform nach unten, meist zur Belustigung höherer Herrschaften. Auch spätere Reisegesellschaften, die die Pyramide erstiegen, machten sich den Spaß einige Steine von oben mit vereinten Kräften nach unten zu befördern.[1308] So kam es, dass im Laufe der Zeit die Anzahl der Stufen der Cheops-Pyramide immer weiter abnahm und damit die Fläche des oberen Pyramidenplateaus wieder zunahm. In unserer Zeit sind es nur noch 201 vollständige Steinlagen plus Reste von zwei weiteren Steinlagen.

Die ersten exakten Angaben über die Höhe der einzelnen Steinlagen der Nordostseite der Pyramide stammen von Nathaniel Davison[1309], welcher bereits 1765 die Messungen vorgenommen hat. Da er sie allerdings nicht selbst veröffentlicht hat, gerieten sie in Vergessenheit. Erst 1817 wurden sie von Robert Walpole veröffentlicht.[1310] Da sein Buch den Titel *Memoirs Relating To European And Asiatic Turkey, And Other Countries Of The East* trägt, ist vermutlich bis heute kaum jemand auf die Idee gekommen, darin nach expliziten Steinlagenhöhen für die Cheops-Pyramide zu suchen. Nur so erklärt es sich, dass bei keinem namhaften Ägyptologen ein Hinweis auf diese Daten vorhanden ist. Auch eine Internetrecherche dazu führt zu keinem Ergebnis. Besonders interessant sind die Angaben von Davison[1311], da zu seiner Zeit noch 206 Steinlagen vorhandenen waren, deren Gesamthöhe sich auf 141,40 Meter belief. Da sich seine Angaben als sehr präzise herausgestellt haben, ist auch eine sinnvolle Rekonstruktion der fehlenden Schichten bis zum vermeintlichen Pyramidion möglich.

Bis jetzt galten in der Ägyptologie die Stufenhöhen, welche während des Napoleon-Feldzuges von den Ingenieuren ermittelt worden waren, als die frühesten bekannten Steinhöhen. Diese finden sich bei Grobert[1312] und Jomard[1313]. Bei Jacques-François-Louis Grobert[1314] sind die Messungen von ihm aus dem Jahr 1799 enthalten, bei Jomard seine Messungen zusammen mit François-Charles Cécile.[1315] In der *Description de l'Égypte*

1306 Idrīsī und Haarmann 1991, 69.

1307 Anglure, Bonnardot und Longnon 1878, 65-68.

1308 Jomard 1809, Antiquités, Descriptions - Vol 2 Textes, XVIII, 68.

1309 Nathaniel Davison (* 1737 in Longhoughton, Northumberland, England; † 23.2.1809 Alnwick, Northumberland, England) war ein englischer Diplomat und von April 1780 bis Februar 1783 britischer Konsul in Algier. Er entdeckte 1765 einen Raum in der Cheops-Pyramide, jetzt bekannt als „Davison-Kammer" (die erste Entlastungskammer über der Königskammer). Für eine kurze Biografie zu Davison, siehe Kap. 21.4.1.

1310 Walpole 1817, 346-347.

1311 Davison war Sekretär und Reisebegleiter von Edward Wortley Montagu (15.5.1713–29.4.1776), dessen Vater der Diplomat und Parlamentsabgeordnete gleichen Namens war und dessen Mutter Mary Pierrepont, Countess of Bute. Der Urgroßvater war Edward Montagu (1625-1672), der mit 35 Jahren zum 1. Earl of Sandwich wurde. Ein Ururenkel von ihm war John Montagu, 4. Earl of Sandwich (siehe Fußnote 406), der ebenfalls die Gizeh-Pyramiden bereits 1739 besichtigt hatte. Im Nachlass von E.W. Montagu finden sich zahlreiche Briefe und Aufzeichnungen von Davison. Sie befinden sich jetzt in Kalifornien in der *Stanford University Library*. Eine Beschreibung der verfügbaren Dokumente ist in der Spezialkollektion M0279 zu finden: http://www.oac.cdlib.org/findaid/ark:/13030/tf5n39n7xv/entire_text/?query=Egypt#hitNum4.

1312 Grobert 1800/1801, 49-56.

1313 Jomard 1809, Antiquités, Mémoire Vol. 1, 533-536.

1314 Jacques-François-Louis Grobert (* 17.5.1757 in Algier, Algerien; † 3.12.1819 in Paris, Frankreich) war Brigadekommandeur beim Ägyptenfeldzug von Napoleon 1798.

1315 François-Charles Cécile (* 19.10.1766 in Versailles bei Paris, Frankreich; † 13.1.1840 in Bougival, Yvelines, Frankreich) war ein französischer Maschinenbauingenieur, der am Ägyptenfeldzug unter Napoleon Bonaparte teilnahm.

sind auch die Stufen-Messungen von Lepère[1316] und Coutelle[1317] aus dem Jahr 1801 enthalten, die hier aber unberücksichtigt bleiben, da sie die Höhen oft von zwei aufeinanderfolgenden Stufen als einen Wert angeben. Dennoch ist interessant, dass Grobert 1799 noch 205 Stufen angibt, während es bei Jomard/Cécile und Le Père/Coutelle 1801 nur noch 203 Stufen sind, wobei die obersten beiden sehr unvollständig waren. Wie sich weiter unten noch zeigen wird, sind die Daten von Grobert allerdings unbrauchbar. Die Situation bezüglich der Steinlagen blieb dann bis im Jahr 1880 unverändert. Hier haben wir die Angaben von Petrie[1318]. Ab Mitte des 20. Jahrhunderts bis in unsere heutige Zeit existieren noch 201 vollständige Steinlagen, sowie Reste von zwei weiteren Steinlagen. Goyon[1319] listet 200 vollständige Steinlagen auf, wobei er aber eine Steinlage vergessen hat zu notieren, wie noch gezeigt wird. Unter der heute existierenden Plattform an der Spitze der Cheops-Pyramide befinden sich also noch 201 Steinlagen[1320].

Die Ursache der Abnahme der Steinlagen wurde schon von den Teilnehmern der Napoleon-Expedition nach Ägypten vor über 200 Jahren beschrieben, nämlich von Jomard in der *Description de l'Égypte*:

> *„Derzeit wird die Plattform mit der Zeit breiter, während gleichzeitig ihre Höhe abnimmt. Das Klima hat zweifellos wenig Einfluss auf die Steine oben; aber wenn sie einmal durch irgendeine Ursache erschüttert werden, lösen die Araber und die Besucher sie unmerklich ab, und sie werden mit einem enormen Aufprall von oben nach unten geschleudert, wobei sie bei ihrem Sturz die Kanten der unteren Stufen brechen. Um die Beschreibung nicht zu beenden, werde ich weiter auf die Fortschritte verweisen, die seit Beginn der Abnahme des Gipfels und Erweiterung der Plattform erzielt wurden. In der Mitte fand ich die Überreste von zwei Stufen, die nicht verschwunden sind, und die noch die Spuren der kürzlichen Entfernung der angrenzenden Steine trugen.“* [1321]

Eine dramatische Abnahme der Steinlagen ist somit für die Zeit zwischen 1765 und 1800 zu verzeichnen, wo innerhalb von nur 35 Jahren drei Steinlagen verschwunden sind.

Die Anzahl der Stufen der Cheops-Pyramide wurde von vielen Pyramidenbesuchern seit Ende des Mittelalters überliefert. Die Vertrauenswürdigkeit dieser Angaben lässt aber oft zu wünschen übrig. Zuerst seien die eindeutig zu hohen Stufenzahlen angeführt. Die folgende Auflistung ist aufsteigend sortiert nach dem Besuchsdatum der Cheops-Pyramide.

- Joos van Ghistele[1322]: 220[1323] (15. Jh.)
- Albert Löwenstein[1324]: 260[1325] (16. Jh.)

1316 Jean Baptiste Lepère (* 1.12.1761 in Paris, Frankreich; † 16.7.1844 ebenda) war ein französischer Architekt. Er begleitete den Ägyptenfeldzug von Napoleon 1798. Im Februar 1801 nahm er an Ausgrabungen in Gizeh teil.

1317 Jean-Marie-Joseph Coutelle (* 3.1.1748 in Le Mans, Frankreich; † 20.3.1835 im 11. Arrondissement von Paris, Frankreich) war einer der Wissenschaftler, die als Mitglieder der *Commission des sciences et des arts* an der ägyptischen Expedition unter dem Kommando von Napoleon teilnahmen. Er leitete Ausgrabungen in Memphis und später 1801 in Gizeh und hat auch eine Studie über die Verkleidung der Großen Pyramide erstellt.

1318 W. M. Petrie 1883 Anhang *Levels of the courses of the Great Pyramid*.

1319 G. Goyon 1978, 410-413 und G. Goyon 1990, 220-222. Da Goyon in seinem Artikel von 1978 schreibt, dass er die Messungen an den Steinlagen während der epigrafischen Arbeiten im Auftrag des ägyptischen Königs Farouk gemacht hat, dessen Ergebnisse er 1957 veröffentlicht hat, müssen die Messungen aus dem Jahr 1956 stammen, da er ab diesem Jahr in Gizeh und Sakkara gearbeitet hat.

1320 G. Goyon 1978, 406.

1321 Jomard 1809, Antiquités, Descriptions - Vol 2 Textes, XVIII, 68. Eigene Übersetzung aus dem Französischen.

1322 Joos van Ghistele (* 1446 in Gent, Ost-Flandern, Belgien; † 21.9.1516 in Zuiddorpe, Niederlande) war ein flämischer Ritter (den Ritterschlag erhielt er von Karl dem Kühnen vermutlich 1464) und Edelmann, der aus altem flandrischen Adel abstammte.

1323 van Ghistele und Bauwens-Préaux 1976, 164.

1324 Graf Albrecht von Löwenstein (* 17.1.1536 in Abstatt bei Heilbronn, Deutschland; † 8.8.1587 in Schönthal, Bayern, Deutschland) war Diplomat, Beamter und Ritter vom Heiligen Grab. Er besuchte 1560/61 Ägypten und die Pyramiden.

1325 Feyerabend 1584, 197.

- Pierre Belon[1326]: ≈ 250[1327] (16. Jh.)
- Christoph Fürer[1328]: 212[1329] (16. Jh.)
- Johann Helffrich[1330]: 230[1331] (16. Jh.)
- Hans Jacob Breuning[1332]: 250[1333] (16. Jh.)
- Jean Palerne[1334]: 213[1335] (16. Jh.)
- Jacques de Villamont[1336]: 215[1337] (16. Jh.)
- Richard Pococke[1338]:212[1339] (18. Jh.)

Wie leicht man sich verzählen kann, schildert Goyon in dem Artikel *Les rangs d'assises de la Grande Pyramide*:

> *„Während meiner Aufstiege zählte ich natürlich die Anzahl der Schritte. Aber je nachdem, welchen Weg ich eingeschlagen habe, habe ich festgestellt, dass die Zahl nicht immer gleich war. Dies lag daran, dass die Steine einer Stufe nicht alle gleich hoch waren, obwohl die Gesamtheit der Stufe auf derselben horizontalen Ebene errichtet wurde. Um die aktuelle Höhe der Cheops-Pyramide zu messen, beschloss ich, nacheinander jede Stufe vom Boden des Nordostgrats aus zu messen."* [1340]

Abb. 185: Unterste Steinlagen an einer der Pyramidenkanten der Cheops-Pyramide.

[1326] Pierre Belon (* 1517 in Souletière bei Mans, Frankreich; † 1564 in Paris, Frankreich) war ein französischer Naturforscher und Botaniker. Von 1547 bis 1549 reiste er mit Unterstützung der Kirche in den Orient und nach Ägypten.

[1327] Belon 1553, 114.

[1328] Christoph Fürer von Haimendorff (* 4.12.1541 in Nürnberg, Deutschland; † 9.11.1611 ebenda) war ein Edelmann.

[1329] Fürer 1646, 57.

[1330] Johann Helffrich (* 1543; † 1588) war ein Patrizier aus dem deutschen Leipzig. Er bereiste Ägypten vom Herbst 1565 bis zum Frühjahr 1566.

[1331] Helffrich 1589, 208.

[1332] Hans Jacob Breuning von Buchenbach (* um 1552 in Speyer, Deutschland; † 26.9.1617 in Tübingen, Deutschland) war ein Edelmann. Sein Vater Wolfgang Breuning von Rommersheim († 1563) war kaiserlicher Rat in Speyer und Innsbruck, seine Mutter hieß Ursula Greiff. Sein Großvater Konrad Breuning war Vogt in Tübingen gewesen.

[1333] Breuning von Buchenbach 1612, 162.

[1334] Jean Palerne (* 1557 in La Fouillouse, Frankreich; † 9.9.1592 in Orléans, Frankreich).

[1335] Palerne und Sauneron 1971, 103.

[1336] Jacques de Villamont (* ca. 1558 in England; † 1628 in Frankreich) war ein französischer Reisender, der Ägypten vom 10.10.1589 – 23.3.1590 bereiste. Er besichtigte Alexandria, Kairo und die Pyramiden von Gizeh.

[1337] Villamont 1595, 266.

[1338] Richard Pococke (* 1704 in Southampton, England; † 1765 bei Tullamore, Irland) war ein englischer Reiseschriftsteller und anglikanischer Bischof, der eine Expedition nach Ägypten unternahm und dem Verlauf des Nils folgte. Von 1737-41 besuchte er den Nahen Osten und Ägypten.

[1339] Pococke 1743, 43.

[1340] G. Goyon 1978, 405. Eigene Übersetzung aus dem Französischen.

Wie hier zu sehen ist, gibt es durchaus Stellen, wo man mit der Zählweise der Stufen durcheinandergeraten kann. Im oberen Drittel des Bildes in der Mitte erkennt man einen Stein, der über zwei Steinlagen reicht. Der große Stein im unteren Bereich hat links davon zwei Steine, die die gleiche Höhe besitzen, wie der große Stein selbst. Es lassen sich zwei Ursachen ausmachen: a) die Verwendung von unterschiedlich hohen Steinblöcken, b) Verwitterung und Abnutzung vorhandener Steinblöcke.

Die Problematik bei der Ermittlung der Anzahl der Stufen ist schon Carsten Niebuhr im 18. Jahrhundert aufgefallen. Er schreibt:

> *„Indessen scheint es, daß die Absicht des Bauherren nicht gewesen sey, daß man auf dieses Gebäude hinaufsteigen solle; denn die Stuffen sind so wenig an dieser als an der zweyten Pyramide gleich hoch, und wenn jemand sich die Mühe geben will an verschiedenen Stellen hinauf zu steigen, so wird er wohl nicht die gleiche Anzahl Stufen antreffen.“* [1341]

Abb. 186: Verwitterung/Erosion an der Cheops-Pyramide.

Aufgrund der teilweise starken Verwitterung/Erosion ist die Ermittlung der Stufenhöhen mitunter recht schwierig. Dass man da zu etwas unterschiedlichen Messergebnissen kommen kann, ist leicht einzusehen.

Kommen wir nun zu glaubwürdigeren Angaben bzgl. der Stufenzahl. Dies sind alle Zahlen bis zu 210. Die folgende Auflistung ist ebenfalls aufsteigend sortiert nach dem Besuchsdatum der Cheops-Pyramide.

- Marco Grimani/Sebastiano Serlio[1342]: 210[1343] (16. Jh.)
- Jakob Wormser[1344]: 204[1345] (16. Jh.)
- Jean le Carlier de Pinon[1346]: 204[1347] (16. Jh.)

1341 Niebuhr 1774, Bd. 1, 198.

1342 Sebastiano Serlio (* 6.9.1475 in Bologna, Italien; † ca. 1554 in Fontainebleau, Frankreich) war ein italienischer Architekt. Er zählte zu den einflussreichsten Architekturschriftstellern des 16. Jahrhunderts.

1343 Serlio 1540, 94. Die Angabe stammt laut eigener Aussage von Marco Grimani, Patriarch von Aquileia und Diplomat im Dienst des Papstes, welcher 1537 eine Reise in den Orient und nach Ägypten unternahm.

1344 Jakob Worm(b)ser (* um 1530 in Straßburg, Frankreich; † 1593) war ein Edelmann aus Straßburg.

1345 Feyerabend 1584, 224.

1346 Jean le Carlier de Pinon (* um 1550; † nach 1587) war ein französischer Edelmann aus Nordfrankreich.

1347 Carlier de Pinon und Blochet 1920, 187.

- John Greaves: 207 oder 208[1348] (17. Jh.)
- Balthasar Monconys[1349]: 208[1350] (17. Jh.)
- Jean de Thévenot[1351]: 208[1352] (17. Jh.)
- Johann Michael Wansleben[1353]: 206[1354] (17. Jh.)
- Giovanni Francesco Gemelli Careri[1355]: 208[1356] (17. Jh.)
- Benôit de Maillet[1357]: 208[1358] (17./18. Jh.)
- Johannes Aegidius van Egmond van de Nijenburg[1359]: 206[1360] (18. Jh.)
- Charles Thompson[1361]: 207[1362] (18. Jh.)
- Nathaniel Davison: 206[1363] (18. Jh.)
- Edmé François Jomard: 203 incl. der fragmentarischen Steinlagen[1364] (18./19. Jh.)
- Edward William Lane[1365]: 203 incl. der fragmentarischen Steinlagen[1366] (19. Jh.)
- Piazzi Smyth: 201 vollständig + 2 fragmentarisch[1367] (19. Jh.)
- Flinders Petrie: 201 vollständig + 2 fragmentarisch[1368] (19. Jh.)
- Georges Goyon: 201 bis zum Plateau aber ohne die fragmentarischen 2 Steinlagen[1369] (20. Jh.)

[1348] Greaves 1646, 77.

[1349] Balthasar Monconys (* 1.3.1608 in Lyon, Frankreich; † 28.4.1665 ebenda), stammte von einer alten burgundischen Familie ab. Er besuchte das Jesuiten College in Lyon und unternahm viele Reisen. 1647 bereiste er Ägypten und besuchte im Februar 1647 die Pyramiden von Gizeh. Er liebte Statistiken und versuchte immer sehr exakt Strukturen und Dimensionen zu beschreiben.

[1350] Monconys 1665, 184.

[1351] Jean de Thévenot (* 16.6.1633 in Paris, Frankreich ; † 28.11.1667 bei Miyana, Persien) war ein französischer Asien-Reisender, der seine Fahrten ausführlich beschrieb. Zudem war er Sprachwissenschaftler, Naturwissenschaftler und Botaniker.

[1352] J. d. Thévenot 1664, 428.

[1353] Johann Michael Wansleben (* 1.11.1635 in Erfurt, Deutschland; 12.6.1679 in Fontainebleau, Frankreich) war ein deutscher Theologe, Sprachwissenschaftler und Ägyptenreisender. Er trat zum Katholizismus über und war ab 1666 Mitglied des Dominikanerordens.

[1354] Wansleben 1698, 140. Die Angabe stammt vom 28.12.1672.

[1355] Giovanni Francesco Gemelli Careri (* 1651 in Radicena (heute Taurianova), Italien; † 1725 in Neapel, Italien), war ein italienischer Jurist und Abenteurer, der von 1693 bis 1699 eine Weltreise unternahm, die ihn 1693/94 auch nach Ägypten führte. In seinem 1699 erschienen mehrbändigen Werk enthält der Band über die Türkei (*Nella Turchia*) eine Beschreibung über Ägypten und die Pyramiden. Darin berichtet er von 208 Stufen der Cheops-Pyramide.

[1356] Gemelli Careri 1699, 96.

[1357] Benôit de Maillet (* 12.4.1656 in Saint-Mihiel, Frankreich; † 30.1.1738 in Marseille, Frankreich) war ein viel gereister französischer Diplomat und Naturforscher. Von 1692 bis 1708 war er französischer Generalkonsul für Ägypten in Kairo. In dieser Zeit erforschte er die Pyramiden von Gizeh.

[1358] Maillet und Le Mascrier 1735, 253.

[1359] Egmond (* 12.4.1693 in Alkmaar, Niederlande; † 11.10.1747 in Leiden, Niederlande) war ein Adliger und Diplomat am Hofe des Königs von Neapel. 1720 bereiste er Ägypten.

[1360] Egmont van der Nijenburg und Heymann 1759, Vol. 2, 86.

[1361] Charles Thompson war ein britischer Händler, der auch Reisen in den Nahen Osten und Ägypten unternahm. Im Mai 1734 bereiste er Ägypten.

[1362] Thompson 1744, Vol. 3, 270. Die Angabe erfolgte allerdings nach Greaves, wie er in einer Fußnote schreibt.

[1363] Walpole 1817, 345. Gemäß seinem Tagebuch hat Davison die Stufen im Juli 1765 vermessen. Andere Autoren wie Piazzi Smyth verweisen bei der von ihm ermittelten Stufenzahl auf das Jahr 1763 (siehe: Smyth 1867, Vol. III, 63). Edward William Lane wiederum nennt als Jahr 1764, welches das erste Jahr war, in dem Davison die Gizeh-Pyramiden besichtigt hat.

[1364] Jomard 1809, Antiquités, Mémoire Vol. 1, 535-536.

[1365] Edward William Lane (* 17.9.1801 in Hereford, England; † 10.8.1876 in Worthing, England) war ein bedeutender britischer Orientalist, der Ägypten zw. 1825 und 1828 bereiste. Er ist bekannt für seine exakte und umfassende Beschreibung Ägyptens.

[1366] Lane und Thompson 2000, 166.

[1367] Smyth 1880, 94-95. Die Messungen wurden von ihm 1877 durchgeführt, wie er auf S. 92 erwähnt.

[1368] W. M. Petrie 1883, Plate VIII.

[1369] G. Goyon 1978, 413.

Die meisten dieser Angaben entsprechen sehr wahrscheinlich der Realität, wenn man die Zeit bedenkt, in der die Zählungen vorgenommen wurden. Aufgrund der Auswertung dieser Angaben scheint es so zu sein, dass ab 1638/39, als John Greaves seine Messungen vornahm, die Zahl der Stufen 208 betragen hatte und sich diese Stufenzahl bis zu Benôit de Maillet um das Jahr 1700 herum nicht geändert hat. Zwei weitere Steinlagen des oberen Plateaus verschwanden dann bis 1765, als Nathaniel Davison die einzelnen Stufenhöhen der noch verbliebenen 206 Steinlagen vermessen hat. Drei weitere Steinlagen verschwanden dann zwischen 1765 und 1798, bevor die heutige Situation erreicht wurde. So verschwanden allein im 18. Jahrhundert fünf Steinlagen vom oberen Pyramidenplateau! Davor verschwand seit dem 14. Jahrhundert lediglich eine einzige Steinlage, vermutlich durch den Abriss der Verkleidungssteine durch die Araber.

Der Brite Charles Thompson, der im Frühjahr 1734 die Pyramiden besuchte und bestieg, macht noch eine interessante Angabe, dass die Plattform an den Seiten aus neun großen Steinen bestand. Diese Angabe stimmt mit der Zeichnung von Edward Lane (siehe Abb. 187) überein. Thompson erwähnt allerdings, dass der Eingang zur Pyramide auf der 16. Stufe lag vom Boden aus gemessen. Dies ist korrekt, erforderte aber damals, als der Eingangsbereich noch mit Schutt und Sand bis fast zur Höhe des Originaleingangs bedeckt war, eine Zählung über die Seite. Die von Lane Ende der 1820er Jahre gezeichnete Situation des oberen Pyramidenplateaus entspricht dem heutigen Zustand, wie der Vergleich von Abb. 187 mit Abb. 188 zeigt.

Abb. 187: Cheops-Pyramidenplateau nach Edward W. Lane (1825–1828).

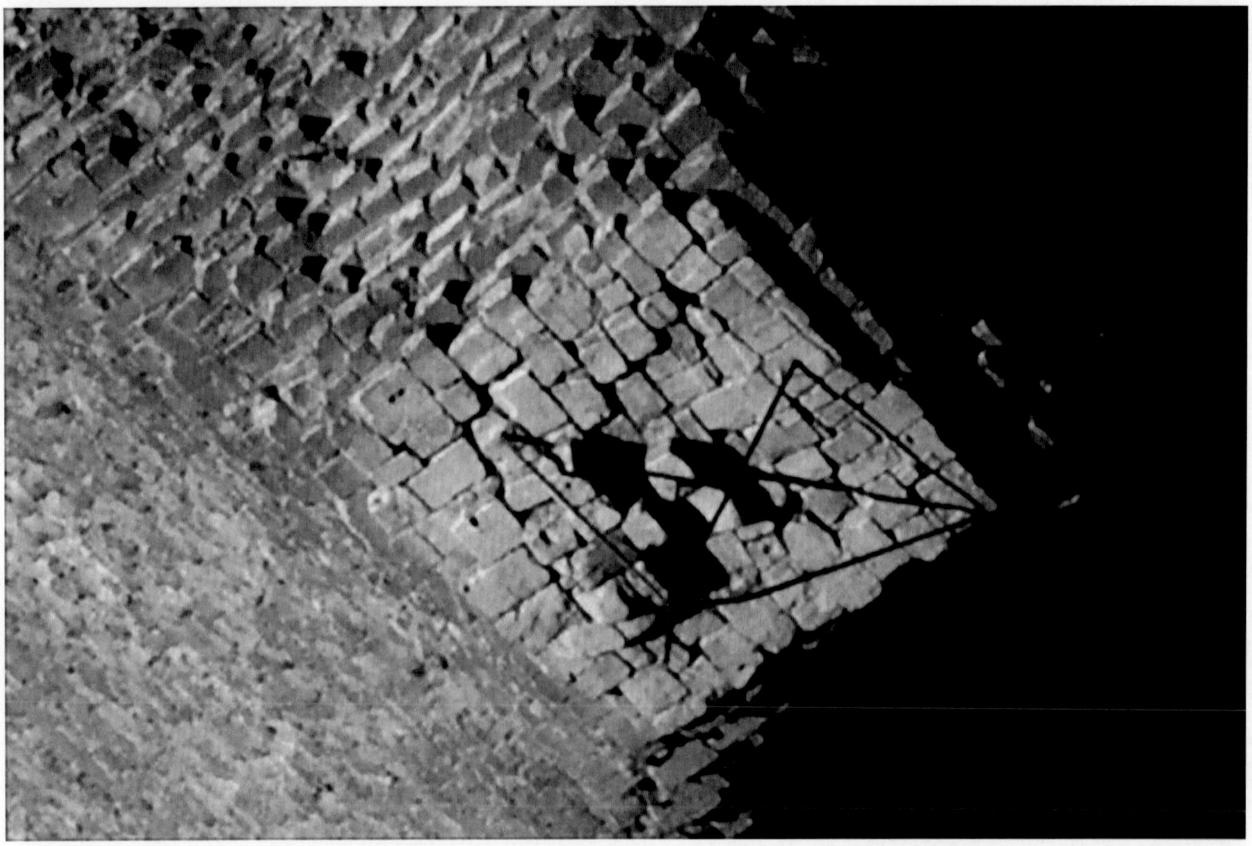

Abb. 188: Heutiges Plateau der Cheops-Pyramide.

Betrachtet man die Ecksteine ganz vorne und ganz hinten, erkennt man, dass es sich um die gleichen Steine handelt. Aufgrund der Daten der Napoleon-Expedition zu den Pyramiden und deren Vermessung kann man sagen, dass ab dem 19. Jahrhundert keine Steinlage mehr verschwunden ist. Lane beschreibt die Plattform noch als ziemlich flach und die Steine gut zusammengefügt und zementiert.[1370] Vergleich man seine Zeichnung mit der aktuellen Fotografie, sieht man, was fast 200 Jahre dem Wind und Wetter ausgesetzt bewirkt hat: Die Fugen wurden teilweise ausgewaschen. Zu Lanes Zeit lag die Plattform erst seit 30 bis 50 Jahren frei, da sie zuvor noch von mindestens einer weiteren Steinlage darüber geschützt war.

Die Seitenlänge der Plattform betrug gemäß Petrie 10,96 m. Die Plattformfläche lässt sich daraus zu 122,4 m^2 berechnen. Bei konstantem Neigungswinkel von 51,843° müsste die Plattform aber eine Seitenlänge von 13,04 m besitzen, d. h. die fehlenden Verkleidungssteine müssen zusammen 2,07 m bzw. 4 Ellen lang gewesen sein, also auf jeder Seite 2 Ellen oder 1,05 m lang. Die Berechnung bei Abd al-Laṭīf ergab für die 209. Stufe eine Länge von 86,5 cm für jeden Verkleidungsstein. Mit einer Abnahme der Länge nach oben ist auch zu rechnen gewesen. Zum Vergleich: der von Davison beschriebene Verkleidungsstein auf der Knickpyramide war 1,40 m lang.[1371] Für diese Rechnung wurden die Höhenangaben von Davison benutzt, da diese sich fast mit denen von Goyon decken und insgesamt am präzisesten erscheinen.

Betrachtet man das Konstruktionsschema der Steinlagen, so fällt auf, dass die Höhen der Steinlagen in der Cheops-Pyramide nicht identisch sind und prinzipiell von unten nach oben abnehmen. Zudem fand Petrie[1372] durch exakte Messungen heraus, dass die Höhe der Steinlagen nicht auf allen vier Pyramidenseiten gleich ist. Goyon gibt aufgrund der Ab- und Zunahme der Steinschichthöhen von unten nach oben eine Unterteilung in 19 Abschnitte vor. Dieser Abschnittsbildung kann ich so nicht zustimmen, da ich keine stringente Logik darin sehe. Innerhalb eines Abschnitts gibt es mitunter mehrere nicht unerhebliche Zu- und Abnahmen, ohne dass Goyon dadurch einen neuen Abschnitt beginnen lässt. So z. B. bei der Stufe 7, die Höhenabfolge ab Stufe 4 beträgt: 102, 99, 90, 100, 97, 93, ... Erst bei Stufe 22 lässt er den 2. Abschnitt beginnen. Der 19. Abschnitt beginnt gar bei einem Wechsel von 58,5 cm auf 60,5 cm Höhe pro Stufe, wobei eine Stufe zuvor ein Wechsel

1370 Lane und Thompson 2000, 168.

1371 Walpole 1817, 360.

1372 W. M. Petrie 1883, Plate VIII.

von 52 cm auf 58,5 cm stattfindet, also einer deutlich größeren Höhendifferenz. Würde man mit den Daten von Goyon bei jeder Erhöhung der Stufenhöhe einen neuen Abschnitt beginnen, so hätte man am Ende 44 Abschnitte. Die Abschnittsunterteilung bei Goyon folgt keinem mathematisch erkennbaren Zusammenhang und scheint intuitiv vorgenommen worden zu sein.

Die Datenanalyse bei Goyon ergibt, dass er die Stufe 124 vergessen hat zu notieren. Dies zeigt eindeutig ein Vergleich der Daten mit den Angaben von Davison und Petrie. Als Höhe der Stufe 124 wurde der Wert von Davison mit 63,5 cm übernommen. Umgekehrt gibt es in den Daten von Davison offensichtlich zwei Schreibfehler, nämlich für die Höhe der Stufe 139 und Stufe 164. Im ersten Fall wird 1 Fuß 1,5 Zoll angegeben. Dieser Wert muss auf 2 Fuß 1,5 Zoll korrigiert werden. Im zweiten Fall wird 1 Fuß und 1 Zoll als Höhe angegeben, was zu 2 Fuß und 1 Zoll korrigiert werden muss. Die Höhen der Stufen 1 und 2 wurden offensichtlich vertauscht. Bei Goyon kommt es insgesamt 5-mal zu drei aufeinanderfolgenden Erhöhungen der Steinlagen und 8-mal zu zwei aufeinanderfolgenden Erhöhungen und 17-mal bleibt der Wert der Steinhöhe von zwei aufeinanderfolgenden Stufen gleich. An einer Stelle nimmt die Höhe 9-mal sukzessive ab bzw. steigt nicht an; dies ist zwischen den Stufen 7 bis 16 der Fall. Auf Stufe 16 befindet sich auch der Eingang des absteigenden Gangs.[1373] Insgesamt kommt es 91-mal zu einem Wechsel in der Folge zwischen ab- und ansteigenden Werten. Der erste Wechsel von abfallenden Werten zu ansteigenden Werten findet bereits auf Stufe 7 statt. Weitere abfallende Sequenzen mit mindestens fünf aufeinanderfolgenden Stufenhöhenverringerungen finden sich auf den Stufen 35 bis 42, 90 bis 96, 118 bis 125, 130 bis 135, 144 bis 149, 150 bis 156 sowie 180 bis 187. Es gibt also 9 Sequenzen mit mindestens 5-maligem Abnehmen der Stufenhöhe in Folge, so wie es auch 9 Abschnitte in der Stufung der Pyramide gibt (siehe Abb. 189). Ob die Zahl „9" hier einen Bezug zur ägyptischen Götter-Neunheit besitzt oder nicht bleibt dahingestellt.

	Grobert	**Davison**	**Jomard**	**Smyth**	**Petrie**	**Goyon**
Gesamthöhe [m]	144,42	141,40	138,15	139,30	138,50	139,38
Stufenzahl	207	206	203	203	203	202

Tab. 27: Vergleich der gemessenen Gesamthöhe der Cheops-Pyramide bezogen auf die Summation der Einzelstufen und Korrektur der offensichtlichen Fehler sowie die ermittelte Stufenzahl.

Wie gut die unterschiedlichen Messungen sind, kann man anhand einer Differenzanalyse ermitteln. Betrachtet man die ersten 201 Stufen der Cheops-Pyramide und ermittelt zwischen Grobert, Davison, Petrie und Goyon die Summe der Differenzen über diese Stufen, so erhält man Antworten zu folgenden Aussagen:

- wie hoch ist die Abweichung im Schnitt pro Stufe;
- welches Vergleichspaar hat die niedrigsten Absolutwerte;
- weicht die Reihenfolge bei Betrachtung von kumulierten Absolutwerten mit nur kumulierten Differenzwerten voneinander ab.

[1373] Dies wird schon im 17. Jahrhundert durch den Niederländer Cornelius de Bruyn belegt, siehe Bruyn 1702, 139.

201 Stufen	Grobert / Davison	Grobert / Petrie	Grobert / Goyon	Davison / Petrie	Davison / Goyon	Petrie / Goyon
kum. Differenz [m]	2,020	2,971	2,071	0,951	0,051	-0,899
abs. Differenz [m]	16,383	16,760	17,200	2,913	3,552	4,002
abs. Diff. Pro Stufe	0,082	0,083	0,086	0,014	0,018	0,020
Platzierung kum. Diff.	4	6	5	3	**1**	2
Platzierung abs. Diff.	4	5	6	**1**	2	3

Tab. 28: Datenvergleich der Messwerte von Grobert, Davison, Petrie und Goyon in Bezug auf die einzelnen Steinhöhen der ersten 201 Stufen der Cheops-Pyramide.

Die Ergebnisse der obigen Tabelle sprechen eine deutliche Sprache. Die Messungen von Davison, Petrie und Goyon liegen relativ nahe beieinander. Die Daten von Grobert erweisen sich im Vergleich zu allen anderen Messungen als zu ungenau. Pro Stufen betragen die Abweichungen bei ihm im Vergleich zu den anderen Personen zwischen 8 und 9 cm, während unter den anderen drei Personen die Abweichungen alle bei 1–2 cm liegen. Aus diesen Daten kann man auch schließen, dass die Messungen bis auf Grobert alle insgesamt recht sorgfältig durchgeführt wurden. Die Messungen beziehen sich auf die Steine des Nordostgrads.

Da durch diesen Vergleich im Folgenden die Werte von Grobert nicht weiter berücksichtigt werden, werden nun die Daten von Jomard[1374] und Smyth[1375] hinzugenommen, die in der *Description de l'Égypte* von 1809 bzw. in *Our Inheritance In The Great Pyramid* veröffentlicht sind.

201 Stufen	Davison / Jomard	Davison / Smyth	Davison / Petrie	Davison / Goyon	Jomard / Smyth
kum. Differenz [m]	1,242	-0,008	0,951	0,051	-1,233
abs. Differenz [m]	4,002	5,347	2,913	3,552	5,877
abs. Diff. Pro Stufe	0,020	0,027	0,014	0,018	0,029
Platzierung kum. Diff.	9	**1**	6	2	10
Platzierung abs. Diff.	4	8	**1**	2	10
	Jomard / Petrie	**Jomard / Goyon**	**Smyth / Petrie**	**Smyth / Goyon**	**Petrie / Goyon**
kum. Differenz [m]	-0,291	-1,190	0,942	0,043	-0,899
abs. Differenz [m]	4,541	4,960	5,616	5,221	4,002
abs. Diff. Pro Stufe	0,023	0,025	0,028	0,026	0,020
Platzierung kum. Diff.	4	8	7	3	5
Platzierung abs. Diff.	5	6	9	7	3

Tab. 29: Datenvergleich der Messwerte von Davison, Jomard, Smyth, Petrie *und Goyon in Bezug auf die einzelnen Steinhöhen der ersten 201 Stufen der Cheops-Pyramide.*

Die Gesamthöhe auf Stufe 201 beträgt bei Jomard 137,07 m, bei Petrie 137,36 m, bei Goyon 138,26 m und bei Davison und Smyth je 138,30 m. Die Differenz von Davison/Smyth und Goyon beträgt lediglich 4 cm. Betrachtet man noch die Werte für die jeweils kleinste Stufe, so ergibt sich folgendes Bild:

- Jomard: 51,4 cm
- Davison: 50,8 cm
- Smyth: 48,3 cm
- Petrie: 50,0 cm
- Goyon: 49,5 cm

Der Wert für die kleinste Stufe liegt bei rund 50 cm. Man kann daher von einer planerischen Mindeststufenhöhe von einer Königselle (≈ 52,36 cm) ausgehen. Die einzelnen Stufenhöhen finden sich im Anhang.

[1374] Edmé François Jomard (* 22.11.1777 in Versailles bei Paris, Frankreich; † 23.9.1862 in Paris, Frankreich) war ein französischer Geograf und Ägyptologe. Er nahm als Ingenieurgeograf am Ägyptenfeldzug teil und beteiligte sich dann 1803–14 an der Redaktion der berühmten *Description de l'Égypte*.

[1375] Smyth 1880, 94-95.

Zur Ermittlung von geplanten Abschnitten kann man die Änderung von abnehmenden oder konstant bleibenden Werten zu aufsteigenden Werten heranziehen, wenn man die quantitative Größenzunahme betrachtet.

	Davison	Jomard	Smyth	Petrie	Goyon
Stufenanzahl bei Zunahme um > 25 %	9	12	9	10	10
Abschnitt 1	**22**	**22**	**22**	**22**	**22**
Abschnitt 2	**35**	27	**35**	**35**	**35**
Abschnitt 3	**67**	**35**	44	47	44
Abschnitt 4	**90**	44	**67**	58	**67**
Abschnitt 5	**98**	47	**90**	**67**	**90**
Abschnitt 6	**118**	**67**	**98**	**90**	**98**
Abschnitt 7	**144**	86	**118**	**98**	**118**
Abschnitt 8	**180**	**90**	**144**	**118**	**144**
Abschnitt 9	206	**98**	**180**	**144**	**180**
Abschnitt 10		**118**		**180**	202
Abschnitt 11		**144**			
Abschnitt 12		**180**			

Tab. 30: Stufenermittlung unter der Annahme, dass eine Größenzunahme mehr als 25 % zur vorhergehenden Stufe ausmachen muss.

Die Stufenhöhenänderungen größer 25 %, die von allen fünf Forschern gleichermaßen vorhanden sind, wurden in obiger Tabelle grau hinterlegt und die Zahlen fett gedruckt. Es gibt genau 8 Abschnitte, die sich bei allen gemeinsam finden lassen (siehe Tab. 31). Bei drei von fünf Personen lässt sich noch ein zusätzlicher Abschnitt auf Stufe 44 ausmachen und bei zweien auf Stufe 47. Bei Davison ergeben sich exakt die 9 Abschnitte. Da nicht alle Autoren die gleiche Stufenzahl haben, wird im Folgenden der Abschnitt 9 aus Gründen der Vergleichbarkeit nicht explizit betrachtet.

	Davison	Jomard	Smyth	Petrie	Goyon	Stufenabstand
Abschnitt 1	22	22	22	22	22	22
Abschnitt 2	35	35	35	35	35	13
Abschnitt 3	67	67	67	67	67	32
Abschnitt 4	90	90	90	90	90	23
Abschnitt 5	98	98	98	98	98	8
Abschnitt 6	118	118	118	118	118	20
Abschnitt 7	144	144	144	144	144	26
Abschnitt 8	180	180	180	180	180	36

Tab. 31: Übereinstimmende Stufennummern bezogen auf die Messungen von Jomard, Davison, Smyth, Petrie und Goyon, mit einer Größenänderung von über 25 % zur Vorgängerstufe. Als Datenbasis dient Tab. 30.

Die Stufenanzahl zwischen zwei Abschnitten schwankt von 8 bis 36. Eine mathematische Gesetzmäßigkeit bezüglich dieser Verteilung hat sich mir nicht erschlossen.

Die folgende Tabelle gibt die tatsächliche Prozentabweichung zur Einleitung des jeweiligen Abschnitts an.

	Davison	Jomard	Smyth	Petrie	Goyon	Mittelwert
Abschnitt 1	49 %	62 %	52 %	45 %	50 %	52 %
Abschnitt 2	87 %	77 %	108 %	90 %	92 %	91 %
Abschnitt 3	47 %	37 %	31 %	48 %	42 %	41 %
Abschnitt 4	61 %	57 %	44 %	70 %	59 %	58 %
Abschnitt 5	73 %	67 %	71 %	44 %	64 %	64 %
Abschnitt 6	55 %	53 %	52 %	59 %	56 %	55 %
Abschnitt 7	32 %	36 %	27 %	49 %	31 %	35 %
Abschnitt 8	26 %	26 %	30 %	29 %	27 %	28 %

Tab. 32: Prozentuale Größenänderungen bei den Abschnitten bezogen auf die Messungen von Davison, Jomard, Petrie und Goyon.

Beim Betrachten der obigen Tabelle fällt sofort auf, dass Goyon am nächsten am Mittelwert über alle Abschnitte herankommt. Betrachten wir nun noch die Differenzen in Prozent pro Abschnitt und summieren alle Abweichungen pro Vergleichspaar:

	Davison / Jomard	Davison / Smyth	Davison / Petrie	Davison / Goyon	Jomard / Smyth	Jomard / Petrie	Jomard / Goyon	Smyth / Petrie	Smyth / Goyon	Petrie / Goyon
Abschnitt 1	13 %	3 %	4 %	1 %	10 %	17 %	12 %	7 %	2 %	5 %
Abschnitt 2	10 %	21 %	3 %	5 %	31 %	13 %	15 %	18 %	16 %	2 %
Abschnitt 3	10 %	16 %	1 %	5 %	6 %	11 %	5 %	17 %	11 %	6 %
Abschnitt 4	4 %	17 %	9 %	2 %	13 %	13 %	2 %	26 %	15 %	11 %
Abschnitt 5	6 %	2 %	29 %	9 %	3 %	23 %	3 %	27 %	7 %	20 %
Abschnitt 6	2 %	3 %	4 %	1 %	1 %	6 %	3 %	7 %	4 %	3 %
Abschnitt 7	4 %	5 %	17 %	1 %	8 %	13 %	5 %	22 %	4 %	18 %
Abschnitt 8	0 %	4 %	3 %	1 %	4 %	3 %	1 %	1 %	3 %	2 %
Summe	**49 %**	**71 %**	**70 %**	**25 %**	**78 %**	**100 %**	**46 %**	**125 %**	**62 %**	**67 %**

Tab. 33: Prozentuale Abweichungen bei den Abschnitten der Cheops-Pyramide bezogen auf die Messungen von Davison, Jomard, Smyth, Petrie und Goyon, sowie die Gesamtsumme der Abweichungen pro Vergleichspaar.

Die beste Datenübereinstimmung liefert somit Davison mit Goyon, da die Prozentdifferenzen pro Abschnitt alle im einstelligen Bereich liegen; vier davon sogar bei nur einem Prozent Abweichung. Bezogen auf die Gesamthöhe auf Stufe 201 liegen beide auch nur um 3,5 cm auseinander und liefern damit ebenfalls die beste Übereinstimmung. Dies ist insofern interessant, als Davison die ältesten Messwerte und Goyon die neuesten Messwerte enthält.

	Stufenbeginn	Höhe [m]	Differenz [m]
Abschnitt 1	1	0	
Abschnitt 2	22	20	20
Abschnitt 3	35	30	10
Abschnitt 4	67	55	25
Abschnitt 5	90	70	15
Abschnitt 6	98	76	6
Abschnitt 7	118	90	14
Abschnitt 8	144	106	16
Abschnitt 9	180	126	20
Pyramidion	210	146	20

Tab. 34: Höhe der einzelnen Abschnitte der Cheops-Pyramide. Die Werte sind auf ganze Meter gerundet.

Der Mittelwert der Abschnittshöhe liegt bei gut 16,22 m (≈ 31 Ellen). Es fällt auf, dass sich viele Differenzen in 20 m (≈ 38 Ellen) Abständen finden, denn auch Abschnitt 6 und 7 zusammen ergeben 20 m und Abschnitt 4 plus 5 ergibt mit 40 m zweimal 20 m. Mit eben dieser Differenz gelangt man auch von Abschnitt 6 zum Abschnitt 8, von wo aus es dann im 20 m-Abstand pro Abschnitt bis zur Pyramidenspitze weitergeht. Das Schema könnte also Teil der Planung gewesen sein. Das Pyramidion kann als eigener Abschnitt angesehen werden, wodurch wir insgesamt 10 Abschnitte erhalten; der Basiszahl unseres Dezimalsystems. Falls die Abschnitte tatsächlich von den Ägyptern so geplant worden waren, könnten die neun Abschnitte auf die Götterneunheit verweisen und das Pyramdion auf den als Gott verehreten Khufu.

Bei meiner Unterteilung der Stufen in neun Abschnitte, die auf positiven Größenänderungen von mindestens 25 % gegenüber der Vorgängerstufe beruhen, kann man gut erkennen, dass alle relevanten internen Strukturmerkmale oberhalb der Pyramidenbasis sich innerhalb eines Abschnittes wiederfinden. Es gibt also keine abschnittsübergreifenden Strukturen. Bemerkenswert ist in diesem Fall die Königskammer mit ihren Entlastungskammern. Die Königskammer selbst und die erste Entlastungskammer gehören noch zum Abschnitt 3 der bis zur 67. Stufe reicht, während die anderen Entlastungskammern zum nächsten Abschnitt gehören. Nun könnte man argumentieren, dass die Gesamtstruktur der Königskammer damit abschnittsübergreifend sei. Dies ist jedoch nicht ganz richtig, da schon in der Antike der Zugang zur ersten Entlastungskammer, der Davison-Kammer, vorhanden war, der aber erst durch den Engländer Nathaniel Davison im Jahr 1765 aufgefunden wurde. Man spekuliert heute darüber, dass es schon beim Bau der Pyramide zu Problemen mit den Deckenbalken der Königskammer gekommen sei und diese durch einen Zugang zur ersten Entlastungskammer von der Großen Galerie aus versucht wurde zu beheben. Damit gehört also die erste Entlastungskammer noch zu den zugänglichen Kammern in der Pyramide, was für die anderen Entlastungskammern zu keiner Zeit galt, bis Vyse sich mit Sprengstoff im 19. Jahrhundert gewaltsam Zutritt verschaffte.

Stufe	Beste Näherung	Flächenanteil	% Abw.	Stufenhöhe	%-Abw. zur Vorgängerstufe	Goyon-Abschnitt
1	1	50/50	2	1,488		1
35	35	32/50	1,4	1,265	90,1 %	3
44	(43)	28/50	1,3 (0,4)	1,044	23,4 % (18,9 %)	4
67	67	20/50	1,4	0,889	47,7 %	6
74	(73)	18/50	0,8 (0,5)	0,772	20,2 % (1,9 %)	7
90	90	14/50	2,1	0,978	69,6 %	10
98	(97)	12/50	0,7 (0,2)	0,953	44,2 % (13,0 %)	11
118	(117)	8/50	0,9 (0,4)	0,904	58,9 % (17,3 %)	12
144	144	4/50	3,5	0,790	48,8 %	15
164	164	2/50	0,3	0,655	16,7 %	
180	180	1/50	0	0,673	28,6 %	18

Tab. 35: Von Petrie erstellter Zusammenhang zwischen dem starken Ansteigen der Stufenhöhe und dem Vielfachen eines 50. Grundflächenanteils an der Pyramide.

Bereits Petrie hat einen Zusammenhang zwischen dem plötzlichen Ansteigen der Stufenhöhe und dem Flächeninhalt auf dieser Höhe im Vergleich zur Grundfläche hergestellt. Dabei fiel ihm auf, dass es immer Vielfache von 25 sind, mit Ausnahme von $^1/_{50}$ der Fläche auf Stufe 1. Er schreibt dazu als Anmerkung zur Abbildung 8 in seinem Pyramidenbuch:

> *„The levels of twenty-fifths of the area of the pyramid section are marked along the top and appear to coincide with the thicker courses.“* [1376]

50-stel	Davison	Jomard	Smyth	Petrie	Goyon	Mittelwert
$7^2 = 49$	179 (1,6 %)	181 (2,5 %)	179 (1,3 %)	180 (0,6 %)	179 (1,1 %)	180
$6^2 = 36$	142 (0,2 %)	144 (1,6 %)	142 (0,6 %)	143 (0,3 %)	142 (0,7 %)	143
$5^3 = 25$	109 (0,0 %)	111 (0,9 %)	109 (1,0 %)	110 (0,6 %)	109 (0,8 %)	110
$4^2 = 16$	80 (0,0 %)	81 (0,4 %)	80 (1,0 %)	80 (0,6 %)	81 (0,5 %)	80
$3^2 = 9$	50 (0,4 %)	50 (0,5 %)	50 (1,1 %)	50 (0,3 %)	50 (0,0 %)	50
$2^2 = 4$	25 (0,3 %)	25 (0,3 %)	25 (1,3 %)	25 (0,4 %)	25 (0,3 %)	25
$1^2 = 1$	1 (0,1 %)	1 (0,5 %)	1 (0,7 %)	1 (0,0 %)	1 (0,0 %)	1

Tab. 36: Stufenermittlung für besondere Flächenverhältnisse (Quadrate von Fünfzigstel) bei der Cheops-Pyramide. Der Mittelwert der Stufen ist auf ganze Stufen gerundet. Abweichungen von dem genauen Flächenwert sind in Prozent angegeben.

In obiger Tabelle wurde auf die Fläche bezogen diejenige Stufe ermittelt, die die geringste Abweichung zu dem gewählten Flächeninhalt besitzt. Alle Nenner bis 7, die Quadratzahlen bilden, also 1, 4, 9, 16, 25, 36 und 49 zeigen entweder auf den Beginn eines Abschnitts oder eine interessante interne Struktur. Relevant ist

[1376] W. M. Petrie 1883, Pl. VIII.

auch der Zusammenhang, dass eine Königselle aus 7 Handbreit besteht und damit zu jedem ganzzahligen Handanteil der Elle ein Verweis auf architektonische Besonderheiten der Pyramide besteht.

Wenn diese Einteilung nicht Zufall war, sondern bewusst gewählt wurde, so ergibt sich daraus schon als erste Tatsache die Höhe der untersten Stufe. Die beiden Quadratzahlen 4 und 9 stehen für die Basis der Königinnenkammer und Königskammer. Die Quadratzahl 16 zeigt auf die oberste Entlastungskammer und die Quadratzahl 25 auf die äußere Kammer (Raum C2 oder Bobs Kammer). Die vorletzte Quadratzahl 36 verweist auf den Giebel der von mir postulierten Geheimkammer. Die letzte Quadratzahl 49 verweist auf den Beginn des letzten Abschnitts.

Da der Pyramide auch ein Modell im Maßstab 1:40 zugrunde gelegen haben kann (siehe Abb. 54), wurden auch die Vierzigstel-Anteile für die Abschnitte angegeben.

Betrachtet man die Volumenwerte der Pyramide pro Stufe, so ist auf Stufe 17 ein Viertel und auf Stufe 25 ein Drittel des Volumens bereits verbaut, während auf Stufe 41 die Hälfte des Volumens der Pyramide erreicht ist. Auf Stufe 65 sind Zweidrittel und auf Stufe 80 bereits Dreiviertel des Volumens verbaut. Eine besondere Referenz zu internen Strukturen ergibt sich nur für die Königinnenkammer, die auf Stufe 25 liegt. Die Große Galerie enthält auf jeder Seite 25 Nischen, die sich im Abstand von rund 3 Königsellen befinden. Für die Stufe 80 korreliert der Wert mit 4^2/50stel der Fläche (siehe Tab. 36).

Die von mir postulierte Geheimkammer verbirgt sich mit ihrer gesamten Struktur im 7. Abschnitt, dessen Giebeldach diesen Abschnitt terminiert. Auch hier spielt wohl die Zahl 7 wieder eine herausragende Rolle.

Goyon unterteilt die Stufen der Cheops-Pyramide in 19 Abschnitte:

Goyon-Abschnitte	**Stufe**	**%-Änderung zur Vorgängerstufe**	**Flächenanteil**	**Volumenanteil**
1	1		98,00 %	97,40 %
2	**22**	50,0 %	71,70 %	69,40 %
3	**35**	92,4 %	63,50 %	56,70 %
4	44	27,7 %	55,00 %	47,60 %
5	59	9,5 %	44,40 %	36,70 %
6	**67**	42,2 %	39,60 %	31,90 %
7	74	21,2 %	35,40 %	27,90 %
8	80	5,0 %	32,30 %	25,00 %
9	86	16,5 %	29,50 %	22,40 %
10	**90**	59,0 %	27,40 %	20,60 %
11	**98**	63,9 %	23,30 %	17,00 %
12	**118**	56,0 %	15,00 %	10,20 %
13	130	18,6 %	11,10 %	7,20 %
14	138	17,2 %	9,00 %	5,70 %
15	**144**	31,0 %	7,60 %	4,70 %
16	150	25,0 %	6,20 %	4,00 %
17	162	10,1 %	4,10 %	2,40 %
18	**180**	27,4 %	1,90 %	1,00 %
19	196	12,5 %	0,60 %	0,30 %

Tab. 37: Abschnittsunterteilung bei den Stufen der Cheops-Pyramide nach Goyon. Fettgedruckt ist die Stufenzahl, die den Abschnitten aus Tab. 31 entsprechen.

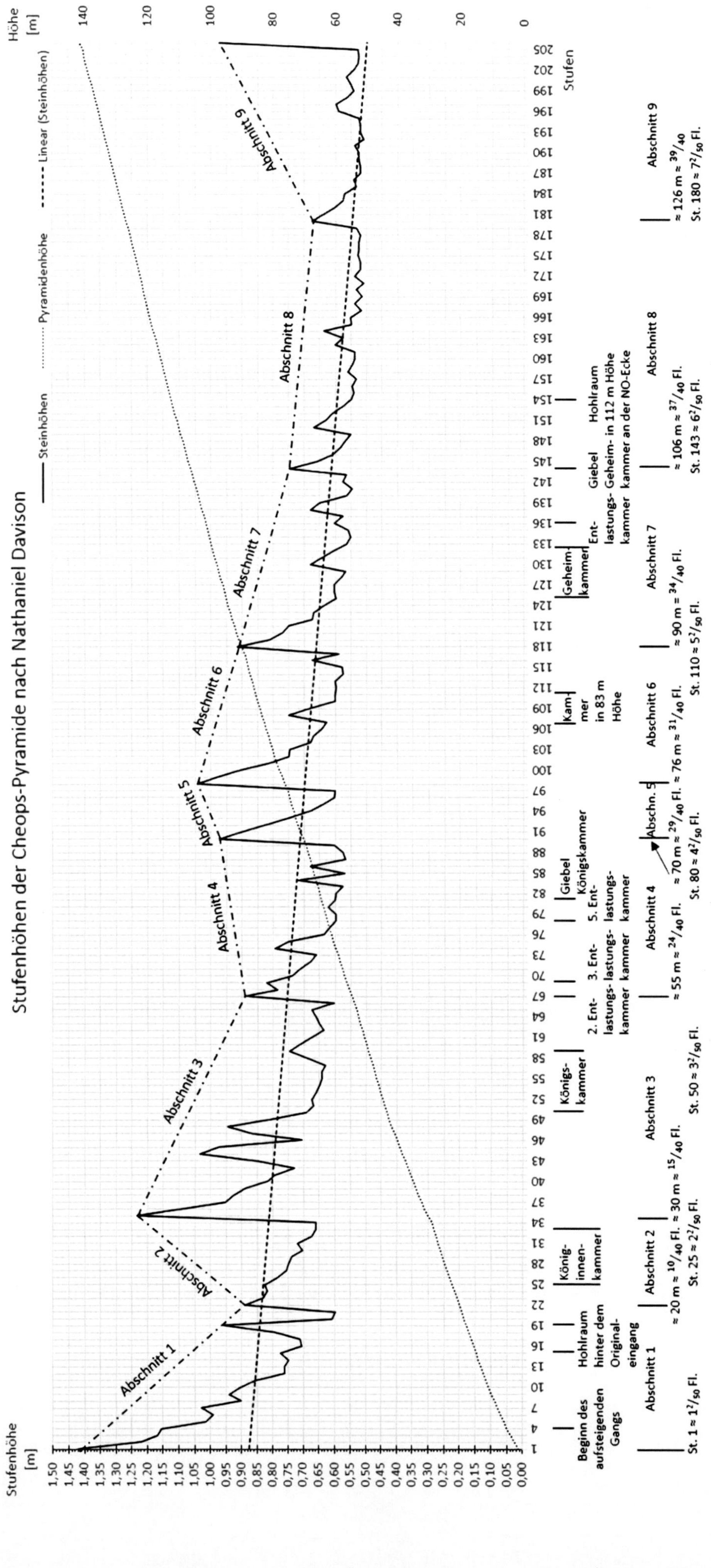

Abb. 189: Einzelne Stufenhöhen nach Nathaniel Davison mit eingezeichneten Abschnitten basierend auf Stufenhöhenänderungen von mindestens plus 25 %.

Der 7. Abschnitt von Goyon beginnt mit Stufe 74, welche immerhin eine Größenänderung von über 21 % zur Vorgängerstufe aufweist. Auf exakt dieser Höhe beginnt das Blockierstein-Konstrukt der kleinen Schächte der Königinnenkammer, welches wahrscheinlich aus drei Blockersteinen besthet und bis zur Stufe 75 reicht.

Goyon glaubt, dass die Stufenhöhen mit der geologischen Schichtanordnung auf dem Gizeh-Plateau korrespondieren. Er hat festgestellt, dass die Kalksteinbänke dort durch Lehmschichten getrennt sind und von oben nach unten dünner werden. Dies mag eine zutreffende Erklärung sein, wenn man bedenkt, dass die Arbeiter nicht beliebig tief gegraben haben, sondern seitlich versetzt immer wieder von oben nach unten vorgedrungen sind. Dies setzt allerdings voraus, dass man genügend viele Steine gleicher Dicke aus dem Boden holen konnte, um zumindest die heute noch sichtbaren äußeren Steine, die die Stufen bilden, modellieren zu können. Für die unteren Steinschichten wurden dabei sehr viele Steinblöcke annähernd gleicher Größe benötigt. Die jeweilige Anzahl an Abschnitten ist bei ihm nicht über die prozentualen Größenänderungen nachvollziehbar, da er sonst 39 Abschnitte definieren müsste. So viele Größenänderungen von mind. 5 % gibt es nämlich in seinen Daten.

Da Goyon selbst 19 Abschnitte für den Stufenaufbau der Cheops-Pyramide definiert hat, ist in Tab. 37 seine Abschnittsnummer eingetragen. Sofern sie sich mit einem Abschnitt aus Tab. 31 deckt, erscheint die zugehörige Stufe in Fettdruck. Wie man aus Tab. 36 erkennen kann, gibt es bei Goyon dreimal eine bessere Näherung an die gesuchte Fläche als mit der Stufe von Petrie. Es bleiben also von den ursprünglich elf Abschnitten noch sieben übrig, für die der Zusammenhang stimmt. Doch davon gibt es wiederum drei mit Abweichungen von mind. 2 % zur gesuchten Fläche. Die kleinste Größenänderung zwischen zwei Stufen betrifft Stufe 164; hier sind es nur 16,7 % gegenüber der Stufe 163.

Würde man nun eine Größenänderung von mind. 16,7 % als Entscheidungskriterium für einen neuen Abschnitt wählen, so sähe das mit den Petrie-Daten wie folgt aus:

Abschnitt	Stufe	%-Abw.
1	19	22,5 %
2	22	45,0 %
3	35	90,1 %
4	43	18,9 %
5	44	43,2 %
6	47	30,4 %
7	58	27,1 %
8	67	47,7 %
9	74	20,2 %
10	84	23,0 %
11	90	69,6 %
12	98	44,2 %
13	108	18,2 %
14	116	22,6 %
15	118	58,9 %
16	130	20,4 %
17	144	48,8 %
18	150	22,6 %
19	164	16,7 %
20	180	28,6 %
21	196	20,7 %

Tab. 38: Stufen-Abschnitte gemäß den Daten von Petrie, wenn man mind. 16,7 % Größenzunahme bezüglich der Vorgängerstufe für die Cheops-Pyramide fordert.

Damit erhält man nun ähnlich viele Abschnitte wie bei Goyon, der 19 Abschnitte definiert hat. Letztendlich variiert diese Zahl, je nachdem welche Mindestgrößenänderung man verlangt. Ein tieferer Zusammenhang erschließt sich mir aus diesen Daten jedoch nicht. Betrachten wir uns nun einmal die Höhenunterschiede zwischen der Nordost- und Südwest-Seite der Cheops-Pyramide.

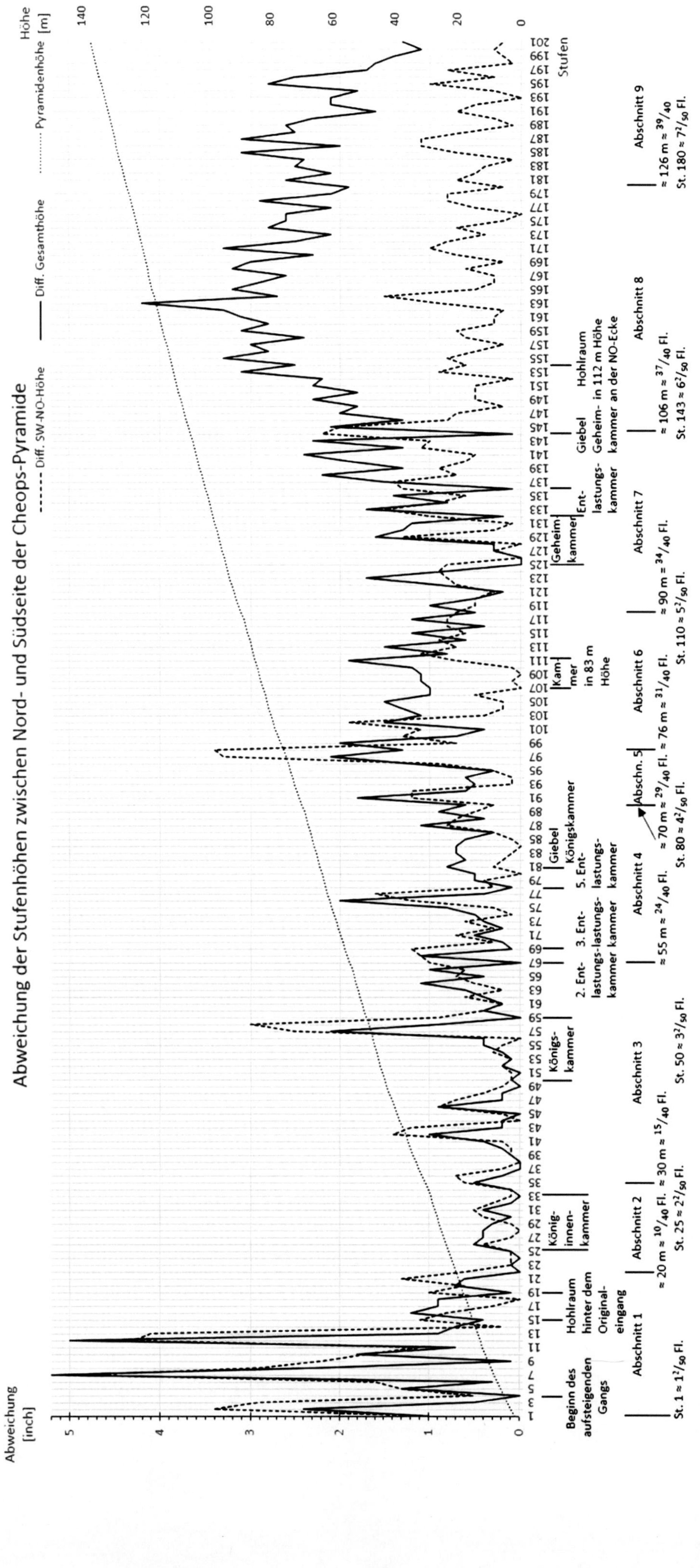

Abb. 190: Höhenabweichungen in inch (= 2,54 cm) zwischen der Nord- und Südseite der Cheops-Pyramide bezogen auf die einzelnen Stufenhöhen und auf die Gesamthöhe der Pyramide, basierend auf den Messungen von Petrie 1883.

lfd. Nr.	Stufe	Differenz SW-NO abs. [Zoll]	Gesamthöhendifferenz [Zoll]	Bemerkung
1	4	0,5	0,0	Kreuzungspunkt aufsteigender und absteigender Gang
2	9	2,2	0,1	
3	19	1,0	0,1	Originaleingang Decke
4	22	0,6	0,0	???
5	23	0,1	0,1	???
6	24	0,1	0,0	???
7	25	0,1	0,1	Boden Königinnenkammer und Beginn der Gr. Galerie
8	30	0,4	0,1	Große Galerie
9	32	0,3	0,1	Große Galerie
10	33	0,1	0,0	Giebel Königinnenkammer
11	34	0,1	0,1	Große Galerie
12	37	0,2	0,0	Große Galerie
13	38	0,0	0,0	Große Galerie
14	39	0,1	0,1	Große Galerie
15	45	0,2	0,0	Große Galerie
16	49	0,2	0,0	Große Galerie
17	50	0,1	0,1	Boden Königskammer
18	51	0,1	0,0	Beginn der Luftschächte
19	53	0,1	0,1	
20	59	0,9	0,0	Dach Königskammer
21	67	1,0	0,0	Höhe 2. Entlastungskammer
22	69	1,2	0,1	Höhe 3. Entlastungskammer
23	78	0,3	0,1	Höhe 5. Entlastungskammer
24	125	0,8	0,0	???
25	126	0,0	0,0	???
26	136	1,3	0,1	???
27	144	2,2	0,1	Giebel Geheimkammer

Tab. 39: Höhenunterschiede der SW- mit der NO-Seite der Cheops-Pyramide mit einer Gesamtabweichung von max. 0,1 Zoll (= 2,54 mm) nach Angaben von Petrie.

Was hier sofort auffällt, sind Häufungspunkte innerhalb der Stufenstruktur. Im Bereich von Stufe 19 (Höhe Originaleingang incl. Verkleidungssteine) bis 25 (Höhe der Königinnenkammer), von 30 bis 39 (Bereich der Großen Galerie), 50 (Höhe der Königskammer) bis 59 (Dach der Königskammer), 67 bis 78 (Bereich der Entlastungskammern), 125 bis 126 sowie 136 und 144. In den anderen Bereichen weicht die Gesamthöhe bis zu 5,2 Zoll (≈ 13,2 cm) zwischen der SW- und NO-Seite ab. Die Stufen mit sehr genauer Übereinstimmung lassen also, wie auch oben gesehen, einen Rückschluss auf innere Strukturen zu. Da die Pyramide Stufe für Stufe erbaut wurde, ist auch nichts anderes zu erwarten gewesen.

Auffallend ist die besondere Bedeutung der Zahl 25 im Design der Cheops-Pyramide. Schon die Große Galerie enthält auf jeder Seite 25 Nischen, zusammen also 50 Nischen bis zur Höhe der 50. Stufe, auf der sich die Königskammer befindet. Eine Besonderheit der Stufenhöhen von allen vier Pyramidenseiten bilden gemäß Petries Daten die Stufen 25, 50 und 125. Hier gibt es keine nennenswerten Gesamthöhenunterschiede. Auf Stufe 25 liegt die Königinnenkammer und auf Stufe 50 die Königskammer. Interessant ist auch der Bereich ab Stufe 125, zumal diese Stufe wieder ein Vielfaches der Zahl 25 ist. Dies ist ein weiterer Indikator für eine geheime Kammer in dieser Höhe. Sollte dies der Fall sein, wäre sie 50 Steinlagen über dem oberen Ende der Blockiersteine der Königinnenkammer, die sich auf Höhe der 75. Steinlage befinden. Sollte sich auf der 125. Steinlage eine Kammer befinden, so könnte deren Decke in Höhe der 136. Steinlage (101,02 m) liegen. Die Kammer hätte dann eine Höhe von 6,46 m (12 ⅓ Ellen). Zum Vergleich: die Königskammer besitzt eine Höhe von 5,86 m (11,18 Ellen), die Königinnenkammer eine Höhe von 5,76 m (11 Ellen). Der Dachgiebel der geheimen Kammer bzw. dessen oberes Ende der Entlastungskammern könnte dann auf Stufe 144 liegen, also auf 105,88 m oder 4,86 m über der Decke der Kammer. Da in dieser Höhe der Druck der darüber liegenden Steine nicht mehr so hoch ist wie bei der Königskammer, bräuchten auch die Entlastungskammern nicht mehr so mächtig zu sein. Sollte tatsächlich auf Höhe der 125. Stufe eine geheime Kammer sein, so wäre diese, da vermeintlich höher, wohl auch größer als die Königskammer. Dies würde auch in das Schema passen, dass alle Kammern ab der Königinnenkammer nach oben hin größer werden. Vielleicht existiert auch kein interner Zugang zu dieser Kammer, um diese vermeintlich sicher vor Grabräubern zu machen. Denn wer vermutet schon eine weitere Kammer in rund 95 m Höhe, wenn bereits eine unterirdische Kammer und zwei weitere Kammern – eine davon mit einem Sarkophag – von Grabräubern gefunden wurden?

Vielleicht steht in Zusammenhang mit einer Kammer auf Höhe der 125. Stufe auch der äußere durch Scans vermutete Hohlraum (C1), der sich in rund 112 Meter Höhe befindet oder der nachgewiesene Raum C2 (auch Bobs Kammer genannt), dessen Lage und Zugang schon auf einer Zeichnung aus dem Jahr 1589 von Johannes Helffrich zu sehen ist, der am 13. Dezember 1565 die Pyramiden besichtigt hat. Sie läge damit auf Stufe 107. Die Gesamthöhe der Pyramide auf Stufe 107 liegt bei rund 83 m.

Auffallend ist auch, dass für die Stufen 22 bis 25 die Abweichungen der Gesamthöhe zwischen der Südwest- und der Nordost-Seite maximal 0,1 Zoll (≈ 0,25 cm) betragen. Betrachtet man sich den ursprünglichen Eingangsbereich mit den massiven Giebelbalken, die sich zudem weit oberhalb des absteigenden Gangs befinden, liegt es nahe unterhalb dieser Giebelbalken eine weitere Kammer zu vermuten. Diese Art der Giebel wurde nur zur Entlastung von Kammern verwendet, nicht aber um Gänge, zumal nahe der Pyramidenaußenseite, zu stützen.

Abb. 191: Originaleingang nach einer Zeichnung von Howard Vyse.

Die Höhe des Originaleingangs liegt gemäß den Messungen von Petrie zwischen der 18. und 19. Steinlage, die sich 668,30 Zoll oder 16,97 m über dem Boden befindet. Gemäß den neueren Messungen von Dormion liegt sie genau 17 Meter über dem Boden. Die besonders dicke 19. Steinlage ist in Abb. 191 gut zu erkennen. Sie liegt oberhalb des Eingangs. Der oberste der beiden großen Giebelbalken ragt bis zur 25. Steinlage empor. Auf dieser Höhe befinden sich auch der horizontale Gang und die Königinnenkammer.

Es folgt noch eine Tabelle mit den Gesamthöhendifferenzen ab der Stufe 122 bis zur Stufe 201, die zeigt, dass die Genauigkeit tatsächlich nur in den oben angegebenen Bereichen besonders genau ist.

Stufe	GHD [Zoll]	Stufe	GHD [Zoll]	Stufe	GHD [Zoll]	Stufe	GHD [Zoll]	Stufe	GHD [Zoll]
122	0,9	138	2,2	154	2,5	170	2,3	186	2
123	1,7	139	1,3	155	3,3	171	3,3	187	3,1
124	0,8	140	1,9	156	2,8	172	2,5	188	2,5
125	0	141	2,4	157	3	173	2,1	189	2,6
126	0	142	1,3	158	2,4	174	2,8	190	2,3
127	0,3	143	2,3	159	3,1	175	2,6	191	1,6
128	0,3	144	0,1	160	2,8	176	2,6	192	2,1
129	1,6	145	2,1	161	3,1	177	2,1	193	2,1
130	1,3	146	1,3	162	3,3	178	2,9	194	1,8
131	1,2	147	2	163	4,2	179	2,1	195	2,8
132	0,2	148	1,8	164	2,7	180	1,9	196	2,5
133	1,7	149	2,3	165	3,2	181	2,6	197	1,7
134	0,8	150	1,8	166	2,9	182	2,1	198	1,6
135	1,4	151	2,3	167	2,6	183	2,5	199	1,4
136	0,1	152	2,2	168	3,2	184	2,4	200	1,1
137	1,5	153	3,1	169	3	185	3,1	201	1,3

Tab. 40: Gesamthöhendifferenzen (GHD) der SW- mit der NO-Seite der Cheops-Pyramide ab Stufe 122 nach den Angaben von Petrie.

Warum sollten die Erbauer der Pyramide einen solchen Wert auf Genauigkeit legen, über 30 m oberhalb der Giebelkonstruktion der Entlastungskammern und 50 m unterhalb der Pyramidenspitze, wenn dies nicht mit einer inneren wichtigen Struktur korreliert? Das Argument, dass man Angst hatte, die Pyramide könnte einstürzen, kann es wohl nicht sein, denn dann hätte man auch noch weiter oben eine größere Genauigkeit erwarten müssen.

Nachfolgend sei noch einmal die Höhe der Nordostseite für die Stufen angegeben, die in obiger Tabelle aufgrund der geringen Abweichung markiert sind.

Stufe	Gesamthöhe [m]	Kumulierte Höhendifferenz [m]	Gesamthöhe [Ellen]
125	94,55	0	180,58
126	95,14	0,58	181,70
127	95,71	1,16	182,80
128	96,29	1,74	183,90
132	97,89	3,34	186,96
136	101,02	6,46	192,93
144	105,87	11,32	202,21

Tab. 41: Stufenhöhen für die Stufen, welche in der vorherigen Tabelle wegen ihrer geringen Nord-Süd-Höhenabweichung markiert wurden; Stufenhöhen nach Petrie.

Stufe 144 fällt auch dadurch auf, dass hier eine Größenänderung von 48,8 % zur Vorgängerstufe stattfindet und damit ein neuer Abschnitt beginnt. Die größte positive Größenänderung oberhalb von Stufe 144 zwischen zwei aufeinanderfolgenden Stufen beträgt bei Petrie 28,6 % bei Stufe 180. Die Gesamthöhe auf Stufe 125 ist bei allen Personen, die gemessen haben, leicht verschieden. Bei Jomard ergibt sich z. B. ein Wert von 179,65 Ellen. Vermutlich war der geplante Zielwert hier 180 Ellen. Damit wäre dieser Punkt exakt 100 Ellen oder eine ägyptische Seillänge unterhalb der Pyramidenspitze. Diese Tatsache untermauert noch einmal die Annahme, dass sich auf dieser Höhe eine weitere, bisher noch nicht entdeckte, Kammer befindet. Eine weitere Unterstützung liefert die grafische Rekonstruktion der Pyramide. Die Senkrechte durch den Beginn der Großen Galerie schneidet die Pyramidenaußenseite in genau dieser Höhe (siehe Abb. 198 und Abb. 203).

Stufe	Gesamthöhendifferenz [Zoll]
7	5,2
12	5,0
155	3,3
162	3,3
163	4,2
171	3,3

Tab. 42: Gesamthöhendifferenzen der SW- mit der NO-Seite der Cheops-Pyramide mit den vier größten Abweichungswerten nach den Angaben von Petrie.

Wenn wir uns die vier größten Abweichungen in der Gesamthöhe zwischen der Südwest- und der Nordost-Seite ansehen, so liegen die beiden größten Abweichungen mit über 5 Zoll (12,7 cm) im Bereich unterhalb des Originaleingangs. Hier war vermutlich keine größere Genauigkeit notwendig. Im Inneren betrifft dies einen Teil des absteigenden und aufsteigenden Gangs. Für die anderen Werte fällt auf, dass sie alle oberhalb von Stufe 144 liegen, also da, wo ebenfalls aufgrund von fehlenden internen Strukturen eine größere Genauigkeit nicht benötigt wurde.

Die ganzen Befunde zur Genauigkeit der Gesamthöhen ergeben ein stimmiges Bild, wenn man davon ausgeht, dass überall da, wo interne Strukturen sind, auch eine genauere Höhenausrichtung bezüglich der Pyramidenseiten nötig war.

Änderungen >= %	Davison	Jomard	Smyth	Petrie	Goyon
5 %	31	37	41	38	39
10 %	25	24	23	28	32
15 %	21	22	18	22	20
20 %	15	17	13	18	14
25 %	9	13	10	10	11
30 %	8	8	8	8	8
35 %	7	7	5	7	7
40 %	7	5	5	7	7
45 %	7	5	4	5	6
50 %	5	5	4	3	6
55 %	4	4	2	3	5
60 %	4	3	2	2	3
65 %	3	2	2	2	2
70 %	3	1	2	1	2
75 %	2	1	1	1	2
80 %	2	0	1	1	2
85 %	1	0	1	1	2
90 %	0	0	1	1	2
95 %	0	0	1	0	1
100 %	0	0	1	0	0
Stufenanzahl	206	203	203	203	202
Ø-Höhe pro Stufe	0,686	0,681	0,686	0,682	0,690
Änderungen	150	137	153	145	149
Änderungen	174	165	161	164	162

Tab. 43: %-Verteilung der Größenänderungen bei den Stufen der Cheops-Pyramide bezogen auf die Messungen von Davison, Jomard, Smyth, Petrie und Goyon.

Die Werte in 5 %-Schritten in obiger Tabelle sind Inklusiv-Werte, d. h. bei Davison gibt es 31 Stufenhöhenänderungen bei aufeinanderfolgenden Stufen mit mindestens 5 % Größenänderung, davon besitzen 25 eine Größenänderung von mindestens 10 % usw.

Für die ersten 125 Steinlagen wurde auf jeder 25. Steinlage[1377] ein besonders wichtiges architektonisches Merkmal hervorgehoben. Dies sind:

- 25. Steinlage: Boden der Königinnenkammer (ursprünglich) und Giebel des Originaleingangs.
- 50. Steinlage: Boden der Königskammer.[1378]
- 75. Steinlage: Blockiersteine der Königinnenkammerschächte (eigentlich 74. Steinlage, aber die Blockiersteine selbst sind Teil eines vermutlich typischen 3-fach Systems, d. h. Blockierstein, Hohlraum, Blockierstein, Hohlraum, Blockierstein).
- 100. Steinlage: Ausgänge der Luftschächte (Königskammer); ursprünglich auf Höhe zwischen der 103. und 104. Steinlage bei intakter Außenverkleidung.
- 125. Steinlage: Boden der vermuteten Geheimkammer.

Die Lage der Ausgänge der Luftschächte der Königskammer wird für den Nord- und Südschacht normalerweise eine Steinlage unterschiedlich angegeben. Da aber die Höhe der Steinlagen auf den unterschiedlichen Pyramidenseiten leicht schwankt, ist zu vermuten, dass es für beide Seiten die 100. Steinlage war. Aufgrund des unterschiedlichen Neigungswinkels beider Schächte endeten diese aber in 79,78 m[1379] an der Außenseite der nunmehr fehlenden Verkleidungssteine. Auf Höhe des Ausgangs der Luftkanäle ist die Basisfläche immerhin noch so groß, dass hierauf genau die Mykerinos-Pyramide mit 200 Ellen Basisseitenlänge Platz hätte! Dies verdeutlicht nochmals die Größenverhältnisse beider Pyramiden.

[1377] Einen Zusammenhang der Zahl 25 in Bezug auf 25stel Fläche der Grundfläche hat schon Petrie aufgezeigt, wie bereits geschildert.

[1378] Bonwick 1877, 11: *"The Queen's chamber is said to be on the twenty-fifth course; and the King's on the fiftieth course."*

[1379] Flinders Petrie gab als errechnete Höhe für den Austritt des nördlichen Luftschachts 79,24 m an, genau wie später Maragioglio und Rinaldi, Gantenbrink wiederum gab hierfür 80,63 m an, ebenso wie für den Südschacht, da auch er sich sicher war, dass die Ausgänge ursprünglich auf der gleichen Höhe lagen. Für den Südschacht erhält man bei Petrie 79,88 m (errechnet) und für Maragioglio und Rinaldi 79,83 m (errechnet). Bildet man aus all diesen Werten den Mittelwert, so ergibt sich eine Austrittshöhe von 79,91 m. Der von mir angegebene Wert von 79,78 m ist ebenfalls der ursprünglich geplante Wert. Während Petrie und Maragioglio und Rinaldi die ursprünglichen Ausgänge jeweils auf der 103. Stufe sehen, sieht Gantenbrink sie auf der 105. Stufe. Ein Mittelwert ergäbe hier 103 ⅔.

19.6 Teilungsverhältnisse in der Pyramide

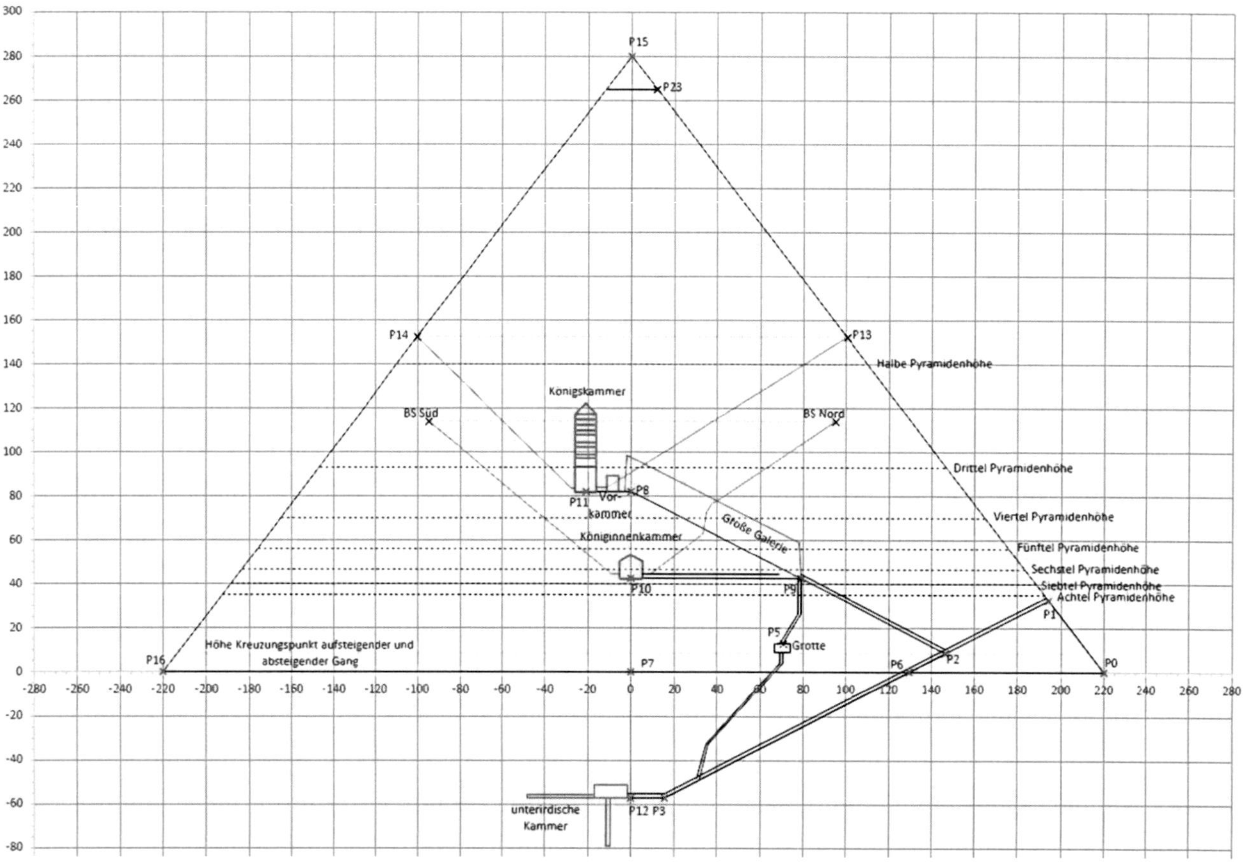

Abb. 192: Teilungsverhältnisse für die Cheops-Pyramide.

Um zu zeigen, dass die Annahme einiger Autoren falsch ist, dass bestimmte innere Konstruktionen der Cheops-Pyramide in einem signifikanten Teilungsverhältnis zur Gesamthöhe der Pyramide stehen, wurden die gängigen Teilhöhen bis zur Achtel-Höhe eingezeichnet (siehe Abb. 192). Eine Entsprechung, die als ziemlich sicher gilt, besteht aus der Höhe der Decke der Königskammer und der Gesamthöhe der Pyramide. Diese Strecken stehen exakt im Verhältnis von 1 zu 3. Je nach Annahme über die Dicke der Giebelplatten der Königinnenkammer, könnte sich das obere Ende der Giebelplatte in einer Höhe befinden, die einem Fünftel der Gesamtpyramidenhöhe entspricht. Damit enden aber auch schon die Übereinstimmungen. Danach am nächsten kommt die Siebtel-Höhe dem Boden der Königinnenkammer. Aber auch hier bleibt ein Unterschied von 87 cm; nimmt man die vermutlich fehlende Bodenbelagsschicht von einer Elle noch hinzu, so erhöht sich die Differenz auf 1,39 m. Die Fünftel-Höhe bestimmt jedenfalls nicht das obere Ende der Dachkonstruktion der Königskammer, wie gerne behauptet wird. In einer Viertelhöhe befindet sich auch nichts und in zwei Siebtel der Höhe (= 40 Ellen) ist auch nicht der Boden der Königinnenkammer. Es handelt sich also bei den Annahmen über eine Zuordnung von internen Strukturen zu einem signifikanten Teilungsverhältnis zur Gesamthöhe um reine Spekulationen.

Es gibt jedoch ein Verhältnis bei der Cheops-Pyramide, welches sehr oft vorkommt und seinen Ursprung wohl in der Geometrie hat: das Verhältnis von 2 zu 1. Ein rechtwinkliges Dreieck, mit den beiden Schenkeln in diesem Verhältnis, erzeugt einen Winkel von 26,57° auf der längeren Schenkelseite. Dieser Winkel entspricht dem Steigungswinkel des aufsteigenden und absteigenden Gangs. Das gleiche Verhältnis von 2 zu 1 finden wir auch bezogen auf die Länge der Königskammer, die doppelt so lang wie breit ist. Möglicherweise sollte das auch für die Felsenkammer gelten, die genau 100 Königsellen oder eine ägyptische Seillänge unterhalb der Königinnenkammer liegt. Der Sarkophag in der Königskammer bestand aus einem Stein, dessen Volumen doppelt so groß war wie der fertig ausgehöhlte Sarkophag. Der Boden der Königskammer befindet sich auf der 50. Stufe, der ursprüngliche Boden der Königinnenkammer auf der 25. Stufe. Auch bezogen auf die Fläche finden wir das Verhältnis von 2 zu 1 sogar mehrfach wieder. Zum einen ist die Basisfläche doppelt so groß wie die Fläche auf Höhe des Bodens der Königskammer und zum anderen ist die Fläche auf Höhe der Felsenkammer, wenn man die Pyramide unterirdisch fortsetzt, doppelt so groß wie die Fläche auf Höhe der

Königinnenkammer mit ursprünglichem Boden. Das Gesamtpyramidenvolumen ist doppelt so groß wie das Pyramidenvolumen auf Höhe der Stufe 35, die besonders hoch ist und bei der ein neuer Abschnitt beginnt. Auf dieser Stufe beginnt auch die untere Deckenkonstruktion der Großen Galerie.

19.7 Flächenverhältnisse in der Pyramide

Betrachtet man die Pyramidenfläche auf der Höhe des Bodens der Königskammer, so stellt man fest, dass diese recht genau die Hälfte der Pyramidengrundfläche darstellt. Dieser Sachverhalt ist auch schon John Romer aufgefallen.[1380] In konkreten Zahlen ausgedrückt bedeutet dies:

Der halbe Flächeninhalt der Pyramidenbasis beträgt 0,5 × 440 Ellen × 440 Ellen = 96.800 Ellen². Die Königskammer liegt auf 82,15 Ellen Höhe. Mittels Pythagoras erhält man für diese Höhe eine Grundseitenlänge von 440 Ellen – 129,2 Ellen = 310,8 Ellen. 310,8 Ellen × 310,8 Ellen = 96.596,64 Ellen² oder 203,36 Ellen² (Fläche ≈ 7,5 m × 7,5m) weniger als die halbe Pyramidengrundfläche. Die Abweichung beträgt nur 0,2 %.

Nimmt man als Höhe für den Boden der fünften und obersten Entlastungskammer der Königskammer 61,92 m an[1381], so ergibt die Fläche auf dieser Höhe mit 64.533 Ellen² genau ⅓ der Fläche des Pyramidenbodens. Man beachte dabei auch, dass die Höhe der Decke der Königskammer auf genau der Drittelhöhe der Pyramide liegt. Auf dieser Höhe beträgt der Flächenanteil bezogen auf die Pyramidenbasis übrigens 44,4 % oder $^4/_9$.

Auf Höhe des Giebels der Königinnenkammer beträgt die Pyramidenfläche ⅔ der Pyramidengrundfläche.

19.8 Die kleinen Schächte der Königinnenkammer

Betrachten wir uns nun einmal die kleinen Schächte in der Königinnenkammer genauer. Die Schachtlänge des Südschachts hat Gantenbrink mit 59,45 m angegeben. Die Länge des Nordschachts wurde von Hawass mit 208 Fuß[1382] (= 63,40 m) angegeben. Nach eigenen Berechnungen unter Berücksichtigung einer vermutlich symmetrischen Lage der Blockiersteine beträgt der Wert 62,60 m.

Bereits Petrie hat in der 4. Entlastungskammer (Lady Arbuthnot) Steinmetzzeichen beschrieben, wie auch schon Howard Vyse, der sie zuerst entdeckt hat. Es gibt in einer Entfernung von einer Königselle von der Decke der 4. Entlastungskammer eine längere rote Markierungslinie. Hierzu hat Richard Lepsius Folgendes geschrieben:

> *„In dem zweiten Raume von oben (Lady Arbuthnots chamber) läuft an der Südseite eine Linie fast die ganze Wand entlang sehr genau eine Elle von der Decke abwärts; am westlichen Ende wird sie von einer vertikalen Linie geschnitten, welche von der nächsten vertikalen Linie links, neben deren Kopf die Zahl 3 steht, gerade 3 Ellen entfernt ist. Ebenso ist auf der Nordseite eine horizontale Linie gezogen eine Elle von der Decke entfernt und am östlichen Ende derselben zwei vertikale im Abstand von eine Elle.“* [1383]

Die Höhe dieser Markierungslinie entspricht genau der Höhe des Blockiersteins des südlichen Königinnenkammerschachts. Man kann also davon ausgehen, dass der Blockierstein des nördlichen Schachts aus Symmetriegründen auf der gleichen Höhe liegt. Da der Nordschacht im Gegensatz zum Südschacht die Große Galerie umgehen muss, ist er um etwa 3 Meter länger.

1380 Romer 2007, 2
1381 Dormion 2004, 294.
1382 Hawass 2005, 308.
1383 R. Lepsius 1866, 13.

19.9 Die Luftschächte der Königskammer

Die Luftschächte waren schon immer offen und haben somit eine Luftzirkulation für die Königskammer ermöglicht. Da die Königskammerschächte am äußeren Mauerwerk münden und diese Höhe genau mit einem Theodolit ermittelt wurde, kann man mittels Trigonometrie den Winkel exakt ermitteln, vorausgesetzt man akzeptiert die Höhe des Bodens der Königskammer mit 43,02 m, was in der Literatur einen verbreiteten Wert darstellt[1384]. Die 43,02 m ergeben sich auch, wie bereits erwähnt, wenn man annimmt, dass die Decke der Königskammer exakt die Höhe von einem Drittel der Pyramide besitzt, also 93 ⅓ Ellen. Die Höhe der Königskammer ist wiederum exakt $5 \cdot \sqrt{5}$ Ellen ($\approx$ 11,18 Ellen).

Was den nördlichen Luftschacht betrifft, so fällt auf, dass er fast einen Meter über dem südlichen Luftschacht an der Pyramidenaußenseite (ohne Verkleidung) endet. Dies ist gewissermaßen ein Symmetriebruch, der aber nur dadurch zustande kommt, dass die Außenverkleidung fehlt. Meine Berechnungen haben ergeben, dass die gleiche Höhe aufgrund der unterschiedlichen Winkel der Schächte an der jetzt fehlenden Außenverkleidung erreicht wird. Diese Höhe beträgt 79,78 m[1385] ($\approx$ 152,4 Ellen) für die Südseite wie für die Nordseite und entspricht der 104. Steinlage. Damit ist klar, dass auch hier die perfekte Symmetrie gelungen ist.

19.10 Versuch einer grafischen Rekonstruktion der Cheops-Pyramide

Betrachten wir uns jetzt einmal mögliche geometrische Konstruktionsmöglichkeiten des Inneren der Cheops-Pyramide. Die alten Ägypter hatten zwar ganz sicher noch keinen Zirkel, wie wir ihn kennen, aber einen Stab mit einer Schnur darum herumgewickelt, an dessen Ende sich ein Mal- oder Ritzwerkzeug befand, um einen Kreis zeichnen zu können, kannten sie ganz bestimmt. Ebenfalls aufgrund der gefundenen mathematischen Papyri und in Stein geritzten Pyramidengrundrissen gehen klar hervor, dass sie Dreiecke und deren Flächeninhalt berechnen konnten. Aus den mathematischen Papyri des Mittleren Reichs geht ebenfalls hervor, dass sie das Volumen von Pyramidenstümpfen berechnen konnten. Dass dieses Wissen wohl bereits zur Zeit des Alten Reiches bestand, kann angesichts der großen Pyramiden wohl kaum in Abrede gestellt werden.

Ausgangspunkt meiner Überlegungen zur grafischen Rekonstruktion war die Tatsache, dass es auf dem Gizeh-Plateau Probeschächte gibt, die dem Inneren der Cheops-Pyramide sehr stark ähneln. Bevor man zu so einem Schritt griff, wird man zuvor sicher noch andere planerische Maßnahmen unternommen haben. Dazu gehörten möglicherweise ein kleines maßstabgetreues Modell sowie mit ziemlicher Sicherheit ein Bauplan, der vermutlich auf Papyrus gezeichnet wurde. Als Zeichengeräte können wir uns aus Holz gefertigt ein Lineal, ein Dreieck und einen Stab, mit einer Schnur daran befestigt vorstellen, an dessen Ende eine Art Malstift befestigt war, um damit Kreise zeichnen zu können. Die Holzdreiecke waren vermutlich bezüglich der Länge ihrer Seiten genormt, sodass sich damit an der Außenseite des Dreiecks der damit festgelegte Winkel zeichnen ließ. Dies ist schon alles, was an Konstruktionswerkzeugen für den grafischen Bauplan benötigt wird.

1384 Siehe z. B. Maragioglio und Rinaldi 1963-1977, Tav. 7, Fig. 1.

1385 Siehe Fußnote 1379.

19.10.1 Konstruktion einer Winkelhalbierenden

Bei meinem Rekonstruktionsversuch habe ich mich, was die zeichnerischen Fähigkeiten angeht, lediglich auf die obigen Instrumente beschränkt. Was die Technik angeht, setze ich lediglich voraus, dass die alten Ägypter in der Lage waren, grafisch einen Winkel zu halbieren. Dies geht jedoch ganz einfach, wie folgender kleiner Exkurs zeigt:

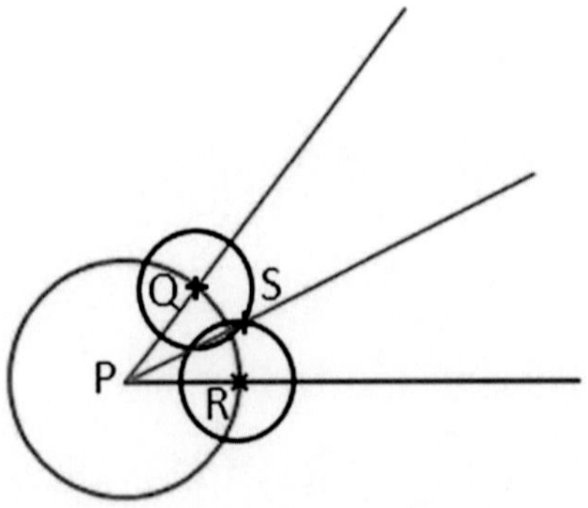

Abb. 193: Grafische Vorgehensweise einer Winkelhalbierung.

Hat man zwei Linien, die sich im Punkt P treffen, so bildet der Raum zwischen diesen Linien einen Winkel, den wir α nennen wollen. Wir zeichnen nun einen Kreis um den Punkt P mit einem beliebigen Radius r, sodass der Kreis beide Linien schneidet. Diese beiden Punkte bezeichnen wir mit Q und R. Nun zeichnen wir um diese beiden Punkte jeweils einen Kreis mit einem Radius r'. Für r' gilt, dass er mindestens so groß ist, dass sich die beiden Kreise um Q und R in mindestens 2 Punkten scheiden. Einen Punkt davon benennen wir mit S. Zieht man jetzt mit dem Lineal eine Gerade von P durch S, so stellt dies die Winkelhalbierende unseres Winkels α dar.

Die Winkelhalbierende wird zur genauen Bestimmung des Inkreises eines Dreiecks benötigt bzw. dessen Inkreis-Dreiecks. Entweder kannten die alten Ägypter das eben beschriebene Verfahren zur Winkelhalbierung oder sie benutzen möglicherweise folgende Näherungslösung, die nur eine Abweichung von 0,21 Königsellen oder 11 cm beträgt und somit 0,075 % der Höhe der Pyramide beträgt. Grafisch kann die so bestimmte Lösung nicht von der mathematisch bestimmten Lösung unterschieden werden, wenn man als Plan kein DIN A0 Blatt und als Zeicheninstrument einen modernen, feinen Bleistift voraussetzt.

19.10.2 Näherungsweise Ermittlung des Inkreises für die Cheops-Pyramide

Diese näherungsweise Ermittlung des Inkreises für die Cheops-Pyramide kann wie folgt erfolgen (siehe Abb. 194):

Man muss lediglich eine Senkrechte durch einen der äußeren Eckpunkte der Pyramidenbasis, z. B. Punkt B, zeichnen, so erhält man jeweils einen Schnittpunkt mit dem Umkreis und mit dem Kreis um die Pyramidenbasis (Punkt g) mit Radius 280 Ellen (Pyramidenhöhe). Die Horizontale durch den ersten Schnittpunkt (Umkreis) ergibt auf Höhe der Pyramidensenkrechten den Inkreismittelpunkt. Die Horizontale durch den zweiten Schnittpunkt (Kreis um Punkt g) ergibt die Punkte E und F an der Pyramidenaußenseite, die gleichzeitig zusammen mit Punkt G die Eckpunkte des Inkreis-Dreiecks darstellen.

Diese Näherungslösung weicht nur um 0,21 Ellen oder 11 cm von der mathematisch exakten Lösung ab und kann in einer Planungszeichnung von damals sicher nicht von der mathematisch korrekt konstruierten Version mittels Winkelhalbierender unterschieden werden.

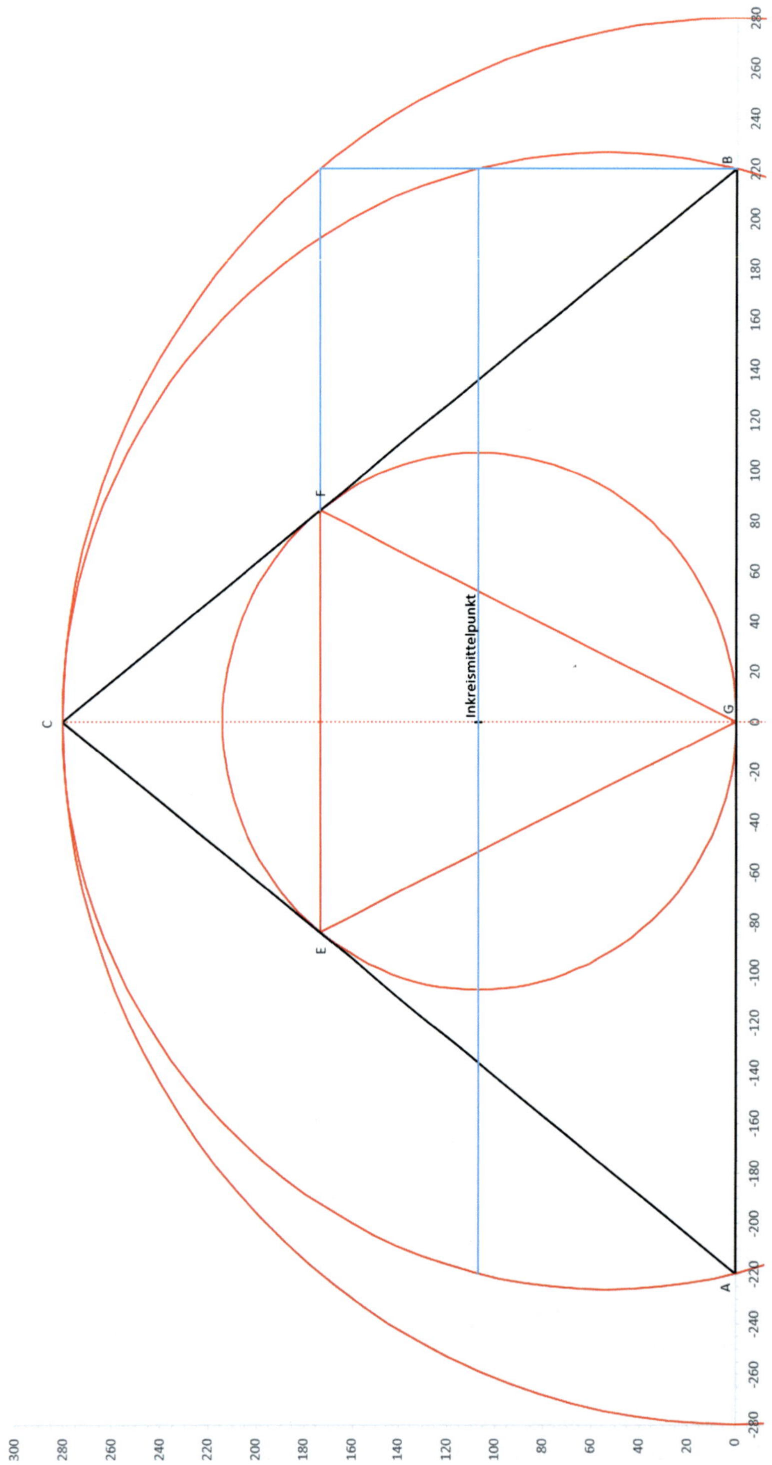

Abb. 194: Näherungsweise Bestimmung des Inkreises und des Inkreis-Dreiecks.

Als Basis für die Rekonstruktion des ursprünglichen Bauplans seien hier noch einige Standardverfahren zur Bestimmung gängiger geometrischer Größen im Dreieck aufgezeigt, die alle mit den zuvor aufgelisteten Hilfsmitteln einfach und schnell zu konstruieren sind: Seitenhalbierende, Mittelsenkrechte, Winkelhalbierende, Höhe einer Dreiecksseite, Inkreis, Inkreis-Dreieck, Umkreis und Neunpunktkreis, der auch Feuerbach-Kreis[1386] nach seinem Erfinder Karl Wilhelm Feuerbach genannt wird.

[1386] Der Feuerbachkreis oder Neunpunktkreis ist ein besonderer Kreis im Dreieck, der nach Karl Wilhelm Feuerbach benannt ist. Auf ihm liegen neun ausgezeichnete Punkte: die Mittelpunkte der Seiten; die Fußpunkte der Höhen; die Mittelpunkte der oberen Höhenabschnitte (das sind die Mittelpunkte der Strecken zwischen jeweils einer Dreiecksecke und dem Höhenschnittpunkt des Dreiecks). Neun verschiedene Punkte erhält man allerdings nur im Falle eines unregelmäßigen Dreiecks, bei dem also alle drei Seiten unterschiedlich lang sind. Je höher der Symmetriegrad des Dreiecks (gleichschenkliges oder gleichseitiges Dreieck) ist, desto mehr Punkte fallen aufeinander und die Anzahl unterschiedlicher Punkte reduziert sich dementsprechend.

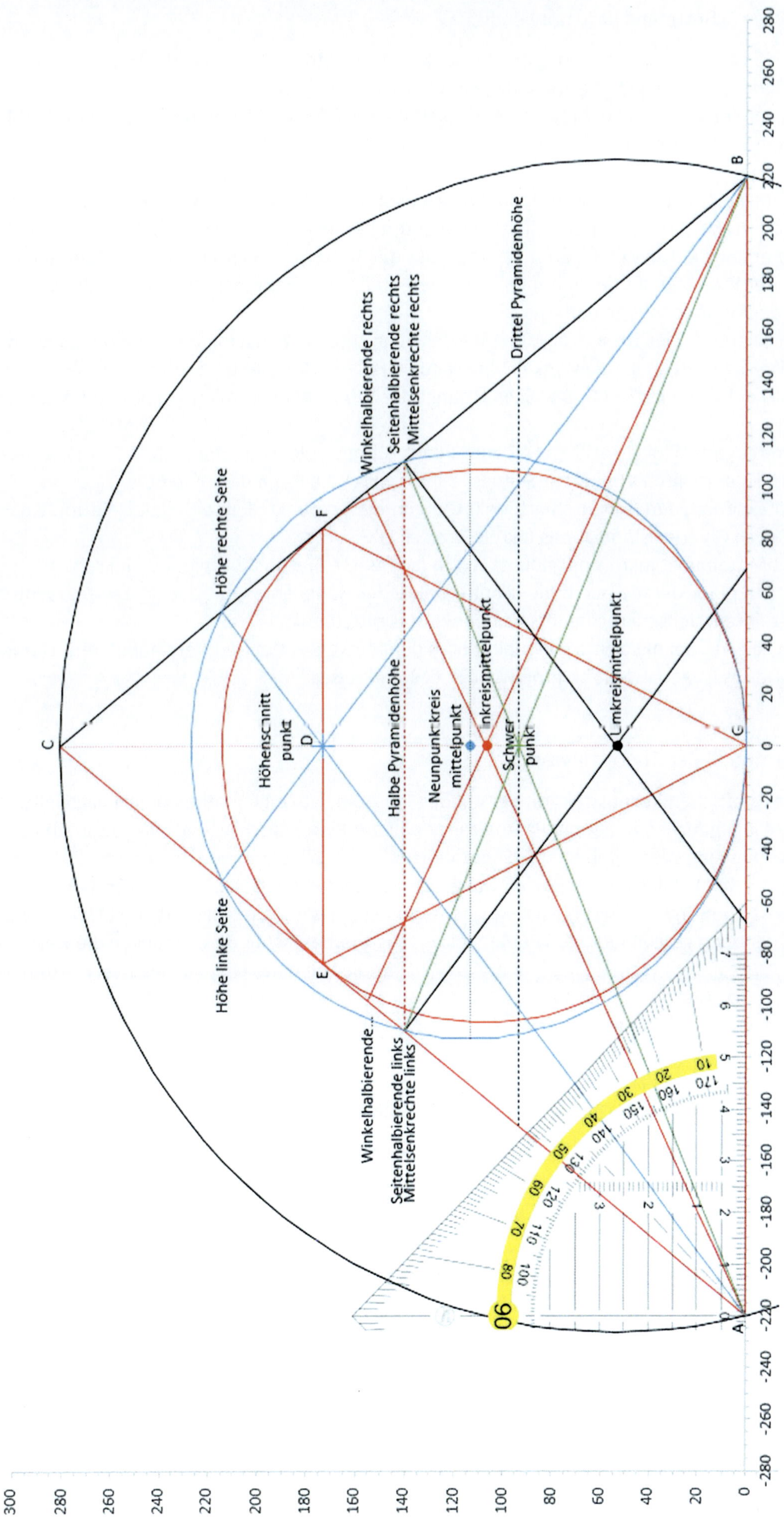

Abb. 195: Geometrische Grundelemente am Beispiel der Cheops-Pyramide. Als Maßstab dienen königliche Ellen (= 52,36 cm).

Folgende zeichnerischen Schritte sind dazu notwendig:

1. Halbieren der Strecke CG zur Ermittlung der Eckpunkte an den Strecken AC und BC, die diese Strecken ebenfalls halbieren. Dies ergibt die Höhenlinie Halbe Pyramidenhöhe.
2. Einzeichnen der Senkrechten auf halber Pyramidenhöhe der Strecke AC und BC. Dies ergibt die Mittelsenkrechten dieser Seiten. Der Schnittpunkt der Mittelsenkrechten ergibt den Umkreismittelpunkt.
3. Ein Kreis mit Mittelpunkt Umkreismittelpunkt durch die Punkte A, B und C ergibt den Umkreis.
4. Die Linie von A zum Schnittpunkt der Mittelsenkrechten rechts ergibt die Seitenhalbierende rechts. Analog dazu ergibt die Linie von B zum Schnittpunkt der Mittelsenkrechten links die Seitenhalbierende links. Der Schnittpunkt der Seitenhalbierenden ergibt den Dreiecksschwerpunkt, der sich auf dem Drittel der Pyramidenhöhe befindet.
5. Die Winkelhalbierende des Dreiecks CAB ergibt den Schnittpunkt Winkelhalbierende rechts auf der Strecke BC. Analog dazu ergibt die Winkelhalbierende des Dreiecks CBA den Schnittpunkt Winkelhalbierende links auf der Strecke AC. Der Schnittpunkt der Winkelhalbierenden ergibt den Inkreismittelpunkt.
6. Eine Linie im rechten Winkel zur Seite AC zum Punkt B ergibt die Höhe der Seite AC. Analog dazu ergibt eine Linie im rechten Winkel zur Seite BC zum Punkt A die Höhe der Seite BC.
7. Eine Horizontale durch den Höhenschnittpunkt D ergibt die Eckpunkte E und F. Eine Linie von E nach G und von F nach G vervollständigt das Inkreis-Dreieck EFG.
8. Der Kreis mit Mittelpunkt Inkreismittelpunkt durch die Punkte E, F und G ergibt den Inkreis.
9. Das Einzeichnen einer Gerade durch die Schnittpunkte der Höhenlinien mit den Mittelsenkrechten, schneidet die Pyramidensenkrechte im Neunpunktkreismittelpunkt.
10. Ein Kreis um den Neunpunktkreismittelpunkt durch den Punkt G ergibt den Neunpunktkreis. Der Radius dieses Kreises ist genau halb so groß wie der des Umkreises.

19.10.3 Parametermodell der Cheops-Pyramide

Um das Vorgehen der grafischen Rekonstruktion der Cheops-Pyramide auf eine mathematisch nachvollziehbare Grundlage zu stellen, habe ich zuerst ein Parametermodell der Pyramide in Microsoft Excel erstellt. Als Parameter wurden gemessene Werte von Rudolf Gantenbrink[1387] und Gilles Dormion[1388] benutzt. Einige wenige Daten, wie z. B. der Winkel des aufsteigenden Gangs, des absteigenden Gangs und der Großen Galerie wurden auf den Wert 26,565° minimal korrigiert, was dem Winkel eines 1:2-Dreiecks entspricht. Dann wurden unter Annahme der oben geschilderten 10 Punkte mittels trigonometrischer Berechnungen die weiteren Punkte der inneren Struktur der Pyramide bestimmt. Als Wert für die Höhe des Originaleingangs wurden die 17 m von Dormion benutzt (Petrie gab hierfür 16,97 m an). So entstand das Modell, welches Abb. 66 zeigt. Die grafische Ausgabe wurde dabei mittels eines X-Y-Diagramms ebenfalls in Excel erzeugt.

19.10.4 Geometrische Rekonstruktion der Cheops-Pyramide

Nachdem also auf diese Art die Pyramide mit ihren internen Strukturen erstellt war, ging es an die grafische Rekonstruktion der inneren Strukturen.

Zeichnet man in Abb. 195 die Lage der Königs- und Königinnenkammer ein, so erhält man das erste Aha-Erlebnis.

[1387] Gantenbrink 1999.

[1388] Dormion 2004, 274-299.

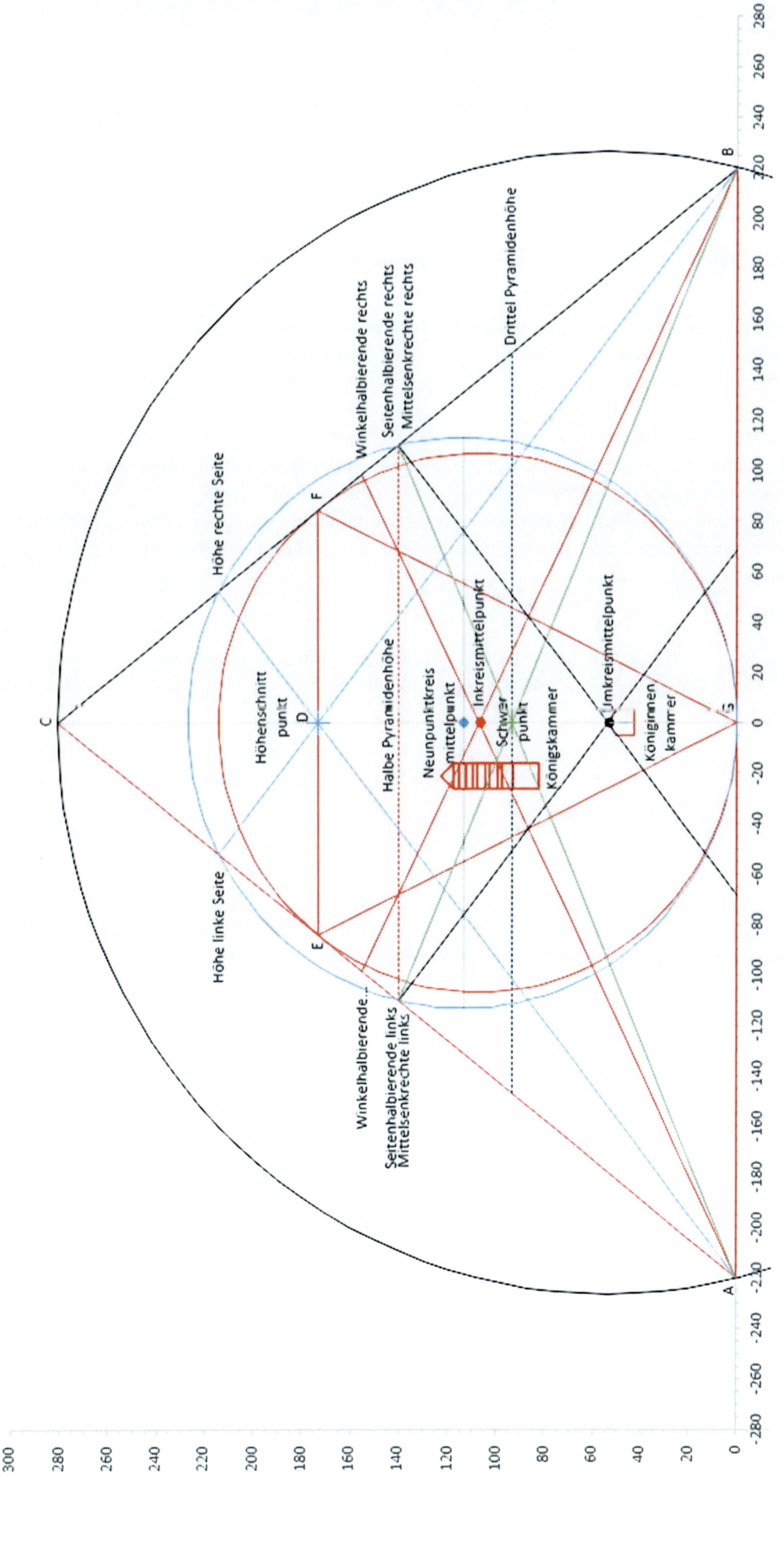

Abb. 196: Geometrische Grundelemente der Cheops-Pyramide und die Lage der Königs- und Königinnenkammer.

Wie man unschwer sieht, verlaufen die Mittelsenkrechten exakt durch die Höhe des Giebels der Königinnenkammer, wo sich der Umkreismittelpunkt befindet und die Decke der Königskammer liegt exakt auf der Drittel-Pyramidenhöhe, wo sich auch der Dreiecksschwerpunkt befindet. Die Seitenhalbierende rechts verläuft genau durch den linken Eckpunkt der Königskammer. Die anderen internen Strukturen erhält man hingegen erst durch Einzeichnen weiterer markanter Linien, wie wir noch sehen werden. Das erste planerische Element war aber zweifelsfrei die Lage der Königinnenkammer. Dies misst ihr möglicherweise auch eine besondere Bedeutung zu, die wir heute noch nicht kennen.

Um die Lage der Königskammer zu bestimmen, benötigen wir nur zwei weitere Linien (siehe Abb. 197, blaue Linien):

1. Einzeichnen einer Geraden der doppelten Länge der Pyramidenhöhe (= 560 Ellen), die die Pyramidensenkrechten in der Halben Pyramidenhöhe in der Mitte der Strecke CG schneidet und von der Basishöhe der Pyramide beginnt. Die Eckpunkte dieser Diagonalen sind somit der Punkt (-280, 0) und (280, 280).
2. Markieren des Punktes H auf dem Inkreis, wo die Diagonale diese zum zweiten Mal schneidet. Dieser Punkt liegt sehr nahe beim Schnittpunkt der Diagonalen mit der Strecke BC, ist aber mit diesem nicht identisch. Der Schnittpunkt mit dem Umkreis ergibt den Punkt H'.
3. Zeichnen einer Linie vom Punkt H durch den Inkreismittelpunkt bis zur Pyramidenbasis (Strecke AB).
4. Die Horizontale durch den Schnittpunkt der Diagonalen durch H und H' mit der Höhe auf BC ergibt die Höhenlinie der Königskammer.

Es gibt aber noch zwei (blaue) Linien, die ebenfalls die Höhe der Königskammer bestimmen:

1. Die Senkrechte durch H' schneidet die Pyramide in Höhe der Königskammer.
2. Die Gerade von B durch den Umkreismittelpunkt schneidet die Linie durch H und H' in Höhe der Königskammer.

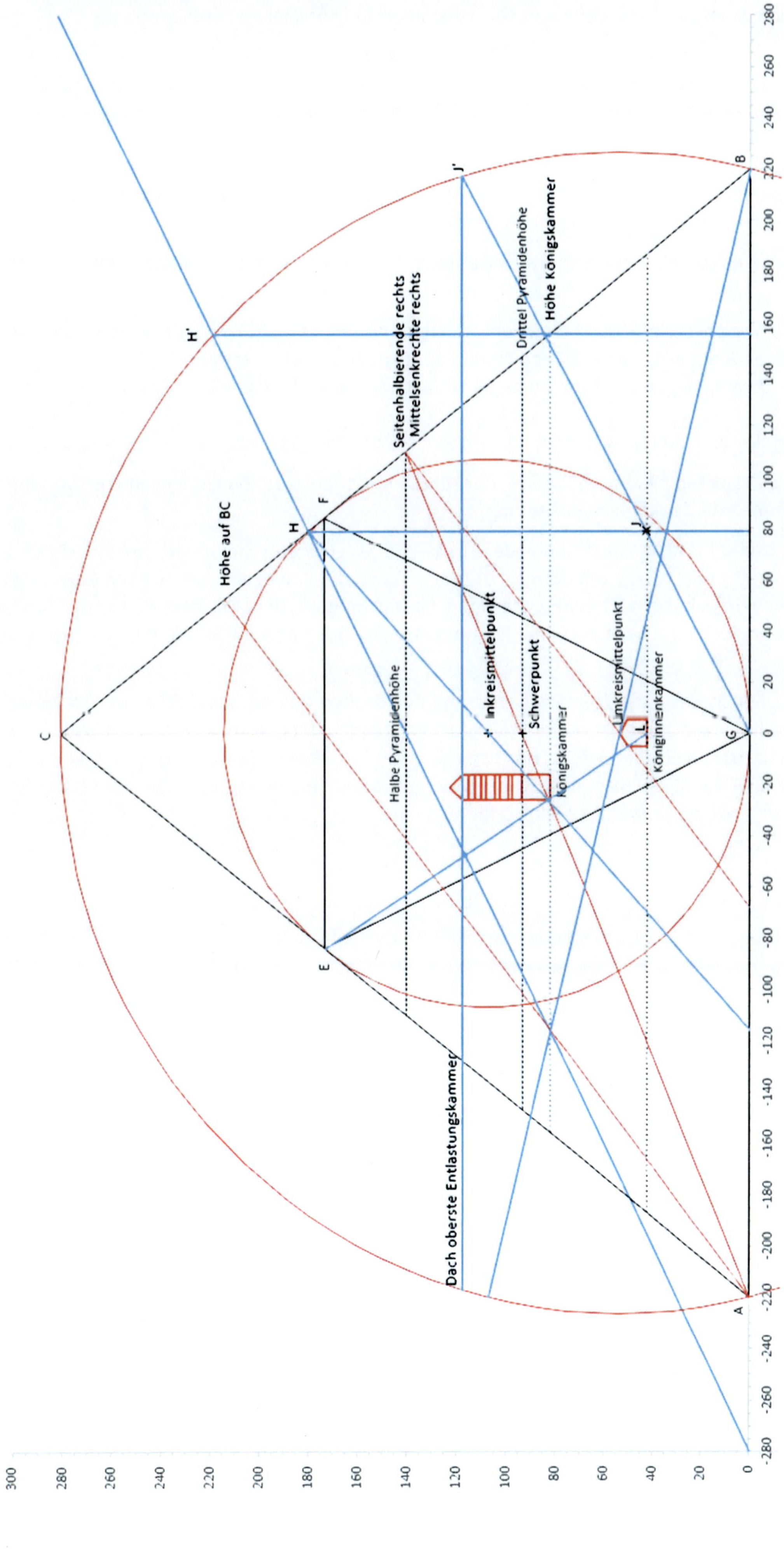

Abb. 197: Grafische Bestimmung der Lage der Königskammer der Cheops-Pyramide.

Schauen wir uns nun einmal die Verbindung von Königskammer und Königinnenkammer an.

1. Einzeichnen einer Linie von Punkt E, einem Eckpunkt des Inkreis-Dreiecks, durch den zuvor bestimmten linken unteren Eckpunkt der Königskammer bis zur Pyramidensenkrechten. Den Schnittpunkt mit dieser bezeichnen wir als Punkt L, welcher die Mitte des Bodens der Königinnenkammer repräsentiert.
2. Einzeichnen der Höhenlinie durch den Punkt L entspricht der Höhe der Königinnenkammer.
3. Der Schnittpunkt der Linie von E nach L mit der Mittelsenkrechten rechts definiert den oberen linken Eckpunkt des Dachbeginns der Königinnenkammer.

Auch die Höhe des Dachs der obersten Entlastungskammer lässt sich einfach bestimmen (siehe Abb. 197, blaue Linien):

1. Einzeichnen der Senkrechten durch den Punkt H ergibt im Schnittpunkt mit der Höhenlinie der Königinnenkammer den Punkt J, welcher den Beginn der Großen Galerie markiert.
2. Eine Gerade vom Pyramidenzentrum durch den Punkt J bis zum Schnittpunkt mit dem Umkreis ergibt den Punkt J'.
3. Die Horizontale durch den Punkt J' ergibt die Höhenlinie des Dachs der obersten Entlastungskammer.

Die Linie vom Inkreis-Dreieckspunkt E zum Punkt L, der Mitte des Bodens der Königinnenkammer, verbindet somit die Königskammer mit der Königinnenkammer.

Als Nächstes betrachten wir uns die Konstruktion der Großen Galerie. Der entscheidende Punkt hierzu ist der Schnittpunkt von aufsteigendem Gang mit dem horizontalen Gang, der den Beginn der Großen Galerie festlegt. Dieser Punkt ist bereits in der vorherigen Grafik mit J bezeichnet worden. Das obere Ende der Großen Galerie markiert die Große Stufe, die genau in der Pyramidensenkrechten beginnt. Dieser Punkt wurde in der nachfolgenden Grafik mit K bezeichnet.

Da der Winkel von 26.565° des aufsteigenden Gangs und der Großen Galerie mit Hilfe eines 1:2-Dreiecks gebildet werden, ergibt sich, dass die Länge der Strecke J nach L genau doppelt so lang ist wie die von L nach K. Die Strecke von J nach L bezeichnet den horizontalen Gang und ist 79 Ellen (≈ 41,36 m) lang, somit ist die Strecke von L nach K 39,5 Ellen (≈ 20,68 m) lang. Die Länge der Großen Galerie bis zur Großen Stufe errechnet sich nach dem Satz des Pythagoras zu 88,32 Ellen oder 46,25 m.

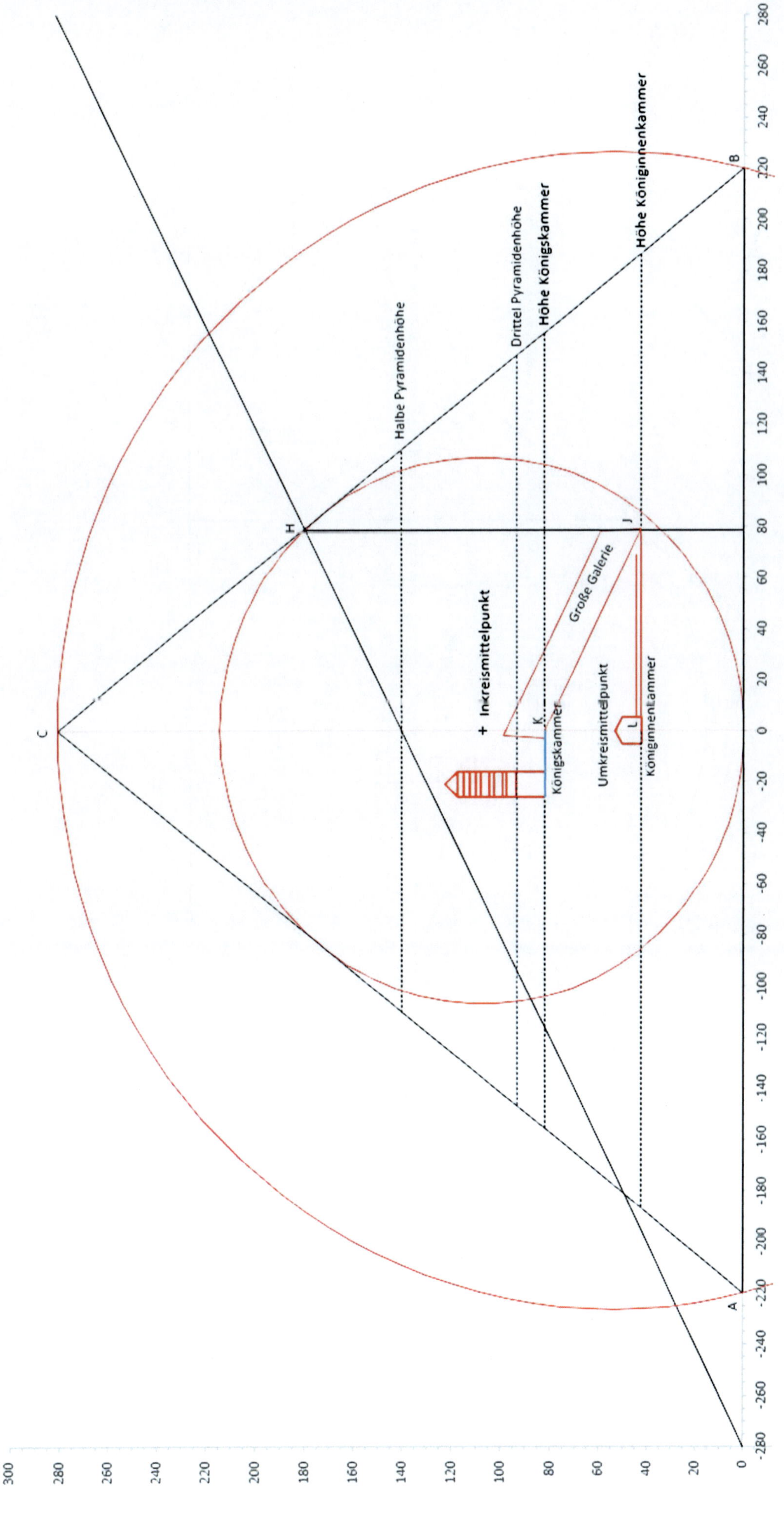

Abb. 198: Grafische Bestimmung der Lage der Großen Galerie.

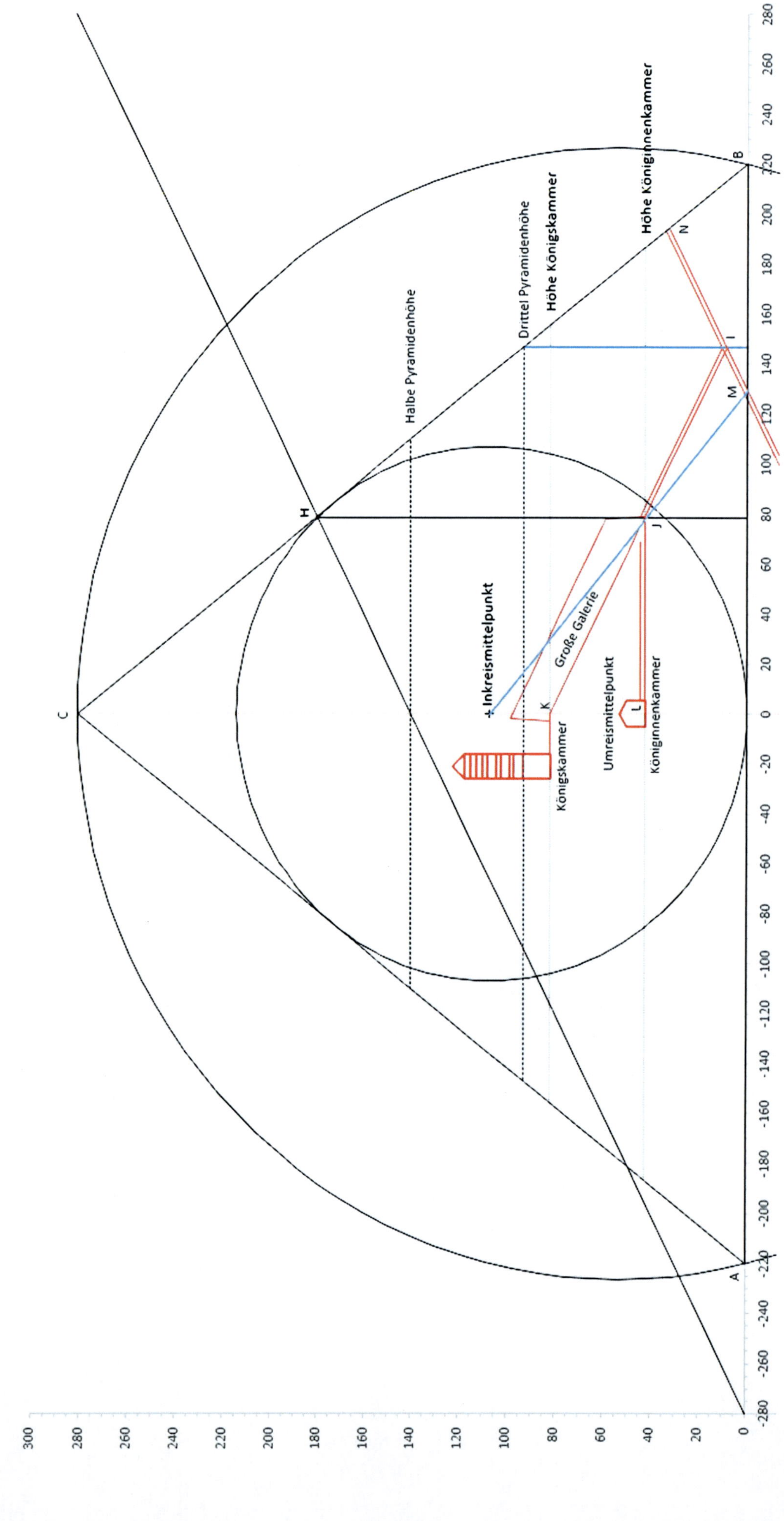

Abb. 199: Grafische Bestimmung des aufsteigenden und absteigenden Gangs.

1. Einzeichnen einer Senkrechten in Höhe des Pyramidendrittels rechts.
2. Einzeichnen einer Linie von Punkt K durch Punkt J bis zur Senkrechten der Drittel Pyramidenhöhe. Dies ergibt den Schnittpunkt I, welcher der Kreuzungspunkt von aufsteigendem Gang zu absteigendem Gang ist.
3. Einzeichnen einer Linie vom Inkreismittelpunkt durch den Punkt J bis zur Pyramidenbasis ergibt den Punkt M. An diesem Punkt tritt der absteigende Gang in den Boden unter der Pyramidenbasis ein.
4. Einzeichnen der Linie von M durch I bis zum Schnittpunkt der Strecke BC ergibt den Punkt N, der den Originaleingang in die Pyramide markiert und somit der Beginn des absteigenden Gangs ist.

Jetzt benötigen wir noch die Terminierung des absteigenden Gangs, von wo aus in horizontaler Lage die unterirdische Kammer beginnt.

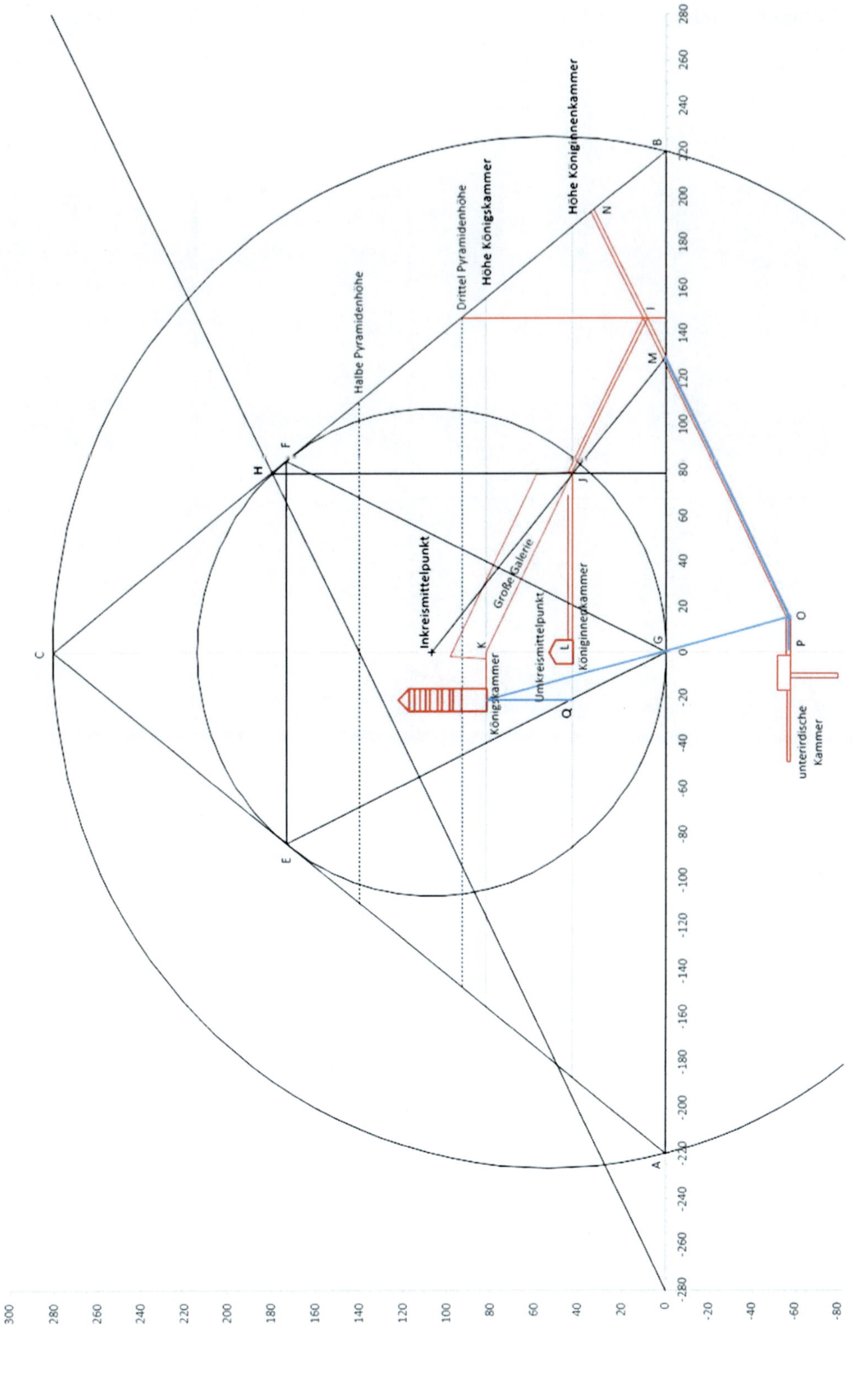

Abb. 200: Grafische Bestimmung der Terminierung des absteigenden Gangs.

1. Markieren des Punktes Q als Schnittpunkt zwischen der Höhenlinie der Königinnenkammer und der Strecke von E nach G, welches die linke Seite des Inkreis-Dreiecks darstellt.
2. Die Senkrechte durch Q trifft die Höhenlinie des Bodens der Königskammer in der Mitte der Kammer.
3. Einzeichnen einer Linie von der Mitte des Bodens der Königskammer durch den Punkt G bis zur Verlängerung der Linie von N durch M bis zum sich ergebenden Schnittpunkt O. Damit ist die Länge des absteigenden Gangs definiert, welche rund 200 Ellen (≈ 104,72 m) beträgt.
4. Einzeichnen einer Horizontalen vom Punkt O bis zur Pyramidensenkrechten ergibt den Punkt P. Kurz hinter P beginnt die unterirdische Kammer.

Damit ist das Gangsystem zu den drei bekannten Kammern der Cheops-Pyramide definiert. Es bleibt noch die Vorkammer zur Königskammer zu definieren.

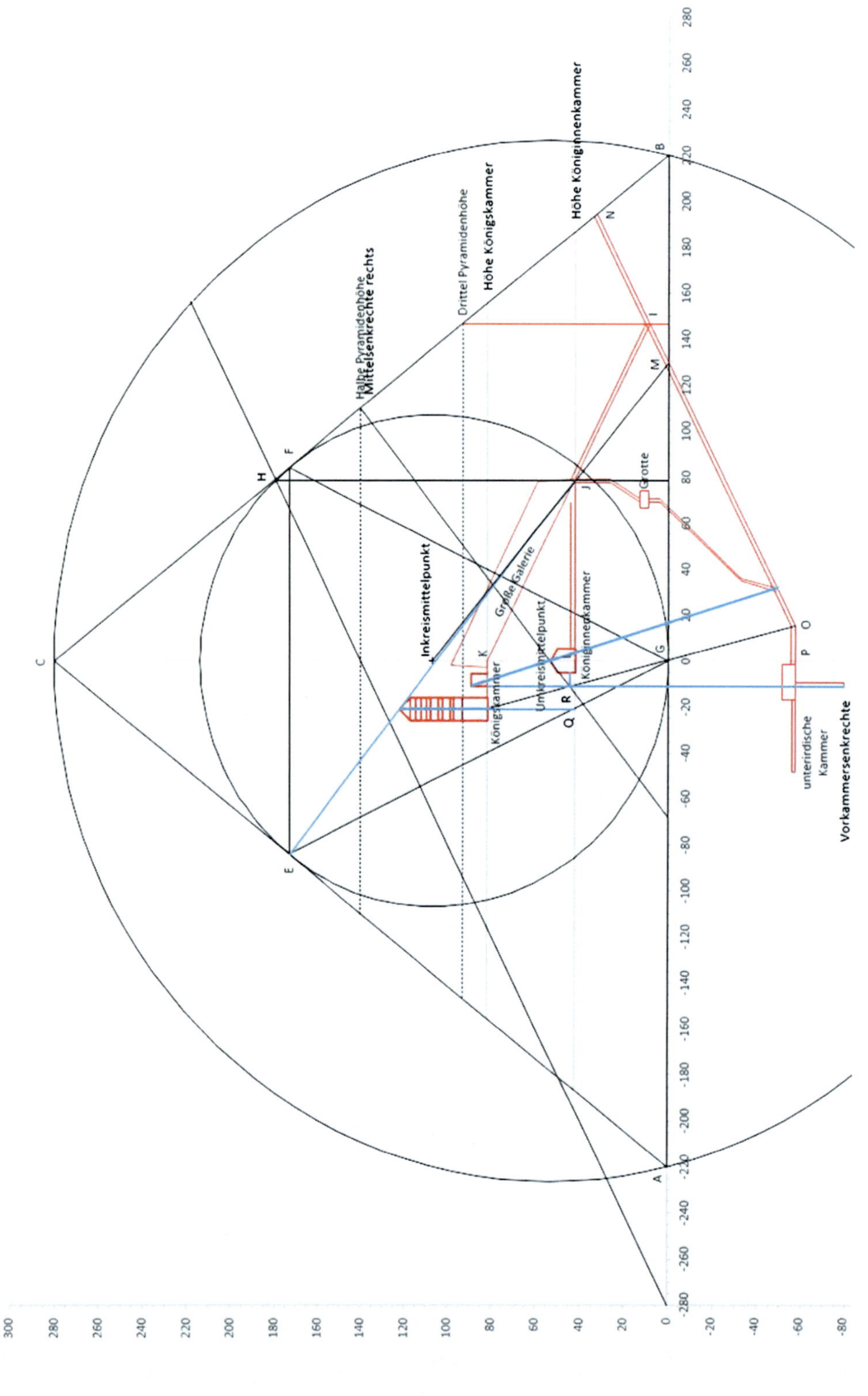

Abb. 201: Grafische Bestimmung der Vorkammer zur Königskammer und Verbindung zum Brunnenschacht der unterirdischen Kammer.

1. Einzeichnen einer Linie von Punkt E zum Punkt J. Diese Linie verläuft knapp am Inkreismittelpunkt vorbei ohne aber durch diesen hindurchzugehen.
2. Einzeichnen einer Senkrechten durch den Schnittpunkt der Mittelsenkrechten rechts und der Linie von der Mitte des Bodens der Königskammer zum Punkt O, ergibt den Schnittpunkt R. Die Senkrechte durch den Punkt R trifft auf der Höhe der Königskammer auf die linke untere Ecke der Vorkammer.
3. Verlängert man die Senkrechte durch den Punkt R nach unten trifft man auf den linken Eckpunkt des Brunnenschachts der unterirdischen Kammer.
4. Der Schnittpunkt der Senkrechten durch den Punkt Q mit der Linie von Punkt E nach J schneidet sich im Giebel der Königskammer. Damit ist auch die obere Begrenzung der Königskammer festgelegt.

Von den bekannten Strukturelementen der Cheops-Pyramide fehlen jetzt nur noch die kleinen Schächte der Königs- und Königinnenkammer. Auch diese lassen sich sehr einfach konstruieren. Wir benötigen dazu nur noch einen weiteren Kreis, nämlich den durch die Strecke von G bis K (= Höhe der Königskammer) nach oben verschobenen Inkreis.

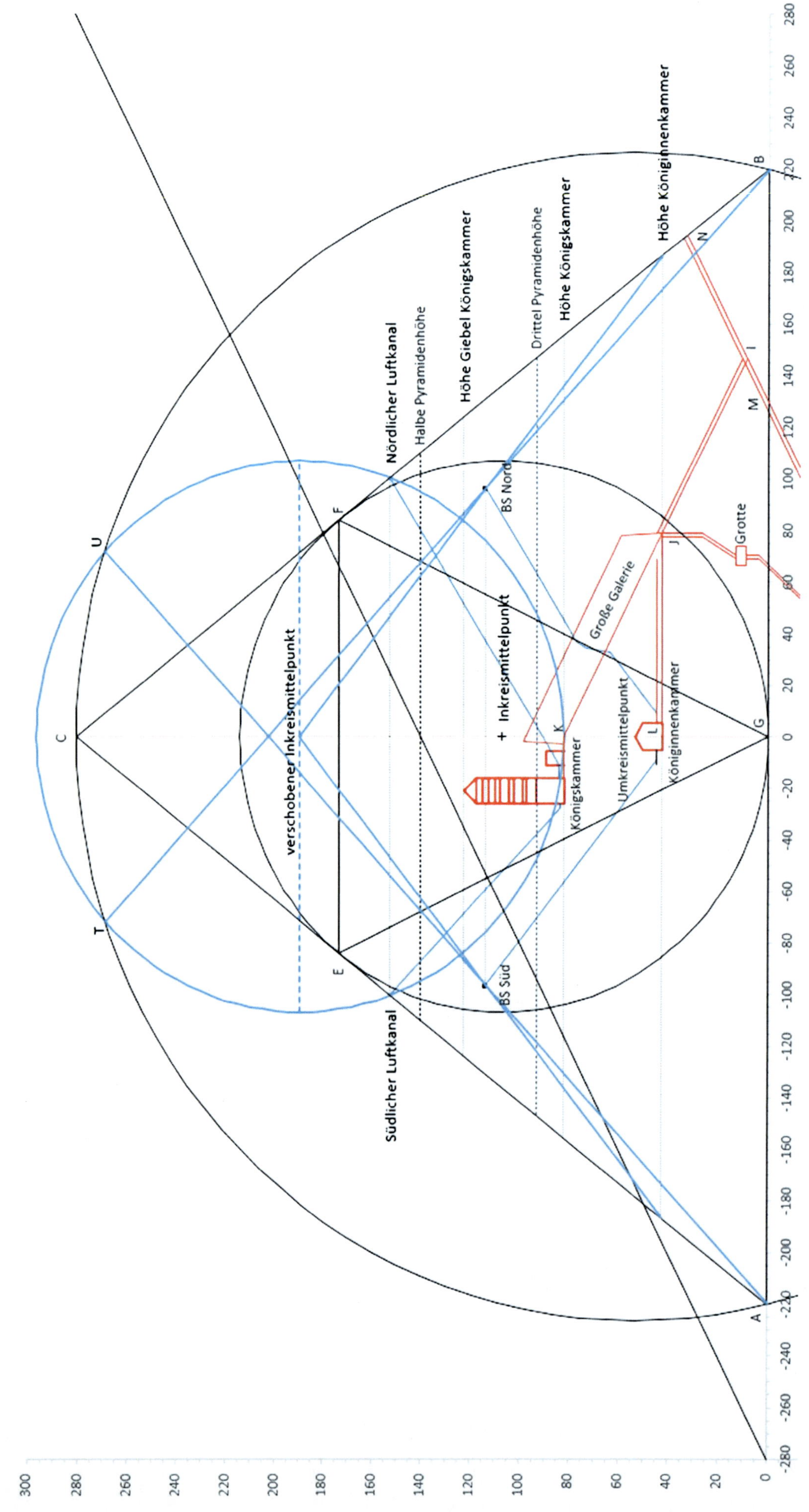

Abb. 202: Grafische Bestimmung der kleinen Schächte der Königs- und Königinnenkammer, sowie die Lage der Blockiersteine.

1. Einzeichnen des durch den Punkt K verschobenen Inkreises. Die Schnittpunkte mit den Pyramidenaußenseiten entsprechen den Austrittspunkten der Luftkanäle unter Berücksichtigung der jetzt fehlenden Verkleidungssteine.
2. Die Linie von A zum rechten Schnittpunkt des durch K verschobenen Inkreises mit dem Umkreis ergibt den Punkt U. Auf der halben Pyramidenhöhe schneidet diese Linie das Inkreis-Dreieck.
3. Die Linie von B zum linken Schnittpunkt des durch K verschobenen Inkreises mit dem Umkreis ergibt den Punkt T. Auf der halben Pyramidenhöhe schneidet diese Linie das Inkreis-Dreieck.
4. Die Linie von der rechten Höhe der Königinnenkammer bis zum verschobenen Inkreismittelpunkt schneidet sich im nördlichen Blockierstein.
5. Die Linie von der linken Höhe der Königinnenkammer bis zum verschobenen Inkreismittelpunkt schneidet sich im südlichen Blockierstein. Diese Linie schneidet den verschobenen Inkreis in Höhe des Giebels der Königskammer.

Damit sind die drei Kammern und das bekannte Gangsystem der Cheops-Pyramide sowie die kleinen Schächte grafisch ermittelt. Die Ermittlung wurde rechnerisch mittels Schnittpunktberechnung verifiziert. Sehr interessant ist auch noch, dass der Punkt D (siehe Abb. 196) die Strecke GC (Pyramidensenkrechte) im Goldenen Schnitt teilt. Mathematisch liegt dieser Punkt bei 173,05 Ellen (≈ 90,61 m). Der Höhenschnittpunkt (Orthozentrum) liegt bei 172,86 Ellen (≈ 90,51 m). Die Abweichung des Höhenschnittpunktes D vom mathematischen Schnittpunkt des Goldenen Schnitts beträgt somit nur 10 cm oder 0,7 Promille bezogen auf die Pyramidenhöhe. Bezogen auf die äußeren Stufen liegt diese Höhe im Bereich der Stufen 118 und 119.

Die Winkelhalbierenden treffen in rund 85 m Höhe an die Pyramidenaußenseiten. Auf dieser Höhe befindet sich die Decke der Kammer (Bobs Kammer) der äußeren Nische (siehe Abb. 139). Auch dies kann ein Zeichen von Planung sein und als architektonischer Hinweis gewertet werden.

19.10.5 Die geometrische Rekonstruktion der Geheimkammer

Wie wir gesehen haben, konnten alle wichtigen internen Strukturpunkte der Cheops-Pyramide mithilfe von geometrisch relevanten Strukturen und sinnvollen Verbindungslinien erklärt werden. Aber ist damit das Geheimnis der Planung der Cheops-Pyramide bereits gelüftet? Meines Erachtens ist dies nicht der Fall. Es gibt schon seit langem Hinweise auf weitere Kammern und Hohlräume, sei es durch elektromagnetische Untersuchungen oder mittels Vermessung der Durchdringung von kosmischen Strahlen durch die internen Strukturen. Ein besonderer architektonischer Hinweis ergab sich für mich durch die Analyse der Daten von Flinders Petrie, der die Abweichung der Stufenhöhen der unterschiedlichen Pyramidenseiten angegeben hat. Wie sich gezeigt hat, nimmt die Präzision beim Vergleich der Nord-Süd-Höhen immer dann signifikant zu, wenn auf der entsprechenden Höhe interne Strukturen wie Kammern zu finden sind. Ein weiterer Hinweis ergab die Feststellung, dass die äußere Kammer in rund 83 m Höhe nicht nachträglich entstanden ist, sondern im Zuge des Baus der Pyramide. Ein architektonischer Hinweis auf diese Kammer liefert auch die Analyse der Präzision der Steinlagen, die im unteren Bereich der Kammer ab Stufe 107 wieder deutlich zunimmt. Die Bedeutung dieser Kammer, die, wie bereits geschildert, schon im 16. Jahrhundert beschrieben wurde, ist bis heute unklar. Es könnte sich bei dieser Kammer z. B. um ein Teil des inneren Rampensystems, welches der französische Architekt Pierre Houdin vorschlägt handeln. Dann müsste aber der Zugang zu den internen Rampen auf beiden Seiten der Kammer nachträglich verschlossen worden sein. Vielleicht war es auch ein Lagerraum, aber wenn ja, für welche Güter und welchen Zweck in dieser Lage? Plausibler erscheint es mir da, dass diese Kammer einen Zugang zu einer geheimen Kammer bot, die sich im Zentrum der Pyramide, genau wie die Königinnenkammer befand, aber deutlich höher liegt. Der physische Zugang wurde dann nach „Befüllung der Geheimkammer" womit auch immer, so verschlossen, dass man auf Anhieb nicht erkennen kann, dass diese Kammer einen geheimen Zugang zu einem weiteren Gangsystem mit zugehöriger Kammer besitzt. Die Lage einer weiteren Kammer im oberen Pyramidenbereich lässt sich anhand der Präzision der Nord-Süd-Höhen auf die Stufe 125 als Boden verorten. Wie wir sehen werden gibt es dafür konstruktionsbedingt auch gute Gründe. Die beiden Blockiersteine der kleinen Schächte der Königinnenkammer spielen für die Konstruktion der Geheimkammer ebenfalls eine planerische Rolle. Dies könnte der Schlüssel für die Bedeutung der Blockiersteine sein, die nicht physisch den Zugang zur Geheimkammer blockieren, sondern symbolisch! Die beiden Metallstifte, die in die Blockiersteine geschlagen wurden und dann umgebogen wurden, symbolisieren damit auch den Akt des Verschließens oder Versiegelns.

Doch betrachten wir uns nun die einzelnen Schritte zur Planung dieser Kammer.

1. Einzeichnen einer Höhenlinie durch Punkt H ergibt in der Pyramidensenkrechten den Punkt S. Die Höhenlinie durch S entspricht dem Bodenniveau der vermuteten Geheimkammer und liegt auf Stufe 125.
2. Die Horizontalachse des verschobenen Inkreises liegt auf Stufe 132 und stellt somit ein Kandidat für die Höhe des vermuteten Flachdachs der vermuteten Geheimkammer dar.
3. Der Schnittpunkt der Linie von A nach U mit der Linie von B nach T definiert den Giebel der Geheimkammer. Er befindet sich auf der Höhe der Stufe 144 bei 201,88 Ellen (≈ 105,7 m). Durch diesen Punkt verläuft die Höhenlinie durch den Giebel der vermuteten Geheimkammer.
4. Einzeichnen des Neunpunktkreises und verschieben der Horizontalachse auf den Inkreismittelpunkt. Dadurch umgibt er den Inkreis wie ein zweiter Ring. Die Schnittpunkte mit den Pyramidenseiten (AC und BC) liegen auf der Höhe der Stufe 144, dem Dachgiebel der vermuteten Geheimkammer.
5. Einzeichnen einer Linie von der halben Pyramidenhöhe rechts zur Stufe 144 links. Diese Linie schneidet die Pyramidensenkrechte im Punkt S, der Mitte des Bodens der vermuteten Geheimkammer.
6. Einzeichnen der Linie vom Originaleingang (Punkt N) durch den Blockierstein Nord bis zur Pyramidensenkrechten. Diese Linie schneidet die Pyramidensenkrechte in der Höhe des vermuteten Flachdachs der Geheimkammer, dessen Lage der Stufe 136 entspricht.

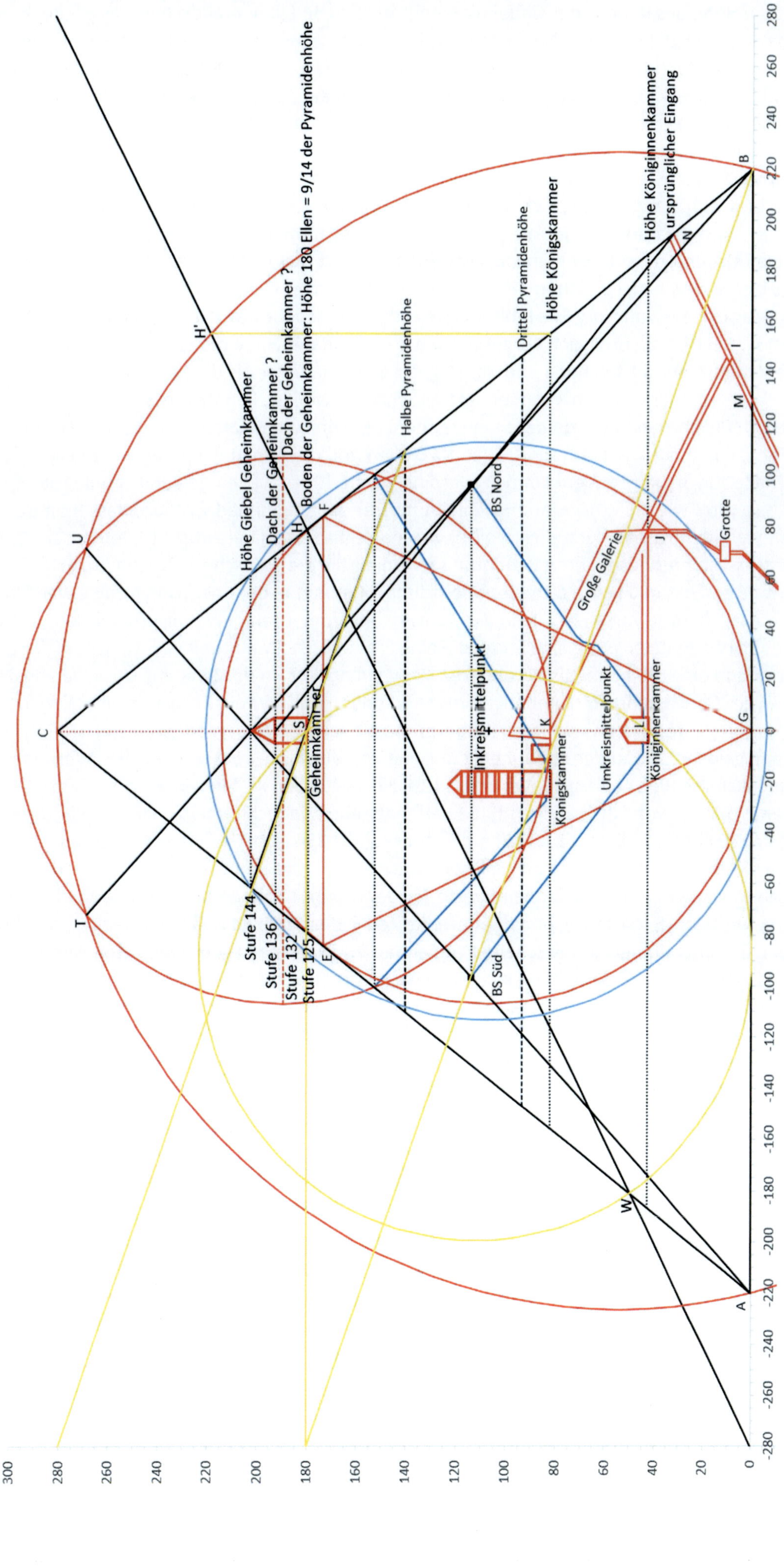

Abb. 203: Grafische Rekonstruktion der oberen vermuteten Geheimkammer der Cheops-Pyramide.

Mathematisch liegt die Höhe des Bodens der Geheimkammer bei 179,34 Ellen, praktisch wird sie jedoch bei 180 Ellen gelegen haben – und daher genau 100 Ellen unterhalb der Pyramidenspitze –, da diese Höhe genau $^{9}/_{14}$ der Pyramidenhöhe darstellt. Der Unterschied beträgt nur rund 34 cm. Die Decke der Geheimkammer befindet sich auf 192,5 Ellen, also 12,5 Ellen über dem Boden der Geheimkammer. Sie ist damit gut 1,3 Ellen (≈ 69 cm) höher als die Königskammer. Sie besitzt vermutlich ebenfalls ein Flachdach, genau wie die Königskammer und eine Entlastungskonstruktion darüber, die aber mit 9,4 Ellen (≈ 4,92 m) rund dreimal kleiner ausfällt als die Entlastungskonstruktion der Königskammer, die vom Dach bis zum Giebel 29,1 Ellen (≈ 15,24 m) beträgt. Dies ist nicht verwunderlich, da die Masse oberhalb der Geheimkammer deutlich geringer ist als oberhalb der Königskammer. Über die Länge der Geheimkammer lässt sich nur spekulieren. Betrachtet man aber die Tatsache, dass die Geheimkammer höher als die Königskammer ist, wird sie vermutlich auch mindestens so lang sein wie diese, also mind. 20 Ellen. Die Königinnenkammer ist nur scheinbar höher, da ihr der unterste Belag in Höhe von einer Elle fehlt und sie zudem eine Giebelkonstruktion besitzt und keine Flachdachkonstruktion. Bei dem ursprünglich vorgesehenen Belag und der Höhe bis zum Beginn der Giebelkonstruktion ist die Kammer nur 8 Ellen hoch und damit gut 3 Ellen niedriger als die Königskammer. Da die Länge der beiden bekannten oberirdischen Kammern in 9er-Schritten variiert, könnte die Geheimkammer 29 Ellen lang sein. Von den Proportionen würde das Sinn ergeben: die Königinnenkammer mit einem Grundriss von 10 Ellen × 11 Ellen, die Königskammer mit 10 Ellen × 20 Ellen und die Geheimkammer mit 10 Ellen × 29 Ellen. Warum die Maße für die Königinnenkammer allerdings nicht 10 × 10 Ellen gewählt wurde, denn so wäre sie genau halb so groß wie die Königskammer, bleibt mysteriös. Es kann jedoch sein, dass man einen Bezug zum oberen Pyramidenplateau herstellen wollte, welches eine Seitenlänge von 11 Ellen besaß. Vielleicht hat es auch etwas mit ihrer besonderen Bedeutung zu tun, da sie die grafisch zuerst konstruierte Kammer gewesen sein muss und natürlich auch die erste oberirdische Kammer in der Cheops-Pyramide war. Dass hingegen der Bodenbelag in Höhe von einer Elle in der Königinnenkammer fehlt, liegt eigentlich klar auf der Hand. Erstens gibt es im horizontalen Gang eine Stufe, die eine Elle hoch ist. Dahinter in Richtung Königinnenkammer ist der Gang dann eine Elle höher als die anderen Gänge in der Pyramide. Zweitens kann man an der Gestalt der Nische an der Ostwand der Königinnenkammer erkennen, dass hier ein Belag von einer Elle fehlt. Die unterste Stufe des kragenförmigen Gewölbes ist überproportional groß zu den anderen vier Stufen. Die Proportion wäre dann gewahrt, wenn der Bodenbelag in Höhe von einer Elle vorhanden wäre. Wir können also für die Königinnenkammer von geplanten Werten von 10 Ellen × 11 Ellen × 8 Ellen bzw. 11 bis zum Giebel ausgehen, was einem Volumen von 880 + 165 = 1.045 Ellen^3 entspricht, jedoch ohne die Nische. Für die Königskammer ergibt sich 10 Ellen × 20 Ellen × 11,18 Ellen[1389] oder rund 2.236 Ellen^3. Wenn wir davon ausgehen, dass das Volumen der Königskammer doppelt so groß sein sollte wie das der Königinnenkammer, verbleiben 73 Ellen^3 für die Nische an der Ostwand. Da der gemauerte Teil der Nische 12 Ellen weit ins Mauerwerk reicht, die Nischenhöhe ursprünglich 8 Ellen betrug und der unterste Teil 3 Ellen breit ist und sich oben auf eine Elle verjüngt, könnte das Gesamtvolumen der Nische die fehlenden 73 Ellen^3 betragen haben. Die Nische bot übrigens ausreichend Platz, um einen Sarkophag der Länge nach dort zu verstauen. Wenn wir nun das Volumen der Königskammer wiederum verdoppeln, so erhalten wir 4.472 Ellen^3 (≈ 642 m^3)[1390]. Bei Annahme der Breite von 10 Ellen und der Höhe von 12,5 Ellen bis zu einer Flachdecke müsste die Länge 35,777 Ellen betragen, damit diese Kammer auf das doppelte Volumen der Königskammer kommt. Da die Erbauer der Pyramide wie es bisher aussieht nichts dem Zufall überlassen haben, erscheint dies eine plausible Annahme für die Dimensionen der Geheimkammer zu sein. Dieser Raum bietet also viel Stauraum selbst für größere Gegenstände.

Betrachten wir abschließend noch die orangefarbenen Elemente in der vorherigen Abbildung, die ein erstaunliches Bild ergeben. Der orangfarbene Kreis mit Durchmesser 223 Ellen – genau 3 Ellen mehr als die halbe Pyramidengrundseite – wurde vom Pyramidenzentrum um 88 Königsellen nach links (Süden) verschoben. Der Kreis berührt in seinem untersten Punkt die Pyramidenbasis. Sein unterer Schnittpunkt mit der Pyramidensenkrechten verläuft exakt durch den Boden der Königinnenkammer (Punkt L), während sein oberer Schittpunkt durch den Boden der Geheimkammer (Punkt S) verläuft. Zudem schneidet der Kreis auch den Beginn der nördlichen Dachschräge der Königinnenkammer, sowie die Pyramidenaußenseite im Punkt W,

---

1389 Die genaue Höhe beträgt $5 \cdot \sqrt{5}$ Ellen.

1390 Um sich die Zahl bildlich vorstellen zu können: 642 m^3 Wohnraum entsprechen gut 240 m^2 Wohnfläche in einem Einfamilienhaus.

der ebenfalls Schnittpunkt der Diagonalen durch die halbe Pyramidenhöhe mit der Pyramidenaußenseite ist. Dieser Kreis ist im Übrigen eindeutig durch die Punkte L, S und W definiert. Die Linie von Punkt B zum Punkt (-280;180), welcher der Höhe des Bodens der Geheimkammer entspricht, verläuft durch die Mitte des Bodens der Vorkammer und dann genau durch den südlichen Blockierstein. Die Diagonale vom Punkt (-280; 0) durch den Schnittpunkt der halben Pyramidenhöhe mit der Pyramidensenkrechten enthält nicht nur den Schnittpunkt W, sondern auch den Schnittpunkt H und H'. Während die Senkrechte durch Punkt H den Beginn der Großen Galerie markiert, trifft die Senkrechte durch den Punkt H' die Pyramidenaußenseite auf Höhe des Bodens der Königskammer, wie bereits gezeigt. Zeichnet man eine Linie vom Schnittpunkt der halben Pyramidenhöhe mit der rechten Pyramidenaußenseite zum Punkt (-280;280), so schneidet diese Linie die Geheimkammer in Punkt S und die Pyramidenaußenseite auf Höhe des Giebels der Geheimkammer (= Stufe 144). Dieser Schnittpunkt ist zudem der obere Schnittpunkt des Neunpunktkreises mit der linken Pyramidenaußenseite.

Diese Zusammenhänge sind nicht nur äußerst erstaunlich, sondern auch faszinierend. Es erscheint extrem unwahrscheinlich, dass sie alle dem Zufall geschuldet sind. Es scheint so, als ob hinter dem Bauplan eine ausgeklügelte Planung steckt, die eine intensive Beschäftigung mit mathematischen geometrischen Elementen voraussetzt. Es gilt auch hier: Hat man die Lösung eines Problems erst einmal gefunden, sieht sie mitunter recht einfach aus. Doch die Schwierigkeit besteht darin, diese einfache Lösung zu finden.

19.10.6 Rückblick auf die grafische Rekonstruktion

Das Innere der Cheops-Pyramide ist nun erklärt und die Rekonstruktion damit abgeschlossen. An dieser Stelle sei aber noch einmal darauf hingewiesen, dass die hier gezeigte grafische Rekonstruktion wichtiger Punkte der inneren Strukturen nur eine von mehreren Lösungsmöglichkeiten darstellt und überdies auch nicht bewiesen ist bzw. werden kann, ob die Pyramide tatsächlich mithilfe geometrischer Formen konstruiert wurde. Es deutet aber vieles darauf hin, dass dies so war.

Betrachten wir abschließend noch einmal kritisch den Winkel für den aufsteigenden Gang, den absteigenden Gang und die Große Galerie, der ja planerisch der Gleiche war, nämlich 26,565° und der auf natürliche Weise in einem 1:2-Dreieck entsteht, also einem rechtwinkligen Dreieck, bei dem der eine Schenkel doppelt so lang ist wie der andere. Bei der hier vorgestellten grafischen Rekonstruktion haben wir an keiner Stelle explizit mit Winkeln gearbeitet, abgesehen vom rechten Winkel und dem Neigungswinkel der Pyramide selbst, der aber auf ein Verhältnis von 14:11 (= $\tan^{-1}(^{14}/_{11}) \approx 51{,}84°$) zurückzuführen ist. Man beachte auch in diesem Zusammenhang die vermeintliche Lage der Geheimkammer auf $^{9}/_{14}$ der Pyramidenhöhe bzw. 100 Königsellen unterhalb der Pyramidenspitze. Da bautechnisch ein 1:2-Dreieck sehr leicht herzustellen ist, wurde dies vermutlich auch benutzt, um den Baufortschritt des Gangsystems zu überprüfen. Interessant ist jedenfalls, dass sich dieser Winkel quasi automatisch bei der Rekonstruktion ergeben hat und nicht explizit geplant wurde. War das nun ein zufälliges Ergebnis oder steckte das intrinsisch in der Art der Planung?

Das Erkennen der Geheimkammer mit nicht-invasiven Untersuchungsmethoden wird schwierig sein, da sich diese Kammer im Zentrum der Pyramide befindet, wo auch schon die Königinnenkammer liegt, nur letztere eben deutlich tiefer. Wenn also im Pyramidenzentrum ein vermeintlicher Hohlraum zu sehen ist, weiß man nicht, ob dies nun die Königinnenkammer oder noch eine Kammer darüber ist. Setzt man hingegen ein Bodenradar vom Plateau der Pyramide ein, wird man nichts sehen, da die Kammerdecke 38 m unter dem Plateau liegt und das Bodenradar so weit nicht hinunterreicht. Eine Bohrung von der Mitte des Plateaus aus rund 40 m in die Tiefe würde aber ausreichen, um die Kammer aufzuspüren. Ob so ein Vorhaben jedoch von der ägyptischen Antikenbehörde genehmigt würde, ist in Anbetracht der Entscheidungen der vergangenen Jahrzehnte mehr als fraglich.

19.11 Herz und Auge der Pyramide

Hier sei noch auf einen anderen Aspekt eingegangen: den Proportionskanon im Alten Reich. Um Menschen proportional richtig darzustellen, bediente man sich bereits eines Rasters, welches einen Menschen in aufrechter Position darstellte, wie folgende Abbildung zeigt.

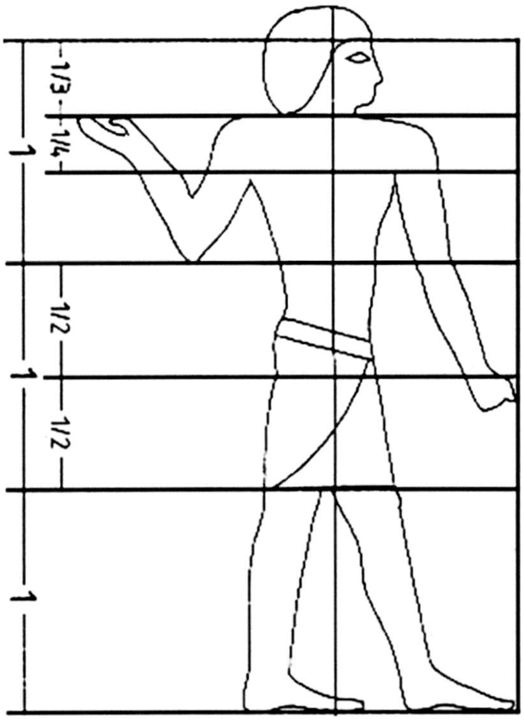

Abb. 204: Der Mensch im Raster des Proportionskanons des Alten Reichs.

Dass die Dreiteilung einer Strecke eine besondere Rolle gespielt hat, kann man daran erkennen, dass gemäß dem Proportionskanon des Alten Reichs der aufrecht stehende Mensch in drei Teile unterteilt wurde. Zeichnet man das obere Drittel eines Mannes gemäß dem Proportionskanon ab der Drittelhöhe ein, so kommt das Auge des Königs im Zentrum der Königskammer und das Herz in der Königinnenkammer zu liegen! Das obere Drittel des Mannes endet beim Ellenbogen auf der Höhe des Eingangs der Pyramide. Die dritte Linie des Rasters von oben (⅓ + ¼) kommt dabei auf der Fünftel-Pyramidenhöhe zu liegen. Die Taille mit dem Gürtel entspricht der Pyramidenbasis und die unterirdische Kammer den Geschlechtsteilen.

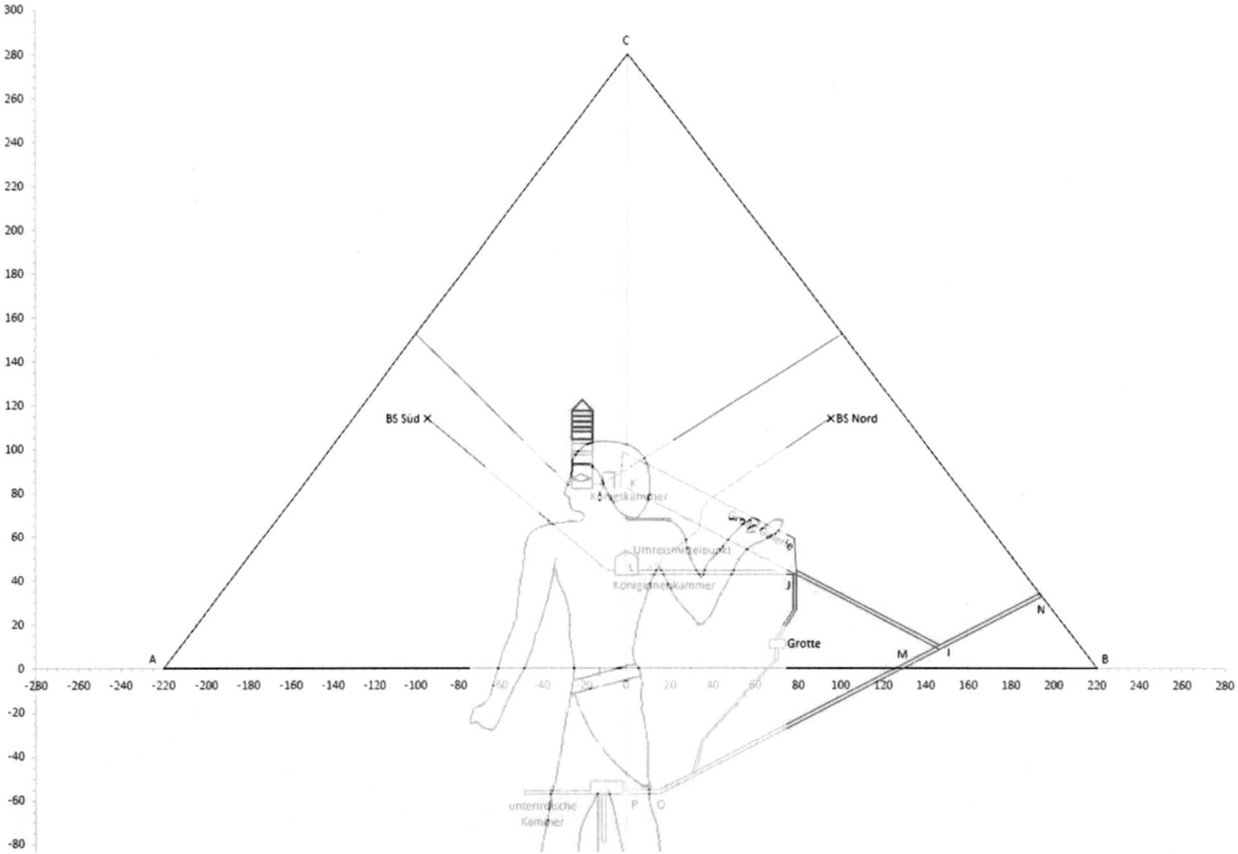

Abb. 205: Die Königskammer ist das Auge, die Königinnenkammer das Herz der Pyramide.

20 Fazit

Wäre dieses Werk vor 10 Jahren geschrieben worden, so würden aus heutiger Sicht sehr interessante neue Beweise über den Bau der Cheops-Pyramide bzw. dessen Alter fehlen. Erst Ende 2019 wurden Holzfragmente, die sich in einem erst 1872 durch Waynman Dixon gefundenen kleinen Schacht in dem als Königinnenkammer bezeichneten Raum der Cheops-Pyramide befunden haben, wiederentdeckt. Die von Waynman Dixon und Dr. James Andrew Sandilands Grant 1872 gefundenen Relikte im kleinen Nordschacht der Königinnenkammer – eine kleine Steinkugel, ein schwalbenschwanzförmiger Metallhaken und ein Holzstück (aus Zedernholz) – brachte John Dixon (der ältere Bruder von Waynman) in einer Zigarrenschachtel noch im gleichen Jahr nach England. Von dort schickte er sie per Post an Prof. Piazzi Smyth, welcher sie untersuchte und dann wieder an John Dixon zurückschickte. Dixon versuchte sie an das Britische Museum zu verkaufen, welches aber an einem Ankauf seinerzeit nicht interessiert war. So verblieben die Objekte erst einmal für 100 Jahre im Besitz der Familie Dixon. Elizabeth Porteous, die Enkelin von John Dixon, erinnerte sich nach einem Besuch der Tutanchamun-Ausstellung 1972 daran, dass sie zwei Jahre zuvor von ihrem verstorbenen Vater ägyptische Relikte, die sich in einer Zigarrenschachtel befanden, geerbt hatte. Diese bot sie dann dem Britischen Museum als Geschenk an, wo sie durch Ian Shore erfasst wurden, aufgrund der aktuell laufenden Tutanchamun-Ausstellung aber erst einmal im Depot landeten und dort in Vergessenheit gerieten.

Die derzeitige Faktenlage zum schwalbenschwanzförmigen Metallhaken lässt sich wie folgt zusammenfassen:

Bezüglich des Fundortes des Metallhakens gibt es drei unterschiedliche Angaben:

- Königinnenkammer-Südschacht: 1872 *Nature*-Artikel, 1993 Webseite von Hawass, 1995 Britisches Museum.
- Königinnenkammer-Nordschacht: 1994 Stadelmann/Gantenbrink, 2002 Haase, 2004 Hawass.
- Vorkammer zur Königskammer: 1877 Bonwick.

Zur Materialeigenschaft des Metallhakens gibt es zwei unterschiedliche Angaben:

- Bronze: 1872 *Nature*-Artikel, 1873 Journal of Science, 1877 Bonwick, 1993 Hawass, 2003 Alford.
- Kupfer: 1994 Stadelmann/Gantenbrink, 1995 Britisches Museum., 1998 Verner, 2002 Haase.

Daher bestanden Zweifel an dem antiken Ursprung des Metallhakens, die jedoch durch die chemische Analyse des Britischen Museums. aus dem Jahre 1994 mit hoher Wahrscheinlichkeit ausgeräumt werden konnten. Mittels neuer chemischer Analysemethoden, wie der Voltammetrie, bei dem nur Material im Mikrogrammbereich benötigt wird und die Untersuchungsmethode daher als fast zerstörungsfrei bezeichnet werden kann, lässt sich heute das ungefähre Alter von Kupfer- und Bronze-Artefakten bestimmen.[1391] Damit ließe sich sicher klären, ob der Metallhaken der Pyramidenbauzeit oder einer späteren Epoche, z. B. der griechisch-römischen Zeit, zuzurechnen ist. Im letzteren Fall würde es sich dann um ein Schatzsucher-Relikt handeln, und als Fundort wäre dann der von Bonwick angegebene Fundort plausibel.

Was die Länge der Schächte der Königinnenkammer angeht, weichen die Angaben in der Literatur teilweise erheblich voneinander ab. Gantenbrink hat sich in der Fernsehsendung *Im Schatten der Pyramiden – Spurensuche im alten Ägypten*, die 1996 im deutschen Fernsehsender ARD ausgestrahlt wurde, wie folgt geäußert:

> *„Es heißt immer, die Cheops-Pyramide sei das bestvermessene Bauwerk der Antike oder eines der bestvermessenen. Das stimmt nicht. Das liest man sehr oft und jeder schreibt es vom anderen wieder ab. Wir haben bei unseren Messkampagnen festgestellt, dass sehr viele Dinge wirklich hier sehr im Argen liegen."*

Bezogen auf die unterschiedlichen Längenangaben der Schächte in der Königinnenkammer kommt auch Haase zu dem Schluss:

1391 Die Genauigkeit hängt vom Alter der Probe ab. Für einen Zeitraum von 2000 bis 6000 Jahren beträgt die Unsicherheit der Altersbestimmung zwischen 150 und 250 Jahren bei einer Bestimmung mittels Voltammetrie.

> *„Unstimmigkeiten bei Längenangaben bestimmter Teilabschnitte des Schachtes treten in der Fachliteratur immer wieder auf.“* [1392]

Die Länge des Südschachts ist durch Untersuchungen der *Djedi*-Mission von 2011 auf 63,60 m (± 0,4 m) bestimmt worden. Dieser Wert deckt sich fast mit dem 1928 von Morton Edgar mit seinen Metallstangen ermittelten Wert von 63,40 m. Auch die *Pyramid Rover*-Mission, über die Zahi Hawass in einem Artikel[1393] aus dem Jahr 2005 berichtet, kommt zu der gleichen Länge wie Morton Edgar. Dem Wert von über 63 m steht der im Jahre 1993 ermittelte von Rudolf Gantenbrink in Höhe von 59,45 m entgegen. Gantenbrink hatte mit einem lasergestützten System die Entfernungsmessungen im Südschacht der Königinnenkammer vorgenommen.

Dieser Wert[1394] wurde in einem Gemeinschaftsartikel zusammen mit dem Ägyptologen Rainer Stadelmann publiziert. Sowohl Rudolf Gantenbrink (*UPUAUT*) als auch Chris Sondreal (*Pyramid Rover*) behaupten von sich, den jeweils korrekten Wert zu besitzen.

Erstaunlich ist auch, dass beide Schächte der Königinnenkammer bereits 1928 von Morton Edgar untersucht wurden, wie dies in dem 1932 erschienen Buch von Kingsland *The great pyramid in fact & theory* steht und sehr ausführlich in den Briefen von Morton Edgar an Hugo Karlén in *Gleanings from Glasgow* geschildert wird. Dies geriet ebenso wie die Dixon-Relikte lange Zeit in Vergessenheit. Erst am 23. September 2002, nur wenige Tage, nachdem der *Pyramid Rover* den Blockierstein des südlichen Schachts durchgebohrt hatte, wird von *National Geographic* in einer kurzen Meldung die bis dato einhellige Meinung berichtigt, dass die im Nordschacht zurückgelassenen Metallstangen von Waynman Dixon stammen, was folgendes Zitat belegt:

> *"Portions of the northern shaft have been previously explored. In 1872 Waynman Dixon found a small bronze hook and granite ball. In the 1920s a pyramid enthusiast, Morton Edgar, attempted to learn more about the queen's chamber shafts by using flexible metal rods. In the southern shaft he was stopped, presumably by the blocking door. In the northern shaft, which appears to bend and curve around the grand gallery, Edgar's flexible rods broke and remain there to this day. The SCA/NG robot "rover" had to navigate around the metal rods to reach the end of the northern shaft."* [1395]

Alford (2003) erwähnt, dass Morton Edgar in den 1920er Jahren gemäß einiger Autoren – allerdings ohne diese zu nennen – für die abgebrochenen Metallstäbe verantwortlich gewesen sei, dass aber Konsens besteht, dass die Metallstangen von Waynman Dixon stammen und dass der noch im Nordschacht verbliebene abgebrochene Holzstab, der sich nun aber als Metallstange entpuppt hat, mit dem ersten Versuch der Schachterkundung durch Dixon in Verbindung steht.

Haase berichtet über die Erforschung des südlichen Schachts im Jahr 2010 durch den *Djedi*-Roboter und verweist eindeutig darauf, dass die Metallstangen aus dem Nordschacht von Morton Edgars Untersuchung 1928 stammen.[1396]

Außer den drei hier zuvor genannten Verweisen fand sich in der existierenden und sehr umfassenden Literatur keine Hinweise auf Morton Edgar als Verursacher der abgebrochenen Metallstangen und das, obwohl der eindeutige Beweis auf die Urheberschaft in den Briefen von Morton Edgar an Hugo Karlén vorliegt. Selbst das bereits 1932 erschienene Buch von Kingsland lässt keinen Zweifel an der Urheberschaft zu.

Die Längenangaben der Schächte beweisen, dass der Südschacht bis zum Blockierstein untersucht wurde, wobei auch der linke Metallstift während der Dicke-Messung abbrach. Dass die Schächte zuvor von Waynman Dixon ebenfalls mit Stangen untersucht wurden, kann nicht ausgeschlossen werden, ist aber nirgends

---

[1392] Haase 2011, 23.

[1393] Hawass 2005, 308.

[1394] Der veröffentlichte Wert beträgt 57,55 m (vom aufsteigenden Gang). Daher muss noch knapp 2 m horizontaler Gang als Länge addiert werden. Dieser Wert findet sich in Stadelmann und Gantenbrink 1994, 294.

[1395] National Geographic 2002, 23. September.

[1396] Haase 2011.

dokumentiert. Denkbar wäre, dass er den Südschacht, bei dem er einen Abzug des Rauches feststellte, mittels Stangen erkunden wollte. Gegen diese These spricht allerdings, dass Petrie in seinem Buch *The pyramids and temples of Gizeh* von 1883 keine Angaben diesbezüglich macht. Wohin der Rauch im Südschacht abzog und ob er dies auch jetzt noch tut, ist meines Wissens bis heute nicht geklärt.

Dass der Nordschacht bei der Öffnung jungfräulich rein gewesen sei, der Südschacht aber völlig rußgeschwärzt, lässt nicht zwangsweise den Schluss zu, dass er vor Waynman Dixon bereits einmal geöffnet wurde, da er auch den Bauarbeitern während der Bauphase als Feuerstelle gedient haben kann, um z. B. Weihrauch zu verbrennen. Um diese These zu überprüfen, müssten die Rußablagerungen, sofern noch vorhanden, mittels der C^{14}-Methode untersucht werden. 1988/89 wurden allerdings die Innenräume der Pyramide einer gründlichen Reinigung unterzogen, wobei auch kleinere Risse und Schäden ausgebessert wurden.[1397] Falls auch die unteren Schächte der Königinnenkammer gereinigt wurden, wird sich wohl kein ursprünglich entstandener Ruß mehr finden lassen. Es gibt Theorien, die besagen, dass der Rauch in eine noch unbekannte Kammer innerhalb der Pyramide abzog, da er offensichtlich nicht an der Außenseite gesehen wurde. Der ursprüngliche Riss in der Südwand, der Dr. Grant auf die Idee brachte, mittels eines Drahtes zu erkunden, ob sich ein Hohlraum hinter dem Mauerwerk befindet, stammt vermutlich von einem früheren Erdbeben und nicht von einem vergeblichen Versuch, den einmal geöffneten Schacht wieder möglichst original zu verschließen. Aufgrund der Restaurierungsarbeiten ist dieser Riss heute allerdings nicht mehr existent. Auf einem Foto von 1972 (s. Abb. 6 rechts) ist er jedoch noch zu sehen. Da am Nordschacht der Eingang nicht ganz freigelegt wurde, erkennt man, dass es sich um Material des Originalsteins handelt.

1993 ging der unabhängige Forscher Robert Bauval, nachdem kurz zuvor der deutsche Ingenieur Rudolf Gantenbrink im kleinen Südschacht der Königinnenkammer mit seinem Roboter *UPUAUT* eine sensationelle Entdeckung gemacht hat – in rund 60 m Entfernung von der Öffnung in der Königinnenkammer fand er einen mit zwei Metallpins versehenen Blockierstein – dem Verbleib der Objekte auf den Grund. Für seine Spurensuche nutzte er auch die Notizen, Tagebücher und Briefe von Prof. Piazzi Smyth, welche sich in der Bibliothek des königlichen Observatoriums von Edinburgh befinden. Doch leider blieb das gesuchte Holzstück unauffindbar. Zur Zeit des Fundes im Jahr 1872 gab es noch keine Möglichkeit, das Alter des Holzes mittels einer wissenschaftlichen Methode zuverlässig bestimmen zu können, weshalb es damals auch eher als uninteressant eingestuft wurde. Die heute bekannte Methode der Radiokarbondatierung von Holz wurde erst 1949 erfunden. Die Möglichkeit, durch Messung von C^{14} das Alter der aus Holz bestehenden Probe zu datieren, wurde erstmals 1949 durch die von J. R. Arnold und W. F. Libby publizierte *Curve of Knowns* gezeigt, in der anhand von verschiedenen Proben bekannten Alters die inverse Abhängigkeit des C^{14}-Gehalts vom Alter der jeweiligen Probe gezeigt wurde. Nach weiteren Nachforschungen seitens Bauval ergab sich, dass am 26. November 1946 vom Marischal Museums in Aberdeen ein Objekt von einer Tochter von James Grant, Elsie Frances Morice, angekauft wurde, welches unter der Museumsregistriernummer *ABDUA:24358*, mit dem Namen "Stonemason's Rule (Fragment, Wood)" verzeichnet war. Für Bauval war klar, dass es sich hierbei um das gesuchte Holzstück aus dem Nordschacht der Königinnenkammer handeln musste. Der Behälter mit dem Holzstück musste also irgendwann aus der Zigarrenschachtel herausgenommen und separat aufbewahrt worden sein, da er ansonsten von dem Kurator der ägyptischen Sammlung, Ian Shaw, für das Britische Museum registriert worden wäre. 2001 tauchte dann in einer Inventarliste des Marischal Museums in Aberdeen der vermisste „Holzmaßstab" unter der Objektnummer *ABDUA:24358* zwar auf, konnte aber nicht gefunden werden, da das Museum damals im Umzug begriffen war. Aus der Notiz zu dem Objekt ging eindeutig hervor, dass es sich um das lange gesuchte Holzstück handelt. Doch leider blieb es weiterhin unauffindbar. Auch einige intensive Recherchen im Museum blieben über viele Jahre erfolglos, sodass die Hoffnung, das Holzstück jemals wiederzufinden gegen null ging. Da das Holzstück 1946 vom Museum erworben wurde und erst drei Jahre später die Radiokarbonmethode zur Altersbestimmung erfunden wurde, war es 1946 daher kein spektakuläres Objekt gewesen, welches einer intensiven Untersuchung zugeführt wurde. Nachdem das Holzstück jahrzehntelang nicht mehr auffindbar war und selbst von den Museumsverantwortlichen keine Hoffnung gemacht wurde, das Objekt jemals wiederzufinden, geschah ein kleines Wunder. Ende 2019 führte die ägyptische Kuratoriumsassistentin Abeer Eladany eine Überprüfung der Objekte durch, die sich in der Asien-Sammlung des Marischal Museums in der Universität von Aberdeen befinden. Dort fand sie bei Aufräumarbeiten eine kleine Zigarettenschachtel mit der ägyptischen Fahne auf dem Deckel, die sie als Ägypterin sofort

[1397] Stadelmann und Gantenbrink 1994, 287.

erkannte. Sie untersuchte die kleine Schachtel übrigens nur deshalb, weil es sie an ihre Heimat erinnerte, wie sie selbst sagte. Dies war also ein glücklicher Zufall. Auf dem Deckel befand sich die alte Katalognummer 1637_4, die sich beim Nachsehen als die lange vermisste Schachtel von Waynman Dixon mit den Holzfragmenten aus dem nördlichen Königinnenkammerschacht der Cheops-Pyramide herausstellte. Damit war ein sehr wichtiges Beweismittel zur Altersbestimmung der Cheops-Pyramide gefunden worden, denn die darin befindlichen Holzstücke konnten jetzt mit der Radiokarbonmethode untersucht werden. Erst im Dezember des Jahres 2020 wurde dann das Ergebnis der Untersuchung veröffentlicht: Das Alter der Zedernholzstücke wurde auf 3341–3094 v. Chr. bestimmt und damit ins 4. Jahrtausend v. Chr., also weit vor der angenommenen Bauzeit der Cheops-Pyramide im 26. Jahrhundert v. Chr. Die Differenz betrug also mindestens 500 Jahre! Das Zedernholz stammte mit hoher Wahrscheinlichkeit aus dem heutigen Libanon, da es in Ägypten schon im Alten Reich Inschriften gab, die den Transport von Zedernholz von dort beschreiben. Da jedoch die nun wieder aufgetauchten Holzfragmente bereits zuvor anderweitig benutzt worden sein könnten, denn in Ägypten war Holz schon immer Mangelware gewesen, kann man leider aus der Altersbestimmung nicht direkt auf die Bauzeit der Cheops-Pyramide schließen. Das Einzige, was man daraus definitiv schließen kann, ist, dass sie nicht vor dem 34. Jahrhundert v. Chr. erbaut worden sein kann. Damit sind aber alle Theorien widerlegt, die der Cheops-Pyramide ein noch viel größeres Alter, z. B. 10.000 Jahre und mehr, zuweisen wollen.

Bei der im Nordschacht der Königinnenkammer Nordschacht gefundenen ca. 6,5 cm im Durchmesser messenden Steinkugel mit einem Gewicht von 539,13 g, welche anfänglich für einen Gewichtsstein mit dem Gewicht einer altägyptischen *Mine* (heute: Pfund) gehalten wurde, handelt es sich jedoch höchst wahrscheinlich um einen Schlagstein für Feinarbeiten. Diese Funktion wird auch im erläuternden Text der im Britischen Museum ausgestellten Steinkugel genannt. Unklar ist, wozu die kreisförmige Einritzung auf dem Stein ist. Sollte sie einer den Stein umwickelnden Schnur Halt bieten, falls es doch ein Gewichtsstein war? Gemäß der altägyptischen Gewichtseinheit *Deben* (13,6 gr.) wöge der Stein knapp 40 *Deben* (= 544 g). Gewichtssteinfunde aus der Naqada-Zeit, also der prädynastischen Zeit, belegen, dass es Gewichtssteine zu 40 Deben gab. Von den vielen von Flinders Petrie gesammelten Gewichtssteinen ist jedoch keiner rund! Daher ist zu vermuten, dass es sich bei der im Nordschacht der Königinnenkammer gefundenen Steinkugel doch nicht um einen Gewichtsstein handelt. Ganz ausgeschlossen kann es allerdings auch nicht werden (s. Kap. 21.3).

Das rechteckige Objekt (s. Abb. 36), welches auf einer Aufnahme von *UPUAUT-2* zu sehen ist, ist mit ziemlicher Sicherheit ein Stein, wie eine bisher noch nicht veröffentlichte Aufnahme des *Pyramid Rover*s zeigt. Unklar bleibt der Verwendungszweck des kleinen rechteckigen Objekts mit den beiden Löchern (s. Abb. 30), welches von Gantenbrink entdeckt wurde und seiner Meinung nach als Halterung für den Haken gedient haben soll. Die mir vorliegenden Bilder[1398] der *Pyramid Rover*-Mission zeigen dieses Objekt allerdings nicht, obwohl eine Aufnahme die besagte Stelle zeigt. Eine sicher technisch machbare Bergung würde hier mehr Licht ins Dunkel bringen, sofern dies nicht bereits erfolgt ist. Zudem könnte dann auch dieses Objekt, da vermutlich aus Holz bestehend, einer Altersüberprüfung mittels C^{14}-Methode unterzogen werden. Da das Objekt seit den Aufnahmen von Gantenbrink nicht mehr zu sehen ist, eröffnet dies natürlich Raum für Spekulationen über den Verbleib und das Alter.

Eine Bestätigung der Briefe von Morton Edgar an Hugo Karlén ergaben auch Aufnahmen des *Pyramid Rover*s (s. Abb. 40), die bisher teilweise unveröffentlicht sind. Auf diesen Bildern sieht man die von Edgar erwähnten Holzkugeln, die von ihm am Ende einer Metallstange befestigt wurden, um mit den Stangen besser um die Schachtknicke herum manövrieren zu können, ohne, dass sie sich an den Seitenwänden verhaken.[1399] Ebenfalls unveröffentlicht sind Bilder aus dem Nordschacht, die einen runden, ca. 3,5 cm im Durchmesser großen, Gegenstand mit einem Loch in der Mitte zeigen (s. Abb. 41). Dies könnte ein Teil der Befestigung einer Holzkugel an einer Metallstange von Morton Edgar sein, die sich bei seiner Schachterprobung mit den Metallstangen gelöst hat.

Stellenweise findet sich auch viel Schutt im Nordschacht, wie etliche Bilder der *Pyramid Rover*-Mission zeigen, so auch Abb. 41. Ein bereits von Hawass veröffentlichtes Foto hierzu ist in Hawass 2014, 66, Fig. 9 zu sehen. Auf einer bisher ebenfalls unveröffentlichten Detailaufnahme des nördlichen Blockiersteins (s. Abb. 48) scheinen sich auch hieratische Zeichen zu befinden, die an die Zeichen erinnern, die hinter dem südlichen

---

[1398] Insgesamt liegen mir 51 Bilder aus dem Nordschacht vor, die aus der *Pyramid Rover* Mission stammen.
[1399] Hawass 2014, 67 Fig. 11.

Blockierstein in dem Hohlraum gefunden wurden. Vermutlich handelt es sich hierbei auch um Informationen der Bauarbeiter.

Über den initialen Zweck der Königinnenkammer-Schächte der Baumeister kann auch heute nur gemutmaßt werden. Ob es sich hierbei um Modellkorridore, Seelenschächte, astronomisch motivierte Schächte, ehemalige Luft- oder Kommunikations-Schächte etc. handelt, bleibt Spekulation. Fakt ist, dass sich der südliche Blockierstein exakt auf der Höhe innerhalb der Pyramide befindet, auf der die rote Markierungslinie in der vierten Entlastungskammer der Königskammer verläuft. Aufgrund der Liebe zur Symmetrie beim Bau der Cheops-Pyramide kann man aber davon ausgehen, dass sich der Blockierstein im nördlichen Schacht auf der gleichen Höhe befindet. Interessanterweise enthält der Dokumentationsfilm von *National Geographic, Into the Great Pyramid,* aus dem Jahr 2003 keine Filmsequenzen, die den nördlichen Blockierstein zeigen. Hierauf wird nur verbal durch den amerikanischen Ägyptologen Mark Lehner hingewiesen. Diese Dokumentation enthält auch keinen Hinweis auf weitere Objekte im Nordschacht, wie einer zweiten abgebrochenen Metallstange und je einer Hartholzkugel am Ende einer Metallstange, die aufgrund des Berichts von Morton Edgar aber da sein müssen. Bilder der *Pyramid Rover*-Mission belegen dies auch, wurden aber bisher nicht veröffentlicht. Ebenso werden keinerlei Videoaufnahmen des Nordschachts ab 19 m gezeigt, ausgenommen der letzten Meter vor dem Blockierstein in einer russischen Dokumentation.

Die Luftschächte der Königskammer enden exakt auf der gleichen Höhe, wenn man die fehlende Außenverkleidung berücksichtigt. Da die Neigungswinkel und Längen von nördlichem und südlichem Luftschacht verschieden sind, ist klar, dass auch hier durch den Baumeister auf größtmögliche Symmetrie Wert gelegt wurde.

Der Versuch einer Rekonstruktion der ursprünglichen Maße der Cheops-Pyramide hat ergeben, dass alle relevanten in der Pyramide vorkommenden Winkel einfach dadurch erklärt werden können, dass sie einfach zu konstruieren und zu überwachen waren. Winkel in Grad, Minuten und Sekunden auszudrücken entspricht unserem heutigen Gebrauch, nicht jedoch dem früheren Verständnis der Geometrie der alten Ägypter. So empfinden wir heute z. B. einen Winkel von 90° oder 45° als einfach zu realisieren, nicht aber einen Winkel von 26,57°, was aber völlig falsch ist, da dieser Winkel bei einem rechtwinkligen Dreieck mit den Seitenverhältnissen von 1:2 automatisch entsteht. Genauso verhielt es sich auch mit allen anderen wichtigen Winkeln, die für den Pyramidenbau infrage kamen.

Für die Rekonstruktion der Schächte der Königinnenkammer hat es sich als richtig erwiesen, dass die rote Markierungslinie der Bauarbeiter der Cheops-Pyramide, welche man in der 4. Entlastungskammer der Königskammer gefunden hat, die gleiche Höhe markiert, wie der südliche von Gantenbrink entdeckte Blockierstein. Aufgrund seiner präzisen Messungen von Schachtverlauf, -länge und -steigungswinkel ist die Höhe dadurch exakt bestimmbar. Dies trifft ebenfalls für die Höhe der Markierungslinie in der 4. Entlastungskammer zu. Da beide Höhen identisch sind, liegt es nahe, dass sich auch der nördliche Blockierstein auf der gleichen Höhe befindet. Alles andere wäre sehr verwunderlich, da der Baumeister schon bei den Luftschächten der Königskammer auf Symmetrie – beide Ausgänge enden unter Berücksichtigung der jetzt fehlenden Außenverkleidung auf exakt der gleichen Höhe – größten Wert gelegt hat.

Eine weitere sehr wichtige neue Erkenntnis, basiert auf einem Papyrusfund aus dem Jahr 2013 (siehe Kap. 18.8). So sind hier Fragmente eines authentischen Dokuments aus der Lebenszeit von Cheops in Form von Papyrusfragmenten aufgetaucht, die eigentlich gar nicht für die Nachwelt bestimmt waren, da sie sich auf einer antiken Müllhalde im Wadi al-Jarf, einem antiken Seehafen am Roten Meer, befanden. Es handelt sich dabei um einen Tagebuchbericht des Inspektors Merer, der für den Transport von Verkleidungssteinen vom Tura-Steinbruch, 15 km von den Pyramiden entfernt, zuständig war. Der Papyrus datiert aus dem 27. Jahr der Regentschaft Cheops, nämlich dem Jahr nach der 13. Viehzählung unter König Cheops. Merer, war der Vorgesetzte einer Truppe von ca. 20–40 Personen, die Phyle genannt wird; sie hieß *M3-wrrt* (sprich: Ma werret). Aus den Eintragungen seines Journals erfahren wir Details zum Abbau und Transport der Steine vom Tura-Steinbruch zur Cheops-Pyramide. Bis heute ist dieses Dokument das einzige zeitgenössische Dokument während der Herrschaft von Cheops. Die Aufbereitung und Analyse des Dokuments dauerten auch einige Jahre, sodass es der Allgemeinheit erst 2017 in Form einer Veröffentlichung vorgestellt wurde. Davor galt einzig die Königskartusche von Cheops, welche Howard Vyse in der obersten Entlastungskammer in Form von Bauarbeitergraffiti gefunden hatte, als einziger zeitgenössischer Beweis dafür, dass Cheops der Erbauer dieser Pyramide war. Da Howard Vyse ein nicht unumstrittener Adliger und Forscher des 19. Jahrhunderts war und einige unserer Zeitgenossen ihn als Fälscher dieser Königskartusche bezeichnen, gab es bis zum Auftauchen dieses Papyrus immer noch Spielraum für alternative Sichtweisen bezüglich der Bauherrenschaft dieses einzigen noch erhaltenen antiken Weltwunders. Auf die Fälschungshypothese wurde im Kapitel zu Howard Vyse (siehe Kap. 13.2.8) intensiv eingegangen.

Was das Alter der Cheops-Pyramide betrifft, so hat es in der Vergangenheit schon viele Spekulationen und Theorien darüber gegeben, wobei auch astronomisch orientierte darunter waren. Bereits in seinem 1646 veröffentlichten Werk *Pyramidiographia* schrieb John Greaves, dass die Erbauer der Großen Pyramide diese nicht nur als Grab für den verstorbenen König benutzt haben, sondern auch für astronomische Beobachtungen. Dies ist jedoch nicht sonderlich verwunderlich, da Greaves Astronom war und er mit den ägyptischen Pyramiden ein neues Betätigungsfeld im Rahmen seiner metrologischen Studien gesucht hatte. Giovanni Battista Caviglia hat bei seiner Freilegung des absteigenden Gangs in der Cheops-Pyramide im Frühjahr 1817 eine für ihn wichtige astronomische Entdeckung gemacht. Man hört auf (sagt er), den Polarstern an der Stelle zu sehen, an der der Hauptgang aufhört, sich in derselben Neigung fortzusetzen, und an der man zu steigen beginnt. Der fast 100 Meter lange absteigende Gang hat einen Neigungswinkel von rund 26 ½ Grad. Von unten konnte man bei Nacht den Polarstern sehen, allerdings nicht unseren heutigen Polarstern, sondern den damaligen Polarstern, welcher Thuban (*α Draconis*) hieß. Versucht man mittels verschiedener aktueller Planetariums- bzw. Astronomie-Programmen den Zeitpunkt zu bestimmen, bei dem damals dieser Stern um Mitternacht seine untere Kulmination bei einer Höhe von 26,57° hatte, so kommt leider nicht immer das gleiche Resultat heraus. Der Unterschied bei Anwendung von vier verschiedenen professionellen Astronomie-Programmen ergibt eine Abweichung von 38 Jahren um den Mittelwert der vier Zeitangaben. Man erhält hierfür das Jahr 2204 v. Chr. Doch nach heutigen Erkenntnissen lag der Bau der Cheops-Pyramide einige Jahrhunderte vor diesem Datum.

Das Besondere an dem Winkel von 26,57° ist allerdings das Seitenverhältnis von Gegenkathete zu Ankathete, welches hierbei 1:2 ist. Ist also die Gegenkathete 1 Elle lang, so ist die Ankathete 2 Ellen lang und die Hypotenuse ergibt sich dadurch zu 2,24 Ellen. Zwischen Ankathete und Gegenkathete ist ein rechter Winkel. Stellt man sich dieses Dreieck nun aus Holz gebaut vor, so ist dieser Winkel von 26,57° immer dann gegeben, wenn zwischen der Ankathete und der Gegenkathete ein rechter Winkel ist und die Ankathete doppelt so lang wie die Gegenkathete ist. Bautechnisch ist dies sehr leicht herzustellen. Der Tangens von 26,57° ist übrigens genau ½, d. h. es handelt sich um eine Steigung von 50 %. Somit lässt sich eine plausible Erklärung für die Schachtneigung angeben ohne astronomische Belange bemühen zu müssen.

Betrachtet man das Gesamtensemble der Pyramiden von Gizeh auf dem Plateau, so haben schon Ägyptologen festgestellt, dass es so etwas wie eine „Gizeh-Diagonale" gibt, also eine diagonal über das Plateau laufende Linie, an welcher die südöstlichen Pyramidenkanten der Großpyramiden ausgerichtet sind. Doch ist diese Aussage nicht ganz korrekt, da die Südostkante der Chephren-Pyramide nicht genau auf diese Linie fällt, wie in Abb. 68 deutlich zu sehen ist. Verlängert man jedoch die von der Südostecke der Mykerinos-Pyramide durch die Südostecke der Cheops-Pyramide gezogene Linie, so landet man in einer Entfernung von rund 23 ½ km direkt beim Sonnenheiligtum von Heliopolis (altägyptisch: *Iunu*), wo heute noch ein Obelisk steht, der allerdings zum heutigen Stadtteil Mataria (al-Matariyya) von Kairo gehört. Der Name des obersten Bauaufsehers von Cheops, Hemiunu, liefert uns auch einen Bezug dazu, da sich der Name aus den beiden altägyptischen Wörtern *Hem* und *Iunu* zusammensetzt, was *Diener von Iunu*, also Diener von Heliopolis, bedeutet oder anders ausgedrückt: Diener der Sonnenstadt. Von daher ist es nicht verwunderlich, dass sich so ein Zusammenhang der Gizeh-Pyramiden mit der Sonnenstadt (Heliopolis) findet.

Es gibt jedoch noch viele weitere bisher unbekannte hochinteressante Zusammenhänge auf dem Gizeh-Plateau, die in diesem Buch vorgestellt wurden (siehe Kap. 11). Hemiunu hat sich auf dem Gizeh-Plateau auf eine ganz besondere Art verewigt, indem er die Zahl 1.000 gleich fünfmal in den Entwurf der beiden von ihm geplanten Pyramiden, der des Cheops und seines Sohnes Chephren, eingebracht hat, und zwar als Streckenlänge von 1.000 Königsellen (≈ 523,6 m). Die Ostseite seines eigenen Grabs, eine große Mastaba mit den Maßen 100 × 50 Königsellen (≈ 52,36 m × 26,18 m), liegt genau 1.000 Königsellen von der Ostseite der Cheops-Pyramide in Richtung Westen entfernt. Zudem befindet sich das südliche Ende seiner Mastaba genau auf der durch die Pyramidenmitte verlaufenden Ost-West-Achse der Cheops-Pyramide. Diese bewusste Verbindung seines eigenen Grabmals mit dem seines Herren und Gottkönigs Cheops, kann man wohl kaum als Zufall bezeichnen. Doch schauen wir uns nun noch die vier anderen Vorkommen der Strecke von 1.000 Königsellen an, die sich auf dem Gizeh-Plateau finden lassen. Die Entfernung des Sphinx vom hinteren Felsspalt des Rückens (siehe Abb. 68 Punkt L) zur Umfassungsmauer der Chephren-Pyramide oder zur Mitte der Cheops-Pyramide beträgt jeweils 1.000 Ellen. Das Oberteil vom hinteren Rücken des Sphinx wurde vermutlich deshalb als Referenzpunkt gewählt, da es der westlichste Punkt des Sphinx darstellt, der noch aus dem Sand herausragt, denn der Sphinx war fast immer vom Sand verschüttet. Von diesem Punkt zum Zentrum der Cheops-Pyramide sind es ebenfalls genau 1.000 Königsellen. Ebenfalls 1.000 Königsellen beträgt die Entfernung vom Beginn des östlichen Aufwegs innerhalb des Chephren-Taltempels zum Eingang des Chephren-Totentempels. Ein weiteres sehr erstaunliches Beispiel der Verwendung der Strecke von 1.000 Königsellen findet sich im Durchmesser eines Kreises, dessen Mittelpunkt genau auf dem Schnittpunkt der jeweils durch die Pyramidenmitte verlaufenden Nord-Süd-Achse der Cheops-Pyramide und der Ost-West-Achse der Chephren-Pyramide liegt. Dieser Kreis schneidet die beiden südlichen Kanten der Cheops-Pyramide, nicht jedoch die der Chephren-Pyramide. Doch bildet man nun ein flächengleiches Quadrat zu diesem Kreis und legt dessen Zentrum auf den Kreismittelpunkt, so kommen sowohl die Nordseite wie auch die Westseite des Quadrats auf den jeweiligen Pyramidengrenzlinien zu liegen, d. h. das Quadrat berührt sowohl die Cheops- als auch die Chephren-Pyramide. Wäre dies der einzige Fund der Zahl 1.000 Königsellen auf dem Gizeh-Plateau, könnte man das noch Zufall nennen, doch in Kombination mit den bereits erwähnten anderen markanten Strecken dieser Länge, wird ein Zufall doch eher unwahrscheinlich. Akzeptiert man dies, eröffnet sich allerdings ein weiteres Problem, da die alten Ägypter dann bereits in der Lage gewesen sein müssten, ein flächengleiches Quadrat zu einem Kreis zu konstruieren. Dieses Problem nennt man auch die Quadratur des Kreises.[1400] Im umgangssprachlichen Sinne meint man damit, dass etwas unmöglich sei. Doch mathematisch betrachtet ist das Problem natürlich lösbar, nur bewiesenermaßen nicht geometrisch, also mit Zirkel und Linieal, wegen der Transzendenz der Zahl π. Multipliziert man den Flächeninhalt eins umfanggleichen Quadrats zu einem gegebenen Kreis mit der Konstante $\frac{4}{\pi}$ ergibt dies den Flächeninhalt des flächengleichen Quadrats zu diesem Kreis. Ein umfanggleiches Quadrat erhält man, indem man den Kreisumfang viertelt und somit die Seitenlänge des Quadrats erhält. Da der Kreisumfang auch mit einer Schnur abgemessen werden kann, muss dessen Länge dann nur noch mit dem Faktor 4 multiplizieren und durch π dividieren, um den Flächeninhalt des flächengleichen Quadrats zum Kreis zu erhalten. Dazu ist keine höhere Mathematik notwendig. Den genauen Wert der Zahl π kann die alten Ägypter natürlich nicht, sie benutzten dafür als Näherungswert $\frac{22}{7}$ (= $3,\overline{142857}$). Es gilt: $\tan^{-1}(\frac{4}{\pi}) \approx 51,85°$ und $\tan^{-1}(\frac{28}{22}) = \cot^{-1}(\frac{22}{28}) = \cot^{-1}(\frac{22}{7} \cdot \frac{1}{4}) \approx 51,84°$. Der Wert von 51,84° entspricht dem Neigungswinkel der Cheops-Pyramide. Den alten Ägyptern die Kenntnis der Funktion Tangens und Cotangens unterstellen zu wollen, wäre natürlich vermessen. Doch braucht man dies gar nicht, denn die alten Ägypter nutzen einfach nur den zugrunde liegenden Gedanken des Rücksprungs (äg. *seked*) in Bezug auf die Ermittlung einer Steigung, also des Neigungswinkels. Die Steigung wird bekanntlich durch die Tangens-Funktion ausgedrückt. Der Term $\frac{28}{22}$ bedeutet damit, dass eine Höhenänderung von 28 Einheiten auf eine Längenänderung (Rücksprung) von 22 Einheiten zu erfolgen hat. Die altägyptische Elle wurde in 28 Fingerbreit unterteilt, wobei 4 Fingerbreit einer Handbreit entsprach. Man erhält also den gewünschten Neigungswinkel der Cheops-Pyramide, wenn man ein rechtwinkliges Dreieck konstruiert, bei dem die Kathete 28 Fingerbreit bzw. 7 Handbreit und die Ankathete 22 Fingerbreit bzw. 5 ½ Handbreit lang ist. Der Rücksprung (*seked*) wird dann als 5 ½ Handbreit angegeben, da er sich auf eine Höhenänderung von einer Königselle bezieht. Daran erkennt man, wie einfach das Ganze in der Umsetzung war. Ersetzen wir nun die Zahl π durch den Näherungswert von $\frac{22}{7}$, so erhalten wir als Multiplikationsfaktor zur Berechnung eines umfanggleichen

[1400] Die Quadratur des Kreises ist ein klassisches Problem der Geometrie. Die Aufgabe besteht darin, aus einem gegebenen Kreis in endlich vielen Schritten ein Quadrat mit dem gleichen Flächeninhalt zu konstruieren. Sie ist äquivalent zur sogenannten Rektifikation des Kreises, also der Konstruktion einer geraden Strecke, die dem Kreisumfang entspricht. Das wiederum entspricht der Konstruktion der Kreiszahl π (halber Kreisumfang) aus der Strecke, deren Länge gleich eine Längenmaßeinheit ist. Beschränkt man die Konstruktionsmittel auf Lineal und Zirkel, so ist die Aufgabe aufgrund der Transzendenz von π unlösbar. Erst im Jahre 1882 konnte dies von dem deutschen Mathematiker Ferdinand von Lindemann bewiesen werden. Die Quadratur des Kreises gehört zu den populärsten Problemen der Mathematik. Jahrhundertelang suchten neben Mathematikern auch immer wieder Laien vergeblich nach einer Lösung. Der Begriff Quadratur des Kreises ist in vielen Sprachen zu einer Metapher für eine unlösbare Aufgabe geworden.

Quadrats zu einem flächengleichen Quadrat den Wert von $\frac{28}{22}$. Dies entspricht exakt dem soeben dargelegten Rücksprungverhältnisses der Cheops-Pyramide. Wie man sieht, muss man die Zahl π gar nicht kennen, um zu Ergebnissen zu gelangen, die vermeintlich die Kenntnis und Verwendung dieser Zahl implizieren.

Es gibt noch einen anderen Kreis, dessen Mittelpunkt allerdings fernab des Gizeh-Plateaus liegt, der aber dennoch etwas mit den drei Großpyramiden zu tun hat. Mathematisch gesehen reichen drei Punkte aus, um einen eindeutig definierten Kreis durch diese drei Punkte zu legen. Gemeint sind hier die drei Mittelpunkte der drei Großpyramiden. Es stellt sich nämlich heraus, dass dieser Kreis einen Durchmesser von 9.000 Königsellen[1401] besitzt, also 9 × 1.000 Königsellen. Rechnet man den Kreis nicht mit der Kreiszahl π, sondern mit dem Bruch $\frac{22}{7}$, so erhält man als Berechnungsergebnis 9.009 Ellen Durchmesser oder einen um 0,1 % zu großen Wert. Zeichnerisch ist dieser Wert bei einer sinnvollen Papyrusgröße nicht mehr von 9.000 Ellen zu unterscheiden. Dieser letzte Sachverhalt mit dem Kreis von 9.000 Ellen Durchmesser könnte zugegebenermaßen dem Zufall geschuldet sein, der zuvor dargelegte Sachverhalt aber höchstwahrscheinlich nicht.

Eine weitere interessante Distanz auf dem Gizeh-Plateau ist die Entfernung von 1.788 Ellen, die mit Mykerinos verknüpft ist. Das Zentrum der Mykerinos-Pyramide ist nämlich 1.788 Ellen vom Zentrum der Cheops-Pyramide entfernt. Die gleiche Distanz finden wir vom Zentrum der Mykerinos-Pyramide zum Felsspalt im oberen Rücken des Sphinx (siehe Abb. 68 Punkt L). Die Entfernung von 1.788 Ellen taucht im Gizeh-Plateau gleich viermal auf. Es erscheint daher sehr wahrscheinlich, dass der Planer der Mykerinos-Pyramide die mathematischen Besonderheiten, die Hemiunu geschaffen hat, kannte und es ihm mit der Zahl 1.788 gleichtun wollte. Obwohl es sich im Vergleich mit der Zahl 1.000 bei 1.788 um eine „krumme" Zahl handelt, bezeichnet sie doch eine definierte Wegstrecke, z.B. vom Zentrum der Cheops-Pyramide zum Zentrum der Mykerinos-Pyramide, man könnte diese Entfernung auch als 1 Mykerinos bezeichnen, so wie man die Entfernung der Erde von der Sonne als 1 astronomische Einheit definiert. Die gleiche Entfernung ergibt sich, wenn man die Strecke zwischen der Südostecke der Mykerinos-Pyramide und der Südostecke der Cheops-Pyramide misst. Diese Linie definiert die schon erwähnte Gizeh-Diagonale. Verlängert man diese Linie bis zum Zentrum der nördlichsten Satellitenpyramide (GI-a) des Cheops, die für seine Mutter bestimmt war, so erhält man als Distanz genau 2.000 Königsellen. Die Ost-West-Distanz vom Zentrum der Mykerinos-Pyramide zu dem Punkt F – vermutlich einem Opfertempel – zwischen den Vorderpfoten des Sphinx (siehe Abb. 68) beträgt ebenfalls 1.788 Ellen oder 1 Mykerinos. Durch diesen Punkt F verläuft auch das gleichschenklige Dreieck GI-GIII-S, mit einer Schenkellänge von 1.788 Ellen. Weitere mathematische Zusammenhänge können in Kap. 11 nachgelesen werden.

Eine Analyse der Aussage von frühen Reisenden zu den Gizeh-Pyramiden und dem Sphinx brachte unter anderem die Erkenntnis, dass der Brunnenschacht in der Cheops-Pyramide dem Plinius zwar bekannt war, allerdings nur von unten her bis zur Felsengrotte, da der Schacht darüber mit Granitsteinen blockiert war, so wie der aufsteigende Gang an seinem unteren Ende. Eine weitere Erkenntnis ergab, dass die Nische im horizontalen Teilstück des absteigenden Gangs, drei Königsellen vor dem Eingang zur Felsenkammer, die sich exakt in der Pyramidenmitte befindet, Teil eines frühen Schachtgrabes (der Felsenkammer) darstellt, deren senkrechter Zugangsschacht als Markierungspunkt des Pyramidenzentrums diente. In den bis fast zur Oberfläche des Plateaus verfüllten senkrechten Schachts konnte man beim Bau einen großen Holzstamm einbringen und dort befestigen, an den vier Seile gebunden wurden, die zu den jeweiligen Pyramideneckpunkten führten. Somit konnte man auf einfache Weise die perfekte Geometrie der Pyramide realisieren, ohne zu Beginn der Bauarbeiten die diagonal gegenüberliegende Ecke, aufgrund des stehengelassenen Felsenkerns, sehen zu können. Vier gleich lange starke Seile zu produzieren und diese dann rechtwinklig an dem Holzstamm zu befestigen, war sicher keine unlösbare Aufgabe für die alten Ägypter. Der Holzstamm musste im Laufe des Baufortschritts nur immer exakt in der Mitte gehalten werden, wenn es notwendig wurde ihn in eine höhere Position zu bringen. Auch dies scheint eine lösbare Aufgabe gewesen zu sein. Der Vorteil,, die schon bestehende Felsenkammer in den Entwurf der Cheops-Pyramide zu integrieren, lag darin begründet, dass man auf diese Weise potenzielle Grabräuber täuschen konnte. Das würde auch erklären, warum der

---

[1401] Als Basis für die Berechnung dienten hier die exakten Daten von Flinders Petrie (W. M. Petrie 1883, 35), der eine Genauigkeit von $^{5}/_{1000}$ Zoll (≈ 1/8 mm) für seine Daten benutzt hat, die er als eigene Längeneinheit für seine Messwerte benutzte. Nach diesen Daten ergibt sich ein Kreisdurchmesser von 8.997,6 Ellen. Gegenüber 9.000 Ellen ist das eine rechnerische Abweichung von weniger als 0,03 %.

ursprüngliche Eingang in der Antike immer offen war, um Grabräuber davon abzuhalten, einen eigenen Tunnel zu graben. Man gaukelte also vor, dass es nur den absteigenden Gang bis zur unteren Felsenkammer gab und dazu noch die Felsengrotte, die über den unteren Brunnenschacht erreicht werden konnte. Diese Rechnung von Cheops bzw. seinem Baumeister Hemiunu ging auch bis zum Beginn des 9. Jahrhunderts auf, als al-Ma'mūn den Durchbruch zum aufsteigenden Gang oberhalb der Blockiersteine schaffte. Wäre bei der Erweiterung des schon zu seiner Zeit 50 Ellen langen Blindstollens nicht der Abdeckstein im absteigenden Gang, welcher den untersten Blockierstein im aufsteigenden Gang jahrtausendelang perfekt verborgen hatte, heruntergefallen, wären wohl auch al-Ma'mūns Bemühungen, das obere Schachtsystem zu finden erfolglos geblieben. Vielleicht hätte dann erst ein Howard Vyse 1837 das obere Gangsystem unter Einsatz von Sprengstoff entdeckt, so wie er es auch bei der Mykerinos-Pyramide gemacht hat.

Aufgrund des Berichts des arabischen Autors Ibn Abī Ḥağalah aus dem 14. Jahrhundert, wissen wir, dass al-Ma'mūn lediglich eine vorhandene Öffnung (Blindstollen) um 20 Ellen erweitert hat und nicht, wie die meisten glauben, für den ganzen Tunnel verantwortlich ist.

Durch Berichte ab dem 16. Jahrhundert – es gibt allein sechs Berichte von 1565 bis 1817 – wissen wir auch, dass die Kammer an der äußeren Nordostkante der Cheops-Pyramide in 83 m Höhe schon wesentlich früher bekannt war, als moderne Ägyptologen wissen, denn diese kennen nur die Wiederentdeckung durch den amerikanischen Ägyptologen Bob Briar aus dem Jahr 2008. Durch den Bericht von Cornelis de Bruyn, der 1681 die Königskammer der Cheops-Pyramide genau untersucht hat, wissen wir, dass es darunter einen kleinen quadratischen Raum gab, der von modernen Ägyptologen nirgends erwähnt wird. Es fällt schwer anzunehmen, dass ein quadratischer Raum das alleinige Produkt von Grabräuberaktivitäten sein soll.

Heinrich Rantzau, der 1623 die Cheops-Pyramide besichtigt hatte, spricht sogar von einem heute unbekannten Gang, der von der Königskammer ausging und den der damalige Vizekonsul zu Rosetta zusammen mit einem anderen Franzosen, Gio Asne, weit nach unten hin erforscht hatten, ohne aber ein Ende oder Ausgang zu finden. Moderne GPR (*Ground Penetrating Radar-*)Untersuchungen in der Königskammer und der Befund, dass der unterste Stein an der linken Ecke der Westwand der Königskammer über drei freie Fugen verfügt, legen nahe, dass der Bericht von Rantzau nicht unbegründet ist.

Der Bericht von F. L. Norden mit seinen Zeichnungen der mit Schutt und Steinen gefüllten Königinnenkammer in der Cheops-Pyramide und der Bericht von Guillaume-Antoine Olivier, mit den Höhenangaben zu dem Schuttberg, lassen auf ein Volumen von 45 m³ schließen. Daraus ergibt sich unzweifelhaft, dass diese Menge nicht allein aus dem Nischentunnel der Königinnenkammer stammen kann, zumal dessen Länge zur Zeit von Norden höchstens 12,2 m betragen haben kann. Zudem gilt es heute als erwiesen an, dass die ersten rund 7 m dieses Tunnels bereits während dem Bau der Pyramide angelegt worden sind. Die meisten Steine und Schutt in der Königinnenkammer müssen also von Grabungen unterhalb dieser Kammer herrühren. Dass es auch da Hohlräume zu entdecken gibt, belegen ebenfalls moderne GPR-Untersuchungen vom Ende des 20. Jahrhunderts. Beim Vergleich diverser historischer Reiseberichte stellt sich auch heraus, dass die Angaben von Howard Vyse bezüglich seiner Grabungstiefe in der Königinnenkammer als von ihm deutlich zu klein angesehen werden müssen. Die Sichtung eines Sarkophags in der Königinnenkammer durch Visino (siehe Kap. 13.2.10) am Ostermontag 1837 ist ebenfalls keine Einbildung von ihm gewesen, da sein Bericht insgesamt als absolut glaubwürdig angesehen werden kann, genau wie schon der Bericht von Abū Ja'far al-Idrīsī aus dem 12./13. Jahrhundert, der dort ebenfalls einen leeren Sarkophag gesehen hat. Bestätigt wird Visinos Schilderung durch den Bericht von Fürst Hermann von Pückler-Muskau, der nur eine Woche nach Visino die Königinnenkammer besichtigt hatte und dort ebenfalls einen Sarkophag gesehen hat. Dies wirft allerdings kein gutes Licht auf Howard Vyse, da dieser ihn wohl heimlich mitgehen ließ. Über seinen Verbleib kann nur spekuliert werden. Bei diesem Sarkophag hat sich aber sicher nicht um den von al-Idrīsī beschrieben Sarkophag gehandelt, da dieser schon kurz nach dessen Entdeckung aus der Pyramide entwendet worden sein muss, da es keine weiteren Berichte darüber gibt. Es müsste sich hier um zwei unterschiedliche Sarkophage gehandelt haben, was die Frage aufwirft, wo diese vielen Särge denn alle herkamen. Die einzig plausible Antwort auf diese Frage kann nur lauten, von unterhalb der Königinnenkammer bzw. im ersten Fall auch aus dem Nischentunnel in der Ostwand.

Von Ogier, der 1395 die Pyramiden besucht hat, haben wir einen Augenzeugenbericht über den Abriss der Verkleidungssteine der Cheops-Pyramide, der nicht erst seit kurzem stattgefunden hat. Dieser Bericht, gepaart mit der Tatsache, dass es 1353 ein großes Erdbeben im Großraum Kairo gab, welches vermutlich auch die Außenverkleidung der Gizeh-Pyramiden beschädigt hat und der Tatsache, dass diese Verkleidungssteine bereits zum Bau der Sultan Hassan-Moschee, welche ab 1356 gebaut wurde, benutzt wurden, sowie zu einer Errichtung einer Stadtmauer um Kairo, legt Zeugnis davon ab.

Zum Raub der Verkleidungssteine an der Chephren-Pyramide ist es vermutlich schon weit früher gekommen, als der Ägyptologe Mark Lehner annimmt, der der Meinung ist, dass dieser Raubbau erst im Zeitraum von 1639 (gemäß dem Bericht von Greaves) und 1692 (gemäß dem Bericht von Maillet) stattgefunden hat. Ein Bericht aus dem Jahr 1605 von Beauveau geht eindeutig hervor, dass die Chephren-Pyramide zu dieser Zeit nur noch Reste von Verkleidungssteinen an der Spitze besaß. Eine Zeichnung von Sandys aus dem Jahr 1611 belegt diese Aussage eindrücklich.

Wie wir von John Montagu wissen, der 1739 die Gizeh-Pyramiden besichtigt hat, war zu dieser Zeit der Eingang in die Cheops-Pyramide offen und Montagu drang ein gutes Stück weit in den absteigenden Gang, bevor aufgrund einer Verstopfung kein Weiterkommen mehr möglich war. Diese Beschreibung widerlegt die These, dass der Eingang nach dem Eindringen von Arabern im 14. Jahrhundert, erst wieder 1818 durch Belzoni gefunden wurde.

Gemäß einer Schilderung von Abū Ja'far al-Idrīsī erfahren wir, dass die Mykerinos-Pyramide Ende des 12. Jahrhunderts aufgebrochen wurde.

Den Sphinx von Gizeh betreffend gab es naturgemäß viele Berichte, obwohl er in der Antike von Herodot überhaupt nicht erwähnt wurde. Spannend war die Frage nach Berichten von Hohlräumen in dem Sphinx und besonders zu dem Loch im Kopf. Während arabische Quellen aus dem Mittelalter darüber nicht berichten, findet sich der erste Bericht eines Europäers hierzu von Marco Grimani, der 1534/35 die Gizeh-Pyramiden besucht hat und der von Höhlen mit ägyptischen Zeichen darinnen spricht. Der Erste, der von einem Loch in dem Sphinx spricht, welches als glaubhaft anzusehen ist, heißt Christoph Fürer, der am 20. September 1565 das Gizeh-Plateau besucht hat. Er spricht von einem viereckigen Loch auf der rechten Seite, das aber bereits zu seiner Zeit mit Sand verschüttet war. Nur drei Monate später ist Johann Helffrich vor Ort und spricht davon, dass der Sphinx innen hohl sei. Eine spezielle Öffnung erwähnt er aber nicht. Die erste definitive Erwähnung des Lochs auf dem Kopf stammt von Balthasar de Monconys, welcher im Februar 1647 vor Ort war. Bereits 70 Jahre zuvor hatte Filippo Pigafetta von einem Loch in der Mitte des Rückens des Sphinx berichtet. Guillaume-Antoine Olivier, der das Gizeh-Plateau am 5. April 1795 besichtigt hat, liefert uns die erste Angabe über die Ausmaße dieses Loches. Er nennt eine Tiefe von 9 Fuß [≈ 2,92 m] und eine obere Öffnung von durchschnittlich 15 Zoll [≈ 40,6 cm]. Es handelt sich gemäß Olivier auch nicht um ein senkrechtes Loch, sondern es verläuft im Untergrund schief, also eher wie ein Tunnel, der zudem mit hineingeworfenen Steinen verschüttet ist. Daraus kann man schließen, dass dieser Tunnel wohl noch weiter ins Innere des Sphinx führt. Von Edward Lane, der die Pyramiden in den 1820er Jahren zweimal besucht hat, und der das Loch auf dem Sphinx selbst untersucht hat, wissen wir, dass es zu seiner Zeit 4 Fuß (≈ 1,22 m) breit und fast 7 Fuß (≈ 2,13 m) tief war. Die obere Öffnung ist also seit Oliviers Besuch erheblich vergrößert worden, während die Tiefe aufgrund von Sand und/oder hineingeworfenen Steinen sich um 2 Fuß verringert hatte. Bevor Emil Baraize 1926 das Loch mit einer Metallplatte verschloss, hatte es einen Durchmesser von 1,5 bis 1,6 m und eine vermeintliche Tiefe von ca. 1,5 bis 1,75 m. Es gibt noch eine Fotografie aus dem Jahr 1925, welche das Loch zeigt, in dem ein Araber gerade noch mit dem Kopf herausschaut (siehe Abb. 72). Aufgrund dieses Fotos hat übrigens der amerikanische Ägyptologe Mark Lehner die Tiefe des Lochs auf etwa 1,75 m geschätzt, ohne es jedoch selbst näher zu untersuchen und das, obwohl er seine Dissertation über den Sphinx geschrieben hat.

Eine eingehende Analyse von Berichten (alt und neu) zu den Kammern in der Cheops-Pyramide ergab eine Reihe von neuen Erkenntnissen, die in Kap. 13 zu finden sind. Dies betrifft z.B. Aussagen zur Lage des Sarkophags in der Königskammer, den Schatzgrabungen daneben, der ermittelten Arbeitszeit zum Aushöhlen des Sarkophags, der Entdeckung einer kleinen quadratischen Kammer direkt unterhalb der Königskammer, Erkenntnisse zur Verteilung der Bodenplatten in der Königinnenkammer und zum Nischentunnel. Im Rahmen der Erforschung der Königinnenkammer sind besonders die Berichte von Abū Ǧaᶜfar al-Idrīsī, Howard Vyse und Johann Nepomuk Visino zu erwähnen, wobei auch auf die Fälschungsthese der Königskartusche in der obersten Entlastungskammer der Königskammer durch Howard Vyse detailliert eingegangen wird.

Kap. 14 widmet sich dann detailliert der Untersuchung von Hohlräumen in der Cheops-Pyramide seit den 1950er Jahren. Die Schilderung der relevanten Ereignisse erfolgt chronologisch und ist in 10 Jahre umfassende Unterkapitel gegliedert. Hierbei wird auch ein Augenmerk daraufgelegt, in welchem Zusammenhang die beteiligten Personen stehen und welche Interessen hinter einzelnen Forschungsvorhaben stehen. Aus den einzelnen Puzzleteilen ergibt sich so ein aussagekräftiges Gesamtbild.

Im Folgekapitel wird auf frühe Berichte zu einer vermeintlichen Geheimkammer oberhalb der Königskammer eingegangen, deren Existenz sich aufgrund der Auswertung der einzelnen Stufenhöhen auf allen vier Seiten durch Flinders Petrie in den 1880er Jahren ergibt. Dies ist durchaus plausibel, wie in Kap. 19.5 detailliert dargelegt wird.

Kap. 16 widmet sich dann der internen Rampen-Theorie von Jean-Pierre Houdin, welche den Bau der Cheops-Pyramide betrifft. Das Folgekapitel geht dann auf den Fund des Pyramidions der Roten Pyramide von Snofru, dem Vater von Cheops, ein. Dieser Fund von Rainer Stadelmann aus dem Jahr 1982 ist bedeutend, da er uns damit eine Vorstellung von dem Pyramidion liefert, welches einst wohl auf der Cheops-Pyramide war. Da jedoch schon in der Antike von einer oberen Plattform durch Plinius berichtet wird, muss es schon sehr früh verschwunden sein, falls es je eines dort gegeben hat. Falls es aber bereits in der Antike heruntergestürzt worden war, stellt sich die Frage, wie dies bewerkstelligt wurde, da doch die Außenverkleidung bis ins 14. Jahrhundert noch intakt war.

Kap. 18 widmet sich eingehend dem Bau der Cheops-Pyramide. Hier werden alle vorhandenen Informationen ausgewertet, um eine Bauzeit sinnvoll berechnen zu können. Der im Jahr 2013 gefundene Papyrus vom Wadi al-Jarf liefert hierzu wertvolle Hinweise, die den Transport der im Tura-Steinbruch gewonnenen Verkleidungssteine zum Hafen am Fuße der Cheops-Pyramide betreffen. Grabinschriften aus dem Alten und Mittleren Reich Ägyptens, die sich auf den Transport von Kolossalstatuen beziehen, werden ebenso ausgewertet wie moderne Versuche, einen mehrere Tonnen schweren Stein mit einem Transportschlitten über Sand zu ziehen. Natürlich werden auch relevante Bauarbeiterinschriften ausgewertet, wobei besonders die Jahresangaben auf Hintermauerungssteinen der Roten Pyramide von Dahschur eine Aussage über den Baufortschritt der Pyramide zulassen, die sich dann auch auf die Cheops-Pyramide übertragen lässt. Unter Berücksichtigung aller Fakten und Hinweise halte ich es für realistisch, dass die Cheops-Pyramide in einem Zeitraum von 13 ½ bis 14 ⅔ Jahren erbaut werden konnte; Herodot sprach von 20 Jahren. Da meine eigene Berechnung eine Mindestbauzeit angibt, ist die Angabe von Herodot als plausibel anzusehen, obwohl es heutzutage immer noch viele gibt, die diese Zahl für stark untertrieben halten, indem sie auf die Bauzeit der Kathedralen im Mittelalter verweisen. Doch ist dies ein unzulässiger Vergleich, der somit keine Aussagekraft besitzt. Gemäß dem Wadi al-Jarf-Papyrus wurden die Verkleidungssteine im Jahr nach der 13. Zählung verlegt. Berücksichtigt man die Ergebnisse der Auswertung der Angaben „Jahr der x. Zählung" und „Jahr nach der x. Zählung" (siehe Kap. 18.4.6), so kann man dem „Jahr nach der 13. Zählung" das 18. Regierungsjahr von Cheops zuordnen und käme somit auf eine tatsächliche Bauzeit von rund 18 Jahren. Rechnet man nun noch die Errichtung der Umfassungsmauer um die Pyramide und Reinigungsarbeiten hinzu, gelangt man genau zu den 20 Jahren von Herodot.

Dass dem Pyramidenbau ein Pyramidenmodell vorausging, kann zwar mangels eines konkreten Fundes nicht bewiesen werden, ist aber aufgrund der Komplexität und des Vorhandenseins von Versuchsschächten sehr wahrscheinlich. Genauso unwahrscheinlich mutet es an, sich vorzustellen, dass man die Pyramide ohne gezeichneten Bauplan erstellt hat. Aufgrund diverser geometrischer Analysen scheint ein Plan bzw. Modell im Maßstab 1:40 die Grundlage gewesen zu sein. Das Auffinden der Zahlen 7 und 11 in vielen Pyramidenverhältnissen liegt jedoch in der Natur der Konstruktion, nämlich dem Rücksprung-Verhältnis von 22 zu 28 Fingern, begründet. Darin verbirgt sich also nichts Mystisches. Kap. 19 enthält die Beschreibung eines detaillierten Rekonstruktionsversuches der Cheops-Pyramide. In einem Unterkapitel hierzu (Kap. 19.10) wird auch ein grafischer Rekonstruktionsversuch dargelegt, den ich selbst entwickelt habe und der zu verblüffenden Ergebnissen geführt hat.

Zur Zahlenmystik bei der Cheops-Pyramide wurde schon viel geschrieben, sowohl dafür wie auch dagegen. Oft ergeben sich dann einleuchtende Einsichten, warum etwas so ist wie es ist oder so gewählt wurde, wenn man sich die Möglichkeiten der damaligen Menschen genauer betrachtet. So wird z. B. gerne behauptet, dass die alten Ägypter bereits das Urmeter[1402] besessen hätten. Hintergrund hierzu ist der Pyramidion-Fund[1403] der Roten Pyramide von Stadelmann aus dem Jahr 1982. Die Basislänge des Pyramidions maß exakt drei Königsellen. Nimmt man nun an, dass das fehlende Pyramidion der Cheops-Pyramide ebenfalls drei Königsellen als Basislänge besaß und den gleichen Neigungswinkel wie die Pyramide selbst, so ergibt dies eine Höhe von fast genau einem Meter. Es ist das einfache Ergebnis mathematischer Zusammenhänge und hat nichts mit Zahlenmystik oder Geheimwissen der alten Ägypter zu tun. Da der Meter als 10.000.000ste Teil eines Meridianquadranten der Erde definiert wurde und die Höhe des Cheops-Pyramidions vermutlich ein Meter war, sind bei Zahlenmystikern schnell auch Zusammenhänge zwischen der Cheops-Pyramide und dem Erdumfang gefunden. Dass dies aber nur Zufall ist, ergibt die obige Darlegung der Fakten.

Nimmt man die bautechnisch sich ergebende Höhe des Pyramidions der Cheops-Pyramide – also 1 m – und benutzt diese Strecke als Radius, um einen Kreis zu zeichnen, so hat der resultierende Kreisumfang eine Länge von 6,28... m oder $2 \cdot \pi$ Metern. Legt man ein Seil auf diesen Kreis und teilt es in 12 gleiche Teile, so erhält man als Länge die Königselle von 52,36 cm. Eine noch einfachere Herleitung der Königselle wird im nächsten Abschnitt gezeigt. Da diese Zahl, welche die Königselle repräsentiert, nun auch noch auf einfache Weise mit der Zahl des Goldenen Schnitts[1404] ($\phi = 1{,}618... = (1 + \sqrt{5}) / 2$) in der Gleichung $\pi - \phi^2$ enthalten ist, verwundert es nicht, dass sich der Goldene Schnitt in der Cheops-Pyramide finden lässt.

Betrachtet man sich die Königselle nochmals unter sehr praktischen Aspekten, so könnte die ursprüngliche Definition wie folgt geschehen sein: Snofru, der Vater von Cheops hat für seine Rote Pyramide, wie bereits berichtet, seinem Pyramidion eine Basislänge von 1,57 m gegeben. Was liegt also näher, als dass dieses Maß seine eigene Körperlänge[1405] (= 1 Snofru) war, womit der Abschlussstein (*Benben*) seiner Pyramide, welcher ja die gesamte Pyramide maßstabgetreu repräsentiert, sein göttliches Längenmaß beinhaltete. Schließlich wurden die Könige des Alten Reiches als Götter verehrt. Der Umfang des Pyramidions war dann 6,28 m oder $2 \cdot \pi$ Meter! Und schon ist wieder die Kreiszahl π im Spiel, allein aufgrund der Körpergröße des Königs. Teilt man nun diese Körpergröße von 1,57 m durch 3, so erhält man als Länge die Königselle. Der Proportionskanon des Alten Reichs sah für aufrecht stehende Menschen ein Raster von 18 gleich weit entfernten Hilfslinien vor. Je 6 dieser Hilfslinien bildeten eine besonders ausgezeichnete Hilfslinie, daher die Dreiteilung der Körpergröße vom Fuß bis zur Stirn. Zudem ist die so definierte Königselle mit 52,36 cm oder 7 Handbreit in der Regel deutlich größer als die natürliche menschliche Elle des Unterarms einer normalen Person und eignet sich damit hervorragend als „königlich" bzw. „göttlich". Die kleine Elle oder Handelselle, die, wie der Name bereits sagt, zum Handeln gedacht war, orientierte sich mit 44,9 cm oder 6 Handbreit an der natürlichen Physiognomie der damaligen Menschen. Die menschliche Elle unterlag zwar auch einer gewissen Schwankungsbreite, diese lag aber doch relativ eng beieinander, weshalb es sich zum Handeln eignete, da jeder seinen Unterarm immer dabei hatte.

[1402] Am 26. März 1791 beschloss die verfassunggebende Versammlung in Paris auf Vorschlag der *„Académie des Sciences"* (Akademie der Wissenschaften) die Einführung einer universellen Längeneinheit. Diese sollte der 10.000.000ste Teil der Länge des durch Paris verlaufenden Meridianquadranten sein. Am 1. August 1793 wurde er – auf Vorschlag Jean-Charles de Bordas (frz. Mathematiker) Meter genannt – im französischen Nationalkonvent gesetzlich als dezimalmetrische Längeneinheit eingeführt.

[1403] Im Schutt von Dahschur vor der Pyramidenostseite wurden 1982 von R. Stadelmann die Fragmente eines Pyramidions entdeckt, das als ältestes aller bislang gefundenen gilt und wie nur zwei weitere einer Pyramide der 4. Dynastie des Alten Reichs zugeordnet wird. Das wieder zusammengesetzte und restaurierte Pyramidion ist heute im Bereich des Totentempels vor der Roten Pyramide aufgestellt und besteht wie die Verkleidung der Pyramide aus feinem Tura-Kalkstein. Es wurde aus einem monolithischen Block gearbeitet und misst drei Königsellen (ca. 1,57 m) an seiner Basis.

[1404] Als Goldenen Schnitt bezeichnet man das Teilungsverhältnis der größeren von zwei Teilstrecken durch die kleinere Teilstrecke, für die gilt, dass sie dasselbe Verhältnis besitzen muss wie die Summe der beiden Teilstrecken geteilt durch die größere Teilstrecke. Als Formel betrachtet bedeutet das $\phi = \frac{a+b}{a} = \frac{a}{b}$. Löst man diese Gleichung auf, so erhält man für ϕ als Wert $\frac{1+\sqrt{5}}{2}$. Die Kenntnis des Goldenen Schnittes ist in der mathematischen Literatur seit der Zeit der griechischen Antike (Euklid von Alexandria) nachgewiesen, könnte aber auch den alten Ägyptern schon bekannt gewesen sein, da die Griechen einiges Wissen von diesen erworben haben.

[1405] Allerdings nur von der Fußsohle bis zur Stirn. Die Gesamtkörperlänge ist geringfügig größer.

Die Zahlenfolge der Königselle (= 52,36 cm), ausgedrückt in Zentimetern, ist im Umfang des pythagoreischen Dreiecks ABG (s. Abb. 66) der Königskammer enthalten. Daraus darf man allerdings keinesfalls den Schluss ziehen, dass die alten Ägypter unser metrisches System bereits gekannt hätten! Ebenso unseriös ist es zu behaupten, dass sie uns damit eine codierte Botschaft zukommen lassen wollten. Die Erklärung liegt vielmehr in der Tatsache, dass die verwendete Königselle nun einmal irgendeinen bestimmten Wert haben muss und dieser, wie zuvor gezeigt wurde, vermutlich aus der Körpergröße von Snofru abgeleitet wurde. Wählt man nun geradzahlige Verhältnisse für die Geometrie der Königskammer, was ebenfalls nahe-liegend ist, so ergibt sich ein Umfang von 52,36... Ellen (!) – nicht Metern – automatisch bei den Seitenlängen von 15, 20 und 25 Ellen. Das Ergebnis hat also nur etwas mit Mathematik und nichts mit irgendetwas Mystischem oder Esoterischem zu tun.

Die Zeitspanne, in der uns der oberste Rat für Altertümer neue Erkenntnisse beschert, ist leider manchmal recht lang. So hat es neun Jahre gedauert (von 1993 bis 2002) von der Entdeckung bis zur Durchbohrung eines Verschlusssteins im Königinnenkammerschacht sowie weitere neun Jahre (von 2002 bis 2011), bevor mittels einer beweglichen Kamera Bilder von der Rückseite des Verschlusssteins gemacht wurden.

Zusätzliche Erkenntnisse würden sich sicher auch aus der Veröffentlichung von weiteren Ergebnissen der *Pyramid Rover*-Mission ergeben sowie der genauen Altersbestimmung des im Britischen Museum befindlichen Kupferhakens aus den Dixon-Relikten. Auch das schon von Waynman Dixon 1872 gefundene Holzstück, welches bereits für immer verloren geglaubt schien, tauchte zufällig im Marischal Museum in Aberdeen im Jahr 2019 wieder auf. Die Ende 2020 veröffentlichte Radiocarbon-Datierung der als Zedernholz (vermutlich aus dem Libanon stammend) identifizierten, inzwischen aber in kleine Stücke zerfallenen, Holzleiste, ergab ein Alter von 3341-3094 v. Chr. Dies erstaunte doch die Fachwelt sehr, da das Holz somit mindestens 500 bis 600 Jahre älter war, als man für den Beginn der Errichtung der Cheops-Pyramide angenommen hatte. Da das Holz jedoch davor möglicherweise schon über Jahrhunderte anderweitig verwendet worden war, kann aus dieser Altersbestimmung nur eine Obergrenze folgen, die Theorien eindeutig widerlegt, die von einer Errichtung der Pyramiden von vor 10.000 Jahren oder mehr ausgehen. Zur Ermittlung der tatsächlichen Bauzeit eignet es sich aber nicht, da wir nicht wissen können, was zwischen dem Fällen der Zeder (der Altersbestimmung der Radiokarbonmethode), aus der das Holzstück stammt, und dem Einbringen in den Schacht in der Königinnenkammer alles geschehen ist.

Man darf auch gespannt sein, ob und wann die Erforschung der kleinen Schächte der Königinnenkammer weitergeht. Eines ist jedenfalls sicher: Wir wissen noch lange nicht alles über das letzte noch bestehende Weltwunder der Antike. Es bleibt also spannend.

21 Anhänge

21.1 Die Lage der Pyramiden von Kairo bis al-Lahun

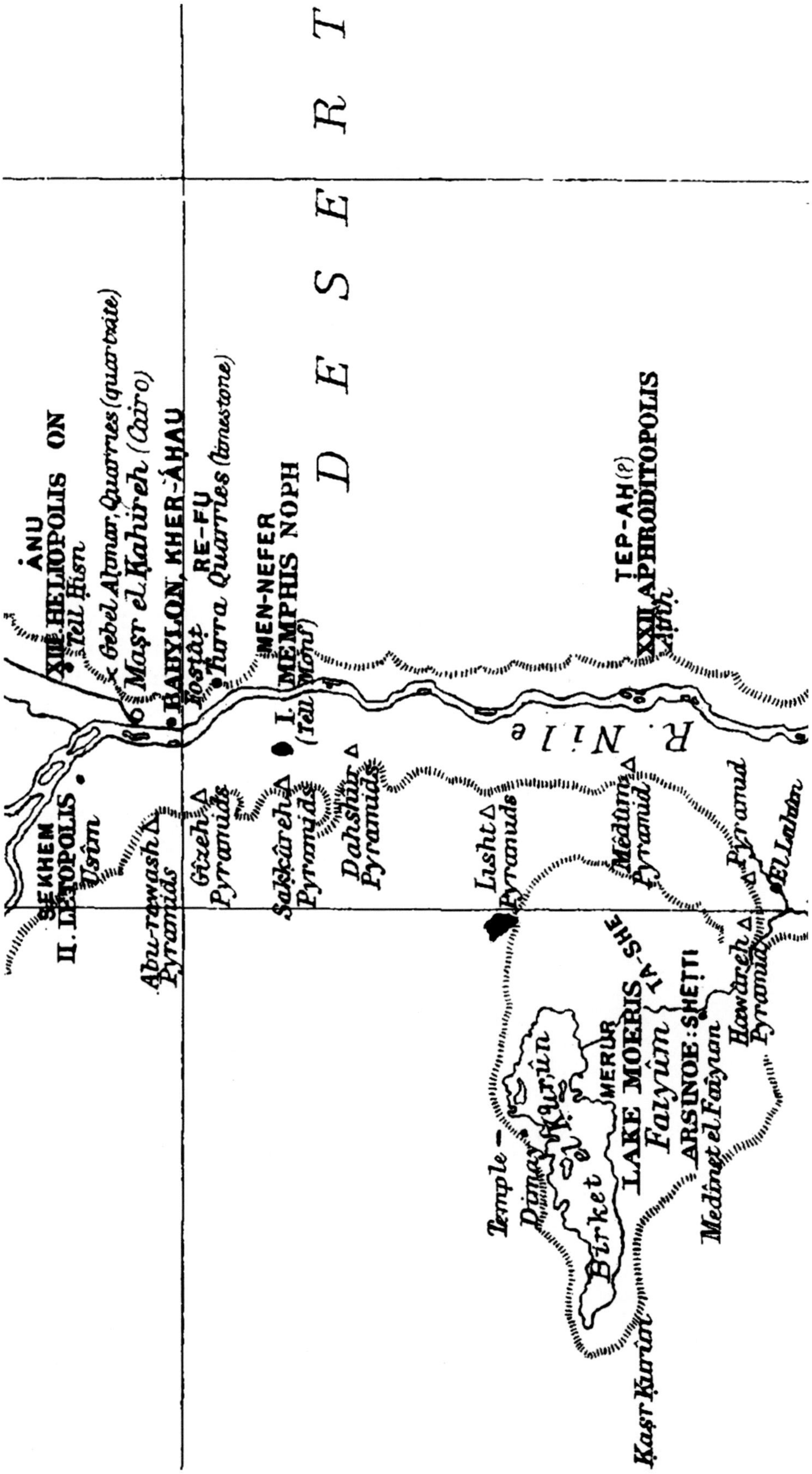

Abb. 206: Lage der Pyramiden um Kairo mit den alten Ortsnamen und den altägyptischen Namen.

Abb. 207: Ausschnitt aus einer Ägyptenkarte aus dem Jahr 1922.

21.2 Die Kartografie des Gizeh-Plateaus

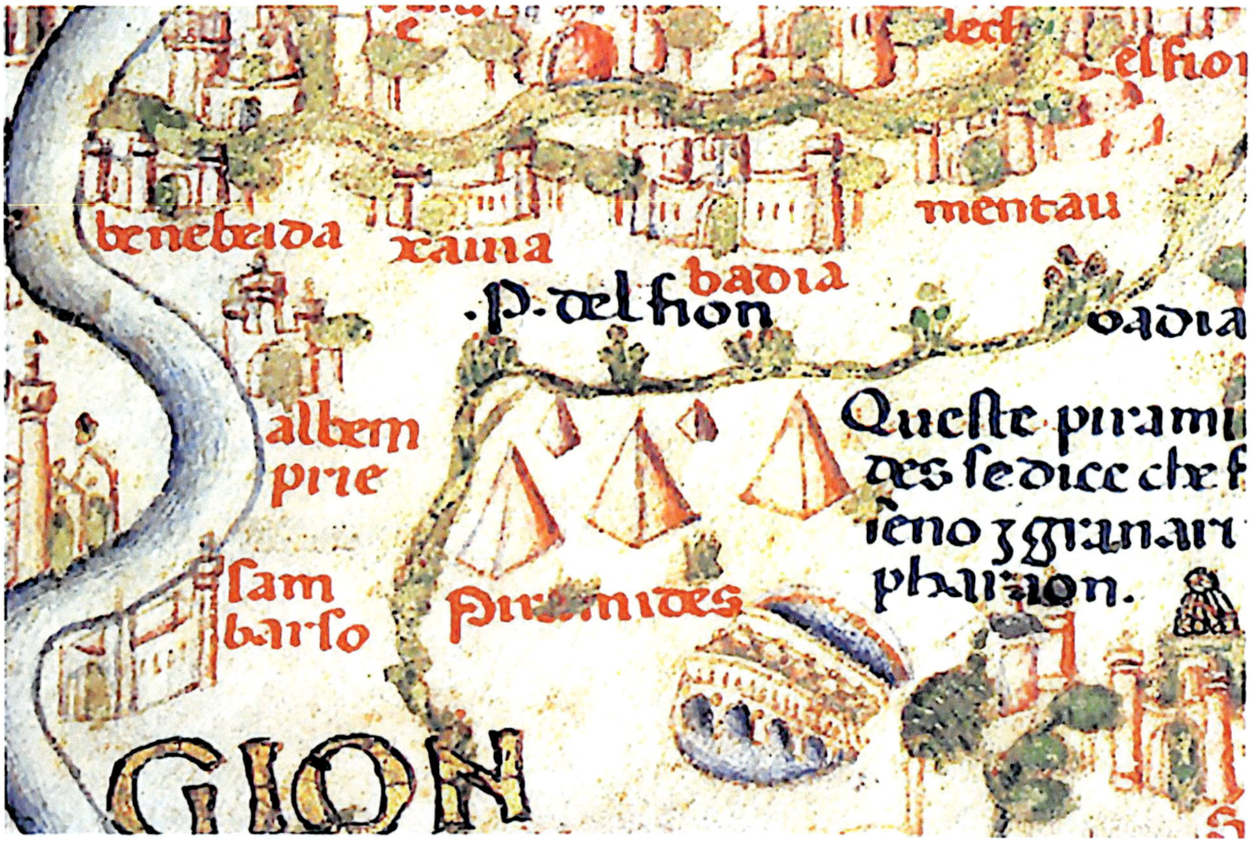

Abb. 208: Ausschnitt mit den ägyptischen Pyramiden aus der Weltkarte von Fra Mauro.

Der Kamaldulenser [1406]-Mönch Mauro, von dem eine berühmte Weltkarte stammte, wurde um 1385 geboren. Er lebte im Kloster San Michele auf der gleichnamigen Insel in der Lagune von Venedig. Berühmt wurde er durch seine zwischen 1457 und 1459 im Auftrag des portugiesischen Königs Alfons V. gefertigte Weltkarte[1407], die zwar auf der antiken Geografie des Ptolemäus basierte, aber schon entscheidend durch zeitgenössische Erkenntnisse ergänzt und berichtigt wurde. Kurz nach der Fertigstellung der Karte starb Fra Mauro am 20. Oktober 1459.

In den Dokumenten zur Geschichte der europäischen Expansion wird die Arbeit Fra[1408] Mauros als geografische Quintessenz ihrer Zeit bezeichnet, die unter den letzten Radkarten gewiss die beste und überhaupt die gehaltvollste Darstellung der damaligen Welt in europäischer Sicht ist.

Auf dieser, wahrscheinlich ältesten, Karte mit der Darstellung der Gizeh-Pyramiden befindet sich ein begleitender Text (siehe Abb. 208) dabei: „*Queste piramides se dice chefosseno i granari del Pharaon*“, was übersetzt heißt: Diese Pyramiden sollen die Kornkammern des Pharaos gewesen sein.

Es gibt noch eine andere Karte[1409] aus der Werkstatt von Fra Mauro, auf der folgender Text zu den Pyramiden steht:

[1406] Die Kamaldulenser sind ein eremitisch lebender Orden in der katholischen Kirche, der auf den heiligen Romuald von Camaldoli (* um 952 in Ravenna, Italien; † 19.6.1027 im Kloster Val di Castro, Italien) zurückgeht. Zu Beginn des 11. Jahrhunderts begründete der hl. Romuald von Camaldoli, ein Benediktiner, eine Gemeinschaft, deren Regel die mönchische Lebensform mit Traditionen des Eremitentums verbinden sollte. Aus mehreren unabhängigen Klöstern und Einsiedeleien entstand der Orden der Kamaldulenser. Das von Romuald gegründete Mutterhaus und die Einsiedelei befinden sich in Camaldoli in Italien in der Provinz Arezzo, Toskana.

[1407] Bei dieser Weltkarte handelt es sich um eine Radkarte. Diese zählen zu den *mappae mundi* und zeichnen sich durch die kreisrunde Darstellung der damals bekannten Welt aus. Eine kritische Edition der Karte findet sich bei: *Fra Mauro's World Map. With a Commentary and Translations of the Inscriptions*, Hg. von Piero Falchetta (Terrarum orbis 5), Turnhout: Brepols 2006.

[1408] Fra steht für „Frater“ und bedeutet Ordensbruder.

[1409] Die Karte stammt aus Almagià 1944, Vol. 1, Tav. XIV.

„Diese Pyramiden wurden zur Zeit des Pharaos aufgrund jener Vision gebaut, die er in einem Traum von jenen fetten und mageren Kühen sah, in dem ihm die sehr große Knappheit in allen Provinzen vorausgesagt wurde. Und so (errichtete er) diese Pyramiden als Mahnmal, die über alle Maßen groß und unermesslich sind, auf denen (ein) Epitaph in (der) chaldäischen Sprache geschrieben gefunden wurde, das sagt: Ich, Pharao, habe diese Pyramiden gemacht und sie mit Gold von Äpfeln bedeckt, sie werden nicht mit Tuch bedeckt sein.[1410]“ [1411]

Abb. 209: Karte von Kairo und Umgebung, Piri Reis, 1513. Karte basierend auf Walters Art Museum, W.658, fol 305a, leicht optisch überarbeitet.

[1410] Äpfel (= Granatäpfel) stehen symbolisch für das Leben. Die Bedeckung mit einem Tuch bedeutet Sterblichkeit. Die Idee hinter dieser Metapher ist, dass die Pyramiden unsterblich sind und immer existieren werden.

[1411] Winter 1962, 27. Eigene Übersetzung aus dem Italienischen.

Dies ist eine der ältesten Karte, die Kairo und die Pyramiden zeigt. Der Ausschnitt stammt aus der Piri[1412] Reis-Karte von 1513. Die Karte ist sogar genordet, da der Pfeil des eingezeichneten Kompasses direkt nach unten zeigt, genau dort wo Norden ist. Der Kompass besteht aus 32 Spitzen, sodass jede Spitze 11,25° eines Vollkreises ausmacht.

Ein interessanter Fehler auf der sonst sehr guten Darstellung betrifft die Anordnung der Pyramiden von Gizeh. Diese müsste man vertikal spiegeln, damit die Darstellung stimmt. Die Größenverhältnisse zueinander sind jedoch realistisch; zudem zeigen die beiden großen Pyramiden beide eine kleine Plattform am oberen Ende, was ebenfalls korrekt ist, auch wenn die der Chephren-Pyramide hier etwas größer eingezeichnet ist. Vermisst man die dargestellten Pyramiden und setzt die Länge der Cheops-Pyramide mit 440 Ellen (E) als Referenz an, so ergeben sich folgende Werte für die drei Pyramiden:

- Cheops: (Länge: 440 E, Höhe: 340 E, Plateau: 45 E)
- Chephren: (Länge: 425 E, Höhe: 350 E, Plateau: 55 E)
- Mykerinos: (Länge: 325 E, Höhe: 280 E, Plateau: 0 E)

Die Abstufung der Länge zur Chephren-Pyramide ist recht gut gelungen, da sie real 411 E Länge aufweist. Lediglich die Mykerinos-Pyramide ist deutlich zu lang und zu hoch gegenüber den beiden großen Pyramiden.

Das Plateau der Chephren-Pyramide war ursprünglich deutlich kleiner, da Lepsius in den 1840er Jahren hierfür noch 11 E ermittelt hat. Ein Wert übrigens, den auch das ursprüngliche Cheops-Pyramidenplateau besaß. Somit ist auf der Karte von Piri Reis das Plateau bei Cheops gut 4-mal und bei Chephren 5-mal so groß gezeichnet, wie es in der Realität war. Sieht man einmal davon ab, dass beide Plateauflächen bezogen auf den Maßstab zu groß gezeichnet sind – vermutlich um hervorzuheben, dass ein Plateau vorhanden ist – so war es dennoch richtig beide annähernd gleich groß zu zeichnen.

Dass die Chephren-Pyramide etwas höher eingezeichnet ist, als die Cheops-Pyramide liegt sicher am Anblick von weitem, da alle frühen Reisenden schildern, dass von weitem die Chephren-Pyramide als höher erachtet wurde als die Cheops-Pyramide und erst unmittelbar vor Ort der Fehler erkannt wurde, da die Chephren-Pyramide rund 10 m höher auf dem Gizeh-Plateau steht, als die Cheops-Pyramide. Somit ist der Effekt von weitem gesehen richtig dargestellt. Dass die Mykerinos-Pyramide als einzige der drei großen Pyramiden noch ihre Spitze hat, ist ebenfalls korrekt. Der Neigungswinkel der Pyramiden wurde mit 60° eingezeichnet, also nur rund 8° mehr als in der Realität. Selbst spätere Zeichnungen der Pyramiden sind meist deutlich steiler gezeichnet. Verbindet man die linken Eckpunkte der Cheops-Pyramide mit der Mykerinos-Pyramide, stellt man fest, dass die Chephren-Pyramide leicht versetzt ist, genau wie in der Realität.

[1412] Muhiddin Piri (* um 1465–1470 in Gallipoli, Anatolien, Türkei; enthauptet 1553 in Kairo, Ägypten), der Sohn von Haci Mehmet, war ein türkischer Admiral (Titel: Reis bzw. Ra'īs) der osmanischen Flotte und Kartograf. Wie im osmanischen Reich üblich wurden Titel hinter den Namen gestellt und nicht wie bei uns vor den Namen. Im Alter von zwölf Jahren schloss er sich der Besatzung seines Onkels Gazi Kemal (um 1450–1510), ein Korsar oder Freibeuter, an. 1495 trat, auf Einladung von Sultan Bayzeid II. (1447–1513; regierte 1481–1512), sein Onkel der osmanischen Marine im Rang eines *Reis* (Admiral oder Kapitän) bei und wurde als Kemal Reis bekannt. Piri diente 14 Jahre lang unter der Vormundschaft seines Onkels. Nachdem sein Onkel 1510 gestorben war, kehrte Piri Reis nach Gallipoli zurück. Dort konstruierte er 1513 die erste seiner beiden Weltkarten. Vier Jahre später kommandierte er mehrere Schiffe, die Großwesir Ibrahim Pascha begleiteten (um 1493 - 1536) in die Stadt Alexandria in Ägypten, und er segelte mit einem Teil der Flotte den Nil hinauf nach Kairo, wo er seine Weltkarte Sultan Selim dem Eroberer (1467–1520) präsentierte; regierte 1512–20). Er verfasste ein bedeutendes Buch über die Seefahrt im Mittelmeer und sammelte und erstellte zahlreiche Karten. Die Weltkarte von 1513 wurde erst 1929 von Bey Halil Ethem, dem Generaldirektor des Topkapi Serail in Istanbul, entdeckt, als dieser Palast in ein Antiquitätenmuseum umgewandelt wurde. Sie basierte auf etwa 20 Karten und *mappae mundi*, von denen eine sogar aus der Zeit Alexanders des Großen stammen soll. Da er neben Türkisch auch Griechisch, Italienisch, Portugiesisch und Spanisch sprach, konnte er fremdsprachliche Quellen erschließen und verarbeiten. Im Jahr 1517 zeigte er Sultan Selim I. seine erste Weltkarte. 1516/17 nahm er am Feldzug gegen Ägypten teil und vollendete 1521 sein Kitab-ı Bahriye (Buch über die Seefahrt). Im Jahre 1524 war er der Kapitän des Schiffes, das den Großwesir Ibrahim Pascha nach Ägypten brachte. Nachdem er das Kitab-ı Bahriye auf Anraten des Großwesirs überarbeitet hatte, konnte er es 1525 dem Sultan Süleyman I. vorlegen. 1528 schenkte er dem Sultan seine zweite Weltkarte. Am 16.12.1553 erreichte ein am 15.11.1553 in Konstantinopel geschriebener Brief Venedig. Darin hieß es, Piri sei in Kairo enthauptet worden, weil er von den Portugiesen korrumpiert worden sei und die Belagerung von Hormus ausgelöst habe.

Insgesamt ist die Darstellung der Pyramiden, bis auf kleine Fehler abgesehen, erstaunlich präzise, zumal für die frühe Zeit, in der die Karte entstanden ist. Die Lage von Bulak, Fustat und Gizeh stimmen auch recht gut mit der Realität überein.

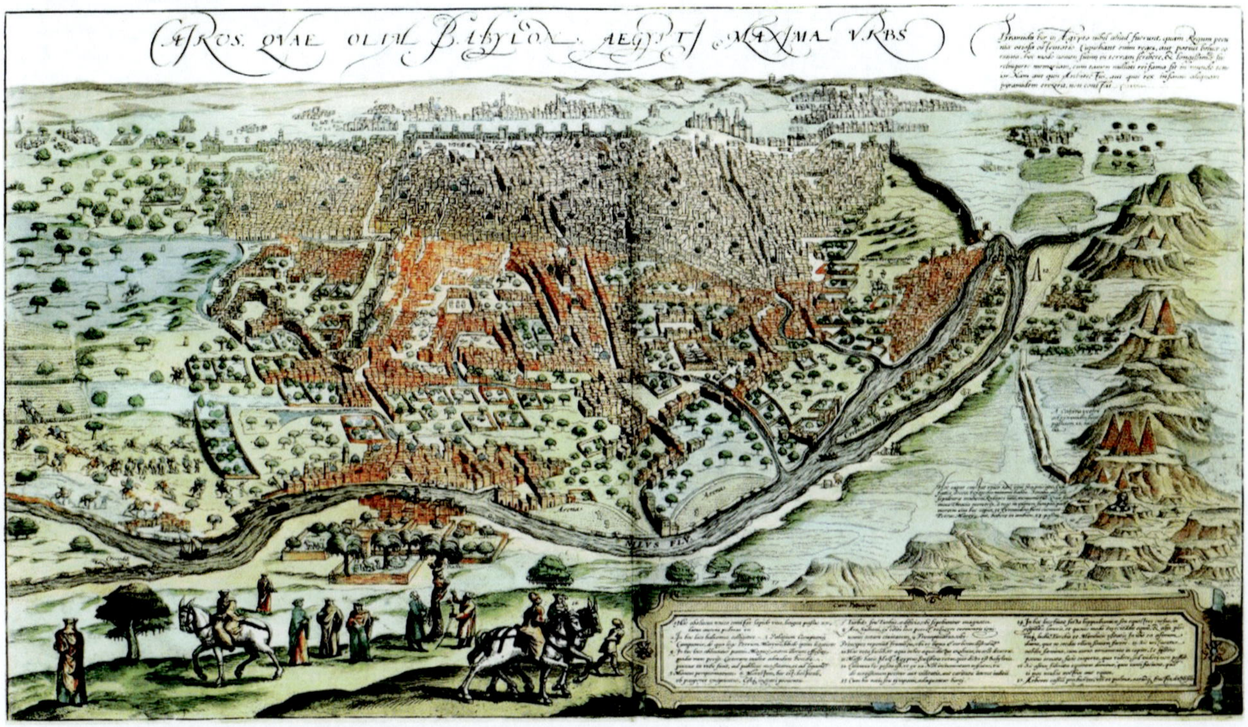

Abb. 210: Kairo und Umgebung, 1549, Matteo Pagan.

Die Darstellung von Kairo beruht hier auf einem Holzschnitt von Giovanni Domenico Zorzi (ca. 1485–1558) und dem Drucker Matteo Pagan(i/o) (ca. 1515 – ca.1588), die 1549 entstanden ist. Dies war die erste Übersichtskarte von Kairo und Umgebung, inklusive der Pyramiden, die nach der Karte von Piri Reis veröffentlicht wurde. Zorzi unternahm in den frühen 1540er Jahren eine Pilgerreise nach Jerusalem, die ihn auch nach Kairo führte. Marco Grimani, ein Adliger aus Venedig, unternahm 1534–35 eine Reise in die Levante und nach Ägypten. Dort zeichnete er auch die Stadt Kairo. Im Juli 1544 starb Grimani im Alter von 50 Jahren aus unbekannten Gründen in Rom. Seine Zeichnung von Kairo gelangte dann zu Zorzi, der davon einen großen Holzschnitt[1413] fertigte, den dann Matteo Pagan(i/o) 1549 druckte. Eine inhaltliche Beschreibung zu der Karte lieferte der französische Humanist Guillaume Postel[1414] *„Descriptio Alcahirae Urbis Mizir et Mazar dicitur"*, welche 1549 entstand und der Kairo-Karte als Broschüre beilag. Postel hat selbst fünf Palästina-Karten gezeichnet.[1415]

Die Karte wurde Grundlage für fast identische Karten von Ferdinando Bertelli (1568), Georg Braun (1572) und Sebastian Münster (1574). Alle drei nutzten wohl die Informationen von Postel zu einer entsprechenden Legende und der Anbringung von den zugehörigen Ziffern in der Karte.

1413 Holzschnitt von 21 Stöcken, 102 × 192,5 cm. Siehe: http://www.smb-digital.de/eMuseumPlus?service=ExternalInterface&module=collection&objectId=987806&viewType=detailView

1414 Guillaume Postel (* 25.3.1510 in Dolerie (Basse-Normandie), Frankreich; † 6.9.1581 in Paris, Frankreich), war ein französischer Humanist und Universalgelehrter (Mathematiker, Kartograf, Linguist, Kabbalist, Orientalist).

1415 Siehe: http://gallica.bnf.fr/ark:/12148/btv1b20000159

Abb. 211: Kairo und die Pyramiden von Gizeh, 1568, Ferdinando Bertelli.

Die Kairo-Karte von Pagan (i/o) ging auch in den ersten Städteatlas der Welt *Civitates Orbis Terrarum* von dem Kölner Georg Braun und Frans Hogenberg ein, dessen erste Ausgabe 1572 erschien, sowie in die deutsche Ausgabe der Cosmographia (Weltbeschreibung) von Sebastian Münster aus dem Jahr 1574. Auch die Kairo-Karte von Henry de Beauvau, welche 1615 entstand, ähnelt der Zorzi-Karte noch sehr, wenn auch auf der rechten Seite nurmehr 10 statt 12 Pyramiden zu sehen sind.

Auf allen diesen Karten von Kairo und Umgebung sind die Pyramiden viel zu weit südlich dargestellt und zudem viel zu spitz. Insgesamt sind 12 Pyramiden, in unregelmäßigen Abständen und über eine weite Distanz verteilt, dargestellt. Mit einer realistischen Darstellung der Pyramiden bei Kairo hat dies nichts zu tun. Diesbezüglich war die Karte von Piri Reis wesentlich realistischer.

Auf einer Karte von 1561 des Druckers Vincenzo Valgrisi[1416] sind vermutlich erstmals auch die südlich der Gizeh-Pyramiden liegenden anderen Pyramiden eingezeichnet.

[1416] Vincenzo Valgrisi, oder Valgrisio (geb. Vincent Vaugris) (um 1490 bis nach 1572), war ein italienischer Drucker französischer Herkunft, der von 1540 bis 1572 in Venedig tätig war.

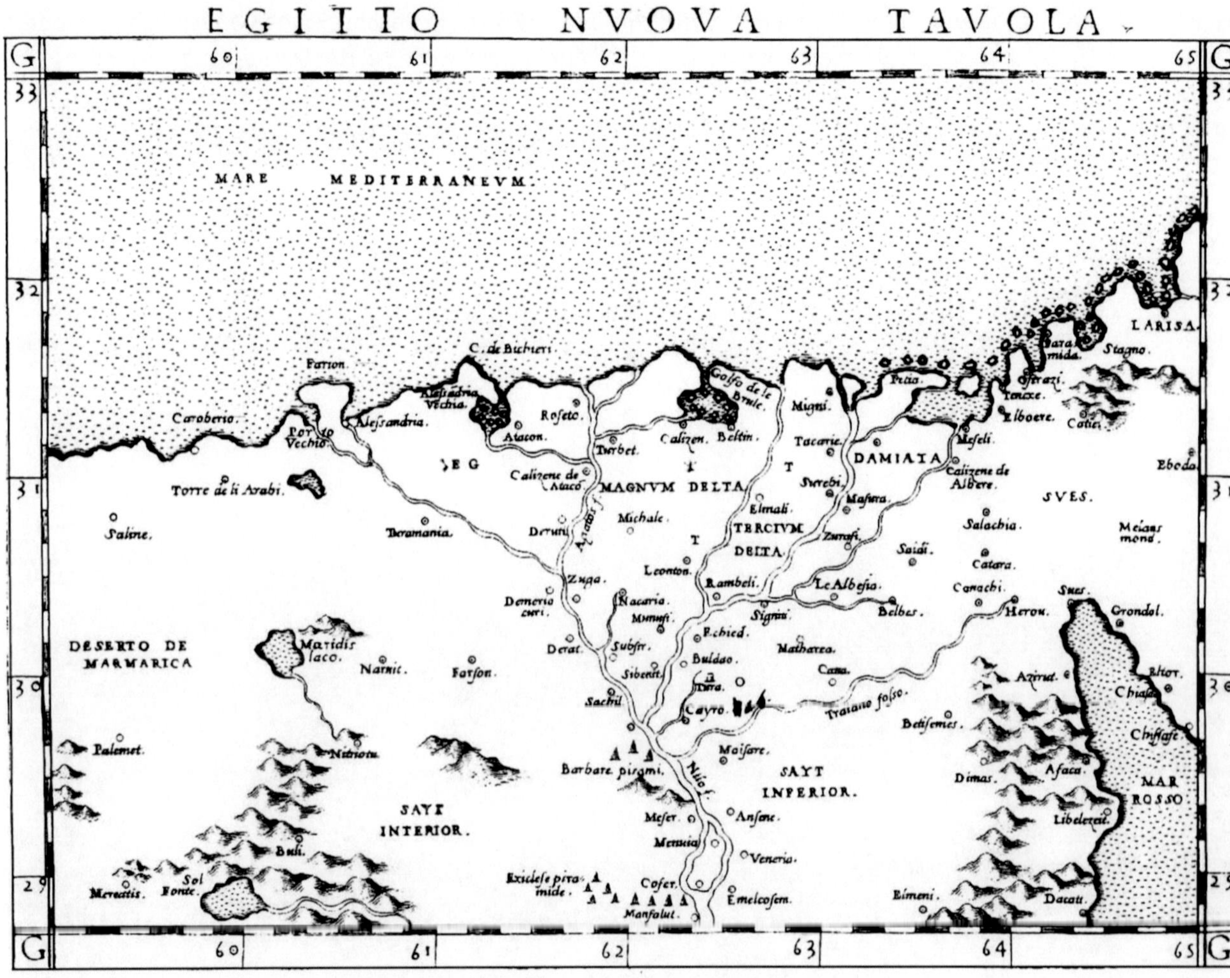

Abb. 212: Ägypten mit den Pyramiden, (aus Atlas von Claudius Ptolemaeus, 1561).

Gegenüber Kairo sind die drei Gizeh-Pyramiden eingezeichnet. Wesentlich zu südlich, nämlich bei Manfalut[1417] nahe Assiut, sind neun Pyramiden eingezeichnet. Zusammen ergeben dies 12 Pyramiden, eine Zahl, die frühe europäische Reisende ebenfalls berichtet haben.

Abb. 213: Die Pyramiden von Gizeh, 1668, Olfert Dapper.

1417 Manfalut ist eine Stadt im mittelägyptischen Gouvernement Asyut.

Der in Amsterdam geborene Olfert Dapper[1418] veröffentlichte 1668 eine Beschreibung von Afrika auf Niederländisch, die 1670 auf Deutsch übersetzt wurde und 1686 auf Französisch. Bei der Darstellung handelt es sich um eine reine Fantasiedarstellung, die mit der Realität nichts gemein hat. Die Mykerinos-Pyramide steht hier vor der Cheops-Pyramide, zudem ist rechts im Bild ein zweiter Sphinx eingezeichnet. Die zwei Sphingen sind auch auf der Darstellung von Kairo und seiner Umgebung zu sehen.

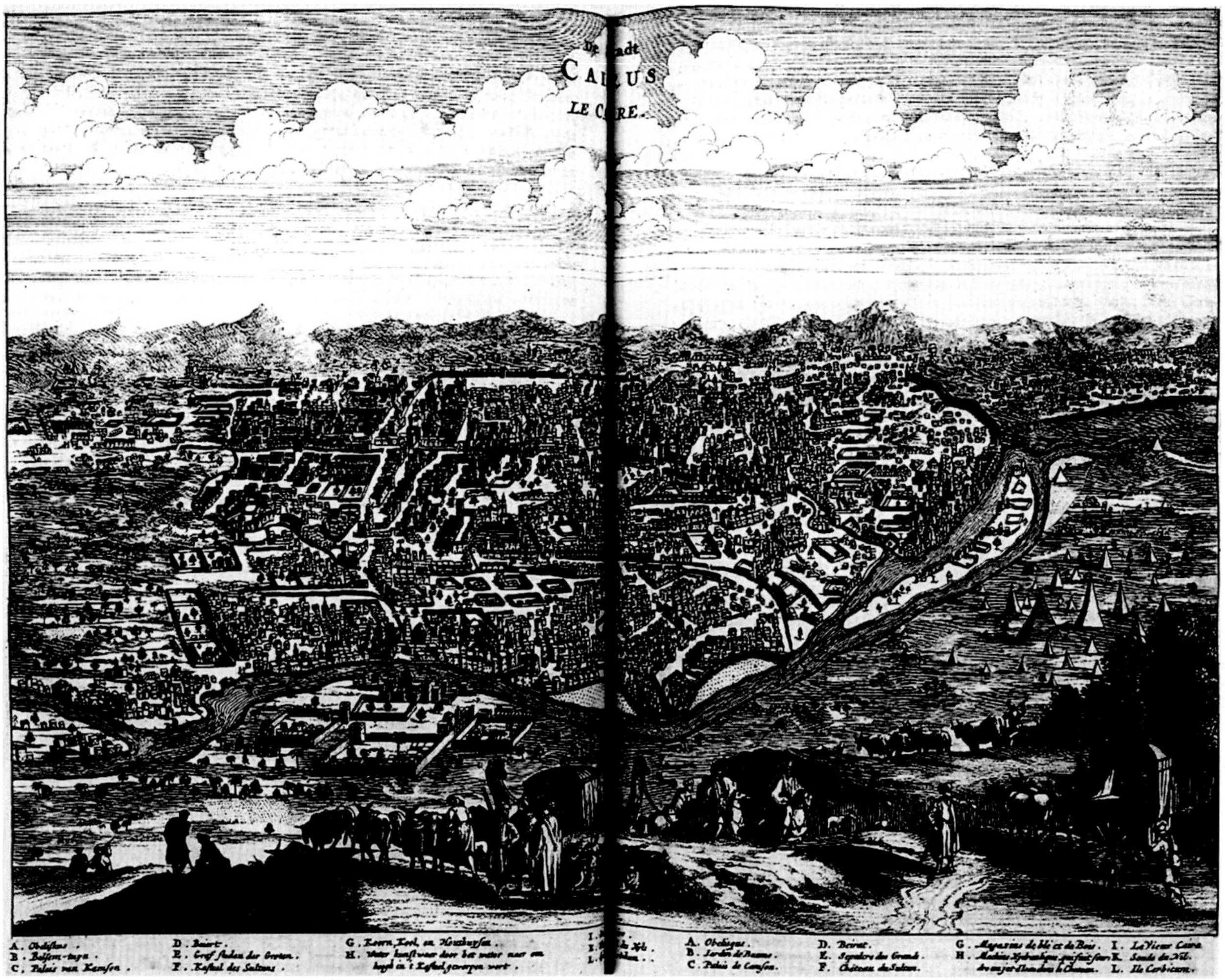

Abb. 214: Kairo und Umgebung, 1668, Olfert Dapper.

[1418] Olfert Dapper (* 6.1.1636 im Stadtteil Jordaan in Amsterdam, Niederlande; † 1689 in Amsterdam, Niederlande) war ein niederländischer Mediziner, Geograf und Historiker. Er wurde durch seine Veröffentlichungen im Verlag von Jacob van Meurs bekannt. Olfert Dapper wuchs mit mehreren Geschwistern in der Familie eines Leinewebers im Handwerkerviertel Jordaan in Amsterdam auf. Sein Vater hatte 1624 Trijntje Heeren geheiratet. Sie ließen ihre Kinder lutherisch taufen. Einige starben früh. Olfert Dapper studierte an der Universität Utrecht Medizin. Nach dem Studium kehrte er wieder in seine Geburtsstadt zurück.

Abb. 215: Blick auf die Giseh-Pyramiden und den Sphinx nach Cornelis de Bruyn.

Der Holländer Cornelius de Bruyn besichtigte 1681 die Gizeh-Pyramiden. Die obige Zeichnung stellt meines Wissens die älteste realistische Darstellung des Gizeh-Plateaus mit dem Sphinx dar. Wie realistisch der Sphinx-Kopf gezeichnet ist, erkennt man im Vergleich zu einer der frühesten Fotografien des Sphinx von 1849 durch den Fotografen Maxime du Camp (siehe Abb. 216). Lediglich die Nase wurde hier im unteren Bereich noch so gezeichnet, als wäre der untere Nasenteil noch vorhanden, was aber nicht stimmt.

Abb. 216: Sphinx-Kopf von 1849. Ausschnitt aus einer Fotografie von Maxime du Camp mit dem Titel „Le Sphinx. Égypte Moyenne".

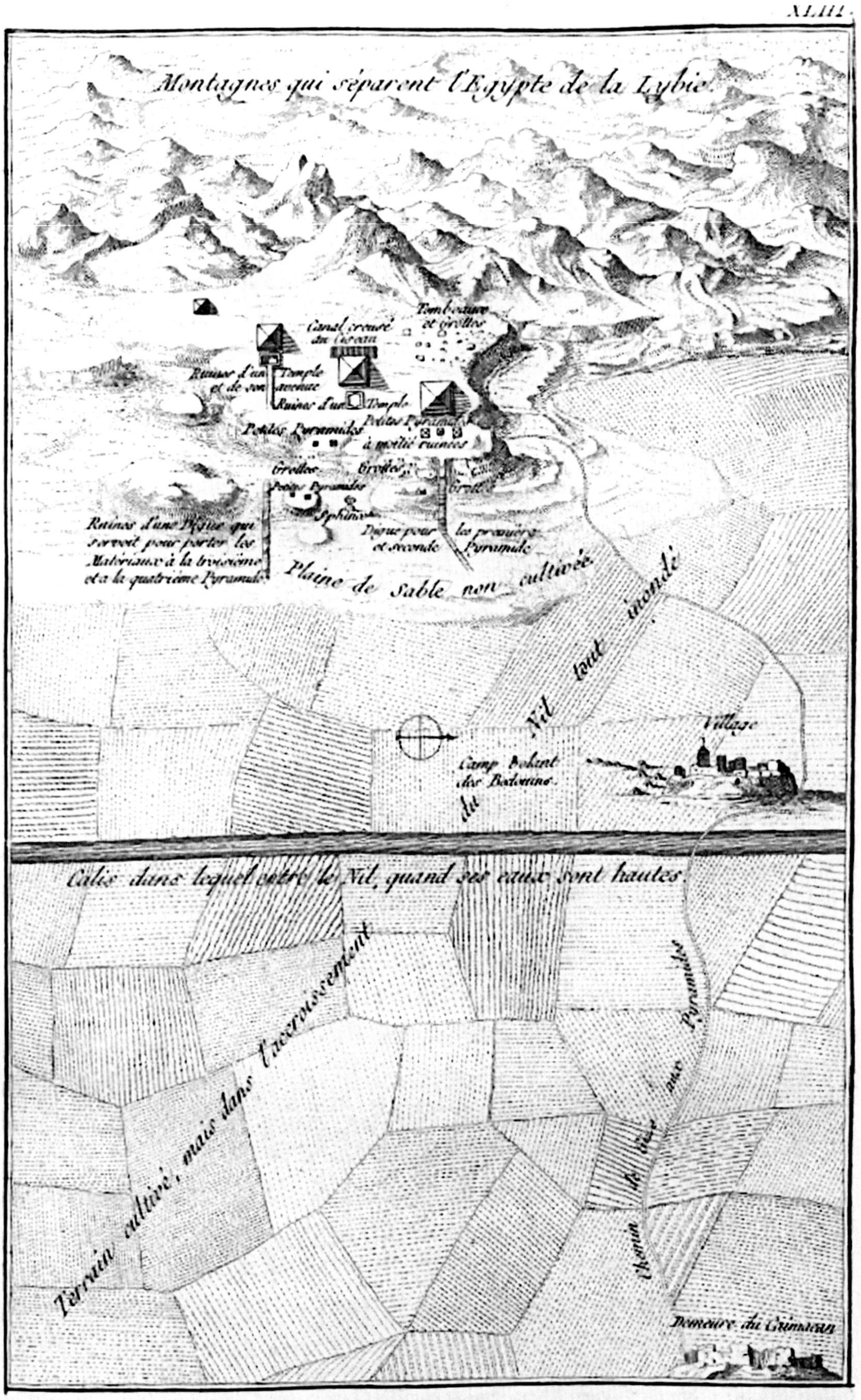

Plan et situation des Pyramides, avec leurs Environs, près de Gize, anciennement Memphis.

Abb. 217: Die Lage der Gizeh-Pyramiden von Frederic Norden aus dem Jahr 1737.

Diese Übersichtskarte vom Gizeh-Plateau ist eine der ersten, die wir kennen. Sie wurde rund 60 Jahre vor der Karte der Franzosen gezeichnet, die im Rahmen der Napoleon-Expedition nach Ägypten gekommen waren. Auf der Karte von Frederic Norden ist weit hinter der Mykerinos-Pyramide eine etwa halb so große wie diese als sogenannte „vierte Pyramide" eingezeichnet. Dafür fehlen die drei Satellitenpyramiden der Mykerinos-Pyramide. Der Aufweg zur Cheops-Pyramide ist hingegen korrekt und mehr oder weniger vollständig eingezeichnet. Der Cheops-Taltempel war aber wohl damals schon nicht mehr existent. Das Dorf rechts in der Mitte auf der Karte ist allerdings nicht Gizeh, denn darunter fließt ein Nilkanal und nicht der Nil. Ganz unten rechts ist ein Domizil des Sultans eingezeichnet, von dem aus ein Weg zu dem Dorf und von dort zu den Pyramiden zu sehen ist. Der Weg zu den Pyramiden nutzt jedoch nicht den alten Aufweg zur Cheops-Pyramide, sondern nähert sich von Norden her dieser Pyramide.

Abb. 218: Der Sphinx mit den drei Gizeh-Pyramiden von Frederic Norden aus dem Jahr 1737.

Die Darstellung entspricht recht genau der Realität. Die Gesichtszüge des Sphinx wurden weiblich dargestellt, vermutlich, weil das *Nemes*-Kopftuch als weibliche Haarpracht interpretiert wurde.

Nur ein Jahr nach Frederic Norden besuchte der Engländer Richard Pococke die Gizeh-Pyramiden. Seine Zeichnung von der Lage der drei großen Pyramiden ist detaillierter als bei Norden. Interessanterweise hat Pococke im Gegensatz zu Norden die drei Satellitenpyramiden der Mykerinos-Pyramide eingezeichnet, nicht aber die Satellitenpyramiden der Cheops-Pyramide. Der Westfriedhof der Cheops-Pyramide ist mit den vielen einzelnen Mastabas eingezeichnet, ebenso die vielen Felsengräber um die Chephren-Pyramide herum. Pococke dachte allerdings, dass es aus Symmetriegründen noch ein Pendant zur Cheops-Pyramide im Süden gegeben haben müsse, ebenso wie ein Pendant der Mykerinos-Pyramide mit Tempel im Norden. Das Zentrum der Symmetrieachse bildete seiner Meinung nach die Chephren-Pyramide mit der Sphinx im Osten.

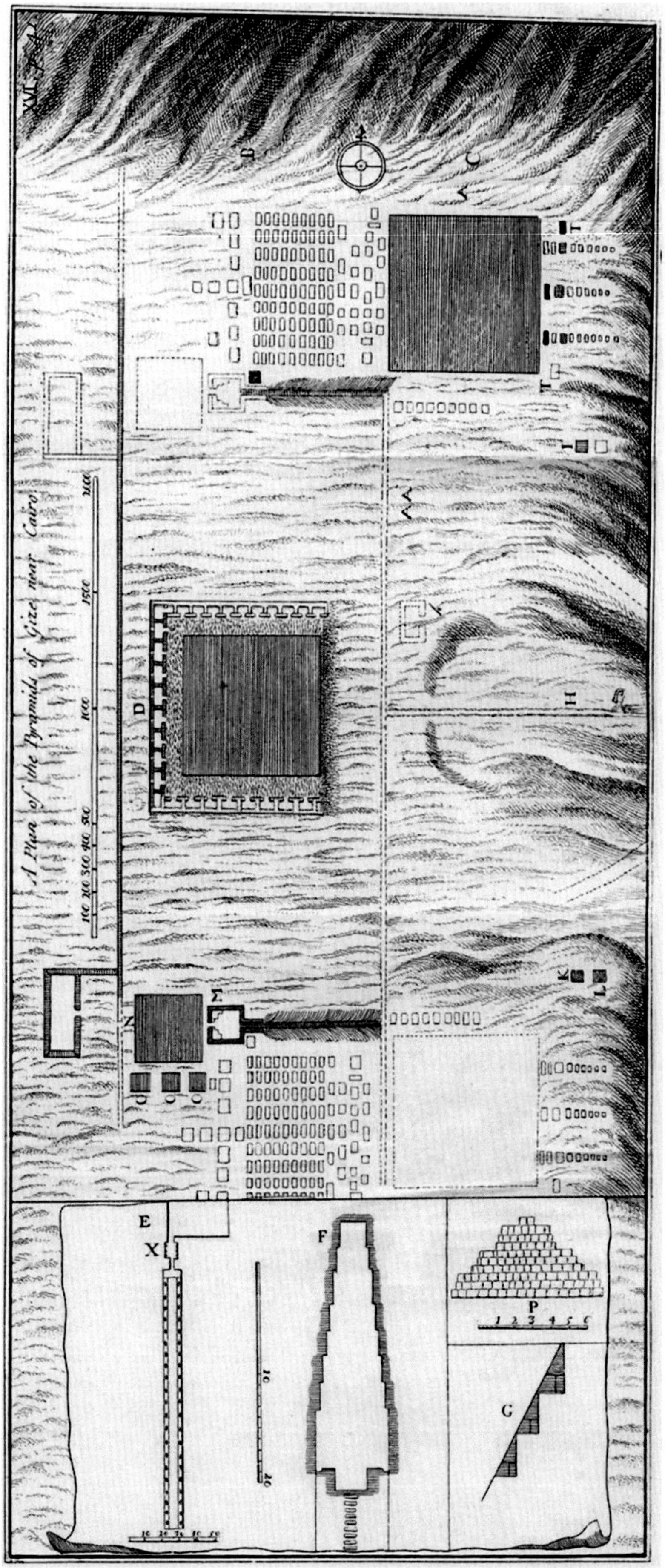

Abb. 219: Die Gizeh-Pyramiden von Richard Pococke aus dem Jahr 1738.

Zu weiteren teilweise ruinierten Pyramiden auf dem Plateau schreibt Pococke:

> *"A little to the west north west of the sphynx is a small ruin'd pyramid F. [I] as I concluded it to be; a way had been open'd into it, but every thing now is almost ruin'd. I saw in it two handsome high door places opposite to one another, the space between them being only five feet; over them are hieroglyphics, among which I saw the Ibis and stags, opposite to this pyramid, on the other side of the valley to the south, is such another K. which seem'd to have been built with steps, and east of it is another L. [Chentkaues] erected on a foundation of rock, fifteen feet high; it seem'd to have been built up higher only with a thick wall about a hundred and fifty feet square."* [1419]

Die im Text mit „F“ bezeichnete ruinierte Pyramide ist in der Zeichnung mit dem Buchstaben „I“ versehen. Basierend auf der eingezeichneten Lage auf dem Plateau kann es sich nicht um die südlichste Satellitenpyramide der Cheops-Pyramide handeln. In modernen Karten ist an der mit „I“ bezeichneten Stelle allerdings keine Pyramide verzeichnet.

Er klärt auch bezüglich der sogenannten „vierten Pyramide“ auf dem Gizeh-Plateau auf:

> *"To the south of this are three small pyramids O. the two western ones are about eighty seven feet square; they are built with three degrees ten feet broad, each of them consisting of three tier of stone four or five feet deep, that set out about a foot, as represented in an upright of one of them O. In the same plate at P. the eastern pyramid is a hundred feet square, being what is commonly call'd the fourth pyramid."* [1420]

Die Lage von „P“ auf seiner Karte ist nicht verzeichnet, aber aufgrund seiner Beschreibung kann es sich nur um die östlichste Satellitenpyramide der Mykerinos-Pyramide handeln.

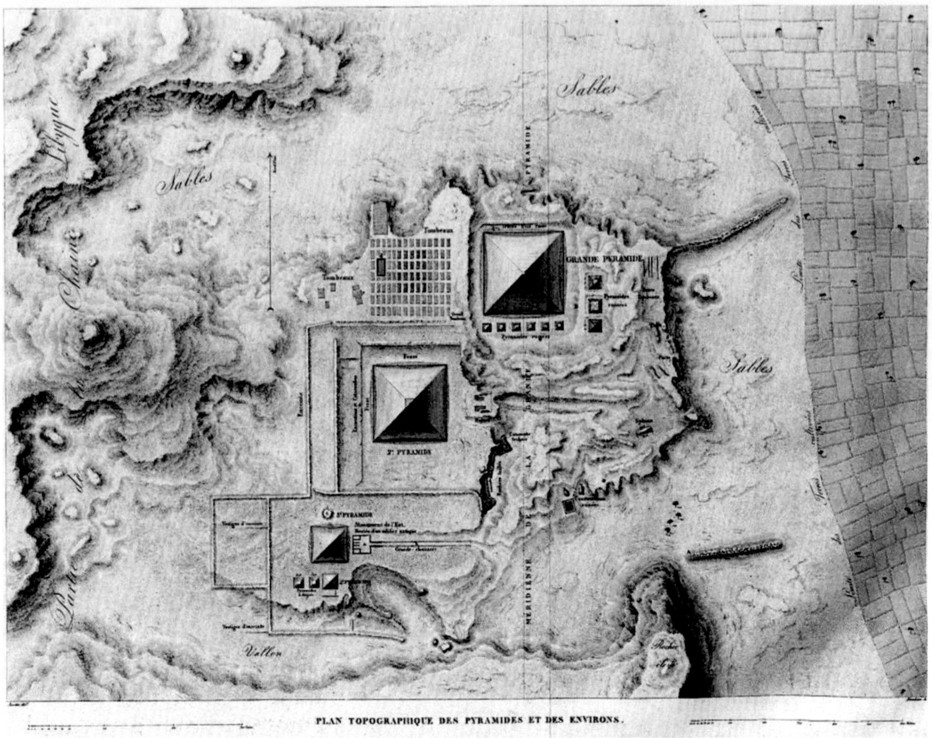

Abb. 220: Topografischer Plan des Gizeh-Plateaus von Pierre Jacotin[1421] aus dem Jahr 1798/99.

Dies ist die erste wissenschaftlich gezeichnete topografische Karte, die vom Gizeh-Plateau existiert. Sie stammt von den Ingenieuren, die die französische Napoleon-Expedition nach Ägypten in den Jahren 1798–99

1419 Pococke 1743, 46-47.

1420 Pococke 1743, 47.

1421 Pierre Jacotin (* 11.4.1765 in Champigny-lès-Langres, Frankreich; † 4.4.1827 in Paris, Frankreich) war ein französischer Ingenieur und Kartograf, der als Ingenieur-Geograf an der ägyptischen Napoleon-Expedition teilnahm.

begleitet haben. Die sogenannte 4. Pyramide ist hier explizit erwähnt als die größte der drei kleinen Satellitenpyramiden der Mykerinos-Pyramide. Das Grab des Hemiunu ist hier besonders hervorgehoben (Buchstabe „d“ in der Karte).

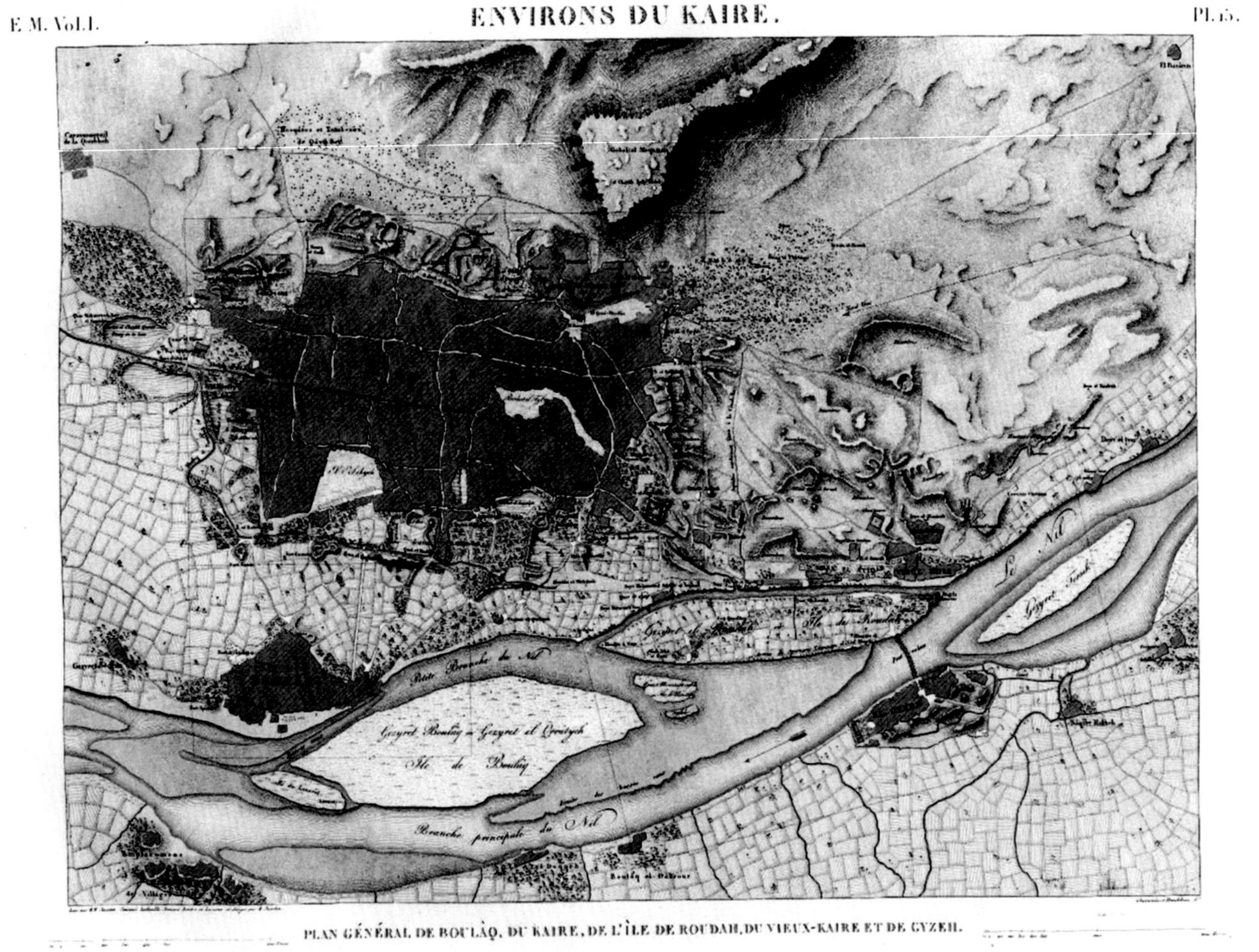

Abb. 221: Kairo und Umgebung von Pierre Jacotin aus dem Jahr 1798/99.

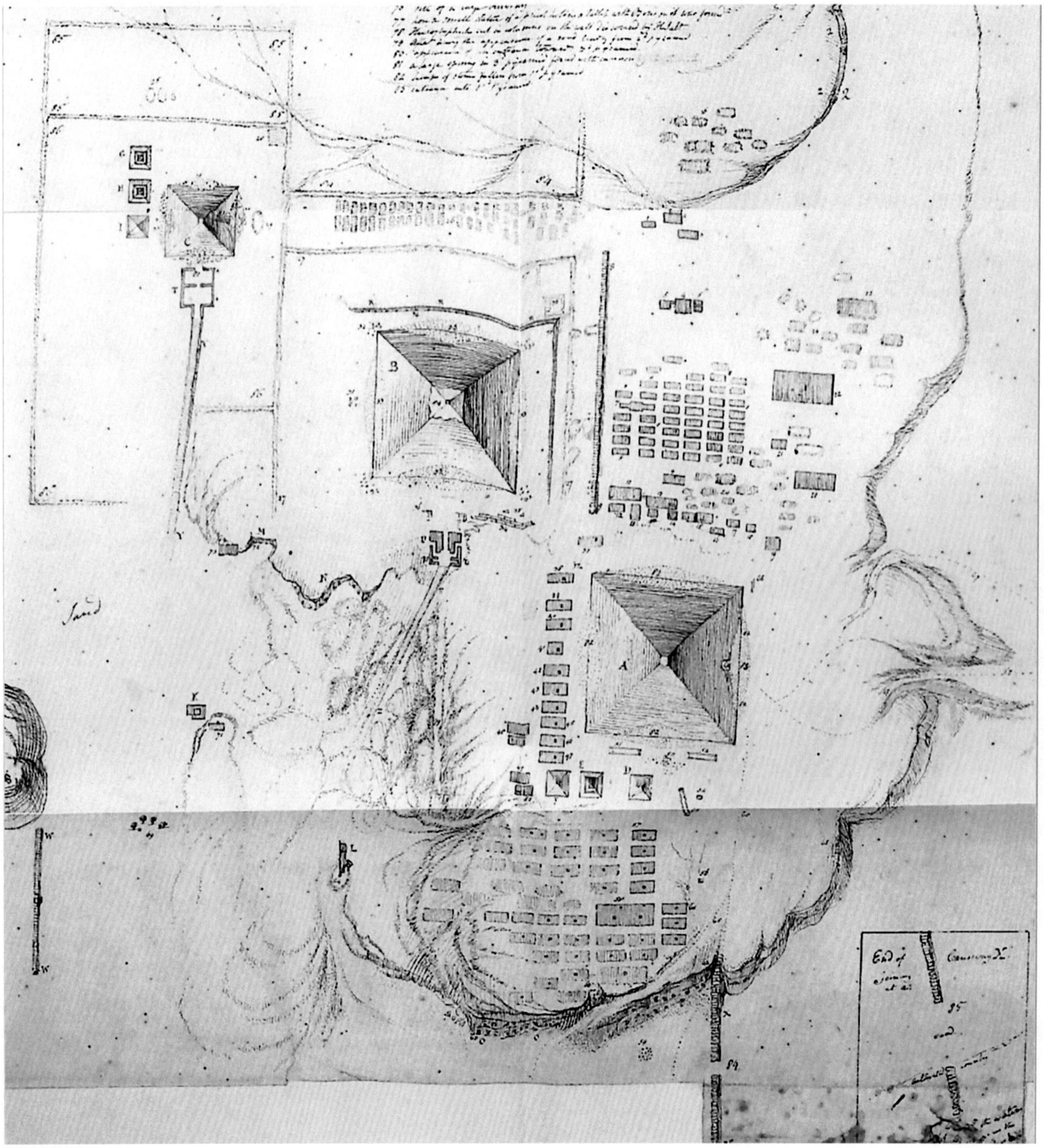

Abb. 222: Topografischer Plan des Gizeh-Plateaus von Henry Salt, dem britischen Generalkonsul in Ägypten, aus dem Jahr 1820. Zu diesem Zeitpunkt war die ägyptische Hieroglyphenschrift noch nicht entziffert. Im Gegensatz zu späteren Darstellungen ist hier noch der von West nach Ost verlaufende Weg ab dem Totentempel des Chephren zu sehen.

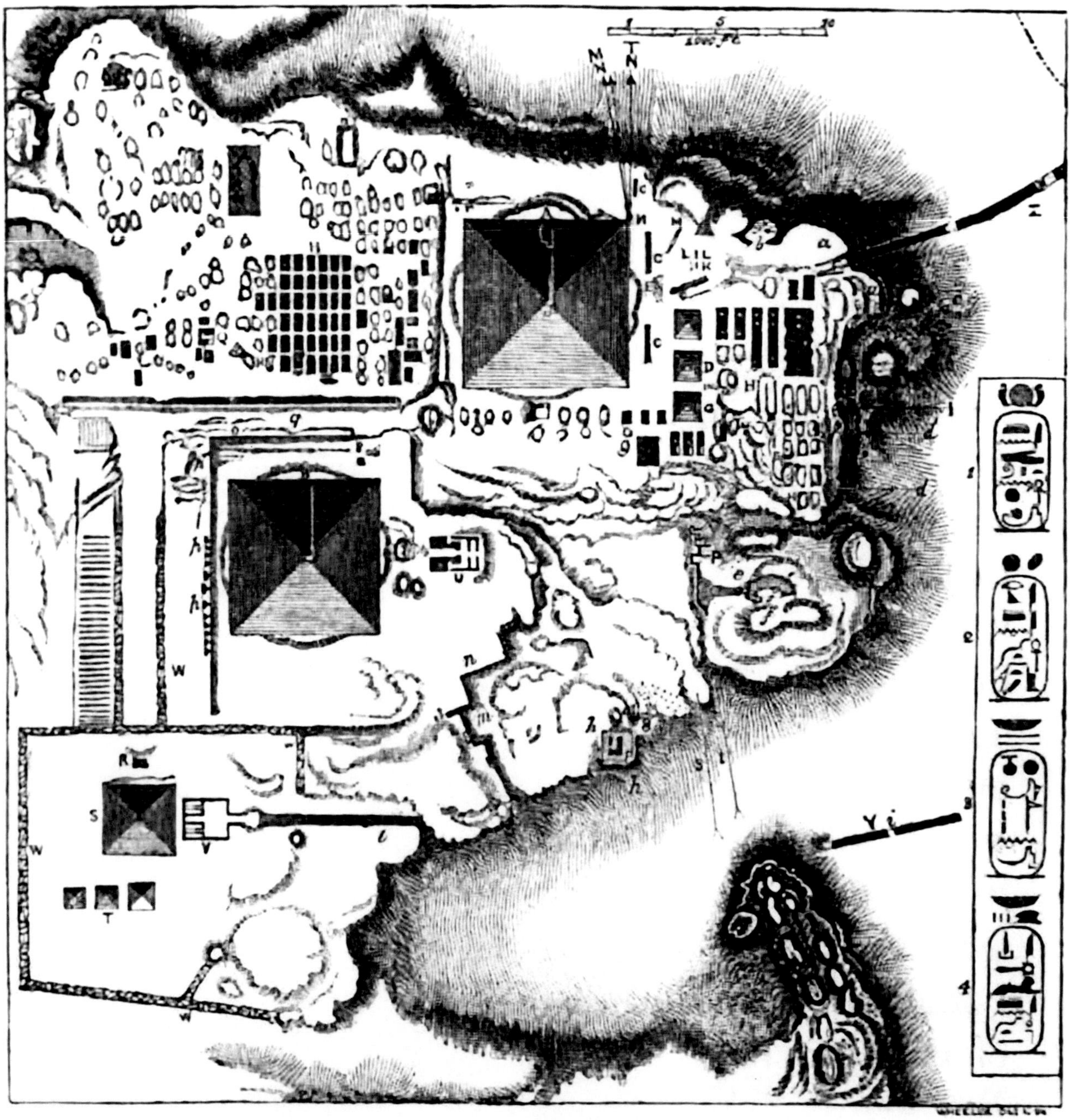

Abb. 223: Topographischer Plan des Gizeh-Plateaus nach Wilkinson, 1837.

Die Legende dazu lautet:

A, Entrance to the great pyramid.
B, Entrance to the second pyramid.
C C, Long pits, by some supposed for mixing the mortar.
D, Pyramid of the daughter of Cheops (Herodotus, ii. 126).
E, Pavement of black stones (basaltic trap), the same as found on the causeways of the pyramids of Saqqara.
F, Remains of masonry.
G, Round inclosures of crude brick, of Arab date, at N. E. angle of this pyramid.
H, Tombs of individuals, with deep pits.
I, The tomb of numbers.
K, Two inclined passages, meeting underground, apparently once belonging to a small pyramid that stood over them.
L L, The rock is here cut to a level surface.
M, A narrow and shallow trench cut in the rock.

N, A square space cut in the rock, probably to receive and support the corner stone of the casing of the pyramid.
P, Here stood a tomb which has received the title of the Temple of Osiris.
Q, Tomb of trades, to west of tombs H.
R, A pit cased with stone, of modem date.
S, The third pyramid.
T, Three small pyramids.
U, V, Ruined buildings, whose original use it is now difficult to determine.
W W W, Fragments of clone, arranged in the manner of a wall.
X, A few palms and sycamores, with a well.
Y, Southern stone causeway.
Z, Northern causeway, repaired by the Caliphs.
a, Tombs cut in the rock.
b, Masonry.
c, Black stones.
d d, Tombs cut in the rock.
c, The sphinx.
f, Pits, probably unopened.
g, Pits.
h, Stone ruin on a rock.
i, Doorway, or passage, through the causeway.
k, A grotto in the rock.
I, Inclined causeway, part of Y.
m, n, Tombs in the rock.
o. Some hieroglyphics on the rock.
p, Tombs cut in the scarp of the rock.
q, Stone wall.
r,Steps cut in the rock, near the N. W. angle of the great pyramid.
s, t, Magnetic south, in 1832 and 1836, corresponding to M N; T N being "true north."
The names 1. and 2. are of king Ergamenes[1422], mentioned by Diodorus, lib. iii. s. 6., and another Ethiopian monarch, found at Dakkeh [= ad-Dakka].

[1422] Arqamani (auch Ergamenes II.) war ein nubischer König, der um 200 v. Chr. regierte. Sein Thronname lautet Djeret-anch-amun. Arqamani ist vor allem von seiner Bautätigkeit bekannt. In ad-Dakka errichtete er eine kleine Kapelle.

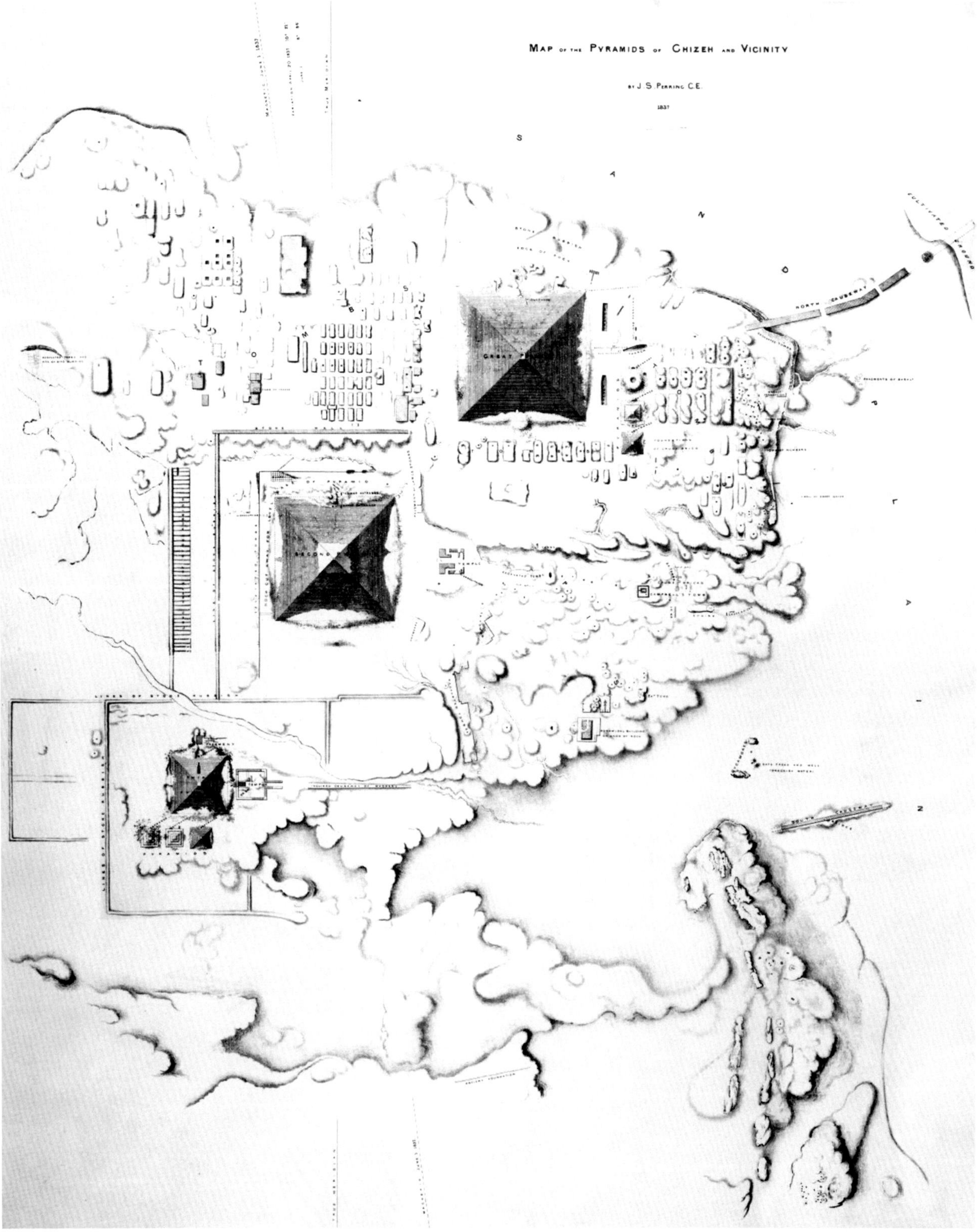

Abb. 224: Topografischer Plan des Gizeh-Plateaus von John Shae Perring aus dem Jahr 1837. Der Aufweg zur Cheops-Pyramide war noch weitgehend intakt.

Abb. 225: Das Gizeh-Plateau von Richard Lepsius.

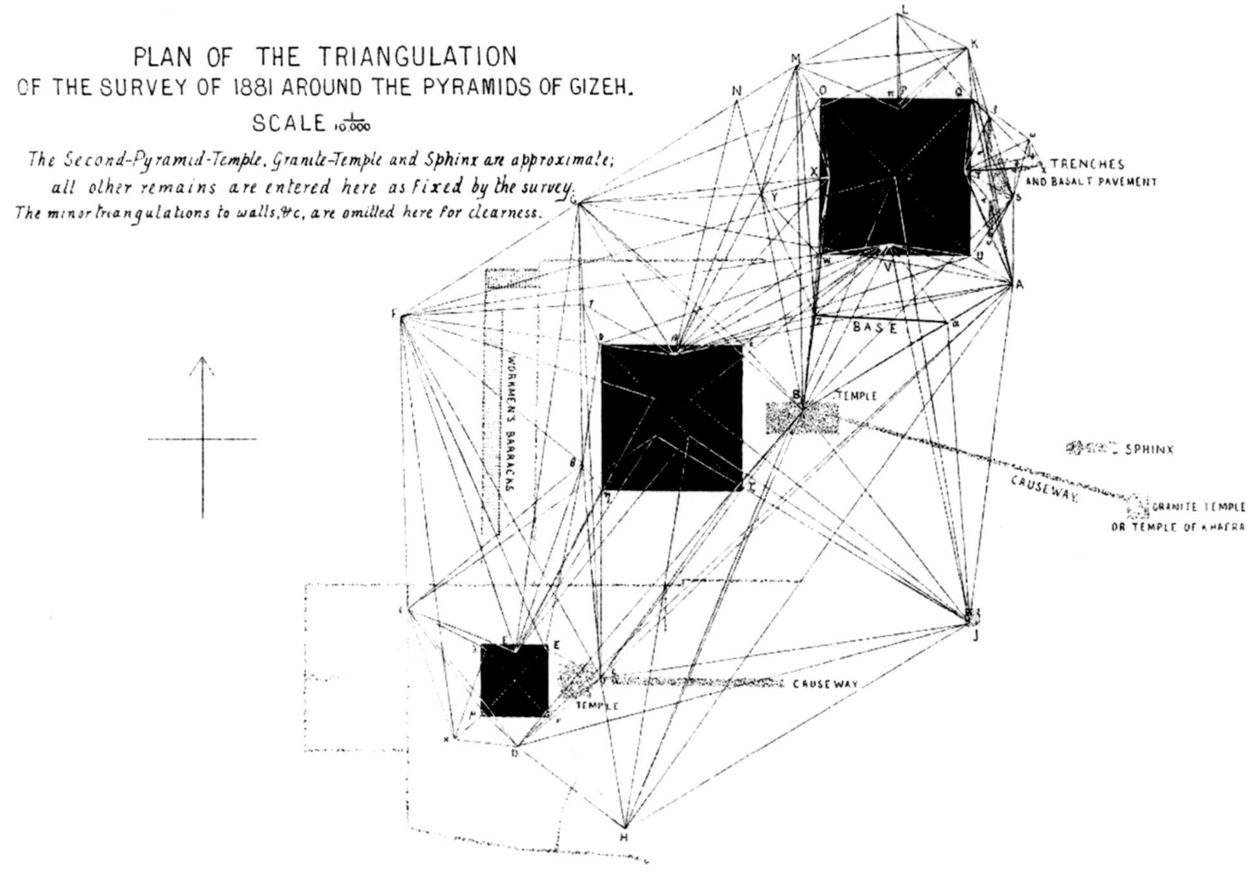

Abb. 226: Plan der Triangulation der Erfassung des Gizeh-Plateaus 1881 durch Flinders Petrie.

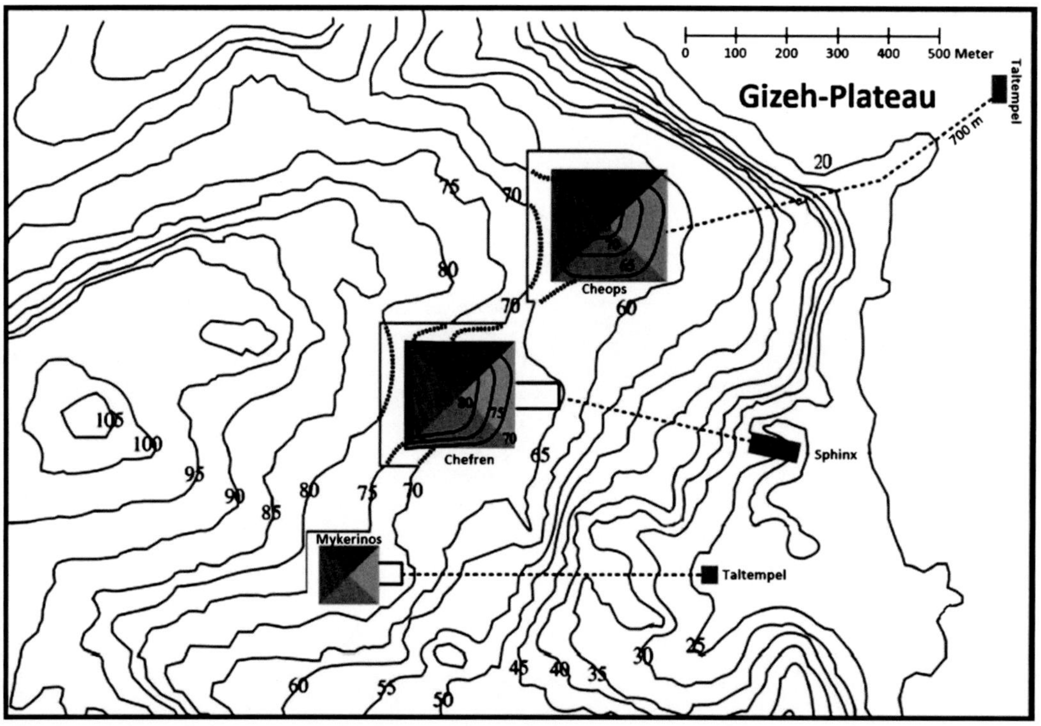

Abb. 227: Topografische Karte des Gizeh-Plateaus mit Höhenlinienrekonstruktionen der sichtbaren Teile von Felsvorsprüngen unter der Chephren- und Cheops-Pyramide. (Modifizierte Nachzeichnung nach Raynaud).

In Gizeh erstreckt sich die Mokattam-Formation etwa 2,2 km von Ost nach West und 1,1 km von Nord nach Süd, was einer Fläche von rund 2 ½ Quadratkilometer entspricht. Die Oberfläche fällt 3° bis 6° von Nordwest nach Südost ab. Der höchste Punkt mit 105,80 m über dem Meeresspiegel liegt westlich der Pyramiden. Der Boden des Sphinx lag auf 20 m über dem Meeresspiegel. Somit beträgt die Höhendifferenz von der höchsten Stelle westlich der Pyramiden bis zur Basis der Cheops-Pyramide fast 46 m.

21.3 War die Dolerit-Kugel aus der Cheops-Pyramide ein Gewichtsstein?

In Ägypten existierten bereits im Alten Reich standardisierte Hohlmaße, wovon eines *Hin*[1423] und das andere *Hekat*[1424] hießen. Ein *Hekat* hatte ein zehnmal größeres Volumen als ein *Hin*. Letzteres kann als Standardmaß des Neuen Reiches, der Spätzeit und der griechisch-römischen Zeit charakterisiert werden.[1425] Wissenschaftliche Untersuchungen haben gezeigt, dass man schon damals eine Umrechnung von Raummaßen in Hohlmaße vorgenommen hat.[1426] So konnte gezeigt werden, dass ein *Hekat* $\frac{1}{30}$ einer königlichen Kubikelle war. Die Auswertung zahlreicher Gefäßfunde konnte dies bestätigen.

Das älteste Dokument einer Gewichtsnormierung ist eine Tafel[1427] im Grab des Hesire in Sakkara (Ägypten) (≈ 2620 v. Chr.), die zwei Balken einer Waage sowie Sätze von beschrifteten Gewichten und Zylindern zeigt. Da Hesire zur Zeit von Djoser (III. Dyn.) lebte, ist ersichtlich, dass schon vor Cheops eine Standardisierung von Gewichten existiert hat.

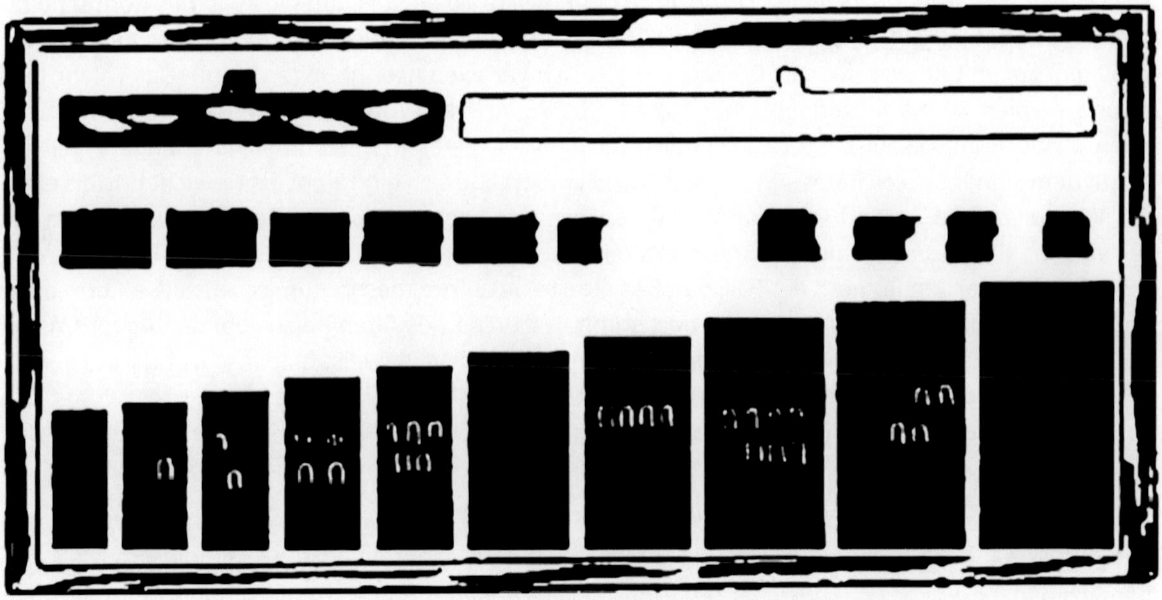

Abb. 228: Gewichtsset mit zwei Waagebalken, Gewichten und Normzylindern. Grab des Hesire in Sakkara.

Die unteren Gewichte entsprechen den Größen 10 bis 100 *Deben*[1428], die oberen kleinen Gewichte entsprechen vermutlich jeweils 1 *Deben*.

Auf Grundlage der Cheops-Elle von 52,36 cm ergibt sich somit für das Maß *Hekat* 4,785 Liter und damit für das *Hin* 0,4785 Liter.[1429] Die Kubikelle ergab dann einen Wert von 143,55 Litern. Ein altägyptischer *ẖꜣr*-Sack besaß ein Volumen von ⅓ Kubikelle, also 47,85 Liter, was 10 *Hekat* oder 100 *Hin* entsprochen hat. Der mathematische Papyrus Rhind aus dem Mittleren Reich benutzt bei den Problemen 41 bis 46 zur Berechnung von Kornspeichern keine bestimmte Kornart, wie etwa Gerste (äg. *jt*) oder Emmer (äg. *bd.t*), sondern benutzt den Oberbegriff Korn (äg. *sšr*). Im Alten Reich gab es zudem noch ein Salbmaß für Öle, welches mit rund 1,44 Litern vermutlich $^{1}/_{100}$ Kubik-Elle entsprach. Für das *Hekat* sind bezogen auf das Messen von Korn folgende Anteile nachgewiesen: ½, ¼, ⅛, $\frac{1}{16}$, $\frac{1}{32}$, $\frac{1}{64}$. Dies entspricht den für Ägypten typischen Stammbrüchen einer fortgesetzten Halbierung der Menge. Als Nicht-Kornmaß sind auch ⅓ und ⅔ belegt.[1430] Dies zeigt deutlich, dass die Ägypter damals nur im Dezimalsystem gerechnet haben und nicht wie die Sumerer aus einer

---

[1423] Pommerening 2005, 201.

[1424] Pommerening 2005, 115.

[1425] Pommerening 2005, 201.

[1426] Pommerening 2005, 218.

[1427] Siehe Robens, Jayaweera und Kiefer 2014, 65, Abb. 2.8.

[1428] Deben ist eine ägyptische Gewichtseinheit, die im Alten Reich bis zum Mittleren Reich ca. 13,5 g entsprach und ab dem Neuen Reich (um 1500 v. Chr.) 91–96 g betrug, also das 7-fache (7 × 13,5 = 94,5).

[1429] Ein Gefäß mit dem Inhalt von einem *Hin* entsprach quasi unserem Schoppenglas zu 0,5 Liter.

[1430] Pommerening 2005, 267.

Mischung von Sexagesimalsystem[1431] und Dezimalsystem. Die Babylonier haben dann später ausschließlich im Sexagesimalsystem gerechnet, da es für den Warenhandel besser geeignet war.

Untersuchungen[1432] haben gezeigt, dass die Ägypter Wasser und Wein bei *Hin*-Angaben bezüglich der Umrechnung von *Hin* zu *Deben* gleichgestellt haben. Ein *Hin* Wasser bzw. Wein entsprach 5 *Deben* Gewicht. Pommering nennt drei *Deben*-Standards: 91 g, 94 g, 96 g. Nimmt man mit 94 g den mittleren Gewichtswert des *Deben* an, so ergibt sich bei Wasser ein *Hin*-Volumen von 469,15 cm^3.[1433] Wein hat eine geringere Dichte als Wasser. Bei Zimmertemperatur (20° C) wiegt ein Liter Wein mit 10 % Alkohol-Anteil etwa 982 g. Daraus folgt für das zuvor angegeben *Hin*-Volumen ein Wert von 477,75 cm^3 oder 0,478 Liter. Dieser Wert deckt sich sehr gut mit dem zuvor angegebenen *Hin*-Wert von 0,4785 Litern, der auf der Umrechnung von Raum- in Hohlmaße unter Zugrundelegung der Cheops-Elle zu 52,36 cm ermittelt wurde.

Das sumerische Talent basierte auf einem Vielfachen des Gerstenkorns und nicht auf dem Äquivalent eines Kubikfußes Wasser. Das Gerstenkorn hieß *še/uţţatum* (sumerisch/akkadisch) und wog wie das Römische ca. 47 mg[1434], der Schekel hieß *gin/šiglum* und enthielt 180 *še/uţţatum*. Das Pfund hieß *ma-na/manûm* und bestand aus 60 *gin/šiglum* und war mit ca. 506,25 g etwa so schwer wie unser heutiges Pfund. Das Talent hieß *gú/biltum* und enthielt 60 *ma-na/manûm* und wog ca. 30,375 kg. Das Wort *gú/biltum* bedeutet sowohl im Sumerischen als auch im Akkadischen Last, nämlich die Traglast eines Mannes über eine längere Zeit.[1435] Basierend auf dem sumerischen Gudea-Fuß (knapp 26,45 cm) ergäbe sich ein Talent als Gewicht mittels eines Kubikfußes Wasser zu 18,5 kg und liegt damit weit jenseits des nachgewiesenen Gewichtswertes von gut 30 kg. Hiermit wird klar, dass das Talent im mesopotamischen Raum kein Äquivalent zu einem Hohlmaß war, wie dies in der Antike bei den Römern der Fall war. Das älteste bekannte mesopotamische Maß in Form einer Vase reicht ins 25./24. Jh. v. Chr. zurück und datiert somit in die Zeit des Alten Reichs bei den Ägyptern. Bei der Vase aus Silber, die dem Herrscher *Entemena von Lagaš*[1436] gehörte, beweist eine Inschrift darauf in Keilschrift, dass es sich bei dem Gefäß um ein Volumen von 10 *silà* handelt. Die Vase fasst 4,71 Liter, womit sich ein *silà* zu 0,471 l ergibt.[1437] Dieses Maß findet sich auch bei den Ägyptern wie bereits gesehen als *Hin*-Maß zu 0,4785 l.

Bei den Griechen und Römern war der Fuß als Maß von ⅔ der Elle zu 6 Handbreit definiert, also zu 4 Handbreit. Das Fußmaß war jedoch den Ägyptern ungekannt. Sie nutzten aber eine Größe, die diesem Maß entsprach, nämlich den *djeser ( )*, welcher den Unterarm bezeichnet und ebenfalls 4 Handbreit misst. Für den mit am weit verbreitetsten griechischen Fuß, den *kyrenaischen Fuß* zu 30,85 cm, welcher vermutlich von Solon um 594 v. Chr. eingeführt wurde, ergab sich das Talent zu 29,36 kg. Dieser Wert liegt auch nahe beim sumerisch/babylonischen Talent, welches ca. 30–30,5 kg wog. Der griechische Gelehrte Pollux[1438], der im 2. Jh. n. Chr. lebte, gibt für das babylonische Talent 70 euböische *Minen* an,[1439] was 30,24 kg entspricht.

Selbst wenn also im Alten Reich in Ägypten aufgrund von Handelsbeziehungen in den mesopotamischen Raum eine Übernahme des Talents mit Unterteilung in 60 *Minen* erfolgt wäre, so hätte dies zum einen nichts mit dem in Ägypten angewendeten Äquivalent der Umrechnung von Volumenmaßen in Gewichtsmaße zu tun und zum anderen benutzte man in Ägypten strikt das Dezimalsystem und nie das Sexagesimalsystem. Daher ist es nutzlos, das Gewicht der Dolerit-Kugel aus dem Schacht der Cheops-Pyramide als ägyptische Mine (Pfund) anzusehen. Bei dem ägyptischen Wort (äg: *mnn*) für *Mina* handelt es sich im Übrigen

---

1431 Das Sexagesimalsystem hat als Basis den Wert 60, während das Dezimalsystem als Basis den Wert 10 hat.

1432 Siehe Pommerening 2005, 209-210.

1433 Ein Liter reines, luftfreies Wasser wiegt bei einem Normaldruck von 1013 mbar und 4° C – hier besitzt Wasser seine größte Dichte. Bei 20° C wiegt ein Liter Wasser nur noch 998,2 g.

1434 Skinner 1967, 14.

1435 Friberg 2007, 173.

1436 Entemena (sumerisch: , EN-TE-ME-NA), lebte um 2400 v. Chr. Er war ein Sohn von En-anna-tum I., der Lagasch als Macht in Sumer wiederherstellte.

1437 In den USA gilt heute noch die Pinte zu 0,4732 l, während im metrischen System im Rest Europas der halbe Liter auch Schoppen genannt wird.

1438 Iulius Pollux (* im 2. Jahrhundert in Naukratis, Ägypten; † angeblich mit 58 Jahren im 2. oder 3. Jahrhundert) war ein griechischer Gelehrter der „Zweiten Sophistik“, der um 190 in Athen als Grammaticus wirkte.

1439 Pollux 1706, 1068, Buch 9, 86.

um ein semitisches Lehnwort, welches erstmals im Neuen Reich belegt ist.[1440] Somit kann auch dies nicht als Indiz für ein ägyptisches Pfund (Mina) im Alten Reich herhalten.

Es könnte sich zwar dennoch um einen Gewichtsstein handeln, wie der englische Ägyptologe Sir John Gardner Wilkinson im 19. Jahrhundert vermutet hatte, aber die Kugelgestalt ist eher untypisch für einen Gewichtsstein. Petrie gibt verschiedene ägyptische Gewichtsstandards[1441] an, zu denen auch das *Beqa*-System zählt, welches er mit 187–214 Körnern Troy angibt, was 12,12–13,87 g ergibt. Darunter findet sich auch ein Gewichtsstein (Nr. 4496) aufgelistet, welcher mit 8.320 *grains* dem 40-fachen der 208 Körner-Einheit entspricht. Damit wiegt dieser Stein mit 539,13 g fast exakt so viel, wie die Dolerit-Kugel aus der Cheops-Pyramide. Es gibt aber einen großen Unterschied. Dieser Gewichtsstein stammt aus al-Lahun (auch Illahun) und wird der XII. Dynastie, also dem Mittleren Reich zugeordnet. Zudem ist die Form dieses Steins quadratisch mit abgerundeten Ecken. Ein anderer Gewichtsstein aus dem *Beqa*-Standard (Nr. 4483A) stammt aus Meidum und wird der III. Dynastie zugerechnet, besitzt aber ebenfalls ein quadratisches Aussehen mit abgerundeten Ecken und wiegt mit 24.861 *grains* etwa dreimal so viel wie der zuvor besprochene Stein. Als Multiplikationsfaktor nennt Petrie hier 120 auf Basis einer Beqa-Einheit zu 207,1 en. Körner. Zudem muss gesagt werden, dass von den über 2.700 von Petrie untersuchten Gewichtssteinen aus Ägypten keiner eine Kugelgestalt besaß. Eine Auflagefläche des Gewichtssteins ist plan, damit er auf einer ebenen Fläche liegen bleibt und nicht wie eine Kugel leicht wegrollen kann. Für die IV. Dynastie gibt Petrie als typische Gestalt eines Gewichtssteins *„quadratisch, mit stark abgerundeten Ecken"* an.[1442] Als Material für Gewichtssteine dient meistens Kalkstein. Dolerit als Material taucht in Petries Auswertungen nirgends auf, ebenso wenig wie Kugel als Form. Aus der Zeit von Cheops ist ein länglicher, rechteckiger Gewichtsstein mit abgerundeten Ecken bekannt, der 133,48 g wiegt[1443] und die Zahl 10 trägt, welche der Multiplikator der Basiseinheit, des *Deben* zu rund 13,35 g ist. Der Stein trägt die Kartusche Cheops, sodass es sich definitiv um einen Gewichtsstein von Cheops handelt.[1444] Da der Faktor 40 als Multiplikator nachgewiesen ist, würde ein solcher Gewichtsstein 533,9 g wiegen. Das Gewicht betreffend würde die Dolerit-Kugel aus der Cheops-Pyramide mit 539,3 g dazu passen, da die Abweichung nur 1 % beträgt, aber nicht die Form der Kugel. Aus der 4. Dynastie gibt es von Petrie noch einen Gewichtsstein mit der Nr. 4536[1445], der ebenfalls zum Beqa-Standard gehört und aus Diorit ist. Diorit besitzt eine vergleichbare Dichte wie Dolerit und kann mit diesem der Ähnlichkeit wegen auch verwechselt werden. Die Form ist quadratisch mit abgerundeten Ecken. Er besitzt 5 Striche als Markierung, was den Multiplikator für den *Deben* ergibt. Sein Gewicht beträgt 68,2 g, was ein *Deben*-Gewicht von 13,64 g ergibt. Mit 545,7 g als 40-fachem *Deben*-Gewicht wäre er gut 1 % schwerer als die Dolerit-Kugel aus der Cheops-Pyramide. Letztere wöge dann so viel wie der Durchschnittswert der beiden anderen Gewichtssteine aus der 4. Dynastie.

Aus alledem kann nicht eindeutig erschlossen werden, ob es sich bei der Dolerit-Kugel aus der Cheops-Pyramide um einen Gewichtsstein gehandelt hat oder nicht. Das Material prädestiniert es als Schlagstein für Feinarbeiten mit einem Meißel, zumal man mittlerweile auch anderswo Dolerit-Schlagsteine mit einem Gewicht zwischen 0,5 kg und 1 kg gefunden hat. Der Schlagstein könnte dann für Feinarbeiten benutzt worden sein.

1440 Hoch 2014, 127, No. 162.
1441 W. M. Petrie 1926.
1442 W. M. Petrie 1926, 6.
1443 Skinner 1967, 30.
1444 W. M. Petrie 1891, 95.
1445 W. M. Petrie 1926, XLI.

21.4 Nathaniel Davison und die Cheops-Pyramide

21.4.1 Kurze Biographie zu Nathaniel Davison (1737 – 1809)

Davison, der in der Literatur als britischer Diplomat bezeichnet wird, war nicht nur von 1769 bis 1778 britischer Konsul in Nizza und von 1778 bis 1783 britischer Konsul in Algier, sondern er war auch ein sehr neugieriger Mensch, der mit akribischer Genauigkeit – ähnlich wie Flinders Petrie über 100 Jahre danach – und wissenschaftlichen Methoden gearbeitet hat, um berühmten antiken Bauwerken ihre Geheimnisse zu entlocken.

Selbst hat Davison nichts veröffentlicht, aber wenige Jahre nach seinem Tod hat der britische Reisende und Autor Robert Walpole[1446] in seinem 1817 erschienenen Buch *Memoirs relating to European and Asiatic Turkey and other Countries of the East* Briefe und Aufzeichnungen von Nathaniel Davison, die er von dessen Witwe zur Einsicht erhalten hatte, Teile davon veröffentlicht. Die veröffentlichten Texte sind nur minimal von Walpole redigiert. Dieses Walpole'sche Werk wurde u. a. in der *Allgemeine Literatur Zeitung*, Nr. 13 vom Januar 1820 vorgestellt, nachdem 1818 die zweite Auflage erschienen war.

Der damalige britische Generalkonsul von Ägypten, Henry Salt, der 1820 seine Memoiren geschrieben hat, macht darin einen sehr aufschlussreichen Kommentar:

> *"Mr. Davison's account of the pyramids has been lately published but was, when this was written, unknown to me – and all memory of his having gone down the well, had been lost at Cairo, which speaks highly for the intellectual capacity of its older inhabitants."* [1447]

In der *Allgemeine Literatur Zeitung* heißt es zu den Davison betreffenden Veröffentlichungen:

> *„Einige Alterthümer Aegyptens, aus den Papieren des Hn. Davison. Auch diese Abhandlung, obgleich außerhalb der dem Werke gesteckten geographischen Grenzen, nehmen wir dankbar an, da sie manches Neue enthält. Nathaniel Davison, britischer Consul zu Algier, begleitete Hn. Worthley Montague nach Aegypten, im J. 1763; er hielt sich 18 Monate zu Alexandrien auf, und eben so lange zu Cairo. Von hier aus besuchte er mehrere Male die Pyramiden zu Giza. Er giebt das genaue Maaß der großen Pyramide daselbst; Stufe für Stufe messend, fand er, daß die Höhe derselben 460 Fuß 11 Zoll war. Er entdeckte ferner ein Zimmer in ihr, welches über der Kammer des Sarkophags lag; er stieg ferner in den Brunnen derselben (dessen Plinius XXXVI, 12 erwähnt), zu der noch nie erforschten Tiefe von 155 Fuß hinab, vermochte aber hier nicht weiter zu steigen. – Ueber die Katakomben von Alexandrien giebt der Herausgeber nach Davison's Entdeckungen eine gelehrte Note."*

In Baedekers erstem Reiseführer über Ägypten von 1877 werden seine Verdienste wie folgt beschrieben: *„Davison 1763; höchst verdienstvoller Forscher, der die Kenntnis des Inneren der großen Pyramide wesentlich bereicherte."*

[1446] Robert Walpole (* 8.8.1781 in Lissabon, Portugal; † 16.4.1856 in London, England) war Altphilologe. Seine Mutter war Diana Grosset, die jedoch schon am 24.7.1784 starb, noch bevor Robert 3 Jahre alt war. Sein Vater (* 3.5.1736; † 19.4.1810), der ebenfalls Robert hieß, war von 1771 bis 1800 Botschafter in Lissabon, Portugal. Aufgrund des frühen Todes seiner ersten Frau heiratete er am 10.5.1785 Sophia Stert, die die Erziehung von Robert übernahm. Sein Vater war der 4. Sohn des 1. Barons Horatio Walpole, dem jüngeren Bruder des ersten Premierministers von Großbritannien, Robert Walpole (* 26.8.1676; † 18.3.1745). Sein Bruder George (1758–1835), Unterstaatssekretär für auswärtige Angelegenheiten im Jahr 1806, war Generalmajor in der britischen Armee. Er selbst war Pfarrer und hatte 1809 einen Abschluss (M. A.) am Merton College in Oxford gemacht. Am 28.5.1809 wurde er zum Priester ordiniert. In dieser Funktion war er bis zu seinem Tod in Norfolk tätig. Am 6.2.1811 heiratete er Caroline Hyde, die Tochter von John Hyde, Esquire, einem Richter am Supreme Court in Kalkutta. Nach seinem College Abschluss reiste er nach Griechenland und schrieb dann 1817 ein Buch mit Reiseberichten von bis dato meist unveröffentlichten Notizen anderer Reisender, darunter auch von Nathaniel Davison.

[1447] Usick und Manley 2007, 67, Note 16.

In der 4. Auflage von 2012 des Buches *Who Was Who in Egyptology* findet sich zu Nathaniel Davison folgender kurzer Eintrag:

"DAVISON, Nathaniel (1737[1448]–1809)
British diplomat and traveller; he was born in 1737, son of George Dawson of Bowsdon and Newton, Northumberland and Mary Brown; he accompanied Edward Wortley Montagu (q.v.) on his travels in the East in 1763; he supervised Montagu's excavation at Saqqara until his departure in 1764; he visited Giza 9 July 1765 with Cousinéry (q.v.) Consul at Rosetta, and Meynard, a French merchant, to explore the Great Pyramid; he discovered the first of the construction-chambers over the 'King's Chamber,' which is called by his name; he accompanied the Duc de Chaulnes (q.v.) to Saqqara and back to Europe; he was afterwards British Consul-General at Algiers, 1780-3; he died in Alnwick, Northumberland in 23 Feb. 1809; his journals and observations on the Pyramids and the Catacombs at Alexandria were published in 1817 by Walpole (q.v.).
FO Records; Lauer; Le Problème des pyramides, 40, 48, 56, 67, 128; Lindsay, 42, 155; Nichols, Lit. Anecd. iv, 637; Vyse, ii, 255; Walpole, 350-87; Quarterly Review 19 (1818), 391-96."

Nathaniels Urgroßvater John Davison von Stamford, der am 17. Juni 1673 Martha Pearson heiratete, kaufte bereits am 1. August 1676 Land in Newton-by-the-sea. Ihr Sohn Robert Davison(ca. 1664–1701/2) heiratete am 20. Dezember 1689 Hannah Mills (ca. 1668–1737) aus der Pfarrei Edlingham. Aus dieser Ehe gingen acht Kinder hervor, darunter George Davison (1702 – 16.4.1742) von Beruf Schneider, der Vater von Nathaniel. Hannah Mills erwarb nach dem Tod ihres Mannes 1713 die Farm von Little Mills für 920 £ von den Roddams. Diese übertrug sie ihrem ältesten Sohn George am 21. Oktober 1727. Bereits am 22. Dezember 1719 hatte sie ihm Land in Newton übertragen. Dieser heiratete Mary Brown von Bolton (1707 – 16.7.1770) und hatte mit ihr neun Kinder: vier Jungen und fünf Mädchen. George starb bereits mit 40 Jahren bei dem Versuch junge Tauben aus einem Taubenhaus herunterzuholen am Karfreitag, dem 16. April 1742, als er auf den Ziegelsteinen des Daches ausrutschte und herunterfiel. Sein jüngster Sohn Nathaniel (1737 – 23.2.1809) war zu diesem Zeitpunkt erst knapp 5 Jahre alt. Little Mill[1449] lag gut 6 km nordöstlich von Alnwick in Northumberland in England und nur gut 3 km von der Ostküste Englands entfernt. Von den acht Geschwistern Nathaniels, war sein ältester Bruder Robert (1729 – Okt./Nov. 1778 in Alnwick) geistig behindert. Sein älterer Bruder William (1731 – Anf. 1778 in Alnwick) wurde nur 47 Jahre alt, während sein Bruder Nicholas (1731/33 – 17.5.1811 in Bamburgh), der Doktor (Wundarzt) bei der königlichen Marine war[1450], ihn als einziger seiner acht Geschwister überlebte. Sein Bruder George wurde bereits am 16. August 1741 im Alter von 5 Jahren beerdigt. Seine vier Schwestern waren Jane (1733 – 6.9.1796 in Alnwick), Mary (1735 – Juni 1794), Hannah (1739; h. John White – 25.12.1782) und Margaret (1741; h. 4.6.1764 John Gallon – Dezember 1764).

Nathaniel Davison heiratete erst recht spät, mit 50 Jahren am 9. Juli 1787 in London die 18 Jahre jüngere Margaret Thornton (getauft am 2.9.1755 in Northumberland, England – 7.11.1836 in Alnwick, Northumberland). Zur Zeit seiner Hochzeit lebte Nathaniel in London im Bezirk St. James, der zu Westminster gehört. Vermutlich aufgrund seiner diplomatischen Tätigkeiten hatte er den Titel *Esquire* erhalten, der ihn als noblen Bürger auszeichnete. Er mietete in Twickenham bei London ein Haus, wo später auch sein Sohn Nicholas Francis geboren wurde. Später verpachtete er das Haus seinem verwaisten Neffen John, vermutlich nachdem er nach Alnwick umgezogen war. Mit Margaret Thornton hatte er sechs Kinder, die alle in Twickenham, London geboren wurden: Jane (1789 – 21.6.1838 in Hockering, Norfolk, England), George (1790 – 21.11.1802 in

---

[1448] Laut *The Athenaeum: a magazine of literary and miscellaneous information, January to June, 1809, Vol. 5, London* starb Davison im Alter von 73 Jahren, was bedeutet, dass er zwischen dem 24. Februar 1735 und dem 23. Februar 1736 geboren wurde und nicht 1737.

[1449] Anfang des 18. Jahrhunderts war Litte Mill eine Farm, die 1710 ein Fünftel der Einwohner des Ortes beherbergte. Um 1830 hatte der Ort, der zu Little Houghton gehörte, 77 Einwohner.

[1450] In einem 1806 erschienen Buch des königlichen Wundarztes William Turnbull mit dem Titel *The Naval Surgeon* wird er 1756 als Wundarzt der Marine aufgelistet. Nathaniel Davison kannte Turnbull auch. Er unternahm mit Dr. Turnbull am 26.1.1764 einen gemeinsamen Ausflug in Alexandria zu der Pompejus-Säule, um diese zu untersuchen (s. Walpole 1817, 369). Das Datum ist bei Walpole irrtümlich mit 16. Januar wiedergegeben. Am 10.5.1764 schrieb Turnbull einen Brief an Nathaniel Davison aus Malta, wie aus der Manuskript-Sammlung zu E.W. Montagu hervorgeht.

England), Mary (getauft am 3.12.1791 – 13.1.1837 in Longhoughton, Northumberland, England), Margaret (getauft am 3.12.1792 – kurz vor dem 27.5.1861 in Downham, Norfolk, England), Eleanor (getauft am 22.8.1794 – zwischen April und Juni 1867 in Auckland, Durham, England) und Nicholas Francis Skelly (getauft am 25.8.1795 – 23.3.1868 in St. Albans, Hertfordshire, England).

Lediglich zwei seiner Kinder heirateten: Margaret heiratete am 14. März 1822 Edward John Hownam (6.1.1797 in Hockering, Norfolk, England–1874), mit dem sie zwei Kinder hatte: Henry Arthur und Edward. Eine Urenkelin von den beiden, Eleanor Mary, starb am 20. Dezember 2000 in Buckingham, Buckinghamshire, England. Eleanor heiratete am 25. Juni 1816 den Major Adam Atkinson (1.5.1794 in Norbottle, Northumberland, England–1835 in Whittingham, Northumberland, England), mit dem sie sieben Kinder hatte: Adam, Margaret, Isabella, Eleanor, Nathaniel, Louisa Elisabeth und John.

Im April 1763, im Alter von ca. 26 Jahren, begleitete Nathaniel den extrovertierten Edward Wortley Montagu[1451] auf seinen Reisen in den Nahen Osten und Nordafrika, welcher sehr sprachbegabt war und fließend Arabisch, Hebräisch, Chaldäisch und Persisch konnte, um nur die außereuropäischen Sprachen zu nennen. Sie stachen von der toskanischen Stadt Livorno aus in See, mit Ziel Alexandria. Kennengelernt hatten sich beide durch den Londoner Buchhändler Thomas Becket im Jahr 1762, mit dem Davison befreundet war. Nathaniel agierte als Sekretär von Montagu und dokumentierte die gemeinsamen Reisen für die bereits im November 1660 gegründete *Royal Society of London for Improving Natural Knowledge*. Montagu arrangierte ein Treffen in Pisa im September 1762 mit Nathaniel Davison. Bald schon waren beide miteinander auch befreundet.

Vom 26. April 1763 datiert ein Brief von Nathaniel Davison an seine Schwester Mary, abgeschickt von Minorca.[1452] Spätestens im Juni 1763 war er in Alexandria angekommen, da er von dort am 27. Juni einen Brief an eine Polly Davison abschickte.[1453] Er könnte allerdings auch schon im Mai angekommen sein. Im Oktober 1763 befand er sich immer noch in Alexandria, da er von dort nochmals einen Brief an Polly Davison schickte.[1454] Zwei Monate lang, von November 1763 bis Januar 1764 erforschte er zusammen mit E. W. Montagu die Katakomben von Alexandria[1455] und fertigte etliche Zeichnungen[1456] an. Er kopierte auch griechische Inschriften in den Katakomben, aus welchen sich der Zweck der Katakomben ergab.[1457] R. Walpole hebt hervor, dass N. Davison der erste war, der diese Inschriften entdeckte und erwähnte. Er unternahm auch mehrtägige Exkursionen in die Umgebung von Alexandria mit Montagu, wie Notizen vom 16. Januar 1764 zeigen.[1458] Die sogenannte Pompeius-Säule in Alexandria erregte natürlich auch Davisons Interesse. Mit einem Theodolit[1459] ermittelte er am 24./25. Januar 1764 die Höhe der Säule zu 92 Fuß (28,04 m).[1460] Am 26. Januar

---

1451 Edward Wortley Montagu (* 15.5.1713 in Wharncliffe, Sheffield, Yorkshire, England; † 29.4.1776 in Padua, Italien) war ein Autor und Reisender. Sein Vater war von 1716 bis 1718 englischer Botschafter in Konstantinopel gewesen. Als erster Engländer wurde Edward 1717 im Alter von 4 Jahren dort gegen Pocken geimpft.

1452 Edward Wortley Montagu, M0279, Dept. of Special Collections, Stanford University Libraries, Stanford, Calif., Folder 6, N. Davison, outgoing correspondence (1764-79), Nr. 1.

1453 Edward Wortley Montagu, M0279, Dept. of Special Collections, Stanford University Libraries, Stanford, Calif., Folder 6, N. Davison, outgoing correspondence (1764-79), Nr. 2.

1454 Edward Wortley Montagu, M0279, Dept. of Special Collections, Stanford University Libraries, Stanford, Calif., Folder 6, N. Davison, outgoing correspondence (1764-79), Nr. 3.

1455 Walpole 1817, 363-368.

1456 Walpole 1817, 377: *"Some sketches of the paintings found on the walls of the catacombs are among Mr. Davison's papers."*

1457 Walpole 1817, 376: *"Greek inscriptions in them first discovered and mentioned by Mr. Davison, lead us to conclude, that this great work was completed for a repository of the dead, about and a little after the time when Alexandria was built."*

1458 Walpole 1817, 373-374.

1459 Ein Theodolit ist ein Winkelmessinstrument, das in der Geodäsie (Vermessungskunde) zur Messung von Horizontalrichtungen und Zenit- oder Vertikalwinkeln Verwendung findet. Hierzu wird er mittels eines Stativs lotrecht über einem Punkt aufgestellt. Durch Drehen und Kippen des Messfernrohres misst der Theodolit horizontale Richtungen (Drehung um seine vertikale Stehachse) und Vertikalwinkel (Drehung um die horizontale Kippachse). Vorläufer der Theodolite waren die Dioptra (Antike), der Azimutal-Quadrant (um 1500) und die Kippregel (verbessertes Diopterlineal). Das erste Vorkommen des Wortes „Theodolit" findet sich in dem Vermessungslehrbuch *A geometric practice named Pantometria (1571)* von Leonard Digges, das posthum von seinem Sohn Thomas Digges veröffentlicht wurde.

1460 Walpole 1817, 374.

1764 untersuchte er die Säule genauer und fand, nachdem er einige Steine am Fuße entfernt hatte, hieroglyphische Inschriften auf dem 5 Fuß im Quadrat messenden Stein, auf welcher die Säule ruhte. Die hieroglyphischen Inschriften des Steins, auf welchem die Säule ruhte, kopierte er am 10. April 1764.[1461]

Im Laufe des Jahres 1764 muss Davison auch die Cheops-Pyramide erstmalig betreten haben, da auf dem rechten Stein direkt neben dem Originaleingang „Davison 1764" eingraviert ist.[1462]

Am 5. April 1764 schrieb Davison an seinen Londoner Buchhändlerfreund Thomas Becket, dass ein dänischer Gentleman ihn in Kürze in London im Rahmen seiner geschäftlichen Angelegenheiten besuchen würde (es handelte sich dabei um den für Großbritannien in Ägypten arbeitenden Konsul John Feroe). Da dieser danach gleich wieder zurück nach Ägypten fahren würde, bat er Becket darum, ihm einige Kopien von Büchern[1463] mitzugeben, die Feroe in seinem Auftrag bezahlen würde. Er erwähnte noch die arabischen Studien, die Edward Wortley Montagu derzeit in Rosetta unternahm.[1464]

Montagu wohnte im Haus seines Freundes Joseph Varsy[1465] in Rosetta, auf dessen Einladung. Dieses Haus hatte bereits sein Vater Jacques Varsy in der ersten Hälfte des 18. Jahrhunderts bauen lassen. Varsy und Montagu kannten sich schon länger und waren gut befreundet. Er erhielt am 17. März 1729 eine offizielle Genehmigung, dass er als Händler in Alexandria wohnen dürfe. Sein Sohn Joseph Varsy ging nach seiner kaufmännischen Lehre in Marseille 1751 im Alter von 20 Jahren nach Ägypten und übernahm das Anwesen in Rosetta. Er fuhr dann zwischenzeitlich wieder zurück nach Marseille und kam am 28. April 1762 zurück nach Alexandria, von wo aus er zu seinem Haus nach Rosetta fuhr. Joseph war eng befreundet mit dem französischen Vizekonsul in Rosetta Claude-Jules Cousinéry,[1466] welcher zusammen mit Nathaniel Davison und einigen anderen französischen Gentlemen (z. B. M. Meynard) am 9. Juli 1765 die Cheops-Pyramide besichtigte und Davison erstmalig in die Entlastungskammer über der Königskammer einstieg. Am 26. Februar 1772 heiratete er in Rosetta Elisabeth Dormer, mit der er 11 Kinder (4 Jungen und 7 Mädchen) hatte, wovon nur fünf das Erwachsenenalter erreichten. Drei seiner Töchter heirateten in Ägypten französische Generäle bzw. einen Brigadeführer.[1467]

In dem zuvor erwähnten Brief von Davison an Becket berichtet er noch von einem mehrtägigen Ausflug nil aufwärts zu ägyptischen Dörfern, wo Montagu etliche Antiquitäten erworben habe. Weiterhin berichtet er, dass Montagu ihm gegenüber immer sehr freundlich und nachsichtig ist und er dies mit Fleiß und Aufmerksamkeit zurückgeben wolle, da es für ihn eine Ehre, Freude und ein Vorteil sei, ihn begleiten zu dürfen.[1468]

1461 Walpole 1817, 375.

1462 G. Goyon 1944, 36, Pl. CV u. CXXVII.

1463 *Lady Marys Travel Letters* (es handelt sich dabei um die 1763 von Thomas Becket veröffentlichten Briefe von Lady Mary Pierrepont Montagu, der Mutter von Edward Wortley Montagu unter dem Titel: *Letters of the Right Honourable Lady M--y W---y M----e; written, during her travels in Europe, Asia and Africa,* ... in 4 volumes), John Thompsons *The Seasons* und Joseph Addisons *Travels into Italy*. Zudem noch 3 bis 4 interessante Neuveröffentlichungen in Form von Pamphleten, falls es welche gäbe.

1464 Curling 1954, 179.

1465 Joseph Varsy (* 21.5.1731 in Saint-Martin, Marseille, Frankreich; † 16.3.1790 in Rosetta, Ägypten) war ein französischer Kaufmann. Seine Frau war eine Schwester von Edward Wortley Montagus 1764 geheirateter Frau Caroline, sodass beide ab dann verschwägert waren. Varsys dritter Sohn Jean-George (1775-1859) wurde Orientalist und Übersetzer. Dieser kopierte von einer unbekannten arabischen Quelle das Märchen „Ali Baba und die 40 Räuber".

1466 Claude-Jules Cousinéry (* 1.9.1718 in Saint-Martin, Marseille, Frankreich ; † 15.4.1785 ebenda) war das älteste der 13 Kinder von Charles Cousinéry, einem Bürgerlichen und Stadtrat von Marseille und Madeleine Sarmet (oder Larmet?). Seine Frau starb 1767 in Tripolis in Syrien. Er ist der Cousin von Esprit-Marie Cousinéry (1747–1833), der ebenfalls Konsul für Frankreich war und eine bedeutende numismatische Sammlung besaß. Claude-Jules wurde am 7.8.1758 zum Kanzler im Konsulat von Tripolis (Syrien) ernannt, wo er Anfang 1760 ankam und ein Erdbeben erlebte. Er blieb in Tripolis bis zu seiner Ernennung zum Vizekonsul in Rosetta am 13.2.1764. Er war 15 Monate lang krank, machte eine Reise in den Libanon und wurde am 8.5.1765 zum Konsul in Tripolis ernannt. Am 13.7.1773 kehrt er nach Marseille zurück.

1467 Catherine Sophie Varsy heiratete Brigadeführer Georges Auguste Lenten aus Bitche, Lothringen, Frankreich; Marie Adélaïde Cléopatre Varsy heiratete General Alexis Bonnecarrière aus Muret, Midi-Pyrénées, Frankreich; Julie Anne Varsy heiratete General Alexis Joseph Delzons aus Aurillac, Auvergne, Frankreich.

1468 Curling 1954, 180.

Er erwähnt auch eine Stelle auf der Westseite des Nils, etwa 10 km vom Meer entfernt, welche die Ägypter als Paradies bezeichnen, da es an der fruchtbarsten Stelle dieses fruchtbarsten Landes liegt. Es ist von einer Reihe von Gärten umgeben, die aus einer Vielzahl von Obstbäumen bestehen. So gab es Palmen, Feigenbäume, Dattelpalmen, Bananen[1469], Orangen, Limonen und Zitronen sowie die in England bekannten Früchte, ausgenommen Äpfel und einige wenige andere, die ein kühleres Klima benötigen.[1470]

Davisons Freund und Mäzen E.W. Montagu war nicht nur ein Antiquitätenjäger, sondern auch ein Frauenjäger, der nicht einmal davor zurückschreckte Frauen verheirateter Männer mittels einer List auszuspannen und das, obwohl er selbst bereits verheiratet war. Montagu, der aus einer adligen Familie stammte und dessen Mutter die schon zu Lebzeiten berühmte Schriftstellerin Mary Pierrepont Montagu war, zeigte schon als Jugendlicher exzentrische Veranlagungen. So heiratete er aus Spaß mit 17 Jahren eine Wäscherin aus London, Sally. Damit fiel er natürlich bei seinen Eltern in Ungnade, da nun eine standesmäßige Verbindung ausgeschlossen war. Dies führte später dazu, dass seine Mutter, die ihren Mann überlebte, ihn fast komplett enterbte und stattdessen ihre Tochter Mary als Haupterbin einsetzte. Es ging dabei immerhin um ein Vermögen von 1,3 Mio. Pfund, welches diese 1762 erbte. Er selbst wurde exemplarisch mit einem Goldguinee seitens seiner Mutter abgefunden, den er Nathaniel Davison schenkte. Nach dem Tod seines Vaters am 22. Januar 1761 wurde Edward Wortley Montagu mit einer jährlichen Rente von 1.000 Pfund abgefunden, die nach dem Tod seiner Mutter am 21. August 1762 auf 2.000 Pfund erhöht werden sollte. Das Todesjahr seiner Mutter war für ihn das Jahr, in dem er England für immer den Rücken kehrte.

Doch Edwards Leben begann schon in jungen Jahren mit einigen Überraschungen. Im Alter von 3 Jahren begleitete er seine Eltern nach Konstantinopel, da sein Vater dort als englischer Botschafter hingeschickt wurde. Dort verbrachte er zwei Jahre und war der erste Engländer, der gegen Pocken geimpft wurde. Seine Mutter sorgte zurück in England dafür, dass die Pockenimpfung in England eingeführt wurde.

Mit 5 Jahren wurde der kleine Edward in die Schule nach Westminster geschickt, von welcher er aber mehr als einmal weglief. Mit 14 Jahren leistete er sich bereits größere Eskapaden. Eine davon endete erst ein Jahr nach seinem Verschwinden, als man ihn in Blackwall, einem Hafenviertel von London, entdeckte, wo er Fisch verkaufte. Eine zweite Gelegenheit auszubüchsen nutzte er, um sich nach Porto in Portugal einzuschiffen und von dort aus auf dem Land sich eine Arbeit in den Weinbergen zu suchen. Dort wurde er dann auf Veranlassung des britischen Konsuls verhaftet und auf einem Schiff zurück nach London geschickt und seinen Eltern übergeben. Schon als Jugendlicher war er dem Spiel und den Frauen verfallen, was sich auch später nicht änderte. Am 21. Juli 1751 heiratete er, obwohl er noch legal mit der Wäscherin Sally verheiratet war, in London Elizabeth Ashe (1730 in England - 1780 in Northampton, England), eine illegitime Tochter von William Windham und Prinzessin Amelia Sophia Eleanor, der zweiten Tochter von König George II von England. Er ging mit ihr nach Paris in die Flitterwochen, geriet dort aber wegen seiner Spielleidenschaft in einen Streit, wurde verhaftet und für 11 Tage im *Châtelet* in Paris inhaftiert. Grund war der Betrug eines Juden im Kartenspiel, den er ausgeraubt hatte, als dieser sich weigerte zu zahlen. Nach der ersten Gerichtsverhandlung wurde er jedoch freigelassen und zu einer Geldstrafe von 300 Pfund verurteilt.

Mit 30 Jahren diente Edward in der britischen Armee für fünf Jahre, zuerst als Fähnrich in der 7. Dragonergarde (Kavallerie) und später als Kapitän-Leutnant im 1. Fußregiment, welches er 1748 verließ. Er kämpfte auch in der Schlacht von Fontenoy[1471]. Zeitgleich war er 1747 Parlamentsabgeordneter für Huntingdonshire und einer der Sekretäre der Konferenz von Aachen, die den Österreichischen Erbfolgekrieg beendete. Nach seinem Militärdienst ging er auf Reisen, die ihn auch in den Orient brachten. Er war ein begnadeter Sprachenlerner, der bald fließend Hebräisch, Arabisch, Chaldäisch, Persisch und Türkisch sprach. Zudem war er noch ein hervorragender Redner. Diese Fähigkeiten nutzte er sicherlich Frauen gegenüber aus, um deren Gunst zu erlangen. Aus der Ehe mit Elizabeth Ashe gingen drei Kinder hervor: Edward[1472] (von ihm Neddy

---

[1469] Die Bananen nannten sie *Bonanes* oder *Adamsfeigen*.

[1470] Curling 1954, 180-181.

[1471] Die Schlacht bei Fontenoy vom 11.5.1745 zwischen Briten, Hannoveranern, Österreichern und Niederländern einerseits und den Franzosen andererseits fand während des Österreichischen Erbfolgekriegs in der Nähe der Schelde statt und endete mit einem Sieg der Franzosen.

[1472] Edward wurde 1752 in England geboren und arbeitete 1775 für die britische Ostindien-Kompanie.

genannt), George[1473] und Mary. Mit einer äthiopischen Konkubine, die er in Alexandria (Ägypten) kennengelernt hat, hatte er einen anderen außerehelichen Sohn Mas'oud[1474], den er später Fortunatus[1475] nannte. Es gibt auch Behauptungen, dass er ihn nur adoptiert hätte. Wie dem auch sei, später setzte er ihn als seinen Erben ein!

Wie bereits geschildert lernte Edward dann 1762 Nathaniel Davison beim Londoner Buchhändler Thomas Becket kennen und engagierte diesen dann als Sekretär-Begleiter für seine geplante Reise nach Ägypten.

Im Frühjahr 1764 befand sich E.W. Montagu dann in Rosetta, um Arabisch zu studieren und um Antiquitäten für sich und sein Land zu beschaffen. Dazu wohnte er bei seinem Freund Joseph Varsy, der mit der Italienerin Elisabeth Dormer aus Livorno verheiratet war. Deren Vater Giovanni di Ricardo Dormer hatte mit Maria Sciale 10 Kinder in Livorno, 5 Jungen und 5 Mädchen. Das jüngste Kind war seine Tochter Elisabeth. Seine älteste Tochter war Caroline Catharina (25.11.1741 in Livorno, Italien-29.1.1821 in Nancy, Frankreich), die den Dänen John Feroe um 1760 in Ägypten geheiratet hat, der für die Briten als Konsul in Alexandria tätig war. So kam es, dass beide Schwestern in Ägypten waren. Im Frühjahr 1764 lernte E.W. Montagu Caroline dann im Haus von seinem Freund Joseph Varsy kennen, bei der sie zu Besuch bei ihrer Schwester war. Er begann sie in Arabisch zu unterrichten. Sie muss sehr schön gewesen sein, da sich Edward schnell in sie verliebte und sie unbedingt haben wollte. So ersann er sich eine List, mit der er sich ihrer bemächtigen wollte. Zuerst sorgte er dafür, dass ihr Mann John Feroe auf eine Reise nach England aufbrach. Als dieser eine Weile weg war, ließ er fingierte Nachrichten von seinen Mittelsmännern in Holland bei ihr eintreffen, die zuerst von einer ernsten Erkrankung und schließlich von seinem Tod berichteten, der auch durch ein offizielles Todeszertifikat aus Holland bestätigt wurde. Die Nachricht über Feroes Tod ließ er Caroline von seiner Schwester überbringen, um selbst nicht Überbringer der schlechten Nachricht zu sein. Zudem sorgte Edward dank seiner guten Beziehungen dafür, dass Feroe nicht sofort wieder zurück nach Ägypten reisen konnte. Inzwischen tröstete er die vermeintliche Witwe und verführte sie mit seinem Wissen, seiner Redekunst und der Aussicht Comtesse de Montagu zu werden. Dies gelang ihm auch und so heiratete er sie heimlich im Juli 1764 in Rosetta. Alsbald machte er sich mit ihr auf eine Reise in die Flitterwochen. Da Edward jedoch wusste, dass ihr Mann nicht wirklich tot war, versuchte er die Ehe von Caroline Dormer mit John Feroe von der katholischen Kirche annullieren zu lassen, da sie Katholikin und John Protestant war. Edward war allerdings auch Protestant von Geburt aus und so musste er zum Katholizismus konvertieren, damit sein Plan aufging. Caroline insistierte auch dahingehend, dass er zum „wahren Glauben" konvertieren möge. Mittlerweile hat Edward aus Livorno erfahren, dass Feroe auf seinem Weg zurück nach Ägypten war und innerhalb der nächsten 14 Tage in Alexandria ankommen würde. So beschloss er seine Hochzeitsreise mit Caroline gleich zu beginnen und nahm sie zuerst mit nach Kairo, wo er sich für seine weiteren Reisen einen Firman (Reiseerlaubnis) besorgte. Um einer potenziellen Verhaftung in Kairo zu entgehen, verließ das Paar noch in der Nacht die Stadt und folgten der vermeintlichen Exodus-Route von Moses. Anschließend gelangten sie im Oktober 1764 nach Jerusalem, wo er dann zum römisch-katholischen Glauben konvertierte. Anschließend rief er in Florenz das für Caroline zuständige Gericht an, welches die Ehe mit John Feroe annullieren sollte. Die Bestätigung der Annullierung erhielt er allerdings erst vier Jahre später Ende 1768. Im Jahr 1772 wollte Edward dann unbedingt Mekka besuchen, was allerdings als Nicht-Muslim nicht möglich war. Da er zwischenzeitlich an der muslimischen Religion Gefallen gefunden hatte und er selbst einen türkischen Lebensstil zelebrierte, wechselte er wieder einmal seine Religion und wurde Muslim. So konnte er gefahrlos nach Mekka reisen. Seine Frau Caroline konnte er aber nicht zu einer Konversion bewegen und so trennten sich ihre Wege. Nach seinem Tod am 29. April 1776 dauerte es allerdings nicht lange, bis Caroline in London als Witwe Ansprüche anmeldete. Soweit zu Edward Wortley Montagu und nun zurück zu Nathaniel Davison.

[1473] George starb vermutlich schon vor 1775 als Jugendlicher, da er im Testament seines Vaters von 1775 nicht erwähnt wird.

[1474] Mas'oud wurde 1762 in Alexandria, Ägypten geboren, wo er seine Jugend bis 1776 verbrachte. In dieser Zeit unterrichtete ihn sein Vater in Türkisch. Dann ging er nach dem Tod seines Vaters nach England, wo er bereits 1787 im Alter von nur 25 Jahren starb.

[1475] Der Name Fortunatus, von Fortuna, sollte ihm wohl Glück bringen und ein Leben in Europa erleichtern.

Aus den persönlichen Tagebuchnotizen von Nathaniel Davison[1476] geht hervor, dass er nach seinen Exkursionen in Alexandria vom April 1764 eine Reise zum Katharinenkloster und dem Mosesberg auf der Sinai-Halbinsel unternommen hat, von der er im Juli 1764 wieder zurück nach Kairo kehrte. Da sich zu dieser Zeit E.W. Montagu mit seiner frisch vermählten Frau Caroline Dormer auf der Flucht vor Konsul John Feroe befand, der wie zuvor gesehen der eigentliche Ehemann von ihr war, und diese eine Reise von Kairo zum Katharinenkloster unternahmen, kann man davon ausgehen, dass Nathaniel Davison das frisch vermählte Paar bis dahin begleitete. Nathaniel schrieb zu dieser Reise unter anderem folgendes in sein Tagebuch:

> *„Wir verließen das Kloster und als wir auf der linken Seite den Weg zurückließen, über den wir gekommen waren, gingen wir zwischen hohen Bergen hindurch. Wir hielten am Grab von Scheich Saleh an, welchem unsere Araber große Ehrerbietung entgegenbrachten. Nach einem kurzen Gebet kehrten sie mit einer Handvoll Staub zurück, die sie auf die Köpfe ihrer Kamele warfen, um diese an der Segnung teilnehmen zu lassen. Sie opferten ein Schaf gemäß ihrem Brauch und aßen es. Wir fuhren am Nachmittag los und passierten einen Stein, von dem gesagt wird, dass Mohammed darauf ausgeruht hat. Wir rauchten und begaben uns in ein Tal voller Bäume, die die Araber Turfé nennen. Wir sahen eine Menge einer Art Gummi, der wie Perlen auf den Zweigen leuchtete. Das Volk des Landes nennt es Men und durch mehrere Umstände, die der Beschreibung in der Schrift entsprechen, wird angenommen, dass es das Manna ist, das die Israeliten in den 40 Jahren, die sie in der Wüste umherwanderten, aßen. Es hat eine honigartige Konsistenz und einen leicht faden Geschmack.“* [1477]

Im Juli 1764 befindet sich Nathaniel Davison bereits wieder in Kairo, da aus seinen Aufzeichnungen hervorgeht, dass er am 7. Juli eine Exkursion über Abusir nach Sakkara unternommen hat. Das erste Ziel, die Vogel-Katakomben bei Abusir, erreichten sie (Davison, Montagu, Varsy und 100 arabische Reiter als Begleiter) am 8. Juli. Bereits am Vortag befreite ein Trupp von Arabern auf Anweisung von Montagu den Eingang zu den Katakomben von Sand. Das Eingangsloch war 22 Fuß (6,70 m) tief und der Abstieg gestaltete sich als schwierig, da von oben immer Sand und Geröll nach unten fiel. Auf dem Boden angekommen krochen sie zuerst eine lange und schmutzige Passage entlang. Dann bogen sie nach rechts ab, wo sie aufrecht gehen konnten. Sie fanden auf jeder Seite des Gangs große Räume, die Behälter mit Vogelmumien enthielten. Sie nahmen die Maße der Anlage, welche komplett aus dem Felsen gehauen war, aber dennoch nicht so eindrucksvoll wie die in Alexandria. Als sie ein wenig weiter nach Westen gingen, entdeckten sie den Eingang zu einem Grab. Dieser enthielt vier oder fünf sehr große weiße Steine, die mit feinen Hieroglyphen im Relief beschriftet waren. Am nächsten Tag kopierte Davison zusammen mit Varsy die Hieroglyphen.

Von den Entdeckungen in den Vogel-Katakomben berichtet auch Marie Joseph Louis von Albert d'Ailly[1478], 7. Herzog von Chaulnes[1479] in einem Bericht, der im Mai 1777 in der Zeitschrift *Observations sur la physique, sur l'histoire naturelle et sur les arts* unter dem Titel *Mémoire sur la véritable entrée du monument égyptien qui se trouve à quatre lieues du Caire, auprès de Saccara, et qui a été consacré par la superstition à la sépulture des animaux adorés pendant leur vie* erschien. Hierin berichtet der Herzog, dass er zusammen mit Davison die Katakomben besichtigt hat, der schon zuvor mit Montagu zur Erforschung dort war. Dieser Besuch muss also nach dem 8. Juli 1764 stattgefunden haben. Ein separater Druck seines Artikels erschien 1777 in der Pariser Druckerei Clousier (rue Saint-Jacques). Darin sind drei Abbildungen enthalten.

1476 Edward Wortley Montagu, M0279, Dept. of Special Collections, Stanford University Libraries, Stanford, Calif., Folder 8, Journals & Notebooks, Nr. 2.

1477 Walpole 1820, Vol. 2, 376, Fußnote. Eigene Übersetzung aus dem Französischen.

1478 Marie Joseph Louis von Albert d'Ailly (* 18.11.1741; † 23.10.1792 im Chateau de Chaulnes, Frankreich) war Viztum von Amiens bis 1762, dann 1. Herzog von Picquigny (1762-1769) und schließlich 7. Herzog von Chaulnes (1769). Er ist der Sohn von Michel Ferdinand von Albert d'Ailly, dem 6. Herzog von Chaulnes.

1479 Chaulnes ist eine nordfranzösische Gemeinde im Département Somme in der Region Hauts-de-France.

Fig. 1.

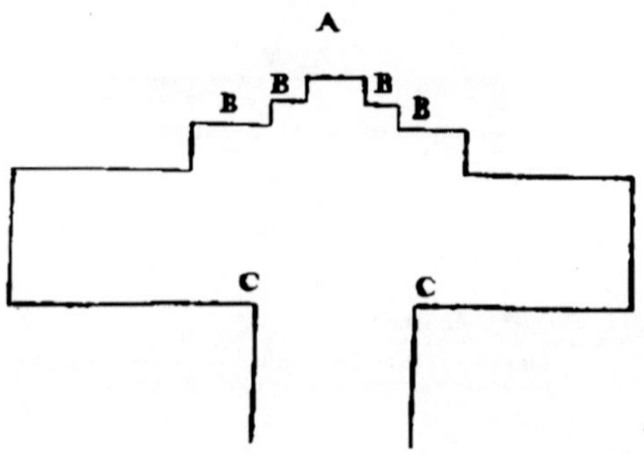

Abb. 229: *Plan der Katakomben bei Sakkara (Albert d'Ailly, Herzog von Chaulnes).*

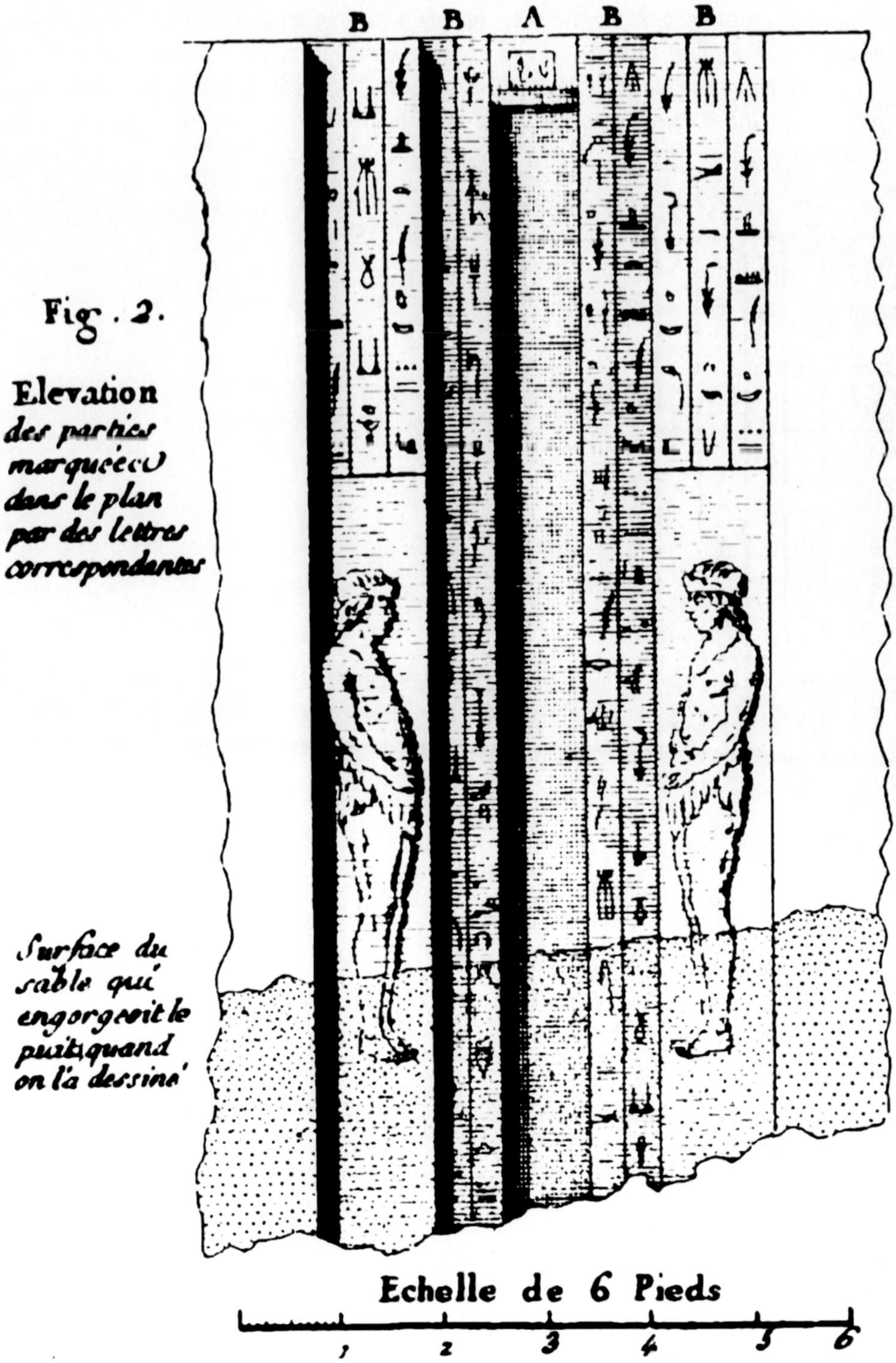

Abb. 230: *Eingang der Katakomben bei Sakkara (Albert d'Ailly, Herzog von Chaulnes).*

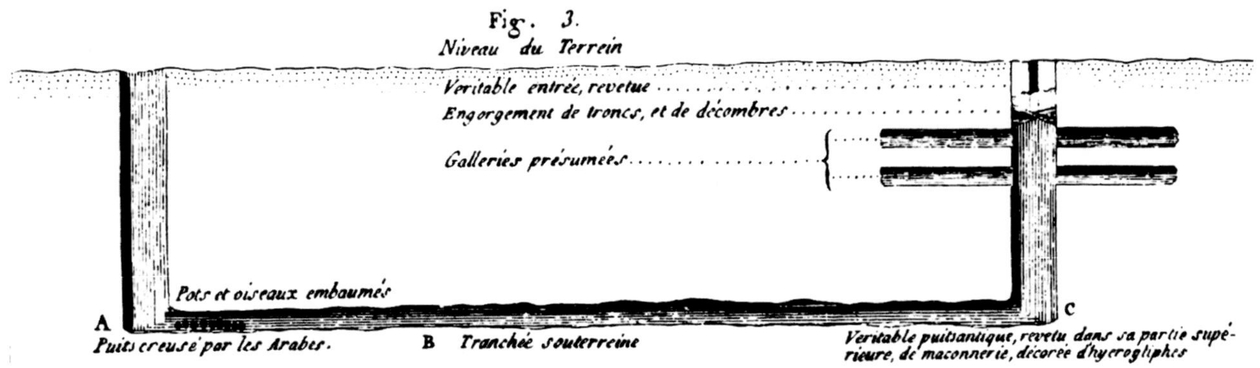

Abb. 231: Grundriss der Katakomben bei Sakkara (Albert d'Ailly, Herzog von Chaulnes).

Interessant sind die realistischen hieroglyphischen Darstellungen in Chaulnes zweiter Abbildung des Eingangsbereichs zu den Vogelmumien-Katakomben. Da die Hieroglyphen zu diesem Zeitpunkt noch nicht entziffert waren, mussten sie exakt abgemalt worden sein. Dies geschah sehr wahrscheinlich beim Besuch von Davison zusammen mit Varsy, wie zuvor geschildert im Juli 1764. In dem Originalartikel, welcher in der Zeitschrift *Observations sur la physique, sur l'histoire naturelle et sur les arts* im Mai 1777 erschien, ist als zweite Abbildung die nachfolgende enthalten.

Abb. 232: Eingang der Katakomben bei Sakkara.

Vergleicht man diese Abbildung mit der Abbildung aus dem separat später veröffentlichten Druck, so erkennt man, dass nicht nur einmal Männer- und das andere Mal Frauengestalten dargestellt sind, sondern auch die Darstellung der Hieroglyphen, welche im Originalartikel andere sind und zudem sehr grobschlächtig dargestellt. Sehen wir uns nun noch seine dritte Abbildung im Originalartikel an.

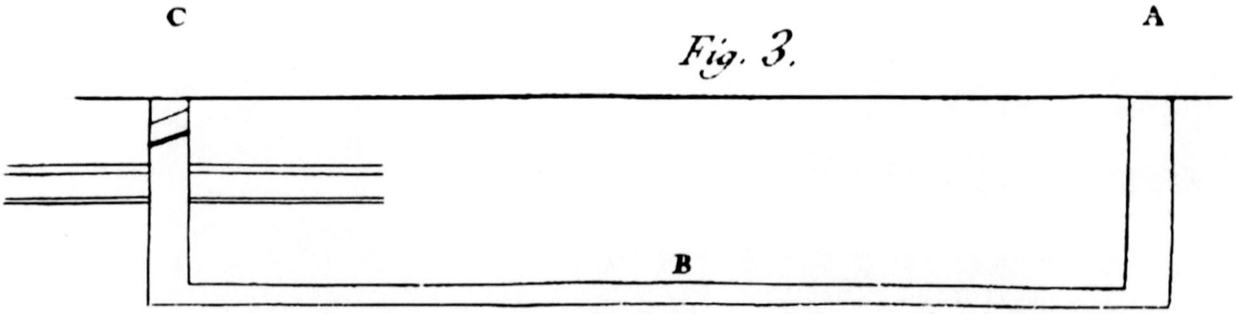

Abb. 233: Grundriss der Katakomben bei Sakkara.

Auch diese Abbildung unterscheidet sich im Detailreichtum von der später veröffentlichten Abbildung.

Davison und der Herzog fuhren von Alexandria aus gemeinsam zurück nach Livorno in Italien. Dort wurde das Schiff wegen Pestgefahr in Quarantäne genommen. Davison hatte in seiner Schiffskabine etliche Pläne, Zeichnungen und Tagebuchnotizen von seinem Ägyptenaufenthalt liegen. Dies wusste der Herzog. Da er selbst gerne einige Zeichnungen von Davison veröffentlichen wollte, erreichte er mittels eines nachgemachten Schlüssels Zutritt zu Davisons Kabine. Dort kopierte er einige Zeichnungen ohne das Wissen von Davison. Als er später in London ankam, wollte er seine eigenen Untersuchungen in Ägypten mit Zeichnungen von Davison anreichern, den er übrigens in seinen 1777 erschienenen Memoiren als sein Sekretär bezeichnet.[1480] Davison erfuhr jedoch vom Vorhaben des Herzogs und schrieb ihm am 9. September 1783 einen Brief, in dem er ihm untersagte, seine Zeichnungen zu verwenden. Dennoch fanden zwei Zeichnungen von Davison ohne sein Einverständnis Eingang in die Reisebeschreibungen von Sonnini de Manoncourt, der sie vom Herzog von Chaulnes erhalten hatte. Es drängt sich ebenso der Verdacht auf, dass der Herzog für seinen separaten Sonderdruck die kopierten Zeichnungen Nathaniel Davisons benutzt hat.

> *„Ich hatte zwei Zeichnungen von einigen Teilen der großen Pyramide in meinen Händen, die von einem handgeschriebenen Memorandum begleitet waren, und das Ganze war mir vom ehemaligen Herzog von Chaulnes übergeben worden, der mich dazu gedrängt hatte, Nachforschungen diesbezüglich anzustellen. Da ich jedoch nicht die Möglichkeit hatte, mich dieser Arbeit selbst zu widmen, ließ ich sein Schreiben in Kairo zurück, damit er die Möglichkeit hatte, dort jemanden zu suchen, der die Muße hatte, seine Ansichten zu unterstützen. Ich ließ nur Kopien der beiden Zeichnungen anfertigen, die nicht veröffentlicht wurden. (Siehe Taf. XXV). Es ist zu beachten, dass man in meinem Werk nicht nach Querverweisen suchen darf, da die Hinweisbriefe auf die Erklärungen und Beobachtungen in der mir anvertrauten Abhandlung antworten und ich mir aus diesem Grund nicht erlaubt habe, sie zu kopieren.“* [1481]

[1480] Chaulnes 1777, 6 sowie Sonnini de Manoncourt 1799, 393 (Bd. 2).

[1481] Sonnini de Manoncourt 1799, Vol. 2, 392. Eigene Übersetzung aus dem Französischen.

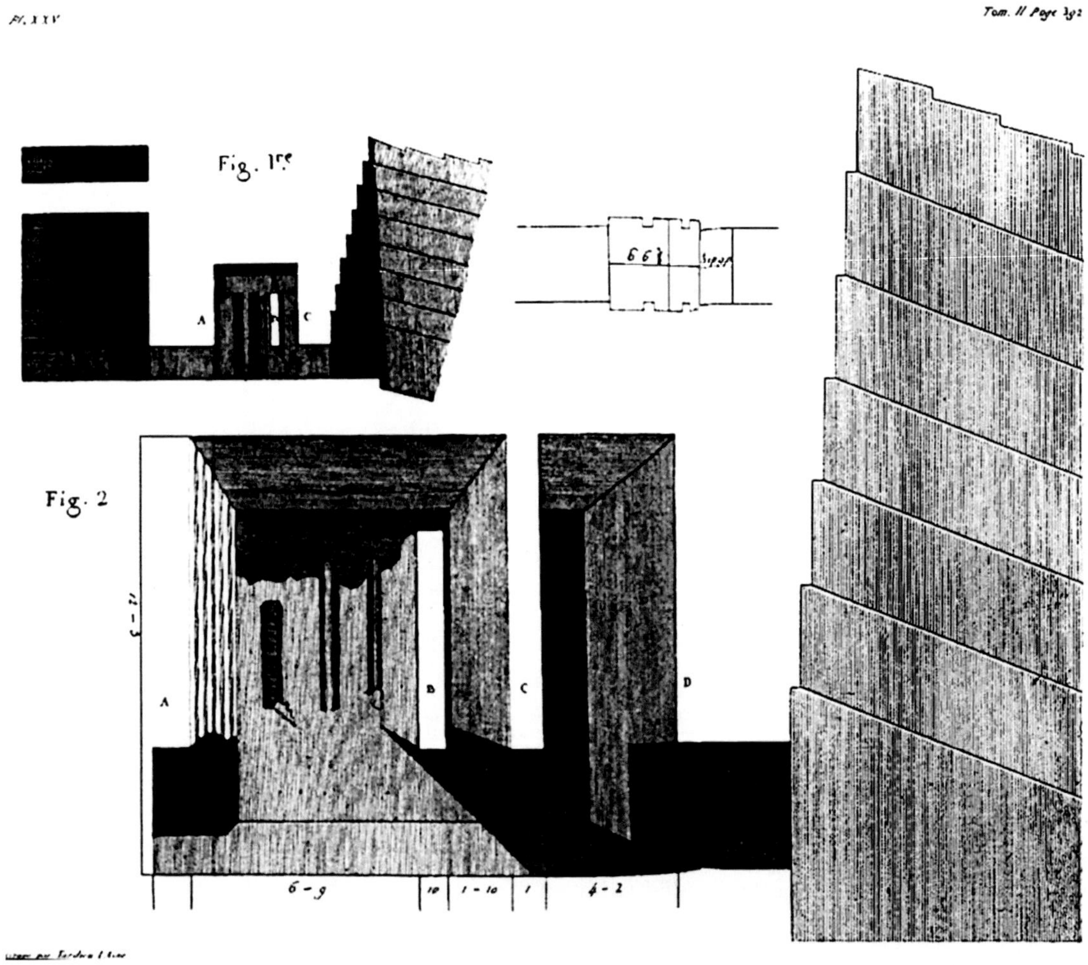

Abb. 234: Kopie der Zeichnung von Davison, die erste Kammer oberhalb der Königskammer in der Cheops-Pyramide betreffend.

Die obige Zeichnung hat sicher auch James Bruce[1482], ein schottischer Naturwissenschaftler und Reisender, welcher sich das Ziel setzte, die Quellen des Nils zu entdecken, gesehen, da er schreibt:

> *"About eleven miles beyond this are the pyramids, called the pyramids of Geeza, the description of which is in everybody's hands. Engravings of them had been published in England, with plans of them upon a large scale, two years before I came into Egypt, and were shewn me by Mr Davidson consul of Nice, whose drawings they were.*
> *He it was too that discovered the small chamber above the landing-place, after you ascend through the long gallery of the great pyramid on your left hand, and he left the ladder by which he ascended, for the satisfaction of other travellers. But there is nothing in the chamber further worthy of notice, than its having escaped discovery so many ages."* [1483]

[1482] James Bruce of Kinnaird (* 14.12.1730 bei Kinnaird, Grafschaft Stirling in Schottland; † 27.4.1794 ebenda) war ein schottischer Naturwissenschaftler und Reisender. Sein offizielles botanisches Autorenkürzel lautet „Bruce". James Bruce war eine auffällige Erscheinung (1,93 m). Er sprach elf Sprachen, war Geograf, Astronom, Historiker, Linguist, Botaniker, Ornithologe und Kartograf. Auch in der Medizin kannte er sich aus. Im Juni 1768 begann er in Alexandria mit den Vorbereitungen zu seiner großen Reise zu den Quellen des Nil. Mit Unterstützung des Mamluken-Herrschers Ali Bey al-Kabir reiste er z. T. als Türke verkleidet und verfolgte den Lauf des Nils stromaufwärts. Seine Expedition endete im Jahr 1773. Über drei Jahre lang blieb er in Äthiopien, besuchte dabei auch die Quellen des östlichen Nil-Arms und umrundete den Tanasee. Er reklamierte die Erstentdeckung der Quellen für sich, obwohl diese schon 1618 vom portugiesischen Priester Pedro Páez entdeckt und 1622 vom portugiesischen Priester Jerónimo Lobo aufgesucht und beschrieben wurden. James Bruce bezweifelte allerdings deren Berichte, da sie den genauen Punkt nicht mittels astronomischer Geräte vermessen hatten und ihre Berichte auch Übertreibungen enthielten.

[1483] Bruce 1790, 40-41.

Am 10. Juli 1764 gingen sie (Davison, Montagu, Varsy und 100 arabische Reiter als Begleiter) nach Sakkara und Dahschur. Für die Rote Pyramide von Snofru gab er 154 Stufen und eine Höhe von 343 Fuß (104,5 m) an. Die heutige Höhe ist rund 100 m und die ursprüngliche Höhe wird mit 105 m angegeben. Zum Vergleich: die Höhe der Cheops-Pyramide beträgt auf Stufe 154 rund 112,50 m. Sie stiegen auch in die Pyramide über den Eingang auf der Nordseite ein, dessen Höhe als 180 Fuß (≈ 55 m) über dem Boden angegeben wurde. Die inneren Strukturen, die sie vorfanden, beschrieb Davison so:

> *"Having lighted our candles, we descended and found it four feet five inches and a quarter high, three feet five inches and a half wide, and 200 long; at the end of 200 feet there is a passage running horizontally 24 feet four inches and a half, and leads to a large pyramidal room 27 feet four inches long, and 11 feet 11 inches broad, 43 feet four inches high; from this, a passage of 10 feet four inches conducts to another of the same dimensions. At the height of 11 feet, the stones set in six inches one over another for 11 together, each stone being three feet high. At the end of the inner room, 30 feet 10 inches from the ground, there is a passage 24 feet long, three feet five inches square, which leads to a third, differing only from the former in being one foot eight inches broader. Not only all the pavement of this room, but five tiers of stones have been forcibly taken up in search of treasure. The stones of the passage have also been taken up. There is not much of the covering preserved on this pyramid; what remains is towards the top."* [1484]

Am 11. Juli 1764 macht Nathaniel Davison mit E.W. Montagu und Joseph Varsy einen Ausflug zur Knickpyramide von Snofru. Wie üblich vermisst er auch diese Pyramide und gibt dabei Folgendes an: Basislänge 600 Fuß (≈ 183 m[1485]), Höhe bis zum Knick: 184 Fuß (≈ 56 m), Stufen bis zum Knick: 68, Höhe vom Knick bis zur Spitze: 250 Fuß (≈ 76 m), Stufen vom Knick bis zur Spitze: 130, Gesamthöhe 434 Fuß (≈ 132 m[1486]), Gesamtstufenzahl: 198, Seitenlänge des Plateaus auf der Spitze: 30 Fuß (≈ 9 m). Größte Stufenhöhe im unteren Abschnitt: 4 Fuß 2 Zoll (≈ 1,27 m), im oberen Abschnitt durchschnittlich 1 Fuß 10 Zoll bis 2 Fuß, also etwa 56 bis 61 cm. Davison ist auch die erste Person, von der wir sicher wissen, dass sie das Innere der Knickpyramide betreten hat, denn bei Walpole heißt es hierzu: "*The passage, as far as one can advance, is 174 feet (≈ 53 m) in length. It is very difficult to creep down in the lower parts, on account of the stones and rubbish with which it is at last entirely choaked up.*" [1487]

Was diese Angaben von Davison angeht, gibt es einige beachtliche Punkte. Zum einen ist mir keine andere Quelle bekannt, die eine Stufenzahl vergleichbar der Cheops-Pyramide für die Knickpyramide angibt und zum anderen sind die Höhenangaben interessant. Die heutige Höhe liegt bei rund 101 m, während die ursprünglich bedingte Höhe durch den Knick bei heute 49 m Höhe bei knapp 105 m gelegen haben muss. Im Vergleich zu Davisons 132 m eine sehr deutliche Abweichung. Sein Basiswert von 183 m weicht aber nur 6 m von dem heutigen Wert von 189 m ab. Da zu Davisons Zeiten die Pyramidenbasis sicher von viel Sand bedeckt war, musste seine Messung der Basis zu kurz ausfallen. Erstaunlich sind dann jedoch die beiden Höhenangaben. Der Knick erfolgt nach Davison erst bei einer Höhe von 56 m (heute 49 m). Vermutlich war es schwierig, die Höhe mit dem Theodolit zu messen, da der anvisierte Punkt keine Spitze darstellte. Die Gesamthöhenangabe von 132 m liegt zwar weit über dem heute als ursprünglicher Höhe angesehenen Wert von rund 105 m, aber Stadelmann nennt genau diesen Wert (132 m) als *„geänderten Wert einer späteren Planung"*.[1488] Ebenso ist mir keine weitere Angabe, als die von Davison der Plateaufläche der Knickpyramide bekannt, während es für die Cheops-Pyramide zahlreiche Quellen dafür gibt. Die Steinhöhen, die er für die Knickpyramide angibt, gleichen denen der Cheops-Pyramide. Davison fand auch noch Verkleidungssteine an der Knickpyramide, sowohl oben wie unten, wie folgender Tagebucheintrag zeigt:

> *"Pococke is mistaken in supposing that the angle near the middle only appears to be such from the covering above having slid down: as we were at the summit we had an opportunity of*

[1484] Walpole 1817, 359.

[1485] Nach Mark Lehner 617 Fuß oder 188 m. Siehe: M. E. Lehner 1997, 102.

[1486] Nach Mark Lehner 345 Fuß oder 105 m. Siehe: M. E. Lehner 1997, 104.

[1487] Walpole 1817, 359.

[1488] Stadelmann 1997, 89.

examining it more exactly than he could possibly do below, of measuring the angle, of seeing that the covering stone is on as well above as below it; and that it is only from this station one can see the top and bottom at the same time." [1489]

Davison hält auch in Form einer kleinen Zeichnung einen Verkleidungsstein der Knickpyramide fest, wie folgende Skizze zeigt:

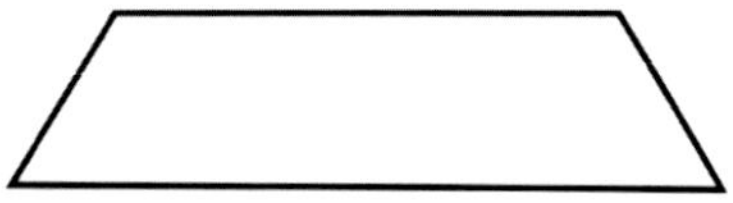

Abb. 235: Verkleidungsstein der Knickpyramide mit einer Länge von 1,40 m nach Davison. Beigefügter Text: "The following are the dimensions of one of the stones with which the pyramid is covered; length of the side four feet seven inches."

Zum Material der Steine bemerkt er: *„Diese Pyramide ist aus hartem weißen Stein gebaut; an manchen Stellen sieht man fossile Überreste; aber nicht so zahlreich wie in der großen Pyramide eine Meile nördlich davon."*

Vom Gipfel der Knickpyramide bestimmten sie[1490] die Lage der wichtigsten Objekte, die sie von da aus sehen konnten. Anschließend stiegen sie hinunter und begaben sich zur nördlich liegenden großen Pyramide, der roten Pyramide von Dahschur.

Wie sehr die Arbeiten von Davison bisher von Ägyptologen verkannt wurden, zeigt folgendes Zitat aus dem Buch *Die Pyramiden* von Miroslav Verner aus dem Jahr 1998:

„Die Pyramide, die auf einem erhobenen Wüstenplateau etwa drei Kilometer westlich des Dorfes Dahschur emporragt, zog aufgrund ihrer ungewöhnlichen Erscheinung bereits seit dem 17. Jahrhundert europäische Reisende an, darunter Robert Huntington, Edward Melton, Richard Pococke. Zu einer systematischen archäologischen Erkundung des Bauwerks kam es jedoch erst im 19. Jahrhundert, als sich vor allem Perrings, daneben aber auch Lepsius und später Petrie mit der Pyramide befassten." [1491]

Davison wird hier mit keinem Wort erwähnt. Dass Davison auch physisch bei sehr guter Verfassung gewesen sein musste, zeigt folgender Eintrag in seinem Tagebuch:

"Though the sun was extremely hot, being about midday we mounted this pyramid, and took its height. We descended quickly, and rode home, as the Arabs themselves were impatient, being no longer able to bear the intolerable heat. While we were employed in measuring, they sheltered themselves below the stones." [1492]

Was die Temperaturen angeht, notiert er für den Folgetag: *"By the thermometer we found that the heat was ten degrees higher than human heat."* Es hatte also 47° C, sofern er die Celsius-Skala benutzte, oder 43° C, wenn er die Fahrenheit-Skala benutzte. Es war jedenfalls selbst den hitzegewohnten Arabern in der Sonne zu heiß gewesen und das, ohne dass diese die Pyramide hätten besteigen müssen!

Am Nachmittag des 11. Juli krochen dann Davison und einer seiner Begleiter, entweder Varsy oder Montagu, nur mit Kerzen bewaffnet, noch in ein unterirdisches Mumiendepot, welches die arabischen Helfer von Montagu eingangsseitig vom Sand befreit hatten. Sie mussten durch nur 4 Fuß (≈ 1,22 m) breite Gänge kriechen, die zudem voll Sand waren, entdeckten aber nur Schädel, Knochen und Mumienbinden. Als sie wieder herauskamen war die Sonne bereits seit einiger Zeit untergegangen und die zurückgebliebenen Begleiter waren schon unruhig geworden, weil sie noch vor Einbruch der Nacht wieder zurück in ihrem Lager sein wollten.

Am 12. Juli 1764 ritten Davison und Varsy begleitet vom *Kiahia* (Statthalter) des Scheichs zur Stufenpyramide. Sie stiegen die Nordwestseite empor und maßen die Höhe der Pyramide. Die Mumiengrube gaben sie mit

[1489] Walpole 1817, 360.
[1490] Begleitet wurde Davison von Varsy und Montagu.
[1491] Verner und Liedtke 1998, 202.
[1492] Walpole 1817, 360.

einer Entfernung von 300 Yards (≈ 275 m) in südlicher Richtung an. Im Nordosten sahen sie zwei kleinere Pyramiden in einem ruinierten Zustand und etwas weiter die Grube mit den Vogelmumien. Danach stiegen sie die Pyramide wieder hinab und ritten zu den drei Pyramiden, die sich eine Meile nördlich befanden. Dort bestimmten sie die Ausmaße und Ausrichtungen der Pyramiden und ritten danach zurück zu ihrem Nachtlager.

Am 13. Juli ritten sie zu einem Ort namens Ummuchnan[1493], welcher mit 1.000 Häusern recht groß war. Auf der Westseite der Palmen dieses Ortes vermaßen sie eine Basis von 2.000 Fuß (≈ 610 m), wobei E.W. Montagu die Lage aller Pyramiden mit dem Theodolit bestimmte.

Am 23. September 1764 schreibt Nathaniel einen Brief an Joseph Varsy von Kairo. Er schreibt den Brief auf Französisch. In ihm schildert er seine Erlebnisse bei der Erkundung des Brunnenschachts, welcher am Beginn der Großen Galerie beginnt. Gemäß Plinius war dieser Schacht 86 Ellen (≈ 38,2 m) tief. Davison ermittelte einen Wert von 155 Fuß (≈ 47,25 m). Der gesamte Schacht besteht aus drei Teilstücken, wobei das erste zu 22 Fuß (≈ 6,71 m), das zweite zu 29 Fuß (≈ 8,84 m) und das dritte Teilstück zu 99 Fuß (≈ 30,18 m) und 5 Fuß (≈ 1,52 m) für das Verbindungsstück zwischen dem ersten und zweiten Teilstück.[1494] Die Ausmaße der Felsengrotte[1495] innerhalb des Brunnenschachts stellt Davison mit 15 Fuß (≈ 4,57 m) Länge und 4–5 Fuß (≈ 1,22–1,52 m) Breite fest.[1496] Große Sorge bereiteten ihm die vielen großen Fledermäuse, die sich in dem Schacht aufhielten, denn sie konnten ihm mit ihren Flügeln die mitgenommene Kerze(n) ausblasen. Auf dem Boden der Grotte fand er eine Leiter aus Seilen mit Holzstufen, die fast dreimal länger war, als diejenige, welche sie in Sakkara benutzt hatten. Die gefundene Leiter schrieb er einem Herrn Wood[1497] zu, welcher diese vor über 16 Jahren dort zurückgelassen hat, um den Abstieg zu erleichtern. Die Leiter, obwohl gut 16 Jahre alt, schreibt er, sei wie neu gewesen.[1498]

Ab Juli 1764 hielt sich Nathaniel Davison bis Ende 1765 für 18 Monate in Kairo auf. Am 15. März 1765 brach er zu einer Reise von Kairo nach Damiette auf. Am 29. April schreibt er in sein Tagebuch, dass eine Karawane von Barbareski nach Mekka aufgebrochen ist. Am 4. Mai berichtet er vom Ausbruch einer Pestwelle[1499] und dass sie deswegen am 11. Mai alle eingesperrt waren. Am 31. Mai berichtet er von zwei oder drei Erdbeben, die sich nachts gegen 3:30 Uhr ereigneten. Ein weiteres Erdbeben ereignete sich am 8. Juni um 1 Uhr nachts. Am 24. Juni unternahmen sie dann vorsichtig einen Ausflug von einigen Tagen. Ab Juli 1765 erforschte er dann intensiv die Pyramiden von Gizeh, wo er am 9. Juli auch die bis dahin noch nicht entdeckte Kammer oberhalb der Königskammer, die erste Entlastungskammer, in der Cheops-Pyramide fand. Eine genaue Beschreibung der Entdeckung folgt in einem separaten Abschnitt: *Chamber in the great pyramid of Egypt*.

Am 19. Oktober 1765 maß er die Höhe der einzelnen Stufen der Cheops-Pyramide, wie folgender Eintrag in seinem Tagebuch zeigt:

[1493] Der Ort heißt heute Umm Khenan (auch Umm Khonân, arab. ام خنان – مكتب بريد) und liegt an der *Aswan Western Agricultural Road* gut 6 km nördlich von Mit Rahina, dem antiken Memphis und knapp 2 km vom Nil entfernt. Bei Richard Pococke heißt der Ort *Mocanan*, ebenso in der Ägyptenkarte von Claude Sicard aus dem Jahre 1753, wo er *Mokanan* lautet. Bei Vyse 1840-42, Map of the Pyramids heißt der Ort *Mouknan*. Bei Conder 1827, 349 heißt es in einer Fußnote zu Mouknan: *"This is evidently the Mohannan of Bruce, the Mugha of Norden, and the Ummuchnan of Davison."*

[1494] Walpole 1817, 349.

[1495] Laut McCarty (McCarty 1907, 359) liegt die Grotte 17,83 m unterhalb des Eingangs in den Brunnenschacht am unteren Ende der Großen Galerie.

[1496] Walpole 1817, 352.

[1497] Robert Wood (* 1716/17 in Riverstown Castle bei Dublin, Irland; † 9.9.1771 in Putney bei London, England) war ein britischer Reisender, Altertumsforscher, Unterstaatssekretär und Parlamentsabgeordneter. 1742/43 unternahm er eine erste Reise im östlichen Mittelmeerraum, darunter auch Ägypten. Am 5.2.1743 segelte er von Latakia in Syrien nach Damiette in Ägypten.

[1498] Der ganze Brief findet sich in: Walpole 1817, 350-354.

[1499] Im 18. Jahrhundert gab es in Ägypten im Schnitt jedes Jahrzehnt eine Pestwelle.

> *"Oct. 19. — Left the Nizlet[1500] at sunrise, and reached the Pyramid before eight. Began immediately to level and measure every step, one by one, and did not reach the top till one in the afternoon; at three entered the pyramid, retook some of the measures, and came out."* [1501]

Die Dauer seiner Arbeitszeit ist ein Hinweis auf die Gewissenhaftigkeit der von ihm durchgeführten Messungen. Er beließ es nicht nur bei Messungen der Gesamthöhe mithilfe eines Theodolits oder gar nur Schätzungen wie viele seiner Vorgänger, sondern unterzog sich der Tortur einer Messung jeder einzelnen Stufe. Wer die klimatischen Verhältnisse dort Mitte Oktober kennt, weiß, was für eine schweißtreibende Arbeit das gewesen sein muss.

Der folgende Tagebucheintrag zeigt, dass er auch die Chephren- und Mykerinos-Pyramide vermessen hat.

> *"Oct. 21. — Visited and took the dimensions of the second and third Pyramid, and the two ruined buildings to the east of them, besides three small Pyramids to the south of the third; having measured likewise the pyramid on a square rock. Struck down towards the Sphinx, and arrived at the boat after sunset."* [1502]

Einen Tag später machte er nochmals Messungen mit dem Theodolit, wie sein Tagebucheintrag zeigt:

> *"Oct. 22 — Went with the Theodolite to take the height of the large Pyramid; but deferred it on seeing one of the great people of Cairo had come out to visit it. In the meantime examined the small Pyramids and tombs to the south and east which are in a ruined state. Having measured off a base, took the height of the Pyramid with the Theodolite, which agreed with a former one. Thence went down to the plain on the north side, and having taken a base, found by means of a Theodolite, that the Pyramid stands on an elevation 163 feet[1503] above the river."* [1504]

Dass Davison seine Messungen öfters wiederholt hat, um Fehler zu minimieren, ergibt sich aus einem Briefwechsel von ihm mit Professor Joseph White[1505] vom 21. Juni 1779:

> *"I remained long at Cairo, and had an opportunity of visiting the pyramids often, and of measuring every part over and over again, as well of the outside as of the interior of the largest, which is the only one of those of Giza into which a passage is found. Mine were not hasty visits, such as are generally paid to those noble monuments of antiquity."* [1506]

Aus einer Aussage von James Bruce geht hervor, dass Nathaniel Davison bereits 1766 wieder in England war, wo dieser ihn getroffen hat: *"Engravings of them [pyramids of Giza] had been published in England, with plans of them upon a large scale, two years before I came into Egypt, and were shewn me by Mr Davison consul of Nice, whose drawings they were."* [1507]

Am 22. September 1769 wurde er zum britischen Konsul in Nizza ernannt. Diese Stelle hatte er bis 1778 inne. In einem Brief an Dr. Thomas Percy, Bischof von Dromore, vom 3. Dezember 1777 aus Nizza erfahren wir, dass Nathaniel gerne Konsul in Neapel geworden wäre und er sich diesbezüglich große Hoffnung gemacht hat. Er wusste aber bereits, dass die Stelle in Algier als Konsul im November 1777 durch den Tod von Baynton

---

[1500] Vermutlich handelt sich hierbei um Nezlet Batran, ein Dorf ca. 1,5 km südlich der Großen Pyramiden.
[1501] Walpole 1817, 348.
[1502] Walpole 1817, 349.
[1503] 49,68 m.
[1504] Walpole 1817, 349.
[1505] Joseph White (* 19.2.1745 in Stroud, England; † 23.5.1814 in Oxford, England), ein englischer Orientalist und Theologe. Zudem war er Professor für Arabisch und Hebräisch an der Universität in Oxford.
[1506] Walpole 1817, 363.
[1507] Bruce 1790, Vol. 1, 41.

vakant geworden war und räumte ein, dass er diese auf Anfrage nicht ablehnen könne. Er bittet daher Dr. Percy in einem Brief um die Unterstützung beim Duke von Northumberland für seine Bewerbung um die Stelle als Konsul in Neapel:

"I ought to have told you when I mentioned my views on the consulship of Naples, that Mr. Jamineaux's demands were so high as to prevent anybody's treating with him, though I understand it was his chief errand to England, where he has now been about three years. There is no likelihood of his returning to Italy, and I am flattered with hopes of succeeding to Naples. I am certain that a word from the Duke to Lord Weymouth would secure my appointment, or at least assurances of it on the first vacancy, which is all I can desire. ...
Except the place be secured for me now, there is a chance of my still being made a Mahometan, I mean of my being sent to Barbary. Algiers is once more vacant. Mr. Baynton died there the 1st of last month. There is no comparison betwixt that place and Naples, that is, in point of resources and agrémens, and yet I cannot refuse it if offered. Beggars are not to choose." [1508]

In der *London Gazette* vom 17.-21. Februar 1778 heißt es: *"The King has been pleased to appoint Nathaniel Davison, Esq; to be His Majesty's Agent and Consul General at Algier, in the room of Edward Bayntun, Esq; deceased. The King, has been pleased to appoint John Birkbeck, Esq; to be His Majesty's Consul at Nice, in the room of Nathaniel Davison, Esq."* Die Ernennung hatte er am 22. Januar 1778 erhalten.

Fast ein Jahr nach seinem letzten Brief an Dr. Percy schreibt er ihm am 19. November 1778 von Bath (England) aus einen Brief. Hierin teilt er Percy mit, dass er schon sechs Wochen zuvor eine höchst angenehme Tour durch Süd-Wales gemacht hat. Er muss also bereits seit Anfang Oktober 1778 wieder zurück in England gewesen sein. Zu diesem Zeitpunkt kennt er zwar schon die Entscheidung, dass er als Konsul nach Algier muss, weiß aber noch nicht den genauen Zeitpunkt:

"I am yet to learn the time of my departure for Barbary, which I have not yet expressed any impatience about. I shall know more of the matter when I get to town." [1509]

Am 1. September 1779 erhält er die offizielle Ernennung zum britischen Konsul von Algier. Er tritt die Nachfolge von Edward Bayntun an, welcher zuvor von Tripolis nach Algier gewechselt ist. Nach dem Tod von Bayntun führte John Woulfe die Geschäfte weiter bis zur Ankunft von Nathaniel Davison am 5. April 1780.[1510]

Bereits ein halbes Jahr nach seinem Antritt als Konsul in Algier ereignete sich ein Vorfall, den er in einem Brief an den Earl von Hillsborough meldete. Ein Auszug dieses Briefes, der Veröffentlichung fand, wird im Folgenden wiedergegeben:

"Extract of a Letter from Nathaniel Davison Esq; his Majesty's Consul General at Algiers, to the Earl of Hillsborough, one of his Majesty's principal Secretaries of State, dated Algiers, Sept. 8, 1780, received October 11.
THE conduct and success of Capt. Edward Moor, commanding the Fame private ship of war, of Dublin, on a late occasion, will, I doubt not, be deemed sufficiently remarkable to justify my troubling your Lordship with the following particulars.
He sailed from Mahon the 20th of last month, and receiving advice soon after of the departure of five French vessels, all letters of marque, from Marseilles, bound for the West Indies, determined to go in quest of them. On the 25th he descried five sail near the Spanish coast, which corresponded with his intelligence; but as they were at a distance, and the day was far spent, he judged it prudent not to make a shew of pursuing them, that he might have a better chance to

---

[1508] Nichols 1828, 183.

[1509] Nichols 1828, 185.

[1510] Am 30.4.1780 schrieb er einen Brief, von dem ein Teil auf einer Auktion am 13.4.1921 in der „American Art Galleries" in New York unter der Los-Nr. 7 zusammen mit anderen Dokumenten versteigert wurde. Vermutlich wurde der Brief aus Algier abgeschickt und enthält einen ersten Lagebericht nach seinem Amtsantritt.

succeed in getting between them and the land at night, which he had the good fortune to effect. He found himself at day light next morning off Cape de Gat, and about two leagues from the five ships that were together, and formed in a line to receive him. At half part six, when he was within gun shot, they hoisted French colours, and discharged their broadsides. Captain Moor bore down upon them, and, hough they continued their fire without interruption, reserved his till he was within pistol shot of the largest, which, struck after an engagement of three quarters of an hour. Without stopping to send any of his people of board, he proceeded to engage the second, and took her, after a short resistance. He left an officer and seven men in this prize, with orders to look after the former, till he returned from pursuing the three remaining vessels, which he observed were making sail to get away. He came up with and took two of them; the other escaped. The largest ship is called "les Deux Freres", pierced for twenty guns, mounting fourteen six pounders, and fifty-five men, (fifteen of whom got off in a boat;) the second "l'Univers", (the captain of which was killed) pierced for 18 guns, carries 12 four-pounders and 41 men, little inferior in size to the "Deux Freres"; the third, the "Zephir", (formerly his Majesty's sloop) pierced for 14 mounting 10 three-pounders, and 32 men; the fourth, the "Nancy", a pink of two six-pounders, two two-pounders, and 18 men. They got all safe into this Bay on the 29th of last month, about ten o'clock at night.
Captain Moor's gallant behaviour has been taken great notice of by the officers of this Regency, and his humane and generous treatment of his prisoners been admired by every body; indeed so much so, that Mons. de la Vallée, French Consul General here, thought it incumbent on him to write a line to me to express his sense of it, in the strongest terms of encomium and gratitude. The Fame mounts twenty guns, six-pounders, on one deck, and four upon her quarter-deck, viz. two four-pounders, and two three-pounders, and 108 men." [1511]

Er blieb als britischer Konsul in Algier bis zum Februar 1783. Wie schwierig seine Mission dort war, schildert uns ein Bericht in dem 1884 in London erschienen Buch *The Scourge of Christendom – Annals of British Relations with Algiers prior to the French Conquest*. Hierin heißt es:

"Mr. Nathaniel Davison, who succeeded Bayntun, soon found out what all other consuls had experienced, that nothing but firmness had the least chance of succeeding with the Algerines, and that their navy was so contemptible, that, although they kept all Europe in a state of abject submission, two good frigates would be more than a match for any naval force they could bring out. Day after day he had occasion to complain of arbitrary acts on the part of the Dey[1512] *and his cruisers; four English vessels were suffered to be taken by a French frigate in Algerine waters; a vessel carrying provisions from Genoa for the garrison of Gibraltar was taken and its crew enslaved, and several other of His Majesty's Spanish and German subjects were kept in captivity.*
It was evident to the consul that the Dey, under the impression that England was sufficiently embarrassed by the number of her enemies, and perhaps also judging of her weakness by the recent cession of Menorca to the Spanish crown, thought this a favourable opportunity to reduce her to the level of the various other nations who were in the habit of submitting in silence to all

---

[1511] The Westminster Magazine or the Pantheon of Taste 1780, 555-556.

[1512] Die Verfassung Algiers bildete eine Art militärischen Freistaates, unter der Regierung eines erwählten Oberhauptes, welches *Dey* hieß, und einem *Divan*, oder Großen Rat, dessen Mitglieder unter den älteren Häuptern der Miliz gewählt wurden. Der *Divan* wählte den *Dey* und beratschlagte über alle Gegenstände, welcher jener seiner Beurteilung vorlegte. Der *Dey* von Algier war immer sogleich Pascha von drei Rossschweifen. Auf Türkisch heißt *Dey*, Oheim. Obzwar die Wahl des *Dey* dem *Divan* von Rechtswegen zustand, so war sie doch eigentlich nur das Resultat der jeweiligen Umtriebe der *Janitscharen*, und gewöhnlich ein blutiges Trauerspiel. Solange der *Dey* von Algier lebte, war er der unumschränkte Gebieter, aber seine Herrschaft und sein Leben waren immer Katastrophen ausgesetzt, und für ihn war ein natürlicher Tod ein höchst seltener Fall. War ein Türke einmal in die Milz aufgenommen, so war er wahlfähig und hatte Anspruch auf die höchste Gewalt: Er war *Janitschar* — dies war ein genügsamer Titel mit dem Recht zur höchsten Würde. Wer einmal erwählt wurde, konnte seine Herrscherwürde weder ablehnen noch niederlegen. Für ihn gab es nur zwei Plätze, den Thron oder das Grab. Die drei Provinzen, in welche die Regentschaft zerfiel, wurden durch *Beys* verwaltet. Diese wurden durch den *Dey* ernannt und waren mit unumschränkter Machtvollkommenheit bekleidet.

the injuries and insults that his avarice or arrogance could suggest. He therefore deemed that he could not better promote the interest of the public service than by hauling down his flag and quitting the place, which he accordingly did in February 1783." [1513]

Danach kehrt nach England zurück, wo er in seiner Heimat Northumberland als Zahlmeister der Militia, eines 1759 gegründeten Teilzeit-Infanterie-Bataillons, tätig wird. Am 15. Mai 1798 unterschreibt er bei der *Supplementary Militia*, der Kommissionen in der Miliz der Grafschaft Northumberland, wo er zum Fähnrich ernannt wird. [1514]

Es existiert noch ein Beleg für die Zeit vom 1. Oktober 1800 bis zum 24. August 1802 für welchen er hierfür gut £119 erhielt. Ab 1786 bezog er eine jährliche Pension über £360 aufgrund seiner früheren diplomatischen Dienste als Konsul in Nizza und Algier.

Nathaniel Davison starb am 23. Februar 1809 in Alnwick, Bondgate Within, im Alter von 72 Jahren. Beerdigt wurde er auf dem Friedhof von Longhoughton bei Alnwick. Sein Sohn Nicholas Francis Skelly verpachtete am 30. März 1826 die Farm Little Mill für 12 Jahre an William Dixon. Nathaniels Journale, Pläne und Zeichnungen gingen zuerst an seine Witwe und dann an seinen Neffen Dr. John Yelloly (30.4.1774 in Alnwick – 31.1.1842 in Cavendish Hall, Norfolk) über, den seine Mutter Jane geb. Davison und Schwester von Nathaniel Davison, nachdem sein Vater bereits am 9. August 1787 verstorben war, aufgezogen hat. John Yelloly war das jüngste Kind seiner Eltern und von sieben Kindern das einzige überlebende. Er studierte in London Medizin und gründete mit dem in der Schweiz geborenen Alexander Marcet und dem in Norfolk geborenen Arzt Astley Cooper 1805 die medizinische und chirurgische Gesellschaft von London, einem Vorläufer der *Royal Society of Medicine*.

In diesem Umfeld traf er auch den englischen Naturforscher Joseph Banks[1515]. Ab 1778 war Banks Präsident der *Royal Society of London* und blieb es 41 Jahre lang. Der Großvater von Joseph Banks war mit der Tochter von Francis Tyssen (1653 – 6.12.1710) Dorothy Tyssen (20.10.1701 – 3.6.1749) verheiratet. Somit hatte Banks familiäre Beziehungen zu den Tyssens und es verwundert daher nicht, dass John Yelloly durch ihn seine zukünftige Frau Sarah Tyssen (6.8.1784 – 21.10.1854) kennenlernte, die sein Mündel war, da sie knapp sechs Jahre alt war, als ihre Mutter Sarah Boddicott–Tyssen (Feb. 1756 – 2.7.1790) starb. Am 4. August 1806 heiratete er die knapp 22-jährige Sarah Tyssen und hatte mit ihr zehn Kinder: Sarah, Jane, John, Harriet, Sophia Maria, Samuel, Nicholas Nathaniel, Anna Maria, Mary und Ellen. Seine Frau stammte aus einer wohlhabenden, ursprünglich flämischen, Familie, die sich Mitte des 17. Jahrhunderts in London angesiedelt hatte.

Zwischen 1809 und 1816 hatte Robert Walpole auf die Aufzeichnungen von Nathaniel Davisons mit Erlaubnis seiner Witwe Zugriff. In seinem 1817 erschienenen Buch *Memoirs relating to European and Asiatic Turkey* veröffentlichte er einiges davon, so z. B. auch die von Davison ermittelten einzelnen Stufenhöhen der Cheops-Pyramide. Im Vorwort seines Buches schreibt er zu Herkunft des von ihm verwendeten Materials in einer Fußnote:

"Mr. D. died in 1809. His Journals, Plans, and Drawings are in the possession of his widow, Mrs. Davison, of Alnwick, in Northumberland, and his nephew Dr. Yelloly, of Finsbury-square. From these papers the Editor has been permitted to select the extracts now published for the first time in the present volume." [1516]

Was mit den Aufzeichnungen dann passiert ist, lässt sich nicht mehr vollständig nachvollziehen. Bis 1842 waren sie wohl im Besitz von Nathaniels Neffen Dr. John Yelloly, danach im Besitz seiner Witwe Sarah, die mit 70 Jahren am 21. Oktober 1854 in Cavendish Hall (Suffolk) starb. John und Sarah Yellolys achtes Kind Anna Maria (1815 – 29.6.1880) heiratete am 22. April 1840 Robert Alfred Suckling (18.7.1818 – 4.11.1851),

[1513] Einen ausführlichen Bericht mit Originalunterlagen aus dem Archiv des britischen Konsulats in Algier zu diesem Fall, darunter auch Aussagen von Nathaniel Davison, finden sich in: Autoren 2000, 326-334: In His Majesty's High Court of Appeals for Prizes. LA COLOMBE, JEAN JOSEPH CHARRONIER, MASTER. APPENDIX to the Respondent's CASE.

[1514] Zeitung: The Sun (London, England) vom 29.5.1798, Ausgabe 1772.

[1515] Siehe Fußnote 785.

[1516] Walpole 1817, xx.

mit dem sie sechs Kinder hatte (Anna Maria, Robert Alfred John, Mary Sarah, Thomas, Lionell John und Constance Hopton). Der Sohn Thomas (8.8.1844 – 21.4.1922) heiratete am 6. September 1876 Florence Horatia Nelson Suckling (1848 – 10.12.1923), die 1898 ein genealogisches Buch mit dem Titel *A forgotten past: Being notes of the families of Tyssen, Baker, Hougham, and Mills, of five centuries* veröffentlichte, welches auch die Genealogie der Yelloly-Familie beinhaltet. Im Jahr 2009 veröffentlicht Julie Myerson ein Buch mit dem Titel *The Lost Child*, bei dem die wahre Geschichte eines mit 21 Jahren an der Schwindsucht gestorbenen Mädchens, mit Namen Mary Yelloly, erzählt wird. Es handelt sich dabei um das neunte Kind von John und Sarah Yelloly. Diese Mary hat schon als 8-jähriges Kind ein malerisches Talent gezeigt. In einem Skizzenbuch fing sie an ihre Umgebung zu malen. Als Grundlage dafür wählte sie sich eine fiktive Familie, die Grenvilles, aus. Die Umgebung, die sie dabei malte entnahm sie ihrer eigenen Umgebung, in der sie aufwuchs. Die 256 Wasserfarben-Bilder, die sie von 1825 bis 1829 gemalt hat, sind in dem Buch *A picture history of the Grenville family of Rosedale House* enthalten. Die meisten Informationen über die Yellolys und deren Beziehungen, zu denen auch Nathaniel Davison als Onkel des Urgroßvaters von Mary gehört, stammen aus dem zuvor erwähnten Buch von Florence Horatia Nelson Suckling. 1832 zogen die Yellolys von Norfolk nach Woodton Hall um, in ein Haus, welches sie von der Familie Suckling mieteten, nahen Verwandten von dem berühmten Admiral Horatio Nelson, dessen Mutter Catherine Suckling war, die wiederum eine Großnichte von Robert Walpole war, 1. Earl of Orford, des ersten britischen Premierministers. Letzterem verdankt übrigens das Vereinigte Königreich die Adresse *Downing Street 10*, in der bis heute der Premierminister seine offizielle Wohnung hat. 1840 zogen die Yellolys dann, nachdem die Mietzeit 1839 in Woodton Hall abgelaufen war, nach Cavendish Hall in Suffolk um. Noch im selben Jahr erlitt John Yelloly einen Unfall, wodurch er gelähmt wurde und von dem er sich bis zu seinem Tode 1842 nicht mehr richtig erholte.

In Sarah Yellolys Testament steht, dass sie die ägyptischen Zeichnungen und ein Bild von Konsul Davison ihrem Freund Richard Smith, aus der New Bond Street in London vermacht.[1517] Richard Smith (25.12.1784 – 1847), der Rechtsanwalt war, hatte zwei Töchter, Sophia (* 15.3.1808) und Susan (* 15.3.1810) und einen Sohn namens Graham[1518] (11.6.1812 – 18.11.1871), der am 26. April 1843 Honora Elizabeth Tyssen (13.1.1821 – 1870), jüngste Tochter von Samuel Tyssen[1519], (3.8.1785 – 1.3.1845), in Colchester (Essex) geheiratet hat. Zur Zeit der Hochzeit gehörte Graham Smith der anglikanischen Kirchengemeinde St. Georges am Hanover Square in London an. Folglich müssten die Aufzeichnungen von Nathaniel Davison bei diesem Graham Smith und seiner Frau Elizabeth gelandet sein. Die beiden hatten drei Töchter, Marilla Sophia Graham Smith (* um 30.1.1848), Honora Elisabeth Graham Smith (um 8.5.1853 – 19.10.1916), Lucy Katherine Graham Smith (* um 30.9.1855) und einen Sohn Thomas Graham Smith (um 2.6.1850 – 20.4.1908). Falls der Sohn Thomas Graham Smith der Erbe der Aufzeichnungen und des Bildes von Nathaniel Davison war, wurde es nach seinem Tod möglicherweise an seine Schwester Honora Elisabeth Graham Smith weitergegeben, die erst 1916 starb. Diese wiederum war mit George Gordon Wilder (um 3.8.1845 – 2.11.1876) verheiratet. Die Hochzeit fand im 1. Quartal 1874 in Lymington, Hampshire, England statt. Aufgrund des frühen Tods des Vaters hatten sie nur ein Kind, nämlich Graham Marshall Wilder (um 7.2.1875 – 5.7.1955). Dieser heiratete am 28. April 1914 Helen Alice Denison (1891 – 11.6.1951), mit der er zwei Söhne hatte: John Graham Wilder (2.4.1915 – 26.5.1974) und Archibald Edward Denison Wilder (1917 – 21.11.1941). Es ist gut möglich, dass die gesuchten Dokumente an John Graham vererbt wurden, der 1974 in Bath, Somerset, England verstarb, da höchstwahrscheinlich Teile davon 2 ½ Jahre später auf einer Versteigerung bei *Sotheby's* in London auftauchten.

Am 14. Dezember 1976 gab es bei *Sotheby's* in London eine Versteigerung zu Dokumenten von Edward W. Montagu unter dem Los mit dem Title *Archive of the Letters and Papers of Edward Wortley Montagu*. Diese Dokumente wurden von der Kalifornischen Stanford University ersteigert und tauchen dort unter dem Titel *Edward Wortley Montagu papers, 1729–1837* auf. Die Manuskript-Spezialsammlung wird dort unter der

---

[1517] *"I direct that my Executors shall take into effect the wishes of my dearest husband expressed in his will collative to the Egyptian drawings and Consul Davison's picture I give unto my friend Richard Smith, Esquire of New Bond Street and also to Robert Riddell Bayley at Basinghall Street and whom I have appointed two of the Trustees and Executors of this my will a legacy of twenty five pounds cash I bequeath to our old Servant."*

[1518] Laut Eintrag im kirchlichen Hochzeitsbuch trug auch er den Titel *Esquire*.

[1519] Wie bereits erwähnt, war seine Schwester Sarah, die Frau von John Yelloly. Im Mai 1807 heiratet er Sophia Baker (* ca. 1787; † 19.7.1828-9), Tochter von John Baker.

Nummer M0279 verwaltet. In der Zusammenfassung zu dieser Sammlung steht: *"Correspondence, primarily between Montagu and his secretary, Nathaniel Davison (1764–1779), journals and notebooks, and miscellaneous documents and letters."* Als Quelle ist vermerkt: *"Donative purchase, 1976."*

1977 wurde ein Mikrofilm von den in elf Ordnern abgelegten Dokumenten erstellt. Eine Digitalisierung der Manuskripte fand bis jetzt nicht statt. Eine kurze Zusammenfassung der Ordnerinhalte zeigt den Umfang (über 500 Seiten) der erhaltenen Aufzeichnungen von Davison und Montagu:

- Ordner 1: E.W. MONTAGU TO NATHANIEL DAVISON (1764–74), 31 items, 81 sides.
- Ordner 2: E.W. MONTAGU TO NATHANIEL DAVISON (undated), 9 items, 32 sides.
- Ordner 3: E.W. MONTAGU, OUTGOING CORRESPONDENCE, 1 item, 2 sides.
- Ordner 4: CORRESPONDENCE TO E.W. MONTAGU (1764–66), 5 items, 16 sides.
- Ordner 5: NATHANIEL DAVISON TO E.W. MONTAGU (1764–65), 5 items, 5 items, 21 sides.
- Ordner 6: N. DAVISON, OUTGOING CORRESPONDENCE (1764–79), 11 items, 61 sides.
- Ordner 7: CORRESPONDENCE to N. DAVISON (1764–66), 7 items, 27 sides.
- Ordner 8: JOURNALS & NOTEBOOKS, 5 items, 143 sides.
- Ordner 9: JOURNALS, NOTES AND NOTEBOOKS, 7 items, 101 sides.
- Ordner 10: MISCELLANEOUS DOCUMENTS RE N.D.'s MEDICAL CAREER, ETC., 5 items.
- Ordner 11: MISCELLANY, 9 items, 34 sides.

Im Ordner 10 befindet sich u. a. das Testament von Nicholas Davison, dem Bruder von Nathaniel. Es datiert vom 16. Juni 1809 und enthält Zusätze vom 15. Februar 1810 und 3. November 1810, also wenige Monate vor seinem Tod. Da zu diesem Zeitpunkt alle seine Geschwister Tod sind, vermacht er seiner Tochter Mary Brown £2.000, seiner Nichte Jane £1.500, seinen Nichten Mary, Margret und Eleanor je £800, Dr. John Yelloly, William Taylor (* 1770) und George Taylor (6.6.1772 – 2.1.1851) je 200 £ und ebenfalls £200 an einen John Taylor bzw. dessen Nichte Jane Taylor, falls ersterer zuvor stirbt. Insgesamt vermacht er also £6.700, eine stattliche Summe. Seiner Haushälterin Martha Liddell lässt er ungefähr 30 Jahre eine Summe von £300 jährlich zukommen. Die Taylors wohnten in St. Helens, Auckland im County Durham, wo George Taylor eine Farm besaß. Dass Nicholas Bruder Nathaniel mit den Taylors gut befreundet ist, zeigt ein kurzer Auszug aus der Autobiografie von George Taylors drittem Sohn Henry Taylor (18.10.1800 in Bishop Middleham, Durham, England – 27.3.1886 in Bournemouth, England), einem Dramatiker und Dichter:

> *"Once a year a breeze and a sunbeam penetrated into these recesses. My father had had a friend (a relation, I believe, though a distant one) of the name of Davison, much older than himself, an accomplished man who had travelled in the East, had been British Consul at Nice, had come home, married, and died, leaving a widow with the remains of great beauty, and four daughters, one of whom was brilliantly pretty, and all of whom were attractive (in one way or another and more or less), from simplicity and gracefulness of manner, brightness, singleness and saliency of character, softness, and an uncultivated refinement. I can barely recollect the father. Probably I should not have recollected him at all but for his pigtail — one of the last survivors, I suppose, of the latest generation of pigtails. Once a year the widow and the four fresh, pleasant, and graceful daughters came to spend a few midsummer weeks at the Hall at St. Helen's Auckland, or 'The Nunnery', as it was sometimes called; for the last occupants had been an abbess and a sisterhood of nuns, driven from France by the revolution."* [1520]

George Taylor wiederum wird von Robert Southey (12.8.1774 in Bristol, England– 21.3.1843 in Keswick, England), einem Dichter, Geschichtsschreiber und Kritiker, in einem Brief an Miss Bowles vom 4. Januar 1826 wie folgt charakterisiert:

[1520] H. Taylor 1885, 31-32.

"A most remarkable person for strength of character as well as for intellectual powers—the sort of man with whom Cato might shake hands, for he has the better part of an antique Roman about him." [1521]

Das Bild von Nathaniel Davison könnte am 20. Juni 1978 bei einer Auktion von *Christie's* versteigert worden sein. Der Verkaufstitel lautete *Important English Drawings and Watercolours*. Im Index des Auktionskatalogs taucht hier auch ein Nathaniel Davison auf. Es könnte sich aber auch um Zeichnungen von Davison handeln, die er während seines Ägyptenaufenthalts angefertigt hat und die teilweise schon Albert d'Ailly, Herzog von Chaulnes, in seinen Besitz bringen wollte. Einige Zeichnungen hatte er ja auch gegen den Willen von Davison unter seinem Namen veröffentlicht.

Auch am 20./21. Juni 1977 fand bei Sotheby's in London eine Versteigerung unter dem Titel *Catalogue of Atlases and Maps Travel and Americana Topographical Books and Autograph Letters Manuscripts and Historical Documents Comprising The Properties of Various Owners* statt, bei der der Name Nathaniel Davison zweimal auftaucht.

Robert Walpole veröffentlichte in seinem 1817 erschienen Buch *Memoirs relating to European and Asiatic Turkey* im 25. Kapitel *Observations relating to some of the Antiquities of Egypt; from the Journals of the late Mr. Davison* zum Teil leicht überarbeitete Auszüge aus Nathaniel Davisons Aufzeichnungen:

"Height of the Great Pyramid of Giza measured by the Steps — Account of the Well in the Great Pyramid — Discovery by Mr. D. of the Chamber in the same Building —Pyramids of Sacara — Letters between Professor White and Mr. Davison — Catacombs of Alexandria surveyed and examined, by Mr. Davison — Greek Inscription in them discovered by Mr. D." [1522]

Auch in seinem 1820 erschienenen Buch *Travels in various Countries of the East* zitiert er in zwei Fußnoten[1523] aus dem Reisebericht von Nathaniel Davison im Frühjahr 1765 von Kairo zum Katharinenkloster und dem Mosesberg auf der Sinai-Halbinsel. Zudem ist eine Zeichnung von Davison mit auf dem Sphinx von Gizeh vorgefundenen Graffiti abgedruckt[1524]. Der Untertitel lautet: *Monograms and characters on a bust of Isis.* Davison hielt den Sphinx für ein Abbild der ägyptischen Göttin Isis.

In den *Göttingische gelehrte Anzeigen* von 1820 findet sich eine Rezension des Walpole'schen Buches *Memoirs relating to European and Asiatic Turkey*, welches über Nathaniel Davison Folgendes schreibt:

„Nathaniel Davison, Britischer Consul zu Algier, begleitete H. Montague nach Aegypten, im Jahre 1763. Sein längerer Aufenthalt zu Alexandrien und Cairo setzte ihn in den Stand, die Pyramiden von Giza genau zu untersuchen. Unstreitig verdanken wir ihm die genauesten Nachrichten über sie; nicht nur die Höhe derselben ward von ihm, indem er Stufe für Stufe maß, mit der größten Genauigkeit bestimmt, sondern er untersuchte auch das Innere derselben, entdeckte ein Gemach über dem Sarcophags Zimmer, und stieg in den Brunnen der größeren Pyramide, dessen Plinius gedenkt, zu der Tiefe von 155 Fuß." [1525]

[1521] H. Taylor 1885, 24.
[1522] Walpole 1817, 345-375.
[1523] Walpole 1820, Vol. 2, 376 u. 391.
[1524] Walpole 1820, Vol. 2, 430-431.
[1525] Autoren 1820 (Bd. 1), 239.

21.4.2 Chamber in the great pyramid of Egypt

Der folgende Abschnitt findet sich auch in Robert Walpoles Buch *Memoirs relating to European and Asiatic Turkey, and other countries of the east* aus dem Jahr 1817.

"M. Cousinéry, Consul at Rosetta, set out for Giza, on Monday, July 8, 1765, with an intention to make a party with some French gentlemen to visit the pyramids. The 9th in the morning I went and joined them. Having taken three Arab guides and a Janissary, we mounted our asses at midnight, and traveling by the light of the moon we arrived at the pyramids in something less than two hours. I descended the first with a carpenter and another who widened the strait passage in the first canal; I was surprised to find that this canal which was supposed to end here continues a considerable way down the pyramid. It was formerly stopped up with stones and sand; these have been washed in the last winter by the rain which seems to have penetrated to this part of the pyramid. At entering we contented ourselves with pushing the earth and stones into it which were taken out of the narrow passage. The chief reason of my returning now to the pyramid was to endeavour, if possible, to mount up to the hole I had discovered at the top of the gallery the last time I was there. For this purpose, I had made seven short ladders in such a manner as to fasten one to another by means of four wooden pins, the whole together, when joined, being about twenty-six feet long. As soon as the rubbish was cleared from the strait passage at the bottom, I caused the ladders to be brought in by two carpenters who accompanied me. When they had conveyed them to the platform at the top of the gallery, tying two long canes together, I placed a candle at one end, and gave it to a servant to hold near the hole in question. The platform being very small there was no thinking of fixing the ladders on the ground, as it would have been very difficult, not to say impossible to raise them. We took the only method which seemed practicable; namely, that of placing the first ladder against the wall; two men raising it up, a third placed another below it, and having fastened them together by the wooden pins, the two together were raised from the ground, and the rest in the same manner fixed one after another. The ladder entered enough into the hole, when all parts were joined together, to prevent it from sliding on the side of the gallery. I then instantly mounted, and found a passage two feet four inches square, which turned immediately to the right. I entered a little way, with my face on the ground, but was obliged to retire, on account of the passage being in a great measure choaked with dust, and bats' dung, which, in some places, was near a foot deep. I first thought of clearing it by throwing the dirt down into the gallery, but foreseeing that this would be a work of some time, besides the inconvenience of filling the gallery with rubbish, and perhaps rendering the descent more difficult, I determined to make another effort to enter, which was accompanied with more success than the first. I was enabled to creep in, though with much difficulty, not only on account of, the lowness of the passage, but likewise the quantity of dust which I raised. When I had advanced a little way, I discovered what I supposed to be the end of the passage. My surprize was great, when I reached it, to find to the right a straight entrance into a long, broad, but low place, which I knew, as well by the length as the direction of the passage I had entered at, to be immediately above the large room. The stones of granite, which are at the top of the latter, form the bottom of this, but are uneven, being of unequal thickness. This room is four feet longer than the one below; in the latter, you see only seven stones, and a half of one, on each side of them; but in that above, the nine are entire, the two halves resting on the wall at each end. The breadth is equal with that of the room below. The covering of this, as of the other, is of beautiful granite; but it is composed of eight stones instead of nine, the number in the room below. One of the carpenters entered with me, and Mr. Meynard came into the passage, near the door, but being a good deal troubled with the dust, and want of air, he retired. Having measured and examined the different parts of it, we came out, and descended by the ladder. We then employed ourselves in digging towards the bottom of the niche in the room below, and afterwards went down and entered the first passage; there, instead of turning to the left to go out, I descended to the right, (where an opening had been lately made,) one hundred and thirty-one feet; the descent, except the first four and a half feet, is cut in the rock; at the end of one hundred and thirty-one feet I found it so filled up with earth, that there was no possibility of proceeding. I then

came out of the pyramid at half an hour past seven, and found that all the party, except Mr. Meynard, the Arab guard, and servants, had set out on their return to Giza. Though we had but little water, I was obliged to make use of some of it, to wash my hands and face, which were all covered over with dust and bats' dung. We breakfasted in the shade of the pyramid, and went afterwards to the second pyramid, where I copied the hieroglyphics which are on the perpendicular rock facing the north side of it." [1526]

21.4.3 The well shaft in the Great Pyramid

Am 23. September 1764 schreibt Nathaniel einen Brief auf Französisch an Joseph Varsy in Kairo. In ihm schildert er seine Erlebnisse bei der Erkundung des Brunnenschachts, welcher am Beginn der Großen Galerie beginnt. Gemäß Plinius war dieser Schacht 86 Ellen (≈ 38,2 m) tief. Nathaniel schreibt:

„Infolge des Versprechens, das ich Ihnen in meinem letzten Brief gegeben habe und damit ich diesen Aufenthaltsort der Toten, der Sie schon so sehr geärgert hat, verlassen kann, beeile ich mich, Ihnen etwas über den Brunnen der großen Pyramide zu erzählen, in den ich hinabgestiegen bin. Da ich mir vorstellte, dass er extrem tief war, versorgte ich mich mit einer guten Menge Seil, mit dem ich mit größerer Sicherheit hinuntergehen wollte. Die Vorsichtsmaßnahme war nicht umsonst. Es ist wahr, dass es Stufen oder vielmehr Löcher in beiden Seiten des Schachtes gibt, aber es ist auch sicher, dass diese Stufen an mehreren Stellen gebrochen und überall so abgenutzt sind, dass man, wenn man sich zu sehr darauf verlässt, Gefahr läuft, zu fallen und sich den Hals zu brechen. Um ein solch fatales Ende zu vermeiden, band ich das Seil in der Mitte meines Körpers fest. Bevor ich mich auf den Weg machte, ließ ich eine am Ende einer Schnur befestigte Laterne herunter. Als ich sah, dass sie unten anhielt, machte ich mich bereit, ihr zu folgen. Zwei Diener und drei Araber hielten die Schnur oben. Sie taten dies jedoch mit großem Bedauern. Sie erzählten mir tausend törichte Dinge, um mich von meinem Vorhaben abzubringen; "dass ich in großer Gefahr sei, hinabzusteigen;" – "dass unten Geister seien; und dass ich nicht mehr zurückkehren würde." Aber als sie sahen, dass ich entschlossen war, mich zu verlieren, und dass ihre Ermahnungen nur dazu dienten, mich zum Lachen zu bringen, nahmen sie den Strick und begnügten sich damit, mich zu bemitleiden und mich anzusehen, als ob es zum letzten Mal sein sollte. Schließlich nahm ich Papier, einen Kompass, die Messlatte und eine weitere Kerze in die Hand und begann abzusteigen, wobei ich mich mal auf das Seil, mal auf den Stein stützte, bis ich am Boden dieses ersten Schachtes war. Die Öffnung am Boden ist auf der Südseite; man geht etwa 8 Fuß [≈ 2,44 m], und dann gibt es einen senkrechten Abstieg von 5 Fuß [≈ 1,52 m]. Bei 4 Fuß 10 Zoll [≈ 1,47 m] von dort finden wir einen weiteren Schacht, oder besser gesagt, die Fortsetzung desselben. Der Eingang ist durch einen großen Stein fast versperrt, sodass nur ein kleines Loch bleibt, durch das man mit einiger Mühe hindurchkommt. Ich senkte die Laterne hier wie oben, nicht nur um zu sehen, wohin ich gehen sollte, sondern auch um zu wissen, ob die Luft schlecht war. An dieser Stelle aber war die Vorsichtsmaßnahme nutzlos; denn dieser Schacht ist nicht wie der andere ein genau senkrechter, sondern ein wenig geknickt, und als die Kerze unten war, konnte ich sie nicht mehr sehen. Dies war jedoch nicht so schlimm, dass ich mich davon abschrecken ließ. Ich wollte unbedingt auf den Grund gehen: Meine Neugier konnte auf keine andere Weise befriedigt werden. Da ich sah, dass es notwendig sein würde, jemanden zu haben, der das Seil am Eingang des zweiten Schachtes ebenso wie an dem des ersten hält, rief ich zwei der Araber, die oben waren; aber anstatt zu kommen, begannen sie mir tausend Geschichten zu erzählen. Unter anderem die, die Sie in meinem Brief an M. Roboli[1527] *lesen, "dass ein Franke, der vor einigen Jahren an den Ort kam, an dem ich mich befand, und ein langes Seil herabgelassen hatte, um die Tiefe zu erfahren, ein Dämon es ihm aus den Händen gerissen hätte." Ich wusste sehr wohl, wem sie diese Geschichte zu verdanken hatten. Der Konsul von Holland schwört, dass ihm*

[1526] Walpole 1817, 354-357.

[1527] Ein Übersetzer der französischen Nation aus Alexandria.

die Sache passiert ist. Es gibt nur einen Weg, diese Art von Menschen zur Vernunft zu bringen; ich spreche von den Arabern. Ich versprach demjenigen Geld, der kommen würde, und zudem, dass der Schatz, wenn es dort unten einen gäbe, wie sie behaupteten, ganz für ihn sein würde. Es schien, dass diese letzte Bemerkung großes Gewicht hatte; alle wollten kommen, aber immer, wenn sich jemand anschickte, herunterzukommen, wurde er wieder vom Aberglauben abgehalten. Ich war weder in der Stimmung noch in der Lage, zu warten. Ich habe lange in schlechtem Arabisch geschrien, ohne jede Wirkung. Meine Geduld wurde bis zum Äußersten strapaziert. Am Ende siegte jedoch die Hoffnung, Geld zu bekommen, über den Aberglauben; ein Araber begann hinabzusteigen, aber immer noch mit großem Widerwillen. Man konnte ganz deutlich sehen, dass er nicht mit ganzem Herzen bei der Sache war. Er war so aufgeregt, dass er nicht wusste, was er da tat. Er tastete sich von einer Seite zur anderen, ohne die Löcher finden zu können. Ich zog mich in den anderen Schacht zurück, da ich es nicht für sicher hielt, direkt unter ihm zu bleiben. Nachdem er heruntergekommen war, sah er mehr wie ein Gespenst als ein Mensch aus. Blass und zitternd blickte er um sich. Seine Haare, falls er welche hatte, wären ihm zu Berge gestanden.

Ich beeilte mich nach unterzukommen, um ihm keine Zeit zu geben, seine Tat zu bereuen. Ich hatte das Seil immer noch in der Mitte meines Körpers festgebunden. Nach kurzer Zeit entdeckte ich die Laterne am Grund, die mir zeigte, dass dieser Schacht tiefer war als der erste. Etwas tiefer als in der Mitte fand ich den Eingang zu einer Grotte, die etwa 15 Fuß [≈ 4,57 m] lang ist, 4 oder 5 Fuß [≈ 1,22 - 1,52 m] breit (denn sie ist nicht regelmäßig), und hoch genug, um aufrecht hineinzugehen. Von dort ging ich hinunter zum Eingang eines dritten Schachtes, der nicht wie die anderen senkrecht verläuft und dessen Neigung extrem steil ist. Ich wusste, dass er sehr tief war, durch einen Stein, den ich heruntergerollt hatte. Ich rief, dass das Seil nach und nach gelockert werden sollte, bis ich ihnen sagte, sie sollten ziehen. Dann schob ich die Laterne ein Stück vor und steckte meine Füße in die kleinen Löcher im Stein, so gut es ging. Ich folgte noch lange der Laterne, ohne den geringsten Anschein eines Aufhörens zu sehen. Ich bewegte mich weiter in einer geraden Linie; dann wurde der Schacht etwas senkrechter. Dort fand ich den Boden. Er ist durch Steine, Sand usw. ziemlich verschlossen. Dort unten gab es nur zwei Dinge zu befürchten, von denen mir beides sehr unangenehm gewesen wäre. Das erste war, dass die Fledermäuse die Kerze auslöschen könnten; und das zweite war, dass der große Stein, den ich bereits erwähnte, am Eingang des zweiten Schachtes, auf den sich der Araber stützen musste, herunterfallen und ihn für immer verschließen würde. Sie können wohl sagen, dass ich es für ehrenvoll gehalten hätte, in einer Pyramide begraben zu werden, in einem jener berühmten Monumente, die nur für große Könige bestimmt waren. Ich gestehe Ihnen freimütig, werter Herr, dass ich nicht den geringsten Ehrgeiz in dieser Hinsicht hatte. Im Gegenteil, ich war hundertmal glücklicher, herauszukommen und den Tag wiederzusehen. Ich habe eine Strickleiter am Boden des zweiten Schachts gefunden. Obwohl sie schon mehr als 16 Jahre dort gestanden hatte, war sie sozusagen wie frisch gemacht, genauso stark und genauso neu im Aussehen. Die Stufen bestehen aus Holzstücken, ganz nach dem Vorbild derer, die wir in Sakkara hatten, aber fast dreimal so lang. Mr. Wood, der das Buch über die Ruinen von Palmyra und Baalbek herausgegeben hat, hatte sie hierher gebracht, um den Abstieg zu erleichtern, aber er wollte nicht tiefer als die Grotte hinabsteigen. Bei dieser Gelegenheit sagte der holländische Konsul, dass jemand unten das Seil entwendet habe, eine Geschichte, von der die Araber noch alle Begleitumstände in Erinnerung haben. Mithilfe des Seils, das ich unten hatte, bekamen wir die Leiter hinauf, aber mit Schwierigkeiten, weil der zweite Schacht, wie ich schon sagte, ein wenig schräg war und das Holz der Leiter von Zeit zu Zeit in die Löcher eindrang, die in den Felsen geschlagen waren, was uns große Mühe bereitete, sie hinaufzuziehen. Als wir wieder am Boden des ersten Schachtes waren, fielen die Kerzen herunter und erloschen, und der arme Araber dachte, er sei verloren. Er packte das Seil, als ich versuchte, hinaufzuklettern, und protestierte, dass er lieber einen Pistolenschuss bekäme, als dort mit dem Ifrit [Teufel] allein gelassen zu werden. Ich gewährte ihm die Gnade, ihn vor mir aufsteigen zu lassen; er schien für diese Gunst sehr dankbar zu sein. Obwohl es viel schwieriger ist, hinaufzugehen als hinunterzukommen, weiß ich nicht, wie er es geschafft hat, aber er ging hundertmal schneller hinauf, als er hinuntergekommen war.

Sie hätten gelacht, wenn sie mich schwärzer als Steinkohle aus dem Schacht kommen gesehen hätten. Ich rannte, ohne einen Moment anzuhalten, zum Eingang der Pyramide und stürzte mich sofort ins Wasser, nicht wie im Roten Meer, bei Hammam Pharao, sondern mit allen Kleidern, wie Hosen, Hemd, usw. Da sich das Boot in einiger Entfernung befand, schwamm ich zu ihm.
Ich habe es bisher versäumt, aber nicht vergessen, die Abmessungen der Schächte anzugeben. Der erste Schacht ist 22 Fuß [≈ 6,71 m] tief, der zweite 29 Fuß [≈ 8,84 m] und der dritte 99 Fuß [≈ 30,18 m], und wenn man noch das Gefälle von 5 Fuß [≈ 1,52 m] zwischen dem ersten und dem zweiten Schacht hinzurechnet, ergibt sich eine Gesamttiefe von 155 Fuß [≈ 47,25 m]." [1528]

21.4.4 Section and description of the Great Pyramid

Die nachfolgende Abschrift des Originalmanuskripts stammt aus dem Nachlass von Nathaniel Davison, welche sich seit 1976 im Besitz der Universität von Stanford (Kalifornien) befindet und bis jetzt noch nicht veröffentlicht wurde.

"The outside measures of the large pyramid of Giza.
The height of the pyramid has been taken in three different ways. First by a line drawn up one of the angles to the top. Next by levelling and taking the height of each one of the 206 steps which compose it, and lastly by the theodolite. They all agreeing to make it the same thing is the sufficient proof of the exactness of the measures and thus how much the present may be depend upon. The perpendicular height of this pyramid in its present state is 460 ft. 11 in [≈ 140,49 m]. [1529]
But if we suppose the side linear to be drawn up to point it will then be 472 ft. [≈143,87 m]: one half of which viz: 236 ft. [≈ 71,93 m] is equal to the third of a line drawn up on angle from the bottom to the point at the top. The side of the pyramid on a line drawn from the inside of the base to the point at the top is exactly 600 ft. [≈182,88 m] but 14 less or 586 ft. [≈ 175,56 m] if one reckon only to the highest corner of the uppermost stone. The square or measure of each face at the bottom is 746 ft. [≈ 227,38 m]. [1530]

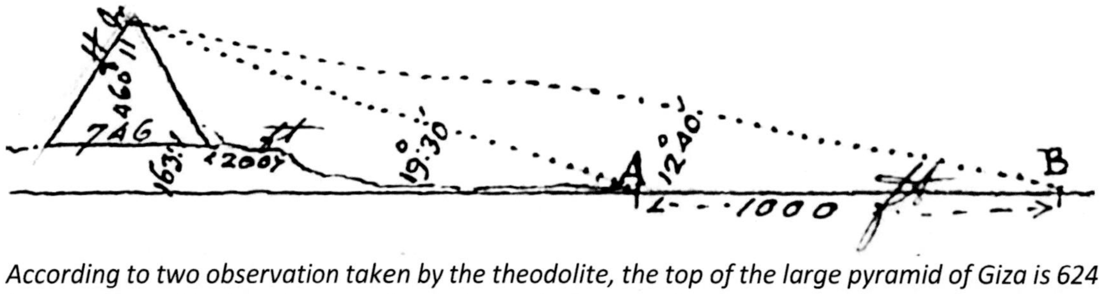

According to two observation taken by the theodolite, the top of the large pyramid of Giza is 624 ft. [≈ 190,20 m] higher than the plain below, which is equal with the surface of the Nile when at its highest [level] and sometimes covered by it. If we take from this the height of the pyramid viz: 460 ft. 11 inches [1531] *[≈ 140,49 m], the remainder 163 ft. 1 inch* [1532] *[≈ 49,71 m] is the height of the mountain upon which it stands. The stations were taken by the north of the pyramid and at a*

[1528] Walpole 1817, 350-354. Eigene Übersetzung aus dem Englischen.

[1529] Die Addition der von ihm einzeln vermessenen 206 Stufenhöhen ergab eine Gesamthöhe von 141,40 m, also 3 Fuß oder 91 cm mehr als durch seine Messungen mit dem Theodolit. Dies lag daran, dass er die Stufen 139, 164 und 181 fälschlicherweise um einen Fuß zu klein angab. Der Fehler dieser Messung lag also bei rund 0,6 %.

[1530] Exakt dieses Maß nennt auch Perring (Perring und Andrews 1839-1842, Vol. 1, 4).

[1531] Diese Angabe wird auch von Edward William Lane als Höhenangabe von Nathaniel Davison angegeben (siehe: Lane und Thompson 2000, 166). Lane musste also Zugriff auf diese Informationen zu seiner Zeit gehabt haben. Ebenso teilt uns Lane mit, dass Davison 206 Stufen gemessen hat und die oberen drei zusammen 6 Fuß 7 Inch hoch waren. Auch dies ist korrekt und belegt, dass Lane auch auf die einzelnen Stufenhöhen von Davison Zugriff hatte. Vermutlich hatte er diese Daten aus Walpole 1817, 346-347.

[1532] Pochan (Pochan 1978, 10) gibt hierfür 49,63 m an. Die Höhe der Cheops-Pyramide wird heute mit 60 m ü. N.N. angegeben und die Höhe des Nils bei Kairo mit 11 m ü. N.N.

good difference from it, in order to have a base exactly level, there being an ascent those inconsiderable from the station A in the foot of the mountain.
The different niveous of the gallery ***A****, of the large and small rooms* ***B, C*** *and the passages leading to them* ***D, E****, are particularly marked in this plan.*[1533] ***F*** *shows the situation of the tomb and* ***G*** *that of the pit. The section may be seen in another drawing.* ***H*** *is the niche on the east end of the low room* ***C****, in which some imagine there has been a mummy placed upright. At the bottom of it there is a forced passage* ***I****, 50 ft. [≈ 15,24 m] long. – It is very low and goes straight in it 24 ft. and a half [≈ 7,47 m] then winding a little to the left, in a short time it becomes gradually higher and wider all the way to the end, where it is 8 ft. [≈ 2,44 m] high, and near as much in breadth.* ***K, L*** *are of two sides of the large room. The holes* ***M, N*** *are exactly opposite one to another. – 8 ft. 2 in. [≈ 2,49 m] from the east end, and at the top of the lowest of the five tires of stones which form the whole height of the room. – The hole* ***N*** *on the north side of the room* ***L****, is 5 ½ in. high and 8 ½ wide [≈ 14 cm x 21,6 cm]. The one on the opposite side differs from this as well in size as in form, it is not improbable that its dimensions at first were the same. Perhaps a curiosity to find out where it led may have occasioned its enlargement. It is of an oval form 10 inches wide and 1 ft. 2 in. high [≈ 25,4 cm x 35,6 cm]. It is wider a little way in, but soon becomes as straight and even more so than the entrance. –* ***O*** *is the top of the room which is covered with 9 stones. Those at the ends are considerable narrowed than the rest – that to the west being 2 ft. [≈ 61 cm] and the other less. The stones in the middle are not especially broad, as some have imagined. The 2nd to the west is 5 ft. [≈ 1,52 m] and the rest from 4 to 4 ft. 6 in. [≈ 1,22 m – 1,37 m]. There is not above one or two of these stones that are not cracked near that end of them with rests upon the south side of the room.* ***P*** *is a view of the top of the tomb on a larger scale. It is 7 ft. 6 in. long on the outside and 3 ft. 2 ½ in. breadth [≈ 2,29 m x 0,98 m]. – As the thickness of the sides of the tomb is 6 in. [≈ 15,2 cm] the length and breadth within are exactly a ft. [≈ 30,5 cm] less than the measure in the outside, viz: 6 ft 6 in. and 2 ft. 3 ½ in. and is 3 ft. 5 ½ inches high on the outside [~ 1,98 x 0,70 m x 1,05 m]*[1534] *and 2 ft. 8 ½ deep [≈ 82,6 cm) within, from the bottom to the underside upon with the cover has been placed. The upper edge which goes round the back part of it and of two ends is 1 ½ inches [≈ 3,8 cm] higher than the other and 4 ½ inches [≈ 11,4 cm] broad, which with of breadth of the lower one 1 ½ inch [≈ 3,8 cm] makes the whole thickness of the sides to be 6 inches [≈ 15,2 cm] as mentioned above. In the top of the forepart of the tomb which is on a level with the underside there are three holes one in the middle and the others 2 ft. 5 in. [≈ 68,6 cm) on each side of it. They are very …“* [1535]

21.4.5 Gemessene Stufenhöhen von Nathaniel Davison in 1765

Grau hinterlegt sind die Stufen mit einer positiven Differenz größer 25 Prozent gegenüber der vorherigen Stufe. Die letzte Stufe 206 ist trotz einer Differenz von über 25 % nicht grau markiert, da es sich hierbei nicht um eine vollständig erhaltene Stufe handelt, sondern nur um 6 irregulär verteilte Steine.[1536]

1533 Der genannte Plan bzw. die Zeichnung ist leider nicht vorhanden. Vermutlich war sie auf einem separaten Blatt, welches möglicherweise verschollen ist.

1534 Die Höhe entspricht damit exakt 2 Königsellen.

1535 Edward Wortley Montagu, M0279, Dept. of Special Collections, Stanford University Libraries, Stanford, California. Folder 8, Item 5 *1764. N. D. w/description of Great Pyramid*. Da die Beschreibung mitten in einem Satz endet, muss es noch weitere Blätter gegeben haben, die nicht mehr der Sammlung angehören.

1536 Durch Vergleich mit den anderen bisher vorgenommenen Messungen erkennt man, dass Stufe 1 und 2 in der Höhenangabe bei Walpole vertauscht wurden. Eine entsprechende Korrektur wurde deshalb hier vorgenommen. Weiterhin hat der Datenvergleich gezeigt, dass in der ursprünglich bei Walpole abgedruckten Tabelle drei weitere Fehler enthalten sind: Bei den Stufen 139, 164 und 181 muss die Angabe in der Spalte „Fuß“ 2 statt 1 sein. Dies stellen wohl Übertragungsfehler aus dem Originalmanuskript dar. Die korrigierten Werte sind daher in dieser Tabelle aufgeführt.

Stufe	Fuß	Zoll	Höhe [m]	Differenz	Differenz %	Höhensumme [m]
1	4	8,00	1,422			1,422
2	4	0,00	1,219	-0,203	-14,29 %	2,642
3	3	10,00	1,168	-0,051	-4,17 %	3,810
4	3	9,50	1,156	-0,013	-1,09 %	4,966
5	3	4,00	1,016	-0,140	-12,09 %	5,982
6	3	3,00	0,991	-0,025	-2,50 %	6,972
7	3	4,67	1,033	0,042	4,27 %	8,005
8	2	11,50	0,902	-0,131	-12,70 %	8,907
9	3	1,00	0,940	0,038	4,23 %	9,847
10	2	11,67	0,906	-0,034	-3,60 %	10,753
11	2	9,75	0,857	-0,049	-5,37 %	11,610
12	2	6,00	0,762	-0,095	-11,11 %	12,372
13	2	6,00	0,762	0,000	0,00 %	13,134
14	2	5,50	0,749	-0,013	-1,67 %	13,883
15	2	6,50	0,775	0,025	3,39 %	14,658
16	2	3,75	0,705	-0,070	-9,02 %	15,363
17	2	4,00	0,711	0,006	0,90 %	16,074
18	2	7,33	0,796	0,085	11,90 %	16,870
19	3	2,00	0,965	0,169	21,28 %	17,835
20	2	0,00	0,610	-0,356	-36,84 %	18,445
21	1	11,50	0,597	-0,013	-2,08 %	19,042
22	2	11,00	0,889	0,292	48,94 %	19,931
23	2	8,75	0,832	-0,057	-6,43 %	20,762
24	2	8,25	0,819	-0,013	-1,53 %	21,582
25	2	8,50	0,826	0,006	0,78 %	22,407
26	2	7,00	0,787	-0,038	-4,62 %	23,194
27	2	5,75	0,756	-0,032	-4,03 %	23,950
28	2	5,50	0,749	-0,006	-0,84 %	24,699
29	2	5,00	0,737	-0,013	-1,69 %	25,436
30	2	3,67	0,703	-0,034	-4,60 %	26,139
31	2	4,33	0,720	0,017	2,41 %	26,858
32	2	2,50	0,673	-0,047	-6,47 %	27,531
33	2	2,00	0,660	-0,013	-1,89 %	28,192
34	2	2,00	0,660	0,000	0,00 %	28,852
35	4	0,50	1,232	0,572	86,54 %	30,084
36	3	7,33	1,101	-0,131	-10,65 %	31,185
37	3	1,50	0,953	-0,148	-13,46 %	32,137
38	3	0,50	0,927	-0,025	-2,67 %	33,064
39	2	11,00	0,889	-0,038	-4,11 %	33,953
40	2	8,25	0,819	-0,070	-7,86 %	34,773
41	2	7,25	0,794	-0,025	-3,10 %	35,566
42	2	4,75	0,730	-0,063	-8,00 %	36,297
43	2	9,50	0,851	0,121	16,52 %	37,148
44	3	4,75	1,035	0,184	21,64 %	38,183
45	3	2,25	0,972	-0,063	-6,13 %	39,154

Stufe	Fuß	Zoll	Höhe [m]	Differenz	Differenz %	Höhensumme [m]
46	2	3,75	0,705	-0,267	-27,45 %	39,859
47	2	10,00	0,864	0,159	22,52 %	40,723
48	3	1,25	0,946	0,083	9,56 %	41,669
49	2	8,00	0,813	-0,133	-14,09 %	42,482
50	2	3,25	0,692	-0,121	-14,84 %	43,174
51	2	2,75	0,679	-0,013	-1,83 %	43,853
52	2	2,50	0,673	-0,006	-0,93 %	44,526
53	2	2,00	0,660	-0,013	-1,89 %	45,187
54	2	1,50	0,648	-0,013	-1,92 %	45,834
55	2	1,25	0,641	-0,006	-0,98 %	46,476
56	2	1,25	0,641	0,000	0,00 %	47,117
57	2	0,75	0,629	-0,013	-1,98 %	47,746
58	2	3,00	0,686	0,057	9,09 %	48,431
59	2	5,33	0,745	0,059	8,64 %	49,177
60	2	4,00	0,711	-0,034	-4,55 %	49,888
61	2	2,50	0,673	-0,038	-5,36 %	50,561
62	2	1,00	0,635	-0,038	-5,66 %	51,196
63	2	1,50	0,648	0,013	2,00 %	51,844
64	2	2,00	0,660	0,013	1,96 %	52,504
65	2	2,50	0,673	0,013	1,92 %	53,177
66	1	11,75	0,603	-0,070	-10,38 %	53,780
67	2	11,00	0,889	0,286	47,37 %	54,669
68	2	7,00	0,787	-0,102	-11,43 %	55,457
69	2	8,33	0,821	0,034	4,30 %	56,278
70	2	5,00	0,737	-0,085	-10,31 %	57,015
71	2	4,00	0,711	-0,025	-3,45 %	57,726
72	2	2,75	0,679	-0,032	-4,46 %	58,405
73	2	2,00	0,660	-0,019	-2,80 %	59,066
74	2	7,25	0,794	0,133	20,19 %	59,859
75	2	5,50	0,749	-0,044	-5,60 %	60,609
76	2	1,00	0,635	-0,114	-15,25 %	61,244
77	2	0,25	0,616	-0,019	-3,00 %	61,860
78	1	11,50	0,597	-0,019	-3,09 %	62,456
79	1	11,50	0,597	0,000	0,00 %	63,053
80	2	0,50	0,622	0,025	4,26 %	63,676
81	1	11,67	0,601	-0,021	-3,40 %	64,277
82	1	11,50	0,597	-0,004	-0,70 %	64,874
83	1	10,67	0,576	-0,021	-3,55 %	65,449
84	2	4,25	0,718	0,142	24,63 %	66,167
85	1	10,50	0,572	-0,146	-20,35 %	66,739
86	2	2,67	0,677	0,106	18,52 %	67,416
87	1	10,33	0,567	-0,110	-16,25 %	67,983
88	1	10,67	0,576	0,008	1,49 %	68,559
89	1	11,75	0,603	0,028	4,78 %	69,162
90	3	2,25	0,972	0,368	61,05 %	70,134

Stufe	Fuß	Zoll	Höhe [m]	Differenz	Differenz %	Höhensumme [m]
91	2	11,50	0,902	-0,070	-7,19 %	71,035
92	2	8,50	0,826	-0,076	-8,45 %	71,861
93	2	5,50	0,749	-0,076	-9,23 %	72,610
94	2	2,75	0,679	-0,070	-9,32 %	73,290
95	2	1,25	0,641	-0,038	-5,61 %	73,931
96	1	11,75	0,603	-0,038	-5,94 %	74,534
97	1	11,67	0,601	-0,002	-0,35 %	75,135
98	3	5,00	1,041	0,440	73,24 %	76,177
99	3	2,50	0,978	-0,064	-6,10 %	77,155
100	2	11,50	0,902	-0,076	-7,79 %	78,056
101	2	8,25	0,819	-0,083	-9,15 %	78,875
102	2	5,50	0,749	-0,070	-8,53 %	79,625
103	2	5,33	0,745	-0,004	-0,56 %	80,370
104	2	2,67	0,677	-0,068	-9,09 %	81,047
105	2	2,33	0,669	-0,008	-1,25 %	81,716
106	2	1,33	0,643	-0,025	-3,80 %	82,360
107	2	0,67	0,627	-0,017	-2,63 %	82,986
108	2	5,50	0,749	0,123	19,59 %	83,735
109	2	2,67	0,677	-0,072	-9,60 %	84,413
110	1	11,67	0,601	-0,076	-11,25 %	85,014
111	1	11,67	0,601	0,000	0,00 %	85,615
112	1	11,50	0,597	-0,004	-0,70 %	86,212
113	1	11,67	0,601	0,004	0,71 %	86,813
114	1	10,67	0,576	-0,025	-4,23 %	87,389
115	1	10,75	0,578	0,002	0,37 %	87,967
116	2	2,50	0,673	0,095	16,48 %	88,640
117	1	11,25	0,591	-0,083	-12,26 %	89,230
118	3	0,00	0,914	0,324	54,84 %	90,145
119	2	8,00	0,813	-0,102	-11,11 %	90,957
120	2	6,33	0,770	-0,042	-5,21 %	91,728
121	2	5,50	0,749	-0,021	-2,75 %	92,477
122	2	2,50	0,673	-0,076	-10,17 %	93,150
123	2	2,33	0,669	-0,004	-0,63 %	93,819
124	2	1,00	0,635	-0,034	-5,06 %	94,454
125	1	11,50	0,597	-0,038	-6,00 %	95,051
126	1	11,75	0,603	0,006	1,06 %	95,654
127	1	11,75	0,603	0,000	0,00 %	96,258
128	1	11,00	0,584	-0,019	-3,16 %	96,842
129	1	10,33	0,567	-0,017	-2,90 %	97,409
130	2	2,67	0,677	0,110	19,40 %	98,086
131	2	1,25	0,641	-0,036	-5,31 %	98,728
132	1	11,75	0,603	-0,038	-5,94 %	99,331
133	1	10,25	0,565	-0,038	-6,32 %	99,896
134	1	9,75	0,552	-0,013	-2,25 %	100,449
135	1	10,00	0,559	0,006	1,15 %	101,007

Stufe	Fuß	Zoll	Höhe [m]	Differenz	Differenz %	Höhensumme [m]
136	1	11,75	0,603	0,044	7,95 %	101,611
137	1	10,67	0,576	-0,028	-4,56 %	102,186
138	2	2,67	0,677	0,102	17,65 %	102,864
139	2	1,50	0,648	-0,030	-4,37 %	103,511
140	1	10,25	0,565	-0,083	-12,75 %	104,077
141	1	9,50	0,546	-0,019	-3,37 %	104,623
142	1	10,67	0,576	0,030	5,43 %	105,198
143	1	10,25	0,565	-0,011	-1,84 %	105,763
144	2	5,33	0,745	0,180	31,84 %	106,509
145	2	2,00	0,660	-0,085	-11,36 %	107,169
146	2	0,00	0,610	-0,051	-7,69 %	107,779
147	1	11,00	0,584	-0,025	-4,17 %	108,363
148	1	10,33	0,567	-0,017	-2,90 %	108,930
149	1	9,75	0,552	-0,015	-2,61 %	109,482
150	2	2,33	0,669	0,116	21,07 %	110,151
151	2	0,75	0,629	-0,040	-6,01 %	110,780
152	2	0,00	0,610	-0,019	-3,03 %	111,390
153	1	10,67	0,576	-0,034	-5,56 %	111,965
154	1	9,67	0,550	-0,025	-4,41 %	112,516
155	1	9,33	0,542	-0,008	-1,54 %	113,058
156	1	9,50	0,546	0,004	0,78 %	113,604
157	1	9,00	0,533	-0,013	-2,33 %	114,137
158	1	10,00	0,559	0,025	4,76 %	114,696
159	1	9,50	0,546	-0,013	-2,27 %	115,242
160	1	9,25	0,540	-0,006	-1,16 %	115,782
161	1	9,25	0,540	0,000	0,00 %	116,321
162	1	11,67	0,601	0,061	11,37 %	116,923
163	1	10,67	0,576	-0,025	-4,23 %	117,498
164	2	1,00	0,635	0,059	10,29 %	118,133
165	1	9,67	0,550	-0,085	-13,33 %	118,684
166	1	9,75	0,552	0,002	0,38 %	119,236
167	1	8,33	0,516	-0,036	-6,51 %	119,753
168	1	9,25	0,540	0,023	4,51 %	120,292
169	1	8,25	0,514	-0,025	-4,71 %	120,807
170	1	9,00	0,533	0,019	3,70 %	121,340
171	1	8,00	0,508	-0,025	-4,76 %	121,848
172	1	9,25	0,540	0,032	6,25 %	122,388
173	1	8,50	0,521	-0,019	-3,53 %	122,908
174	1	8,50	0,521	0,000	0,00 %	123,429
175	1	8,75	0,527	0,006	1,22 %	123,956
176	1	8,67	0,525	-0,002	-0,40 %	124,481
177	1	8,67	0,525	0,000	0,00 %	125,006
178	1	8,50	0,521	-0,004	-0,81 %	125,527
179	1	9,00	0,533	0,013	2,44 %	126,060
180	2	2,50	0,673	0,140	26,19 %	126,733

Stufe	Fuß	Zoll	Höhe [m]	Differenz	Differenz %	Höhensumme [m]
181	2	1,00	0,635	-0,038	-5,66 %	127,368
182	1	11,75	0,603	-0,032	-5,00 %	127,972
183	1	10,67	0,576	-0,028	-4,56 %	128,547
184	1	10,50	0,572	-0,004	-0,74 %	129,119
185	1	9,00	0,533	-0,038	-6,67 %	129,652
186	1	9,33	0,542	0,008	1,59 %	130,194
187	1	8,50	0,521	-0,021	-3,91 %	130,715
188	1	8,50	0,521	0,000	0,00 %	131,235
189	1	8,67	0,525	0,004	0,81 %	131,760
190	1	8,67	0,525	0,000	0,00 %	132,285
191	1	9,25	0,540	0,015	2,82 %	132,825
192	1	8,00	0,508	-0,032	-5,88 %	133,333
193	1	8,50	0,521	0,013	2,50 %	133,854
194	1	8,50	0,521	0,000	0,00 %	134,374
195	1	8,67	0,525	0,004	0,81 %	134,899
196	1	11,25	0,591	0,066	12,50 %	135,490
197	1	11,50	0,597	0,006	1,08 %	136,087
198	1	10,25	0,565	-0,032	-5,32 %	136,652
199	1	9,33	0,542	-0,023	-4,12 %	137,194
200	1	9,75	0,552	0,011	1,95 %	137,746
201	1	10,25	0,565	0,013	2,30 %	138,311
202	1	9,33	0,542	-0,023	-4,12 %	138,853
203	1	8,75	0,527	-0,015	-2,73 %	139,380
204	1	8,67	0,525	-0,002	-0,40 %	139,905
205	1	8,75	0,527	0,002	0,40 %	140,432
206	3	2,25	0,972	0,445	84,34 %	141,404

Tab. 44: Stufenhöhen der Cheops-Pyramide, Nathaniel Davison, 1765. (Quelle: Walpole 1817, 346-347). Stufe 1 und 2 waren bei Walpole vertauscht. Bei Stufe 139, 164 und 181 ist es bei Davison/Walpole offensichtlich zu einem Fehler gekommen, da er hier jeweils die Fußanzahl nur mit 1 anstatt 2 angab. Ein Vergleich mit anderen Stufenmessungen bestätigt diese Fehler.

Die Addition der 206 Stufenhöhen ergibt, aufgrund der drei um einen Fuß zu klein angegebenen Höhe, 463 Fuß und 11 Zoll, anstatt der von Davison und Walpole berichteten 460 Fuß und 11 Zoll. Der Fehler bei den drei Stufen muss schon in Davisons Notizen enthalten gewesen sein, da die Addition seiner Stufenhöhen ohne die Fehlerkorrektur tatsächlich 460 Fuß 11 Zoll ergibt.

21.5 Faktencheck Zahlenspiele mit den Gizeh-Pyramiden

Es gibt eine große Zahl an Spekulationen über mathematische Zusammenhänge mit den Pyramiden von Gizeh, ganz besonders mit der Cheops-Pyramide. Es wurde hier nicht der Versuch unternommen, alle Zahlenspielereien zu sammeln und hier aufzuführen, sondern nur diejenigen, die sich leicht fanden, einfach zu überprüfen. Logische Argumente, die entweder dafür oder dagegen sprechen, werden bei Bedarf aufgelistet. Es liegt aber letztendlich bei jedem selbst, wie er die aufgeführten Fakten beurteilt. Vorweg sei noch mit Wackerbarth[1537] ein Wissenschaftler aus dem 19. Jahrhundert zitiert. Er hat sich mit fünf amüsanten selbst ausgedachten Beispielen gegen die Zahlenmystik von Piazzi Smyth, die Cheops-Pyramide betreffend, in einem wissenschaftlichen Disput geäußert:

"In fine, Professor Smyth's method, namely, that of multiplying or dividing by quantities, for the introduction of which it would be hard to give any satisfactory reason, — as, for example, the number 366, with which the base was divided, and which is neither the exact number of days in a sidereal year, nor anything else, and again, the very uncertain number, 5·672 (the earth's density), — appears to me in the highest degree dangerous. How deceitful results thus obtained can be, I shall now, in conclusion of this discussion, attempt to illustrate by a few examples; and before doing this, I beg to state that, entertaining the highest respect for Professor Smyth, I have not the least intention of making light of his work, though this method of reasoning, being analogous to the ***reductio ad absurdum****, will unavoidably at times have something of that appearance.*

Ex. 1*. It is a historical fact, that the present English weights and measures are not of any very great antiquity. At the time of the Norman Conquest the yard was about 39·6 of the present English inches, a little longer than the French meter; and the foot, accordingly, 13·2 modern inches, a little greater than the Paris foot. In the year 1101 King Henry I. determined the yard by the length of his own arm, and that is the determination which the present yard is intended to represent; and that yard, moreover, has never been, even in modern times, defined by any fraction of any of the earth's dimensions, but by its Proportion to the length of the seconds' pendulum at 51½° latitude, and of this yard the English foot is the third part. Now, a degree of the equator is just 365,260·524 feet. Divide a thousandth part of that number by the length of the sidereal year in solar days, 365·256358, and we have 1·0000114; that is to say, if we take a thousandth of a degree of the equator, and divide it by the number of days in a sidereal year, we have an English foot as nearly as a powerful microscope can determine it.* ***And yet it is certain that this is purely accidental.***

Ex. 2*. If I take 10,000 times* ***e****, the base of the hyperbolic logarithms, and multiply it into the quantity, which in the lunar theory is called* ***g****, — that is, the ratio of the difference between the moon's, and its ascending node's mean motions to the moon's mean motion, — and divide the earth's polar radius by the product, the result is the length of the Pyramid's side. But are we to suppose that the Egyptians forty centuries ago were acquainted with the lunar theory, the earth's compression, and the use of logarithms, and, moreover, took this clumsy method of perpetuating their knowledge? Is it not far more probable that the architect simply determined that the length of the side should be 444 cubits, and accordingly measured out that distance?*

Ex. 3*. Again, if instead of taking Colonel Vyse's measure of the base, we accept for that quantity the mean of half a dozen of the most trustworthy travelers' statements, — for instance, Vyse's, the French Academicians', Caviglia's, Wilkinson's, Lane's, and Davison's — we have for the length of the side in English feet a number which expresses in millimeters the mean height of the barometer at Upsala. But will any one maintain that the dimensions of the Pyramid were intended by its builders to have any reference whatever to that interesting constant?*

Ex. 4*. If we multiply together one-tenth of the side of the Pyramid's base, the length of the line joining the middle of the side and the apex (that is the height of each one of the four isosceles*

[1537] Athanasius Francis Diedrich Wackerbarth (* 30.1.1813 in London, England; † 10.6.1884 in Upsala, Schweden) hat sich unter anderem mit Astronomie beschäftigt, wodurch er Piazzi Smyth kennengelernt hat.

triangles that compose the Pyramid), and the modulus for the common logarithms, the result is 3420, the constant of lunar parallax, for which, in Burg's tables, the value 3420"·96 is given.
Ex. 5. *Lastly, if the side of the base (763·81) be divided by the hyperbolic logarithm of* π *(the circumference to diameter), and that quotient again by the ratio of the force of gravity at London to the force of gravity at the Pyramid (lat. = 30°), (1·00188), the result is 666!"* [1538]

Hier noch einige wichtige Merksätze[1539]:

- Messdaten müssen belegbar sein und dürfen nicht geändert werden. Natürlich können Messdaten auch falsch oder ungenau, manchmal sogar fiktiv sein. Gut ist es, wenn zu den Messdaten Genauigkeits- oder Fehlerangaben vorliegen, damit man die Qualität der Messdaten selbst beurteilen kann.
- Aussagen mit einem Anpassungsfaktor besitzen keine Relevanz, weil man damit alles zeigen kann.
- Wenn man vorhandene Messgrößen zueinander in Beziehung setzt, darf die Auswahl an Vergleichsgrößen nicht zu groß sein. Zudem müssen die physikalischen Einheiten passen.
- Jeder Fehlerwert sollte in Prozent angegeben werden, damit man einen einheitlichen Überblick über die Abweichung erhält und somit beurteilen kann, ob diese groß oder klein ist.
- Relevant ist ein Zusammenhang in der Regel nur dann, wenn die Abweichung zum Sollwert kleiner 1 % ist. Je kleiner die Abweichung, desto besser.
- Aussagen sollten möglichst unabhängig vom Dezimalsystem und der Definition der physikalischen Einheiten sein. Definitionen für Einheiten wie Meter, Zoll (eng. inch) oder Sekunde wurden vom Menschen willkürlich festgelegt und sind keine Naturkonstanten, genau wie das Dezimalsystem. Die Sumerer benutzten beispielsweise das Sexagesimalsystem zum Rechnen. Wenn also Zahlenfolgen nur im Dezimalsystem besonders erscheinen, dann besitzt dies keine Relevanz, da diese Zahlenfolge dann in einem anderen Darstellungssystem diese Besonderheit verliert, d. h. sie ist nicht universell.
- Je weniger mathematische Operationen zwischen zwei zu vergleichenden Größen angewendet werden müssen, umso größer ist deren Ähnlichkeit und umgekehrt. Das Skalieren von Ausgangsgrößen, z. B. durch Kehrwertbildung beeinflusst das Ergebnis der Abweichung in Prozent. Hierdurch können Fehler künstlich herunterskaliert werden.

21.5.1 Der Goldene Schnitt und die Goldene Zahl Phi (ϕ)

Da im Zusammenhang mit der Cheops-Pyramide immer wieder vom Goldenen Schnitt und der goldenen Zahl Phi (ϕ) die Rede ist, sei in diesem Unterkapitel auf die Ursprünge eingegangen.

Die erste nachprüfbare Erwähnung des Namens Goldener Schnitt findet sich bei Professor Martin Ohm[1540] in der zweiten Auflage seines 1835 erschienen Buches *Die reine Elementar-Mathematik, zum Gebrauche an höheren technischen Lehr-Anstalten, besonders aber an Gymnasien, und zum Selbst-Unterrichte* in einer Fußnote, wo es heißt:

„Diese Zertheilung (r:e = e:r–e) einer beliebigen Linie r in 2 solche Theile, nennt man wohl auch den goldenen Schnitt; auch sagt man die diesem Falle zuweilen: die Linie r werde in stetige Proportion getheilt."

Diese Aufteilung einer Strecke in zwei Teile nach obigem Muster nannte schon Luca Pacioli[1541] in seinem 1509 erschienen Buch *De Divina proportione*. Johannes Kepler nennt sie Anfang des 17. Jahrhunderts *proportio*

[1538] Smyth 1868, 449-451.
[1539] Siehe hierzu: Jelitto 2016, passim.
[1540] Er war der Bruder des Physikers Georg Simon Ohm, nach dem die Widerstands-Einheit Ohm benannt wurde.
[1541] Luca Pacioli (* um 1445 in Borgo San Sepolcro, Toskana, Italien; † 1514 oder 1517 in Rom, Italien) war ein italienischer Mathematiker und Franziskaner. Bekannt ist er auch, weil er 1494 als erster die doppelte Buchführung komplett beschrieb. Sein Buch *Summa de Arithmetica, Geometria, Proportioni et Proportionalità* (1487 vollendet und 1494 gedruckt, 2. Auflage 1523), ist wahrscheinlich das erste gedruckte Buch eines Mathematikers.

divina. Nachweisbar bekannt ist diese Aufteilung aber schon seit der Antike durch den Autor Euklid von Alexandria, einem griechischen Mathematiker des 3. Jahrhunderts v. Chr.

Euklid beschreibt eine Aufgabe in seinem Buch *Elemente* im zweiten Buch, elfter Satz so:

> *„Aufgabe: Eine gegebene gerade Linie, AB, so zu schneiden, dass das unter der ganzen und einem der Abschnitte enthaltene Rechteck dem Quadrat des anderen Abschnitts gleich sei."*

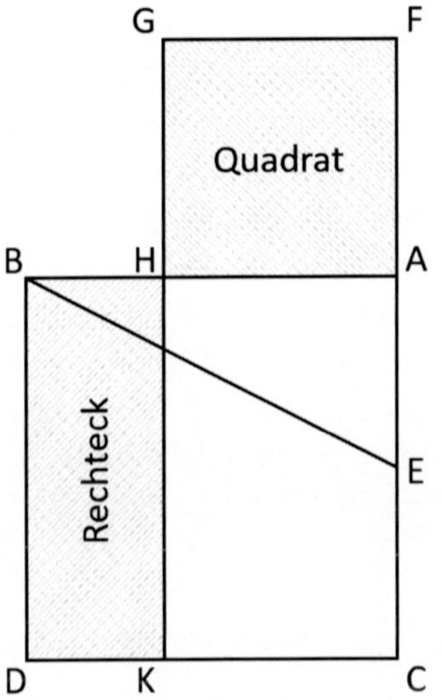

Abb. 236: Grafische Darstellung der Euklid'schen Aufgabe.

Das Rechteck BHKD ist flächengleich zum Quadrat AFGH. Die Strecke AB verhält sich zur Strecke AH wie die Strecke AH zu BH. Dieses Verhältnis wurde dann „heiliges Teilungsverhältnis" genannt. Die Strecke AB geteilt durch die Strecke AH ergibt die goldene Zahl Phi, deren Wert rund 1,618 ist. Es handelt sich dabei um eine irrationale Zahl, also einer Zahl, die man nicht exakt mit Brüchen ausdrücken kann. Man kann auch sagen, dass die Strecke AH etwa 61,8 % der Strecke AB beträgt und die Strecke BH 38,2 %.

Da Euklid mit seinem Buch *Elemente* nur das Wissen der griechischen Mathematik seiner Zeit zusammengetragen hat, ist die Erkenntnis um das „göttliche Teilungsverhältnis" vermutlich älter, ohne jedoch sagen zu können, wie alt. So findet man bereits bei dem griechischen Philosophen Platon[1542], der rund 100 Jahre vor Euklid gelebt hat, in seinem Stück *Timaios* folgende Stelle:

> *„Daher schuf der Gott, als er den Leib des Alls zusammenzusetzen begann, ihn aus Feuer und Erde. Nur zwei Bestandteile aber ohne einen dritten wohl zu verbinden, ist nicht möglich; denn inmitten beider muss ein beide verknüpfendes Band entstehen. Das schönste aller Bänder ist nun das, welches das Verbundene und sich selbst soviel wie möglich zu einem macht; das aber vermag seiner Natur nach am besten ein gegenseitiges Verhältnis zu bewirken.*
> *Wenn sich nämlich von irgendwelchen drei Zahlen oder Massen oder Flächen die mittlere zur letzten wie die erste zu ihr sich verhält, und wenn wiederum die mittlere zur ersten sich so verhält wie die letzte zu ihr selbst, so folgt, indem die mittlere zur ersten und letzten wird und die letzte und erste beide zu mittleren, daraus notwendig, dass alle dieselben seien, indem sie aber untereinander zu demselben werden, dass alle eins sein werden."* [1543]

Der zweite Abschnitt drückt auf philosophische Weise das Verhältnis des Goldenen Schnitts aus. Platon bezieht sich dabei auf alle drei Raumdimensionen, indem die Zahlen für Strecken stehen, die Flächen für zweite Dimension und die Massen für die dritte Dimension mit räumlicher Ausdehnung. Mit der „mittleren" Zahl ist der Teilungspunkt gemeint und drückt als Zahl Phi (ϕ) aus. Bezogen auf das obige Beispiel von Euklid ergibt

---

1542 Platon (* 428/427 v. Chr. in Athen; † 348/347 v. Chr. ebenda).

1543 Platon, Timaios, Kap. 7 „Der Leib der Welt", 31-32. Gemäß Diodor von Sizilien hat Plato auch Ägypten besucht (Diodoros, Klawes Günther und Wurm 2014, 110 = Buch 1, 96).

die Formulierung *„die mittlere zur letzten"* die Strecke von Punkt H zu Punkt B, dann *„die erste zu ihr"* die Strecke von Punkt A zu Punkt H, *„die mittlere zur ersten"* die Strecke von Punkt H zu Punkt A. Die Formulierung *„wie die letzte zu ihr (zur ersten) selbst"* bezeichnet die Strecke von Punkt A zu Punkt B. Damit ist also folgendes Verhältnis ausgedrückt: $\overline{HB}:\overline{HA} = \overline{HA}:\overline{AB}$. Setzen wir die kleinere der beiden Teilstrecken $\overline{HB}$ = b und die größere $\overline{HA}$ = a, so ergibt dies b : a = a : (a + b) und der Kehrwert dieser Proportion liefert die heute übliche Darstellung a : b = (a + b) : a, wobei a die größere der beiden Teilstrecken ist.

Zur Bestimmung der Zahl $\phi = \frac{a}{b}$ muss man die quadratische Gleichung $a^2 - a - 1 = 0$ lösen.[1544] Der ägyptische *Papyrus Berlin 6619*, welches aus dem Mittleren Reich (ca. 2000–1800 v. Chr.) stammt, belegt, dass die Ägypter zu dieser Zeit bereits bestimmte quadratische Gleichungen lösen konnten. Da die gefundenen Papyri aus dem Mittleren Reich oft Abschriften aus dem Alten Reich darstellen, ist es gut möglich, dass man auch zur Zeit der großen Pyramidenbauer dies schon konnte. Leider sind nur wenige Papyri aus dem Alten Reich auf uns gekommen. Man kann die obige Gleichung auch anders darstellen, nämlich als $a \cdot (a - 1) - 1 = 0$. Probiert man alle Brüche mit Zahlen bis zu 10 aus, stellt man fest, dass $^8/_5$ (= 1,6) die beste Näherung liefert und als Ergebnis statt 0 der Bruch $-^4/_{100}$ herauskommt. Für den Zahlenraum bis 100 liegt die beste Näherung bei $^{89}/_{55}$ (= 1,618181818), womit schon die ersten drei Nachkommastellen mit ϕ übereinstimmen. Beide Zahlenpaare stellen übrigens aufeinanderfolgende Werte der Fibonacci-Zahlenfolge[1545] dar, deren nächste Zahl immer die Summe der beiden vorangegangen Zahlen ist. Der Grenzwert der Division der n-ten Fibonacci-Zahl durch die vorhergehende Fibonacci-Zahl ist die Zahl ϕ. Auf diese Weise hängt die Fibonacci-Folge mit der goldenen Zahl ϕ zusammen.

Man kann ϕ auch als unendliche Reihe wie folgt darstellen:

$$\phi = \ldots\sqrt{1+\sqrt{1+\sqrt{1+\sqrt{1}}}}$$

Eine grafische Konstruktion dieser Darstellung, die nur mit dem Wurzelsymbol und der Zahl 1 auskommt, sieht wie folgt aus:

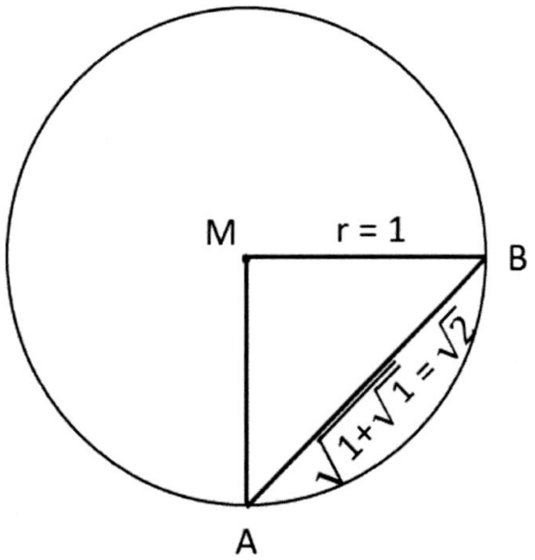

Abb. 237: Konstruktion des Goldenen Schnitts über Wurzel-1-Folge: Schritt 1.

1544 Die Herleitung dieser Gleichung ist recht einfach. Wir setzen dazu in der Formel $\frac{a}{b} = \frac{a+b}{a}$ die Strecke b gleich 1. Dies ergibt $a = \frac{a+1}{a}$. Multipliziert mit a ergibt sich $a^2 = a + 1$ oder $a^2 - a - 1 = 0$. Gemäß der Formel zur Lösung quadratischer Gleichungen $x_{1,2} = \frac{-b \pm \sqrt{b^2-4ac}}{2a}$ ergibt dies $a_{1,2} = \frac{1 \pm \sqrt{1+4}}{2} = \frac{1 \pm \sqrt{5}}{2} = \phi \approx 1{,}618$. Die zweite Lösung ist nicht relevant, da sie den Wert -0,618... ergibt, was dem negativen Kehrwert der ersten Lösung entspricht, also $-\frac{1}{\phi}$. Setzt man die Gesamtstrecke a + b = 1, also als Einheit 1, so erhält man auf die gleiche Weise als Wert für a ≈ 0,618 (= $\frac{1}{\phi}$) und für b ≈ 0,382 (= $1 - \frac{1}{\phi}$). Setzt man hingegen a = 1, erhält man für b ≈ 0,618 (= $\frac{1}{\phi}$).

1545 Die ersten beiden Zahlen der Fibonacci-Folge sind per Definition jeweils 1. Alle folgenden Werte ergeben sich aus der Formel $f_n = f_{n-2} + f_{n-1}$, für alle n > 2. Benannt ist die Folge nach Leonardo Fibonacci (* um 1170 in Pisa, Italien; † nach 1240 ebenda), der damit im Jahr 1202 das Wachstum einer Kaninchenpopulation beschrieb. Die Folge war aber schon in der Antike mindestens den Griechen und Indern bekannt.

Zuerst zeichnet man einen Kreis um den Punkt M mit Radius 1. Dann zeichnet man zwei Halbachsen von M aus ein und erhält die Punkte A und B. Nun verbindet man A mit B und erhält dadurch das rechtwinklige Dreieck AMB. Die Strecke $\overline{AB}$ besitzt nun die Länge $\sqrt{2}$.

Als nächsten Schritt übertragen wir die Strecke $\overline{AB}$ auf die senkrechte Achse des Einheitskreises beginnend bei A durch den Punkt M.

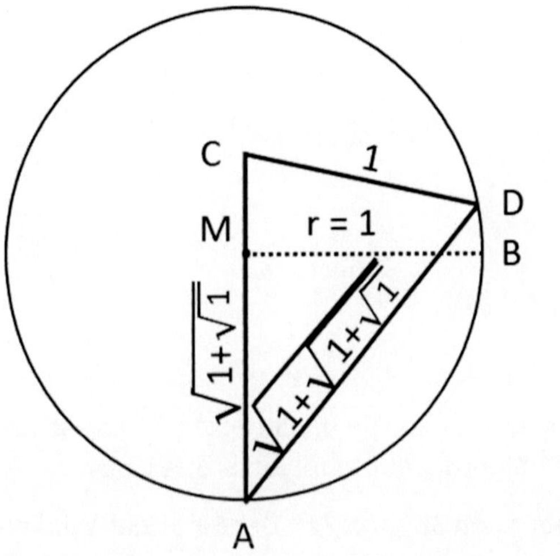

Abb. 238: Konstruktion des Goldenen Schnitts über Wurzel-1-Folge: Schritt 2.

Wir erhalten so den Punkt C. Von hier aus stecken wir mit dem Zirkel eine Strecke der Länge 1 ab, die den Einheitskreis im Punkt D schneidet. Wir verbinden nun den Punkt C mit D und anschließend den Punkt A mit D. Somit erhalten wir unser neues Dreieck ACD. Die Strecke $\overline{AC}$ besitzt per Definition die Länge $\sqrt{2}$. Die sich neu ergebende Strecke AD besitzt die Länge $\sqrt{1+\sqrt{1+\sqrt{1}}} \approx 1{,}55$. Nun wiederholen wir das Prozedere und tragen wiederum die Strecke $\overline{AD}$ auf die senkrechte Achse des Einheitskreises beginnend bei A durch den Punkt M auf und erhalten den neuen Punkt E. Von diesem Punkt markieren wir wiederum den Schnittpunkt mit dem Einheitskreis im Abstand 1 und erhalten den Punkt F.

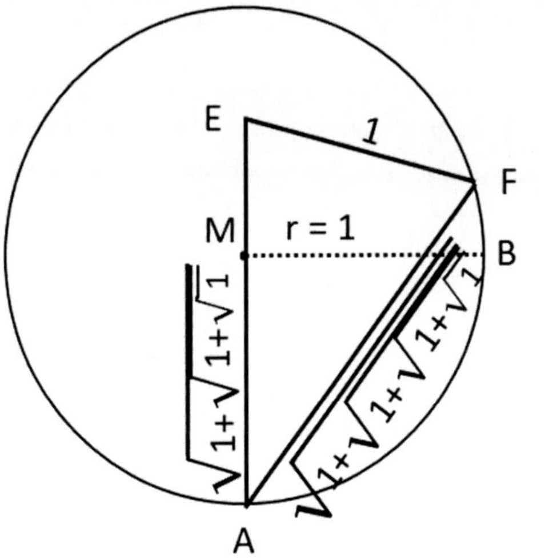

Abb. 239: Konstruktion des Goldenen Schnitts über Wurzel-1-Folge: Schritt 3.

Die sich jetzt ergebende Strecke $\overline{AF}$ besitzt die Länge $\sqrt{1+\sqrt{1+\sqrt{1+\sqrt{1}}}} \approx 1{,}598$.

Eine erneute Iteration des obigen Vorgangs liefert uns als Ergebnis 1,6118... Damit stimmen schon in der vierten Iteration zwei Nachkommastellen mit der Zahl ϕ überein. Nach der zehnten Iteration sind es mit 1,6180... bereits vier Nachkommastellen. Man sieht also, die Folge konvergiert relativ zügig gegen den Wert von ϕ.

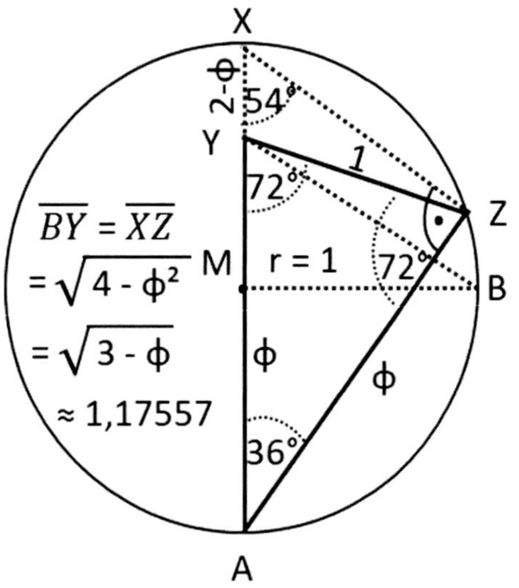

Abb. 240: Konstruktion des Goldenen Schnitts über Wurzel-1-Folge: Schritt ∞.

Im Endresultat besitzt die Strecke $\overline{AZ}$ nun die Länge ϕ = 1,61803398... genau wie die Strecke $\overline{AY}$. Logischerweise muss nun die Strecke XY die Länge 2 – ϕ besitzen, da der Durchmesser des Einheitskreises 2 ist.

Die sich ergebenden Winkel des gleichschenkligen Dreiecks AYZ betragen 36° und 72°. Der Sinus des Winkels von 36° entspricht dabei dem Wert ½ · $\sqrt{3 - \phi}$ ≈ 0,58778525... und der Sinus von 72° dem Wert ½ · $\sqrt{2 + \phi}$ ≈ 0,95105... Die Strecken $\overline{BY}$ bzw. $\overline{XZ}$ besitzen eine Länge von $\sqrt{3 - \phi}$ ≈ 1,17557... = 2 · sin(36°). Der Sinus von 72° wiederum ist identisch mit dem Sinus von 108°. Einen Winkel von 108° besitzt das Dreieck XYZ.

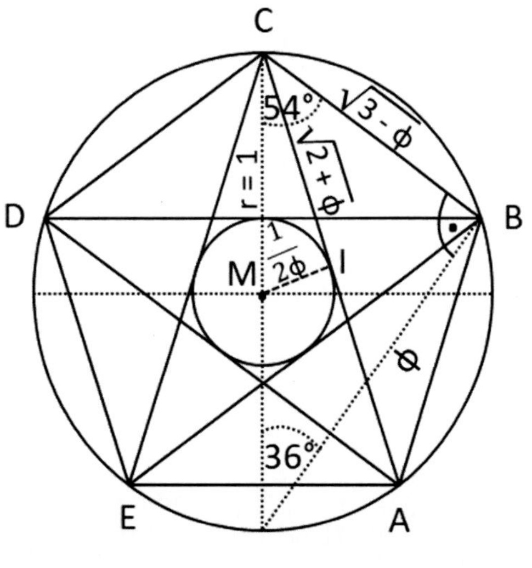

Abb. 241: Regelmäßiges Fünfeck oder Pentagramm.

Eine Seite des Pentagramms, z. B. die Strecke $\overline{BC}$ entspricht der Strecke $\overline{XZ}$ aus der vorherigen Abbildung. Damit wird der Zusammenhang zwischen Goldenem Schnitt und Pentagramm deutlich. Der Inkreis, welcher innerhalb der beiden Dreiecke ACE und BEC liegt, hat einen Radius von ½ · ¹⁄ϕ = $\frac{1}{1+\sqrt{5}}$ = sin(18°) ≈ 0,309. Dies wird klar, wenn man das rechtwinklige Dreieck MIC betrachtet. Die senkrechte Achse des Umkreises durch C halbiert den Winkel des Dreiecks ACE und beträgt somit ½ · 36° = 18°. Die diesem Winkel gegenüberliegende Seite hat somit die Länge sin(18°) und die Strecke $\overline{CI}$ sin(72°).

Hier noch einige interessante Zusammenhänge zwischen der Goldenen Zahl Phi (ϕ) und den trigonometrischen Funktionen:

$$\phi = 1 + \frac{\sin(18°)}{\sin(30°)} = \frac{\sin(54°)}{\sin(30°)} = \frac{\sin(54°)-\sin(18°)}{\sin(18°)} = \frac{\sin(18°)+\sin(30°)}{\sin(30°)} = \frac{\sin(36°)+\sin(72°)}{\sin(72°)}$$

$$\phi^2 = \frac{\sin(18°)-\sin(30°)}{\sin(18°)} = \frac{\sin(30°)+\sin(54°)}{\sin(30°)} = \frac{\sin(36°)+\sin(72°)}{\sin(36°)} = \frac{\sin(72°)+\sin(84°)}{\sin(48°)}$$

$$\frac{1}{\phi} = \frac{\sin(18°)}{\sin(30°)} = \frac{\sin(78°)-\sin(42°)}{\sin(30°)}$$

Der Sinuswert eines Winkels kann immer durch Addition/Subtraktion zweier Sinuswerte dargestellt werden:

$\sin(x) = \sin(60 + x) - \sin(60 - x)$, für alle $x \in \{0..30\} \in N_0$

$\sin(30+x) = \sin(90 - x) - \sin(30 - x)$, für alle $x \in \{0..30\} \in N_0$

$\sin(60+x) = \sin(x) + \sin(60 - x)$, für alle $x \in \{0..30\} \in N_0$

Wie man hieraus sieht, gibt es nur für Winkel größer gleich 60° die Möglichkeit einen Sinuswert durch Addition zweier anderer Sinuswerte darzustellen. Es gibt jedoch eine Ausnahme, nämlich den Winkel von 54°, für den gilt:

$\sin(54°) = \sin(18°) + \sin(30°) = \sin(66°) - \sin(6°)$.

Wie wir oben gesehen haben, taucht genau dieser Winkel im Pentagramm auf, was dieser geometrischen Figur eine gewisse Exklusivität verleiht.

Die Goldene Zahl ϕ hat noch eine interessante andere Eigenschaft bezogen auf die Potenzierung. Es gilt:

$f(n) = \phi^{2n} + \frac{1}{\phi^{2n}} \rightarrow f(n) \in N$ mit $n \in N$

Diese Formel besagt, dass für jede gerade – also durch 2 ohne Rest teilbare – Potenz, die resultierende Zahl eine natürliche Zahl ist. Für n = 1, 2, 4 und 8 ergibt die obige Formel als Ergebnis eine Primzahl, nämlich 3, 7, 47 und 2.207. Für alle anderen n scheint das Ergebnis keine Primzahl zu sein, wobei aufgrund der Rechengenauigkeit nur Werte von **n** bis 36 getestet wurden.

$f(n) = \lim_{n \to \infty} \left(\phi^n + \frac{1}{\phi^n} \right)$ $f(n) \in N$ mit $n \in N$

Je größer die Zahl **n** gewählt wird, desto mehr nähert sie sich an eine natürliche Zahl an.

Jede natürliche Zahl lässt sich durch die Zahl ϕ darstellen, wenn man Potenzen von ϕ, sowie die Addition und Subtraktion von Potenzen von ϕ bzw. deren Reziproke zulässt. Beispiele hierfür sind:

$1 = \phi - \frac{1}{\phi}$

$2 = \phi + \frac{1}{\phi^2}$

$3 = \phi^2 + \frac{1}{\phi^2}$

$4 = \phi^3 - \frac{1}{\phi^3}$

$5 = \phi^3 + \frac{1}{\phi} + \frac{1}{\phi^3}$

$6 = \phi^4 - \phi + \frac{1}{\phi} + \frac{1}{\phi^4}$

$7 = \phi^4 + \frac{1}{\phi^4}$

Es gibt noch weitere Möglichkeiten den Goldenen Schnitt geometrisch zu ermitteln. Eine sehr elegante Methode fand dabei George Phillips Odom[1546] Anfang der 1980er Jahre.

1546 George Phillips Odom (* 8.10.1941 in Mineola, New York, USA; † 7.12.2010 in Staatsburg, New York, USA) ist ein US-amerikanischer Künstler und Amateur-Geometer, der vor allem für seine Beiträge zum Goldenen Schnitt bekannt ist.

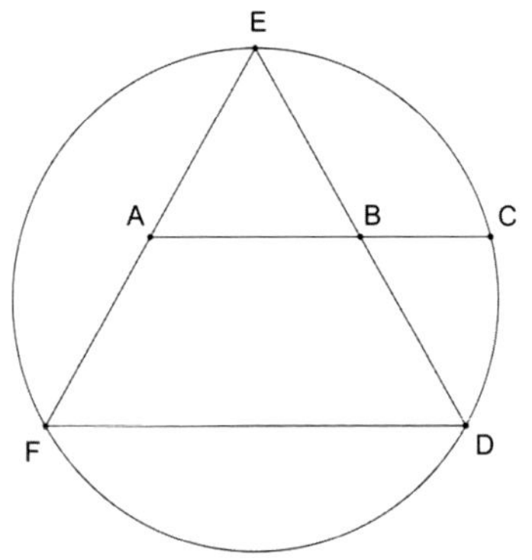

Abb. 242: Grafische Darstellung der Ermittlung des goldenen Schnitts nach Odom.

Anleitung: Seien A und B die Seitenmitten der Seiten EF und ED des gleichseitigen Dreiecks DEF. Man verlängere AB so, dass die Verlängerung den Umkreis des Dreiecks DEF in C schneidet. Nun teilt der Punkt B die Strecke AC im Goldenen Schnitt.

Die Strecke $\overline{AC}$ geteilt durch die Strecke $\overline{AB}$ entspricht der Zahl $\phi = \frac{1+\sqrt{5}}{2} = 1{,}681...$ oder etwa $\frac{89}{55}$.

Die Strecke $\overline{AC}$ geteilt durch die Strecke $\overline{FD}$ ergibt $\frac{\Phi}{2} = \sin(54°) = \cos(36°) = \frac{1+\sqrt{5}}{4} = 0{,}8090...$ oder etwa $\frac{72}{89}$.

$\overline{AB}/\overline{AC}$ ist etwa $\frac{17}{89}$ kleiner als $\overline{AC}/\overline{FD}$.

Diese Methode, die lediglich ein gleichseitiges Dreieck, dessen Umkreis und Halbierung einer Seite des gleichseitigen Dreiecks erfordert, ist so einfach, dass sie auch schon von den alten Ägyptern entdeckt worden sein könnte.

Da der Wert von $\sqrt{5} \approx 2{,}2360679774997896964...$ eine irrationale Zahl ergibt, muss man zu ihrer Berechnung in der Praxis einen Dezimalbruch wählen, der die Zahl annähernd wiedergibt. Wählt man hierzu den kleinstmöglichen Zahlenraum von 1 bis 10, so erhält man als besten Näherungswert $\frac{9}{4}$ oder 2,25. Setzt man nun den Bruch $\frac{9}{4}$ in die Formel zur Berechnung der Zahl ϕ ein, so ergibt dies $\frac{1+\frac{9}{4}}{2} = \frac{1}{2} + \frac{9}{8} = \frac{13}{8} = 1 + \frac{5}{8} = 1{,}625$ oder in der ägyptischen Stammbruchdarstellung $1 + \frac{1}{2} + \frac{1}{8}$. Die Abweichung zum tatsächlichen Wert der goldenen Zahl ϕ beträgt knapp 0,007, was einer Abweichung von 0,43 % entspricht. Erweitert man den Zahlenraum von 1 bis 100 für Brüche, so liefert die beste Näherung für $\sqrt{5}$ der Bruch $\frac{161}{72}$ bzw. $2 + \frac{17}{72}$. Setzt man diesen Wert in die Formel zur Berechnung von ϕ ein, so erhält man $\frac{1+2+\frac{17}{72}}{2} = \frac{3}{2} + \frac{17}{144} = \frac{466}{288} = 1{,}6180\overline{5}$ oder in der ägyptischen Stammbruchdarstellung $1 + \frac{1}{2} + \frac{1}{9} + \frac{1}{144}$. Die Abweichung zum tatsächlichen Wert der goldenen Zahl ϕ beträgt etwa 0,00002, was einer Abweichung von 0,0013 % entspricht. Im Dezimalsystem stimmen dann die ersten 4 Nachkommastellen mit dem tatsächlichen Wert von ϕ überein.

Wendet man das Verfahren von Odom, welches nur für gleichseitige Dreiecke zulässig ist, auf ein gleichschenkliges Dreieck an, wie die Seiten der Cheops-Pyramide darstellen, so erhält man natürlich nicht mehr den Goldenen Schnitt, sondern einen Wert von 0,6890... und für $\overline{AC}/\overline{FD}$.nicht 0,8090... sondern 0,7256..., was einer Abweichung von über 10 % entspricht. Daran erkennt man, dass das Odom'sche Verfahren für gleichschenklige Dreiecke völlig unbrauchbar ist.

1854 schuf der deutsche Gelehrte Adolf Zeising mit seinem Buch *Neue Lehre von den Proportionen des menschlichen Körpers* und 1855 mit dem Buch *Ästhetische Forschungen* die Grundlagen für die Übertragung des Goldenen Schnitts auf die Ästhetik. Zeising ist auch als Gründer und Verbreiter der Lehre des Goldenen Schnitts in der Moderne bekannt geworden. Zeising zeigt, dass der Mensch bestimmte Proportionen als „wohlgeformt" oder „ästhetisch schön" betrachtet, wenn sie den Proportionen des Goldenen Schnitts folgen. Dies ist auch der Grund, warum wir die Cheops-Pyramide als wohlproportioniert oder schön empfinden. Die Ästhetik ist auch der Grund dafür, dass sich vor allem Künstler mit ihr beschäftigen, wie auch der österreichische Künstler und Komponist Kurt Hofstetter.

Bei der Konstruktionsmethode von Hofstetter handelt es sich um eine innere Teilung, im Gegensatz zu der zuvor vorgestellten Methode der äußeren Teilung durch Odom. Die 2005 von Hofstetter im Forum *Geometricorum*[1547] vorgestellte Methode geht wie folgt:

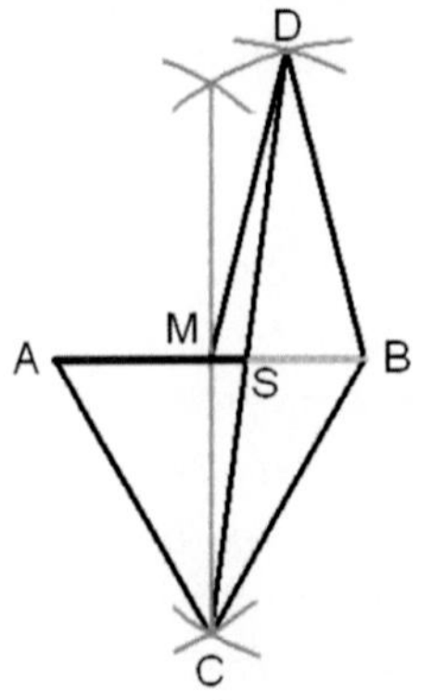

Abb. 243: Konstruktion des Goldenen Schnitts basierend auf einer inneren Streckenteilung durch Kurt Hofstetter.

1. Halbiere die Strecke $\overline{AB}$ in M durch Streckensymmetrie mit Radius $\overline{AB}$ und konstruiere dabei ein gleichseitiges Dreieck ABC mit der Seitenlänge $\overline{AB}$ und C unterhalb von $\overline{AB}$.
2. Konstruiere ein gleichschenkliges Dreieck MBD mit Schenkellänge $\overline{AB}$ über der Grundlinie $\overline{MB}$.
3. Die Strecke $\overline{CD}$ teilt die Strecke $\overline{AB}$ im Verhältnis des Goldenen Schnittes.

Abschließend sei zum Goldenen Schnitt noch angemerkt, dass sich dieses Verhältnis angenähert zu 1:1,6 sehr häufig bei Computermonitoren und Fernsehbildschirmen finden lässt. Die Breite ist dabei 1,6-mal so groß wie die Höhe bezogen auf die Innenmaße der dargestellten Fläche. In der modernen Technik hat man bewusst auf dieses ästhetisch ansprechende Maß gesetzt.

21.5.2 Die Kreiszahl Pi (π) und die Königselle

Das Auftauchen der Kreiszahl π in der Großen Pyramide ist vermutlich der Ausgangspunkt aller Zahlenmysterien, die sich um dieses Bauwerk ranken.

Schon 1855 schrieb der Kaufmann Friedrich Röber, Sohn eines 1833 verstorbenen Professors der Baukunst an der Dresdner Akademie, ein Buch über die Pyramiden, in dem er im Rahmen der Proportionen der Großen Pyramide auf den Goldenen Schnitt kommt.[1548]

Bereits 1859 stellte John Taylor, der bereits in Kapitel 8 dieses Buches aufgetaucht ist, diese Theorie in seinem Buch *The Great Pyramid, Why Was It Built? And Who Built It?* vor. Er wies als erster darauf hin, dass bei der Cheops-Pyramide die Summe der vier Seiten an der Basis einem Kreisumfang mit der Pyramidenhöhe als Radius gleiche, sodass die Pyramide die Neigung π aufweise.

Herodot hat geschrieben, dass die Pyramide so konstruiert sei, dass der Flächeninhalt jeder Seitenfläche gleich der Fläche eines Quadrates sei, dessen Seitenlänge der Pyramidenhöhe entspräche.

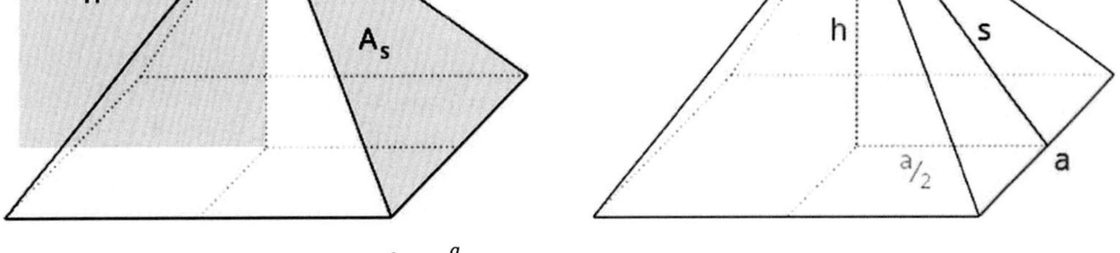

Abb. 244: Herodot'sche Gleichung: $h^2 = s \cdot \frac{a}{2} = A_s$.

[1547] Forum *Geometricorum* Volume 5 (2005) 135-136.

[1548] Röber 1855, 8-9.

Man kann nun mathematisch zeigen, dass jede Pyramide, die dieser Herodot'schen Gleichung genügt, damit automatisch eine Annäherung an π darstellt. Aus $h^2 = A_s$ folgt $2 \cdot \frac{s}{a} = \phi$ und $2 \cdot \frac{a}{h} \approx \pi$, wobei ϕ die goldene Zahl 1,618... darstellt.

Bis zur heutigen Zeit ist diese Theorie der zentrale Punkt der Zahlenmysterien geblieben. Hier nun der wesentliche Auszug aus Taylors Buch, die Zahl π und die Cheops-Pyramide betreffend:

> *"In the vertical height, or radius of the Great Pyramid, as deduced from the angle of the casing-stones, we have the number of 486 English feet, which, when doubled, makes the diameter 972 feet. The base of 764 feet, multiplied by 4 gives a perimeter or circumference of 3056 feet. Taking the diameter as unity, we have 1000 feet of 0.972 parts of the English foot, equal to 11664 inches; of which feet there are in the circumference 3144[1549]. The true proportion in a sphere would be 3141.5927, about two and a half feet less than the actual measure. Is it possible that the founders of the Great Pyramid should come so near to the right proportion of the diameter of a circle to its circumference, in the construction of the Pyramid, without intending to express it as nearly as they were able?"* [1550]

Behauptung:

6 Königsellen entsprechen π Metern.

Fakt:

$\frac{\pi}{6} = 0{,}523598775598...$[1551]

Königselle bei Cheops = 0,5236 m[1552]

Die Abweichung der Königselle von $\frac{\pi}{6}$ gegenüber der angenommenen Zahl 0,5236 beträgt nur rund 0,002 ‰.

$\frac{\pi}{6}$ entspricht im Bogenmaß dem Winkel 30°, da $\frac{\pi}{6} \cdot \frac{180}{\pi} = 30$.

Die annähernde Übereinstimmung ist dem Dezimalsystem geschuldet. Im Hexadezimalsystem entspricht beispielsweise $\frac{\pi}{6} = 0{,}860A91C16B470C1...$

21.5.3 Die Zahl Pi (π) und die Größenverhältnisse der Pyramide

Behauptung:

Die doppelte Grundseitenlänge geteilt durch die Pyramidenhöhe ergibt die Zahl π oder alternativ: Der Umfang der Pyramide geteilt durch die doppelte Pyramidenhöhe ergibt die Zahl π.

Fakt:

$2 \cdot \frac{440\,Ellen}{280\,Ellen} = 3{,}14285714.$

Die Differenz zu π beträgt: 0,00126449 oder 0,4 ‰.

1549 Anmerkung des Autors: Der Umfang des Kreises beträgt π · 972 Fuß = 3.053,628 Fuß oder rd. 2,5 Fuß weniger als der Umfang der Pyramide mit 4 · 486 Fuß = 3.056 Fuß. Der Differenz von 2,5 Fuß hat er wohl der Strecke π · 1000 hinzugeschlagen, um auf die 3.144 zu gelangen.

1550 Taylor und Herschel 1859, 22-23.

1551 Von dem Schweizer Mathematiker Leonhard Euler (1707–1783) stammt eine unendliche Reihe, deren Grenzwert $\frac{\pi}{6}$ beträgt. Sie lautet: $\frac{1}{\sqrt{3}} \cdot \sum_{n=1}^{\infty} \frac{(-1)^{n-1}}{3^{n-1} \cdot (2n-1)} = \frac{\pi}{6}$. Schon für n = 7 ergibt sich der Reihensummenwert zu $\frac{1}{\sqrt{3}} \cdot \frac{3\,309\,041}{3\,648\,645} = 0{,}5236... = \frac{1}{\sqrt{3}} \cdot (1 - \frac{1}{9} + \frac{1}{45} - \frac{1}{189} + \frac{1}{729} - \frac{1}{2673} + \frac{1}{9477})$.

1552 Dorner 2007, 55.

Der Bruch $\frac{880}{280} = \frac{22}{7}$ stellt also eine Annäherung an die Zahl π dar. Archimedes ließ diesen Wert als Obergrenze für die Zahl π zu. Sein Wissen hat er möglicherweise von den Ägyptern.

Der Zusammenhang ist den gewählten Größen Höhe und Breite der Pyramide geschuldet.

Behauptung:

Ein Kreis mit einem Umfang der vier Grundseiten ergibt einen Radius, der der Pyramidenhöhe entspricht (siehe hierzu das Zitat von Taylor zuvor).

Fakt:

$4 \cdot \frac{440\ Ellen}{2 \cdot \pi} = 280{,}1127$ Ellen.

Die Abweichung zur Pyramidenhöhe von 280 Ellen beträgt 0,1127 Ellen oder 0,4 ‰.

Nimmt man die Steigung der Pyramide mit einem Rücksprungverhältnis von 22 Fingern auf eine Elle oder 28 Fingern, so ergibt $4 \cdot \frac{22}{28} = \frac{88}{28} = 3{,}142857...$, was zufällig einem Näherungswert für die Zahl π entspricht. Da sich die Ägypter für irgendein Rücksprungverhältnis entscheiden mussten und dieses Rücksprungverhältnis auch schon für die Meidum-Pyramide von Snofru gewählt wurde, war es also nicht die Absicht, die Zahl π in die Pyramide zu codieren, sondern praktische Verhältnisse für den Bau der Pyramide waren der Grund.

Meines Wissens gibt es keine einzige überlieferte Rechenaufgabe, in der die Ägypter den Umfang eines Kreises berechnet haben. Für Kreisflächenberechnungen wurde ebenfalls nicht mit einer Konstanten (der Zahl π) gerechnet, wie die Aufgabe Nr. 48 des mathematischen *Papyrus Rhind* zeigt. Hier wird die Kreisfläche dadurch berechnet, dass man ein Quadrat um den Kreis zeichnet und aus diesem Quadrat dann ein Achteck macht, in dem das Quadrat in 3 × 3 gleich große Unterquadrate zerlegt wird. Jedes Unterquadrat wird dann ebenfalls in 3 × 3 Unterquadrate aufgeteilt. Nun schneidet man die äußeren vier Dreiecke zwischen Achteck und Quadrat ab. Jeweils zwei davon ergeben ein kleines Quadrat mit einem Neuntel der Gesamtfläche des den Kreis umfassenden Quadrats. Jetzt ordnet man die zwei kleinen Quadrate zu einem Rechteck, wobei die eine Seite die gleiche Länge wie das große Quadrat besitzt. Ein Rechteck wird jetzt horizontal und eines vertikal in das große Quadrat eingepasst, wobei sich die beiden Rechtecke an einer Stelle überschneiden. Es entsteht jetzt ein fast flächengleiches Quadrat mit einer um eins verminderten Einheit. Die Abweichung vom Kreisflächeninhalt beträgt nur rund 6 ‰. Diese Vorgehensweise zeigt aber auch, dass man wohl nicht wusste, dass man den Kreisflächeninhalt über den Radius und einer Konstante (der Zahl Pi) – mittels $\pi \cdot r^2$ – berechnen konnte.

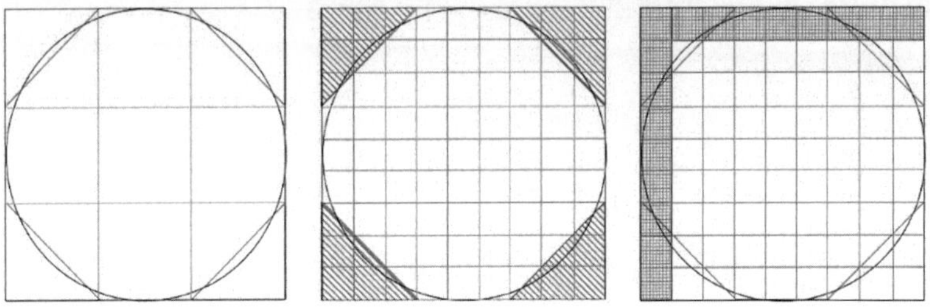

Abb. 245: Kreisflächenberechnung nach Art der alten Ägypter; gemäß Aufgabe Nr. 48 aus dem mathematischen Papyrus Rhind.

Der Text zu Aufgabe 48 des *Papyrus Rhind* lautet:

> *„Beispiel zur Berechnung eines runden Feldes vom (Durchmesser) 9 ḫt (chet[1553]). Was ist der Betrag seiner Fläche? Nimm ⅑ von ihm (dem Durchmesser) weg, das ist 1; der Rest ist 8; multipliziere diese Zahl mit sich selbst, das gibt 64."*

Die zugehörige Formel sieht wie folgt aus:

[1553] 1 *ḫt* entspricht 100 königlichen Ellen und 1 *ḫt*² entspricht einem *Setjat* oder *Arure* (entspricht ca. 0,275 Hektar).

$$\left(d - \frac{d}{9}\right)^2 = \left(\frac{8}{9}d\right)^2 = \frac{64}{81}d^2$$

Der Bruch $\frac{64}{81}$ ist dabei eine Näherung für $\frac{\pi}{4}$. Multipliziert man diesen Wert mit 4 so ergibt dies $\frac{256}{81}$ oder den Näherungswert 3,1604938... für π. Die Abweichung zu π beträgt dabei nur ca. 6 ‰.

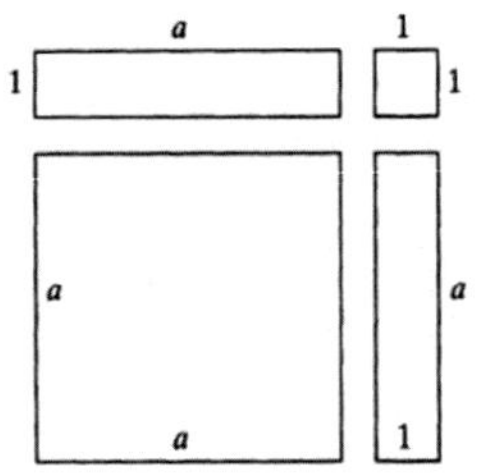

Abb. 246: Grafische Darstellung der binomischen Formel $(a + 1)^2 = a^2 + 2 \cdot a + 1^2$.

Mit a = 8, ergibt sich die in Abb. 245 gezeigte Vorgehensweise.

21.5.4 Die Goldene Zahl Phi (ϕ) und die Größenverhältnisse der Cheops-Pyramide

Behauptung:

Die Höhe der Seitenfläche (Apothema[1554]) der Cheops-Pyramide geteilt durch die halbe Basiskantenlänge ergibt die goldene Zahl Phi.

Fakt:

ϕ = 1,6180339887498948482045868343656...

Apothemalänge = $\frac{280\ Ellen}{\sin\left(\operatorname{atan}\left(\frac{28}{22}\right)\right)}$ = 356,0898762953... Ellen ≈ 186,45 m

$$\frac{\text{Apothemalänge}}{\text{halbe Basiskantenlänge}} = \frac{280\text{ Ellen}}{220\text{ Ellen} \cdot \sin\left(\operatorname{atan}\left(\frac{28}{22}\right)\right)} = \frac{14}{11 \cdot \sin\left(\operatorname{atan}\left(\frac{14}{11}\right)\right)} = 1{,}618590...$$

Die Abweichung zu ϕ beträgt 0,34 ‰.

Behauptung:

Die Mantelfläche der Pyramide geteilt durch die Grundfläche ergibt die Goldene Zahl ϕ.

Fakt:

Mantelfläche = $2 \cdot 440 \cdot \sqrt{280^2 + \left(\frac{440}{2}\right)^2}$ = 313.359,09...

Grundfläche = 440^2 = 193.600

Mantelfläche / Grundfläche = 1,618590347...
Die Abweichung zu ϕ beträgt rd. 0,03 %.

Behauptung:

Die doppelte Seitenfläche geteilt durch die Basiskantenlänge ergibt die Goldene Zahl ϕ.

Fakt:

Doppelte Seitenfläche = $2 \cdot \sqrt{280^2 + \left(\frac{440}{2}\right)^2}$ ≈ 712,17975259...

Basiskantenlänge = 440

[1554] Siehe Fußnote 1295.

Doppelte Seitenfläche / Basiskantenlänge = 1,618590347…

Die Abweichung zu ϕ beträgt rd. 0,03 %.

Behauptung:

Die doppelte Grundseitenlänge geteilt durch die Pyramidenhöhe ab der Felsenkammer ergibt die Goldene Zahl ϕ ins Quadrat.

Fakt:

$2 \cdot \frac{440}{337} = 2{,}611275964…$

$\phi^2 = 2{,}6180339887498948482045868343656…$

Die Abweichung beträgt 0,006758… oder 0,26 %.

Wäre die Pyramidenhöhe bis zur Felsenkammer 336 Ellen und 2 Handbreit, so wäre die Abweichung zu ϕ nur knapp 0,06 ‰.

Weitere mathematische Zusammenhänge zwischen π und ϕ

$\pi - \phi^2 = 0{,}5235586… \approx \frac{\pi}{6}$ mit 0,04 ‰ Abweichung

$\phi^2 \cdot \frac{5}{6} \approx \pi$ mit 0,05 ‰ Abweichung

$\frac{\phi^2}{5} = 0{,}52360679… \approx \frac{\pi}{6}$ mit 0,008 ‰ Abweichung

$\frac{4}{\sqrt{\phi}} \approx \pi$ mit 1 ‰ Abweichung

Es fällt leicht, mittels mathematischer Operationen, wie soeben aufgezeigt, eine Relation zwischen zwei unterschiedlichen Größen herzustellen und dabei die Abweichung sehr kleinzuhalten. Dabei wird allerdings die Unterschiedlichkeit der ursprünglichen Größen mittels dieser Operationen künstlich herunterskaliert. Dies zeigt das folgende Beispiel sehr eindrücklich:

$\frac{1}{\phi^2} = 0{,}38196601125010515179541316563436…$

$\frac{1}{\pi} = 0{,}31830988618379067153776752674503…$

Die Differenz zwischen beiden Werten ist ≈ 0,063656125. Errechnet man nun die Abweichung, so ergibt sich ein Wert von rd. 2 %. Betrachtet man aber die Abweichung der Ursprungswerte von π und ϕ^2, so beträgt diese immerhin rd. 16,6 %. Sie ist also über 8-mal größer als nach Anwendung der mathematischen Tricks! Je weniger mathematische Operationen zwischen zwei zu vergleichenden Größen angewendet werden müssen, umso größer ist deren Ähnlichkeit und umgekehrt. Berücksichtigt man dies, wird man auch nicht so leicht durch mathematische Taschenspielertricks geblendet.

Zusammenhang von Steigungswinkel der Cheops-Pyramide und ϕ

Wählt man in einem rechtwinkligen Dreieck eine Kathete mit Länge 1 und die Hypotenuse mit der Länge $\sqrt{\phi}$, ergibt sich ein Winkel von 51,83° ($\tan^{-1}\sqrt{\phi}$) ≈ 51,83°). Da $\sqrt{\phi} \approx 1{,}272$ ist und das Rücksprungverhältnis bei der Cheops-Pyramide 22 zu 28 ist, ergibt $\frac{28}{22} = 1{,}\overline{27}$ und damit $\tan^{-1}(\frac{28}{22}) = 51{,}84°$. Man kann dies auch so ausdrücken: $\cot^{-1}(\frac{22}{28}) = 51{,}84°$.

Der einfache Grund dafür, warum die Zahl des Goldenen Schnitts in der Cheops-Pyramide steckt, liegt also darin, dass das gewählte Rücksprungverhältnis einen Näherungswert für die Wurzel aus ϕ darstellt. Wollte man nun behaupten, dass das Rücksprungverhältnis genau so gewählt wurde, weil man damit ϕ zum

Ausdruck bringen wollte, so müsste dies erst einmal bewiesen werden mittels eines mathematischen Papyrus aus der Zeit des Pyramidenbaus. Die ältesten bisher gefundenen mathematischen Papyri stammen aus der Zeit des mittleren Reiches und enthalten keinerlei Hinweis auf die Kenntnis der Ägypter vom Goldenen Schnitt bzw. der Zahl ϕ. Meines Erachtens wurde das Rücksprungverhältnis aufgrund von Modellen, die zuvor erstellt wurden, gewählt, da es hier zu einem harmonischen Gesamteindruck der Pyramide geführt hat.

21.5.5 Korrelation der Königselle mit der geografischen Lage der Cheops-Pyramide

Behauptung:

Das Maß der Königselle korrespondiert mit der geografischen Lage der Cheops-Pyramide.

Fakt:

Die Cheops-Pyramide liegt mit 29,979104° fast exakt auf dem 30. nördlichen Breitengrad oder 1,2 Bogenminuten bzw. 2,3 km davon entfernt. Das Bogenmaß von 30° entspricht $\frac{\pi}{6} \approx 0{,}5236$, also der Länge der Königselle in Metern. Das Bogenmaß von 29,979104° beträgt 0,523234...

21.5.6 In der Cheops-Pyramide sei die Lichtgeschwindigkeit kodiert

Behauptung:

Nimmt man die Grundfläche der Cheops-Pyramide und zeichnet durch die vier Eckpunkte einen Umkreis und subtrahiert von dessen Umfang den Umfang des Inkreises des zugrunde liegenden Quadrats der Cheops-Pyramide, so ergibt diese Zahl, mit 1.000.000 multipliziert, den Wert, den das Licht in einer Sekunde zurücklegt.

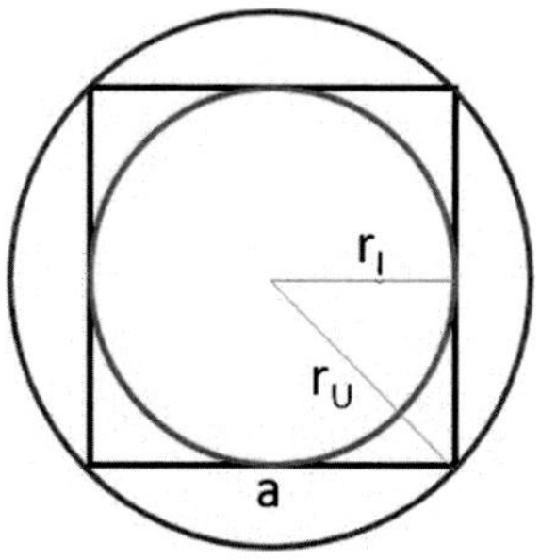

Abb. 247: Umkreis und Inkreis zu einem Quadrat.

Fakt:

Der Inkreis-Umfang errechnet sich mittels der Formel $U_I = 2 \cdot \pi \cdot r_I$

Für die Cheops-Pyramide gilt: $r_I = \frac{a}{2}$, d. h. der Inkreisradius r_I entspricht der Hälfte der Basiskantenlänge a.

$2 \cdot \pi \cdot 220$ Ellen = 1.382,300768 Ellen = 723,7726819 m (mit einer Elle zu 0,5236 m).
Der Umkreisumfang errechnet sich mittels der Formel $U_U = 2 \cdot \pi \cdot r_U$

Für die Cheops-Pyramide gilt: $r_U = ½ \cdot \sqrt{2 \cdot a^2}$

$2 \cdot \pi \cdot \sqrt{2 \cdot 440^2} \cdot ½$ = 1.954,868493... Ellen = 1.023,569143... m.
$U_U - U_I$ = 1.023,569143... m - 723,7726819... m = 299,7964609... m
1.000.000 · $(U_U - U_I)$ = 299.796.460,9... m
Lichtgeschwindigkeit im Vakuum: 299.792.458 m/s.

Die Differenz des Millionenfachens der Kreisdifferenz mit der Lichtgeschwindigkeit beträgt rd. 4.002,9 oder 0,013 ‰. Die Abweichung gegenüber $\frac{\pi}{6}$ beträgt nur 0,011 ‰, während sie gegenüber $\frac{\phi^2}{5}$ 0,026 ‰ beträgt, d. h. setzt man die Königselle gleich $\frac{\pi}{6}$, so ist die Abweichung von der Lichtgeschwindigkeit am geringsten, da hier als Wert 299.795.759,9 herauskommt. Eine exakte Übereinstimmung mit der Lichtgeschwindigkeit ergäbe sich bei einem Winkel von 29,9996695884037... Grad (≈ 0,523593008828056...), einem Wert der nur 1,2 Bogensekunden kleiner als 30 Grad ist.[1555]

21.5.7 Die Cheops-Pyramide und die Erde

Behauptung:

Der doppelte Pyramidenumfang an der Basis entspricht einer Bogenminute der Erdoberfläche auf dem Breitengrad, auf welchem die Pyramide steht.

Fakt:

Die Cheops-Pyramide steht ziemlich genau auf dem 30. Breitengrad. Eine Bogenminute darauf entspricht 1.847,54 m.[1556]

Der doppelte Pyramidenumfang an der Basis beträgt 8 · 230,384 m oder 1.843,07 m. Die Abweichung beträgt 2,4 ‰.

Behauptung:

Die durchschnittliche Basiskantenlänge der Cheops-Pyramide entspricht dem 480. Teil eines Breitengrades auf dem Äquator.

Fakt:

Die Seitenlängen der Cheops-Pyramide wurden zuletzt 2015 von Glen Dash vermessen und ergaben folgende Werte:

- Nordseite: 230,329 m
- Südseite: 230.384 m
- Ostseite: 230,334 m
- Westseite: 230,407 m

Dies ergibt einen Umfang von 921,454 m und eine durchschnittliche Seitenlänge von 230,3635 m.

Ein Breitengrad auf dem Äquator ist 110,574 km lang.[1557] Der 480. Teil davon ist 230,3625 m. Die Abweichung zum gemessenen Wert beträgt rund 0,004 ‰.

Nimmt man als geplante Basiskantenlänge 440 Ellen zu 52,36 cm so beträgt die Seitenlänge 230,384 m. Die Abweichung zu diesem Wert beträgt rund 0,09 ‰.

Behauptung:

Die doppelte Basiskantenlänge entspricht der Rotationsgeschwindigkeit des Erdäquators in einer Sekunde.

1555 Man darf jedoch nicht vergessen, dass sich auch der Nordpol im Laufe der Zeit auf der Erde verschiebt. Ein in der Literatur hierfür angegebener Wert für die langfristige Polwanderung liegt bei 12 Metern pro Jahrhundert. Aufgrund fehlender Daten aus der Vergangenheit ist dieser Wert aber nur eine Abschätzung basierend auf jüngeren Messungen und daher nicht als exakte Angaben zu betrachten. Im Bereich von Jahrmillionen ist es in der Vergangenheit auch zu wesentlich höheren Verschiebungen gekommen, für die 12 Meter pro Jahrhundert nicht ausreichen. Die genauen Ursachen hierfür kennt man zurzeit noch nicht. Einen weiteren Effekt auf die Lage der Cheops-Pyramide hat auch die kontinentale Drift der afrikanischen Platte. Die Satellitengeodäsie und moderne geodätische Erdmodelle zeigen an fast allen Kontinentalrändern jährliche Bewegungsraten, die von 1 cm bis etwa 10 cm reichen. In 4.600 Jahren sind dies dann 46 m – 460 m. Addiert man diesen Wert zu der Polwanderung, so kann dies schon 1 km ausmachen.

1556 Siehe: http://home.online.no/~sigurdhu/Grid_1deg.htm [Stand: 1.9.2015].

1557 Siehe: http://home.online.no/~sigurdhu/Grid_1deg.htm [Stand: 1.9.2015].

Fakt:

Der Erdumfang am Äquator beträgt 40.075,017 km (gemäß WGS84-Modell).

Der Sonnentag dauert 24 h oder 86.400 s.

Man erhält eine Umdrehungsgeschwindigkeit der Erde am Äquator von 1.669,79 km/h oder 463,831 m/s.

Die doppelte Pyramidengrundseite beträgt 880 Ellen = 460,768 m.

Die Differenz entspricht somit 3,063 m oder 6,6 ‰.

Behauptung:

Zur Pyramidenbauzeit (ca. 2500 v. Chr.) betrug die Neigung der Erdachse rund 24°. Die Pyramidenbauer benutzten den doppelten Wert der Erdneigung für die Konstruktion der Cheops-Pyramide, da dieser Wert dem Komplementärwinkel zu 90° entsprach, der über die Pyramidendiagonale und der Pyramidenhöhe gebildet wird, also dem Neigungswinkel der Pyramidenseitenkanten.

Fakt:

$\tan^{-1}(\frac{440}{280 \cdot \sqrt{2}}) = 48°\ 0'\ 51{,}2'' = 2\,\varepsilon \rightarrow \varepsilon = 24°\ 0'\ 25{,}6''$

Die Schiefe der Ekliptik lässt sich sehr präzise mit folgender Formel, die eine Polynomapproximation darstellt, von Laskar[1558] berechnen:

$\varepsilon = 23°\ 26'\ 21{,}448'' - 4680{,}93'' \cdot U - 1{,}55'' \cdot U^2 + 1999{,}25'' \cdot U^3 - 51{,}38'' \cdot U^4 - 249{,}67'' \cdot U^5 - 39{,}05'' \cdot U^6 + 7{,}12'' \cdot U^7 + 27{,}87'' \cdot U^8 + 5{,}79'' \cdot U^9 + 2{,}45'' \cdot U^{10}$ mit U = Anzahl Tage seit/bis dem/zum 1.1.2000 n. Chr. geteilt durch 3.652.500.[1559]

Die Genauigkeit dieses Ausdruckes beträgt nach 1000 Jahren (also zwischen den Jahren 2000 und 3000) etwa 0,01" und einige wenige Bogensekunden nach 10.000 Jahren.

Gemäß dieser Formel entspricht der Wert von 24° 0' 25,6" dem Jahr 2848 v. Chr. Damit liegt dieser Wert ca. 200 bis 300 Jahre vor dem derzeit angenommenen Datum für die Errichtung der Cheops-Pyramide.

21.5.8 Die Cheops-Pyramide und Ägypten

Behauptung:

Die doppelte Länge der Strecke von der Cheops-Pyramide (29,979° N; 31,134° O) bis zum nördlichsten Punkt Ägyptens an der Nilmündung bei Rosetta (Borg Megheizel: 31,454° N; 30,378° O) geteilt durch die Strecke von der Cheops-Pyramide bis zum südlichsten Punkt Ägyptens bei Philae (24,004° N, 32,876° O) entspricht dem Zahlenverhältnis einer Königselle in Metern.

Fakt:

Länge der Strecke von der Cheops-Pyramide bis zum nördlichsten Punkt Ägyptens: 179,2 km

Länge der Strecke von der Cheops-Pyramide bis zum südlichsten Punkt Ägyptens bei Philae: 686,4 km.

$2 \cdot \frac{179{,}2}{686{,}4} = 0{,}5221445\ldots$

Die Differenz zur Königselle beträgt nur rund 0,15 %.

Behauptung:

[1558] Laskar 1986, 68.

[1559] Zur Berechnung der Werte mit dieser Formel siehe auch online unter Tanner 2015.

Am nördlichsten Punkt Ägyptens beträgt die Meridianlänge 11! (= 39.916.800) Meter.[1560]

Fakt:

Der Meridianradius ist exakt 11! Meter bei einer geografischen Breite von 31,6095593° oder 31° 36' 34,41348". Dies entspricht fast exakt dem nördlichsten Landpunkt Ägyptens. Nimmt man als Längengrad die gleiche Länge von 31,134° O wie für die Cheops-Pyramide, so befindet sich dieser Punkt heute 1,23 km vom Land entfernt im Meer. Wie es zur Zeit des Pyramidenbaus gewesen ist, kann nicht sicher beantwortet werden, da der Nil das Delta über längere Zeiträume verändert. An diesem Punkt ist eine Meridianbogensekunde exakt 30,8 m lang. Minimal weiter westlich liegt der heutzutage tatsächlich nördlichste Landpunkt Ägyptens, für den der obige Breitengrad nur ca. 900 m vom Land entfernt liegt.

$11! = 2^8 \cdot 3^4 \cdot 5^2 \cdot 7 \cdot 11 = 30{,}8 \cdot 360 \cdot 60 \cdot 60 = 30{,}8 \cdot 1.296.000$.[1561]

30,8 m entsprechen ziemlich genau einem Plethron[1562], einer antiken griechischen Längeneinheit, die sich aus 100 Fuß zusammensetzt oder 6 Stadien, sodass der zugehörige Fuß hier 30,8 cm misst und das zugehörige Stadion 184,8 m lang ist. Es gibt Autoren, wie z. B. Massimo Cimino[1563], die das olympische Stadion mit exakt dieser Länge angeben. Normalerweise wird das Athener-Stadion mit rund 185 m angegeben und die olympische Laufbahn hat 192,84 m, da ihr zugehöriger Fuß, der Herakles-Fuß, 32,14 cm lang ist.

Der Erdumfang kann näherungsweise auch als 11! = 39.916.800 m angegeben werden. Die Abweichung beträgt dann 158,2 km zum heutigen Äquatorumfang von 40.075,017 km (gemäß WGS84-Modell) oder rund 0,4 %.

Als Nordgrenze Ägyptens wurde im mittleren Reich unter Sesostris I. der 17. Gau *Bḥdt* (Behdet) genannt. So findet sich ein Eintrag auf der Weißen Kapelle von Sesostris I. die Ausdehnung Ägyptens betreffend:

Gesamtsumme: 106 *itrw*[1564] (≈ 1.110 km).
Von Elephantine bis nach *Pr-h^{c}pj* (Per-Hapi: ein Ort am Nil bei Kairo) sind es 86 *itrw* und von *Pr-h^{c}pj* bis zum nördlichen Ende des Gaus *Bḥdt* sind es 20 *itrw*.[1565]

Der Zweck der Gau-Liste war die Anlage eines Katasters; die Nennung der Hauptorte und der dort verehrten Götter diente eher der Identifizierung des Lagerungsortes des Mess-Strickes jedes Gaues, wobei der religiöse Sinn der Kapelle unbestritten ist. Zur Vergleichbarkeit der Katasterangaben in den Gauen wurden die Abweichungen der Längenmaße (100 Ellen) der jeweiligen Gaue von den 100 königlichen Ellen aus der Residenz des Königs in die Gauliste aufgenommen, ein früher Ansatz zur Standardisierung.

Tell el-Balamun (altägyptisch *Sm^{3}-Bḥdt*, Sema-Behdet) ist ein Ruinenhügel im heutigen Ägypten. Der Ort (31,25861 N; 31,57139 O) lag als Hauptstadt des Throngaues (17. unterägyptischer Gau) in der Region nördliches *Bḥdt* im Nildelta. Es handelt sich mit etwa einem Kilometer Durchmesser um einen der größten heute noch stehenden Ruinenhügel im Delta.

Die Längenausdehnung von Ägypten entspricht somit rund 10°, da die Länge eines Grades am Äquator 111,319 km beträgt.

1560 Für die Theorie der den alten Ägyptern angeblich bekannten 11! Meter Erdumfang siehe das Buch Wallenwein 1995.

1561 Ein Vollkreis besteht aus 360 mal 60 mal 60 Bogensekunden, also 1.296.000 Bogensekunden.

1562 Das Plethron (*πλέθρον*) ist ein griechisches Längenmaß zu 100 Fuß, entsprechend ⅙ Stadion (*στάδιον*). Der im antiken Griechenland verbreitetste Fuß war der kryrenaische Fuß mit einer Länge von 30,854 cm. Quelle: Online unter Schulzki 2015.

1563 Cimino 1982.

1564 Dies ist ein altägyptisches Flussmaß, welches 20.000 königlichen Ellen (≈ 10,5 km) entsprochen hat. 106 *itrw* entsprechen ungefähr 1.110 km. (Siehe Bergdoll 2016, 126 ff. u. Tab. 24).

1565 Siehe Schlott-Schwab 1981, 8.

21.5.9 Die Cheops-Pyramide und die Musiktheorie

Behauptung:

Alle Pyramiden des Alten Ägypten besitzen Rücksprungverhältnisse (*Seked*), die einem Intervall in der Musiktheorie entsprechen. Die Cheops-Pyramide besitzt dabei das Intervall einer großen Terz.

Fakt:

Der *Seked* (Rücksprung) der Cheops-Pyramide beträgt 28 zu 22 = $1,\overline{27}$.

Im 7. Jahrhundert v. Chr. soll der Grieche Polymnastus den *Diatonus malakon*[1566] erfunden haben, ein Tongeschlecht, bei dem ein Tetrachord – eine Viertonfolge mit dem Rahmenintervall einer reinen Quarte – aus Grundton, Halbton, ¾-Ton und $\frac{5}{4}$-Ton besteht. Das Intervall, welches einer Terz entspricht, besitzt dort ein Verhältnis von 8:7 · 10:9 = 80:63, was einem Wert von rund 1,27 entspricht.

Eine große Terz besitzt gemäß der pythagoreischen Stimmung ein Schwingungsverhältnis von 81:64 = 1,265625. Die Pythagoreer (Anhänger des griechischen Philosophen Pythagoras (um 570 bis 510 v. Chr.)) fanden bei Versuchen mit einem Monochord (einem 1-saitigen Instrument) heraus, dass die Töne dann harmonisch klingen, wenn die Saitenlängen einem Verhältnis kleiner ganzer Zahlen entsprechen. So wurden für die Oktave, die Quinte und die Quarte die Verhältnisse 2:1, 3:2 und 4:3 angegeben. Daraus abgeleitet wurden andere Tonintervalle, wie z. B. die große Sekunde (9:8) und die große Terz (81:64).

Um 400 v. Chr. führte dann der Grieche Archytas von Tarent die harmonisch reine große Terz mit einem Schwingungsverhältnis von 5:4 = 1,25 ein.

In der heute benutzten temperierten Stimmung besitzt die große Terz ein Verhältnis von $\sqrt[12]{16} : 1 \approx 1{,}26$.

Im Alten Reich gab es zwar schon einfache Musikinstrumente, aber keine bekannten Notationssysteme. Es gilt derzeit als sehr unwahrscheinlich, dass Musikintervalle zu dieser frühen Zeit bereits definiert waren. Dies geht auf die Griechen um Pythagoras zurück. Die Harmonielehre[1567] stützt sich auf Jean-Philippe Rameaus (1683–1764) *Traité de l'Harmonie* (1722), ein Traktat, welches noch während der Zeit des Generalbasses die Erkenntnisse der Fundamentalbass-Theorie zu einer mehr analytisch ausgerichteten Theorie nutzt. In der Antike deckt sich die Harmonik jedoch ganz mit der Theorie der Tonsysteme[1568].

21.5.10 Streckenverhältnisse der Cheops-Pyramide

Behauptung:

Das Teilungsverhältnis Pyramidenhöhe zu Gratlänge beträgt 2:3.

Als Grat wird hierbei die Strecke bezeichnet, die von einer äußeren Ecke der Pyramide zur Spitze führt. Normalerweise benutzten die Touristen diese Strecke, um die Pyramide zu ersteigen, da sie mit rund 42° Steigung deutlich flacher ist, als der Neigungswinkel der Pyramide, der knapp 52° beträgt.

Fakt:

Die Pyramidenhöhe beträgt 146,608 m (= 280 Ellen) und die Gratlänge rund 219,163 m (≈ 418,569 Ellen). Das Verhältnis beträgt 0,66894... Die Abweichung zu 2:3 beträgt demnach 3,4 ‰.

[1566] *Diaton* bezeichnet im Griechischen eine Ganztonfolge und *malakon* steht für weich. Es handelt sich also um eine „weiche Ganztonfolge".

[1567] Darunter wird die systematische Erfassung der Akkordgestalten und des tonalen Klangraums verstanden, verbunden mit methodischen Anleitungen zur fehlerfreien Handhabung der Klangverbindungen im Sinne der traditionellen Vorgaben der Musik innerhalb der Dur-Moll-tonalen Epoche (ca. 1600 bis in die Gegenwart).

[1568] Tonsystem bezeichnet den in einer Musikkultur verwendeten Tonvorrat und die Ordnungsprinzipien, die den Tonbeziehungen zugrunde liegen und die Funktionen einzelner Töne bzw. Tonstufen bestimmen. Tonsysteme sind somit ein zentraler Gegenstand der Musiktheorie bzw. Musikwissenschaft und stellen ein Mittel dar, verschiedene Musikkulturen miteinander zu vergleichen.

Behauptung:

Das Teilungsverhältnis Apothema zur Basisgrundseite beträgt 4:5.

Fakt:

Als Apothema bezeichnet man die Strecke, die von der Pyramidenspitze bis zur Mitte einer ihrer Seiten auf den Boden reicht. Dies ist die kürzeste Steigungsstrecke vom Boden zur Spitze der Pyramide.

Die Apothema-Länge beträgt rund 186,449 m (≈ 356,09 Ellen), die Basisgrundseite 230,384 m. Demnach ergibt das Teilungsverhältnis einen Wert von 0,809295... Die Abweichung vom Verhältnis 4:5 beträgt demnach rund 1,16 %.

Behauptung:

Das Teilungsverhältnis von Pyramidenhöhe zur Basisgrundseite beträgt 5:8.

Fakt:

Die Pyramidenhöhe 146,608 m (280 Ellen) geteilt durch die Basiskantenlänge von 230,38 m (440 Ellen) ergibt den Wert $0{,}\overline{63}$. Da ⅝ = 0,625 ist, beträgt die Abweichung rund 1,82 %.

Behauptung:

Das Teilungsverhältnis von Pyramidenhöhe zur halben Basisquadratdiagonalen beträgt 9:10.

Fakt:

Die halbe Basisquadratdiagonale errechnet sich aus der Hälfte der Wurzel der Summe der beiden Basislängenquadrate, also ½ · $\sqrt{230{,}384^2\ m^2 + 230{,}384^2\ m^2}$ = 162,906... m.

Die Pyramidenhöhe 146,608 m (280 Ellen) geteilt durch die halbe Basisquadratdiagonale von 162,906 m (≈ 311,127 Ellen) ergibt den Wert 0,899954... Die Abweichung beträgt demnach nur rund 0,05 ‰.

Für weitere Informationen zu den in diesem Abschnitt vorgestellten Behauptungen und den dahintersteckenden Theorien, siehe das Buch *The Shape of the Great Pyramid* von Roger Herz-Fischler.[1569]

21.5.11 Teiler-Verhältnisse der Cheops-Pyramide

Behauptung:

Die Länge und Breite der Cheops-Pyramide in Ellen ausgedrückt, besitzen die gleiche Teiler-Anzahl.

Fakt:

Basiskantenlänge = 440 Ellen

440 hat die Teiler: 1, 2, 4, 5, 8, 10, 11, 20, 22, 40, 44, 55, 88, 110, 220, 440

Höhe = 280 Ellen

280 hat die Teiler: 1, 2, 4, 5, 7, 8, 10, 14, 20, 28, 35, 40, 56, 70, 140, 280

Beide besitzen 16 Teiler, wobei jeweils 8 Teiler für beide Zahlen identisch sind.

Die Teiler-Summe von 280 ergibt 720 und die von 440 ergibt 1080, d. h. die Teiler-Summen stehen im Verhältnis 3:2.

1569 Herz-Fischler 2000.

21.5.12 Das Pyramidion als Urmeter beim Bau der Pyramiden

Behauptung:

Das Anfang der 1980-er Jahre von dem Ägyptologen Rainer Stadelmann entdeckte Pyramidion der Roten Pyramide von Snofru, dem Vater von Cheops, besitzt eine Höhe von genau 1 Meter, woraus hervorgeht, dass die alten Ägypter bereits den Meter kannten.

Fakt:

Das Pyramidion der Roten Pyramide besitzt eine Basiskantenlänge von 3 Ellen oder 1,5708 m. Bei einem Rücksprungverhältnis von 22:28 ergibt dies eine Höhe von 1,91 Ellen oder 0,9996 m. Dass die Höhe einen Meter ergibt, ist lediglich das Ergebnis von Grundkantenlänge und Neigungswinkel, der sich wiederum aus dem Rücksprungverhältnis (*Seked*) ergibt. Da die Ägypter nachgewiesenermaßen Steigungen in Seked ausdrückten und damit rechneten, ist klar, dass sich die Höhe dann automatisch ergeben hat und nicht als Parameter bewusst gewählt wurde.

21.5.13 Die Gizeh-Pyramiden und unser Sonnensystem

Behauptung:

Die Perihel-Distanz der Erde zur Sonne, also der sonnennächste Punkt der Erde, entspricht der milliardenfachen Höhe der Cheops-Pyramide.

Fakt:

Die Erde befindet sich bei ihrem Perihel-Durchgang rund 147,1 Mio. Kilometer von der Sonne entfernt. Die ursprüngliche Höhe der Cheops-Pyramide betrug 280 Königsellen oder 146,61 m. Die milliardenfache Distanz beträgt demnach 146,61 Mio. Kilometer. Der Fehler zur milliardenfachen Distanz beträgt rund 3,3 ‰.

Behauptung:

Die Grundkantenlänge der Cheops-Pyramide geteilt durch die Strecke einer Lichtsekunde entspricht dem Verhältnis von Erdvolumen zu Sonnenvolumen.

Fakt:

Das Verhältnis von Sonnenvolumen zu Erdvolumen beträgt nach NASA-Angaben[1570] 1.301.018,805. Multipliziert mit der Länge der Grundseite der Cheops-Pyramide von 230,384 m ergibt dies den Wert 299.733.916,37112 m. Die Lichtgeschwindigkeit pro Sekunde beträgt 299.792.458 m und damit die Abweichung nur rd. 0,2 ‰.

Behauptung:

Das Verhältnis von Erdvolumen zu Venus-Volumen entspricht dem Verhältnis Cheops-Volumen zu Chephren-Volumen.

Fakt:

Erd-Volumen[1571]: 1.083.206.916.846 km^3

Venus-Volumen[1572]: 928.415.345.893 km^3

Volumen der Cheops-Pyramide[1573]: 2.583.283 m^3

1570 Angabe zu finden online unter Chamberlin 2015.

1571 Angabe zu finden online unter Boudreaux 2015.

1572 Angabe zu finden online unter Ocampo 2015.

1573 Angabe gemäß Wikipedia.

Volumen der Chephren-Pyramide[1574]: 2.211.096 m³

$$\frac{V_{Erde}}{V_{Venus}} = 1{,}16672664$$

$$\frac{V_{Cheops}}{V_{Chephren}} = 1{,}168326929$$

Die Abweichung der beiden Werte voneinander beträgt rd. 0,14 %.

Behauptung:

Das Aphel-Verhältnis von Erde zu Merkur, also die größte Entfernung zwischen Erde und Merkur, entspricht dem Verhältnis der Grundkantenlänge der Cheops-Pyramide zu der der Mykerinos-Pyramide.

Fakt:

Aphel-Distanz der Erde[1575]: 152.098.233 km

Aphel-Distanz von Merkur[1576]: 69.817.445 km

Grundkantenlänge der Cheops-Pyramide: 230,384 m (= 440 Ellen)

Grundkantenlänge der Mykerinos-Pyramide: 104,72 m (= 200 Ellen)

$$\frac{A_{Erde}}{A_{Merkur}} = 2{,}178513307$$

$$\frac{L_{Cheops}}{L_{Mykerinos}} = 2{,}2$$

Die Abweichung beträgt rund 1 %.

Behauptung:

Die Konstellation von Erde, Venus und Merkur auf ihren Orbits um die Sonne entspricht am 12. März 2876 v. Chr. um 3:36 Uhr UT der Konstellation der drei großen Pyramiden von Gizeh.[1577]

Fakt:

Eine Überprüfung mit dem Programm *SkyViewCafé*[1578] ergibt, dass bei einer gezeichneten Verbindungslinie von der Erde zur Sonne, Venus links davon und Merkur rechts davon steht. Erde und Venus liegen also nicht auf einer direkten Linie zur Sonne, wie auch die folgende Abbildung zeigt.

Abb. 248: Astronomische Konstellation der inneren Planeten vom 12.3.2876 v. Chr. um 3:36 UT.

[1574] Angabe gemäß Wikipedia.

[1575] Angabe zu finden online unter Boudreaux 2015.

[1576] Angabe zu finden online unter Carro 2015.

[1577] Siehe hierzu: Jelitto 1999, 345.

[1578] Eine kostenlose Java-Version des Programms findet sich unter Shetline 2015.

Verbindet man die Erde mit der Venus und verlängert diese Linie in Richtung Sonne, so sieht man, dass diese Linie die Sonne nicht trifft. Verbindet man nun noch die Venus mit Merkur und verlängert die Linie Richtung Sonne, so ergibt sich ein Winkel zwischen beiden Linien von 9°.

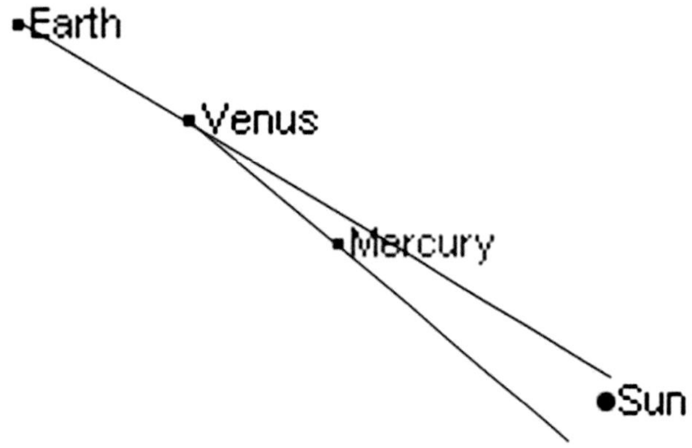

Abb. 249: Astronomische Konstellation der inneren Planeten vom 12.3.2876 v. Chr. um 3:36 UT, mit Verbindungslinien.

Nimmt man zur Überprüfung der Winkelabweichung bei den Gizeh-Pyramiden die Daten von Flinders Petrie, so erhält man einen Winkel von rund 6°. Die Differenz zu der zuvor beschriebenen Himmelskonstellation der Planten Erde, Venus und Merkur beträgt damit rund 3°.

21.6 Verwendete Parameter der Cheops-Pyramide

Folgende allgemeine Parameter wurden festgelegt:

- Länger der Königselle: 52,36 cm
- Anzahl an Fingern pro Elle: 28
- Anzahl an Rundungsstellen für gerundete Ergebnisse: 2

Parameter	**Winkel**	**Anmerkungen**
Neigungswinkel der Pyramide	51,84°	51,84° = $\tan^{-1}(\frac{28}{22})$.
Steigungswinkel des absteigenden Gangs	26,57°	26,5° nach Dormion S. 278; 26,57° = $\tan^{-1}(\frac{1}{2}) = \tan^{-1}(\frac{14}{28})$.
Steigungswinkel des aufsteigenden Gangs	26,57°	Nach Dormion S. 280/81 beträgt der Steigungswinkel 26,07° im aufsteigenden Gang.
Steigungswinkel der Großen Galerie	26,57°	Nach Dormion S. 280/81 beträgt der Steigungswinkel 26,17° im Bereich der Großen Galerie, gemäß Petrie sind es 26,28°.
Steigungswinkel Königinnenkammer-Südschacht (QCS)	39,2°	Nach Gantenbrink 39,4° ± 0,2°; 39,2° = $\tan^{-1}(\frac{22\ 6/7}{28})$.
Steigungswinkel Königinnenkammer-Nordschacht (QCN)	37,2°	Nach Gantenbrink 37,4° ± 0,2°; 37,2° = $\tan^{-1}(\frac{22{,}25}{28})$.
Steigungswinkel QCN nach der Galerieumgehung	36,5°	36,5° = $\tan^{-1}(\frac{20\ 5/7}{28})$.
Winkel der 1. Steigung des KCS-Schachts	47°	Nach Gantenbrink 46,8°; 47° = $\tan^{-1}(\frac{30}{28})$.
Winkel der 2. Steigung des KCS-Schachts	45°	Nach Gantenbrink 45°; 45° = $\tan^{-1}(\frac{28}{28})$.
Winkel der durchschn. Steigung des KCN-Schachts im Caviglia-Tunnel	32,6°	Nach Gantenbrink 32,6°; 32,7° = $\tan^{-1}(\frac{18}{28})$.
Winkel der Steigung des KCN-Schachts nach dem Caviglia-Tunnel	31,3°	Nach Gantenbrink 31,2° gemessen im *Mankiller*-Tunnel auf eine Länge von 11 m; 31,3° = $\tan^{-1}(\frac{17}{28})$.
Winkel des 1. Knicks nach links im QCN-Schacht	45°	Nach Gantenbrink; 45° = $\tan^{-1}(\frac{28}{28})$.

Winkel des 2. Knicks nach rechts im QCN-Schacht	25°	~ 20° gemäß Hawass; 24,9° = $\tan^{-1}(\frac{13}{28})$.
Winkel des 3. Knicks nach rechts im QCN-Schacht	25°	~ 20° gemäß Hawass; 24,9° = $\tan^{-1}(\frac{13}{28})$.
Winkel des 4. Knicks nach links im QCN-Schacht	5°	Kleiner Winkel gemäß Hawass; 5,1° = $\tan^{-1}(\frac{2,5}{28})$.
Winkel des 1. Teilstücks des Brunnenschachts ab Große Galerie	58,11°	Nach Dormion S. 278; 58,11° = $\tan^{-1}(\frac{55}{28})$.
Winkel des 2. Teilstücks des Brunnenschachts ab Große Galerie	47°	Nach Dormion S. 278; 47° = $\tan^{-1}(\frac{30}{28})$.
Winkel des 3. Teilstücks des Brunnenschachts ab Große Galerie	75°	Nach Dormion S. 278; 75° = $\tan^{-1}(\frac{104,5}{28})$.

Tab. 45: Winkel in der Cheops-Pyramide bezogen auf Abb. 66.

Parameter	**m**	**Ellen**	**Anmerkungen**
Pyramidenhöhe	146,61	280	Allgemein akzeptierte Angabe in der Literatur.
Höhe des heutigen Pyramidenplateaus	138,75	265	Allgemein akzeptierte Angabe in der Literatur.
Länge der Pyramidengrundseite	230,38	440	Allgemein akzeptierte Angabe in der Literatur.
Höhe des Eingangs	17,01	32,5	Nach Dormion S. 283 (nach Petrie: 16,97 m, nach Goyon: 16,865 m).
Höhe des absteigenden Gangs	1,20	2,29	Nach Dormion S. 284.
Länge des absteigenden Ganges bis zum horizontalen Stück	105,12	200,76	Nach Dormion S. 278.
Höhe des horizontalen Stückes bis zur unterirdischen Kammer	0,98	1,87	Nach Dormion S. 278.
Länge des horizontalen Stückes bis zur unterirdischen Kammer	8,90	17	Nach Dormion S. 278.
Länge des horizontalen Stückes bis zur Pyramidensenkrechten	8,20	15,66	Nach Dormion S. 278.
Breite der unterirdischen Kammer	8,25	15,76	Nach Dormion S. 278.
Höhe der unterirdischen Kammer	3,10	5,92	Nach Dormion S. 278.
Länge des Gangs hinter der unterirdischen Kammer	16,20 (16,46)	30,94 (31,44)	Nach Gantenbrink. Nach Caviglia (1818).
Höhe des Gangs hinter der unterirdischen Kammer	0,76	1,45	Nach Dormion S. 278.
Brunnentiefe in der unterirdischen Kammer	11,60	22,15	Nach Pochan S. 13.
Breite des Brunnenschachts der unterirdischen Kammer	1,22	2,33	Nach Dormion S. 278.
Länge des aufsteigenden Gangs	39,27	75	Nach Dormion S. 281.
Höhe des aufsteigenden Gangs	1,20	2,29	Nach Dormion S. 287.
Länge der Großen Galerie bis zur Großen Stufe	46,25	88,32	Nach Dormion S. 280.
Höhe der Großen Galerie	8,64	16,5	Die Höhe variiert zwischen 8,48 m und 8,74 m.
Länge der Königskammer	10,47	20	Allgemein akzeptierte Angabe in der Literatur.
Breite der Königskammer	5,24	10	Allgemein akzeptierte Angabe in der Literatur.
Höhe der Königskammer	5,85	11,18	Höhe entspricht der Breite + 1 Elle + 1 Hand + 1 Finger (Abweichung < 1 mm).
Länge der Königinnenkammer	5,76	11	Allgemein akzeptierte Angabe in der Literatur.
Breite der Königinnenkammer	5,24	10	Allgemein akzeptierte Angabe in der Literatur.
Höhe der Königinnenkammer bis zur Dachschräge (ursprünglich)	4,71	9	Allgemein akzeptierte Angabe in der Literatur; mit ursprünglichem Bodenbelag sind es 8 Ellen.
Höhe der Königinnenkammer bis zum Dachgiebel (ursprünglich)	6,28	12	Allgemein akzeptierte Angabe in der Literatur; mit ursprünglichem Bodenbelag sind es 11 Ellen.
Steindicke der 1. Entlastungskammer	2,09	4	Durchschnittswert nach Maragioglio und Rinaldi Tav. 7, Fig. 1.

Parameter	m	Ellen	Anmerkungen
Höhe der 1. Entlastungskammer	0,92	1,75	Durchschnittswert nach Petrie (0,76 – 1,07 m).
Steindicke der 2. Entlastungskammer	1,83	3,5	Durchschnittswert nach Maragioglio und Rinaldi Tav. 7, Fig. 1.
Höhe der 2. Entlastungskammer	0,87	1 ⅔	Durchschnittswert nach Petrie (0,66 – 1,12 m).
Steindicke der 3. Entlastungskammer	1,83	3,5	Durchschnittswert nach Maragioglio und Rinaldi Tav. 7, Fig. 1.
Höhe der 3. Entlastungskammer	1,05	2	Durchschnittswert nach Petrie (0,61 – 1,47 m).
Steindicke der 4. Entlastungskammer	1,31	2,5	Durchschnittswert nach Maragioglio und Rinaldi Tav. 7, Fig. 1.
Höhe der 4. Entlastungskammer	1,40	2 ⅔	Durchschnittswert nach Petrie (1,35 – 1,41 m).
Steindicke der 5. Entlastungskammer	1,40	2 ⅔	Durchschnittswert nach Maragioglio und Rinaldi Tav. 7, Fig. 1.
Höhe der 5. Entlastungskammer	2,62	5	Höhe bis Dachmitte nach Petrie 2,62 m.
Länge der Rampe am Ende der Großen Galerie	1,57	3	1,55 nach Dormion S. 294.
Rücksprung der Großen Galerie unten	0,52	1	Nach Dormion S. 293.
Rücksprung der Großen Galerie oben	0,52	1	Nach Dormion S. 292.
Höhe des Gangs von der Großen Galerie zur Königskammer	1,10	2,1	Nach Dormion S. 294 (Durchschnittswert aus 1,12 m am Ende der Großen Galerie und 1,08 m am Eingang zur Königskammer.
Dicke der Mauer zwischen Großer Galerie und Vorkammer	1,32	2,52	Nach Dormion S. 294.
Breite der Vorkammer	2,95	5,63	Nach Dormion S. 294.
Höhe der Vorkammer	3,80	7,26	Nach Dormion S. 294.
Länge des QCS-Schachts (nur Steigung)	57,49	109,8	Nach Gantenbrink: 59,45 (Gesamtlänge) – 1,96 (Horizontalstück) = 57,49.
Länge des QCN-Schachts (nur Steigung)	60,64	115,81	Nach Hawass (*Khufu's national project*, S. 308): 63,40 (Gesamtlänge) – 1,96 (Horizontalstück) = 61,44.
Länge des QCN-Schachts bis zum 1. Knick ab Steigung	16,18	30,9	Nach Gantenbrink 18,14 m bis zum 1. Knick; 18,14 m - 1,96 m = 16,18 m.
Länge des QCN-Schachts bis vom 1. Knick bis zum 2. Knick	5,02	9,59	Nach Hawass: (*the so-called secret doors inside Khufu's pyramid*, 2014, S. 58).
Länge des QCN-Schachts bis vom 2. Knick bis zum 3. Knick	2,44	4,66	Nach Hawass: (*the so-called secret doors inside Khufu's pyramid*, 2014, S. 58).
Länge des QCN-Schachts bis vom 3. Knick bis zum 4. Knick	3,66	6,99	Nach Hawass: (*the so-called secret doors inside Khufu's pyramid*, 2014, S. 58).
Höhe der Schachtoberkante in den QC-Schächten	1,18	2,25	Über dem Niveau mit fehlendem Bodenbelag (Dormion S. 132).
Horizontallänge von QCS- und QCN-Schacht	1,96	3,74	Nach Gantenbrinks Messung für Block 1.
Schachtquerschnitt QCS-Schacht und QCN-Schacht	0,21	0,39	Nach Gantenbrink.
Höhe der Schachtoberkante in KCN-Schacht	1,14	2,18	Nach Dormion S. 296.
Höhe der Schachtoberkante in KCS-Schacht	1,07	2,04	Nach Dormion S. 296.
Schachtquerschnitt KCN- und KCS-Schacht	0,15	0,29	Nach Dormion S. 296.
Gesamtlänge des KCN-Schachts bis Verkleidung	71,50	136,55	Nach Gantenbrink.
Gesamtlänge des KCN-Schachts bis Austritt heute	68,53	130,88	Nach Gantenbrink.
Gesamtlänge des KCS-Schachts bis Verkleidung	53,55	102,27	Nach Gantenbrink.
Gesamtlänge des KCS-Schachts bis Austritt heute	50,33	96,12	Nach Gantenbrink.
Länge des horizontalen Segments des KCN-Schachts	2,62	5,00	Nach Gantenbrink.
Länge des horizontalen Segments des KCS-Schachts	1,72	3,29	Nach Gantenbrink.
Länge der 1. Steigung des KCS-Schachts	6,53	12,47	Nach Gantenbrink.
Länge der 2. Steigung des KCS-Schachts bis Verkleidung	45,30	86,52	Nach Gantenbrink.

Parameter	m	Ellen	Anmerkungen
Länge der 2. Steigung des KCS-Schachts bis Mauerwerk	42,08	80,37	Nach Gantenbrink.
Länge des ersten Steigungsstücks im KCN-Schacht bis zum Ende des Caviglia-Tunnels	9,41	17,97	Nach Gantenbrink Block 2 bis Block 5.
Höhe des horizontalen Gangs zur Königinnenkammer	1,18	2,25	Nach Dormion S. 288.
Länge des freien Bereichs der Großen Galerie bis zum Beginn des horizontalen Gangs	5,09	9,71	Nach Dormion S. 289.
Entfernung vom Abzweig der Großen Galerie bis zur Pyramidensenkrechte	41,36	79,00	Gemäß Dormion 28,67 + 2,62 = 41,29 m (78 E 6 H), gemäß Dormion Länge bis zur Nische 80 E, gemäß Gantenbrink 41,26 m.
Entfernung von der Pyramidensenkrechten bis zur Mitte der Königskammer	11,00	21,00	Gemäß Dormion 21 E; damit ist die Strecke vom Beginn der Großen Galerie bis zur Mitte der Königskammer genau 100 Ellen.
Breite des Brunnenschachts	0,65	1,25	Nach Dormion S. 278.
Länge 1. Teilstück des Brunnenschachts ab Großer Galerie	8,38	16,00	Nach Dormion S. 278.
Länge 2. Teilstück des Brunnenschachts ab Großer Galerie	8,38	16,00	Nach Dormion S. 278.
Breite der Grotte an der breitesten Stelle in Nord-Südrichtung	3,93	7,50	Nach Dormion S. 278.
Höhe der Grotte nach dem 2. Teilstück	1,95	3,72	Nach Dormion S. 278.
Länge des 1. Teilstücks des Brunnenschachts ab Grotte	2,66	5,08	Nach Dormion S. 278.
Länge des 2. Teilstücks des Brunnenschachts ab Grotte	26,53	50,67	Nach Dormion S. 278.
Länge des 3. Teilstücks des Brunnenschachts ab Grotte	8,38	16,00	Nach Dormion S. 278.

Tab. 46: Ellen- und Meter-Angaben in der Cheops-Pyramide bezogen auf Abb. 66.

21.7 Danksagung

Mein Dank gilt Chris Sondreal (*Holocene*, Washington, DC, USA), der mir spontan Bilder der *Pyramid Rover*-Mission zur Verfügung gestellt hat und *National Geographic* für die Genehmigung, diese Bilder nutzen zu dürfen. Ferner bin ich dem Ingenieur Rudolf Gantenbrink (München) zu großem Dank verpflichtet, der mir zum Thema Robotererkundung in der Cheops-Pyramide wertvolle Hinweise geliefert und mich mit zusätzlichem Material versorgt hat. Desgleichen danke ich ihm für die Möglichkeit, ihm gehörende Bilder, in diesem Buch verwenden zu dürfen. Mein Dank gilt außerdem Dr. Robert C. Richardson (Direktor des Instituts für Design, Robotik und Optimierung in Leeds, UK) für die Zusage, Bilder des *Djedi*-Teams in meinem Buch verwenden zu dürfen, sowie Shaun Whitehead (*Scoutek Ltd.*, Saltburn-by-the-Sea, UK) für seine Informationen über die *Djedi*-Mission und die chemische Analyse des Doppelhakens durch das Britische Museum. Ebenfalls möchte ich mich bei Jerry Leslie von den *Portland Area Bible Students* bedanken, der mir freundlicherweise ein elektronisches Exemplar des Buches *Gleanings from Glasgow* von Morton Edgar zur Verfügung stellte sowie eine private Aufnahme des Südschachts in der Königinnenkammer der Cheops-Pyramide. Mein Dank gilt auch Louna Zouki (Universität Straßburg), welche mir einige Passagen aus dem Pyramidenbuch von al-Idrīsī aus dem Arabischen ins Französische übersetzt hat, die ich dann selbst ins Deutsche übersetzen konnte. Allen anderen Personen, die mich im Rahmen der Erstellung dieses Buches unterstützt haben, möchte ich abschließend ebenfalls danken.

22 Verzeichnisse

22.1 Verzeichnis der verwendeten Literatur

Abbas, Abbas M., Fathy Shaaban, El-said A. El-Sayed, und Tarek Abdel Hafez. „Uncovering the Pyramids-Giza Plateau in a Search for Archaeological Relics By Utilizing Ground Penetrating Radar." *Journal of American Science*, 2 2012: 168-174.

Agnew, H. C. *A letter from Alexandria, on the evidence of the practical application of the quadrature of the circle, in the configuration of the great pyramids of Gizeh.* London: Longman Orme Brown Green and Longmans, 1838.

Aimé-Martin, L., Hrsg. *Lettres edifiantes et curieuses concernant l'Asie, l'Afrique et l'Amérique.* Bd. 1. Paris: Auguste Desrez, 1838.

Alford, Alan F. *Pyramid of secrets.* Walsall: Eridu Books, 2003.

Almagià, Roberto. *Planisferi, carte nautiche e affini dal secolo XIV at XVII esistenti nella Biblioteca Apostolica Vaticana. Monumenta Cartografica Vaticana.* Vatican, 1944.

Alpini, Prosper, R. de Fenoyl, Serge Sauneron, und Marcelle Desdames. *Histoire naturelle de l'Égypte - 1581-1584.* 2. ed. Le Caire: Institut français d'archéologie orientale, 2007.

Ambraseys, Nicholas Nicholas. *Earthquakes in the Mediterranean and Middle East - A multidisciplinary study of seismicity up to 1900.* Cambridge: Cambridge University Press, 2009.

Amin, Abbas. *Ägyptomanie und Orientalismus - Ägypten in der deutschen Reiseliteratur (1175-1663). Mit einem kommentierten Verzeichnis der Reiseberichte (383-1845).* Berlin/Boston: De Gruyter, 2013.

Ammann, Hans Jakob. *Reiss ins Globte Land: Von Wien auss Oesterreich durch Ungariam Serviam Bulgariam unnd Thraciam auff Constantinopel: Ferner durch Natoliam lappadociam Ciliciam Spiam und Judaeum auff Jerusalem: Von dannen durch die Wueste unnd Aegypten gehn Alexandriam...* Zürich, 1618.

Anglure, Ogier d', Francois Bonnardot, und Auguste Longnon. *Le saint voyage de Jherusalem du seigneur d'Anglure.* Paris: Didot, 1878.

Anonymous. *History of Monona County, Iowa.* Chicago: National Publishing Company, 1890.

Anonymous. „Progress in Science." In *Quarterly journal of science*, Herausgeber: William Crookes, 273-274. London: Offices of the Quarterly journal of Science, 1873.

—. „Observations relating to some of the Antiquities of Egypt, from the Papers of the late Mr. Davison." *The Quarterly Review*, Juli 1818: 391-423.

—. „Travels in Egypt, Nubia, Holy Land, Mount Libanon, and Cyprus, in the Year 1814. By Henry Light, Captain in the Royal Artillery. 4to. London. 1818." *The Quaterly Review*, April 1818: 178-204.

—. *The Wiltshire archaeological and natural history magazine.* Devizes; London: Wiltshire Archaeological and Natural History Society, 1869.

Arbuthnot, John. *Tables of ancient coins, weights and measures.* London: Jacob Tonson, 1727.

Archimedes, Christiaan Huygens, Johann Heinrich Lambert, Adrien Marie Legendre, und Ferdinand Rudio. *Archimedes, Huygens, Lambert, Legendre - Vier Abhandlungen über die Kreismessung.* Göttingen; Leipzig: Teubner, 1892.

Arnold, Dieter. *Building in Egypt - Pharaonic stone masonry.* New York, N.Y.: Oxford University Press, 1991.

Auken, John van. „Zahi Hawass Coming to A.R.E." *Venture Inward*, Jul-Sep. 2010: 27-28.

Autoren, Diverse. *Göttingische gelehrte Anzeigen - Unter der Aufsicht der königl. Gesellschacht der Wissenschaften.* Göttingen: J. E., 1820 (Bd. 1).

—. *The Making of Modern Law: Trials, 1600-1926.* Farmington Hills, Michigan: Thomson Gale, 2000.

Badawy, Alexander. *The Stellar Destiny of Pharaoh and the so-called Air-shafts in Cheops's Pyramid.* Bd. 10, in *Mitteilungen des Instituts für Orientforschung*, von Deutsche Akademie der Wissenschaften zu Berlin. und Institut für Orientforschung., 189-206. Berlin: Akademie-Verlag, 1964.

Baedeker, Karl. *Ägypten und der Sudan - Handbuch für Reisende.* 8. Aufl. Leipzig: Baedeker, 1928.

Bagnato, Domenica. *The Westcar Papyrus - A Transliteration, Translation and Language Analysis.* Wien: Edition Atelier im Wiener Journal, 2006.

Banjevic, Boris. „The Orientation of the Pyramids and the Chronology of the Old Kingdom in Egypt." *Discussions in Egyptology*, 2004: 11-27.

Barbarin, Georges. *Le Secret de la Grande Pyramide ou la fin du monde adamique.* Paris: Adyar, 1936.

Bartholomew, John George & Co. *"The Times" atlas of the world.* London: The Times, 1922.

Bauval, Robert. „A Master-Plan for the Three Pyramids of Giza based on the configuration Of the Three Stars of The Belt of Orion." *Discussions in Egyptology*, 1989: 7-18.

—. „Carbon-14 dating the Giza pyramids? - The Small Relics Found inside the Pyramids." *Discussions in Egyptology*, 2001: 6-21.

—. „Cheops's Pyramid: A New Dating Using the Latest Astronomical Data." *Discussions in Egyptology*, 1993: 5–6.

—. *Secret chamber revisited.* Rochester (Vermont) & Toronto (Canada): Bear & Company, 2014.

Bauval, Robert, und Adrian Gilbert. *The Orion mystery.* New York: Crown Publisher, 1994.

Bauval, Robert, und Ahmed Osman. *Breaking the mirror of heaven - The conspiracy to supress the voice of ancient Egypt.* Rochester, Vermont: Bear & Company, 2012.

Beckerath, Jürgen von. *Chronologie des pharaonischen Ägypten - die Zeitbestimmung der ägyptischen Geschichte von der Vorzeit bis 332 v.Chr.* Mainz: von Zabern, 1997.

Belon, Pierre. *Les Observations de plusieurs singularitez et choses memorables, trouvées en Grece, Asie, Iudée, Egypte, Arabie, & autres pays estranges, redigées en trois liures.* Paris: Gilles Corrozet, 1553.

Belon, Pierre, und Serge Sauneron. *Voyage en Egypte de Pierre Belon du Mans 1547.* Kairo: Institut français d'archéologie orientale (IFAO), 1970.

Belzoni, Giovanni Battista. *Atlas des voyages, recherches et découvertes de G. Belzoni en Egypte en Nubie.* Bd. 3. Paris: Librairie Française et Étrangère de Galignani, 1821.

—. *Narrative of the Operations and Recent Discoveries within the pyramids, temples, tombs, and excavations, in Egypt and Nubia.* London: John Murray, 1820.

Bergdoll, Stefan. *Die Entschlüsselung antiker Längenmaße mit besonderer Berücksichtigung der ägyptischen Maße.* Rahden, Westf: VML Verlag Marie Leidorf GmbH, 2016.

—. „Die Dixon-Relikte und die Geheimnisse der kleinen Schächte der Cheops-Pyramide." *Göttinger Miszellen*, 2016.

Bierbrier, Morris L., Hrsg. *Who was who in egyptology.* 4., rev. ed. London: Egypt Exploration Society, 2012.

Birch, Samuel. *Inscriptions in the hieratic and demotic character.* London: Longmann, 1868.

Boessneck, Jochen. *Die Haustiere in Altägypten.* München: Pfeiffer, 1953.

Bonwick, James. *Pyramid facts and fancies.* London: Kegan Paul, 1877.

Boudreaux, Mark. *Earth: By the Numbers.* NASA. 2015. http:/solarsystem.nasa.gov/planets/earth/facts Zugriff am 1. 9. 2015.

Breasted, James Henry. *Ancient records of Egypt - Historical documents from the earliest times to the Persian conquest.* Chicago: The University of Chicago Press, 1906-07.

Breuning von Buchenbach, Hans Jacob. *Orientalische Reyß Deß Edlen unnd Vesten, Hanß Jacob Breüning.* Strassburg: Johann Carolo, 1612.

Brier, Bob. „Update: Return to the Great Pyramid." *Archaeology*, Juli/August 2009: 27-29.

Brier, Bob, und Jean-Pierre Houdin. *The secret of the great pyramid.* New York: HarperCollinsPublishers, 2008.

Bruce, James. *Travels to discover the source of the Nile, in the years 1768, 1769, 1770, 1771, 1772 and 1773.* 5 Bde. Edinburgh; London: Printed by J. Ruthven, for G.G.J. and J. Robinson, 1790.

Brück, Hermann A., und Mary T. Brück. *The peripatetic astronomer - The life of Charles Piazzi Smyth.* Bristol: J. W. Arrowsmith Ltd., 1988.

Brugsch, Heinrich. *Thesaurus inscriptionum Aegyptiacarum = Altaegyptische Inschriften.* Leipzig: Hinrichs, 1883.

Bruyn, Cornelis de. *A voyage to the Levant.* London: printed for Jacob Tonson, 1702.

—. *Voyage au Levant.* Delft: H. de Kroonevelt, 1700.

Burckhardt, Johann Ludwig. *Briefe an Eltern und Geschwister.* Herausgeber: Carl Burckhardt-Sarasin und Hansrudolf Schwabe-Burckhardt. Basel: Helbing u. Lichtenhahn, 1956.

Capart, Jean. *Leçons sur l'art égyptien.* Ed. provisoire. Liège: Impr. Vaillant-Carmanne, 1920.

Capt, E. Raymond. *Study in pyramidology.* Thousand Oaks Calif. U.S.A.: Artisan Sales, 1986.

—. *The Great Pyramid decoded.* Rev. and enl. ed. Thousand Oaks Calif.: Artisan Sales, 1978.

Carlier de Pinon, Jean, und E. Blochet. *Voyage en Orient.* Paris: E. Leroux, 1920.

Carro, Tony. *Mercury: By the Numbers.* NASA. 2015. http://solarsystem.nasa.gov/planets/mercury/facts Zugriff am 1. 9. 2015.

Casey, Charles. *Philitis being a condensed account of the recently discovered solution of the use and meaning of the Great pyramid.* 5th ed., illus., rev. and enlarged. Dublin: Carson brothers, 1880.

Cayce, Edgar Evans. *Das Atlantis-Geheimnis.* München: Heyne, 1991.

Chamberlin, Phillip. *Sun: By the Numbers.* NASA. 2015. http://solarsystem.nasa.gov/planets/sun/facts Zugriff am 1. 9. 2015.

Chaulnes, Marie-Joseph-Louis d'Albert d'Ailly. *Mémoire sur la véritable entrée du monument égyptien qui se trouve à quatre lieues du Caire, auprès de Saccara, et qui a été consacré par la superstition à la sépulture des animaux adorés pendant leur vie. Par M. le duc de Chaulnes.* Paris: Impr. de Clousier, 1777.

Chisholm, Henry William. „Recent Discoveries in the Great Pyramid of Egypt." *Nature*, 1872: 146-149.

Churchward, Albert. *Origin and antiquity of freemasonry.* London: Sir Joseph Cuaston & Sons, Ltd, 1898.

Cimino, Massimo. *A new, rational endeavour for understanding the eratosthenes numerical result of the Earth meridian measurement.* Bd. 1, in *Compendium in Astronomy*, von Elias G. Mariolopoulos, Pericles S. Theocaris und L. N. Mavridis, 11-21. Dordrecht: Springer Netherlands, 1982.

Clarke, Edward Daniel. *Travels in various countries of Europe, Asia, and Africa - Part II, section II: Greece, Egypt, and the Holy Land.* London: T. Cadell & W. Davies, 1814.

Conder, Josiah. *The modern traveller - Egypt, Nubia, and Abyssinia.* London: Duncan, 1827.

Cooperson, Michael. „Al-Ma'mūn, the Pyramids and the Hieroglyphs." In *'Abbasid studies II*, von John Abdallah Nawas, 165-190. Leuven; Walpole, Mass.: Uitgeverij Peeters en Departement Oosterse Studies, 2010.

Coppin, Jean. *Le Bouclier de l'Europe, ou la Guerre Sainte - Contenant des avis politiques et chrétiens ; avec une relation de voyages faits dans la Turquie, la Thébaide et la Barbarie.* Lyon: Antoine Briasson, 1686.

Crawford, Alexander Crawford Lindsay. *Letters on Egypt, Edom, and the Holy Land. By Lord Lindsay.* London: Henry Colburn, 1838.

Creighton, Scott. *The Great Pyramid hoax - The conspiracy to conceal the true history of Ancient Egypt.* Rochester, Vermont; Toronto, Canada: Bear & Company, 2017.

—. *The Great Pyramid Void Enigma.* New York: Bear & Company, 2021.

Curling, Jonathan. *Edward Wortley Montagu - The man in the iron wig.* London: Andrew Melrose, 1954.

Dapper, Olfert. *Naukeurige beschrijving der Afrikaensche Gewesten van Egypten, Barbaryen, Libyen.* Amsterdam: Meurs, 1668.

Davidson, D., und H. Aldersmith. *The Great Pyramid, its divine message.* London: Williams & Norgate, 1924.

Davies, W. V. *Studies in Egyptian antiquities - A tribute to T.G.H. James.* London: British Museum, 1999.

Della Valle, Pietro, und Jean-Hermann Widerhold. *Petri della Valle ... Reiss-Beschreibung in unterschiedliche Theile der Welt, Nämlich in Turkey, Egypten, Palestina, Persien, Ost-Indien.* Genf: J. H. Widerhold, 1674.

Denon, Dominique Vivant. *Voyage dans la basse et la haute Égypte pendant les campagnes du général Bonaparte.* 3 Bde. Paris: Didot, 1802.

Diodoros, Klawes Klawes Günther, und Julius Friedrich Wurm. *Diodoros Historische Bibliothek.* Wiesbaden: marix Verlag, 2014.

Dixon, Waynman. „The Great Pyramid - Further Exploration Suggested." *The Times*, Nr. 10.01.1924 1924: 8.

Dobecki, Thomas L., und Robert M. Schoch. „Seismic investigations in the vicinity of the great Sphinx of Giza, Egypt." *Geoarchaeology*, 1992: 527–544.

Dormion, Gilles. *La chambre de Chéops.* Bd. 5. Paris: Fayard, 2004.

Dormion, Gilles, und Jean-Patrice Goidin. *Les nouveaux mystères de la grande Pyramide.* Paris: Michel, 1987.

Dörnenburg, Frank. *Die Orion-Pyramiden.* 2015. http://doernenburg.alien.de/alternativ/orion/ori00.php Zugriff am 1. 9. 2015.

—. *Pyramidengeheimnisse.* 2015. http://doernenburg.alien.de/alternativ/pyramide/pyr00.php Zugriff am 1. 9. 2015.

Dorner, Josef. „Das innere System der Cheopspyramide - Überlegungen zu den geplanten Massen." *Ägypten und Levante*, Januar 2000: 37-44.

Dorner, Josef. *Das Basisviereck der Cheopspyramide.* Bd. 25, in *Structure and significance - Thoughts on ancient Egyptian architecture*, Herausgeber: Peter Jánosi, 275-282. Wien: Verlag der Österr. Akad. der Wissenschaften, 2005.

—. *Die Absteckung und astronomische Orientierung ägyptischer Pyramiden.* Innsbruck: Dissertationsdruck der Universität Innsbruck, 1981.

—. „Form und Ausmaße der Knickpyramide." *Mitteilungen des Deutschen Archäologischen Instituts in Kairo*, 1986: 43-58.

Dorner, Josef. „Neue Messungen an der Roten Pyramide." In *Stationen - Beiträge zur Kulturgeschichte Ägyptens (Festschrift Rainer Stadelmann)*, von H. Guksch und Polz D. (Hrsg.), 23-30. Mainz, 1998.

—. „Die Genauigkeit der altägyptischen Streckenmessung." *Sokar 15*, 2007: 50-5.

—. „The Revised And Complete Article On the Pyramidion Of The Satellite Pyramid Of Khufu, G1D." *Varia Aegyptiaca Vol. 11*, 1998: 105-124.

Dunn, Christopher P. *The Giza power plant.* Santa Fe, NM: Bear & Comp, 1998.

Edgar, John, und Morton Edgar. *Gleanings from Glasgow.* 2nd ed. 2007. Herausgeber: Edgar, John & Edgar, Morton. Tigard, Oregon (USA): Portland Area Bible Students, 2007.

—. *The great pyramid passages and chambers.* Bd. I. Glasgow: Bone & Hulley, 1910.

—. *The Great Pyramid Passages and Chambers, etc.* 2nd ed. London: Marshall Bros, 1923.

Edwards, Iorwerth Eiddon Stephen. „The Air Channels of Chephren's Pyramid." In *Studies in Ancient Egypt, the Aegean, and the Sudan*, von William Kelly Simpson. Boston: Museum of Fine Arts (Boston), 1981.

—. *The pyramids of Egypt.* 4. rev. ed. London: Penguin, 1993.

Egmont van der Nijenburg, Johann Egidius van, und Johannes Heymann. *Travels through part of Europe, Asia Minor, the islands of the Archipelago, Syria, Palestine, Egypt, Mount Sinai.* London: L. Davis and C. Reymers, 1759.

Ermann, Adolf, und Hermann Ranke. *Ägypten und ägyptisches Leben im Altertum.* Tübingen: Laupp, 1923.

Ersch, Johann Samuel, und Johann Gottfried Gruber. *Allgemeine Encyclopädie der Wissenschaften und Künste.* Leipzig: Gleditsch / Brockhaus, 1818-89.

Escobar Cabeça Vaca, Pedro de. *Luzero de la Tierra Sancta, y grandezas de Egypto y Monte Sinay.* Vallodolid: Diego Fernandez de Cordoba y Oviedo, 1594.

Euklid, Johann Friedrich Lorenz, Johann Wilhelm Meil, und Johann Friedrich Gottlieb Unger. *Euklid's Elemente, funfzehn Bücher.* Halle: Buchhandlung des Waysenhauses, 1781.

Fakhry, Ahmed. *The pyramids.* 3. Auflage 1974. Chicago: The University of Chicago Press, 1961.

Fall, A., et al. „Sliding friction on wet and dry sand." *Physical review letters, Heft 17, Nr. 112*, 29. April 2014: Artikel 175502.

Fauerbach, Ulrike. „Bauwissen im Alten Ägypten." In *Wissensgeschichte der Architektur*, Herausgeber: Jürgen Renn, Wilhelm Osthues und Hermann Schlimme, 7-124. Berlin: Max-Planck-Gesellschaft e.V. Bibliothek des MPI für Wissenschaftsgeschichte, 2014.

Feyerabend, Sigmund. *Reyssbuch des heyligen Lands.* Franckfort am Mayn, 1584.

Fiorini, Marco Virginio. *Les architectes égyptiens dévoilés.* Monaco: LiberFaber, 2013.

Fischer, Henry G. „Two Tantalizing Biographical Fragments of Historical Interest." *The Journal of Egyptian Archaeology 61*, 1975: 33-37.

Fischer-Elfert, Hans-Werner. *Die satirische Streitschrift des Papyrus Anastasi I.* Wiesbaden: Harrassowitz, 1986.

Fish, Everett W. *The Egyptian pyramids - An analysis of a great mystery.* 2nd ed. Chicago: E. W. Fish, 1880.

Flight, Walter. „Contributions to our Knowledge of the Composition of Alloys." *Journal of the Chemical Society*, 1882 (Vol. XLI): 134-145.

Fortenberry, Diane. *Souvenirs and new ideas - Travel and collecting in Egypt and the Near East.* Oxford: Oxbow Books, 2013.

Friberg, Jöran. *A Remarkable Collection of Babylonian Mathematical Texts.* New York: Springer, 2007.

Fürer, Christoph. *Christoph Fürers, von Haimendorf, Ritters ... Reis-Beschreibung in Egypten, Arabien, Palästinam, Syrien, etc.* Nürnberg: In Verlegung Wolfgang Endters, 1646.

Gantenbrink, Rudolf. *The Upuaut Project.* 1999. http://www.cheops.org Zugriff am 1. 9. 2015.

Gautschy, Rita, Rainer Hannig, Michael E. Habicht, Daniela Rutica, Francesco M. Galassi, und Renate Siegmann. „Astronomische Daten und ihre Verwendung zur Festlegung der Chronologie des Alten Reiches." *Sokar*, Nr. 37, 2019: 70-73.

Gehler, Johann Samuel Traugott, et al. *Johann Samuel Traugott Gehler's Physikalisches Wörterbuch.* 12 Bde. Leipzig: Schwickert, 1825-1845.

Gemelli Careri, Giovanni Francesco. *A voyage round the world, Vol. IV.* London: H. C. for Awnsham and John Churchill, 1704.

—. *Giro del mondo - Nella Turchia.* Neapel: Giuseppe Roselli, 1699.

Golvin, Jean-Claude, und Jean-Claude Goyon. *Karnak, Ägypten - Anatomie eines Tempels.* Tübingen: Wasmuth, 1990.

Görlitz, Dominique, und Stefan Erdmann. *Das Cheops-Projekt.* Rottenburg: Kopp, 2015.

Goyon, Georges. „Les rangs d'assises de la Grande Pyramide." *Bulletin de l'Institut Français d'Archéologie Orientale (BIFAO)*, 1978: 405–413.

—. *Die Cheopspyramide.* Augsburg: Weltbild-Verlag, 1990.

—. *Les inscriptions et graffiti des voyageurs sur la Grande Pyramide.* Le Caire: Société royale de géographie, 1944.

Goyon, Jean-Claude. „Les nombres consacrés - De l'origine antique et égyptienne de quelques expressions familières." *Les bulletins du Cercle lyonnais d'égyptologie Victor Loret*, 10 1996: 7-19.

Greaves, John. *Pyramidographia: or a description of the pyramids in Aegypt.* London: printed for George Budger, 1646.

—. *The origin and antiquity of our English weights and measures discover'd.* London: Printed for W. Payne and W. Bathoe, 1745.

Grinsell, Leslie V. *Egyptian pyramids.* Gloucester: J. Bellows, 1947.

Grobert, Jacques Franqis. *Description Des Pyramides De Ghizé, De La Ville Du Kaire Et De Ses Environs.* Paris: Logerot-Petiet, 1800/1801.

Gunn, Battiscombe. „An Architect's Diagram of the Third Dynasty." *Annales du Service des Antiquités de l'Egypte*, 1926: 197-202.

Gupta, Das, T.K. „Die Einbrüche in die Chufu – Pyramide." *Kemet*, Heft 2, 2007: 60-65.

Haan, Hendrik Jan de. *The large Egyptian pyramids - Modelling a complex engineering project.* Oxford: Archaeopress, 2010.

Haarmann, Ulrich. „In Quest of the Spectacular - Noble and Learned Visitors to the Pyramids around 1200 A.D." In *Islamic studies presented to Charles J. Adams*, Herausgeber: Wael B. Hallaq, 57-67. Leiden: Brill, 1991.

Haase, Michael. *Eine Stätte für die Ewigkeit - der Pyramidenkomplex des Cheops aus baulicher, architektonischer und kulturhistorischer Sicht.* Mainz am Rhein: Phillip von Zabern, 2004.

—. „Auf den Spuren des Upuaut." *G.R.A.L. ; Zeitschrift für Archäologie und archäologische Grenzwissenschaften*, 1994: 254-8.

—. „Die Objekte aus dem nördlichen Schacht der Königinnenkammer." *G.R.A.L. ; Zeitschrift für Archäologie und archäologische Grenzwissenschaften*, 1995: 230-2.

—. „Am Rande der Ewigkeit." *Sokar*, 2000: 4-11.

—. „Brennpunkt Giza." *Sokar*, 2002: 3-13.

—. „Die Verschlusssteine der unteren Schächte der Cheopspyramide." *Sokar*, 2009: 6-14.

—. „Neue Forschungen im südlichen Schacht der mittleren Kammer der Cheopspyramide." *Sokar*, 2011: 10-25.

—. „Randbetrachtungen zu den Blockierungen der Schächte der mittleren Kammer der Cheops-Pyramide." *Sokar*, 2015: 38-45.

Halm, Carl Felix von, und Georg von Laubmann. *Catalogus codicum manu scriptorum Bibliothecae Regiae Monacensis.* München: Bayerische Staatsbibliothek, 1858.

Hancock, Graham, und Robert Bauval. *The message of the sphinx.* 1. American ed. New York: Crown Publisher, 1996.

Hawass, Zahi. „The so-called secret doors inside Khufu's pyramid." *CASAE (Cahiers. Supplément aux Annales du Service des Antiquités de l'Egypte)*, 2014: 51-68.

—. *Die Schätze der Pyramiden.* Dt. Erstausg. Herausgeber: Zahi A. Hawass. Augsburg: Weltbild, 2004.

Hawass, Zahi. *Khufu's National Project.* Bd. 25, in *Structure and significance*, von Manfred Bietak, 305-30. Wien: Verlag der Österreichischen Akademie der Wissenschaften, 2005.

—. *Magic of the pyramids - My adventures in archeology.* Milano: Harmakis Edizioni, 2015.

—. *Mountains of the pharaohs: The untold story of the pyramid builders.* New York: Doubleday, 2006.

Hawass, Zahi. „Pyramid Construction. New Evidence Discovered in Giza." In *Stationen - Beiträge zur Kulturgeschichte Ägyptens ; Rainer Stadelmann gewidmet*, Herausgeber: Heike Guksch, 53-62. Mainz: Philipp von Zabern, 1998.

—. *The Mystery of the Hidden Doors Inside the Great Pyramid.* 1993. http://web.archive.org/web/20100104030353/http://drhawass.com/node/239/0.8 Zugriff am 1. 9. 2015.

Hawass, Zahi. „The Programs of the Royal Funerary Complexes of the Fourth Dynasty." In *Ancient Egyptian kingship*, von David O'Connor und David P. Silverman, 253. Leiden: Brill, 1995.

—. *The treasures of the Pyramids.* Vercelli: White Star; Maidstone : Amalgamated Book Services, 2003.

Hawass, Zahi, Meg Watters, und Chris Sondreal. „The National Geographic / Supreme Council of Antiquities Scientific Expedition Final Report - 20 December 2002." 2002.

Hawass, Zahi, und Mark Lehner. „The Passage under the Sphinx." In *Hommages à Jean Leclant*, von Catherine Berger, 201-216. Kairo: Inst. Français d'Archéologie Orientale (IFAO), 1994.

Hebraeus, Bar, Jean Baptiste Abbeloos, und Thomas Joseph Lamy. *Chronicon Ecclesiasticum.* Leuven: C. Peters, 1872.

Hebraeus, Bar, und Ernest Alfred Wallis Budge. *The chronography of Gregory Abû'l Faraj.* London: Oxford University Press; H. Milford, 1932.

Helffrich, Johann. *Kurtzer vnd warhafftiger Bericht, Von der Reyß aus Venedig nach Hierusalem, Von dannen inn Aegypten, auff den Berg Sinai, Alcair, Alexandria, vnd folgends widerumb gen Venedig.* Leipzig: Berwald, 1579.

—. *Kurtzer vnd warhafftiger Bericht, Von der Reyß aus Venedig nach Hierusalem, Von dannen inn Aegypten, auff den Berg Sinai, Alcair, Alexandria, vnd folgends widerumb gen Venedig.* Leipzig: Berwaldt, 1589.

Herodotus. *Historien.* Kröners Taschenausgabe. Übersetzung: Heinz-Günther Nesselrath. Bd. 224. Stuttgart: Alfred Kröner Verlag, 2017.

Herschel, John Frederick William. *Outlines of astronomy.* London: Longman Green Longman Roberts & Green, 1849.

Herz-Fischler, Roger. *The shape of the Great Pyramid.* Waterloo, Ontario, USA: Wilfrid Laurier University Press, 2000.

Hinz, Walther. *Islamische Masse und Gewichte - Umgerechnet ins Metrische System.* Leiden: E. J. Brill, 1970.

Hirt, Aloys. *Von den Aegyptischen Pyramiden überhaupt und von ihrem Baue insbesondere : vorgelesen in der Königl. Akademie der Wissenschaften zu Berlin den 12ten Aprill 1810.* Berlin: Nauck, 1815.

Hoch, James E. *Semitic Words in Egyptian Texts of the New Kingdom and Third Intermediate Period.* Princeton, New Jersey: Princeton University Press, 2014.

Hodges, Peter, und Julian Keable. *How the pyramids were built.* Shaftesbury: Element Books, 1989.

Hornung, Erik. *Die Unterweltsbücher der Ägypter.* Düsseldorf: Patmos, 2002.

Hornung, Erik, Rolf Krauss, und David Warburton. *Ancient Egyptian chronology.* Leiden; Boston Mass.: Brill, 2006.

Houdin, Jean-Pierre, und Zahi A. Hawass. *Cheops: Die Geheimnisse um den Bauprozess der grossen Pyramide.* Mainz: Philipp von Zabern, 2007.

Huttich, Johann, und Michael Herr. *Die new Welt der Landschaften unnd Insulen , so bis hie her allen Altweltbeschrybern unbekant, jungst aber von den Portugalesern unnd Hispaniern im nidergenglichen Meer herfunden.* Strassburg: Georgen Ulricher, 1534.

Ibn al-Nadīm, Muḥammad ibn Isḥāq, und Bayard Dodge. *The Fihrist of al-Nadīm - A tenth-century survey of Muslim culture.* New York; London: Columbia University Press, 1970.

Ibn Waḥshīya, Aḥmad ibn Álī, und Joseph Hammer-Purgstall. *Ancient alphabets and hieroglyphic characters explained - With an account of the Egyptian priests, their classes, initiation, and sacrifices.* London: W. Bulmer and Co., 1806.

Ibn-Ḥauqal, Abu-'l-Qāsim Muḥammad, und Ibrāhīm Ibn-Muḥammad al Iṣṭaḫrī. *Kitāb Masālik wa-mamālik - The Oriental Geography of Ebn Haukal, an Arabian traveller of the tenth century.* Übersetzung: William Ouseley. London: Cadell, and Davies, Wilson, 1800.

Idrīsī, Muḥammad ibn ʻAbd al-ʻAzīz, und Ulrich Haarmann. *Kitāb 'Anwār 'ulwī 'al-'ajrām fī 'al-kashf 'an 'asrār 'al-'ahrām.* Stuttgart, Beirut: Dār 'al-Nashr Frānts Shtāynar, 1991.

Idrīsī, und Pierre-Amédée Jaubert. *Géographie d'Edrisi.* Paris: Impr. royale, 1836-40.

Isler, Martin. „An Ancient Method of Finding and Extending Direction." *Journal of the American Research Center in Egypt*, 1989: Vol. 26, 191-206.

Jäck, Joachim Heinrich, Hrsg. *Taschen-Bibliothek der wichtigsten und interessantesten Reisen durch Aegypten.* Nürnberg: Haubenstricker und Ebner, 1828.

Jelitto, Hans. *Die "Zehn Gebote" der Pyramidenforschung.* Hamburg: Online publication, 2016.

—. *Pyramiden und Planeten.* 1. Aufl. Berlin: Wiss.-und Technik-Verlag, 1999.

Jet Propulsion Laboratory. *HORIZONS Web-Interface.* Jet Propulsion Laboratory. 2015. http://ssd.jpl.nasa.gov/horizons.cgi Zugriff am 1. 9. 2015.

Johnson, K. Paul. *Edgar Cayce in context - The Readings, truth and fiction.* Albany, N.Y: State University of New York Press, 1998.

Jomard, Edme François. *Description de l'Égypte.* Paris: Imprimerie Impériale, 1809.

Jouvin de Rochefort, Albert. *Le voyageur d'Europe, où est le voyage de Turquie qui comprend la Terre Sainte et l'Egypte.* Paris: D. Thierry, 1676.

Kawae, Yukinori, Yoshihiro Yasumuro, Ichiroh Kanaya, und Fumito Chiba. „3D Reconstruction of the "Cave" of the Great Pyramid from Video Footage." *2013 Digital Heritage International Congress (DigitalHeritage).* [S.l.]: IEEE, 2013. 227-230.

Keller, Ulrike. *Reisende in Ägypten - 2200 v. Chr. - 2000 n. Chr.* Wien: Promedia Dr.- und Verl.-Ges., 2001.

Kerisel, Jean. „Pyramide de Khéops. Dernières recherches." *Revue d'égyptologie*, 1993: 33-54.

—. *The Nile and its masters - Past, present, future ; source of hope and anger.* Rotterdam; Brookfield, VT^: A.A. Balkema, 2001.

Kerres, Bernhard. *Cheops - in der Mitte der Pyramide - Detaillierte Gebäudeanalyse und Theorie zum Bau der Cheops-Pyramide.* Stuttgart: Esefeld & Traub, 2018.

Keys, David. „Intact chamber found in the Great Pyramid." 1993.

Kingsland, William. *The great pyramid in fact & theory.* Kila, Mt.: Kessinger Pub, 1972.

Kircher, Athanasius. *Oedipi Aegyptiaci.* Rom: Vitalis Mascardi, 1652-54.

Klemm, Rosemarie, und Dietrich D. Klemm. *Steine und Steinbrüche im Alten Ägypten.* Berlin; Heidelberg; New York; London; Paris; Tokyo; Hong Kong; Barcelona; Budapest: Springer, 1993.

Köpp-Junk, Heidi. „Die Schiffe der Pharaonen - 5000 Jahre Schifffahrt im Alten Ägypten." *Sokar 32*, 2016: 6-21.

Krauss, Rolf. „The Length of Sneferu's Reign and How Long It Took to Build the "Red Pyramid"." *Journal of Egyptian Archaeology*, 1996: 43-50.

—. „Zur Berechnung der Bauzeit an Snofrus Roter Pyramide." *Zeitschrift für ägyptische Sprache und Altertumskunde (ZÄS)*, Nr. 1 1998: 29-37.

Kuhlmann, Klaus Peter. „Der „Wasserberg des Djedefre" (Chufu 01/1) : Ein Lagerplatz mit Expeditionsinschriften der 4. Dynastie im Raum der Oase Dachla." *Mitteilungen des Deutschen Archäologischen Instituts, Abteilung Kairo*, 2005: 243–289.

Lamb, Timothy. *God and the pyramid.* First edition. Leipzig: Amazon Distribution GmbH, 2013.

Lamm, Arnold. *Ägyptische - Nubische Pyramiden - Von Alexandria bis Khartum.* Norderstedt: Books on Demand, 2018.

Lane, Edward William, und Jason Thompson. *Description of Egypt.* Cairo: American University in Cairo Press, 2000.

Lane-Pool, Stanley. *Life of Edward William Lane.* London: Gilbert and Rivington, 1877.

Laskar, Jacques. „Secular terms of classical planetary theories using the results of general theory." *Astronomy & astrophysics*, 1986: 59-70.

Lauer, Jean-Philippe. *Das Geheimnis der Pyramiden.* Deutsche lizenzierte Taschenbuchausgabe. Übersetzung: Dr. Eva Eggebrecht. Rastatt: Arthur Moewig, 1988.

—. *Le mystère des pyramides.* Nouvelle édition revue et augmentée. Paris: Presses de la Cité, 1988.

Lawton, Ian, und Chris Ogilvie-Herald. *Giza: the truth.* London: Virgin, 1999.

Lehner, M., et al. „Dating the Pyramids." *Archaeology 52 (5)*, 1999: 26-33.

Lehner, Mark E., und Zahi A. Hawass. *Die Pyramiden von Gizeh.* Darmstadt: Philipp von Zabern, 2017.

Lehner, Mark Edward. „Who build the Sphinx?" *AERAgram*, Spring 2017 (Vol. 18 No. 1): 2-7.

—. *Archaeology of an image - The great Sphinx of Giza (Ph.D. dissertation).* New Haven (Connecticut): Dept. of Near Eastern Languages and Civilizations, Yale University, 1991.

—. „Giza - A Contextual Approach to the Pyramids." *Archiv für Orientforschung*, 1985: 136-158.

—. *Geheimnis der Pyramiden.* New York: Thames and Hudson, 1997.

Lehner, Mark, et al. *Arce Sphinx Project 1979-1983 Archive [Aggregated Media Files (2) From Open Context].* Fotografie. 23. 12 2017.

Leitz, Christian. *Altägyptische Sternuhren.* Bd. 62. Leuven: Orientalia Lovaniensia analecta, 1995.

Lelgemann, Dieter. *Die Erfindung der Messkunst.* Darmstadt: Wissenschaftliche Buchgesellschaft, 2010.

—. *Eratosthenes von Kyrene und die Meßtechnik der alten Kulturen.* Wiesbaden: Chmielorz, 2001.

Lepre, J. P. *The Egyptian Pyramids.* Jefferson, N.C.: McFarland, 1990.

Lepsius, Carl Richard. *Briefe aus Aegypten, Aethiopien und der Halbinsel des Sinai.* Berlin: Hertz, 1852.

—. *Denkmäler aus Aegypten und Aethiopien.* Leipzig: Hinrichs, 1849-58.

Lepsius, Richard. *Die altägyptische Elle und ihre Eintheilung.* Berlin: Druckerei der Königlichen Akademie der Wissenschaften, 1866.

Lightbody, David Ian. „ Biography of a Great Pyramid Casing Stone." *The Journal of Ancient Egyptian Architecture*, 2016: 39-56.

Maillet, Benoit de, und Le Mascrier. *Description de l'Égypte.* La Haye: Beauregard, 1735.

Maqrīzī, Aḥmad Ibn-ʻAlī al. *Das Pyramidenkapitel in al-Makrizi's "Hitat".* 1. Aufl. Herausgeber: Stefan Eggers. Hamburg [Sinstorfer Kirchweg 74-92]: Stefan Eggers, 2003.

Maragioglio, Vito, und Celeste Ambrogio Rinaldi. *L'Architettura delle piramidi menfite.* 6 (No. 2-7) Bde. Torino; Rapallo: Officine Grafiche Canessa, 1963-1977.

McCarty, Louis Philippe. *The Great Pyramid Jeezeh.* San Francisco: Louis Philippe McCarty, 1907.

McClellan, Matt. „Ancient Egyptian Chronology and the Book of Genesis." *Answers research journal*, 2011: 127–159.

McCoy, Lee Herbert. „The Riddle of the Pyramid." *The American antiquarian and oriental journal*, 1911: 129-130, 133.

Menu von Minutoli, Heinrich, und Ernst Heinrich Toelken. *Reise Zum Tempel Des Jupiter Ammon In Der Libyschen Wüste Und Nach Ober-Aegypten In Den Jahren 1820 Und 1821.* Berlin: Rücker; Schade, 1824.

Miatello, Luca. „A 'Solar Rule' In the architecture of Fourth Dynasty Pyramids." *Ankh : revue d'égyptologie et des civilisations africaines = journal of Egyptology and African civilizations*, 2008: 40-57.

Miller, Crichton E. M. *The golden thread of time.* Rugby: Pendulum Pub, 2001.

Miller, Konrad. *Itineraria Romana - Römische Reisewege an der Hand der Tabula Peutingeriana.* Stuttgart: Strecker und Schröder, 1916.

Monconys, Balthasar de. *Voyage de Portugal, Provence, Italie, Egypte, Syrie, Constantinople, & Natolie.* Lyon: Boissat & Remeus, 1665.

Monnier, Frank, und Alexander Puchkov. „The Construction Phases of the Bent Pyramid at Dahshur. A Reassessment." *ENiM 9*, 2016: 15-36.

Morison, Antoine. *Relation historique d'un voyage nouvelle fait au mont de Sinai et à Jérusalem.* Toul: A. Laurent, 1704.

Mountnorris, George Annesley. *Voyages and travels to India, Ceylon, the Red Sea, Abyssinia, and Egypt, in the years 1802, 1803, 1804, 1805, and 1806.* 3 Bde. London: Miller, 1809.

Müller-Römer, Frank. *Der Bau der Pyramiden im Alten Ägypten.* München: Utz, 2011.

Muqaddasi, Muhammad Ibn-Ahmad al-, und Basil Anthony Collins. *The best divisions for knowledge of the regions: A translation of "Ahsan al-taqasim fi maʿrifat al-aqalim".* Reading: Garnet Publishing Ltd., 1994.

Murphy, Anna. „Inside the Chamber of Secrets." *The Sunday Telegraph*, 2002: 4.

National Geographic. *Update: Third "Door" Found in Great Pyramid.* National Geographic. 23. September 2002. http://news.nationalgeographic.com/news/2002/09/0923_020923_egypt.html Zugriff am 1. 9. 2015.

Nichols, John. *Illustrations of the literary history of the eighteenth century.* London: Nichols, son, and Bentley, 1828.

Niebuhr, Carsten. *Carsten Niebuhrs Reisebeschreibung nach Arabien und andern umliegenden Ländern.* Kopenhagen: Nicolaus Möller, 1774.

Norden, Frederik Louis, und Louis-Mathieu Langlès. *Voyage d'Égypte et de Nubie.* Nouvelle édition. 3 Bde. Paris: Pierre Didot, der Ältere, 1795-1801.

Norden, Frederik Ludvig. *Voyage d'Egypte et de Nubie.* Kopenhagen: de l'imprimerie de la Maison royale des orphelins, 1755.

Ocampo, Adriana. *Venus: By the Numbers.* NASA. 2015. http://solarsystem.nasa.gov/planets/venus/facts Zugriff am 1. 9. 2015.

Olivier, Guillaume-Antoine. *G. A. Olivier's Reise durch das Türkische Reich, Egypten und Persien während der Jahre 1792 bis 1798.* Weimar: F. S. priv. Landes-Industrie-Comptoirs, 1805.

Olshausen, und Waldemar Belck. „Die Erfinder der Eisentechnik - Diskussion Olshausen." *Zeitschrift für Ethnologie - Organ der Deutschen Gesellschaft für Völkerkunde*, Heft 3 1907: 369-377.

Oristaglio, Michael, Jakob Haldorsen, und Peder Englund. „Ground-penetrating Radar Surveys On the Giza Plateau." *2005 SEG Annual Meeting, 6-11 November.* Houston, Texas: Society of Exploration Geophysicists, 2005. 1101-1104.

Paganini, Rico. *Giza Vermächtnis - Die Pyramiden und der Sphinx enthüllen ihre Geheimnisse.* 3. Auflage, erweiterte Ausgabe. Weite: EVOL, 2018.

Palerne, Jean, und Serge Sauneron. *Voyage en Egypte de Jean Palerne Forésien, 1581.* Le Caire: IFAO, Institut français d'archéologie orientale du Caire, 1971.

Parry, Richard Hawley Grey. *Engineering the Pyramids.* Stroud: Sutton, 2004.

Pasquali, Stéphane. „Baraize Excavations 1933–1934 at Giza: What is New with the Chapel of Amenhotep II." *Journal of the American Research Center in Egypt Vol. 45*, 2009: 49-55.

Paucton, Alexis-Jean-Pierre. *Théorie des loix de la nature, ou, La science des causes et des effets suivie d' une dissertation sur les pyramides d' Egypte.* Paris: Desaint, 1781.

Paulus, Heinrich Eberhard Gottlob. *Sammlung der merkwürdigsten Reisen in den Orient.* Jena: Christian Heinrich Cuno's Erben, Wolfgang Stahl, 1792-1803.

Perring, John Shae. *The pyramids to the southward of Gizeh and at Abou Roash, also the Campbell's tomb, and a section of the rock at Gizeh.* London: Fraser, 1842.

Perring, John Shae, und E. J. Andrews. *The Pyramids of Gizeh, from actual survey and admeasurement.* 3 Bde. London: James Fraser, 1839-1842.

Petrie, W. M. Flinders. „Excavation in Egypt." *The Academy* 39 , Nr. Nr. 977 Januar 1891: 94-95.

—. *Measures & weights.* London: Methuen & Co, 1934.

Petrie, W. M. Flinders, F. L. Griffith, und A. S. Murray. *Tanis - Part II.* Bd. 4 [i.e. 5]. London: Trübner & Co, 1888.

Petrie, William Matthew Flinders. *A History of Egypt.* London: Methuen, 1894.

—. *Ancient weights and measures.* Bd. [39]. London: Department of Egyptology Univ. College, 1926.

—. *Seventy Years in Archaeology.* Cambridge: Cambridge University Press, 1931.

—. *The Pyramids and Temples of Gizeh.* London: Field & Tuer, 1883.

Pilgrim, Cornelius von. „A Quarry Harbor of the Pyramid Age in Aswan." In *GUARDIAN OF ANCIENT EGYPT - Studies in Honor of Zahi Hawass*, 1229-1239. Prag: Charles University, Faculty of Arts, 2020.

Plinius Secundus, Caius, Georg Christoph Wittstein, Lenelotte Möller, und Manuel Vogel. *Die Naturgeschichte des Caius Plinius Secundus.* Wiesbaden: Marixverlag, 2007.

Pochan, André. *The mysteries of the great pyramids.* New York: Avon, 1978.

Pococke, Richard. *A Description Of The East, And Some other Countries.* London: Bowyer, 1743.

Pollux, Julius. *Onomasticum - Græce et Latine.* unbekannt: unbekannt, 1706.

Pommerening, Tanja. *Die altägyptischen Hohlmaße.* Hamburg: Buske, 2005.

Poole, Sophia. *The Englishwoman in Egypt; letters from Cairo, written during a residence there in 1842-44.* London: Charles Knight and Co., 1844.

Prell, Heinrich. „Die Schwarzen Ellen der Araber." *Zeitschrift der Deutschen Morgenländischen Gesellschaft,* 1960: 26-42.

Proclus, und Harold (Übersetzer) Tarrant. *Proclus commentary on Plato's Timaeus - Book 1: Proclus on the Socratic state and Atlantis.* New York: Cambridge University Press, 2007.

Provins, Pacifique de. *Relation du voyage de Perse.* Paris: Nicolas & Jean de la Coste, 1631.

Ptolemaeus, Claudius, Giuseppe Moleti, und Girolamo Ruscelli. *La geografia di Claudio Tolomeo alessandrino, nuouamente tradotta di greco in italiano, da Girolamo Ruscelli, con Espositioni del medesimo, particolari di luogo in luogo ... Et con nuoue & bellissime figure in istampe di rame ...* Venedig: Vincenzo Valgrisi, 1561.

Pückler-Muskau, Hermann von. *Aus Mehemed Ali's Reich.* 3 Bde. Stuttgart: Hallberger, 1844.

Quibell, James Edward. *Excavations at Saqqara, 1911-12: the tomb of Hesy.* Le Caire: L'Institut Francais, 1913.

Rantzau, Heinrich. *Des hochedlen und wohlgebornen Heinrich Rantzowen Reise-Buch auf Jerusalem, Cairo in Ægypten und Constantinopell.* Kopenhagen: Wering, 1669.

Raynaud, Suzanne and Boisse, Henri and Makroum, F. and Bertho, Joël. *Geological and Geomorphological study of the original hill at the base of Fourth Dynasty Egyptian monuments. Etude géologique et géomorphologique de la colline originelle à la base des monuments de la quatrième dynastie égyptienne.* <hal-00319586>, 8. September 2008.

Régnier-Bohler, Danielle. *Croisades et pèlerinages.* Paris: Laffont, 1997.

Richardson, Robert, et al. „The "Djedi" Robot Exploration of the Southern Shaft of the Queen's Chamber in the Great Pyramid of Giza, Egypt." *Journal of Field Robotics*, 2013: 323-48.

Riffert, George Raymond. *Great Pyramid Proof of God.* London: Covenant Publishing Co, 1932.

Robens, Erich, Shanath Amarasiri A. Jayaweera, und Susanne Kiefer. *Balances - Instruments, manufacturers, history.* Heidelberg; New York; Dordrecht; London: Springer, 2014.

Röber, Friedrich. *Die aegyptischen Pyramiden in ihren ursprünglichen Bildungen.* Dresden: Türk, 1855.

Rochholz, Matthias. *Schöpfung, Feindvernichtung, Regeneration - Untersuchung zum Symbolgehalt der machtgeladenen Zahl 7 im alten Ägypten.* Wiesbaden: Harrassowitz, 2002.

Röhricht, Reinhold. *Bibliotheca geographica Palestinae - Chronologisches Verzeichniss der auf die Geographie des heiligen Landes bezüglichen Literatur von 333 bis 1878 und Versuch einer Cartographie.* Berlin: H. Reuther's Verlagsbuchhandlung, 1890.

Romer, John. *The Great Pyramid: Ancient Egypt revisited.* Cambridge: Cambridge Univ. Press, 2007.

Rossi, Corinna. „Note on the pyramidion found at Dahshur." *JEA Vol. 85*, 1999: 219-222.

Royal Observatory Edinburgh. *About the library - Summary of Archives.* 2015. http://www.roe.ac.uk/roe/library/astroyal.html Zugriff am 1. 9. 2015.

Russell, C. T., Clayton J. Woodworth, und George H. Fisher. *Studies in the Scriptures.* 7 Bde. Allegheny Pa.: Watch Tower Bible & Tract Society, 1916-18.

Rutherford, Adam. *Pyramidology.* 4 Bde. Herts: Institute of Pyramidology, 1957-72.

—. *The Great Pyramid. Its Christian message to all nations, etc.* Stanmore: The Author, 1943.

Sadek, Abdel Aziz. *Iubilate conlegae - Studies in memory of Abdel Aziz Sadek.* Bde. Varia Aegyptiaca Vol. 10, no. 2-3 August-December 1995. San Antonio, Tx.: Charles C. Van Siclen III, 1995 [1997].

Sandwich, John Montagu of, und John Cooke. *A Voyage Performed By The Late Earl Of Sandwich Round The Mediterranean In The Years 1738 and 1739.* London: Cadell, 1799.

Sandys, George. *A relation of a journey begun an. Dom. 1610.* The second edition. London: William Barrett, 1615.

Sasse, Torsten, und Michael Haase. *Im Schatten der Pyramiden.* Düsseldorf: Econ-Verlag, 1997.

Savary de Brèves, François. *Relation des voyages de Monsieur de Breues, tant en Grece, Terre Saincte et Aegypte qu'aux Royaumes de Tunis et Arger.* Herausgeber: Jacques DuCastel. Paris: Nicolas Gasse, 1628.

Schlomann, Alfred, Egbert von Hoyer, und Franz Xaver Kreuter. *Technologisches Wörterbuch - Erster Band: Deutsch - Englisch - Französisch.* 6. vollkommen neubearbeitete Auflage. Herausgeber: Alfred Schlomann. Berlin, Heidelberg: Springer Verlag, 1932.

Schlott-Schwab, Adelheid. *Die Ausmasse Ägyptens nach altägyptischen Texten.* Wiesbaden: Harrassowitz, 1981.

Schulz, Regine, Matthias Seidel, Hartwig Altenmüller, Dorothea Arnold, und Manfred Allié. *Ägypten - Die Welt der Pharaonen.* Köln: Könemann, 2004.

Schulzki, Heinz-Joachim. *Der neue Pauli.* Herausgeber: Hubert Cancik, Helmuth Schneider (Antike), Manfred Landfester. Brill Online. 2015. http://referenceworks.brillonline.com/entries/der-neue-pauly/plethron-e928070 Zugriff am 1. 9. 2015.

Sebrell, Cindy. „10,20,30 Years: Mark Lehner Reflects on a Career in Archaeology." *AERAgram*, Spring 2009: 2-6.

Seetzen, Ulrich Jasper. *Reisen durch Syrien, Palaestina, Phoenicien, die Transjordan-Laender, Arabia Petraea und Unter-Aegypten.* Berlin: Reimer, 1854.

Seiss, Joseph Augustus. *A MIRACLE IN STONE: or The Great Pyramid of Egypt.* Philadelphia: Porter & Coates, 1877.

Serlio, Sebastiano. *Il terzo libro, nel qval si figvrano, e descrivono le antiqvita di Roma.* Venedig: Francesco Marcolini da Forli, 1540.

Seyfzadeh, Manu. *The Khnum-Re-Horakhty Cycle: The Idea behind the Architectural Design of Khufu's Great Pyramid.* USA: CreateSpace Independent Publishing Platform, 2017.

Sezgin, Fuat. *Wissenschaft und Technik im Islam.* Frankfurt am Main: Inst. für Geschichte der Arab.-Islamischen Wissenschaften, 2003.

Sharafeldin, Sharafeldin M., Khalid S. Essa, Mohamed A. S. Youssef, Hakan Karsli, Zein E. Diab, und Nilgun Sayil. „Shallow geophysical techniques to investigate the groundwater table at the Great Pyramids of Giza, Egypt." *Geoscientific Instrumentation, Methods and Data Systems*, Heft 1, 2019: 29–43.

Shaw, Thomas. *Travels, or Observations relating to seveval parts of Barbary and the Levant, by Thomas Shaw.* Oxford: printed at the theatre, 1738.

Shetline, Kerry. *Sky View Café.* 2015. http://www.skyviewcafe.com/skyview.php Zugriff am 1. 9. 2015.

Silvestre de Sacy, Fuat Sezgin, und Farid Ibn-Faġūl. *Relation de l'Égypte.* Paris: De l'imprimerie imperiale, 1810.

Skempton, Alec. *A biographical dictionary of civil engineers in Great Britain and Ireland.* London: Thomas Telford, 2002.

Skinner, Frederick George. *Weights and measures.* London: H.M.S.O, 1967.

Smith, A. Robert, und Hugh Lynn Cayce. *Hugh Lynn Cayce - About my father's business.* Norfolk, Va.: Donning Company, 1988.

Smyth, Charles Piazzi. *Life and work at the Great Pyramid during the months of January, February, March and April A.D. 1865.* Edinburgh: Edmonston & Douglas, 1867.

—. *On the Antiquity of Intellectual Man, from a practical and astronomical point of view.* Edinburgh: Edmonston and Douglas, 1868.

—. *Our inheritance in the Great Pyramid.* First edition. London: Alexander Strahan and Co., 1864.

—. *Our inheritance in the Great Pyramid.* New and enlarged edition, including all the most important discoveries up to the present time, etc. London: Isbister, 1874.

—. *Our inheritance in the Great Pyramid.* 4. and much enl. ed., including all the most important discoveries up to the time of publication. London: Isbister, 1880.

Society, Egypt Exploration. *An Atlas of Ancient Egypt.* London: Kegan Paul, Trench, Trübner & Co., 1894.

Sonnini de Manoncourt, Charles-Nicolas-Sigisbert. *Voyage dans la haute et basse Egypte.* 3 Bde. Paris: F. Buisson, 1799.

Spalinger, Anthony. „Dated Texts of the Old Kingdom." *Studien zur Altägyptischen Kultur*, 1994: 275-319.

Stadelmann, Rainer. „Conservation of the Monuments of Sneferu at Dahshur ." *ASAE Vol. 82*, 2008: 303-313.

—. *Die ägyptischen Pyramiden.* 3., aktualisierte und erw. Aufl. Bd. 30. Mainz am Rhein: von Zabern, 1997.

—. *Die grossen Pyramiden von Giza.* Graz, Austria: Akademische Druck- u. Verlagsanstalt, 1990.

—. „Beiträge zur Geschichte des Alten Reiches. Die Länge der Regierung des Snofru." *Mitteilungen des Deutschen Archaologischen Instituts in Kairo*, 1987: 229-240.

—. „Die Pyramiden des Snofru in Dahschur - Zweiter Bericht über die Ausgrabungen an der nördlichen Steinpyramide." *Mitteilungen des Deutschen Archäologischen Instituts in Kairo*, 1983: 225-241.

Stadelmann, Rainer, und Rudolf Gantenbrink. *Die sogenannten Luftkanäle der Cheopspyramide.* Bd. 50, in *Mitteilungen des Deutschen Archäologischen Instituts, Abteilung Kairo*, von Deutsches Archäologisches Institut. und Abteilung Kairo., 285-94. Wiesbaden: Harrassowitz, 1994.

Stephens, John Lloyd. *Incidents of travel in Egypt, Arabia Petraea, and the Holy Land by an American.* New York: Harper, 1837.

Stewart, Basil. *History and significance of the Great pyramid - And the theories and traditions held about it from the earliest days to the present.* London: Staples And Staples Ltd, 1935.

—. *The great pyramid - Its construction, symbolism and chronology : the Bible in stone.* 4. ed. rev. and enl. London: Covenant Publ. Co, 1933.

—. *The witness of the Great Pyramid.* S.l.: Covenant Pub. Co, 1927.

Stocks, Denys Allen. *Experiments in Egyptian archaeology - Stoneworking technology in ancient Egypt.* London; New York: Routledge, 2003.

Stower, Martin, und Jean Coburn. *The Strange Journey of Humphries Brewer Witness to a Forgery in the Great Pyramid?* Stower and Coburn, 2019.

Tallet, Pierre. *Les papyrus de la mer Rouge.* Le Caire: Institut français d'archéologie orientale, 2017.

Tanner, Jay. *Obliquity of the Ecliptic and Nutation in Obliquity.* PHP Science Labs. 2015. http://www.neoprogrammics.com/obliquity_of_the_ecliptic/ Zugriff am 1. 9. 2015.

Taylor, Henry. *Autobiography of Henry Taylor. 1800-1875.* London: Longmans, Green and Co, 1885.

Taylor, John, und John F. W. Herschel. *The Great pyramid.* London: Longman Green Longman Roberts & Green, 1859.

Tetley, M. Christine. *The reconstructed chronology of the Egyptian kings.* Whangarei, New Zealand: Barry W. Tetley, 2014 (in two volumes), 2017 (in one volume).

Teubert, Oskar. *Die Binnenschiffahrt - Ein Handbuch für alle Beteiligten.* Bd. 2. 2 Bde. Leipzig: Engelmann, 1918.

The Westminster Magazine or the Pantheon of Taste. London: Printed for John Walker etc., 1780.

Thenaud, Jean, Charles Schefer, und Domenico Trevisan. *Le voyage d'outremer (Égypte, Mont Sinay, Palestine) de Jean Thenaud, suivi de la Relation de l'ambassade de Domenico Trevisan auprès du Soudan d'Egypte, 1512.* Paris: Leroux, 1884.

Thévenot, Jean de. *Relation d'un voyage fait au Levant.* Paris: Lovis Bilaine, 1664.

Thévenot, Melchisédech. *Relations de divers voyages curieux, qui n'ont point esté publiées et qu'on a traduit ou tiré des originaux des voyageurs françois, espagnols, allemands, portugais, anglois, hollandois, persans, arabes et autres orientaux, ...* Paris: Thomas Moette, 1696.

Thompson, Charles. *The travels of the late Charles Thompson, Esq.* London: printed for J. Robinson, 1744.

Tompkins, Peter. *Secrets of the Great Pyramid.* New York, USA: Penguin Books, 1978.

Trimble, Virginia. *Astronomical investigation concerning the so-called air-shafts of Cheops' pyramid.* Bd. 10, in *Mitteilungen des Instituts für Orientforschung*, von Deutsche Akademie der Wissenschaften zu Berlin. und Institut für Orientforschung., 183-7. Berlin: Akademie-Verlag, 1964.

Uhrig, Hans Ferdinand. *Das Kalifat von al-Ma'mun.* Frankfurt am Main: Peter Lang, 1988.

University of Aberdeen. *Museums & Collections - Catalogue Record - ABDUA:24358.* 2021. https://calm.abdn.ac.uk/museums/Record.aspx?src=CalmView.Catalog&id=ABDUA%3a24358&pos=1 Zugriff am 1. 1 2021.

Usick, Patricia, und Deborah Manley. *The sphinx revealed - A forgotten record of pioneering excavations.* London: British Museum, 2007.

van Ghistele, Josse, und Renée Bauwens-Préaux. *Voyage en Egypte - De Joos van Ghistele 1482 - 1483.* Kairo: IFAO, 1976.

Verner, Miroslav. „Archaeological Remarks on the 4th and 5th Dynasty Chronology." *Archiv orientalni*, August 2001: 363-418.

Verner, Miroslav, und Kathrin Liedtke. *Die Pyramiden.* 1. Aufl., vom Autor vollst. überarb. und erw. Ausg. Reinbek bei Hamburg: Rowohlt, 1998.

Villamont, Jaques de. *Les voyages du seigneur de Villamont, chevalier del'Ordre de Hierusalem, Gentilhomme ordinaire de la chambre du roy.* Paris: Claude de Montroeil et Jean Richer, 1595.

Visino, Johann Nepomuk. *Meine Wanderung nach Palästina in Briefen an einen Geistlichen der Diözese Passau.* Passau: Pustet, 1840.

Vyse, Howard Richard William. *Operations carried on at the pyramids of Gizeh in 1837.* London: Fraser, 1840-42.

Wallenwein, Eckhard H. *Das altägyptische Universum.* Heidelberg: Groos, 1995.

Walpole, Robert. *Memoirs relating to European and Asiatic Turkey and other Countries of the East.* London: Longman Hurst Rees Orme And Brown, 1817.

—. *Travels in various Countries of the East, being a continuation of Memoirs relating to European and Asiatic Turkey.* London: Longman, Hurst, Rees, Orme and Brown, 1820.

Wansleben, Johann Michael. *Nouvelle relation en forme de journal d'un voyage fait en Egypte par le père Vansleb.* Paris: Compagnie des Libraires Associés, 1698.

Whishaw, Francis. *The railways of Great Britain and Ireland, practically described and illustrated.* London: John Weale, 1842.

Wilkinson, John Gardner. *A Handbook for travellers in Egypt.* London: John Murray, 1847.

—. *A popular account of the ancient Egyptians.* 2nd. ed. New York: Harper & Brothers, 1871.

—. *A popular account of the ancient Egyptians.* London: John Murray, 1854.

—. *Manners and Customs of the Ancient Egyptians.* Cambridge: Cambridge University Press, 1837.

Wilkinson, Toby A. H. *Royal annals of ancient Egypt - The Palermo Stone and its associated fragments.* London: Kegan Paul International, 2000.

Willcocks, William, und James Ireland Craig. *Egyptian irrigation.* 3. London; New York: Spon; Spon & Chamberlain, 1913.

Winter, Heinrich. „The Fra Mauro Portolan Chart in the Vatican." *Imago Mundi 16*, 1962: 17-28.

Wolff, Anne. *How many miles to Babylon?* Liverpool: Liverpool University Press, 2003.

Yoshimura, Sakuji. *Non-destructive Pyramid investigation - By electromagnetic wave method.* Studies in Egyptian culture. Bde. no. 6, 8. Tokyo, Japan: Waseda University, 1987.

Yoshimura, Sakuji, Shoji Tonouchi, und Takeshi Nakagawa. *The substance of speech - The First International Symposium on the Application of Modern Technology to Archaeological Explorations at the Giza Necropolis.* Tokyo: Waseda University, 1987.

Yoshimura, Sakuji, Takeshi Nakagawa, und Shoji Tonouchi. *Non-destructive pyramid investigation (2).* Studies in Egyptian culture No. 8. Tokyo: Waseda University, 1988.

Young, Thomas. *A course of lectures on natural philosophy and the mechanical arts.* London: Joseph Johnson, 1807.

22.2 Verzeichnis der Abbildungen

Abb. 1: Brücke über den Nil bei Gizeh (1872). 11
Abb. 2: Charles Piazzi Smyth. 11
Abb. 3: Waynman Dixon. 12
Abb. 4: James Andrew Sandilands Grant (Bey). 12
Abb. 5: Öffnung des Nordschachts in der Königinnenkammer. 13
Abb. 6: Nahaufnahme der Öffnungen des Nord- (links) und Südschachts (rechts) in der Königinnenkammer, wobei auf der linken Seite des Nordschachts noch ein Rest des ursprünglich knapp 13 cm (5 Zoll) dicken Verschlussmaterials zu sehen ist. Die Aufnahme des Südschachts stammt von 1972 und zeigt noch den Riss mit dem abgebrochenen Steinstück links neben dem Schacht. 13
Abb. 7: Riss in der Decke des Südschachts der Königinnenkammer. 14
Abb. 8: Grabkammer in der Chephren-Pyramide nach Belzoni (1821) mit eingelassenem Sarkophag. Gegenüberliegend in größerer Höhe befinden sich zwei kleine Schachtöffnungen. 16
Abb. 9: Moderne Aufnahme der Grabkammer in der Chephren-Pyramide mit Blick nach Osten. Die beiden kleinen Schachtöffnungen oben an der Nord- und Südwand sind gut zu sehen. 17
Abb. 10: Zedernartiges Holzstück aus dem sog. nördlichen Luftschacht der Königinnenkammer der Cheops-Pyramide. 19
Abb. 11: Durch Waynman Dixon gefundene Objekte in der Cheops-Pyramide. 19
Abb. 12: Dolerit-Kugel aus dem Nordschacht der Königinnenkammer der Cheops-Pyramide. 19
Abb. 13: Charles Piazzi Smyths Tagebucheintrag vom 26.11.1872. 22
Abb. 14: Doppelhaken aus der Cheops-Pyramide. © Rudolf Gantenbrink. 23
Abb. 15: Doppelhaken (Vorder- und Rückseite) aus der Cheops-Pyramide. 25
Abb. 16: Darstellung eines kf-psS Instruments (18,3 × 2,8 × 0,4 cm) mit einer Inschrift von Cheops. 27
Abb. 17: Ausschnitt aus Spruch 37 des Pyramidentextes der Unas-Pyramide: Nordwand, oberes Register der Grabkammer. 27
Abb. 18: Darstellung eines Winkelmessgeräts bestehend aus den Dixon-Relikten. 27
Abb. 19: Dichtungsentferner. 28
Abb. 20: Doppelhaken aus Tell Defenneh. 29
Abb. 21: Zigarettenschachtel von Waynman Dixon aus dem Jahr 1872, 2019 im Archiv der Universität von Aberdeen wiedergefunden. 31
Abb. 22: Holzfragmente in der Zigarettenschachtel von Waynman Dixon aus dem Jahr 1872. 32
Abb. 23: links: Libanon-Zeder. 33
Abb. 24: UPUAUT-1 Roboter. © Rudolf Gantenbrink. 36
Abb. 25: UPUAUT-2 Roboter. © Rudolf Gantenbrink. 37
Abb. 26: Pyramid Rover. © National Geographic Television and Film. 38
Abb. 27: Djedi Roboter. © Djedi Team. 40
Abb. 28: Endstück eines im Nordschacht verbliebenen Metallstabs, aufgenommen vom Vater von UPUAUT-1 im Frühjahr 1992. © Rudolf Gantenbrink. 42
Abb. 29: Verbindungsstück zweier Metallstangen im Nordschacht, vermutlich bei 14,55 m. Länge des Verbindungsstücks ca. 4-5 cm. © Rudolf Gantenbrink. 42
Abb. 30: Kleines rechteckiges Objekt mit zwei Löchern im Nordschacht der Königinnenkammer. © Rudolf Gantenbrink. 43
Abb. 31: Verbindungsstück einer im Nordschacht verbliebenen Metallstange. © Rudolf Gantenbrink. 43
Abb. 32: Lage der im Nordschacht der Königinnenkammer befindlichen Gegenstände vor dem ersten Knick im Steigungsbereich. 44
Abb. 33: Zwei Metallstangen im Nordschacht der Königinnenkammer. © Rudolf Gantenbrink. 45
Abb. 34: Kleines hakenförmiges Objekt im Nordschacht der Königinnenkammer. © Rudolf Gantenbrink. 45
Abb. 35: Veränderungen im Nordschacht bei der Pyramid Rover-Mission 2002 gegenüber der UPUAUT-2-Mission von 1993. © National Geographic. 46
Abb. 36: Metallstangen von Edgar kurz hinter dem 45°-Knick im Nordschacht. © Rudolf Gantenbrink. 46
Abb. 37: Metallstangen von Edgar kurz hinter dem 45°-Knick im Nordschacht (Aufn. vom Pyramid Rover). © National Geographic. 46
Abb. 38: Simulation des Schachtverlaufs des nördlichen Königinnenkammerschachts. Steigungs- und Knickwinkel: 37,2° (S), 45° (K), 20° (K), 20° (K), 5° (K), 37,2° (S) (linke Abb.). 37,2° (S), 45° (K), 25° (K), 25° (K), 5° (K), 37,2° (S) (rechte Abb.). 48
Abb. 39: Simulation des Schachtverlaufs des nördlichen Königinnenkammerschachts. Steigungs- und Knickwinkel: 37,2° (S), 45° (K), 45° (K), 45° (K), 45° (K), 36,5° (S) (linke Abb.). 37,2° (S), 45° (K), 25° (K), 25° (K), 5° (K), 36,5° (S) (rechte Abb.). 50

Abb. 40: Das Ende der beiden Edgar'schen Metallstangen mit den unterschiedlichen Hartholzkugeln. © National Geographic. 55
Abb. 41: Ein radförmiges Objekt im Nordschacht mit einem Durchmesser von ca. 3,5 cm und einem Loch in der Mitte. © National Geographic. 55
Abb. 42: Das Ende einer Metallstange im Nordschacht an einem Schachtknick nach rechts (links) sowie eine Verengung des Schachts weiter oben. © National Geographic. 56
Abb. 43: Vertikalschnitt durch die Große Pyramide von Gizeh, von Nord nach Süd. 59
Abb. 44: Darstellung des Kammer- und Passagensystems der Großen Pyramide von Charles Piazzi Smyth. 60
Abb. 45: Am 22. März 1993 entdeckte der Roboter UPUAUT-2 im südlichen Schachts einen Blockierstein mit Metallbeschlägen (Kupfer?). © Rudolf Gantenbrink. 61
Abb. 46: Das fehlende Stück des Metallstifts des südlichen Blockiersteins.© Rudolf Gantenbrink. 61
Abb. 47: Metallbeschläge (Kupfer ?) des ersten Blockiersteins des nördlichen Schachts. © National Geographic. 61
Abb. 48: Nördlicher Blockierstein in Nahaufnahme. © National Geographic. 62
Abb. 49: Metallbeschläge der Vor- und Rückseite des ersten südlichen Blockiersteins. © Djedi Team. 63
Abb. 50: Konstruktion des südlichen Schachts der Königinnenkammer. © Djedi-Team. 64
Abb. 51: Rote hieratische Zeichen, die im Hohlraum nach dem ersten Blockierstein des südlichen Königinnenkammerschachts gefunden wurden. © Djedi Team. 65
Abb. 52: Zahlensymbolismus in der Cheops-Pyramide (nach Miatello). 66
Abb. 53: Proportionen der Cheops-Pyramide für die Zahl 11. © Rudolf Gantenbrink. 67
Abb. 54: Proportionen der Cheops-Pyramide für die Zahl 40. © Rudolf Gantenbrink. 67
Abb. 55: Das Kammer- und Passagensystem der Cheops-Pyramide aus dem Jahr 1874 (von Charles Piazzi Smyth). 78
Abb. 56: Das Kammersystem der Cheops-Pyramide von 1898 (Albert Churchward). 83
Abb. 57: Darstellung des Himmels über Gizeh zur Zeit der Sommersonnenwende 2534 v. Chr. und dem Sirius-Frühaufgang. Astronomie-Programm Stellarium (Version 0.15.0). 98
Abb. 58: Darstellung des Himmels über Gizeh am 16.7.2534 v. Chr. mit altägyptischen Sternbildern. Astronomie-Programm Stellarium (Version 0.15.0) 100
Abb. 59: Planetenkonstellation aus Venus, Saturn und Mars vom 15.7.2534 v. Chr. 4:17 Uhr bis zum 17. 7.2534 v. Chr. 4:17 Uhr und zum Vergleich die Orion-Gürtelsterne. Astronomie-Programm Stellarium (Version 0.15.0). 100
Abb. 60: Darstellung des Himmels über Gizeh am 16.7.2534 v. Chr. zur Zeit des Siriusaufgangs um 4:06 Uhr. Astronomie-Programm Stellarium (Version 0.15.0). 101
Abb. 61: Ägyptisches Sternbild Sah mit den Orion-Gürtelsternen. Links: am 14.11.2534 v. Chr. um Mitternacht lokaler Ortszeit; Kulmination von Alnitak (ζ-Orionis) im Süden bei einer Höhe von 44° 46'. Alnilam (ε-Orionis): 45° 3', Mintaka (δ-Orionis): 45° 28'. Rechts: 14.10.2534 v. Chr. (gregor. 23.9.2534) um Mitternacht zur Zeit der Herbsttagundnachtgleiche. 103
Abb. 62: Gizeh-Pyramiden aus 10 km Höhe überlagert mit den Orion-Gürtelsternen Alnitak (ζ-Orionis), Alnilam (ε-Orionis) und Mintaka (δ-Orionis). 104
Abb. 63: Darstellung eines rechtwinkligen 1:2-Dreiecks, mit einem von Winkel 26,57°, bei dem die Seite b doppelt so lang wie a ist. 105
Abb. 64: Die 14 Tage des zunehmenden Mondes. 14 Gottheiten, von denen jede einem Mondtag angehört, auf je einer der 14 Stufen einer Treppe (1-14). Am oberen Ende desselben leuchtet ihnen, auf einem Säulenständer schwebend, der Vollmond entgegen. Dahinter der Gott Thot mit anbetend erhobenen Händen. 107
Abb. 65: Der Mondstand. Thoth (A) muss 14 Stufen (Tage) erklimmen, bevor er zum Vollmond (B) gelangt. In (C) ist die Scheibe der aufgehenden Sonne zu sehen (oder die Sonne erhebt sich über den Urhügel) (D). Die Schildkröte (E) steht für das Dekan-Sternbild “Schildkröte” , welches seinem Aufgang in unmittelbarer Nähe von Sirius, seine Stelle zwischen dem Schluss und dem Anfang des normalen Sirius-Jahres einnimmt. Unter (F) Abbildung des Osiris-Sah. Daneben (G) die sehr geläufige Vorstellung des Isis-Gestirns der Sothis (Sirius) als liegende Isis-Kuh in einer Barke. 107
Abb. 66: Maßstabsgerechte Darstellung der Cheops-Pyramide. 109
Abb. 67: Gizeh-Plateau 1837 nach John Shae Perring. 113
Abb. 68: Gizeh-Plateau: Lage und Entfernungen nach Flinders Petrie, Uvo Hölscher, George A. Reisner und Mark Lehner. Entfernungen auf ganze Königsellen (52,36 cm) gerundet. 114
Abb. 69: Der Sphinx im Profil von Frederic Norden aus dem Jahr 1737. 116
Abb. 70: Der Totentempel (U) vor der Chephren-Pyramide mit Aufweg (z) und achs-verlängerndem Weg (79). Ausschnitt aus einer Karte des Gizeh-Plateaus von Henry Salt von 1818. 121
Abb. 71: Alte Luftaufnahme des Sphinx aus dem 19. Jahrhundert, auf der das Loch im Kopf deutlich zu sehen ist. 121
Abb. 72: Ein Arbeiter steht im Kopfloch des Sphinx. Aufnahme vom 15.12.1925 während der Restaurierungsarbeiten von Émile Baraize. 122

Abb. 73: Der Sphinx vor der Ausgrabung durch Émile Baraize. Aufgenommen am 25. September 1925. 124
Abb. 74: Der Sphinx von Osten aus gesehen mit der Chephren-Pyramide im Hintergrund, gezeichnet durch die Ingenieure der Napoleon-Expedition nach Ägypten im Jahr 1798-99. 124
Abb. 75: Zeichnung des Verlaufs des Brunnenschachtes in der Cheops-Pyramide von dem Kapuzinerpater Elzéar (alias Eléazar). 129
Abb. 76: Plan der Felsengrotte (Edgar & Edgar). 130
Abb. 77: Aufnahme von Edgar des Inneren der Felsengrotte mit dem gemauerten Brunnenschacht (Edgar & Edgar). 131
Abb. 78: Inneres Gangsystem der Cheops-Pyramide, Rantzau der Jüngere, 1623. 135
Abb. 79: Königinnenkammer der Cheops-Pyramide, Friedrich Ludwig Norden, 1755. 140
Abb. 80: Chephren-Pyramide, mit Eingang auf der Nordseite, John Montagu, 1739. 149
Abb. 81: Mykerinos-Pyramide, John Montagu, 1739. 150
Abb. 82: Die Knickpyramide von Snofru in Dahschur, John Montagu, 1739. 151
Abb. 83: Die Rote Pyramide in Dahschur von Snofru, John Montagu, 1739. 154
Abb. 84: Die Pyramiden bei Dahschur, Tito Livio Burattini. 156
Abb. 85: Stufenpyramide von König Djoser in Sakkara, Minutoli 1821. 161
Abb. 86: Schnitt durch die Stufenpyramide von Djoser, Minutoli, 1821. 161
Abb. 87: Das Gangsystem der Stufenpyramide von Djoser, Minutoli, 1821. 162
Abb. 88: Moderne Darstellung des Gangsystems der Stufenpyramide (nach Franck Monnier). 163
Abb. 89: Plan des Djoser-Grabbezirks (Norden ist rechts), nach Cecil M. Firth. 164
Abb. 90: Serdab auf der Nordseite der Stufenpyramide. 165
Abb. 91: Blick in den Serdab der Stufenpyramide von Djoser. 165
Abb. 92: Steinverteilung in der Königskammer (Zeichnung nach Piazzi Smyth). 177
Abb. 93: Originaleingang und Grabräubertunnel der Cheops-Pyramide. 179
Abb. 94: Zugang zum al-Ma'mūn-Tunnel. 179
Abb. 95: Sarkophag in der Königskammer der Cheops-Pyramide. Fotografie vom Ende des 19. Jahrhunderts. 183
Abb. 96: Königskammer in der Cheops-Pyramide nach Perring. 186
Abb. 97: Königskammer der Cheops-Pyramide nach Frederic Norden aus dem Jahr 1737. 187
Abb. 98: Lage der Königskammer innerhalb der Cheops-Pyramide bei einer Sicht von oben auf die Pyramide. 187
Abb. 99: Aushöhlung des Granitsarkophags mittels Kupferröhrenbohrern. Zeichnung nach Arnold. 188
Abb. 100: Herstellung von Steinvasen mit Hilfe von Röhrenbohrern. 188
Abb. 101: Sarkophag aus Rosengranit des Kai-em-Nefret; H. 1,04 m, L. 2,22 m; B. 0,80 m; Herkunft: Gizeh, Nekropole, Mastaba G II S; Zeit: Altes Reich, 4. Dynastie, um 2500 v. Chr. 189
Abb. 102: Die Königskammerkonstruktion mit ihren Entlastungskammern. 1: Königskammer, 2: Sarkophag, 3: Vorkammer, 4: Südschacht, 5: Nordschacht, 6: Große Galerie, 7: Schacht zur Davison-Kammer (Länge: 7,54 m), 8: Davison-Kammer (Höhe: 0,76-1,07 m), 9: Wellington-Kammer (Höhe: 0,66-1,12 m), 10: Nelson-Kammer (Höhe: 0,61-1,47 m), 11: Lady Arbuthnot-Kammer (Höhe: 0,41-1,35 m), 12: Campbell-Kammer (Höhe: 1,78-2,62 m), 13: Howard-Vyse-Ausgrabung unter dem Fußboden der Königskammer (zuerst möglicherweise von al-Ma'mūn begonnen, dann vermutlich von Damiat Ibrahim Pascha um 1584 erweitert), 14: Caviglias Ausgrabung des Nordschachts, 15: Caviglias Ausgrabung von der Davison-Kammer, 16: Vyses gesprengte Öffnungen zu den oberen Entlastungskammern. Senkrechte Höhe vom Boden der Königskammer bis zum unteren Dachgiebel der Campbell-Kammer: ≈ 21 m oder 40 Königsellen. (Nachzeichnung nach einer Vorlage von Lawton und Ogilvie-Herold). 190
Abb. 103: Große Galerie mit Zugang zur Davison-Kammer, Description de l'Égypte (1822). 191
Abb. 104: Der Sarkophag in der Königskammer der Cheops-Pyramide. Aufnahme aus dem Jahr 1982. 193
Abb. 105: Objekte in der Königskammer. Ergänzte Nachzeichnung einer Grafik von Maragioglio/Rinaldi mit Angaben von Lambert Dolphin anlässlich akustischen Untersuchungen durch das SRI im Jahre 1977. 193
Abb. 106: Sarkophag in der Königskammer der Cheops-Pyramide. Foto nach den Renovierungsarbeiten der 1980er und 1990er Jahre. 194
Abb. 107: Dach der Königinnenkammer (Westseite) mit zubetonierter Öffnung der Grabung von John Shae Perring. 198
Abb. 108: Nische in der Ostwand der Königinnenkammer. 199
Abb. 109: 3-dimensionale Darstellung der Königinnenkammer (nach Franck Monnier). 200
Abb. 110: Schematische Zeichnung der Nische der Königinnenkammer (Maße in Ellen). 201
Abb. 111: Grabungen durch Howard Vyse rund um die Königinnenkammer nach Piazzi Smyth. 202
Abb. 112: Die Königinnenkammer mit der Nische an der Ostwand. Der Tunnel in der Nische ist zu diesem Zeitpunkt (Anfang des 20. Jh.) noch mit Sand und Geröll verstopft. (Edgar & Edgar). 203
Abb. 113: Nachzeichnung der Nische mit anschließendem Tunnel in der Ostwand der Königinnenkammer nach Maragioglio/Rinaldi. 204
Abb. 114: Steinverteilung in der Königinnenkammer. 205

Abb. 115: Der Boden der Königinnenkammer (Nachzeichnung nach Dormion). 205
Abb. 116: Die Byzantinische Botschaft von Patriarch Johannes VII. Grammatikos 829 – der abbasidische Kalif al-Ma'mūn (links) und der byzantinische Kaiser Theophilos (rechts); Detail aus der Madrider Bilderhandschrift des Skylitzes. 206
Abb. 117: Ibn Waḥšīyas Übersetzung der antiken ägyptischen phonetischen Hieroglyphen. 209
Abb. 118: Bresche auf der Südseite der Cheops-Pyramide durch Howard Vyse, 1837. 226
Abb. 119: Steinbruchmarkierungen an der Südseite der Cheops-Pyramide gefunden von Howard Vyse im April 1837. 235
Abb. 120: Konstruktion eines rechten Winkels in Campbells Kammer (nach Vyse). 242
Abb. 121: Die Königskammer mit den fünf Entlastungskammern: Davison, Wellington, Nelson, Arbuthnot und Campbell (nach Vyse). 242
Abb. 122: Cheops-Kartusche (nach Vyse) aus der obersten Entlastungskammer, Inschrift hier um 90° gedreht und horizontal gespiegelt. 243
Abb. 123: Cheops-Kartusche (nach Perring) aus der obersten Entlastungskammer, Inschrift hier um 90° gedreht und horiz. gespiegelt. 243
Abb. 124: Nachzeichnung nach einer Fotografie von Robert Schoch der Königskartusche von Cheops aus der obersten Entlastungskammer, südliche Giebeldecke. Die Darstellung wurde horizontal gespiegelt. Die Wand befand sich rechts (wg. der Spiegelung hier links), weshalb ein Stück von der Kartusche fehlt. Rechts: eine leicht bearbeitete Ausschnittvergrößerung des ersten Zeichens aus einer Fotografie der Kartusche. 243
Abb. 125: Nachzeichnung der Cheops-Kartusche aus dem Notizbucheintrag von Howard Vyse vom 27. Mai 1837. 244
Abb. 126: Nachzeichnung der Cheops-Kartusche aus dem Notizbucheintrag von Howard Vyse vom 16. Juni 1837. 245
Abb. 127: Nachzeichnung der Originalzeichnung aus dem Jahr 1837 von J.R. Hill eingereichter Cheops-Kartusche. 245
Abb. 128: Steinmetzzeichen auf der 4. Steinlage der Westseite der Cheops-Pyramide. 245
Abb. 129: Eigenname des Cheops: Ḫwj=f w(j) und Ḫnmw Ḫwj=f w(j). 246
Abb. 130: Horus-Name des Cheops: Medjedu (mḏdw). 246
Abb. 131: Horus-Name des Cheops: Medjedu. Zeichnung von Howard Vyse. 246
Abb. 132: Vorfahren von Humphries Brewer. 249
Abb. 133: Beziehung von Walter Martin Allen zu Humphries Brewer. 250
Abb. 134: Stammbaumverbindungen zwischen den Brewers, Ortons und Brunels. 251
Abb. 135: Schematische Zeichnung der Felsenkammer der Cheops-Pyramide. (Nachzeichnung nach Kerres). 282
Abb. 136: Cheops-Pyramide mit der Kerbe in 83 m Höhe an dem Nordostgrad. 287
Abb. 137: Grundriss von Bobs Kammer (Zeichnung nach Kawae). 288
Abb. 138: Gizeh-Pyramiden nach Johannes Helffrich, 1565. 289
Abb. 139: Eingang zu Bobs Kammer in 83 m Höhe an der Nordostseite der Cheops-Pyramide. 291
Abb. 140: Architektur des horizontalen Ganges und der Königinnenkammer. 307
Abb. 141: Pyramidion der Kultpyramide (G I-d) der Cheops-Pyramide. 317
Abb. 142: Plan der Cheops-Pyramide nach Joseph Augustus Seiss, 1877. 340
Abb. 143: Die Cheops-Pyramide: Sehr frühe Fotografie von Piazzi Smyth, aufgenommen 1865 mit einer Minikamera. 342
Abb. 144: Besteigung der Cheops-Pyramide durch Touristen im Jahr 1875 mit Hilfe von Arabern. 343
Abb. 145: Cheops-Pyramide mit einer internen Rampe nach Jean-Pierre Houdin. 346
Abb. 146: Interne Rampe mit maximaler Rampenlänge. 348
Abb. 147: Interne Rampe ab Höhe der Königinnenkammer (25. Steinlage). 349
Abb. 148: Interne Rampe ab Höhe der Königskammer (50. Steinlage). 350
Abb. 149: Pyramidion der Roten Pyramide in Dahschur. Aufnahme vor der Restauration 2005. 353
Abb. 150: Die Rote Pyramide nach John Shae Perring. 356
Abb. 151: Pyramidion der Roten Pyramide nach der zweiten Restauration von 2006. Die Aufnahme stammt vom November 2010. 357
Abb. 152: Großer sitzender Koloss aus Granit, den die Arbeiter polieren, einige davon auf einem Holzgerüst. 359
Abb. 153: Eine besonders hohe Nilflut bei den Pyramiden von Gizeh (19. Jahrhundert) vor Errichtung des ersten Assuan-Staudams. 362
Abb. 154: Darstellung der Djehutihotep-Statue, die mit Wasser als Gleitmittel gezogen wird, etwa um 1840 v. Chr. während der Regierung von Sesostris II., 12. Dynastie. 367
Abb. 155: Transport eines monolithischen Kolosses, eine kolorierte Zeichnung aus den Katakomben zwischen Beni Hassan und Scheik-Abadeh, von Herrn Ricci. 368
Abb. 156: Kräfte, die auf einen Steinblock auf der schiefen Ebene wirken. Z = Zugkraft, H = Hangabtriebskraft, N = Normalkraft, R = Reibungskraft, μ = Gleitreibungszahl, G = Gewichtskraft, α = Steigungswinkel. 371
Abb. 157: Pilzförmige Hartsteine mit Kopfrillen, gefunden bei den Pyramiden von Gizeh (Zeichnung nach Lehner). 376

Abb. 158: Steintransport mittels Ochsen aus den Steinbrüchen von el-Masara. Transport eines für einen Tempelbau in Memphis bestimmten Blockes im 22. Jahre des Ahmose (Dyn. 18).Die bärtigen Arbeiter sind nach der Inschrift Phönizier. 377
Abb. 159: Die Rote Pyramide von Dahschur; Zeichnung von J.S. Perring. 383
Abb. 160: Steinlagen im unteren Bereich der Roten Pyramide mit der künstlich geschaffenen Treppe zum Eingang. Ein Tourist dient hier als Größenvergleich. 384
Abb. 161: Die Ruine der Meidum-Pyramide. 393
Abb. 162: Die Knickpyramide des Snofru in Dahschur. 394
Abb. 163: Die Rote Pyramide des Snofru in Dahschur. 395
Abb. 164: Die Knick-, die Rote und die Meidum-Pyramide aus großer Entfernung. 396
Abb. 165: Ausschnitt aus einer Karte von Dahschur von Richard Lepsius, 1849. Kartenausschnitt nach Norden ausgerichtet. 396
Abb. 166: Noch im Sand vergrabene runde Anlage 250 m östlich der Roten Pyramide. 397
Abb. 167: Methode zur Bestimmung des wahren Nordens mittels eines Zirkumpolarsterns (Zeichnung nach Josef Dorner). 397
Abb. 168: Megalithisches Observatorium bei Nabta-Playa. 398
Abb. 169: Kreisgrabenanlage von Goseck. Die gelben Linien stellen rechts die Richtung des Sonnenaufgangs und links die des Sonnenuntergangs zur Wintersonnenwende dar. Die senkrechte Linie markiert den astronomischen Meridian. 398
Abb. 170: Viehzählung nach einem Relief in der Mastaba G 75 in Gizeh. 402
Abb. 171: Kontrolle der Oberflächenebenheit unter Verwendung von Stangen und Schnur (oben) und einer diagonalen Kontrolle auf Ebenheit unter Verwendung nur einer gespannten Schnur (unten). Darstellungen aus dem Grab des Rechmire. 407
Abb. 172: Kupferwerkzeuge, die in Gizeh gefunden wurden. 407
Abb. 173: Innerer Felsenkern der Cheops-Pyramide (Zeichnung nach Fiorini) . Siehe hierzu auch Abb. 227. 408
Abb. 174: Visualisierung der konkaven Krümmung einer Pyramidenseite der Cheops-Pyramide von Denon (1802). 411
Abb. 175: Pyramide G1a der Königin Hetepheres (Mutter von Cheops). 414
Abb. 176: Pyramide G1b der Königin Meritetis. 414
Abb. 177: Pyramide G1c der Königin Henutsen, davor: Reste des Isis-Tempels. 415
Abb. 178: Lebensgroße Statue des Hemiunu, mutmaßlicher Baumeister der Cheops-Pyramide, Kalkstein, Höhe: 155,5 cm, Roemer- und Pelizaeus-Museum Hildesheim. 416
Abb. 179: Lageplan der Pyramiden von Gizeh mit Gräbern. Das Grab von Hemiunu (hier: Tomb of Hemon) befindet sich auf dem großen Westfriedhofs. 417
Abb. 180: Ein mathematisches Ostrakon aus der Zeit von König Djoser, dem Erbauer der ersten Pyramide, der Stufenpyramide in Sakkara. Die Abmessungen betragen 15 × 17.5 × 5 cm. 419
Abb. 181: Transkription der vorherigen Abbildung. 419
Abb. 182: Kurvenverlauf basierend auf den Werten des Ostrakons. 420
Abb. 183: Rekonstruierte Struktur basierend auf Fundresten und dem mathematischen Ostrakon. 420
Abb. 184: Zusammenhang zwischen Fläche und Volumen des Pyramidenstumpfs der Cheops-Pyramide. 421
Abb. 185: Unterste Steinlagen an einer der Pyramidenkanten der Cheops-Pyramide. 429
Abb. 186: Verwitterung/Erosion an der Cheops-Pyramide. 430
Abb. 187: Cheops-Pyramidenplateau nach Edward W. Lane (1825–1828). 432
Abb. 188: Heutiges Plateau der Cheops-Pyramide. 433
Abb. 189: Einzelne Stufenhöhen nach Nathaniel Davison mit eingezeichneten Abschnitten basierend auf Stufenhöhenänderungen von mindestens plus 25 %. 440
Abb. 190: Höhenabweichungen in inch (= 2,54 cm) zwischen der Nord- und Südseite der Cheops-Pyramide bezogen auf die einzelnen Stufenhöhen und auf die Gesamthöhe der Pyramide, basierend auf den Messungen von Petrie 1883. 442
Abb. 191: Originaleingang nach einer Zeichnung von Howard Vyse. 444
Abb. 192: Teilungsverhältnisse für die Cheops-Pyramide. 448
Abb. 193: Grafische Vorgehensweise einer Winkelhalbierung. 451
Abb. 194: Näherungsweise Bestimmung des Inkreises und des Inkreis-Dreiecks. 452
Abb. 195: Geometrische Grundelemente am Beispiel der Cheops-Pyramide. Als Maßstab dienen königliche Ellen (= 52,36 cm). 453
Abb. 196: Geometrische Grundelemente der Cheops-Pyramide und die Lage der Königs- und Königinnenkammer. 455
Abb. 197: Grafische Bestimmung der Lage der Königskammer der Cheops-Pyramide. 457
Abb. 198: Grafische Bestimmung der Lage der Großen Galerie. 459
Abb. 199: Grafische Bestimmung des aufsteigenden und absteigenden Gangs. 460
Abb. 200: Grafische Bestimmung der Terminierung des absteigenden Gangs. 461

Abb. 201: Grafische Bestimmung der Vorkammer zur Königskammer und Verbindung zum Brunnenschacht der unterirdischen Kammer. 462
Abb. 202: Grafische Bestimmung der kleinen Schächte der Königs- und Königinnenkammer, sowie die Lage der Blockiersteine. 464
Abb. 203: Grafische Rekonstruktion der oberen vermuteten Geheimkammer der Cheops-Pyramide. 467
Abb. 204: Der Mensch im Raster des Proportionskanons des Alten Reichs. 470
Abb. 205: Die Königskammer ist das Auge, die Königinnenkammer das Herz der Pyramide. 470
Abb. 206: Lage der Pyramiden um Kairo mit den alten Ortsnamen und den altägyptischen Namen. 484
Abb. 207: Ausschnitt aus einer Ägyptenkarte aus dem Jahr 1922. 485
Abb. 208: Ausschnitt mit den ägyptischen Pyramiden aus der Weltkarte von Fra Mauro. 486
Abb. 209: Karte von Kairo und Umgebung, Piri Reis, 1513. Karte basierend auf Walters Art Museum, W.658, fol 305a, leicht optisch überarbeitet. 487
Abb. 210: Kairo und Umgebung, 1549, Matteo Pagan. 489
Abb. 211: Kairo und die Pyramiden von Gizeh, 1568, Ferdinando Bertelli. 490
Abb. 212: Ägypten mit den Pyramiden, (aus Atlas von Claudius Ptolemaeus, 1561). 491
Abb. 213: Die Pyramiden von Gizeh, 1668, Olfert Dapper. 491
Abb. 214: Kairo und Umgebung, 1668, Olfert Dapper. 492
Abb. 215: Blick auf die Giseh-Pyramiden und den Sphinx nach Cornelis de Bruyn. 493
Abb. 216: Sphinx-Kopf von 1849. Ausschnitt aus einer Fotografie von Maxime du Camp mit dem Titel „Le Sphinx. Égypte Moyenne". 493
Abb. 217: Die Lage der Gizeh-Pyramiden von Frederic Norden aus dem Jahr 1737. 494
Abb. 218: Der Sphinx mit den drei Gizeh-Pyramiden von Frederic Norden aus dem Jahr 1737. 495
Abb. 219: Die Gizeh-Pyramiden von Richard Pococke aus dem Jahr 1738. 496
Abb. 220: Topografischer Plan des Gizeh-Plateaus von Pierre Jacotin aus dem Jahr 1798/99. 497
Abb. 221: Kairo und Umgebung von Pierre Jacotin aus dem Jahr 1798/99. 498
Abb. 222: Topografischer Plan des Gizeh-Plateaus von Henry Salt, dem britischen Generalkonsul in Ägypten, aus dem Jahr 1820. Zu diesem Zeitpunkt war die ägyptische Hieroglyphenschrift noch nicht entziffert. Im Gegensatz zu späteren Darstellungen ist hier noch der von West nach Ost verlaufende Weg ab dem Totentempel des Chephren zu sehen. 499
Abb. 223: Topographischer Plan des Gizeh-Plateaus nach Wilkinson, 1837. 500
Abb. 224: Topografischer Plan des Gizeh-Plateaus von John Shae Perring aus dem Jahr 1837. Der Aufweg zur Cheops-Pyramide war noch weitgehend intakt. 502
Abb. 225: Das Gizeh-Plateau von Richard Lepsius. 503
Abb. 226: Plan der Triangulation der Erfassung des Gizeh-Plateaus 1881 durch Flinders Petrie. 504
Abb. 227: Topografische Karte des Gizeh-Plateaus mit Höhenlinienrekonstruktionen der sichtbaren Teile von Felsvorsprüngen unter der Chephren- und Cheops-Pyramide. (Modifizierte Nachzeichnung nach Raynaud). 504
Abb. 228: Gewichtsset mit zwei Waagebalken, Gewichten und Normzylindern. Grab des Hesire in Sakkara. 505
Abb. 229: Plan der Katakomben bei Sakkara (Albert d'Ailly, Herzog von Chaulnes). 515
Abb. 230: Eingang der Katakomben bei Sakkara (Albert d'Ailly, Herzog von Chaulnes). 515
Abb. 231: Grundriss der Katakomben bei Sakkara (Albert d'Ailly, Herzog von Chaulnes). 516
Abb. 232: Eingang der Katakomben bei Sakkara. 516
Abb. 233: Grundriss der Katakomben bei Sakkara. 517
Abb. 234: Kopie der Zeichnung von Davison, die erste Kammer oberhalb der Königskammer in der Cheops-Pyramide betreffend. 518
Abb. 235: Verkleidungsstein der Knickpyramide mit einer Länge von 1,40 m nach Davison. Beigefügter Text: "The following are the dimensions of one of the stones with which the pyramid is covered; length of the side four feet seven inches." 520
Abb. 236: Grafische Darstellung der Euklid'schen Aufgabe. 541
Abb. 237: Konstruktion des Goldenen Schnitts über Wurzel-1-Folge: Schritt 1. 542
Abb. 238: Konstruktion des Goldenen Schnitts über Wurzel-1-Folge: Schritt 2. 543
Abb. 239: Konstruktion des Goldenen Schnitts über Wurzel-1-Folge: Schritt 3. 543
Abb. 240: Konstruktion des Goldenen Schnitts über Wurzel-1-Folge: Schritt ∞. 544
Abb. 241: Regelmäßiges Fünfeck oder Pentagramm. 544
Abb. 242: Grafische Darstellung der Ermittlung des goldenen Schnitts nach Odom. 546
Abb. 243: Konstruktion des Goldenen Schnitts basierend auf einer inneren Streckenteilung durch Kurt Hofstetter. 547
Abb. 244: Herodot'sche Gleichung: $h^2 = s \cdot a2 = A_s$. 547
Abb. 245: Kreisflächenberechnung nach Art der alten Ägypter; gemäß Aufgabe Nr. 48 aus dem mathematischen Papyrus Rhind. 549

Abb. 246: Grafische Darstellung der binomischen Formel $(a + 1)^2 = a^2 + 2 \cdot a + 1^2$. 550
Abb. 247: Umkreis und Inkreis zu einem Quadrat. 552
Abb. 248: Astronomische Konstellation der inneren Planeten vom 12.3.2876 v. Chr. um 3:36 UT. 559
Abb. 249: Astronomische Konstellation der inneren Planeten vom 12.3.2876 v. Chr. um 3:36 UT, mit Verbindungslinien. 560

22.3 Verzeichnis der Tabellen

Tab. 1: Vergleich der Genauigkeit verschiedener Astronomie-Programme für ein über 4000 Jahre altes Ereignis (Kulmination des Sterns Thuban über Gizeh). 105
Tab. 2: Daten zur internen Rampe nach Jean-Pierre Houdin. 347
Tab. 3: Daten zur internen Rampe mit minimalen Rampenabständen. 348
Tab. 4: Daten für eine interne Rampe ab Höhe der Königinnenkammer. 349
Tab. 5: Daten für eine interne Rampe ab Höhe der Königskammer. 350
Tab. 6: Verschiedene Gleitreibungszahlen bei unterschiedlichem Untergrund. 371
Tab. 7: Zugkraft in Newton (N) für Steinblöcke von 0,5 bis 5 t in Abhängigkeit der Steigung bei einer Gleitreibungszahl von 0,05. 372
Tab. 8: Anzahl an benötigten Schleppern bei einer Zugleistung von 275 N pro Schlepper und einer Gleitreibungszahl von 0,05. Die mit zunehmender Steigung abnehmende Zugleistung eines Schleppers ist hier nicht berücksichtigt. 373
Tab. 9: Anzahl an benötigten Schleppern bei einer Zugleistung von 275 N pro Schlepper und einer Gleitreibungszahl von 0,05. Berücksichtigt sind hierbei eine Schleppgeschwindigkeit von 1 km/h und die Leistungsreduktion aufgrund der Steigung. 374
Tab. 10: Anzahl an benötigten Schleppern bei einer Zugleistung von 275 N pro Schlepper und einer Gleitreibungszahl von 0,05. Berücksichtigt sind eine Schleppgeschwindigkeit von 1 km/h und die Leistungssteigerung aufgrund der Kraftumlenkung der Seile. 376
Tab. 11: Bauvolumen nach Baufortschritt gemäß zweier Bauarbeiterdatierungen an der Roten Pyramide. Fundhöhen laut Stadelmann. 387
Tab. 12: Wie vorherige Tabelle, jedoch Fundhöhen lt. Berechnung nach Maragioglio. 387
Tab. 13: Bauvolumen nach Baufortschritt gemäß zweier Graffiti-Datierungen an der Pyramide. Fundhöhen laut Stadelmann. Datum als jahresweise Zählung interpretiert. 388
Tab. 14: Daten basierend auf Tab. 13, jedoch Fundhöhen laut Berechnung nach Maragioglio. 388
Tab. 15: Regierungsjahre von Snofru und Anzahl der Zählungen. 389
Tab. 16: Astronomisch exakte Berechnung für die Schaltung von Mondmonaten. 390
Tab. 17: Praktische Berechnung für die Schaltung von Mondmonaten. 390
Tab. 18: Daten basierend auf Tab. 13 und Annahme einer 13-jährigen Bauzeit. 391
Tab. 19: Daten basierend auf Tab. 14 und Annahme einer 13-jährigen Bauzeit. 391
Tab. 20: Daten basierend auf Tab. 13 und Annahme einer 12-jährigen Bauzeit. 391
Tab. 21: Daten basierend auf Tab. 14 und Annahme einer 12-jährigen Bauzeit. 391
Tab. 22: Steinlagen mit besonderer Bedeutung bezogen auf die Fläche nach Petrie. 412
Tab. 23: Werte des Ostrakons in Fingern. Der horizontale Abstand wird dabei mit einer Elle (= 28 Fingern) als Basiswert angenommen. 420
Tab. 24: Länge der 4 Basisseiten der Pyramide. Lehner-Werte sind Mittelwerte. 422
Tab. 25: Abweichungen der Ausrichtung der Cheops-Pyramide vom wahren Norden. Lehner-Werte sind Mittelwerte. 422
Tab. 26: Entfernungen und Winkel in der Cheops-Pyramide bezogen auf Abb. 66. 424
Tab. 27: Vergleich der gemessenen Gesamthöhe der Cheops-Pyramide bezogen auf die Summation der Einzelstufen und Korrektur der offensichtlichen Fehler sowie die ermittelte Stufenzahl. 434
Tab. 28: Datenvergleich der Messwerte von Grobert, Davison, Petrie und Goyon in Bezug auf die einzelnen Steinhöhen der ersten 201 Stufen der Cheops-Pyramide. 435
Tab. 29: Datenvergleich der Messwerte von Davison, Jomard, Smyth, Petrie und Goyon in Bezug auf die einzelnen Steinhöhen der ersten 201 Stufen der Cheops-Pyramide. 435
Tab. 30: Stufenermittlung unter der Annahme, dass eine Größenzunahme mehr als 25 % zur vorhergehenden Stufe ausmachen muss. 436
Tab. 31: Übereinstimmende Stufennummern bezogen auf die Messungen von Jomard, Davison, Smyth, Petrie und Goyon, mit einer Größenänderung von über 25 % zur Vorgängerstufe. Als Datenbasis dient Tab. 30. 436
Tab. 32: Prozentuale Größenänderungen bei den Abschnitten bezogen auf die Messungen von Davison, Jomard, Petrie und Goyon. 436
Tab. 33: Prozentuale Abweichungen bei den Abschnitten der Cheops-Pyramide bezogen auf die Messungen von Davison, Jomard, Smyth, Petrie und Goyon, sowie die Gesamtsumme der Abweichungen pro Vergleichspaar. 437
Tab. 34: Höhe der einzelnen Abschnitte der Cheops-Pyramide. Die Werte sind auf ganze Meter gerundet. 437
Tab. 35: Von Petrie erstellter Zusammenhang zwischen dem starken Ansteigen der Stufenhöhe und dem Vielfachen eines 50. Grundflächenanteils an der Pyramide. 438

Tab. 36: Stufenermittlung für besondere Flächenverhältnisse (Quadrate von Fünfzigstel) bei der Cheops-Pyramide. Der Mittelwert der Stufen ist auf ganze Stufen gerundet. Abweichungen von dem genauen Flächenwert sind in Prozent angegeben. 438

Tab. 37: Abschnittsunterteilung bei den Stufen der Cheops-Pyramide nach Goyon. Fettgedruckt ist die Stufenzahl, die den Abschnitten aus Tab. 31 entsprechen. 439

Tab. 38: Stufen-Abschnitte gemäß den Daten von Petrie, wenn man mind. 16,7 % Größenzunahme bezüglich der Vorgängerstufe für die Cheops-Pyramide fordert. 441

Tab. 39: Höhenunterschiede der SW- mit der NO-Seite der Cheops-Pyramide mit einer Gesamtabweichung von max. 0,1 Zoll (= 2,54 mm) nach Angaben von Petrie. 443

Tab. 40: Gesamthöhendifferenzen (GHD) der SW- mit der NO-Seite der Cheops-Pyramide ab Stufe 122 nach den Angaben von Petrie. 445

Tab. 41: Stufenhöhen für die Stufen, welche in der vorherigen Tabelle wegen ihrer geringen Nord-Süd-Höhenabweichung markiert wurden; Stufenhöhen nach Petrie. 445

Tab. 42: Gesamthöhendifferenzen der SW- mit der NO-Seite der Cheops-Pyramide mit den vier größten Abweichungswerten nach den Angaben von Petrie. 446

Tab. 43: %-Verteilung der Größenänderungen bei den Stufen der Cheops-Pyramide bezogen auf die Messungen von Davison, Jomard, Smyth, Petrie und Goyon. 446

Tab. 44: Stufenhöhen der Cheops-Pyramide, Nathaniel Davison, 1765. (Quelle: Walpole 1817, 346-347). Stufe 1 und 2 waren bei Walpole vertauscht. Bei Stufe 139, 164 und 181 ist es bei Davison/Walpole offensichtlich zu einem Fehler gekommen, da er hier jeweils die Fußanzahl nur mit 1 anstatt 2 angab. Ein Vergleich mit anderen Stufenmessungen bestätigt diese Fehler. 538

Tab. 45: Winkel in der Cheops-Pyramide bezogen auf Abb. 66. 561

Tab. 46: Ellen- und Meter-Angaben in der Cheops-Pyramide bezogen auf Abb. 66. 563

22.4 Verzeichnis der Bildnachweise

Abb. 1: www.gracesguide.co.uk/images/7/75/Im1872EnV34-p379.jpg [Stand: 16.12.2014].
Abb. 2: Wikipedia [Stand: 16.12.2014].
Abb. 3: Captain Cook Schoolroom Museum, Great Ayton (2010).
Abb. 4: www.arky.me.uk/Egyptology%20Scotland/James_Grant_Bey.jpg [Stand: 16.12.2014].
Abb. 5: Edgar und Edgar 1910, 298.
Abb. 6: Aufnahme von Jerry Leslie aus dem Jahr 1978.
Abb. 7: Ausschnitte aus der Spiegel-TV Reportage vom 15. August 1995 *Pyramidenforscher Gantenbrinks Reise in das Reich der Pharaonen* (www.youtube.com/watch?v=_J6P6B8sXho) [Stand: 30.12.2014].
Abb. 8: Belzoni 1821, Pl. 12.
Abb. 9: Eigene Aufnahme.
Abb. 10: Nature, 26.12.1872, S. 147.
Abb. 11: The Graphic (London), Samstag, 7. Dezember, 1872; Ausgabe 158, Seite 545.
Abb. 12: British Museum Collection Database. Museum Nr. EA67818, 1972,0722.2, AN156345, www.britishmuseum.org/collection, British Museum, last modified 20.12.2014. Online accessed 20.12.2014.
Abb. 13: swathe.narod.ru/Lib/Hencock_Graham/Bouvel_Piramids_files/image050.jpg [Stand: 16.12.2014].
Abb. 14: Linkes Bild: Ausschnitt aus dem Bild von John Bodsworth unter: www.nefershapiland.de/images/Khufu_masons_toolsJB.jpg [Stand: 17.10.2014], Rechtes Bild: www.cheops.org/startpage/thefindings/thelowernorthshaft/hook.jpg [Stand: 17.10.2014].
Abb. 15: British Museum Collection Database. Museum Nr. EA67819, 1972,0722.2, AN156345 & AN906811, www.britishmuseum.org/collection, British Museum, last modified 20.12.2014. Online accessed 20.12.2014.
Abb. 16: s-media-cache-ak0.pinimg.com/736x/f9/1b/74/f91b74ed8717878e4e8036503ee7347c.jpg [Stand: 30.12.2014].
Abb. 17: Eigene Darstellung.
Abb. 18: Eigene Darstellung nach Beschreibung von Chrichton Miller.
Abb. 19: Zeichnung nach einem Simmering-Entferner-Werkzeug.
Abb. 20: British Museum Collection Database. Museum Nr. EA23871, 1887, 0101.1066, AN932161, www.britishmuseum.org/collection, British Museum, last modified 20.12.2014. Online accessed 20.12.2014.
Abb. 21: Aufnahme: University of Aberdeen.
Abb. 22: Aufnahme: University of Aberdeen.
Abb. 23: Wikimedia Commons.
Abb. 24: www.cheops.org/startpage/therobots/upuaut1.jpg [Stand: 17.10.2014].
Abb. 25: www.catchpenny.org/images/upuaut2.gif [Stand: 17.10.2014].
Abb. 26: www.coirobot.com/new/images/pe_robot/04_big.jpg [Stand: 17.10.2014].
Abb. 27: robotics.leeds.ac.uk/wp-content/uploads/2014/10/Djedi-robot-400.jpg [Stand: 17.10.2014].
Abb. 28: www.cheops.org/startpage/theupuautstory/thefirst1992campaign/dixrod1.jpg [Stand: 17.10.2014].
Abb. 29: Aufnahme aus dem Film *Robot Journey into the Past* von Rudolf Gantenbrink.
Abb. 30: www.cheops.org/startpage/thefindings/thelowernorthshaft/holes.jpg [Stand: 17.10.2014].
Abb. 31: Aufnahme aus dem Film *Robot Journey into the Past* von Rudolf Gantenbrink.
Abb. 32: Eigene Zeichnung.
Abb. 33: www.cheops.org/startpage/thefindings/thelowernorthshaft/squarerod.jpg [Stand: 17.10.2014].
Abb. 34: Aufnahme aus dem Film *Robot Journey into the Past* von Rudolf Gantenbrink.
Abb. 35: National Geographic, © National Geographic.
Abb. 36: www.cheops.org/startpage/thefindings/thelowernorthshaft/unknown.jpg [Stand: 17.10.2014].
Abb. 37: Aufnahmen des *Pyramid Rover*s im Nordschacht der Königinnenkammer. © National Geographic.
Abb. 38: Eigene Darstellung.
Abb. 39: Eigene Darstellung.
Abb. 40: Aufnahmen des *Pyramid Rover*s im Nordschacht der Königinnenkammer. © National Geographic.
Abb. 41: Aufnahmen des *Pyramid Rover*s im Nordschacht der Königinnenkammer. © National Geographic.
Abb. 42: Aufnahmen des *Pyramid Rover*s im Nordschacht der Königinnenkammer. © National Geographic.
Abb. 43: Casey 1880, Abb. 1.
Abb. 44: Smyth 1880, Abb. 9.
Abb. 45: www.cheops.org/startpage/thefindings/thelowersouthshaft/uso.jpg [Stand: 03.09.2014].
Abb. 46: www.cheops.org/startpage/thefindings/thelowersouthshaft/cupart.jpg [Stand: 03.09.2014].
Abb. 47: files.abovetopsecret.com/images/member/99b2ab273863.jpg [Stand: 30.12.2014].
Abb. 48: Aufnahmen des *Pyramid Rover*s im Nordschacht der Königinnenkammer. © National Geographic.

Abb. 49: emhotep.net/wp-content/uploads/2012/03/dje37-Front-and-backs-of-the-metal-pins-in-QCS.png [Stand: 30.12.2014].
Abb. 50: Richardson, et al. 2013, Vol. 30, Abb. 24, 344.
Abb. 51: emhotep.net/wp-content/uploads/2012/03/dje44-Detail-of-the-three-hieratic-characters.png [Stand: 17.10.2014].
Abb. 52: Miatello 2008, Abb. 5, 47.
Abb. 53: www.cheops.org/startpage/publications/bild7.jpg [Stand: 17.10.2014].
Abb. 54: www.cheops.org/startpage/publications/bild8.jpg [Stand: 17.10.2014].
Abb. 55: Smyth 1874, Abb. 8.
Abb. 56: Churchward 1898, 65.
Abb. 57: Eigene Bildschirmkopie von dem Astronomie-Programm Stellarium (Version 0.13.1).
Abb. 58: Eigene Bildschirmkopie von dem Astronomie-Programm Stellarium (Version 0.13.1).
Abb. 59: Eigene Bildschirmkopie von dem Astronomie-Programm Stellarium (Version 0.13.1).
Abb. 60: Eigene Bildschirmkopie von dem Astronomie-Programm Stellarium (Version 0.13.1).
Abb. 61: Eigene Bildschirmkopie von dem Astronomie-Programm Stellarium (Version 0.13.1).
Abb. 62: Eigene Darstellung.
Abb. 63: Eigene Darstellung.
Abb. 64: Brugsch 1883, Bd. 1, 35.
Abb. 65 Brugsch 1883, Bd. 1, 62.
Abb. 66: Eigene Darstellung.
Abb. 67: Vyse 1840-42, Vol. 3, Map.
Abb. 68: Eigene Darstellung.
Abb. 69: F. L. Norden 1755, Pl. XLVII.
Abb. 70: Usick und Manley 2007, 16, Plate I.
Abb. 71: Wikimedia Commons.
Abb. 72: Lehner, et al. 2017, Foto: 101-black-and-white-photo-02472.tif.
Abb. 73: Lehner, et al. 2017, Foto: 101-black-and-white-photo-02440.tif.
Abb. 74: Jomard 1809, Antiquités Vol. 5, Pl. 12.
Abb. 75: M. Thévenot 1696, Map.
Abb. 76: Edgar und Edgar 1910, 276, Pl. CL.
Abb. 77: Edgar und Edgar 1910, 278, Pl. CLI.
Abb. 78: Rantzau 1669, 50.
Abb. 79: Linkes Bild: F. L. Norden 1755, Pl. L (h).
Rechtes Bild: F. L. Norden 1755, Pl. LI (Ausschnitt).
Abb. 80: Sandwich und Cooke 1799, 456-457.
Abb. 81: Sandwich und Cooke 1799, 456-457.
Abb. 82: Sandwich und Cooke 1799, 458-459.
Abb. 83: Sandwich und Cooke 1799, 458-459.
Abb. 84: Kircher 1652-54, Vol. 2, 305.
Abb. 85: Menu von Minutoli und Toelken 1824, Taf. XXVII, Fig. 1 & 2.
Abb. 86: Menu von Minutoli und Toelken 1824, Taf. XXVII, Fig. 3.
Abb. 87: Menu von Minutoli und Toelken 1824, Taf. XXVI, Fig. 2.
Abb. 88: Wikimedia Commons.
Abb. 89: Wikimedia Commons.
Abb. 90: Eigene Aufnahme.
Abb. 91: Wikimedia Commons.
Abb. 92: Nachzeichnung nach: Smyth, Our inheritance in the Great Pyramid 1880, Pl. XVII.
Abb. 93: Eigene Aufnahme.
Abb. 94: Wikimedia Commons (aus dem Archiv von Jon Bodsworth).
Abb. 95: Wikimedia Commons.
Abb. 96: Ausschnitt aus: Perring und Andrews 1839-1842, Vol. 1, Plate III.
Abb. 97: F. L. Norden 1755, Pl. L (f).
Abb. 98: Nachzeichnung nach einem Bild aus der Serie *TIME SCANNERS* von *Atlantic Productions* von 2013.
Abb. 99: Nachzeichnung nach: Arnold 1991, 51, Abb. 2.29.
Abb. 100: Wikimedia Commons.
Abb. 101: Wikimedia Commons.
Abb. 102: Nachzeichnung nach: Lawton und Ogilvie-Herald 1999, 50, Abb. 4.
Abb. 103: Jomard 1809, Antiquités Vol. 5, Pl. 13.
Abb. 104: Foto: Erwin Purucker, www.aegypten-fotos.de/gizeh/cheops-pyramide-koenigskammer-01-14_10.jpg.

Abb. 105: Ergänzte Zeichnung von Maragioglio/Rinaldi (Maragioglio und Rinaldi 1963-1977, Vol. 4, Tav. 7, Fig. 10.) mit Angaben aus einer Grafik (ldolphin.org/egypt/egypt2/fig105.jpg) von Lambert Dolphin mit Ergebnissen aus akustischen Untersuchungen durch das SRI im Jahr 1977.
Abb. 106: Wikimedia Commons (aus dem Archiv von Jon Bodsworth).
Abb. 107: Wikimedia Commons (aus dem Archiv von Jon Bodsworth).
Abb. 108: Wikimedia Commons (aus dem Archiv von Jon Bodsworth).
Abb. 109: Wikimedia Commons.
Abb. 110: Eigene Zeichnung.
Abb. 111: Smyth 1867, Vol. 2, Pl. 8.
Abb. 112: Edgar und Edgar 1910, 296, Pl. CLXI.
Abb. 113: Maragioglio und Rinaldi 1963-1977, Vol. 4, Tav. 6.
Abb. 114: Eigene Zeichnung.
Abb. 115: Nachzeichnung nach: Dormion 2004, 256, Abb. 65A.
Abb. 116: Wikimedia Commons.
Abb. 117: Paris, Bibliothèque Nationale, MS Arabe 6805 folios 92b. ff.
Abb. 118: Eigene Aufnahme.
Abb. 119: Vyse 1840-42, Vol. 1, 226.
Abb. 120: Vyse 1840-42, Vol. 1, 278.
Abb. 121: Vyse 1840-42, Vol. 2, 158.
Abb. 122: Vyse 1840-42, Vol. 1, 278-279 (oben Mitte). Inschrift hier um 90° gedreht und horizontal gespiegelt.
Abb. 123: Perring 1842, Vol. 1, Pl. VII. Inschrift hier um 90° gedreht und horizontal gespiegelt.
Abb. 124: Linkes Bild: Nachzeichnung nach einer Fotografie von Robert Schoch der Königskartusche von Cheops aus der Campbell Kammer, südliche Giebeldecke. Die Darstellung wurde horizontal gespiegelt.
Rechtes Bild: eine leicht bearbeitete Ausschnittvergrößerung des ersten Zeichens aus einer Fotografie der Kartusche von Robert Schoch.
Abb. 125: Nachzeichnung nach: Creighton 2017, 162, Fig. 13.2.
Abb. 126: Nachzeichnung nach: Creighton 2017, 163, Fig. 13.3.
Abb. 127: Nachzeichnung der Originalzeichnung aus dem Jahr 1837 von J.R. Hill's eingereichter Cheops-Kartusche.
Abb. 128: Nachzeichnung nach: G. Goyon 1944, Pl. CLV, Divers 20.
Abb. 129: Eigene Zeichnung.
Abb. 130: Eigene Zeichnung.
Abb. 131: Vyse 1840-42, Vol. 1, 284-285 (oben rechts).
Abb. 132: Eigene Darstellung.
Abb. 133: Eigene Darstellung.
Abb. 134: Eigene Darstellung.
Abb. 135: Nachzeichnung nach: Kerres 2018, 165.
Abb. 136: Gemeinfrei: gizamedia.rc.fas.harvard.edu/images/GPH/PDM
Abb. 137: Nachzeichnung nach: Kawae, et al. 2013, 230.
Abb. 138: Helffrich 1589, Zeichnung am Buchende.
Abb. 139: Eigene Aufnahme.
Abb. 140: Erweiterte Nachzeichnung nach: Dormion 2004, 155, Fig. 20.
Abb. 141: Wikimedia Commons (aus dem Archiv von Jon Bodsworth).
Abb. 142: Seiss 1877, 10.
Abb. 143: Wikimedia Commons.
Abb. 144: Wikimedia Commons.
Abb. 145: Eigene Zeichnung gemäß Jean-Pierre Houdin.
Abb. 146: Eigene Zeichnung gemäß Jean-Pierre Houdin.
Abb. 147: Eigene Zeichnung gemäß Jean-Pierre Houdin.
Abb. 148: Eigene Zeichnung gemäß Jean-Pierre Houdin.
Abb. 149: Wikimedia Commons (aus dem Archiv von Jon Bodsworth).
Abb. 150: Perring 1842, Vol. 1, Pl. XIV.
Abb. 151: Eigene Aufnahme aus dem Jahr 2010.
Abb. 152: J. G. Wilkinson 1871, 314, Abb. 455.
Abb. 153: Wikipedia: de.wikipedia.org/w/index.php?curid=5976877.
Abb. 154: J. G. Wilkinson 1854, Frontispiece.
Abb. 155: Menu von Minutoli und Toelken 1824, Taf. XIII.
Abb. 156: Eigene Zeichnung.
Abb. 157: Nachzeichnung nach: M. E. Lehner 1997, 211.
Abb. 158: Ermann und Ranke 1923, 631.

Abb. 159: Vyse 1840-42, Vol. 3, 64-65, Abb. 2.
Abb. 160: Eigene Aufnahme.
Abb. 161: Eigene Aufnahme.
Abb. 162: Eigene Aufnahme.
Abb. 163: Eigene Aufnahme.
Abb. 164: Eigene Aufnahme.
Abb. 165: C. R. Lepsius 1849-58, Abt. 1, Tafelband 1, Bl. 35.
Abb. 166: Mit Kontrastfiltern nachbearbeitete Aufnahme einer Luftaufnahme.
Abb. 167: Nachzeichnung nach: Dorner 1981, 37.
Abb. 168: Wikimedia Commons.
Abb. 169: Wikimedia Commons.
Abb. 170: Wikimedia Commons.
Abb. 171: J. G. Wilkinson 1871, Vol. 1, 313.
Abb. 172: Wikimedia Commons.
Abb. 173: Nachzeichnung nach: Fiorini 2013, 28.
Abb. 174: Denon 1802, Bd. 3, Abb. 59.
Abb. 175: Wikimedia Commons (aus dem Archiv von Jon Bodsworth).
Abb. 176: Wikimedia Commons (aus dem Archiv von Jon Bodsworth).
Abb. 177: Wikimedia Commons (aus dem Archiv von Jon Bodsworth).
Abb. 178: Wikimedia Commons.
Abb. 179: Wikimedia Commons.
Abb. 180: Wikimedia Commons.
Abb. 181: Gunn 1926, Abb. 2.
Abb. 182: Eigene Darstellung.
Abb. 183: Gunn 1926, Abb. 5.
Abb. 184: Eigene Darstellung.
Abb. 185: Eigene Aufnahme.
Abb. 186: Eigene Aufnahme.
Abb. 187: Nachzeichnung nach: Lane und Thompson 2000, 29.
Abb. 188: Wikipedia: cheops.su/wiki2/images/Cheops-spitze.jpg [Stand: 17.10.2014].
Abb. 189: Eigene Darstellung.
Abb. 190: Eigene Darstellung.
Abb. 191: Vyse 1840-42, Vol. 1, 236-237.
Abb. 192: Eigene Darstellung.
Abb. 193: Eigene Darstellung.
Abb. 194: Eigene Darstellung.
Abb. 195: Eigene Darstellung.
Abb. 196: Eigene Darstellung.
Abb. 197: Eigene Darstellung.
Abb. 198: Eigene Darstellung.
Abb. 199: Eigene Darstellung.
Abb. 200: Eigene Darstellung.
Abb. 201: Eigene Darstellung.
Abb. 202: Eigene Darstellung.
Abb. 203: Eigene Darstellung.
Abb. 204: Eigene Darstellung.
Abb. 205: Eigene Darstellung.
Abb. 206: Society 1894, Pl. III (Ausschnitt).
Abb. 207: Bartholomew 1922, Pl. 79.
Abb. 208: Wikimedia Commons.
Abb. 209: www.thedigitalwalters.org/Data/WaltersManuscripts/W658/data/W658/sap/W658_000619_sap.jpg [Stand: 17.10.2014].
Abb. 210: Wikimedia Commons.
Abb. 211: Ferdinando Bertelli, Kupferstich *La gran citta del Cairo*, 1568.
Abb. 212: Ptolemaeus, Moleti und Ruscelli 1561, Tav. XXI.
Abb. 213: Dapper 1668, 100-101.
Abb. 214: Dapper 1668, 86-87.
Abb. 215: Bruyn 1700, 208-209, Abb. 85.
Abb. 216: Ausschnitt aus einer Fotografie von Maxime du Camp mit dem Titel *Le Sphinx. Égypte Moyenne*.

Abb. 217: F. L. Norden 1755, Pl. XLIII.
Abb. 218: F. L. Norden 1755, Pl. XLV.
Abb. 219: Pococke 1743, 41, Pl. XVI.
Abb. 220: Jomard 1809, Antiquités Vol. 5, Pl. 6.
Abb. 221: Jomard 1809, État moderne, Vol. 1, Pl. 15.
Abb. 222: Usick und Manley 2007, Ausschnitt aus Pl. 1.
Abb. 223: J. G. Wilkinson 1837, Vol. 1.3, 398.
Abb. 224: Perring und Andrews 1839-1842, Vol. 1, 8-9.
Abb. 225: C. R. Lepsius 1849-58, Tafelbd. 1, Abt. 1, Bl. 14.
Abb. 226: W. M. Petrie 1883, 251, Pl. 1.
Abb. 227: Nachzeichnung mit Modifikationen nach: Raynaud 2008, 19.
Abb. 228: Quibell 1913, Pl. XVI, Nr. 14.
Abb. 229: Chaulnes 1777, Fig. 1.
Abb. 230: Chaulnes 1777, Fig. 2.
Abb. 231: Chaulnes 1777, Fig. 3.
Abb. 232: Zeitschrift *Observations sur la physique, sur l'histoire naturelle et sur les arts* vom Mai 1777, 400-401.
Abb. 233: Zeitschrift *Observations sur la physique, sur l'histoire naturelle et sur les arts* vom Mai 1777, 400-401.
Abb. 234: Sonnini de Manoncourt 1799, Vol. 2, pl. XXV.
Abb. 235: Walpole 1817, 360.
Abb. 236: Eigene Darstellung.
Abb. 237: Eigene Darstellung.
Abb. 238: Eigene Darstellung.
Abb. 239: Eigene Darstellung.
Abb. 240: Eigene Darstellung.
Abb. 241: Eigene Darstellung.
Abb. 242: Eigene Darstellung.
Abb. 243: Wikimedia Commons.
Abb. 244: Eigene Darstellung.
Abb. 245: Eigene Darstellung.
Abb. 246: Eigene Darstellung.
Abb. 247: Eigene Darstellung.
Abb. 248: Eigene Darstellung.
Abb. 249: Eigene Darstellung.

Anmerkung:

Bei allen Internet-Ressourcen wurde das Präfix http:// bzw. https:// der besseren Lesbarkeit weggelassen. Moderne Internet-Browser erkennen eine Webadresse auch ohne dieses Präfix korrekt.

23 Indices und Register

23.1 Sachregister

A

Ägyptische Altertümerverwaltung · Siehe Behörden, Institute, Organisationen, Stiftungen:Egyptian Antiquities Organization (EAO)
Ägyptische Bauwerke
allgemein
Obelisken · 11, 12, 112, 116, 166, 169, 326, 354, 359, 362, 365, 411, 476
Pyramiden
Pyramidentexte · 15, 27, 96, 97, 98, 99, 102, 105, 120, 269
Spruch 477 · 102, 112
Spruch 534 · 413
Pyramidenbau · 475, 481
Pyramidenbauzeit · 24, 471, 554
Cheops
Kultpyramide des Cheops (GI-d) · 316, 317, 356
Pyramide · **144–46**, Siehe:an sehr vielen Stellen im Text
Chephren
Pyramide · **147–49**, Siehe:an sehr vielen Stellen im Text
Taltempel · 117
Totentempel · 117, 119
Djoser
Stufenpyramide bei Sakkara · 34, 159, 161, 162, 163, 164, 165, 283, 419, 520
Gizeh-Plateau
Großbäckerei · 387
Halle der Aufzeichnungen · 79, 93, 127, 292, 296, 298, 299, 300, 303, 314, 321, 322, 332
Kornspeicher · 132, 181
Pyramidenplateau · 221, 222, 426, 427, 488, 561
Sphinx · 42, 50, 79, 86, 93, 95
Sphinx-Tempel · 116, 303, 313
Heliopolis
Sonnentempel · 102, 112
modern
Assuan-Staudamm · 318
Mahmudiya-Kanal · 233, 239
Suezkanal · 159
Mykerinos
Bresche in Pyramide · 150
Pyramide · 99, 104, 112, 117, 119, 120, 146, 149, 150, 151, 157, 217, 222, 228, 241, 275, 276, 333, 354, 355, 399, 415, 447, 476, 478, 479, 480, 488, 492, 495, 497, 498, 522, 559
Taltempel · 27, 120
Totentempel · 119
vierte Pyramide (= westlichste Satellitenpyramide) · 354, 495, 497
Ramses II
Abu Simbel · 160, 213, 365, 397
Ramesseum · 362
Sakkara
Mumiengräber · 157
Vogelgrab · 118, 120
Vogel-Katakomben · 514
Snofru
Knickpyramide · 149, 151, 152, 153, 154, 157, 358, 375, 394, 395, 396, 398, 399, 433, 519, 520
Meidum-Pyramide · 394, 425, 549
Rote Pyramide · 149, 150, 151, 152, 153, 154, 155, 156, 157, 159, 353, 355, 356, 357, 375, 379, 381, 382, 383, 384, 385, 387, 388, 391, 392, 394, 395, 396, 397, 398, 399, 405, 406, 423, 481, 482, 519, 558
Ägyptologische Begriffe
Ägyptomanie · 84
Amduat · 197
Annalensteine · 360, 380
Kairofragmente · 360
Kairostein · 360
Londonfragment · 360
Palermostein · 360, 361, 380, 381, 385, 386, 393, 399
Ba-Vogel · 15
Benben-Stein · 96, 102
Geist (Ka) · 85, 87, 88
Jenseitsbücher · 197
Kanopenkrüge · 87
Kartusche (Königskartusche) · 105, 240, 243, 244, 245, 246, 247, 256, 262, 263, 507
Ka-Statue · 88, 164
Lotus (Lotusblume) · 117
Mastaba · 116, 120, 166, 189, 216, 278, 380, 400, 402, 416, 476, 495
mf3t-Pulver · 366
Mundöffnungsritual · 27
Osiris-Mythos · 102, 112, 246
Ostrakon · 20, 418, 419, 420
Pesch-en-kef (Instrument zur Mundöffnung) · 27
Phyle (Arbeitermannschaft) · 361, 366, 400, 402, 404, 405, 475
Proportionskanon · 469, 470, 482
Pyramidion · 102, 316, 317, 328, 329, 330, 331, 353, 354, 355, 356, 357, 412, 426, 427, 437, 481, 482, 558
Seelenschächte · 87
Serdab (Statuenhaus) · 88, 117, 164, 165
Udjat-Auge · 96, 120, 327
Uräus · 173
Urflut · 103
Urhügel · 96, 103, 107, 112, 119
Analyse- und Untersuchungsmethoden
Altersbestimmung · 15, 24, 33, 51, 471, 483
Analysemethoden · 471
Bohrlöcher · 63
C14-Methode · 15, 24, 33, 34, 51, 386, 473, 474
Computer-Analyse · 36
Datierung · 105
Exploration · 29
Fotogrammmetrie · 337
Georadar · 232, 331
GPR (Ground Penetrating Radar) · 136, 143, 314, 315, 318, 332, 333, 479
Hydrometer · 132, 182
Materialbestimmung · 61
Materialeigenschaft · 471
Messfehler · 65
Messgerät · 28
Messinstrument · 27, 28
Messkampagnen · 471
Messschnur · 76, 117, 121
Messstab · 27, 28

Messsystem · 65
Messtoleranz · 65
Myonen-Detektoren · 288, 291, 292, 345
Myonen-Experimente · 295
Myonen-Radiographie · 337
Präzision · 89, 103, 112, 189, 283, 292, 331, 394, 422, 465
Remote-Sensing · 297, 319
Schießpulver · 138, 211
Sprengstoff · 72, 115, 226, 231, 232, 258, 270, 438, 479
Sprengstoff-Archäologie · 72
Stanford Research Institute (SRI) · 295
Terrestrischer Grad (Messung) · 177
Thermographie · 337
Vermessung · 37, 81, 422
Voltammetrie · 471
Astronomie
Astronom · 11, 27, 72, 73
Digression · 397
Himmelsbezüge · 97
Himmelsgewölbe · 87
Himmelskonstellation · 98, 99, 101, 560
Himmelsscheibe von Nebra · 398
Hofastronom · 73
Horizont · 99
Konstellation von Sternen und Planeten · 84, 98, 99, 101, 559, 560
Kulmination · 86, 105
Lichtgeschwindigkeit · 552, 558
Mondbeobachtungsdaten · 105
Morgenhimmel · 99, 100
Nachthimmel · 111
Observatorium · 133, 207, 396, 397, 398
Orion-Theorie · 86, 93, 98, 101
Planetariums-Programme · 105
Programm
SkyViewCafé · 559
Stellarium · 98, 100, 101, 105
Sonne
Sonnenaufgang · 98, 100, 398
Sonnenfinsternis · 104
Sonnenuntergang · 398
Sonnenwende
Sommersonnenwende · 98, 99, 100, 101, 106, 175, 386, 398, 410, 411
Wintersonnenwende · 398
Sterne
Aufgangspunkt · 99
Beobachtungsregel · 99
Fixsterne · 87
Frühaufgang · 99
Gestirn · 98
Sothiszyklus (Sirius) · 386
Sternbild · 85, 86, 92, 93, 99
Sternkonstellationen · 99
Südhimmel · 88
Tagundnachtgleiche · 112, 115, 182, 411
Frühlingstagundnachtgleiche · 411
Herbsttagundnachtgleiche · 103
Teleskop · 81
Auktionshäuser
Christie's · 528
Sotheby's · 526, 528

B

Bautechnik
Ästhetik · 546
DIN Norm 33411 · 369, 370, 371
Fugen · 65, 136, 137, 170, 192, 204, 279, 304, 306, 307, 308, 309, 326, 345, 360, 433, 479
Genauigkeit · 423, 471, 554
Gleitreibung · 371, 372, 378
Gleitreibungszahl · 369, 370, 371, 372, 373, 374, 376, 378
Grundsteinlegung · 381, 383
Gründungsbeigaben · 21
Haftreibung · 372
Haftreibungszahl · 372
Hintermauerungsstein · 246, 379, 381, 388, 481
Holzkonstruktion · 18, 229, 241, 284
Kernmauerwerk · 18, 364, 392, 393, 409
Kraftumlenkung · 375, 376, 377
Mörtel · 34, 35, 63, 305, 336
Palastfassade · 190
Prism Point · 425
Rampen · 134, 287, 334, 336, 345, 346, 347, 348, 349, 351, 352, 370, 375, 392, 410, 465, 481
Rampentheorien · 290, 392
Scheintür · 164, 363
Sprengstoffexperte · 231
Steinbrucharbeiter · 217, 257, 271, 272, 363, 364, 406, 408
Steinmetzbruderschaften · 83
Verkleidungssteine · 12, 144, 146, 147, 180, 222, 280, 348, 360, 363, 364, 366, 376, 378, 392, 399, 404, 405, 408, 409, 426, 427, 433, 443, 447, 465, 475, 479, 480, 481, 519
Bauwerke
Ägypten
Shepheard Hotel (Kairo) · 233
Frankreich
Straßburger Münster · 276
Großbritannien
Box-Tunnel (Eisenbahn-Tunnel bei Bath) · 257, 258, 259, 261
Israel
Jerusalemer Tempel · 75
Ungarn
Szechenyi-Kettenbrücke (Budapest) · 259
Behörden, Institute, Organisationen, Stiftungen
American Research Center of Egypt (ARCE) · 303, 304
Ancient Egypt Research Associates (AERA) · 297
Antikenministerium, ägyptisches · 22, 23, 30, 287, 288, 345
Army Medical Service (AMS), British · 253
Association for Research and Enlightenment (ARE) · 296, 298, 299, 300, 301, 302, 303, 314
British Medical Association (BMA) · 253
British Medical Service (BMS) · 252, 253
Deutsches Archäologisches Institut (DAI) · 36, 354
Deutsches Archäologisches Institut in Kairo (DAIK) · 304, 315
Edgar Cayce Foundation (ECF) · 34, 292, 296, 298, 304, 314
Egyptian Antiquities Organization (EAO) · 36, 295, 297, 302, 305, 313, 315, 316, 338
Egyptian Society in Kairo · 238, 240
Institut Français d'Archéologie Orientale (IFAO) · 375
NASA · 98, 104, 321, 558
National Science Foundation (NSF) · 301
Ostindien-Kompanie, Britische · 233, 237, 248, 512
Preußische Akademie der Wissenschaften · 238
Provincial Medical and Surgical Association, British · 253

Recovery System International (RSI) · 302, 303
Remote Sensing and Space Science Authority (RSSA) · 329
Royal Army Medical Corps, British · 253
Royal Society of Medicine, British · 525
Smithsonian Institution · 292
Stanford Research Institute (SRI) · 193, 295, 297, 301, 302, 303, 304, 313, 338
Supreme Council of Antiquities (SCA) · 38, 41, 53, 86, 192, 295, 297, 318, 324, 328, 329, 330, 332, 336, 472, 483

C

Cheops-Pyramide
Abschlussstein · 64, 482, 558
al-Ma'mūn-Tunnel · 132, 138, 179, 181, 204, 219, 220, 222
Auferstehungstext · 98
Ausrichtung nach den Himmelsrichtungen · 103, 115, 195, 394, 422
Außenverkleidung · 50, 409, 450, 475
Bauarbeiter · 28, 62, 65, 192, 392, 405, 473, 475
Baumeister · 110, 475
Bauplan · 450, 481
Baustopp · 58
Bauzeit · 26, 91, 409, 410
Begräbniskomplex · 79
Belüftungsschächte · 58
Belüftungssystem · 36, 37, 57, 315, 316
Bestattungsstätte · 79
Bresche · 72, 220, 221, 226, 270
Brunnenschacht · 128, 129, 131, 132, 143, 144, 146, 168, 170, 171, 177, 178, 206, 220, 227, 235, 277, 280, 281, 284, 285, 462, 463, 478, 479, 521, 528, 530
Dixon-Relikte
Verwendungszweck · 21
Eisenplatte · 270
Entlastungskammern · 48, 49, 58, 66, 71, 72, 92, 190, 191, 192, 231, 232, 234, 236, 237, 241, 242, 243, 244, 245, 246, 247, 256, 257, 262, 263, 270, 272, 277, 279, 284, 304, 318, 323, 324, 325, 326, 332, 352, 369, 400, 401, 403, 409, 427, 437, 438, 439, 443, 444, 445, 449, 458, 475, 480, 511, 521, 561, 562
Königskartusche · 191, 216, 232, 234, 240, 243, 245, 246, 257, 262, 475, 476, 480
Erkundung
Sprengstoff · 72
Felsengrotte · 129, 130, 131, 132, 178, 285, 478, 479, 521
Felsenkammer · 132, 144, 145, 146, 206, 220, 227, 235, 277, 279, 280, 281, 282, 283, 284, 285, 286, 311, 314, 448, 478, 479, 551
Funde
Bronzehaken · 21, 33
Dixon-Relikte · 21, 26, 27, 30, 472, 483
Dolerit-Kugel · 19, 20, 21, 22, 23, 25, 27, 30, 89, 474
Doppelhaken · 21, 23, 24, 25, 26, 28, 29, 45
Gips-Flecken · 20
Holzfragmente · 31, 32
Holzleiste · 21, 27, 31, 33, 483
Holzmaßstab · 30, 31
Galerieumgehung · 50
Geheimkammer · 229, 337, 439, 443, 447, 465, 466, 467, 468, 469, 481
Genehmigungen (zur Erforschung) · 302
Grabräubertunnel · 132, 133, 136, 149, 177, 179, 180, 181, 183, 211, 222, 286
Große Galerie · 44, 45, 48, 49, 50, 51, 52, 57, 58, 71, 89, 128, 129, 143, 190, 191, 192, 201, 202, 211, 212, 220, 222, 223, 269, 279, 280, 281, 284, 304, 307, 308, 324, 326, 337, 345, 351, 352, 423, 424, 425, 426, 438, 439, 443, 446, 449, 454, 458, 459, 469, 521, 530,560, 561, 562, 563
Inneres
Belüftung · 37, 316
Feuchtigkeitsreduktion · 57
Luftfeuchtigkeit · 36, 37, 57
Lufttransport · 58
Luftzirkulation · 57, 58, 450
Temperatur · 56, 57
Königinnenkammer · **278–80**
Bodenbelag · 424, 425, 426
Bodenbelagsschicht · 448
Gestank · 136, 137, 139
Nische · 80, 88, 89, 424, 425
Nischentunnel · 137, 140, 141, 142, 201, 204, 224, 225, 479, 480
Nordschacht · 13, 14, 19, 20, 21, 22, 25, 27, 28, 30, 37, 38, 39, 40, 42, 43, 44, 45, 46, 47, 49, 50, 51, 52, 54, 55, 56, 58, 61, 62, 65, 72, 79, 85, 110, 190, 316, 333, 336, 449, 471, 472, 473, 474, 475
Hartholzkugel am Ende der Eisenstange · 475
Metallstangen · 27, 34, 38, 42, 43, 45, 46, 52, 53, 54, 55, 56, 61, 79, 316, 472, 474, 475
Schutthaufen · 47, 55
Plattenbelag · 14
Salzablagerungen · 89
Sarkophag · 142, 143, 212, 213, 215, 220, 229, 232, 270, 272, 275, 276, 278, 279
Statuenkammer · 88
Südschacht · 13, 14, 20, 21, 25, 34, 36, 38, 39, 40, 49, 50, 51, 55, 56, 58, 59, 61, 65, 72, 79, 82, 85, 87, 110, 116, 190, 315, 316, 332, 336, 447, 449, 471, 472, 473, 563
Königskammer · **197–98**
kleine Kammer direkt unterhalb der Königskammer · **192–97**
Sarkophag · 132, 136, 178, 183, 185, 192, 193, 194, 220, 279, 285, 302, 413, 448
Vorkammer · 26, 90, 471, 562
Königskartusche · 244, 245, 262, 263
Konstruktion
Rampe · 409, 562
Millennium-Party · 327, 328, 329, 330, 331
Modell · 66, 423, 450, 454, 481
Neigungswinkel · 48, 49, 50, 110, 118, 425, 475, 554, 560
Probebohrungen · 13
Probeschächte · 423, 450
Pyramidenmodell · 481
Rekonstruktion · 412, 423, 425, 450, 454, 465, 469, 475
Parameter · 560, 561
Simulation · 40, 48, 49, 50
Rücksprungverhältnis · 549, 551, 558
Schächte
Blockierstein · 24, 28, 33, 38, 39, 40, 44, 45, 48, 49, 50, 51, 52, 55, 58, 61, 62, 63, 64, 65, 66, 87, 89, 315, 316, 332, 333, 336, 344, 410, 449, 472, 474, 475, 482
Elektroden · 89
Kupferbeschläge · 89
Kupferstifte · 38
Metallbeschläge · 40, 61, 63
Metallhaken · 27, 62, 89, 471

Metallstift · 56, 61, 62, 63, 472
Metallstifte · 38
Ösen · 28, 63
Fluchttunnel · 128, 285
Funktion · 88, 475
Funktion (Kommuniktation) · 475
Funktion (Lichtschächte) · 69
Gantenbrink-Tür · 39
Genehmigungen (zur Robotererkundung) · 36, 315
Hohlraum · 39, 58, 65, 333, 473, 475
Luftkanal · 15, 17, 18, 19, 36, 50, 53, 56, 57, 58, 69, 71, 72, 75, 78, 79, 80, 81, 82, 84, 85, 88, 90, 92, 105, 106, 110, 269, 270, 280, 288, 315, 316, 324, 443, 447, 450, 465, 475
Reinigungsarbeiten · 57
Ruß · 15, 473
Schachtverlauf · 110, 475
Versiegelung · 85, 88
Versorgungsschacht · 58, 561, 563
Versuchsschächte · 133, 181, 286
Zivilisationsmüll · 37, 316
Schachterkundung
Feuertest · 14
Pistolenschüsse · 79
Rauch · 14, 15, 79, 473
Steinlagen · 72, 412, 425, 445
Stufenhöhenänderungen · 436, 440, 447
Symmetrie · 50, 450, 475
Symmetriebruch · 450

E

Erde · 482, 553, 554, 559, 560
Äquator · 554
Äquatorumfang · 75, 555
Ekliptik · 554
Erdachse · 554
Erdbeben · 144, 310, 330, 423, 427, 473, 479, 511, 521
Erdneigung · 554
Erdpräzession · 93
Erdradius · 75
Erdumfang · 74, 75, 207, 482, 553, 554, 555
Nordpol · 553
Polwanderung · 553

F

Fälschung · 232, 240, 246, 247, 262, 272
Firmen
Dassault Systèmes · 40
Électricité de France (EDF) · 305, 334
GORE · 37
iRobot · 38, 62, 332
National Geographic · 38, 39, 44, 45, 46, 52, 53, 55, 56, 61, 62, 287, 292, 294, 321, 332, 411, 472, 475, 563
Scoutek · 23, 40, 336, 563
Freimaurerei
Freimaurer · 83, 141, 327
Freimaurerloge · 84
Freimaureroper · 83

G

Geheimnisse
Esoterik · 11, 483
Geheimnis · 41, 83, 88
Geheimwissen · 83, 482
Rätsel · 18, 76, 190, 316, 320
Geld
Osmanisches Reich
Para · 240
Piaster · 157, 158, 240
Österreichisch-Ungarisch
Maria-Theresien-Taler · 240
Generalkonsul · 70, 102, 129, 147, 159, 214, 227, 241, 253, 266, 431, 499, 508
Geografie
Dabh-Höhle (Hyänenhöhle) · 336
Gau-Liste · 555
Nil · 11, 93, 102, 112, 128, 132, 147, 173, 182, 210, 216, 235, 236, 240, 266, 310, 314, 341, 360, 361, 378, 404, 405, 410, 488, 495, 518, 521, 555
Nilflut · 99, 132, 175, 361, 362, 410
Nilüberschwemmung · 97, 99
Steinbruch · 335, 360, 362, 363, 364, 366, 367, 378, 392, 399, 400, 404, 405, 406, 408, 409, 475, 481
Wüste · 86, 99
Geologie
Erosion · 89
Felsenkern · 159, 162, 284, 286, 391, 408, 409
heulender Sand · 310
Maadi-Formation · 113
Gewicht
ägyptisch
Deben · 474
Mine · 20, 474
allgemein
Gewichtsnormierung · 505
Gewichtsstandards · 507
Grabräuber · 18, 110, 133, 150, 178, 181, 183, 188, 192, 195, 196, 201, 203, 283, 284, 285, 286, 304, 307, 346, 444, 478

I

Inschriften
Bauarbeitergraffiti · 475
Bauarbeiterinschrift · 379, 388, 481
Graffiti · 244, 334, 369, 449, 528
Hieroglypheninschriften · 174, 238
Inschrift · 27, 28, 50, 65
Steinbruchmarkierungen · 234, 235, 236, 237, 247, 262
Steinmetzzeichen · 72, 191, 237, 242, 245, 246, 449
Institute
Association for Research and Enlightenment (ARE) · 94, 296, 297
Edgar Cayce Foundation (ECF) · 296, 299
Egyptian Antiquities Organization (EAO) · 295, 296
Egyptian Society in Kairo · 238
Supreme Council of Antiquities (SCA) · 53, 295, 296, 319

K

Kalender
Ägyptischer · 379, 384
Kalenderreform (Julius Cäsar) · 379
Mondjahr · 106, 385, 390
Mondkalender · 384, 385, 386, 390
Neujahrsbeginn · 99
Neujahrstag · 101
Schaltmonat · 385, 388, 390
Sonnenjahr · 106, 379, 385, 389, 390
Sothis-Datum · 35, 384
Khitat, Buch des arabischen Gelehrten al-Maqrizi · 87, 98

Königinnen
  Hetepheres I
    Alabaster-Sarkophag · 87
Krankheiten · 11
  Cholera-Epidemie · 12
  Medizin · 12
  Ophthalmia · 238, 253, 255
  Pest · 517, 521
  Pocken · 510, 512
  Quarantäne · 517
Kryptografie
  Botschaft, kodierte · 483

M

Maße
  ägyptisch
    Beqa-Standard · 507
    Deben · 505, 506
    djeser · 506
    Fingerbreit · 45, 65, 106, 118, 119, 284, 285, 351, 394, 423, 477
    Handbreit · 65, 68, 106, 107, 118, 119, 283, 284, 394, 421, 439, 477, 482, 506
    Hekat · 505
    hꜣr · 505
    Hin · 505, 506
    itrw · 555
    Königselle · 14, 75, 106, 107, 114, 115, 117, 118, 120, 143, 151, 153, 155, 157, 189, 190, 192, 197, 207, 218, 220, 282, 283, 284, 304, 307, 308, 337, 350, 351, 354, 355, 373, 394, 412, 413, 422, 423, 425, 426, 439, 448, 449, 451, 469, 476, 477, 478, 482, 483, 533, 547, 548, 552, 554, 558, 560
    Kubikelle · 505
    Pyramiden-Elle · 75
    Pyramiden-Inch · 75, 80
    Remen · 422
    Schoinos · 239
    Seillänge · 425
    Setjat · 549
  allgemein
    Bogensekunde · 207, 394
    Elle · 45, 482
    Fuß · 207
    Gewicht · 20, 40, 474
    Handbreit · 62, 65, 99, 106, 423, 425, 482, 551
    Handelselle · 482
    Hohlmaße · 505, 506
    Körpergröße · 482, 483
    Körperlänge · 482
    Längeneinheit · 482, 555
    Längenmaß · 482, 555
    Maßeinheit · 75, 423
    Raummaße · 505
    Stadion · 207, 555
    Talent · 360, 506
    Unterarm · 482
    Urmeter · 482
  arabisch
    Feddan · 218, 222
    Ḥākim-Ruten (Kasaba) · 217, 218, 222
  babylonisch
    Talent · 506
  griechisch
    Herakles-Fuß · 555
    kyrenaischen Fuß · 506
    kyrenaischer Fuß · 207
    Mine · 506
    philetairischer Fuß · 207
    Plethron · 555
    Ptolemäischer Fuß · 208
    Talent · 506
  römisch
    Arure · 549
    Fuß · 106, 422
    latinischer Fuß · 207
    Meile · 207, 239
    Palimpes · 422
    Pygon · Siehe Palimpes
    Zoll · 19, 57, 75, 80, 81
  sumerisch
    Gerstenkorn (še) · 506
    Gudea-Fuß · 207, 208, 506
    Pfund (ma-na) · 506
    Schekel (gin) · 506
    silà · 506
    Talent · 506
    Talent (gú) · 506
  türkisch
    Draá · 212, 222
    Pik · 212, 426
Material
  Bronze · 22, 23, 29, 471
  Diorit · 507
  Dolerit · 507
  Kupfer · 21, 22, 23, 61, 63, 471
  Kupferlegierung · 29
  Messing · 29
  Tura-Kalkstein · 482
  Zedernholz · 19, 31, 33, 471, 474, 483
Mathematik · 93, 483
  Geometrie · 69, 475, 483
    1:2-Dreieck · 49, 105, 423, 426, 454, 458, 469
    6-Quadrat-Raster · 424
    Apothema · 423, 550, 557
    Dreiecksschwerpunkt · 454, 456
    Inkreis · 451, 452, 454, 456, 463, 465, 466, 544, 552
    Inkreisdreieck · 451, 452, 458, 462, 465
    Inkreismittelpunkt · 451, 454, 456, 461, 463, 465, 466
    Mittelsenkrechte · 218, 452, 454, 456, 458, 463
    Neigungswinkel · 92, 106, 110, 424, 482, 558
    Neunpunktkreis · 452, 454, 466
    Quadrat, flächengleich · 117, 118, 120
    Quadrat, umfanggleich · 118, 477
    Seitenhalbierende · 452, 454
    Trigonometrie · 423, 450
    Umkreis · 451, 452, 454, 456, 458, 465, 546, 552
    Umkreismittelpunkt · 454, 456
    Winkelhalbierende · 451, 452, 454
    Winkelmessung · 28
  Parametermodell (der Cheops-Pyramide) · 454
  Polynomapproximation · 554
  Rücksprungverhältnis (seked) · 106, 110, 118, 284, 346, 355, 357, 394, 395, 421, 423, 425, 549, 551, 556, 558
  seked · Siehe Mathematik:Rücksprungverhältnis
  Spezielle Zahlen
    Fibonacci-Zahl · 542
    Goldener Schnitt · 110, 395, 399, 418, 426, 465, 482, 540, 541, 542, 543, 544, 545, 546, 547, 552
    Phi (Zahl des Goldenen Schnitts) · 540, 541, 544, 550, 551

Pi · 75, 117, 121, 285, 426, 547, 549
Quadraturkonstante · 119
Stammbruch · 426
Zahlenfolge · 483
Zahlenmystik · 75, 76, 481, 547, 548
Zahlenmystiker · 75, 88, 482
Zahlenspiele · 75, 76, 82, 539
Zahlensysteme
Dezimalsystem · 197, 505, 506, 540, 548
Sexagesimalsystem · 506, 540
Mumien
Menschliche Mumien
Mumien · 87, 117, 140, 152, 155, 156, 157, 158, 162, 163, 180, 198, 215, 334
Tiermumien
Vogelmumien · 514, 516, 521
Museen
Ägypten
Bulak · 341
Gizeh (Bootsmuseum, Cheops) · 361
Kairo · 29, 338
Deutschland
Ägyptisches Museum (Berlin) · 338
August Kestner (Hannover) · 47
Roemer- und Pelizaeus (Hildesheim) · 117, 416
Großbritannien
Britisches Museum (London) · 20, 21, 22, 23, 24, 29, 30, 126, 174, 175, 215, 236, 237, 240, 243, 245, 471, 483, 563
Marischal Museum (Aberdeen) · 30, 31, 473, 483
Petrie Museum of Egyptian Archaeology (London) · 360
St. Baritholomäus-Hospital (London) · 239
Italien
Archäologischen Regionalmuseum (Palermo) · 360
Österreich
Kunsthistorisches Museum (Wien) · 266
USA
Boston Museum of Fine Arts (Boston) · 312
Peabody Museum of Natural History (Yale University, New Haven, Connecticut) · 313
museums
Great Britain
British Museum (London) · 474
Musik
Harmonielehre · 556
Diatonus malakon · 556
Musikintervalle · 556
Musiktheorie · 556
Notationssysteme · 556
Tetrachord · 556
Tonsysteme · 556
Musikinstrument
Monochord · 556
Musikinstrumente · 556
Oper
Aida · 159
Das Sonnenfest der Brahminen · 84
Osiris · 84
Zauberflöte · 83
musikalischer Sand · Siehe Geologie:heulender Sand

N

Navigation · 27
Ptolemäischen Karten · 133, 207
Radkarte · 486
Weltkarte · 133, 207, 486, 488

O

Oberster Rat für Altertümer · Siehe Behörden, Institute, Organisationen, Stiftungen:Supreme Council of Antiquities (SCA)

P

Papyrus · 117, 118, 360, 423, 450, 478, 552
Anastasi I · 405
Berlin 3033 · 338
Berlin 6619 · 542
Rhind (mathematisch) · 413, 505, 549
Turiner Königsliste · 366, 402, 403, 413
Wadi al-Jarf · 338, 359, 360, 366, 399, 475, 481
Westcar · 41, 336, 338
Priester, ägyptische · 27, 83, 102, 143, 167, 168, 169, 170, 172, 175, 198, 202, 213, 220, 263, 265, 275, 379, 381, 508, 518
Einweihungsriten · 83
Projekte
Joint Pyramid Project · 292
ScanPyramids-Mission · 288, 291, 337, 345
ScanPyramids-Projekt · 134

R

Religion
Bibel · 18, 53, 76, 85, 94, 102, 285, 365, 563
Altes Testament · 76
Neues Testament · 76
Bibelforscher-Vereinigung · 76
Dämonen · 169
Genesis (Bibel) · 94, 95
Götzenbilder · 158
Initiationsriten · 83
Jenseits · 21, 98, 99, 120, 190, 197, 269, 305
Mysterien · 83
Orakel · 166, 167, 168, 169, 170, 172
Ramadan · 327
Schöpfer · 106
Schöpfungsmythos · 103
Schutzbanntexte · 98
Seele · 87, 88
Seelenwanderung · 15
Teufel · 168, 531
Triade (Göttertriade) · 99
Trinität · 83
Vergöttlichung · 99
Weihrauch · 87, 473
Roboter · 15, 21, 23, 33, 36, 37, 40, 42, 45, 48, 55, 58, 61, 62, 65, 316, 333, 472
Djedi · 23, 39, 40, 41, 43, 45, 49, 50, 59, 62, 63, 64, 65, 336, 472
Kamera · 62, 483
Mikro-Ramme · 40
Mission · 40
Odometrie · 50, 65
Raupen-Antrieb · 40
Schallmesser · 40
schlangenförmige Kamera · 40
Pyramid Rover · 38, 39, 40, 44, 45, 46, 47, 51, 52, 53, 54, 55, 61, 62, 63, 332, 336, 472, 474, 475, 483
Beleuchtungseinheit · 39

Bohrer · 39
Dicke-Messgerät · 39
Elektromotoren · 39
Kamera · 45
Miniatur-Bodenradarantenne · 39
Traktion · 39
Zugkraft · 39
UPUAUT-1 · 36, 37, 42, 110, 316
Kamera · 36
Laserstab · 36
UPUAUT-2 · 21, 34, 37, 38, 39, 42, 43, 46, 48, 49, 51, 58, 61, 65, 316, 474
Elektromotoren · 37
Glasfaserkabel · 38
Kamera · 46
Laserführungssystem · 37
Lasermesstechnik · 49, 50
Traktion · 37
Zugkraft · 37, 38
Videoaufnahmen · 44, 52, 475

S

Schatzsuche · 24, 133, 138, 139, 224
Schatz · 70, 93, 132, 138, 175, 187, 195, 211, 317, 531
Schätze · 33, 101, 148, 150, 178, 180, 201, 210, 217, 228, 285, 406
Schatzgrabungen · 135, 136, 137, 138, 223, 480
Schatzsucher · 26, 127, 132, 133, 150, 151, 181, 185, 187, 195, 201, 288, 308, 471
Sprache
altägyptisch
Hieroglyphen · 38, 97, 99, 112, 116, 133, 143, 158, 162, 166, 174, 190, 196, 208, 209, 214, 217, 220, 222, 224, 225, 231, 238, 240, 243, 269, 270, 275, 276, 279, 344, 367, 401, 511, 514, 516, 517
Siebzeichen · 244, 245
Lautwert (von Hieroglyphen) · 209
Mehrkonsonantenzeichen · 209
phonetische Zeichen · 209
Zeichen, hieratische · 65, 474
Ziffern, hieratische · 66
Koptisch · 208
Stein der Weisen · 84

T

Tiere
Bahamūt · 221
Fledermäuse · 134, 137, 139, 142, 178, 195, 270, 279, 335, 521, 531
Fledermäuse, Nester · 134, 136, 196
Fuchs · 137
Ichneumon · 137
Pharao-Henne (Vultur percnopterus) · 163
Schlangen · 137
Viper · 244, 245
Skarabäus · 117
Touristen · 36, 51, 56, 57, 110, 132, 179, 195, 281, 297, 311, 316, 322, 326, 343, 556
Transport und Transportmittel
Dampfschiff · 233, 260, 278
Holzschlitten · 334, 345, 351, 367, 369, 371
Lastschiffe · 362, 363
Nilschiffahrt · 88
Schlepper · 367, 368, 369, 370, 371, 372, 373, 374, 375, 376, 404, 405
Schleppkähne · 363
Seefahrer · 27
Transportschlitten · 362, 363, 367, 371, 377, 404, 481
Treideln · 370, 378

U

Universität
Ägypten
Ain Shams (Kairo) · 295, 301
Amerikanische Universität (Kairo) · 297, 298
Kalifornien (USA)
Standford · 71, 189, 295, 427, 510, 514, 526, 532, 533
Schottland
Aberdeen · 12, 31
Schweiz
Eidgenössische Technische Hochschule (ETH) (Zürich) · 34
Zürich · 35, 384
Texas (USA)
Southern Methodist University · 34
Tokyo (Japan)
Waseda · 196, 308, 338, 345

V

Völker, Volksgruppen und Stämme
Babylonier · 506
Beduinen · 152, 231, 267, 268, 269, 279
Griechen · 482, 556
Janitscharen · 138, 157, 524
Sumerer · 505, 540

W

Werkzeuge
Bronzehaken · 27, 89
Bronzemeißel · 363, 364
Camera lucida · 173, 176
Camera obscura · 173
Eisenkeile · 364
Holzkeile · 363, 364
Maßstab · 19, 66, 423, 481
Meißel · 21
Senkblei · 27
Theodolit · 110, 154, 450, 510, 519, 521, 522, 532
Wissen
Bibliothek · 30, 133, 177, 207, 215, 473
Enzyklopädie · 133, 207
Hall of Records · Siehe Ägyptische Bauwerke:Gizeh-Plateau:Halle der Aufzeichnungen
Universalgelehrte · 210

Z

Zahlendreher · 423
Zauberer · 138, 211, 338

23.2 Personenregister

A

Abbas, Abbas Mohamed · 333
Abd al-Laṭīf al-Baġdādī · 69, 128, 211, 219, 426, 433
Abū Abd Allah Muḥammad bin al-Muayed al-Ḥamzanī · 217
Abū al-Ṣalt · 210, 219
Abu el-Enein, Mohamed · 328
Abū Isḥāq (al-Muᶜtaṣim) · 133, 210
Abu l-Maḥāsin · 210
Abū l-Qāsim ibn Ḥawqal, Muḥammad · 144
Abū Zaid al-Balchī · 219
Agnew, Henry Creighton · 115
Aḥmad ibn Ṭūlūn · 215
al-Afḍal ibn Badr al-Ǧamālī · 216
al-Banna, Essama · 335
Aldersmith, Herbert · 77
Alexander der Große · 239
Alexander I (russischer Zar) · 273
Alfons V (port. König) · 486
Alford, Alan · 64, 471, 472
al-Ḥākim al-Fadel Abi al-Ḥasan Ali al-Ḳuṭāmī al-Asṭarlābī (alias Naḳḳāsh al-Sikka) · 218
al-Ḫāṣṣakī, Yalbuġā · 148
al-Idrīsī, Abū Ja'far · 142, 143, 144, 150, 207, 212, 213, 214, 215, 217, 218, 219, 221, 222, 272, 280, 427, 479, 480
al-Kamil Muhammad al-Malik · 214, 217
al-Katib, Ibrahim Ben Wasif Sah · 87, 98
Allen, Walter Martin · 247, 250, 253, 257, 259, 262
al-Malik al-ᶜAzīz ᶜUthmān · 217
al-Ma'mūn, Kalif · 52, 58, 132, 133, 136, 138, 140, 177, 178, 179, 180, 181, 182, 183, 190, 195, 204, 206, 207, 208, 209, 210, 211, 215, 217, 219, 280, 286, 309, 479
al-Manṣūr, Ṣalāḥ ad-Dīn Muḥammad · 148
al-Maqrīzī · 87, 173, 177, 178, 180, 182
al-Muᵓnis al-Muẓaffar al-Muᶜtaḍidī · 216
al-Muqaddasī · 173, 176
al-Muwaffaq al-Baġdādī · 219
Alpini, Prosper · 69, 138, 139, 146, 184, 211, 221
al-Scharif Abū al-Ḥasan · 150
al-Sharīf al-Ṣa'īd Tāj al-Sharaf Ibn al-Ḥalabī · 218
al-Ṭabarī, Aḥmad b. ᶜAbd Allāh b. Muḥammad b. Abī Bakr Muḥibb al-Dīn Abū Djaᶜfar · 219
al-ʿUmarī, Ibn Faḍlallāh · 207
Alvarez, Luis · 292, 293, 295, 301
Amelia Sophia Eleanor (Tochter von König George II) · 512
Amin, Mustafa · 297
Ammann, Hans Jakob · 146, 168
Amon, Carol · 338, 339
Anchaf (Halbbruder von Cheops) · 400
Antoine, Daniel · 23
Arbuthnot, Anne · 185, 190, 237, 238, 241, 245, 449
Arbuthnot, Robert · 237, 241
Archimedes · 285, 549
Archytas von Tarent · 556
Aristoteles · 207, 210
ar-Raschīd, Hārūn · 177
Arrianus, Lucius Flavius · 174
Ashe, Elizabeth · 512
Asne, Gio · 135, 479
Assing, Ludmilla · 275
Atkinson, Adam · 510
Augustus (Kaiser, alias Gaius Octavius) · 84, 174, 258, 340, 379, 411
Auken, John van · 300

B

Badawy, Alexander · 85
Baedeker, Karl · 508
Balsamo, Joseph (alias Graf Alexander von Cagliostro) · 84
Banjevic, Boris · 403
Banks, Joseph · 254, 525
Baraize, Emil · 122, 123, 124, 126, 171, 172, 302, 304, 480
Bar-Hebraeus, Gregorius (alias Abū l-Faradsch Ibn al-ʿIbrī) · 209
Baron, Jean-Pierre · 331
Baumgarten, Martin · 146
Bauval, Robert · 27, 30, 46, 64, 85, 86, 87, 88, 92, 93, 94, 95, 96, 98, 101, 262, 316, 319, 323, 327, 328, 335, 473
Bayntun, Edward · 523, 524
Beauvau, Henri de · 146, 147, 490
Beckerath, Jürgen von · 381, 386
Beckers, Gustavus · 258, 259, 260
Becket, Thomas · 510, 511, 513
Bellefonds, Louis Maurice Adolphe Linant de · 159
Belon, Pierre · 146, 155, 166, 429
Belzoni, Giovanni Battista · 15, 16, 17, 18, 92, 147, 148, 159, 160, 214, 228, 241, 293, 301, 480
Bergmann, Carlo · 366, 385, 386
Bertelli, Ferdinando · 489
Bickford, William · 258
Birch, Samuel · 240, 243
Boddicott-Tyssen, Sarah · 525
Boessneck, Jochen · 377
Boldensele, Wilhelm von · 144
Bonaparte, Napoleon · 72, 73, 84, 116, 124, 126, 140, 142, 172, 176, 224, 234, 235, 253, 273, 328, 410, 427, 428, 433, 495, 497, 498
Bonwick, James · 25, 26, 80, 185, 471
Borchardt, Ludwig · 75, 76
Bordas, Jean-Charles de · 482
Born, Iganz von · 83
Braun, Georg · 489, 490
Breitner, Richard · 40
Brettel, Joseph Cartwright · 237, 241
Breuning von Buchenbach, Hans Jacob · 137
Breuning, Hans Jacob · 137, 429
Brewer, Humphries · 247, 248, 249, 250, 252, 253, 256, 257, 258, 259, 260, 261, 262, 263, 272
Brewer, William Jones · 258
Brier, Bob · 134, 287, 288, 290, 291, 334, 345
Brown, Mary · 509, 527
Bruce, James · 518, 522
Brunel, Isambard Kingdom · 257, 259, 261
Bruyn, Cornelis de · 134, 136, 195, 231, 290, 309, 434, 479, 493
Burattini, Tito Livio · 69, 156, 157
Burckhardt, Johann Ludwig (alias Scheich Ibrahim) · 151, 213, 215, 222, 228
Burge, George · 257, 258, 259
Burke, Dee · 318
Burke, Kenneth · 318
Burrows, Steve · 187

C

Camp, Maxime du · 493
Campbell, Patrick · 190, 228, 233, 241, 242, 243, 244, 245, 247, 248, 253, 263, 403

Capart, Jean François Désiré · 84
Careri, Giovanni Francesco Gemelli · 152, 171, 431
Carlier de Pinon, Jean le · 137, 430
Cäsar, Gaius Julius (Kaiser) · 379
Casey, Charles · 59, 79, 80
Castela, Henry · 146
Caviglia, Giovanni Battista · 72, 91, 92, 110, 128, 129, 134, 141, 142, 144, 146, 160, 173, 174, 175, 176, 190, 194, 196, 201, 213, 224, 227, 228, 230, 235, 248, 275, 281, 290, 319, 324, 325, 335, 336, 476, 539, 560, 561, 563
Cayce, Edgar · 34, 79, 93, 94, 115, 127, 292, 296, 297, 298, 299, 300, 303, 304, 314, 319, 323, 338
Cayce, Hugh Lynn · 296, 297, 298, 299, 300, 303
Cécile, François-Charles · 427, 428
Čelebi, Evliya · 210
Censorinus (röm. Schriftsteller) · 386
Champollion, Jean-François · 209, 224, 238, 267
Chaulnes, Marie-Joseph-Louis d'Albert d'Ailly (Herzog) · 509, 514, 515, 516, 517, 528
Chazelles, Jean Mathieu de · 422
Chesneau, Jean · 146
Chevrier, Henri · 369, 370, 406
Chirac, Jacques (französischer Präsident) · 326
Chisholm, Henry William · 14, 23
Christus, Jesus · 76, 85, 169
Churchward, Albert · 82, 83
Cimino, Massimo · 555
Clark, William Tierney · 259
Clarke, Edward Daniel · 141, 142, 224
Coburn, Jean · 256, 257
Cole, James Humphrey · 421
Collins, Andrew und Sue · 335
Conley, W. H. · 76
Cook, James · 254
Cook, Thomas · 54
Cooper, Astley · 525
Cooperson, Michael · 207
Coppin, Jean · 169
Coste, Pascal · 239
Cousinéry, Claude-Jules · 509, 511, 529
Coutelle, Jean-Marie-Joseph · 131, 428
Covington, Lorenzo Dow · 52
Cox, Simon · 324
Cray, Seymour · 294
Creighton, Scott · 240, 241, 244, 262, 276

D

da Vinci, Leonardo · 173
Damiat Ibrahim Pascha · 136, 138, 139, 146, 184, 190, 221, 223, 281
Danley, Thomas J. · 311, 323, 324, 325
Dapper, Olfert · 491, 492
Das Gupta, T. K. · 214, 215
Dash, Glen · 119, 553
Davidson, David · 77
Davies, Vivian · 24, 30
Davison, Eleanor · 510
Davison, George · 509
Davison, John · 509
Davison, Margaret · 510
Davison, Nathaniel · 49, 71, 92, 153, 154, 158, 159, 189, 190, 191, 227, 228, 231, 232, 242, 270, 271, 277, 279, 284, 309, 323, 324, 325, 326, 412, 426, 427, 431, 432, 433, 434, 435, 436, 437, 438, 440, 446, 447, 508, 509, 510, 511, 512, 513, 514, 516, 517, 518, 519, 520, 521, 522, 523, 524, 525, 526, 527, 528, 532, 538, 539
Davison, Nicholas · 509
Davison, Robert · 509
de L'Escale, René (alias Pacifique de Provins) · 168
della Valle, Pietro · 155, 156, 192
Denison, Helen Alice · 526
Denon, Dominique Vivant · 72, 410, 411
Denton, Rebecca Emeline · 258
Diodor von Sizilien · 91, 381, 501, 541
Dixon, John · 19, 30, 471
Dixon, Waynman · 11, 12, 13, 14, 19, 20, 21, 22, 23, 25, 26, 30, 31, 32, 33, 42, 45, 52, 53, 54, 59, 60, 78, 79, 80, 81, 82, 89, 198, 306, 341, 471, 472, 473, 474, 483
Dixon, William · 525
Djati · 118, 120
Djedi · 41
Djehutihotep · 367, 370, 371
Dobecki, Thomas · 304, 313, 314, 318, 319, 323
Dobrev, Vassil · 187
Dolphin, Lambert Tyler · 193, 295, 297, 301, 303
Dormer, Caroline Catharina · 513, 514
Dormer, Elisabeth · 511, 513
Dormer, Giovanni di Ricardo · 513
Dormion, Gilles · 49, 143, 185, 186, 192, 196, 201, 202, 204, 206, 225, 229, 232, 241, 282, 283, 284, 304, 305, 307, 308, 331, 332, 337, 345, 423, 424, 445, 449, 454, 560, 561, 562, 563
Dörnenburg, Frank · 76
Dorner, Josef · 421
Dorner, Joseph · 316, 356, 395, 397, 422, 423
Drovetti, Bernardino Michele Maria · 159, 160, 403
Dunn, Christopher · 89, 90

E

Edgar, John · 18, 341
Edgar, Morton · 18, 34, 42, 43, 46, 51, 52, 53, 55, 56, 57, 58, 60, 61, 65, 77, 85, 110, 131, 315, 341, 472, 474, 475, 563
Edwards, Iorwerth Eiddon Stephen · 30, 64, 84, 86, 87, 93
Egmond van de Nijenburg, Johannes Aegidius van · 431
Eladany, Abeer · 31, 473
el-Anany, Khaled · 297
el-Aref, Nevine · 329, 333
el-Gayer, el-Sayed · 365
el-Saghir, Mohamed · 330
Elzéar, Kapuzinerpater · 129
Emo, Giorgio (Konsul) · 69, 138, 211
Entemena von Lagaš · 506
Eratosthenes · 133, 207
Erbkam, Georg Gustav · 278, 279, 280, 388
Erdmann, Stefan · 244, 262
Escobar Cabeça de Vaca, Pedro · 138, 139, 146
Euklid · 285, 482, 541
Eutychios von Alexandria · 182
Eyth, Max · 75

F

Fakhry, Ahmed · 85
Fattah, Mohamed Abdel · 297
Fauerbach, Ulrike · 359, 360
Fayed, Mohammed Abd al-Mawgud · 125, 302
Fellner-Feldegg, Hugo · 301
Ferdinand I (Kaiser) · 266
Fermanel, Gilles · 146

Feroe, John · 511, 513, 514
Feuerbach, Karl Wilhelm · 418, 452
Fibonacci, Leonardo · 542
Fiorini, Marco Virginio · 408, 409, 413
Flanagan, Patrick · 90
Friedrich II (Kaiser) · 214, 217
Friedrich Wilhelm IV (König) · 278
Fürer, Christoph · 136, 137, 145, 167, 280, 429, 480

G

Gaballah Ali Gaballah · 326, 328
Gabri, Ali · 341
Gabri, Hadji Ali · 341
Galloway, Alexander · 233, 234
Galloway, Thomas Jefferson · 234
Gantenbrink, Rudolf · 18, 21, 23, 28, 33, 36, 37, 39, 42, 43, 45, 46, 49, 50, 51, 57, 58, 59, 60, 61, 64, 65, 66, 67, 87, 90, 92, 93, 110, 315, 316, 319, 321, 332, 447, 454, 471, 472, 473, 474, 475, 560, 561, 562, 563
George II von England (König) · 512
Ghistele, Joos van · 145, 428
Goethe, Johann Wolfgang · 83
Gohed, Amr · 294
Goidin, Jean-Patrice · 304, 305, 308, 337, 345
Golden, William · 292
Goodman, David · 421
Görlitz, Dominique · 244, 262
Goyon, Georges · 48, 49, 245, 369, 412, 428, 429, 431, 433, 434, 435, 436, 437, 438, 439, 441, 446, 561
Grant, Florence Sabina · 30
Grant, James Andrew Sandilands · 12, 21, 22, 26, 30, 31, 59, 80, 473
Greaves, John · 26, 69, 73, 91, 141, 146, 147, 156, 185, 194, 195, 222, 223, 224, 272, 431, 432, 476, 480
Grieve, Ron · 40
Grimani, Marco · 166, 221, 430, 480, 489
Grinberg, Darij · 418
Grinsell, Leslie Valentine · 246
Grobert, Jacques François Louis · 172, 176, 427, 428, 434, 435
Grobert, Jacques Franqis · 427
Grundy, Bill · 12
Guillon, Alain · 312
Gunn, Battiscombe · 419, 420

H

Haan, Hendrik Jan de · 370, 377, 406, 408
Haarmann, Ulrich · 214, 215
Haase, Michael · 46, 58, 59, 63, 66, 184, 185, 471, 472
Hammer-Purgstall, Joseph von · 208
Hancock, Graham · 58, 93, 316, 319
Hannig, Rainer · 344
Harant, Christoph · 168
Hassan, Selim · 320, 328
Hastings, Charles · 253
Hawass, Zahi · 21, 22, 33, 34, 36, 38, 39, 42, 44, 47, 49, 50, 51, 57, 59, 62, 64, 65, 79, 86, 105, 112, 125, 126, 186, 192, 195, 262, 282, 283, 292, 295, 296, 297, 298, 299, 300, 302, 303, 311, 314, 315, 316, 317, 318, 319, 320, 322, 324, 325, 326, 327, 328, 329, 330, 332, 333, 335, 338, 339, 355, 356, 394, 401, 402, 403, 406, 409, 449, 471, 472, 474, 561, 562
Helal, Hany Mahfouz · 337
Helffrich, Johann · 134, 136, 137, 146, 167, 223, 288, 289, 334, 429, 444, 480
Helmy, Ibrahim · 335
Hemi, George (Konsul von Venedig) · 138, 211
Hemiunu · 96, 116, 117, 119, 120, 285, 380, 415, 416, 417, 476, 478, 479, 498
Henutsen · 414, 415
Herodot · 74, 75, 144, 166, 175, 206, 235, 239, 275, 276, 283, 314, 320, 360, 365, 377, 379, 404, 405, 410, 480, 481, 547, 548
Herschel, John Frederick William · 72, 73, 78, 105
Herz-Fischler, Roger · 557
Hesire · 505
Hetepheres · 64, 87, 112, 115, 119, 125, 414
Hildred, Adrian · 40
Hill, John Richard · 72, 194, 196, 232, 233, 234, 237, 240, 241, 245, 247, 248, 262, 263, 271, 365
Hirt, Aloys · 354
Hoagland, Richard · 319, 322, 325
Hodges, Peter · 370, 377
Hofstetter, Kurt · 418, 546, 547
Hogenberg, Frans · 490
Hölscher, Uwo · 114
Horbaef · 120
Hosny, Farouk (ägyptischer Kulturminister) · 326, 328, 329, 330
Houdin, Henri · 345
Houdin, Jean-Pierre · 134, 287, 288, 290, 334, 336, 337, 345, 346, 347, 349, 350, 351, 352, 392, 465, 481
Hownam, Edward John · 510
Hunter, Larry Dean · 311, 325
Huntington, Robert · 520
Hurtak, James J. · 319

I

Ibn Abī Ḥağalah · 132, 181, 479
Ibn An-Nadīm · 210
Ibn Waḥšīya · 208
Ijob (= Hiob) · 76
Irby, Charles · 367
Isler, Martin · 398
Itet · 415

J

Jacotin, Pierre · 497, 498
Jahoda, Joseph R. · 296, 298, 302, 303, 314, 318
Jarre, Jean Michel (Musiker) · 326, 327, 329, 330, 331
Jaubert, Pierre-Amédée · 213
Jesaja · 76
Jomard, Edme François · 73, 74, 213, 427, 428, 431, 434, 435, 436, 437, 438, 445, 446
Jones, M. P. · 365
Josephus, Falvius · 75

K

Kabitzsch (Assistent von G.B. Caviglia) · 129, 160

Ḳ

Ḳarāḳūsh (General) · 216

K

Karlén, Hugo · 53, 56, 472, 474

Kawae, Yukinori · 291
Keable, Julian · 377
Kelly, Tim · 38, 332
Kerisel, Jean · 93
Kerisel, Jean Lehuérou · 312, 314
Kerisel, Jean-Bruno · 312
Kerres, Bernhard · 285, 286
Kiechel, Samuel · 128, 139, 144, 146, 281
Kingsland, William · 52, 58, 472
Kircher, Athanasius · 208
Kosack, Wolfgang · 96
Krauss, Rolf · 387, 392, 403
Kuhlmann, Klaus-Peter · 366
Kulthum, Umm (ägyptische Sängerin) · 331

L

Lacau, Pierre · 53
Lamb, Timothy · 77
Lambert, César · 146
Lane, Edward William · 172, 175, 176, 225, 431, 432, 433, 480, 532, 539
Lane-Poole, Sophia · 225
Laskar, Jacques · 554
Lauer, Jean-Philippe · 184, 387, 509
Laurin, Anton Joseph · 266
Lawton, Ian · 27, 45, 311, 324, 325, 326
Lehner, Heinrich Christoph · 297
Lehner, Mark · 34, 61, 64, 79, 87, 88, 93, 94, 95, 101, 102, 112, 114, 115, 116, 123, 126, 147, 176, 192, 282, 283, 296, 297, 298, 299, 300, 302, 303, 304, 312, 335, 336, 377, 387, 394, 395, 399, 403, 404, 406, 409, 421, 422, 475, 480, 519
Lehner, Paul · 297
Lelgemann, Dieter · 207
Lepère, Jean Baptiste · 428
Lepre, J. P. · 58, 87, 305, 306, 308
Lepsius, Richard · 171, 216, 278, 279, 355, 388, 396, 408, 409, 449, 488, 503, 520
Leslie, Jerry · 563
Lesseps, Ferdinand de · 159
Lesseps, Napoléon Matthieu de · 159
Lewis, Thomas · 257
Light, Henry · 15
Liu, Jason · 40
Löwenstein, Albert · 428
Lucas, Paul · 141, 169

M

Magli, Giulio · 93
Mahmud II (osmanischer Sultan) · 239
Maillet, Benoît de · 70, 140, 141, 147, 224, 286, 431, 432, 480
Malac, Sammia · 311
Manetho · 386
Mangles, James · 367
Manley, Deborah · 335
Manoncourt, Sonnini de · 517
Maragioglio, Vito · 49, 60, 110, 186, 189, 204, 225, 282, 283, 284, 355, 383, 387, 388, 447, 561, 562
Marcet, Alexander · 525
Mariette, Auguste · 159, 295
Martyr von Anghiera, Peter · 145
Mash, James · 233, 236, 271
Maspero, Gaston Camille Charles · 365
Mayfield, William · 40
Maymūn b. Hamza · 150
McCoy, Lee H. · 84
Melnikoff, Nicholas · 335
Melton, Edward · 520
Menzel, Wolfgang · 265
Merer (Inspektor unter Cheops) · 363, 399, 400, 404, 475
Meresankh II · 120
Meritetis · 414
Miatello, Luca · 66, 106
Miller, Chrichton · 27
Mills, Hannah · 509
Minutoli, Freiherr von (alias Johann Heinrich Karl Menu) · 159, 161, 162, 368, 369
Monconys, Balthasar de · 169, 170, 431, 480
Montagu, Edward Wortley · 71, 153, 159, 189, 427, 509, 510, 511, 512, 513, 514, 519, 520, 521, 526, 527, 528, 533
Montagu, John · 148, 149, 150, 151, 152, 154, 155, 171, 480
Moor, Edward · 523
Morice, Elsie Frances · 30, 31, 473
Morison, Antonie · 223
Moses (Bibel) · 513
Mosley, Rufus · 298
Moussa, Ali Helmi · 295
Mozart, Wolfgang Amadeus · 83
Mubarak, Husni (ägyptischer Präsident) · 295, 326
Mügge, Günter · 58
Muhammad Ali (Pascha) · 230, 234, 239, 254, 255, 256, 266, 274
Müller, Wenzel · 84
Müller-Römer, Frank · 371, 372, 392
Munro, John · 141, 142, 201, 224, 228
Münster, Sebastian · 489, 490
Murray, John (Verleger) · 225
Myerson, Julie · 526

N

Nagendran, Arjun · 40
Nagib al-Dīn Muḥammad Ibn Ali al-ʿAbbās Aḥmad · 217
Naumann, Johann Gottlieb · 84
Nayler, Charles · 238, 247, 248, 252, 253, 254, 255, 256, 257
Naylor, Charles · Siehe Nayler, Charles
Neferkau · 120
Nefermaat · 415
Nelson Suckling, Horatio Florence · 526
Nelson, Horatio · 190, 236, 237, 242, 526
Nero Claudius Caesar Augustus Germanicus (röm. Kaiser) · 174, 175
Newberry, Percy · 367
Newton, Isaac · 75
Ng, Tze Chuen · 40
Nicholson, Paul T. · 23
Niebuhr, Carsten · 112, 141, 224, 430
Niece, Susan La · 24
Noah · 73
Noah (Bibel) · 73
Norden, Frederic · 116, 139, 141, 172, 186, 187, 335, 354, 494, 495
Novus, Facundus · 411
Nūr al-Dīn Abū ᶜAbd Allāh Muḥammad b. Muḥammad b. Abī Bakr al-Ṭabarī · 219

O

Odom, George Phillips · 418, 545, 547

Odom, Leroy · 318
Ogier, VIII (oder IX), Seigneur d'Anglure · 168, 479
Ogilvie-Herald, Chris · 27, 45, 311, 324, 325, 326
Ohm, Georg Simon · 540
Ohm, Martin · 540
Olivier, Guillaume-Antoine · 122, 123, 139, 140, 141, 142, 172, 224, 228, 479, 480
Orton, Henry Feltham · 258, 259, 260, 261
Orton, Julia Augusta French · 258, 260

P

Pacioli, Luca · 540
Pagan, Matteo · 489, 490
Pagani, Zaccaria · 184
Palerne, Jean · 137, 146, 168, 429
Palmerston, Lord (Henry Temple) · 253
Parry, Richard Hawley Grey · 370
Pasley, Charles William · 141, 142, 201, 224, 228
Pasquali , Stéphane · 126
Pearson. Martha · 509
Percy, Thomas · 365, 367, 522, 523
Perring, John Shae · 17, 18, 26, 72, 112, 113, 120, 125, 151, 152, 186, 198, 226, 227, 229, 232, 233, 234, 235, 236, 237, 238, 243, 244, 245, 270, 271, 356, 383, 384, 387, 400, 502, 520, 532
Petrie, William Matthew Flinders · 11, 29, 48, 50, 54, 59, 60, 68, 75, 81, 82, 85, 89, 92, 93, 110, 114, 118, 119, 143, 188, 189, 192, 212, 282, 288, 316, 341, 344, 400, 401, 402, 403, 410, 412, 421, 422, 423, 425, 428, 431, 433, 434, 435, 436, 437, 438, 441, 442, 443, 445, 446, 447, 449, 454, 465, 473, 478, 481, 504, 507, 508, 520, 560, 561, 562
Pickering, Andrew · 40
Pierrepont Montagu, Mary · 512
Pierrepont Montagu, Mary · 511
Pigafetta, Filippo · 167, 480
Pilgrim, Cornelius von · 378
Piri (Reis), Muhiddin · 487, 488, 489, 490
Platon · 314, 541
Plinius Secundus, Gaius · 128, 131, 132, 143, 144, 166, 167, 175, 177, 178, 206, 285, 411, 478, 481, 508, 521, 528, 530
Pochan, André · 182, 235, 411, 532, 561
Pococke, Richard · 123, 124, 141, 153, 154, 224, 354, 429, 495, 496, 519, 520, 521
Pollux, Iulius · 506
Polybios · 207
Polymnastus · 556
Porteous, Elizabeth · 30, 471
Posidonius · 207
Postel, Guillaume · 489
Prudhoe, Lord (alias Algernon Percy) · 365
Ptolemäus, Claudius · 133, 207, 208, 486
Pückler, Heinrich von · 275
Pückler-Muskau, Hermann (Fürst) · 142, 143, 213, 229, 230, 231, 232, 270, 272, 273, 275, 276, 277, 278
Pullen, Daniel · 318
Pythagoras · 556

R

Radziwiłł, Mikołaj Krzysztof · 146
Rameaus, Jean-Philippe · 556
Rantzau, Heinrich · 134, 135, 136, 289, 479
Raven, Henry · 233, 234, 235, 237, 240, 241, 247, 248, 262, 263
Raynaud, Raynaud, Suzanne · 409
Réaumur, René-Antoine Ferchault de · 160
Rechmire · 407
Reisner, George Andrew · 27, 54, 87, 114, 120, 335
Rhodes, Stephen · 40
Richardson, Robert C. · 40, 59, 563
Rinaldi, Celeste Ambrogio · 49, 60, 110, 189, 204, 225, 282, 283, 284, 355, 447, 561, 562
Röber, Friedrich · 547
Rochefort, Albert Jouvin de · 134, 290
Roetling, Fritz · 75
Romer, John · 66, 392, 424, 425, 449
Rosellini, Ippolito · 238, 240, 243, 365
Rossi, Corinna · 357
Russell, Charels Taze · 76
Russell, Charles Taze · 53, 54, 76, 341
Rutherford, Adam · 77

S

Said, Boris · 314, 317, 318, 319, 322, 323
Saladin (Salah ad-Din Yusuf ibn Ayyub ad-Dawīnī) · 150, 214, 216, 280
Salt, Henry · 102, 121, 126, 129, 159, 160, 174, 176, 214, 215, 224, 227, 335, 499, 508
Sandys, George · 69, 141, 146, 185, 224, 480
Savary, Claude-Étienne · 141
Savery de Brèves, François · 146
Schefer, Leopold · 273
Schlosser, Wolfhard · 398
Schoch, Robert · 243, 312, 313, 314, 323
Schor, Aaron Jacob · 296
Schor, Joseph Martin · 296, 314, 318, 319, 320, 332
Schwaller de Lubicz, René Adolphe · 312
Schwarzhuber, Theodor von · 256, 257
Sciale, Maria · 513
Seetzen, Ulrich Jasper · 152
Segato, Girolanio · 159, 160
Seidlmayer, Stephan · 413
Seiss, Joseph · 340
Shaat, Alla el-Din · 316
Shaw, Ian · 23, 30
Shaw, Thomas · 141
Shepheard, Samuel · 233
Sherdy, Mohammed · 325
Shihāb al-Dīn Abd al-Aziz bin Hārūn · 218
Shore, Ian · 30, 471
Sicard, Claude · 521
Skelly, Nicholas Francis · 510, 525
Skinner, Nigel · 335
Smith, Graham · 526
Smith, Honora Elisabeth Graham · 526
Smith, Richard · 526
Smith, Thomas Graham · 526
Smyth, Charles Piazzi · 11, 12, 14, 19, 20, 22, 26, 30, 53, 54, 57, 59, 60, 68, 73, 75, 77, 78, 79, 80, 81, 82, 85, 105, 143, 177, 202, 306, 340, 341, 342, 363, 431, 435, 437, 438, 446, 471, 473, 539
Sondreal, Chris · 39, 45, 46, 472, 563
Southey, Robert · 527
Spalinger, Anthony J. · 401
Stadelmann, Rainer · 18, 21, 36, 37, 38, 64, 87, 88, 154, 178, 180, 189, 192, 282, 283, 304, 315, 316, 353, 354, 355, 356, 357, 381, 382, 383, 387, 388, 392, 395, 401, 402, 471, 472, 481, 482, 519, 558
Stanhope Crawford, Osbert Guy · 77

Stanhope, Hester Lucy · 274
Steindorff, Georg · 84
Stephens, John Lloyd · 238
Steub, Ludwig · 264
Stewart, Basil · 77
Stochove, Vincent · 146
Stocks, Denys Allen · 188, 189
Stower, Martin · 256, 257
Strabon · 144, 178, 206, 221, 239, 285
Strumingher, Laura Sharon · 296
Suckling, Catherine · 526
Suckling, Robert Alfred · 525
Suckling, Thomas · 526

Ṭ

Ṭalā'i' ibn Ruzzīk · 216

T

Taylor, George · 527
Taylor, Henry · 527
Taylor, Jane · 527
Taylor, John · 73, 75, 76, 81, 340, 527, 547, 548, 549
Taylor, William · 527
Tayoubi, Mehdi · 40
Tell Mahre, Dionysius von · 132, 180, 181, 210
Tetley, Christine · 401, 402
Thévenot. Jean de · 134, 153, 157, 158, 170, 289, 431
Thomas von Acerra (Graf und Gesandter von Kaiser Friedrich II) · 217
Thompson, Charles · 185, 431, 432
Thornton, Margaret · 509
Trimble, Virginia · 85
Tull, James · 318
Tulliola, Terentina · 69
Tyssen, Dorothy · 525
Tyssen, Francis · 525
Tyssen, Honora Elizabeth · 526
Tyssen, Samuel · 526
Tyssen, Sarah · 525

U

Usick, Patricia · 335
Utman bin-Yusuf, Abd al-Malik al-Aziz · 150

V

Valgrisi, Vincenzo · 490
van Reeth, Jan M. F. · 180
Vandier, Jacques Victor Edmond Raymond · 84
Varsy, Joseph · 153, 159, 511, 513, 514, 516, 519, 520, 521, 530
Verdi, Giuseppe · 159
Verner, Miroslav · 18, 21, 88, 401, 402, 471, 520
Villamont, Jacques de · 429
Visino, Johann Nepomuk · 134, 142, 143, 192, 196, 198, 202, 213, 229, 230, 231, 232, 256, 263, 264, 265, 266, 267, 268, 269, 270, 271, 272, 273, 276, 277, 278, 279, 479, 480
von Hardenberg, Karl August · 274
von Hardenberg, Lucie · 274
von Sachsen-Weimar-Eisenach, Karl-August (Großherzog) · 273
Vyse, Richard William Howard · 17, 18, 57, 72, 82, 91, 112, 115, 120, 125, 126, 134, 142, 143, 151, 186, 190, 192, 194, 196, 201, 202, 212, 213, 214, 215, 225, 226, 227, 228, 229, 230, 231, 232, 233, 234, 235, 236, 237, 238, 240, 241, 243, 244, 245, 246, 247, 248, 252, 253, 255, 256,257, 261, 262, 263, 266, 268, 269, 270, 271, 272, 273, 275, 276, 277, 278, 279, 280, 283, 302, 309, 314, 324, 325, 335, 365, 383, 384, 400, 403, 405, 438, 444, 449, 475, 476, 479, 480, 509, 539

W

Wackerbarth, Athanasius Francis Diedrich · 539
Waghorn, Thomas Fletcher · 233
Wakefield, Kent · 302
Walne, Alfred Septimus · 238, 239, 240
Walpole, Robert · 427, 508, 509, 510, 519, 525, 528, 529, 533, 538
Walpole, Robert (1. Earl of Orford) · 526
Wansleben, Johann Michael · 141, 171, 224, 431
Weidenbach, Max · 278
Wellesley, Arthur (1. Herzog von Wellington) · 190, 227, 232, 233, 234, 235, 236, 240, 242, 261, 325, 326
West, John Anthony · 312, 313, 314, 318, 319
White, Joseph · 522
Whitehead, Shaun · 23, 39, 40, 41, 45, 59, 336, 563
Wilder, Archibald Edward Denison · 526
Wilder, George Gordon · 526
Wilder, Graham Marshall · 526
Wilder, John Graham · 526
Wilkinson, John Gardner · 20, 211, 225, 243, 367, 368, 369, 393, 399, 500, 539
Willcocks, William · 361, 363
Windham, William · 512
Wollaston, William Hyde · 173
Wood, Robert · 521
Wormser, Jakob · 430

Y

Yazolino, Lauren · 293, 294
Yelloly, Anna Maria · 525
Yelloly, Jane (geb. Davison) · 525
Yelloly, John · 525, 526, 527
Yelloly, Mary · 526
Yelloly, Sarah · 526
Yockney, Augustus · 258
Yockney, Samuel Hansard · 258
Yoshimura, Sakuji · 196, 308, 310
Yūsuf b. al-Bābā al-Shīrāb (Abū) Dār · 220

Z

Zaba, Zoynek · 27
Zeising, Adolf · 546
Zindler, Alan · 318
Zorzi, Giovanni Domenico · 489, 490
Zouki, Louna · 563

23.3 Ortsregister

A

Aachen · 512
Abswella · 310
Abu Roasch · 227, 278
Abusir · 73, 227, 327, 330, 514
Achmim · 132, 182
ad-Dakka · 501
Alexandria · 11, 12, 122, 137, 141, 145, 159, 169, 182, 207, 214, 224, 227, 233, 234, 238, 239, 253, 255, 256, 257, 266, 274, 278, 285, 295, 298, 335, 337, 378, 429, 482, 488, 509, 510, 511, 513, 514, 517, 518, 528, 530, 541
Algier · 71, 427, 508, 522, 523, 524, 525, 528
al-Lahun (auch Illahun) · 384, 507
Allegheny · 76
Alnwick · 427, 509, 525
Alresford · 69
Amarna · 278, 375
Antinoupolis · 367
Assiut · 491
Assuan · 12, 106, 182, 189, 303, 360, 361, 362, 363, 364, 365, 378, 384, 408, 410
Atfeh · 233
Athen · 256, 257, 263, 264, 265, 266, 267, 272, 506, 541
Atlantis · 79, 262, 292, 296, 298, 314, 319, 320, 321, 330, 338
Augsburg · 278

B

Bagdad · 69, 133, 177, 180, 207, 210, 211
Bahariya (Oase) · 297
Barbareski · 521
Bath · 257, 258, 260, 261, 523, 526
Bathwick · 258
Beirut · 247, 257
Beni Hassan · 278, 368
Berlin · 18, 257, 259, 278, 354, 368
Bishopthorpe · 69
Borg Megheizel · 554
Box · 258
Bristol · 84, 257, 258, 259, 527
Brüssel · 84
Budapest · 257, 259
Bulak · 489

C

Cadiz · 255
Cairo · Siehe Kairo
Cavendish Hall · 525, 526
Colchester · 236, 526
Corsham · 258, 260

D

Dachla (Oase) · 366
Dahschur · 149, 150, 151, 154, 155, 156, 157, 159, 227, 353, 354, 355, 382, 383, 393, 394, 395, 396, 398, 399, 481, 482, 519, 520
Dallas · 34
Damiette · 169, 295, 521
Daphnae · 29
Defenneh · 29
Deir el-Bahari · 322, 362
Deir el-Berscheh · 367
Dresden · 84

E

Edessa · 180
Edinburgh · 11, 30, 53, 60, 224, 363, 473
Egg · 263, 264
Eggenfelden · 264
Elephantine · 361, 362, 555
el-Karyun · 239
el-Masara · 377
el-Tor · 310, 311
Exeter · 83

F

Fall Brook · 248, 258, 260, 261
Fāw Baḥrī · 280
Fontenoy · 512
Fustat · 182, 216, 248, 489

G

Gebel Gibli · 118
Genua · 91, 160, 253
Gern · 264
Glasgow · 20
Gloucester · 252, 258
Goseck · 398

H

Hatnub · 363, 367, 375, 376
Heliopolis · 96, 97, 102, 112, 115, 116, 119, 120, 187, 208, 216, 415, 476
Helwan · 216, 409
Hopkinsville · 94

I

Illahun · 384
Istanbul · 133, 211, 239, 256, 488
Iunu (= Heliopolis) · 96, 112, 116, 119, 415, 476

J

Jerusalem · 75, 81, 213, 214, 216, 247, 257, 265, 266, 489, 513

K

Kairo · 11, 12, 30, 36, 37, 54, 69, 70, 71, 87, 102, 112, 122, 133, 138, 144, 147, 148, 154, 158, 159, 166, 169, 180, 182, 183, 187, 211, 213, 214, 215, 225, 227, 230, 233, 234, 235, 238, 239, 247, 253, 255, 257, 266, 274, 278, 280, 294, 295, 297, 298, 299, 300, 301, 303, 304, 312, 315, 316, 317, 322, 331, 332, 335, 337, 354, 362, 364, 366, 367, 377, 397, 429, 431, 476, 479, 480, 484, 487, 488, 489, 490, 491, 492, 498, 508, 513, 514, 521, 522, 528, 530, 532, 555
Karnak · 175, 278
Katharinenkloster (Sinai-Halbinsel) · 514, 528
Khartum · 274
Konstantinopel · 122, 256, 488, 510, 512

L

Leipzig · 134, 273
Libanon · 33, 211, 474, 483, 511
Lissabon · 255, 508
Livorno · 510, 513, 517
London · 12, 13, 14, 20, 21, 29, 30, 69, 73, 77, 81, 84, 85, 141, 233, 234, 236, 238, 244, 245, 252, 253, 254, 255, 257, 258, 259, 260, 261, 300, 508, 509, 510, 511, 512, 513, 517, 521, 524, 525, 526, 528, 539, 540
Longhoughton · 427, 510, 525
Luxor · 239, 301, 312, 321, 322, 330
Lymington · 526

M

Mailand · 93
Mallawi · 367
Manchester · 89
Manfalut · 491
Manzala, See · 29
Marseille · 70, 253, 431, 511
Medina · 219
Meidum · 415, 507
Mekka · 219, 513, 521
Memphis · 102, 106, 153, 156, 157, 169, 208, 217, 278, 361, 377, 428, 521
Methlick · 12
München · 36, 37, 227, 263, 264, 265, 315, 563
Muskau · 274

N

Nabta-Playa · 397, 398
Neapel · 11, 155, 266, 431, 522, 523
New York · 60, 260, 261, 292, 296, 297, 298, 312, 314, 334, 523, 545
Nildelta · 29
Nizza · 71, 252, 508, 522, 525, 527

O

Oberägypten · 27

P

Pampa, in Texas · 76
Paris · 72, 73, 74, 75, 90, 91, 93, 126, 184, 208, 213, 252, 312, 326, 327, 328, 337, 427, 428, 431, 435, 482, 489, 497, 512, 539
Passau · 263, 264, 265
Pelusium · 29
Philae · 160, 554
Pisa · 238, 510, 542
Pithom · 102
Porto · 512

R

Radloe Firs · 258
Rom · 75, 234, 264, 354, 411, 422, 489, 540
Rosetta · 135, 136, 234, 479, 509, 511, 513, 529, 554

S

Saint-Mihiel · 70, 431
Sakkara · 34, 122, 155, 157, 159, 161, 162, 164, 190, 227, 283, 297, 301, 310, 336, 361, 365, 418, 419, 428, 500, 505, 509, 514, 515, 516, 517, 519, 521, 528, 531
Schedia · 239, 240
Schottland · 73
Silsileh · 364
Sinai · 76
Stamford · 509
Stockholm · 53, 255
Stonehenge · 398
Stuttgart · 75, 265
Sudan · 23
Suez · 233, 366

T

Tell el-Balamun · 555
Theben · 216, 239, 278, 362, 381
Tokyo · 196, 308
Tura · 150, 216, 354, 360, 363, 364, 366, 378, 395, 399, 400, 404, 405, 408, 475, 481, 482

U

Unterägypten · 27

V

Venedig · 69, 138, 145, 184, 211, 486, 488, 489, 490
Vilshofen · 263, 264, 272
Virginia Beach · 94, 297, 298, 303

W

Wadi al-Jarf · 310, 360, 366, 399, 475, 481
Wadi Maghara · 380
Wien · 83, 256, 259, 266, 267, 273
Wight · 52
Woodton Hall · 526
Worcester · 253

Z

Zep Tepi · 95
Zürich · 34

23.4 Pharaonenregister

A

Ahmose · 175, 377
Ahmose I · 175
Ahmose II · 175
Amenemhet III · 157

C

Chaemwastet · 180
Cheops · 27, 30, 31, 35, 41, 72, 79, 85, 87, 88, 99, 105, 178, 190, 235, 243, 245, 246, 262, 285, 293, 316, 331, 337, 366, 379, 380, 387, 395, 400, 404, 482, 488, 507, 548, 558
Chephren · 99, 312, 387, 488
Chnum-Chufu · Siehe Cheops

D

Djedefre · 312, 366, 386
Djer · 99
Djoser · 34, 35, 88, 96, 159, 161, 162, 164, 165, 190, 269, 283, 398, 413, 419, 505

E

Ergamenes II · 501

H

Hatschepsut · 175, 322, 362, 381

K

Kleopatra · 12

M

Merenre · 363
Mykerinos · 99, 119, 559

N

Ninetjer · 381, 386
Niuserre · 413

P

Pepi I · 102, 380, 395, 414
Pepi II · 413
Ptolemaios I · 239
Ptolemaios II · 239

R

Ramses II · 180, 239, 326, 362, 413

S

Sahure · 413
Sesostris · 239
Sesostris I · 112
Sesostris II · 367
Snofru · 101, 116, 149, 151, 153, 154, 156, 157, 159, 283, 293, 355, 358, 360, 361, 375, 379, 380, 381, 382, 383, 385, 387, 388, 389, 390, 393, 394, 395, 399, 401, 402, 416, 423, 425, 481, 482, 483, 519, 549, 558

T

Teti II · 413
Thutmosis III · 362, 407
Thutmosis IV · 174, 175, 300, 312
Tutanchamun · 30, 86, 471

U

Unas · 15, 27, 96, 361, 362, 363, 365, 385
Userkaf · 381

23.5 Götternamenregister

A

Atum · 96, 97, 102, 112, 119, 120
Atum Chepri · 102

C

Chnum · 105, 106

G

Götter-Neunheit · 97, 120, 434

H

Hathor · 105, 106
Horus · 27, 105, 106

I

Isis · 528

M

Maat · 369

O

Osiris · 84, 95, 96, 97, 98, 99, 101, 103, 105, 106, 107, 112, 197, 320, 328, 379, 501

R

Re · 97, 102, 105, 106, 112, 187, 243

S

Seschat · 107
Seth · 103, 112
Sopdet · 99
Sopdu · 99

T

Thot · 41, 107, 120

U

Upuaut · 37

23.6 Stern- und Planetenregister

A

Alnilam · 85, 99, 104
Alnitak · 93, 99, 103, 104

C

Castor · 99

D

Deneb · 339

H

Hundsstern · Siehe Sirius

J

Jupiter · 106

M

Mars · 99, 100, 106
Merkur · 106, 564, 565
Mintaka · 99, 104
Morgenstern · 76, Siehe Venus

O

Orion-Gürtelsterne · 99, 103, 104

P

Polarstern · 105
Pollux · 99

R

Rigel · 99

S

Saturn · 99, 100, 106
Seba-en-Sah · Siehe Rigel
Sirius · 82, 86, 91, 93, 94, 95, 97, 98, 99, 100, 101, 107, 383, 388, 390
  Unsichtbarkeit · 97, 99
Sopdet · Siehe Sirius
Sothis · 35, 82, 97, 107, Siehe Sirius
Sternbild
  altägyptisch
    Dreieck · 99
    Sah · 86, 99, 107
    Schildkröte (heute Krebs) · 107
    Sternenpaar (Zwillinge) · 99
  westlich
    Himmelsjäger · Siehe
    Orion · 84, 85, 86, 88, 92, 93, 94, 95, 98, 99, 100, 101, 103
    Schwan (auch Kreuz des Nordens) · 339

T

Thuban · 78, 82, 85, 93, 105, 390, 481

V

Vega · 94, 95
Venus · 97, 98, 99, 100, 106, 564, 565

Z

Zeta Orionis · Siehe Alnitak
Zirkumpolarstern · 401

Α

α Draconis · Siehe Thuban

Β

β Orionis · Siehe Riegel

FSC
www.fsc.org
MIX
Papier | Fördert gute Waldnutzung
FSC® C083411

Zeitfracht Medien GmbH
Ferdinand-Jühlke-Straße 7
99095 Erfurt, Deutschland
produktsicherheit@kolibri360.de